PYRIDINE–METAL COMPLEXES

This is Part 6B of the fourteenth volume in the series

THE CHEMISTRY OF HETEROCYCLIC COMPOUNDS

THE CHEMISTRY OF HETEROCYCLIC COMPOUNDS

A SERIES OF MONOGRAPHS

ARNOLD WEISSBERGER AND EDWARD C. TAYLOR

Editors

PYRIDINE–METAL COMPLEXES

Authors:

Piotr Tomasik

THE HUGON KOŁŁATAJ ACADEMY OF AGRICULTURE
CRACOW, POLAND

Zbigniew Ratajewicz

TECHNICAL UNIVERSITY
LUBLIN, POLAND

Editors:

George R. Newkome

LOUISIANA STATE UNIVERSITY
BATON ROUGE, LOUISIANA

Lucjan Strekowski

DEPARTMENT OF CHEMISTRY
GEORGIA STATE UNIVERSITY
ATLANTA, GEORGIA

AN INTERSCIENCE® PUBLICATION

JOHN WILEY & SONS

NEW YORK · CHICHESTER · BRISBANE · TORONTO · SINGAPORE

An Interscience® Publication
Copyright © 1985 by John Wiley & Sons, Inc.

All rights reserved. Published simultaneously in Canada.

Reproduction or translation of any part of this work
beyond that permitted by Section 107 or 108 of the
1976 United States Copyright Act without the permission
of the copyright owner is unlawful. Requests for
permission or further information should be addressed to
the Permissions Department, John Wiley & Sons, Inc.

Library of Congress Cataloging in Publication Data:

Tomasik, Piotr.
   Pyridine—metal complexes.

   (The Chemistry of heterocyclic compounds,
ISSN 0069-3154; v. 14, pt. 6)
   "An Interscience publication."
   Includes bibliographies.
   1. Pyridine.   2. Complex compounds.   3. Organo-
metallic compounds.   I. Ratajewicz, Zbigniew.
II. Newkome, George R. (George Richard)   III. Strękowski,
Lucjan.   IV. Title.   V. Series: Chemistry of
heterocyclic compounds; v. 14.
QD401.T66   1985   547'.593   84-26939
ISBN 0-471-05073-3

Printed in the United States of America

10 9 8 7 6 5 4 3 2 1

3.7. COORDINATION COMPOUNDS WITH THE METALS OF TRANSITION GROUP VII

This group is constituted by three elements: manganese, technetium, and rhenium, which form compounds in the oxidation states from zero to seven; however, in the case of manganese, only zero to quadrivalent oxidation is known in its coordination with pyridines.

The complexes of manganese are given in Tables 3.77 [Mn(0) and Mn(I)], 3.78 [Mn(II)], and 3.79 [Mn(III) and Mn(IV)]. Thus far, only three pyridine complexes of technetium are described (see Table 3.80). Rhenium from zero- to heptavalent states forms a variety of complexes with pyridine; see Tables 3.81 [Re(0) to Re(IV)] and 3.82 [Re(V) to Re(VII)]. For x-ray data of these compounds, see Table 3.83.

In the descending order of formation constants of the complexes with pyridines, Mn(II) is not located at the top. The order, Cu > Ni > Co > Zn > Cd > Mn, is based on the results of Basak and Banerjea (285) for 2-aminopyridine and bis(2-pyridyl)amine. This order is essentially the same as for the stability constants of 2-aminomethylpyridines (583). The orders of the complex stabilities for picolinates (1312, 1317) and 6-methylpicolinates locate Mn(II) far from the top. For pyridine, Bjerrum (2375) reports the following order for the stability constants: Ni > Cd > Co > Zn > Fe(II) > Mn. The stability constants determined by Karapetyants and Shklenskaya (4658) confirm this order. The thermal stabilities are similar (496, 499, 864, 1007, 1017, 1324, 1365, 1369, 1550, 1617, 1720, 2687, 4699, 4716). According to Shugam (2738), there is a linear relationship between the instability constants of the coordination compounds of the transition metals and the atomic number of the metal.

3.7.1. Manganese Coordination Compounds

Manganese forms a variety of complexes with pyridines. The coordination number of the metal seems to vary from 4 to 8. For such compounds as $[Mn(CO)_3(py)_2(SO_2Me)]$ and $[Mn(CO)_3(py)(SO_2CH_2Ph)]$, the coordination numbers are 6 and 5, respectively, but in the latter, a higher coordination number is claimed because of its polymeric structure (4640). There are no doubts about the hexacoordinated, octahedral structure of Mn(II) and Mn(III) picolinates (803, 1328, 4787). The Mn(III) complex $[MnBr(acac)_2(4-pic)]$ has an octahedral structure (4783).

It was confirmed by physicochemical measurements (1002) that compounds of the type $Mn(py)_2X_2$ are hexacoordinated and possess a polymeric structure. However, some authors claim that metal in such compounds is tetracoordinated. Ripan (906) accepts the monomeric structure for $[Mn(py)_4](CNO)_2$, whereas Asmussen (4711) claims that a dimeric ionic structure of $[Mn(py)_4]^{2+}[MnX_4]^{2-}$ exists for both $Mn(py)_2Cl_2$ and $Mn(py)_2Br_2$. Undoubtedly, π-$C_5H_5Mn(CO)_2$py (4632) and $Mn(o\text{-}OC_6H_4CH=NC_6H_4O\text{-}o)$py (2516) are also tetracoordinated. Pentacoordination is met in the Mn(II) chelates with N',N''-bis(benzylidene)-2,6-pyridinebis(carbohydrazide) (4213). The $H_2MnpyCl_3(OH)$ complex acid is a hexacoordinated species of the structure $H[HMn(py)Cl_3(OH)]$ (4668, 4669). Octacoordinated $[Mn(py)_2(thiourea)_4Cl_2]$ and $[Mn(py)_2(thiourea)_4Br_2]$ have been described (4717).

All nicotinic and isonicotinic acids and their esters, amides, and hydrazides are ring N-coordinated (1278, 1280, 1392, 2494, 2663, 4680, 4681, 4741, 4742), as is pico-

(*Text continued on page 902.*)

TABLE 3.77. COORDINATION COMPOUNDS OF PYRIDINE AND ITS DERIVATIVES WITH MANGANESE (0) AND MANGANESE (I)

$$\text{Mn}_m \left(\underset{N}{\overset{}{\bigcirc}} R \right)_n X_p Y_q$$

m	n	R	X	p	Y	q	Color and MP (°C)	Physicochemical Studies	Reference
Manganese (0)									
1	1	H			NO	3		ir	4620
2	1	H			phen CO	1 8	v-bk	cond, ir, uv	4645
					Ga CO	1 9			4656
					In CO	1 9			4656
	3	H	Na C$_5$H$_5$	2 1	CO	9		ir	4625
					CO	5			4621
	6	H	Na C$_5$H$_5$	2 1	CO	5	r		4621
3	5	H			CO	10		cond, ir, msc	4622–4624
	6	H			CO	13	y		4649, 4771

$$\text{Mn}_m \left(\underset{N}{\overset{N}{\bigcirc\bigcirc}} R \right)_n X_p Y_q$$

| 1 | 10 | 4-CH=CH-4' | | | CO | 10 | | | 4574 |
| 2 | 1 | 2-CH=CH-2' | | | NO | 6 | y | | 4626 |

			Mn$_m$(pyridine-R)$_n$X$_p$Y$_q$				
4-CH=CH-2'	1	1	NO	6			4626
			Manganese (I)				
H	1	+	CO	5		ir	4627–4629
	1	Me	CO	4		ir, nmr	4630
	1	C$_5$H$_5$	CO	2	y-bw, 114	nmr, uv	4366, 4631, 4632
	1	MeC$_5$H$_4$	CO	2	y-bw, 75		4144, 4631
	1	8-O-quin	CO	3		ir, K	4633
	1	MeCO	CO	4		ir, nmr	4630
	1	NO$_3$	{bipy / CO}	1 / 3	y	ir	4634, 4635
	1	Ph$_2$PS$_2$	CO	3		ir, K, th	4636, 4637
	1	Me$_2$AsS$_2$	CO	3		ir, ms, nmr, ram	4638
	1	(MeO)$_2$PS$_2$	CO	3		ir, nmr	4639
	1	PhCH$_2$SO$_2$	CO	3		ir	4640
	1	C$_6$F$_5$	CO	3		ir, nmr	4641
	1	MeCOCHCOCF$_3$	CO	4	y	ir	4642
	1	PF$_6$	{p-MeC$_6$H$_4$NC / CO}	4 / 1		p	4643
	1	Cl	CO	5		ir	4627
	1	Cl	CO	4		ir, K	4644
	1	Br	CO	4		ir, K	4644
	1	I	CO	4		ir, K	4644
4-Me	1	8-O-quin	CO	3	y	ir, ms, nmr	4633, 4642
2-C$_6$H$_4$-o	1	Br	CO	4	o, 103–105	ir, nmr	4646
2-CH=NCHMePh	1	Br	CO	3	o-r, 175 dec	cd, ir	4647
2-NHPPh$_2$	1	Br	{CO / CHCl$_3$}	3 / 0.5		ir, ms, nmr, uv	4153
2-NHPPh$_2$,6-Me	1	Br	CO	3		ir, ms, nmr, uv	4153

TABLE 3.77. (CONTINUED)

m	n	R	X	p	Y	q	Color and MP (°C)	Physicochemical Studies	Reference
1	1	3-CO$_2$H	OH	1	PhNH$_2$	1	w		76
					{PhNH$_2$	1	w		76
					H$_2$O	4			
		2-CH$_2$C$^-$O			CO	4		ms	4426
	2	H	+	1	{MeCN	1		ir	4627
					CO	3			
			NO$_3$	1	CO	3	y, 119	ir	4634
			NCS	1	CO	3		cond	4648
			MeSO$_2$	1	CO	3	114 dec	ir	4640
			MeCOCHCOCF$_3$	1	CO	3	y	ir, nmr	4642
			CF$_3$CO$_2$	1	CO	3	160–161	ir, ms, nmr, ram, xrp	4649
			PF$_6$	1	{MeCN	1		ir	4627
					CO	3			
			Cl	1	CO	3	l-y, o, 171–172 dec	ir, ms, uv	4650–4652
			ClO$_4$	1	{MeCN	1	125–127	ir, nmr	4653
					CO	3			
			Br	1	CO	3	o	ca, ir, uv	4650, 4652, 4654, 4655
			I	1	CO	3	o-r, y	ir, uv	4634, 4635, 4650, 4652
		4-Me	Br	1	CO	3		ca, ir	4655
		4-NHPPh$_2$	Br	1	{CO	3		ir, ms, nmr, uv	4149
					CHCl$_3$	1			
		2-NHPPh$_2$,6-Me	Br	1	{CO	2		ir, ms, nmr, uv	4149
					CHCl$_3$	1/3			
	3	3-Br	Br	1	CO	3		ca, ir	4655
		H	+	1	CO	3		ir	4627

	R	anion	Mn_m	L	n	notes	methods	ref
1		PF_6	1	CO	3		ir	4627

$Mn_m \left(\underset{R}{\underset{|}{\bigcirc\!\!\!N \quad N\!\!\!\bigcirc}} \right)_n X_p Y_q$

	R	anion	Mn_m	L	n	notes	methods	ref
1	2-NH-2'	ClO_4	1	MeCN / CO	1 / 3	249–251 dec	ir, nmr	4653
	2-CH=NNH-2'	Cl	1	CO	3	y (Z) / y (E)	ir	4657
		ClO_4	1	CO	3	y (Z) / y (E)	ir, nmr	4653
		Br	1	CO	3	y (Z) / y (E)	ir	4657
		I	1	CO	3	d-y	ir	4657

$Mn_m \left(\underset{R}{\underset{|}{\bigcirc\!\!\!N \,\, N\!\!\!\bigcirc \,\, \bigcirc\!\!\!N}} \right)_n X_p Y_q$

	R	anion	Mn_m	L	n	notes	methods	ref
1	2–N$\genfrac{}{}{0pt}{}{2'}{2''}$	ClO	1	CO	3	242 dec	ir, nmr	4653

TABLE 3.78. COORDINATION COMPOUNDS OF PYRIDINE AND ITS DERIVATIVES WITH

$$Mn_m \left(\underset{N}{\boxed{}} -R \right)_n X_p Y_q$$

m	n	R	X	p
1	1	H	+	2
			pc	1
			o-OC$_6$H$_4$CH=NC$_6$H$_4$O-o	1
			{ +	1
			{ OH	1
			MeCOCHCOMe	2
			NCO	2
			2,7,12,18-Me$_4$-3,8-Et$_2$-13,17-(HO$_2$CCH$_2$CH$_2$)$_2$-porph	1
			t-BuCO$_2$	2
			2-HOC$_{10}$H$_6$-3-CO$_2$	2
			NCS	2
			(S$_2$CNHCH$_2$)$_2$	1
			PhNHCS$_2$	2
			SO$_4$	1
			Cl	2
			{ H	2
			{ OH	1
			{ Cl	3
			{ K	2
			{ OH	1
			{ Cl	3
			{ H	1
			{ py$^+$H	1
			{ Cl	4
			{ Et$_4$N	1
			{ Cl	2
			{ Br	1
			Br	2
			{ H	1
			{ py$^+$H	1
			{ Cl	2
			{ Br	2
			{ H	1
			{ py$^+$H	1
			{ Br	4

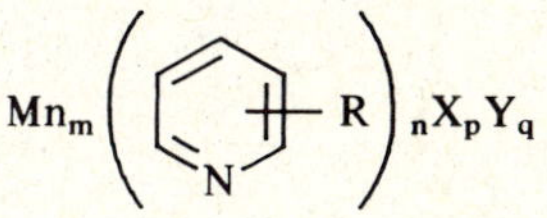

MANGANESE (II)

Y	q	Color and MP (°C)	Physicochemical Studies	Reference

$$Mn_m \left(\underset{N}{\bigcirc} - R \right)_n X_p Y_q$$

Y	q	Color and MP (°C)	Physicochemical Studies	Reference
			cal, epr, K, p, th	266, 285, 1001, 2375, 4184, 4658, 4659
NO	1			4226
			ir, ms	313, 2516
			K	4663
		147–150	msc	4660
			ir, tha	311
			p	4661, 4662
t-BuCO$_2$H	1		ir, msc	395
H$_2$O	1	160 dec		945
			K, tha	449
				2432
			msc	4664
MeCCl=CHMe	1			471
		255	ir, msc, tha	500, 503, 505, 1072, 4665–4667
CH$_2$=CClCH=CH$_2$	1		cond	4666
			cond	4668
		pk	cond	4668
		g, 140	cond, ir, msc	4669
			ir, msc, uv	4670
		265	ir, msc, tha, uv, xr	500, 503, 1072, 4665
		g, 135	cond, ir, msc	4669
		g, 138	cond, ir, msc	4669

TABLE 3.78. (CONTINUED)

m	n	R	X	p
1	1	H	Sn	1
			OH	1
			Br	5
		2-Me	I	2
			+	2
			2,7,12,18-Me$_4$-3,8,-Et$_2$-13,17-(HO$_2$CCH$_2$CH$_2$)$_2$-porph	1
			t-BuCO$_2$	2
			MeC$_5$H$_4$	1
			PF$_6$	1
		3-Me	+	2
			Cl	2
		4-Me	Br	2
			+	2
			MeCOCHCOMe	2
			Me$_2$NCS$_2$	2
			C$_5$H$_5$	1
			PF$_6$	1
			MeC$_5$H$_4$	1
			PF$_6$	1
			MeC$_5$H$_4$	1
			PF$_6$	1
			Cl	2
			H	1
			4-Me-py$^+$H	1
			Cl	4
			Et$_4$N	1
			Cl	2
			Br	1
			Br	2
			H	1
			4-Me-py$^+$H	1
			Cl	2
			Br	2
			H	1
			4-Me-py$^+$H	1
			Br	4
		2,4-Me$_2$	+	2
		2,6-Me$_2$	+	2
			Cl	2
		3,5-Me$_2$	H	1
			3,5-Me$_2$-py$^+$H	1
			Cl	4

Y	q	Color and MP (°C)	Physicochemical Studies	Reference
H₂N—⟨C₆H₄⟩—⟨C₆H₄⟩—NH₂	1			4671
		200	ir, msc, tha	500, 503, 1072
			K, th	4184
			p	4662
			ir, msc	395
NO	1	y	ir, nmr	4672
			K, p, th	4184
		l-bw	cond, ir, msc, tha	499, 4665, 4667, 4673
			tha	1720, 4665
				4184
		146–150	K, th	4660
		100 dec		2432
{Ph₃P, NO}	1, 1		p	4674
{(PhO)₃P, NO}	1, 1		p	4674
{Ph₃P, NO}	1, 1	d-g, 162–166	ir, nmr	4672
{(PhO)₃P, NO}	1, 1	r-bw, 145–147	ir, nmr	4672
		l-pk	cond, ir, K, msc, th, tha	499, 1720, 4665, 4667, 4673
EtOH	1	l-pk		4675
		g, 218	cond, ir, msc	4669
			cond, ir, msc, uv	4670
		l-pk	cond, ir, msc, tha, xr	4665, 4673
		g, 200	cond, ir, msc	4669
		g, 201	cond, ir, msc	4669
			K, th	4184
			K, th	4184
		300 dec	tha	4665
		g, 148	cond, ir, msc	4669

TABLE 3.78. (*CONTINUED*)

m	n	R	X	p
1	1	3,5-Me$_2$	Et$_4$N	1
			Cl	2
			Br	1
			H	1
			3,5-Me$_2$-py$^+$H	1
			Cl	2
			Br	2
			H	1
			3,5-Me-py$^+$H	1
			Br	4
		2,4,6-Me$_3$	+	2
			Cl	2
		4-Et	Me$_2$NCS$_2$	2
		4-CH=CH$_2$	Cl	2
			Et$_4$N	1
			Cl	2
			Br	1
			Br	2
		2-NH$_2$	+	2
			+	1
			OH	1
		3-NH$_2$	+	1
			OH	1
		4-NH$_2$	+	1
			OH	1
		2-CH$_2$NH$_2$	+	2
			Cl	2
		2-CH$_2$NH$_2$,6-Me	+	2
		2-CH$_2$CH$_2$NH$_2$	Cl	2
		2-NHNH$_2$	+	2
		4-NMe$_2$	MeCOCHCOMe	2
		3—⟨N-Me pyrrolidine⟩	2,7,12,18-Me$_4$-3,8-Et$_2$-13,17-(HO$_2$CCH$_2$CH$_2$)$_2$-porph	1
		2-CH=NC$_6$H$_4$Me-*p*	MeC$_5$H$_4$	1
			PF$_6$	1
		2-NHN=CHCH=CHC$_6$H$_4$NMe$_2$-*p*	Cl	2
		2-N=NC$_6$H$_4$NMe$_2$-*p*	+	2
		3-CN	+	2
		4-CN	H	1
			4-CN-py$^+$H	1
			Cl	4
			H	1
			4-CN-py$^+$H	1
			Cl	2
			Br	2

848

Y	q	Color and MP (°C)	Physicochemical Studies	Reference
			cond, ir, uv	4670
		g, 100	cond, ir, msc	4669
		g, 98	cond, ir, msc	4669
			K, th	4184
		350 dec	tha	4665
		100 dec		2432
		l-bw	cond, ir, msc	4673
			ir, msc, uv	4670
		l-bw	cond, ir, msc	4673
			K, th	285, 4184
			K	4663
			K	4663
			K	4663
			K, p	583
			cond, msc, uv	2635
			K	583
			ir	2714
			K, p	583
		d-y, 210		4676
			p	4662
NO	1	ol-g, 168–170	ir, nmr	4672
			uv	2483
			K, uv	647
			ir	270
		g, 260	cond, ir, msc	4669
		g, 218	cond, ir, msc	4669

TABLE 3.78. (CONTINUED)

m	n	R	X	p
1	1	4-CN	H	1
			4-CN-py$^+$H	1
			Br	4
		2-CH=NC$_6$H$_4$AsMe$_2$-o	NCS	2
			Cl	2
			Br	2
			I	2
		2-CH=NC$_6$H$_4$AsMe$_2$-o,6-Me	NCS	2
			Cl	2
			Br	2
			I	2
		2-CH=NC$_6$H$_4$AsEt$_2$-o	NCS	2
			Cl	2
			Br	2
			I	2
		2-CH=NC$_6$H$_4$AsEt$_2$-o,6-Me	NCS	2
			Cl	2
			Br	2
			I	2
		3-OH	+	2
		2-CH$_2$OH	+	2
		2-CH=NO$^-$	+	1
		2-CH=NO$^-$,6-CH=NOH	+	1
		2,6-(N=CHC$_6$H$_4$O$^-$-o)$_2$		
		2,6-(CH=NC$_6$H$_4$O$^-$-o)$_2$		
		2-N=NC$_6$H$_4$O$^-$-o	+	1
		2-N=N-1'-C$_{10}$H$_6$-2'-O$^-$	+	1
		2-N=NC$_6$H$_4$-2'-O$^-$-4'-OH	+	1
		2-COPh	Cl	2
			Br	2
			I	2
		2-CONH$_2$	+	2
		3-CONH$_2$	+	2
		4-CONH$_2$	+	2
		3-CONHNH$_2$	NCS	2
			Cl	2
		3-CONDNH$_2$	NCS	2
			Cl	2
		4-CONHNH$_2$	+	2
			NCO	2
			Cl	2
		4-CON$^-$NH$_2$	+	1
		3-CONEt$_2$	+	2
		2-CONHN=CMe$_2$	Cl	2
		4-CONHN=CMe$_2$	Cl	2
		2-CO$_2^-$	+	1
		4-CO$_2$H	Cl	2
		4-CO$_2^-$	+	1
			Br	2
		2,3-(CO$_2^-$)$_2$		

Y	q	Color and MP (°C)	Physicochemical Studies	Reference
		g, 220	cond, ir, msc	4669
EtOH	2		cond, msc	4677
			cond, msc	4677
			cond, msc	4677
EtOH	0.5		cond, msc	4677
			cond, msc	4677
			cond, msc	4677
			cond, msc	4677
			cond, msc	4677
PhH	0.5		cond, msc	4677
			cond, msc	4677
			cond, msc	4677
EtOH	1		cond, msc	4677
EtOH	1		cond, msc	4677
H_2O	2		cond, msc	4677
PhH	0.5		cond, msc	4677
			cond, msc	4677
			K	270
			K, p	658
		o-y	K, p	1231
			K, p	690
H_2O	2	bw, 250 dec	ir	2156
H_2O	2.5	bw, 370 dec	ir, uv	703
			K, uv	706
			K, p	2648
			K, uv	738, 739
		y	cond, ir, msc, uv	4678
H_2O	2	o, 254 dec	cond, ir, msc, uv	4678
		o-y	cond, ir, msc, uv	4678
		r-bw	cond, ir, msc, uv	4678
			K, p	4659, 4679
			K, p	4659
			K, p	4659
H_2O	2		ir	4680, 4681
			ir, ram	4680, 4681
			ir	4680
			ir	4680
			K	1293
			ir, ram	2494
			ir, msc	769, 4683
			K, th	4682
			cal, K	4659
		y, 105	ir, msc, tha, uv	780
		w	ir, msc, tha, uv	781
			K, p	1312, 1317, 1332
			ir	1325, 4683
			p	4684
			ir	4683
H_2O	1			1363

TABLE 3.78. (CONTINUED)

m	n	R	X	p
1	1	2,4-$(CO_2^-)_2$		
		2-CO_2^-,6-CO_2H	+	1
		2,6-$(CO_2^-)_2$,4-NH_2		
		2,6-$(CO_2^-)_2$,4-OH		
		3,4-$(CO_2^-)_2$		
		3,5-$(CO_2^-)_2$		
		4-CONHN=CHC$_6$H$_4$OH-o	Cl	2
		2-CO_2Et	+	2
		3-CO_2Et	+	2
		4-CO_2Et	+	2
		2-C$^-$(phthalimido)	+	1
		2-C$^-$(phthalimido),6-Me	+	1
		2-$CH_2N(CH_2CO_2^-)_2$		
		2-$CH_2OPO_3^-H$	+	1
		2-CH=NC$_6$H$_4$SMe-o,6-Me	NCS	2
			Br	2
			I	2
		2-CH=NN=C(SMe)$_2$	Cl	2
		2-CH=NNMeCS$_2$Me	NCS	2
			Cl	2
		2-N=N-1'-C$_{10}$H$_5$-2'-O$^-$-4'-SO$_3$H	+	1
		2-N=N-1'-C$_{10}$H$_5$-2'-O$^-$-5'-SO$_3$H	+	1
		2-N=N-1'-C$_{10}$H$_5$-2'-O$^-$-6'-SO$_3$H	+	1
		2-N=N-1'-C$_{10}$H$_5$-2'-O$^-$-7'-SO$_3$H	+	1
		2-N=N-1'-C$_{10}$H$_5$-2'-O$^-$-8'-SO$_3$H	+	1
		2-Cl	Cl	2
		3-Cl	Cl	2
		3-Br	Cl	2
		3-Br,6-N=NC$_6$H$_3$-2'-O$^-$-4'-NMe$_2$	+	1
		3-Br,6-N=NC$_6$H$_3$-2'-O$^-$-4'-NEt$_2$	+	1
	2	H	+	2
			CH$_2$-i-Pr	2
			5,10,15,20-Ph$_4$-porph	1
			pc	1
			C(CN)$_3$	2
			N(CN)$_2$	2
			MeCOCHCOMe	2
			MeCOCHCOPh	2

Y	q	Color and MP (°C)	Physicochemical Studies	Reference
H$_2$O	2		tha	1365
			K	1317
			K	3111
			K	806
H$_2$O	2		tha	1372
H$_2$O	2		tha	1372
	6		tha	1372
				2700
			cal, K	4659
			cal, K	4659
			cal, K	4659
			K, p	757
			K, p	757
			K	825
			K	836
		y	ir, msc	844
		o	ir, msc	844
		o	ir, msc	844
		o	cond, msc	846
H$_2$O	0.5	o	cond, msc, uv	859
			cond, msc, uv	859
			K, uv	1251
			K, uv	1251
			K, uv	1251
			K, uv	1251
			K, uv	1251
			tha	864
			tha	864
			tha	864
			K, uv	865
			K, uv	865
			ca, cal, epr, K, p, th	266, 285, 2375, 4184, 4658, 4659, 4668
		w	epr	4685
			msc, uv	4686
			epr, uv	4687, 4688
		w	ir, msc	877
		w		877
		185	epr, ir, msc	4660, 4689, 4690
		y	tha	361, 1760

TABLE 3.78. (CONTINUED)

m	n	R	X	p
1	2	H	PhCOCHCOPh	2
			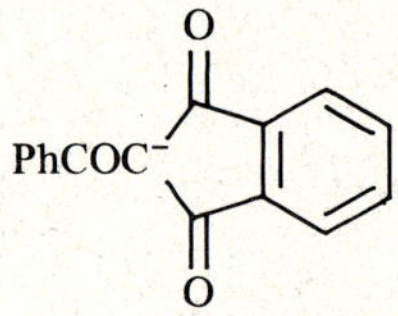 PhCOC⁻(phthaloyl)	2
			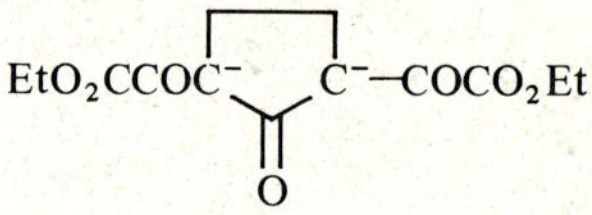 EtO$_2$CCOC⁻—C⁻—COCO$_2$Et (cyclopentanone)	1
			NCO	2
			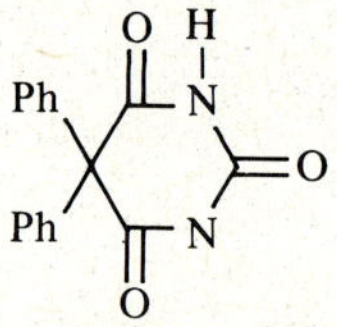 5,5-diphenylbarbiturate	2
			PhCOCHNO$_2$	2
			o-HOC$_6$H$_4$CO$_2$	2
			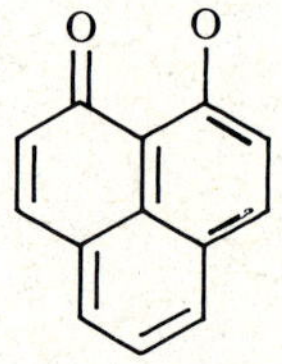 perinaphthalenedione	2
			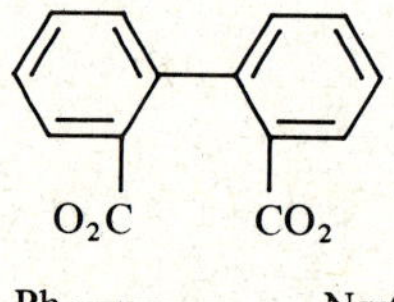 diphenate (2,2'-biphenyldicarboxylate)	1
			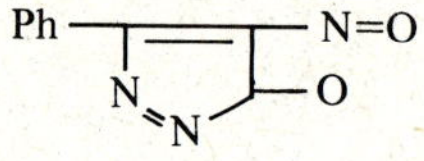 3-phenyl-4-nitroso-5-oxo-pyrazoline	2
			NO$_3$	2
			NCS	2
			PhCSCHCOPh	2
			PhNHNCSN=NPh	2

Y	q	Color and MP (°C)	Physicochemical Studies	Reference
		o	tha	361
		o-y	tha	361, 362
		y	ir, msc, xr	370
			tha	311
		w		902
		d-r	msc, uv, xr	916, 4695
			dc	936
		bw, > 350	nmr	4696
			ir	1489
		d-g	msc, tha	4694
			K, th	438, 967, 4691, 4692
H_2O	2	pk	ir	968, 1492
		w, 84–92 dec, 225 dec	ir, K, msc, tha, uv, xr	448, 449, 496, 499, 500, 503, 967, 968, 975, 1000, 1002, 1003, 1007, 1009, 1053, 1994, 2063, 4697–4700
		102–105	ms	4701
			uv	4702

TABLE 3.78. (CONTINUED)

m	n	R	X	p
1	2	H	Et$_2$NCS$_2$	2
			PhSO$_2$	2
			p-MeC$_6$H$_4$SO$_2$	2
			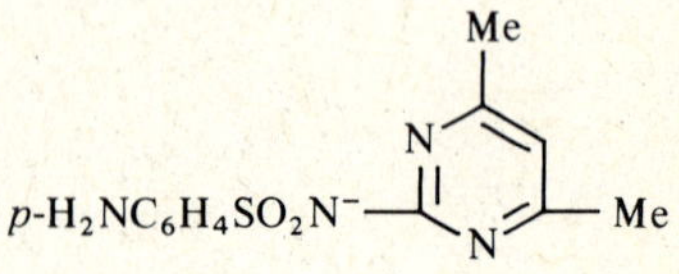 p-H$_2$NC$_6$H$_4$SO$_2$N$^-$(4,6-dimethylpyrimidin-2-yl)	2
			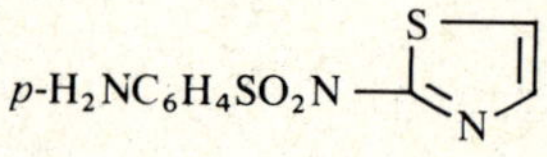 p-H$_2$NC$_6$H$_4$SO$_2$N(thiazol-2-yl)	2
			S$_2$O$_4$	1
			(EtSO$_2$)$_3$C	2
			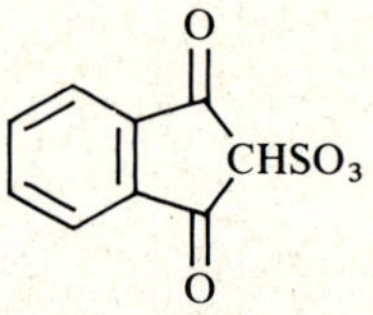 (1,3-dioxoisoindolin-2-yl)CHSO$_3$	2
			3,10,17,24-(HO$_3$S)$_4$-pc	1
			NCSe	2
			BF$_4$	2
			thioph-2-COCHCOCF$_3$	2
			CF$_3$COCHCOCF$_3$	2
			CF$_3$CO$_2$	2
			Cl	2
			Cl	2
			CCl$_3$CO$_2$	2
			Br	2
			I	2

Y	q	Color and MP (°C)	Physicochemical Studies	Reference
			ms	4664
		w	ir, uv	4703
		w, 269	ir, uv, msc	4703
H_2O	2 or 3			1022
H_2O	2 or 3			1022
		l-bwsh		2438
		w	ir, ms, uv	4704
H_2O	1	r		4705
			epr	4706, 4707
			tha	2953
		w	ir, msc, uv	2544
			K, uv	889, 4708
			ms	1034
			ir, msc, uv	1038
		bw 180 dec pk	cal, cond, epr, ir, K, msc, nqr, ram, sol, th, tha, uv, **xr**, xrp	496, 500, 503, 505, 507, 967, 968, 994, 995, 1005, 1014, 1052, 1060–1062, 1068, 1105, 1720, 2552, 4667, 4668, 4691, 4693, 4709–4726
H_2O	2		cond	4668
$(H_2N)_2CS$	4	177	cond, ir	4717
			ir, msc, uv	1038
		w, pk, 195 dec	cond, epr, ir, msc, ram, tha	103, 500, 503, 507, 994, 995, 1005, 1014, 1060, 1062, 4665, 4711, 4712, 4714, 4717–4720, 4724, 4726, 4727
$(H_2N)_2CS$	4	167	cond, ir	4717
			ir, msc, tha	500, 503, 4718

TABLE 3.78. (CONTINUED)

m	n	R	X	p
1	2	H	NCS	4
			Hg	1
			VO$_3$	2
			MeCOCHCO-ferrocene	2
			CN	4
			Ni	1
		2-Me	+	2
			MeCOCHCOMe	2
			thioph-2-COCHCOCF$_3$	2
		3-Me	+	2
			MeCOCHCOPh	2
			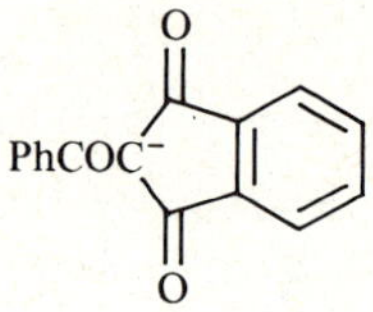 PhCOC$^-$(phthalimido)	2
			Cl	2
			Br	2
		4-Me	+	2
			MeCOCHCOMe	2
			MeCOCHCOPh	2
			PhCOCHCOPh	2
			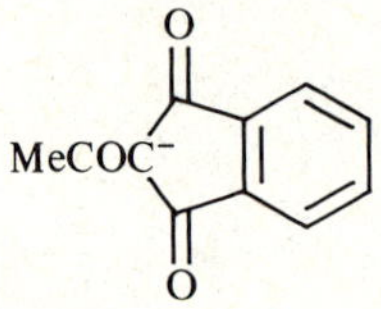 MeCOC$^-$(phthalimido)	2
			PhCO$_2$	2
			NCS	2
			thioph-2-COCHCOCF$_3$	2
			MeC$_5$H$_4$	1
			PF$_6$	1
			CF$_3$CO$_2$	2
			Cl	2
			CCl$_3$CO$_2$	2
			Br	2
		2,4-Me$_2$	+	2
		2,6-Me$_2$	+	2
		3,5-Me$_2$	MeCOCHCOMe	2
			Cl	2
			Br	2

Y	q	Color and MP (°C)	Physicochemical Studies	Reference
		w	ir, msc, uv, xr	1132
				1133
		bw, 267–270	ir, msc, uv	1134
			ir, ram, xr	1014, 1136, 1138
			K, p, th	4184
				4660
			K	889
			K, th	4184, 4685
		y-o	tha	361, 362
			tha	361, 362
		w, pksh	cond, ir, msc, th, tha	499, 1169, 4665, 4667, 4673, 4716
			tha	4665
			K, th	4184
		112, 139–142	ir, msc	4660, 4689
		y	tha	361
		o-y	tha	361
			tha	361
		l-pk	ir, msc	4728
			ir	4700
			K	889
NO	1	g, 101–105	ir, nmr	4672
			ir, msc, uv	1038
			epr, ir, th, tha, xr	499, 1005, 1169, 1179, 2613, 4667, 4716, 4729
$(H_2N)_2CS$	4	w	cond, ir, msc	4730
			ir, msc, uv	1038
		w, l-pk	cond, ir, msc, tha	1169, 4665, 4673
$(H_2N)_2CS$	4	w	cond, ir, msc	4730
			K, th	4184
			K, th	4184
		130	ir, msc	4689
			ir, msc	4731
			ir, msc	4731

TABLE 3.78. (CONTINUED)

m	n	R	X	p
1	2	2,4,6-Me$_2$	+	2
		3-Et	Cl	2
			Br	2
		4-CH=CH$_2$	N$_3$	2
			NCO	2
			NCS	2
			Cl	2
			Br	2
		2-NH$_2$	+	2
		2-CH$_2$NH$_2$	Cl	2
			Br	2
		2-NHNH$_2$	Br	2
		2-CH$_2$CH$_2$N$^-$Ph		
		4-NMe$_2$	MeCOCHCOMe	2
		3-(N-Me pyrrolidinyl)	o-PhCOC$_6$H$_4$CO$_2$	2
			p-O$_2$NC$_6$H$_4$CO$_2$	2
			2,4,6-(O$_2$N)$_3$C$_6$H$_2$O	2
		2-CH=NPh	NCS	2
		2-CN	Cl	2
		3-CN	N$_3$	2
			NCO	2
			Cl	2
		4-CN	N$_3$	2
			NCO	2
			Cl	2
			Br	2
		2-CH=NC$_6$H$_4$AsMe$_2$-o,6-Me	BPh$_4$	2
			ClO$_4$	2
		2-CH=NC$_6$H$_4$AsEt$_2$-o,6-Me	BPh$_4$	2
			ClO$_4$	2
		2-CH=NO$^-$		
		2-CH=NO$^-$,6-CH=NOH		
		2-CPh=NOH	Cl	2
		2-CH=NC$_6$H$_4$O$^-$-o		
		2-CH=NC$_6$H$_3$-2'-O$^-$-5'-Me		
		2-N=NC$_6$H$_4$O$^-$-o		
		2-N=N-1'-C$_{10}$H$_6$-2'-O$^-$		
		2-N=N-2'-C$_{10}$H$_6$-1'-O$^-$		
		2-N=N-2'-C$_{10}$H$_6$-1'-O$^-$,5-(N-Me piperidinyl)		

Y	q	Color and MP (°C)	Physicochemical Studies	Reference
			K, th	4184
			ir, msc	4731
			ir, msc	4731
		l-y	ir, msc, uv	573
		l-ysh	ir, msc, uv	573
		l-ysh	ir, uv	573
		d-y, l-pk	cond, ir, msc, uv	573, 4673
$(H_2N)_2CS$	4	l-y	cond, ir, msc	4730
		d-y, pk	cond, ir, msc, uv	573, 4673
$(H_2N)_2CS$	4	l-y	cond, ir, msc	4730
			K, p, th	285, 4184
		l-y	cond, msc	2635
		y	cond, msc	2635, 4732
		l-y		4732
			ir, msc, uv	3835
		y, 188		4676
H_2O	6			62
H_2O	4			62
H_2O	4			62
		ysh-o	tha	1213
			th, tha	4733, 4734
			ir, msc	2640
			ir, msc	2640
			th, tha	4734
			ir, msc	2640
			ir, msc	2640
			th, tha	4731, 4734
			th, tha	4731
H_2O	4		cond, msc	4677
			cond, msc	4677
H_2O	4		cond, msc	4677
H_2O	1		cond, msc	4677
			K, p	1231
		bu, v	K	690
		y	cond, ir, msc	4735
			K, uv	1239
			K, uv	1239
			ir, K, ms, nmr	706, 1246, 2646, 2647
			dc, ir, K, ms, nmr, p, uv	711, 712, 724, 1245, 1246, 2646–2648
			ir, K, nmr, uv	2646, 2647
		v	K, uv	4736

TABLE 3.78. (CONTINUED)

m	n	R	X	p
1	2	2-N=N-(9,10-phenanthrene-O⁻) 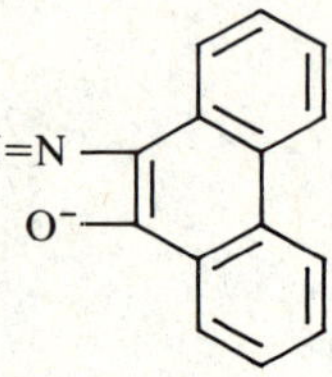		
		2-N=NC₆H₃-2'-O⁻-4'-NH₂,5-(1-Me-piperidin-2-yl) 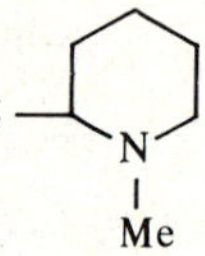		
		2-N=NC₆H₃-2'-O⁻-4'-NEt₂,5-(1-Me-piperidin-2-yl) 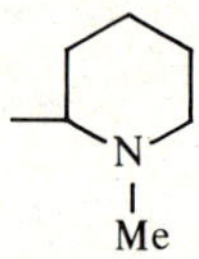		
		2-N=NC₆H₃-2'-O⁻-4'-OH		
		2-N=NC₆H₃-2'-O⁻-4'-OH,5-(1-Me-piperidin-2-yl) 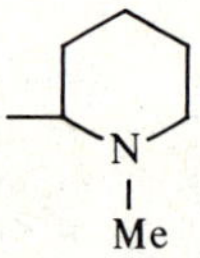		
		2-N=NC₆H₃-2'-O⁻-4'-OH-5'-cyclohexyl,5-(1-Me-piperidin-2-yl) 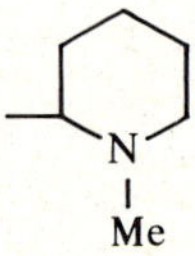		
		2-N=N-1'-C₁₀H₅-2'-O⁻-7'-OH,5-(1-Me-piperidin-2-yl) 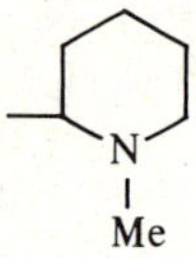		
		2-CONH₂	+	2
			Cl	2
			Br	2
		3-CONH₂	+	2
			MeCOCHCOMe	2
			NCS	2
			Cl	2
			Br	2
			I	2
		4-CONH₂	+	2
			Cl	2
		2-CONHPh	Cl	2
		2-CONHNH₂	NCS	2
			Cl	2

Y	q	Color and MP (°C)	Physicochemical Studies	Reference
			ir, K, th, uv	729, 2160, 2655
		pk	K, uv	4736
		r	K, uv	4736
			K, p, uv	738, 739, 2648, 4737–4739
		pk	K, uv	4736
		r	K, uv	4736
		r	K, uv	4736
			K	4659
H$_2$O	2		ir, tha	1273
H$_2$O	2		ir, tha	1273
			chr, K	4659
		y	tha	361, 1020
H$_2$O	0–2		ir	2663
		l-pk, w, 320	cond, ir	1278, 1280, 1282
		l-pk, 312	cond	4740
		l-y, 280	cond	4740
			chr, K	4659, 4682
			ir, msc, uv	2665
H$_2$O	2	w, 250		1278
			ir, ram	4681
			ir, ram	4681

TABLE 3.78. (CONTINUED)

m	n	R	X	p
1	2	3-CONHNH$_2$	NCS	2
			Cl	2
		4-CONHNH$_2$	NCS	2
			Br	2
		4-CON$^-$HNH$_2$		
		3-CONEt$_2$	+	2
			NCO	2
			NCS	2
			NCSe	2
		2-CON$^-$N=CMe$_2$		
		4-CON$^-$N=CMe$_2$		
		2-CO$_2^-$		
		2-CO$_2^-$,6-Me		
		2-CO$_2^-$,5-n-Bu		
		3-CO$_2^-$		
		3-CO$_2$H	Cl	2
			Br	2
			I	2
		4-CO$_2^-$		
		2-CO$_2^-$,5-CO$_2$H		
		2-CO$_2^-$,6-CO$_2$H		
		2-CO$_2^-$,6-CO$_2$H,4-NH$_2$		
		2-CO$_2$Et	+	2
		3-CO$_2$Et	+	2
			Cl	2
		4-CO$_2$Et	+	2
		3-CONHCH$_2$OH	Cl	2
			Br	2
		4-CON$^-$N=CHC$_6$H$_4$OH-o		
		4-CON$^-$N=CHC$_6$H$_3$-2'-O$^-$-5'-Me		
		4-CON$^-$N=CH-1'-C$_{10}$H$_7$-2'-OH		
		4-CON$^-$N=CMeC$_6$H$_4$OH-o		
		4-CON$^-$N=CMeC$_6$H$_3$-2'-OH-5'-Me		
		2-CH$_2$CO$_2^-$		
		2-C$^-$(phthalimido)		
		2-NHCOMe	NO$_3$	2
			Cl	2
			Br	2

Y	q	Color and MP (°C)	Physicochemical Studies	Reference
			ir	4680
			ir	4680
		l-ysh	cond, ir	74, 772, 2666
			ir	4683
			th	4682
			chr, K	4659
			ir	4741
			ir, xr	2495, 4741, 4742
		l-ysh	ir	4741
EtOH	2	y, 207	cond, ir, msc, uv	780
		y	ir, msc, uv	781
			ir, th, tha, uv	1312, 1317, 1324, 1332, 4743, 4744
H_2O	1	d-r		1305
	2	w, l-ysh	cond, epr, K, msc, p, xrp	1306, 1312, 1317, 2674, 4723
			K, p	1317
			chr, uv	1352
			ir, th, tha, uv	1324, 1325, 1328, 1361, 4743, 4744
H_2O	2	w, 415	cond	4740
		w, 375	cond, ir	4740
		w, 267	cond	4740
		l-y, 225	cond	4740
			ir, msc, tha, uv	1324, 1328, 4743, 4744, 4746
H_2O	2		ir	4683
H_2O	1		tha	1368
		l-pk, 430 dec	tha	1317, 1369
			K, p	3111
			K	4659
			K	4659
		pksh, 231–232		1278
			K	4659
		pksh	ir, msc, uv	1376
		pksh	ir, msc, uv	1376
		> 300	ir, msc	4745
		> 300	ir, msc	4745
		> 300	ir, msc	4745
		> 300	ir, msc	4745
		> 300	ir, msc	4745
			K	1387
			K	757
H_2O	2	pksh	epr, ir, msc, uv	1394
		pksh	epr, ir, msc, uv	1394
		pksh	epr, ir, msc, uv	1394

TABLE 3.78. (*CONTINUED*)

m	n	R	X	p
1	2	2-NHCOC⁻HCOMe		
		2-CH$_2$NHCH$_2$CO$_2^-$		
		2-CH=NN⁻COC$_6$H$_4$OH-*o*		
		2-P(OEt)O$_2^-$		
		2-P(OEt)O$_2^-$,4-Me		
		2-P(OEt)O$_2^-$,6-Me		
		2-CSNH$_2$	I	2
		2-CSN⁻C$_6$H$_4$Me-*o*		
		2-CSN⁻C$_6$H$_4$Me-*o*,5-Et		
		2-N=N-2'-C$_{10}$H$_5$-1'-O⁻-4'-SO$_3$H		
		2-N=N-2'-C$_{10}$H$_5$-1'-O⁻-4'-SO$_3^-$,5-(1-methylpiperidin-2-yl)	Na	2
		2-N=N-2'-C$_{10}$H$_5$-1'-O⁻-5'-SO$_3$H		
		2-N=N-1'-C$_{10}$H$_5$-2'-O⁻-5'-SO$_3$H,5-(1-methylpiperidin-2-yl)		
		2-N=N-2'-C$_{10}$H$_5$-1'-O⁻-6'-SO$_3$H		
		2-N=N-2'-C$_{10}$H$_5$-1'-O⁻-7'-SO$_3$H		
		2-N=N-2'-C$_{10}$H$_5$-1'-O⁻-8'-SO$_3$H		
		3-COC⁻HCOCF$_3$		
		2-Cl	Cl	2
		3-Cl	Cl	2
			Br	2
		2-CH=NC$_6$H$_4$-2'-O⁻-5'-Cl		
		4-CONHN=CHC$_6$H$_3$-2'-O⁻-5'-Cl		
		4-CONHN=CMeC$_6$H$_3$-2'-O⁻-5'-Cl		
		3-Br	NCS	2
			Cl	2
			Br	2
	3	H	+	2
			NCS	2
			Me$_4$N	1
			Cl	2
			Br	1
			Et$_4$N	1
			Cl	2
			Br	1
		4-Me	Me$_4$N	1
			Cl	2
			Br	1
			Et$_4$N	1
			Cl	2
			Br	1
		3,5-Me$_2$	Me$_4$N	1
			Cl	2
			Br	1

Y	q	Color and MP (°C)	Physicochemical Studies	Reference
			K	822
			K	580
		r-bw	ir, msc, uv	833
		w	ir, uv	1411
		l-pk	ir, uv	1411
		l-pk	ir, uv	1411
		o	cond, ir, msc	84, 2170
			epr	3911
			epr	3911
			K, uv	1251
		d-r	K, uv	4736
			K, uv	1251
			uv	1450
			K, uv	1251
			K, uv	1251
			K, uv	1251
			uv	1392
			th, tha	864
			ir, msc, th, tha	864, 4731
			ir, msc	4731
			K, uv	1239
		> 300	ir, msc	4745
		> 300	ir, msc	4745
			ir, msc	4731
			ir, msc, th, tha	864, 4731
			ir, msc	4731
			cal, epr, K, p, th	266, 4658
			tha	449
			cond, ir, msc, uv	4670
			cond, ir, msc, uv	4670
			cond, ir, msc, uv	4670
			cond, ir, msc, uv	4670
			cond, ir, msc, uv	4670

TABLE 3.78. (CONTINUED)

m	n	R	X	p
1	3	3,5-Me$_2$	Et$_4$N	1
			Cl	2
			Br	1
		4-CH=CH$_2$	Me$_4$N	1
			Cl	2
			Br	1
			Et$_4$N	1
			Cl	2
			Br	1
		2-CH$_2$NH$_2$	ClO$_4$	2
			I	2
		2-NHNH$_2$	ClO$_4$	2
		2-NHPPh$_2$	Br	2
		2-N=NC$_6$H$_3$-2-O$^-$-4-NH$_2$,5—[N-Me piperidyl] 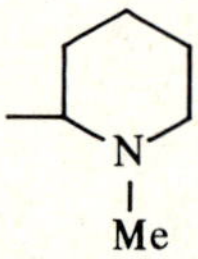	—	1
		2-N=NC$_6$H$_3$-2'-O$^-$-4'-OH	—	1
		2-CONHNH$_2$	NCS	2
			Cl	2
		2-N=N-2'-C$_{10}$H$_5$-2'-O$^-$-4'-SO$_3$H,5—[N-Me piperidyl] 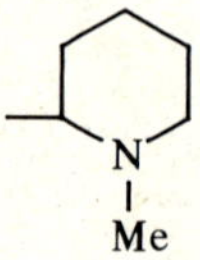	—	1
	4	H	+	2
			C(CN)$_2$NO	2
			NCO	2
			NCS	2
			NCSe	2
			BF$_4$	2
			CF$_3$CO$_2$	2

Y	q	Color and MP (°C)	Physicochemical Studies	Reference
			cond, ir, msc, uv	4670
			cond, ir, msc, uv	4670
			cond, ir, msc, uv	4670
		w	cond, ir, msc	2634, 2635, 4732
		w	cond, msc	2635
		w	msc	4732
			msc, uv	67
			K, uv	4747
			uv	4741
			ir, ram	4681
			ir, ram	4681
			K, uv	1449
			cal, epr, K, p, th	266, 4658
		r	ir, msc	1484
		w	ir, msc, tha	311, 906, 1486, 4749, 4750
		w, 40 dec, 125 dec	epr, ir, msc, K, sol, tha, uv, xr, xrp	103, 448, 449, 496, 500, 503, 968, 1000, 1002, 1003, 1005, 1007, 1009, 1013, 1017, 1019, 1020, 2072, 2535, 2542, 2687, 2740, 2953, 4697–4700, 4723, 4749, 4751–4754
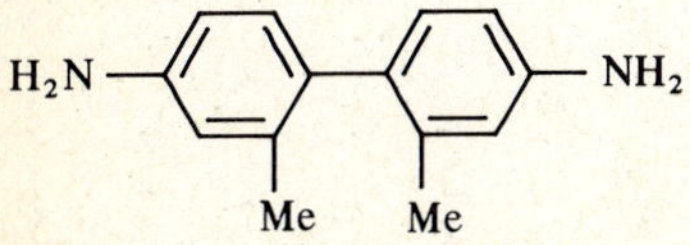 H_2N—⟨aryl-Me⟩—⟨aryl-Me⟩—NH_2	2			2689
		w	ir, msc, uv	1524
			ir, msc, uv	1038

TABLE 3.78. (CONTINUED)

m	n	R	X	p
1	4	H	Cl	2
			{ K	1
			{ Cl	3
			$SbCl_6$	2
			CCl_3CO_2	2
			ClO_4	2
			Br	2
			{ py^+H	1
			{ Br	3
			I	2
			{ Cl	6
			{ Cd	2
			{ Cl	4
			{ Hg	1
			$C_5H_5Cr(CO)_3$	2
			Cr_2O_7	1
			ReO_4	2
		3-Me	NCO	2
			NCS	2
			NCSe	2
			Cl	2
			Br	2
		4-Me	NCS	2
			NCSe	2
			CF_3CO_2	2
			Cl	2
			CCl_3CO_2	2
			ClO_4	2
			Br	2
			I	2
		3,5-Me_2	NCO	2
			NCS	2
			NCSe	2
			Cl	2
			Br	2
			I	2
		3-Et	NCO	2
			NCS	2
			Br	2
		4-Et	CN	2
			NCO	2

870

Y	q	Color and MP (°C)	Physicochemical Studies	Reference
			ir, K, sol, th, tha	1005, 1068, 2997, 4665, 4721, 4755
		w		4756
			xr	2990
			ir, msc, uv	1038
			ir, msc, uv	1534
		115 dec	msc, tha	500, 503
				4757
			ir, ram	994, 995, 1014, 4752, 4758
				2997
				1130, 2997
			ir	4443
		bw		1542
			ir, msc, uv	1545
			ir, msc	4750
			ca, ir, tha	1167, 4700
		145	ir, msc	4754
			epr, ir, th, tha, uv	499, 1169, 1720, 4665, 4667, 4759
		l-pk	epr, uv	4665, 4659
		w, 220 dec	ca, epr, ir, sol, uv	1167, 1550, 1552, 4759
		242	ir, msc	4754
			ir, msc, uv	1038
			epr, ir, th, tha, uv	499, 1005, 1720, 4665, 4667, 4759, 4760
			ir, msc, uv	1038
		w	ir, msc, uv	1524
			epr, ir, tha, uv	1005, 1169, 1720, 4665, 4729, 4759, 4760
			epr, uv	4759, 4760
			ir, msc	4750
			ca, ir, msc	1167, 4731
		230	ir, msc	4754
			epr, uv	4759
			epr, uv	4759
			epr, uv	4759
			ir, msc	4750
			ca, ir	1167
			epr, uv	4759
		l-bw, 300		4761
		l-bw, 126		4761

TABLE 3.78. (CONTINUED)

m	n	R	X	p
1	4	4-Et	NCS	2
			NCSe	2
		4-i-Pr	NCS	2
		4-CH=CH$_2$	NCS	2
		3-CN	NCO	2
		3-CH$_2$CH$_2$OH,4-CH$_2$OH	NCS	2
		4-(CH$_2$)$_4$OH	NCS	2
		4-CMe$_2$OH	NO$_2$	2
		3-CONH$_2$	NCS	2
		3-CONEt$_2$	Cl	2
		3-Cl	NCS	2
		3,5-Cl$_2$	I	2
		3-Br	NCO	2
			NCS	2
			I	2
	6	H	NCO	2
			Br	2
			{Sn	1
			{Br	6
			{Cl	6
			{Cd	2
			PtCl$_6$	1
	8	H	ClO$_4$	2
2	1	H	{NH$_4$	2
			{F	6
		4-Me	{MeC$_5$H$_4$	2
			{PF$_6$	2
		3-[pyrrolidine N-Me]	Cl	2
	2	H	pc	1
			Cl	4
3	2	H	NCO	6
			Cl	6
			Br	6
			I	6
		3-Me	Cl	6
			Br	6
		4-Me	Cl	6
			Br	6
	4	4-CONHNH$_2$	Cl	6

Y	q	Color and MP (°C)	Physicochemical Studies	Reference
		w	ca, ir	1167, 4761
		165	ir, msc	4754
			ca, ir	1167
			epr	2535
			ir, msc	2640
				4762
				4762
				4762
			ir	1219
			ir, tha, xr	1297, 4763, 4764
			ir, msc	4731
			epr, uv	4759
			ir, msc	4750
			epr, ir, msc, uv	4759
			epr, uv	4759
			ir, tha	311, 906
			msc, tha	103, 4665, 4711, 4712
				4765
				1130
		r		1563
		l-v		1531
		pksh		4767
NO	3	bw	ir, nmr	4672
		l-pk		4675
H_2O	4			
O_2	1	bu		4768
$Me_2C(OH)C=CCH_2CH=CH_2$	1		ir	4770
$CH_2=CClCH=CH_2$	1			4769
			tha	311
		315 dec	msc, th, tha	496, 500, 503, 505, 4665, 4667
		300 dec	tha	500, 503
			msc, tha	500, 503
			th, tha	499, 4665, 4667
			tha	4665
			th, tha	499, 4667
			tha	4665
				2699

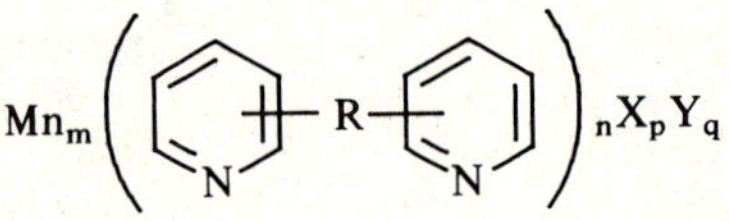

TABLE 3.78. (CONTINUED)

$$Mn_m \left(\underset{N}{\bigcirc} - R - \underset{N}{\bigcirc} \right)_n X_p Y_q$$

m	n	R	X	p
1	1	2-NH-2'	+	2
		2-CH$_2$NHCH$_2$-2'	+	2
		2-CH$_2$CH$_2$NHCH$_2$CH$_2$-2'	Cl	2
			Br	2
		2-CH$_2$NHCH$_2$CH$_2$NHCH$_2$-2'	+	2
		2-CH$_2$NH(CH$_2$)$_3$NHCH$_2$-2'	+	2
		2-CH$_2$NH(CH$_2$)$_4$NHCH$_2$-2'	+	2
		2-CH=NNH-2'	+	2
			NCS	2
			Cl	2
			Br	2
			I	2
		2-CH=N(CH$_2$)$_3$N=CH-2'	NO$_2$	2
			NCS	2
			PF$_6$	1
			Cl	1
			Cl	2
			Br	2
			I	2
		2-CMe=N(CH$_2$)$_3$NH(CH$_2$)$_3$N=CMe-2'	ClO$_4$	2
		![piperidine with H, OH, MeO$_2$C, CO$_2$Me at 2,2']	Cl	2
		![piperidine with H, OH, EtO$_2$C, CO$_2$Et at 2,2']	Cl	2
		![piperidinone with EtO$_2$C, CO$_2$Et at 2,2']	Cl	2

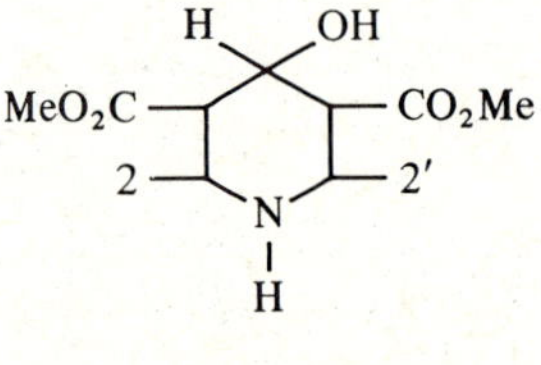

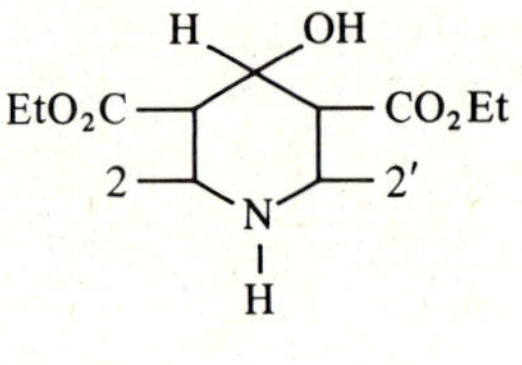

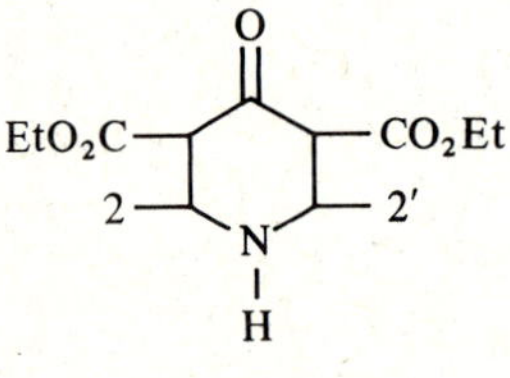

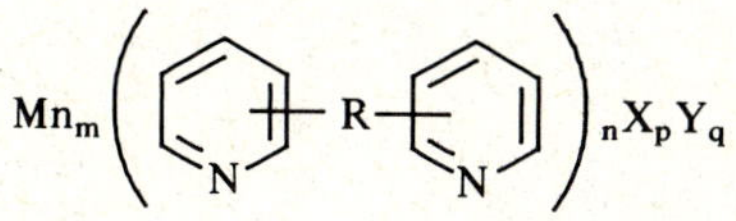

Y	q	Color and MP (°C)	Physicochemical Studies	Reference

$$\text{Mn}_m \left(\underset{N}{\bigcirc}-R-\underset{N}{\bigcirc} \right)_n X_p Y_q$$

Y	q	Color and MP (°C)	Physicochemical Studies	Reference
			K, p	285, 583
			K, th	1607
		w	cond, ir, uv, xr	1612, 2714
		gsh	cond, ir, uv, xr	1612
			K	579, 580
			K	1617
			K	1617
			K	583, 1624
		o	ir, msc	1627
			ir, msc, xr	1627, 2714, 2717
H$_2$O	1	o	ir, msc	1627
		o	ir, msc	1627, 2717
		r	ir, msc	1627
		y	epr, ir, msc	4771
		y	epr, ir, msc	4771
		y-g	epr, ir, msc	4771
H$_2$O	1	y	epr, ir, msc	4771
H$_2$O	1	y-o	epr, ir, msc	4771
		y-o	epr, ir, msc	4771
			ir, msc, uv	1645
		w	ir	1661
		w	ir	1661
		w	ir	1661

TABLE 3.78. (*CONTINUED*)

m	n	R	X	p
1	1	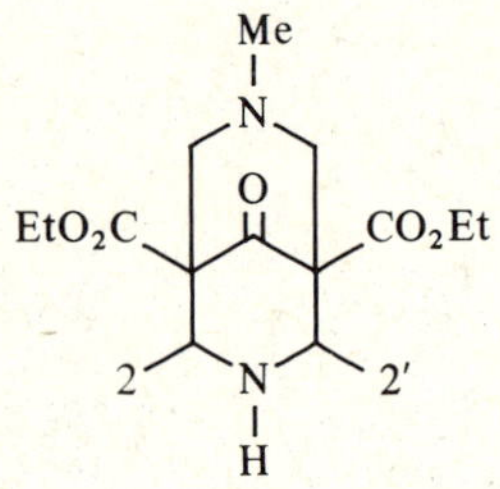 (structure: N-methyl piperidone with EtO₂C and CO₂Et groups at 2,2' positions, NH bridge)	Cl	2
		2-CH₂N(CH₂CO₂⁻)CH₂CH₂N(CH₂CO₂⁻)CH₂-2'		
		2-CH=N / N=CH-2' (diphenyl disulfide bridge, S₂)	Cl	2
			Br	2
			ClO₄	1
			I	1
		(structure: thiomorpholine-S,S-dioxide with MeO₂C and CO₂Me at 2,2', N-Me)	Cl	2
	2	2-NH-2'	+	2
			Cl	2
			Br	2
			I	2
		2-CH=NNH-2'	+	2
			ClO₄	2
		2-CH=NN=2'⁻ ^{a}		
{1 1		H 2-NHN=CHCH=NN=2'⁻ ^{a}	OH	1
{1 1		H 4-Me,2-NHN=CHCH=NN=2'⁻,4'-Me ^{a}	OH	1
{1 1		H 4-Cl,2-NHN=CHCH=NN=2'⁻,4'-Cl ^{a}	OH	1
{1 1		H 4-Br,2-NHN=CHCH=NN=2'⁻,4'-Br ^{a}	OH	1
{1 1		H 2-NHN=CHCMe=NN=2'⁻ ^{a}	OH	1
{1 1		H 2-NHN=CHC(*t*-Bu)=NN=2'⁻ ^{a}	OH	1
{1 1		H 2-NHN=CMeCMe=NN=2'⁻ ^{a}	OH	1

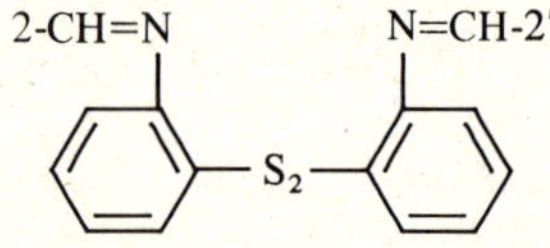

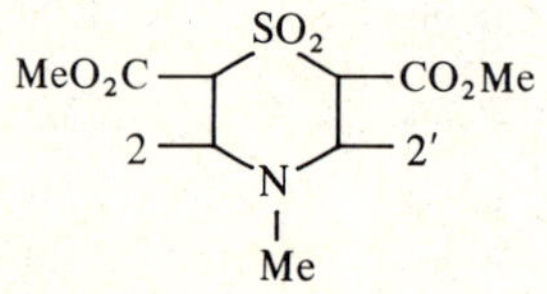

Y	q	Color and MP (°C)	Physicochemical Studies	Reference
		242	ir	2999
			K	580
H$_2$O	0.5	o-bw	ir, msc, uv	4772
		o-bw	ir, msc, uv	4772
		r-bw	ir, msc, uv	4772
		w, 245 dec	ir	1670
			K, th	285, 2423
			epr, ir, uv	4773
			epr, ir, uv	4773
			epr, ir, uv	4773
			K	583, 1624
		394 dec	chr, ir, nmr, uv	3000
H$_2$O	2	y / o-r	chr, ir, nmr, uv	1628, 1680, 3000
			cond, msc	1680
H$_2$O	1	d-r		1628, 1680
			ir, msc	4774
			ir, msc	4774
			ir, msc	4774
			ir, msc	4774
			ir, msc	4774
			ir, msc	4774
			ir, msc	4774

TABLE 3.78. (CONTINUED)

m	n	R	X	p
1	1 1	H 4-Me,2-NHN=CMeCMe=NN=2′,4′Me [a]	OH	1
	1 1	H 4-Cl,2-NHN=CMeCMe=NN=2′,4′-Cl [a]	OH	1
	1 1	H 4-Br,2-NHN=CMeCMe=NN=2′,4′-Br [a]	OH	1
	1 1	H 2-NHN=C(cyclohexyl)C(cyclohexyl)=NN=2′ [a]	OH	1
	1 1	H 2-NHN=CPhCPh=NN=2′ [a]	OH	1
	2	2-CO-2′	Cl	2
2	1	2-CH=N(CH$_2$)$_3$N=CH-2′	N$_3$	4

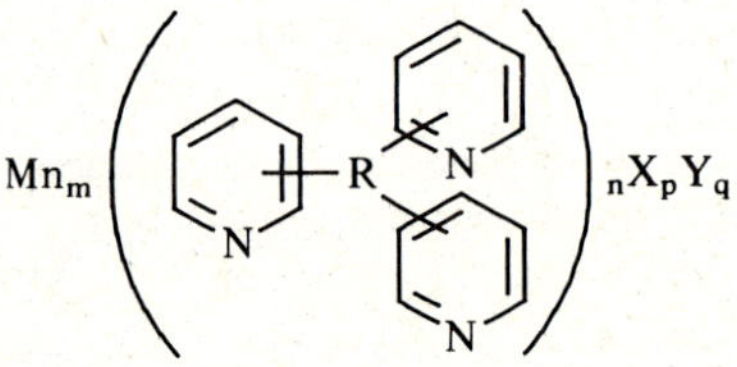

$$Mn_m \left(\underset{N}{\overset{N}{\bigcirc}} R \underset{N}{\overset{N}{\bigcirc}} \right)_n X_p Y_q$$

m	n	R	X	p
1	1	2—N⟨2′ ⟨2″	Cl	2
		2-CH$_2$—N⟨CH$_2$-2′ ⟨CH$_2$-2″	+	2
		2-CH$_2$CH$_2$—N⟨CH$_2$CH$_2$-2′ ⟨CH$_2$CH$_2$-2″	+	2
		2-CH=NCH$_2$—CMe⟨CH$_2$N=CH-2′ ⟨CH$_2$N=CH-2″	Cl	2
		2-CH=N⟨...⟩N=CH-2′, N=CH-2″ (cyclohexane)	ClO$_4$	2
		2-CH=NCH$_2$—N⟨CH$_2$N=CH-2′ ⟨CH$_2$N=CH-2″	ClO$_4$	2
			+	2
		2-CH$_2$—P⟨CH$_2$-2′ ⟨CH$_2$-2″	Cl	2

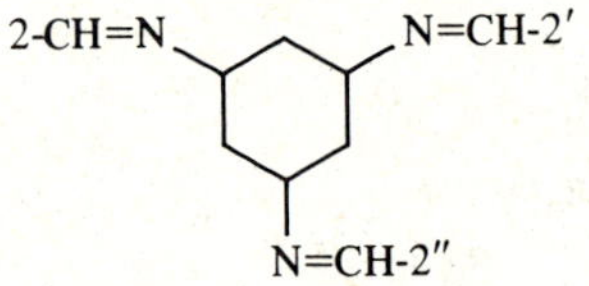

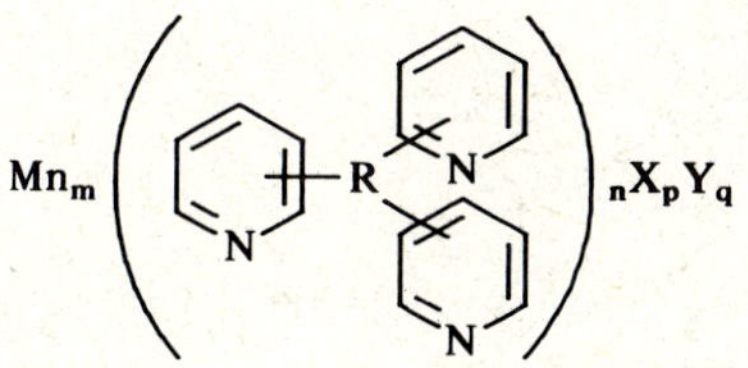

Y	q	Color and MP (°C)	Physicochemical Studies	Reference
			ir, msc	4774
			ir, msc	4774
			ir, msc	4774
			ir, msc	4774
			ir, msc	4774
			msc, uv	1655
		y	ir, msc	4771

$$Mn_m \left(\underset{N}{\overset{}{\bigcirc}}-R\underset{N}{\overset{}{\bigcirc}}\underset{N}{\overset{}{\bigcirc}} \right)_n X_p Y_q$$

			cond, msc, uv	1691
			cal, K, th	1692
			cal, K, th	1692
		w	msc, nmr, uv	1642
			ir, nmr, xr	2727, 2728, 4775
		1-y	ir, msc	2730
			nmr	1694
		y		4776

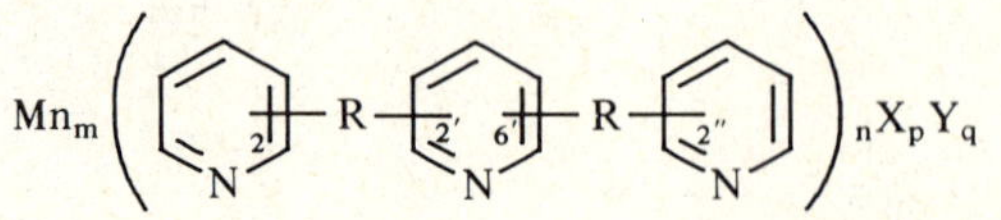

TABLE 3.78. (*CONTINUED*)

m	n	R	X	p

$$\text{Mn}_m \left(\underset{N}{\overset{2'}{\bigcirc}} - R - \underset{N}{\overset{2'}{\bigcirc}}_6' - R - \underset{N}{\overset{2''}{\bigcirc}} \right)_n X_p Y_q$$

m	n	R	X	p
1	1	2-CONHN=CMe-2′,6′-CMe=NNHCO-2″	Cl	2

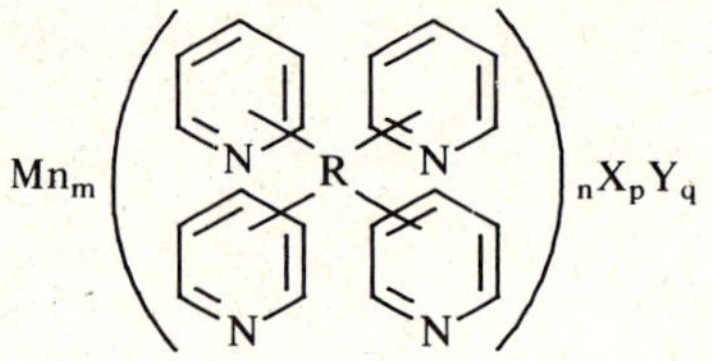

$$\text{Mn}_m \left(\underset{N}{\bigcirc} \underset{N}{\overset{N}{\underset{N}{\bigcirc}}} R \underset{N}{\overset{N}{\bigcirc}} \right)_n X_p Y_q$$

m	n	R	X	p
1	1	2-CH₂, 2′-CH₂ \ N—CH₂CH₂—N / CH₂-2″, CH₂-2‴	+	2
		2-CH₂CH₂, 2′-CH₂CH₂ \ N—CH₂CH₂—N / CH₂CH₂-2″, CH₂CH₂-2‴	+	2

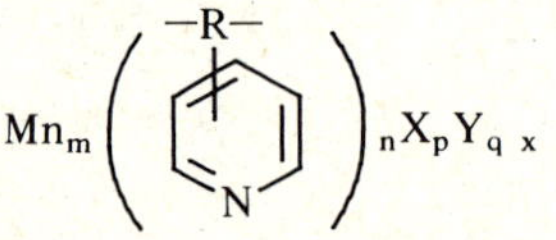

$$\text{Mn}_m \left(\underset{N}{\overset{-R-}{\bigcirc}} \right)_n X_p Y_{q\ x}$$

m	n	R	X	p
1	1	—CH₂CH— | 3,6-CO₂⁻	+	1
	2	—CH₂CH— | 4	Cl	2

[a] The anion of the $R=\underset{N^-}{\bigcirc}$ form.

Y	q	Color and MP (°C)	Physicochemical Studies	Reference
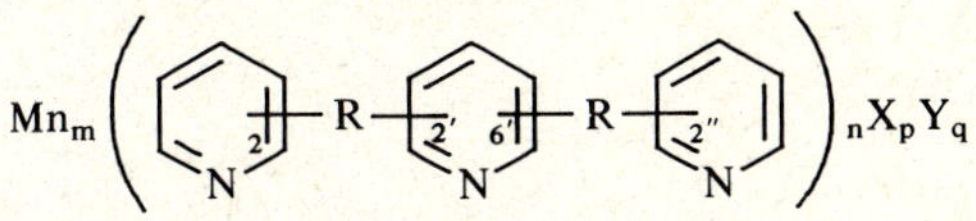		$Mn_m\left(\underset{N}{\bigcirc}_{2'}-R-\underset{N}{\bigcirc}_{2'\ 6'}-R-\underset{N}{\bigcirc}_{2''}\right)_n X_p Y_q$		
H_2O	5		xr	4777
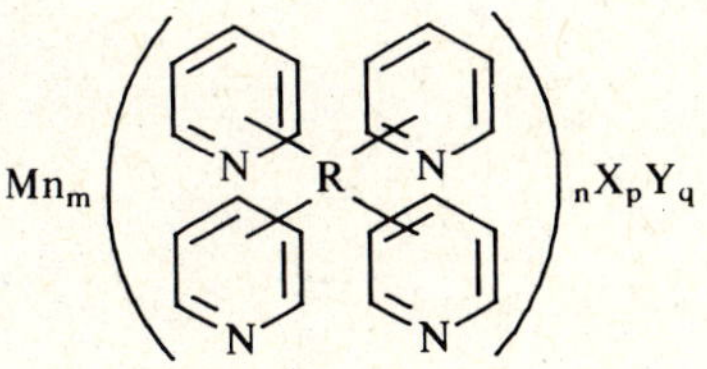		$Mn_m\left(\underset{N\ \ N}{\overset{N\ \ N}{\bigcirc R \bigcirc}}\right)_n X_p Y_q$		
			cal, K, th	1692
			cal, K, th	1692
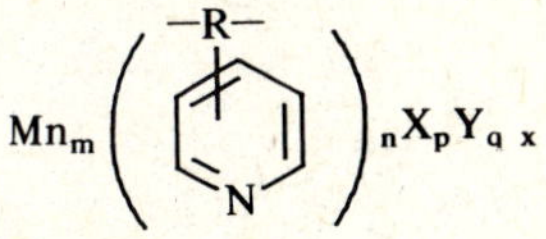		$Mn_m\left(\underset{N}{\overset{-R-}{\bigcirc}}\right)_n X_p Y_{q\ x}$		
			K	1332
		l-pk		162

TABLE 3.79. COORDINATION COMPOUNDS OF PYRIDINE AND ITS DERIVATIVES WITH MANGANESE (III) AND MANGANESE (IV)

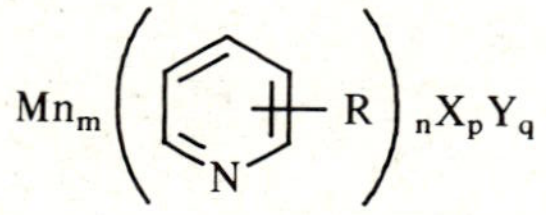

$$Mn_m \left(\underset{N}{\underset{|}{\bigodot}} R \right)_n X_p Y_q$$

Manganese (III)

m	n	R	X	p	Y	q	Color and MP (°C)	Physicochemical Studies	Reference
1	1	H	OH	1				uv	4687, 4688
			pc	1					
			2,7,12,18-Me$_4$-3,8-Et$_2$-13,17-(HO$_2$CCH$_2$CH$_2$)$_2$-porph	1				epr, K, p	4661, 4662, 4778
			OH	1			bw-bk		4779
			MeCO$_2$	2					
			2,7,12,17-Me$_4$-3,8,13,18-Et$_4$-porph	1				epr	4687, 4688
			MeCO$_2$	1					
			Et$_4$N	1				msc, nmr, p	4780
			SCH=CHS	1					
			Ph$_4$As	1			134–135	msc, nmr, p	4780
			SCH=CHS	1					
			Ph$_4$As	1			190 dec	msc, nmr, p	4780
			1,2-Me$_2$C$_6$H$_2$-4,5-S$_2$	1					
			MeCOCHCOMe	2			142–143	ms	4781
			NCS	1					
			—	4					
			OH	1				epr	4706, 4707
			3,10,17,24-(O$_3$S)$_4$-pc	1					

			5,10,15,20-Ph$_4$-porph	1			
			Cl	1		ram	4782
			Et$_8$-porph	1			
			Br	1	g	uv	4207, 4208
			5,10,15,20-Ph$_4$-porph	1			
			Br	1		ram	4782
		2-Me	2,7,12,18-Me$_4$-3,8-Et$_2$-13,17-(HO$_2$CCH$_2$CH$_2$)$_2$-porph	1		ir, uv	4662
		4-Me	MeCOCHCOMe	2			
			Br	1		ir, uv	4783
			2,7,12,18-Me$_4$-3,8-Et$_2$-13,17-(HO$_2$CCH$_2$CH$_2$)$_2$-porph	1		K, p	4662
		2,6-(CONHN=CHPh)$_2$	MeCO$_2$	3	H$_2$O 2 y	ir, msc, uv	4213
				1		ir, msc, uv	4213
		2,6-(CO$_2^-$)$_2$	MeCOCHCOMe	1			4784
				1	H$_2$O 1 d-r-bw	ir, msc, uv, xrp	803
		H	OH	1		epr	4687, 4688
2			pc	1			
			2,7,12,18-Me$_4$-3,8-Et$_2$-13,17-(HO$_2$CCH$_2$CH$_2$)$_2$-porph	1			4661, 4662
3		2-CO$_2^-$		1	H$_2$O 1 rsh-v	cond, msc, uv	4785
		3-CONHO$^-$		1	r	ir, msc, uv, xrp	4723, 4786, 4787
		4-CONHO$^-$				uv	4788
						uv	4788
4		H	OH	1			
			(o-OC$_6$H$_4$CH=NCH$_2$)$_2$CH$_2$	1		xr	4789
2	2	H	pc	2			
			O	1		ir, msc	4687, 4688, 4790

TABLE 3.79. (CONTINUED)

m	n	R	X	p	Y	q	Color and MP (°C)	Physicochemical Studies	Reference
2	2	H	MeCO$_2$	5			y-bw		4779
			NO$_3$	1					
		3-Me	pc	2				ir, msc	4790
			O	1					
	3	H	OH	2				ir, msc	4791
			o-OC$_6$H$_4$CH=NC$_6$H$_4$O-o	2					
			OH	2				ir, msc	4791
			2-O-5-BrC$_6$H$_4$CH=NC$_6$H$_4$O-o	2					
	4	H	pc	2				xr	4792, 4793
			O	1					
3	3	H	OH	1			bw		4779
			MeCO$_2$	7					
			NO$_3$	1					
			O	1			bw, 218	msc, uv	4301
			MeCO$_2$	6					
			ClO$_4$	1					
		3-Me	O	1			bw, 193–195	ir, msc, uv	4301
			MeCO$_2$	6					
			ClO$_4$	1					
4	4	H	OH	4	H$_2$O	2	bw		4779
			MeCO$_2$	7					
			ClO$_4$	1					
			OH	3			bw		4779
			MeCO$_2$	8					
			ClO$_4$	1					
5	5	H	O	2	H$_2$O	2	bw		4779
			MeCO$_2$	8			bw-bk		4779

8	1	H	{OH, MeCO$_2$}	13, 11	bw-bk	4779
	8	H	{OH, MeCO$_2$, NO$_3$}	4, 17, 3	bw	4779
			{OH, MeCO$_2$, NO$_3$}	2, 19, 3	bw	4779
			{OH, MeCO$_2$, ClO$_4$}	6, 15, 3	bw	4779
	9	H	{OH, MeCO$_2$, ClO$_4$}	4, 18, 2	bw	4779

Manganese (IV)

1	1	H	{pc, O}	1, 1		uv	4688
	2	H	Cl	4	g, 152–155 dec		4691, 4693, 4794
			Br	4	y-g, 173		4794
		2-CO$_2^-$	O	1	d-g	ir, msc, uv, xrp	4787

TABLE 3.80. COORDINATION COMPOUNDS OF PYRIDINE AND ITS DERIVATIVES WITH TECHNETIUM

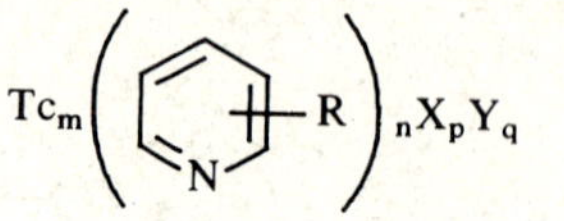

m	n	R	X	p	Y	q	Color and MP (°C)	Physicochemical Studies	Reference

$$Tc_m \left(\underset{N}{\bigcirc}\!\!-\!\!R \right)_n X_p Y_q$$

Technetium (I)

m	n	R	X	p	Y	q	Color and MP (°C)	Physicochemical Studies	Reference
1	2	H	Cl	1	CO	3	w		4795

Technetium (V)

m	n	R	X	p	Y	q	Color and MP (°C)	Physicochemical Studies	Reference
1	4	H	O Cl	2 1	H$_2$O	2	d-o	ir, uv, xr	4796
						10	o	ir, uv, xr	4796
						x		xr	4797

TABLE 3.81. COORDINATION COMPOUNDS OF PYRIDINE AND ITS DERIVATIVES WITH RHENIUM (0) – RHENIUM (IV).

$$Re_m\left(\underset{N}{\overset{R}{\underset{|}{\bigoplus}}}\right)_n X_p Y_q$$

m	n	R	X	p	Y	q	Color and MP (°C)	Physicochemical Studies	Reference
Rhenium (0)									
1	1	2-CH=CH$_2$			CO	4	y, 250–255	ir, nmr	4646
1	2	H			CO	3	l-y		4798
Rhenium (I)									
1	1	H	+C$_5$H$_5$	1	CO	5		ir	4628, 4629
			PhCOCHCOPh	1	CO	2	y, 139–141.5	ir	4799
			Et$_2$PS$_2$	1	CO	3	189	ir	4800
			Ph$_2$PS$_2$	1	CO	3		ir, K, nmr, th	4636, 4637, 4801
			Me$_2$AsS$_2$	1	CO	3	w, 190–191	K, th	4636, 4637
					CO	3		ir, ms, nmr, ram	4638
			Cl	1	{N$_2$	1		p	4802–4804
					Me$_2$PhP	3			
			Br	1	CO	4		K	4805
	4-Me		Br	1	CO	4		K	4805
	2-C$_6$H$_4$-o				CO	4	y, 106–108	ir, nmr	4646
	2-CO$_2^-$				{Ph$_3$P	2			
					H$_2$O	1	y	ir, nmr	4570
					CO	2			
					{Ph$_2$PCH$_2$CH$_2$PPh$_2$	1			
					H$_2$O	1	l-y	ir, nmr	4570
					CO	1			
					{Ph$_3$P	1			
					CO	3	y	ir, nmr	4570

TABLE 3.81. (CONTINUED)

m	n	R	X	p	Y	q	Color and MP (°C)	Physicochemical Studies	Reference
	2				Ph$_2$PCH$_2$CH$_2$PPh$_2$	1	l-y		4570
		H	NO$_3$	1	CO	3	172	ir	4806
			Cl	1	CO	3	l-y, w, 210 subl.	ir, msc, K	4635, 4798, 4807–4810
			Br	1	CO	3	y, l-y	ir, K	4808–4810
		{ H, 2-CO$_2^-$	I	1	CO	3		ir	4635, 4809, 4811
					CO	3	l-y	ir, nmr	4570, 4571
		{ 4-Ph, 2-CO$_2^-$			CO	3	l-y	ir, nmr	4570, 4571
		H	ClO$_4$	1	CO	3	l-y	ir, nmr	4653
		H	I	1	CO	3		msc, uv	4812

$$Re_m \left(\underset{N}{\bigcirc} - R - \underset{N}{\bigcirc} \right)_n X_p Y_q$$

1	1	2-NH-2′	ClO$_4$	1	{ MeCN, CO	1, 3	130 dec	ir, nmr	4653
		3-CH=CH-3′ (trans)	Cl	1	CO	3		uv	4813
			Br	1	CO	3		uv	4813
		4-CH=CH-4′ (trans)	Cl	1	CO	3		uv	4813
			Br	1	CO	3		uv	4813
		2-CH=NNH-2′ (Z)	Cl	1	CO	3	w	ir	4657
			ClO$_4$	1	CO	3		ir, nmr	4653
			Br	1	CO	3	w	ir	4657
			I	1	CO	3	w	ir	4657

$$Re_m \left(\begin{array}{c} R \\ \bigcirc_N^+ \end{array} \right)_n X_p Y_q$$

Rhenium (II)

m	n	R	X	Y	q		methods	ref
1	1	H	Cl	CO	2	l-g	cond, ir, msc	4814, 4815
				NO	1	y, 184	ir	4816
			MeCO$_2$H		1		tha	4817, 4818
			Br	CO	2	y, 196	ir	4816
			I	CO	2		msc, uv	4812
				NO	1	y, 167	ir	4816
		3-Me	Cl	CO	2		cond, ir, msc, uv, xr, xrp	4814, 4815
		4-Me	Cl	NO	1		cond, ir, msc, uv, xr, xrp	4814, 4815
					2	y, 117	ir	4816
		3,4-Me$_2$	Cl	CO	2	y, 148	ir	4816
				NO	1			
		3-CN	Cl	CO	2	193	K, th	4819
				NO	1			
		4-CN	Cl	CO	2	169	K, th	4819
				NO	1			
		2-F	Cl	CO	2	186	K, th	4819
				NO	1			
		2-Cl	Cl	CO	2	185	K, th	4819
				NO	1			
		3-Cl	Cl	CO	2	165	K, th	4819
				NO	1			

TABLE 3.81. (CONTINUED)

m	n	R	X	p	Y	q	Color and MP (°C)	Physicochemical Studies	Reference
2		H	Cl	2			gy-g, l-g, bw	msc	4820, 4821
3		H	Cl	2	NO	1		p	4822
			Br	2	NO	1		p	4822
4		H	Cl	2				K	4821

Rhenium (II) with Rhenium (III)

| 6 | 6 | H | Cl | 15 | | | | cond, ir, msc, uv, xr, xrp | 4815 |

Rhenium (III)

1	1	H	{Me	2					4823
			{Cl	1					
			{N=CH₂	1	MePh₂P	2		ir, nmr	4824, 4825
			{Cl	2					
			{N=CHMe	1	EtPh₂P	2		ir, nmr	4824, 4825
					Ph₃P	2		ir, nmr	4824, 4825
			{N=CHMe	1	MePh₂P	2		ir, nmr	4825
			{Cl	2					
			{N=CHEt	1	Ph₃P	2	g, 156–157	ir	4824
			{Cl	2					
			{MeCO₂	2	Ph₃P	2	g, 148 dec	ir	4824
			{Cl	1					
			Cl	3			l-g, g	uv	4826
			{py⁺H	2				cond, ir, msc, ram, uv, xr, xrp	4422, 4815, 4820, 4827
			{O	1					
			{Cl	3				msc	4828

1	1	H	{—	1			p	4822
			{Cl	4				
			{H	1	NO	200 dec	tha	4829
			{Cl	4				
			{py$^+$H	1	NO		ir, msc, uv	4829, 4830
			{Cl	4				
			Br	3	NO		uv	4827, 4831–4833
			{—	1	NO		p	4822
			{Br	4				
		2-Me	Cl	3		pp	msc	4820
		4-Me	Br	3				4833
		3-Cl	Cl	3			cond, ir, msc, uv, xr, xrp	4815
			Br	3				4833
2	3	H	Cl	3	NO		ir, msc, tha	4829, 4830
4	4	H	Cl	3		260 dec	msc, tha	4828, 4834
2	1	2,6-Me$_2$	Cl	6		pp	msc	4820
		2-CH=CH$_2$	Cl	6		pp		4810
3	2	H	{Ph$_3$PH	1			cond, xr	4831
			Br	10				
	3	H	{Ph$_3$PH	1			cond	4832
			Br	10				
			{Ph$_3$PCH$_2$Ph	1			cond	4832
			{Br	10		g		

Rhenium (IV)

1	1	H	{N=CH$_2$	1	MePh$_2$P	g, 151–152	ir	4824
			{Cl	3				
					EtPh$_2$P	g, 196–198	ir	4824
					Ph$_3$P	g, 210–212	ir	4824
			Cl	4	Ph$_3$P	o	ir	4835
	1	H	{Et$_4$N	1			cond, ir, uv	4836, 4837
			{Cl	5				

TABLE 3.81. (CONTINUED)

m	n	R	X	p	Y	q	Color and MP (°C)	Physicochemical Studies	Reference
			py⁺H	1				msc	4828, 4838
			Cl	5					
			py⁺H	1				msc	4828, 4838
			Br	5					
			Cl	5				msc	4838
			Ag	1					
			py⁺H	2				ir	4839
	2	H	O	2					
			Cl	2					
			Cl	4	NO	1	d-bw	cond, ir, msc, uv, xr	4828, 4837, 4840–4842
								ir, msc	4843, 4844
			Br	4				msc	4845
			I	4			bw, d-v	ir, msc, uv	4812, 4820, 4846, 4847
			O	1			r		4848
	3	H	NCS	2					
			K	2					
2	2	2-CONH₂	O	1				cond, epr, ir	4849
			SO₄	4					
			K	2					
		3-CONH₂	O	1				cond, epr, ir	4849
			SO₄	4					
			K	2					
		4-CONH₂	O	1				cond, epr, ir	4849
			SO₄	4					
			K	2					
		2-CO₂H	O	1				cond, epr, ir	4849
			SO₄	4					

2	2	3-CO$_2$H	K	2		cond, epr, ir	4849
			O	1			
			SO$_4$	4			
		4-CO$_2$H	K	2		cond, epr, ir	4849
			O	1			
			SO$_4$	4			
2	4	H	py$^+$H	1		ir	4839
			O	5			

Rhenium (IV) with Rhenium (V)

TABLE 3.82. COORDINATION COMPOUNDS OF PYRIDINE AND ITS DERIVATIVES WITH RHENIUM (V), RHENIUM (VI), AND RHENIUM (VII)

$$Re_m \left(\underset{N}{\overset{+}{\underset{|}{\bigcirc}}} R \right)_n X_p Y_q$$

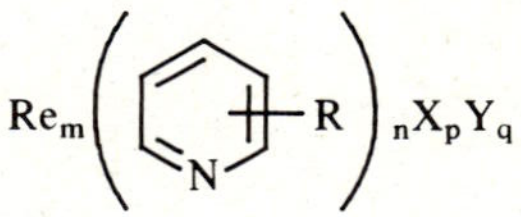

Rhenium (V)

m	n	R	X	p	Y	q	Color and MP (°C)	Physicochemical Studies	Reference
1	1	H	NEt	1					4824
			FSO$_3$	1	EtPh$_2$P	2	v, 115	ir	
			Cl	2					4824
			NMe	1	EtPh$_2$P	1	v, 101–103 dec	ir	
			Cl	3					4850
			O	2			350 dec	tha	4851
			Br	1				K, uv	4852
		2-CMe=NNHCSNH$_2$	+	5					4853
2		H	CN	1	H$_2$O	1			4854
			O	2					
			O	1	HF	1	y-g		4855
			NCS	3	H$_2$O	1			
			O	2	H$_2$O	1		msc	4855
			F	1		2		msc	4855
								K, p	
			N	1				ir	4856
			Cl	2					

894

{OH O Cl	1 1 2		v g	4839, 4857, 4858
{OEt O Cl	1 1 2		bu, 182–184 dec	4859, 4860
{NPh Cl	1 3		g, 257–260	4824
{O Cl	1 3			ir, msc
				4858, 4861, 4862
{O ClO$_4$	2 1	Ph$_3$P		4859
{O Br	2 1		330 dec	tha 4850
{OH O Br	1 1 2		g	ir, msc 4847
{OEt O Br	1 1 2			ir 4847
{O Br	1 3		l-g	ir, msc 4847
{O I	2 1			ir, msc 4859
{OH O I	1 1 2	Ph$_3$P	l-bw	cond, ir 4847
{OEt O I	1 1 2			4859

TABLE 3.82. (CONTINUED)

m	n	R	X	p	Y	q	Color and MP (°C)	Physicochemical Studies	Reference
1	2	2-Me	⎧OH ⎨O ⎩Cl	1 1 2			g	ir	4857
		3-Me	⎧OH ⎨O ⎩Cl	1 1 2			g	ir	4857
		4-Me	⎧OH ⎨O ⎩Cl	1 1 2			g	ir	4857
	3	H	⎧CN ⎩O	1 2					4853, 4859
			⎧O ⎩F	2 1					4855, 4859
			⎧O ⎩ClO$_4$	2 1	Ph$_2$P	1			4859
			⎧O ⎩Br	2 1			314 dec	tha	4850
			⎧+ ⎩BPh$_4$	1 2				ir, K, uv	4863–4866
	4	H	⎧BPh$_4$ ⎩O	1 2			y	ir, msc	4866
			⎧CN ⎩O	1 2				p, tha	4852, 4853
			⎧OH ⎩O	1 2	H$_2$O	1 2			4853 4853
									4853, 4867

1	4	H	{H CN	2 1			
			{O SO₄	2 1			4853
			{O F	2 1		uv	4855
			{OH Cl	4 1		ir, uv	4868
			{O Cl	2 1	r, r-v	cond, ir, msc, p, tha, xr	4828, 4839, 4852, 4853, 4857, 4859–4861, 4867, 4869–4877
					y, o-y	ir, msc, uv	4878
					g, y-o, o, o-r	cond, ir, msc, tha, uv, **xr**	4797, 4853, 4857, 4859, 4866, 4877, 4879, 4880
			{OH O Cl	1 1 2	H₂O {g v	cond, ir, msc	4876
			{O ClO₄	2 1		p, tha, uv	4852, 4853, 4878
			{O Br	2 1	o, 150 dec	cond, tha	4850, 4857, 4859
					o, o-y	ir, msc	4847, 4857, 4868
			{O I	2 1	H₂O 2 y	cond, ir, uv	4839, 4857, 4859, 4871, 4878
					H₂O 1 y, o-y, o	ir, msc	4847, 4857, 4866, 4881

TABLE 3.82. (CONTINUED)

m	n	R	X	p	Y	q	Color and MP (°C)	Physicochemical Studies	Reference
1	4	H	OH	1			bk		4866
			I	1					
			I$_3$	3					
			OH	1					4878
			O	1				ir	
			NCS	4					
			Cr(NH$_3$)$_2$	1					
			OH	1					4878
			O	1				ir	
			PtCl$_6$	1					
		2-Me	O	2				cond, ir	4857
			Cl	1	H$_2$O	2	y		4857
			O	2					4857
			Br	1	H$_2$O	1	y		4857
			O	2					4871
			I	1	H$_2$O	1	y		4857
		3-Me	O	2					4871
			Cl	1	H$_2$O	2	y		4857
			O	2					4857
			Br	1	H$_2$O	2	y		4871
			O	2					4857
			I	1	H$_2$O	2	y		

	R	X/Y	m/n	solvent	notes	spectra	Ref.
2	4-Me	{O, Cl}	2, 1				4871
		{O, Br}	2, 1	H₂O	o		4857
		{O, I}	2, 1	H₂O	y		4857
				H₂O	y		4871
					y		4857
	H	{OEt, O, Cl}	2, 3, 2		bu, 182–184 dec		4860
		{O, Cl}	3, 4		l-g, g, 230 / g, 215–222 dec	ir, tha, uv	4860, 4861, 4873, 4877, 4879
		{O, Br}	3, 4		y		4860
	H	O	5				4871
	2-Me	O	5				4871
	3-Me	O	5				4871
	4-Me	O	5				4871
3	H	{O, PtCl₆}	4, 1	H₂O	y		4866
	H	{O, Cl}	5, 5			ir, msc	4876

$$\left(\overset{}{\underset{Re_m}{}} \right) - R - \left(\overset{}{\underset{}{}} \right)_n X_p Y_q$$

(pyridinium structure)

	R	X/Y	m/n				Ref.
1	2-CH(OH)CH(OH)-2′	{O, Cl}	1, 3				4882

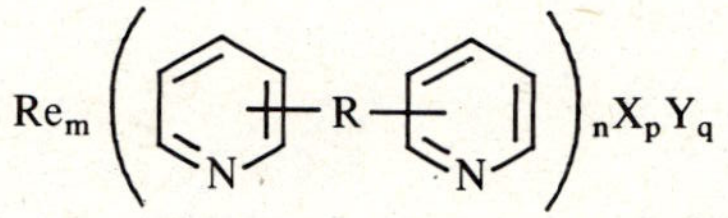

899

TABLE 3.82. (CONTINUED)

m	n	R	X	p	Y	q	Color and MP (°C)	Physicochemical Studies	Reference
1	1	2-CH(OH)CH(O⁻)-2'	{O, Cl	1, 2				msc	4882
	3	2-CSNH-2'	+	5				K, uv	4883
2	1	2-CSNH-2'	+	10				K, uv	4883

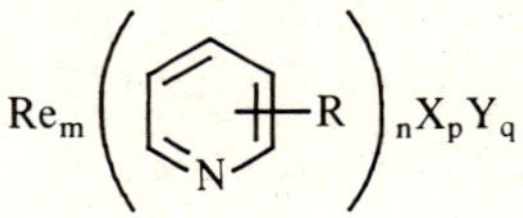

Rhenium (VI)

Rhenium (VII)

m	n	R	X	p	Y	q	Color and MP (°C)	Physicochemical Studies	Reference
1	1	H	{O, Cl	1, 4					4884
	4	H	{O, Cl	2, 2			r		4871
1	2	H	{OH, Cl	2, 5			g		4871
		2-Me	{OH, Cl	2, 5					4871
		3-Me	{OH, Cl	2, 5					4871
		4-Me	{OH, Cl	2, 5					4871
2	1	H	O	7			l-bw	ir	4847
	2	H	O	7			pk, d-g	tha	4873, 4877

TABLE 3.83. CRYSTALLOGRAPHIC DATA FOR THE COMPLEX COMPOUNDS OF PYRIDINE AND ITS DERIVATIVES WITH THE METALS OF TRANSITION GROUP VII

Compound	Space Group	a	b	c	α	β	γ	Z	Reference
Manganese									
$MnCl_2 \cdot 2py$	$P2_1/n$	17.40	8.75	3.76		91.0		2	1052
$Mn(NCS)_2 \cdot 2(3\text{-}Et_2NCO\text{-}py)$	$P\bar{1}$	9.332	7.193	11.159	113.9	96.8	105.7	1	4742
$MnCl_2 \cdot 4(3\text{-}Et_2NCO\text{-}py)$	$P\bar{1}$	15.549	12.508	7.696	111.1	125.2	92.8	1	4764
$Mn(ClO_4)_2 \cdot [(py\text{-}2\text{-}CH=NCH_2)_3CMe]$	$P2_1/n$	18.00	15.36	9.66		92.2		4	4775
$MnCl_2 \cdot [2,6\text{-}(py\text{-}2\text{-}CONHN=CMe)_2\text{-}py] \cdot 5H_2O$	$P\bar{1}$	15.00	13.65	7.565	92.4	97.5	117.5	2	4777
$Mn_2(o\text{-}OC_6H_4CH=N(CH_2)_3N=CHC_6H_4O\text{-}o)_2(OH)_2 \cdot 4py$	$P\bar{1}$	10.227	14.098	9.011	104.05	89.32	106.06	1	4789
$Mn_2O(phthalocyanine)_2 \cdot 4py$	$P2_12_12_1$	22.635	23.850	12.808				4	4792, 4793
Technetium									
$TcO_2Cl \cdot 4py \cdot xH_2O$	Cc or C2c	14.40	12.34	15.06		?		4	4797
Rhenium									
$ReO_2Cl \cdot 4py \cdot 2H_2O$	Cc	13.592	11.973	15.55		116.2		4	4880
	$P2_1/m$	13.95	12.04	15.04		121		4	4797

linonitrile (4734). Contrary to these, 2-pyridone is *O*-coordinated. Much attention has been paid to the problem of coordination and chelation in pyridinedicarboxylates (1363, 1365, 1368, 1369, 1372). Both 3,5- and 3,4-pyridinedicarboxylic acids form real salts (1372), but 2,6-pyridinedicarboxylic acid acts as a tridentate ligand. Only the 2-carboxylic group is involved in metal bonding in both 2,5- and 2,4-pyridinedicarboxylic acids. The second carboxyl function gives a hydrated 1:1 complex (1365, 1368). 2,3-Pyridinedicarboxylic acid may form both 1:1 and 2:1 complexes with Mn(II) (1363). The Mn(II) cation exhibits a relatively weak affinity to sulfur; therefore, the *N*-coordination to thiopicolinamide occurs and not to sulphur as do Rh(III), Au(I), Au(III), Ru(II), Os(III), and Ag(I) (2170). The thiocyanato group is also *N*-coordinated (4681).

The Mn $2p$ core electron binding energies estimated for several Mn(II) and Mn(III) complexes are almost independent of the formal oxidation state of manganese. The binding energy difference $\delta(\text{Mn } 2p_{3/2}, \text{O } 1s)$ was greater for Mn(III) than for Mn(II) complexes.

3.7.1.1. Preparation Methods

The reaction of inorganic salts with a small excess of the potential ligand may be safely conducted in alcoholic or aqueous solutions. Only Mn(I) compounds should be prepared in an inert atmosphere, by either heating or uv irradiation. Eventually, prolonged stirring at room temperature can be applied. The exchange of carbonyl ligands is facile. The complexes containing over four pyridines are prepared by the dissolving salt or complex in pyridine. The Mn(IV) complexes of pyridine should be prepared with care from MnO_2 in concentrated HCl and pyridine by crystallizing in a dessicator (4691).

3.7.1.2. Properties

Complexes of Mn(II) and Mn(III) are stable, colored solids, except those containing six pyridines. The latter lose two pyridines, if not stored in pyridine vapors (906). Complexes of Mn(I) are unstable in air and decompose readily. The Mn(I) might be assumed to *N*-bond pyridine, not only by σ but also by π-ring to metal interactions; the latter has been excluded (4655). The π-back donation from the metal to the pyridine has been documented (1014, 1167, 4655, 4734, 4885). The π-back donation decreases with increasing electron donation of the ring substituents of the ligand, that is, it decreases with the complex stability. The substituent effect upon the stability of manganese pyridine complexes has not been studied in detail, but the unusual contribution of the 2-substituents of pyridines into the formation constant of such complexes has attracted attention (4184).

The thermal decomposition of the complexes $Mn(py)_2X_2$ involves three steps: 1 mole of pyridine is initially lost to yield $MnpyX_2$ followed by the formation of $Mn(py)_{2/3}X_2$ and the subsequent total loss of the ligand (499, 1000, 4667). The bromination in ethanol of MnL_2X_2, where L is pyridine, 4-picoline, isonicotinonitrile, or 3,5-lutidine and X is the halide ion, does not affect the ligands but can cause a change in the coordination sphere. New complexes of the type $HL[HMnLX_4]$ are formed (4669).

Attention has been given to the manganese phthalocyanine complexes, as potential oxygen carriers in which oxygen is bonded reversibly (4426, 4688, 4792, 4793).

Przywarska-Boniecka (4768) was able to isolate an intermediate peroxo species of the formula $[(C_{32}H_{16}N_8Mn)_2(O)_2(py)_2]\cdot 4H_2O$. Other pyridine–manganese complexes have also been studied as potential oxygen carriers (4774, 4789).

3.7.1.3. Applications

3.7.1.3.1. SYNTHESIS

Pyridine complexes of Mn(II) and other metals have been phenylated with N-nitroso-N,N'-diphenylurea. The results of these comparative studies (2740) are presented in Section 3.2.1.3.1.

Manganese salts coordinated by pyridine catalyze the polymerization of formaldehyde (183), 2,6-xylenol (4886), and phosphonitrile dichloride (2766). Vinyl chloride can be polymerized in the presence of $\pi\text{-}C_5H_5Mn(CO)_2\cdot py$ (4366). Chelates of β-diketones with manganese coordinated by pyridine are useful as catalysts in the manufacture of oligodienes and polyurethanes (362, 1760, 4676, 4887). Manganese salts of pyridinecarboxylic acids catalyze the oxidation of alkylbenzenes such as butylbenzene (4746) and cumene (4888, 4889). Cumene can also be oxidized in the presence of the Mn phthalocyanine complex with pyridine (1745).

3.7.1.3.2. SEPARATION AND ISOLATION

The most interesting application results from the ability of various pyridine metal complexes to form clathrates. The clathrates and their properties are described in detail in Chapter 6.

Attention has been given to the possibility of quantitative metal extraction into an organic layer; this is useful in the spectrophotometric determination of the metal. Thus, Mn(II) can be transferred into a chloroform layer by means of synergic extraction with thiocyanate ion and pyridine (4753). Manganese(II) with pyridine and 4,4,4-trifluoro-1-(2-thienyl)-1,3-butanedione form a complex that is soluble in benzene. 4-Picoline possesses some advantage over pyridine in this procedure (889). The ternary compound of pyridine Mn(II) salicylate is insoluble in chloroform, contrary to similar compounds with all Cu(II), Co(II), Ni(II), Ag(II), Zn(II), Cd(II), and Hg(II). This property permits the separation of metal ions for analytical purposes (936). Most useful for extraction into chloroform are pyridine and 1,5-diphenylthiocarbazone (dithizone), which form a 1:2:2 complex that is extractable in the pH range of 8.5–10.2 (4702), as well as chelating agents like picolinaldehyde 2-pyridylhydrazone (1887) and PAN (1831, 2649, 2775, 4029, 4890). The extraction is not selective with respect to Mn(II).

The complexation of pyridines with Mn(II) has been utilized for separating pyridines from crude fractions (1866, 4891) and for purifying bases of technical grade (1876).

3.7.1.3.3. BIOLOGICAL ACTIVITY

One $MnCl_2$–nicotine complex has been studied on blood cholinesterase activity (4892). Isonicotinohydrazide is definitely inactivated in synthetic nutrients for tubercle bacteria in the presence of hemine. The addition of Mn(II) salts accelerates this inactivation (4894). The complex of isonicotinohydrazide with three molecules of $MnCl_2$ possesses tuberculostatic activity and is nontoxic (2699).

Manganese salts of pyridinecarboxylic acids are patented as plant growth stimulators

(1957). The manganese salt of 2-pyridone provided satisfactory control of apple blotch (4893).

3.7.1.3.4. ANALYTICAL CHEMISTRY

The complexation in thin-layer separation and detection of manganese may be applied in two ways. The first is the use of some chromogenic reagents for detecting spots [PAR and PAN (2032, 2051, 2052)]. Poly(vinyl chloride) sheets impregnated with PAN are also recommended (2046). Chelates of various metals with PAN also separate by thin-layer procedures (2081). The second method is based on aqueous pyridine or collidine for developing paper chromatograms (2047–2049).

Several pyridylazodyes are proposed as chromogenic indicators for spot tests, and some have been studied as potential chelating agents for spectrophotometric determination of manganese, for example: PAR (713, 2014); PAN (713, 2018); PAN analogues (2002, 2090, 2092); 1-naphthol derivatives (2001, 2003); 5-methyl-7-(2-pyridylazo)-8-quinolinol (2014); and several 2-(2-pyridylazo)phenols substituted in the pyridine or phenol moieties (733, 2014). The qualitative analysis of manganese can be based on its reaction with pyridine and NCS^- ion (1834, 1835, 1994), nicotinamide (3028), isonicotinohydrazide (2666), and various pyridinedi- and -tricarboxylic acids (1998). Di-2-pyridyl diketone bisthiosemicarbazone gives a visible color reaction with Mn(II) (2005) and the analytical possibilities of picolinaldehyde 2-pyridylhydrazone in the analysis of Mn(II) was checked (2006).

Spectrophotometric methods to determine manganese are briefly characterized in Table 3.84.

Using PAN, manganese can be determined at 419 cm^{-1} in a KBr disk using ir spectrophotometric technique (1020) as well as by x-ray fluorescence (2096, 2097, 4903) or atomic absorption (2100). Another method to determine manganese involves thermometric techniques based on estimating the effect of the Mn(II) complex with either pyridine or aminopyridines upon the rate of the decomposition of H_2O_2 in alkaline media (4663). Also, indirect mercurimetric and gravimetric (1000) determinations of manganese via the pyridine thiocyanate complex are described.

3.7.1.3.5. MISCELLANEOUS

The products from $MnCl_2$ with nicotinic acid, 2,3-pyridinedicarboxylic acid (1972), or nicotinamide (1973) form a heat-resistant composition for polyamide fibers. Manganese-poly(vinylpyridine) complexes may be useful in the manufacture of blood substitutes (4379). Metal salts of various pyridinecarboxylic acids stabilize 2,2-dichlorovinyl dimethyl phosphate against its decomposition in air (1974).

The complexes of the general structure of $[Mn(base)_x][Mn_y(CO)_z]$ (where base = py or 2-pic, $x = 2-6$, $y = 3-13$, and $z = 1-4$) are patented as volatile compounds for reprocessing petroleum (4622–4624). Well-defined compounds of this class, for example, $(py)_2Mn(CO)_3Br$, are added to varnishes to improve their drying properties (4654).

The Mn(III) pyridine complexes are useful in developing photographic images (4382). $Mn(py)_4Cl_2$ is applied in the construction of a thermal reaction battery; a nonconducting complex is thermally decomposed into a conducting salt which forms an electrolyte in a liquid electrolyte (4904). $Mn(py)(NO_3)_2$ is reported as the semiconducting material for thermistors (438).

The Mn(II) chelates with 2,2'-dipyridylamine and PAN were patented as drier compositions for oil-bearing coatings (4905).

3.7.2. Technetium and Rhenium Coordination Compound

Only three pyridine complexes of technetium are known (see Table 3.80). The metal in $Tc(CO)_3(py)_2Cl$ is probably hexacoordinated (4795), whereas in $TcO_2(py)_4Cl \cdot nH_2O$, hexacoordination was proven by physicochemical measurements and is isostructural with $[ReO_2(py)_4]Cl \cdot 2H_2O$ (4796, 4797).

Rhenium in its complexes is hexacoordinated which can be achieved either by the coordination of an appropriate number of ligands or by the formation of polymeric structures (4815). Higher coordination numbers, namely 7, can be achieved in Re(V) and Re(VI) oxo-chlorides. Also common are cluster structures such as those prepared from Re_3Cl_6 (4814) and Re_3Cl_9 (4422), as suggested by Belova et al. (4828).

Any extensive quantitative comparison of pyridine complexes of manganese and rhenium is not possible, because a sufficient number of relevant data are not available. The activation parameters for the substitution by pyridine of one carbonyl group in diphenyldithiophosphinato manganese and rhenium

$$Ph_2P(S)SM(CO)_4 + py \longrightarrow Ph_2P(S)SM(CO)_3py + CO$$

are quite analogous. They are $\Delta H^\ddagger = -25.40$ and -28.90 kcal/mol for M = Mn and Re, respectively, and $\Delta S^\ddagger = 18.80$ and 20.91 eu, respectively (4637). The ir spectra of both $Mn(CO)_3I(py)_2$ and $Re(CO)_3I(py)_2$ contain three carbonyl stretching vibrations. The first and third band are located practically at the same frequencies in the spectra of both (2037 and 1903–1906 cm^{-1}), whereas the central band is located at 1954 and 1932 cm^{-1} in the spectrum of the manganese and rhenium complexes, respectively (4635).

3.7.2.1. Preparation Methods

The preparation of all three known pyridine–technetium complexes does not require any precautions. $Tc(CO)_5X$ (X = Cl, Br, I) is air and hydrolytically stable. Therefore, heating this compound with a small excess of base in ethanol readily gives the complex in reasonable yield. The complex $[TcO_2(py)_4]Cl \cdot nH_2O$ was prepared from $K_2[TcCl_6]$ and pyridine in concentrated hydrochloric acid followed by neutralization to pH 4–5. These methods are also useful in the preparation of rhenium complexes, if an appropriate rhenium salt is used. The replacement of one CO in cyclopentadienyltricarbonylrhenium can be afforded either by heating in an inert solvent or by photochemical decomposition.

A direct preparation of $ReI_4(py)_2$ from ReI_4 and pyridine was reported (4812), but this does not seem to be suitable, because of disproportionation, which takes place to give $Re_2I_4(py)_2$ and $ReI(py)_4$ as the accompanying products. Ebner and Walton (4881) have isolated $[ReO_2(py)_4]I \cdot H_2O$ from this reaction in aqueous acetone; pyridinium salt $(pyH)_2[ReCl_6]$ may be substituted and gives $[Re(py)_2Cl_4]$ while heating in pyridine at 200°C in a sealed tube (4841) or up to 320°C in an inert atmosphere (4840, 4845). Like $K_2[ReCl_6]$, $KReO_4$ yields $ReO_2Cl_2 \cdot 4py$ on treatment with pyridine in aqueous solution. Pyridinium salt $(pyH)HReCl_4$ treated with pyridine gives the same product. This reaction yields $ReO(py)_3Cl_2$ when conducted in the presence of $SnCl_2$ in an acidic

TABLE 3.84. PHOTOMETRIC DETERMINATION OF MANGANESE AND RHENIUM USING PYRIDINE DERIVATIVES

Ligand	pH	Analytical Wavelength (nm)	Range of Validity of the Beer Law (ppm)	Molar Absorptivity (m²/mol)	Reference
Manganese (II)					
Pyridine + potassium thiocyanate	5–7	300		66.4	2071
Pyridine + 1,5-diphenylthiocarbazone	6.5–7.0	510			4895
Pyridine + 4,4,4-trifluoro-1-(2-thienyl)-1,3-butanedione		430			4708
2,6-Pyridinedicarbaldehyde dioxime	9.5–11.5	598	0.1–10		2826, 4896
2,6-Diacetylpyridine dioxime	9.5–11.5	598	0.1–10		4896
2-Hydroxy-N-(2-pyridylmethylene)aniline	8.6–8.9	450–540			1239
1-(2-Pyridylazo)-2-naphthol		560		5850	2775
		562		4800	2002, 2092, 4900
	7.0–10			4000	2018
	9.0–10.0	560		4900	711, 4897, 4898
	10	570			2081, 4899
2-[5-(1-Methyl-2-piperidyl)-2-pyridylazo]-1-naphthol	7.7–8.2	560, 600			4736
5-Amino-2-[5-(1-methyl-2-piperidyl)-2-pyridylazo] phenol	9.4–10.0	520		7570	4736, 4747
5-Dimethylamino-2-(2-pyridylazo)phenol					733
5-Diethylamino-2-[5-(1-methyl-2-piperidyl)-2-pyridylazo] phenol	9.5–10.5	560		3290	4736
4-(2-Pyridylazo)resorcinol	10.0	490		4500	4737
	10.0	510	≥ 0.8	8500	4739
	10.3	500		7800	4748
	9.7–10.7	500		8650	4901, 4902
	11.2–11.7	496	0.02–0.5		4738
4-[5-(1-Methyl-2-piperidyl)-2-pyridylazo]resorcinol	9.8–10.8	505			4736
4-Cyclohexyl-6-[5-(1-methyl-2-piperidyl)-2-pyridylazo]resorcinol	9.0–11.0	545			4736
1-[5-(1-Methyl-2-piperidyl)-2-pyridylazo]-2,7-naphthalenediol	8.7–9.2	555			4736
4-Hydroxy-3-[5-(1-methyl-2-piperidyl)-2-pyridylazo]-1-naphthalenesulfonic acid	8.0–9.0	575	5–25	2690	1449, 4736
5-Hydroxy-6-[5-(1-methyl-2-piperidyl)-2-pyridylazo]-1-naphthalenesulfonic acid	7.60	600	0.2–2.0	1736	1450

1-(5-Chloro-2-pyridylazo)-2-naphthol		566	7200	2092
2-(5-Chloro-2-pyridylazo)-5-dimethylaminophenol				733
1-(Bromo-2-pyridylazo)-2-naphthol		574	7200	2002
2-(5-Bromo-2-pyridylazo)-5-dimethylaminophenol				733
2-(5-Bromo-2-pyridylazo)-5-diethylaminophenol		525, 560	8800	865
Manganese (III)				
2,6-Pyridinedicarboxylic acid	1.5–3.5	505	35.1	2292
	1.5–3.5	1020	16.2	2292
Nicotinohydroxamic acid	9.0	470–490		4788
Isonicotinohydroxamic acid	9.0	470–480		4788
Rhenium (III)				
1-(5-Bromo-2-pyridylazo)-2-naphthol				2002
Rhenium (V)				
Methyl 2-pyridyl ketone thiosemicarbazone		430	455	4851
N-(2-Pyridyl) thiopicolinamide	>1			4883

aqueous solution (4848). Partial cleavage of the inner coordination sphere of [ReO$_2$(py)$_4$X$_2$] (X = Br or I) to [ReO(OH)(py)$_2$X$_2$] can be carried out by treating the former complex with cold diluted hydrobromic or hydroiodic acids, respectively (4847, 4859). The most convenient route to ReOCl$_4$·py is presented by Lock and Guest (4884), in which it can be prepared directly from pyridine and either ReOCl$_4$ or ReOCl$_4$·POCl$_3$. The reaction of the Re$_3$X$_9$ cluster with pyridine leaves the cluster intact, but either three or four halogen atoms are replaced by the equivalent number of pyridines (4831).

3.7.2.2. Properties

The known complexes of technetium as well as of rhenium are stable in the air and moisture, independent of the oxidation state. In solution, the compounds of Re(IV) undergo disproportionation to Re(III) and Re(V) complexes (4879); nevertheless, several reactions are possible on these ions beyond the inner coordination sphere as well as on the ligands within the sphere. Thus, the halogen atom beyond the coordination sphere in [ReO$_2$(py)$_4$]X is readily exchanged by hydroxyl (4867). Chakravorti (4855) has altered the inner coordination sphere of [ReO$_2$(py)$_4$]F under mild conditions. This compound loses two pyridines in two steps at 70 and 100°C, respectively. The loss of the first pyridine allows a fluorine atom to enter the coordination sphere. The treatment of [ReO$_2$(py)$_4$]F with 40% HF gave [ReO$_2$(py)$_2$(H$_2$O)$_2$]F. Such compounds are thermally unstable. [ReO$_2$(py)$_4$]Br decomposes subsequently to [ReO$_2$(py)$_3$Br] at 150°C, followed by further decomposition to [ReO$_2$(py)$_2$Br] and [ReO$_2$Br(py)] at 314 and 330°C, respectively. The last pyridine is expelled at 390°C (4850). A different sequence of thermal decomposition of the chloro compound was reported by Chakravorty, who isolated both Re$_2$O$_3$(py)$_4$Cl and Re$_2$O$_7$(py)$_2$ (4873, 4877). The exchange process formylation of alkenes (4835) and [ReO$_2$(py)$_4$]Cl disproportionates alkenes and alkynes (4875). The coordination compounds of ReCl$_3$ with one of pyridine, 3-chloropyridine, 4-phenylpyridine, picolinic acid, and 5-ethyl-2-methylpyridine catalyze the formation

3.7.2.3. Applications

3.7.2.3.1. SYNTHESIS

The ligation of dinitrogen into rhenium coordination compounds is very interesting. The ligated nitrogen can be acylated to form directly acylazo and aroylazorhenium(III) complexes

$$[ReCl(N_2)(py)(PMe_2Ph)_3] \xrightarrow{RCOCl} [ReCl_2(N_2COR)(PMe_2Ph)_3]$$

The alkylation at nitrogen is not possible (4802, 4804).

The ReCl$_4$(NO)(py)$_2$ complex showed catalytic activity in the hydrogenation of cyclohexene and pyridine (4844). Similarly, ReCl$_4$(PPh$_3$)(py) is a good catalyst for the formylation of alkenes (4835) and [ReO$_2$(py)$_4$]Cl disproportionates alkenes and alkines (4875). The coordination compounds of ReCl$_3$ with one of pyridine, 3-chloropyridine, 4-phenylpyridine, picolinic acid, and 5-ethyl-2-methylpyridine catalyze the formation of isocyanates from organic nitro-compounds and CO at elevated temperature and pressure (4906).

3.7.2.3.2. SEPARATION AND ISOLATION

Pyridine and its methyl derivatives were used to extract technetium and rhenium from alkaline solutions (4907–4912). 4-(1-butylpentyl)pyridine permits the extraction of Tc(VII) from different media and the separation of that metal from uranium (4913). The separation of technetium from rhenium by paper chromatography and electrophoresis is described (4914). Rhenium(IV) can migrate and form one of the three possible pyridine complexes; one complex is neutral, whereas the others are ionic.

3.7.2.3.3. ANALYTICAL CHEMISTRY

The determination of rhenium by spectrophotometric techniques is given in Table 3.84.

3.8. COORDINATION COMPOUNDS WITH THE METALS OF TRANSITION GROUP VIII

This group consists of nine elements located within three triads. All the elements of this group show similarity, resulting from the structure of their valence shell; however, there are several major differences, which are also observed in the preceeding groups. The oxidation state of two is most common for iron, cobalt, and nickel. The importance of higher oxidation state of three for the first triad decreases in the order Fe > Co > Ni. Contrary to the elements of the first triad, the elements of the second and third willingly take higher oxidation states. Further differences arise from their tendency to form metal–metal bonds, as in the case of the second and third triade metals. Perhaps the most interesting differences arise from their magnetic properties, such as the tendency to form low-spin complexes, which result from their ability to spin-pair.

3.8.1. Iron Coordination Compounds

Iron complexes contain predominantly Fe(II). Higher oxidation states of iron in the pyridine complexes are known, but are less common. The number of Fe(II) complexes is quite significant and the number of the relevant compounds decreases in the order Fe(II) > Fe(III) > Fe(O) > Fe(IV), as shown in Tables 3.85 [Fe(O), Fe(I), and Fe(II)], 3.86 [Fe(II) and Fe(III) together], and 3.87 [Fe(III) and Fe(IV)]. The crystallographic data for some coordination compounds of iron are given in Table 3.88.

The stability of Fe(III) pyridine complexes is lower than that of relevant Fe(II) compounds. Further, in the order of the stability of pyridine complexes of various metals(II), Fe(II) is located far from the top, as established by Bjerrum (2375):

$\log K_1$: Ni(1.78) > Cd(1.30) > Co(1.15) > Zn(0.98) > Fe(0.6) > Mn(0.14)

$\log \beta_2$: Ni(3.0) > Cd(2.14) > Co(1.7) > Zn(1.145) > Fe(0.9) > Mn(−0.4)

In the series of metal complexes with 2-picolylamine, $\log K_2$ decreases in the order Cu(II) > Ni(II) > Co(II) > Zn(II) > Cd(II) > Fe(II), and the same order is followed in $\log K_2$ for complexes with N-methyl-2-picolylamine (576).

The structural details of iron–pyridine complexes are particularly well-recognized,

(*Text continued on page 979.*)

TABLE 3.85. COORDINATION COMPOUNDS OF PYRIDINE AND ITS DERIVATIVES WITH IRON (0),

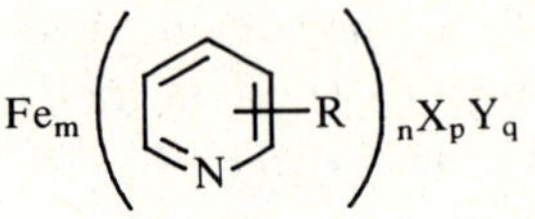

m	n	R	X

$$Fe_m \left(\underset{N}{\bigcirc}-R \right)_n X_p Y_q$$

Iron (0)

m	n	R	X
1	1	H	
		2-Me	
		3-Me	
		4-Me	
		2,6-Me$_2$	
		2-CPh=NPh	
		2-CPh=NC$_6$H$_4$OMe-*p*	
	2	H	Cl / Hg
		3-Me	Cl / Hg
		4-Me	Cl / Hg
2	1	H	
	3	H	
3	2	2-Me	
		2-NH$_2$	
		2-CH$_2$NH$_2$	
		2-CH=NMe	
	4	4-Me	
	6	2-CHO	
5	4	2,4-Me$_2$	
	6	H	

IRON (I), AND IRON (II)

$$\text{Fe}_m \left(\underset{N}{\bigodot} - R \right)_n X_p Y_q$$

p	Y	q	Color and MP (°C)	Physicochemical Studies	Reference
			Iron (0)		
	CO	3	r		4915–4917
		4	o, 35 subl., 65 dec	cond, ir, nmr, **xr**	4918–4921
	{ CO	4		moe, nmr	4146
	{ (*t*-Bu)$_2$Sn	1			
	CO	5	d-r		4918
	CO	4	0.44 dec	cond, ir	4919, 4920
	CO	4		ir	4920
	CO	4	y, 40	cond, ir	4919, 4920
	CO	4		ir	4919, 4920
	{ CO	1			4922
	{ (EtO$_2$CCH=CH)$_2$	1			
	{ CO	1			4922
	{ (EtO$_2$CCH=CH)$_2$	1			
	CO	3	d-r		4918
	{ phen	1	d-r		4923
	{ CO	3			
	{ CO	2			5111
	{ C$_2$F$_4$	2			
2,1	CO	2	y, dec 130	cond, ir	3079
2,1	CO	2	y, dec 130	cond, ir	3079
2,1	CO	2	l-y, dec 130	cond, ir	3079
	{ phen	2	r-bw		4923
	{ CO	5			
	CO	4	d-r-bw		4411, 4915, 4916, 4919, 4924
	H$_2$NCH$_2$CH$_2$NH$_2$	2	r		4916
	CO	6			
	CO	8		msc	4128, 5255
	CO	8	bw-bk		5255
	CO	8	r-bw		5255
	CO	8			5008
	CO	8		msc	4128, 5255
	CO	8	d-bw		5008
	CO	13			5254
	CO	13		msc, xr	4128, 5259, 5260

TABLE 3.85. (CONTINUED)

m	n	R	X

$$Fe_m \left(\underset{N}{\bigcirc}-R-\underset{N}{\bigcirc} \right)_n X_p Y_q$$

m	n	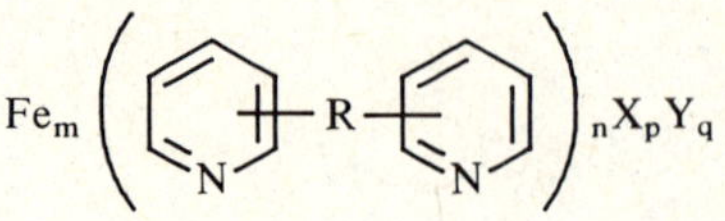 R	X
5	3	2-CH$_2$CH$_2$-2'	

$$\left[Fe_m \left(\underset{N}{\overset{-R-}{\bigcirc}} \right)_n X_p Y_q \right]_x$$

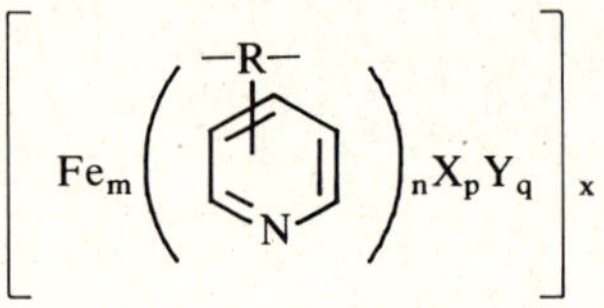

m	n	R	X
1	1	—CH$_2$CH— $\quad\quad\quad$ | $\quad\quad\quad$ 4	
	2	—CH$_2$CH— $\quad\quad\quad$ | $\quad\quad\quad$ 4	
	3	—CH$_2$CH— $\quad\quad\quad$ | $\quad\quad\quad$ 4	

$$Fe_m \left(\underset{N}{\bigcirc}-R \right)_n X_p Y_q$$

Iron (I)

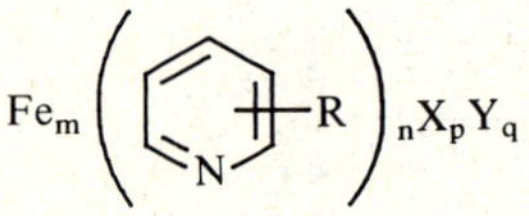

m	n	R	X
1	6	H	I
2	1	H	COMe
			COPh
			$\begin{cases} \text{cyclooctatetraene} \\ \\ BF_4 \end{cases}$

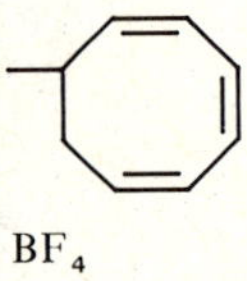

Iron (II)

m	n	R	X
1	1	H	+
			H
			BPh$_4$
			$\begin{cases} C_5H_5 \\ BPh_4 \end{cases}$
			$\begin{cases} - \\ \text{porph} \\ CN \end{cases}$
			5,10,15,20-Ph$_4$-porph

p	Y	q	Color and MP (°C)	Physicochemical Studies	Reference
			$Fe_m\left(\underset{N}{\bigcirc}\!\!-\!\!R\!\!-\!\!\underset{N}{\bigcirc}\right)_n X_p Y_q$		
	CO	13			5254
			$\left[Fe_m\left(\overset{-R-}{\underset{N}{\bigcirc}}\right)_n X_p Y_q\right]_x$		
			bw		4925
			d-bw		4925
			bw		4925
			$Fe_m\left(\underset{N}{\bigcirc}\!\!-\!\!R\right)_n X_p Y_q$		
			Iron (I)		
1	NO	1			4926
2	CO	5	dec 60	ir, nmr	4927
2	CO	5	dec 104	ir, nmr	4927
1	CO	6		nmr	4928
1					
			Iron (II)		
2				K, p	270, 1001, 2375
1 1	$Ph_2PCH_2CH_2PPh_2$	1		ir	4929
1 1	CO	2	y		4930
1 1 1				p	4942
1				epr	4933
	CO		1	K, nmr, th, uv, xr	4934, 4945
	O_2		1	K	4933, 4935

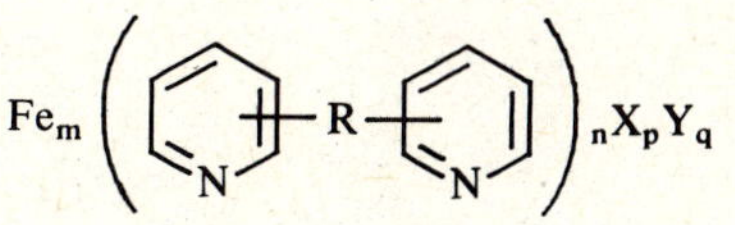

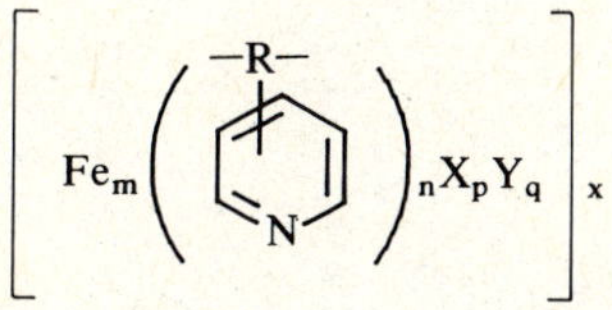

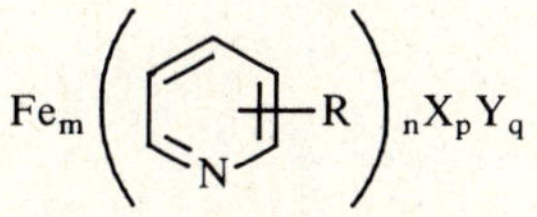

913

TABLE 3.85. (CONTINUED)

m	n	R	X
1	1	H	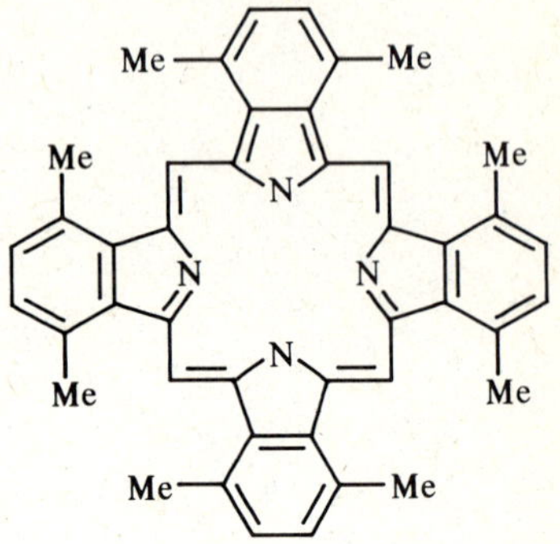 pc
			$\begin{cases} C_5H_5 \\ N_3 \end{cases}$
			$\begin{cases} C_5H_5 \\ CN \end{cases}$
			CN
			$\begin{cases} - \\ CN \end{cases}$
			$\begin{cases} Na \\ CN \end{cases}$
			p-MeC$_6$H$_4$N=NN(O)Me
			o-OC$_6$H$_4$N=CHC$_6$H$_4$O-o
			MeC(=NOH)C(=NO)Me
			PhC(=NOH)C(=NO)Ph
			(3-MeO-2-OC$_6$H$_3$CH=NCH$_2$)$_2$
			$\begin{cases} C_5H_5 \\ MeCO \end{cases}$
			MeCOCHCOMe
			$\begin{cases} C_5H_5 \\ NCO \end{cases}$
			2,7,12,18-Me$_4$-13,17-(MeO$_2$CCH$_2$CH$_2$)$_2$-porph
			2,7,12,18-Me$_4$-3,8-Et$_2$-13,17-(MeO$_2$CCH$_2$CH$_2$)$_2$-porph

p	Y	q	Color and MP (°C)	Physicochemical Studies	Reference
1	CO	1		K	4937
1			bu		2395, 4938
	PhCH$_2$NC	1		K, nmr, uv	4934, 4940, 4941
	CO	1		K, nmr, th, uv	4934, 4939, 4940, 4941
1					
1	CO	2			4943
1					
1	CO	2			4943
2	CO	2	bk-g		4924, 4944
3				K, nmr, th, uv	4945–4956
5					
3				ir, K, moe, uv	4945, 4957–4960
5					
	H$_2$O	1.5		p, uv	4961
		3		ir, moe, ram, tha	4962, 4963
2					4964
2				ir, msc	313, 2516
2	N$_2$H$_4$	1		K, uv	4966
	PhCH$_2$NC	1	l-bw	K, nmr, th, uv	4934, 4970
	H$_2$O	1		uv	4967
	CO	1	bw	ca, K, moe, nmr, p, th, uv	4934, 4968, 4970
2	PhCH$_2$NC	1		K, nmr, th, uv	4934
	CO	1		K, nmr, th	4934, 4939, 4971
1					4972
1					
1	CO	1			4973
2				K, p	4974
1					
1	CO	2			4943
1				uv	4977
	O	1			4977
1					4977
	O	1			4977

TABLE 3.85. (*CONTINUED*)

m	n	R	X
1	1	H	2,7,12,18-Me$_4$-3,8-(CH$_2$=CH)$_2$-13,17-(HO$_2$CCH$_2$CH$_2$)$_2$-porph
			2,7,12,18-Me$_4$-3,8-(CH$_2$=CH)$_2$-13,17-(MeO$_2$CCH$_2$CH$_2$)$_2$-porph
			2,7,12,18-Me$_4$-3,8-Et$_2$-13,17-(HO$_2$CCH$_2$CH$_2$)$_2$-5,10,15,20-Ph$_4$-porph
			2,7,12,18-Me$_4$-3,8-(CH$_2$=CH)$_2$-13,17-(HO$_2$CCH$_2$CH$_2$)$_2$-5,10,15,20-[2,4,6-(MeO)$_3$C$_6$H$_2$]$_4$-porph
			2,7,12,18-Me$_4$-3,8-(MeCO)$_2$-13,17-(MeO$_2$CCH$_2$CH$_2$)$_2$-porph
			2,7,12,18-Me$_4$-13,17-(MeO$_2$CCH$_2$CH$_2$)$_2$-5-O$_2$N-porph
			2,7,12,18-Me$_4$-13,17-(MeO$_2$CCH$_2$CH$_2$)$_2$-10-O$_2$N-porph
			$\begin{cases} \text{C}_5\text{H}_5 \\ \text{HCO}_2 \end{cases}$
			EtCO$_2$
			t-BuCO$_2$
			o-OC$_6$H$_4$CHO
			o-OC$_6$H$_4$CH=NC$_6$H$_4$CO$_2$-*o*
			o-O$_2$C$_6$H$_4$C$_6$H$_4$CO$_2$-*o*
			$\begin{cases} \text{C}_5\text{H}_5 \\ \text{NO}_3 \end{cases}$
			MeCSCHCSMe
			NCS
			NCSe
			$\begin{cases} \text{C}_3\text{H}_5 \\ \text{BF}_4 \end{cases}$
			$\begin{cases} \text{C}_5\text{H}_5 \\ \text{BF}_4 \end{cases}$
			thioph-2-CSCHCOCF$_3$
			PF$_6$
			$\begin{cases} \text{C}_5\text{H}_5 \\ \text{PF}_6 \end{cases}$

p	Y	q	Color and MP (°C)	Physicochemical Studies	Reference
1				p, uv	4976–4978
1				K, nmr, th, uv	4977, 4981
	O	1			4977
	CO	1		ir	4980
1	O₂	1		K	4986
1	CO	1			4984
1				uv	4977
	O	1			4977
1				uv	4982
1				uv	4982
1	CO	2			4943
1					
2				dc	4983
2				ir	395
2	NO	1		ir, msc	4965
1				msc	2417
1				ir	1489
1	CO	2			4943
1					
2	CO	1		ir, uv	4987
2				moe, tha	504
2	bipy	1	r	ir	4989
1	CO	4			4990
1					
1	CO	2		ir, moe	4991
1					
2				uv	477
2	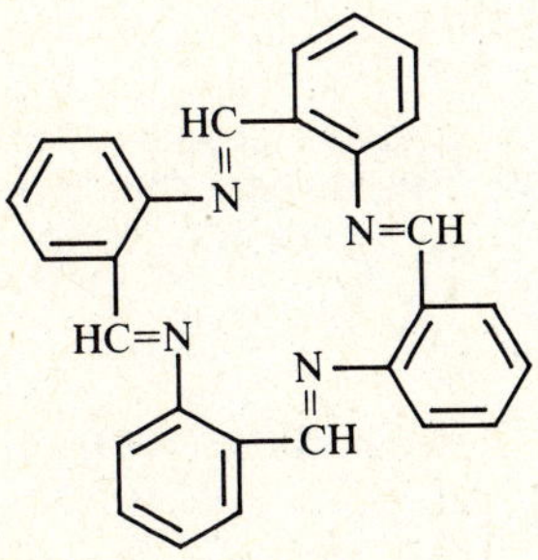	1		K, nmr, uv	4934
1	CO	2	y, dec 135	ir, moe, nmr, uv	4991–4994
1					

TABLE 3.85. (CONTINUED)

m	n	R	X
1	1	H	$\begin{cases} C_5H_5 \\ Cl \end{cases}$
			Cl
			$\begin{cases} C_5H_5 \\ C_5H_4BCl_2 \end{cases}$
			$OHCC_6H_3$-2-O-5-Cl
			$\begin{cases} C_5H_5 \\ CCl_3CO_2 \end{cases}$
			$\begin{cases} H \\ ClO_4 \end{cases}$
			$\begin{cases} C_5H_5 \\ Br \end{cases}$
			Br
			$OHCC_6H_3$-2-O-5-Br
			o-$OC_6H_4CH=NC_6H_3$-2-CO_2-5-Br
			I
		2-C^-H_2	C_5H_5
		2-Me	$\begin{cases} - \\ CN \end{cases}$
			t-$BuCO_2$
			NCS
			$OHCC_6H_3$-2-O-5-Br
		3-Me	$\begin{cases} - \\ CN \end{cases}$
			$\begin{cases} Na \\ CN \end{cases}$
			2,7,12,18-Me_4-3,8-$(CH_2=CH)_2$-13,17-$(HO_2CCH_2CH_2)_2$-porph
			$MeC(=NOH)C(=NO)Me$
			NCS
			Cl
		4-Me	$\begin{cases} - \\ CN \end{cases}$
			$\begin{cases} Na \\ CN \end{cases}$
			2,7,12,18-Me_4-3,8-$(CH_2=CH)_2$-13,17-$(HO_2CCH_2CH_2)_2$-porph
			$MeC(=NOH)C(=NO)Me$
			t-$BuCO_2$
			NCS
			Cl
		3,4-Me_2	$MeC(=NOH)C(=NO)Me$
		3,5-Me_2	$\begin{cases} - \\ CN \end{cases}$
		4-$CH=CH_2$	NCS
		4-Ph	+

p	Y	q	Color and MP (°C)	Physicochemical Studies	Reference
1 1	CO	2		ir	4943
2			o	epr, ir, moe, msc, tha, uv	504, 1072, 4995–5000
1 1				ir, nmr	5001
2			r-v-bk		5002
1 1	CO	2			4943
1 1	Ph$_2$PCH$_2$CH$_2$PPh$_2$	1		ir	4929
1 1	CO	2			4943
2				moe, tha	504, 1072, 5003
2			r-v-bk		5002
1				msc	5004
2				moe, tha	504, 1072, 5003
1	CO	2			4426
3 5					4952
2				ir, msc	395
2				uv	2325
2					5002
3 5				K	4952
3 5					4960
1				p, uv	4938, 4978
2	CO	1		ca, ir, moe, p, uv	4968
2				uv	2535
2				epr, moe	4716, 4999
3 5				K, nmr, th, uv	4948, 4949, 4951–4953
3 5					4960
1				p	4978
2	CO	1		ca, ir, moe, p, uv	4968
2				ir	395
2				uv	2535
2				epr, moe	4716, 4999
2				ca, ir, moe, p, uv	4968
3 5				ca, K, th	5005, 5006
2				uv	2535
2				K	5007

TABLE 3.85. (*CONTINUED*)

m	n	R	X
1	1	2-NH$_2$	Na, CN
			EtCO$_2$
		3-NH$_2$	Na, CN
			MeC(=NOH)C(=NO)Me
		4-NH$_2$	—, CN
			Na, CN
			MeC(=NOH)C(=NO)Me
		2-CH$_2$NH$_2$	+
		2-CH$_2$NHMe	+
		3-(1-methylpyrrolidin-2-yl) 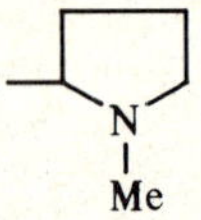	Na, CN
		2-CH=NMe	Fe$_2$(CO)$_8$
		2-CH=NPh	NCS
			Cl
			Fe$_3$(CO)$_{11}$
		2-CH=NC$_6$H$_4$Me-*m*	thioph-2-COCHCOCF$_3$
		2-CH=NC$_6$H$_4$Me-*p*	Cl
			Br
			I
		2-CH=NCH$_2$CH$_2$NMe$_2$	Cl
			Br
		2-CH=NC$_6$H$_4$NMe$_2$-*o*	Cl
			Br
		2,6-(CMe=NNHMe)$_2$	Cl
		2,6-(CMe=NNHPh)$_2$	Cl
		2,6-(CMe=NNMe$_2$)$_2$	Cl
		2-CH=NNH-2'-quin	+
		2-CH=NNH-(pyrimidin-2-yl) 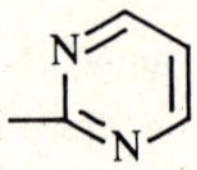	+
		2-CH=NNH-(3-methylpyrazin-2-yl) 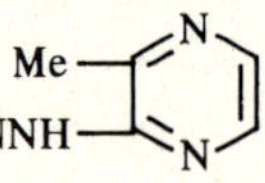	+
		2-CN	Na, CN
		3-CN	—, CN
			Na, CN
			MeC(=NOH)C(=NO)Me

p	Y	q	Color and MP (°C)	Physicochemical Studies	Reference
3 5					4960
2				dc	4983
3 5	NH$_3$	1			4960
2	CO	1		ca, ir, moe, p, uv	4968
3 5				K, p	4955
3 5	NH$_3$	1			4960
2	CO	1		ca, ir, moe, p, uv	4968
2				K, th	576
2				K, th	576
3 5	NH$_3$	1			4960
1			d-r	cond	5008
2	H$_2$O	2	l-bu	tha	1213
2	H$_2$O	2		tha	639
1			bk-bu	cond, ir, uv	5008
2				ir, msc	5009
2			l-g	ir, msc	5010
2			l-g	ir, msc	5010
2			l-g	ir, msc	5010
2				ir, msc, uv, xr	644
2				ir, msc, uv, xr	644
2				ir, msc, uv, xr	644
2				ir, msc, uv, xr	644
2	H$_2$O	0.5			645
2	H$_2$O	1			645
2					645
2				K, p, uv	653
2				K	5011
2				K	5011
3 5					4960
3 5				K, th	4955, 5005, 5006, 5012
3 5					4960
2					

TABLE 3.85. *(CONTINUED)*

m	n	R	X
1	1	3-CN	MeC(=NOH)C(=NO)Me
		4-CN	$\begin{cases} - \\ CN \end{cases}$
			$\begin{cases} Na \\ CN \end{cases}$
			MeC(=NOH)C(=NO)Me
		3,5-(CN)$_2$	$\begin{cases} - \\ CN \end{cases}$
		2-CH$_2$PPh$_2$,6-Me	Cl
			Br
			I
		2,6-(CH$_2$PPh$_2$)$_2$	NCS
			Cl
			Br
			$\begin{cases} NCS \\ I \end{cases}$
			I
		2,6-(CH$_2$CH$_2$PPh$_2$)$_2$	NCS
			Cl
			Br
			I
		2-CH(PPh$_2$)$_2$,6-Me	Cl
			Br
			I
		2-CH(CH$_2$PPh$_2$)$_2$,6-Me	Cl
			Br
			I
		3-OH	$\begin{cases} Na \\ CN \end{cases}$
		2-CH=NO$^-$	+
		4-CH=NOH	Cl
		2,6-(CH=NO$^-$)$_2$	
		2,6-C(=NO$^-$)C(=NOH)Me$_2$	
		2,6-(N=CHC$_6$H$_4$O$^-$-o)$_2$	ClO$_4$
		2-N=NC$_6$H$_4$O$^-$-o	+
		2-N=NC$_6$H$_4$O$^-$-p	+
		4-CHO	$\begin{cases} - \\ CN \end{cases}$
		3-COMe	$\begin{cases} Na \\ CN \end{cases}$
			MeC(=NOH)C(=NO)Me
		4-COMe	$\begin{cases} Na \\ CN \end{cases}$
			MeC(=NOH)C(=NO)Me
		4-COPh	$\begin{cases} - \\ CN \end{cases}$

p	Y	q	Color and MP (°C)	Physicochemical Studies	Reference
2	N₂H₄	1		K, uv	4966
	CO	1		ca, ir, moe, p, uv	4968
3 5				K	4952
3 5					4960
2	N₂H₄	1		K, uv	4966
	CO	1		ca, ir, moe, uv	4968
3 5				K	4952
2			l-g, 119–121	cond, ir, msc, uv	5013
2			l-bu, 125–127	cond, ir, msc, uv	5013
2			bw-g, 100–102	cond, ir, msc, uv	5013
2			y	cond, ir, msc, uv	5014
2			y	cond, ir, msc, uv	5014
2			y	cond, ir, msc, uv	5014
1 1				msc	5014
2			y	cond, ir, msc, uv	5014
2			r	cond, ir, msc, uv	5015
2			y	cond, ir, msc, uv	5015
2			y	cond, ir, msc, uv	5015
2			y	cond, ir, msc, uv	5015
2				ir, uv	2487
2				ir, uv	2487
2				ir, uv	2487
2				ir, uv	2487
2				ir, uv	2487
2				ir, uv	2487
3 5	NH₃	1			4960
1				K, uv	689, 5016
2			195	tha	1233
				K, p	5017
				ir, msc, nmr, uv	5018
2	H₂O	2	d-bw		2156
1				K, uv	706
1				K, uv	706
3 5				K, uv	4956
3 5					4960
2	CO	1		ca, ir, moe, p, uv	4968
3 5					4960
2	CO	1		ca, ir, moe, p, uv	4968
3 5				nmr	4954

TABLE 3.85. (*CONTINUED*)

m	n	R	X
1	1	2-CONH$_2$	MeCH(OH)CO$_2$
			SO$_4$
			Cl
		3-CONH$_2$	+
			{Na
			CN
			MeCH(OH)CO$_2$
			SO$_4$
			Cl
		3-CONH$_2$,6-NH$_2$	MeCH(OH)CO$_2$
			SO$_4$
			Cl
		4-CONH$_2$	{—
			CN
		2,3-(CONH$_2$)$_2$	MeCH(OH)CO$_2$
			SO$_4$
			Cl
		3,4-(CONH$_2$)$_2$	MeCH(OH)CO$_2$
			SO$_4$
			Cl
		3-CONHMe	MeCH(OH)CO$_2$
			SO$_4$
			Cl
		4-CONHNH$_2$	+
			{Na
			CN
			4-H$_2$N-2-HOC$_6$H$_3$CO$_2$
			SO$_4$
			Cl
		3-CONEt$_2$	MeCH(OH)CO$_2$
			SO$_4$
			Cl
		2-CONHN=CMe$_2$	Cl
		3-CONHN=CMe$_2$	Cl
		2-CO$_2^-$	+
			{—
			CN
		2-CO$_2^-$,6-Me	+
		2-CO$_2^-$,3-NH$_2$	{—
			CN
		2-CO$_2^-$,3,4-(OH)$_2$	+
		2-CO$_2^-$,6-CH$_2$OH	+
		3-CO$_2^-$	{Na
			CN
			{—
			CN
			Co(NH$_3$)$_5$

p	Y	q	Color and MP (°C)	Physicochemical Studies	Reference
2					1967, 4969
1					4969
2					4969
2				K, p	762
3					
5				nmr	4960
2					4969
1					4969
2					4969
2					4969
1					4969
2					4969
3					
5				ir, K, p	4948, 4949, 4951, 4953, 4955
2					4969
1					4969
2					4969
2					4969
1					4969
2					4969
2					4969
1					4969
2					4969
2					1946
3					
5	H$_2$O	6		ir, K, nmr, uv	5019
2					771
1					2699
	H$_2$O	3		ir	2699, 5020
2	EtOH	1	o-r	cond, ir, msc, uv	769
2					4969
1					4969
2					4969
2	EtOH	2	d-bw, 222	cond, ir, msc, uv	780
2	EtOH	1	l-bw	cond, epr, ir, msc, uv	781
1				K, p	1317
	H$_2$O	5		K, p	5021
3					
4				K, uv	5022, 5024
1				K, p	1317
3					
4				K, uv	5025
1			r	K, uv	5026
1				K, uv	1355
3					
5					4960
1					
5					
1				K, uv	5023

TABLE 3.85. (CONTINUED)

m	n	R	X
1	1	4-CO_2^-	$\begin{cases} - \\ CN \\ Co(NH_3)_5 \end{cases}$
		2,3-$(CO_2^-)_2$	
		2,4-$(CO_2^-)_2$	
		3,4-$(CO_2^-)_2$	
		3-$CONHCH_2CH_2OH$	$MeCH(OH)CO_2$
			SO_4
			Cl
		2-CO_2^-,4-CO_2Me	+
		2-CO_2^-,5-CO_2Me	+
		2-CO_2Et,3-CO_2H	$MeCH(OH)CO_2$
			SO_4
			Cl
		2-$CH(CH_2COMe)NHC_6H_4Me$-p	H_2 (EDTA)
		2-$NHCOC^-HCOMe$	+
		2-$CH_2N(CH_2CO_2^-)_2$	
		2-$CH_2N(CH_2CO_2^-)CH_2CH_2N(CH_2CO_2^-)CH_2CO_2H$	
		2,6-$(CH_2S^-)_2$	
		2-$CH=NC_6H_4SMe$-o	Cl
		2-$CH=NC_6H_4SMe$-o,6-Me	NCS
			Cl
			Br
		2-$CH_2SCH_2CH_2OCH_2CH_2$⟩O	ClO_4
		6-$CH_2SCH_2CH_2OCH_2CH_2$	
		2-$CH=NN^-CSNH_2$	+
			HSO_4
		2-$CH=NN^-CS_2Me$	+
		2-$CH=NNMeCS_2Me$	NCS
			Cl
			Br
		2-$CH=NNMeCS_2Me$,6-Me	NCS
			Cl
			Br
			I
		2,6-$(CMe=NNHCSNH_2)_2$	Cl
		4-Cl	$\begin{cases} - \\ CN \end{cases}$
		3,5-Cl_2	$MeC(=NOH)C(=NO)Me$
		3-Br	$MeC(=NOH)C(=NO)Me$
		3-Br,6-N=NC_6H_3-2'-O^--4'-NEt_2	+
		2-$CH=NC_6H_4Br$-m	thioph-2-$COCHCOCF_3$
	2	H	+

926

p	Y	q	Color and MP (°C)	Physicochemical Studies	Reference
1					
5				K, uv	5023
1					
				K, tha	1363, 5022
			r-bw	K, tha	1365
	H$_2$O	2		K, tha	1372
2					4969
1					4969
2					4969
1				K	5027
1				K	5027
2					4969
1					4969
2					4969
1					5028
1				K	822
				K	825
	H$_2$O	2	y, 130 dec	ir	828
			d-g	nmr, uv	837
2					5182
2			d-g	ir, msc	844
2			d-g	ir, msc	844
2			d-g	ir, msc	844
2					751
1				epr, K	1938
1			g		857
1				uv	2053
2			bu	cond, msc, uv	859, 5182
2			d-bu	cond, msc, uv	859, 5182
2			d-bu	cond, msc, uv	859
2			g	cond, ir, msc, uv	859a, 5182
2	H$_2$O	0.5	rsh-bw	cond, ir, msc, uv	859a, 5182
2			bw	cond, ir, msc, uv	859a, 5182
2			bu-bk	cond	859a
2	H$_2$O	2		xr	2507
3					
5				K, p, th, uv	4948
2	CO	1		ca, ir, moe, p, uv	4968
2	CO	1		ca, ir, moe, p, uv	4968
1				K, uv	865
2				ir, msc	5009
2				chr, K, p	2375, 4658, 5029
1				ir	5030

TABLE 3.85. *(CONTINUED)*

m	n	R	X
1	2	H	porph
			2,7,12,17-Me$_4$-3,8,13,18-Et$_4$-porph
			Et$_8$-porph
			5,10,15,20-Ph$_4$-porph
			2,3,7,8,12,13,17,18-Me$_8$-5,15-Ph$_2$-porph
			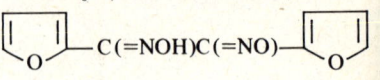
			pc
			C(CN)$_3$
			MeC(=NOH)C(=NO)Me
			MeC(=NOH)C(=NO)Et
			PhC(=NOH)C(=NO)Ph
			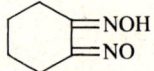
			MeC(=NOH)C(=NOH)(CH$_2$)$_6$-C(=NO)C(=NOH)Me
			MeC(=NOH)C(=NOH)(CH$_2$)$_{10}$-C(=NO)C(=NOH)Me
			o-MeOC$_6$H$_4$C(=NOH)C(=NO)Me
			(furyl)-C(=NOH)C(=NO)-(furyl)
			MeCOCHCOMe
			MeCOCHCOPh
			PhCOCHCOPh
			MeCOCHCMe=NCH$_2$CH$_2$OH
			MeCOCHCPh=NCH$_2$CH$_2$OH

p	Y	q	Color and MP (°C)	Physicochemical Studies	Reference
1				K, p, uv	4942
1				p, uv	5031
1				moe	5032
1				ca, K, moe, th	4686, 4932–4934, 4936, 5033–5035
1				uv	5036
1				K, moe	4937, 5037
1			g, 290 dec	ir, K, moe, nmr, th, uv, xr, xrp	2394, 2395, 4934, 4938, 4939, 4941, 5038–5046
2				ir	877
2			r	ir, K, moe, nmr, th, uv	4934, 4970, 4971, 5047–5049, 5060–5065
2			bu-r		5066
2			rsh-bu (*cis*) d-r (*trans*)	ir, K, moe, msc, nmr	4934, 4939, 4971, 5047, 5048, 5062, 5063, 5067–5070
2				ir, moe, uv, xr	5047, 5062, 5071
2			190 dec	nmr, uv	5072
2			195 dec	nmr, uv	5072
2			bk		5073
2				ir, moe, uv	5047, 5062
2			d-bw-r, 140	ir, K, p, uv	888, 3811, 4974, 5074, 5075
2			bk, bw	tha	361, 362, 5074
2			bk-g	moe, uv	5076–5078
2				ir, msc, uv	5079
2				ir	893

TABLE 3.85. *(CONTINUED)*

m	n	R	X
1	2	H	EtO$_2$C–C=⟨cyclopentanone⟩=C–CO$_2$Et with C–CO$_2$Et substituent

2,7,12,18-Me$_4$-13,17-(HO$_2$CCH$_2$CH$_2$)$_2$-porph
2,7,12,18-Me$_4$-3,8-Et$_2$-13,17-(HO$_2$CCH$_2$CH$_2$)$_2$-porph
2,7,12,18-Me$_4$-3,8-(CH$_2$=CH)$_2$-13,17-(HO$_2$CCH$_2$CH$_2$)$_2$-porph

2,7,12,18-Me$_4$-13,17-(MeO$_2$CCH$_2$CH$_2$)$_2$-porph
2,7,12,18-Me$_4$-3,8-Et$_2$-13,17-(MeO$_2$CCH$_2$CH$_2$)$_2$-porph
2,7,12,18-Me$_4$-3,8-(CH$_2$=CH)$_2$-13,17-(MeO$_2$CCH$_2$CH$_2$)$_2$-porph
2,7,12,18-Me$_4$-3,8-Et$_2$-13,17-(HO$_2$CCH$_2$CH$_2$)$_2$-5,10,15,20-Ph$_4$-porph
2,7,12,18-Me$_4$-3,8-(MeCHOH)$_2$-13,17-(HO$_2$CCH$_2$CH$_2$)$_2$-porph
2,7,12,18-Me$_4$-3,8-Et$_2$-13,17-(HO$_2$CCH$_2$CH$_2$)$_2$-5,10,15,20-[2,4,6-(MeO)$_3$C$_6$H$_2$]$_4$-porph
2,7,12,18-Me$_4$-3,8-(MeCO)$_2$-13,17-(MeO$_2$CCH$_2$CH$_2$)$_2$-porph
2,7,12,17-Me$_4$-3,8,13,18-(HO$_2$CCH$_2$CH$_2$)$_4$-porph
PhCOCHNO$_2$
2,7,12,18-Me$_4$-5,10-(O$_2$N)$_2$-13,17-(MeO$_2$CCH$_2$CH$_2$)$_2$-porph
MeCO$_2$
o-HOC$_6$H$_4$CO$_2$
o-OC$_6$H$_4$CHO
2-O-5-ONC$_6$H$_3$CHO
MeCOC(=NO)COMe
MeC(=NOH)C(=NO)COMe
PhCOCH=NO
2-O-3-O$_2$NC$_6$H$_3$CHO
2,7,12,18-Me$_4$-3,8-[HO$_2$CCH(NH$_2$)CH$_2$S]$_2$-13,17-(HO$_2$CCH$_2$CH$_2$)$_2$-porph

benzo-fused thiazine with –SH and =S substituents

NCS

p	Y	q	Color and MP (°C)	Physicochemical Studies	Reference
2			bk	ir, msc, uv	370
1				K	5091
1				p, ram, uv	5083–5085
1				K, p, uv	4976, 4978, 5033, 5085, 5088–5090, 5093, 5094
1				K, th, uv	4977, 5096, 5097
1				th, uv	4977, 5096
1				ir, K, th, uv	4977, 4980, 5095–5097
1				epr, msc, K, uv	4986, 5084, 5086
1				p, uv	5085
1					4984
1				K, nmr, uv	4977, 5095, 5096, 5098
1				p, uv	5031, 5083, 5085
2			d-bu	msc, uv, xr	916, 4695
1				uv	4982
2			y-g, g	moe, msc	5074, 5100, 5101
2			ppsh	dc	936
2			pp-bk, gsh-y	ir, msc	4965, 5074, 5099
2			pp-bk		5002
2				moe	5048
2					5048, 5080
2			bu	uv	5081, 5082
2					5002
1				K, p, th, uv	5087
2				dc, uv	5102
2			w	epr, ir, moe, msc, th, tha, xr	504, 995, 1002, 1005, 1007, 1009, 1994, 4700, 4996, 5103–5106

TABLE 3.85. (CONTINUED)

m	n	R	X
1	2	H	NCS
			PhCSCHCOPh
			MeOCS$_2$
			EtOCS$_2$
			(Cyclohexyl)$_2$PS$_2$
			Ph$_2$PS$_2$
			(i-PrO)$_2$PS$_2$
			p-MeC$_6$H$_4$SO$_2$
			{Na, SO$_4$}
			{K, SO$_4$}
			S$_2$O$_4$
			thioph-2-COCHCOCF$_3$
			thioph-2-CSCHCOCF$_2$
			n-C$_3$F$_7$
			F$_{16}$-pc
			PF$_6$

p	Y	q	Color and MP (°C)	Physicochemical Studies	Reference
	phen	1	v	ir, moe, msc, uv, xr	5104, 5107, 5108
2			110	msc, uv	4701, 5078
2				cond, ir, msc	5109
2				cond, ir, msc	5109
2				cond, ir, msc	5109
2				cond, ir, msc	5109
2				moe	5110
2			y	ir, msc, uv	4703
2, 2	H_2O	1	y		1111
2, 2	H_2O	1	y		1112
1			y		2438
2				dc	5112
2				uv	5078
2	CO	2	y-bw, 138 dec	ir	5113
1			g	nmr	5114

| 2 | 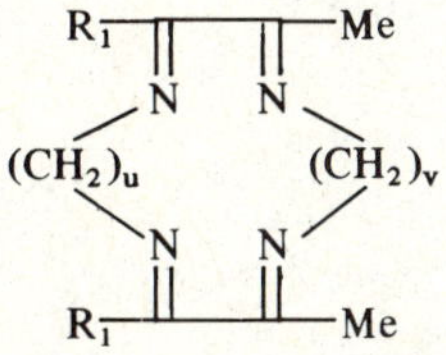 [macrocyclic diimine structure with R_1, Me, $(CH_2)_u$, $(CH_2)_v$] | 1 | | | |

R_1	u	v				
H	2	2		o	cond, ir, K, moe, msc, uv	5115
H	3	2		o	cond, ir, K, moe, msc, uv	5115
H	3	3		y	cond, ir, K, moe, msc, uv	5115
Me	2	2		o	cond, ir, K, moe, msc, uv	5115
Me	3	3		y	cond, ir, K, moe, msc, th, uv	5115, 5116

| 2 | 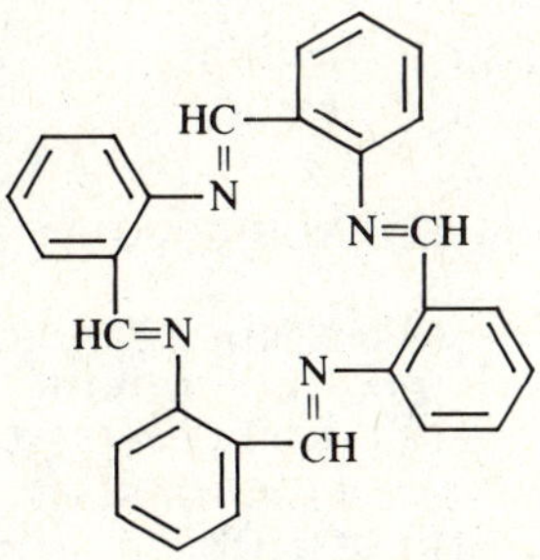 [tetraimine macrocycle of four ortho-phenylene units linked by HC=N groups] | 1 | | K, nmr, th, uv | 4934 |

TABLE 3.85. (CONTINUED)

m	n	R	X
1	2	H	Cl
			p-ClC$_6$H$_4$COCH=NO
			ClO$_4$
			Br
			2,7,12,18-Me$_4$-3,8-Br$_2$-13,17-(MeO$_2$CCH$_2$CH$_2$)$_2$-porph
			p-BrC$_6$H$_4$COCH=NO
			{n-C$_3$F$_7$
			{I
			I
			{SPh
			{I$_3$
			Hg(NCS)$_4$
			Ni(CN)$_4$
		2-Me	pc
			MeC(=NOH)C(=NO)Me
			2-O-5-O$_2$NC$_6$H$_3$CHO
			thioph-2-COCHCOCF
			I
		3-Me	Et$_8$-porph
			pc
			MeC(=NOH)C(=NO)Me
			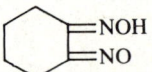
			PhC(=NOH)C(=NO)Ph
			MeC(=NOH)C(=NOH)(CH$_2$)$_6$-C(=NO)C(=NOH)Me
			MeC(=NOH)C(=NOH)(CH$_2$)$_{10}$-C(=NO)C(=NOH)Me
			MeCOCHCOPh
			o-OC$_6$H$_4$CHO
			MeCOC(=NO)COMe
			MeC(=NOH)C(=NO)COMe
			thioph-2-COCHCOCF$_3$

p	Y	q	Color and MP (°C)	Physicochemical Studies	Reference
2			y, o	epr, ir, moe, msc, ram, th, tha, uv, xr	504, 507, 994, 1005, 1014, 1052, 1062, 1069, 1088, 1105, 4713, 4716, 4718, 4720, 4995–4997, 5000, 5106, 5117–5123
2				uv	5081
2			l-bw, 236–241 dec	tha	5124
2			o	ir, moe, msc, th, tha, uv	504, 1088, 4718, 4995, 5117
1				uv	4982
2				uv	5081
1	CO	2	123 dec	ir, msc	5111
1					
2				ir, moe, th, tha	504, 4718, 5117
	CO	1	d-bw		4944, 5125, 5126
		2	d-g		2966, 4924, 4944, 5125, 5126
1			bk		5127
1					
1			y	ir, msc, uv, xr	1132
1				ir, ram, xr	1014, 1136, 1138
1				K, uv	5045
2				moe, qch	5128
2					5002
2				dc	5112
2				msc	4128
1				moe	5032
1				moe, uv	5038
2				moe, msc, qch	5048, 5061, 5128, 5129
2				uv, xr	5071
2			bw	ir, moe, msc	5048, 5067–5069, 5129
2			165 dec	nmr, uv	5072
2			160 dec	nmr, uv	5072
2			bw	tha	361, 362
2			d-g	moe, msc	5099
2				moe, msc	5048
2			d-bu	moe, msc	5048, 5080
2				dc	5112

TABLE 3.85. (CONTINUED)

m	n	R	X
1	2	3-Me	Cl
		4-Me	Et$_8$-porph
			pc
			MeC(=NOH)C(=NO)Me
			PhC(=NOH)C(=NO)Me
			cyclohexane-1,2-dione (=NOH)(=NO)
			MeC(=NOH)C(=NOH)(CH$_2$)$_6$-C(=NO)C(=NOH)Me
			MeC(=NOH)C(=NOH)(CH$_2$)$_{10}$-C(=NO)C(=NOH)Me
			MeCOCHCOPh
			2,7,12,18-Me$_4$-3,8-(CH$_2$=CH)$_2$-13,17-(HO$_2$CCH$_2$CH$_2$)$_2$-porph
			2,7,12,18-Me$_4$-13,17-(MeO$_2$CCH$_2$CH$_2$)-porph
			2,7,12,18-Me$_4$-3,8-Et$_2$-13,17-(MeO$_2$CCH$_2$CH$_2$)$_2$-porph
			2,7,12,18-Me$_4$-3,8-(CH$_2$=CH)$_2$-13,17-(MeO$_2$CCH$_2$CH$_2$)$_2$-porph
			2,7,12,18-Me$_4$-3,8-(MeCO)$_2$-13,17-(MeO$_2$CCH$_2$CH$_2$)$_2$-porph
			o-OC$_6$H$_4$CHO
			MeCOC(=NO)COMe
			MeC(=NOH)C(=NO)COMe
			NCS
			thioph-2-COCHCOCF$_3$
			Cl
		2,4-Me$_2$	MeC(=NOH)C(=NO)Me
		3,4-Me$_2$	cyclohexane-1,2-dione (=NOH)(=NO)
		3,5-Me$_2$	o-OC$_6$H$_4$CHO
		3,5-Me$_2$	cyclohexane-1,2-dione (=NOH)(=NO)
		2,4,6-Me$_3$	MeC(=NOH)C(=NO)Me
		3-Et	cyclohexane-1,2-dione (=NOH)(=NO)
		4-Et	cyclohexane-1,2-dione (=NOH)(=NO)
		4-i-Pr	cyclohexane-1,2-dione (=NOH)(=NO)

p	Y	q	Color and MP (°C)	Physicochemical Studies	Reference
2				tha	4716
1				moe	5032
1			270 dec	ir, K, moe, uv	5042, 5045, 5046
2				K, moe, msc, th	4971, 5048, 5129
2				ir, K, moe, msc, th	4971, 5048, 5067–5069, 5129
2				uv, xr	5071
2			160 dec	nmr, uv	5072
2			165 dec	nmr, uv	5072
2			d-bw	tha	361, 362
1				p	4978
1				K, th	5096, 5097
1				th	5096
1				K, th	5096, 5097
1				th	5096
2			pp-bk	moe, msc	5099
2				moe, msc	5048
2			d-bu	moe, msc	5048, 5080
2				ir	4700
2				dc	5111
2				moe, tha, xr	4716, 4996
2				moe, qch	5128
2				uv, xr	5071
2			bk	moe, msc	5099
2				uv, xr	5071
2				moe, qch	5128
2				uv, xr	5071
2				uv, xr	5071
2				uv, xr	5071

TABLE 3.85. (CONTINUED)

m	n	R	X
1	2	4-CH=CH$_2$	MeC(=NOH)C(=NO)Me
			PhC(=NOH)C(=NO)Ph
			2,7,12,18-Me$_4$-13,17-(MeO$_2$CCH$_2$CH$_2$)$_2$-porph
			2,7,12,18-Me$_4$-3,8-Et$_2$-13,17-(MeO$_2$CCH$_2$CH$_2$)$_2$-porph
			2,7,12,18-Me$_4$-3,8-(CH$_2$=CH)$_2$-13,17-(MeO$_2$CCH$_2$CH$_2$)$_2$-porph
			2,7,12,18-Me$_4$-3,8-(MeCO)$_2$-13-17-(MeO$_2$CCH$_2$CH$_2$)$_2$-porph
			MeC(=NOH)C(=NO)COMe
			Cl
		3-NH$_2$	MeC(=NOH)C(=NO)Me
			PhC(=NOH)C(=NO)Ph
		4-NH$_2$	pc
			MeC(=NOH)C(=NO)Me
			PhC(=NOH)C(=NO)Ph
		2-CH$_2$NH$_2$	+
		2,6-(CH$_2$NH$_2$)$_2$	I
		2-NHNH$_2$	ClO$_4$
		2-CH$_2$NHMe	+
		2-CH$_2$NHCH$_2$CH$_2$NH$_2$,6-Me	ClO$_4$
		2-CH$_2$CH$_2$N$^-$Ph	
		3-(N-Me-pyrrolidin-2-yl)	2,7,12,17-Me$_4$-3,8,13,18-Et$_4$-porph
			PhCOCHCOPh
			2,7,12,17-Me$_4$-3,8,13,18-(HO$_2$CCH$_2$CH$_2$)$_2$-porph
			o-PhCOC$_6$H$_4$CO$_2$
		2-CH=NMe	PF$_6$
			HgI$_4$
		2,6-(CH=NMe)$_2$	I
		2-CH=NEt	PF$_6$
		2-CH=N-i-Pr	NCS
			PF$_6$
		2-CH=NPh	NCS
			PF$_6$
			Cl
		2-CH=NPh,6-Me	NCS
		2,6-(CH=NPh)$_2$	ClO$_4$
		2-CH=NC$_6$H$_4$Me-o	NCS
		2-CH=NC$_6$H$_4$Me-m	CN
		2-CH=NC$_6$H$_4$Me-p	CN
			NCS
			PF$_6$
			Cl
			Br
			I

p	Y	q	Color and MP (°C)	Physicochemical Studies	Reference
2					5129
2					5129
1				K, th	5096, 5097
1				K, th	5096, 5097
1				K, th	5096, 5097
1				K, th	5096, 5097
2			d-bu		5080
2			y	ir, uv	573
2				ir, moe	5063
2				ir, moe	5063
1				K	5045
2				ir, moe	5063
2				ir, moe	5063
2				K, th	576
2			g, 300		1208
2			v		646
2				K, th	576
2	H$_2$O	1			156
			o-y	ir, ms, uv	5130
1				p	5031
2			d-bu-g	moe	5076, 5077
1				p	5031
2	H$_2$O	6			62
2				nmr	2481
1			r-v		5008
2			bk	msc, uv	5131, 5132
	H$_2$O	2		ir	637
2				nmr	2481
2				msc	5133, 5134
2				nmr	2481
2				ir, msc, uv	5134, 5135
2				nmr	2481
2			bk, 180 dec	msc	1212, 5134
2				ir, msc, uv	5135
2	H$_2$O	2	r, dec 215		1208
2	CHCl$_3$	0.5		msc	5134
2				ca, K, p	5136
2				ca, K, p	5136
2				msc	5133, 5134
2				nmr	2481
2			d-g, bu-bk, 198 dec	ir, msc	1212, 5010, 5137
2			d-g	ir, msc	5010
2			d-g	ir, msc	5010
2	H$_2$O	1	d-r	cond, msc	1628

TABLE 3.85.   (CONTINUED)

m	n	R	X
1	2	2-CH=NC$_6$H$_3$-3′,4′-Me$_2$	CN
		2-CH=NC$_6$H$_3$-3′,5′-Me$_2$	CN
		2,6-(CH=NCH$_2$Ph)$_2$	Br
		2,6-(CH=NNH$_2$)$_2$	I
		2-CH=NNHPh	Cl
		2,6-(CMe=NEt)$_2$	SO$_4$
		2-CPh=NC$_6$H$_3$-3′,4′-Me$_2$	CN
		2,6-(CMe=NNH$_2$)$_2$	Cl
			I
		2-CH=NCH$_2$CH$_2$NH$_2$,6-Me	ClO$_4$
		2,6-(CMe=NNHMe)$_2$	ClO$_4$
		2,6-(CMe=NNHPh)$_2$	ClO$_4$
		2-C(N$^-$Ph)=NNH$_2$	
		2,6-(CMe=NNMe$_2$)$_2$	ClO$_4$
		2-[imidazoline-NH]	+
		2-CH$_2$NHCH$_2$-8′-quin	I
		4-CH=N$_2$	Cl
		2-CH$_2$N=CH-2′-quin	I
		2-CH=N-8′-quin	+
			BPh$_4$
			MeCO$_2$
			NO$_3$
			NCS
			Cl
			ClO$_4$
			Br
			I
		2-CH=N-8′-quin,6-Me	I
		2-CH=N-[4,5-dimethylpyrazole]	ClO$_4$
		2-CH=NN$^-$-2′-quin	
		2-NHN=CH-1′-isoquin	ClO$_4$
		2-N$^-$N=CH-1′-isoquin	
		2-NHN=CH-2′-quin	ClO$_4$
		2-N$^-$N=CH-2′-quin	
		2-NHN=CH-3′-isoquin	ClO$_4$
		2-N$^-$N=CH-3′-isoquin	
		2-CH=NNH-(2-pyrimidinyl)	+
			ClO$_4$

p	Y	q	Color and MP (°C)	Physicochemical Studies	Reference
2				ca, ir, K, p, uv	5136, 5138–5141
2				ca, K, p	5136
2	H$_2$O	x	d-r, 265		1208
2				msc	5137
2				cond, ir, msc, uv	643
1					1406
2				ca, ir	5141
2				cond, ir, msc	645
2				cond, ir, msc	645
2			d-pp		156
2				cond, ir, msc	645
2				cond, ir, msc	645
			o	uv	164
2				cond, ir, msc	645
2			r-pp	uv	3159
2	H$_2$O	3	g		1208
2			y-bw	ir, msc	5142
2			g	msc	650
2				dc, uv	5143
2				dc, uv	5143
2				dc, uv	5143
2				dc, uv	5143
2				dc, uv	5143
2				dc, uv	5143
2				dc, uv	5143
2				dc, uv	5143
2				dc, uv	5143
	H$_2$O	2	bk d-g	cd	5144
2	H$_2$O	3	g	msc	650
2	H$_2$O	1	bw		657
				chr, p, uv	653, 654, 1216, 1217
2	H$_2$O	2	d-r	cond, msc	1628
	H$_2$O	0.5	g-bk	cond, msc	1628
2				moe, msc	5145
	H$_2$O	0.5	d-r	cond, msc	1628
			bk	cond, moe, msc	1628, 5145
2	H$_2$O	2	d-r	cond, msc	1628
	H$_2$O	1	bk		1628
2				K	5005
2	H$_2$O	1	d-r	cond, msc	1628

TABLE 3.85. (*CONTINUED*)

m	n	R	X
1	2	2-CH=NN-(2-pyrimidinyl)	
		2-NHN=CH-8′-quin	ClO$_4$
		2-N⁻N=CH-8′-quin	
		2-CH=NNH-(3-Me-2-pyrazinyl)	+
		2-CH=NN⁻-(3-Me-2-pyrazinyl)	ClO$_4$
		3-CN	NCO
			MeC(=NOH)C(=NO)Me
			PhC(=NOH)C(=NO)Me
			NCS
		4-CN	pc
			MeC(=NOH)C(=NO)Me
			PhC(=NOH)C(=NO)Ph
			NCO
			2,7,12,18-Me$_4$-13,17-(MeO$_2$CCH$_2$CH$_2$)$_2$-porph
			2,7,12,18-Me$_4$-3,8-Et$_2$-13,17-(MeO$_2$CCH$_2$CH$_2$)-porph
			2,7,12,18-Me$_4$-3,8-(CH$_2$=CH)$_2$-13,17-(MeO$_2$CCH$_2$CH$_2$)-porph
			2,7,12,18-Me$_4$-3,8-(MeCO)$_2$-13,17-(MeO$_2$CCH$_2$CH$_2$)$_2$-porph
			Cl
			Br
		3-OH	cyclohexane-1,2-dione dioxime (=NOH, =NO)
		2-CH=NO⁻	
		4-CH=NOH	Cl
		2-CH=NO⁻,6-CH=NOH	
		2-CPh=NO⁻	
		2-NHN=CHC$_6$H$_4$O⁻-*o*	
		2-CH$_2$N=CMeCMe=NOH	I
		2-N=NC$_6$H$_4$O⁻-*o*	
		2-N=N-1′-C$_{10}$H$_6$-2′-O⁻	
		2-N=NC$_6$H$_4$O⁻-*p*	
		2-N=NC$_6$H$_3$-2′-O⁻-4′-OH	
		2-CH=NC$_6$H$_4$OMe-*m*	CN

p	Y	q	Color and MP (°C)	Physicochemical Studies	Reference
				K, p	5005
	H$_2$O	1.5	r-v	cond, msc	1628
2	H$_2$O	1.5	d-r	cond, msc	1628
			d-g	cond	1628
2				K	5011
2	H$_2$O	2	d-r	cond, msc	1628
				K, p	5011
	H$_2$O	0.5	d-r-g	cond, msc	1628
2				ir	2640
2				ir, moe	5063
2				ir, moe	5063
2				ir, msc, uv	1219
1				K	5045
2				ir, moe, uv	4966, 5063
2				ir, moe	5063
2				ir	2640
1				th	5096, 5097
1				th	5096
1				th	5096, 5097
1				th	5096
2			o	uv	4995
2			o	uv	4995
2				uv, xr	5071
				K, p, uv	689, 1213, 5016
2			bw-y	ir, msc, tha, uv	1232, 1233
				K, th	5017, 5146
			bush-pp	uv	5147
	{ phen H$_2$O	1	d-r-v	p, uv	5148
			r-bw	cond, msc	646
2	H$_2$O	2	r, 300		1208
				K, uv	706
				uv	1244, 5149
				K, uv	706
				K, uv	5150–5152
2				ca, K, p	5136

TABLE 3.85. (CONTINUED)

m	n	R	X
1	2	2-CH=NC$_6$H$_4$OMe-p	CN
			NCS
		3-CHO	cyclohexane-1,2-dione dioxime (=NOH, =NO)
		4-CHO	cyclohexane-1,2-dione dioxime (=NOH, =NO)
		4-COMe	pc
			Cl
		3-COPh	MeC(=NOH)C(=NO)Me
			PhC(=NOH)C(=NO)Ph
		2-CONH$_2$	Cl
		3-CONH$_2$	Br
			+
			MeC(=NOH)C(=NO)Me
			PhC(=NOH)C(=NO)Ph
			MeCOCHCOMe
			MeCOCHCOPh
			NCO
			2,7,12,18-Me$_4$-3,8-(CH$_2$=CH)$_2$-13,17-(HO$_2$CCH$_2$CH$_2$)$_2$-porph
			SO$_4$
			Cl
			I
			Hg(SCN)$_4$
			HgI$_4$
		4-CONHNH$_2$	+
			NCS
		3-CONEt$_2$	MeC(=NOH)C(=NO)Me
			PhC(=NOH)C(=NO)Ph
		2-CON$^-$N=CMe$_2$	
		3-CON$^-$N=CMe$_2$	
		4-CONHN=CHMe	Hg(SCN)$_4$
			HgI$_4$
		4-CONHN=CMe$_2$	Hg(SCN)$_4$
			HgI$_4$
		2-CO$_2^-$	
		2-CO$_2^-$,6-Me	

p	Y	q	Color and MP (°C)	Physicochemical Studies	Reference
2				ca, K, p	5136
2				msc	5134
2				uv, xr	5071
2				uv, xr	5071
1				K, uv	5045
2				moe	5153
2				ir, moe	5067–5069, 5154
2				moe	5067–5069, 5154
2			y, 240 dec	ir	5155, 5156
	H$_2$O	2		ir, tha	1270, 1273
2	H$_2$O	2		ir, tha	1273
2				K	762
2				moe	5154
2				ir, moe	5067–5069, 5154
2				tha	361
2				tha	361
2				ir, msc, uv	1219
1					5093
1	H$_2$O	6	y		5157, 5158
2				ir, msc, uv	5159, 5160
	H$_2$O	3			5158
2				ir, msc, uv	5159
1			y, 232	ir, msc	1277, 2668
1				ir	1277
2					1946
2	H	1	y (cis) / rsh (trans)	moe, tha, xr	74, 3161, 5162
2				moe	5172
2				moe	5067–5069, 5172
	EtOH	2	d-bw, 248	cond, epr, ir, msc, uv	780
	H$_2$O	2	bw	cond, epr, ir, msc, uv	781
1				ir	2819, 5163
1				ir	2819, 5163
1				ir	2819, 5163
1				ir	2819, 5163
				ir, K, moe, msc, uv	1317, 1337, 4744, 5022, 5164–5169
	H$_2$O	1	y-g		1306
		2			5024
		4	y-o	cal, ir, K, moe, msc, tha, uv	1305, 1306, 1324, 5021, 5168
				K, p	1317

TABLE 3.85. (CONTINUED)

m	n	R	X
1	2	2-CO$_2^-$,3-NH$_2$	
		2-CO$_2^-$,3,4-(OH)$_2$	
		2-CO$_2^-$,6-CH$_2$OH	
		3-CO$_2$H	
		3-CO$_2^-$	2,7,12,18-Me$_4$-3,8-(CH$_2$=CH)$_2$-13,17-(HO$_2$CCH$_2$CH$_2$)$_2$-porph
		4-CO$_2^-$	
		2-CO$_2^-$,3-CO$_2$H	
		2-CO$_2^-$,5-CO$_2$H	
		2-CO$_2^-$,6-CO$_2$H	
		2-CO$_2^-$,4,6-(CO$_2$H)$_2$	
		3-CO$_2$Me	2,7,12,18-Me$_4$-3,8-(CH$_2$=CH)$_2$-13,17-(HO$_2$CCH$_2$CH$_2$)$_2$-porph
		3-CO$_2$Me,6-CO$_2^-$	
		4-CO$_2$Me,6-CO$_2^-$	
		2-CO$_2$Et	NO$_2$
			NCS
		3-CO$_2$Et	MeC(=NOH)C(=NO)Me
			PhC(=NOH)C(=NO)Ph
		4-CO$_2$-n-Bu	2,7,12,18-Me$_4$-13,17-(MeO$_2$CCH$_2$CH$_2$)$_2$-porph
			2,7,12,18-Me$_4$-3,8-Et$_2$-13,17-(MeO$_2$CCH$_2$CH$_2$)$_2$-porph
			2,7,12,18-Me$_4$-3,8-(CH$_2$=CH)$_2$-13,17-(MeO$_2$CCH$_2$CH$_2$)$_2$-porph
			2,7,12,18-Me$_4$-3,8-(MeCO)$_2$-13,17-(MeO$_2$CCH$_2$CH$_2$)$_2$-porph
		3-CONHCH$_2$OH	MeC(=NOH)C(=NO)Me
			PhC(=NOH)C(=NO)Ph
		2-C$^-$HCOPh	
		2-CH$_2$CO$_2^-$	
		2-NHCOMe	SO$_4$
			Cl
		2-CH=N(2-pyridone)	ClO$_4$
		2-CMe=N(2-pyridone)	ClO$_4$
		2-CH=NC$_6$H$_4$NO$_2$-p	NCS
		2-P(OEt)O$_2^-$	
		2-P(OEt)O$_2^-$,4-Me	

p	Y	q	Color and MP (°C)	Physicochemical Studies	Reference
				uv	5025
			o	K, uv	5026
				K, uv	1355
1					5071
				ir, K, p, uv	4744, 5170
	H$_2$O	2		ir, moe, msc, uv	5168, 5171
		4		cal, ir, moe, msc, tha, uv	1324, 5168
				ir, uv	4744
	H$_2$O	1		ir, moe, msc, uv	5164
		4		cal, ir, moe, msc, tha, uv	1324, 5168
				K, uv	5022, 5172
	H$_2$O	2		tha	1368
				uv	5173–5176
	H$_2$O	2	l-g	tha, uv	1369
				uv	5176–5178
1					5071
				K	5027
				K	5027
2			r, 163	cond, ir, uv	1373
2				cond, ir, uv	1373
2				moe	5172
2				moe	5067–5069, 5172
1				th	5096
1				th	5096
1				th	5096
1				th	5096
2				moe	5154
2				moe	5068, 5154
			226		1385
					1387
1	H$_2$O	6			1025
2					1025
2				cond, ir, msc	1405
2				cond, ir, msc	1405
2				msc	5134
			rsh-bu	ir, uv	1411
			bw	ir, uv	1411

TABLE 3.85. (CONTINUED)

m	n	R	X
1	2	2-P(OEt)O$_2^-$,6-Me	
		2-S$^-$	
		2-SNH$_2$	+
			Cl
			ClO$_4$
		2,6-SNH$_2$	Cl
		2-CH=NC$_6$H$_4$SMe-o	Cl
			ClO$_4$
			Br
			I
		2-CH=NC$_6$H$_4$SMe-o,6-Me	ClO$_4$
		2-CSN$^-$H,6-CSNH$_2$	+
		2,4-(CSNHMe)$_2$	+
		2-CSN$^-$Ph	
		2-CH=NNCSNH$_2$	+
			Cl
			Br
		2-CH=NN$^-$CSNH$_2$	
		2-CH=NN$^-$CS$_2$Me	
		2-CMe=NN$^-$CSNHPh	
		2-CH=NNMeCS$_2$Me	ClO$_4$
		2-CH=NNMeCS$_2$Me,6-Me	NCS
			Cl
			ClO$_4$
			Br
		2-CH$_2$SO$_3^-$	
		3-COC$^-$HCOCF$_3$	
		2-CH=NC$_6$H$_4$F-p	CN
		3-Cl	MeC(=NOH)C(=NO)Me
			PhC(=NOH)C(=NO)Ph
			MeCOC(=NO)COMe
			MeC(=NOH)C(=NO)COMe
			Cl
		4-Cl	Cl
		3,5-Cl$_2$	Cl
			Br
		2-CH=NC$_6$H$_4$Cl-o	NCS
		2-CH=NC$_6$H$_4$Cl-p	CN
			NCS
		2-N=(tetrachlorophthalimidinylidene)	
		3-Br	MeC(=NOH)C(=NO)Me
			PhC(=NOH)C(=NO)Ph
			MeC(=NOH)C(=NO)COMe
			CN
		2-CH=NC$_6$H$_4$Br-p	+
	3	H	C(CN)$_3$

948

p	Y	q	Color and MP (°C)	Physicochemical Studies	Reference
			l-bw	ir, uv	1411
	Fe(CO)$_3$	4		xr	5179
2				uv	5180
2			bw	cond, msc	1667
2				cond, msc	1667
2			l-bw-y	msc	5181
2				moe	5182
2				moe	5182
2	H$_2$O	1		moe	5182
2	H$_2$O	1		moe	5182
2			r-v	ir, msc	844
1				uv	5180
2				uv	5183
	EtOH	1	g	uv	1421
2				uv	88–93
2			bw	msc	5184
2	EtOH	1	bw	msc	5184
			d-bw	msc	5184
				cond, moe, msc	858, 5182
				uv	5185
2	H$_2$O	5	d-bu	cond, msc, uv	859, 5182
2				moe	5182
2	H$_2$O	0.5		moe	5182
2	H$_2$O	3	bu-bk	cond, ir, moe, msc, uv	859a, 5182
2				moe	5182
	NH$_2$OH	2		uv	5186
				msc, uv	1392
				ca, K, p	5136
2			d-bu	K, moe, msc, th	4971, 5048, 5129
2				K, msc, th	4971, 5129
2				moe	5048
2					5080
2				moe	5153
2				moe	5153
2			o	uv	4995
2			o	uv	4995
2				msc	5134
2				ca, K, p	5136
2				moe	5134
				uv	1457, 1458
2				moe	5048, 5129
2				moe, msc	5048, 5129
2				moe, msc	5048
2				ca, K, p	5136
2				K	4658
2			y-g	ir	4658

TABLE 3.85. (CONTINUED)

m	n	R	X
1	3	H	NCO
			H$_2$NCOC(NO)CONH$_2$
			MeOCS$_2$
			SO$_4$
		2-CH$_2$NH$_2$	Cl
			Cl
			ClO$_4$
			Br
			I
		2-NHNH$_2$	Cl
		2-CH=NH	SO$_4$
		2-CH=NMe	+
			SO$_4$
			ClO$_4$
			I
		2-CH=NEt	HgI$_4$
			+
			ClO$_4$
		2-CH=N-n-Pr	+
		2-CH=N-i-Pr	ClO$_4$
			+
			I
		2-CH=N-n-Bu	+
		2-CH=NPh	+
			ClO$_4$
			I
		2-CH=NC$_6$H$_4$Me-o	ClO$_4$
		2-CH=NC$_6$H$_4$Me-m	+
		2-CH=NC$_6$H$_4$Me-p	+
			Cl
			ClO$_4$
			Br
			I
		2-CH=NC$_6$H$_3$-3',4'-Me$_2$	+
		2-CH=NC$_6$H$_3$-3',5'-Me$_2$	+
		2-CH=NC$_6$H$_4$Et-p	ClO$_4$
		2-CH=NCH$_2$Ph	+
			NCS

p	Y	q	Color and MP (°C)	Physicochemical Studies	Reference
2	H$_2$O	1	gsh		906
2				msc	5164
2			y-bw, 88–90 dec		28
2	H$_2$O	1	bk		5187
2	H$_2$O	2	y-bw		5188
2				moe, msc, uv	5190–5192
	H$_2$O	1		moe	5193
		2		moe	5193
	MeOH	1		moe	5193
	EtOH	1		moe	5193
2				ir	2636
2			bw	cond, moe, msc, uv	2635, 5190, 5191
2			bw	cond, moe, msc, uv	2635, 5190
2			v, bw-y		5194
1				uv	5196
2				ca, K, p, th, uv	5197–5201
1				uv	5196
	H$_2$O	0.5		uv	5196
2			d-v, 233–234 dec		636
2				ir, qch	637, 5202
	H$_2$O	1	bk	ir, msc, uv	1636
1			v		5008
2				ca, K, p, th, uv	5197, 5198, 5200
2			d-v, 235–236 dec		636
2				ca, K, msc, p, th, uv	5197–5200, 5203, 5204
2			234–235 dec	K, msc	636
2				K, p, uv	5197, 5198
2					5196
2				K, p, uv	5197, 5198
2				ca, K, p, uv	5198, 5205
2			l-v, 225 dec		1212, 5135
2			d-v, 213–214 dec		1212
2				ir, msc, uv	5135
2				ca, K	5205, 5206
2				ca, K	5205, 5206
2			r-v	ir, msc	5010
2			r-v, v, 204 dec	ir, msc, uv	1212, 5010, 5135
2			r-v	ir, msc	5010
2			r-v, d-v, 163–165 dec	ir, msc	1212, 5010
	H$_2$O	2		msc	5137
2				ca, K	5205, 5206
2				ca, K	5206
2				ir, msc, uv	5135
2				K, p, uv	5198
2	H$_2$O	1		msc	5134

TABLE 3.85. (CONTINUED)

m	n	R	X
1	3	2-CH=NCH$_2$Ph	SO$_4$
		2-CH=NCH$_2$CH$_2$Ph	+
		2-CH=NCHMePh	+
		2-CH=NNH$_2$	NCS
			I
		2-CH=NCH$_2$CH$_2$NH$_2$	+
		2-CH=NC$_6$H$_4$NH$_2$-o	+
		2-CH=NNHMe	I
		2-CH=NNMe$_2$	I
		2-CH=NCH$_2$CH$_2$NEt$_2$	+
		2-CH=NC$_6$H$_4$NMe$_2$-p	ClO$_4$
		2-CH=NC$_6$H$_4$NEt$_2$-p	ClO$_4$
		2-CH$_2$CH=NPh	ClO$_4$
		2-CH$_2$CH=NCH$_2$Ph	SO$_4$
		2-CMe=NH	ClO$_4$
		2-CPh—NH	ClO$_4$
		2-CMe=NMe	+
			ClO$_4$
		2-CMe=NEt	+
			ClO$_4$
		2-CMe=N-n-Pr	+
		2-CMe=NPh	+
			ClO$_4$
		2-CPh=NMe	Cl
			ClO$_4$
		2-CPh=NPh	+
			ClO$_4$
		2-CPh=NC$_6$H$_4$Me-m	+
		2-CPh=NC$_6$H$_4$Me-p	+
		2-CPh=NC$_6$H$_3$-3′,4′-Me$_2$	+
		2-CPh=NC$_6$H$_3$-3′,5′-Me$_2$	+
		2-CMe=NNH$_2$	SO$_4$
		2-CPh=NNH$_2$	+
		2-CPh=NC$_6$H$_4$NH$_2$-m	ClO$_4$
		2-CMe=NC$_6$H$_4$NH$_2$-p	ClO$_4$
		2-CPh=NC$_6$H$_4$NH$_2$-p	ClO$_4$
		2-⟨imidazoline, NH⟩	+
			ClO$_4$
		2-⟨imidazoline, N⟩	
		2-N=NPh	+
			I
		2-CH=N-8′-quin	+
		2-CH$_2$PEt$_2$	ClO
		2-NHPPh$_2$	ClO$_4$
			Br
			I

p	Y	q	Color and MP (°C)	Physicochemical Studies	Reference
1					1406
2				K, p, uv	5198
2				K	5197, 5207
2				msc	5134
2				msc	5137
2				K, p, uv	5198
2				uv	5198
2			r	cond, ir, msc, uv	643
2	H$_2$O	2	r-bw	cond, ir, msc, uv	643
2				K, p, uv	5198
2					5135
2					5135
2				chr	4280
1					1406
2			d-bw	uv	5208
2			v	uv	5208
2				ca, p	5200, 5201
2			d-bw	uv	5208
2				ca, p	5200
2			d-v	uv	5208
2				ca, p	5200
2				ca, p	5200
2			d-v	chr, uv	4280, 5208
2					1406
2			d-v	uv	5208
2				ca, K, msc, p, uv	5209
2			d-v	uv	5208
2				ca, K, msc, p, uv	5209
2				ca, K, msc, p, uv	5209
2				ca, K, msc, p, uv	5209
2				ca, K, msc, p, uv	5209
1					1406
2				K, uv	5210
2			d-v	chr, uv	4280, 5208
2			v	chr, uv	4280, 5208
2			d-v	chr, uv	4280, 5208
2				K, th	3159, 5191
2				uv	3159, 5191
				K, th	5195
2			v	cond, msc, uv	5211
2				msc, uv	5211, 5212
2				K, p	5197
2			r, 203	cond, msc, uv	2642
2				msc, uv	67
2				msc, uv	67
2				msc, uv	67

TABLE 3.85. (CONTINUED)

m	n	R	X
1	⎰ 1	2-NHPPh$_2$	
	⎱ 2	2-N$^-$PPh$_2$	
	3	2-CH=NOH	+
	⎰ 1	2-CH=NOH	
	⎱ 2	2-CH=NO$^-$	
	3	2-CH=NO$^-$	—
		2-CH=NCH$_2$CH$_2$OH	+
		2-CH=NC$_6$H$_4$OH-m	+
		2-CH=NC$_6$H$_4$OH-p	+
		2-N=NC$_6$H$_3$-2'-O$^-$-4'-OH	—
		2-CH=NC$_6$H$_4$OMe-o	ClO$_4$
		2-CH=NC$_6$H$_4$OMe-m	+
		2-CPh=NC$_6$H$_4$OMe-m	+
		2-CH=NC$_6$H$_4$OMe-p	+
			ClO$_4$
		2-CO$_2^-$	—
		2-CO$_2^-$,3-CO$_2$H	—
		2-CO$_2^-$,6-CO$_2$H	—
		2-CO$_2^-$,4,6-(CO$_2$H)$_2$	—
		2-CH=NCH$_2$CO$_2^-$	—
		2-CH=NC$_6$H$_4$NO$_2$-m	+
		2-CH=NC$_6$H$_4$NO$_2$-p	+
		2-CH=NC$_6$H$_3$-3'-Me-4'-NO$_2$	+
		2-CSN$^-$H,6-CSNH$_2$	—
		2-CSN$^-$Me,4-Me	Me$_4$N
		2-CSN$^-$Ph	Me$_4$N
		2-CH=NNHCSNH$_2$	+
			H$_2$(EDTA)
	⎰ 2	2-CH=NNHCSNH$_2$	
	⎱ 1	2-CH=NN$^-$CSNH$_2$	+
	⎰ 1	2-CH=NNHCSNH$_2$	
	⎱ 2	2-CH=NN$^-$CSNH$_2$	
	3	2-CH=NN$^-$CSNH$_2$	—
		2-CH=NN$^-$CSeNH$_2$	—
		2-CH=NC$_6$H$_4$F-o	ClO$_4$
		2-CH=NC$_6$H$_4$F-p	+
			ClO$_4$
		2-CH=NCF$_5$	+
		2-CPh=NC$_6$H$_4$F-p	+
		2-CH=NC$_6$H$_4$Cl-o	ClO$_4$
		2-CH=NC$_6$H$_4$Cl-m	+
		2-CPh=NC$_6$H$_4$Cl-m	+
		2-CH=NC$_6$H$_4$Cl-p	+
			ClO$_4$
		2-CPh=NC$_6$H$_4$Cl-p	+
		2-CH=NC$_6$H$_4$Br-o	ClO$_4$
		2-CH=NC$_6$H$_4$Br-p	+
			ClO$_4$
		2-CH=NC$_6$H$_4$I-o	ClO$_4$
		2-CH=NC$_6$H$_4$I-p	ClO$_4$

p	Y	q	Color and MP (°C)	Physicochemical Studies	Reference
				cond, msc	5213
2				K, p, th, uv	5214, 5215
			r	K, p, th, uv	689, 5214–5217
1				K, p, th, uv	1231, 5016, 5214, 5215
2				K, p, uv	5298
2				ca, K	5206
2				ca, K	5206
1				uv	5218
2				ir, msc, uv	5135
2				ca, K	5205, 5206
2				ca, K, msc, p, uv	5209
2				ca, K	5205, 5206
2				ir, msc, uv	5135
1			o	uv	1337, 5219
1				uv	5168
1				uv	5168
1				uv	5172
1				K, p, uv	5198
2				ca, K	5206
2				ca, K	5206
2				ca, K	5206
1			bu	uv	5180
1	H₂O	4	d-bu		848
1			d-v		1421
2				K, uv	2173
1				K, uv	2173
1				K, uv	2173
				K, uv	2173
1				ir, K, uv	854, 2173
1				ir, uv	854
2				ir, msc, uv	5135
2				ca, K, msc, p, uv	5205, 5206
2				ir, msc, uv	5135
2				ca, K	5206
2				ca, K, msc, p, uv	5209
2				ir, msc, uv	5135
2				ca, K	5206
2				ca, K, msc, p, uv	5209
2				ca, K	5206
2				ir, msc, uv	5135
2				ca, K, msc, p, uv	5209
2				ir, msc, uv	5135
2				ca, K	5206
2				ir, msc, uv	5135
2				ir, msc, uv	5135
2				ir, msc, uv	5135

TABLE 3.85. (CONTINUED)

m	n	R	X
1	4	H	N_3^+
			$(NC)_2C=NO$
			NCO
			$MeCO_2$
			NCS
			NCSe
			Cl
			ClO_4
			Br
			I
		3-Me	NCS
			Cl
			Br
		4-Me	pc
			NCO
			NCS
			Cl
			Br
			I
		2,4,6-Me$_3$	I
		4-Et	N_3
			NCO
			NCS
			Cl

p	Y	q	Color and MP (eC)	Physicochemical Studies	Reference
2				K	4658
2				nqr	5221
2			d-r	msc	1484
2				cond, ir, moe, msc, nqr, uv, xr	1486, 5109, 5221–5225
2					5100
2				ir, moe, msc, nqr, th, tha, uv, **xr**	504, 995, 998, 1002, 1005, 1007, 1009, 1013, 1014, 1020, 1504, 1551, 2687, 4988, 4995, 4996, 5103–5105, 5109, 5187, 5222–5224, 5226–5247
2			o	ir, uv, xr	4989, 4995, 5224
2			o, y	cond, ir, moe, msc, nqr, ram, th, tha, uv, **xr**	504, 507, 1069, 4716, 4995–4997, 5000, 5117, 5118, 5153, 5221–5223, 5226, 5236, 5242, 5244, 5248–5252
2			bw	tha	5124
2			o, y	cond, ir, moe, msc, nqr, th, tha, uv	504, 4995, 5117, 5221–5223, 5242, 5249
2				cond, ir, moe, msc, nqr, th, tha, uv	504, 5117, 5221–5223, 5242, 5244, 5249
2				ir, tha, uv	4700, 5247
2				tha	4716
2			o	uv	4995
1			150 dec	ir, uv, xr	5046, 5253
2				moe, uv	5224
2			y-bw, dec 190	moe, msc, uv	1550, 5236, 5247
2			y	ir, moe, th, tha, uv, xr	1069, 4716, 4996, 5136, 5236
2			o	ir, moe, uv	1005, 4760, 4995, 5236
2				moe, msc, uv	4128, 5236
2				ir	1069
2				nmr	5256
2				nmr	5256
2			l-bw	nmr	4761, 5256
2				nmr	5256

TABLE 3.85. (CONTINUED)

m	n	R	X
1	4	4-Et	Br
			I
		4-n-Pr	NCS
			Cl
			Br
			I
		4-CH=CH$_2$	NCO
			NCS
		3-CN	NCO
		4-CH$_2$OH,3-Me	NCS
		3-CH$_2$CH$_2$OH,4-Me	NCO
		3-COMe	Cl
	{2	H	
	{2	2-CO$_2^-$	
	4	3-CO$_2$Et,4,6-(OH)$_2$,5-NO	+
	5	H	Br
	6	H	NCO
			{NH$_4$
			{SO$_4$
			{NO$_2$
			{Cl
			Cl
			{NO$_2$
			{Br
			Br
			I
			{NCS
			{Co
		3-Me	Cl
			I
		4-Me	Br
			I
		2,6-Me$_2$	I
		2-C(OMe)=NH	ClO$_4$
		2-CHO	BPh$_4$
2	1	4-CH=NOH	Cl
		2,6-(CH=NC$_6$H$_4$O$^-$-o)$_2$	NO$_3$
			SO$_4$
		2-CO$_2^-$,3,4-(OH)$_2$	+
			−
	2	H	CN

p	Y	q	Color and MP (°C)	Physicochemical Studies	Reference
2				nmr	5256
2				nmr	5256
2				nmr	5256
2				nmr	5256
2				nmr	5256
2				nmr	5256
2			o		573
2			o		573
2				ir	2640
2					4762
2					4762
2				moe	5153
				uv	5024
2				uv	5257
2	H$_2$O	1	y		5252
2			gsh	ir, moe, msc, uv	906, 5222, 5223, 5225
2					
2			y		1111
1				ir	5258
1					
2				ir	1069
1				ir	5258
1					
2				ir, moe, th, uv	5117
2			l-y, y	ir, moe, msc, th, tha, uv	4128, 5113, 5117, 5125, 5222, 5223, 5225, 5244, 5252
4	{(CH$_2$)$_6$N$_4$	2			1567
1	H$_2$O	4			
	{(CH$_2$)$_6$N$_4$	2			1567
	H$_2$O	6			
	{(CH$_2$)$_6$N$_4$	2			1567
	H$_2$O	10			
2				ir	1069
2				ir	1069
2				ir	1069
2				ir	1069
2				ir	1069
2	H$_2$O	1	v-bk	ir, msc, uv	748
2			d-g		5008
4				tha	1233
2	H$_2$O	4	bw, 270 dec		2156
1	MeOH	3	d-bw, 350 dec	ir, uv	703
3			v	K, uv	5026
6					
10				K, uv	5261

TABLE 3.85. (*CONTINUED*)

m	n	R	X
2	2	H	CN
			Zn
	3	H	MeC(=NOH)C(=NO)Me
		2-NHPPh$_2$	Cl
	{3	2-CO$_2$H	HSO$_4$
	{3	2-CO$_2^-$	
			PF$_6$
	7	H	PhC(=NOH)C(=NO)Ph
			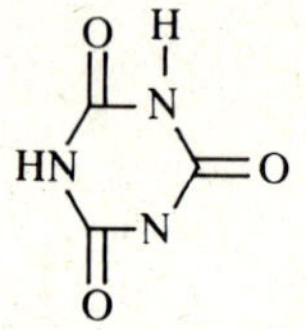 (triazinane-trione structure)
	10	H	{NCS
			{Mn
3	1	H	Br
	2	H	Cl
			Br
			I
	3	H	CN

$$\text{Fe}_m \left(\underset{N}{\bigcirc} - R - \underset{N}{\bigcirc} \right)_n X_p Y_q$$

m	n	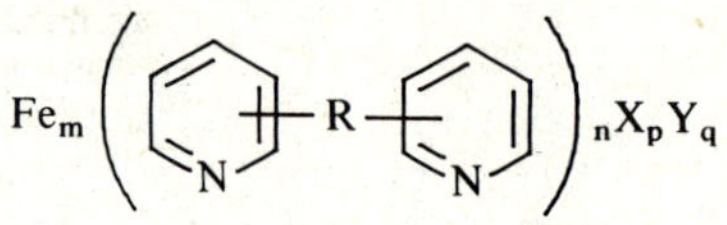 R	X
1	1	2-NH-2'	Cl
			Br
			I
		2-CH$_2$CH$_2$NHCH$_2$CH$_2$-2'	Cl
		6-Me,2-CH=NNH-2'	+
		2-CPh=NNH-2'	+
		2-CH=NCH$_2$CH$_2$N=CH-2'	Cl
		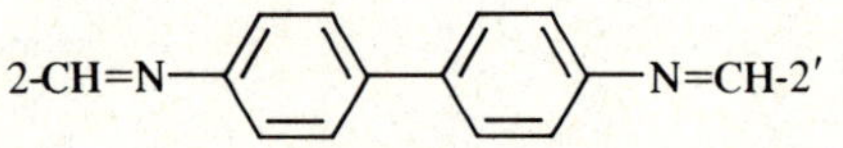 2-CH=N—⟨C$_6$H$_4$⟩—⟨C$_6$H$_4$⟩—N=CH-2'	NO$_3$
			Cl
		2-CPh=NCH$_2$CH$_2$NHCH$_2$CH$_2$NHCH$_2$CH$_2$N=CPh-2'	ClO$_4$
		2-N$^-$N=CHCH$_2$NMeCH$_2$NMeCH$_2$CH=NN$^-$-2'	
		2-NHN=CHCH$_2$NMeCH$_2$NMeCH$_2$CH=NNH-2'	ClO$_4$
		(piperidone structure with CH$_2$Ph, MeO$_2$C, CO$_2$Me groups)	NCS

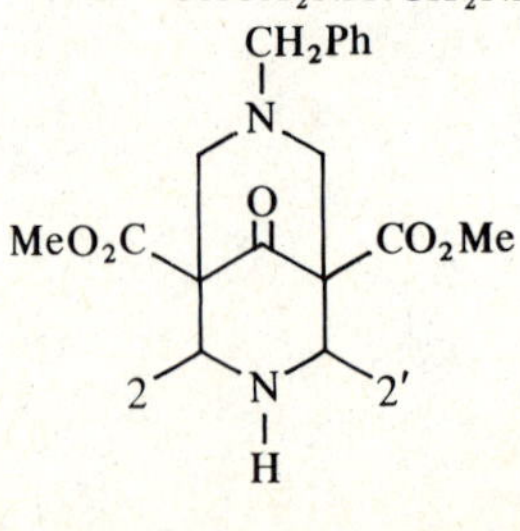

p	Y	q	Color and MP (°C)	Physicochemical Studies	Reference
10	H_2O	3		ir, msc	5262
3					
4					5164
4				msc, uv	67
1	H_2O	1	o	msc, uv	5263
1			r-o	msc, uv	5263
4					5164
4			bu		5164
6	$\{(CH_2)_6N_4$	6			1567
1	H_2O	6			
	$\{(CH_2)_6N_4$	6			1567
	H_2O	12			
6				moe, tha	504
6				moe, tha	4716, 4996–4998, 5000, 5242
6				moe, tha	504, 5242
6				moe, tha	504
6				ir, tha	5189

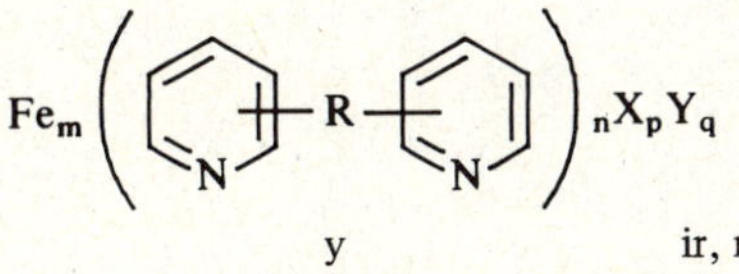

$$Fe_m \left(\langle pyridine \rangle - R - \langle pyridine \rangle \right)_n X_p Y_q$$

p	Y	q	Color and MP (°C)	Physicochemical Studies	Reference
2			y	ir, moe, msc, uv	5267
2			y-g	ir, moe, msc, uv	5267
2			y-bw	ir, moe, msc, uv	5267
2			y-bw	cond, ir, msc, uv, xr	1612
2				K	5011
2				uv	2004
2			r-v	ir, msc, uv	1636
2			l-g, 200 dec		1644
2			g, 350		1644
2			d-bu	K	5268
				cond	646
2				cond	646
2				ir	2999

TABLE 3.85. (CONTINUED)

m	n	R	X
1	1	3-Me,2-NH—[thiazole]—2'	Cl
		4-Me,2-NH—[thiazole]—2'	Cl
		2-CH=NCH$_2$CH$_2$SCH$_2$CH$_2$SCH$_2$CH$_2$N=CH-2'	ClO$_4$
			I
		2-CH=NCH$_2$CH$_2$SCH$_2$CH$_2$SCH$_2$CH$_2$N=CH-2',6'-Me	I
		2-C(=NNHCSNH$_2$)C(=NNHCSNH$_2$)-2'	+
		[morpholine-sulfone: MeO$_2$C, SO$_2$, CO$_2$Me, 2, 2', N-Me]	Cl
	2	2-NH-2'	CN
			NCS
			Cl
			Br
		2-CH$_2$NHCH$_2$-2'	NCS
			Cl
			Br
		2-CH$_2$NMeCH$_2$-2'	PF$_6$
		2-CH=NCH$_2$-2'	+
			Cl
			ClO$_4$
		6-Me,2-CH=NCH$_2$-2'	ClO$_4$
		2-CH=NCH$_2$-2',6'-Me	ClO$_4$
		2-CH=NCHMe-2'	ClO$_4$
		2-CH=NCHEt-2'	ClO$_4$
		2-CH=NCH(n-Pr)-2'	ClO$_4$
		2-CH=NCH(n-Bu)-2'	ClO$_4$
		2-CH=NCH(pentyl)-2'	ClO$_4$
		2-CH=NCH(hexyl)-2'	ClO$_4$
		2-C(NH$_2$)=NCH$_2$-2'	NCS
			BF$_4$
			PF$_6$
			Cl
			ClO$_4$
			Br
			I
		6-Me,2-C(NH$_2$)=NCH$_2$-2'	PF$_6$
			ClO$_4$

p	Y	q	Color and MP (°C)	Physicochemical Studies	Reference
2			o	uv	5269
2			y-g	msc, uv	5269
2	H$_2$O	2	d-r	cd	1688
2	H$_2$O	1	r	cd	1668
		2	d-bw	cd	1668
2			r-v	msc	156
2				uv	88–93
2			y, 260 dec	ir	1670
2				cond, ir, moe, msc, uv	5267
2			y	cond, ir, moe, msc, uv	5267
2			y	cond, ir, moe, msc, uv	5267
	H$_2$O	1	o-y		840
		2	y	cond, ir, moe, msc, uv	5267
2			l-y	cond, ir, moe, msc, uv	5267
2	H$_2$O	0.5	d-r	cond, msc	5270
2	H$_2$O	4.5	d-r	cond, msc	5270
2	H$_2$O	2	r	cond, msc	5270
2			l-y	msc	5270
2					5271
2				cond, ir, msc, uv	1623
2	H$_2$O	1	d-r, 193 dec		1208
2	H$_2$O	1	v		650
2	H$_2$O	3	v		650
2	H$_2$O	3	r-v, 250		1628
2	H$_2$O	2	r-v, 208		1628
2	H$_2$O	2	r-v, 205		1628
2	H$_2$O	1	r-v, 205		1628
2	H$_2$O	3	r-v, 202		1628
2			r-v, 195		1628
2	H$_2$O	2.5		cond, moe, uv	5272
2	H$_2$O	1		cond, moe, uv	5272
2	H$_2$O	1		cond, moe, uv	5272
2	H$_2$O	4		cond, moe, uv	5272
2	H$_2$O	2		cond, moe, uv	5272
2	H$_2$O	3		cond, moe, uv	5272
2	H$_2$O	3		cond, moe, uv	5272
2	H$_2$O	1		cond, moe, uv	5272
2	H$_2$O	1		cond, moe, uv	5272

TABLE 3.85. *(CONTINUED)*

m	n	R	X
1	2	6-Me,2-C(NH$_2$)=NCH$_2$-2',6'-Me	PF$_6$
			ClO$_4$
		[indene structure: Ph, H at 1; 2; N=CH-2' at 3]	ClO$_4$
		2-C(=NNH$_2$)NH-2'	+
		2-CH=NNH-2'	+
			SO$_4$
			ClO$_4$
			I
		6-Me,2-CH=NNH-2'	+
			ClO$_4$
		2-CMe=NNH-2'	ClO$_4$
		6-Me,2-CMe=NNH-2'	ClO$_4$
		2-C(hexyl)=NN=2'-^{a}	
		2-CPh=NNH-2'	+
		[pyrrole structure: HN, 2-, Me, N=CH-2']	ClO$_4$
		[indole structure: HN, 2-, N=CH-2']	ClO$_4$
		2-C(NH$_2$)=NNH-2'	+
		2-NHN=CPhNH-2'	+
		2-N=N-2'	NCS
		2-CH=NN=2'-^{a}	
		6-Me,2-CH=NN=2'-^{a}	
		2-CH=NN=CH-2'	BF$_4$
			ClO$_4$
			I
		2-CH=NCH$_2$CH$_2$N=CH-2	ClO$_4$
		2-CH=N(CH$_2$)$_6$N=CH-2'	thioph-2-COCHCOCF$_3$
		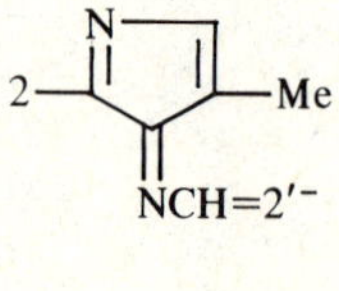 [pyrrole structure: N at 1, 2-, Me, NCH=2'-]	

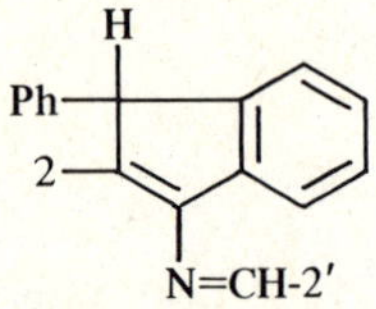

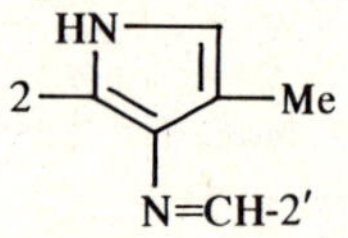

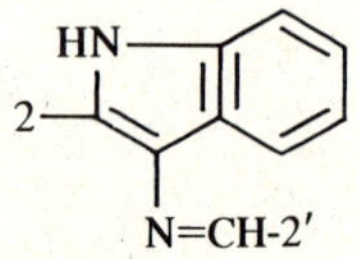

964

p	Y	q	Color and MP (°C)	Physicochemical Studies	Reference
2	H$_2$O	1		cond, moe, uv	5272
2	H$_2$O	1		cond, moe, uv	5272
2			rsh-bw		657
2			o	uv	164
2				K	164, 2033, 2719
1				msc, uv	5196
2				chr, cond, ir, moe, msc, nmr, uv	3000
	H$_2$O	2	r	msc	1680
2				msc, uv	5196
2				K, th	2721
2				msc	5145
2			bw, 228		1628
2	H$_2$O	1	r	cond, msc	1628
			d-g, 185–186	cond	1628
2				uv	1679
2			bw	cond, msc	657
2			rsh-bw	cond, msc	657
2			r	uv	164
2			o	uv	164
2			bu	ir, msc	160
				cond, msc	1680
	H$_2$O	1	d-g, > 300	cond, msc	1628
			g	cond, msc	1628, 5011
2	H$_2$O	1	bu-bk	msc	5273
2	H$_2$O	2	l-bu	msc	5273
2				ir, uv	5274
	H$_2$O	1	l-bu	msc	5273
2			v	K	151
2				ir, msc	5009
	H$_2$O	1	l-bw	cond, msc	657

TABLE 3.85. (CONTINUED)

m	n	R	X
1	2	2-[indole-3-ylidene]-N-CH=2'-	
		[3-phenylindene-1-ylidene]-N-N=2'-	
		2-CH=NN=CPhNH-2'	+
		[isoindoline-1,3-diylidene with NH]: 2-N=...=N-2'	ClO$_4$
		[isoindoline-1,3-diylidene with N$^-$]: 2-N=...=N-2'	
		[4,5-dihydropyrazole with HN-N, Me at 3, N=CH-2' at 4]: 2-	ClO$_4$
		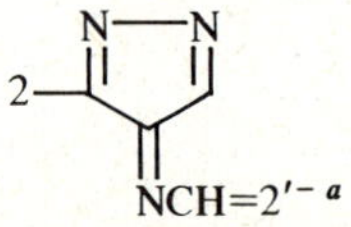 [pyrazole]: 2-...-NCH=2'- ^{a}	
		2-CH=NCH(OH)-2'	ClO$_4$
		2-C(OH)=C(O$^-$)-2'	NCS
		2-CO-2'	Cl
		2-CH$_2$N(CH$_2$CO$_2$H)CH$_2$CH$_2$N(CH$_2$CO$_2^-$)CH$_2$-2'	
		2-NH-[2-thiazolyl]-2'	(CO$_2$)$_2$
			NO$_3$
			NCS
			SO$_4$

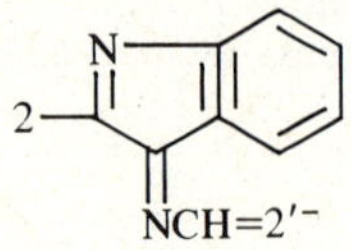

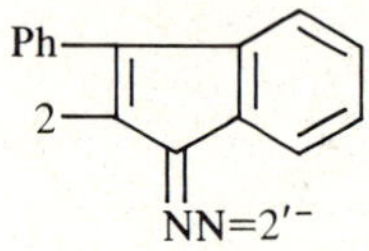

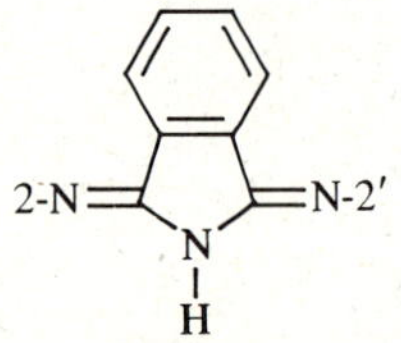

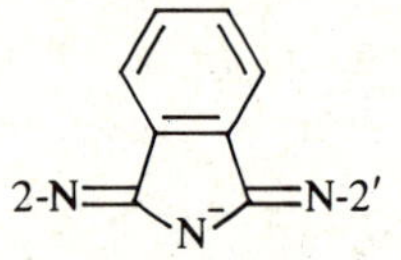

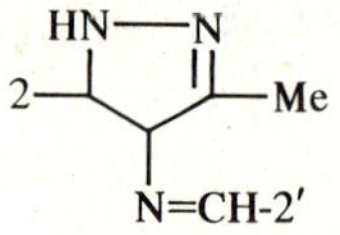

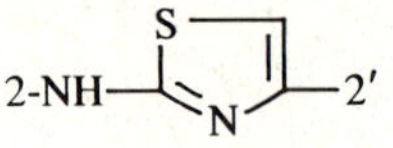

p	Y	q	Color and MP (°C)	Physicochemical Studies	Reference
	H_2O	1	l-bw	cond, msc	657
	H_2O	2	v-bk	cond, msc	657
2			g	uv	164
2	H_2O	1	g	cond, ir, msc, uv	2725
			gy	cond, ir, msc, uv	2725
2			d-bu	cond, msc	657
	H_2O	2	g	cond, msc	657
2			d-r		5275
					1385
2			r-bw	msc	5276
2			bu	msc	1655, 5276
				K	580
1	H_2O	1		msc	5277
2				msc	5277
	H_2O	1		msc	5277
2	H_2O	1		msc	5277
2	H_2O	3.5		msc	5277
		5		msc	5277

TABLE 3.85. (CONTINUED)

m	n	R	X
1	2	2-NH—[thiazole]—2' 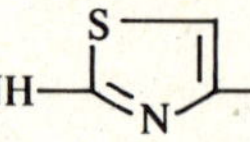	Cl
			ClO$_4$
			Br
			I
			PtCl$_6$
		2-N$^-$—[thiazole]—2' 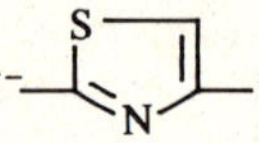	
		2-NH—[thiazole]—2',3'-Me 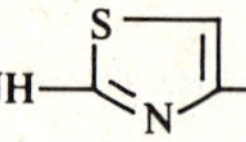	NO$_3$
			SO$_4$
			BF$_4$
		2-N$^-$—[thiazole]—2',3'-Me 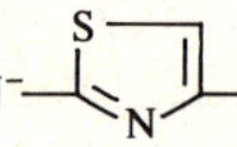	
		2-NH—[thiazole]—2',4'-Me 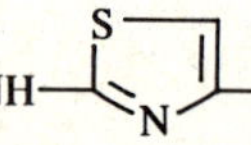	NO$_3$
			SO$_4$
			BF$_4$
			Cl
			Br
			I
		2-N$^-$—[thiazole]—2',4'-Me 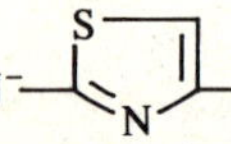	
		2-NH—[thiazole]—2',6'-Me 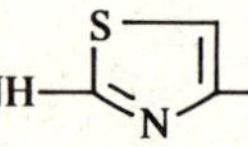	NCS
			SO$_4$
			Cl
			Br
		2-N$^-$—[thiazole]—2',6'-Me 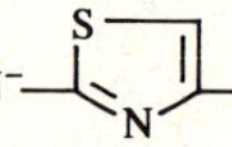	
		2-CH=NS-2'	ClO$_4$
		2-CH=NS-2',4'-Me	ClO$_4$
		2-CMe=NS-2'	ClO$_4$
		2-CMe=NS-2',4'-Me	ClO$_4$
		6-Me,2-CH$_2$NHCH$_2$CH$_2$SCH$_2$CH$_2$SCH$_2$CH$_2$NHCH$_2$-2',6'-Me	ClO$_4$

p	Y	q	Color and MP (°C)	Physicochemical Studies	Reference
2			r-bw / y	msc	5277
	H_2O	2		msc	5277
2	H_2O	1		msc	5277
2	H_2O	2		msc	5277
2	H_2O	1		msc	5277
1	H_2O	2		msc	5277
				epr	5278
	PhH	1		epr	5278
	$CHCl_3$	4/3		epr	5278
2	H_2O	2	y	msc, uv	5269
1	H_2O	0.5	y	msc, uv	5269
2	H_2O	1	l-y	msc, uv	5269
			r-bw	msc, uv	5269
2	H_2O	2	r-bw	msc, uv	5269
1	H_2O	3	d-bw	msc, uv	5269
2	H_2O	2	l-bw	msc, uv	5269
2	H_2O	1.5	y-bw	msc, uv	5269
		3	r-bw	msc, uv	5269
2	H_2O	3	r-bw	msc, uv	5269
2	H_2O	2	r-bw	msc, uv	5269
			v-bw	msc, uv	5269
	PhH	1	v-bw	msc, uv	5269
	$CHCl_3$	1	v-bw	msc, uv	5269
2	H_2O	1	bk	msc, uv	5269
1	H_2O	1	y	msc, uv	5269
2	H_2O	1	y	msc, uv	5269
2	H_2O	1	y	msc, uv	5269
	$CHCl_3$	1	d-g		5269
2	H_2O	1	pp	cond, msc	1667
2			pp	cond, msc	1667
2	H_2O	3	pp	cond, msc	1667
2	H_2O	2	pp	cond, msc	1667
2	H_2O	1			156

TABLE 3.85. (*CONTINUED*)

m	n	R	X
1	2	2-C(=NNHCSNH$_2$)-2'	+
	3	2-NH-2'	Cl
			ClO$_4$
			Br
			I
		2-CH=NNH-2'	ClO$_4$
		2-CH=NN=CH-2'	+
			BF$_4$
			I
		2-C(NHPh)=NN=CH-2'	+
		2-CMe=NN=CMe-2'	+
			I
2	3	2-CH=NN=CH-2'	ClO$_4$
			I
		2-CMe=NN=CMe-2'	I

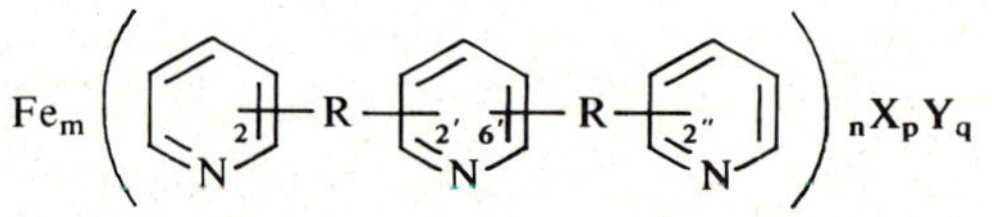

$$Fe_m \left(\underset{N}{\underset{2}{\bigcirc}} - R - \underset{N}{\underset{2'\ 6'}{\bigcirc}} - R - \underset{N}{\underset{2''}{\bigcirc}} \right)_n X_p Y_q$$

| 1 | 1 | 2-CH=NS-2',6'-SN=CH-2'' | I |

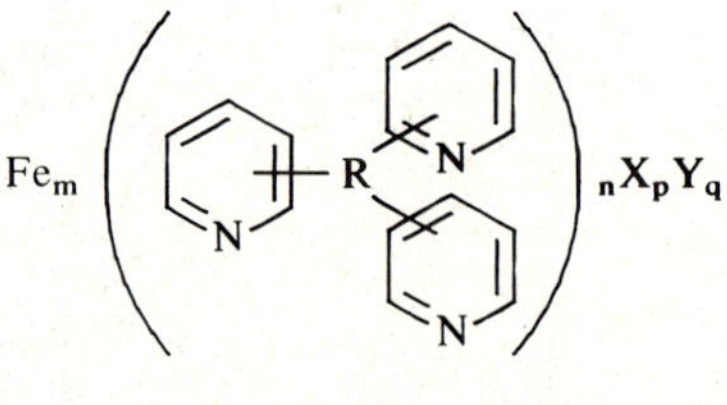

$$Fe_m \left(\underset{N}{\bigcirc} - R \underset{N}{\overset{\bigcirc}{\underset{\bigcirc}{}}} \right)_n X_p Y_q$$

1	1	2-N(2')(2'')	Cl
		2-CH$_2$-N(CH$_2$-2')(CH$_2$-2'')	+
		2-CH$_2$CH$_2$-N(CH$_2$CH$_2$-2')(CH$_2$CH$_2$-2'')	+
		2-CH=NCH$_2$-CH(CH$_2$N=CH-2')(CH$_2$N=CH-2'')	ClO$_4$
			I
		2-CH=NCH$_2$-CMe(CH$_2$N=CH-2')(CH$_2$N=CH-2'')	NO$_2$

p	Y	q	Color and MP (°C)	Physicochemical Studies	Reference
2			g	uv	88–93
2				moe	5279
2			l-y-g	cond, ir, moe, msc, uv	5267, 5279
2				moe	5279
2	EtOH	1	g-y	cond, ir, moe, msc, uv	5267
2			pp	chr, cond, ir, nmr, uv	3000
2				ir	161
2	H_2O	2	r-bk	msc	5273
2				K, msc	5280
	H_2O	1	bw	ir, uv	5274
2			g	uv	164
2			g	K	5281
2	H_2O	1		ir, msc	5282
		4	bk	ir, msc	5282
4	H_2O	2	bw	msc	5273
4				ir, K, msc, uv	5274, 5280
	H_2O	2	bu	msc, uv	5196, 5273
4	H_2O	4	d-r	ir, msc	5282

$$Fe_m \left(\underset{N}{\underset{2'}{\bigcirc}} - R - \underset{N}{\underset{2'\ 6'}{\bigcirc}} - R - \underset{N}{\underset{2''}{\bigcirc}} \right)_n X_p Y_q$$

p	Y	q	Color and MP (°C)	Physicochemical Studies	Reference
2			g	msc	5181

$$Fe_m \left(\underset{N}{\bigcirc} - R \underset{N}{\overset{N}{\bigcirc}} \right)_n X_p Y_q$$

p	Y	q	Color and MP (°C)	Physicochemical Studies	Reference
2				moe	5279
2				cal, K, moe, th	1692, 5283
2				cal, K, th	1692
2	H_2O	3	bk	cd	1668
2	H_2O	3	bk	cd	1668
2			300	nmr, uv	3302

TABLE 3.85. (CONTINUED)

m	n	R	X
1	1	2-CH=NCH$_2$–CMe(CH$_2$N=CH-2')(CH$_2$N=CH-2'')	Cl, ClO$_4$
		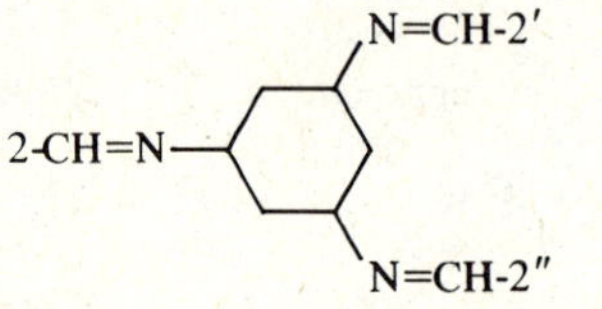 2-CH=N–(cyclohexane-1,3,5-triyl)(N=CH-2')(N=CH-2'')	ClO$_4$
		2-CH=NCH$_2$–N(CH$_2$N=CH-2')(CH$_2$N=CH-2'')	+
		6-Me,2-CH=NCH$_2$–N(CH$_2$N=CH-2',6'-Me)(CH$_2$N=CH-2'',6''-Me)	+
		2-CH=NCH$_2$CH$_2$–N(CH$_2$CH$_2$N=CH-2')(CH$_2$CH$_2$N=CH-2'')	BF$_4$, PF$_6$
		6-Me,2-CH=NCH$_2$CH$_2$–N(CH$_2$CH$_2$N=CH-2')(CH$_2$CH$_2$N=CH-2'')	PF$_6$
		6-Me,2-CH=NCH$_2$CH$_2$–N(CH$_2$CH$_2$N=CH-2',6'-Me)(CH$_2$CH$_2$N=CH-2'')	PF$_6$
		6-Me,2-CH=NCH$_2$CH$_2$–N(CH$_2$CH$_2$N=CH-2',6'-Me)(CH$_2$CH$_2$N=CH-2'',6''-Me)	PF$_6$
		2–P(2')(2'')	ClO$_4$
		6-CH=NOMe,2–P(2',6'-CH=NOMe)(2'',6''-CH=NOMe)	ClO$_4$
		P–(2,6-CH=NO)(2',6'-CH=NO–BF)(2'',6''-CH=NO)	BF$_4$
	2	2–N(2')(2'')	Cl, ClO$_4$, Br
		4-Me,2–N(2')(2'')	+
		5-Me,2–N(2')(2'')	+
		6-Me,2–N(2')(2'')	+
	3	5-NO$_2$,2–N(2')(2'')	+

p	Y	q	Color and MP (°C)	Physicochemical Studies	Reference
2	H$_2$O	2	pp	msc, nmr, uv	1642, 5284
2				xr	2727, 2728
2			pp	ir, msc, xr	2730
2				ir, moe, nmr, uv	1694
2				ir, moe, nmr, uv	1694
2				xr	5285
2			pp	moe, nmr, p, xrp	5286, 5287
2			rsh-v	K, moe, nmr, p, th, uv, xr, xrp	5286–5289
2			pp	K, moe, nmr, p, th, uv, xr, xrp	5286–5289
2			r	moe, nmr, p, xrp	5286, 5287
2			bw	uv, xr	2733
2			pp	uv, xr	2733
1			d-r	ir, msc, uv, xr	1696, 2732, 2733, 5290
2				moe	5279
2				moe	5279, 5292
2				moe	5279
2				moe, uv	5293
2				moe, uv	5293
2				moe, uv	5293
2				moe, uv	5293

TABLE 3.85. (CONTINUED)

m	n	R	X
1	3	2-C(2')(NNH-2'')	+
		2-C(NH-2')(NNH-2'')	+
		2-C(NH-2')(NN=CH-2'')	+

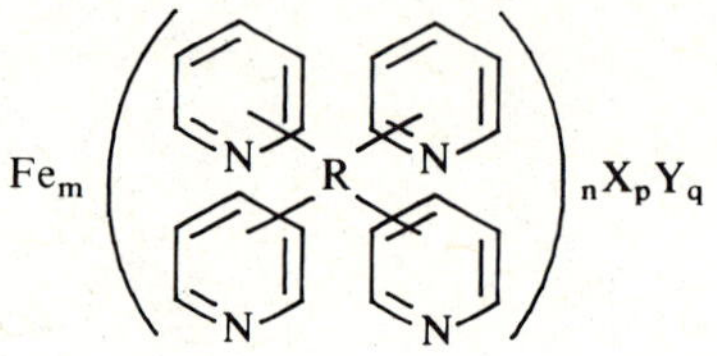

$$Fe_m \left(\begin{array}{c} \text{pyridyl}_4\text{-R} \end{array} \right)_n X_p Y_q$$

m	n	R	X
1	1	2-CH$_2$, 2'-CH$_2$–N–CH$_2$CH$_2$–N(CH$_2$-2'')(CH$_2$-2''')	+
		2-CH$_2$CH$_2$, 2'-CH$_2$CH$_2$–N–CH$_2$CH$_2$–N(CH$_2$CH$_2$-2'')(CH$_2$CH$_2$-2''')	+

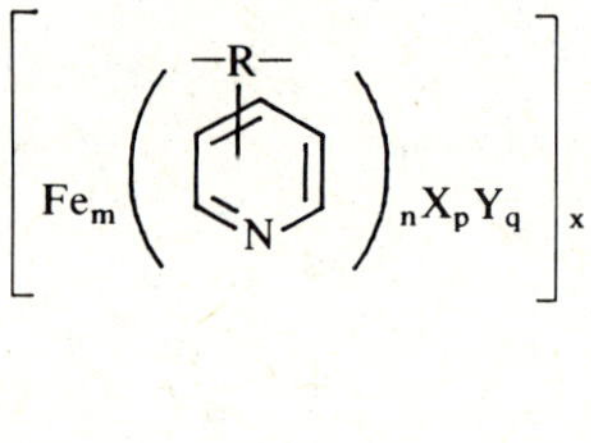

$$\left[Fe_m \left(\begin{array}{c} \text{-R-} \\ \text{pyridyl} \end{array} \right)_n X_p Y_q \right]_x$$

m	n	R	X
1	1	–CH$_2$CH–|4	2,7,12,18-Me$_4$-3,8-(CH$_2$=CH)$_2$-13,17-(HOCCH$_2$CH$_2$)$_2$-porph
	2	–CH$_2$CH–|4	MeCOCHCOMe
	5	–CH$_2$CH–|4	Cl
			{Cl, Ni}
	11	–CH$_2$CH–|4	{Cl, Co}
	12	–CH$_2$CH–|4	{Cl, Cu}
	13	–CH$_2$CH–|4	{Cl, Sn}
2	8	–CH$_2$CH–|4	{Cl, Sn}

p	Y	q	Color and MP (°C)	Physicochemical Studies	Reference
2				uv	5294
2		r		uv	164
2		g		uv	164

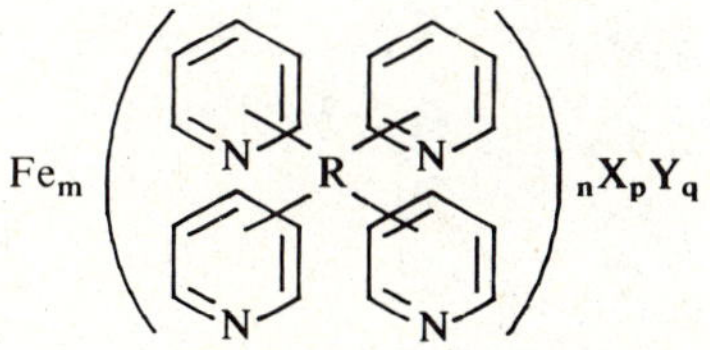

$$\text{Fe}_m \left(\begin{array}{c} \text{pyridine-R-pyridine}\\ \text{pyridine-pyridine} \end{array} \right)_n X_p Y_q$$

p	Y	q	Color and MP (°C)	Physicochemical Studies	Reference
2				cal, K	1692
2				cal, K	1692

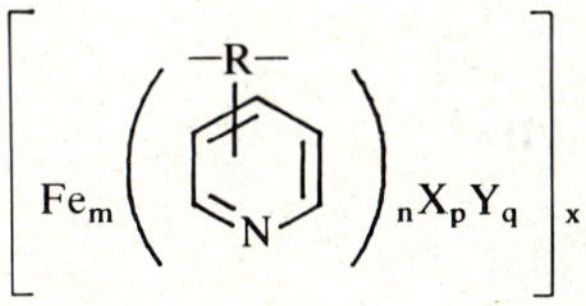

$$\left[\text{Fe}_m \left(\begin{array}{c} -R- \\ \text{pyridine} \end{array} \right)_n X_p Y_q \right]_x$$

p	Y	q	Color and MP (°C)	Physicochemical Studies	Reference
1				K	5264, 5265
2			l-bw	ir	5266
2	H$_2$O	1	y	ir	162
14 2	H$_2$O	2	y-g-bw	ir	162
12 5			bu	ir	162
18 8			g-bk	cond, ir	162
30 7			l-y-g	ir	162
10 3	H$_2$O	1	l-y-g	ir	162

TABLE 3.85.   *(CONTINUED)*

m	n	R	X

m	n	R	X
4	u	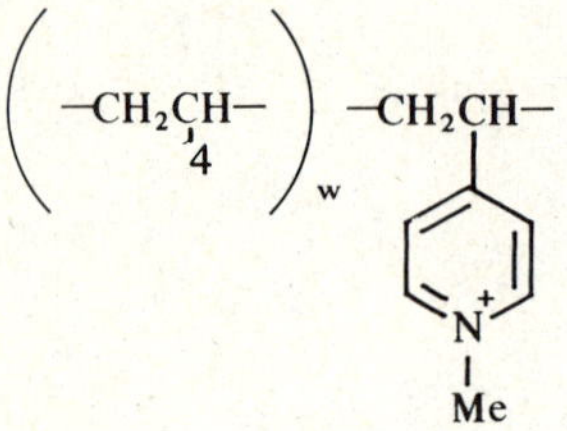 $\left(-CH_2\underset{4}{CH}-\right)_w -CH_2CH-$ (4-pyridyl N-Me⁺)	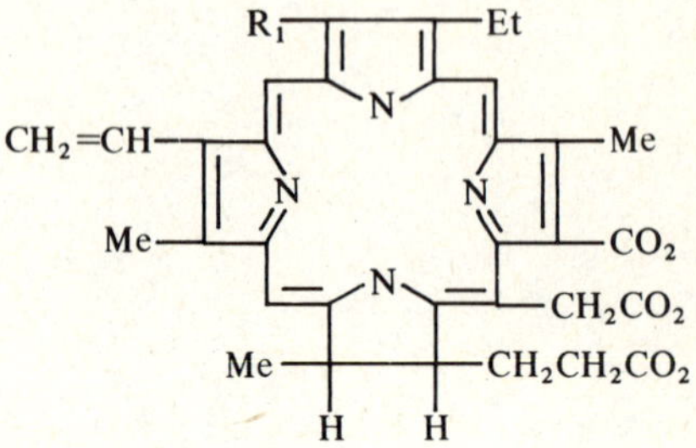 porphyrin with R_1 = Me; R_1 = CHO; Na
		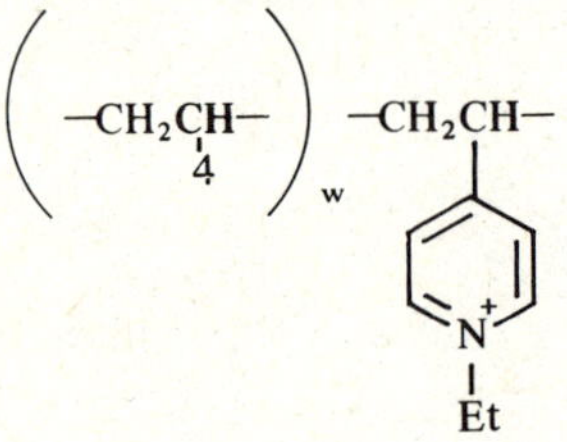 $\left(-CH_2\underset{4}{CH}-\right)_w -CH_2CH-$ (4-pyridyl N-Et⁺)	R_1 = Me; R_1 = CHO; Na
		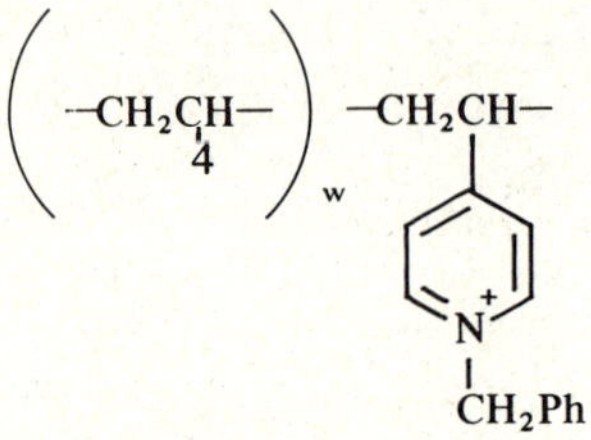 $\left(-CH_2\underset{4}{CH}-\right)_w -CH_2CH-$ (4-pyridyl N-CH$_2$Ph⁺)	R_1 = Me; R_1 = CHO; Na

$$\left[Fe_m\left(\underset{N}{\bigcirc}-R\right)_n X_p Y_q\right]_x$$

m	n	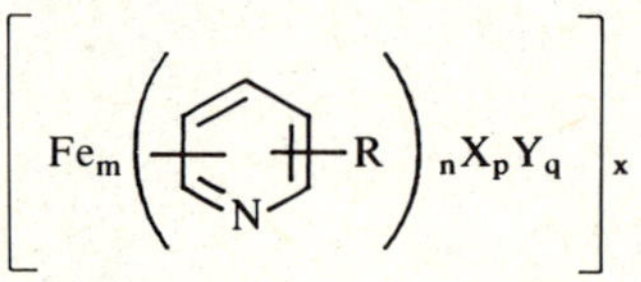 R	X
1	2	2-CMe=NCH$_2$CH$_2$N=CMe-6′	SO$_4$
		2-CMe=N(CH$_2$)$_6$N=CMe-6′	SO$_4$
		2-CMe=N–(o-C$_6$H$_4$)–N=CMe-6′ 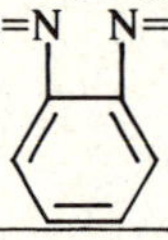	SO$_4$

[a] The anion of the R=⟨pyridyl-N⁻⟩ form.

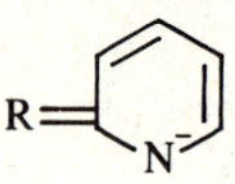

p	Y	q	Color and MP (°C)	Physicochemical Studies	Reference
3					
1				p, uv	1713
12−u					
3					
1				p, uv	1713
12−u					
3					
1				p, uv	1713
12−u					

$$\left[Fe_m \left(\underset{N}{\bigcirc} - R \right)_n X_p Y_q \right]_x$$

p	Y	q	Color and MP (°C)	Physicochemical Studies	Reference
1	H$_2$O	6	v	K, uv, visc	5050
1	H$_2$O	6	v	K, uv, visc	5050
1	H$_2$O	6	v	K, uv, visc	5050

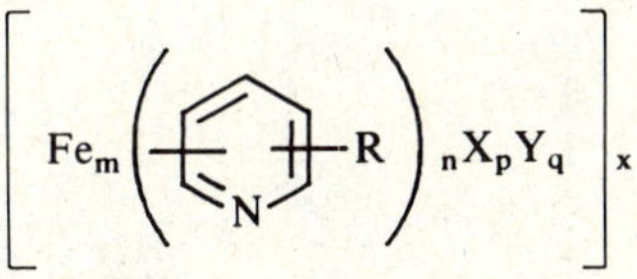

TABLE 3.86. COORDINATION COMPOUNDS OF PYRIDINE AND ITS DERIVATIVES WITH IRON (II) AND IRON (III) TOGETHER

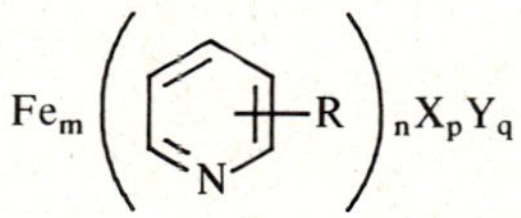

$$Fe_m \left(\underset{R}{\underset{|}{\bigodot_N^+}} \right)_n X_p Y_q$$

m	n	R	X	p	Y	q	Color and MP (°C)	Physicochemical Studies	Reference
2	4	H	MeCO$_2$	5				moe	5296
	5	H	NCS	5					5103
3	2	2-CH=NNMeCS$_2$Me	Cl	8			d-bu	cond, msc, uv	859, 5182
		2-CH=NNMeCS$_2$Me,6-Me	Cl	8			bu-bk	cond, msc, uv	859a, 5182
	10	H	NCS	8	H$_2$O	2	d-v		5103
6	7	H	O	2					
		H	MeCO$_2$	12				ir, moe, msc, tha	4299, 5295

owing to Mössbauer spectroscopy. Thus, the splittings of the quadrupole can be measured and the splittings of the t_{2g} orbitals can be deduced. For the halo complexes with pyridine, the d_{xy} orbital lies lowest, but this may not be the case for the isothiocyanato compounds (5236). The Mössbauer spectroscopy offers possible insight into structural details, because of the relations observed between isomer and chemical shift and electron density at the nucleus, which results from electrons occupying s orbitals. The magnitude of the quadrupole splittings (ΔE_Q) is very sensitive to small deviations from octahedral symmetry, whereas the average magnetic moment is insensitive. The isomer shift appears to be linearly correlated with pK_a values of the ligand (4968).

3.8.1.1. Ferrous Coordination Compounds

Ferrous complexes are mostly octahedral with a distorted structure, but tetrahedral and pentacoordinated compounds such as Fe(II)LX$_2$ where L = 2,6-bis(diphenylphosphinomethyl)pyridine and X = halides or pseudohalides (5014, 5015) can be randomly obtained. Octahedral compounds are polymeric with halo or pseudohalo bridges. The preparative methods may have some influence upon the resultant structure of the complex (5119, 5121). In several cases, especially when a greater number of pyridine ligands exists in the complex, only some pyridines are coordinated in the inner sphere.

Some mixed complexes are known and are constituted either of mixed ligands (either σ- or π-bonded) or of nonconventional ions like Hg(SCN)$_4^-$, HgI$_4^-$ (1277), Ni(CN)$_4^-$ (1136), NH$_4$SO$_4^-$ (1111), Mn(CNS)$_6^{2-}$ (1567), KSO$_4^-$ (1112), and Fe$_4$(CO)$_{13}^{2-}$ (4128, 5259, 5260). Ferrous complexes can normally be oxidized to ferric compounds, hence the number of mixed Fe(II)/Fe(III) compounds are known and investigated, such as [Fe^{II}Fe$_2^{III}$O(OAc)$_6$(py)$_3$] 0.5py (4128, 5259, 5260).

Much attention has been given to geometrical isomerism of ferrous pyridine complexes. The structure may depend on ferrous salt, such as Fe(py)$_4$I$_2$·2py and Fe(py)$_4$Cl$_2$. The first has a *trans* configuration, whereas the second has a *cis* configuration (5244). Many reports deal with the apparent isomerism in tetrakis(pyridine)bis(thiocyanato)iron(II) (4988, 5228, 5230–5235, 5238–5242), which was prepared as either yellow or violet to black species and assumed to be a *cis*- or *trans*-isomer, respectively. Detailed studies have revealed that the violet color is due to contaminations with Fe(III) salts and no *cis*–*trans* isomerism could be recognized in this complex.

In some cases, the spin equilibrium in ferrous complexes can be observed. Thus, the behavior of the magnetic moments of tris(2-picolylamine)iron(II) halides as the temperature decreases suggests the simultaneous existence of two spin states (5190, 5193).

The affinity of Fe(II) to nitrogen is higher than to oxygen, sulfur, and selenium; hence, the OCN, SCN, and SeCN groups are N-coordinated (4989, 5224). The coordination of several multidentate ligands in ferrous complexes is interesting; thus, nicotinamide usually is ring N-coordinated (1277, 2668). This is also the case with isonicotinaldehyde oxime (1232) and isonicotinohydrazide (769, 5020). Nothing indicates that ferrous nicotinate and isonicotinate are more than ordinary salts. Picolinic acid forms [Fe$_2$(picolinic acid)$_3$(picolinate)$_3$]X·nH$_2$O (5263) apart from common hydrated ferrous picolinate chelate. The dissociation of ferrous picolinate in aqueous solution proceeds according to the scheme (5021):

$$\text{Fe}(\text{C}_6\text{H}_4\text{O}_2\text{N})_2 \cdot 4\text{H}_2\text{O} + \text{H}_2\text{O} \rightleftharpoons [\text{Fe}(\text{C}_6\text{H}_4\text{O}_2\text{N}) \cdot 5\text{H}_2\text{O}]^+ [\text{C}_6\text{H}_4\text{O}_2\text{N}]^-$$

$$[\text{Fe}(\text{C}_6\text{H}_4\text{O}_2\text{N}) \cdot 5\text{H}_2\text{O}]^+ + \text{H}_2\text{O} \rightleftharpoons \text{Fe}(\text{OH}_2)_6^{2+} + [\text{C}_6\text{H}_4\text{O}_2\text{N}]^-$$

(Text continues on page 1009.)

TABLE 3.87. COORDINATION COMPOUNDS OF PYRIDINE AND ITS DERIVATIVES WITH IRON (III)

m	n	R	X

$$Fe_m \left(\underset{N}{\bigcirc}\!\!-\!\!R \right)_n X_p Y_q$$

Iron (III)

m	n	R	X
1	1	H	$\begin{cases} - \\ CN \end{cases}$
			$\begin{cases} 2,7,12,17\text{-Me}_4\text{-}3,8,13,18\text{-Et}_4\text{-porph} \\ OH \end{cases}$
			$\begin{cases} OH \\ o\text{-OC}_6H_4N{=}N\text{-}1\text{-}C_{10}H_6\text{-}2\text{-O} \end{cases}$
			$\begin{cases} OH \\ o\text{-OC}_6H_4CH{=}NN{=}CHC_6H_4O\text{-}o \end{cases}$
			MeCOCHCOMe
			$\begin{cases} 2,7,12,18\text{-Me}_4\text{-}3,8\text{-}(CH_2{=}CH)_2\text{-} \\ \quad 13,17\text{-}(HO_2CCH_2CH_2)_2\text{-porph} \\ \\ + \\ \\ \end{cases}$
			$\begin{cases} 2,7,12,18\text{-Me}_4\text{-}3,8\text{-}(CH_2{=}CH)_2\text{-} \\ \quad 13,17\text{-}(HO_2CCH_2CH_2)_2\text{-porph} \\ OH \end{cases}$
			$\begin{cases} 2,7,12,18\text{-Me}_4\text{-}3,8\text{-}(CH_2{=}CH)_2\text{-} \\ \quad 5,10,15,20\text{-}(CN)_4\text{-}13,17\text{-} \\ \quad (HO_2CCH_2CH_2)_2\text{-porph (?)} \\ OH \end{cases}$
	1 (?)	H	$\begin{cases} 2,7,12,17\text{-Me}_4\text{-}3,8,13,18\text{-} \\ \quad (HO_2CCH_2CH_2)_4\text{-porph} \\ OH \end{cases}$
			$\begin{cases} 2,7,12,18\text{-Me}_4\text{-}3,8\text{-}(CH_2{=}CH)_2\text{-} \\ \quad 13,17\text{-}(MeO_2CCH_2CH_2)_2\text{-porph} \\ OH \end{cases}$
			$\begin{cases} 2,7,12,18\text{-Me}_4\text{-}3,8\text{-}(CH_2{=}CH)_2\text{-} \\ \quad 13,17\text{-}(HO_2CCH_2CH_2)_2\text{-porph} \\ MeCO_2 \end{cases}$
			$Me(CH_2)_7CH{=}CH(CH_2)_7CONHO$
			$\begin{cases} 5,10,15,20\text{-Ph}_4\text{-porph} \\ SMe \end{cases}$
			$\begin{cases} 5,10,15,20\text{-Ph}_4\text{-porph} \\ S\text{-}t\text{-Bu} \end{cases}$
			$\begin{cases} 2,7,12,18\text{-Me}_4\text{-}3,8\text{-}(CH_2{=}CH)_2\text{-} \\ 13,17\text{-}(HOCCH_2CH_2)_2\text{-porph} \\ SCH_2CH(NH_2)CO_2H \end{cases}$

AND IRON (IV)

p	Y	q	Color and MP (°C)	Physicochemical Studies	Reference

$$Fe_m\left(\underset{N}{\bigcirc}-R\right)_n X_p Y_q$$

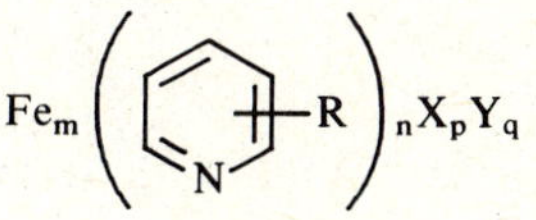

Iron (III)

p	Y	q	Color and MP (°C)	Physicochemical Studies	Reference
2				K, uv	513
5					
1				p	5031
1					
1					947
1					
1				msc	5297
1					
3				nmr	4190
1					
1	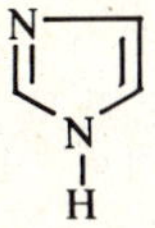 ![imidazole] N⌐⌐N-H	1		K, uv	5299
1				K, p, uv	5092, 5093, 5301, 5302, 5304, 5305
1					
1				uv	4985
1					
1				p	5031
1					
1				epr, K, nmr, th, uv	4981, 5085, 5300
1					
1				uv	5303
1					
3					5306
1				epr	5035
1					
1				epr	5035
1					
1				epr, uv	5307

TABLE 3.87. (CONTINUED)

m	n	R	X
1	1	H	$\begin{cases} Et_4N \\ SCH{=}CHS \end{cases}$
			$\begin{cases} Ph_4As \\ SCH{=}CHS \end{cases}$
			$\begin{cases} - \\ SC(CN){=}C(CN)S \end{cases}$
			$\begin{cases} Et_4N \\ SC(CN){=}C(CN)S \end{cases}$
			$\begin{cases} n\text{-}Bu_4N \\ SC(CN){=}C(CN)S \end{cases}$
			$\begin{cases} Ph_4P \\ SC(CN){=}C(CN)S \end{cases}$
			$\begin{cases} Et_4N \\ 1,2\text{-}Me_2C_6H_2\text{-}4,5\text{-}S_2 \end{cases}$
			$\begin{cases} Ph_4P \\ 1,2\text{-}Me_2C_6H_2\text{-}4,5\text{-}S_2 \end{cases}$
			$\begin{cases} Ph_4As \\ 1,2\text{-}Me_2C_6H_2\text{-}4,5\text{-}S_2 \end{cases}$
			$\begin{cases} MePh_3P \\ \text{benzoquinoxaline-dithiolate} \end{cases}$
			$\begin{cases} n\text{-}Bu_4N \\ SC(CF_3){=}C(CF_3)S \end{cases}$
			$\begin{cases} 5,10,15,20\text{-}Ph_4\text{-porph} \\ Cl \end{cases}$
			$\begin{cases} O \\ Cl \end{cases}$
			$\begin{cases} 2,12\text{-}Me_2\text{-}7,8,17,18\text{-}Et_4\text{-}3,13\text{-} \\ \quad [Me(CH_2)_5NHCOCH_2CH_2]_2\text{-} \\ \quad \text{porph} \\ Cl \end{cases}$
			$\begin{cases} 2,7,12,18\text{-}Me_4\text{-}3,8\text{-}(CH_2{=}CH)_2\text{-} \\ \quad 13,17\text{-}(HO_2CCH_2CH_2)_2\text{-porph} \\ Cl \end{cases}$
			$\begin{cases} \text{(strapped porphyrin with Me, Et substituents and } -(CH_2)_2CO{-}NH{-}(CH_2)_{12}{-}NH{-}CO{-}(CH_2)_2{-} \text{ strap)} \\ Cl \end{cases}$

p	Y	q	Color and MP (°C)	Physicochemical Studies	Reference
1 2			139	msc, nmr	4780
1 2			160–162	moe, msc, nmr, p	4780, 5308
1 2				epr, K, p	5309–5311
1 2				moe	5312
1 2			o-bw, 130	p, uv	5313
1 2				K, moe	5312
1 2			220	msc, nmr, p	4780
1 2			d-r, 110	p, uv	5213
1 2			240–245 dec	msc, nmr, p	4780
1 2				moe	5314
1 2			o-bw, 125	p, uv	5313
1 1				ca, K, p	4932
1 1				moe	5315
1				epr	5316
1 1 1	H$_2$O	1		epr, K, th	5317, 5218
1				epr	5316
1					

TABLE 3.87. (CONTINUED)

m	n	R	X
1	1	H	OH / MeCO$_2$ / Cl
			H$_2$NCSNHN=CHC$_6$H$_4$O-o / Cl
			Cl
			Et$_4$N / 1,2,3,4-Cl$_4$C$_6$-5,6-S$_2$
			n-Bu$_4$N / 1,2,3,4-Cl$_4$C$_6$-5,6-S$_2$
			Et$_8$-porph / ClO$_4$
			PhC(=NOH)C(=NO)Ph / I
		2-Me	+
			2,7,12,18-Me$_4$-3,8-(CH$_2$=CH)$_2$-13,17-(HO$_2$CCH$_2$CH$_2$)$_2$-porph / OH
			Ph$_4$P / 1,2-Me$_2$C$_6$H$_2$-4,5-S$_2$
			OH / MeCO$_2$ / Cl
		3-Me	+
			2,7,12,18-Me$_4$-3,8-(CH$_2$=CH)$_2$-13,17-(HO$_2$CCH$_2$CH$_2$)$_2$-porph / OH
			n-Bu$_4$N / SC(CN)=C(CN)S
			Ph$_4$P / 1,2-Me$_2$C$_6$H$_2$-4,5-S$_2$
		4-Me	+
			Na / CN
			Na / CN
			MeCOCHCOMe
			n-Bu$_4$N / SC(CN)=C(CN)S
			Ph$_4$P / 1,2-Me$_2$C$_6$H$_2$-4,5-S
			OH / MeCO$_2$ / Cl
		2,5-Me$_2$	MeCOCHCOMe

p	Y	q	Color and MP (°C)	Physicochemical Studies	Reference
1					
1	H$_2$O	0.5	g-bw, 220	cond, msc	5319
1					
2			bw-bk	K	5320
1					
3				uv	5321
1					
2				moe	5312
1					
2			r	p, uv	5313
1					
1				epr	5322
2					
1			d-r		5298
3				epr	2535
1					
				uv	5301
1					
1					
2			d-o-r, 140	p, uv	5313
1					
1				epr	5319
1					
3				epr	2535
1					
				uv	5301
1					
1					
2			o-bw, 100	p, uv	5313
1					
2			d-o-r, 150	p, uv	5213
3				epr	2535
2					
5				moe	5323
3					
6				moe	5323
3				msc, nmr	4190
1					
2			o-r, 90	moe, p, uv	5312, 5313
1					
2			d-o-r, 120	p, uv	5313
1					
1	H$_2$O	0.5	gsh-bw, 186 dec	msc	5319
1					
3				msc, nmr	4190

TABLE 3.87. (CONTINUED)

m	n	R	X
1	1	2,5-Me$_2$	2,7,12,18-Me$_4$-3,8-(CH$_2$=CH)$_2$-13,17-(HO$_2$CCH$_2$CH$_2$)$_2$-porph OH
			— SC(CN)=C(CN)S
		2,4,6-Me$_3$	2,7,12,18-Me$_4$-3,8-(CH$_2$=CH)$_2$-13,17-(HO$_2$CCH$_2$CH$_2$)$_2$-porph OH
		3,4,5-Me$_3$	Cl
		4-CH=CH$_2$	n-Bu$_4$P SC(CN)=C(CN)S
			Ph$_4$P 1,2-Me$_2$C$_6$H$_2$-4,5-S$_2$
		2-Me,4,6-Ph$_2$	Cl
			2,12-Me$_2$-7,8,17,18-Et$_4$-3,13-[Me(CH$_2$)$_5$NHCOCH$_2$CH$_2$]$_2$-porph Cl
			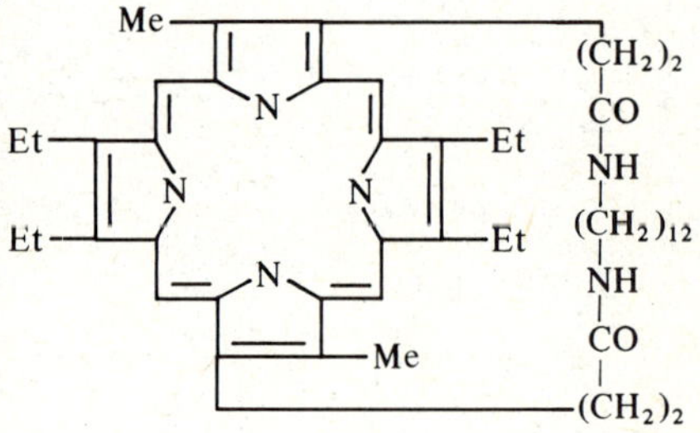 Cl
		4-NH$_2$	— SC(CN)=C(CN)S
			n-Bu$_4$N SC(CN)=C(CN)S
			Ph$_4$P 1,2-Me$_2$C$_6$H$_2$-4,5-S$_2$
		3-(N-Me-pyrrolidinyl) 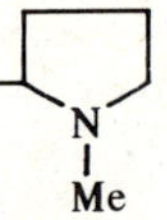	2,7,12,17-Me$_4$-3,8,13,18-(HO$_2$CCH$_2$CH$_2$)$_2$-porph OH
		2-CH=NPh	Cl Cl
		4-CN	— SC(CN)=C(CN)S
			Et$_8$-porph ClO$_4$
		2-CH=NO$^-$	+

p	Y	q	Color and MP (°C)	Physicochemical Studies	Reference
1					
1				uv	5301
1					
2				K, p	5310
1					
				uv	5301
1					
3			r		1185
1					
2			o-bw, 120	p, uv	5313
1					
2			d-o-r, 135	p, uv	5313
3			g, 174–5		5324
1					
				epr	5316
1					
1				epr	5316
1					
1					
2				K, p	5310
1					
2			o-bw, 120	moe, p, uv	5312, 5313
1					
2			d-o-r, 195	p, uv	5313
1					
				p	5031
1					
3				ord	2636
3	H$_2$O	2		tha	639
1					
2				K, p	5310
1					
1				msc	5324
2				K, uv	689, 4211

TABLE 3.87. *(CONTINUED)*

m	n	R	X
1	1	4-CHO	Et_8-porph / ClO_4
		2-COPh	Cl
		3-$CONH_2$	Na / CN
			Na / CN
		4-$CONHNH_2$	Na / CN
			Na / CN
		2,6-$(CONHNH_2)_2$	Cl
		4-CONHN=CHPh	Cl
		2,6-$(CONHN=CHPh)_2$	Cl
		2-CO_2^-	+
		2-CO_2^-,5-n-Bu	+
		3-CO_2^-	+
		4-CO_2^-,2-Me	+
		2,6-$(CO_2^-)_2$	OH
			MeCOCHCOMe
		2,6-$(CO_2^-)_2$,4-NH_2	+
		2,6-$(CO_2^-)_2$,4-OH	OH
		4-$CONHO^-$	+
		4-CONHN=CHC$_6$H$_4$OH-o	NH_4 / SO_4
		4-CONHN=CHC$_6$H$_3$-2′,4′-$(OH)_2$	Cl
		4-CONHN=CMeC$_6$H$_3$-2′,4′-$(OH)_2$	Cl
		2-CO_2Et,5-n-Bu	+
		2-CO_2^-,4-CO_2Me	+
		3-CO_2Me,6-CO_2^-	+
		4-CONHN=CHC$_6$H$_3$-2′-OH-3′-OMe	Cl
		4-CONHN=CHC$_6$H$_3$-2′-OH-4′-OMe	Cl
		2-$CH_2N(CH_2CO_2^-)CH_2CH_2N(CH_2CO_2^-)CH_2CO_2H$	Cl
		2,6-$(CMe=NNHCONH_2)_2$	Cl
		3-As=O	Cl
		2-CH=NN$^-$C(NH_2)SNH_2	+
		2-$CSNH_2$,6-Me	Cl
		2-CH=NN$^-$CS$_2$Me	Cl
	2	H	+ / Et_8-porph
			5,10,15,20-Ph_4-porph / +

p	Y	q	Color and MP (°C)	Physicochemical Studies	Reference
1 1				msc	5322
3	H$_2$O	1	o, > 358	cond, ir, msc, uv	1264
2 5				moe	5323
3 6				moe	5323
2 5				moe	5323
3 6				moe	5323
3			d-g	cond, ir, msc, uv	4213
3					2700
3			g	cond, ir, msc, uv	4213
2				K, p	1959, 5325
2				p, uv	1352, 1958–1964
2				p	1963
2				p	1960
1	H$_2$O	1	g	xr	5326
1			r-bw	ir, msc, uv, xrp	803
	H$_2$O	1	d-r	ir, msc, uv, xrp	803
1				K, p	3111
1			g	xr	5326
2				K, uv	3954
1 2	H$_2$O	2			2700
3			> 300		2700
3					2700
3			272		2700
3				p	1963
2				K, p	5027
2				K, p	5027
3					2700
3			231		2700
1			y, 240 dec	ir	828
3	H$_2$O	2		xr	4223
3			y		2504
2				epr, th	1938
3			bw, 160	cond, ir, msc, uv	85
2			d-bw	cond, msc	858, 5182
1 1				nmr	5327
1 1				nmr	5327–5329

TABLE 3.87. (*CONTINUED*)

m	n	R	X
1	2	H	CN
			{BPh$_4$ (MeCOCHCMe=NCH$_2$)$_2$
			{2,7,12,18-Me$_4$-3,8-(CH$_2$=CH)$_2$- 13,17-(HO$_2$CCH$_2$CH$_2$)$_2$-porph OH
			{2,7,12,18-Me$_4$-3,8-(CH$_2$=CH)$_2$- 13,17-(MeO$_2$CCH$_2$CH$_2$)$_2$-porph +
			o-HOC$_6$H$_4$CO$_2$
			{5,10,15,20-Ph$_4$-porph SMe
			{5,10,15,20-Ph$_4$-porph S-t-Bu
			{— SC(CN)=C(CN)S
			NCS
			{Tl NCS
			{py$^+$H NCS
			{5,10,15,20-Ph$_4$-porph Cl
			{o-OC$_6$H$_4$CH=N(CH$_2$)$_3$- N=CHC$_6$H$_4$O-o Cl
			{o-(o-OC$_6$H$_4$CH=N)$_2$C$_6$H$_4$ Cl
			{2,7,12,18-Me$_4$-3,8-Et$_2$-13,17- (HO$_2$CCH$_2$CH$_2$)$_2$-porph Cl
			{2,7,12,18-Me$_4$-3,8-(CH$_2$=CH)$_2$- 13,17-(HO$_2$CCH$_2$CH$_2$)$_2$-porph Cl
			{MeCOCHCOMe Cl
			Cl
			{H PhCOCHCOPh Cl
			ClO$_4$
			{B$_{10}$H$_{13}$ Br
			{MeCOCHCOMe Br

p	Y	q	Color and MP (°C)	Physicochemical Studies	Reference
3	NO	1		ir	5330
1			y	epr, msc	5331
1					
1				K	5304, 5332
1					
1				nmr, p	5328, 5329, 5333
1					
3				dc	936
1				epr	5035
1					
1				epr	5035
1					
1				K, p	5311
2					
3	H$_2$O	2	gsh		5103
		4			5103
1			bk-v		5103
4					
1			bu		5103
4					
1				epr, K, uv	4932, 5035
1					
1				msc, uv	5335
1					
1				msc, uv	5335
1					
1				K	5336
1					
1				ca, cd, epr, K, moe, msc, th, uv, xr	5088, 5092, 5093, 5307, 5317, 5337–5350
1					
1				cond, msc, uv	5351, 5352
2					
3			y, 92	ir, K, uv	3575, 5353–5355
3					
2				epr, msc	5067–5069, 5356
4					
3			l-bw	ir, tha	2361, 5124
1				msc	5357
2					
1				cond, msc, uv	5352
2					

TABLE 3.87. (CONTINUED)

m	n	R	X
1	2	H	H PhC(=NOH)C(=NO)Ph Br
			PhC(=NOH)C(=NO)Ph I
			PhC(=NOH)C(=NO)Ph I
			H PhC(=NOH)C(=NO)Ph I
		2-Me	2,7,12,18-Me$_4$-3,8-(CH$_2$=CH)$_2$- 13,17-(HO$_2$CCH$_2$CH$_2$)$_2$-porph Cl
		3-Me	H PhC(=NOH)C(=NO)Ph Cl
			2,7,12,18-Me$_4$-3,8-(CH$_2$=CH)$_2$- 13,17-(HO$_2$CCH$_2$CH$_2$)$_2$-porph Cl
			(MeCOCHCMe=NCH$_2$)$_2$ ClO$_4$
			H PhC(=NOH)C(=NO)Ph Br
			PhC(=NOH)C(=NO)Ph I
			H PhC(=NOH)C(=NO)Ph I
			PhCOCHCOPh I$_5$
		4-Me	CN
			BPh$_4$ (MeCOCHCMe=NCH$_2$)$_2$
			2,7,12,18-Me$_4$-3,8-(CH$_2$=CH)$_2$- 13,17-(HO$_2$CCH$_2$CH$_2$)$_2$-porph Cl
			2,7,12,18-Me$_4$-3,8-Et$_2$-5,10,15,20- Ph$_4$-13,18-(HO$_2$CCH$_2$CH$_2$)$_2$- porph Cl
			H PhC(=NOH)C(=NO)Ph Cl

p	Y	q	Color and MP (°C)	Physicochemical Studies	Reference
3 2 4				epr	5356
2 1	Me$_2$CO	2			5298
	MeEtCO	1			5298
	Et$_2$CO	1			52
2 1	HCONMe$_2$	2			5298
	Me$_2$SO	2			5298
3 2 4				epr	5298, 5356
1 1				ca, epr, uv	5339, 5341
3 2 4				epr, ir, msc	5067–5069, 5356
1 1				ca, epr, K, uv	5339, 5341, 5345, 5348
1 1			bwsh-g	epr, msc	5331
3 2 4				epr	5356
2 1				msc	5258
3 2 4				epr	5356
2 1				xr	5358
3	NO	1	l-ol-bw	ir	5359
1 1			bw-g	epr, msc	5331
1 1 1				ca, epr, K, nmr, uv	5339–5341, 5345, 5348
1				K	5336
3 2 4				epr, ir, msc	5067–5069, 5356

TABLE 3.87. (*CONTINUED*)

m	n	R	X
1	2	4-Me	$\begin{cases} \text{Et}_8\text{-porph} \\ \text{ClO}_4 \end{cases}$
			$\begin{cases} \text{H} \\ \text{PhC(=NOH)C(=NO)Ph} \\ \text{Br} \end{cases}$
			$\begin{cases} \text{Et}_8\text{-porph} \\ \text{I} \end{cases}$
			$\begin{cases} \text{PhC(=NOH)C(=NO)Ph} \\ \text{I} \end{cases}$
			$\begin{cases} \text{H} \\ \text{PhC(=NOH)C(=NO)Ph} \\ \text{I} \end{cases}$
		2,4-Me$_2$	$\begin{cases} 2,7,12,18\text{-Me}_4\text{-}3,8\text{-}(CH_2=CH)_2\text{-} \\ \quad 13,17\text{-}(HO_2CCH_2CH_2)_2\text{-porph} \\ \text{Cl} \end{cases}$
		2,6-Me$_2$	$\begin{cases} 2,7,12,18\text{-Me}_4\text{-}3,8\text{-}(CH_2=CH)_2\text{-} \\ \quad 13,17\text{-}(HO_2CCH_2CH_2)_2\text{-porph} \\ \text{Cl} \end{cases}$
		3,4-Me$_2$	$\begin{cases} 5,10,15,20\text{-Ph}_4\text{-porph} \\ \text{Cl} \end{cases}$
			$\begin{cases} 2,7,12,18\text{-Me}_4\text{-}3,8\text{-}(CH_2=CH)_2\text{-} \\ \quad 13,17\text{-}(HO_2CCH_2CH_2)_2\text{-porph} \\ \text{Cl} \end{cases}$
		2,4,6-Me$_3$	$\begin{cases} 2,7,12,18\text{-Me}_4\text{-}3,8\text{-}(CH_2=CH)_2\text{-} \\ \quad 13,17\text{-}(HO_2CCH_2CH_2)_2\text{-porph} \\ \text{Cl} \end{cases}$
		4-CH=CH$_2$	Cl
		2-NH$_2$	$\begin{cases} 2,7,12,18\text{-Me}_4\text{-}3,8\text{-}(CH_2=CH)_2\text{-} \\ \quad 13,17\text{-}(HO_2CCH_2CH_2)_2\text{-porph} \\ + \end{cases}$
		3-NH$_2$	$\begin{cases} 2,7,12,18\text{-Me}_4\text{-}3,8\text{-}(CH_2=CH)_2\text{-} \\ \quad 13,17\text{-}(HO_2CCH_2CH_2)_2\text{-porph} \\ + \end{cases}$
		4-NH$_2$	$\begin{cases} 2,7,12,18\text{-Me}_4\text{-}3,8\text{-}(CH_2=CH)_2\text{-} \\ \quad 13,17\text{-}(HO_2CCH_2CH_2)_2\text{-porph} \\ + \end{cases}$
			$\begin{cases} (\text{MeCOCHCMe=NCH}_2)_2 \\ \text{ClO}_4 \end{cases}$
			$\begin{cases} \text{PhC(=NOH)C(=NO)Ph} \\ \text{I} \end{cases}$
			$\begin{cases} 5,10,15,20\text{-Ph}_4\text{-porph} \\ \text{Cl} \end{cases}$
			$\begin{cases} \text{Et}_8\text{-porph} \\ \text{I} \end{cases}$
			$\begin{cases} 5,10,15,20\text{-Ph}_4\text{-porph} \\ \text{I} \end{cases}$

p	Y	q	Color and MP (°C)	Physicochemical Studies	Reference
1					
1				ir	5360
3					
2				epr	5356
4					
1					
1				nmr	5327
2					
1				msc	5298
3					
2				epr	5356
4					
1					
				ca, epr, K, nmr, th, uv	5340, 5341
1					
1					
				ca	5341
1					
1					
1				K	5334
1					
				nmr	5344, 5345, 5348
1					
1					
				ca	5341
1					
3	H$_2$O	2			1195
1					
				epr, uv	5340
1					
1					
				ca, K, nmr	5345, 5348
1					
1					
				ca, K, nmr	5345, 5348
1					
1					
1			g	epr, msc	5331, 5361
2					
1				msc	5298
1					
1				K, uv	5334
1					
1				nmr	5327
1					
1				nmr	5327

TABLE 3.87. (CONTINUED)

m	n	R	X
1	2 (?)	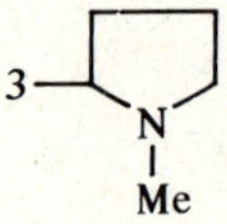 3-(1-methylpyrrolidin-2-yl)	2,7,12,17-Me$_4$-3,8,13,18-Et$_4$-porph; OH
			2,7,12,17-Me$_4$-3,8,13,18-(HO$_2$CCH$_2$CH$_2$)$_4$-porph; OH
	2	2-CH$_2$NH-8′-quin-2′-Me	I
		2-CH=NPh	NCS
		2-CN	2,7,12,18-Me$_4$-3,8-(CH$_2$=CH)$_2$-13,17-(HO$_2$CCH$_2$CH$_2$)$_2$-porph; +
		4-CN	2,7,12,18-Me$_4$-3,8-(CH$_2$=CH)$_2$-13,17-(HO$_2$CCH$_2$CH$_2$)$_2$-porph; +
			Et$_8$-porph; I
			2,7,12,18-Me$_4$-3,8-Et$_2$-13,17-(HO$_2$CCH$_2$CH$_2$)$_2$-porph; I
		2-CH=NO$^-$	+
		2-CH=NO$^-$,6-CHNOH	+
		2-N=N-1′-C$_{10}$H$_6$-2′-O$^-$	+
		2-N=N-(10-oxidophenanthren-9-yl)	Br
		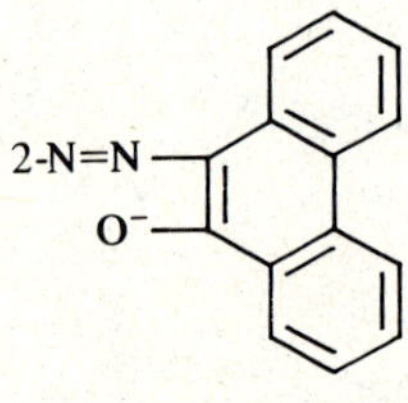	+
		2-N=NC$_6$H$_3$-2′-O$^-$-4′-OH	+
		4-COMe	2,7,12,18-Me$_4$-3,8-(CH$_2$=CH)$_2$-13,17-(HO$_2$CCH$_2$CH$_2$)$_2$-porph; +
		2-COPh	Br
		3-COPh	H; PhC(=NOH)C(=NO)Ph; Cl
			PhC(=NOH)C(=NO)Ph; I
		3-CONH$_2$	H; PhC(=NOH)C(=NO)Ph; Cl
		3-CONEt$_2$	H; PhC(=NOH)C(=NO)Ph; Cl

p	Y	q	Color and MP (°C)	Physicochemical Studies	Reference
1					
1				p	5031
1					
1				p	5031
3	H_2O	2	bk, 250 dec		1208
3	H_2O	1	r	tha	1213
1				ca, K, nmr	5341, 5345
1					
1				ca, K, nmr	5341, 5348
1					
1				nmr	5327
1					
1				nmr	5327
1					
1				K, uv	689, 4211
1				K, p, th, uv	5146
1				chr, p, uv	711, 718, 1245, 2649, 5362, 5363
1				chr, uv	716
1				ir	2160
1				K, p, uv	5152, 5362, 5363
1					
1				ca, K, nmr	5345, 5348
3	H_2O	1	o	cond, ir, msc, uv	1264
3 2 4				ir, msc	5067–5069
2 1				msc	5298
3 2 4				ir, msc	5067–5069
3 2 4				ir, msc	5067–5069

TABLE 3.87.   (CONTINUED)

m	n	R	X
1	2	3-CONEt$_2$	$\begin{cases} \text{PhC(=NOH)C(=NO)Ph} \\ \text{I} \end{cases}$
		2-CO$_2^-$	+
			OH
			Cl
		2-CO$_2^-$,3-NH$_2$	+
		2,6-(CO$_2^-$)$_2$	−
			quin$^+$H
			1-H-6-MeO-quin-4- [cinchona structure with CH(OH), N, CH=CH$_2$]
	$\begin{cases}1\\1\end{cases}$	2-CO$_2^-$,6-CO$_2$H,4-OH 2,6-(CO$_2^-$)$_2$,4-OH	
	2	2,6-(CO$_2^-$)$_2$,4-OH	Na
			K
			NH$_4$
			p-MeC$_6$H$_4$NH
			py$^+$H
			quin$^+$H
			Et$_4$N
			$\begin{cases} \text{NH}_4 \\ \text{OH} \end{cases}$
			$\begin{cases} \text{OH} \\ \text{(HOCH}_2\text{CH}_2\text{)}_3\text{NH} \end{cases}$
			$\begin{cases} \text{OH} \\ \text{PhCH(OH)CHMeNH}_3 \end{cases}$
			1-H-6-MeO—quin-4- [cinchona structure with CH(OH), N, CH=CH$_2$]
			Ag
			$\begin{cases} \text{O} \\ \text{Ag} \end{cases}$
		2-CONHO$^-$	+
		3-CONHCH$_2$OH	$\begin{cases} \text{H} \\ \text{PhC(=NOH)C(=NO)Ph} \\ \text{Cl} \end{cases}$
		3-CO$_2$Me,6-CO$_2^-$	+
		2-CO$_2^-$,4-CO$_2$Me	+
		3-CO$_2$Et	$\begin{cases} \text{H} \\ \text{PhC(=NOH)C(=NO)Ph} \\ \text{Cl} \end{cases}$
			$\begin{cases} \text{PhC(=NOH)C(=NO)Ph} \\ \text{I} \end{cases}$

p	Y	q	Color and MP (°C)	Physicochemical Studies	Reference
2					
2				msc	5298
1				K, p	5325
1				K, moe	5364, 5365
1	H$_2$O	2		moe, msc, xr	5365, 5366
1				K, uv	5025
1				K, p, uv	3111
1					5367
1					5367
					5368
	H$_2$O	2	o-r		5368
		4	y-bw		5368
1	H$_2$O	2	g		5367, 5368
1	H$_2$O	2	y-g		5368
1	H$_2$O	2.5	gsh-bw, y-g		5367, 5368
1	p-MeC$_6$H$_4$NH$_2$ H$_2$O	1 2	o-bw		5367, 5368
1			d-y		5368
1			y		5368
1	H$_2$O	2	ol-g		5367, 5368
2					
1			r		5367
1					
2			d-r		5367
1					
2			r		5368
1			l-y		5368
1			y		5367
1					
3			bw, d-pp-bw		5367, 5368
1				K, uv	3954
1					
2				msc	5069
2					
1				K, p	5027
1				K, p	5027
3					
2				ir, msc	5067–5069
4					
2					
1				msc	5298

TABLE 3.87. (CONTINUED)

m	n	R	X
1	2	4-CO_2Et	$\begin{cases} PhC(=NOH)C(=NO)Ph \\ I \end{cases}$
		2-P(OEt)O_2^-,6-Me	Cl
		2-CH=NN$^-$-(benzothiazol-2-yl)	+
		2-CHPhCSNH$_2$	Cl
		2-CH=NN$^-$CSNH$_2$	+
		2-CH=NN$^-$CS$_2$Me	ClO_4
		2-CH=NN$^-$CSeNH$_2$	+
		3-Cl	$\begin{cases} 2,7,12,18\text{-Me}_4\text{-}3,8\text{-}(CH_2=CH)_2\text{-} \\ 13,17\text{-}(HO_2CCH_2CH_2)_2\text{-porph} \\ + \end{cases}$
		2-CO_2^-,4-Cl	OH
	3	H	NCS
			$MeOCS_2$
			$EtOCS_2$
			$\begin{cases} o\text{-}OC_6H_4CH=NC_6H_4O\text{-}o \\ Cl \end{cases}$
			$\begin{cases} o\text{-}OC_6H_4\text{-(benzothiazol-2-yl)} \\ Cl \end{cases}$
			$\begin{cases} NCS \\ Cl \end{cases}$
			$\begin{cases} PhCONHO \\ Cl \end{cases}$
			$\begin{cases} o\text{-}OC_6H_4CH=NC_6H_4O\text{-}o \\ Br \end{cases}$
			$\begin{cases} o\text{-}OC_6H_4\text{-(benzothiazol-2-yl)} \\ Br \end{cases}$
			$\begin{cases} B_{10}H_{11} \\ Br \end{cases}$
		2-NHNH$_2$	Cl
		3-(1-methylpyrrolidin-2-yl)	2,4,6-$(O_2N)_3C_6H_2O$
		2-CH=NMe	+
		2-CH=N-n-Pr	ClO_4
		2-CH=NPh	ClO_4
		2-CMe=NMe	+
		2-C(NH$_2$)=NNHPh	ClO_4

p	Y	q	Color and MP (°C)	Physicochemical Studies	Reference
2				msc	5298
1					
1				ir, uv	1411
1			r		653
3			r-bw	ir, nmr	1439
1				ir, uv	854, 5220
1			d-bw	cond, msc	858, 5176
1				ir, uv	854
1					
				ca, K, nmr	5345, 5348
1					
1					5368
3			v		5230, 5232, 5369, 5370
3				ir	5371
3			bk-g	ir	5371, 5372
1				moe, msc	5373
1					
1			bk	ir, msc	5374
1					
1					5246
1					
1	H$_2$O	2.5	v		5375
2					
1				moe, msc	5373
1					
1			bk	ir, msc	5374
1					
1				msc	5357
2					
3			bwsh-y		5194
3					62
3				p	5201
3				msc	5197
3				tha	639
3				p	5201
3			205–207	ir	2972

TABLE 3.87. (CONTINUED)

m	n	R	X
1	3	2-CH=NO$^-$	
		3-N=NNPhO$^-$	
		3-CONH$_2$,6-NH$_2$	Cl
		2-CO$_2^-$	
		2-CO$_2^-$,5-n-Bu	
		3-CO$_2^-$	
		4-CO$_2^-$	
		3-CONHO$^-$	
		4-CONHO$^-$	
		3-CO$_2$Me,6-CO$_2^-$	
		2-CO$_2^-$,4-CO$_2$Me	
		2-C$^-$HCOPh	
		2-NHCOPh	NCS
		2-P(OEt)O$_2^-$,6-Me	
		2-CSNH$_2$	ClO$_4$
		2-CSN$^-$Ph,5-Et	
		2-CSN$^-$C$_6$H$_4$Me-o	
		2-C$^-$HCOCF$_3$	
		2,3,5-Cl$_3$,4-NH$_2$,6-CO$_2^-$	
		2,4-Br$_2$,3-O$_2$CCH=CHPh,6-CO$_2^-$	
	4	H	Cl
			ClO$_4$
	6	H	Me(CH$_2$)$_7$CH=CH(CH$_2$)$_7$CO$_2$
			SbCl$_6$
2	1	H	$\begin{cases} O \\ (o\text{-OC}_6\text{H}_4\text{CH=NCH}_2)_2 \end{cases}$
			$\begin{cases} K \\ SO_4 \end{cases}$
			$\begin{cases} NH_4 \\ SO_4 \end{cases}$
			Cl
			+
		2-CH=NO$^-$	
	2	H	$\begin{cases} O \\ (o\text{-OC}_6\text{H}_4\text{CH=NCH}_2)_2 \end{cases}$
			$\begin{cases} OH \\ MeCO_2 \end{cases}$
			$\begin{cases} OH \\ MeCO_2 \\ NCS \end{cases}$
			$\begin{cases} OH \\ MeCO_2 \\ NCS \end{cases}$
			$\begin{cases} OH \\ MeCO_2 \\ I \end{cases}$
			$\begin{cases} OH \\ MeCO_2 \\ MnO_4 \end{cases}$

p	Y	q	Color and MP (°C)	Physicochemical Studies	Reference
			d-o	K, uv	689, 4211
				K, uv	1258
3				ir	1288
				K, p, tha	1320, 5325
	H$_2$O	1	282 dec	msc	1305, 1306, 5368
				chr, uv	1352
				tha	1320
				tha	1320
				moe	5376
				K, uv	3954
				K, p	5027
				K, p	5027
			g-bk, 113	uv	1382
3				ir, uv	1396
			l-bw	ir, uv	1411
3			o-bw	ir, msc	84
				epr	3911
				epr	3911
			r-v, 205	msc, nmr, uv	1377
					1454
					95
3			d-r	epr, ir	5377
3			bw	tha	2361, 5124
3					5304
3				tha, xr	2990
1					
2				ir, moe, msc, **xr**	5378, 5380, 5381
2	NH$_3$	7			
4	H$_2$O	4	d-bw		1112
2	NH$_3$	7			
4	H$_2$O	4	d-bw		112, 5187
6	EtOH	4	d-bw		5379
5				K, uv	4211
1					
2				ir, moe, xr	5380, 5381
1					
5			bw, y		5382
1					
4			d-bw		5382
1					
1					
3			d-bw		5382
2					
1					
4			bw-y		5382
1					
2					
3			pk-r		5382

TABLE 3.87. (CONTINUED)

m	n	R	X
2	2	4-CH=CH$_2$	OH / Cl
	3	H	PhCONHO / Cl
			Cl
			H / Cl
			H / Cl / Br
			H / Br
	4	H	SO$_4$
			K / SO$_4$
			NH$_4$ / SO$_4$
		2-CO$_2^-$	OH
	5	H	NCS
			B$_{10}$H$_{12}$ / Br
3	3	H	OH / MeCOCHCOMe / NCS
			PhCONHO / Cl
			O / MeCO$_2$ / ClO$_4$
		3-Me	O / MeCO$_2$ / ClO$_4$
	7	H	o-O$_2$C$_6$H$_4$ / Cl
5	6	H	PhCONHO / Cl

$$\text{Fe}_m\left(\underset{N}{\bigcirc}-R-\underset{N}{\bigcirc}\right)_n X_p Y_q$$

m	n	R	X
1	1	2-CH$_2$NHCH$_2$CH$_2$NHCH$_2$-2'	+ / OH
			+ / OH

p	Y	q	Color and MP (°C)	Physicochemical Studies	Reference
24	MeCOMe	1			1195
24	{ PhCONHOH H$_2$O	1 5	v		5375
6			r-bw		5252
17			y		5226, 5252
125			d-bu-r		5226
17					5226, 5252
3	H$_2$O	4	l-bw-y		5187, 5252
24	H$_2$O	4	bw-r		1112
24	H$_2$O	4	r-bw		1111
26	H$_2$O	1		K, p	5325, 5364 5103
24				msc	5357
261	H$_2$O	1	y-g		5383
72	H$_2$O	6	r		5375
161			g-y, 340	msc, uv	4301
161			bw, 255–257	msc, uv	4301
33	H$_2$O		bk		5384
69	{ PhCONHOH H$_2$O	2 12			5375

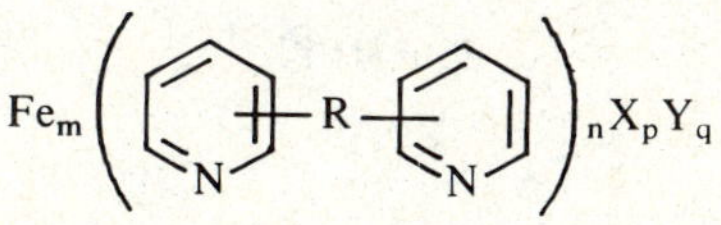

$$Fe_m \left(\underset{N}{\bigcirc}{-}R{-}\underset{N}{\bigcirc} \right)_n X_p Y_q$$

p	Y	q	Color and MP (°C)	Physicochemical Studies	Reference
21	H$_2$O	1			5385
12				cd, K	5386

TABLE 3.87. (CONTINUED)

m	n	R	X
1	1	2-CH$_2$NHCH$_2$CH$_2$NHCH$_2$-2'	Cl
			{OH, ClO$_4$}
		2-C(OEt)$_2$-2'	Cl
		4-CON$^-$N=CMeCMe=NN$^-$CO-4'	+
		2-C(=NN$^-$CSNH$_2$)C(=NN$^-$CSNH$_2$)-2'	+
	2	2-CH(OH)CH(OH)-2'	+
		2-CO-2'	{OH, NO$_3$}
		2-C(=NNHCSNH$_2$)-2'	+
	3	2-CO-2'	ClO$_4$
2	2	2-CH$_2$NHCH$_2$CH$_2$NHCH$_2$-2'	{O, SO$_4$}

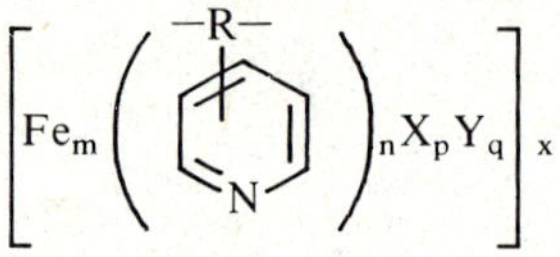

$$\left[\mathrm{Fe}_m\left(\underset{N}{\overset{-R-}{\bigcirc}}\right)_n X_p Y_q\right]_x$$

m	n	R	X
1	1	CH$_2$CH– / 4	{2,7,12,18-Me$_4$-3,8-(CH$_2$=CH)$_2$-13,17-(HO$_2$CCH$_2$CH$_2$)$_2$-porph, +}
	2	–CH$_2$CH– / 4	+
			Cl
	22	–CH$_2$CH– / 4	{Sn, Cl}
2	10	–CH$_2$CH– / 4	{Cl, Cu}

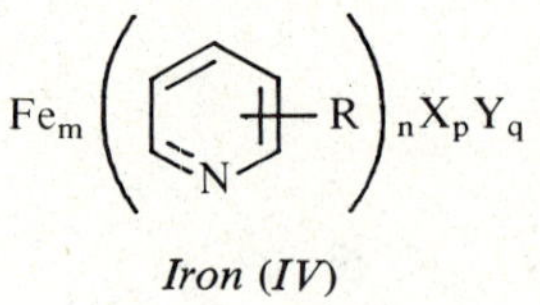

$$\mathrm{Fe}_m\left(\underset{N}{\bigcirc}-R\right)_n X_p Y_q$$

Iron (IV)

m	n	R	X
1	1	H	{O, Cl}
			{O, Br}
3	4	H	{OH, MeCOCHCOMe, NCS}

p	Y	q	Color and MP (°C)	Physicochemical Studies	Reference
3	H$_2$O	1		cd, cond, epr, ir, msc, uv	5387
12	H$_2$O	1		cd, cond, epr, ir, msc, uv	5387
3			y	msc, uv	5276
1					2700
1				uv	91, 92
3				uv	5388
2			o	ir, msc	5389
1					
	H$_2$O	2	o	ir, msc	5389
3			y	uv	88, 89
3	{H$_2$O EtOH	1 2	y	msc, uv	5276
12	H$_2$O	2		K, msc, uv	5391
		3		uv	5390

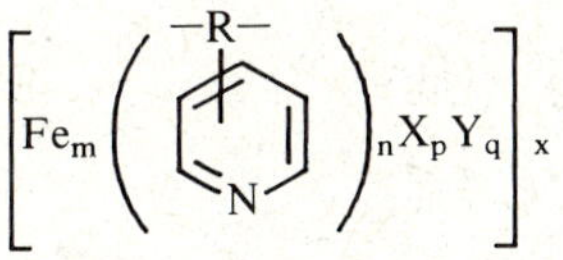

$$\left[\text{Fe}_m \left(\underset{N}{\bigcirc}\text{-R}\right)_n X_p Y_q\right]_x$$

p	Y	q	Color and MP (°C)	Physicochemical Studies	Reference
1					5350
1					
3					1704
3			ol	ir	5266
14 31			y-g-bw	ir	162
16 5			d-g	cond, ir, msc	162

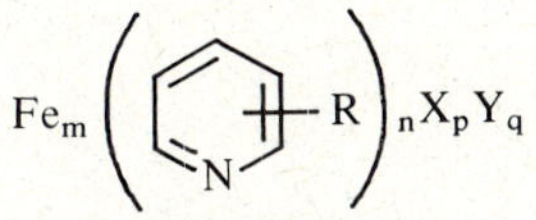

$$\text{Fe}_m \left(\underset{N}{\bigcirc}\text{-R}\right)_n X_p Y_q$$

Iron (IV)

p	Y	q	Color and MP (°C)	Physicochemical Studies	Reference
1 2			r-bw		5224
1 2			r-bw		5251
2 7 3	H$_2$O	6	d-bw		5383

TABLE 3.88. CRYSTALLOGRAPHIC DATA FOR THE COMPLEX COMPOUNDS OF PYRIDINE AND ITS DERIVATIVES WITH IRON

Compound	Space Group	a	b	c	α	β	γ	Z	Reference
Iron (0)									
$Fe(CO)_4 \cdot py$	$P2_1/n$	8.198	10.488	12.080		98.74		4	4921
$Fe_5(CO)_{13} \cdot 6py$	$P\bar{1}$	15.95	15.61	10.09	96.00	114.83	90.00		5260
$Fe_4(2\text{-}S\text{-}py)_2(CO)_{12}$	$P2_1/n$	9.053	10.812	29.27		97.02		4	2636
Iron (II)									
$Fe(5,10,15,20\text{-}Ph_4\text{-}porph)(CO) \cdot py$	$P2_1/c$	13.246	19.555	19.822		105.49			4935
$Fe2,6\text{-}(H_2NCONHN=NMe)_2\text{-}py\,Cl \cdot 3H_2O$	$Ia\,(?)$	18.096	13.11	8.061		99.76		4	2507
$Fe(NCS)_2 \cdot 4py$		12.38	13.04	16.42		118.1			5233
	$C2/c$	12.25	13.18	16.46		117.9			5238
$FeCl_2 \cdot 4py$	$I4_1/acd$	15.82		16.96					5250
	$I4_1/acd$	16.20		17.35					5251
$Fe(pc) \cdot 4(4\text{-Me-py})$	$Pbca$	25.19	17.86	10.30				4	5046, 5243
$Fe(ClO_4)_2 \cdot \begin{Bmatrix} CH_2N=CH\text{-}2\text{-}py \\ py\text{-}2\text{-}CH=NCH_2CMe \\ CH_2N=CH\text{-}2\text{-}py \end{Bmatrix}$	$P2_12_12_1$	11.827	21.266	10.667				4	2727, 2728
$Fe(BF_4)_2 \cdot [N(2\text{-}CH_2CH_2N=CH\text{-}py)_3]$	$P2_1/c$	10.599	15.504	17.247		96.383		4	5285
$Fe[P(2\text{-}py\text{-}6\text{-}CH=NO)_3BF] (BF_4) \cdot CH_2Cl_2$	$C2/c$	19.85	10.51	24.19		105.08		8	5290
	$C2/c$	19.847	10.514	24.193		105.08		8	5291
Iron (III)									
$\{Fe[2,6\text{-}(O_2C)_2\text{-}py](OH)(H_2O)\}_2$	$P\bar{1}$	8.844	11.001	7.303	94.06	111.56	131.54	1	5326
$\{Fe[4\text{-HO-}2,6\text{-}(O_2C)_2\text{-}py](OH)(H_2O)\}_2 \cdot 4H_2O$	$P\bar{1}$	7.972	11.106	7.051	67.71	112.73	95.81	1	5326
$FeCl_3 \cdot [2,6\text{-}(H_2NCSNHN=CH)_2\text{-}py] \cdot 2H_2O$	$P2_1/c$	12.317	12.960	14.225		119.82		4	4223
$Fe[PhC(=NOH)C(=NO)Ph]_2I_5 \cdot 2(3\text{-Me-py})$	$P\bar{1}$	14.995	13.874	12.59	113.35	98.69	96.82	2	5358
$Fe(2\text{-}O_2C\text{-}py)_2Cl \cdot H_2O$	$P\bar{1}$	8.426	14.772	7.479	97.91	131.23	91.45	2	5366
$Fe_2O(o\text{-}OC_6H_4CH=NCH_2CH_2N=CHC_6H_4O\text{-}o)_2 \cdot 2py$	$P\bar{1}$	12.73	13.73	13.92	118.75	74.15	116.17	1	5378, 5381

2,5-Pyridinedicarboxylic acid behaves like a monocarboxylic acid, but 2,4-pyridinedicarboxylic acid is dibasic in the reaction with Fe^{2+} ion, owing to the assumed structure, **3.17**.

3.17

2,6-Pyridinedicarboxylic acid (1369, 5173) and its derivatives (3111) with Fe^{2+} generate ionic 1:1, 1:2, and 1:3 complexes. Studies have been developed on ferrous complexes with macrocyclic ligands such as phthalocyanine and porphyrines. The coordination of pyridine by heme is reversible and pH dependent (5093), and the resulting complex is capable of reversible O_2 uptake without the loss of pyridines. The oxidation rate can be retarded because of the aggregation of heme in contact with pyridine (5392). The oxygenation of heme bound to poly(vinylpyridine) is also reversible. The equilibrium constants in the complexation of heme with these polymers were $\sim 10^2$ times greater than those of pyridine (5393). The coordination of pyridine to heme induces the typical spin change from high to low, as for myoglobin derivatives (4938, 4978, 5088, 5095). Ferroporphyrins coordinate pyridine better than do the related ferriporphyrins (5092). The number of ligands, which produce ferrohemochromes, do not coordinate to hemine (5093). Magnetooptical rotatory dispersion of heme complexed by pyridine suggests that pyridine forms a π-complex (5394). Hanania et al. (5146) have studied redox reactions of bis-(2,6-pyridinedicarbaldehyde dioximato)iron(III–II), which is suitable as a model for the study of some thermodynamic aspects of the redox properties of hemoproteins.

3.8.1.1.1. PREPARATION METHODS

The complexes may be prepared from ferrous salt and pyridine in aqueous or alcoholic solutions, either with or without heating. Because of the possible oxidation of the salt or complex in contact with air, syntheses are described using deoxygenated solvents and under nitrogen. The reactions can also be conducted under nitrogen without solvent. The controlled thermal decomposition of some complexes with a higher number of ligands is also considered as suitable preparative method.

The fact that pyridine replaces π-bonded CO from ferrous carbonyl compounds makes them suitable starting materials in the preparation of various complexes containing pyridines. Pyridine complexes with ferrous compounds containing macrocyclic units (phthalocyanine, porphyrins) are best prepared by the extraction of ferrous compounds by pyridine in a Soxhlet apparatus.

3.8.1.1.2. PROPERTIES

Ferrous complexes are colored, air-stable solids. Only some complexes bearing a higher number of pyridines can be hygroscopic and lose part of the ligands when stored in air.

The order of the thermal stability, derived from the thermal decomposition of solid

Metal(py)$_4$(NCS)$_2$, is Co(II) > Ni(II) > Fe(II) > Mn(II) > Zn(II), and for Metal(py)$_2$(NCS)$_2$ is Fe(II) > Ni(II) = Cu(II) > Co(II) > Mn(II) (1007). The order of the thermal stability of picolinato chelates is Mn(II) > Fe(II) > Zn(II) > Co(II) > Ni(II) > Cu(II) (1363, 1369). The thermal decomposition of Fe(py)$_4$Cl$_2$ is complex, as reported by Burger et al. (504) and Tominaga et al. (4996, 5000). Both research groups claim the following steps of decomposition:

$$Fe(py)_4Cl_2 \rightarrow Fe(py)_2Cl_2 \rightarrow Fe(py)Cl_2 \rightarrow Fe(py)_{2/3}Cl_2 \rightarrow FeCl_2$$

The route of decomposition of relevant complexes of 4-picoline is much simpler and involves a three-step pathway, according to the scheme

$$Fe(L)_4X_2 \rightarrow Fe(L)_2X_2 \rightarrow FeLX_2 \rightarrow FeX_2$$

and Fe(py)$_4$(NCS)$_2$ loses pyridine totally in two steps

$$Fe(py)_4(NCS)_2 \rightarrow Fe(py)_2(NCS)_2 \rightarrow Fe(NCS)_2$$

The possibility of ligand exchange in these ferrous complexes has been studied. The reaction of pentacyanoferrates with pyridine and the substitutions of pyridine by the CN$^-$ anion is the best documented (4946, 4947, 4953, 5006). The substituent effect upon the equilibrium (5055, 5096, 5097) and rate constants (5136, 5205, 5206, 5209) seems to be linear in Hammett σ-constants. The correlation between color and magnetic properties in the series of ferrous complexes with 2-(2-pyridylamino)-4-(2-pyridyl)-thiazole (5277) is of interest.

The π-back donation effect from metal to pyridine is observed (995, 1014, 4949, 5063, 5128, 5132, 5202, 5245, 5323), but its role is relatively insignificant (4949, 5245). The free-radical chlorination of trans-Fe(py)$_4$(NCS)$_2$ leaves pyridine(s) intact and results in its oxidation to Fe(py)$_3$(NCS)$_2$Cl (5246). Still less important is this effect in complexes with macrocyclic ligands (4940, 5040, 5042, 5055, 5115). The π-back donation is consistent with the results of the measurements of isomer shift and quadrupole splitting in FeCl$_2$ complexes with pyridine as well as 3- and 4-picolines. They indicate predominantly the ionic character of the metal–ligand bonds (4999).

3.8.1.1.3. APPLICATIONS

3.8.1.1.3.1. SYNTHESIS. Pyridines in ferrous complexes can readily be replaced by other ligands like ethylenediamine or trimethylenediamine. The use of pyridine complexes as the starting materials for the preparation of other ferrous coordination compounds without pyridine ligands is described (5395).

The reduction of nitrobenzene by sodium borohydride proceeds selectively to phenylhydroxylamine when the process is conducted in the presence of Fe(II)–pyridine complexes (1726). The ability of pyridine to add to (π-allyl)tetracarbonyliron cations allows the stereospecific synthesis of cis-double bonds and labeled allyl compounds (4990).

Ferrous complexes are not frequently used as catalysts. Dichlorotetrakis(pyridine)iron(II) has catalytic activity in the reduction of azide, cyanide, acetylene, and ethylene moieties in the presence of NaBH$_4$ (5396). Other ferrous complexes can trap peroxide radicals; thus, they can catalyze the decomposition of H$_2$O$_2$ (5196). Some ferrous coordination compounds with macrocyclic ligands like phthalocyanines decompose H$_2$O$_2$ (5397) and then oxidize cumene (1745). Pyridine, if added in small amounts, activates these catalysts. A higher concentration of pyridine eliminates the catalytic activity.

The polymerization of olefinic monomers can be afforded over the Fe(acac)$_2 \cdot$py catalyst as the initiator (4975). The polymerization of 2-methyl-5-vinylpyridine in the presence of Fe^{2+} and K$_2$S$_2$O$_5$ or K$_2$S$_2$O$_8$ gives a polymer of relatively low melting point (179°C) and reduced viscosity (3760). The polymerization of acetylene and some of its derivatives over ferrous complexes of pyridine and 2,3-butanedione dioxime are described. Aluminum alkylhalides or trialkylaluminum have been employed as cocatalysts in these reactions (5064, 5065, 5398).

3.8.1.1.3.2. SEPARATION AND ISOLATION. The extraction of Fe(II) from aqueous solutions involves ternary complexes like Fe(II)–pyridine–salicylate ion (936), Fe(II)–hexanoic acid (or α-bromohexanoic acid)–2-aminopyridine (5399), Fe(II)–butyric acid (or α-bromobutyric acid)–2-aminopyridine (1895), and Fe(II)–4,4,4-trifluoro-1-(2-thienyl)-1,3-butanedione anion–one of pyridine or isomeric picolines (5112). These complexes, except for the first with salicylate, can be extracted into chloroform, and since they are colored, the methods may have some analytical significance.

The complexation with FeCl$_2$ has been employed for the separation and purification of pyridine bases (243, 1866, 1876).

Adding pyridine to heavy petroleum oils allows the extraction of metal contaminants (5400), and the addition of [Fe(B)$_2$] [Fe$_4$(CO)$_{13}$], where B is pyridine or 2-picoline, is proposed for reprocessing petroleum by the removal of sulfur and oxygen compounds (4624).

3.8.1.1.3.3. BIOLOGICAL ACTIVITY. The antituberculous activity of isonicotinohydrazide does not change upon coordination with ferrous salts. The toxicity of the complex is similar to that of the free base (1946, 2699). The coordination of nicotinamide with FeCl$_2$ produces a 2:1 complex, of high therapeutic value in curing anemia, known as ferramid (5157, 5158, 5160, 5401, 5402). The ferrous nicotinate complex gives better results (5171, 5403, 5404). The effect of nicotinohydroxamic acid upon the retention of iron by anemic organisms has been studied, and this complex appeared to have moderate effect in comparison with citric acid and EDTA (5405, 5406).

The activity and toxicity of ferrous 2,6-pyridinedicarboxylate have been studied (5407).

Blood substitutes such as polymeric ferrous coordination compounds composed of hydrolyzed vinyl acetate–4-vinylpyridine–1-vinyl-2-pyrrolidone copolymer and ferrous salt may be of some importance, in that they trap oxygen reversibly and are useful as the oxygen carriers (4379, 5408).

The antibacterial activity of 2-phenacylpyridine and several related compounds has been tested in the form of their Fe(II) and Fe(III) chelates. Some exhibit specific bactericidal activity against *Bacillius subtilis* (1939).

3.8.1.1.3.4. ANALYTICAL CHEMISTRY. The separation of Fe(II) ions for detection in mixtures with other ions involves a combined procedure in which differences in the solubility of Fe(py)$_4$(SCN)$_2$ and similar complexes plays some role (1833, 1834). Other possibilities for separating the Fe(II) ion involve thin-layer chromatography of metal chelates with PAN (250); thin-layer chromatography on layers impregnated with mono-1,1,1-trifluoro-3-(2-thiophenecarbothioyl)acetone, using pyridine as the eluent (477); electrochromatography of Fe(II) pyridine coordination compounds (5029); and the use of ion exchangers capable of separating metal chelates of picolinic acid (2779), PAN, or PAR (2045).

The following chromogenic indicators of pyridine origin for the detection of the

TABLE 3.89. PHOTOMETRIC DETERMINATION OF IRON (II) USING PYRIDINE AND ITS DERIVATIVES

Ligand	pH	Analytical Wavelength (nm)	Range of Validity of the Beer Law (ppm)	Molar Absorptivity (m²/mol)	Reference
Pyridine + 2,3-butanedione dioxime	8–9	500			5049, 5412
Pyridine + 2,2'-furil dioxime	2.4	570 (in CHCl$_3$)	0.5–2.5	61,700 (?)	5413
Pyridine + 1,2-cyclohexanedione		520 (in PhH)		980	5414
Pyridine + 2,3-quinoxalinedithiol					5102
Pyridine + KSCN	5–7	375 (in CHCl$_3$)			2071
Pyridine + 1,3-diphenyl-3-thioxo-1-propanone					5078
Pyridine + 4,4,4-trifluoro-1-(2-thienyl)-1,3-butanedione		580 (in organic phase)	≤ 10		5415
Pyridine + 1,1,1-trifluoro-3-(2-thiophenecarbothioyl)acetone		810			477, 5078
4-Picoline + benzil dioxime	9	559 (in CHCl$_3$)		559	5416
2-(2-Pyridyl)imidazoline	9–11	560		1,800	3159
Phenyl 2-pyridyl ketone hydrazone	4–7	480		780	5210
Picolinaldehyde 2-quinolylhydrazone		497		955	653, 654, 1216
6-Methylpicolinaldehyde 2-quinolylhydrazone				2,280	1216
N-(2-Pyridylmethylene)-8-quinolylamine					5143
Picolinaldehyde oxime		663 (in PhNO$_2$)	≤ 6.7	704	5216, 5418
		525	5–700		5419
	5.5–7.4	510	0.52–12.9		5419
	> 10	520	0.26–7.74		5419
6-Methylpicolinaldehyde oxime	7.3–10.0	520	1.12–28.0		5420
Methyl 2-pyridyl ketone oxime	10.5	525	1–4	1,137	121
Phenyl 2-pyridyl ketone oxime		558 (in organic phase)		1,050	5147
	10.0	550 (in CHCl$_3$)		1,119	2080
2,6-Diacetylpyridine dioxime	12.5	490			2077
1-(2-Pyridylazo)-2-naphthol	3.5–4.5	770 (in CHCl$_3$)			5149, 5422, 5423
4-(2-Pyridylazo)resorcinol				4,000	4063
	8.3	500	≤ 0.8	5,600	5424
	9.2	496	0.02–0.06	5,750	5151
	9.2	720	0.06–1.00	2,430	5151
4-(2-Pyridylazo)resorcinol + benzyldimethyltetradecylammonium chloride	10	500		5,000	5218
	10	522 (in CHCl$_3$)	≤ 1.5	4,500	5150
Picolinic acid		440			5219

Reagent				
Ethyl 4,6-dihydroxy-5-nitrosonicotinate	2.2–4.1	653	1,300	5257
4,5-Dihydroxypicolinic acid	5.7			5026
2,6-Pyridinedicarboxylic acid	5.2–8.0	517	1–90	2282, 5174–5176
2,5-Pyridinedicarboxylic acid	3.5–4.0	415	⩽ 0.5	5436
2,4,6-Pyridinetricarboxylic acid	5.2–6.0	517	0.4–20	5176–5178
Thiopicolinamide	10–12	615		5425
4,N,N'-Trimethyl-2,6-pyridinebis(carbothioamide)	7	591	2,030	848
N,N'-Dimethyl-2,4-pyridinebis(carbothioamide)	12.5–14.0	588	1,720	5183
Picolinaldehyde 2-quinolylhydrazone		461	1,020	653
Methyl 2-pyridyl ketone 4-phenyl (thiosemicarbazone)	5.6–9.8	650 (in PhH)	⩽ 4.5	5185
Picolinaldehyde thiosemicarbazone	7–12	360	0.04–4.0	5220
	7–12	580	2,400	5220
S-Methyl N-(2-pyridylmethylene)dithiccarbazate		410 (in $C_6H_4Cl_2$)	1,680	2053
		650–655	580	2053
Hydroxy-2-pyridylmethanesulfonic acid + hydroxylamine		525	2,520	5186
2-(5-Bromo-2-pyridylazo)-5-diethylaminophenol			639	865
Picolinaldehyde azine	4.2	480		5417
Picolinaldehyde 2-pyridylhydrazone	4.1	518	⩽ 2	2006
	9.5	569		2006
Phenyl 2-pyridyl ketone 2-pyridylhydrazone	8.5–12.8	465		1679
Di-2-pyridyl ketone oxime	14	548 (in organic phase)	1,560 (?)	5426, 5427
Di-2-pyridyl diketone dioxime	10.5	534	1,330	5428
o-Phenylene di-2-pyridyl bisketone dioxime	7.2	540		5421
Di-2-pyridyl ketone thiosemicarbazone		410	930	93
Di-2-pyridyl ketone 2-pyridylhydrazone	2.9	538	1,500	5294
			0.15–3.57	
			0.3–6.0	
			0.6–3.3	

Fe(II) ion are described: picolinaldehyde oxime (689, 5409), 2-pyridylhydrazone (2032, 2033), and semicarbazone (2089); di-2-pyridyl diketone bisthiosemicarbazone (2005); oximes and semicarbazones of several alkyl 2-pyridyl ketones (2007); 2,6-pyridine-dicarbaldehyde dioxime and 2-picolylamine (2826); PAN and its derivatives substituted in the pyridine ring (865, 1244, 2090); 7-(2-pyridylazo)-8-quinolinol (2000); picolinic acid (5410); and 2,4,6-pyridinetricarboxylic acid (5411). The use of these and other pyridinecarboxylic acids is based on the formation of specifically colored, sparingly soluble precipitates (1998). Also relatively insoluble is $Fe(py)_2(NCS)_2$, which can be suitable in the qualitative analysis of the Fe(II) ion (1994). The insolubility of Fe(II)–PAN chelate designates PAN as the reagent for the enrichment of traces of Fe(II) by precipitation (1831).

The $Fe(py)_4(NCS)_2$ is employed to determine Fe(II) by ir-spectroscopic techniques (1020, 1551). The most suitable technique for determining Fe(II) seems to be uv/vis spectrophotometry. Such methods of determination are briefly characterized in Table 3.89.

Apart from the chelating agents listed in Table 3.89, 5-methyl-7-(2-pyridylazo)-8-quinolinol and several 2-(2-pyridylazo)phenols were also tested in the pH range of 6.0–8.0 (1567, 2014, 2687).

The Fe(II)–PAN chelates may be used to determine Fe(II) by x-ray fluorescence spectrophotometry (2098) and atomic absorption spectrometry (2100, 2101). The determination of serum iron by atomic absorption spectroscopy involves the preliminary formation of chelate with 2-formylpyridine-2-pyridylhydrazone (2584).

Complexation with iron may be useful in the determination of organic compounds. Thus, nicotinic acid in the form of its ferrous salt (5170) and nicotinamide as the ferrous complex (2493) can be determined polarographically. The latter can be determined by titration (5156, 5430, 5431). Organic peroxides can be detected based on the sensitive, pyridine hemochromogen-catalyzed oxidation of leucodyes (5432).

The color developed after the addition of PAR to water containing metals is proposed to be recognized as a qualitative measure of the toxicity resulting from metals in the purification of sewage (5433). Based on color reactions with Fe(II) ions, tests for 2-pyridinecarboxylic acids (5434) and arenecarbohydrazides (5435) are reported. The determination of pyridinecarboxylic acids in the form of their chelates with Fe(II) is described (5436).

3.8.1.1.3.5. MISCELLANEOUS. Pyridine bases are proposed as brighteners in iron electrodeposition (4372, 4373, 5437–5440). Pyridine complexes inhibit the dissolution of iron in acidic media (5441, 5442) and may act as inhibitors of corrosion (5443). Ferrous coordination compounds with either 2,3-butanedione dioxime or benzil dioxime and pyridine as well as 3-picoline inhibit the oxidation of cumene (5061), and

3.18

ferrous chelate of picolinic acid and its derivatives are patented as stabilizers of 2,2-dichlorovinyl dimethyl phosphate, which is used to impregnate wood (1974).

Ferrous chelates of the general structure of **3.18** where R and R' = H, Me, Cl, and NO_2 are greenish-yellow pigments characterized by good lightfastness, good resistance toward organic solvents, but poor resistance to acids (1457, 1458). Several pyridine–iron(II) coordination compounds are proposed for dyeing blonde hair into blue violet (1406).

3.8.1.2. Fe(III) and Fe(IV) Coordination Compounds

These complexes are mostly octahedral with a possible small symmetry distortion (5222), and tetra- and pentacoordinated species seldom occur. The total number of known pyridine–Fe(III) complexes is not abundant, whereas Fe(IV) is limited to two species.

The Fe(III) has low affinity to N-ligands. Monomeric species may liberate pyridine in part to form iron dimers

$$2[Fe(py)_4]Cl_3 \xrightarrow[\text{abs. EtOH}]{-5py} [Fe_2(py)_3]Cl_6$$

Binuclear oxygen-bridged complexes of Fe(III) can also exist, for example, [(Fe(salen)-(py)$_2$O], where salen is 2,2'-ethylenebis(nitrilomethylidyne)diphenolato (5380). The pyridine in these complexes is located mainly in the inner coordination sphere and solvates are rather uncommon. Most of the complexes are low-spin.

3.8.1.2.1. PREPARATION METHODS

The coordination compounds of Fe(III) and Fe(IV) are usually crystallized from saturated pyridine solutions of an inorganic salt. The controlled thermal decomposition of these complexes with more N-ligands may be a useful preparative method. Sometimes, ferrous complexes, which stand in contact with atmospheric O_2, undergo oxidation to ferric complexes.

Dehydrocyanogenation of $(pyH)_2[Fe(CN)_5NO]$ gives $[Fe(CN)_3NO(py)_2]$ (5330).

3.8.1.2.2. PROPERTIES

Most Fe(III) and Fe(IV) complexes are deeply colored species in which brown predominate. Based on thermal stability data of Fe(III), chelates with N-(2-pyridylmethylene)aniline is a bit lower than that of the corresponding Fe(II) chelate (1213). Thermal stability in a series of metal picolinates increases in the order Fe(III) < Zn(II) < Co(II) < Cu(II) < Ni(II) < Cd(II) < Mn(II) (1320). Picolinic acid forms Fe(OH)(pic)$_2$, which readily turns into a hydroxo-bridged dimer. 2,6-Pyridinedicarboxylic acid and its 4-substituted derivatives play the role of bi- and tridentate ligands (5367, 5368). Pyridinols and pyridinediols O-coordinate to Fe(III) (5444–5449).

Generally, the coordination ability of hemine with respect to pyridine is lower than that of heme. Nicotinic acid, its methyl ester, and nicotinamide, which produced ferrohemochrome, do not give corresponding ferrichromes (5093). Hemine is capable of coordinating two pyridines (5304, 5342, 5349). High-spin Fe(III) of the parent complex is transformed in such a case into low-spin Fe(III) species.

Also, protoporphyrin methyl ester (5333) and ferricoproporphyrin accept two pyridines (5092). It is found that the dissociation constants of these complexes is linearily dependent on the pK_a of the pyridines added to parent complexes (5334, 5341). It is documented that coordination involves the formation of π- as well as σ-bonds (5341, 5343). Since the *trans*-ligands interact with each other, they are essentially responsible for the properties of the complex as a whole (5327, 5340, 5344, 5347). In aqueous solutions, pyridine and water may compete for Fe(III) coordination (5317, 5339). In this case, one pyridine and one water can be added to form ionogenic complexes contrary to, for instance, imidazole, which forms a covalent complex. Alkaline hematine forms dipyridine dihydroxy dimeric hematine in which there is no competition between pyridine and OH groups for Fe(III) coordination (5302, 5304).

A linear relationship has been observed between the effect of the pyridine substituent and the paramagnetic chemical shifts of nmr spectra (5345).

Pyridine hemine is very similar to oxidase from lactarius in oxidizing cytochrome-c. However, the oxidation by pyridine hemine is proportional to the concentration of oxygen, whereas the oxidation by lactarius is decreasingly proportional to oxygen concentration (5337). Hemoproteins like hematin also exhibit peroxidase activity; therefore, they can be considered as the model peroxidase enzyme (5450, 5451).

The reduction of Fe(III) tetraphenylporphine is irreversible, as proven by cyclic voltamperometry. After coordinating pyridine, the reduction process reverses (5452). The reduction half-wave potential is dependent on the pyridine substituents (5328, 5452).

Novel unknown complexes of hemine with pyridine have been prepared from hemine and pyridine in liquid ammonia (5454).

3.8.1.2.3. APPLICATIONS

3.8.1.2.3.1. SYNTHESIS. The Fe(III) ion possesses oxidative properties and sometimes is used as an oxidant in organic synthesis; $FeCl_3$ can cause the oxidative C–C coupling of enolizable ketones to give γ-diketones. Simultaneously, 2,5-diphenylfurans are formed if alkyl phenyl ketones are the starting materials. In the presence of pyridine, α-chloro ketones are formed selectively (5455). Pyridine affects the oxidation of ethylene glycol in a photochemical process. Thus, the oxidation of ethylene glycol with $FeCl_3$ produces acetaldehyde, but both glyoxal and formaldehyde are formed apart from that if the pyridine complex is used (see Ref. 5321 for the proposed mechanism).

The oxidation of toluene with $FeCl_3$ results in a nuclear chlorination, whether a thermal or a photochemical process is involved. The same oxidant coordinated by pyridine yields benzyl chloride selectively (5456).

Both the thermal decomposition of $FeCl_3$–pyridine coordination compounds (5457) and the photochemical decarboxylation of Fe(III) picolinate (1739) leads to the formation of 2,2'-bipyridyl.

The coordination compounds of Fe(III) and pyridine are sometimes employed as the catalysts in various processes; therefore, $FeCl_3 \cdot py$ catalysts are useful in manufacturing aromatic urethanes from nitrobenzene, ethanol, and CO (5458) as well as alkenyl carbonates from epoxides and CO_2 (2741, 2742). The polymerization of 2,6-disubstituted phenols in the presence of the $FeCl_3 \cdot py$ catalyst gave poly(2,6-disubstituted phenylene oxide) in good yield (5459). Also, phosphonitrile dichloride does polymerize over this catalyst (2766).

Isoprene and butadiene cyclodimerize in the presence of the iron–aluminum catalysts derived from Schiff bases of picolinaldehyde or alkyl 2-pyridyl ketones (5460).

The photopolymerization of methyl methacrylate in the presence of tris(pyridine)tris(thiocyanato)iron(III) has been studied. This free-radical process demands only

3.0 kcal/mol of overall activation energy (5369). The onium type polymerization of 4-chloropyridine and copolymerization of 4,4'-bipyridyl with 1,4-dibromobutane proceed smoothly in the presence of FeCl$_3$ (5461). The activating role of the FeCl$_3$ N-coordination of polymerizing species can be assumed.

The pseudooctahedral Fe(III) complex with N,N'-bis(2-picolyl)ethylenediamine associated with poly-L-glutamate or dextran sulfate was used as a catalyst for the decomposition of H$_2$O$_2$ owing to its catalase-like activity (5385). The catalysis of hydrogen–deuterium exchange by FeCl$_3$ in pyridine and its derivates should be mentioned (5462).

The coordination complex of hemine with pyridine or picolines exhibits catalytic properties upon the oxidation of various oxidable organics (5463–5465). The redox reactions of hemine in pyridine are sensitized by chlorophyll (5466).

3.8.1.2.3.2. SEPARATION AND ISOLATION. The rationale for extracting Fe(III) from aqueous solutions comes from analytical chemistry. To determine Fe(III) by spectrophotometric methods, it should be extracted into organic phase, preferably chloroform. Several papers present the possibility of extracting Fe(III) by PAN (2082, 2649, 2775, 2776, 4890, 5470), 2-aminopyridine or 2-benzamidopyridine (1900), and other ligands (928, 1897, 1903, 5467). To produce sodium hydroxide of analytical purity, Fe(III) and other cations can be removed from a technical grade reagent by extraction with phenyl 2-pyridyl ketone oxime (1889).

The removal of Fe(III) from aqueous solutions can also be accomplished by ion-exchange chromatography. The ion exchangers loaded with 4-(1-butylpentyl)pyridine (5468), PAR (1850, 1851), or chelate exchange resins (1704, 5469) can be advised.

3.8.1.2.3.3. BIOLOGICAL ACTIVITY. The tuberculostatic activity of Fe(III) coordination compounds of isonicotinohydrazide was studied (1941–1943, 4894) because of the antagonism between isonicotinohydrazide and hemine. This antagonism is solely due to a chemical reaction, possibly coordination. Ferric 2,6-pyridinedicarboxylate and 4-hydroxy-2,6-pyridinedicarboxylate have been considered as suitable compounds for therapeutic injections against anemia (5367). Other ferric chelates of picolinic acid derivatives exhibit biological activity. Thus, the Fe(III) chelate of 4,6-dibromo-5-(2-phenylvinyl)picolinic acid is patented as a selective herbicide controlling both broad leaf weeds and wild oats (95) and the Fe(III) chelate of 4-amino-3,5,6-trichloropicolinic acid has been considered a useful parasiticide (1454).

3.8.1.2.3.4. ANALYTICAL CHEMISTRY. The detection of Fe(III) can be conducted by the formation of a ternary complex with salicylate ion and pyridine, which is not extractable into chloroform, contrary to analogous complexes. This property is useful for analytical separation (936). Some possibilities are described for the analytical separation of metal ions by paper (2047–2049) and thin-layer (716, 2055) chromatography. The separation is based either on the elution of ions with pyridines or on developing chromatograms of stable metal chelates (for instance PAN) with another eluents.

Fe(III) forms complexes with PAR and PAN that are deeply colored. Therefore, these reagents are proposed for spot tests (713) and titrimetric indicators (2018, 5478). Neither PAN nor PAR are selective for Fe(III); hence, studies were developed to modify the structure of pyridylazodyes to obtain more selective reagents for the extractive photometric determination of Fe(III) (2002, 2092). The modifications involved pyridine substitution as well as phenolic moieties (733). The chromogenic indicators can be found among oximes and semicarbazones of 2-acyl-4-alkylpyridines (2007). Photometric methods to determine Fe(III) are briefly characterized in Table 3.90.

TABLE 3.90. PHOTOMETRIC DETERMINATION OF IRON (III) USING PYRIDINE DERIVATIVES

Ligand	pH	Analytical Wavelength (nm)	Range of Validity of the Beer Law (ppm)	Molar Absorptivity (m²/mol)	Reference
Pyridine + acetylacetone	5	430			5471
Nicotine	2–4	475			3954
	3–5	450			3954
	5.0–5.5	430			3954
3-Hydroxy-3-phenyl-1-(3-pyridyl)triazene		347		4700	1258
1-(2-Pyridylazo)-2-naphthol		750 (in 50% dioxane)			1243, 5475
		775 (in organic phase)			5472
	2	80		1600	2092, 2775
	3–7			2200	5362
	4–5			1600	2018
					2101
	4–8.5	775 (in PhH)	≥ 50		711
	5	764 (in CHCl₃)	≥ 4	1550	1245, 5474
	10	630 (in CHCl₃)			5473
5-Dimethylamino-2-(2-pyridylazo)phenol					733
4-(2-Pyridylazo)resorcinol					1258, 5476, 5477
	8.5	100		5000	5362
3-Aminopicolinic acid					5025
5-Butylpicolinic acid	2.0	420			1352
Picolinaldehyde 2-benzothiazolylhydrazone	4.0–8.0	425		414	653
Picolinaldehyde thiosemicarbazone	4–6	360		1400	5220
	4–6	410		960	5220
	4–6	425		760	5220
Methyl 2-pyridyl ketone 4-phenyl(thiosemicarbazone)	5.0–6.0	395		2400	5185
4,5-Dihydroxy-3-(2-pyridylazo)-2,7-naphthalenedisulfonic acid	6.0–7.0	570	1.0–3.2	1020	3282
3-(2-Carboxy-3-pyridylazo)-4,5-dihydroxy-2,7-naphthalenedisulfonic acid	5.0–6.0	590	1.0–2.0	1060	3282
2-(3-Nitro-2-pyridylazo)-1-naphthol					2090
1-(5-Chloro-2-pyridylazo)-2-naphthol		566		7200	2092
2-(5-Chloro-2-pyridylazo)-5-dimethylaminophenol					733
1-(5-Bromo-2-pyridylazo)-2-naphthol					2002
2-(5-Bromo-2-pyridylazo)-5-dimethylaminophenol					733
2-(5-Bromo-2-pyridylazo)-5-diethylaminophenol					865
1,2-Bis(2-pyridyl)ethylene glycol	6.5–7.0	360	0.84–7.57		5388

The Fe(III) chelates with PAN are extractable into an organic phase and stable enough to be isolated and submitted to x-ray analysis of traces of Fe(III) (2096, 4903). The chelate with PAR is useful in the complexometric determination of germanium (2043). Hemin gives a stable, red-orange coloration with pyridine and acetic acid that follows Beer's Law in the range up to 8.5 γ/mL and can be used for the photometric determination of hemine at 410 nm (5303). The red-brown coloration of both nicotinamide and *N,N*-diethylnicotinamide complexes with $FeCl_3$ is too unstable to have any analytical value (5479).

3.8.1.2.3.5. MISCELLANEOUS. Ferric chloride coordinated with pyridine or picolines is used for creating an acid pH environment resulting from hydrolysis of the complex (2873). Ferric chloride added to 2-methyl-5-vinylpyridine inhibits its polymerization (5480, 5481). The coordination compound of Fe(III) with pyridine is useful in photography (4382).

3.8.2. Cobalt Coordination Compounds

The coordination compounds of cobalt can possess a metal ion in the one—three oxidation states. The great interest in cobalt complexes is due to the biological function of cobalt, which is intimately involved in the coenzymes related to vitamin B_{12}, and some cobalt containing coordination compounds are suitable models for studying the metal-to-oxygen binding that occurs in biological systems. Although the pyridine coordination compounds are not strictly related to these models, they are studied as complexing agents that favor the oxidation of Co(II) to Co(III) in aqueous solutions and prevent reduction to Co(I).

Only a few pyridine coordination compounds of Co(I) and Co(IV) are reported, and they are not well characterized. The Co(I) coordination compounds are difficult to prepare and rather unstable; the known complexes contain ligands with an extended π-electron system capable of Co(I) stabilization. Pyridine itself cannot stabilize this oxidation state and thus far simple Co(I)—pyridine complexes remain unknown.

Coordination compounds of Co(I) are listed in Table 3.91. For coordination compounds of Co(II), Co(III), and Co(IV), see Tables 3.92, 3.93, and 3.94, respectively. The single crystal x-ray data for cobaltous and cobaltic complexes are presented in Table 3.95.

3.8.2.1. Cobalt (II) Coordination Compounds

The Co(II) accepts from one to six pyridine ligands. Various authors propose different structural formulations for the complex with the highest number of pyridine ligands. The most plausible structure for $Co(py)_6(NO_3)_2$ is that bearing three pyridines in the inner coordination sphere; however, the structure with all six pyridines in the inner coordination sphere is also proposed (500, 503, 969, 5787, 5841, 6074). The most common coordination number for Co(II) complexes is six; however, some penta- (313, 644, 5015, 5522, 5523, 5626, 5664, 5670, 5688, 5689, 5783, 5988), tetra- (5664), and tri-coordinated species are reported (313). Some rather atypical compounds like $4Co(NO_2)_2 \cdot CoO \cdot 10py$ (963, 964) and $Co_2Cl_6 \cdot 10py \cdot CoCl_2$ (6113) are also described.

The coordination compounds can exist either as monomeric or polymeric units with

TABLE 3.91. COORDINATION COMPOUNDS OF PYRIDINE AND ITS DERIVATIVES WITH COBALT (0) AND COBALT (I)

$$\mathrm{Co}_m \left(\underset{N}{\bigcirc}\!\!-\!\!R \right)_n X_p Y_q$$

m	n	R	X	p	Y	q	Color and MP (°C)	Physicochemical Studies	Reference
Cobalt (0)									
1	1	H			CO	2		K	5482
					NO	1			
		4-Me			CO	2		K	5482
					NO	1			
		4-CH=CH$_2$			CO	2			4574, 4925
		3-Cl			CO	2		K	5482
					NO	1			
2	4	H			CO	5	bw-bk	ir	4923, 6059
3	4	2-Me			CO	8	pksh	cond, ir	6060, 6061
		4-Me			CO	8		cond, ir	6060, 6061
	6	H			CO	8	o-r		6075–6077
Cobalt (0) with Cobalt (I)									
3	4	H	Cl	1	H$_2$O	6			5483
	5	H	H	2	CO	9			5484
		2-CH=CH$_2$	H	2	CO	9			5485
Cobalt (I)									
1	1	H	H	1	CO	4			5486, 5487
			—{MeC(=NOH)C(=NO)Me}	1					5488–5493
				2					
			—	1					
			(cyclohexane-1,2-dione dioxime: =NOH, =NO)	2	NO	2	Boiling Point 74–78/0.4		5493
			Cl	1	NO	2			5494
6		H	I	1	NO	1	d-r		5495

halo (5686, 5703), selenocyanato (5888), and cyanato (5757) bridges. Both octahedral and tetrahedral ligand arrangements have been realized. The differences between the stabilities of given complexes in both arrangements are not too noticeable; hence, the dimorphism of the complexes occurs. Among others, dichlorobis(pyridine)cobalt(II) may exist in the violet (α) and blue (β) forms. The α-form inverts into β at about $120°C$. In the blue form, the metal has a tetrahedral configuration. Similar dimorphism exists for other dihalo and dipseudohalobis(pyridine)cobalt(II) complexes. The interphase transformation is reversible. The enthalpy of the transition is about 3.2 kcal/mole (1006, 1087, 4713, 5826, 5832, 5835, 5838–5841, 5846, 5849, 5851, 5853, 5863, 5878). Octahedral hexacoordinated species can theoretically exist in geometrical *cis* and *trans* isomers (see **3.19** and **3.20**).

```
        SCN                          SCN
         |                            |
    py   |   py                  py   |   py
      \  |  /                      \  |  /
         Co                           Co
      /  |  \                      /  |  \
    py   |   SCN                 py   |   py
         |                            |
         py                          SCN
        3.19                         3.20
```

Indeed, geometrical isomerism has been proven by nmr for a series of $[CoL_3](PF_6)_2$ complexes, where L is *N*-(2-pyridylmethylene)alkylamine and *N*-(2-pyridylmethylene) aniline (2481). In many cases, the isomerism can be due to coordination site changes of ambident ligands such as NO_2 and SCN, which can coordinate either via the more electronegative or nucleophilic site. Metamagnetism of octahedral complexes may be observed (5931, 6108).

3.8.2.1.1. PREPARATION METHODS

Preparation methods usually involve combining equimolar amounts of reagents in any solvent, preferably alcohol. Deposits of complexes readily form, but solvent evaporation is sometimes necessary. If the reaction is conducted in aqueous solution, complexes of nonelectrolytes can be extracted into the etheral or chloroform layer. Solvents forming adducts with these complexes can be easily removed.

Controlled thermal decomposition can transform complexes to those with lower numbers of ligands. For instance, $Co(py)_4Cl_2$ can be converted into $Co(py)_2Cl_2$ by heating, and the reaction pathway may be monitored by color changes. The pyridine cobalt porphyrin complexes can be prepared by extracting cobalt porphyrin with pyridine in a Soxhlet apparatus.

Several cobalt coordination compounds form adducts with molecular oxygen. In some cases, therefore, experiments should be performed under an inert atmosphere.

The Co(I) coordination complexes are prepared by reducing the appropriate Co(II) compound with $NaBH_4$.

3.8.2.1.2. PROPERTIES

Most of pyridine Co(II) complexes with mixed ligands (often chelating ones) are colored, varying from pink through purple to blue and violet, depending on the coordination number of the metal (5799). Some complexes can be yellow; this is particularly true for Co(I) complexes.

(Text continues on page 1308.)

TABLE 3.92. COORDINATION COMPOUNDS OF PYRIDINE AND ITS DERIVATIVES WITH COBALT(II)

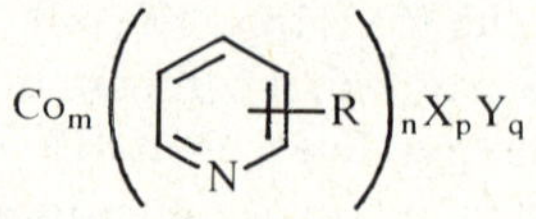

m	n	R	X

$$Co_m \left(\underset{N}{\bigcirc} -R \right)_n X_p Y_q$$

m	n	R	X
1	1	H	+

N(SiMe$_3$)$_2$

+

2,8,12,18-Me$_4$-porph
2,7,12,17-Me$_4$-3,8,13,18-Et$_4$-porph
5,10,15,20-Ph$_4$-porph

5,10,15,20-(p-MeC$_6$H$_4$)$_4$-porph
pc

$\begin{cases} - \\ CN \end{cases}$

5,10,15,20-(p-NCC$_6$H$_4$)$_4$-porph
o-OC$_6$H$_4$CH=NMe
o-OC$_6$H$_4$CH=NPh
2,6-Me$_2$C$_6$H$_3$N=CHC$_6$H$_4$O-o
2,6-Me$_2$C$_6$H$_3$N=CH-1'-C$_{10}$H$_6$-2'-O
2,6-Et$_2$C$_6$H$_3$N=CH-1'-C$_{10}$H$_6$-2'-O

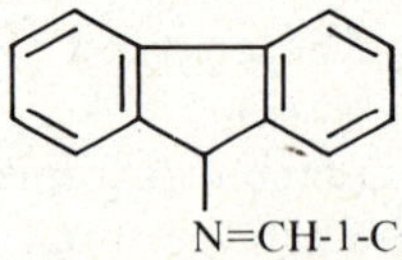

N=CH-1-C$_{10}$H$_6$-2-O (fluorenyl)

2,6-Me$_2$C$_6$H$_3$N=NNMeO
5,10,15,20-(p-HOCH$_2$C$_6$H$_4$)$_4$-porph
o-OC$_6$H$_4$OH
o-OC$_6$H$_4$CH=NC$_6$H$_4$O-o
$\begin{cases} MeCH(NH_2)C(=NO)Me \\ MeC(=NOH)C(=NO)Me \end{cases}$
$\begin{cases} MeCH(NHOH)C(=NO)Me \\ MeC(=NOH)C(=NO)Me \end{cases}$

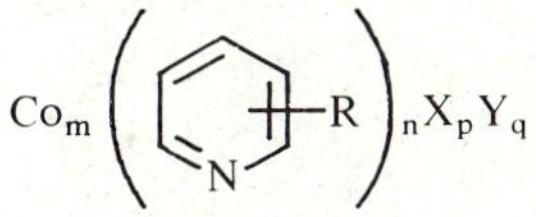

p	Y	q	Color and MP (°C)	Physicochemical Studies	Reference

$$\text{Co}_m \left(\underset{N}{\underset{|}{\bigcirc}} \text{-R} \right)_n X_p Y_q$$

p	Y	q	Color and MP (°C)	Physicochemical Studies	Reference
2				ir, K, p, uv	14a, 270, 273, 283, 285, 1001, 2374, 2375, 2377, 2380, 2884, 4364, 5007, 5496–5505
	NH₃	1		K, p	271
		2		K, p	271
		3		K, p	271
	EtNC	5		epr	5506
	H₂O	5		p	5507
	MeOH	5		K, nmr, th	5508, 5509
2				cal, ms	2382
2	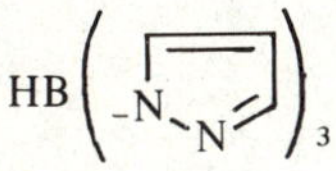 HB(−N−N⌐⌐)₃	2		nmr	5510
1				uv	292
1				uv	293
1				ca, epr, K, p, uv	293, 5034, 5511–5516
1				ca, K, p, uv	375, 5515, 5516
1				epr, ir, msc, tha, uv	2394, 5038, 5517, 5518
3				epr	5519
5					
1				ca, K, p, uv	5515, 5516
2					5521
2				K, th	301
2			g	msc, uv	5522
2			bw	msc, uv	5523
2			bw	msc, uv	5523
2				msc	5524
2				msc	5525
1				uv	375
2			pk-r		5526
1				ir, msc	313, 2516, 5527
1				K	5533
1					
1				K	5533
1					

TABLE 3.92.   (CONTINUED)

m	n	R	X
1	1	H	MeC(=NOH)C(=NO)Me

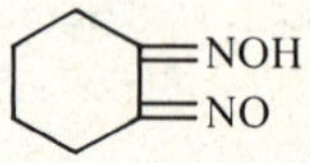

cyclohexyl-1-(=NOH)-2-(=NO)

(o-OC$_6$H$_4$CH=NCH$_2$)$_2$

(o-OC$_6$H$_4$CH=NCH$_2$CH$_2$)$_2$
o-OC$_6$H$_4$CH=NCH$_2$CHMeN=CHC$_6$H$_4$O-o
(o-OC$_6$H$_4$CH=NCHMe)$_2$
1,2-(o-OC$_6$H$_4$CH=N)$_2$-cyclohexyl
(o-OC$_6$H$_4$CH=NCHPh)$_2$
o-OC$_6$H$_4$CH=NCH$_2$CMe$_2$N=CHC$_6$H$_4$O-o
o-(o-OC$_6$H$_4$CH=N)$_2$C$_6$H$_4$
o-OC$_6$H$_4$CH=NCPh=CPhN=CHC$_6$H$_4$O-o
5,10,15,20-(p-MeOC$_6$H$_4$)$_4$-porph

(2-O-3-MeOC$_6$H$_3$CH=NCH$_2$)$_2$
p-MeOC$_6$H$_4$C(=NOH)CH=NO
MeCOCHCOMe

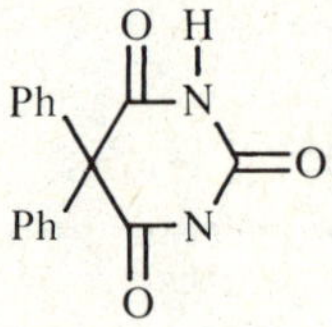

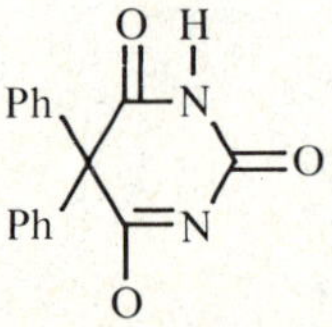

5,5-Ph$_2$-barbiturate (keto form)

5,5-Ph$_2$-barbiturate (enol form)

2,8,12,18-Me$_4$-3-EtO$_2$C-porph
2,8,12,18-Me$_4$-3,7-(EtO$_2$C)$_2$-porph
2,7,12,18-Me$_4$-3,8-Et$_2$-13,17-(HO$_2$CCH$_2$CH$_2$)$_2$-porph
2,7,12,18-Me$_4$-3,8-(CH$_2$=CH)$_2$-13,17-(HO$_2$CCH$_2$CH$_2$)$_2$-porph
2,7,12,18-Me$_4$-13,17-(MeO$_2$CCH$_2$CH$_2$)$_2$-porph
2,7,12,18-Me$_4$-3,8-Et$_2$-13,17-(MeO$_2$CCH$_2$CH$_2$)$_2$-porph
2,7,12,18-Me$_4$-3,8-(CH$_2$=CH)$_2$-13,17-(MeO$_2$CCH$_2$CH$_2$)$_2$-porph
2,8,12,18-Me$_4$-3,7,13-(EtO$_2$C)$_3$-porph
2,8,12,18-Me$_4$-3,7,13,17-(EtO$_2$C)$_4$-porph
5,10,15,20-(p-HO$_2$C$_6$H$_4$)$_4$-porph
5,10,15,20-(p-MeO$_2$C$_6$H$_4$)$_4$-porph
(MeCOCHCMe=NCH$_2$)$_2$

p	Y	q	Color and MP (°C)	Physicochemical Studies	Reference
2				chr, epr, K, th, uv	5517, 5528–5534
	H$_2$O	1		K, p	5535
2				K	5528, 5531
1			r-o	epr, ir, K, msc, nmr, qch, uv, **xr**	5537–5554
1				**xr**	5555
1				cd, epr	5542
1				cd, epr, K, th	5542, 5546
1				cd, epr, K, th	5542, 5546
1				cd, K, th	5546
1				nmr	5556
1				K, msc	5557
1				cd, epr	5542
1				ca, epr, K, p, th	5515, 5516, 5558, 5559
1				epr	5539, 5561
2				uv	5562
2			d-r, 150–152	K, nmr, **xr**	4974, 5563–5565
2			bu		5567
2			r		5567
1				uv	292
1				uv	292
1				p	4662
1				p	5573
1				K	5511, 5569
1				cd, K	5569, 5570
1				epr, K, th	5569, 5571, 5572
1				uv	292
1				uv	292
1				uv	375
1				uv	375
1				epr, msc, th, uv, xr	5561, 5574–5576
	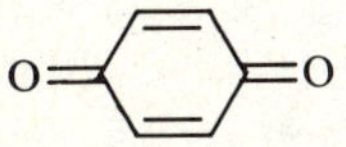 O=⟨⟩=O	1	bk, subl 95	ir, msc, uv	5577

TABLE 3.92. (CONTINUED)

m	n	R	X
1	1	H	$(MeCOCHCMe=NCH_2)_2$
			$(PhCOCHCMe=NCH_2)_2$
			$(MeCOCMeCMe=NCH_2)_2$
			$(MeCOCPhCMe=NCH_2)_2$
			$(MeCOCOC=NCH_2)_2$
			$o\text{-}[MeCOC(COMe)CH=N]_2C_6H_4$
			$o\text{-}[MeCOC(CO_2Me)CH=N]_2C_6H_4$
			$5,10,15,20\text{-}(p\text{-}O_2NC_6H_4)_4\text{-porph}$
			$MeCO_2$
			$t\text{-}BuCO_2$
			$MeCH(NH_2)CO_2$
			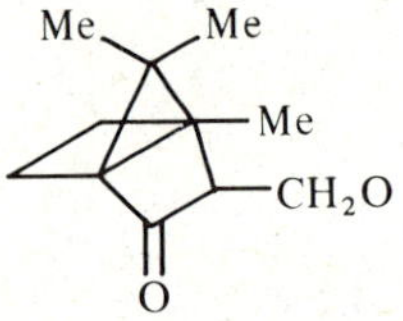 [bicyclic ketone structure with Me, Me, Me, CH$_2$O substituents]
			{ Me
			{ $o\text{-}OC_6H_4COMe$
			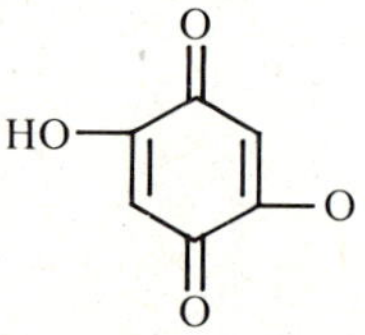 [hydroxyquinone structure: HO, O, O on benzoquinone ring]
			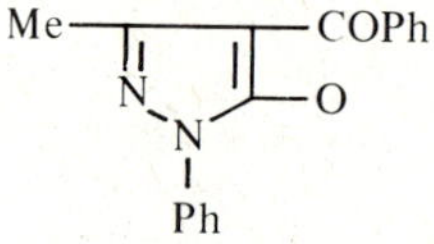 [pyrazole structure with Me, COPh, O, N-Ph]
			$H_2(EDTA)$
			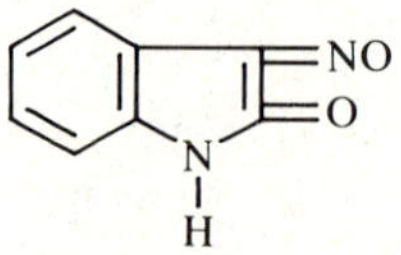 [isatin-like structure with =NO, =O, NH]
			$o\text{-}OC_6H_4CH=NC_6H_4CO_2\text{-}o$
			$PhN(NO)O$

p	Y	q	Color and MP (°C)	Physicochemical Studies	Reference
	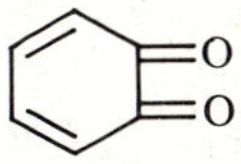 (benzoquinone structure with =O, =O)	1	bu	ir, msc, uv	5577
	(NC)$_2$C=C(NC)$_2$	1	g / r	ir, msc, uv	5578
1				epr, th, uv	5561, 5574, 5575
1				epr, th	5574
1				epr	5574, 5575
1				msc	5576
1				msc	5576
1				msc	5576
1				ca, K, p	5515, 5516
2	(H$_2$N)$_2$CS	2		msc	5579
	(MeHN)$_2$CS	2		msc	5579
2			g-v	ir, msc	5580
2					5581
2	H$_2$O	1	o-r, dec 150	ir, msc	5582
1			r-bw	uv	5560
1					
2	H$_2$O	1	bwsh-r, > 400	msc	5583
2				K	5584
1				K, uv	422
2				uv	5536
1			y	ir, msc, tha	2417, 5585
2				cal, K, th	434

TABLE 3.92.   (CONTINUED)

m	n	R	X
1	1	H	*o*-OC$_6$H$_4$CH=NCH[xanthone-2,7-Me$_2$-4,5-diyl]HCN=CHC$_6$H$_4$O-*o*
			PhN(O)N=NC$_6$H$_4$CO$_2$-*o*
			NO$_3$
			(2-O-3-O$_2$NC$_6$H$_3$CH=NCH$_2$)$_2$
			(2-O-5-O$_2$NC$_6$H$_3$CH=NCH$_2$)$_2$
			$\begin{cases} - \\ \text{SC(CN)=C(CN)S} \end{cases}$
			MeCSCHCSMe
			NCS
			(MeCSCHCMe=NCH$_2$)$_2$
			Me$_2$C=NNCS$_2$Me
			(*p*-MeC$_6$H$_4$)$_2$PS$_2$
			EtCH(SO$_3$)CO$_2$H
			o-OC$_6$H$_4$CH=NCH$_2$CH(CMe$_2$CH$_2$O$_3$SC$_6$H$_4$Me-*o*)-N=CHC$_6$H$_4$O-*o*
			4,4′,4″,4‴-(HO$_3$S)$_4$-pc
			SO$_4$
			F
			SiF$_6$
			5,10,15,20-(*p*-FC$_6$H$_4$)$_4$-porph
			(CF$_3$COCHCMe=NCH$_2$)$_2$
			CF$_3$CO$_2$
			o-OC$_6$H$_4$CH=NC$_6$H$_4$F-*p*
			Cl
			$\begin{cases} - \\ \text{Cl} \end{cases}$
			$\begin{cases} \text{Et}_4\text{N} \\ \text{Cl} \end{cases}$
			$\begin{cases} \text{py}^+\text{H} \\ \text{Cl} \end{cases}$
			$\begin{cases} \text{py}^+\text{CH}_2\text{CH=CH}_2 \\ \text{Cl} \end{cases}$

p	Y	q	Color and MP (°C)	Physicochemical Studies	Reference
1	H$_2$O	1		ir, tha, uv	5587
1			d-bu, 200 dec	ir, msc, uv	436
2			285 dec	tha	500
1					5539
1					5539
2				K, msc, p, uv	5588
2					
2				epr, uv	5589
2			l-bw, 350 dec, 370 dec	ir, msc, tha	448–500, 503, 997, 1001, 1003, 6047
1				epr, th	5574, 5591
2			gy-bw	msc, uv	5590
2				nmr	5592
2			v		469
1				ir, msc, nmr, p, uv	5593
1					5594, 5595
1	H$_2$O	1	190 dec	msc, tha	500, 503
2					5596
1	H$_2$O	3			482
1				ca, K, p	5515, 5516
1				epr, uv	5575
2	(H$_2$N)$_2$CS	2		msc	5579
	(MeHN)$_2$CS	2		msc	5579
2				K, th	301
2			bu, 250 dec	ca, ir, moe, msc, th, tha, **xr**	493, 499, 500, 503, 507, 997, 4997, 5498, 5597–5619
	{(H$_2$NCH$_2$)$_2$	1	pk	cond	5622
	{H$_2$O	1			
	EtOH	3	bu	uv	5620
	Me$_2$CO	1		K, th, tha	5621
	(H$_2$N)$_2$CS	2	d-bu, 107–109 dec	cond, ir, K, msc, p, uv	5622, 5623
	MeCCl=CH$_2$Me	1			509
1				ir, k	2445, 5624
3					
1				ir, msc	2446
3					
1					5625
3					
1				ir, msc	2446
3					

TABLE 3.92.   (CONTINUED)

m	n	R	X
1	1	H	5,10,15,20-(p-ClC$_6$H$_4$)$_4$-porph
			N=CHC$_6$H$_3$-2-O-5-Cl (fluorenyl)
			2-O-5-ClC$_6$H$_3$CHO
			(2-O-5-ClC$_6$H$_3$CH=NCH$_2$)$_2$
			[2-O-5-ClC$_6$H$_3$CPh=N(CH$_2$)$_3$]$_2$NH
			2-Me-6-ClC$_6$H$_3$N=NNMeO
			2-Me-6-ClC$_6$H$_3$N=NNEtO
			2-Me-6-ClC$_6$H$_3$N=NN(n-Pr)O
			2-Me-5-ClC$_6$H$_3$N=NNMeO
			{ octamethyl-diethyl-porphyrin structure } / ClO$_4$
			{ H / MeC(=NO)CMe=NPh / ClO$_4$ }
			ClO$_4$
			Br
			{ — / Br }
			{ Et$_4$N / Br }
			{ py$^+$$n$-Pr / Br }
			{ Sn / OH / Br }
			o-OC$_6$H$_4$CH=NC$_6$H$_3$-4-Br-2-CO$_2$
			2,4,6-Br$_3$C$_6$H$_2$N=CHC$_6$H$_4$O-o
			{ C$_5$H$_5$ / I }
			I

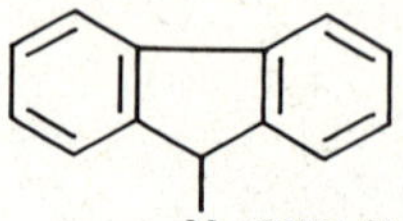

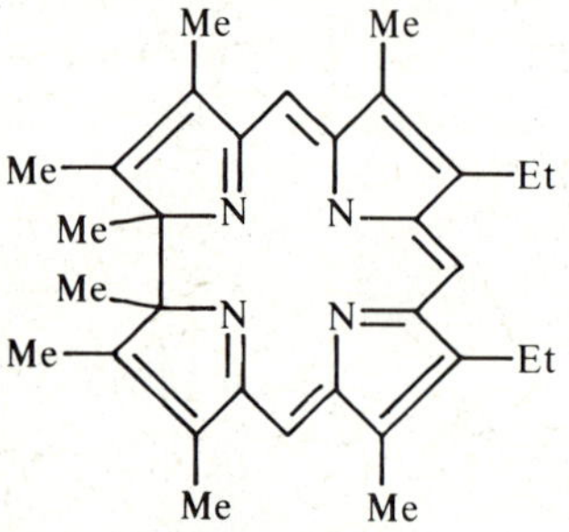

p	Y	q	Color and MP (°C)	Physicochemical Studies	Reference
1				ca, K, p	5515, 5516
2				msc	5524
2				ir	5628
1					5539
1			r-bw	ms, msc, uv	5626
2				msc	5525
2				msc	5515
2				msc	5515
2				msc	5515
1				ca, K	5629
1					
1					
2			r	msc	5520
1					5498
2				K	
2			345 dec	cal, ir, K, th, tha, uv	500, 503, 5599, 5608, 5618
	(H$_2$N)$_2$CS	2	g-bu, 83 dec	cond	5622
1				ir	2449
3					
1			bu	ir, msc, uv	2446, 5627
3					
1				ir, msc	2446
3					
1	o-H$_2$NC$_6$H$_4$C$_6$H$_4$NH$_2$-o	5	y-bu		4671
1	H$_2$O	5			
5					
1				msc	5004
2			bw	msc, uv	5523
1			bk		5630
1					
2			270 dec	msc, tha	500, 503
	H$_2$NCH$_2$CH$_2$NH$_2$	1		msc	1041
	NH$_3$	1			

TABLE 3.92. (CONTINUED)

m	n	R	X
1	1	H	py$^+$H / I
			py$^+$n-Pr / I
			PhCH(O)CO$_2$(?) / ZrO
			VO$_3$
			py$^+$H / BW$_{11}$O$_{39}$
			py$^+$H / PW$_{11}$O$_{39}$
			py$^+$H / AsW$_{11}$O$_{39}$
		2-Me	+
			Et$_8$-porph
			(o-OC$_6$H$_4$CH=NCH$_2$)$_2$
			MeCOCHCOMe
			2,7,12,18-Me$_4$-3,8-Et$_2$-13,17-(HO$_2$CCH$_2$CH$_2$)$_2$-porph
			t-BuCO$_2$
			PhCO$_2$
			3-HOC$_{10}$H$_6$-2-CO$_2$
			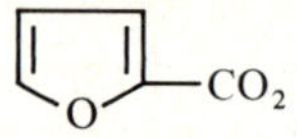 furan-2-CO$_2$
			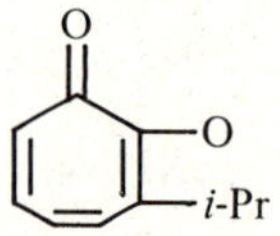 2-(i-PrO)-tropone-1-olate
			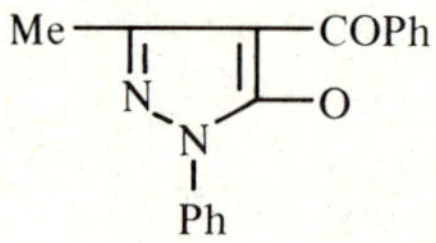 3-Me-4-COPh-1-Ph-pyrazol-5-olate
			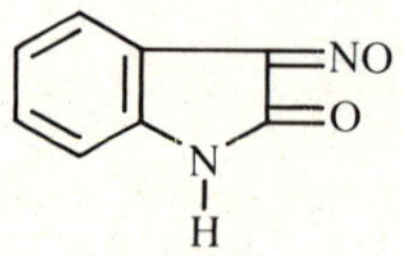 isatin-3-oxime
			o-OC$_6$H$_4$CH=NC$_6$H$_4$CO$_2$-o
			Ph$_2$PS$_2$
			(p-MeC$_6$H$_4$)$_2$PS$_2$
			SO$_4$

p	Y	q	Color and MP (°C)	Physicochemical Studies	Reference
1/3					5625
1/3				ir, msc	2446
2/1			pk	tha, uv, xr	5631
2					1472
3/1				K	2450
3/1	H$_2$O	5		K	2450
3/1	H$_2$O	8		K	2450
2				K, p	514, 2380, 4364, 5505
	MeOH	5		nmr	5509
1				p, uv	5632
1				msc	5544
2				nmr	5565, 5566
	CDCl$_3$	2		nmr	351
1				p, uv	4662
2			g-v	ir, msc	5580
2				ir, msc, uv	543, 5634
2					2998
2				ir, msc	5635
2				K, nmr	5633
2				K	5584
2				dc, uv	5536
1			l-y	ir, msc, tha	5585
	H$_2$O	2	d-bw	ir, msc, tha	5585
2			bu	msc, tha, uv	5636
2			bu	msc, tha, uv	5636
1	H$_2$O	1		K	2453
		2		K	2453

TABLE 3.92. (CONTINUED)

m	n	R	X
1	1	2-Me	Cl
			2-Me-py$^+$CH$_2$CH=CH$_2$
			Cl
			[2-O-5-ClC$_6$H$_3$CPh=N(CH$_2$)$_3$]$_2$NH
			[2-O-5-ClC$_6$H$_3$CPh=N(CH$_2$)$_3$]$_2$S
			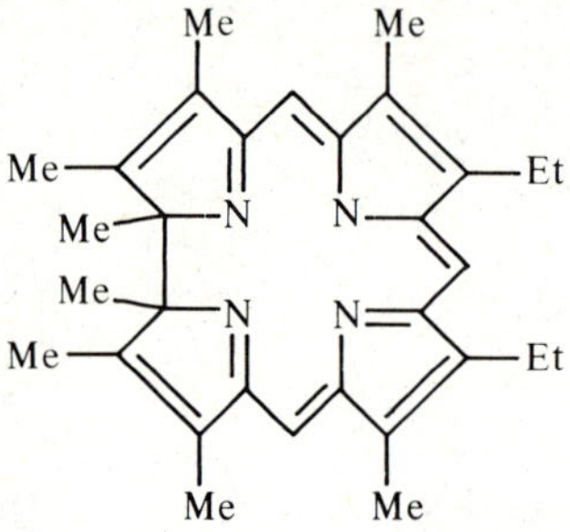 {porphyrin complex} ClO$_4$
			Br
			{2-Me-py$^+$n-Pr / Br}
			Hg(SCN)$_4$
			{— / BW$_{11}$O$_{39}$}
			{— / PW$_{11}$O$_{39}$}
		3-Me	+
			pc
			MeC(=NOH)C(=NO)Me
			(o-OC$_6$H$_4$CH=NCH$_2$)$_2$
			MeCOCHCOMe
			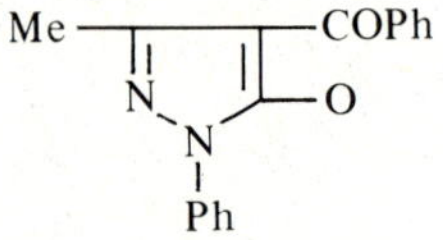 [1-Ph-3-Me-4-COPh-pyrazol-5-onate]
			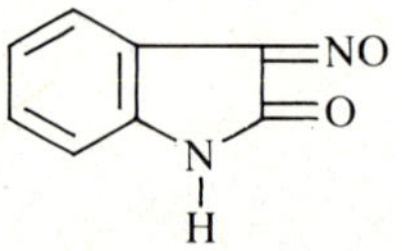 [isatin-3-oximate]
			o-OC$_6$H$_4$CH=NC$_6$H$_4$CO$_2$-o
			Ph$_2$PS$_2$
			(p-MeC$_6$H$_4$)$_2$PS$_2$
			Cl

p	Y	q	Color and MP (°C)	Physicochemical Studies	Reference
2				ca, ir, K, nmr, uv	1160, 5462, 5606, 5616, 5637–5639
1				ir, msc	2446
3					
1			y-bu	ms, msc, uv	5626
1			bu	ms, msc, uv	5626
1				ca, K, p	5629
1					
2				ir	1160
1				ir, msc	2446
3					
1			v	msc, uv	5640
3				K	2540
1					
3				K	2540
1					
2				K, p, uv	2452, 5503–5505
	MeOH	5		nmr	5509
1			bu	epr, msc	5641
2	H$_2$O	1		K, p	5534
1				cal, chr, K	5544, 5642
2				nmr	5564, 5565
	CDCl$_3$	2		nmr	351
2				K	5584
2				dc, K, uv	5536
1			l-y	ir, msc, tha	5585
2				ir, msc, uv	5636
2				ir, msc, uv	5636
2			340 dec	ca, ir, K, msc, nmr, th, tha, uv	500, 503, 1160, 5462, 5606, 5616, 5638, 5639, 5643

TABLE 3.92.   (CONTINUED)

m	n	R	X
1	1	3-Me	[2-O-5-ClC$_6$H$_3$CPh=N(CH$_2$)$_3$]$_2$NH
			[2-O-5-ClC$_6$H$_3$CPh=N(CH$_2$)$_3$]$_2$S
			Br
		4-Me	+
			N(SiMe$_3$)$_2$
			5,10,15,20-Ph$_4$-porph
			pc
			(o-OC$_6$H$_4$CH=NCH$_2$)$_2$
			MeC(=NOH)C(=NO)Me
			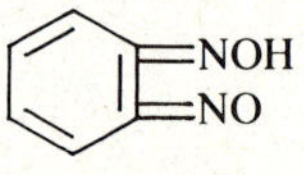 [benzene ring with =NOH and =NO substituents]
			5,10,15,20-(p-MeOC$_6$H$_4$)$_4$-porph
			MeCOCHCOMe
			MeCOCHCOMe
			(PhCOCHCMe=NCH$_2$)$_2$
			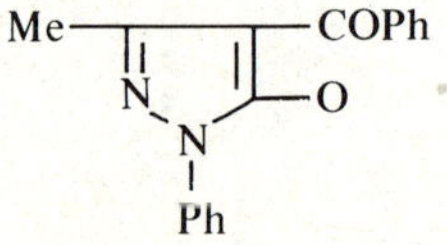 [pyrazolone: Me, COPh, N-N, =O, N-Ph]
			t-BuCO$_2$
			MeCH(NH$_2$)CO$_2$
			o-OC$_6$H$_4$CH=NC$_6$H$_4$CO$_2$-o
			PhN(NO)O
			Ph$_2$PS$_2$
			(p-MeC$_6$H$_4$)$_2$PS$_2$
			o-OC$_6$H$_4$CH=NC$_6$H$_4$F-p
			Cl
			{ —, Cl }
			2-O-5-ClC$_6$H$_3$CH=NPh
			[2-O-5-ClC$_6$H$_3$CPh=N(CH$_2$)$_3$]$_2$NH
			{ [porphyrin macrocycle with Me, Me, Me, Me, Et, Me, Me, Me, Me, Et substituents], ClO$_4$ }

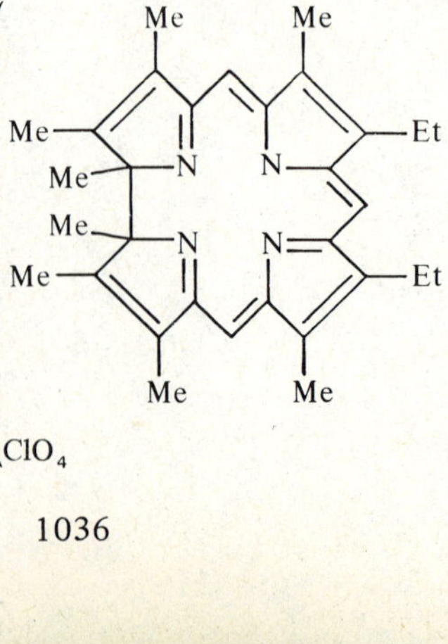

p	Y	q	Color and MP (°C)	Physicochemical Studies	Reference
1			bu	ir, ms, msc, uv	5626
1			r-bw	ir, ms, msc, uv, xr	5626, 5644
2				tha	1160
2				epr, K, p, uv	273, 549, 2380, 2452, 2463, 5503–5505, 5544, 5645
2				cal, ir, ms, nmr	2382
1				K, p	5512–5514
1			bu	epr, ir, msc, uv	5518, 5646
1				K	5544
2				K	5528
2				K	5528
1				epr, K, th	5558, 5559
2				nmr	351, 5565
	CH$_2$Cl$_2$	1		nmr	351
	CHCl$_3$	1		nmr	351
2	CDCl$_3$	2		nmr	351
1				epr, p	5574
2				K	5584
2			g-v	ir	5580
2				ir, K	5581
1			l-y	ir, msc, tha	5585
2				cal, K, th	434
2				ir, msc, nmr, uv	5636
2				ir, msc, nmr, uv	5592
2				K, th	301
2				ca, msc, K, th, tha, uv	499, 500, 503, 5462, 5616, 5647, 5648
1				ir	2464
3					
2				K, th	301
1			r-bw	ms, msc, uv	5626
1				ca, K, p	5629
1					

TABLE 3.92. (CONTINUED)

m	n	R	X
1	1	4-Me	—, Br
			—, $BW_{11}O_{39}$
			—, $PW_{11}O_{39}$
		2,4-Me$_2$	+
			$N(SiMe_3)_2$
			5,10,15,20-Ph$_4$-porph
			MeCOCHCOMe
			Me—⟨pyrazole with COPh, N–N, Ph, O⟩
			Cl
		2,5-Me$_2$	Cl
		2,6-Me$_2$	Et$_8$-porph
			o-OC$_6$H$_4$CH=NMe
			o-OC$_6$H$_4$CH=NC$_6$H$_4$O-o
			(o-OC$_6$H$_4$CH=NCH$_2$)$_2$
			Me—⟨pyrazole with COPh, N–N, Ph, O⟩
			MeCOCHCOMe
			Ph$_2$PS$_2$
			(p-MeC$_6$H$_4$)$_2$PS$_2$
			Cl
		3,4-Me$_2$	o-(o-OC$_6$H$_4$CH=N)$_2$C$_6$H$_4$
			5,10,15,20-(p-MeOC$_6$H$_4$)$_4$-porph
			(PhCOCHCMe=NCH$_2$)$_2$
		3,5-Me$_2$	5,10,15,20-Ph$_4$-porph
			(o-OC$_6$H$_4$CH=NCH$_2$)$_2$
			5,10,15,20-(p-MeOC$_6$H$_4$)$_4$-porph
			Ph$_2$PS$_2$
			(p-MeC$_6$H$_4$)$_2$PS$_2$
		2,4,6-Me$_3$	Et$_8$-porph
			5,10,15,20-Ph$_4$-porph
			5,10,15,20-(p-MeC$_6$H$_4$)$_4$-porph
			5,10,15,20-(p-MeOC$_6$H$_4$)$_4$-porph
			⟨substituted porphyrin⟩, ClO$_4$

p	Y	q	Color and MP (°C)	Physicochemical Studies	Reference
1				ir	2464
3					
3				K	2450
1					
3				K	2450
1					
2				K, p, uv	514, 549
2				cal, ir, ms, nmr	2382
1				K	5559
2				nmr	5566
2				K	5584
2				K	5462
2				K	5462
1				epr	5632
2					5521
1					5527
1				K	5544
2				K	5584
2				nmr	5566
2			bu	ir, msc, uv	5649
2			bu	ir, msc, uv	5649
2				k, uv	5462, 5606, 5638, 5639
1				K, msc	5557
1				epr, K, th	5558, 5650
1				epr, K, p, th	5574
1				xr	5651
1	H$_2$O	1	r-bw	msc	5541
1				epr	5559
2			bw	ir, msc, uv	5649
2			bw	ir, msc, uv	5649
1				epr	5632
1				epr	5559, 5652
1				epr	5652
1				K, th	5558
1				ca, K, p	5629

TABLE 3.92.   (*CONTINUED*)

m	n	R	X
1	1	3-Et	MeCOCHCOMe
		3-Et,4-Me	+
		3-Et,6-Me	(*o*-OC$_6$H$_4$CH=NCH$_2$)$_2$
			Cl
		4-Et	+
			(*o*-OC$_6$H$_4$CH=NCH$_2$)$_2$
		2-*n*-Pr	+
		4-*t*-Bu	2,7,12,18-Me$_4$-3,8-(CH$_2$=CH)$_2$-13,17-(MeO$_2$CCH$_2$CH$_2$)$_2$-porph
		2-CH=CH$_2$	+
		4-CH=CH$_2$	+
		2-CH=CHMe	+
		2-CH=CHEt	+
		2-CH=CH-*n*-Pr	+
		3-Si⌐⌐⌐Me	Cl
		2-NH$_2$	+
			Ph$_2$PS$_2$
			Cl
		3-NH$_2$	+
			Cl
		4-NH$_2$	+
			5,10,15,20-Ph$_4$-porph
			MeCH(NH$_2$)CO$_2$
			{[porphyrin structure]} ClO$_4$
		2-CH$_2$NH$_2$	+
			MeCOCHCOMe
			I
		2-CH$_2$NH$_2$,6-Me	+
		2-CH$_2$CH$_2$NH$_2$	+
			NO$_3$
			NCS
			Cl
		2-NHNH$_2$	+
		2-CH$_2$NHMe	+
		2-CH$_2$NHMe,6-Me	+
		2-CH$_2$NH-*i*-Pr	Cl

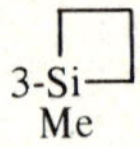

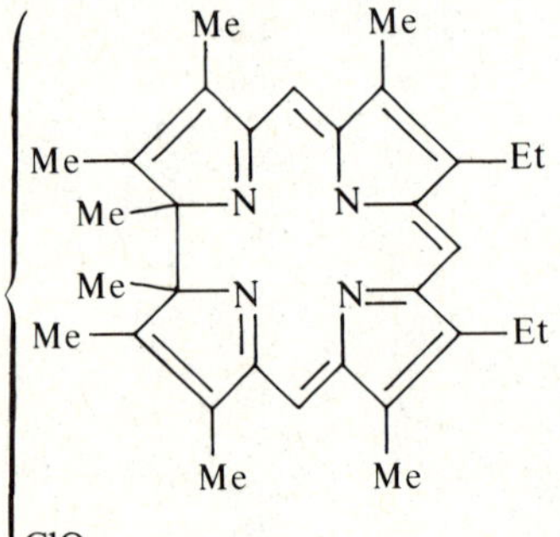

p	Y	q	Color and MP (°C)	Physicochemical Studies	Reference
2				nmr	5564
2				K, p, uv	2470
1				K	5653
2				K, uv	5606, 5638, 5639
2				K, p, uv	549, 2471
1				K	5653
2				K	283
1				K, uv	5571
2				K	283
2				K	283
2				K	283
2				K	283
2				K	283
2				ir	5654
2				K, p, uv	285, 5655
2			bush-g	msc	5636
2				ca, th	5616
2				K, uv	5655
2				ca, th	5616
2				K, p	284
1					5512
2				K	5581
1				ca, K, p	5629
1					
2				K, p, th	576–578, 580, 583, 584, 5657
2				cal, K, p	579, 581, 5657
2	H$_2$O		2	bush-g	cond, msc, uv	5658
2				K, p	577, 581, 583
2				K, p, th, uv	578
2			gsh-bu, 360 dec	cond, ir, msc, uv	5659
2			v-bu, 300	cond, ir, msc, uv	5659
2			295	msc, uv	3814
2				K, p	583
2				K, p, th, uv	576, 584, 1617
2				K, p, th	581, 584, 605
2			d-bu, 218	msc, uv	5660

TABLE 3.92. (CONTINUED)

m	n	R	X
1	1	2-CH$_2$NH-i-Pr	Br
			I
		2-CH$_2$NHCH$_2$CH$_2$NH$_2$	+
		2-CH$_2$CH$_2$NHCH$_2$CH$_2$NH$_2$	+
			Cl
		3-CH$_2$CH$_2$NHCH$_2$CH$_2$NH$_2$	+
		3-(piperidinyl-NH)	Cl
		4-NMe$_2$	5,10,15,20-(p-MeOC$_6$H$_4$)$_4$-porph
		2-CH$_2$NMe$_2$	Cl
			Br
			I
		2-CH$_2$NEt$_2$	Cl
			Br
			I
		3-(N-Me-pyrrolidinyl)	+
			MeCOCHCOMe
			2,7,12,18-Me$_4$-3,8-Et$_2$-13,17-(HO$_2$CCH$_2$CH$_2$)$_2$-porph
			SiF$_6$
		3-(N-Me-piperidinyl)	Cl
		2-CH=NMe	PF$_6$
		2-CH=NEt	PF$_6$
		2-CH=N-i-Pr	PF$_6$
		2-CH=NPh	PF$_6$
		2-CH=NPh,6-Me	Cl
			Br
			I
		2-CH=NC$_6$H$_4$Me-p	PF$_6$
		2-CH=NCH$_2$CH$_2$NMe$_2$	Cl
			Br
			I
		2-CH=NCH$_2$CH$_2$NEt$_2$	Br
			I
		2-CH=NC$_6$H$_4$NMe$_2$-o	Cl
			Br
		2,6-(CMe=N-s-Bu)$_2$	NO$_3$
			NCS
			Cl
			Br
		2,6-(CMe=N-cyclohexyl)$_2$	NO$_3$
			NCS

p	Y	q	Color and MP (°C)	Physicochemical Studies	Reference
2			d-bu, 209	msc, uv	5660
2			g, 203	msc, uv	5660
2				K	5661
2				K, p	617
2			d-g, 171–172		618
2				K, p	617
2				K, uv	5602, 5662
1				K, th	5558
2			d-bu, 183	msc, uv	5660
2			v-bu, 186	msc, uv	5660
2			g, 215	msc, uv	5660
2			bu	uv	5660
2			bu	uv	5660
2			g	msc, uv	5660
2				K, uv	5611
2				nmr	3354
1				K, p, uv	4662
1					634
2				uv	5602
2				nmr	2481
2				nmr	2481
2				nmr	2481
2				nmr	2481
2			g	ir, uv	5663
2			g	ir, uv	5663
2			g	ir, uv	5663
2				nmr	2481
2				ir, msc, uv, xr	644
2			212–214	cond, msc, uv	5664
2			222–225	cond, msc, uv	5664
2			194–196	cond, msc, uv	5664
2			199–204	cond, msc, uv	5664
2				ir, msc, uv, xr	644
2				ir, msc, uv, xr	644
2				msc	5665
2				msc	5665
2				msc	5665
2				msc	5665
2				msc	5665
2				msc	5665

TABLE 3.92. (CONTINUED)

m	n	R	X
1	1	2,6-(CMe=N-cyclohexyl)$_2$	Cl
			Br
		2,6-(CMe=NNHMe)$_2$	Cl
		2,6-(CMe=NNHPh)$_2$	Cl
		2,6-(CMe=NNMe$_2$)$_2$	Cl
		2-C(NH$_2$)=NNHPh	ClO$_4$
		2-NHN=CHCH=CHC$_6$H$_4$NHMe-p	Cl
		2-N$^-$N=CMeCH$_2$NMe$_2$	Cl
		2-N=NC$_6$H$_2$-2',4'-(NH$_2$)$_2$-5'-Me	+
		2-N=NC$_6$H-2',4'-(NH$_2$)$_2$-3'-CH$_2$Ph-5'-Me	+
		2-N=NC$_6$H$_4$NMe$_2$-p	+
		4-CH=N$^+$=N$^-$	o-OC$_6$H$_4$NO$_2$
			I
		2-CN	o-OC$_6$H$_4$CO$_2$Me
		3-CN	+
			{− , BW$_{11}$O$_{39}$}
			{− , PW$_{11}$O$_{39}$}
			{− , AsW$_{11}$O$_{39}$}
		4-CN	(PhCOCHCMe=NCH$_2$)$_2$
			MeCH(NH$_2$)CO$_2$
			{porphyrin macrocycle}
			ClO$_4$
			I
		4-P$^+$Ph$_2$Me	Br
		2-CH$_2$PPh$_2$,6-Me	Cl
			Br
			I
		2,6-(CH$_2$PPh$_2$)$_2$	NCS
			Cl
			Br
			I
		4-CH$_2$P$^+$Ph$_2$Me	Br
		2-CH$_2$CH$_2$PPh$_2$	Cl
			Br
			I
		2,6-(CH$_2$CH$_2$PPh$_2$)$_2$	Cl

p	Y	q	Color and MP (°C)	Physicochemical Studies	Reference
2				msc	5665
2				msc	5665
2					645
2	H₂O	0.5			645
2					645
2			239–241		2972
2				ir	2483
1	H₂O	2	gy	msc, uv	646
2				uv	5666
2				uv	5666
2				K, th, uv	647, 648, 5667
2	H₂O	1	bu	ir	2639
2				ir	2639
2	H₂O	1	pk		5668
2				ir	270
3 1				K	2450
3 1				K	2450
3 1				K	2450
1				epr, K, th	5574
2				K	5581
1				ca, K, p	5629
1					
2	MeOH	1	g, 210	cond, msc, uv	5669
3				cond, msc	5627
2			bu	cond, ir, msc, p, uv	5013
2			bu	cond, ir, msc, p, uv	5013
2			g	cond, ir, msc, p, uv	5013
2			bu	cond, msc, uv	5014
2			bu	cond, msc, uv	5014
2			d-g	cond, msc, uv	5014
2			bu	cond, msc, uv	5014
3				cond, msc	5627
2			bu, 224	cond, msc	66
2			bu, 221	cond, msc	66
2			g	cond, msc	66
2			bu	cond, msc, uv, xr	5014, 5015, 5670

TABLE 3.92. (*CONTINUED*)

m	n	R	X
1	1	2,6-$(CH_2CH_2PPh_2)_2$	Br
			I
		2-$CH(PPh_2)_2$,6-Me	Cl
			Br
			I
		2-$CH(CH_2PPh_2)_2$,6-Me	Cl
			Br
			I
		2-$NHPPh_2$	Cl
			Br
			I
		2-$NHPPh_2$,6-Me	Cl
			ClO_4
		2-CH_2AsPh_2	NCS
		2-CH=$NC_6H_4AsMe_2$-*o*	NCS
			Cl
			Br
			I
		2-CH=$NC_6H_4AsMe_2$-*o*,6-Me	NO_3
			NCS
			Cl
			Br
			I
		2-CH=$NC_6H_4AsEt_2$-*o*	NO_3
			NCS
			Cl
			Br
			I
		3-OH	+
			Cl
		2-CH_2OH	+
		2-CH_2O^-	+
		2-$CH_2CHMeOH$	+
		2-$CH_2CHPhOH$	+
		2-$CH_2NHCH_2CH_2OH$	+
		2-$CH_2CH_2NHCH_2CH_2OH$	Cl
		2-CH=NOH	Cl
		2-CH=NO^-	+
		2-CH=NOH,6-Me	+
		4-CH=NOH	Cl

p	Y	q	Color and MP (°C)	Physicochemical Studies	Reference
2			d-g	cond, msc, uv, xr	5014, 5015, 5670
2			d-g	cond, msc, uv, xr	5014, 5015, 5670
2				ir, uv	2487
2				ir, uv	2487
2				ir, uv	2487
2				ir, uv	2487
2				ir, uv	2487
2				ir, uv	2487
2				msc, uv	67
2				msc, uv	67
2				msc, uv	67
2			d-g	cond, msc, uv	2214
2	H$_2$O	5	bu	cond, uv	2214
2				ir	5671
2				ir, msc, uv	5672
	H$_2$O	1		ir, msc, uv	5672
	MeOH	0.5		ir, msc, uv	5672
2				ir, msc, uv	5672
	H$_2$O	1		ir, msc, uv	5672
2	H$_2$O	1.5		ir, msc, uv	5672
2	EtOH	0.5		ir, msc, uv	5672
		1		ir, msc, uv	5672
		2		ir, msc, uv	5672
2				ir, msc, uv	5672
2				ir, msc, uv	5672
	H$_2$O	0.5		ir, msc, uv	5672
2				ir, msc, uv	5672
	H$_2$O	1.5		ir, msc, uv	5672
	EtOH	1		ir, msc, uv	5672
2				ir, msc, uv	5672
	H$_2$O	2		ir, msc, uv	5672
2				ir, msc, uv	5672
	{H$_2$O	0.5		ir, msc, uv	5672
	PhH	0.5			
	EtOH	1		ir, msc, uv	5672
2				ir, msc, uv	5672
2				ir, msc, uv	5672
2				ir, msc, uv	5672
2				ir, msc, uv	5672
2				ir, msc, uv	5672
2				K	270
2				K, p	5616
2				K, p	658
1				K, p	658, 659
2				K, p	283
2				K, p	283
2				K	579
2			bu-v	ir, uv	685
2			r	ir, msc	5673
1				K, msc	1231, 5674
2				K, p, uv	5675
2				tha	1233

TABLE 3.92.   (CONTINUED)

m	n	R	X
1	1	4-CH=NOH	Br
		2-N=CHC$_6$H$_4$O$^-$-o	+
		2-CH=NC$_6$H$_4$O$^-$-o	+
		2,6-(CH=NC$_6$H$_4$O$^-$-o)$_2$	
		2-N=NC$_6$H$_4$O$^-$-o	+
		2-N=NC$_6$H$_3$-3'-Me-2'-O$^-$	+
		2-N=NC$_6$H$_3$-5'-Me-2'-O$^-$	+
		2-N=N-1'-C$_{10}$H$_6$-2'-O$^-$,5-(N-methylpiperidin-2-yl)	+
		2-N=NC$_6$H$_3$-2'-O$^-$-5'-NEt$_2$,5-(N-methylpiperidin-2-yl)	+
		2-N=NC$_6$H$_3$-2'-Me-4'-O$^-$	+
		2-N=NC$_6$H$_3$-3'-Me-4'-O$^-$	+
		2-N=NC$_6$H$_3$-2'-O$^-$-4'-OH	+
		2-NHN=CMeCMe=NOH	Cl
		2-OMe	Cl
			Br
		2-C(OMe)=NH	Cl
		2,6-(CH$_2$O-8-quin)$_2$	NCS
		2-N=NC$_6$H-2',4'-(NH$_2$)$_2$-3'-OCH$_2$Ph-5'-Me	+
		2-CH$_2$O-1'-C$_6$H$_4$-2'-OCH$_2$CH$_2$O- 6-CH$_2$O-2''-C$_6$H$_4$-1''-OCH$_2$CH$_2$-	NCS
		2-CHO	+
		2-COMe	+
		3-COPh	Cl
		2-CONH$_2$	Cl
		3-CONH$_2$	+
			Ph$_2$PS$_2$
			(p-MeC$_6$H$_4$)$_2$PS$_2$
			Cl
		4-CONH$_2$	+
			Cl
		3-CONHNH$_2$	NCS
			Cl
		4-CONHNH$_2$	+
			CN
			NCO
			MeCO$_2$
			NCS
			Cl
		3-CONDNH$_2$	NCS
			Cl

1048

p	Y	q	Color and MP (°C)	Physicochemical Studies	Reference
2				tha	1233
1				K, p	696
1				K, p	696
			bk-r, 350		5676
1				uv	705, 706
1				uv	2031
1				uv	2031
2			g	uv	5677
2				K, uv	734, 735
1				uv	2031
1				uv	2031
1				K, p	696
2					5678
2				tha	5679
2				tha	5679
2	H$_2$O	1	bu-g	ir, uv	748
2			v-pk, 240 dec		2163
2				uv	5666
2			l-bu, 249–250		751
2	H$_2$O	1		K	679
2					1261
2			l-v-bu	ir, msc, uv	5680, 5681
2	H$_2$O	2		ir, msc	761
2				K, p	549, 2930
2			bush-g	msc	5682
2			bush-g	msc	5682
2					5683
2				K	766
2					5683
2				ir	4680
2				ir	4680
2					1946
2				xr	2666
2				ram	2494
2				ir	5684
2				xr	2666
2			bu	cond, ir, msc	769, 5675, 5685, 5686
2				ir	4680
2				ir	4680

TABLE 3.92. (*CONTINUED*)

m	n	R	X
1	1	2,6-(CONHMe)$_2$	Cl
			Br
		3-CONMe$_2$	(*o*-OC$_6$H$_4$CH=NCH$_2$)$_2$
		2,6-(CONMe$_2$)$_2$	Br
		2-CONEt$_2$	Cl
		3-CONEt$_2$	+
			(*o*-OC$_6$H$_4$CH=NCH$_2$)$_2$
			Cl
			Br
			I
		2-CONHN=CMe$_2$	Cl
		3-CONHN=CMe$_2$	Cl
		2-CO$_2^-$	+
		2-CO$_2^-$,6-Me	+
		2-CO$_2^-$,5-*n*-Bu	+
		2-CO$_2^-$,6-CH$_2$OH	+
		3-CO$_2^-$	+
			OH
		4-CO$_2$H	Cl
		4-CO$_2^-$,2-Me	+
		2,3-(CO$_2^-$)$_2$	
		2,4-(CO$_2^-$)$_2$	
		2,5-(CO$_2^-$)$_2$	
		2,6-(CO$_2^-$)$_2$	
		2,6-(CO$_2^-$)$_2$,4-OH	
		3,4-(CO$_2^-$)$_2$	
		3,5-(CO$_2^-$)$_2$	
		3-CONHCH$_2$OH	+
		4-CONHN=CHC$_6$H$_4$OH-*o*	Cl
		4-CO$_2$Me	(*o*-OC$_6$H$_4$CH=NCH$_2$)$_2$
			5,10,15,20-(*p*-MeOC$_6$H$_4$)$_4$-porph
		2-CO$_2$Et	+
			Cl
		2-CO$_2$Et,5-*n*-Bu	+

p	Y	q	Color and MP (°C)	Physicochemical Studies	Reference
2	H$_2$O	x		ir	1290
2	H$_2$O	x		ir	1290
1					5544
2				qch, uv, xr	5688, 5689
2	H$_2$O	2	230	ir	778
2				epr, K, msc, p, uv	1294
1				K	5544
2			l-bu		5690
2			l-bu		4763, 5690
2			g		5690
2			d-bu	msc	780
2			bu	epr, ir, msc	781
1				cal, K, p, th, uv	581, 1307, 1308, 1311, 1312, 1317, 1329, 1332, 1959, 1963, 1964, 5614, 5691–5696
1				K, p	1307, 1308, 1311, 1317
1				p	1958–1964
1				K, uv	1355
1				p	1963
1	{PhNH$_2$ H$_2$O	1 4		l-pk	1564
2					5683
1					1960
	H$_2$O	2.5		tha	1363
	H$_2$O	5		tha	1365
	H$_2$O	1	v	ir, msc, tha, uv	5697, 5698
		3		ir, msc	5698
		4	o, dec 470	msc, tha, uv	5699
			r-v	ir, K, uv, xr, xrp	792, 803, 1317, 5700
	phen	1			
	H$_2$O	1	pk	uv, xrp	5700
	H$_2$O	2	r-v	uv, xrp	5700
		3	r-v	msc, uv, xrp	5700
	terpy	1			
	H$_2$O	3	d-bu	ir, msc, uv, xrp	803
	H$_2$O	4		xr	2501
				K, p	805, 806, 3111
	H$_2$O	4		tha	1372
	H$_2$O	6		tha	1372
2				K, p	766
2					2700
1					5544
1				K, th	5558
2				p	5702
2			d-bu, 250	cond, ir, msc, uv	1373
2				p	1958–1964

TABLE 3.92. (*CONTINUED*)

m	n	R	X
1	1	3-CO_2Et	+
			(o-$OC_6H_4CH=NCH_2$)$_2$
			Cl
		4-CO_2Et	Cl
		2,6-(CO_2Et)$_2$	Cl
		4-CONNH=CHC$_6$H$_4$OMe-p	NCS
		4-CONHN=CMeCH=CH—(furyl)	Cl
		2-$CH_2CO_2^-$	+
		2-$CH_2NHCH_2CO_2^-$	+
		2-$CH_2CH(NH_2)CO_2^-$	+
		2-$CH_2CH(NH_2)CO_2^-$,6-Me	+
		2-C$^-$(phthalimido-like, 1,3-dioxoindan-2-yl)	+
		2-C$^-$(1,3-dioxoindan-2-yl), 6-Me	+
		2-NHCOMe	+
		3-NHCOMe	+
		2-NMeCOMe	Cl
		2-NPhCOMe	Cl
		2-NHCHC$^-$HCOMe	+
		3-(1-acetylpiperidin-2-yl)	Cl
		2-$CH_2N(CH_2CO_2^-)_2$	
		2-$CH_2N(CH_2CO_2^-)CH_2CH_2N$-($CH_2CO_2^-$)$CH_2CO_2H$	
		2-$CH_2N(CH_2CO_2Et)CH_2CH_2N$-($CH_2CO_2Et$)$_2$	Cl
		2-$CH_2NHCOCONH_2$	+
		2-CH=NNHCOC$_6$H$_4$O$^-$-o	NCS
		2-NHN=CPhCOPh	NCS
		2-N$^-$N=CPhCOPh	NCS
			Cl
		2,6-(CMe=NNHCONH$_2$)$_2$	Cl
		4-CONHN=CHC$_6$H$_2$-2-CO_2H-3,4-(OMe)$_2$	Cl
		2-P(OEt)O$_2^-$	Cl
		2-P(OEt)O$_2^-$,4-Me	Cl

1052

p	Y	q	Color and MP (°C)	Physicochemical Studies	Reference
2				K, p	1953
1					5544
2					5683
2				K, p	5702
2				xr	5703
2	H$_2$O	1		ir	772
2			g, 252 dec	cond	5704
1				K, p	581, 1329
1				K	580
1				K	1391
1				K	1391
1				ir, K, uv	757
1				ir, K, uv	757
2				K, p	815
2				K, p	766
2			bu	msc, nmr, uv	1400
2			bu	msc, nmr, uv	1400
1				K	822
2				uv	5602
	H$_2$O	3		K	826
	H$_2$O	4	pk, > 180 dec	ir	828
2			pk-v, 122	cond, ir	829
2				K, uv	5661
1			g	ir, msc, uv	833
2			bu	cond, ir, msc, uv	5705
1			gy	cond, ir, msc, uv	5705
1	H$_2$O	1	bu	cond, ir, msc, uv	5705
2	H$_2$O	3		xr	2507
2			g	cond	5685, 5701
1			pk	ir, uv	1411
1			pk	ir, uv	1411

TABLE 3.92. (CONTINUED)

m	n	R	X
1	1	2-CH$_2$OPO$_3^-$H	+
		2,6-(S$^-$)$_2$	
		2-CH$_2$SMe	+
		2-NH—(2-thiazolyl)	Cl
		2-CH$_2$NHCOC$^-$HSCH$_2$CH$_2$NH$_2$	Br
		2-C(OMe)N=(benzothiazoline-NH),6-Me	Cl
		2-CH=NC$_6$H$_4$SMe-o,6-Me	NO$_3$
			NCS
			Cl
			Br
			I
		2-N=NC$^-$MeCH$_2$SCH$_2$Ph	Cl
		2-CH=NN=C(SMe)$_2$	Cl
			Br
			I
		2-CH$_2$SCH$_2$CH$_2$–O–CH$_2$CH$_2$SCH$_2$-6	NCS
		2-CH$_2$SCH$_2$CH$_2$OCH$_2$CH$_2$–O–CH$_2$CH$_2$OCH$_2$CH$_2$SCH$_2$-6	NCS
			Cl
		2-CH=NN$^-$CSNH$_2$	+
		2-CH=NNMeCS$_2$Me	NCS
			Cl
			Br
			I
		2-CH=NNMeCS$_2$Me,6-Me	NCS
			Cl
			Br
		2-N=NCPh=NNHC$_6$H$_4$SO$_3$H-p	+
		2-Cl	Cl
		3-Cl	o-(o-OC$_6$H$_4$CH=N)$_2$C$_6$H$_4$
			Cl
			Br
		4-Cl	Cl
		3,5-Cl$_2$	5,10,15,20-(p-MeOC$_6$H$_4$)$_4$-porph
		3-Cl,6-N=NC$_6$H$_2$-2′,4′-(NH$_2$)$_2$-5′-Me	+
		3,5-Cl$_2$,6-N=NC$_6$H$_2$-2′,4′-(NH$_2$)$_2$-5′-Me	+
		2-Br	Cl
		3-Br	o-(o-OC$_6$H$_4$CH=N)$_2$C$_6$H$_4$
			Cl
			Br
		3-Br,6-N=NC$_6$H$_2$-2′,4′-(NH$_2$)$_2$-5′-Me	+

p	Y	q	Color and MP (°C)	Physicochemical Studies	Reference
1				K	836
	H₂O	1	r-bw	nmr, uv	837
2				K, p	273
2			bu		840
1	H₂O	1	r, 208	p	842
2				msc, uv, xr	5706
2			bw	ir, msc	844
2			gsh-bw	ir, msc	844
2			d-g	ir, msc	844
2			gsh-bw	ir, msc	844
2			d-g	ir, msc	844
1			g-bk	msc, uv	646
2			g	cond, msc, uv	846
2			g	cond, msc, uv	846
2			bu	cond, msc, uv	846
2					751
2	H₂O	1	pk-r, 115–120		751
2					751
1				K, p, qch, uv	855
2			ysh-g	cond, msc, uv	859
2	H₂O	0.5	bu	cond, msc, uv	859
2			bu	cond, msc, uv	859
2			bu	cond, msc, uv	859
2			gsh-bu	cond, msc	859a
2			g	cond, msc	859a
2			rsh-bu	cond, msc	859a
2				K, uv	1451
2				cond, K, th	5707
1				K	5557
2				ca, th, tha	5616, 5679
2				tha	5679
2				ir	1152
1				K, th	5558
2				uv	5666
2				uv	5666
2				cond, K, th	5707
1				K	5557
2				ca, cond, ir, K, th, tha	1155, 5616, 5679, 5707
2				tha	5679
2				uv	5666

TABLE 3.92. (CONTINUED)

m	n	R	X
1	1	3-Br,6-N=NC$_6$H$_3$-2'-O$^-$-4'-NEt$_2$	+
		3,5-Br$_2$,6-N=NC$_6$H$_3$-2',4'-(NH$_2$)$_2$	+
		3-I	(o-OC$_6$H$_4$CH=NCH$_2$)$_2$
		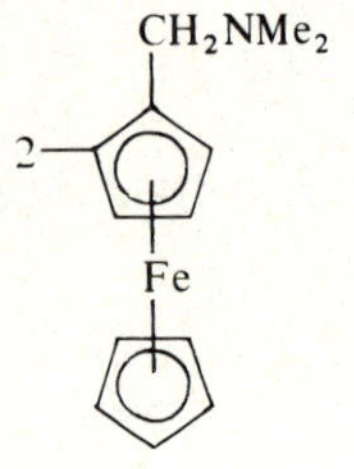 [2-(CH$_2$NMe$_2$)-ferrocenyl]	NCS
			Cl
			Br
	2	H	+
			Me
			2,8,12,18-Me$_4$-porph
			5,10,15,20-Ph$_4$-porph
			PhN=NN$^-$Ph
			p-MeC$_6$H$_4$N=NN$^-$C$_6$H$_4$Me-p
			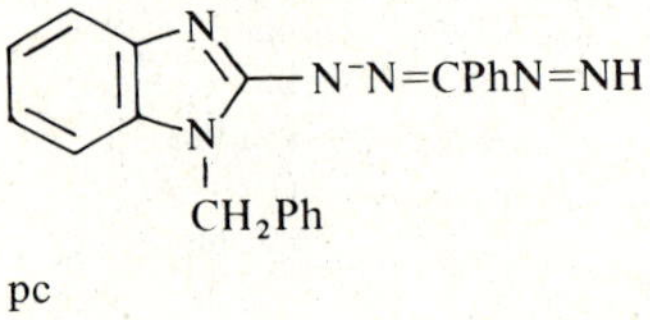 [1-CH$_2$Ph-benzimidazol-2-yl]-N$^-$N=CPhN=NH
			pc
			C(CN)$_3$
			N(CN)$_2$
			8-O-quin
			o-OC$_6$H$_4$CH=NPh
			o-OC$_6$H$_4$CH=NC$_6$H$_3$-2,6-Me$_2$
			o-OC$_6$H$_4$CH=NCHPh$_2$
			o-OC$_6$H$_4$CH=NCHMePh
			PhN=NN(Ph)O
			C$_{10}$H$_7$-2-N=NN(Me)O
			p-MeC$_6$H$_4$N=NN(Ph)O
			o-OC$_6$H$_4$OH
			o-OC$_6$H$_4$CH=NC$_6$H$_4$Me-o
			MeC(=NOH)C(=NO)Me

p	Y	q	Color and MP (°C)	Physicochemical Studies	Reference
2				uv	865
2				K, uv	5708
1			y	msc	5541
2			271–273 dec	ir, uv	5709
2			283 dec	ir, uv	5709
2			> 300	ir, uv	5709
2				ir, K, p, uv	271, 273, 285, 2374, 2375, 2377, 2884, 5496, 5498, 5501, 5502, 5505, 5609, 5645, 5710
	NH$_3$	1		dc, K, p	271
		2		dc, K, p	271
		3		dc, K, p	271
	EtNC	4		epr	5506
	H$_2$O	4		K, p	5507
2				epr	5711
1				uv	292
1				epr	5452, 5712
2			pk	cond, msc, uv	5713, 5714
2			pk	cond, msc, uv	5714
2			158–160		294
1				epr, ir, moe, msc, tha, uv	5043, 5518
2			pk	ir, msc	877
2				ir, msc	877
2				dc	5715
	H$_2$O	1	o	msc	5716
2				K, msc, th, xr	301, 5717
2				uv	5718
2			y-o	msc, uv	1117
2	CH$_2$Cl$_2$	2		nmr	351
2			y, 120–125		4964
2			r-bw, 120–125		4964
2			r-v		4964
2	H$_2$O	0.5			1509
2				uv	5718
2			bk-v	chr, epr, msc, th, uv	5517, 5529, 5532, 5533, 5719–5723

TABLE 3.92.   (CONTINUED)

m	n	R	X
1	2	H	(o-OC$_6$H$_4$CH=NCH$_2$)$_2$

5,10,15,20-(p-MeOC$_6$H$_4$)$_4$-porph
o-OC$_6$H$_4$OMe
n-PrN=CHC$_6$H$_3$-2-O-3-OMe
i-PrN=CHC$_6$H$_3$-2-O-3-OMe
n-BuN=CHC$_6$H$_3$-2-O-3-OMe
t-BuN=CHC$_6$H$_3$-2-O-3-OMe
Cyclohexyl-N=CHC$_6$H$_3$-2-O-3-OMe
PhN=CHC$_6$H$_3$-2-O-3-OMe
p-MeC$_6$H$_4$N=CHC$_6$H$_3$-2-O-3-OMe
2,6-Me$_2$C$_6$H$_3$N=CHC$_6$H$_3$-2'-O-3'-OMe
2,6-Et$_2$C$_6$H$_3$N=CHC$_6$H$_3$-2'-O-3'-OMe
o-MeOC$_6$H$_4$N=CHC$_6$H$_4$O-o
m-MeOC$_6$H$_4$N=CHC$_6$H$_4$O-o
(2-O-3-MeOC$_6$H$_3$CH=NCH$_2$)$_2$
MeCOCHCOMe

MeCOCHCOPh

PhCOCHCOPh
MeCOCHCONHPh
MeCOCHCONHC$_6$H$_4$Me-o
MeCOCHCO$_2$Me
MeCOCHCO$_2$Et

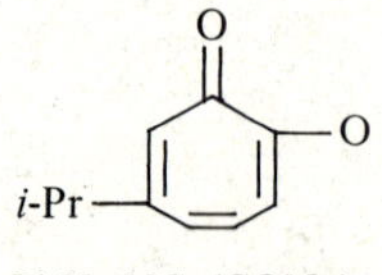

PhN=NC$^-$(COMe)$_2$
PhN=NC$^-$(COMe)CO$_2$Et

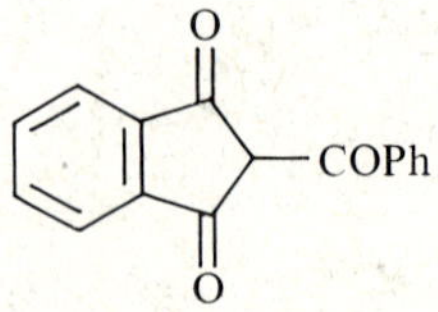

p	Y	q	Color and MP (°C)	Physicochemical Studies	Reference
1				msc	5544, 5724
	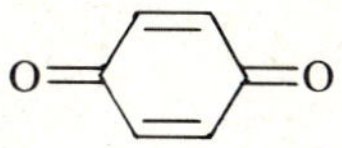 O=⌬=O	1	d-g	msc	5725
1				epr	5533
2			g	ir, msc, nmr	5726
2				uv	5727
2				uv	5727
2				uv	5727
2				uv	5727
2			y-o	msc, uv	1117, 5727
2				uv	5727
2				uv	5727
2				uv	5727
2				uv	5727
2				uv	5718
2				uv	5718
1	S	4			4972
2			o-r, 150–151	cd, epr, ir, K, moe, msc, nmr, qch, th, uv, xr	351, 888, 3584, 3586, 4974, 5075, 5563, 5566, 5728–5746
	H_2O	2		nmr	5735
	CH_2Cl_2	2		K, nmr	351, 5735, 5739, 5747
	$CHCl_3$	2		K, nmr	351, 5735, 5739, 5747
	$CDCl_3$	2		nmr	351
2			o, 156	epr, ir, msc, nmr, uv	5734, 5737, 5744, 5748, 5749
	$CDCl_3$	2		nmr	351
2					5744
2			r	cond, msc	5750
2			r	cond, msc	5750
2				cond, msc	5751
2			l-bu	cond, msc	5752, 5753
	H_2O	3	r	cond, msc, uv	5754
2				K, nmr	5633
2			o	cond, msc	4964
2			o	msc, uv	5755
2					5734

TABLE 3.92. (CONTINUED)

m	n	R	X
1	2	H	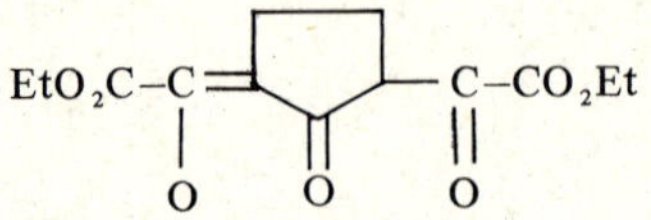 (see structures below)

X:

$EtO_2C-C\equiv C$–(cyclopentanone)–$C\equiv C-CO_2Et$

NCO

$Me_2C=NN^-COPh$

(cyclopentylidene)$=NN^-COPh$

Ph, Et-substituted barbiturate (5-Ph-5-Et-barbituric acid)

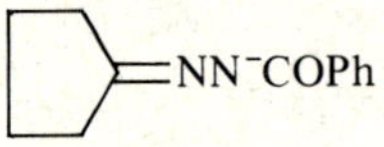

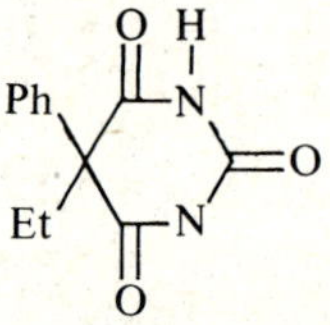

$[MeCOC(CO_2Et)=CHNCH_2]_2$
$o\text{-}[PhCOC(CO_2Et)=CHN]_2C_6H_4$
$o\text{-}[(EtO_2C)_2C=CHN]_2C_6H_4$
$(MeCOCHCMe=NCH_2)_2$
$2,8,12,18\text{-Me}_4\text{-}3\text{-EtO}_2C\text{-porph}$
$2,8,12,18\text{-Me}_4\text{-}3,7\text{-(EtO}_2C)_2\text{-porph}$
$2,8,12,18\text{-Me}_4\text{-}3,7,13\text{-(EtO}_2C)_3\text{-porph}$
$2,8,12,18\text{-Me}_4\text{-}3,7,13,17\text{-(EtO}_2C)_4\text{-porph}$
$2,7,12,18\text{-Me}_4\text{-}3,8\text{-(CH}_2=CH)_2\text{-}13,17\text{-(HO}_2CCH_2CH_2)_2\text{-porph}$

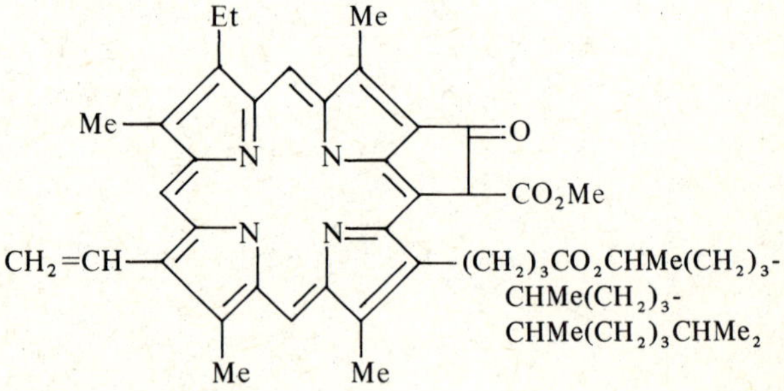

(chlorophyll-like porphyrin structure with Et, Me substituents, CO_2Me, and side chain $(CH_2)_3CO_2CHMe(CH_2)_3\text{-}CHMe(CH_2)_3\text{-}CHMe(CH_2)_3CHMe_2$)

$MeCOCHNO_2$
$EtCOCHNO_2$
$t\text{-BuCOCHNO}_2$
$PhCOCHNO_2$

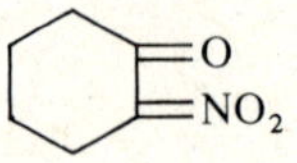

(cyclohexanone with $=NO_2$)

p	Y	q	Color and MP (°C)	Physicochemical Studies	Reference
2			r	ir, msc, xr	370
2			bu	cal, ir, K, msc, tha	311, 907, 908, 1059, 2518, 5756–5760
2			170	ir, msc, uv	5761
2			215	ir, msc, uv	3761
2			v bu		5567, 5762
1				msc	5576
1				msc	5576
1				msc	5576
1				K, nmr	5763
1				uv	292
1				uv	292
1				uv	292
1				uv	292
1				p	5573
1				(?)	5568
2			r, 174	ir, msc, uv, xr	5764
2			r, 177	ir, msc, uv, xr	5764
2			r, 150	ir, msc, uv, xr	5764
2			r-bw, 150	msc, uv	916, 5765
2			bu, 150	ir, msc, uv, xr	5764

TABLE 3.92.   (CONTINUED)

m	n	R	X
1	2	H	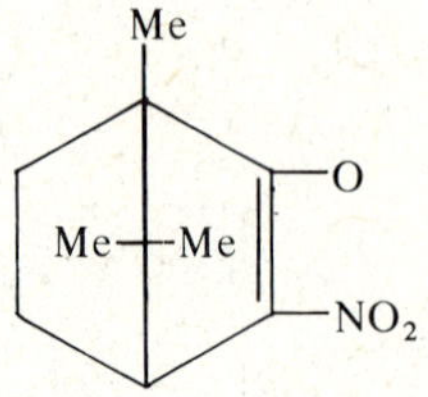 (bicyclic structure with Me, Me, Me substituents, =O, and NO_2)

$Me_2C=NN^-COC_6H_4NO_2$-p
HCO_2
$MeCO_2$
$EtCO_2$
n-$PrCO_2$
i-$PrCO_2$
n-$BuCO_2$
Hexyl-CO_2
$C_{15}H_{31}CO_2$
$C_{17}H_{35}CO_2$
$PhCO_2$
$PhCH_2CO_2$

{ o-$OC_6H_4CH=NCHMePh$
  (indole)-$CH_2CH(NH_2)CO_2$ }

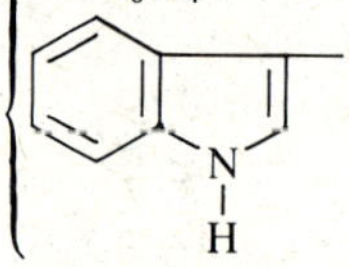

$HOCH_2CO_2$
$MeCH(OH)CO_2$
$PhCH(OH)CO_2$
$Ph_2C(OH)CO_2$
o-$HOC_6H_4CO_2$
2-$HOC_{10}H_6$-3-CO_2
O_2CCO_2

o-$OC_6H_4CO_2$
$MeCOCH_2CPh=NCH_2CH_2O$
o-$OC_6H_4CH=NC_6H_4CO_2$-o
o-OC_6H_4CHO
p-OC_6H_4CHO
2-O-3-MeC_6H_3CHO
2-O-5-MeC_6H_3CHO

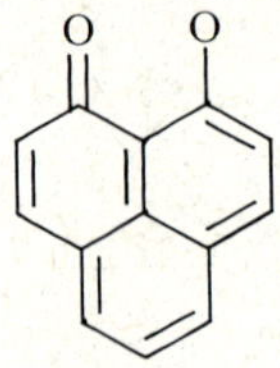

(perinaphthalene-1,9-dione structure)

p	Y	q	Color and MP (°C)	Physicochemical Studies	Reference
2			o-r, 175	ir, msc, uv, xr	5764
2				ir, msc, uv	5761
2				dc	1114, 5766
2			v-r	cal, cond, ir, msc, uv	115, 5767, 5768
2				cal, cond, ir, msc, uv	115, 5767, 5768
2				cal	5767, 5768
2				cal	5767
2				cal	5767
2	H$_2$O	2			398
2			r, 64		399, 400
2			r, 70.4		399, 400
2			l-pk	msc, uv	5634
2	H$_2$O	2	r		1047, 5769
1					
1	CH$_2$Cl$_2$	2		nmr	351
2			r		5769
2			pk	epr, ir, msc, tha, uv	414
2	H$_2$O	2	pk-v		5769
2	H$_2$O	2	pk		5769
2					936, 2739
2					945
1			r	ir, sol, th, tha	496, 4709, 5598, 5770, 5771
1	H$_2$O	2			5772
				ir, msc, uv	893
2	H$_2$O	2		ir, msc, tha	5585
2				ir, msc, uv	5628, 5774, 5775
2			g	msc	5776
2				nmr	5775
2				nmr	5775
2			> 350		4696

TABLE 3.92. (CONTINUED)

m	n	R	X

| 1 | 2 | H | 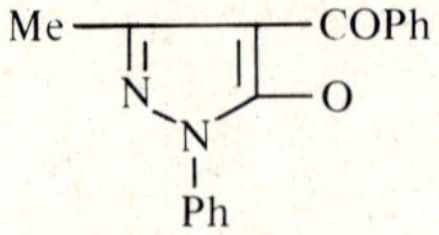 [pyrazole structure: Me-pyrazole with COPh, O, N-Ph] |

2-O-3-MeOC$_6$H$_3$CHO
o-OC$_6$H$_4$CO$_2$Me

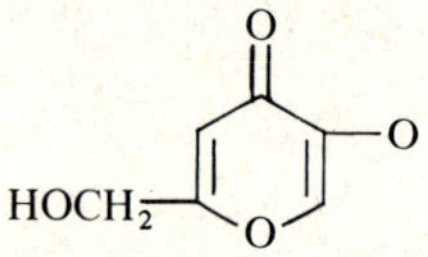

[pyranone structure with HOCH$_2$ and O substituents]

3-O-4-MeOC$_6$H$_3$CHO
3-MeO-4-OC$_6$H$_3$CHO
MeCH(NHCOMe)CO$_2$
CH$_2$(NHCOPh)CH$_2$CO$_2$

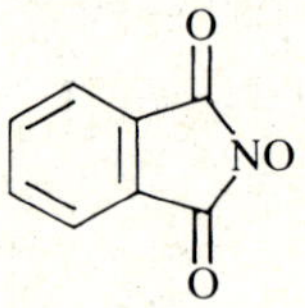

[phthalimide N-O structure]

NO$_2$

[xanthone structure with two Me groups]

o-OC$_6$H$_4$CH=NCH$_2$ H$_2$CN=CHC$_6$H$_4$O-o

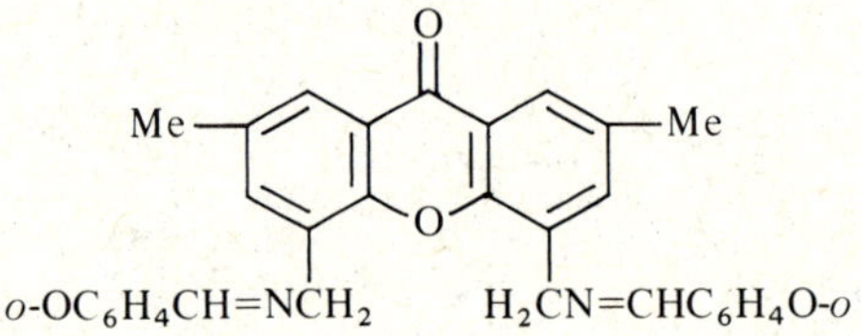

NO$_3$

o-OC$_6$H$_4$NO$_2$
i-PrN=CHC$_6$H$_3$-2-O-5-NO$_2$
Cyclohexyl-N=CHC$_6$H$_3$-2-O-5-NO$_2$
2-MeO-4-O$_2$NC$_6$H$_3$O
2-EtO-4-O$_2$NC$_6$H$_3$O
H$_2$PO$_2$
(MeO)$_2$PO$_2$
(EtO)$_2$PO$_2$

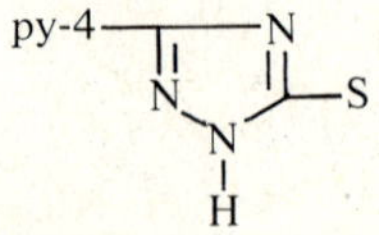

[py-4-triazole-3-thione structure]

Et$_2$POS
(EtO)$_2$POS

p	Y	q	Color and MP (°C)	Physicochemical Studies	Reference
2				dc, K	5584
2				ir	5628
2				ir, nmr	5777
2			bwsh-y	msc	5784
2			l-bw	ir, msc, nmr	5726
2			bw	ir, msc, nmr	5726
2	H$_2$O	x		ir, msc, uv	5778
2	H$_2$O	x		ir, msc, uv	5778
2			r	ir, nmr	5779
2			r-v, 100	ir, K, msc	5625, 5780–5783
	H$_2$O	4			5780
		8–9			5780
1	H$_2$O	1		ir, tha, uv	5587
2			d-r	cond, ir, msc, th	503, 733, 967, 975, 5619, 5625, 5785–5789
	phen	2	o	msc, uv	5790
	H$_2$O	2		ir, msc, uv	968, 5782, 5786
2				ir, nmr	5776, 5777
2			y-o	msc, uv	1117
2			y-o	msc, uv	1117
2			bu	msc	5776
2			r-v	msc	5776
2				ir, xr	2528
2				ir, uv	5792
2				ir, uv	5792
2				ir	5794
2				msc, nmr	5793
2				msc, nmr	5793

TABLE 3.92. (CONTINUED)

m	n	R	X
1	2	H	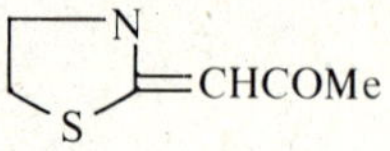 (thiazoline)=CHCOMe
			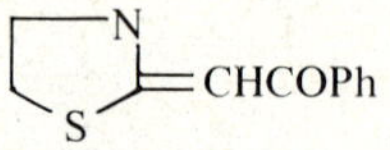 (thiazoline)=CHCOPh
			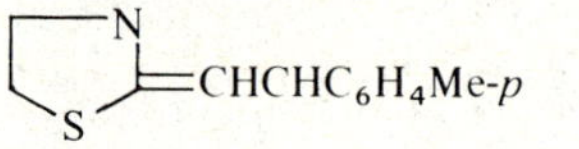 (thiazoline)=CHCHC$_6$H$_4$Me-p
			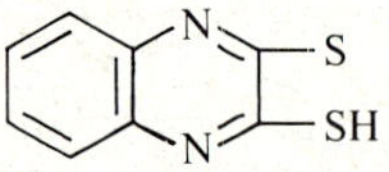 quinoxaline-2,3-dithiol (S, SH)
			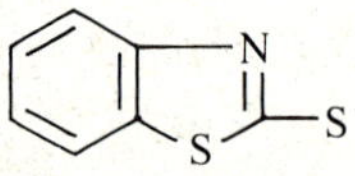 benzothiazole-2-S
			{SC(CN)=C(CN)S}$^-$
			NCS
			{py$^+$H, NCS}
			Pentyl-OCS$_2$
			PhCH$_2$OCS$_2$
			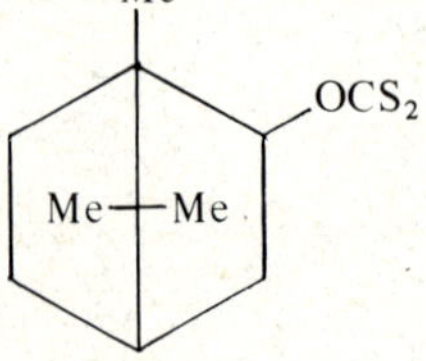 (bornyl-OCS$_2$ structure)

p	Y	q	Color and MP (°C)	Physicochemical Studies	Reference
2			o-r, 78	msc	2424
2			r, 113	msc	2424
2			o, 122	msc	2424
2				uv	5102
2				ir, msc, uv	981, 2529
2				K, p	5588
2					
2			pk-v, v-r, v, d-v-bw, 200	cal, ir, K, msc, th, tha, uv, **xr**	311, 448, 449, 500, 503, 908, 967, 968, 975, 992, 994, 995, 997, 998, 1002, 1003, 1005, 1007, 1009, 1014, 1020, 1047, 1059, 1994, 2063, 2518, 4698, 4700, 5598, 5757–5759, 5781, 5795–5801
	$(H_2N)_2CS$	2	pk, 195	cond, ir, msc, uv	5804
2			bu	**xr**	5805
4					
2			bw		5806
2			bw		5806
2			bw		5806

TABLE 3.92. (CONTINUED)

m	n	R	X
1	2	H	Et_2PS_2
			Ph_2PS_2
			$p\text{-}MeC_6H_4SO_2$
			$C(SO_2Et)_3$
			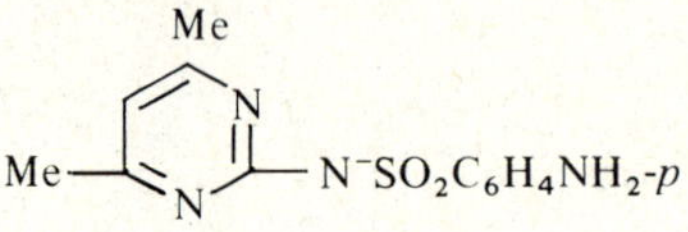 4,6-dimethylpyrimidin-2-yl-N⁻-SO$_2$C$_6$H$_4$NH$_2$-p
			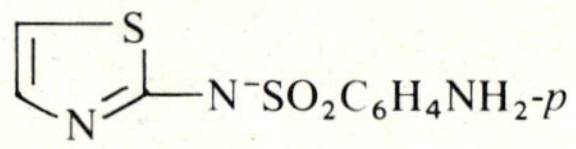 thiazol-2-yl-N⁻-SO$_2$C$_6$H$_4$NH$_2$-p
			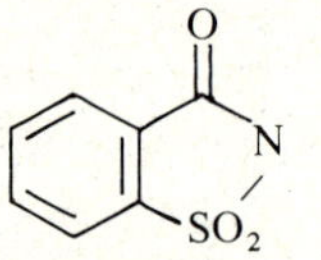 saccharinate (benzo[d]isothiazol-3(2H)-one 1,1-dioxide N⁻)
			SO_4
			$\begin{cases} K \\ SO_4 \end{cases}$
			$O_3SCH_2CO_2$
			$O_3CCHMeCO_2$
			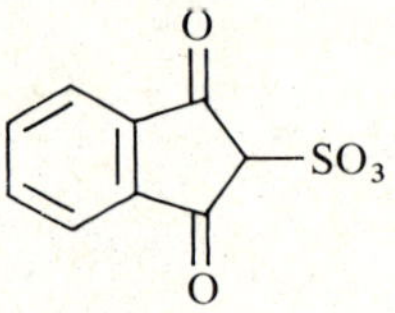 1,3-dioxoindan-2-yl-SO$_3$
			S_2O_4
			$\begin{cases} NCS \\ NCSe \end{cases}$
			NCSe
			$PhCOCHCOCF_3$
			thioph-2-COCHCOCF$_3$
			$\begin{cases} + \\ CF_3COCHCOCF_3 \end{cases}$
			$CF_3COCHCOCF_3$
			SiF_6
			PF_6
			CF_3CO_2

p	Y	q	Color and MP (°C)	Physicochemical Studies	Reference
2			bu-v, 110		
			dec	msc, nmr, uv	5793, 5808
2			bu	ir, msc, tha, uv	5636, 5808
2			pk, 166	ir, msc, uv	4703
2			pk	ir, msc, uv	4704
2	H$_2$O	2 or 3			1022
2	H$_2$O	2 or 3			1022
2			v	ir, msc, uv	5809
1			r		5598
2					
2	H$_2$O	4	pk		1111
1	H$_2$O	1	v-r		1026
1	H$_2$O	1	r		1026
2	H$_2$O	1	r		4705
1			r		2438
1	Me$_2$CO	2			5810
1					
2			g-bw	ir, msc, tha	2953, 5757–5759
2				nmr	5734, 5744, 5811, 5812
2				ir, tha	1168, 5813–5818
1				msc	1034
1					
2				ir, ms	1034, 1037
2			w		1525
2	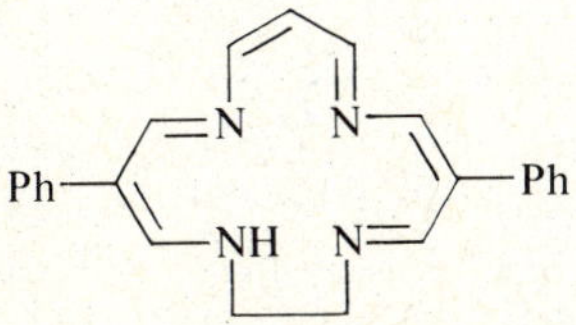 [structure: Ph-substituted macrocycle with N, NH groups]	1	bk, 262–263	ms, uv	5819
2				ir, msc, tha, uv	1038, 1115, 5820

1069

TABLE 3.92.   (CONTINUED)

m	n	R	X
1	2	H	o-OC$_6$H$_4$CH=NC$_6$H$_4$F-p
			$\begin{cases} NO_3 \\ Cl \end{cases}$
			Cl
			$\begin{cases} H \\ Cl \end{cases}$
			o-ClC$_6$H$_4$NHCOCHCOMe
			p-ClC$_6$H$_4$N=NNC$_6$H$_4$Cl-p
			CH$_2$ClCO$_2$
			CHCl$_2$CO$_2$
			CCl$_3$CO$_2$
			2-O-3-ClC$_6$H$_3$CHO
			2,6-Cl$_2$C$_6$H$_3$O

p	Y	q	Color and MP (°C)	Physicochemical Studies	Reference
2				K, th	301
1				cond, ir, msc, uv	5789
1					
2			v, 192–195 bu, 120	ca, cond, epr, ir, K, moe, msc, p, qch, sol, th, tha, uv, **xr**, xrp	500, 503, 507, 967, 968, 975, 994, 995, 998, 1005, 1006, 1014, 1050, 1052, 1053, 1059–1062, 1064, 1068, 1072, 1078, 1087, 1088, 1100, 1102–1107, 2323, 2555, 2560, 2565, 2574, 2717, 4709, 4710, 4713, 4718, 4719, 4997, 5106, 5120, 5121, 5597–5604, 5606–5609, 5612–5615, 5617, 5618, 5624 5710, 5721, 5758–5760, 5781, 5785, 5789, 5797, 5799, 5802, 5803, 5821–5885
	$NH_2CH_2CH_2NH_2$	1			5886
	$Me_3NB_{10}H_{12}$	1		cond, msc, uv	5889
2	$Et_3NB_{10}H_{12}$	1		cond, msc, uv	5889
	p-$H_2NC_6H_4C_6H_4NH_2$-p	1	gsh-v		2595, 2596
	phen	1	gy-bu	msc, uv	5790
	EtOH	3		uv	5620
	$H_2NC{=}NOH$	2			5890
	$HOCH_2CH_2OH$	1		th	5869
	$CHCl_3$	2		uv	5827
2					6557
4					
2	H_2O	1	r	cond, msc	5750
2			pk	cond, msc, uv	5714
2				cond, ir, uv	1115
2			r	cond, ir, msc, uv	1115
2				cond, ir, tha, uv	1038, 1115
2				ir	5628
2			l-bu	msc	5776

TABLE 3.92.   (CONTINUED)

m	n	R	X
1	2	H	2-O-5-ClC$_6$H$_3$CHO
			2-O-5-ClC$_6$H$_3$CH=NCHPh$_2$
			2-O-3,5-Cl$_2$C$_6$H$_2$CHO
			o-OC$_6$H$_4$CH=NC$_6$H$_4$Cl-o
			ClO$_4$
			Br
			Br
			2-O-5-BrC$_6$H$_3$CH=N-i-Pr
			2-O-5-BrC$_6$H$_3$CH=NCHPh$_2$
			2-O-3,5-Br$_2$C$_6$H$_2$CHO
			I

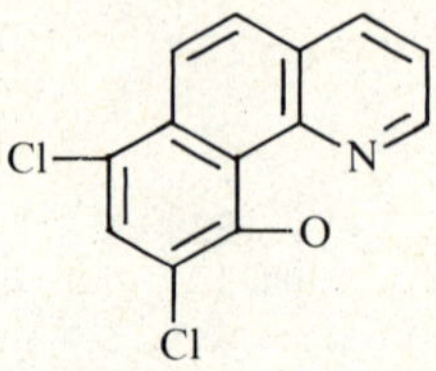

p	Y	q	Color and MP (°C)	Physicochemical Studies	Reference
2				ir	5628
2			y-o	msc, uv	1117
2			r		5891
2				ir	5628
2				uv	5718
2			bu	ir, tha	5124
2			d-bu, 156–157, 440	cd, epr, ir, k, msc, nmr, th, tha, uv, **xr**	496, 500, 503, 507, 994, 995, 998, 1005, 1006, 1014, 1059–1062, 1072, 1088, 1100, 1104, 2555, 2574, 2717, 4709, 4713, 4718, 5598, 5599, 5608, 5618, 5758–5760, 5797, 5803, 5823, 5828, 5831, 5833, 5842, 5845, 5847, 5850–5852, 5858, 5861, 5862, 5866–5870, 5873, 5880, 5885, 5892, 5893
2	$Me_3NB_{10}H_{12}$	1		cond, msc, uv	5889
	$Et_3NB_{10}H_{12}$	1		cond, msc, uv	5889
	H_2O	2	v	msc	994, 5895
	$HOCH_2CH_2OH$	2		th	5869
2			y-o	msc, uv	1117
2			y-o	msc, uv	1117
2				ir	5628
2			g, g-bu, bu, 196–197, 200	ir, msc, nmr, K, qch, th, tha, uv	500, 503, 994, 995, 998, 1006, 1014, 1059, 1072, 1100, 1104, 2574, 4709, 4713, 4718, 5598, 5758–5760, 5797, 5823, 5833, 5842, 5845, 5847, 5850–5852, 5866, 5873, 5880, 5885

TABLE 3.92. (CONTINUED)

m	n	R	X
1	2	H	2-O-3,5-I$_2$C$_6$H$_2$CHO
			Hg(SCN)$_4$
			Hg(SeCN)$_4$
			{PhCH(O)CO$_2$
			ZrO
			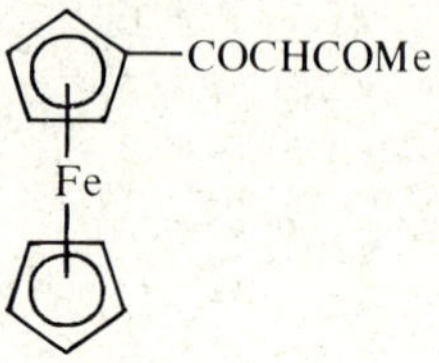 [cyclopentadienyl-Fe-cyclopentadienyl]—COCHCOMe
			Ni(CN)$_4$
			+
		2-Me	Me
			C(CN)$_3$
			N(CN)$_2$
			8-O-quin
			MeC(=NOH)C(=NO)Me
			(o-OC$_6$H$_4$CH=NCH$_2$)$_2$
			MeCOCHCOMe
			MeCOCHCOPh
			NCO
			3-HOC$_{10}$H$_6$-2-CO$_2$
			Me—(pyrazolone with COPh, N–N–Ph, =O)
			o-OC$_6$H$_4$CH=NC$_6$H$_4$CO$_2$-o
			NO$_3$
			o-OC$_6$H$_4$NO$_2$
			NCS
			NCSe
			BF$_4$
			PhCOCHCOCF$_3$
			thioph-2-COCHCOCF$_3$
			Cl

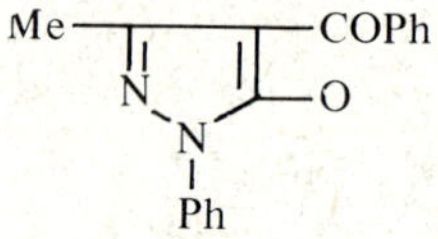

p	Y	q	Color and MP (°C)	Physicochemical Studies	Reference
2				ir	5628
1			pk	ir, msc, uv, **xr**	1132, 5887, 5894
1			pk, 200 dec	ir, uv	5888
2			pk	tha, uv, xr	5631
1					
2			y-o, 186–187	ir, msc, uv	1132
1				ir, ram, xr	1014, 1136, 1138
2				K, p	5505, 5606
2				epr	5711
2				msc	5896
2				msc	5896
2			dc		5715
2				epr	5721
1				K, p	5544
2				dc	5746
2			o, 124	ir, msc, uv	5749
2			bu	ir, K, msc, th, uv	2518, 5759, 5760
2	H$_2$O	2			2998
2				dc, K	5584
1	H$_2$O	2	d-bw	ir, msc, tha	5585
2				msc, uv, xr	1147
2				ir, nmr	5777
2			bu, 158	cond, ir, K, msc, th, uv, xr	1002, 2518, 5759, 5760, 5797, 5897, 5898
2			bu-g	K, msc, th, uv	5759, 5760
2				th	5899
2				nmr	5811
2				tha	5813, 5815, 5818
2			bu, 165	cond, epr, ir, K, msc, nmr, sol, th, tha, uv	500, 503, 758, 1107, 1161, 4713, 5606, 5638, 5639, 5643, 5731, 5759, 5760, 5797, 5841, 5845, 5852, 5864, 5865, 5871, 5872, 5876, 5879, 5882, 5897, 5900

TABLE 3.92. (CONTINUED)

m	n	R	X
1	2	2-Me	Cl
			Br
			I
		3-Me	+
			Et$_8$-porph
			C(CN)$_3$
			N(CN)$_2$
			8-O-quin
			MeC(=NOH)C(=NO)Me
			(o-OC$_6$H$_4$CH=NCH$_2$)$_2$
			o-OC$_6$H$_4$OMe
			MeCOCHCOMe
			MeCOCHCOPh
			PhCOCHCOPh
			MeCOCHCONHPh
			MeCOCHCONHC$_6$H$_4$Me-o
			MeCOCHCO$_2$Me
			MeCOCHCO$_2$Et
			NCO
			PhCO$_2$
			O$_2$CCO$_2$
			o-OC$_6$H$_4$CHO
			2-O-3-MeC$_6$H$_3$CHO
			2-O-5-MeC$_6$H$_3$CHO
			o-OC$_6$H$_4$CO$_2$Me
			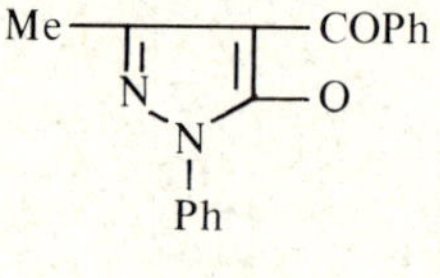 ![pyrazolone structure: Me on C, COPh on C, N-N-Ph, with =O]
			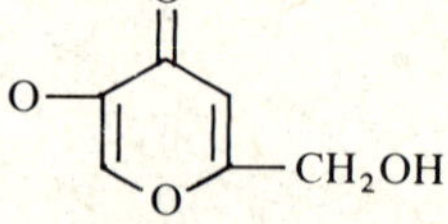 ![pyranone structure with CH$_2$OH]
			2-MeO-4-OC$_6$H$_3$CHO
			2-MeO-5-OC$_6$H$_3$CHO
			MeCH(NHCOPh)CO$_2$
			CH$_2$(NHCOPh)CO$_2$

p	Y	q	Color and MP (°C)	Physicochemical Studies	Reference
2	HOCH$_2$CH$_2$OH	2		K, th	5872
2			bu, 175	cond, epr, ir, K, msc, th, tha, uv	1161, 1169, 4713, 5759, 5760, 5797, 5845, 5852, 5870, 5897, 5901
2			g, 175	cond, ir, K, msc, th, tha, uv	1161, 1169, 4713, 5759, 5760, 5797, 5845, 5852, 5897
2				K, p	5505, 5606
1				xr	5902
2				msc, uv	5903
2				msc, uv	5903
2				dc	5715
2			y	epr	5720, 5721
1				K, p	5544
2			g	ir, msc, nmr	5726
2			r	epr, ir, msc, nmr	5566, 5732, 5734, 5737, 5744, 5646
	CDCl$_3$	2		nmr	351
2			o, 164	ir, msc, uv	2613, 5734, 5744, 5749
2					5744
2			r	cond, msc, uv	5750
2			r	cond, msc, uv	5750
2				cond, msc, uv	5751
2			l-bu	cond, msc	5752
	H$_2$O	1.5	r	msc, uv	5754
2				ir, msc, uv	2518, 5760
2			v	ir, msc, uv	543
1			pk	th	5770
2				nmr	5775
2				nmr	5775
2				nmr	5775
2				ir, nmr	5777
2				dc, K	5584
2			bw-g	msc	5784
2			d-g	ir, msc, nmr	5726
2			l-bu	ir, msc, nmr	5726
2				ir, msc, uv	5778
2				ir, msc, uv	5778

TABLE 3.92. (CONTINUED)

m	n	R	X
1	2	3-Me	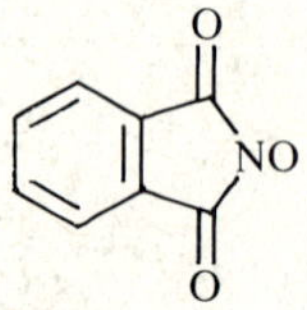 (phthalimide-N-O structure)
			NO_2
			o-$OC_6H_4NO_2$
			$(MeO)_2PO_2$
			$(EtO)_2PO_2$
			NCS
			BF_4
			$PhCOCHCOCF_3$
			thioph-2-$COCHCOCF_3$
			CF_3CO_2
			Cl
			o-$ClC_6H_4NHCOCHCOMe$
			Br
			I
			$Hg(SCN)_4$
		4-Me	+
			pc
			$C(CN)_3$
			$N(CN)_2$
			$(o$-$OC_6H_4CH=NCH_2)_2$
			5,10,15,20-$(p$-$MeOC_6H_4)_4$-porph
			o-OC_6H_4OMe
			MeCOCHCOMe

p	Y	q	Color and MP (°C)	Physicochemical Studies	Reference
2				ir, nmr	5779
2			r-v	ir, msc	5783
2				ir, nmr	5777
2					5792
2					5792
2			bu	cond, ir, K, msc, uv	2518, 5760, 5796, 5797, 5905
2				th, tha	2693, 2694
2				nmr	5734, 5744, 5811, 5812
2				ir, tha	2837, 5813, 5815, 5818
2				ir, msc, uv	5820, 5906
2			v-pk, 105	ca, cal, ir, K, msc, nmr, p, qch, sol, th, tha, uv	500, 503, 1102, 1107, 1161, 1169, 1170, 4713, 5606, 5638, 5639, 5643, 5647, 5797, 5841, 5845, 5871, 5872, 5876, 5879, 5882, 5885, 5905
	HOCH$_2$CH$_2$OH	2		cal, K, th	5872
2			r	cond, msc, uv	5750
2			d-p, 116	cond, ir, K, msc, nmr, qch, th, tha, uv	1161, 1169, 1170, 4713, 5647, 5797, 5845, 5885, 5905
2			o-pk	cond, ir, K, msc, nmr, qch, th, uv	1161, 1169, 1170, 4713, 5647, 5797, 5885, 5905
1			pk		5640
2				K, p	549, 2463, 5505, 5645
1				epr, ir, msc, tha, uv, xr	5518, 5907
2				msc, uv	5903
2				msc, uv	5903
1				K, p	5544
1				epr	5559
2			g	ir, msc, uv	5726
2			r	epr, K, msc, nmr	351, 5566, 5732, 5734, 5736, 5737, 5744, 5746, 5904
	CH$_2$Cl$_2$	2	2	nmr	351, 5747

TABLE 3.92. (CONTINUED)

m	n	R	X
1	2	4-Me	MeCOCHCOMe
			MeCOCHCOPh
			PhCOCHCOPh
			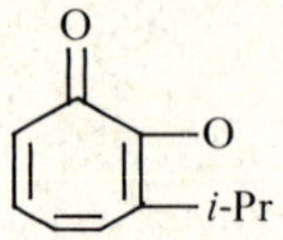 (2-hydroxy-7-isopropyl-tropone)
			MeCOCHCONHPh
			MeCOCHCONHC$_6$H$_4$Me-p
			MeCOCHCO$_2$Me
			MeCOCHCO$_2$Et
			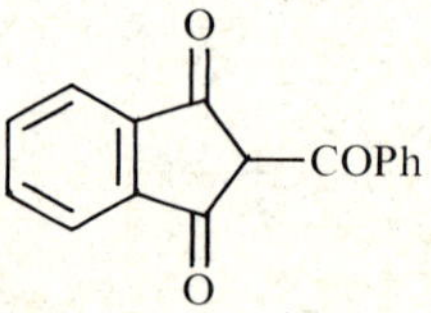 (2-benzoyl-1,3-indandione)
			NCO
			PhCO$_2$
			MeCH(OH)CO$_2$
			O$_2$CCO$_2$
			o-OC$_6$H$_4$CHO
			2-O-3-MeC$_6$H$_3$CHO
			2-O-5-MeC$_6$H$_3$CHO
			2-OC$_{10}$H$_6$-1-CHO
			o-OC$_6$H$_4$COMe
			2-O-5-MeC$_6$H$_3$COMe
			o-OC$_6$H$_4$COEt
			2-O-5-MeC$_6$H$_3$COPh
			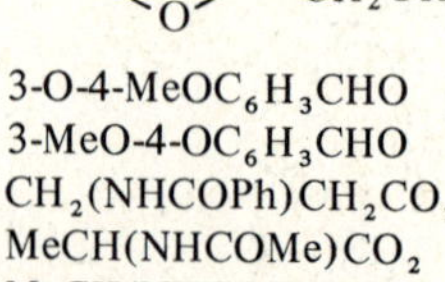 (1-phenyl-3-methyl-4-benzoyl-5-pyrazolone)
			o-OC$_6$H$_4$CO$_2$Me
			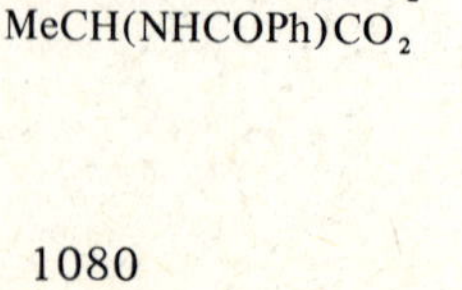 (kojic acid type)
			3-O-4-MeOC$_6$H$_3$CHO
			3-MeO-4-OC$_6$H$_3$CHO
			CH$_2$(NHCOPh)CH$_2$CO$_2$
			MeCH(NHCOMe)CO$_2$
			MeCH(NHCOPh)CO$_2$

p	Y	q	Color and MP (°C)	Physicochemical Studies	Reference
	CHCl$_3$	2		nmr	351, 5747
	CDCl$_3$	2		nmr	351
2			o, 164	epr, ir, msc, uv	5734, 5737, 5744, 5749
2					5744
2				K, nmr	5633
2				cond, msc, nmr, uv	5750
2				cond, msc, nmr, uv	5750
2				cond, msc, uv	5751
2			l-bu	cond, msc	5752
	H$_2$O	1	r	msc, uv	5754
2					5734
2			ir, msc, uv	ir, msc, uv	1059, 2518, 5760
2				ir, msc, uv	543
2			pk	epr, ir, msc, tha, uv	414
1			pk	th	5770
2			r	ir, msc, uv	5775, 5908
2				nmr	5775
2				nmr	5775
2			o-r	ir, msc, uv	5908
2			r	ir, msc, uv	5908
2			r	ir, msc, uv	5908
2			y-gy	ir, msc, uv	5808
2			d-r	ir, msc, uv	5908
2				dc, K	5584
2				ir, nmr	5777
2	H$_2$O	1	bwsh-y	msc	5784
2			d-g	ir, msc, uv	5726
2			bu	ir, msc, uv	5726
2				ir, msc, uv	5898
2				ir, msc, uv	5898
2				ir, msc, uv	5898

TABLE 3.92.   (CONTINUED)

m	n	R	X

1   2   4-Me

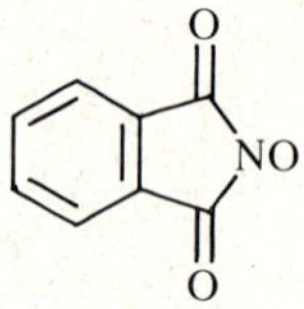

[structure: phthalimide N-O group]

NO$_2$
o-OC$_6$H$_4$NO$_2$
2-O-3-O$_2$NC$_6$H$_3$CHO
(MeO)$_2$PO$_2$
(EtO)$_2$PO$_2$
NCS

Ph$_2$PS$_2$
(p-MeC$_6$H$_4$)$_2$PS$_2$
BF$_4$
PhCOCHCOCF$_3$
thioph-2-COCHCOCF$_3$

CF$_3$CO$_2$
C$_2$F$_5$CO$_2$
C$_3$F$_7$CO$_2$
o-OC$_6$H$_4$CH=NC$_6$H$_4$F-p
Cl

MeCOCHCONHC$_6$H$_4$Cl-o
CHCl$_2$CO$_2$
2-O-4-ClC$_6$H$_3$CHO
2-O-5-ClC$_6$H$_3$CHO
Br

I

p	Y	q	Color and MP (°C)	Physicochemical Studies	Reference
2				ir, nmr	5899
2			o	ir, msc	5903
2			pp	ir, nmr	5797
2			o-r	ir, msc, uv	5908
2					5792
2					5792
2			l-v	ca, cond, ir, msc, tha, uv	1059, 2518, 4700, 5897, 5905
	MeC(=NOH)C(=NOH)Me	2		th, tha	1017
2			pk	ir, msc, tha, uv	5636
2			bu	ir, msc, tha, uv	5636
2				tha	2694
2				nmr	5734, 5744, 5812
2			d-o	dc, ir, tha	1168, 1176, 2837, 5813, 5815–5818
2				ir, msc, uv	5820
2				nmr	5909
2				nmr	5909
2				K, th	301
2			bu, 145	ca, cond, ir, K	499, 500, 503, 1005, 1059, 1102, 1107, 1169, 1179, 2464, 2613, 4713, 4760, 5643, 5647, 5648, 5797, 5845, 5852, 5860, 5885, 5897, 5905, 5910, 5911
	HOCH$_2$CH$_2$OH	2		K, th	5911
2				cond, msc, nmr, uv	5750
2				nmr	5909
2			d-y	ir, msc, uv	5908
2			o-bw	ir, msc, uv	5908
2			bu, 135	cond, ir, K, msc, nmr, qch, th, tha, uv	1059, 1169, 2464, 4713, 4760, 5797, 5845, 5852, 5860, 5885, 5897, 5905
2			g, 135	cond, ir, K, msc, nmr, qch, th, tha, uv	1059, 1169, 4713, 4760, 5647, 5797, 5845, 5852, 5860, 5885, 5897, 5905

TABLE 3.92. (CONTINUED)

m	n	R	X
1	2	2,3-Me$_2$	N(CN)$_2$
			Cl
		2,4-Me$_2$	Me
			C(CN)$_3$
			N(CN)$_2$
			MeCOCHCOMe
			1-Ph-3-Me-4-COPh-5-O-pyrazole
			thioph-2-COCHCOCF$_3$
			Cl
			Br
		2,5-Me$_2$	NO$_3$
		2,6-Me$_2$	+
			8-O-quin
			(o-OC$_6$H$_4$CH=NCH$_2$)$_2$
			MeCOCHCOMe
			1-Ph-3-Me-4-COPh-5-O-pyrazole
			thioph-2-COCHCOCF$_3$
			Cl
			I
		3,4-Me$_2$	MeCOCHCO$_2$Et
			NCS
			Cl
			Br
			I
		3,5-Me$_2$	MeC(=NOH)C(=NO)Me
			5,10,15,20-(p-MeOC$_6$H$_4$)$_4$-porph
			MeCOCHCOPh
			NCS
			Cl
			Br
			I
		2,4,6-Me$_3$	Me
			thioph-2-COCHCOCF$_3$
			Cl
			Br

p	Y	q	Color and MP (°C)	Physicochemical Studies	Reference
2				msc, uv	5903
2				msc, uv	5912
2				epr	5711
2				msc, uv	5903
2				msc, uv	5903
2				dc	5746
2				dc, K	5584
2				dc	5815, 5817
2				msc, uv	5912
2				epr	5870
2				msc, uv	5912
2				K	5606
2				dc	5714
1				K, p	5544
2				nmr	5746
2				dc, K	5584
2				dc	5815, 5817
2				ir, K, sol, th	5606, 5638, 5639, 5871, 5872, 5876, 5879, 5882
	HOCH$_2$CH$_2$OH	2		cal, K, th	5872
2				cond, ir, msc	4713, 5905
2			l-bu	cond, msc	5752
2				cond, ir, msc, uv	5796, 5905
2				cond, ir, msc, nmr, qch, uv	5885, 5905, 5912
2				cond, ir, msc, nmr, qch	5885, 5905
2				cond, ir, msc, nmr, qch	5885, 5905
2				K, p	5722
1				epr	5559
2			ysh, 189	ir, msc, uv	5749
2				cond, ir, msc	5905
2				cond, ir, msc, nmr, qch, uv	5885, 5905, 5912
2				cond, ir, msc, nmr, qch, uv	5885, 5905
2				cond, ir, msc, nmr, qch, uv	5885, 5905
2				epr	5711
2				dc	5818
2				ir	4713
2				ir	4713

TABLE 3.92. (CONTINUED)

m	n	R	X
1	2	2,4,6-Me$_3$	I
		2-Et	NCS
			Cl
			Br
			I
		3-Et	MeCOCHCOPh
			NCS
			CF$_3$CO$_2$
			Cl
			Br
			I
		3-Et,4-Me	+
		3-Et,6-Me	+
			Cl
		4-Et	+
			NCO
			NCS
			CF$_3$CO$_2$
			Cl
			Br
			I
		4-n-Pr	NCS
			Cl
			Br
			I
		2-Pentyl	NCS
			Cl
			Br
			I
		2-CH=CH$_2$	NCS
			Cl
			Br
			I
		4-CH=CH$_2$	N$_3$
			MeCOCHCOPh
			o-OC$_6$H$_4$CHO
			o-OC$_6$H$_4$CO$_2$Me
			NCS
			Cl
			Br
			I
		4-Ph	NO$_3$
			Cl
			Br
			I

p	Y	q	Color and MP (°C)	Physicochemical Studies	Reference
2				ir	4713
2				ir, msc, uv	5760, 5797
2				ir, uv	5797, 5865
2				ir, K, msc, uv	1161, 5760, 5797
2				ir, msc, uv	5760, 5797
2			r, 129	ir, msc, uv	5749
2				ir, th, uv	2518, 5905
2				ir, msc, uv	5820, 5906
2				ir, msc, nmr, qch, th	5760, 5797, 5865, 5885, 5905
2				ir, K, msc, nmr, qch, th	1161, 5760, 5797, 5885, 5905
2				ir, msc, nmr, qch, uv	5760, 5797, 5885, 5905
2				K, p, th, uv	2470
2				K	5606
2				K	5606, 5638, 5639
2				K, p, uv	549, 2471
2				ir	2518
2				cond, ir, uv	5905
2				ir, msc, uv	5820, 5906
2				cond, ir, msc, K, uv	5760, 5797, 5803, 5860, 5865, 5905
2				cond, ir, msc, uv	5760, 5797, 5803, 5901, 5905
2				cond, ir, msc, uv	5760, 5797, 5905
2				cond, ir, th	5905
2				cond, ir, th	5905
2				cond, ir, th	5905
2				cond, ir, th	5905
2				msc, uv	5760
2				msc, uv	5760
2				msc, uv	5760
2				msc, uv	5760
2			bu	ir, msc, uv	5913
2			bu	ir, msc, uv	5913, 5914
2			bu	ir, msc, uv	5913
2			g	ir, msc, uv	5913
2			pk	ir, msc, uv	5913
2			rsh, 185	ir, msc, uv	5749
2			bw		5668
2			ysh-g		5668
2				ir, msc	5915
2			{ bu l-v, v	cond, ir, msc, nmr, qch, uv, xr	2630, 5865, 5885, 5913–5917
2			bu	ir, msc, nmr, qch, uv	5885, 5913, 5915
2			g	ir, msc, nmr, qch, uv	5885, 5913, 5915
2				K	5919
2			bu, 150	cond, msc, uv	5669, 5852
2			bu, 168	cond, msc, uv	5669, 5852
2			g-bu, 166	cond, msc, uv	5669, 5852

TABLE 3.92. (CONTINUED)

m	n	R	X
1	2	4-C$_6$H$_4$-n-Pr-p	NO$_3$
		4-CH$_2$Ph	NCS
		2-NH$_2$	+
			MeCOCHCOPh
			NCO
			PhCO$_2$
			NO$_3$
			NCS
			NCSe
			Cl
			Br
			I
			Zn(NCS)$_4$
			Hg(NCS)$_4$
		3-NH$_2$	MeCOCHCOPh
			NCO
			NCS
			thioph-2-COCHCOCF$_3$
			Cl
			Br
			Zn(NCS)$_4$
			Hg(NCS)$_4$
			Hg(NCSe)$_4$
		4-NH$_2$	MeCOCHCOMe
			MeCOCHCOPh
			NCO
			NCS
			NCSe
			Cl
			Zn(NCS)$_4$
			Hg(NCS)$_4$
		2,6-(NH$_2$)$_2$	+
		2-CH$_2$NH$_2$	+
			+
			Br
			I
		2-CH$_2$NH$_2$,6-Me	+
			NO$_3$
			NCS
			Cl
			$\begin{cases} \text{Cl} \\ \text{ClO}_4 \end{cases}$
			ClO$_4$
			$\begin{cases} \text{ClO}_4 \\ \text{Br} \end{cases}$

p	Y	q	Color and MP (°C)	Physicochemical Studies	Reference
2				K	5919
2			pk, 210	cond, msc, uv	5669
2				K, p	285, 5918
2			ysh, 189	ir, msc, uv	5749
2				msc, uv	5920
2				ir, msc, uv	543
2				ir	5159
2				ir, msc, uv	5759, 5920
2				msc, uv	5920
2				ir, K, p, th	5159, 5655, 5797
2				ir	5159
2				ir	5159
1			bu, 135	msc, uv	5921
1			pk, bwsh-r, 250 dec	msc, uv	5640, 5921
2			ysh, 218	ir, msc, uv	5749
2				msc, uv	5920
2				ir, msc, uv	5797, 5920
2				dc	5815, 5816
2				ca, ir, K, p, th	1102, 1198, 5655, 5797
2				ir	5797
1			bu, 182	msc, uv	5921
1			pk, y, 220 dec	uv	5640, 5921
1			ysh-pk, 220 dec	ir, uv	2991
2			215	ir, msc	5922
2			ysh, 225	ir, msc, uv	5749
2				msc, uv	5920
2				ir, msc, uv	5920
2				msc, uv	5920
2				ca, ir, K, p, th	1102, 5655
	phen	2	r-v	msc, uv	5790
1			v, 140 dec	msc, uv	5921
1			pk, 142 dec	msc, uv	5921
2					5918
2				K, p, th, uv	576, 577, 583, 584, 1199, 5656
2	H₂O	2		K	5923
2				ir, msc	1201
2				ir, msc	1201
	H₂O	2	bush-g	cond, msc, uv	5658
2				K, p, th	577, 584
2			bwsh-pk, pk, 254 dec	cond, ir, msc, uv	5924, 5925
2			l-bu, pk, 215 dec	cond, ir, msc, uv	5924, 5925
2			pk, 214	cond, ir, msc, uv	5924
	H₂O	2.5	l-bu	msc, uv	5925
1			v-r	msc, uv	5925
1					
2			d-r	msc, uv	5925
1			v-r	msc, uv	5925
1					

TABLE 3.92.   (CONTINUED)

m	n	R	X
1	2	2-CH$_2$NH$_2$,6-Me	Br
			ClO$_4$
			I
		2-CH$_2$CH$_2$NH$_2$	I
			+
			NCS
			Cl
			Br
			I
		2-NHNH$_2$	+
		2-CH$_2$NHMe	+
		2-CH$_2$NHMe,6-Me	+
			NO$_3$
			NCS
		2-CH$_2$NHEt,6-Et	NO$_3$
		2-CH$_2$NH-i-Pr	NCS
			NO$_3$
			BF$_4$
			Cl
			Br
			I
		2-CH$_2$NHCH$_2$CH$_2$NH$_2$	+
		2-CH$_2$CH$_2$NHMe	
		2-CH$_2$CH$_2$N$^-$Ph	
		2-CH$_2$CH$_2$NHCH$_2$CH$_2$NH$_2$	+
		3-CH$_2$CH$_2$NHCH$_2$CH$_2$NH$_2$	+
	3	2-(piperidinyl, NH)	o-HOC$_6$H$_4$CO$_2$
			Cl
			ClO$_4$
		4-NMe$_2$	NCO
			NCS
			NCSe
			Cl
			Br
			I
		2-CH$_2$NMe$_2$	NCS
			NO$_3$
			BF$_4$
			Cl
			Br
			I
		2-CH$_2$NEt$_2$	I

p	Y	q	Color and MP (°C)	Physicochemical Studies	Reference
2			pk, 233	cond, ir, msc, uv	5924
	H₂O	2	l-bu	msc, uv	5925
1			gy-v-r	msc, uv	5925
1					
2			pk, 230	cond, ir, msc, uv	5924
2				K, p, th, uv	584
2			l-pk, 232 dec	msc	601
2				cond, msc, uv	601, 3814
	H₂O	2	r, 132 dec	msc	601
2				cond, msc, uv	601, 3814
	H₂O	2	l-gy, 202 dec	msc	601
2				cond, msc, uv	3814
2				K	583
2				K, th	576
2				K, th	581
2				cond, ir	5928
2			v, pk-v, 212		5926, 5927
2				cond, ir	5928
2			pk, 169 dec	cond, msc, uv	5660
1				cond, ir	5928
1					
2			l-v, 136 dec	cond, msc, uv	5660
2	EtOH	1	l-v, 143 dec	cond, msc, uv	5660
2			l-v-g, > 130 dec	cond, msc, uv	5660
2				uv	5661
2				K, th	584
			r-bk	ir, uv, msc	5130
2				K, p	617
2				K, p	617
2				dc	1210
2				uv	5602
2				K, uv	5498
2			bu, 130	msc, uv	5929
2			bu, 160–165	msc, uv	5929
2			bu, 130	msc, uv	5929
2			bu, 230–232	msc, uv	5929
2			bu, 249–251	msc, uv	5929
2	H₂O	0.5	bu, 180–190	msc, uv	5929
2			pk, > 205 dec	cond, msc, uv	5660
1				cond, ir	5928
1					
2	EtOH	1	pk, > 64 dec	cond, msc, uv	5660
2	H₂O	2.5	pk, 92 dec	cond, msc, uv	5660
2			gy-l-v, > 160 dec	cond, msc, uv	5660
2			r-v, 120 dec	cond, msc, uv	5660

TABLE 3.92.   (*CONTINUED*)

m	n	R	X
1	2	3-pyrrolidinyl-N-Me	p-PhCOC$_6$H$_4$CO$_2$
			p-O$_2$NC$_6$H$_4$CO$_2$
			2,4,6-(O$_2$N)$_3$C$_6$H$_2$O
		3-piperidinyl-N-Me	Cl
		2,6-(CH=NMe)$_2$	ClO$_4$
			I
		2,6-(CH=N-i-Pr)$_2$	PF$_6$
		2,6-(CH=N-t-Bu)$_2$	PF$_6$
		2-CH=NPh	NO$_3$
			NCS
			Cl
			Br
		2-CH=NPh,6-Me	NCS
		2,6-(CH=NPh)$_2$	ClO$_4$
			I
		2-CH=NC$_6$H$_4$Me-o	NCS
		2,6-(CH=NC$_6$H$_4$Me-p)$_2$	PF$_6$
		2,6-(CH=NCH$_2$Ph)$_2$	PF$_6$
			ClO$_4$
			I
		2,6-(CH=NNH$_2$)$_2$	I
		2-CH=NNHMe	Cl
			I
		2,6-(CH=NNHMe)$_2$	PF$_6$
		2-CH=NNHPh	Cl
		2-CH=NNMe$_2$	Cl
			I
		2,6-(CMe=NMe)$_2$	ClO$_4$
			I
		2,6-(CMe=NEt)$_2$	ClO$_4$
			I
		2,6-(CMe=NNH$_2$)$_2$	Cl
			I
		2,6-(CMe=NNHMe)$_2$	ClO$_4$
			I
		2,6-(CMe=NNHPh)$_2$	ClO$_4$
		2,6-(CMe=NNMe$_2$)$_2$	ClO$_4$
			I
		2-N$^-$N=CHPh	
		2-N$^-$N=CMeCH$_2$NMe$_2$	
		2-N=NC$_6$H$_3$-2′,4′-(NH$_2$)$_2$	+
		4-CH=N$_2$	MeCOCHCOMe
			o-OC$_6$H$_4$NO$_2$
			Cl

p	Y	q	Color and MP (°C)	Physicochemical Studies	Reference
2	H$_2$O	6			62
2	H$_2$O	4			62
2	H$_2$O	5			62
2				uv	5602
2				msc	5665
2			bk	msc	5131, 5665
	H$_2$O	1		ir	637
2				K, msc, ram	5930
2				K, msc, ram	5930
2	H$_2$O	2	o	tha	639
2			r, y-o	ir, tha, uv	1213, 5663
2			bw	ir, uv	5663
2			bw-o	ir, uv	5663
2			d-y		5663
2				msc	5665
2				msc	5665
2				ir, msc	5009
2				K, msc, ram	5930
2				K, msc, ram	5930
2				msc	5665
2			bw, 251	msc	1208, 5665
2				K, msc, th	5137, 5931
2			bu	cond, msc, uv	643, 3093
2			bk	cond, msc, uv	643, 3093
2				K, msc, ram	5930
2			d-r	cond, msc, uv	643, 3093
2			r	cond, msc, uv	643, 3093
2			r-bw	cond, msc, uv	643, 3093
2				msc	5665
2				msc	5665
2				msc	5665
2				msc	5665
2	H$_2$O	1		cond	645
2				ir, msc	645
2				cond	645
2				ir, msc	645
2				cond, ir, msc	645
2	H$_2$O	1		cond	645
2				ir, msc	645
	H$_2$O	2	d-bw	cond, msc	646
			g-r	cond, msc	646
2				uv	5932, 5933
2			y	ir	2639
2	H$_2$O	1	bu	ir	2639
2			bu-g	ir, msc	5142

TABLE 3.92.   (CONTINUED)

m	n	R	X
1	2	4-CH=N$_2$	I
		2-N$^-$N=NPh	
		3-N$^-$N=NPh	
		2-CH=NN$^-$-2'-quin	
		2-CH=NNH-2'-quin-4'-Me	ClO$_4$
		2-CH=NNH-2'-quin-4'-Me,6-Me	ClO$_4$
		2-CH=NN$^-$-2'-quin-4'-Me,6-Me	
		2-NHN=CH-2'-quin	ClO$_4$
		2-N$^-$N=CH-2'-quin	
		2-NHN=CH-8'-quin	ClO$_4$
		2-CH=NN$^-$-8'-quin	
		3-CN	NCO
			Cl
			Br
			Hg(SCN)$_4$
			Hg(SeCN)$_4$
		4-CN	8-O-quin
			MeCOCHCOPh
			NCO
			o-OC$_6$H$_4$CHO
			o-OC$_6$H$_4$CO$_2$Me
			o-OC$_6$H$_4$NO$_2$
			Cl
			Br
			I
		2-PPh$_2$	Cl
		2-CH$_2$PEt$_2$	NCS
			ClO$_4$
			I
		2-CH$_2$PPh$_2$	NCS
			Cl
			ClO$_4$
			Br
			I
		2-NHPPh$_2$,4-Me	Cl
			ClO$_4$
		2-CH$_2$AsPh$_2$	NCS
		2-CH$_2$CH$_2$AsPh$_2$	I
		2-CH=NC$_6$H$_4$AsMe$_2$-o	BPh$_4$
			NO$_3$
			ClO$_4$
			I
		2-CH=NC$_6$H$_4$AsMe$_2$-o,6-Me	BPh$_4$
			ClO$_4$
			I
		2-CH=NC$_6$H$_4$AsEt$_2$-o	BPh$_4$

p	Y	q	Color and MP (°C)	Physicochemical Studies	Reference
2			g	ir	2639
			bw, 270, 275	cond, dm, ir, msc, uv, xr	117, 5934
			249	dm, msc	5934
				dc	653, 654, 5936
2	H$_2$O	2		cond, msc	5935
2	H$_2$O	3		cond, msc	5935
				cond, msc	5935
2				cond, ir, msc	5935
	H$_2$O	1		cond, ir, msc	5935
2				cond, msc	5935
				chr, uv	1217
2				ir	2640
2				th, tha	4734
2				th, tha	4734
1			l-pk, 185 dec	cond, ir, uv	2991, 5640
1			pk, 192 dec	msc, uv	5921
2				dc	5715
2			o, 200	ir, msc, uv	5749
2				ir	2640
2			d-y		5668
2			y-g		5668
2			r-bw		5668
2			l-v, 354 dec	cond, ir, K, msc, th, tha, uv	4734, 5669, 5860
2			l-v, 230 dec	cond, msc, th, tha, uv	4734, 5669
2			g, 191	cond, msc, uv	5669
2			d-bu, 234–236	cond, msc	147
2			r-bw	cond, ir, msc, uv	2642, 5937
2			r-bw	cond, ir, msc, uv	2642, 5937
2			d-bw, d-r-bw	cond, ir, msc, uv	2642, 5937
2			v, 255	cond, msc, uv	5938
2			v, 214	cond, msc, uv	5938
2			r, 286	cond, msc, uv	5938
2			v, 237	cond, msc, uv	5938
2			bk-r, 189	cond, msc, uv	5938
2			bw	ir, msc, nmr, uv	2214
2	H$_2$O	1.5	g	ir, msc, nmr, uv	2214
2			bu-v, 183 bu-g, 69–70	cond, ir, msc, uv	68, 5671
			d-g, 131	cond, msc, uv	69
2	H$_2$O	0.5		ir, msc, uv	5672
2	H$_2$O	2		ir, msc, uv	5672
2	H$_2$O	1		ir, msc, uv	5672
		3		ir, msc, uv	5672
2				ir, msc, uv	5672
2				ir, msc, uv	5672
2				ir, msc, uv	5672
2				ir, msc, uv	5672
	EtOH	1		ir, msc, uv	5672
		3		ir, msc, uv	5672
2				ir, msc, uv	5672

TABLE 3.92. (CONTINUED)

m	n	R	X
1	2	2-CH=NC$_6$H$_4$AsEt$_2$-o	NO$_3$
			ClO$_4$
			I
		2-CH=NC$_6$H$_4$AsEt$_2$-o,6-Me	BPh$_4$
			ClO$_4$
			I
		4-OH	Cl
		2-CH$_2$OH	+
		2-CH$_2$O$^-$	
		3-CH$_2$OH	Cl
		4-CH$_2$OH	NCS
			Cl
			Br
		2-CH$_2$CH$_2$OH	NO$_3$
			SO$_4$
			Cl
		2-CHPhOH	OH
			NCS
		2-CH$_2$NHCH$_2$CH$_2$NHCH$_2$C$_6$H$_4$O$^-$-o	
		2-CH=NOH	+
			Cl
	1	2-CH=NOH	Cl
	1	2-CH=NO$^-$	
	2	2-CH=NO$^-$	
		2-CH=NOH,6-Me	Cl
	1	2-CH=NOH,6-Me	Cl
	1	2-CH=NO$^-$,6-Me	
	2	4-CH=NOH	Cl
			Br
		2,6-(CH=NOH)$_2$	+
		2-CPh=NO$^-$	
		2-N=CHC$_6$H$_4$O$^-$-o	
		2-N=CHC$_6$H$_4$O$^-$-o,3-Me	
		2-N=CHC$_6$H$_4$O$^-$-o,4-Me	
		2-N=CHC$_6$H$_4$O$^-$-o,6-Me	
		2,6-(N=CHC$_6$H$_4$OH-o)$_2$	MeCO$_2$
		2-N=CH-1-C$_{10}$H$_6$-2-O$^-$	
		2-CH=NC$_6$H$_4$O$^-$-o	
		2-CH=NC$_6$H$_3$-2-O$^-$-5-Me	
		2-CH$_2$N=CHC$_6$H$_4$O$^-$-o	
		2-CH$_2$CH=N-1'-C$_{10}$H$_6$-2'-O$^-$	
		2-NN=CHC$_6$H$_4$O$^-$-o	
		2-N=NC$_6$H$_4$O$^-$-o	
		2-N=NC$_6$H$_3$-2'-O$^-$-3'-Me	
		2-N=NC$_6$H$_3$-2'-O$^-$-5'-Me	
		2-N=NC$_6$H$_2$-2'-O$^-$-4',5'-Me$_2$	
		2-N=NC$_6$H$_2$-2'-O$^-$-3'-i-Pr-4'-Me	

p	Y	q	Color and MP (°C)	Physicochemical Studies	Reference
2	H$_2$O	0.5		ir, msc, uv	5672
		1.5		ir, msc, uv	5672
2				ir, msc, uv	5672
	H$_2$O	2		ir, msc, uv	5672
2	H$_2$O	1		ir, msc, uv	5672
2				ir, msc, uv	5672
2				ir, msc, uv	5672
2				ir, msc, uv	5672
2			219	msc, uv	5848, 5865
2				K, p	658
				K, p	659
2				ca, K, p	1102
2			pk, 128 dec	cond, msc, uv	5634
2			d-bu, 100, 105	cond, msc, uv	5669, 5848, 5865
2			bu, 148	cond, msc, uv	5669
2	H$_2$O	2	pk, 120	cond	671
1	H$_2$O	2	r	cond	671
2	H$_2$O	4	pk	cond	671
2				msc, uv	676
2				msc, uv	676
				K	5940
2				K, p, uv	689, 690, 5675
2			r, 225	cond, ir, K, msc, p, uv	5941
	H$_2$O	2	bu	cond, ir, msc, uv	5942
1				ir, msc	5673
				K, p, uv	1231, 2313
2			r, 230	ir, msc	5673
1	H$_2$O	2	g, 165	ir, msc	5673
2			l-pk	ir, msc, tha, uv	1232, 1233
2			d-pk	ir, msc, tha, uv	1231, 1233
2			y	K	690
				uv	2313
				K, msc, p, uv	695, 696, 1238
	H$_2$O	2	bw	msc, uv	1238
			r	msc, uv	1238
			r	msc, uv	1238
2	H$_2$O	1	gsh-y, 230 dec		2156
				msc, uv	1238
				K, p, uv	695, 696, 1239
				uv	1239
	H$_2$O	2.5	o, 195	cond, ir, msc, uv	1240
				uv	5939
			r-bw	cond, msc	646
				K, uv	705, 706, 716a, 2647
				uv	2031
				uv	2031
				uv	5949
				uv	709

TABLE 3.92. (CONTINUED)

m	n	R	X
1	2	2-N=N-1'-C$_{10}$H$_6$-2'-O$^-$	
		2-N=N-2'-C$_{10}$H$_6$-1'-O$^-$	
		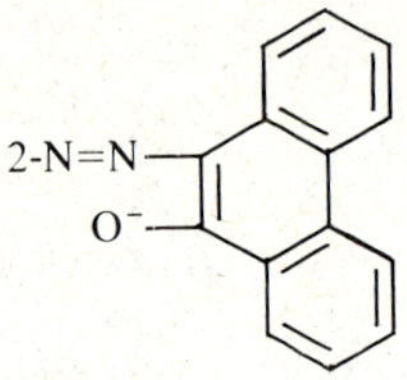 2-N=N-(9-phenanthryl-10-O$^-$)	
		2-N=NC$_6$H$_2$-2'-O$^-$-4'-NHEt-5'-Me	
		2-N=NC$_6$H$_3$-2'-O$^-$-4'-NEt$_2$,5-(1-methylpiperidin-2-yl) 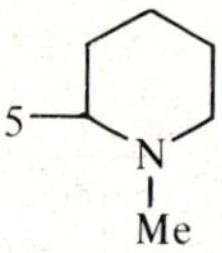	
		2-N=NC$_6$H$_4$O$^-$-p	
		2-N=NC$_6$H$_4$-3'-Me-4'-O$^-$	
		2-N=NC$_6$H$_2$-2'-Me-4'-O$^-$-5'-i-Pr	
		2-N=NC$_6$H$_3$-2'-O$^-$-4'-OH	
		2-N=NC$_6$H$_2$-2'-O$^-$-4'-OH-6'-Me	
		3-N=NNPhO$^-$	
		2-OMe	Cl
			Br
		2,6-(OMe)$_2$,3-N$^-$N=NMe	
		2,6-(OMe)$_2$,3-N$^-$N=NEt	
		2-C(OMe)=NH	Cl
		2-N=CHC$_6$H$_3$-2-O$^-$-3-OMe	
		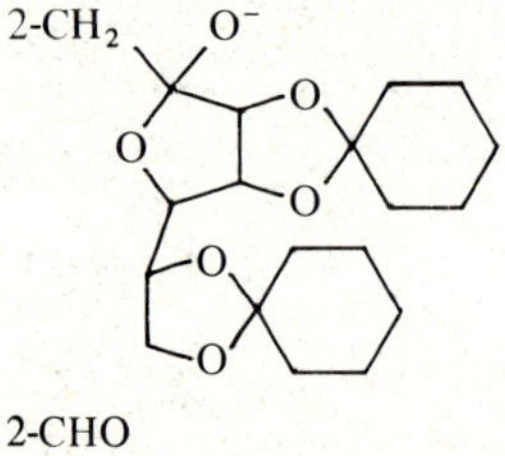 2-CH$_2$-(sugar dicyclohexylidene acetal)	
		2-CHO	+
		3-CHO	Cl
		4-CHO	Cl
		2-COMe	Cl

p	Y	q	Color and MP (°C)	Physicochemical Studies	Reference
			r, d-v, > 360	cond, dm, epr, K, ms, msc, uv	712, 716a, 1243, 1244, 1248, 2648, 2650, 4250, 5939, 5943–5946
				K, uv	1246, 5943
				uv	5947
	EtOH	4	g	epr	5948
	{EtOH CHCl$_3$	4 1/3	pk	epr	5948
				uv	5950
				K, uv	734, 5951
	H$_2$O	1	v	ms, p, uv	706, 1246
				uv	2031
				uv	709
				K, msc, p, uv	695, 696, 706 716a, 738, 739, 2648, 4250, 5939, 5945, 5952–5962, 6798
				uv	716a
				K, uv	1258
2				th, tha	5679
2				th, tha	5679
			138–139		5963
			57–58		5963
2			o	cond, uv	748
				msc, uv	1238
			gy, 90	cd, epr, uv	683
2				K	679
2				ca, p	1102
2				ca, p	1102
2				ir, msc, uv	1100

TABLE 3.92. (CONTINUED)

m	n	R	X
1	2	2-COMe	Br
			I
		3-COMe	Cl
		4-COMe	thioph-2-COCHCOCF$_3$
			Cl
		2-COPh	NO$_3$
			Cl
			{H
			{Cl
			ClO$_4$
			Br
			{H
			{Br
			I
		3-COPh	NCS
			Cl
			Br
			I
		4-COPh	thioph-2-COCHCOCF$_3$
			Cl
			Br
			I
		2-CONH$_2$	+
			NO$_3$
			NCS
			Cl
			ClO$_4$
			Br
			I
		3-CONH$_2$	+
			MeC(=NOH)C(=NO)Me
			NCO
			NO$_3$
			NCS
			Ph$_2$PS$_2$
			(p-MeC$_6$H$_4$)$_2$PS$_2$
			SO$_4$
			Cl
			Br

p	Y	q	Color and MP (°C)	Physicochemical Studies	Reference
2				ir, msc, uv	1100
2				ir, msc, uv	1100
2				ca, p	1102
2				dc	5816
2				ca, p	1102
2			o	cond, ir, msc, uv	4678
2			l-y, y-bw, 186	cond, ir, msc, uv	1264, 4678
13			g	cond, ir, msc, uv	1264
2				cond, ir, msc, uv	4678
	H_2O	1		cond, ir, msc, uv	4678
2			l-y, y-bw	cond, ir, msc, uv	1264, 4678
	Me_2CO		g	cond, ir, msc, uv	4678
13			g	cond, ir, msc, uv	1264
2			d-bw	cond, ir, msc, uv	4678
2			v	cond, ir, msc, uv	5681
2			l-v	ca, ir, msc, p, uv	1102, 5680, 5681
2			v	ir, msc, uv	5680, 5681
2			g	ir, msc, uv	5681
2				dc	5815, 5816, 5818
2			bu, 257	ca, cond, ir, K, msc, p, uv	1102, 5669, 5681, 5852, 5860
2			bu, 246	cond, ir, msc, uv	5669, 5681, 5852
2			g, 242	cond, ir, msc, uv	5669, 5681, 5852
2				K, p	1275
2	H_2O	2	248	ir	778
2			r-v	ir, msc, uv	767
2	H_2O	2	176–178	cal, ir, msc, tha, uv	778, 1268, 1270, 1273, 5686, 5687
2	H_2O	2	306	ir	778
2	H_2O	2		cal, tha, uv	1273, 5686
2	H_2O	2	277	ir, uv	778, 5686
2				K, p, uv	549
2					5722
2				ir, msc, uv	1219, 2663
2			o, 145	cond, ir, msc, uv	1276
2			v, bu, 165	cond, ir, msc, ram, uv	1219, 1276, 2663, 5964
2			pk	ir, msc, uv	5682
2			pk	ir, msc, uv	5682
1				ir	1281
2			r-v, v, pk, 130, 280	ca, cond, epr, ir, msc, p, sol, uv	1102, 1276, 1280–1283, 1285, 5686, 5966–5968
	H_2O	6	d-o, o-r	cond	1278, 5967
2			r-v, v-pk, 220	cond, epr, msc, sol	1276, 1280, 1282, 1283, 1285, 5686, 5967
	H_2O	6	d-o		5967

TABLE 3.92. (*CONTINUED*)

m	n	R	X
1	2	3-CONH$_2$	I
			HgI$_4$
			Hg(SCN)$_4$
			Hg(SeCN)$_4$
		4-CONH$_2$	+
			NCS
			Cl
			Br
			Hg(SeCN)$_4$
		3-COND$_2$	NCS
		2-CONHMe	NCO
			NCS
			Cl
		2,6-(CONHMe)$_2$	NCS
		2-CONDMe	NCO
			NCS
		2-CONHEt	Cl
		3-CONHPh	Cl
		3-CONHNH$_2$	NCS
			Cl
		4-CONHNH$_2$	+
			MeCO$_2$
			NO$_3$
			NCS
			Cl
			Br
		4-CON$^-$NH$_2$	
		3-CONDNH$_2$	NCS
			Cl
		2-CONMe$_2$	ClO$_4$
		2-CONEt$_2$	ClO$_4$
		3-CONEt$_2$	+
			(*o*-OC$_6$H$_4$CH=NCH$_2$)$_2$
			NCO
			NCS
			NCSe
			Cl
			Br
			I
		4-CONHN=CHMe	Hg(SCN)$_4$
			HgI$_4$
		2-CONHN=CMe$_2$	Hg(SCN)$_4$
			HgI$_4$
		2-CON$^-$N=CMe$_2$	
		3-CON$^-$N=CMe$_2$	
1	1	2-CO$_2$H	NCS
1	1	2-CO$_2^-$	

1102

p	Y	q	Color and MP (°C)	Physicochemical Studies	Reference
2			gy, 238	sol, uv	5967
	H$_2$O	6	d-o		5967
1				ir	1277
1				ir	1277
1			pk, 195 dec	cond, ir, msc, uv	2991
2				K, p	766
2				cond, ir, msc, uv	2665
2			v	cond, ir, msc, uv	1289, 2665, 5686
2			v	cond, ir, msc, uv	1289, 2665, 5686
1			pk, 180 dec	cond, ir, msc, uv	2991
2				ir, ram	5964
2			r-v	ir, msc, uv	767
2			v-r	ir, msc, uv	767
2	H$_2$O	4	r-o	ir, msc, uv	767
2	H$_2$O	4		ir, msc, nmr, uv	1290
2				ir	767
2				ir	767
2			218	ir	778
2			bu, 258		1278
2				ir	4680
2				ir	4680
2				K, ir	1293, 1946
2					5674
2			pk	cond, ir, msc, uv	769
2				ir, msc	772, 1219, 5965
	H$_2$O	1	pk	ir, msc, uv	74
2				ir	5685
2				ir	5685
	H$_2$O	1	pk, 249	cond, ir	5685, 5704
2				ir	4680
2				ir	4680
2	H$_2$O	2	o	ir, msc, uv	767
2	H$_2$O	2	290	ir	778
2				K, p	1294
1				K, p	5544
2				ir, msc, uv	2495, 4741
	H$_2$O	2		xr	2670
2				ir, msc, uv	2495, 4741
2				ir, msc, uv	2495, 4741
2			{ l-v, bu, 107, 183 gysh-g, 147 dec	ir, K, msc, p	4763, 5690
2			l-v, d-g, 92, 176	K, msc, p	5690
2			g, 87		5690
	H$_2$O	2			5690
2				ir	5163
				ir	5163
2				ir	2819, 5163
2				ir	2819, 5163
	EtOH	2	rsh-bw, 205	ir, msc, uv	780
	H$_2$O	2	l-bw	cond, epr, ir, msc, uv	781
1	MeOH	0.5	r-v	ir, msc, tha, uv	5969

TABLE 3.92.   (CONTINUED)

m	n	R	X
1	1	2-CO$_2$H	Cl
	1	2-CO$_2^-$	Br
	2	2-CO$_2^-$	
	1	2-CO$_2$H,6-Me	NCS
	1	2-CO$_2^-$,6-Me	Cl
			Br
	2	2-CO$_2^-$,6-Me	
		2-CO$_2^-$,6-CH$_2$OH	
		3-CO$_2$H	2-OC$_{10}$H$_4$-1-CO$_2$
			Cl
			Br
			I
	1	H	OH
	1	3-CO$_2^-$	
	2	3-CO$_2^-$	
		4-CO$_2$H	Cl
			Br

p	Y	q	Color and MP (°C)	Physicochemical Studies	Reference
1	MeOH	0.5	r-v	ir, msc, tha, uv	5969
1	MeOH	0.5	r-v	ir, msc, tha, uv	5969
				ir, K, msc, p, sol, tha, uv	1307, 1308, 1311, 1312, 1314, 1315, 1317, 1320, 1324, 1329, 1331, 1333, 1339, 1556, 1957, 2671, 4744, 4746, 5614, 5691–5696, 5970–5973
	H$_2$O	2	pk-o	ir, msc, th, tha, uv	1328, 1339, 1556, 5969
		4	o-pk	ir, K, msc, tha, uv, **xr**	758, 1275, 2501, 5969
1			r-v	ir, msc, tha, uv	5969
1			r-v	ir, msc, tha, uv	5969
1			r-v	ir, msc, tha, uv	5969
				K, p	1307, 1308, 1311, 1317
	H$_2$O	2	pk-l-bw	ir, tha, uv	5924, 5969
				K, uv	1355
1			v		5975
	H$_2$O	2	v		5975
2			l-v, l-bw, 325	ca, cond, msc, p, tha	1102, 5686, 5969, 5974
2			l-v, l-bw, 283 dec	cond, tha, uv	5686, 5969, 5974
2			l-bw, 268 dec	cond	5974
1	H$_2$O	4	l-pk		1564
				dm, ir, tha, uv	1320, 1324, 1328, 1333, 1556, 1957, 4744, 5970, 5971, 5973
	NH$_3$	4		ir, tha	1328
	H$_2$O	1	v	msc	5697
		4	pk, dec 480	ir, msc, tha, uv, **xr**	1278, 1328, 1556, 5699, 5958, 5976
2				uv	5686
2				uv	5686

TABLE 3.92. (CONTINUED)

m	n	R	X
1	2	4-CO_2^-	
		2-CO_2^-,3-CO_2H	
		2-CO_2^-,4-CO_2H	
		2-CO_2^-,5-CO_2H	
		2-CO_2^-,6-CO_2H	
		2-CO_2^-,6-CO_2H,4-NH_2	
		2-CO_2^-,6-CO_2H,4-OH	
		3-$CONHCH_2OH$	+
			Cl
			Br
		4-$CON^-N=CHC_6H_4OH$-o	
		2-CO_2Me	NCS
		2-CO_2Et	NCS
			Cl
			Br
		3-CO_2Et	Cl
			Br
			I
			$Hg(SCN)_2$
		4-CO_2Et	(o-$OC_6H_4CH=NCH_2)_2$
			Cl
			Br
		2-CO_2-i-Pr	NCS
		4-CO_2-n-Bu	NCS
			Cl
			Br
			I
		2-$CONHCH_2CH_2OMe$	NCS
			Br
		4-CONHN=CMeCH=CH—(furyl) 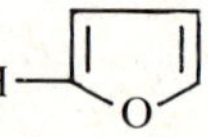	Cl
		4-CON^-N=CMeCH=CH—(furyl) 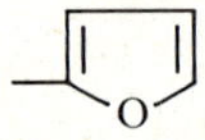	
		4-CONHN=CHC_6H_3-3'-OMe-4'-OH	Cl
		4-CONHN=CHC_6H_3-3'-OMe-4'-O^-	

p	Y	q	Color and MP (°C)	Physicochemical Studies	Reference
				ir, msc, uv	1333, 1556, 1957, 2119, 2577, 4744, 5970, 5973
	H$_2$O	1	v	msc, uv	5697
		4	l-o, dec 470	msc, tha	5699
	H$_2$O	2	o	msc, tha, uv	5697, 5699
				uv	5971
	H$_2$O	2		ir, msc, uv	5698
		3		ir, msc, uv	5698, 5977
		4		ir, msc, tha, uv	1368, 5977
				K	792, 1317
	H$_2$O	1	r-v	msc, xrp	5700
		1.5	gy	ir, tha, uv	5969
		3	d-r, r-v	ir, msc, tha, uv, xrp	1369, 5700, 5969
				K	3111
				K, p	805, 806
2				K, p	766
2			v, 296	epr, ir, msc, uv	1376
	H$_2$O		4	o, 240–242		5978
2			v, 260	epr, ir, msc, uv	1376
			bw, > 250	ir, msc, uv	810
2			pk-v, 166	ir, msc, tha, uv	5979
2			l-bw, 155	cond, ir, msc, tha, uv	1373, 5979
2				ir, K, p, uv	5686, 5702, 5980
2				uv	5686
2				uv	5686, 5980, 5982
2				uv	5686, 5982
2				uv	5982
1			pk, 165 dec	msc, uv	5921
1				K, p	5544
2				K, p, uv	5686, 5702
2			{bu {v	ir, uv	5686, 5980
2			pk, 178	ir, msc, tha, uv	5979
2			l-v, 151	cond, msc, uv	5669
2			l-v, 150	cond, msc, uv	5669
2			bu, 104	cond, msc, uv	5669
2			g, 96	cond, msc, uv	5669
2				msc	774
2	H$_2$O	4		msc	774
2			g, 252	cond, ir	5704
				ir	5685
	H$_2$O		2	y, 320 dec	cond	5704
2			g, 235	cond	5704
	H$_2$O	6	y, 260 dec	cond	5704
	H$_2$O	4	l-bw, 270 dec	cond	5704

TABLE 3.92. (CONTINUED)

m	n	R	X
1	2	4-CONHN=CHC$_6$H$_3$-3',4'-(OMe)$_2$	NCSe
		2-CH$_2$CO$_2^-$	
		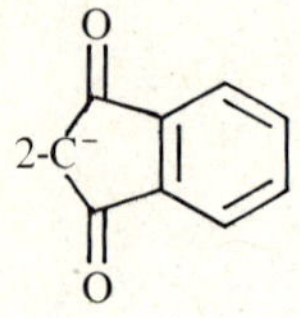 2-C$^-$(phthalimidoyl-like, indane-1,3-dione)	+
		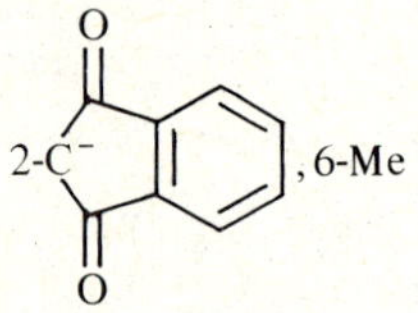 2-C$^-$(indane-1,3-dione), 6-Me	+
		2-CH$_2$CH(NH$_2$)CO$_2^-$	
		2-CH$_2$CH(NH$_2$)CO$_2^-$,6-Me	
		2-NHCOMe	+
			NO$_3$
			NCS
			SO$_4$
			Cl
			ClO$_4$
			Br
			I
		3-NHCOMe	+
			Cl
			Br
		4-NHCOMe	Cl
			Br
		2,6-(NHCOMe)$_2$	Br
		2-CH$_2$N(CH$_2$CO$_2^-$)$_2$	—
		2,6-[CH$_2$N(CH$_2$CO$_2^-$)CH$_2$CO$_2$H]$_2$	—
		3-(N-acetylpiperidinyl)	Cl
			ClO$_4$
		2-NHCOC$^-$HCOMe	
		2-CH$_2$NHCOCONH$_2$	+
		2-CH=NCOC$_6$H$_4$O$^-$-o	
		2-NHN=CPhCOPh	NCS
		{2-NHN=CPhCOPh, 2-N$^-$N=CPhCOPh}	Cl

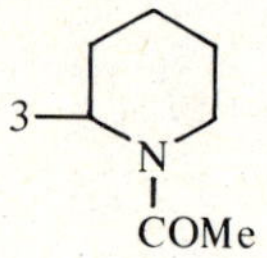

p	Y	q	Color and MP (°C)	Physicochemical Studies	Reference
2	H$_2$O	6		ir, msc	772
	H$_2$O	2		K, xr	581, 1329, 1387, 1388
2				ir, K, uv	757
2				ir, K, uv	757
				K	1391
				K	1391
2				K	815
2			o, pk, 254 dec	cond, ir, msc, nmr, uv	1393, 5924
	H$_2$O	2	pk	epr, ir, msc, nmr, uv	1025, 1394
2			rsh-v, 290 dec / l-bw	ir, msc, uv	1393, 5924
2					1025
2			pk, r-v, 280	cond, ir, msc, nmr, uv	1393, 1400, 5924
	H$_2$O	2	pk	epr, ir, msc, nmr, uv	1025, 1394
2	H$_2$O	2	pk	epr, ir, msc, nmr, uv	1394
2			r-v, pk, 308	cond, ir, msc, nmr, uv	1393, 5924
	H$_2$O	2	pk	epr, ir, msc, nmr, uv	1394
2			pk, 292	cond, ir, msc, uv	5924
2				K, p	766
2			v	epr, ir, msc, uv	1283
2			v / bu	epr, ir, msc, uv	1283
2			bu	epr, ir, msc, uv	1289
2			bu	epr, ir, msc, uv	1289
2	H$_2$O	2		msc	816
2				K, p	825, 826
2				K	827
2				uv	5602, 5662
2				K, uv	5498
				K	822
2				K, uv	5661
			r-bw	ir, msc, uv	838
2			bw	cond, ir, msc, uv	5705
1			g-r	cond, ir, msc, uv	5705

TABLE 3.92. (CONTINUED)

m	n	R	X
1	2	2-NHN=CPhCOPh	ClO$_4$
		2-N$^-$N=CPhCOPh	Br
		2-N$^-$N=CPhCOPh	
		2-CH=N–N(pyridin-2(1H)-one)	ClO$_4$
		2-CMe=N–N(pyridin-2(1H)-one)	ClO$_4$
		4-CONHN=CHC$_6$H$_2$-3',4'-(OMe)$_2$-2'-CO$_2^-$	
		3-CH$_2$NHCONHC$_6$H$_4$NO$_2$-p	Cl
		2-N=CHC$_6$H$_3$-2'-O$^-$-5'-NO$_2$	
		2-CH$_2$PPh$_2$O	NCS
			Cl
			I
		2-NHPPh$_2$O	Cl
		4-SPh	Cl
		2-SNH$_2$	Cl
			ClO$_4$
		2,6-(SNH$_2$)$_2$	Cl
		2-SN=CHMe	ClO$_4$
		2-SN=CHEt	ClO$_4$
		2-SN=CH-n-Pr	ClO$_4$
		2-CH$_2$SMe	NCS
			Cl
			Br
		2-CH$_2$CH$_2$SC$_6$H$_4$CO$_2^-$-o	
		2-CONHCH$_2$CH$_2$SEt	NCS
		2-N=CHC$_6$H$_4$SMe-o	BF$_4$
			ClO$_4$
			I
		2-N=CHC$_6$H$_4$SMe-o,6-Me	BF$_4$
			ClO$_4$
			I
		2-N=CH-3'-thioph-2'-S$^-$-5'-Et	
		2-N=CH-3'-thioph-2'-SMe-5'-Et	I
		2-N$^-$N=CMeCH$_2$SCH$_2$Ph	
		2-CH=NN=C(SMe)$_2$	NO$_2$
			NCS
			BF$_4$
			ClO$_4$
		2-CH=NN$^-$(benzothiazol-2-yl)	
		2-CSNH$_2$,6-Me	ClO$_4$
		2-CSN$^-$Ph	
		2-CSN$^-$CHMePh	

p	Y	q	Color and MP (°C)	Physicochemical Studies	Reference
1	H$_2$O	1	g-r	cond, ir, msc, uv	5705
1	H$_2$O	2	g-r	cond, ir, msc, uv	5705
			g-r	cond, ir, msc, uv	5705
2				cond, ir, msc	1405
2				cond, ir, msc	1405
	H$_2$O	7	l-pk, 214 dec	cond	5704
2					1409
				msc, uv	1258
2			l-v, 275	msc, uv	5983
2			v, 217	msc, uv	5983
2			v, 158	msc, uv	5983
2			208–210	ir	2983
2			138	msc, uv	5848, 5865
2			pk	cond, msc	1667
2			bw	cond, msc	1667
2			bw	msc	5181
2			bw	cond, msc	1667
2	H$_2$O	1	y	cond, msc	1667
2			y	cond, msc	1667
2				cond, msc, uv	126
2				cond, msc, uv	126
2				cond, msc, uv	126
			r, 220	msc, uv	1412
2			r-v	msc	774
2			bw	cond, msc	5984
2			bw	cond, msc	5984
2			bw	cond, msc	5984
2			bw	cond, msc	5984
2	H$_2$O	0.5	bw	cond, msc	5984
2	H$_2$O	1	bw	cond, msc	5984
					1414
2					1414
	PhH	0.5	g-bk	cond, msc	646
2			y-o	cond, ir, msc, uv	846
2	H$_2$O	1	g	cond, ir, msc, uv	846
2			bu	cond, ir, msc, uv	846
2	H$_2$O	1	bw	cond, ir, msc, uv	846
				K, p, uv	653
2	H$_2$O	2	bw, 149 dec	ir, msc	85
				xr	1433
				cd, ir, msc, ord, xr	851

TABLE 3.92. (CONTINUED)

m	n	R	X
1	2	2-C⁻(CHO)CSPh	
		2-NHCSNH$_2$	Cl
			Br
		2-NHCSNHMe	Cl
		2-NHCSNHCH$_2$CH=CH$_2$	NO$_3$
			Cl
			Br
		2-NHCSNHPh	MeCO$_2$
			NO$_3$
			Cl
		2-NHCSNHC$_6$H$_4$Me-o	Cl
		2-NHCSNHC$_6$H$_4$Me-p	Cl
		2-NHCSNHCH$_2$Ph	Cl
		2-CONHNHCSNH$_2$	Cl
		3-CON⁻NHCSNH$_2$	
		2-CH=NN⁻CSNH$_2$	
		2-CH=NN⁻CSNH$_2$,3-OH	
		2-CH=NN⁻CSNHPh	
		2-CH=NNMeCS$_2$Me	ClO$_4$
		2-CH=NNMeCS$_2$Me,6-Me	BF$_4$
			ClO$_4$
		3-SO$_3^-$	
		2-CH(OH)SO$_3^-$	
		2-CH(OH)SO$_3^-$,6-Me	
		3-CH(OH)SO$_3^-$	
		2-N⁻SO$_2$C$_6$H$_4$NH$_2$-p	
		2-N=N-1'-C$_{10}$H$_5$-2'-O⁻-4'-SO$_3$H	
		2-N=N-2'-C$_{10}$H$_5$-1'-O⁻-4'-SO$_3$H,5—[N-Me piperidinyl]	
		2-N=N-2'-C$_{10}$H$_5$-1'-O⁻-5'-SO$_3$H,5—[N-Me piperidinyl]	
		2-N=N-1'-C$_{10}$H$_4$-2'-O⁻-3'-OH-6'-SO$_3$H	
		2-N=N-2'-C$_{10}$H'$_3$-1'-O⁻-8'-OH-3',6'-(SO$_3$H)$_2$	
		2-N=N—CPh=NNHC$_6$H$_4$SO$_3$H-p	+
		2-CH=NN⁻CSeNH$_2$	
		3-COC⁻COCF$_3$	
		2-NHC(CF$_3$)$_2$O⁻	
		2-Cl	NCS
			Cl

1112

p	Y	q	Color and MP (°C)	Physicochemical Studies	Reference
			bk, 205–206	ir	1440
2			bu g, 192 dec	cond, msc, uv	5985
2			g, 177	cond, msc, uv	5985
2			221	cond, ir, msc, uv	5986
2			pk, 169 dec	cond, ir, msc, uv	130
2			d-bu, 220	cond, ir, msc, uv	130
2			d-bu, 124	cond, ir, msc, uv	130
2			pk, 203	ir, msc	132
2			123	ir, msc, uv	131
2			bu, 194 dec, 200 dec	cond, ir, msc, uv	132, 5986
2			191	cond, ir, msc, uv	5986
2			196	cond, ir, msc, uv	5986
2			177	cond, ir, msc, uv	5986
2			v	ir, msc, uv	5987
	O O	2	bu	ir, msc, uv	5987
			bw	ir, msc, uv, xr	5987
				uv	88, 93, 854, 2173
				uv	5988
				uv	5989
2			r	cond, msc, uv	859
2			o	cond, msc	859a
2	H_2O	2	o	cond, msc	859a
	H_2O	2	v	msc, uv	5697, 5698
		4	o, 650	msc, tha	5699
				K	1447
				K	1447
				K	1447
			l-v, 209		2682, 5990
				uv	705
				K, uv	1449
				K, uv	1450
				uv	716a
				uv	716a
2				K, uv	1451
				ir, uv	854
				msc, uv	1392
				K	1452
2				ir	5991
2			d-bu	cond, K, msc, th, tha, uv	1169, 5679, 5707, 5865, 5992

TABLE 3.92. (CONTINUED)

m	n	R	X
1	2	2-Cl	Br
			I
		2-Cl,3-N⁻N=NMe	
		2-Cl,3-N⁻N=NEt	
		3-Cl	Cl
			Br
		3-Cl,6-N=NC$_6$H$_3$-2′,4′-(NH$_2$)$_2$	+
		3-Cl,6-N=N-1′-C$_{10}$H$_6$-2′-O⁻	
		3-Cl,6-N=NC$_6$H$_3$-2′-O⁻-4′-NEt$_2$	
		3-Cl,6-N=NC$_6$H$_2$-2′-Me-4′-O⁻-5′-i-Pr	
		3-Cl,6-NHCSNHPh	Cl
		3-Cl,6-NHCSNHC$_6$H$_4$Me-o	Cl
		4-Cl	Cl
			Br
			I
		4-CH$_2$C$_6$H$_4$Cl-p	NCS
			Cl
			Br
			I
		2-N=CHC$_6$H$_3$-2′-O⁻-5′-Cl	
		2-CH=NC$_6$H$_3$-2′-O⁻-5′-Cl	
		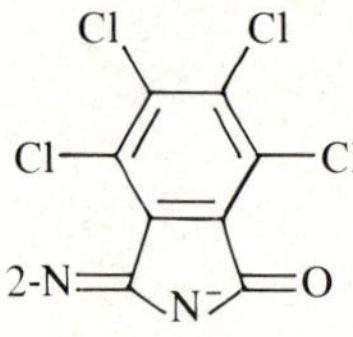 2-N=(tetrachlorophthalimido)	
		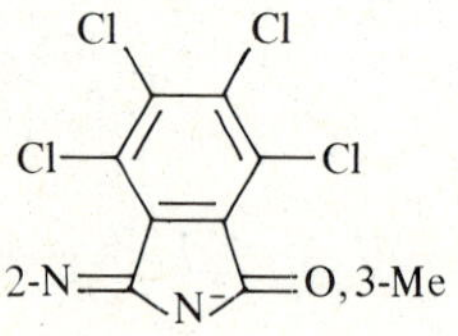 2-N=(tetrachlorophthalimido), 3-Me	
		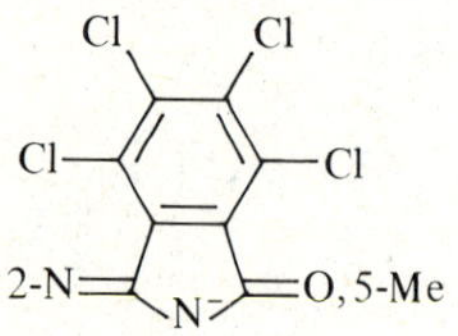 2-N=(tetrachlorophthalimido), 5-Me	
		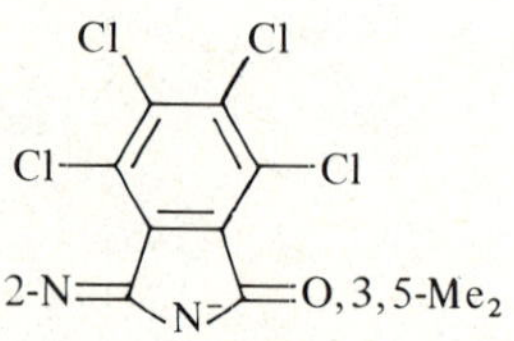 2-N=(tetrachlorophthalimido), 3,5-Me$_2$	

1114

p	Y	q	Color and MP (°C)	Physicochemical Studies	Reference
2			d-bu	msc, th, tha, uv	1169, 5677, 5992
2			d-bu, d-g	ir, msc, uv	1169, 5797, 5992
			219–220		5963
			146–147		5963
2			v	ca, ir, p, th, tha	1102, 1169, 5679
2			r-v	ir, th, tha	1169, 5679
2				uv	5932
				K, uv	5943
				uv	5993
				uv	709
2			195 dec	cond, ir, msc, uv	5994
2			208 dec	cond, ir, msc, uv	5994
2			l-v, 148 dec	ca, cond, ir, msc, uv	1102, 1169, 5669, 5858, 5992
2			l-v, r-v, 130 dec	cond, ir, msc, uv	1169, 5669, 5858
	H_2O	2	l-v, 95 dec	ir, msc, uv	5669
2			bk, g, 114 dec	cond, msc, uv	5669, 5992
	H_2O	2	l-v, 92	cond, msc	5669
2			pk, 180 dec	cond, msc, uv	5669
2			bu, 170	cond, msc, uv	5669, 5852
2			bu, 167	cond, msc, uv	5669, 5852
2			g-bu, 169	cond, msc, uv	5669, 5852
				msc, uv	1238
				uv	1239
			o		1457, 1458
			o		1457, 1458
					1458
					1458

TABLE 3.92. *(CONTINUED)*

m	n	R	X
1	2	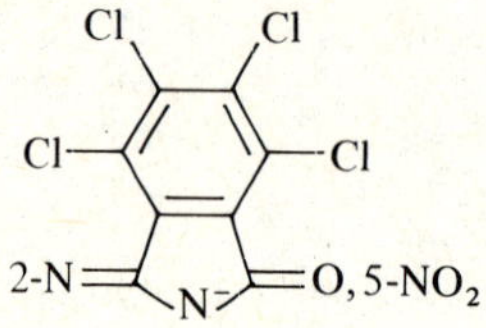 (tetrachloro-isoindole-1,3-dione with 2-N=, 3-C=O) 5-NO$_2$	
		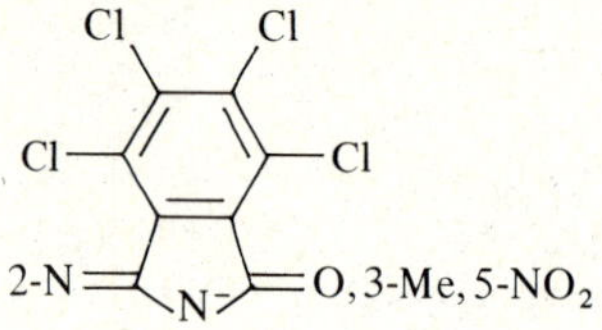 3-Me, 5-NO$_2$	
		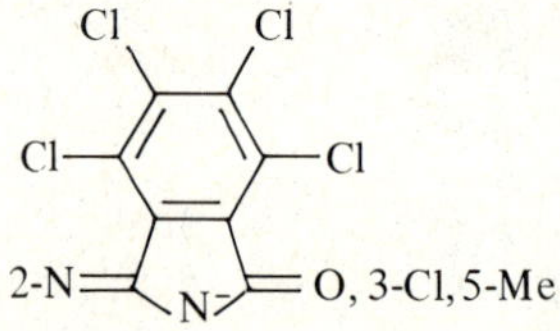 3-Cl, 5-Me	
		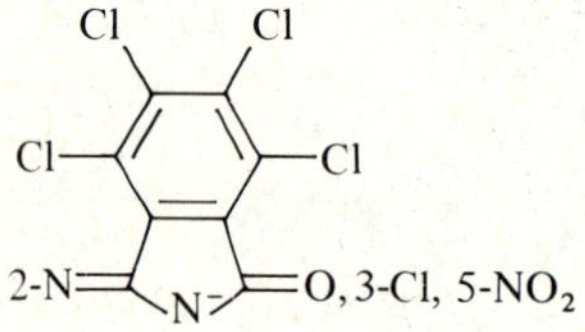 3-Cl, 5-NO$_2$	
		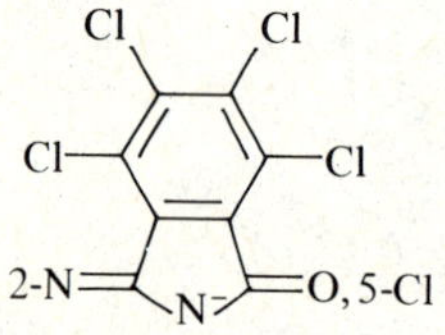 5-Cl	
		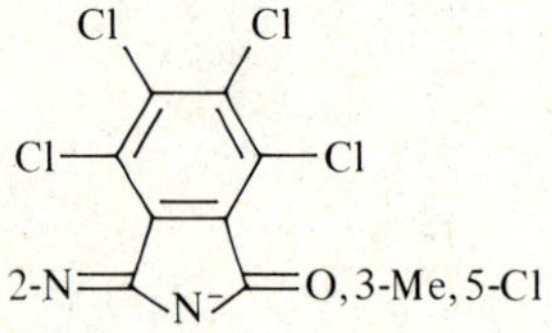 3-Me, 5-Cl	
		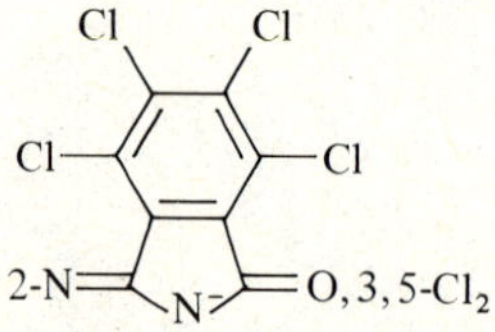 3,5-Cl$_2$	
		2-Br	Cl

p	Y	q	Color and MP (°C)	Physicochemical Studies	Reference
					1458
					1458
					1458
					1458
					1458
					1458
					1458
2			bu	cond, K, msc, th, tha, uv	1169, 5679, 5707, 5865, 5992

TABLE 3.92. (CONTINUED)

m	n	R	X
1	2	2-Br	Br
			I
		3-Br	MeCOCHCOPh
			Cl
			Br
			I
		3-Br,6-N=NC$_6$H$_3$-2',4'-(NH$_2$)$_2$	+
		3-Br,6-N=N-1'-C$_{10}$H$_6$-2'-O$^-$	
		3-Br,6-N=NC$_6$H$_2$-2'-O$^-$-4'-NHEt-5'-Me	
		3-Br,6-N=NC$_6$H$_3$-2'-O$^-$-4'-NEt$_2$	
		3-Br,6-N=NC$_6$H$_3$-2-O$^-$-4-OH	
		3-Br,6-NHCSNHPh	Cl
		3-Br,6-NHCSNHC$_6$H$_4$Me-o	Cl
		4-Br	NCS
			Cl
			Br
			I
		3,5-Br$_2$,2-N=NC$_6$H$_2$-2'-O$^-$-4'-NHEt-5'-Me	
		2-CH=NC$_6$H$_4$Br-m	NCS
		2-N=CHC$_6$H$_3$-2'-O$^-$-5'-Br	
		3-I,6-NHCSNHPh	Cl
		3-I,6-NHCSNHC$_6$H$_4$Me-o	Cl
		2-CH=NC$_6$H$_4$I-o	NCS
	3	H	+
			PhN=NNMeO
			p-MeC$_6$H$_4$N=NMeO
			NCO
			o-[EtO$_2$CC(CN)CH=N]$_2$C$_6$H$_4$
			HCO$_2$
			NO$_2$
			NO$_3$

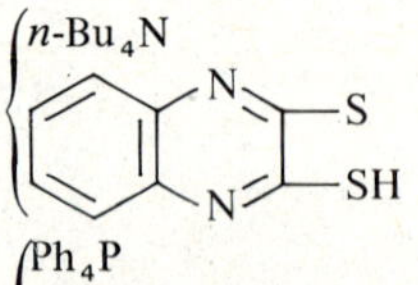

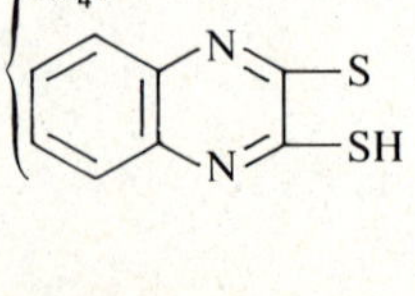

{n-Bu$_4$N} benzoquinoxaline-2,3-dithiolate
{Ph$_4$P} benzoquinoxaline-2,3-dithiolate

p	Y	q	Color and MP (°C)	Physicochemical Studies	Reference
2			bu	msc, th, tha, uv	1169, 5679, 5992
2			g	ir	1169
2			y, 175	msc, uv	5749
2			v, l-v	ca, ir, K, msc, p, th, tha, uv	1102, 1169, 5679, 5707, 5992
2			r-v, l-v	ir, msc, th, tha, uv	1169, 5679, 5992
2			d-g, g	ir, msc, uv	1155, 1169, 5992
2				uv	5932
				K, uv	5943
				uv	5950
				uv	865
				K, uv	5995
2			208 dec	cond, ir, msc, uv	5994
2			222 dec	cond, ir, msc, uv	5994
2			l-v, 134 dec	cond, msc, uv	5669
2			v, l-v, 155 dec	cond, ir, msc, uv	1169, 5669, 5858
2			d-bu, l-v, 132 dec	cond, ir, msc, uv	1169, 5669, 5858
2			d-g, g, 138 dec	cond, ir, msc, uv	1169, 5669
				uv	5950
2				ir, msc	5009
				msc, uv	1238
2			220 dec	cond, ir, msc, uv	5994
2			226 dec	cond, ir, msc, uv	5994
2				ir, msc	5009
2				K, p	271, 2374, 2375, 4658, 5496, 5498, 5502, 5645
	NH_3	1		K, p	271
		2		K, p	271
		3		K, p	271
2	H_2O	3		nmr	5996
	D_2O	3		nmr	5997
2			r-bw, 116–120		4964
2			l-o, 130–135		4954
2				msc, tha	311
1				msc	5576
2			pk, 115		1114
2			rsh, 90	ir, msc, uv	5780, 5783
2			pk, dec 160	ir, msc, th, tha, uv, **xr**	500, 503, 969, 972, 973, 1463, 5785–5788, 5998–6000
1					
3				uv	6001
1					
3				uv	6001

TABLE 3.92. (*CONTINUED*)

m	n	R	X
1	3	H	Ph₄As / NCS (quinoxaline-2,3-dithiol structure)
			PhSO₃
			SO₄
			{ K, SO₄ }
			2-O-5-HO₃SC₆H₃CO₂
			{ +, CF₃COCHCOCF₃ }
			SiF₆
			Cl
			CH₂ClCO₂
			Br
			{ O, PhCH(O)CO₂, Zr }
			VO₃
		2-Me	BF₄
		3-Me	NO₂
			BF₄
			I
		4-Me	+
			BF₄
			Hg(SCN)₄
		3,4-Me₂	NO₃
		3,5-Me₂	NO₃
		4-CH₂Ph	Cl
		4-(CH₂)₃Ph	Ph₂P(O)CHCH₂CO₂Et
		2-CH₂NH₂	+
			ClO₄
		2-CH₂NH₂,6-Me	ClO₄
		2-NHNH₂	+
			ClO₄
		2-CH₂NHMe	+
		2-CH₂NH-*i*-Pr	ClO₄
		2-CH=NMe	BF₄
			ClO₄
		2-CH=NC₆H₄Me-*o*	ClO₄
		2-CH=NC₆H₄Me-*m*	ClO₄
		2-CH=NC₆H₄Me-*p*	+
			ClO₄
			I
		2-CH=NC₆H₃-2′,3′-Me₂	ClO₄

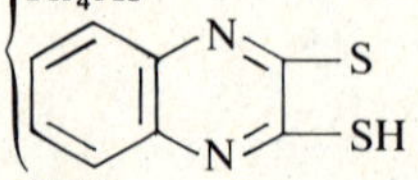

p	Y	q	Color and MP (°C)	Physicochemical Studies	Reference
1					
3				uv	6001
2			195	tha	448, 449, 500, 503, 1003
2			r, dec 230		1468
1	H$_2$O	1	dec 150	tha	500, 503
2	H$_2$O	3	v		111
2					
1	H$_2$O	1	pk-r		1469
1				ms	1034
1					
1					1525
2				K	5857
	EtOH	1		uv	5620
2	H$_2$O	1	r		5769
2				K	5892
1					
2				tha, uv, xr	5631
1					
2					1471
2				th	5899
2				ir, msc	5783
2				th	2694
2				tha	1170
2				K, p	5645
	H$_2$O	3		nmr	5996
2				th	2694
1			pk		5640
2				msc, uv	5912
2				msc, uv	5912
2			pk, 104 dec	cond, msc, uv	5669
2	Ph$_2$P(O)CH$_2$CH$_2$CO$_2$Et	1		dc, K	6003
2				K, p, th, uv	576, 583, 584, 5656, 5923, 6004
2			bw	cond, ir, msc	2634, 5658
2	H$_2$O	1	r-v, 221	cond, ir, msc, uv	5924
2				K, p	583
2			o	cond, msc	646
2				K, p, th	576, 584
2			pk, 210	cond, msc	5660
2			bwsh-bk	ir, msc	637, 5131
2				moe	6007
2				ir, uv	6008
2				ir, uv	6008
2				nmr	6009
2				ir, uv	6008
2	H$_2$O	3		msc	5137
2				ir, uv	6008

TABLE 3.92. (CONTINUED)

m	n	R	X
1	3	2-CH=NC$_6$H$_3$-2',4'-Me$_2$	ClO$_4$
		2-CH=NC$_6$H$_3$-2',5'-Me$_2$	ClO$_4$
		2-CH=NC$_6$H$_4$Et-o	ClO$_4$
		2-CH=NC$_6$H$_4$Et-p	ClO$_4$
		2-CH=NNH$_2$	I
		2-CH=NNHMe	I
		2-CH=NNMe$_2$	I
		2-CH=NC$_6$H$_4$NMe$_2$-p	ClO$_4$
		2-CH=NC$_6$H$_4$NMe$_2$-p	ClO$_4$
		2-C(NH—CH$_2$)(=N—CH$_2$)	BF$_4$
			ClO$_4$
			I
		2-NHN=CHPh	ClO$_4$
		2-NHN=CMeCH$_2$NMe$_2$	ClO$_4$
		2-NHPPh$_2$	ClO$_4$
		4-CH$_2$OH	NCS
		2-CH=NOH,6-Me	Cl
		2-CPh=NOH	NO$_3$
		2-NHN=CHC$_6$H$_4$OH-o	ClO$_4$
		2-N=NC$_6$H$_3$-2'-O$^-$-4'-NEt$_2$	—
		2-C(OMe)=NH	ClO$_4$
		2-CH=NC$_6$H$_4$OMe-o	ClO$_4$
		2-CH=NC$_6$H$_4$OMe-m	ClO$_4$
		2-CH=NC$_6$H$_4$OMe-p	ClO$_4$
		2-CHO	+
		2-CONHMe	ClO$_4$
		2-CONHEt	ClO$_4$
		4-CONHNH$_2$	Cl
			Br
		2-CO$_2^-$	—
		3-CO$_2$H	NCS
		2-CH$_2$CO$_2^-$	—
		2-NHCOMe	ClO$_4$
		2-CH=NC$_6$H$_4$CO$_2$Et-p	ClO$_4$
		2-NHN=CMeCH$_2$SCH$_2$Ph	ClO$_4$
		2-CSNH$_2$	ClO$_4$
		3-CSNH$_2$	Cl
		4-CSNH$_2$	Cl
		2-NHCSNH$_2$	ClO$_4$
		2-NHCSNHCH$_2$CH=CH$_2$	ClO$_4$
		2-N=N-2'-C$_{10}$H$_3$-1',8'-(O$^-$)$_2$-3',6'-(SO$_3$H)$_2$	—
		2-CH=NC$_6$H$_4$F-o	ClO$_4$
		2-CH=NC$_6$H$_4$F-m	ClO$_4$
		2-CH=NC$_6$H$_4$F-p	ClO$_4$
		4-Cl	I
		2-CH=NC$_6$H$_4$Cl-o	ClO$_4$
		2-CH=NC$_6$H$_4$Cl-m	ClO$_4$
		2-CH=NC$_6$H$_4$Cl-p	ClO$_4$
		3-Br,6-N=NC$_6$H$_3$-2'-O$^-$-4'-NEt$_2$	—

p	Y	q	Color and MP (°C)	Physicochemical Studies	Reference
2				ir, uv	6008
2				ir, uv	6008
2				ir, uv	6008
2				ir, uv	6008
2				msc	5137
2			bk	ir, msc	3093
2			r-bw	ir, msc, uv	3093
2				ir, uv	6008
2				ir, uv	6008
2				ir, msc, uv	6010
2				ir, msc, uv	6010
2				ir, K, msc, uv	1214, 2638, 6010
2	H_2O	1	y-bw	cond, msc	646
2			bw	cond, msc	646
2				msc, uv	67
2			r-v, 164	cond, msc, uv	5669
2	H_2O	1	g, 222	ir, msc	5673
2			bw	cond, ir, msc	4735
2			ysh-g	cond, msc	646
1				uv	6011
2			o	ir, msc, uv	748
2				ir, uv	6008
2				ir, uv	6008
2				ir, uv	6008
2				uv	6004, 6005
2	H_2O	0.5	pk	ir, msc, uv	767
2			224	ir	778
2	H_2O	6		epr, ir, uv, xr	2686, 2699, 5965
2	H_2O			epr, ir, uv, xr	2686, 5965
1				K, p	1311, 1317, 1329, 5693, 5695
2			bw-pk	ir, msc, tha, uv	5969
1				K, p	1329
2			o-pk	msc	5924
2				ir, uv	6008
2			bw	cond, msc	646
2			r	ir	84
2			g	cond, ir, uv	1415
2			y	cond, ir, uv	1415
2			d-bw, 130	cond, ir, msc, uv	5985
2			bw, 106–107	cond, ir, msc, uv	130
4				K	6012
2				ir, uv	6008
2				ir, uv	6008
2				ir, uv	6008
2			bw, 100 dec	cond, msc, uv	5669
2				ir, uv	6008
2				ir, uv	6008
2				ir, uv	6008
1				uv	6011

TABLE 3.92. (CONTINUED)

m	n	R	X
1	3	3,5-Br$_2$,6-N=NC$_6$H$_3$-2'-O$^-$-4'-NEt$_2$	—
		2-CH=NC$_6$H$_4$Br-m	ClO$_4$
		2-CH=NC$_6$H$_4$Br-p	ClO$_4$
		2-CH=NC$_6$H$_4$I-m	ClO$_4$
		2-CH=NC$_6$H$_4$I-p	ClO$_4$
	4	H	+
			C(CN)$_3$
			C(CN)$_2$=NO
			2-O$^-$-3-MeOC$_6$H$_3$CH=NCHPh$_2$
			PhCOCHCOCHCOPh
			NCO
			C$_6$H$_4$(CO$_2$)$_2$-o
			o-O$_2$CC$_6$H$_4$C$_6$H$_4$CO$_2$-o
			$\begin{cases} + \\ NO_3 \end{cases}$
			NO$_3$
			NCS
			$\begin{cases} H \\ NCS \end{cases}$
			$\begin{cases} Sn \\ NCS \end{cases}$
			Et$_2$PSO
			NH$_2$SO$_3$
			S$_4$O$_6$

p	Y	q	Color and MP (°C)	Physicochemical Studies	Reference
1				uv	6011
2				ir, uv	6008
2				ir, uv	6008
2				ir, uv	6008
2				ir, uv	6008
2				K, p	271, 2374, 4658, 5645
	NH_3	1		K, p	271
		2		K, p	271
	H_2O	2		K, nmr	5996
	D_2O	2		K, nmr	5997
2			o-r	ir, msc	877
2			o-bw	ir	884, 1848
2			y-o	msc, uv	1117
1				xr	6013
2			bu, pk	ir, K, msc, th, tha, uv, xr	20, 311, 906–908, 912, 1059, 1486, 2518, 5758
1			bu	th	5770
1				ir	1489
1					
1				uv	5787
2				tha	5785, 5787
	phen	1	r-v		5790
2			y-bw, pk, 173	cond, epr, ir, K, msc, nmr, p, sol, th, tha, uv, xr	20, 103, 311, 448, 449, 496, 500, 503, 908, 968, 995, 997, 999, 1002, 1003, 1005, 1007, 1009, 1013, 1014, 1059, 2072, 2518, 2535, 2563, 2687, 4698, 4699, 5224, 5243, 5245, 5598, 5757, 5758, 5782, 5795, 5852, 5883, 5895, 5927, 6014–6030
	I_2	2	bk, dec 100	ir, xr	6022, 6031, 6032
2					
4					1021
1					
6			g, 150	ir, msc	6033
2			63–64	msc	6034
2	H_2O	2	pk	ir, msc, uv	1506
1			pk-v		1513

TABLE 3.92. (CONTINUED)

m	n	R	X
1	4	H	NCSe
			F
			BF_4
			SiF_6
			PF_6
			AsF_6
			CF_3CO_2
			CF_3SO_3
			Cl
			$CHCl_2CO_2$
			CCl_3CO_2
			$ClSO_3$
			ClO_4

p	Y	q	Color and MP (°C)	Physicochemical Studies	Reference
2			pk, l-bw, >310	ir, K, msc, th, tha, **xr**	1486, 2524, 2953, 5224, 5757, 5758, 6028
	2-Me-4-NH$_2$-C$_6$H$_3$C$_6$H$_3$-2'-Me-4'-NH$_2$	1			6035, 6036
2	H$_2$O	2		nmr	6037
		3			6037
2			pk	ir, msc, uv	1524, 5787, 5998
1			pk		1525
2				ir, msc, uv	6038
2				ir, msc, uv	6038
2				ir, msc, uv	1038, 1115, 5820
2				ir, msc, uv	6039
2			d-r, r, pk, 124	cal, cond, dm, epr, ir, K, moe, msc, nmr, ram, p, sol, th, tha, uv, **xr**	107, 499, 500, 503, 507, 968, 1000, 1005, 1014, 1059, 1062, 1064, 1100, 1106, 1107, 2535, 2563, 2565, 4758, 5251, 5597, 5598, 5603–5605, 5607, 5615, 5619, 5620, 5625, 5720, 5731, 5736, 5741, 5758, 5759, 5785, 5802, 5821, 5824, 5825, 5827, 5831, 5835, 5836, 5841, 5852, 5857, 5860, 5883, 6023, 6024, 6026, 6027, 6040–6046, 6048–6053
	phen	1		msc, uv	5790
	H$_2$O	1		chr	5791
2			r-pk	cond, ir, msc, uv	1115, 5768, 5769
2				cond, ir, msc, uv	1038, 1115, 5768
2			pk	ir, msc, uv	1530
2			pk	ir, msc, th, tha, uv	1524, 1534, 5124, 5787, 5788, 5998, 6046

TABLE 3.92. (CONTINUED)

m	n	R	X
1	4	H	Br
			2-O-5-BrC$_6$H$_3$CH=NCHPh$_2$
			I
			$\begin{cases} \text{NCSe} \\ \text{Zn} \end{cases}$
			$\begin{cases} \text{NCSe} \\ \text{Cd} \end{cases}$
			$\begin{cases} \text{NCS} \\ \text{Ti} \end{cases}$
			$\begin{cases} \text{O} \\ \text{PhCH(O)CO}_2 \\ \text{Zr} \end{cases}$
			VO$_3$
			NbOF$_5$
			CrO$_4$
			Cr$_2$O$_7$
			MoO$_4$
			ReO$_4$
			FeO$_4$
		d_5	Cl
		2-Me	NCS
			BF$_4$
			FeO$_4$
		3-Me	NCO
			C$_6$H$_4$(CO$_2$)$_2$-o
			NCS
			BF$_4$
			CF$_3$SO$_3$
			Cl
			ClO$_4$
			Br

p	Y	q	Color and MP (°C)	Physicochemical Studies	Reference
2			pk, 215	dm, ir, K, msc, nmr, ram, th, tha, uv, xr	500, 503, 507, 1014, 1059, 1062, 1100, 1492, 2563, 4758, 5598, 5741, 5758, 5831, 5852, 5892, 6019, 6023, 6024, 6026, 6027, 6040, 6049, 6055
2			y-o	msc, uv	1117
2				K, nmr, th, tha, uv	500, 503, 1059, 2563, 5758, 5845, 5852, 6026, 6055
4		1	bu, 175	ir, uv	5888
4		1	pk, 150 dec	ir, uv	5888
6		1	g, 190 dec	ir, msc	6033
1					
2		1		tha, uv, xr	5631
2		1			1133, 1471
1				ir, tha	1540
1			r-bw, 150	tha	1541
1			bw, 130 dec	sol, tha	1541, 1542, 6056
1			pk		4518
2				ir, msc, uv	1545
1			140	ir, tha	6057, 6058
2				ir, ram	4758, 4923, 6059
2			pk-r		2604
2				th, xr	2692, 2694, 5899
1			125	ir	6057, 6058
2				ir	2518
1			d-r	th	5770
2			pk, 164	ir, p, uv	1167, 2518, 5926, 5927
	(H$_2$N)$_2$CS	2	pk, 180	cond, ir, msc, uv	5804
2				th, tha	2693, 2694
2				ir, msc, uv	6038
2			v-pk	epr, ir, p, th, uv	499, 500, 503, 1107, 1170, 5647, 6062
2				msc, uv	1534
2			pk	epr, ir, th, tha, uv	499, 1170, 5647, 5845, 6062
	H$_2$O	2		epr, ir, uv	6062

TABLE 3.92. (CONTINUED)

m	n	R	X
1	4	3-Me	I
			FeO$_4$
		4-Me	+
			NCO
			C(CN)$_2$=NO
			C$_6$H$_4$(CO$_2$)$_2$-o
			NCS
			BF$_4$
			CF$_3$CO$_2$
			C$_2$F$_5$CO$_2$
			C$_3$F$_7$CO$_2$
			CF$_3$SO$_3$
			Cl
			CHCl$_2$CO$_2$
			CCl$_3$CO$_2$
			ClO$_4$
			Br
			I
			FeO$_4$
		2,6-Me$_2$	FeO$_4$
		3,4-Me$_2$	NCS
		3,5-Me$_2$	NCS
			CF$_3$SO$_3$
			Cl
			ClO$_4$
		3-Et	NCS
			Cl

p	Y	q	Color and MP (°C)	Physicochemical Studies	Reference
2			o-pk	tha, uv	499, 1170, 5647
	H$_2$O	2		epr, ir, uv	6062
1				ir, tha	6057, 6058
2				K, p	5645
	H$_2$O	2		nmr	5996
2				ir	1059, 2518
2			bw	ir, msc	1484
1				th	5770
2			pk, r, dec 140	cond, dc, ir, K, msc, p, sol, ram, uv	1059, 1167, 1550, 1552, 2518, 4760, 5852, 5883, 5897, 6026, 6063–6066
	(H$_2$N)$_2$CS	2	pk, 180	cond, ir, msc, uv	5804
	CHCl$_3$	1		K	6065
		2		K	6065
		4		K	6065
2			pk	ir, msc, th, uv	1524, 2694
2				ir, msc, nmr, uv	5820, 5905
2				nmr	5909
2				nmr	5909
2				ir, msc, uv	6039
2			pk	cond, epr, ir, msc, nmr, p, th, tha, uv	499, 500, 503, 1059, 1107, 2464, 4760, 5647, 5845, 5852, 5860, 5883, 5897, 5910, 6026, 6044, 6062
2				nmr	5909
2				tha	1038
2			pk	ir, msc, uv	1005, 1524, 1534
2			pk	cond, epr, ir, msc, nmr, th, tha, uv	500, 1059, 1169, 2464, 4760, 5845, 5852, 5860, 5897, 6026, 6062
2			r	cond, epr, ir, msc, nmr, th, tha, uv	499, 1059, 4760, 5647, 5845, 5852, 5860, 5897, 6026, 6062
1			150	ir, tha	6057, 6058
1					
2			l-pk-v, v, 179		5926, 5927
2				ir	1167
2				ir, msc, uv	6039
2				msc, uv	5912
2				ir, msc, uv	1534
2				ir	1167, 2518
2				epr, ir, uv	6062

TABLE 3.92. (*CONTINUED*)

m	n	R	X
1	4	3-Et	Br
			I
		3-Et,4-Me	ClO_4
		4-Et	N_3
			NCO
			NCS
			CF_3CO_2
			CF_3SO_3
			Cl
			ClO_4
			Br
			I
		4-*n*-Pr	NCS
			Cl
			ClO_4
			Br
			I
		4-*i*-Pr	NCS
			ClO_4
		4-CH=CH_2	NCO
			NCS
			Cl
			Br
			I
		4-CH_2Ph	NCS
			Cl
			Br
			I
		4-CH_2SnPh_3	Cl
		3-NH_2	NCS
		4-NH_2	NCS
			$Hg(SCN)_4$
		3-CN	NCO
			NCS
			{NCSe
			{Cd
		4-CN	NCS
			Br
			I
			$Hg(SCN)_4$
		3-OH	F
		3-CH_2OH	Cl
		4-CH_2OH	Cl
			Br
			I
		3-CH_2CH_2OH	HCO_2

p	Y	q	Color and MP (°C)	Physicochemical Studies	Reference
2				epr, ir, uv	6062
	H₂O	2		epr, ir, uv	6062
2				epr, ir, uv	6062
	H₂O	2		epr, ir, uv	6062
2				ir, msc, uv	1534
2				nmr	5256
2				ir, nmr	2518, 5256
2			pk	ir, nmr	1167, 2518, 4761, 5256
2				ir, msc, uv	5820
2				ir, msc, uv	6039
2				nmr	5256
2				ir, msc, uv	1534
2				nmr	5256
2				nmr	5256
2				nmr	5256
2				nmr	5256
2				ir, msc, uv	1534
2				nmr	5256
2				nmr	5256
2				ir	1167
2				ir, msc, uv	1534
2			r	ir, msc, uv	5913
2			r	cal, epr, ir, msc, tha, uv, xr	2535, 5913, 5915, 6067, 6068
2			pk, r	cond, ir, msc, nmr, uv	2630, 5913, 5914
2			r-v	ir, msc, uv	5913, 5915
2			ysh-g	ir, msc, uv	5913
2			pk, 176 dec	cond, ir, msc, uv	5669, 5852
2				ir, uv	5852
2				ir, uv	5852
2			r, 79 dec	cond, ir, msc, uv	5669, 5852
2			150–152	ir	55
2				ir, msc, uv	1219
2				ir, uv	1219
1			pk		5640
2				ir, msc, uv	2640
2				ir	1218
4					
1			v	ir, uv	2991
2			pk, 188 dec	cond, ir, msc, uv	1218, 5669, 5852
2			pk, 108	msc	5669, 5852
2			r-bw, 85 dec	cond, ir, msc, uv	5669, 5852
1			pk, 180	ir, msc, uv	5921
2			l-r	ir, uv	2696
2					4762
2			pk, 104 dec	cond, msc, uv	5669
2			pk, 99 dec	cond, msc, uv	5669
2			pk, 97 dec	cond, msc, uv	5669
2					4762

TABLE 3.92. (CONTINUED)

m	n	R	X
1	4	2-N=N-2-$C_{10}H_6$-1-O^-,5-[2-(1-methylpiperidinyl)] 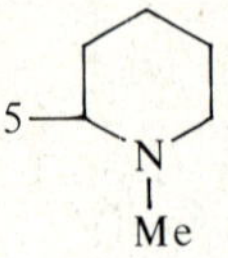	—
		4-CHO	Br
		3-COPh	NCS
		4-COPh	NCS
		3-$CONH_2$	{Sn, NCS
			$Hg(SCN)_4$
			{NCS, Ti
		3-CONHPh	Cl
		3-$CONEt_2$	NCO
			NCS
			NCSe
			Cl
			Br
			I
{2 2		H 2-CO_2^-	
{2 2		3-Me 2-CO_2^-	
{2 2		4-Me 2-CO_2^-	
{2 2		H 3-CO_2^-	
{2 2		3-Me 3-CO_2^-	
{2 2		4-Me 3-CO_2^-	
{2 2		H 4-CO_2^-	
{2 2		3-Me 4-CO_2^-	
{2 2		4-Me 4-CO_2^-	
{3 1		H 2,6-$(CO_2^-)_2$	
{3 1		4-Me 2,6-$(CO_2^-)_2$	
	4	3-CO_2Et	NCS
			{Sn, NCS
			Cl

p	Y	q	Color and MP (°C)	Physicochemical Studies	Reference
2				uv	6069
2				xr	6070
2			pk	ir, msc, uv	5681
2			d-y, d-gsh-y, 206	cond, ir, msc, uv	5669, 5680, 5681
1 6			bush-g, 120	ir, msc, uv	6033
1			pk, 270	ir, msc, uv	5921, 6071
6 1			g, 140	ir, msc, uv	6033
2			v, 216 dec		1278
2				ir	4741
2				ir	2495, 4741
2				ir	4741
2			l-r, 68	ir	1297, 4741, 4763, 5690
2			48		5690
2			gsh-gy, 55		5690
				nmr, uv	1556
				nmr, uv	1556
				nmr, uv	1556
				ir, tha, uv	1328, 1556
				ir, tha, uv	1328, 1556
				ir, tha, uv	1328, 1556
				nmr, uv	1556
				nmr, uv	1556
				nmr, uv	1556
			rsh-pk	uv, xrp	5700
			rsh-pk	uv, xrp	5700
2			pk, 107	ir, msc, tha, uv	5979
1 6			gsh-bu, 190	ir, msc, uv	6033
2				ir	5980, 5982

TABLE 3.92. (CONTINUED)

m	n	R	X
1	4	3-CO$_2$Et	Br
			I
			NCS
			Ti
		4-CO$_2$Et	NCS
		3-NHCSNHPh	ClO$_4$
		2-N=N-2'-C$_{10}$H$_5$-1'-O$^-$-4'-SO$_3$H,5-	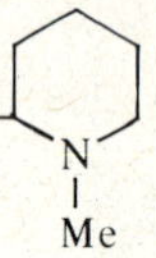 [N-methylpiperidinyl]
			—
		3-Cl	NCS
		4-Cl	NCS
		4-CH$_2$C$_6$H$_4$Cl-*p*	NCS
			Br
			I
		3-Br	ClO$_4$
	5	H	+
			+
			NO$_3$
		4-CH$_2$Ph	Br
		4-CH$_2$C$_6$H$_4$Cl-*p*	Cl
	6	H	+
			N$_3$
			NCO
			C(CN)$_2$=NO
			NO$_2$
			NO$_3$
			NCS
			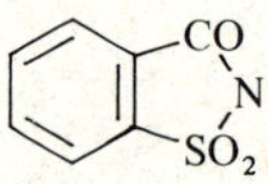 [benzoxathiazole-CO/N/SO$_2$]
			PF$_6$
			AsF$_6$
			{NO$_2$, Cl}
			Cl
			ClO$_4$
			{NO$_2$, Br}
			Br
			{Sn, Br}

p	Y	q	Color and MP (°C)	Physicochemical Studies	Reference
2					5982
2					5982
6			g, 190	ir, msc, uv	6033
1			d-gsh-y, 140	ir, msc, tha, uv	5979
2			82	cond, ir, uv	131
2					
2				K, uv	1449
2				ir	1218, 5991
2			r-bw, 113 dec	cond, ir, msc, uv	1218, 5669
2			pk, 184 dec	cond, ir, msc, uv	5669, 5879
2			pk, 116 dec	cond, ir, msc, uv	5669, 5879
2			r, 90 dec	cond, msc, uv	5669
2				ir, msc, uv	1534
2				K, p	271
1					5787
1					
2			pk, 100 dec	cond, msc, uv	5669
2			pk, 105 dec	cond, msc, uv	5669
2				uv	5787
2			r		871
2			l-g, bu, dec 80	cal, tha	20, 311, 906, 907, 912, 5757, 6017
2			o-bw	ir	1484
2			57	ir, msc, uv	5780, 5782, 5783
2			pk, dec 110	cond, ir, msc, nmr, th, tha, uv	500, 503, 969, 972, 5637, 5721, 5759, 5785, 5841, 5999
2					6047
2			pk	ir, msc, nmr, uv	5809
2			pk	ir, msc, uv	6038
2			pk	ir, msc, uv	6038
1				ir	5258
1					
2			dec 303	moe, msc, th	5607, 5615, 5785, 6072, 6073
	H₂O	1		chr	5791
2			pk	ir, tha	1531, 5124, 5788, 6054
1				ir	5258
1					
2			r-v		5831
1			bu		4765
6					

TABLE 3.92. (*CONTINUED*)

m	n	R	X
1	6	H	I
			NCS / Zn
			NCSe / Cd
			NCS / Cd
			VO$_3$
			Fe(NCS)$_4$
			PtCl$_6$
		2-CN	NCS / Zn
		3-CN	Sn / NCS
			NCS / Zn
			NCSe / Zn

p	Y	q	Color and MP (°C)	Physicochemical Studies	Reference
2			gy-g, dec 100	tha	500, 503, 5598, 6047
4 1			pk	ir, msc, uv	6074
4 1			pk, 130 dec	ir, msc, uv	5888
4 1			pk	ir, msc, uv	6074
2	H$_2$O	2	180 dec		1472
1	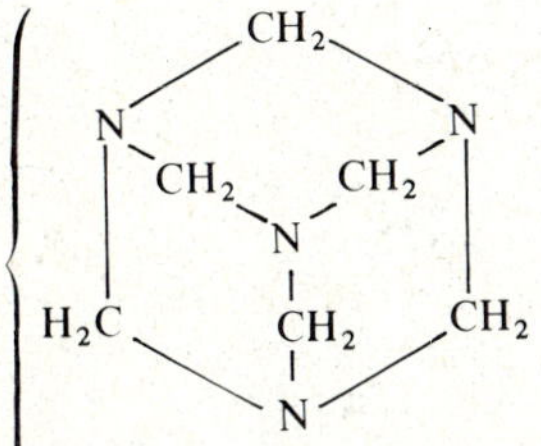 {hexamethylenetetramine / H$_2$O}	2 4			1567
	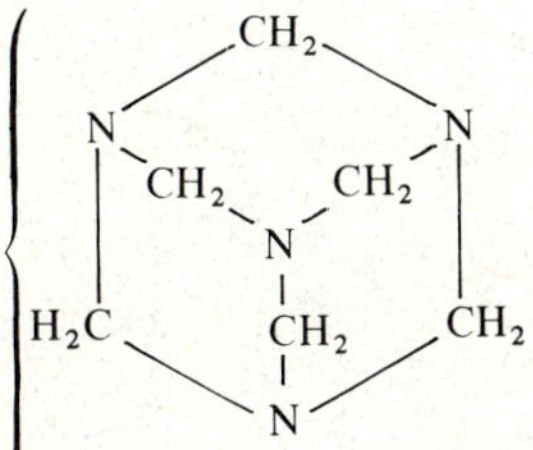 {hexamethylenetetramine / H$_2$O}	2 6			1567
	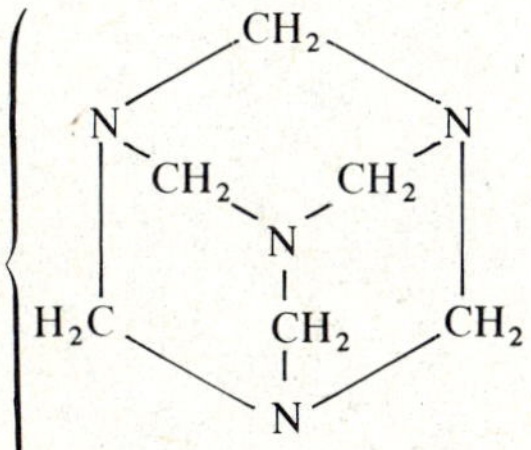 {hexamethylenetetramine / H$_2$O}	2 10			1567
1			y-bw		1563
4 1			pk, 185	ir, msc, uv	5921
1 6			pk, 140 dec	ir, msc, uv	6033
4 1			pk, 184	ir, msc, uv	5921
4 1			pk, 115 dec	ir, uv	2991

TABLE 3.92. (*CONTINUED*)

m	n	R	X
1	6	3-CN	NCS / Cd
			NCS / Ti
		4-CN	NCS / Zn
		3-CONH$_2$	Sn / NCS
			NCS / Zn
			NCSe / Zn
			NCS / Cd
			NCS / Ti
		3-CONHNH$_2$	NCSe / Zn
		4-CONHNH$_2$	Sn / NCS
			NCS / Zn
			NCS / Ti
		3-CO$_2$Et	NCS / Zn
2	1	H	MeCOCHCOMe
		2-CH$_2$PEt$_2$	Cl
			Br
	2	H	S$_2$O$_6$
			(*o*-OC$_6$H$_4$CH=NCH$_2$)$_2$
		4-NHNH$_2$	Cl / Hg
		2-CH=NC$_6$H$_4$AsMe$_2$-*o*	Br
		3-CO$_2^-$	OH
			O

p	Y	q	Color and MP (°C)	Physicochemical Studies	Reference
4 1			pk, 160	ir, msc, uv	5921
6 1			l-pk, 165 dec	ir, msc, uv	6033
4 1			pk, 177 dec	ir, msc, uv	5921
1 6			l-pk, 105 dec	ir, msc, uv	6033
4 1			pk, 133 dec	ir, msc, uv	5921, 6071
4 1			pk, 145 dec	ir, uv	2991
4 1			pk, 185	ir, msc, uv	5921, 6071
6 1			pk, 125 dec	ir, msc, uv	6033
4 1			l-pk, 165 dec	ir, uv	2991
1 6			l-pk, 165 dec	msc, ir, uv	6033
4 1			l-pk, 110 dec	ir, msc, uv	5921
6 1			l-pk, 155 dec	ir, msc, uv	6033
4 1			l-pk, 80	ir, msc, uv	5921
4	H_2O	1		K, xr	4974, 5563
4			d-g	cond, msc, uv	2642
4			d-g	cond, msc, uv	2642
2	NH_3 $H_2NCH_2CH_2NH_2$ H_2O	2 4 2		msc	1041
2	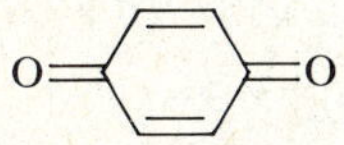 O=⌬=O	1	d-g	msc	5725
6 1			bu	cond, ir, msc, uv	769
4	p-$Me_2AsC_6H_4NH_2$ EtOH	1 1		ir, msc, uv	5672
2	$H_2NCH_2CH_2NH_2$ H_2O	1 13	p		1573
2	H_2O o-$EtOC_6H_4NH_2$	3 2	l-pk		1573
1	$C_{10}H_7$-1-NH_2 H_2O	2 2	ysh-p		1573

TABLE 3.92. (CONTINUED)

m	n	R	X
2	2	3-CO_2^-	O
			2-$OC_{10}H_6$-1-CO_2
	3	H	NCO
			[2-O-5-ClC_6H_3CPh=N$(CH_2)_3]_2$S
		3-Me	BF_4
		2-CH_2NH_2,6-Me	Cl
		2-CONMe$_2$	NCS
		2,6-$(CO_2^-)_2$	—
		2-NHCSNHPh	Cl
			Br
	4	H	Mg
			SO_4
	2	3-CO_2H	
	2	3-CO_2^-	2-$OC_{10}H_6$-1-CO_2
	5	H	Cl
	6	H	Cl
	{ 3	3-CO_2H	
	{ 3	3-CO_2^-	HSO_4
	7	H	{ SO_4
			{ Cu
3	2	H	NCO
			Cl
		3-Me	Cl
		4-Me	Cl
		4-CH=NOH	Cl
	4	H	NCO
		3-Me	BF_4
		2-$CH_2CH_2S^-$	{ H
			{ Cl
			{ OH
	12	H	{ O
			{ MeCO_2
			{ Fe
4	3	3-$CH_2CH_2NHCH_2CH_2NH_2$	Cl

p	Y	q	Color and MP (°C)	Physicochemical Studies	Reference
1	quin H_2O	2 4	pk		1573
	$PhNMe_2$ H_2O	2 6	pk		1573
	H_2O o-$MeOC_6H_4NH_2$	6 2	l-pk		1573
	H_2O m-$MeOC_6H_4NH_2$	6 2	pk-o		1573
	H_2O p-$MeOC_6H_4NH_2$	6 2	d-p		1573
1					5969
	H_2O	8	v		5969
4				msc, tha	311
2			o	ms, msc, uv	5626
4				th, tha	2693
4			pp, 221	cond, ir, msc, uv	5924
4			bu	ir, msc, uv	767
2	H_2O	2	l-r-v	ir, msc, uv, xrp	803
4			bu	ir, msc, uv	131
4			bu-bk, 225	ir, msc, uv	131
1 3	H_2O	8	pk		5773
1	EtOH	1			5975
4	phen	2	r	msc, uv	5790
4	$CH_2=CClCH=CH_2$	1			1570
1	H_2O	0.5	pk		5263
3 1	H_2O	5	v		5773
6				msc, tha	311
6				moe, msc, th, tha, xr	499, 500, 503, 1000, 4997, 5601, 5604, 5607, 5615, 5617
6				msc, tha	503
6				tha	499, 500, 5647
6				tha	1233
6				msc, tha	311
6				th, tha	2693
2 4			d-bw	cond, msc	675
1 3 17 6			bk		6079
8	H_2O	5	bu-g, 272 dec		618

TABLE 3.92.   (CONTINUED)

m	n	R	X
5	4	2-Me	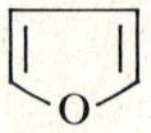 (furan ring)
	6	3-CO_2^-	OH
	10	H	O
			NO_2

$$Co_m \left(\underset{N}{\bigcirc}{-}R{-}\underset{N}{\bigcirc} \right)_n X_p Y_q$$

m	n	R	X
1	1	2-CH_2-2'	+
			Cl
		2-CH_2CH_2-2'	+
			NCS
			Cl
			Br
			I
		3-CH_2CH_2-3'	Cl
			Br
			I
		4-CH_2CH_2-4'	Cl
			Br
		2-$(CH_2)_3$-2'	+
		2-$(CH_2)_4$-2'	+
		2-$(CH_2)_5$-2'	+
		2-$(CH_2)_6$-2'	+
		2-CH=CH-2'	NO_3
			Cl
			Br
			I
		2-CH=CH-3'	NO_3
			Cl
			Br
			I
		2-CH=CH-4'	NO_3
			Cl
			Br
			I
		4-CH=CH-4'	NO_3
			Cl
			Br
			I
		2-NH-2'	+
			Cl
			Br
			I
		2-CH_2NHCH_2-2'	+
		2-$CH_2CH_2NHCH_2CH_2$-2'	NCS
			Cl
			Br

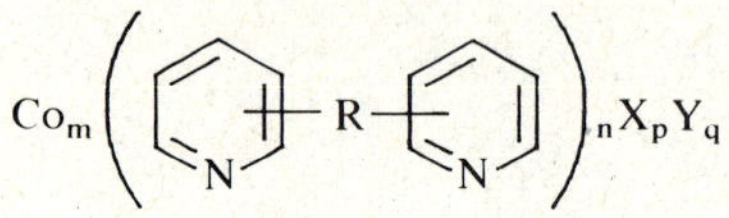

p	Y	q	Color and MP (°C)	Physicochemical Studies	Reference
10				msc	5635
4	H_2O	26	pk		76
1			r-o		963, 964
8					

$$Co_m \left(\underset{N}{\bigcirc} - R - \underset{N}{\bigcirc} \right)_n X_p Y_q$$

p	Y	q	Color and MP (°C)	Physicochemical Studies	Reference
2				K, p	1592
2			bu-g		840
2				K, p	1592
2				ir, msc, uv	2706
2				ir, msc, uv	2706
2				ir, msc, uv	2706
2				ir, msc, uv	2706
2			bu-g, 410	ir, msc, uv	1594
2			l-pk, 250	ir, msc, uv	1594
2			g, 280	ir, msc, uv	1594
2			bu, 290	ir, msc, uv	1594
2			g, 280	ir, msc, uv	1594
2				K, p	1592
2				K, p	1592
2				K, p	1592
2				K, p	1592
2				ir, msc, uv	1596
2			bu, 260	ir, msc, uv	1594, 1595
2			l-bu, 320	ir, msc, uv	1594, 1595
2			g, 260	ir, msc, uv	1594, 1595
2				ir, msc, uv	1596
2			bu	ir, msc, uv	1595, 1597
2			bu	ir, msc, uv	1595, 1597
2			g	ir, msc, uv	1595, 1597
2				ir, msc, uv	1596
2			l-bu	ir, msc, uv	1595, 1597
2			bu	ir, msc, uv	1595, 1597
2			g	ir, msc, uv	1595, 1597
2				ir, msc, uv	1596
2				ir	1595
2				ir	1595
2				ir	1595
2				K, p, th	285, 583
2			bu	ir, msc, uv	840, 1602, 5601, 6082
2			g	ir, msc, uv	1602, 6082
2				ir, msc, uv	6082
2				K, th, uv	1607, 1609, 6083
2			pk	cond, ir, msc, uv, xr	1612
2			v	cond, ir, msc, uv, xr	1612, 2714
2			v	cond, ir, msc, uv, xr	1612

TABLE 3.92. (*CONTINUED*)

m	n	R	X
1	1	2-CH$_2$NHCH$_2$CH$_2$NHCH$_2$-2'	+
			NCS
			ClO$_4$
		2-CH$_2$NH(CH$_2$)$_3$NHCH$_2$-2'	+
			NCS
			ClO$_4$
		2-CH$_2$NH(CH$_2$)$_4$NHCH$_2$-2'	+
			ClO$_4$
		2-NPh-2'	Cl
		2-CH$_2$N(CH$_2$Ph)CH$_2$-2'	NO$_3$
		2-CH=NNH-2'	Cl
			Br
		2-CPh=NNH-2'	+
		2-N=N-2'	Cl
		3-N=N-3'	Cl
			Br
			I
		4-N=N-4'	SO$_4$
			Cl
			Br
			I
		2-CH=N—C$_6$H$_4$—C$_6$H$_4$—N=CH-2'	NO$_3$
			Cl
		2-CH=N(CH$_2$)$_3$NH(CH$_2$)$_3$N=CH-2'	NO$_3$
			NCS
			NCSe
			PF$_6$
			Cl
			Br
			I
		2-N=(isoindoline)=N-2'	MeCO$_2$
		2-CMe=N(CH$_2$)$_3$NH(CH$_2$)$_3$N=CMe-2'	ClO$_4$
		2-NHN=CHCH$_2$NMeCH$_2$NMeCH$_2$-CH=NNH-2'	ClO$_4$
		2-N⁻N=CHCH$_2$NMeCH$_2$NMeCH$_2$CH=NN⁻-2'	
		2-CH$_2$CH$_2$CHCHCH$_2$CH$_2$-2'	
		o-O⁻C$_6$H$_4$CH=N N=CHC$_6$H$_4$O⁻-o	
		2-C(=NOH)-2'	Cl

p	Y	q	Color and MP (°C)	Physicochemical Studies	Reference
2				ir, K, p, th, uv	579, 580, 1617, 5940
2			pk	ir	1615
2				K, th	1617
2				ir, K, p, th, uv	1617
2			bw	ir	1615
2				K, th	1617
2				ir, K, p, th, uv	1617
2				K, th	1617
2			bu	ir	6084
2					1406
2			{r-bw d-g	ir, msc, **xr**	1406, 1627, 2714, 2717, 6087, 6088
	HCONMe$_2$	1	bw	ir	1627
2			d-g	ir, msc	1627, 2717
2				uv	2004
2			d-g	msc, uv	1629
2			bu	ir, msc, uv	1633
2			bu	ir, msc, uv	1633
2			g	ir, msc, uv	1633
1	H$_2$O	2	o	ir, msc	1633
		5	o	msc, uv	1629
		6	r-o	ir, msc	1633
2			bu	ir, msc, uv	1629, 1633
2			bu	ir, msc, uv	1633
2			g	ir, msc	1633
2			r-bw, 350		1644
2			o-y, 350		1644
2	H$_2$O	1		ir, msc	6089
2	H$_2$O	1		ir, msc	6089
2				ir, msc	6089
2				ir, msc	6089
2	H$_2$O	1		ir, msc	6089
2	H$_2$O	1		ir, msc	6089
2	H$_2$O	1		ir, msc	6089
1					1647
2				ir, msc	1645
2				cond, msc	646
				cond, msc	646
	EtOH	1		**xr**	6085, 6086
2	H$_2$O	1		K, msc, uv	1651

TABLE 3.92. (*CONTINUED*)

m	n	R	X
1	1	2-C(=O)-2'	Cl
			Cl
			Br
		2-C(=O)C(=O)-2	+
		[piperidine with EtO₂C, CO₂Et at 3,5; H, OH at 4; 2,2' positions]	NO₃
			Cl
		[piperidine with EtO₂C, CO₂Et at 3,5; =O at 4; 2,2' positions]	Cl
		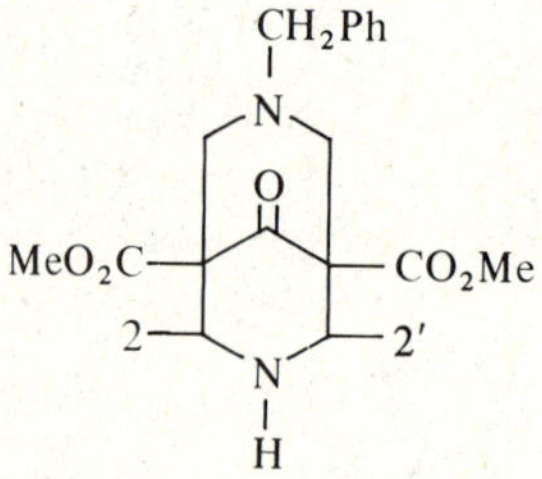 [bicyclic N-CH₂Ph bridged piperidinone with MeO₂C, CO₂Me groups; 2,2' positions]	NCS
		2-CH₂CH₂NHC(=O)-2'	Cl
		2-CH₂NH−N−CH-2' 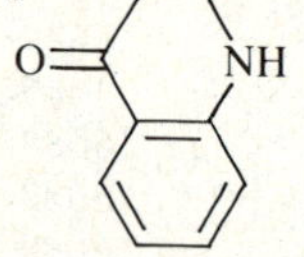 [with fused benzo-quinazolinone, O, NH]	NCS
			SCN
		2-NMeCH₂CH₂NHCOCONHCH₂CH₂NMe-2'	+
		2-CH₂N(CH₂CO₂H)CH₂CH₂N(CH₂CO₂H)CH₂-2'	+
		2-C(S⁻)=N[benzene]N=C(S⁻)-2' 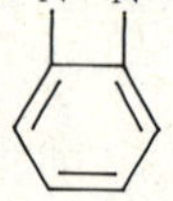	
		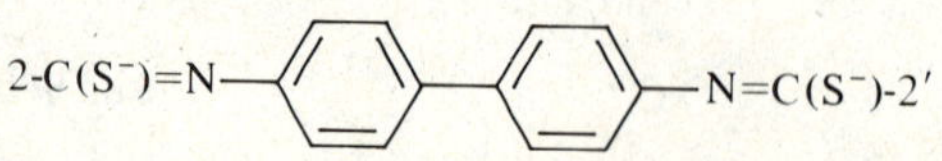 2-C(S⁻)=N−[biphenyl]−N=C(S⁻)-2'	

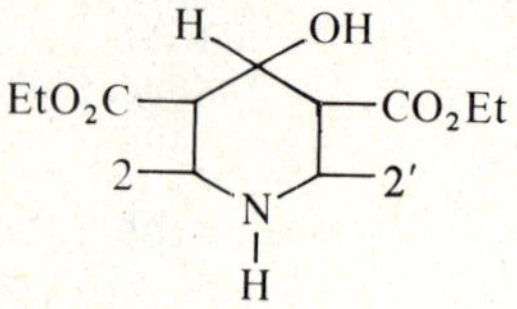

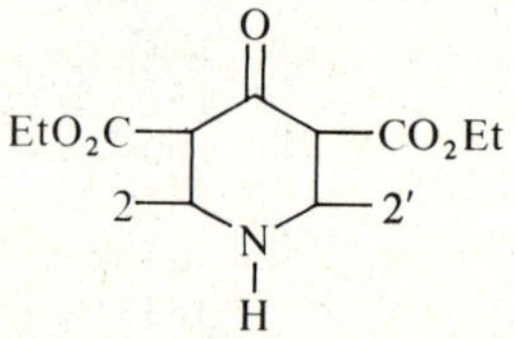

p	Y	q	Color and MP (°C)	Physicochemical Studies	Reference
2				cond	6090
	MeOH	2	v	msc, uv	5276
2	Me$_2$SO	1			6090
2				ir, msc, uv	5276
	EtOH	1	bu	ir, msc, uv	5276
	Me$_2$SO	1			6090
2					6102
2			r	ir	1661
2			v	ir	1661
2			v	ir	1661
2			210–212	ir	2999
2	HCl	0.5	bu	ir, msc, uv	1657
1				xr	6091
1					
2				ir, K, uv	1663
2				K	580
					1746
					1669a, 1669b, 1746

TABLE 3.92. (CONTINUED)

m	n	R	X
1	1	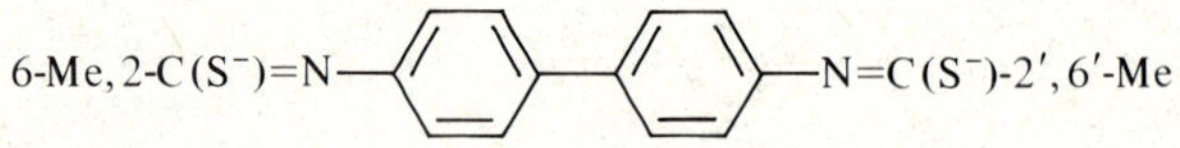 6-Me,2-C(S⁻)=N—C₆H₄—C₆H₄—N=C(S⁻)-2',6'-Me	
		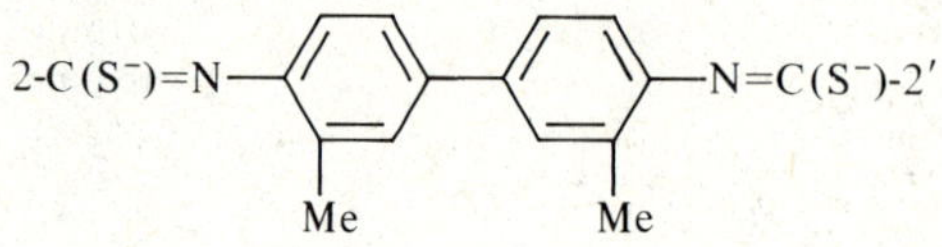 2-C(S⁻)=N—C₆H₃(Me)—C₆H₃(Me)—N=C(S⁻)-2'	
		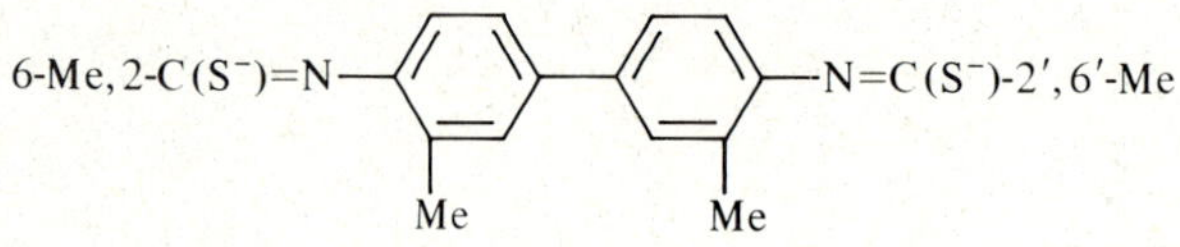 6-Me,2-C(S⁻)=N—C₆H₃(Me)—C₆H₃(Me)—N=C(S⁻)-2',6'-Me	
		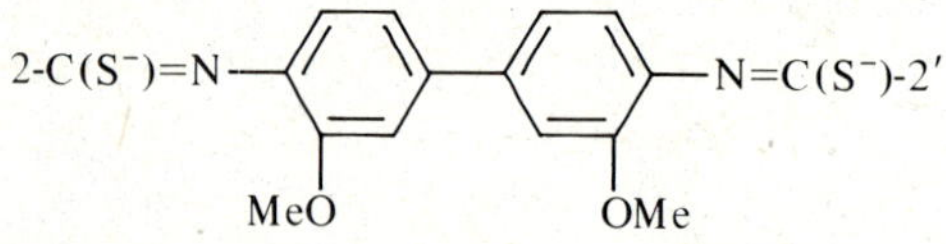 2-C(S⁻)=N—C₆H₃(OMe)—C₆H₃(OMe)—N=C(S⁻)-2'	
		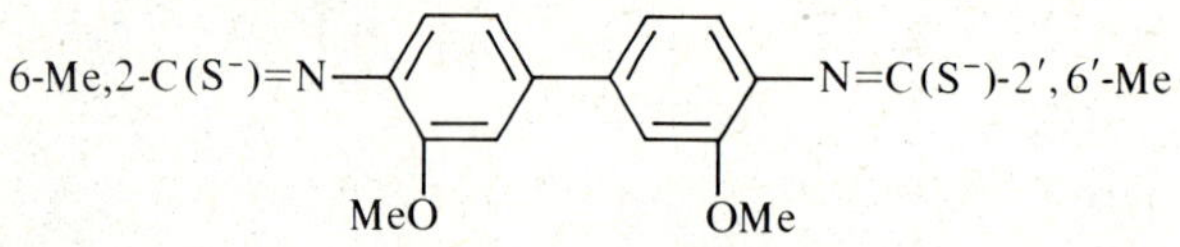 6-Me,2-C(S⁻)=N—C₆H₃(OMe)—C₆H₃(OMe)—N=C(S⁻)-2',6'-Me	
		2-S-2'	Cl
			Br
			I
		2-SS-2'	NCS
			Cl
			Br
			I
		4-SS-4'	NCS
			Cl
			I
		2-CH=NCH₂CH₂SCH₂CH₂SCH₂-CH₂N=CH-2'	ClO₄
			I
		[thiomorpholine-S,S-dioxide with 2,2'-CO₂Me, N-Me]	NO₃
			Cl
		2-C≡C-2' Pt(PPh₃)₂	Cl
		6-Me,2-C≡C-2',6'-Me Pt(PPh₃)₂	Cl
		6-Me,2-C≡C-2',6'-Me Pt(PPh₂C₆H₄Me-p)₂	Cl

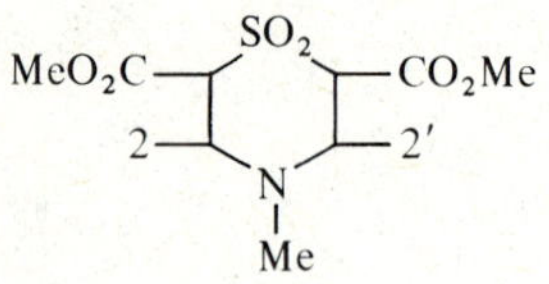

p	Y	q	Color and MP (°C)	Physicochemical Studies	Reference
					1669a, 1669b, 1746
					1669b, 1746
					1669b
					1669b, 1746
					1669b, 1746
2			bu	ir, K, uv	840, 5860
2				K, uv	5860
2				K, uv	5860
2			bw-pk	ir, msc, uv	6093
2			bu	ir, msc, uv, xr	2706, 6092–6094
2			bu	ir, msc, uv	2706, 6092, 6093
2			g	ir, msc, uv	2706, 6093
2			bw, pk	ir, msc, uv	6093
2			bu	ir, msc, uv	6093
2			l-g	ir, msc, uv	6093
2			r-v	msc	156
2			r-v	msc	156
2			v, 225	ir	1670
2			bu, 241		1670
2			d-g	ir, K, nmr, uv, xr	6095, 6096
2				ir, K, nmr, uv	6095, 6096
2				K	6096

TABLE 3.92.   (CONTINUED)

m	n	R	X
1	2	2-CH=CH-2'	NO$_3$
		2-CH=CH-3'	NO$_3$
		2-CH=CH-4'	NO$_3$
		4-CH=CH-4'	NO$_3$
		2-NH-2'	+
			NCS
			Cl
		2-CH$_2$NHCH$_2$-2'	ClO$_4$
		2-CH$_2$NHCH$_2$CH$_2$NHCH$_2$-2'	+
		2-CH$_2$N=CH-2'	NCS
			Cl
			ClO$_4$
		[4H-pyrazole ring: HN—N, 2-substituted, 3-Me, 4-N=CH-2']	ClO$_4$
		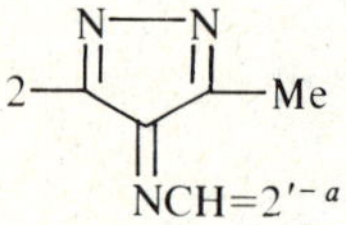 [pyrazole ring: N=N, 2-substituted, 3-Me, 4-NCH=2'–^{a}]	
{	1	2-CH=NNH-2'	+
{	1	2-CH=NN=2'–^{a}	
	2	6-Me,2-CH=NNH-2'	ClO$_4$
		6-Me,2-CH=NN=2'–^{a}	
		2-CH=NNH-2',6'-Me	ClO$_4$
		2-CH=NN=2'⁻,6'-Me ^{a}	
		6-Me,2-CH=NNH-2',6'-Me	ClO$_4$
		6-Me,2-CH=NN=2'⁻,6'-Me ^{a}	
		2-CPh=NNH-2'	+
			Cl
			Br
		[indene ring: 3-Ph, 2-substituted, 1-NNH-2']	ClO$_4$

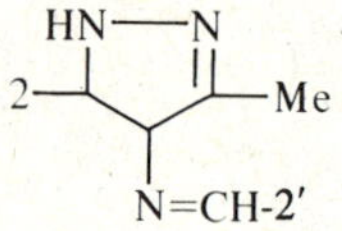

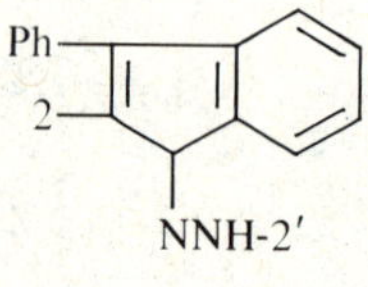

p	Y	q	Color and MP (°C)	Physicochemical Studies	Reference
2				ir, msc, uv	1596
2				ir, msc, uv	1596
2				ir, msc, uv	1596
2				ir, msc, uv	1596
2				K, p, uv	285, 583, 1699
2				ir, msc, uv	6082
2	H$_2$O	2	pk	msc	840
2	H$_2$O	1	d-bu		1208
2				K	1699, 5940
2				uv	6004
2				cond, msc, uv	1623
2				uv	6004
2			bw	cond, msc	657
	H$_2$O	3	bw	cond, msc	657

[Structure: xanthene-phthalide with Br and OH substituents]

p	Y	q	Color and MP (°C)	Physicochemical Studies	Reference
1		2		lum, uv	6097
2	H$_2$O	2		cond, msc, uv	1680, 5935
	H$_2$O	1.5		cond, msc, uv	1680, 5935
2	H$_2$O	1		cond, msc, uv	5935
	H$_2$O	1		cond, msc, uv	5935
2				cond, msc, uv	5935
				cond, msc, uv	5935
2				uv	1679
2				ir	2717
2				ir	2717
2	H$_2$O	2	bw	cond, msc	657

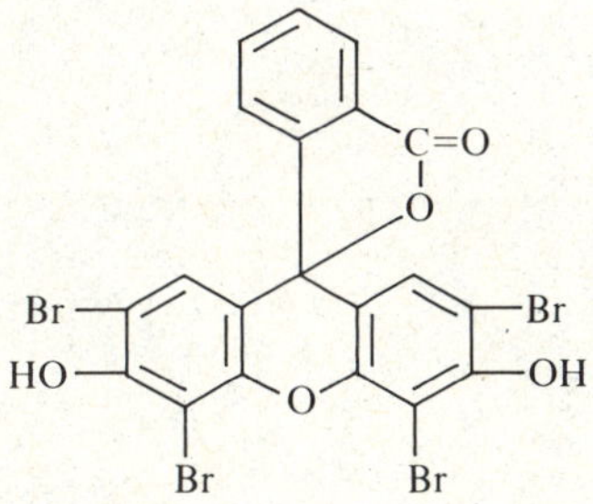

TABLE 3.92. (*CONTINUED*)

m	n	R	X
1	2	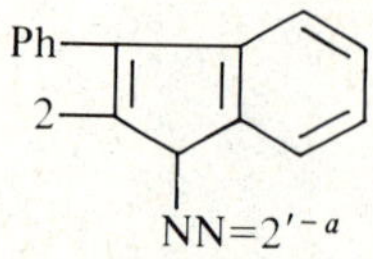 [Ph-substituted indene with NN=2'−a group]	
		2-N=N-2'	NCS
			Cl
		2,6-(NH$_2$)$_2$,3-N=N-2'	+
		2,6-(NH$_2$)$_2$,3-N=N-2',5'—[N-methylpiperidine] 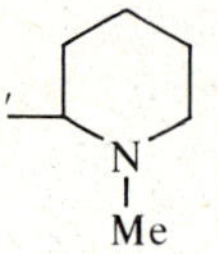	+
		2-CH=NN=CH-2'	+
			Cl
		2-CH=NCH$_2$CH$_2$N=CH-2'	+
		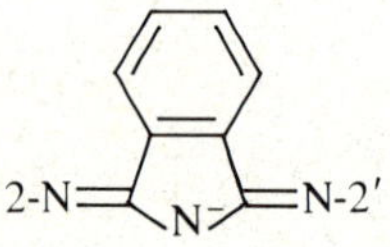 [2-N=...N=...N-2' isoindole structure]	
		4-CH(OH)CH(OH)-4'	Cl
		2-C(=O)-2'	NO$_3$
			NCS
			SO$_4$
			Cl
			ClO$_4$
			Br
			I
		2-C(OH)(CO$_2^-$)-2'	
		2-CH$_2$CONHCH$_2$-2'	NCS
			H
			Cl
			ClO$_4$
			Br
		2-CONHCH$_2$CH$_2$-2'	NCS
			Cl
			ClO$_4$
		2-S-2'	NCS
			Cl
			Br
		2-CH=NS-2'	ClO$_4$

1154

p	Y	q	Color and MP (°C)	Physicochemical Studies	Reference
			rsh-v	cond, msc	657
2			r-bw	ir, msc	160
2			l-r-bw	ir, msc, uv	160, 1629
2			bu	uv	5996a, 6099
2				uv	6100
2				uv	6098
2				ir	161
2				uv	6005, 6006
			r	ir, msc	2725
	H$_2$O	0.5	bw	ir, msc	2725
2				msc, uv	5848, 5865
2			o, dec 210	cond, msc, uv	1654, 6090
	H$_2$O	1	pk	msc	1655
		3	bw	ir, msc	5389
2			y, dec 297	cond, msc, uv	1654, 6090
1				uv	1654
	H$_2$O	3	o	ir, msc	5389
2			bw, dec 277	cond, ir, msc, uv	1655, 6090
	H$_2$O	2	pk	ir, msc	5389
		3		uv	1654
2			o, dec 272	cond, msc	6090
2			o, dec 265	cond, msc	6090
	H$_2$O	2	r-bk	ir, msc	5389
	Me$_2$SO	2			6090
2			bw, 218 dec	cond, msc	6090
	H$_2$O	2	bw	ir, msc	5389
	Me$_2$SO	2			6090
				ir, msc	6101
2	H$_2$O	0.5		ir, msc, uv	1656
2					
4				ir, msc, uv	1656
2	H$_2$O	2		ir, msc, uv	1656
2	H$_2$O	1		ir, msc, uv	1656
2			r	ir, msc, uv	1657
2			r	ir, msc, uv	1657
2	H$_2$O	2	o	ir, msc, uv	1657
2				ir, K, uv	5860
2			pk	ir, K, uv	840, 5860
2				ir, K, uv	5860
2	H$_2$O	1	o	cond, msc, uv	1667

TABLE 3.92. (CONTINUED)

m	n	R	X
1	2	2-CH=NS-2',4'-Me	ClO$_4$
		2-CMe=NS-2'	ClO$_4$
		2-CMe=NS-2',4'-Me	ClO$_4$
		2-SS-2'	Cl
		4-SS-4'	Br
		6-Me,2-CH$_2$NH(CH$_2$)$_2$S(CH$_2$)$_2$-S(CH$_2$)$_2$NHCH$_2$-2',6'-Me	ClO$_4$
			I
		2-CH=N(CH$_2$)$_2$S(CH$_2$)$_2$S(CH$_2$)$_2$-N=CH-2'	ClO$_4$
			I
		2-C(=NN$^-$CSNH$_2$)-2'	
		2-C(C$_6$H$_4$SO$_3^-$-m)=NNH-2'	
	3	2-NH$_2$-2'	ClO$_4$
			I
		2,6-(NH$_2$)$_2$,3-N=N-2',5'-[piperidine-N-Me]	+
		2,6-(NH$_2$)$_2$,3-N=N-6',3'-Cl	+
		3-O$^-$,2-CH=NN=CH-2',3'-OH	—
		2-C(=NOH)-2'	Cl
		2-C(=O)-2'	ClO$_4$
	{2	4-Me	
	{1	2-S-2'	NCS
			Cl
			Br
2	1	2-N=N-2'	SO$_4$
			Cl
		2-CH=N(CH$_2$)$_4$N=CH-2'	thioph-2-COCHCOCF$_3$
		2-C(=NN$^-$CSNH$_2$)C(=NN$^-$CSNH$_2$)-2'	+
	2	[naphthalene bridged: —N=CH-2, 6-CH=N—, —N=CH-6', 2'-CH=N—]	
			Cl
	3	2-CH=NN=CH-2'	Cl
		2-CH=NCH$_2$CH$_2$N=CH-2'	+
		2-CMe=NN=CMe-2'	I
			{Cl
			{Zn
3	2	2-C(=O)-2'	SO$_4$
		2-CH=NN$^-$C(=O)-2'	SO$_4$

p	Y	q	Color and MP (°C)	Physicochemical Studies	Reference
2			bw	cond, msc, uv	1667
2			o	cond, msc, uv	1667
2			o	cond, msc, uv	1667
2			v	ir, msc, uv	6092
2			v	ir, msc, uv	6092
2					156
2					156
2			bw		1668
2	H_2O	2	bw		1668
				uv	93
				K, p, uv	2726
2			o-bw, 314	ir, msc, uv	1678, 6082
2				ir, msc, uv	6082
2				uv	6100
2				uv	5996a, 6099
1				uv	6098
2	H_2O	1		K, msc, uv	1651
2	EtOH	1	o	msc	5276
2					5860
2					5860
2					5860
2	H_2O	2	bw	msc, uv	1629
			bu, g	ir, msc, uv	160, 1629
4				ir, msc	5009
4			o	uv	92, 93
2					
4				epr, ir, msc, uv	1643
4				ir	161
4				uv	6005
4	H_2O	2		ir, msc	5282
10/3	H_2O	6		xr	6103
3	H_2O	8–10	pk, 340	cond, msc	6090
2	H_2O	12	o	msc	1684

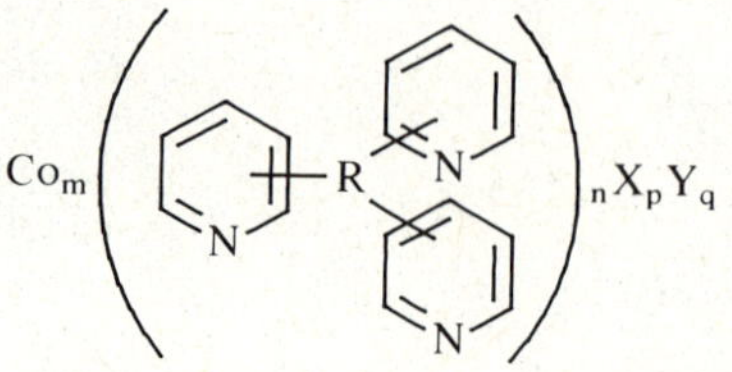

TABLE 3.92. (CONTINUED)

m	n	R	X

$$\left(Co_m \left(\underset{N}{\underset{|}{\overset{+}{\underset{N}{\bigcirc}}}}-R-\underset{N}{\bigcirc}\underset{N}{\bigcirc} \right)_n X_p Y_q \right)$$

m	n	R	X
1	1	2-CH$_2$—SiMe(CH$_2$-2′)(CH$_2$-2″)	ClO$_4$
		2-CH$_2$—N(CH$_2$-2′)(CH$_2$-2″)	+
		6-Me,2-CH$_2$—N(CH$_2$-2′,6′-Me)(CH$_2$-2″,6″-Me)	+
		2-CH$_2$CH$_2$—N(CH$_2$CH$_2$-2′)(CH$_2$CH$_2$-2″)	+
			PF$_6$
		6-Me,2-CH$_2$CH$_2$—N(CH$_2$CH$_2$-2′)(CH$_2$CH$_2$-2″)	PF$_6$
		2-CH$_2$CH$_2$—N(CH$_2$CH$_2$-2′,6′-Me)(CH$_2$CH$_2$-2″,6″-Me)	PF$_6$
		6-Me,2-CH$_2$CH$_2$—N(CH$_2$CH$_2$-2′,6′-Me)(CH$_2$CH$_2$-2″,6″-Me)	PF$_6$
		2-CH=NCH$_2$—CMe(CH$_2$N=CH-2′)(CH$_2$N=CH-2″)	ClO$_4$
		2-CH(NHCH$_2$CH$_2$N=CH-2′)(NHCH$_2$CH$_2$N=CH-2″)	+
		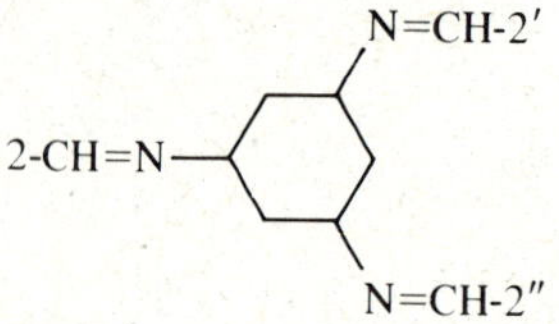 2-CH=N–C$_6$H$_9$(N=CH-2′)(N=CH-2″)	ClO$_4$
		2-CH=NCH$_2$—N(CH$_2$N=CH-2′)(CH$_2$N=CH-2″)	+
		2-CH$_2$—P(CH$_2$-2′)(CH$_2$-2″)	Cl, ClO$_4$

1158

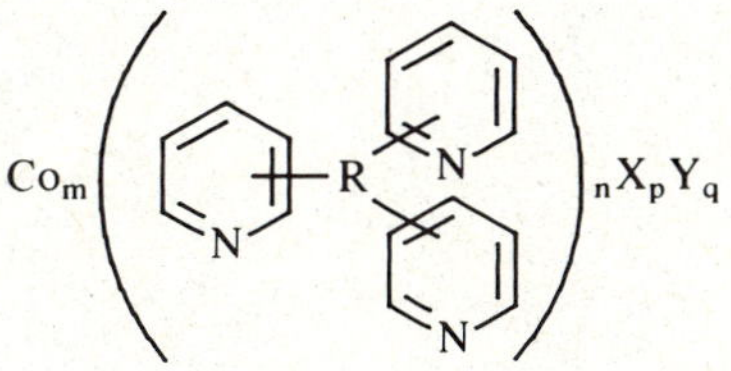

p	Y	q	Color and MP (°C)	Physicochemical Studies	Reference
			$Co_m \left(\begin{array}{c} \text{[pyridine-R-pyridine complex]} \end{array} \right)_n X_p Y_q$		
2				ir	1690
2				ir, K, p, th, uv	1609, 1692
2				ir, K, p, th, uv	1609
2				ir, K, nmr, p, uv	1692, 2733
2				xrp	5287
2				xrp	5287
2				xrp	5287
2				xrp	5287
2				ir, nmr, xr	2727, 2728, 2733, 4775
2				uv	6005
2			o	ir, msc, nmr, uv, xr	2730, 2731, 2733
2				ir, nmr, uv	1694
1 1			d-bu	cond	4776

TABLE 3.92. (CONTINUED)

m	n	R	X
1	1	P(—2,6-CH=NO, —2',6'-CH=NO, —2'',6''-CH=NO)B⁻F	BF_4
	2	2-N(2', 2'')	NO_3
			NCS
			PF_6
			Cl
			ClO_4
		2-N(2', 2'')	Br
		4-Me,2—N(2', 2'')	ClO_4
		5-Me,2—N(2', 2'')	ClO_4
		6-Me,2—N(2', 2'')	ClO_4
		2-NHN=C(2', 2'')	+
		2-P(2', 2'')	NO_3
			ClO_4
		2-As(2', 2'')	NO_3
			ClO_4
		2-P=O(2', 2'')	NO_3
			ClO_4

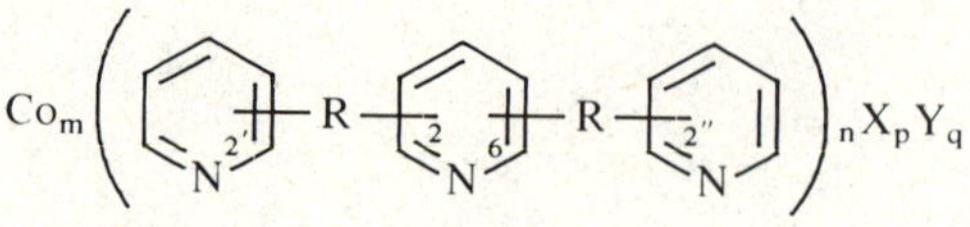

$$Co_m \left(\underset{N}{\underset{2'}{\bigcirc}} -R- \underset{N}{\underset{6}{\overset{2}{\bigcirc}}} -R- \underset{N}{\underset{2''}{\bigcirc}} \right)_n X_p Y_q$$

m	n	R	X
1	1	2'-CH₂NHCH₂-2,6-CH₂NHCH₂-2''	+
		2'-CH₂CH₂N=CH-2,6-CH=NCH₂CH₂-2''	NCS
			Br
			I
		2'-CH₂CH₂N=CMe-2,6-CMe=NCH₂CH₂-2''	I

p	Y	q	Color and MP (°C)	Physicochemical Studies	Reference
1			r-bw	msc, nmr, uv, **xr**	1696, 2732, 2733, 6105
2			pk o-y	ir, msc, uv	1622, 6106
2			pk-r gsh-bu	ir, msc, uv	1622
2				msc, uv	6107
2				msc, uv	1691
2			o-bw, 324	cond, ir, msc, p, ram, uv, xr	1678, 6106–6109
2				cond, msc	1691
2	H$_2$O	1		msc, uv	6107
2	H$_2$O	1		msc, uv	6107
2				msc, uv	6107
2			y-o	uv	6110
2				p	6106
2				p	6106, 6109
2				p	6106
2				p	6106, 6109
2				p	6106
2				p	6106, 6109

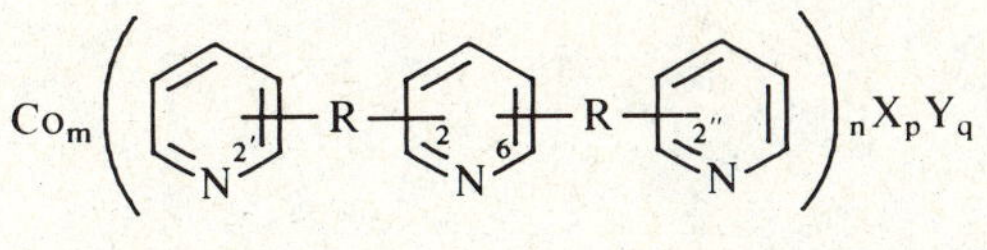

$$Co_m\left(\underset{N^{2'}}{\bigcirc}-R-\underset{N^{6}}{\overset{2}{\bigcirc}}-R-\underset{N}{\overset{2''}{\bigcirc}}\right)_n X_p Y_q$$

p	Y	q	Color and MP (°C)	Physicochemical Studies	Reference
2				K, p	1699
2				msc	6104
2				msc	6104
2				msc	6104
2	n-BuOH	1		msc	6104

TABLE 3.92. (CONTINUED)

m	n	R	X
1	1	2'-NHN=CMe-2,6-CMe=NNH-2"	Cl
			I
		2'-CH=NS-2,6-SN=CH-2"	I

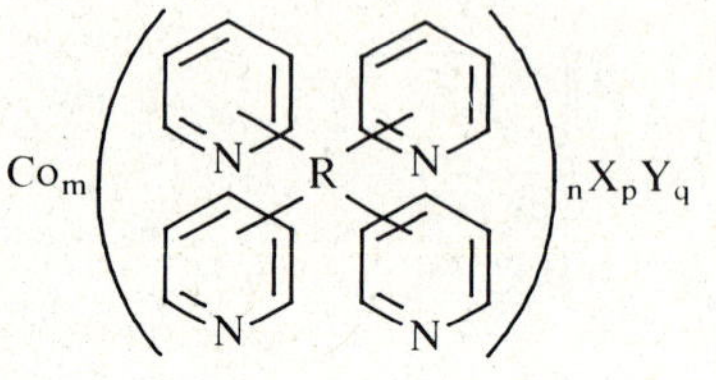

$$\left[Co_m\left(\begin{array}{c}\text{py} \\ \text{py}\end{array}R\begin{array}{c}\text{py} \\ \text{py}\end{array}\right)_n X_p Y_q\right]$$

m	n	R	X
1	1	2-CH$_2$, 2'-CH$_2$ N−CH$_2$CH$_2$−N CH$_2$-2", CH$_2$-2'''	+
			ClO$_4$
		2-CH$_2$CH$_2$, 2'-CH$_2$CH$_2$ N−CH$_2$CH$_2$−N CH$_2$CH$_2$-2", CH$_2$CH$_2$-2'''	+

$$\left[Co_m\left(\begin{array}{c}-R- \\ \bigcirc \\ N\end{array}\right)_n X_p Y_q\right]_x$$

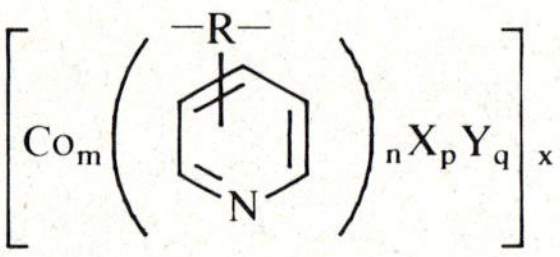

m	n	R	X
1	1	−CH$_2$CH−, 2	+
			Cl
		−CH$_2$CH−, 3,6-Me	(o-OC$_6$H$_4$CH=NCH$_2$)$_2$
		−CH$_2$CH−, 4	+
			(o-OC$_6$H$_4$CH=NCH$_2$)$_2$
	2	−CH$_2$CH−, 2	Cl
		−CH$_2$CH−, 4	MeCOCHCOMe
			o-OC$_6$H$_4$CHO
			o-OC$_6$H$_4$NO$_2$
			Cl
		−CH$_2$CH−, 4	Cl
			I
5	11	−CH$_2$CH−, 4	Cl
			Fe

p	Y	q	Color and MP (°C)	Physicochemical Studies	Reference
2	H_2O	2	360	msc, xr	2735, 2736
2				msc	645
2			bw	ir, msc, uv	5181

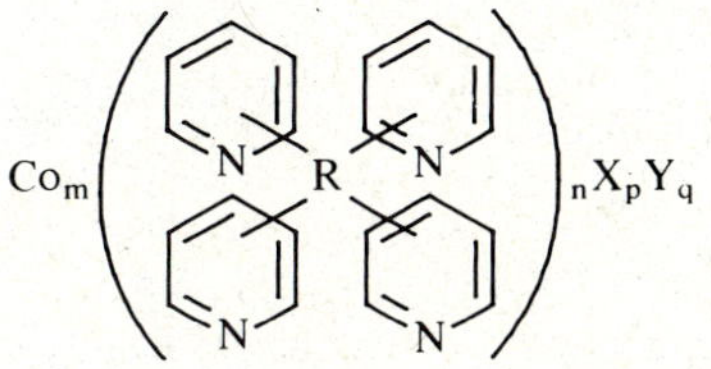

$$Co_m\left(\underset{N}{\overset{N}{\underset{\diagdown}{\diagup}}}R\underset{N}{\overset{N}{\underset{\diagup}{\diagdown}}}\right)_n X_p Y_q$$

p	Y	q	Color and MP (°C)	Physicochemical Studies	Reference
2				K, p, th, uv	1609, 1692
2			r-bw	K, p, th, uv	1609
2				K, p	1692

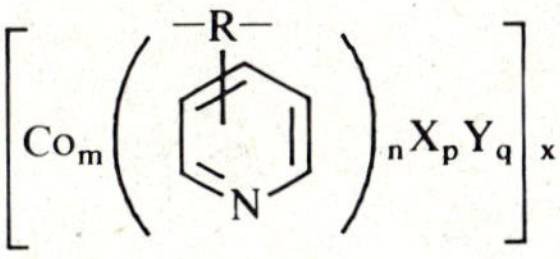

$$\left[Co_m\left(\underset{N}{\overset{-R-}{\bigcirc}}\right)_n X_p Y_q\right]_x$$

p	Y	q	Color and MP (°C)	Physicochemical Studies	Reference
2					1708
2				ir	6080, 6081
1				K, th	5653
2					1708
1				K, th	5653
2				ir	6080
2			d-bu-r	ir	5266
2			y-bw	ir	5266
2			bk-bu	ir	5266
2			bu		5266, 6111
2	H_2O	2	bu	ir	5266
2			d-g	ir	5266
	H_2O	2	g	ir	5266
	I_2	1			6112
12			bu	ir	162
1					

TABLE 3.92. (CONTINUED)

m	n	R	X
		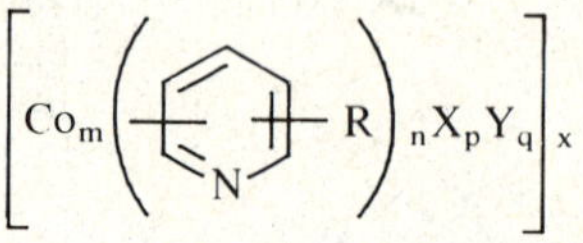 $\left[Co_m\left(\underset{N}{\bigcirc}\!\!-\!R\right)_n X_p Y_q\right]_x$	
1	2	2-CMe=NCH$_2$CH$_2$N=CMe-6′	Cl
		2-CMe=N(CH$_2$)$_6$N=CMe-6′	Cl
		2-CMe=N(C$_6$H$_4$)N=CMe-6′ 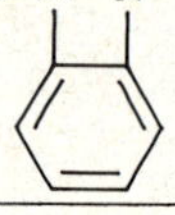	Cl

[a] The anion of the R=⟨N⟩ form.

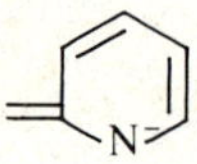

p	Y	q	Color and MP (°C)	Physicochemical Studies	Reference
			$\left[Co_m \left(\underset{N}{\underset{|}{\bigcirc}} - R \right)_n X_p Y_q \right]_x$		
2			bw	cond, K, uv, visc	1669a, 1979, 5050
2			bw	cond, K, uv, visc	1669a, 1979, 5050
2			bw	cond, K, uv, visc	1669a, 1979, 5050

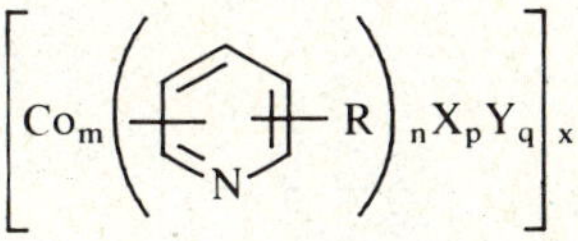

TABLE 3.93. COORDINATION COMPOUNDS OF PYRIDINE AND ITS DERIVATIVES CONTAINING COBALT (II) AND COBALT (III) SIMULTANEOUSLY

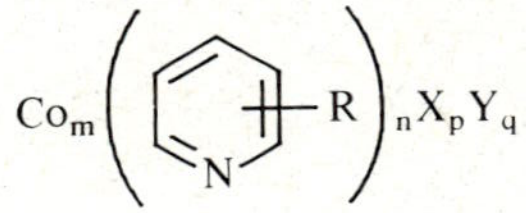

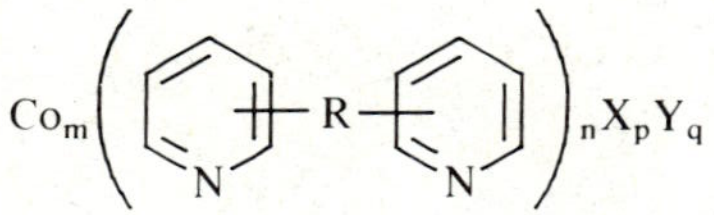

m	n	R	X		p	Y	q	Color and MP (°C)	Physicochemical Studies	Reference
2	4	H	$\left(Co_m \left(\bigcirc\!\!\!\!\!-R\right)_n X_p Y_q\right)$	OH NO$_2$	1 4	H$_2$O	1	r, 94–96	msc	5782
3	4	H H 2-CH=NN$^-$CS$_2$Me	$\left(Co_m \left(\bigcirc\!\!\!\!\!-R\right)_n X_p Y_q\right)$	Cl Cl Br NCS	5 4 4 4			gsh-y rsh-bu bw bk	cond, msc cond, msc cond, msc	5831, 6113 858 858 858
2	2	4-Me,2-NH-2'	$\left[Co_m \left(\bigcirc\!\!\!\!\!-R-\right)_n X_p Y_q\right]_x$	OH ClO$_4$	4 1	H$_2$O	7		msc, uv	6107
3	2	5-Me,2-NH-2'		NCS ClO$_4$	7 1	H$_2$O	1		msc, uv	6107

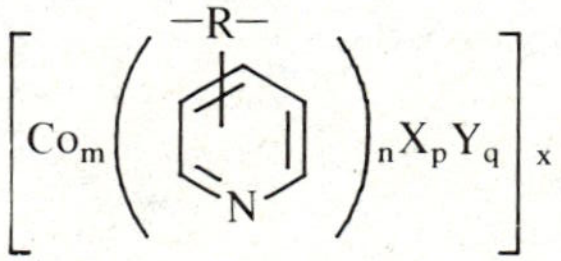

Structure	Conditions			Ref.
$\left(-CH_2CH-\right)_w-CH_2CH-\overset{+}{N}-Me$ (pyridinium, 4-position), with porphyrin: R₁=Me, R₁=CHO, Na, OH	3 1 12–u 4–y		p, uv	1713
$\left(-CH_2CH-\right)_w-CH_2CH-\overset{+}{N}-Et$	R₁=Me R₁=CHO Na OH	3 1 12–u 4–y	p, uv	1713
$\left(-CH_2CH-\right)_w-CH_2CH-\overset{+}{N}-CH_2Ph$	R₁=Me R₁=CHO Na OH	3 1 12–u 4–y	p, uv	1713

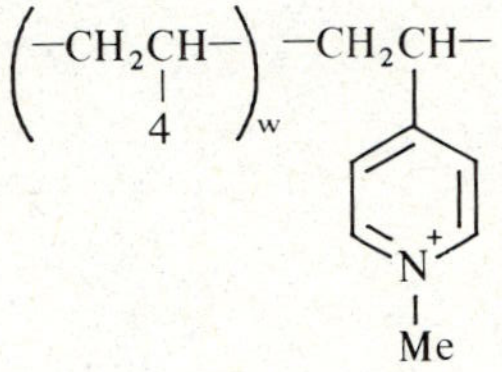

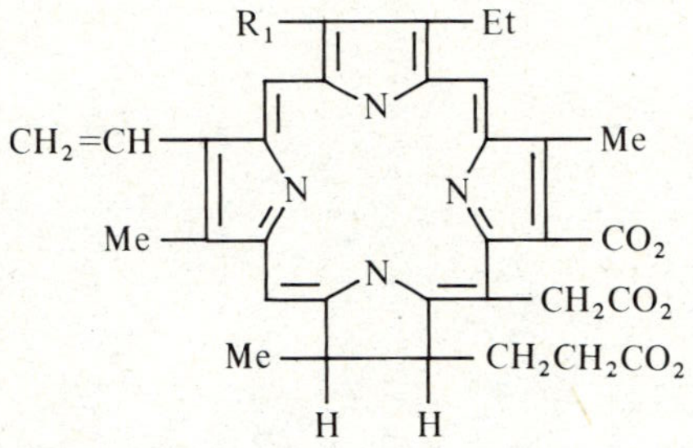

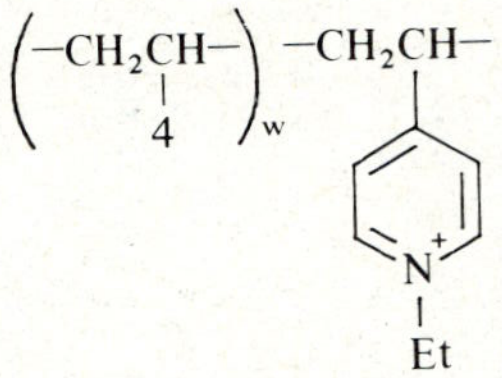

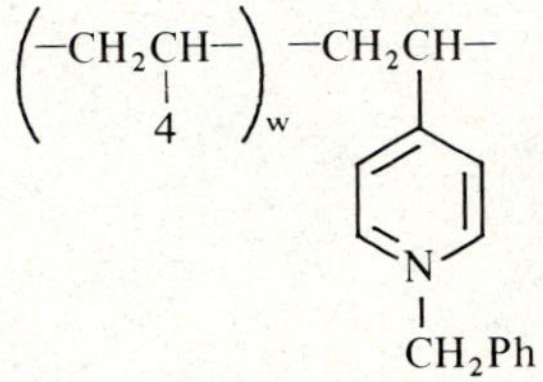

TABLE 3.94. COORDINATION COMPOUNDS OF PYRIDINE AND ITS DERIVATIVES WITH

m	n	R	X	p

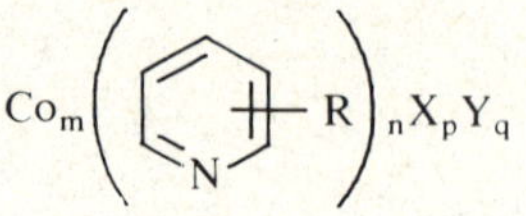

$$Co_m \left(\underset{N}{\bigcirc} - R \right)_n X_p Y_q$$

Cobalt (III)

m	n	R	X	p
1	1	H	+	2
			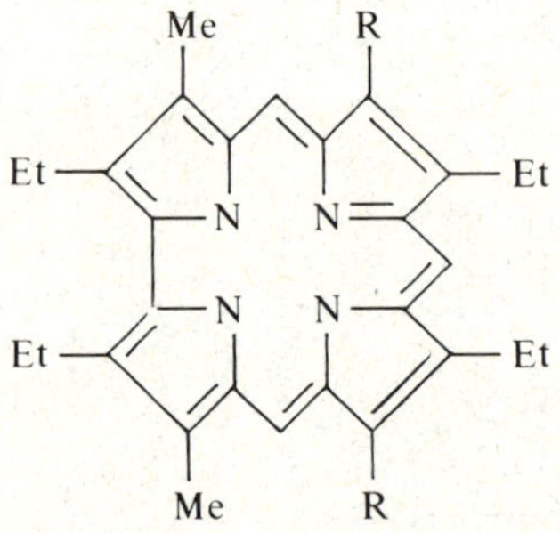 R = Me	1
			R = Et	1
			C$_5$H$_5$	1
			CN	2
			—	2
			CN	5
			K	2
			CN	5
			+	2
			OH	1
			Ph	1
			MeC(=NO)CMe=NPh	2
			5,10,15,20-Ph$_4$-porph	1
			O$_2$	1
			+	1
			MeC(=NOH)C(=NO)Me	2
			H	1
			MeC(=NOH)C(=NO)Me	2

COBALT (III) AND COBALT (IV)

Y	q	Color and MP (°C)	Physicochemical Studies	Reference

$$Co_m\left(\underset{N}{\boxed{}}-R\right)_n X_p Y_q$$

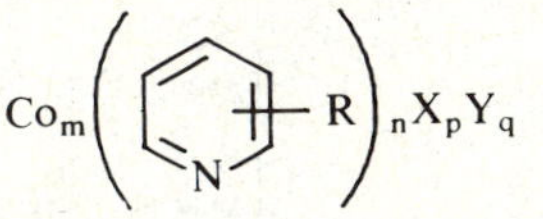

Cobalt (III)

Y	q	Color and MP (°C)	Physicochemical Studies	Reference
			th	14a
NH$_3$	5		K	3491, 3495, 3496, 4954, 6114– 6122
NH$_3$ H$_2$NCH$_2$CH$_2$NH$_2$	1 2		cd, ir, nmr, uv	6123
H$_2$NCH$_2$CH$_2$NH$_2$ H$_2$O	2 1		K	6124, 6125
		pp	p	6126
		pp	p	6126
		g, 193 dec	nmr	6130
H$_2$O	1		K, uv	6128, 6129
H$_2$O	1		moe, nmr, uv	4963
H$_2$NCH$_2$CH$_2$NH$_2$	2		K	6125
H$_2$O	3.5	r, 190 dec	ir, msc, uv	6139
			K, uv	5512–5514
			p	6140
H$_2$O	1		K, p	6141, 6142
(H$_2$N)$_2$CS	1		K, p, uv	6143, 6144
Me$_2$NCSNMe$_2$	1		K, p, uv	6144
H$_2$NCSNHCH$_2$CH$_2$- NHCSNH$_2$	1		K, p, uv	6144
				6145, 6147

TABLE 3.94. (*CONTINUED*)

m	n	R	X	p
1	1	H	Na	1
			MeC(=NOH)C(=NO)Me	2
			K	1
			MeC(=NOH)C(=NO)Me	2
			Me	1
			MeC(=NOH)C(=NO)Me	2
			CD$_3$	1
			MeC(=NOH)C(=NO)Me	2
			Et	1
			MeC(=NOH)C(=NO)Me	2
			n-Pr	1
			MeC(=NOH)C(=NO)Me	2
			i-Pr	1
			MeC(=NOH)C(=NO)Me	2
			n-Bu	1
			MeC(=NOH)C(=NO)Me	2
			i-Bu	1
			MeC(=NOH)C(=NO)Me	2
			Pentyl	1
			MeC(=NOH)C(=NO)Me	2
			CHDCHD-*t*-Bu	1
			MeC(=NOH)C(=NO)Me	2
			Octyl	1
			MeC(=NOH)C(=NO)Me	2
			CHMe-hexyl	1
			MeC(=NOH)C(=NO)Me	2
			CH$_2$-cyclopentyl 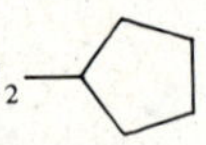	1
			MeC(=NOH)C(=NO)Me	2
			Cyclohexyl	1
			MeC(=NOH)C(=NO)Me	2
			Cyclohexyl-2,6-D$_2$	1
			MeC(=NOH)C(=NO)Me	2
			Cyclohexyl-4-*t*-Bu (*cis*)	1
			MeC(=NOH)C(=NO)Me	2

Y	q	Color and MP (°C)	Physicochemical Studies	Reference
				6146
				6146
		o, 220	ca, epr, ir, K, ms, msc, nmr, nqr, tha, uv, **xr**, xrp	5493, 5531, 6134, 6135, 6148–6183
		dec 210	ir	6151
		o	ca, epr, ir, K, nmr, **xr**	5531, 6131, 6149, 6150, 6156, 6157, 6160, 6165, 6170–6172, 6177, 6178, 6185
		o-y, 196–198 dec	ca, ir, K, nmr, uv	5531, 6149, 6156, 6171, 6177, 6186
		o	ca, epr, K, ir, nmr, uv	5531, 6156, 6167, 6171, 6172, 6176–6178
		o-y, 192 dec, 210–212 dec	ir, K, uv	5531, 6146, 6156, 6171, 6186
			epr, K, uv	5531, 6167, 6171, 6187
			epr, K, nmr	6167, 6176
			ir, K, nmr	5531, 6189, 6190
			K	5531
			cd	6188
			K	5531
			epr, K, nmr	5490, 5531, 6147, 6160, 6167, 6176
			nmr	6147
			K	6191, 6192

TABLE 3.94. (*CONTINUED*)

m	n	R	X	p
1	1	H	Cyclohexyl-4-*t*-Bu (*trans*)	1
			MeC(=NOH)C(=NO)Me	2
			CH$_2$=CH$_2$	1
			MeC(=NOH)C(=NO)Me	2
			CH=CH$_2$	1
			MeC(=NOH)C(=NO)Me	2
			CH=CHMe	1
			MeC(=NOH)C(=NO)Me	2
			CH$_2$CH=CH$_2$	1
			MeC(=NOH)C(=NO)Me	2
			CH$_2$CH=CHMe	1
			MeC(=NOH)C(=NO)Me	2
			CH=CH-hexyl (*cis*)	1
			MeC(=NOH)C(=NO)Me	2
			CH=CH-hexyl (*trans*)	1
			MeC(=NOH)C(=NO)Me	2
			CH$_2$CH=CH$_2$	1
			MeC(=NOH)C(=NO)Me	2
			CH$_2$CH=CMe$_2$	1
			MeC(=NOH)C(=NO)Me	2
			(CH$_2$)$_4$CH=CH$_2$	1
			MeC(=NOH)C(=NO)Me	2
			CH$_2$–(cycloheptenyl)	1
			MeC(=NOH)C(=NO)Me	2
			CH$_2$CMe=CH$_2$	1
			MeC(=NOH)C(=NO)Me	2
			CH$_2$CH=CH(CH$_2$)$_3$CH=CH$_2$	1
			MeC(=NOH)C(=NO)Me	2
			Ph	1
			MeC(=NOH)C(=NO)Me	2
			C$_6$H$_4$Me-*p*	1
			MeC(=NOH)C(=NO)Me	2
			CH$_2$Ph	1
			MeC(=NOH)C(=NO)Me	2
			CH$_2$C$_6$H$_4$Me-*o*	1
			MeC(=NOH)C(=NO)Me	2

Y	q	Color and MP (°C)	Physicochemical Studies	Reference
			K	6191, 6192
				6193
		o-r, 181 dec		5488, 6170, 6187, 6194
			ca, K, p, nmr, uv	6172
			nmr	6196
			nmr	6195–6197
				6198
				6198
			ir, nmr	6195–6197
			nmr	6196
			ir, K, nmr	5531, 6187, 6196
			ir, nmr	6196
				6197
			nmr	6196
		o, 246 dec, 276 dec	epr, ir, K, ms, msc, nmr, tha, uv	6135, 6146, 6148, 6150, 6174, 6177, 6182, 6183
			ir, nmr	6150
		r, o, 200 dec	epr, ir, K, nmr	6146, 6150, 6155, 6156, 6167, 6170, 6173, 6176–6178, 6180, 6186, 6195, 6199
			nmr	6199

TABLE 3.94. (*CONTINUED*)

m	n	R	X	p
1	1	H	CH$_2$C$_6$H$_4$Me-*m* MeC(=NOH)C(=NO)Me	1 2
			CH$_2$C$_6$H$_4$Me-*p* MeC(=NOH)C(=NO)Me	1 2
			CH$_2$CH$_2$Ph MeC(=NOH)C(=NO)Me	1 2
			CD$_2$CH$_2$Ph MeC(=NOH)C(=NO)Me	1 2
			CHDCHDPh MeC(=NOH)C(=NO)Me	1 2
			CHMePh MeC(=NOH)C(=NO)Me	1 2
			CHEtPh MeC(=NOH)C(=NO)Me	1 2
			CH(CHDMe)Ph MeC(=NOH)C(=NO)Me	1 2
			CHMeC$_6$H$_4$Me-*p* MeC(=NOH)C(=NO)Me	1 2
			[indanyl structure] MeC(=NOH)C(=NO)Me	1 2
			CH=CHPh (*cis*) MeC(=NOH)C(=NO)Me	1 2
			CH=CHPh (*trans*) MeC(=NOH)C(=NO)Me	1 2
			CH$_2$C$_6$H$_4$CH=CH$_2$-*p* MeC(=NOH)C(=NO)Me	1 2
			CH$_2$CH=CHPh MeC(=NOH)C(=NO)Me	1 2
			CH$_2$CH=CMePh MeC(=NOH)C(=NO)Me	1 2
			CH=C=CH$_2$ MeC(=NOH)C(=NO)Me	1 2
			CH=C=CHMe MeC(=NOH)C(=NO)Me	1 2
			CH=C=CMe$_2$ MeC(=NOH)C(=NO)Me	1 2
			CH=C=CMeEt MeC(=NOH)C(=NO)Me	1 2
			CH=C=cyclohexylidene MeC(=NOH)C(=NO)Me	1 2

Y	q	Color and MP (°C)	Physicochemical Studies	Reference
			nmr	6199
		o	epr, nmr	6177, 6199
		132 dec	K, p, nmr, uv	5531, 6146, 6172, 6178
				6200
			K	5531
			nmr	6145, 6147, 6194, 6195
			nmr	6147, 6195
			nmr	6147
			nmr	6147, 6195
			nmr	5492
			ir, nmr	5489, 6147, 6170, 6183, 6194, 6196
		236 dec	ir, nmr	6146, 6170, 6194, 6196
				6201
				6197
			ir, nmr	6196
			ir, nmr	5491, 6196
			ir, nmr	6178, 6196
			ir, nmr	6196
			ir, nmr	6196
			ir, nmr	6196

TABLE 3.94. (CONTINUED)

m	n	R	X	p
1	1	H	C≡CPh	1
			MeC(=NOH)C(=NO)Me	2
			CH$_2$C≡CMe	1
			MeC(=NOH)C(=NO)Me	2
			CH$_2$C≡CPh	1
			MeC(=NOH)C(=NO)Me	2
			SiPh$_3$	1
			MeC(=NOH)C(=NO)Me	2
			CH$_2$SiMe$_3$	1
			MeC(=NOH)C(=NO)Me	2
			GePh$_3$	1
			MeC(=NOH)C(=NO)Me	2
			SnMe$_3$	1
			MeC(=NOH)C(=NO)Me	2
			Sn-n-Bu$_3$	1
			MeC(=NOH)C(=NO)Me	2
			SnPh$_3$	1
			MeC(=NOH)C(=NO)Me	2
			Sn(C$_6$H$_4$Me-p)$_3$	1
			MeC(=NOH)C(=NO)Me	2
			PbPh$_3$	1
			MeC(=NOH)C(=NO)Me	2
			CN	1
			MeC(=NOH)C(=NO)Me	2
			CH$_2$CN	1
			MeC(=NOH)C(=NO)Me	2
			CH$_2$CH$_2$CN	1
			MeC(=NOH)C(=NO)Me	2
			(CH$_2$)$_3$CN	1
			MeC(=NOH)C(=NO)Me	2
			CHMeCN	1
			MeC(=NOH)C(=NO)Me	2
			CH$_2$CHMeCN	1
			MeC(=NOH)C(=NO)Me	2
			CH(CN)CH$_2$CN	1
			MeC(=NOH)C(=NO)Me	2
			CH=CHC$_6$H$_4$CN-p (*cis*)	1
			MeC(=NOH)C(=NO)Me	2
			CH=CHC$_6$H$_4$CN-p (*trans*)	1
			MeC(=NOH)C(=NO)Me	2

Y	q	Color and MP (°C)	Physicochemical Studies	Reference
		y-bw, 206 dec		4146
			ir, nmr	6196
			ir, nmr	6196
		y, ysh-o, 135–145 dec	ir, nmr, uv	6203, 6204
			K, p	6178
		bw, o, 172–180 dec	ir, nmr, uv	6203, 6204
		d-y, r, 165–170 dec, 172–178 dec	ir, nmr, uv	6203, 6204
		y, 132		6204
		r, r-o, 194 dec	ir, nmr, uv	6203, 6204
		r, 203–205 dec	ir, nmr, uv	6204
		bw, d-bw, 190–195 dec	ir, nmr, uv	6203, 6204
		bw, d-y	ir, nmr	6149, 6156, 6182, 6205, 6206
H$_2$O	0.25			6207
	0.5			6207
	1	y		6208
			ca, K, nmr, p, uv	6172, 6194
		189 dec	ir, nmr	6146, 6194, 6209
			ca, K, nmr, p, uv	6172
				6194, 6209
				6194
				6210
				6211
				6211

TABLE 3.94.   (*CONTINUED*)

m	n	R	X	p
1	1	H	N$_3$	1
			MeC(=NOH)C(=NO)Me	2
			SbPh$_2$	1
			MeC(=NOH)C(=NO)Me	2
			BiPh$_2$	1
			MeC(=NOH)C(=NO)Me	2
			OH	1
			MeC(=NOH)C(=NO)Me	2
			OPMe$_2$	1
			MeC(=NOH)C(=NO)Me	2
			OPEt$_2$	1
			MeC(=NOH)C(=NO)Me	2
			OP-*i*-Pr$_2$	1
			MeC(=NOH)C(=NO)Me	2
			CH$_2$CH$_2$OH	1
			MeC(=NOH)C(=NO)Me	2
			(CH$_2$)$_3$OH	1
			MeC(=NOH)C(=NO)Me	2
			(CH$_2$)$_4$OH	1
			MeC(=NOH)C(=NO)Me	2
			CHMeCH$_2$OH	1
			MeC(=NOH)C(=NO)Me	2
			CH$_2$CHMeOH	1
			MeC(=NOH)C(=NO)Me	2
			CH$_2$CH(OH)-hexyl	1
			MeC(=NOH)C(=NO)Me	2
			CHPhCH$_2$OH	1
			MeC(=NOH)C(=NO)Me	2
			CH$_2$CHPhOH	1
			MeC(=NOH)C(=NO)Me	2
			CH$_2$CH(OH)CH$_2$OH	1
			MeC(=NOH)C(=NO)Me	2
			(CH$_2$)$_3$CH(OH)CH$_2$OH	1
			MeC(=NOH)C(=NO)Me	2
			cyclohexyl–OH	1
			MeC(=NOH)C(=NO)Me	2
			indanyl–OH	1
			MeC(=NOH)C(=NO)Me	2
			CH=CHCH$_2$OH	1
			MeC(=NOH)C(=NO)Me	2

Y	q	Color and MP (°C)	Physicochemical Studies	Reference
H_2O	1	y-bw	ir	6212, 6213, 6215
		d-bw	ir	6213
		bw, 185–195 dec	ir, nmr, uv	6203, 6204
		bw, 225–230 dec	ir, nmr, uv	6203, 6204
			K, p	6163, 6182
			nmr	6231
			nmr	6231
			nmr	6231
		163–164	nmr	6216, 6218–6221, 6223
				6216, 6217
				6216
		d-y	ir, nmr	6156, 6224, 6225
		y	ir, nmr	6156, 6216, 6219, 6224, 6225
				6216
			nmr, tha	6147, 6187, 6195, 6226
				6216
		o-y	ir	6156, 6216, 6224
			K, uv	6227
				5490, 6160, 6192, 6216
			nmr	5492
			nmr	6228–6230

TABLE 3.94. (*CONTINUED*)

m	n	R	X	p
1	1	H	CH=CH(CH$_2$)$_3$OH	1
			MeC(=NOH)C(=NO)Me	2
			Me / cyclohexane-=NOH,=NO	1 / 2
			n-Pr / cyclohexane-=NOH,=NO	1 / 2
			Octyl / cyclohexane-=NOH,=NO	1 / 2
			CH$_2$CH$_2$Ph / cyclohexane-=NOH,=NO	1 / 2
			CHDCHDPh / cyclohexane-=NOH,=NO	1 / 2
			Me	1
			PhC(=NOH)C(=NO)Ph	2
			SnMe$_3$	1
			PhC(=NOH)C(=NO)Ph	2
			CHMeCN	1
			PhC(=NOH)C(=NO)Ph	2
			CN	1
			MeC(=NOH)C(=NO)Me	1
			H$_2$NC(=NOH)C(=NO)NH$_2$	1
			CN	1
			cyclohexane-=NOH,=NO	1
			H$_2$NC(=NOH)C(=NO)NH$_2$	1
			CH$_2$CH[(CH$_2$)$_6$C(=NOH)C(=NO)Me]$_2$	1
			Me	1
			(*o*-OC$_6$H$_4$CH=NCH$_2$)$_2$	1
			Et	1
			(*o*-OC$_6$H$_4$CH=NCH$_2$)$_2$	1
			n-Pr	1
			(*o*-OC$_6$H$_4$CH=NCH$_2$)$_2$	1
			i-Pr	1
			(*o*-OC$_6$H$_4$CH=NCH$_2$)$_2$	1
			n-Bu	1
			(*o*-OC$_6$H$_4$CH=NCH$_2$)$_2$	1
			CH=CH$_2$	1
			(*o*-OC$_6$H$_4$CH=NCH$_2$)$_2$	1

Y	q	Color and MP (°C)	Physicochemical Studies	Reference
				6230
			K	5531
			K	5531
			K	5531
			K	5531
			K	5531
			epr	6177
		r, 172–178 dec	ir, nmr, uv	6204
				6209
				6234
				6234
			xr	6232, 6233
		r-o, o-y, 150	ir, msc, nmr, uv	6131–6134
		r-o, o-y, 150	ir, msc, nmr, uv	6131, 6132
		o-y, 150	uv	6132
		r	ir, msc, nmr, uv	6131
		r-o, y-o, 150	ir, msc, nmr, uv	6131, 6132
		o-y	ir, uv, xr	6136, 6137

TABLE 3.94. (*CONTINUED*)

m	n	R	X	p
1	1	H	Ph	1
			$(o\text{-OC}_6\text{H}_4\text{CH}=\text{NCH}_2)_2$	1
			CH$_2$Ph	1
			$(o\text{-OC}_6\text{H}_4\text{CH}=\text{NCH}_2)_2$	1
			CN	1
			$(o\text{-OC}_6\text{H}_4\text{CH}=\text{NCH}_2)_2$	1
			CH$_2$CH$_2$CN	1
			$(o\text{-OC}_6\text{H}_4\text{CH}=\text{NCH}_2)_2$	1
			CH(CN)$_2$	1
			$(o\text{-OC}_6\text{H}_4\text{CH}=\text{NCH}_2)_2$	1
			Et	1
			$o\text{-OC}_6\text{H}_4\text{CH}=\text{NCH}_2\text{CHMeN}=\text{CHC}_6\text{H}_4\text{O-}o$	1
			CH(CN)$_2$	1
			$o\text{-OC}_6\text{H}_4\text{CH}=\text{NCH}_2\text{CHMeN}=\text{CHC}_6\text{H}_4\text{O-}o$	1
			O-n-Pr	1
			$o\text{-OC}_6\text{H}_4\text{CH}=\text{NCH}_2\text{CHMeN}=\text{CHC}_6\text{H}_4\text{O-}o$	1
			$o\text{-OC}_6\text{H}_4\text{CH}=\text{NCH}_2\text{CH}(\text{CMe}_2\text{CH}_2\text{O})\text{-}$ $\text{N}=\text{CHC}_6\text{H}_4\text{O-}o$	1
			$(o\text{-OC}_6\text{H}_4\text{CH}=\text{NCH}_2)_2$	1
			OMe	1
			MeC(=NOH)C(=NO)Me	2
			CH$_2$CH$_2$OMe	1
			MeC(=NOH)C(=NO)Me	2
			CD$_2$CH$_2$OMe	1
			MeC(=NOH)C(=NO)Me	2
			CH$_2$CD$_2$OMe	1
			MeC(=NOH)C(=NO)Me	2
			CH$_2$CH$_2$OEt	1
			MeC(=NOH)C(=NO)Me	2
			CH$_2$CH$_2$O-i-Pr	1
			MeC(=NOH)C(=NO)Me	2
			CH$_2$CH$_2$O-i-Bu	1
			MeC(=NOH)C(=NO)Me	2
			CH$_2$CH$_2$O-t-Bu	1
			MeC(=NOH)C(=NO)Me	2
			CH$_2$CH$_2$OCHMe-n-Pr	1
			MeC(=NOH)C(=NO)Me	2
			CH$_2$CH$_2$OCH$_2$CH=CH$_2$	1
			MeC(=NOH)C(=NO)Me	2
			CH$_2$CH$_2$O(CH$_2$)$_3$CH=CH$_2$	1
			MeC(=NOH)C(=NO)Me	2
			CH$_2$CHMeOCH$_2$Ph	1

Y	q	Color and MP (°C)	Physicochemical Studies	Reference
		o-y, 290	ir, ms, msc, nmr, tha, uv	6131, 6132, 6135
		o-y	ir, msc, nmr, uv	6131
			nmr, uv	6138
		o-y	ir, uv	6136
			nmr, uv	6138
		o	ir, nmr, p, uv	5593
			xr	6235, 6236
		l-bw	ir, msc, nmr, p, uv	5596
		o	ir, msc, nmr, p	5593
MeOH	1		xr	6214
		166.0–166.5	ca, K, nmr	6172, 6218
				6238
				6238
			nmr	6216, 6218, 6220, 6221
		72–74	nmr	6218
			nmr	6218
			nmr	6218
		160–161	nmr	6218
				6220
				6220, 6222
				6238

TABLE 3.94. (CONTINUED)

m	n	R	X	p
1	1	H	MeC(=NOH)C(=NO)Me	2
			CH₂–(tetrahydrofuran-2-yl)	1
			MeC(=NOH)C(=NO)Me	2
			cyclohexyl-OMe (cis)	1
			MeC(=NOH)C(=NO)Me	2
			CH₂–(1,3-dioxolan-2-yl)	
			MeC(=NOH)C(=NO)Me	2
			CH₂CH(OMe)₂	1
			MeC(=NOH)C(=NO)Me	2
			CH₂CH(OEt)₂	1
			MeC(=NOH)C(=NO)Me	2
			(furan-2-yl)	1
			MeC(=NOH)C(=NO)Me	2
			CH=CHCH₂OMe	1
			MeC(=NOH)C(=NO)Me	2
			CH=CHCH₂OEt (*trans*)	1
			MeC(=NOH)C(=NO)Me	2
			CH=CHCH₂O-*n*-Bu (*trans*)	1
			MeC(=NOH)C(=NO)Me	2
			C_6H_4OMe-*p*	1
			MeC(=NOH)C(=NO)Me	2
			CHMeC_6H_4OMe-*p*	1
			MeC(=NOH)C(=NO)Me	2
			CH=CHC_6H_4OMe-*p* (*cis*)	1
			MeC(=NOH)C(=NO)Me	2
			CH=CHC_6H_4OMe-*p* (*trans*)	1
			Et$_8$-porph	1
			O_2	1
			5,10,15,20-Ph$_4$-porph	1
			O_2	1
			5,10,15,20-(*p*-MeC$_6$H$_4$)$_4$-porph	1
			O_2	1
			pc	1
			O_2	1
			5,10,15,20-(*p*-NCC$_6$H$_4$)$_4$-porph	1
			O_2	1
			MeC(=NOH)C(=NO)Me	2
			O_2	1
			(*o*-OC$_6$H$_4$CH=NCH$_2$)$_2$	1
			O_2	1

Y	q	Color and MP (°C)	Physicochemical Studies	Reference
				6239
				5490, 6192
				6240
				6194
				6240
				6160
			nmr	6228, 6241
			nmr	6228
			nmr	6228
		o, 238 dec		6146
			nmr	6195
				6211
				6211
			ca, epr, K, p	926, 5515
			ca, K, p	5515, 5516
			ca, K, p	5515, 5516
				5518
			ca, K, p	5515, 5516
			epr, K	5559, 6242, 6243
			epr, K, th	5544, 5546, 5559, 6243–6245

TABLE 3.94. (*CONTINUED*)

m	n	R	X	p
1	1	H	(2-O-4,6-Me$_2$C$_6$H$_2$CH=NCH$_2$)$_2$	1
			O$_2$	1
			(2-OC$_{10}$H$_6$-1-CH=NCH$_2$)$_2$	1
			O$_2$	1
			(*o*-OC$_6$H$_4$CH=NCHMe)$_2$	1
			O$_2$	1
			o-OC$_6$H$_4$CH=N–(cyclohexyl)	1
			o-OC$_6$H$_4$CH=N–(cyclohexyl)	
			O$_2$	1
			(*o*-OC$_6$H$_4$CH=NCHPh)$_2$	1
			O$_2$	1
			o-(*o*-OC$_6$H$_4$CH=N)$_2$C$_6$H$_4$	1
			O$_2$	1
			5,10,15,20-(*p*-MeOC$_6$H$_4$)$_4$-porph	1
			O$_2$	1
			MeC(=NOH)C(=NO)Me	2
			O$_2$Me	1
			MeC(=NOH)C(=NO)Me	2
			O$_2$Et	1
			MeC(=NOH)C(=NO)Me	2
			O$_2$-*t*-Bu	1
			MeC(=NOH)C(=NO)Me	2
			O$_2$-cyclopentyl	1
			MeC(=NOH)C(=NO)Me	2
			O$_2$-cyclohexyl	1
			MeC(=NOH)C(=NO)Me	2
			O$_2$CH$_2$CH=CH$_2$	1
			MeC(=NOH)C(=NO)Me	2
			O$_2$CH$_2$CH=CHMe	1
			MeC(=NOH)C(=NO)Me	2
			O$_2$(CH$_2$)$_4$CH=CH$_2$	1
			MeC(=NOH)C(=NO)Me	2
			O$_2$CH$_2$–(cycloheptenyl)	1
			MeC(=NOH)C(=NO)Me	2
			O$_2$CHMeCH=CH$_2$	1
			MeC(=NOH)C(=NO)Me	2
			O$_2$CH(CH=CH$_2$)(CH$_2$)$_3$CH=CH$_2$	1
			MeC(=NOH)C(=NO)Me	2
			O$_2$CMe$_2$CH=CH$_2$	1
			MeC(=NOH)C(=NO)Me	2
			O$_2$CH$_2$CH=CH(CH$_2$)$_3$CH=CH$_2$	1
			MeC(=NOH)C(=NO)Me	2
			O$_2$CH$_2$Ph	1

Y	q	Color and MP (°C)	Physicochemical Studies	Reference
			epr	6243
			epr	6243
			K, th	5546
			K, th	5546
			K, th	5546
			epr	6243
			epr	5559
				6160, 6162, 6164, 6173, 6180
				6160
			nmr	6176
				6187
				6160, 6163, 6176
			nmr	6195, 6196
			nmr	6195, 6196
			ir, nmr	6196
			ir, nmr	6196
			nmr	6195, 6196
			nmr	6196
			nmr	6196
			nmr	6196
			nmr	6163, 6173, 6176, 6180, 6195

TABLE 3.94. (*CONTINUED*)

m	n	R	X	p
1	1	H	MeC(=NOH)C(=NO)Me O$_2$CHMePh	2 1
			MeC(=NOH)C(=NO)Me O$_2$CHEtPh	2 1
			MeC(=NOH)C(=NO)Me O$_2$CHMeC$_6$H$_4$Me-*p*	2 1
			MeC(=NOH)C(=NO)Me O$_2$CMe$_2$Ph	2 1
			MeC(=NOH)C(=NO)Me O$_2$–(indanyl) 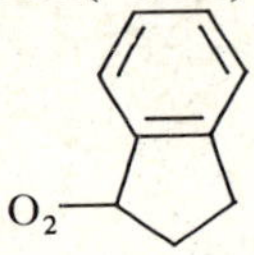	2 1
			MeC(=NOH)C(=NO)Me O$_2$–(indanyl) 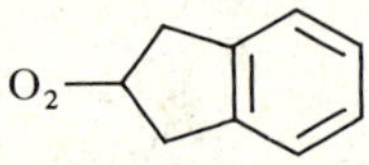	2 1
			MeC(=NOH)C(=NO)Me O$_2$CH$_2$CH=CHPh	2 1
			MeC(=NOH)C(=NO)Me O$_2$CH$_2$≡CH	2 1
			MeC(=NOH)C(=NO)Me O$_2$CHMe≡CH	2 1
			MeC(=NOH)C(=NO)Me O$_2$CMe$_2$C≡CH	2 1
			MeC(=NOH)C(=NO)Me O$_2$CMeEt≡CH	2 1
			MeC(=NOH)C(=NO)Me 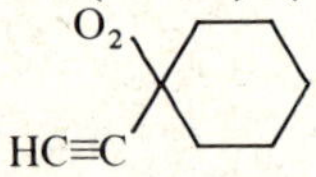 O$_2$–(1-ethynylcyclohexyl), HC≡C	2 1
			MeC(=NOH)C(=NO)Me O$_2$CH$_2$C≡CMe	2 1
			MeC(=NOH)C(=NO)Me O$_2$CH$_2$C≡CPh	2 1
			MeC(=NOH)C(=NO)Me CH$_2$CH$_2$OCH$_2$CH$_2$OMe	2 1
			O$_2$ (2-O-3-MeOC$_6$H$_3$CH=NCH$_2$)$_2$	1 1
			CH(CH$_2$CH$_2$CH$_2$N=CHC$_6$H$_3$-2-O-3-OMe)$_2$	1
			Me *p*-MeOC$_6$H$_4$C(=NOH)C(=NO)C$_6$H$_4$OMe-*p*	1 2
			MeC(=NOH)C(=NO)Me O$_2$CHPhCH$_2$OH	2 1

Y	q	Color and MP (°C)	Physicochemical Studies	Reference
			nmr	6145, 6176, 6195
			nmr	6195
			nmr, xr	6176, 6195, 6246
			nmr, xr	6176
			nmr	5492, 6163
				6163
			nmr	6196
			nmr	6196
			nmr	6196
			nmr	6196
			nmr	6196
			nmr	6196
			nmr	6196
			nmr	6196
		142–143	nmr	6218
			epr, ir, msc, nmr	6243, 6244, 6247, 6248
			ir, msc, nmr	6237
		l-bw	epr	6177
			nmr	6195

TABLE 3.94. (*CONTINUED*)

m	n	R	X	p
1	1	H	MeC(=NOH)C(=NO)Me	2
			2-hydroxy-1-O$_2$-cyclohexyl	1
			MeC(=NOH)C(=NO)Me	2
			1-O$_2$-2-hydroxy-indanyl	1
			MeC(=NOH)C(=NO)Me	2
			OP(OMe)Ph	1
			MeC(=NOH)C(=NO)Me	2
			O$_2$-(tetrahydrofuran-2-yl)	1
			MeC(=NOH)C(=NO)Me	2
			O$_2$C$_6$H$_4$OMe-p	1
			(o-OC$_6$H$_4$CH=NCH$_2$)$_2$	1
			COMe	1
			(o-OC$_6$H$_4$CH=NCH$_2$)$_2$	1
			CO$_2$Me	1
			(o-OC$_6$H$_4$CH=NCH$_2$)$_2$	1
			CO$_2$Et	1
			MeC(=NOH)C(=NO)Me	2
			CH$_2$CHO	1
			MeC(=NOH)C(=NO)Me	2
			CH$_2$CO$_2$H	1
			MeC(=NOH)C(=NO)Me	2
			CH$_2$CO$_2$Me	1
			MeC(=NOH)C(=NO)Me	2
			CH$_2$CONH$_2$	1
			MeC(=NOH)C(=NO)Me	2
			CH$_2$CH$_2$COMe	1
			MeC(=NOH)C(=NO)Me	2
			CH$_2$CH$_2$CO$_2$Me	1
			MeC(=NOH)C(=NO)Me	2
			CH$_2$CH$_2$CO$_2$Et	1
			MeC(=NOH)C(=NO)Me	2
			CH$_2$CH$_2$CO$_2$-i-Pr	1
			MeC(=NOH)C(=NO)Me	2
			CH$_2$CH$_2$CO$_2$(CH$_2$)$_2$CH=CH$_2$	1
			MeC(=NOH)C(=NO)Me	2
			CHMeCOMe	1
			MeC(=NOH)C(=NO)Me	2
			CHMeCO$_2$H	1

Y	q	Color and MP (°C)	Physicochemical Studies	Reference
				6160, 6163
			nmr	5492
				6231
				6160
			nmr	6195
		o-y	ir, msc, nmr, uv	6131, 6136
		o-y	ir, uv	6136
		o-y	ir, msc, nmr	6136
				6194, 6221, 6239, 6240
				6194
		157–158	xr	6186, 6194, 6251
		o-y	ir	6252
			nmr	6193
		156–157	nmr	6194, 6218–6220, 6253
				6194
		153–154	nmr	6218
				6220, 6222
				6194
				6194

TABLE 3.94. (CONTINUED)

m	n	R	X	p
1	1	H	MeC(=NOH)C(=NO)Me	2
			CHMeCO$_2$Me	1
			MeC(=NOH)C(=NO)Me	2
			CHMeCO$_2$Et	1
			MeC(=NOH)C(=NO)Me	2
			CH(CO$_2$Et)O—⟨cyclopentyl⟩	1
			Me	2
			MeCOCHCOMe	1
			Me	2
			MeCOCHCOMe	1
			Et	2
			MeCOCHCOMe	1
			n-Pr	2
			MeCOCHCOMe	1
			N$_3$	1
			MeCOCHCOMe	2
			CN	1
			MeCOCHCOMe	2
			MeC(=NOH)C(=NO)Me	2
			CHMeCH$_2$CO$_2$Me	1
			MeC(=NOH)C(=NO)Me	2
			CH$_2$CHMeCO$_2$Me	1
			MeC(=NOH)C(=NO)Me	2
			CH(CO$_2$Et)CH$_2$CO$_2$Et	1
			MeC(=NOH)C(=NO)Me	2
			CH$_2$—⟨γ-butyrolactone⟩=O	1
			MeC(=NOH)C(=NO)Me	2
			CH$_2$CMe(CO$_2$Et)$_2$	1
			MeC(=NOH)C(=NO)Me	2
			CH$_2$CH$_2$CMe(CO$_2$Et)$_2$	1
			MeC(=NOH)C(=NO)Me	2
			CH=CHCOMe (*trans*)	1
			MeC(=NOH)C(=NO)Me	2
			CH=CHCOPh (*trans*)	1
			MeC(=NOH)C(=NO)Me	2
			CH=CHCH$_2$CO$_2$Me	1
			MeC(=NOH)C(=NO)Me	2
			CH=CHCH$_2$CH$_2$C(=O)—N(carbazolyl)	1

Y	q	Color and MP (°C)	Physicochemical Studies	Reference
				6160, 6194
				6194
				6254
Et$_3$P	1	y, 100–105 dec	ir	6255
Me$_2$PhP	1		K, th	6256
Me$_2$PhP	1		K, th	6256
Me$_2$PhP	1		K, th	6256
			K, nmr	6257
			K, nmr	6257
				6194
				6194
				6194
				6222, 6239
				6259
		o, dec 200–210	ir	6260
		bw	ir	6261
		bw	ir	6261
				6229
		219–221 dec		6262

1193

TABLE 3.94. (*CONTINUED*)

m	n	R	X	p
1	1	H	MeC(=NOH)C(=NO)Me	2
			CH=CHCH$_2$CH$_2$CO$_2$H *trans*	1
			MeC(=NOH)C(=NO)Me	2
			CH=CHCH$_2$CH$_2$CO$_2$Et	1
			MeC(=NOH)C(=NO)Me	2
			CMe=CHCO$_2$Me	1
			MeC(=NOH)C(=NO)Me	2
			C(CO$_2$Me)=CHCO$_2$Me	1
			MeC(=NOH)C(=NO)Me	2
			NCO	1
			MeCOCHCOMe	2
			NCO	1
			Me	1
			(MeCOCHCMe=NCH$_2$)$_2$	1
			Et	1
			(MeCOCHCMe=NCH$_2$)$_2$	1
			CH=CH$_2$	1
			(MeCOCHCMe=NCH$_2$)$_2$	1
			Ph	1
			(MeCOCHCMe=NCH$_2$)$_2$	1
			C$_6$H$_4$Me-*p*	1
			(MeCOCHCMe=NCH$_2$)$_2$	1
			C$_6$H$_4$CN-*p*	1
			(MeCOCHCMe=NCH$_2$)$_2$	1
			C$_6$H$_4$OMe-*p*	1
			(MeCOCHCMe=NCH$_2$)$_2$	1
			O$_2$	1
			(MeCOCHCMe=NCH$_2$)$_2$	1
			COMe	1
			(MeCOCHCMe=NCH$_2$)$_2$	1
			O$_2$	1
			(PhCOCHCMe=NCH$_2$)$_2$	1
			O$_2$	1
			(MeCOCMeCMe=NCH$_2$)$_2$	1
			O$_2$	1
			(MeCOCPhCMe=NCH$_2$)$_2$	1
			2,7,12,18-Me$_4$-3,8-(CH$_2$=CH)$_2$-13,17-(HO$_2$CCH$_2$CH$_2$)$_2$-porph	1
			+	1
			2,7,12,18-Me$_4$-3,8-(CH$_2$=CH)$_2$-13,17-(HO$_2$CCH$_2$CH$_2$)$_2$-porph	1
			O$_2$H	1
			2,7,12,18-Me$_4$-13,17-(MeO$_2$CCH$_2$CH$_2$)$_2$-porph	1
			O$_2$	1

Y	q	Color and MP (°C)	Physicochemical Studies	Reference
		230.5 dec		6262
		y, 185.5–186 dec o, 193.5–194 dec		6262
			nmr	6226
				6194
				6212, 6215
			K, nmr	6257
			ca, K, nmr, nqr, th, **xr**	6168, 6263–6266
			K, nmr	6263
			K, nmr	6263, 6264
			ca, K, nmr, th	6263, 6266, 6267
			ca, K, nmr	6267
			ca, K, nmr	6267
			ca, K, nmr, th	6266, 6267
			epr, msc, th, **xr**	5559, 5574, 6249, 6250
				6264
			xr, xrp	5574, 6247, 6268, 6269
			epr, th	5574, 6243
			epr, th	5574
			K, p	5573
			K	6270
			K	5569

TABLE 3.94.   (CONTINUED)

m	n	R	X	p
1	1	H	2,7,12,18-Me$_4$-3,8-Et$_2$-13,17-(MeO$_2$CCH$_2$CH$_2$)$_2$-porph	1
			O$_2$	1
			2,7,12,18-Me$_4$-3,8-(CH$_2$=CH)$_2$-13,17-(MeO$_2$CCH$_2$CH$_2$)$_2$-porph	1
			O$_2$	1
			MeC(=NOH)C(=NO)Me	2
			CH$_2$CH$_2$OCONHPh	1
			MeC(=NOH)C(=NO)Me	2
			CH$_2$CH$_2$OCONMePh	1
			MeC(=NOH)C(=NO)Me	2
			CH$_2$CD$_2$OCOMe	1
			MeC(=NOH)C(=NO)Me	2
			CH$_2$CHMeOCOMe	1
			—	1
			CO$_3$	2
			MeC(=NOH)C(=NO)Me	2
			CH$_2$CH$_2$OCONHCH(CHMe$_2$)CO$_2$-t-Bu (?)	1
			MeC(=NOH)C(=NO)Me	2
			PhB(OH)O—[sugar-purine ring with OCOMe, NHCOMe substituents]	1
			MeC(=NOH)C(=NO)Me	2
			C(OCOMe)=CHOCOMe	1
			+	1
			(o-O$_2$CCH$_2$NHCH$_2$)$_2$	1
			+	2
			NO$_2$	1
			MeC(=NOH)C(=NO)Me	2
			NO$_2$	1
			MeC(=NOH)C(=NO)Me	1
			H$_2$NC(=NOH)C(=NO)NH$_2$	1
			NO$_2$	1
			MeCOCHCOMe	2
			NO$_2$	1
			MeCOCHCOPh	2
			NO$_2$	1
			MeCOCHCOCH$_2$OMe	2
			NO$_2$	1
			MeCOCHCOCH$_2$O-n-Pr	2
			NO$_2$	1
			(MeCOCHCMe=NCH$_2$)$_2$	1
			NO$_2$	1

Y	q	Color and MP (°C)	Physicochemical Studies	Reference
			K	5569, 5570
			K	5569
		dec 95	ir, nmr	6271, 6272
				6271
				6238
				6219, 6238
			K, uv	6273
		dec 145	ir, n, nmr	6272
		200 dec		6186
			nmr	6226
H_2O	1		nmr	6274
$H_2NCH_2CH_2NH_2$	2		K	6125
			ir, K, nmr, uv	6149, 6205, 6215, 6275, 6276
				6234
			cond, ir, nmr, uv	6257, 6258, 6277–6283
		rsh-bw	nmr	6287
		r, 136	cond, ir, nmr, uv	6277
		r, 156	cond, ir, nmr, uv	6277
			K	6288

TABLE 3.94. (CONTINUED)

m	n	R	X	p
1	1	H	H$_2$NC(=NOH)C(=NO)NH$_2$	1
			NO$_2$	2
			NO$_2$	3
			Me	1
			(2-HO-3-O$_2$CC$_6$H$_3$CH=NCH$_2$)$_2$	1
			Ph	1
			(2-HO-3-O$_2$CC$_6$H$_3$CH=NCH$_2$)$_2$	1
			CH$_2$Ph	1
			(2-HO-3-O$_2$CC$_6$H$_3$CH=NCH$_2$)$_2$	1
			(MeCOCHCMe=NCH$_2$)$_2$	1
			C$_6$H$_4$NO$_2$-p	1
			MeC(=NOH)C(=NO)Me	2
			CH$_2$C$_6$H$_4$NO$_2$-p	1
			MeC(=NOH)C(=NO)Me	2
			NO$_3$	1
			NO$_2$	2
			NO$_3$	1
			NO$_2$	1
			NO$_3$	2
			MeC(=NOH)C(=NO)Me	2
			O$_2$CHMeCO$_2$Me	1
			MeC(=NOH)C(=NO)Me	2
			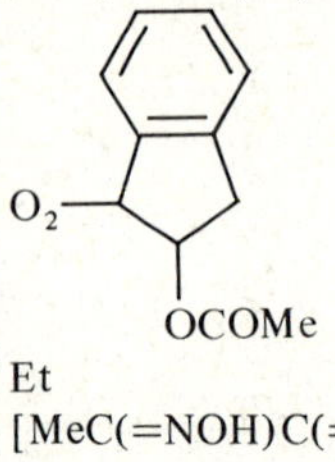 O$_2$C (indanyl-OCOMe group)	1
			Et	1
			[MeC(=NOH)C(=NO)(CH$_2$)$_4$OCO]$_2$CMe$_2$	1
			MeC(=NOH)C(=NO)Me	2
			SMe	1

Y	q	Color and MP (°C)	Physicochemical Studies	Reference
NH$_3$	1	y-bw		6234
NH$_3$	2		ir, th, tha, uv	5586, 6284, 6285
	3		msc	6286
MeOC(NH$_2$)=NC(=NH)NH$_2$	1	y	ir	6396
EtOC(NH$_2$)=NC(=NH)NH$_2$	1	y	ir	6396
i-PrOC(NH$_2$)=NC(=NH)NH$_2$	1	y		6396
n-BuOC(NH$_2$)=NC(=NH)NH$_2$	1	y		6396
{H$_2$O i-BuOC(NH$_2$)=NC(=NH)NH$_2$	1 1	y		6396
{H$_2$O Isopentyl-OC(NH$_2$)=NC(=NH)NH$_2$	0.5 1	y		6396
		rsh-y	msc, uv	5560
		y	msc, uv	5560
		y-bw	msc, uv	5560
			ca, K, nmr	6267
			epr	6299, 6300
H$_2$O	1	l-bw		6290
{H$_2$O H$_2$NCONHNH$_2$	1 1	y-o	K, p	6291
(H$_2$N)$_2$CS	1			6144
{H$_2$O H$_2$NCSNHNH$_2$	1 1		K, p	6291
NH$_3$	3	y	cond	6289
{NH$_3$ H$_2$O	4 1		cond	6292
				6160
			nmr	5492
			K, nmr	6293
		ysh-g, dec 180		6294

TABLE 3.94. (CONTINUED)

m	n	R	X	p
1	1	H	MeC(=NOH)C(=NO)Me SEt	2 1
			MeC(=NOH)C(=NO)Me SPh	2 1
			MeC(=NOH)C(=NO)Me SCN	2 1
			MeCOCHCOMe SCN	2 1
			— SC(CN)=C(CN)S	1 2
			n-Bu$_4$N SC(CN)=C(CN)S	1 2
			O$_2$ (o-SC$_6$H$_4$CH=NCH$_2$)$_2$	1 1
			MeC(=NOH)C(=NO)Me S$_4$Et	2 1
			MeC(=NOH)C(=NO)Me S$_4$-n-Pr	2 1
			MeC(=NOH)C(=NO)Me S$_4$-pentyl	2 1
			MeC(=NOH)C(=NO)Me S$_4$-cyclohexyl	2 1
			MeC(=NOH)C(=NO)Me S$_4$CH$_2$CH=CHMe	2 1
			MeC(=NOH)C(=NO)Me S$_4$CH$_2$Ph	2 1
			MeC(=NOH)C(=NO)Me S$_4$CHMePh	2 1
			MeC(=NOH)C(=NO)Me S$_4$CHMeC$_6$H$_4$Me-p	2 1
			MeC(=NOH)C(=NO)Me HO—cyclohexyl—S$_4$	2 1
			O$_2$ (MeCSCHCMe=NCH$_2$)$_2$	1 1
			MeC(=NO)CMe=NPh NCS	2 1
			MeC(=NOH)C(=NO)Me NCS	2 1
			MeC(=NOH)C(=NO)Et NCS	2 1
			MeC(=NOH)C(=NO)Me H$_2$NC(=NOH)C(=NO)Me NCS	1 1 1

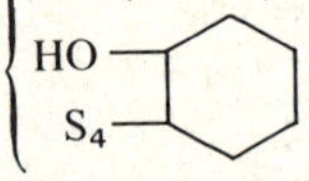

Y	q	Color and MP (°C)	Physicochemical Studies	Reference
				6294
		bk, dec 200		6294
			ir, K, nmr, tha, uv	6302–6305
		y-bw, 162	ir, nmr, uv	6295
			K	5588, 6296, 6297
		g	ir, msc, p, uv	5313, 6296, 6298
			epr	6299
			ms, nmr	6300
			ms, nmr	6300
			ms, nmr	6300
			ms, nmr	6300
			ms, nmr	6300
			ms, nmr	6300
			ms, nmr	6300
			ms, nmr	6300
			ms, nmr	6300
			epr, tha, xrp	5574
		r, 223	ir, msc, uv	6139
		y	ir, K, nmr, th, uv	6205, 6206, 6215, 6301–6304
				6215
			ir, nmr	6234, 6305

TABLE 3.94. (CONTINUED)

m	n	R	X	p
1	1	H	MeCOCHCOMe *cis* NCS	2 1
			MeCOCHCOMe *trans* NCS	2 1
			NCS	3
			MeC(=NOH)C(=NO)Me SO$_2$Me	2 1
			(o-OC$_6$H$_4$CH=NCH$_2$)$_2$ SO$_2$Me	1 1
			MeC(=NOH)C(=NO)Me SO$_2$-i-Pr	2 1
			MeC(=NOH)C(=NO)Me SO$_2$-1-Me-heptyl	2 1
			MeC(=NOH)C(=NO)Me SO$_2$Ph	2 1
			MeC(=NOH)C(=NO)Me SO$_2$C$_6$H$_4$Me-*p*	2 1
			MeC(=NOH)C(=NO)Me SO$_2$CH$_2$Ph	2 1
			Na MeC(=NOH)CH=NO SO$_3$	1 2 1
			— MeC(=NOH)C(=NO)Me SO$_3$	1 2 1
			H MeC(=NOH)C(=NO)Me SO$_3$	1 2 1
			Na MeC(=NOH)C(=NO)Me SO$_3$	1 2 1
			NH$_4$ MeC(=NOH)C(=NO)Me SO$_3$	1 2 1
			Na PhC(=NOH)C(=NO)Ph SO$_3$	1 2 1
			O$_2$ 4,4′,4″,4‴-(HO$_3$S)$_4$-pc	1 1
			MeC(=NOH)C(=NO)Me NCSe	2 1

Y	q	Color and MP (°C)	Physicochemical Studies	Reference
		g-bw, 160	ir, nmr, uv	6295
		bw, 171	ir, nmr, uv	6295
NH$_3$ H$_2$NCH$_2$CH$_2$NH$_2$	1 2		msc	1041
		bw-y	ir, K, nmr, uv	6135, 6174, 6307
H$_2$O	3	bw	ir, nmr	6135
H$_2$O	1		ir, ms, nmr, th, tha	6135, 6306
			ir, nmr	6307
			ir, nmr	6307
		y	ir, nmr	6135, 6307
		y	ir, K, nmr, uv	6135, 6174, 6307
		y	ir, nmr	6307
H$_2$O	3	o	K, th	6308
			K	6310
H$_2$O	6	r-bw	cond	6311
H$_2$O	4		K, th	6309
H$_2$O	3	l-y, y	cond	6311, 6312
	4 7		cond, ir, p, uv cond, ir, p, uv	6313 6313
H$_2$O	4	d-bw	K, th	6309
				5595
		y, d-r-bw, 265–268	ir	6205, 6301 6314

TABLE 3.94.   (CONTINUED)

m	n	R	X	p
1	1	H	MeC(=NOH)C(=NO)Me	1
			H$_2$NC(=NOH)C(=NO)NH$_2$	1
			NCSe	1
			(o-OC$_6$H$_4$CH=NCH$_2$)$_2$	1
			CF$_3$	1
			(MeCOCHCMe=NCH$_2$)$_2$	1
			CF$_3$	1
			MeC(=NOH)C(=NO)Me	2
			CH$_2$CF$_3$	1
			(o-OC$_6$H$_4$CH=NCH$_2$)$_2$	1
			C$_2$F$_5$	1
			Et$_2$NCS$_2$	2
			C$_3$F$_7$	1
			MeC(=NOH)C(=NO)Me	2
			CH=CHCF$_3$	1
			MeC(=NOH)C(=NO)Me	2
			CH$_2$C$_6$H$_4$F-m	1
			(MeCOCHCMe=NCH$_2$)$_2$	1
			C$_6$H$_5$F-p	1
			(MeCOCHCMe=NCH$_2$)$_2$	1
			2,3,4,5-F$_4$C$_6$H	1
			(o-OC$_6$H$_4$CH=NCH$_2$)$_2$	1
			2,3,5,6-F$_4$C$_6$H	1
			(MeCOCHCMe=NCH$_2$)$_2$	1
			2,3,5,6-F$_4$C$_6$H	1
			(o-OC$_6$H$_4$CH=NCH$_2$)$_2$	1
			C$_6$F$_5$	1
			(o-OC$_6$H$_4$CMe=NCH$_2$)$_2$	1
			C$_6$F$_5$	1
			o-(o-OC$_6$H$_4$CH=N)$_2$C$_6$H$_4$	1
			C$_6$F$_5$	1
			(MeCOCHCMe=NCH$_2$)$_2$	1
			C$_6$F$_5$	1
			MeC(=NOH)C(=NO)Me	2
			CH$_2$C$_6$H$_4$F-p	1
			MeC(=NOH)C(=NO)Me	2
			CHMeC$_6$H$_4$F-p	1
			O$_2$	1
			5,10,15,20-(p-FC$_6$H$_4$)$_4$-porph	1
			MeC(=NOH)C(=NO)Me	2
			O$_2$CHMeC$_6$H$_4$F-p	1
			+	2
			Cl	1
			(o-H$_2$NC$_6$H$_4$C=NCH$_2$)$_2$	1
			Cl	1

Y	q	Color and MP (°C)	Physicochemical Studies	Reference
				6234
			nmr	6315
			K, th	6266
			ca, nmr	6149, 6172
			nmr	6315
			nmr	4197
			nmr	6226
			nmr	6316
			K, th	6266
		pk, 173–175	ir, nmr	6317
		y, > 250	ir, nmr	6317
		y-bw, 245–247	ir, nmr	6317
		y-bw, > 250	ir, nmr	6317
				6318
				6317
		y-bw, 193–194	ir, nmr	6317, 6319
			epr	6177, 6178
			nmr	6195
			ca, K, p	5515, 5516
			nmr	6195
$H_2NCH_2CH_2NH_2$	2		cd, K, nmr, ord, uv	6123–6125, 6320–6330
H_2O	1	bk	ir, ms, msc, p, uv	6331

TABLE 3.94. (CONTINUED)

m	n	R	X	p
1	1	H	(o-H$_2$NC$_6$H$_4$C=NCH$_2$)$_2$CH$_2$ Cl	1 1
			5,10,15,20-Ph$_4$-porph Cl	1 1
			MeC(=NO)CMe=NPh Cl	2 1
			MeC(=NOH)CH=NO MeC(=NOH)C(=NO)Me Cl	1 1 1
			MeC(=NOH)C(=NO)Me Cl	2 1
			MeC(=NOH)C(=NO)Me MeC(=NOH)C(=NO)-n-Pr Cl	1 1 1
			PhC(=NOH)C(=NO)Ph Cl	2 1
			[MeC(=NOH)C(=NO)(CH$_2$)$_5$]$_2$ Cl	1 1
			[MeC(=NOH)C(=NO)(CH$_2$)$_6$]$_2$ Cl	1 1
			NO$_2$ Cl	2 1
			MeC(=NOH)C(=NO)COMe Cl	2 1
			+ Cl	1 2
			NO$_2$ Cl	1 2
			NCS Cl	1 2
			Cl	3
			Cl	3
			MeC(=NOH)C(=NO)Me CH$_2$Cl	2 1

Y	q	Color and MP (°C)	Physicochemical Studies	Reference
H_2O	1	b	ir, ms, msc, p, uv	6331
			nmr	6332
PhH	0.5		**xr**	6333
MeOH	0.5	r-bw, 145 dec	ir, msc, uv	6139
H_2O	0.75	l-y	ir	6334
		l-bu, d-y, 222–224, 235–243	ir, K, lum, nmr, nqr, th, uv, xr	5719, 6135, 6145, 6148, 6149, 6156, 6163, 6168, 6182, 6209, 6212, 6215, 6239, 6276, 6314, 6335–6350
H_2O	3	d-g	ir	6334
			K	6209, 6351–6353
			nmr	6338
			nmr, **xr**	6338, 6354
NH_3	3	y	cond	6286, 6289
		l-bw	cond, ir, uv	5080, 6355
$H_2NCH_2CH_2NH_2$	2		nmr	6329
$H_2NCH_2CH_2NH_2$	2			6356
$\begin{cases} NH_3 \\ H_2O \end{cases}$	$\begin{matrix} 4 \\ 1 \end{matrix}$			6292
$H_2NCH_2CH_2NH_2$	2			6356
$H_2NCH_2CH_2NH_2$	2		cd, chr, ir, K, msc, p, uv	6356–6363
$\begin{cases} NH_3 \\ H_2NCH_2CH_2NH_2 \\ H_2O \end{cases}$	$\begin{matrix} 1 \\ 2 \\ 1 \end{matrix}$		msc	1041
			ca, K	6145, 6155, 6172, 6194

TABLE 3.94.   (*CONTINUED*)

m	n	R	X	p
1	1	H	(MeCOCHCMe=NCH$_2$)$_2$	1
			CH$_2$Cl	1
			MeC(=NOH)C(=NO)Me	2
			CHCl$_2$	1
			MeC(=NOH)C(=NO)Me	2
			CH(CH$_2$OH)CH$_2$Cl	1
			MeC(=NOH)C(=NO)Me	2
			CH$_2$CH(OH)CH$_2$Cl	1
			MeC(=NOH)C(=NO)Me	2
			CH$_2$CH(OCOMe)CH$_2$Cl	1
			MeC(=NOH)C(=NO)Me	2
			C$_6$H$_4$Cl-*p*	1
			MeC(=NOH)C(=NO)Me	2
			CH$_2$C$_6$H$_4$Cl-*p*	1
			MeC(=NOH)C(=NO)Me	2
			CHMeC$_6$H$_4$Cl-*p*	1
			MeC(=NOH)C(=NO)Me	2
			CCl=C(C$_6$H$_4$Cl-*p*)$_2$	1
			MeC(=NOH)C(=NO)Me	2
			Me$_2$SnCl	1
			MeC(=NOH)C(=NO)Me	2
			Ph$_2$SnCl	1
			MeC(=NOH)C(=NO)Me	2
			SnCl$_3$	1
			O$_2$	1
			5,10,15,20-(*p*-ClC$_6$H$_4$)$_4$-porph	1
			MeC(=NOH)C(=NO)Me	2
			CH$_2$CH$_2$OCH$_2$CH$_2$Cl	1
			O	1
			(2-O-5-ClC$_6$H$_3$CH=NCH$_2$)$_2$	1
			O	1
			(2-O-3-MeO-5-ClC$_6$H$_2$CH=NCH$_2$)$_2$	1
			MeC(=NOH)C(=NO)Me	2
			O$_2$CHMeC$_6$H$_4$Cl-*p*	1
			(O$_2$CCH$_2$NHCH$_2$)$_2$	1
			ClO$_4$	1
			Cl	1
			ClO$_4$	2
			ClO$_4$	3
			+	2
			Br	1
			2,7,12,17-Me$_4$-3,8,13,18-Et$_4$-porph	1
			Br	1

Y	q	Color and MP (°C)	Physicochemical Studies	Reference
			K, th	6266
		o-y		6145, 6155, 6252
		179–180	ir	6151
			nmr	6364
			nmr	6364
			ir, nmr	6150
			epr	6177, 6178
			nmr	6147, 6195
			xr	6365
		o, 162–165 dec		6204
		220–230 dec	ir, nmr, uv	6204
		y		5719
			ca, K, p	5515, 5516
				6220
				6244
				6244
			nmr	6195
		r-v	nmr, uv	6366
$H_2NCH_2CH_2NH_2$	1		K, uv	6367
$(H_2NCH_2CH_2NHCH_2)_2$	1		K, uv	6368
NH_3	5		K	6369
			K	6370
		r-v, 200	uv	6371, 6372

TABLE 3.94. (*CONTINUED*)

m	n	R	X	p
1	1	H	Et$_8$-porph	1
			Br	1
			5,10,15,20-(*p*-MeC$_6$H$_4$)$_4$-porph	1
			Br	1
			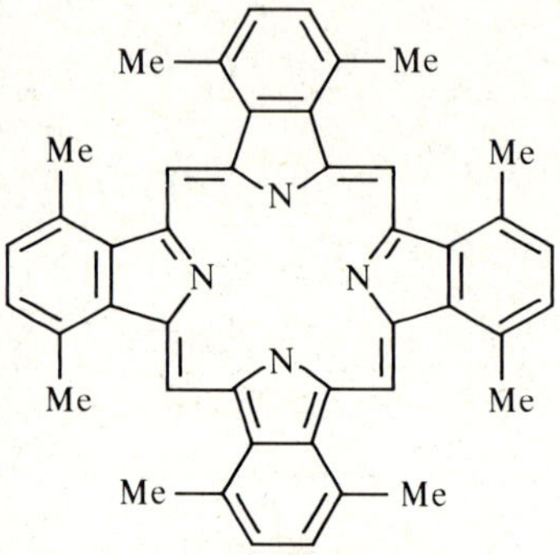 [octamethyltetrabenzoporphyrin-type macrocycle]	1
			Br	1
			MeC(=NOH)C(=NO)Me	2
			Br	1
			PhC(=NOH)CH=NO	2
			Br	1
			PhC(=NOH)C(=NO)Ph	2
			Br	1
			NO$_2$	2
			Br	1
			MeC(=NOH)C(=NO)COMe	2
			Br	1
			NO$_3$	2
			Br	1
			2,4,6-(O$_2$N)$_3$C$_6$H$_2$O	2
			Br	1
			S$_2$O$_8$	1
			Br	1
			BF$_4$	2
			Br	1
			ClO$_4$	2
			Br	1
			NO$_2$	1
			Br	2

Y	q	Color and MP (°C)	Physicochemical Studies	Reference
		r	ir, uv	4207, 6373
py$^+$C$^-$HCO$_2$Et	1	r		6373
			uv	375
		bu	ir	2514
			ir, K, nmr, nqr, th	6149, 6168, 6205, 6239, 6241, 6276, 6342, 6344–6348, 6350, 6362
		y	msc	6374
			K	6352, 6353
NH$_3$	3	y	cond	6289
			ir, uv	6355
NH$_2$CH$_2$CH$_2$NH$_2$	2		xr	6375, 6376
H$_2$NCH$_2$CH$_2$NH$_2$	2	y	ir, K	6377
H$_2$NCH$_2$CH$_2$NH$_2$	2	r-v	ir, K	6377
H$_2$NCH$_2$CH$_2$NH$_2$	2	r-v	ir, K	6377
H$_2$NCH$_2$CH$_2$NH$_2$	2	r-v	ir, K	6377
H$_2$NCH$_2$CH$_2$NH$_2$	2		uv	6356
$\{$ NH$_3$ H$_2$O	4 1		xr	6378

TABLE 3.94. (CONTINUED)

m	n	R	X	p
1	1	H	NO$_2$	1
			Br	2
			NCS	1
			Br	2
			Br	3
			MeC(=NOH)C(=NO)Me	2
			CH$_2$Br	1
			MeC(=NOH)C(=NO)Me	2
			(CH$_2$)$_4$Br	1
			MeC(=NOH)C(=NO)Me	2
			MeO–[cyclohexyl]–Br	1
			MeC(=NOH)C(=NO)Me *cis*	2
			CBr=CH-hexyl	1
			MeC(=NOH)C(=NO)Me *trans*	2
			CBr=CH-hexyl	1
			(MeCOCHCMe=NCH$_2$)$_2$	1
			C$_6$H$_4$Br-*p*	1
			MeC(=NOH)C(=NO)Me	2
			CH$_2$C$_6$H$_4$Br-*p*	1
			MeC(=NOH)C(=NO)Me	2
			CHMeC$_6$H$_4$Br-*p*	1
			O$_2$	1
			(2-O-5-BrC$_6$H$_3$CH=NCH$_2$)$_2$	1
			MeC(=NOH)C(=NO)Me	2
			O$_2$CHMeC$_6$H$_4$Br-*p*	1
			MeC(=NOH)C(=NO)Me	2
			I	1
			PhC(=NOH)C(=NO)Ph	2
			I	1
			MeC(=NOH)C(=NO)Me	1
			H$_2$NC(=NOH)C(=NO)NH$_2$	1
			I	1
			(2-O-3-MeOC$_6$H$_3$CH=NCH$_2$)$_2$	1
			I	1
			MeC(=NOH)C(=NO)COMe	2
			I	1

Y	q	Color and MP (°C)	Physicochemical Studies	Reference
NH$_3$	4		cond	6292
H$_2$O	2			
H$_2$NCH$_2$CH$_2$NH$_2$	2			6356, 6379
H$_2$NCH$_2$CH$_2$NH$_2$	2	r-v	ir, K, uv	6356, 6377
NH$_3$	1		msc	1041
H$_2$NCH$_2$CH$_2$NH$_2$	2			
H$_2$O	1			
			ca, K	6155
				6216
				6192
				6198
				6198
			ca, K, nmr	6267
			K, p	6178
			nmr	6195
			epr	6243
				6195
			ir, K, nmr, th, uv	6149, 6174, 6212, 6215, 6276, 6342, 6345, 6346, 6350, 6362, 6380, 6394
			K	6352, 6353
		bw		6234
			xrp	6247
			ir, uv	6355

TABLE 3.94. (*CONTINUED*)

m	n	R	X	p
1	1	H	C_5H_5	1
			PF_6	1
			I	1
			C_5H_5	1
			I	2
			Br	1
			I	2
			I	3
			MeC(=NOH)C(=NO)Me	2
			CH_2I	1
			$(MeCOCHCMe=NCH_2)_2$	1
			$C_6H_4I\text{-}p$	1
			Cl	1
			IO_4	2
			MeC(=NOH)C(=NO)Me	2
			HgCH=CH-hexyl	1
			Cl	1
			$Cr(NCS)_4$	2

Y	q	Color and MP (°C)	Physicochemical Studies	Reference
MeNC	1		cond, ir, nmr	6383
		g, g-bk, 158–159 dec	cond, ir, uv	6381, 6382
$H_2NCH_2CH_2NH_2$	2	r-bw		6377
$\begin{cases} NH_3 \\ H_2NCH_2CH_2NH_2 \end{cases}$	1 2		msc	1041
			ca, K	6172, 6194
			ca, K, nmr	6267
$H_2NCH_2CH_2NH_2$	2	r	ir	6384
				6198
$\begin{cases} NH_3 \\ H_2NCH_2CH_2NH_2 \end{cases}$	4 1	r		6385
$\begin{cases} H_2NCH_2CH_2NH_2 \\ PhNH_2 \end{cases}$	1 4		ir, K	6386
$\begin{cases} H_2NCH_2CH_2NH_2 \\ o\text{-}MeC_6H_4NH_2 \end{cases}$	2 4		ir, K	6386
$\begin{cases} H_2NCH_2CH_2NH_2 \\ m\text{-}MeC_6H_4NH_2 \end{cases}$	2 4		ir, K	6386
$\begin{cases} H_2NCH_2CH_2NH_2 \\ p\text{-}MeC_6H_4NH_2 \end{cases}$	2 4		ir, K	6386
$\begin{cases} H_2NCH_2CH_2NH_2 \\ PhCH_2NH_2 \end{cases}$	2 4		ir, K	6386
$\begin{cases} H_2NCH_2CH_2NH_2 \\ PhNEt_2 \end{cases}$	2 4	bw-v		6387
$\begin{cases} 1,4\text{-}Me_2\text{-}2\text{-}H_2NC_6H_3 \\ H_2O \end{cases}$	4 1	r-v	chr	6337
$\begin{cases} 1,3\text{-}Me_2\text{-}5\text{-}H_2NC_6H_3 \\ H_2O \end{cases}$	4 1	r-v	chr	6337
$\begin{cases} H_2NCH_2CH_2NH_2 \\ p\text{-}EtOC_6H_4NH_2 \end{cases}$	2 4		ir, K	6386
$\begin{cases} H_2NCH_2CH_2NH_2 \\ \text{OCOCHPhCH}_2\text{OH} \\ \text{[bicyclic N-Me structure]} \end{cases}$	2 4	 r-bw		4235

TABLE 3.94. (CONTINUED)

m	n	R	X	p
1	1	H	Br	1
			$Cr(NCS)_4$	2
			Br	1
			Cr_2O_7	1
			py^+H	3
			$W_{11}O_{39}$	1
		2-D	+	3
		d_5	Ph	1
			$(MeCOCHCMe=NCH_2)_2$	1
			C_6H_4Me-p	1
			$(MeCOCHCMe=NCH_2)_2$	1
			C_6H_4CN-p	1
			$(MeCOCHCMe=NCH_2)_2$	1
			C_6H_4OMe-p	1
			$(MeCOCHCMe=NCH_2)_2$	1
			$(MeCOCHCMe=NCH_2)_2$	1
			$C_6H_4NO_2$-p	1
			$(MeCOCHCMe=NCH_2)_2$	1
			C_6H_4Br-p	1
			$(MeCOCHCMe=NCH_2)_2$	1
			C_6H_4I-p	1
		2-Me	O_2	1
			$(o$-$OC_6H_4CH=NCH_2)_2$	1
			$(MeCOCHCMe=NCH_2)_2$	1
			NO_2	1
			NO_2	3
			NO_2	2
			NO_3	1
			$(o$-$OC_6H_4CH=NCH_2)_2$	1
			C_3F_7	1
			Cl	3
			ClO_4	3
			Cl	1
			$Cr(NCS)_4$	2
		3-Me	O_2	1
			o-$OC_6H_4CH=NCH_2$	1
			+	1
			$MeC(=NOH)C(=NO)Me$	2

Y	q	Color and MP (°C)	Physicochemical Studies	Reference
{NH$_3$ {H$_2$NCH$_2$CH$_2$NH$_2$	4 2	y		6385
{H$_2$NCH$_2$CH$_2$NH$_2$ {PhNH$_2$	2 4	l-r	ir, K	6377
{H$_2$NCH$_2$CH$_2$NH$_2$ {p-MeC$_6$H$_4$NH$_2$	2 4	l-r-bw	ir, K	6377
{H$_2$NCH$_2$CH$_2$NH$_2$ {p-MeOC$_6$H$_4$NH$_2$	2 4	l-r-v	ir, K	6377
H$_2$NCH$_2$CH$_2$NH$_2$	2	bw	ir, K	6377
H$_2$O	6			2450
NH$_3$	5		nmr	4954
			K, nmr	6267
			K, nmr	6267
			K, nmr	6267
			K, nmr	6267
			K, nmr	6267
			K, nmr	6267
			K, nmr	6267
			msc	5544
				6288
NH$_3$	2		ir, th	6281, 6284, 6285, 6292
NH$_3$	3	y		6284, 6292
			nmr	6315
H$_2$NCH$_2$CH$_2$NH$_2$	2		ir, uv	6360
NH$_3$	5		K, uv	6369
{H$_2$NCH$_2$CH$_2$NH$_2$ 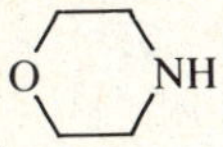 {O⟨⟩NH	2 4		ir, uv	6392
				5544
H$_2$O	1		K, p	6141

TABLE 3.94. (*CONTINUED*)

m	n	R	X	p
1	1	3-Me	Me	1
			MeC(=NOH)C(=NO)Me	2
			Et	1
			MeC(=NOH)C(=NO)Me	2
			N_3	1
			MeC(=NOH)C(=NO)Me	2
			CN	1
			MeC(=NOH)C(=NO)Me	1
			cyclohexane-1-(=NOH)-2-(=NO)	1
			MeC(=NOH)C(=NO)Me	2
			NO_2	1
			MeCOCHCOMe	2
			NO_2	1
			NO_2	3
			MeC(=NOH)C(=NO)Me	2
			NO_3	1
			NO_2	2
			NO_3	1
			n-Bu_4N	1
			SC(CN)=C(CN)S	2
			MeC(=NOH)C(=NO)Me	2
			NCS	1
			+	2
			Cl	1
			MeC(=NOH)C(=NO)Me	2
			Cl	1
			NO_2	2
			Cl	1
			MeC(=NOH)C(=NO)COMe	2
			Cl	1
			S_4O_6	1
			Cl	1
			Cl	3
			Cl	1
			ClO_4	2
			ClO_4	3
			MeC(=NOH)C(=NO)Me	2
			Br	1

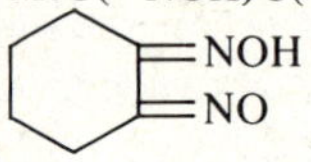

Y	q	Color and MP (°C)	Physicochemical Studies	Reference
			ca, K, nmr, nqr	6157, 6168
			ca, K, nmr	6157
H$_2$O	1	bw-r	ir	6213
			chr	6398
		bw-o	ir, uv	6388, 6389, 6397
			cond, ir, nmr, uv	6278, 6280
NH$_3$	2		ir, th	6281, 6284, 6285
HN=C(NH$_2$)N=C(NH$_2$)OEt	1	y		6396
HN=C(NH$_2$)N=C(NH$_2$)O-i-Pr	1	y		6396
HN=C(NH$_2$)N=C(NH$_2$)O-i-Bu	1	y		6396
H$_2$O	1	y, bw-r	ir	6290
H$_2$O	1		K, p	6291
H$_2$NCSNHNH$_2$	1			
NH$_3$	2		th	6390, 6393
		g	msc, p, uv	5313
			ir	6388
			K, uv	6320, 6323
			uv	6350, 6388
NH$_3$	3		th	6390, 6393
			ir, uv	6355
H$_2$NCH$_2$CH$_2$NH$_2$	2			6391
H$_2$NCH$_2$CH$_2$NH$_2$	2		ir, K, p, uv	6358–6360
H$_2$NCH$_2$CH$_2$NH$_2$	2		K, uv	6367
NH$_3$	5		K, uv	6369
				6350

TABLE 3.94. (*CONTINUED*)

m	n	R	X	p
1	1	3-Me	NO$_2$ Br	2 1
			MeC(=NOH)C(=NO)Me Br	2 1
			NO$_3$ Br	2 1
			2,4,6-(O$_2$N)$_3$C$_6$H$_2$O Br	2 1
			S$_2$O$_8$ Br	1 1
			BF$_4$ Br	2 1
			ClO$_4$ Br	2 1
			Br	3
			MeC(=NOH)C(=NO)Me I	2 1
			NO$_2$ I	2 1
			MeC(=NOH)C(=NO)COMe I	2 1
			Br I	1 2
			Cl IO$_4$	1 2
			Cl Cr(NCS)$_4$	1 2
			Br Cr(NCS)$_4$	1 2

Y	q	Color and MP (°C)	Physicochemical Studies	Reference
NH$_3$	3		th	6285, 6390
NH$_3$ H$_2$NCH$_2$CH$_2$NH$_2$	1 1		K, uv	6400
			ir, uv	6355
H$_2$NCH$_2$CH$_2$NH$_2$	2		ir, K, uv	6400
H$_2$NCH$_2$CH$_2$NH$_2$	2		ir, K, uv	6400
H$_2$NCH$_2$CH$_2$NH$_2$	2		ir, K, uv	6400
H$_2$NCH$_2$CH$_2$NH$_2$	2		ir, K, uv	6400
H$_2$NCH$_2$CH$_2$NH$_2$	2		ir, K, uv	6400
H$_2$NCH$_2$CH$_2$NH$_2$	2		ir, K, uv	6400
		d-bw	ir, uv	6350, 6388, 6389, 6397
NH$_3$	3		th	6285, 6390
			ir, uv	6355
H$_2$NCH$_2$CH$_2$NH$_2$	2		ir, K, uv	6400
H$_2$NCH$_2$CH$_2$NH$_2$	2	r	ir	6384
NH$_3$ H$_2$NCH$_2$CH$_2$NH$_2$	4 2	y-bw		6385
H$_2$NCH$_2$CH$_2$NH$_2$ PhHNH$_2$	2 4		ir, K	6386
H$_2$NCH$_2$CH$_2$NH$_2$ o-MeC$_6$H$_4$NH$_2$	2 4		ir, K	6386
H$_2$NCH$_2$CH$_2$NH$_2$ m-MeC$_6$H$_4$NH$_2$	2 4		ir, K	6386
H$_2$NCH$_2$CH$_2$NH$_2$ p-MeC$_6$H$_4$NH$_2$	2 4		ir, K	6386
H$_2$NCH$_2$CH$_2$NH$_2$ PhCH$_2$NH$_2$	2 4		ir, K	6386
H$_2$NCH$_2$CH$_2$NH$_2$ p-EtOC$_6$H$_4$NH$_2$	2 4		ir, K	6386
H$_2$NCH$_2$CH$_2$NH$_2$ PhNH$_2$	2 4		ir, K, uv	6400
H$_2$NCH$_2$CH$_2$NH$_2$ p-MeC$_6$H$_4$NH$_2$	2 4		ir, K, uv	6400

TABLE 3.94. (*CONTINUED*)

m	n	R	X	p
1	1	3-Me	Br	1
			Cr(NCS)$_4$	2
			Br	1
			Cr$_2$O$_7$	1
		4-Me	+	3
			+	1
			5,10,15,20-Ph$_4$-porph	1
			K	2
			CN	5
			pc	1
			O$_2$	1
			+	1
			MeC(=NOH)C(=NO)Me	2
			Me	1
			MeC(=NOH)C(=NO)Me	2
			Et	1
			MeC(=NOH)C(=NO)Me	2
			n-Pr	1
			MeC(=NOH)C(=NO)Me	2
			n-Bu	1
			MeC(=NOH)C(=NO)Me	2
			CN	1
			MeC(=NOH)C(=NO)Me	2
			CN	1
			MeC(=NOH)C(=NO)Me	1
			H$_2$NC(=NOH)C(=NO)NH$_2$	1
			CN	1
			cyclohexane-1,2-dione dioxime (=NOH, =NO)	1
			H$_2$NC(=NOH)C(=NO)NH$_2$	1
			O$_2$	1
			(*o*-OC$_6$H$_4$CH=NCH$_2$)$_2$	1
			5,10,15,20-(*p*-MeOC$_6$H$_4$)$_4$-porph	1
			O$_2$	1
			Me	2
			MeCOCHCOMe	1
			Me	1
			(MeCOCHCMe=NCH$_2$)$_2$	1
			O$_2$	1
			(MeCOCHCMe=NCH$_2$)$_2$	1
			O$_2$	1
			(PhCOCHCMe=NCH$_2$)$_2$	1
			MeC(=NOH)C(=NO)Me	2
			NO$_2$	1

Y	q	Color and MP (°C)	Physicochemical Studies	Reference
{H$_2$NCH$_2$CH$_2$NH$_2$ {p-MeOC$_6$H$_4$NH$_2$	2 4		ir, K, uv	6400
H$_2$NCH$_2$CH$_2$NH$_2$	2		ir, K, uv	6400
NH$_3$	5		K, nmr	4954
			K	5514
H$_2$O	1	dec 195–197	K, uv	6401
			epr, ir, msc, uv	5518, 6335
			p	6140
		y	ca, ir, K, nmr, nqr	6145, 6156–6158, 6161, 6165, 6168, 6181
			ca, K, nmr	6157
		y	ir	6156
		y	ir	6156
		y	ir	6156, 6205, 6402
		bw		6234
				6234
			K	5544
			epr	5559
Et$_3$P	1	y, 100–101 dec	ir	6255
			nmr	6263
			epr, p	6249
			epr, p	5574
		bw	ir, uv	6205, 6388, 6397

TABLE 3.94. (*CONTINUED*)

m	n	R	X	p
1	1	4-Me	(*o*-OC$_6$H$_4$CH=NCH$_2$)$_2$ NO$_2$	1 1
			MeCOCHCOMe NO$_2$	2 1
			MeC(=NOH)C(=NO)Me NO$_2$	1 2
			H$_2$NC(=NOH)C(=NO)NH$_2$ NO$_2$	1 2
			MeC(=NOH)C(=NO)Me NO$_3$	2 1
			n-Bu$_4$N SC(CN)=C(CN)S	1 2
			MeC(=NOH)C(=NO)Me NCS	2 1
			MeC(=NOH)C(=NO)Me NCSe	2 1
			(*o*-OC$_6$H$_4$CH=NCH$_2$)$_2$ C$_3$F$_7$	1 1
			+ Cl	2 1
			MeC(=NOH)C(=NO)Me Cl	2 1
			MeC(=NOH)C(=NO)COMe Cl	2 1
			NO$_3$ Cl	2 1
			S$_4$O$_6$ Cl	1 1
			S$_5$O$_6$ Cl	1 1
			Cl	3
			Cl ClO$_4$	1 2
			ClO$_4$	3
			MeC(=NOH)C(=NO)Me Br	2 1
			PhC(=NOH)C(=NO)Ph Br	2 1
			PhC(=NOH)C(=NO)Ph NO$_2$ Br	1 1 1
			MeC(=NOH)C(=NO)COMe Br	2 1

Y	q	Color and MP (°C)	Physicochemical Studies	Reference
				6288
			ir, nmr	6280
NH_3	1			6389, 6402
NH_3	1	y-bw		6234
H_2O	1	y-bw	K	6141
		g	msc, uv	5313
		bw	ir, uv	6205, 6305, 6388, 6397, 6402
			ir	6205
			nmr	6315
$H_2NCH_2CH_2NH_2$	2		K	6323, 6330
		bwsh	ir, K	6156, 6340, 6344, 6347, 6350, 6388
			ir, uv	6355
$H_2NCH_2CH_2NH_2$	2		ir, K, uv	6400, 6403
$H_2NCH_2CH_2NH_2$	2		tha	6391, 6395
$H_2NCH_2CH_2NH_2$	2		tha	6391, 6395
$H_2NCH_2CH_2NH_2$	2		cond, ir, K, ord, p, uv	6358–6361
$H_2NCH_2CH_2NH_2$	2		K, uv	6367
NH_3	5		K, uv	6369
			ir, K	6205, 6344, 6347, 6350
				6404
				6404
			ir, uv	6355

TABLE 3.94. (*CONTINUED*)

m	n	R	X	p
1	1	4-Me	2,4,6-$(O_2N)_3C_6H_2O$ Br	1 1
			S_2O_8 Br	1 1
			BF_4 Br	2 1
			ClO_4 Br	2 1
			Br	3
			MeC(=NOH)C(=NO)Me I	2 1
			MeC(=NOH)C(=NO)COMe I	2 1
			Br I	1 2
			Cl IO_4	1 2
			Cl Cr(NCS)$_4$	1 2
			Br Cr(NCS)$_4$	1 2
			Br Cr_2O_7	1 1

Y	q	Color and MP (°C)	Physicochemical Studies	Reference
H$_2$NCH$_2$CH$_2$NH$_2$	2		ir, K, uv	6400
H$_2$NCH$_2$CH$_2$NH$_2$	2		ir, K, uv	6400
H$_2$NCH$_2$CH$_2$NH$_2$	2		ir, K, uv	6400
H$_2$NCH$_2$CH$_2$NH$_2$	2		ir, K, uv	6400
H$_2$NCH$_2$CH$_2$NH$_2$	2		ir, K, uv	6400
		d-bw	ir, uv	6350, 6388, 6397, 6402
			ir, uv	6355
H$_2$NCH$_2$CH$_2$NH$_2$	2		ir, K, uv	6400
H$_2$NCH$_2$CH$_2$NH$_2$	2	r	ir	6384
{NH$_3$ H$_2$NCH$_2$CH$_2$NH$_2$}	4 2	r		6385
{o-MeC$_6$H$_4$NH$_2$ H$_2$NCH$_2$CH$_2$NH$_2$}	4 2		ir, K	6386
{m-MeC$_6$H$_4$NH$_2$ H$_2$NCH$_2$CH$_2$NH$_2$}	4 2		ir, K	6386
{p-MeC$_6$H$_4$NH$_2$ H$_2$NCH$_2$CH$_2$NH$_2$}	4 2		ir, K	6386
{PhCH$_2$NH$_2$ H$_2$NCH$_2$CH$_2$NH$_2$}	4 2		ir, K	6386
{1,4-Me$_2$-2-H$_2$NC$_6$H$_3$ H$_2$O}	4 2	d-v		6337
{1,3-Me$_2$-5-H$_2$NC$_6$H$_3$ H$_2$O}	4 2	d-v		6337
{H$_2$NCH$_2$CH$_2$NH$_2$ p-EtOC$_6$H$_4$NH$_2$}	2 4		ir, K	6386
{PhNH$_2$ H$_2$NCH$_2$CH$_2$NH$_2$}	4 2		ir, K, uv	6400
{p-MeC$_6$H$_4$NH$_2$ H$_2$NCH$_2$CH$_2$NH$_2$}	4 2		ir, K, uv	6400
{NH$_3$ H$_2$NCH$_2$CH$_2$NH$_2$ H$_2$O}	4 2 6	r-bw		6385
{H$_2$NCH$_2$CH$_2$NH$_2$ p-MeOC$_6$H$_4$NH$_2$}	2 4		ir, K, uv	6400
H$_2$NCH$_2$CH$_2$NH$_2$	2		ir, K, uv	6400

TABLE 3.94. (CONTINUED)

m	n	R	X	p
1	1	2,6-Me$_2$	O$_2$	1
			(o-OC$_6$H$_4$CH=NCH$_2$)$_2$	1
			Cl	3
		3,4-Me$_2$	+	3
			5,10,15,20-(p-MeOC$_6$H$_4$)$_4$-porph	1
			O$_2$	1
			O$_2$	1
			(PhCOCHCMe=NCH$_2$)$_2$	1
			+	2
			Cl	1
			Cl	1
			ClO$_4$	2
		3,5-Me$_2$	+	3
			CN	1
			MeC(=NOH)C(=NO)Me	2
			MeCOCHCOMe	2
			NO$_2$	1
			5,10,15,20-Ph$_4$-porph	1
			NO$_3$	1
			+	2
			Cl	1
			Cl	1
			ClO$_4$	2
			ClO$_4$	3
			+	2
			Br	1
		2,4,6-Me$_3$	Cl	3
		3-Et	+	3
			MeCOCHCOMe	2
			NO$_2$	1
			+	2
			Cl	1
			Cl	1
			ClO$_4$	2
			ClO$_4$	3
		4-Et	+	3
			O$_2$	1
			(o-OC$_6$H$_4$CH=NCH$_2$)$_2$	1
			+	2
			Cl	1

Y	q	Color and MP (°C)	Physicochemical Studies	Reference
			K	5544
H$_2$NCH$_2$CH$_2$NH$_2$	2		ir, uv	6359
NH$_3$ H$_2$NCH$_2$CH$_2$NH$_2$	1 2		cd, ir, nmr, uv	6123
			epr, K, th	5650
			epr, K, p, th	5574
H$_2$NCH$_2$CH$_2$NH$_2$	2		K, uv	6123, 6323, 6330
H$_2$NCH$_2$CH$_2$NH$_2$	2		K, uv	6367
NH$_3$	5		K	3419, 3496
NH$_3$ H$_2$NCH$_2$CH$_2$NH$_2$	1 2		cd, ir, nmr, uv	6123
H$_2$NCH$_2$CH$_2$NH$_2$ H$_2$O	2 1		K, uv	6405
			uv	6406
			ir, nmr	6280, 6281
			xr	6407
H$_2$NCH$_2$CH$_2$NH$_2$	2		K, uv	6123, 6320, 6323, 6330
H$_2$NCH$_2$CH$_2$NH$_2$	2		K, uv	6367
NH$_3$	5		K, uv	6369
H$_2$NCH$_2$CH$_2$NH$_2$	2		K	6330
H$_2$NCH$_2$CH$_2$NH$_2$	2		ir, uv	6359
NH$_3$	5		K	3491
			ir, nmr	6280, 6281
H$_2$NCH$_2$CH$_2$NH$_2$	2		K	6323
H$_2$NCH$_2$CH$_2$NH$_2$	2		K, uv	6367
			K	3491
NH$_3$	5		K	3491
			K	5653
H$_2$NCH$_2$CH$_2$NH$_2$	2		K	6323

TABLE 3.94. (*CONTINUED*)

m	n	R	X	p
1	1	4-Et	MeC(=NOH)C(=NO)Me	2
			Cl	1
			Cl	1
			ClO$_4$	2
			ClO$_4$	3
		4-n-Pr	MeCOCHCOMe	2
			NO$_2$	1
		4-i-Pr	MeCOCHCOMe	2
			NO$_2$	1
		3-n-Bu	MeC(=NOH)C(=NO)Me	2
			Cl	1
		4-n-Bu	MeC(=NOH)C(=NO)Me	2
			Cl	1
		4-t-Bu	Me	1
			MeC(=NOH)C(=NO)Me	2
			Ph	1
			MeC(=NOH)C(=NO)Me	2
			N$_3$	1
			MeC(=NOH)C(=NO)Me	2
			CN	1
			MeC(=NOH)C(=NO)Me	2
			2,7,12,18-Me$_4$-3,8-(CH$_2$=CH)$_2$-13,17-(MeO$_2$CCH$_2$CH$_2$)$_2$-porph	1
			O$_2$	1
			MeC(=NOH)C(=NO)Me	2
			NO$_2$	1
			MeCOCHCOMe	2
			NO$_2$	1
			MeC(=NOH)C(=NO)Me	2
			NO$_3$	1
			MeC(=NOH)C(=NO)Me	2
			P(OMe)$_2$O	1
			MeC(=NOH)C(=NO)Me	2
			SCN	1
			MeC(=NOH)C(=NO)Me	2
			NCS	1
			MeC(=NOH)C(=NO)Me	2
			i-PrOCS$_2$	1
			MeC(=NOH)C(=NO)Me	2
			p-MeC$_6$H$_4$SO$_2$	1
			MeC(=NOH)C(=NO)Me	2
			NCSe	1
			MeC(=NOH)C(=NO)Me	2
			Cl	1

Y	q	Color and MP (°C)	Physicochemical Studies	Reference
			K	6340
H$_2$NCH$_2$CH$_2$NH$_2$	2		K, uv	6367
NH$_3$	5		K, uv	6369
			ir, nmr	6281
			nmr	6280
			K	6340
			K	6340
			nmr	6408, 6409
			nmr	6408
			nmr	6408, 6409
			nmr	6408–6410
			K, uv	5571
			nmr	6408–6410
			chr, ir, nmr, uv	4280, 6279, 6281
		bw		6408, 6409, 6411
			nmr	6409
			nmr	6408
			ir, nmr	6408, 6410, 6413, 6415
			nmr	6408
			K, nmr, uv	6174, 6409
			nmr	6408
			nmr	6408–6410

TABLE 3.94. (*CONTINUED*)

m	n	R	X	p
1	1	4-*t*-Bu	MeC(=NOH)C(=NO)Me	2
			Br	1
			MeC(=NOH)C(=NO)Me	2
			CH$_2$Br	1
		3-CH=CH$_2$,6-Me	O$_2$	1
			(*o*-OC$_6$H$_4$CH=NCH$_2$)$_2$	1
		4-CH=CH$_2$	CN	1
			MeC(=NOH)C(=NO)Me	2
			CHMeCN	1
			MeC(=NOH)C(=NO)Me	2
			MeC(=NOH)C(=NO)Me	2
			NO$_2$	1
			n-Bu$_4$N	1
			SC(CN)=C(CN)S	2
			MeC(=NOH)C(=NO)Me	2
			NCS	1
			MeC(=NOH)C(=NO)Me	2
			NCSe	1
			MeC(=NOH)C(=NO)Me	2
			Cl	1
			MeC(=NOH)C(=NO)COMe	2
			Cl	1
			MeC(=NOH)C(=NO)Me	2
			Br	1
			MeC(=NOH)C(=NO)COMe	2
			Br	1
			MeC(=NOH)C(=NO)COMe	2
			I	1
		4-Ph	+	3
		3-CH$_2$Ph	MeC(=NOH)C(=NO)Me	2
			NO$_3$	1
		4-CH$_2$Ph	MeCOCHCOMe	2
			NO$_2$	1
			+	2
			Cl	1
		2-NH$_2$	MeC(=NOH)C(=NO)Me	2
			NCO	1
			MeC(=NOH)C(=NO)Me	2
			NO$_2$	1
			MeC(=NOH)C(=NO)Me	2
			NCS	1
			MeC(=NOH)C(=NO)Me	2
			NCSe	1
			MeC(=NOH)C(=NO)Me	2
			Cl	1

Y	q	Color and MP (°C)	Physicochemical Studies	Reference
			nmr	6408–6410
			nmr	6409
			K, th	5653
			ir	6205
				6414
			ir	6205
		g	msc, p, uv	5313
			ir	6205
			ir	6205
H_2O	1	d-y	ir	6156
			ir, uv	6355
			ir	6205
			ir, uv	6355
			ir, uv	6355
NH_3	5		K	3491
H_2O	3	y-bw	K	6141
			ir, nmr	6281
$H_2NCH_2CH_2NH_2$	2		K	6340
			ir, tha	6415, 6416
			ir, tha	6415, 6416
			ir, tha	6415, 6416
			ir, tha	6415, 6416
			ir, tha	6415, 6416

TABLE 3.94. (CONTINUED)

m	n	R	X	p
1	1	2-NH$_2$	MeC(=NOH)C(=NO)Me Br	2 1
			MeC(=NOH)C(=NO)Me I	2 1
		3-NH$_2$	MeC(=NOH)C(=NO)Me NCO	2 1
			MeC(=NOH)C(=NO)Me NO$_2$	2 1
			MeC(=NOH)C(=NO)Me NCS	2 1
			MeC(=NOH)C(=NO)Me NCSe	2 1
			MeC(=NOH)C(=NO)Me Cl	2 1
			MeC(=NOH)C(=NO)Me Br	2 1
		3-NH$_2$	MeC(=NOH)C(=NO)Me I	2 1
		4-NH$_2$	Me MeC(=NOH)C(=NO)Me	1 2
			CN MeC(=NOH)C(=NO)Me	1 2
			MeC(=NOH)C(=NO)Me NCO	2 1
			O$_2$ (MeCOCHCMe=NCH$_2$)$_2$	1 1
			MeC(=NOH)C(=NO)Me NO$_2$	2 1
			(MeCOCHCMe=NCH$_2$)$_2$ NO$_2$	1 1
			n-Bu$_4$N SC(CN)=C(CN)S	1 2
			MeC(=NOH)C(=NO)Me NCS	2 1
			MeC(=NOH)C(=NO)Me NCSe	2 1
			MeC(=NOH)C(=NO)Me Cl	2 1
			MeC(=NOH)C(=NO)Me Br	2 1
			MeC(=NOH)C(=NO)Me I	2 1
		2-CH$_2$NH$_2$	+	3
		2,6-(CH$_2$NH$_2$)$_2$	+	3

Y	q	Color and MP (°C)	Physicochemical Studies	Reference
			ir, tha	6415, 6416
			ir, tha	6415, 6416
			ir, tha	6417
			ir, tha	6415, 6417
			ir, tha	6417
			ir, tha	6415, 6417
			ir, tha	6415, 6417
			ir, tha	6417
			ir, tha	6417
			ca, nmr	6159, 6161
			ir, nmr	6206
			ir	6415, 6418
			msc	6249
			ir	6415, 6418
				6288
			msc, p, uv	5313
				6305, 6415, 6418
		r-bw, 247–251	ir	6314, 6415, 6418
		l-bw, 258–264	ir	6314, 6415, 6418
			ir	6415, 6418
			ir	6415, 6418
(H$_2$NC(=NH)NH)$_2$	2		uv	6419
NH$_3$	2		K, uv	6420
H$_2$O	1			

TABLE 3.94. (*CONTINUED*)

m	n	R	X	p
1	1	2,6-$(CH_2NH_2)_2$	+	3
			NCS	3
			NO_3	2
			Br	1
			Br	3
			N_3	1
			Cl	4
			Zn	1
			NO_2	1
			Cl	4
			Zn	1
			Cl	5
			Zn	1
		4-NMe_2	Me	1
			MeC(=NOH)C(=NO)Me	2
			MeCOCHCOMe	2
			NO_2	1
		4-CH=NCHMePh	C_5H_5	1
			CF_3	1
			PF_6	1
			C_5H_5	1
			CF_3	1
			I	1
		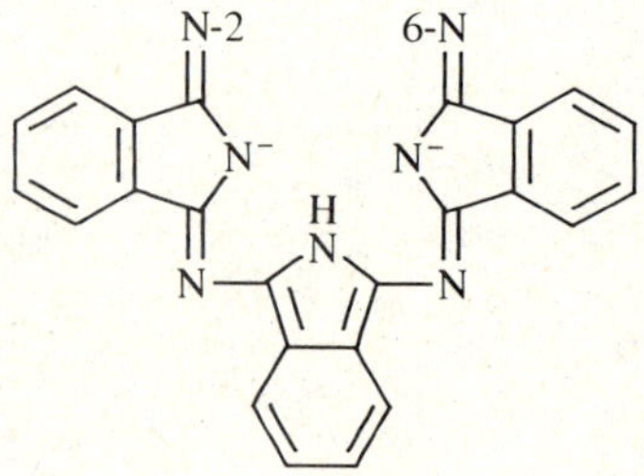 (structure: tris-isoindole macrocycle, N-2, 6-N labeled)	OH	1
		3-CN	Me	1
			MeC(=NOH)C(=NO)Me	2
			Et	1
			MeC(=NOH)C(=NO)Me	2
			MeC(=NOH)C(=NO)Me	2
			NCO	1
			MeC(=NOH)C(=NO)Me	2
			NO_2	1

Y	q	Color and MP (°C)	Physicochemical Studies	Reference
{H$_2$NCH$_2$CH$_2$NH$_2$ {H$_2$O	2 1		K, uv	6420
H$_2$NCH$_2$CH$_2$NH$_2$	1	o	K, uv	6420
H$_2$NCH$_2$CH$_2$NH$_2$		r-v	K, uv	6420
NH$_3$	2	d-r	K, uv	6420
H$_2$NCH$_2$CH$_2$NH$_2$	1	r-v	K, uv	6420
NH$_3$	2	y	K, nmr, uv	6420
H$_2$NCH$_2$CH$_2$NH$_2$	1	y	K, uv	6420
NH$_3$	2	r	K, nmr, uv	6420
N$_2$NCH$_2$CH$_2$NH$_2$	2	r	K, nmr, uv	6420
H$_2$N(CH$_2$)$_3$NH$_2$	2	r	K, nmr, uv	6420
H$_2$NCH$_2$CMe$_2$CH$_2$NH$_2$	1	r	K, nmr, uv	6420
H$_2$NCMe$_2$CMe$_2$NH$_2$	1	r	K, nmr, uv	6420
			K	6181
			ir, nmr	6281
		r-o, 183		
		r-o, 179	cd, ms	6421
		r-o, 205		
		r-bw, 206	cd, ms	6421
		d-r		656
			ca, K, nmr	6157
			ca, K, nmr	6157, 6422
			ir	6415, 6423
			ir	6415, 6423

TABLE 3.94. (*CONTINUED*)

m	n	R	X	p
1	1	3-CN	MeCOCHCOMe	2
			NO$_2$	1
			MeC(=NOH)C(=NO)Me	2
			NCS	1
			MeC(=NOH)C(=NO)Me	2
			NCSe	1
			MeC(=NOH)C(=NO)Me	2
			Cl	1
			MeC(=NOH)C(=NO)Me	2
			Br	1
			MeC(=NOH)C(=NO)Me	2
			I	1
		4-CN	+	3
			Me	1
			MeC(=NOH)C(=NO)Me	2
			Et	1
			MeC(=NOH)C(=NO)Me	2
			MeC(=NOH)C(=NO)Me	2
			NCO	1
			Me	1
			(MeCOCHCMe=NCH$_2$)$_2$	1
			O$_2$	1
			(MeCOCHCMe=NCH$_2$)$_2$	1
			MeC(=NOH)C(=NO)Me	2
			NO$_2$	1
		4-CN	MeCOCHCOMe	2
			NO$_2$	1
			MeC(=NOH)C(=NO)Me	2
			NCS	1
			MeC(=NOH)C(=NO)Me	2
			NCSe	1
			MeC(=NOH)C(=NO)Me	2
			Cl	1
			ClO$_3$	3
			MeC(=NOH)C(=NO)Me	2
			Br	1
			MeC(=NOH)C(=NO)Me	2
			I	1
		3-CH$_2$OH	ClO$_4$	3
		4-CH$_2$OH	ClO$_4$	3
		4-CD$_2$OH	ClO$_4$	3
		2-N=NC$_6$H$_5$O$^-$-*o*	+	2
		4-OMe	+	2
			Cl	1
		3-OEt	Me	1
			MeC(=NOH)C(=NO)Me	2

Y	q	Color and MP (°C)	Physicochemical Studies	Reference
			ir, nmr	6280, 6281
			ir	6415, 6423
			ir	6415, 6423
			ir	6415, 6423
			ir	6415, 6423
			ir	6415, 6423
NH$_3$	5		ir, K, nmr, uv	6424, 6425
			ca, K, nmr	6157, 6159, 6161
			ca, K, nmr	6157
			ir	6415, 6427
			nmr	6263
			epr, K, msc, th	6249
			ir	6415, 6427
			ir, nmr	6281
			ir	6305, 6415, 6427
		d-r-bw, 195–200	ir	6314, 6415, 6427
		r-bw, 216–223	ir	6314, 6415, 6427
NH$_3$	5		uv	6180
			ir	6415, 6427
			ir	6415, 6427
NH$_3$	5		K	6426
NH$_3$	5		K	6426
NH$_3$	5		K	6426
			uv	706
H$_2$NCH$_2$CH$_2$NH$_2$	2		K	6358
			ca, K, nmr	6157

TABLE 3.94. (*CONTINUED*)

m	n	R	X	p
1	1	3-OEt	Et	1
			MeC(=NOH)C(=NO)Me	2
		4-OEt	Me	1
			MeC(=NOH)C(=NO)Me	2
			Et	1
			MeC(=NOH)C(=NO)Me	2
		3-CHO	+	3
		4-CHO	+	3
		3-COMe	ClO$_4$	3
		4-COMe	Me	1
			MeC(=NOH)C(=NO)Me	2
			MeCOCHCOMe	2
			NO$_2$	1
		3-COPh	ClO$_4$	3
		4-COPh	+	3
			MeCOCHCOMe	2
			NO$_2$	1
			ClO$_4$	3
		2-CONH$_2$	+	3
		3-CONH$_2$	+	3
			Me	1
			MeC(=NOH)C(=NO)Me	2
			MeC(=NOH)C(=NO)Me	2
			NCO	1
			MeC(=NOH)C(=NO)Me	2
			NO$_2$	1
			NO$_2$	3
			MeC(=NOH)C(=NO)Me	2
			NO$_3$	1
			MeC(=NOH)C(=NO)Me	2
			NCS	1
			MeC(=NOH)C(=NO)Me	2
			NCSe	1
			MeC(=NOH)C(=NO)Me	2
			Cl	1
			MeC(=NOH)C(=NO)Me	2
			Br	1
			MeC(=NOH)C(=NO)Me	2
			I	1

Y	q	Color and MP (°C)	Physicochemical Studies	Reference
			ca, K, nmr	6157
			ca, K, nmr	6157
			ca, K, nmr	6157
NH_3	5		K	3494
NH_3	5		ir, K, nmr, uv	3494, 6424
NH_3	5		ir, K, uv	4348
			K	6181
			ir, nmr	6281
NH_3	5		K, ir, uv	4348
NH_3	5		K, nmr	4954, 6116
			ir, nmr	6281
NH_3	5		ir, K, uv	4348
NH_3	5		ir, K, nmr, uv	6425
NH_3	5		ir, K, nmr, uv	4212, 6114, 6115, 6119, 6121, 6428
		o	ir	6156, 6182
			ir	6415
		bw	cond, ir, tha	6415, 6429
NH_3	2		ir	6284
H_2O	2	l-y	K	6141
		bw	cond, ir, tha	6415, 6429
H_2O	1	bw	cond, tha	6429
			ir	6415
			ir	6156, 6182, 6415
H_2O	1	bw	cond, tha	6429
			ir	6415
H_2O	1	bw	cond, tha	6429
			ir	6415
H_2O	1	bw	cond, tha	6429

TABLE 3.94. (*CONTINUED*)

m	n	R	X	p
1	1	4-CONH$_2$	+	3
			+	3
			Me	1
			MeC(=NOH)C(=NO)Me	2
			MeCOCHCOMe	2
			NO$_2$	1
		3-CONMe$_2$	+	3
			O$_2$	1
			(*o*-OC$_6$H$_4$CH=NCH$_2$)$_2$	1
			ClO$_4$	3
		3-CONEt$_2$	+	3
			O$_2$	1
			(*o*-OC$_6$H$_4$CH=NCH$_2$)$_2$	1
		2,6-(CONHN=CHPh)$_2$	OH	1
			Cl	2
			Cl	3
		2-CO$_2^-$	+	2
			(*o*-OC$_6$H$_4$CH=NCH$_2$CH$_2$)$_2$	1
			(MeCOCHCMe=NCH$_2$)$_2$	1
			ClO$_4$	2
			I	2
		3-CO$_2$H	CN	1
			MeC(=NOH)C(=NO)Me	2
			MeC(=NOH)C(=NO)Me	2
			NO$_2$	1
			MeC(=NOH)C(=NO)Me	2
			NCS	1
			MeC(=NOH)C(=NO)Me	2
			NCSe	1
			MeC(=NOH)C(=NO)Me	2
			Br	1
		3-CO$_2^-$	+	2
			MeC(=NOH)C(=NO)Me	2
			ClO$_4$	2
		4-CO$_2^-$	+	2
			ClO$_4$	2

Y	q	Color and MP (°C)	Physicochemical Studies	Reference
NH$_3$	5		ir, K, nmr, uv	4212, 6114, 6115, 6121, 6425, 6428
H$_2$NCH$_2$CH$_2$NH$_2$	2		K	3497
			ca, K, nmr	6159
			ir, nmr	6281
NH$_3$	5		K	3491, 3496
				5544
NH$_3$	5		K	6430
NH$_3$	5		K	3496
			K	5544
H$_2$O	2	d-bw	ir, qch	4213
		bw	ir, qch	4213
			K, uv	5696, 5971
NH$_3$	5		K, uv	4012, 4346, 5023, 6116, 6431–6433
H$_2$NCH$_2$CH$_2$NH$_2$	2		uv	6435
(H$_2$NCH$_2$CH$_2$NHCH$_2$)$_2$	1		cd, ir, uv	6436
H$_2$NC(=NH)NHC(=NH)NH$_2$	2		uv	6437
		g	msc	6438
H$_2$O	1	g	cond, ir, uv	6439
			ir, msc, uv	6440
NH$_3$	5		K	6441
H$_2$NCH$_2$CH$_2$NH$_2$	2		cd, ord	6442
			ir	6205
			ir	6205
			ir	6205
			ir	6205
			ir	6205
NH$_3$	5		K	4012, 4346, 4347, 5023, 6432 6443
NH$_3$	5		K	6441
NH$_3$	5		K, uv	4012, 4346, 5023, 6116, 6121, 6432, 6444
NH$_3$	5		K	6441

TABLE 3.94. (*CONTINUED*)

m	n	R	X	p
1	1	2-CO_2^-,4-CO_2H	+	2
		2-CO_2^-,5-CO_2H	ClO_4	2
		2-CO_2^-,6-CO_2H	ClO_4	2
		2,6-$(CO_2^-)_2$	+	1
		2-CO_2Me	+	3
		2-CO_2Me,5-CO_2H	+	3
		3-CO_2Me	+	3
			{Me	1
			{MeC(=NOH)C(=NO)Me	2
			{Et	1
			{MeC(=NOH)C(=NO)Me	2
			{MeCOCHCOMe	2
			{NO_2	1
			ClO_4	3
		4-CO_2Me	+	3
			{Me	1
			{MeC(=NOH)C(=NO)Me	2
			{Et	1
			{MeC(=NOH)C(=NO)Me	2
		3-CO_2Et	+	3
			{MeCOCHCOMe	2
			{NO_2	1
			{MeC(=NOH)C(=NO)Me	2
			{NO_3	1
		4-CO_2Et	+	3
			{O_2	1
			{(o-$OC_6H_4CH=NCH_2)_2$	1
			ClO_4	3
		2-CH_2CO_2H	+	3
		2-CH=$CHCO_2H$	+	3
		2-$CH_2N(CH_2CO_2^-)CH_2CH_2N$-$(CH_2CO_2^-)_2$		
		2-$CH_2NCOC^-HSCH_2CH_2NH_2$	NO_2	2
		2-CH_2CSPh	$MeCO_2$	3
		2-CH=$NCSNH_2$	{MeC(=NOH)C(=NO)Me	2
			{Cl	1
		2-$NHSO_2C_6H_4NH_2$-p	{PhC(=NOH)C(=NO)Ph	2
			{NCO	1
			{PhC(=NOH)C(=NO)Ph	2
			{NO_2	1
			{MeC(=NOH)C(=NO)Me	2
			{NO_3	1
			{PhC(=NOH)C(=NO)Ph	2
			{NCS	1

Y	q	Color and MP (°C)	Physicochemical Studies	Reference
NH$_3$	5		K	6445
NH$_3$	5		K, uv	4346, 6441
NH$_3$	5		K, uv	4346, 6441
				4784
(H$_2$NCH$_2$CH$_2$NHCH$_2$)$_2$	1		nmr, uv	6446
H$_2$NC(=NH)NHC(=NH)NH$_2$	2		uv	6437
NH$_3$	5		K	6441
NH$_3$	5		K	6441
NH$_3$	3		K	3419
	5		K	6441
			ca, K, nmr	6157
			ca, K, nmr	6157
			nmr	6280
NH$_3$	3		K	3419
NH$_3$	5		K	3419, 6441
			ca, K, nmr	6157
			ca, K, nmr	6157
NH$_3$	5		K	6447
			nmr	6280
H$_2$O	1		K	6141
NH$_3$	5		K	3419, 6447
				5544
NH$_3$	3		K	3419
NH$_3$	5		K	6448
NH$_3$	5		K	6448
		d-r, dec > 280	ir	828
		o, 201	K, p	842
		bk, 189–191		852
H$_2$O	1	bw	msc	5184
H$_2$O	2		ir, tha	6449
H$_2$O	1		ir, tha	6449
{p-H$_2$NC$_6$H$_4$SO$_2$NH$_2$	1	bw		6450
{H$_2$O	3			
			ir, tha	6449

1245

TABLE 3.94. (CONTINUED)

m	n	R	X	p
1	1	2-NHSO$_2$C$_6$H$_4$NH$_2$-p	PhC(=NOH)C(=NO)Ph NCSe	2 1
			MeC(=NOH)C(=NO)Me Cl	2 1
			PhC(=NOH)C(=NO)Ph Cl	2 1
			MeC(=NOH)C(=NO)Me Br	2 1
			PhC(=NOH)C(=NO)Ph Br	2 1
			MeC(=NOH)C(=NO)Me I	2 1
			PhC(=NOH)C(=NO)Ph I	2 1
		3-NHSO$_2$C$_6$H$_4$NH$_2$-p	MeC(=NOH)C(=NO)Me NCO	2 1
			MeC(=NOH)C(=NO)Me NO$_2$	2 1
			MeC(=NOH)C(=NO)Me NCS	2 1
			MeC(=NOH)C(=NO)Me NCSe	2 1
			MeC(=NOH)C(=NO)Me Cl	2 1
			MeC(=NOH)C(=NO)Me Br	2 1
			MeC(=NOH)C(=NO)Me I	2 1
		3-Cl	+ MeC(=NOH)C(=NO)Me	1 2
			CN MeC(=NOH)C(=NO)Me	1 2
			MeC(=NOH)C(=NO)Me NCS	2 1
			+ Cl	2 1
			MeC(=NOH)C(=NO)COMe Cl	2 1
			MeC(=NOH)C(=NO)COMe Br	2 1
			MeC(=NOH)C(=NO)COMe I	2 1
		3-Br	Me MeC(=NOH)C(=NO)Me	1 2

Y	q	Color and MP (°C)	Physicochemical Studies	Reference
H_2O	1		ir, tha	6449
H_2O	1	d-y	ir	6451
H_2O	3		ir, tha	6449
H_2O	1	d-y	ir	6451
H_2O	1		ir, tha	6449
H_2O	1	d-y	ir	6451
			ir, tha	6449
			ir	6452
			ir	6452
			ir	6452
			ir	6452
			ir, K	6452, 6453
			ir, K	6452, 6453
			ir, K	6452, 6453
			K, p, uv	6454
			ir, nmr	6206
			ir	6305
$H_2NCH_2CH_2NH_2$	2		K, uv	6320, 6324
			ir, uv	6332
			ir, uv	6332
			ir, uv	6332
			ca, K, nmr	6176

TABLE 3.94. (CONTINUED)

m	n	R	X	p
1	1	3-Br	Et	1
			MeC(=NOH)C(=NO)Me	2
			MeCOCHCOMe	2
			NO_2	1
			MeC(=NOH)C(=NO)Me	2
			NO_3	1
			MeC(=NOH)C(=NO)Me	2
			NCS	1
		4-Br	Me	1
			MeC(=NOH)C(=NO)Me	2
			Et	1
			MeC(=NOH)C(=NO)Me	2
	2	H	+ (see structure below)	3

Structure:

$$\text{Porphyrin with substituents } R_1, R_2, R_3 \text{ at } \beta\text{-pyrrolic positions}$$

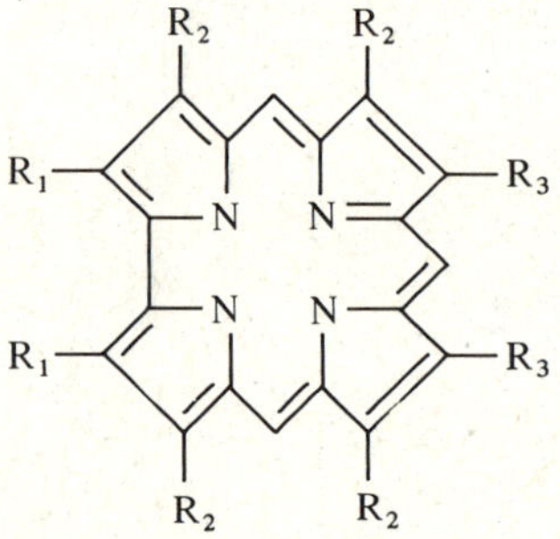

R_1	R_2	R_3		p
H	H	H		1
Me	Me	Et		1
Me	Et	Me		1

	X	p
	+	1
	5,10,15,20-Ph_4-porph	1
	OH	3
	+	1
	MeC(=NOH)C(=NO)Me	2
	i-Pr	1
	MeC(=NOH)C(=NO)Me	2
	CH_2CH_2-i-Pr	1
	MeC(=NOH)C(=NO)Me	2
	CH_2Ph	1
	MeC(=NOH)C(=NO)Me	2
	CH_2CH_2Ph	1
	MeC(=NOH)C(=NO)Me	2
	CH=C=CHMe	1
	MeC(=NOH)C(=NO)Me	2
	CH_2SiMe_3	1
	MeC(=NOH)C(=NO)Me	2

Y	q	Color and MP (°C)	Physicochemical Studies	Reference
			ca, K, nmr	6176
			ir, nmr	6281
H$_2$O	3	bw	K	6141
			ir	6305
			ca, ir, K, nmr	6157
			ca, ir, K, nmr	6157
H$_2$NCH$_2$CH$_2$NH$_2$	2		K	6455
			epr, uv	6456
			xrp	6166
		pp, > 300	epr, uv	6457
			K, p	5514
i-PrOC(NH$_2$)=NC(=NH)NH$_2$	2	bwsh-r		6396
n-BuOC(NH$_2$)=NC(=NH)NH$_2$	2	bwsh-r		6396
			K, p, uv	5060, 5722, 6458, 6460–6467
			K	6178
			K	6178
			K	6178
			K	6178
			K	6178
				6178

TABLE 3.94. (CONTINUED)

m	n	R	X	p
1	2	H	N$_3$	1
			MeC(=NOH)C(=NO)Me	2
			OH	1
			MeC(=NOH)C(=NO)Me	2
			MeC(=NOH)C(=NO)Me	1
			MeC(=NO)C(=NO)Me	1
			+	1
			PhC(=NOH)C(=NO)Ph	2
			PhC(=NOH)C(=NO)Ph	1
			PhC(=NO)C(=NO)Ph	1
			+	1
			(o-OC$_6$H$_4$CH=NCH$_2$)$_2$	1
			Me	1
			(o-OC$_6$H$_4$CH=NCH$_2$)$_2$	1
			Et	1
			(o-OC$_6$H$_4$CH=NCH$_2$)$_2$	1
			n-Pr	1
			(o-OC$_6$H$_4$CH=NCH$_2$)$_2$	1
			n-Bu	1
			(o-OC$_6$H$_4$CH=NCH$_2$)$_2$	1
			+	1
			(o-OC$_6$H$_4$CH=NCH$_2$)$_2$	1
			+	1
			o-(o-OC$_6$H$_4$CH=N)$_2$C$_6$H$_4$	1
			+	1
			MeCOCHCOMe	2
			MeCOCHCOMe	3
			−	1
			HNCONHCONH	2
			+	1
			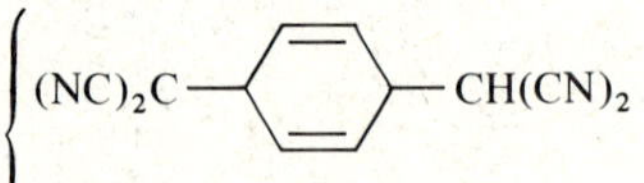 (MeCOCHCMe=NCH$_2$)$_2$	1
			BPh$_4$	1
			(MeCOCHCMe=NCH$_2$)$_2$	1
			(NC)$_2$C—⟨C$_6$H$_4$⟩—CH(CN)$_2$	1
			(MeCOCHCMe=NCH$_2$)$_2$	1

1250

Y	q	Color and MP (°C)	Physicochemical Studies	Reference
H$_2$O	1			6478
				6476
		d-bw		6393
H$_2$O	2		xr	6468
			uv	6469
				6481
			p	6458
			p	6459
			p	6459
			p	6459
			p	6459
			p	6458
			p	6458
			ir, nmr, uv	6470
			K, nmr	6471
			ir, uv	6473
			p	6458
		bw	epr, msc	6472
		g	epr, msc	6472

TABLE 3.94. (CONTINUED)

m	n	R	X	p
1	2	H	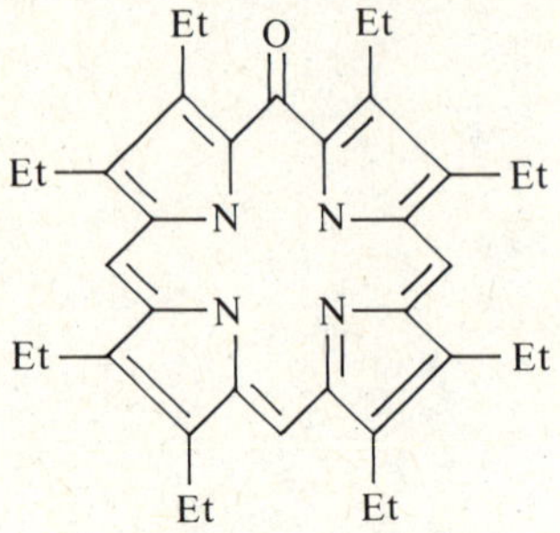 octaethyl-meso-keto-porphyrin (Et at 2,3,7,8,12,13,17,18; C=O bridge)	1
			2,7,12,18-Me$_4$-3,8-(CH$_2$=CH)$_2$-13,17-(HO$_2$CCH$_2$CH$_2$)$_2$-porph	1
			+	1
			MeC(=NOH)C(=NO)Me	2
			CH$_2$C$_6$H$_4$NO$_2$-p	1
			5,10,15,20-Ph$_4$-porph	1
			MeCO$_2$	1
			MeC(=NOH)C(=NO)Me	2
			MeCO$_2$	1
			+	1
			(O$_2$CCH$_2$NHCH$_2$)$_2$	1
			5,10,15,20-(p-O$_2$CC$_6$H$_4$)$_4$-porph	1
			—	3
			K	1
			CO$_3$	2
			MeC(=NOH)C(=NO)Me	2
			NO$_3$	1
			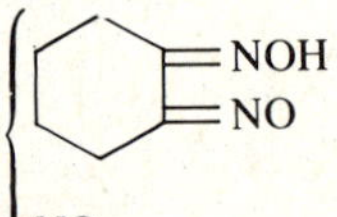 cyclohexane-1,2-dione dioxime (=NOH, =NO)	2
			NO$_3$	1
			NO$_2$	2
			NO$_3$	1
			(o-OC$_6$H$_4$CH=NCH$_2$)$_2$	1
			NO$_3$	1
			(o-OC$_6$H$_4$CH=NCH$_2$)$_2$CHOH	1
			NO$_3$	1
			o-(o-OC$_6$H$_4$CH=N)$_2$C$_6$H$_4$	1
			NO$_3$	1
			NO$_2$	1
			NO$_3$	2
			NO$_3$	3

Y	q	Color and MP (°C)	Physicochemical Studies	Reference
				6474
			K	5573
			K	6178
		dec 199	K, th	2390
				6239, 6337
				6274
			K	6475
H_2O	5	r-v	K	6477
		w		6479, 6480
H_2O	4		K	6481
NH_3	2		K, uv	6484
			ir, tha, uv, xr	6482
		255 dec	cond, ir, uv	6483
		bw, 185 dec	cond, ir, uv	6483
NH_3	2		K	6485
		gy	ir, msc	6486
$H_2NCH_2CH_2NH_2$	2		msc	1041
$\{MeOC(NH_2)=NC(=NH)NH_2$ H_2O	2 5	pk-r		6396

1253

TABLE 3.94. (CONTINUED)

m	n	R	X	p
1	2	H	NO_3	3
			$\begin{cases} H_2NC(=NOH)C(=NO)NH_2 \\ 2,4,6\text{-}(O_2N)_3C_6H_2O \end{cases}$	2 1
			$\begin{cases} - \\ SC(CN)=C(CN)S \end{cases}$	1 2
			$\begin{cases} n\text{-}Bu_4N \\ SC(CN)=C(CN)S \end{cases}$	1 2
			$\begin{cases} n\text{-}Bu_4P \\ SC(CN)=C(CN)S \end{cases}$	1 2
			$\begin{cases} MeC(=NOH)C(=NO)Me \\ NCS \end{cases}$	2 1
			$\begin{cases} PhC(=NOH)C(=NO)Ph \\ NCS \end{cases}$	2 1
			$\begin{cases} MeC(=NOH)C(=NO)Me \\ HS_2O_3 \end{cases}$	2 1
			$\begin{cases} MeOC(NH_2)=NC(=N)NH_2 \\ S_2O_3 \end{cases}$	1 1
			$\begin{cases} MeC(=NOH)C(=NO)Me \\ HS_3O_3 \end{cases}$	2 1
			$\begin{cases} MeC(=NOH)C(=NO)Me \\ HS_4O_3 \end{cases}$	2
			$\begin{cases} MeC(=NOH)C(=NO)Me \\ HS_5O_3 \end{cases}$	2 1
			$\begin{cases} MeC(=NOH)C(=NO)Me \\ HS_6O_3 \end{cases}$	2 1
			$\begin{cases} MeC(=NOH)C(=NO)Me \\ HS_7O_3 \end{cases}$	2 1
			$\begin{cases} MeC(=NOH)C(=NO)Me \\ HS_8O_3 \end{cases}$	2 1
			$\begin{cases} MeC(=NOH)C(=NO)Me \\ HS_9O_3 \end{cases}$	2 1
			$\begin{cases} MeC(=NOH)C(=NO)Me \\ 2\text{-}O_3SC_{10}H_7 \end{cases}$	2 1
			$\begin{cases} MeC(=NOH)C(=NO)Me \\ SeS_2O_3 \end{cases}$	2 1
			$\begin{cases} MeC(=NOH)C(=NO)Me \\ Se_2S_2O_3 \end{cases}$	2 1
			$\begin{cases} MeC(=NOH)C(=NO)Me \\ Se_3S_2O_3 \end{cases}$	2 1
			$\begin{cases} H \\ SeO_4 \end{cases}$	1 2
			$\begin{cases} MeC(=NOH)C(=NO)Me \\ BF_4 \end{cases}$	2 1

Y	q	Color and MP (°C)	Physicochemical Studies	Reference
EtOC(NH$_2$)=NC(=NH)NH$_2$	2	pk-r	ir	6396
n-BuOC(NH$_2$)=NC(=NH)NH$_2$	2	pk-r		6396
		y		6234, 6487
			K	5310, 5588, 6296
		g		5310, 6296
		g		5310
			ir, K, tha	6479, 6480, 6489–6491
		dec 210	K, tha	6492, 6493
H$_2$O	2	l-y		6494
MeOC(NH$_2$)=NC(=NH)NH$_2$	1	p-r		6396
H$_2$O	2	l-y		6494
H$_2$O	2	l-y		6494
H$_2$O	2	l-y		6494
H$_2$O	2	l-y		6494
H$_2$O	2	l-y		6494
H$_2$O	2	l-y		6494
H$_2$O	2	l-y		6494
				6487
H$_2$O	2			6496, 6497
H$_2$O	2			6496, 6497
H$_2$O	2			6496, 6497
	4			6496
{NH$_3$ / H$_2$O}	2 / 2	d-r		6495
				6239

TABLE 3.94. (CONTINUED)

m	n	R	X	p
1	2	H	PhC(=NOH)C(=NO)Ph	2
			BF$_4$	1
			MeC(=NOH)C(=NO)Me	2
			CH$_2$C$_6$H$_4$F-p	1
			(MeCOCHCMe=NCH$_2$)$_2$	1
			PF$_6$	1
			[tetraaza macrocyclic ligand (see structure)]	1
			PF$_6$	2
			2,7,12,17-Me$_4$-3,8,13,18-Et$_4$-porph (?)	1
			Cl	1
			5,10,15,20-Ph$_4$-porph	1
			Cl	1
			pc	1
			Cl	1
			MeC(=NOH)CH=NO	2
			Cl	1
			N$_3$	1
			MeC(=NOH)C(=NO)Me	1
			Cl	1
			MeC(=NOH)C(=NO)Me	2
			Cl	1
			MeC(=NOH)C(=NO)Et	2
			Cl	1
			PhC(=NOH)C(=NO)Ph	2
			Cl	1
			(furyl)C(=NOH)C(=NO)(furyl)	2
			Cl	1
			(o-OC$_6$H$_4$CH=NCH$_2$)$_2$	1
			Cl	1
			(o-OC$_6$H$_4$CH=NCH$_2$)$_2$CHOH	1
			Cl	1
			(MeCOCHCMe=NCH$_2$)$_2$	1
			Cl	1
			2,7,12,18-Me$_4$-3,8-(CH$_2$=CH)$_2$-13,17-(HO$_2$CCH$_2$CH$_2$)$_2$-porph	1
			Cl	1
			NO$_2$	2
			Cl	1

Y	q	Color and MP (°C)	Physicochemical Studies	Reference
				6492
			K	6178
		bw	epr	6472
				6498
			uv	2386
			nmr	6332
				6499, 6500
H$_2$O	3	bu sh-g	K	6501
		y		6213
		d-bw	K, lum, tha, uv, xr	6341, 6476, 6479, 6502–6506
H$_2$O	2		K, nmr	6481, 6507
H$_2$O	5		K	6481
				6351, 6352
H$_2$O	6		uv	6513
H$_2$O	1	y-bw		6508
H$_2$O	2	d-bw	cond, msc, uv	4199
		r-v	uv	2814, 6360, 6509–6512
			p	5573
NH$_3$ H$_2$O	1 0.5	l-ysh-g		6514

TABLE 3.94.   (CONTINUED)

m	n	R	X	p
1	2	H	MeC(=NOH)C(=NO)COMe Cl	2 1
			NO$_3$ Cl	2 1
			H Me$_2$(PhCH$_2$)N-n-C$_{14}$H$_{29}$ o-O$_2$CC$_6$H$_4$NN=CPhN=NC$_6$H$_3$-2-O-5-SO$_3$ Cl	1 1 1 1
			C$_5$H$_5$ PF$_6$ Cl	1 1 1
			+ Cl	1 2
			C$_5$H$_5$ Cl	1 2
			Cl	3
			MeC(=NOH)C(=NO)Me p-CH$_2$C$_6$H$_4$Cl	2 1
			[tetraaza macrocyclic ligand: Me, Me₂, Me₂, Me substituted 14-membered N$_4$ ring with two C=N imine linkages] ClO$_4$	1 1
			MeC(=NOH)C(=NO)Me ClO$_4$	2 1
			(o-OC$_6$H$_4$CH=NCH$_2$)$_2$ ClO$_4$	1 1
			MeCOCHCOPh ClO$_4$	2 1
			(PhCOCHCMe=NCH$_2$)$_2$ ClO$_4$	1 1
			MeCO$_2$ ClO$_4$	2 1
			(O$_2$CCH$_2$NHCH$_2$)$_2$ ClO$_4$	1 1
			MeCOC(=NO)Me ClO$_4$	2 1
			MeCOC(=NO)Et ClO$_4$	2 1
			MeCOC(=NO)-n-Pr ClO$_4$	2 1

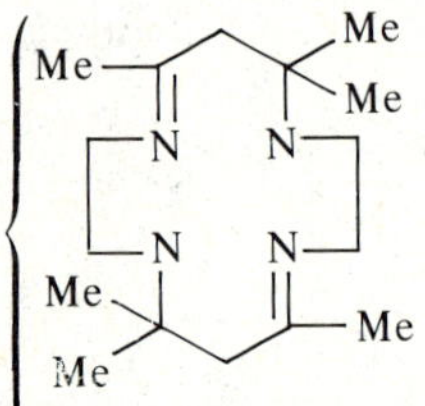

Y	q	Color and MP (°C)	Physicochemical Studies	Reference
			cond	5080, 6355
			K	6515
			dc	6488
		r-v	uv	6381
			K, th	6515, 6516
		300	uv	6381
H$_2$NCH$_2$CH$_2$NH$_2$	1		msc	1041
Me$_2$CHNHC(=NH)C(=NH)-NHC$_6$H$_4$Cl-p	2			6517
			K	6178
		y		6518
		d-bw, dec 269	nmr, uv	6239, 6519, 6520
H$_2$O	1	y-bw		6508
			nmr	6287
			p	5574
H$_2$NCH$_2$CH$_2$NH$_2$	1		xr	6521
H$_2$O	0.5		nmr, uv	6366
			nmr	6523
			nmr	6523
			nmr	6523

TABLE 3.94. (CONTINUED)

m	n	R	X	p
1	2	H	MeCOC(=NO)-i-Pr	2
			ClO_4	1
			EtCOC(=NO)Me	2
			ClO_4	1
			MeCOC(=NO)COMe	2
			ClO_4	1
			C_5H_5	1
			C_3F_7	1
			ClO_4	1
			$(H_2N)_2CHCH(NH_2)CH_2CO_2$	1
			ClO_4	2
			5,10,15,20-Ph_4-porph	1
			Br	1
			MeC(=NOH)C(=NO)Me	2
			Br	1
			PhC(=NOH)C(=NO)Ph	2
			Br	1
			C_5H_5	1
			Br	2
			Cl	1
			Br	2
			Br	3
			MeC(=NOH)C(=NO)Me	2
			p-$CH_2C_6H_4Br$	1
			MeC(=NOH)C(=NO)Me	2
			BrO_3	1
			MeC(=NOH)C(=NO)Me	2
			I	1
			PhC(=NOH)C(=NO)Ph	2
			I	1
			$H_2NC(=NOH)C(=NO)NH_2$	2
			I	1
			$MeOC(NH_2)NC(=N)NH_2$	2
			I	1
			$H_2NC(=NH)NHNCONH_2$	2
			I	1
			C_5H_5	1
			I	2

Y	q	Color and MP (°C)	Physicochemical Studies	Reference
			nmr	6523
			nmr	6523
			nmr	6523
		r	ir, nmr	6524
			ir, nmr, uv	6521
			nmr	6528
			K, p, tha, xr	6506, 6525
				6352
MeOH	1	r-v, > 300	uv	6381
{H$_2$NC(=NH)NHNHC(=NH)NH$_2$ H$_2$O	1 2.5		msc	6526
H$_2$NCH$_2$CH$_2$NH$_2$	2		msc	1041
{MeOC(NH$_2$)=NC(=NH)NH$_2$ H$_2$O	2 1	pk-r		6396
EtOC(NH$_2$)=NC(=NH)NH$_2$	2	pk-r		6396
i-PrOC(NH$_2$)=NC(=NH)NH$_2$	2	pk-r	ir	6396
{H$_2$O n-BuOC(NH$_2$)=NC(=NH)NH$_2$	1 2	pk-r	ir	6396
i-BuOC(NH$_2$)=NC(=NH)NH$_2$	2	pk-r		6396
			K	6178
H$_2$O	5	y-bw		6527
			K, tha	6393, 6479, 6480, 6490, 6503
		y, dec 210	K, tha	6493
		bw		6234
		bwsh-r		6396
		bw		6529
		bk, 300	uv	6381

TABLE 3.94. *(CONTINUED)*

m	n	R	X	p
1	2	H	{ *i*-PrOC(NH$_2$)=NC(=N)NH$_2$ I I	1 2 3
			{ MeC(=NOH)C(=NO)Me ICl$_2$	2 1
			{ MeC(=NOH)C(=NO)Me ICl$_4$	2 1
			{ H MeC(=NOH)C(=NO)Me IO$_3$	1 2 2
			{ MeC(=NOH)C(=NO)Me IO$_4$	2 1
			{ MeC(=NOH)C(=NO)Me Cr(NCS)$_4$	2 1

Y	q	Color and MP (°C)	Physicochemical Studies	Reference
$i\text{-PrOC(NH}_2)=\text{NC}(=\text{NH})\text{NH}_2$	1	bw		6396
$\text{H}_2\text{NCH}_2\text{CH}_2\text{NH}_2$	2		msc	1041
Ph—C(=N)—CH=N—HN—CH=C(Ph)—NH—CH=N (macrocycle)	1	bk, 205–207	msc, uv	5819
(macrocycle with propylene bridge)	1	g-bk, 180–182	msc, uv	5819
(macrocycle with two propylene bridges)	1	g, 239–241	msc, uv	5819
$\text{MeOC(NH}_2)=\text{NC}(=\text{NH})\text{NH}_2$	2	bwsh-r		6396
$\text{EtOC(NH}_2)=\text{NC}(=\text{NH})\text{NH}_2$	2	bwsh-r		6396
$i\text{-BuOC(NH}_2)=\text{NC}(=\text{NH})\text{NH}_2$	2	bwsh-r		6396
				6530
				6531
H_2O	6	y		6527
		bwsh-y	tha, xr	6527, 6532
NH_3	2			6533
PhNH_2	2			6534
PhNMe_2	2	d-bw	ir, uv	6387
PhNEt_2	2	d-bw	ir, uv	6387
$2,4\text{-Me}_2\text{C}_6\text{H}_3\text{NH}_2$	2	y-bw	chr, sol	6337
$3,5\text{-Me}_2\text{C}_6\text{H}_3\text{NH}_2$	2	y-bw	chr, sol	6337
$p\text{-MeOC}_6\text{H}_4\text{NH}_2$	2	o		6535, 6536
$p\text{-EtOC}_6\text{H}_4\text{NH}_2$	2			6535
morpholine (O NH)	2	r-v		6392

TABLE 3.94. (CONTINUED)

m	n	R	X	p
1	2	H	MeC(=NOH)C(=NO)Me	2
			Cr(NCS)$_4$	1
			H$_2$NC(=NOH)C(=NO)NH$_2$	2
			Cr(NCS)$_4$	1
		2-Me	Cl	3
		3-Me	+	1
			MeC(=NOH)C(=NO)Me	2
			MeC(=NOH)C(=NO)Me	2
			MeCO$_2$	1
			(MeCOCHCMe=NCH$_2$)$_2$	1
			2,4,6-(O$_2$N)$_3$C$_6$H$_2$O	1
			MeC(=NOH)C(=NO)Me	2
			NCS	1
			PhC(=NOH)C(=NO)Ph	2
			NCS	1
			(MeCOCHCMe=NCH$_2$)$_2$	1
			NCS	1
			MeC(=NOH)C(=NO)Me	2
			BF$_4$	1
			PhC(=NOH)C(=NO)Ph	2
			BF$_4$	1
			(MeCOCHCMe=NCH$_2$)$_2$	1
			BF$_4$	1
			MeC(=NOH)C(=NO)Me	2
			Cl	1
			PhC(=NOH)C(=NO)Ph	2
			Cl	1
			(MeCOCHCMe=NCH$_2$)$_2$	1
			Cl	1
			MeC(=NOH)C(=NO)COMe	2
			Cl	1
			+	1
			Cl	2
			MeC(=NOH)C(=NO)Me	2
			ClO$_4$	1
			(MeCOCHCMe=NCH$_2$)$_2$	1
			ClO$_4$	1
			(MeCOCHCMe=NCH$_2$)$_2$CH$_2$	1
			ClO$_4$	1

Y	q	Color and MP (°C)	Physicochemical Studies	Reference
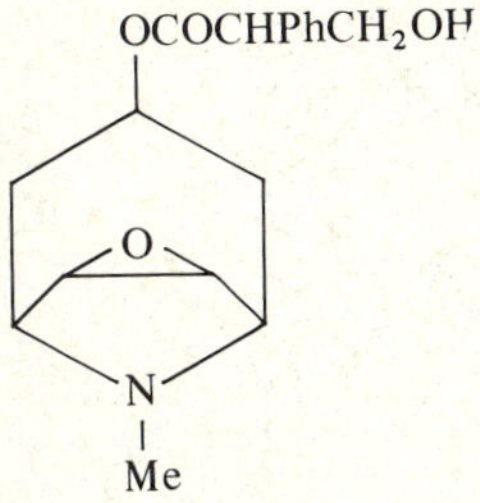 OCOCHPhCH$_2$OH [structure with O-bridge, N-Me bicyclic]	2			4235
NH$_3$	2	y-r		6234
			uv	6359
			K, uv	6463, 6469
				5720
		bw	ir, uv	6537
			K, tha	6389, 6489, 6491, 6538
		dec 240	ir, tha, uv	6492, 6493
		bw	ir, uv	6537
H$_2$O	0.5			6389
			ir, uv	6385
		bw	ir, uv	6537
			K, th	6503
			K	6539
			p	6360
				6355
			K	6515
		dec 270		6389, 6519
		bw	ir, uv	6537
		bw	ir	6399

TABLE 3.94.   (*CONTINUED*)

m	n	R	X	p
1	2	3-Me	PhC(=NOH)C(=NO)Ph	2
			Br	1
			MeC(=NOH)C(=NO)Me	2
			I	1
			PhC(=NOH)C(=NO)Ph	2
			I	1
			(MeCOCHCMe=NCH$_2$)$_2$	1
			I	1
			MeCOCHCMe=NCH$_2$CHMeN=CMeCHCOMe	1
			I	1
			MeC(=NOH)C(=NO)Me	2
			IO$_4$	1
			MeC(=NOH)C(=NO)Me	2
			Cr(NCS)$_4$	1
			(MeCOCHCMe=NCH$_2$)$_2$	1
			Cr(NCS)$_4$	1
			(MeCOCHCMe=NCH$_2$)$_2$CH$_2$	1
			Cr(NCS)$_4$	1
			MeCOCHCMe=NCH$_2$CHMeN=CMeCHCOMe	1
			Cr(NCS)$_4$	1
		4-Me	+	1
			5,10,15,20-Ph$_4$-porph	1
			+	1
			MeC(=NOH)C(=NO)Me	2
			MeC(=NOH)C(=NO)Me	1
			MeC(=NO)C(=NO)Me	1
			+	1
			(*o*-OC$_6$H$_4$CH=NCH$_2$)$_2$	1
			MeCOCHCOMe	3
			MeC(=NOH)C(=NO)Me	2
			MeCO$_2$	1
			MeC(=NOH)C(=NO)Me	2
			NO$_3$	1
			H$_2$NC(=NOH)C(=NO)NH$_2$	2
			2,4,6-(O$_2$N)C$_6$H$_2$O	1
			(MeCOCHCMe=NCH$_2$)$_2$	1
			2,4,6-(O$_2$N)C$_6$H$_2$O	1
			MeC(=NOH)C(=NO)Me	2
			NCS	1
			PhC(=NOH)C(=NO)Ph	2
			NCS	1

Y	q	Color and MP (°C)	Physicochemical Studies	Reference
			K	6539
			K	6490, 6503, 6538
H$_2$O	1			
		y, dec 200	tha	6493
		bw	ir, uv	6537
		bw	ir	6399
		bw	ir, xr	6384
NH$_3$	2		tha	6389
PhNH$_2$	2		tha	6534
p-MeOC$_6$H$_4$NH$_2$	2		ir, K, uv	6535, 6536
p-EtOC$_6$H$_4$NH$_2$	2		K	6540
NH$_3$	2	l-bw	ir, uv	6537
NH$_3$	2	bw	ir	6399
NH$_3$	2	bw	ir	6399
			K, p	5514
			K, p, uv	6454, 6465, 6466
H$_2$O	2	l-y		6454
			p	6458
			K, nmr	6471
				6337, 6402
H$_2$O	1		K, nmr, uv	6481
				6234
		bw	ir, uv	6537
			K, tha	6402, 6489–6491
		dec 230	ir, K, tha, uv	6492, 6493

TABLE 3.94. (*CONTINUED*)

m	n	R	X	p
1	2	4-Me	(MeCOCHCMe=NCH$_2$)$_2$	1
			NCS	1
			MeC(=NOH)C(=NO)Me	2
			BF$_4$	1
			(MeCOCHCMe=NCH$_2$)$_2$	1
			BF$_4$	1
			MeC(=NOH)C(=NO)Me	2
			Cl	1
			PhC(=NOH)C(=NO)Ph	2
			Cl	1
			(MeCOCHCMe=NCH$_2$)$_2$	1
			Cl	1
			MeC(=NOH)C(=NO)COMe	2
			Cl	1
			+	1
			Cl	2
			MeC(=NOH)C(=NO)Me	2
			ClO$_4$	1
			PhC(=NOH)C(=NO)Ph	2
			ClO$_4$	1
			(MeCOCHCMe=NCH$_2$)$_2$	1
			ClO$_4$	1
			MeC(=NOH)C(=NO)Me	2
			Br	1
			MeC(=NOH)C(=NO)Me	2
			I	1
			PhC(=NOH)C(=NO)Ph	2
			I	1
			(MeCOCHCMe=NCH$_2$)$_2$	1
			I	1
			MeC(=NOH)C(=NO)Me	2
			IO$_4$	1
			MeC(=NOH)C(=NO)Me	2
			Cr(NCS)$_4$	1
			H$_2$NC(=NOH)C(=NO)NH$_2$	2
			Cr(NCS)$_4$	1
			(MeCOCHCMe=NCH$_2$)$_2$	1
			Cr(NCS)$_4$	1
			MeCOCHCMe=NCH$_2$CHMeN=CMeCHCOMe	1
			Cr(NCS)$_4$	1

Y	q	Color and MP (°C)	Physicochemical Studies	Reference
		bw	ir, uv	6537
				6402
		bw	ir, uv	6537
		bw		6454
H$_2$O	1		K, nmr, uv	6481, 6527
			tha	6539
			p	6360
				6458
			K, p	6515
		dec 283		6402, 6519
		dec 239	K, tha	6493
		bw	ir, uv	6537
			tha	6539
				6402
		y	K, tha	6493
		bw	ir, uv	6537
		bw	ir, xr	6384
2,5-Me$_2$C$_6$H$_3$NH$_2$	2	y-bw	chr, sol	6337
3,5-Me$_2$C$_6$H$_3$NH$_2$	2	y-bw	chr, sol	6337
{NH$_3$	2			6402
{H$_2$O	1			
p-MeOC$_6$H$_4$NH$_2$	2		ir, uv	6535, 6536
NH$_3$	2	y-r		6234
NH$_3$	2	bw-v	ir, uv	6537
NH$_3$	2	bw	ir	6399

TABLE 3.94. (CONTINUED)

m	n	R	X	p
1	2	4-Me	Cl	1
			Cr(NCS)$_4$	1
		2,6-Me$_2$	Cl	3
		3,5-Me$_2$	+	1
			MeC(=NOH)C(=NO)Me	2
		2,4,6-Me$_3$	Cl	3
		3-CH=CH$_2$	+	1
			MeC(=NOH)C(=NO)Me	2
			MeC(=NOH)C(=NO)Me	1
			MeC(=NO)C(=NO)Me	1
			MeC(=NOH)C(=NO)Me	2
			NO$_3$	1
		4-CH=CH$_2$	MeC(=NOH)C(=NO)COMe	1
			Cl	2
		2-CH=CH-1'-C$_{10}$H$_7$	2,7,12,17-Me$_4$-3,8,13,18-Et$_4$-porph (?)	1
			Cl	1
		4-NH$_2$	+	1
			MeC(=NOH)C(=NO)Me	2
			MeC(=NOH)C(=NO)Me	2
			Cl	1
		2-CH$_2$NH$_2$	+	3
			NO$_2$	3
			NO$_2$	2
			NO$_3$	1
			OH	1
			NO$_3$	2
			NO$_2$	1
			NO$_3$	2
			NO$_3$	3
			H	1
			SO$_4$	2
			OH	1
			Cl	2
			Cl	3
			ClO$_4$	3
			Br	3
		2,6-(CH$_2$NH$_2$)$_2$	Br	3
		2-CH$_2$CH$_2$NH$_2$	Br	3
		2-CH$_2$NHMe	Br	3
		2-CH$_2$NHCH$_2$CH$_2$NH$_2$	Cl	3

Y	q	Color and MP (°C)	Physicochemical Studies	Reference
PhNH$_2$	4			6534
H$_2$NCH$_2$CH$_2$NH$_2$	2			
			uv	6359
			K, p	5722
			uv	6359
			K, p, uv	6454
			K, p, uv	6454
		l-y	K, p, uv	6454
				6355
			uv	2386
			p	6466
H$_2$O	3		nmr, uv	6481, 6507
			p	6541
		bwsh-r	cond, msc	5658
			nmr, uv	6542
H$_2$O	0.5	bw-y	cond, msc, uv	594, 5658
H$_2$O	1	r	nmr, uv	6542
		y	nmr, uv	6542
H$_2$O	2	o	nmr, uv	6542
H$_2$O	2	r-o, o	nmr, uv	6542
H$_2$O	1	r	nmr, uv	6542
		d-r, o, g	nmr, uv	5658, 6542
NH$_3$	2	y	nmr, uv	6542
H$_2$O	2	r-o	nmr, uv	6542
H$_2$O	2	y, y-bw	cond, msc	5658
		l-g	cd	6543
H$_2$O	2	o-r	nmr, uv	6542
H$_2$O	0.5		nmr, uv	6420
		l-g	cd	6543
			cd, uv	6543
H$_2$O	3	d-g, 214		618

TABLE 3.94. (CONTINUED)

m	n	R	X	p
1	2	2,6-(CH=NCH$_2$Ph)$_2$	I	3
		2-(imidazoline)	+	1
		2-CH=N-8'-quin	ClO$_4$	3
		2-N$^-$N=CH-1'-isoquin	ClO$_4$	1
		2-N$^-$N=CH-2'-quin	ClO$_4$	1
		2-N$^-$N=CH-3'-isoquin	ClO$_4$	1
		2-CH=NN$^-$-2'-quin-4'-Me	ClO$_4$	1
		4-CN	+	1
			MeC(=NOH)C(=NO)Me	2
			—	1
			SC(CN)=C(CN)S	2
			MeC(=NOH)C(=NO)Me	2
			Cl	1
		2-N$^-$PPh$_2$	—	1
			NCS	2
		2-CH$_2$NHCH$_2$CH$_2$NHCH$_2$C$_6$H$_4$O$^-$-o	O$_2$	1
		2-CH$_2$N=CHC$_6$H$_4$O$^-$-o	O$_2$	1
		2-N=NC$_6$H$_4$O$^-$-p	ClO$_4$	1
		2-N=N-1'-C$_{10}$H$_6$-2'-O$^-$	+	1
		2-N=N-2'-C$_{10}$H$_6$-1'-O$^-$	+	1
			Cl	1
			ClO$_4$	1
			Br	1
			I	1
		2-N=N-(phenanthrenyl-O$^-$)	+	1
		2-N=NC$_6$H$_3$-2',4'-(O$^-$)$_2$	—	1
			PPh$_4$	1
			AsPh$_4$	1
		3-CONH$_2$	MeC(=NOH)C(=NO)Me	1
			MeC(=NO)C(=NO)Me	1
			MeC(=NOH)C(=NO)Me	2
			NO$_2$	1
			MeC(=NOH)C(=NO)Me	2
			NO$_3$	1
			OH	1
			SO$_4$	1

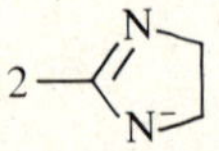

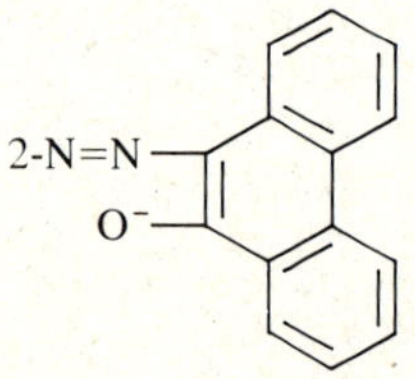

Y	q	Color and MP (°C)	Physicochemical Studies	Reference
H_2O	3	bw, 212	msc	1208
			p	6541
		y, 139–140		1208
H_2O	2		msc, uv	5935
			msc, uv	5935
H_2O	1		msc, uv	5935
			msc, uv	5935
			p	6466
			K	5310
H_2O	3		nmr, uv	6481, 6527
			cond	5213
			K	5940
		bk, 225 dec	cond, ir, msc, uv	1240
H_2O	1	v	uv	706
		g	cond, epr, msc, nmr, uv	711, 718, 1245, 2650, 5943, 6544, 6828
		g	K, uv	5943
			epr, msc	725
			epr, msc	725
			epr, msc	725
			epr, msc	725
			ir	2160
			uv	5962
		d-r	cond, ir, uv	6545
H_2O	2	d-r	cond, ir, uv	6545
		d-r	cond, ir, uv	6545
H_2O	2	d-r	cond, ir, uv	6545
			uv	6454
H_2O	1	bw	cond, tha	6429
H_2O	1		uv	6454
	2			6429
H_2O	3			6546

TABLE 3.94. (CONTINUED)

m	n	R	X	p
1	2	3-CONH$_2$	MeC(=NOH)C(=NO)Me	2
			Cl	1
			MeC(=NOH)C(=NO)Me	2
			ClO$_4$	1
			MeC(=NOH)C(=NO)Me	2
			Br	1
			MeC(=NOH)C(=NO)Me	2
			I	1
		3-CON$^-$H	OH	1
		2-CO$_2^-$	+	1
		4-CO$_2^-$	+	1
		2-CO$_2^-$,3-CO$_2$H	+	1
		2-CO$_2^-$,4-CO$_2$H	+	1
		2-CO$_2^-$,5-CO$_2$H	+	1
		2,6-(CO$_2^-$)$_2$	—	1
			K	1
			NH$_4$	1
		3-CO$_2$Et	+	1
			MeC(=NOH)C(=NO)Me	2
			MeC(=NOH)C(=NO)Me	2
			NO$_3$	1
		2-CH$_2$N$^-$COCH$_2$NH$_2$	ClO$_4$	1
		2-CONHCH$_2$CO$_2^-$	ClO$_4$	1
		2-NHN=CPhCOPh	+	3
		2-CH=NC$_6$H$_4$S$^-$-o	PF$_6$	1
		3-CONHNHCSNH$_2$	NO$_3$	3
		2-CH=NNHCSNH$_2$	MeC(=NOH)C(=NO)Me	2
			Cl	1
		2-CH=NN$^-$CSNH$_2$	NO$_3$	1
			PF$_6$	1
			Cl	1
			ClO$_4$	1
			Br	1
			I	1
		2-CH=NN$^-$CS$_2$Me	NO$_3$	1
		2-NHSO$_2$C$_6$H$_4$NH$_2$-p	MeC(=NOH)C(=NO)Me	2
			NO$_3$	1
			MeC(=NOH)C(=NO)Me	2
			ClO$_4$	1
		3-NHSO$_2$C$_6$H$_4$NH$_2$-p	MeC(=NOH)C(=NO)Me	2
			ClO$_4$	1
		3-F	Me	1
			MeC(=NOH)C(=NO)Me	2
			Me	1
			(MeCOCHCMe=NCH$_2$)$_2$	1
		3-Cl	MeC(=NOH)C(=NO)Me	1
			MeC(=NO)C(=NO)Me	1

Y	q	Color and MP (°C)	Physicochemical Studies	Reference
			uv	6454
H_2O	2	bw	cond, tha	6429
		bw	cond	6429
H_2O	1	bw	cond, tha	6429
H_2O	1	bw	cond, tha	6429
H_2O	3			6546
			K, uv	5932, 5971
			K, uv	5971
			K, uv	5971, 6547
			K, uv	5971, 6547
			K, uv	5971
			K, uv	2292, 4784, 5971
				4784
				4784
			K, p, uv	6454
H_2O	1		K, p, uv	6454
			K, p	1399
			K	6548
			uv	6549
			msc, nmr, p, uv	6550
		v	ir, msc, uv	5987
		l-bw	msc	5184
		d-bw	msc, xr	6551, 6552
				6550
H_2O	3	d-bw	msc, xr	5184, 6553, 6554
H_2O	2	d-bw	msc	5184
H_2O	3	d-bw	msc	5184
H_2O	2	bw	msc	5184
H_2O	1	r	cond, msc, uv	858
H_2O	2		ir	6450
			K	6453
			K	6453
			K	6555
			K	6555
H_2O	1	l-bw		6454

TABLE 3.94. (CONTINUED)

m	n	R	X	p
1	2	3-Cl	MeC(=NOH)C(=NO)Me	2
			NO$_3$	1
			MeC(=NOH)C(=NO)Me	2
			Cl	1
			MeC(=NOH)C(=NO)COMe	2
			Cl	1
		3-Cl,6-N=N-1'-C$_{10}$H$_6$-2'-O$^-$	+	1
		3-Br,6-N=N-1'-C$_{10}$H$_6$-2'-O$^-$	+	1
	3	H	+	3
			NO$_2$	3
			EtOCS$_2$	3
			[pyrazolone-azo-phenyl-azo-hydroxyphenyl-SO$_3$ structure]	1
			2-O-3,5-(O$_3$S)$_2$C$_6$H$_2$N=NC$_6$H$_4$NHCOCHCOMe-o	1
			Na	1
			2-O-3-O$_3$S-5-O$_2$NC$_6$H$_2$N=N-2'-C$_{10}$H$_3$-1'-O-3',5'-(SO$_3$)$_2$-6'-NH$_2$	1
			Na	2
			CO$_3$	1
			Cl	1
			NCS	2
			Cl	1
			NO$_2$	1
			Cl	2
			Cl	3
		4-Me	2-O-3-O$_3$S-5-O$_2$NC$_6$H$_2$N=N-2'-C$_{10}$H$_3$-1'-O-3',5'-(SO$_3$)$_2$-6'-NH$_2$	1
			Na	2
		2-CH$_2$C$^-$H$_2$		
		2-NH$_2$	Cl	3
		2-CH$_2$NH$_2$	Cl	3
			ClO$_4$	3
			Br	3
			I	3
		2-CH$_2$CH$_2$NH$_2$	Cl	3
			ClO$_4$	3
		2-NHNH$_2$	ClO$_4$	3

Y	q	Color and MP (°C)	Physicochemical Studies	Reference
				6454
				6454
				6355
			K, uv	5943
			K, uv	5943
			K, uv	5496
		d-r, 134–135	ir, msc, th	5782, 6284, 6285, 6390
		gsh-bk		5371
				6002
				6002
H$_2$O	x			6002
			K	6556
		d-g, 107–109	cond	6558
		g		6557
				2740
H$_2$O	x			6002
			nmr	6559
				6359
		y	nmr, uv, xr	4284
			uv	594
		y	nmr, uv, xr	4284
		y-bw		
		y	nmr, uv, xr	4284
		bw-y		
			cd, nmr, xr	5483, 6560
H$_2$O	2		xr	6561
		o	uv	646

TABLE 3.94.   (CONTINUED)

m	n	R	X	p
1	3	2-[imidazoline ring]		
		2-N⁻N=CHPh		
		2-N⁻N=CHC$_6$H$_4$NEt$_2$-p		
		2-N⁻N=C(C$_6$H$_4$NMe$_2$-p)$_2$		
		2-NHPPh$_2$	2,4,6-(O$_2$N)$_3$C$_6$H$_2$O	3
	1	2-NHPPh$_2$		
	2	2-N⁻PPh$_2$	ClO$_4$	1
	3	2-N⁻PPh$_2$		
		2-CH=NO⁻		
		2-CMe=NO⁻		
		2-CPh=NO⁻		
		2-CH$_2$CH$_2$N=CHC$_6$H$_4$O⁻-o		
		2-NHN=CHC$_6$H$_4$OH-o	ClO$_4$	3
		2-CHO	+	3
		2-C⁻HCOPh		
		4-CON⁻NH$_2$		
		2-CO$_2^-$		
		4-CON⁻N=CHC$_6$H$_3$-3′-OMe-4′-OH		
		4-CON⁻N=CHC$_6$H$_3$-3′-OMe-4′-ONa		
		4-CON⁻N=CMeCH=CH—[furan] 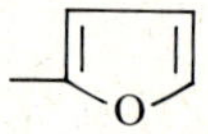		
		2-CH$_2$CH$_2$N=CHC$_6$H$_3$-2′-O⁻-5′-NO$_2$		
		2-P(OEt)O$_2^-$,6-Me		
		2-CSN⁻Me,4-Me		
		2-CSN⁻Ph		
		2-C⁻HCSPh		
		2-C⁻HCOCF$_3$		
		2-CH$_2$CH$_2$N=CHC$_6$H$_3$-2′-O⁻-5′-Br		
	4	H	+	3
			{ + OH	2 1
			{ + HCO$_3$	2 1

			{ +
			  OH
			  HCO$_3$
				1
				1
				1

			{ + CO$_3$	1 1
			+ Cl	2 1
			N$_3$ Cl	2 1

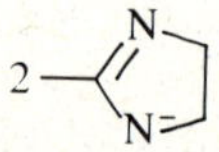

Y	q	Color and MP (°C)	Physicochemical Studies	Reference
			p	6541
		l-bw	cond, msc, uv	646
		d-bw	cond, msc, uv	646
		d-bw	cond, msc, uv	646
			cond, msc	5213
			cond	5213
PhH	2		cond, msc	5213
			K, p, uv	5942
				1234
		bwsh-g, 288	cond, msc	1235
H_2O	2	r-o	ir, msc, uv	1241
			cond, msc, uv	646
			uv	6004
			uv	1382
H_2O	1	l-gy-bw, dec 204		5704
	3		ir	5685
			K, uv	1305, 4286, 5693, 6437, 6548
H_2O	1		msc	1306
H_2O	3	d-bw, dec 250		5704
H_2O	7	d-y, 260 dec		5704
H_2O	3	ysh-g, 245 dec	ir	5685, 5704
		r-o	ir, msc, uv	1241
		pk	ir, uv	1411
H_2O	2	r	uv	848
		d-bw		1421
		bk, 89–91	uv	82
		bwsh-g, 205–208	msc, nmr, uv	1377
H_2O	1	r	ir, msc, uv	1241
H_2O	1		cond, K	6562
	2		K, uv	6563
H_2O	1		K, uv	6563
			K, uv	6563
H_2O	1		K, uv	6563
			K, uv	6563
			K, uv	6563
			K	6564
		g		6565

TABLE 3.94. *(CONTINUED)*

m	n	R	X	p
1	4	H	+	1
			Cl	2
			N_3	1
			Cl	2
			O_2CCO_2H	1
			Cl	2
			NO_3	1
			Cl	2
			$PhCH_2OS_2O_2$	1
			Cl	2
			Cl	3
			{ CO_3	1
			ClO_4	1
			{ Cl	2
			Br	1
			Br	3
			{ Cl	2
			ICl_2	1
			{ Cl	2
			ICl_4	1
			{ Cl	2
			IO_4	1
			{ MeC(=NOH)C(=NO)Me	2
			$Cr(NCS)_4$	1
	{ 2	H	{ MeC(=NOH)C(=NO)Me	2
	2	3-Me	$Cr(NCS)_4$	1
	4	3-Me	{ NO_2	1
			Cl	2
			Cl	3
			{ MeC(=NOH)C(=NO)Me	2
			$Cr(NCS)_4$	1
	{ 2	H	{ MeC(=NOH)C(=NO)Me	2
	2	4-Me	$Cr(NCS)_4$	1
	{ 2	3-Me	{ MeC(=NOH)C(=NO)Me	2
	2	4-Me	$Cr(NCS)_4$	1
	4	4-Me	Cl	3
			{ MeC(=NOH)C(=NO)Me	2
			$Cr(NCS)_4$	1
	5	H	+	3

Y	q	Color and MP (°C)	Physicochemical Studies	Reference
			ir, K, uv	6564, 6566–6571
			ir	6478
H$_2$O	4			6514
			cond	6568
H$_2$O	1			6514
		l-g		6514
			K, xr	5831, 6358, 6514, 6557, 6558, 6564, 6565, 6567, 6568, 6572–6575
H$_2$O	1		cond, K	6562
	6			6514, 6517, 6558, 6576, 6577
H$_2$O	1		xr	6578
			xr	6568
Br$_2$	1	g		5831
Br$_2$	2	y-bw, dec 83		5831
				6530
				6531
				6579
		y-bw		4241
		y-bw		4241
			K	6580
			K	6358
		y-bw	tha	4241, 6572
		y-bw		4241
		y-bw	tha	4241
			K	6358
		y-bw	tha	4241, 6572
			p	6581

TABLE 3.94. (CONTINUED)

m	n	R	X	p
1	5	H	+	2
			Cl	1
	6	H	+	3
2	1	H	Me	1
			CN	1
			MeC(=NOH)C(=NO)Me	4
			Et	1
			CN	1
			MeC(=NOH)C(=NO)Me	4
			n-Pr	1
			CN	1
			MeC(=NOH)C(=NO)Me	4
			i-Pr	1
			CN	1
			MeC(=NOH)C(=NO)Me	4
			Cyclohexyl	1
			CN	1
			MeC(=NOH)C(=NO)Me	4
			NH_2	1
			NO_2	1
			NO_3	4
			CN	1
			MeC(=NOH)C(=NO)Me	4
			CF_3	1
		2-Me	NO_3	6
		3-Me	PhC(=NOH)C(=NO)Ph	4
			NO_2	2
			PhC(=NOH)C(=NO)Ph	4
			Br	2
		4-NH_2	Me	1
			CN	1
			MeC(=NOH)C(=NO)Me	4
			Et	1
			CN	1
			MeC(=NOH)C(=NO)Me	4
			n-Pr	1
			CN	1
			MeC(=NOH)C(=NO)Me	4
			i-Pr	1
			CN	1
			MeC(=NOH)C(=NO)Me	4
			Cyclohexyl	1
			CN	1
			MeC(=NOH)C(=NO)Me	4
			CN	1
			MeC(=NOH)C(=NO)Me	4
			CF_3	1

Y	q	Color and MP (°C)	Physicochemical Studies	Reference
			p	6582
			p	6582
			ir, nmr, uv	6520, 6583
			nmr, uv	6520
			nmr, uv	6520
			nmr, uv	6520
			nmr, uv	6520
NH$_3$	8	d-r		6584
			nmr, uv	6520
NH$_3$	5			6292
				6404
				6404
			nmr, uv	6520
			nmr, uv	6520
			nmr, uv	6520
			nmr, uv	6520
			nmr, uv	6520
			nmr, uv	6520

TABLE 3.94. (*CONTINUED*)

m	n	R	X	p
2	1	3-Cl	Me	1
			CN	1
			MeC(=NOH)C(=NO)Me	4
			Et	1
			CN	1
			MeC(=NOH)C(=NO)Me	4
			n-Pr	1
			CN	1
			MeC(=NOH)C(=NO)Me	4
			i-Pr	1
			CN	1
			MeC(=NOH)C(=NO)Me	4
			Cyclohexyl	1
			CN	1
			MeC(=NOH)C(=NO)Me	4
	2	H	CN	1
			MeC(=NOH)C(=NO)Me	4
			CF_3	1
			MeC(=NOH)C(=NO)Me	4
			CO_3	1
			MeC(=NOH)C(=NO)Me	4
			O_2CCO_2	1
			N_3	1
			MeC(=NOH)C(=NO)Me	4
			NO_2	1
			CN	1
			MeC(=NOH)C(=NO)Me	4
			NO_2	1
			MeC(=NOH)C(=NO)Me	4
			NCO	1
			NO_2	1
			MeC(=NOH)C(=NO)Me	4
			S_4	1
			MeC(=NOH)C(=NO)Me	4
			NO_2	1
			NCS	1
			MeC(=NOH)C(=NO)Me	4
			NO_2	1
			NCSe	1
			MeC(=NOH)C(=NO)Me	4
			NCS	1
			I	1
			O_2	1
			I	4
			Cl	2
			$H_3PV_{12}O_{36}$	1

Y	q	Color and MP (°C)	Physicochemical Studies	Reference
			nmr, uv	6520
			nmr, uv	6520
			nmr, uv	6520
			nmr, uv	6520
			nmr, uv	6520
			nmr, uv	6520
		bw		6587
		bw		6587
		l-y	ir	6478
H_2O	2	l-y		6585
H_2O	1	y-bw		6586
		r		6300
				6588
H_2O	1	y-bw		6586
				6301
H_2O	2	bw		6393
$\{N(CH_2CH_2NH_2)_3$ $\{H_2O$	2 1		cond, ir, uv	6395
$\{H_2NCH_2CH_2NH_2$ $\{H_2O$	4 8			6589

TABLE 3.94.   (CONTINUED)

m	n	R	X	p
2	2	2-Me	O_2	1
			$(o\text{-}OC_6H_4CH=NCH_2)_2$	2
		3-Me	O_2	1
			$(o\text{-}OC_6H_4CH=NCH_2)_2$	2
			$MeC(=NOH)C(=NO)Me$	4
			O_2CCO_2	1
			$(MeCOCHCMe=NCH_2)_2$	1
			NO_2	4
			$MeCOCHCMe=NCH_2CHMeN=CMeCHCOMe$	1
			NO_2	4
		4-Me	O_2	1
			$(o\text{-}OC_6H_4CH=NCH_2)_2$	2
			$(MeCOCHCMe=NCH_2)_2$	1
			NO_2	4
			$MeC(=NOH)C(=NO)Me$	2
			$(MeCOCHCMe=NCH_2)_2$	1
			NCS	2
		2,6-Me_2	O_2	1
			$(o\text{-}OC_6H_4CH=NCH_2)_2$	2
		2-$CH_2NHCH_2CH_2NH_2$	+	3
			OH	1
			O_2	1
		2-$CH_2NHCH_2CH_2NHCH_2C_6H_4OH\text{-}o$	+	4
			O_2	1
		4-$CONEt_2$	O_2	1
			$(o\text{-}OC_6H_4CH=NCH_2)_2$	2
		4-CO_2Et	O_2	1
			$(o\text{-}OC_6H_4CH=NCH_2)_2$	2
		2-$CH_2N^-COCON^-H$	−	1
			OH	1
			O_2	1
	3	H	$(o\text{-}OC_6H_4CH=NCH_2)_2$	2
			C_3F_7	2
		3-Me	$MeC(=NOH)C(=NO)Me$	3
			NO_2	3
		4-Me	CN	3
			$MeC(=NOH)C(=NO)Me$	3
		2-$CH_2NHCH_2CH_2NH_2$	+	4
			O_2	1
	1	2-$CH_2N^-COCONH_2$	−	1
	2	2-$CH_2N^-COCON^-H$	O_2	1
	4	H	$(NC)_2C\text{—}\langle\text{C}_6H_4\rangle\text{—}C(CN)_2$	1
			$(MeCOCHCMe=NCH_2)_2$	2

Y	q	Color and MP (°C)	Physicochemical Studies	Reference
		bw-bk	msc	6590
		bw-bk	msc	6590
		bw		6587
NH$_3$	2	l-bw	ir, uv	6537
NH$_3$	2	y	ir	6399
		bw-bk	msc	6590
NH$_3$	2	l-bw		6537
		bw	ir, uv	6537
		bw-bk	msc	6590
			uv	5661
				5940
		bw-bk	msc	6590
		bw-bk	msc	6590
			uv	5661
			nmr	6315
				6389
H$_2$O	2			6402
			uv	5661
			uv	5661
		bw	epr	6472

TABLE 3.94. (CONTINUED)

m	n	R	X	p
2	4	H	O_2CCO_2	3
			S_2O_3	3
			S_2O_6	3
			$\begin{cases} MeC(=NOH)C(=NO)Me \\ S_8O_6 \end{cases}$	4 1
			$\begin{cases} MeC(=NOH)C(=NO)Me \\ S_{10}O_6 \end{cases}$	4 1
			$\begin{cases} MeC(=NOH)C(=NO)Me \\ S_{15}O_6 \end{cases}$	4 1
			SO_4	3
			$\begin{cases} N_3 \\ MeC(=NOH)C(=NO)Me \\ Cl \end{cases}$	1 2 3

Y	q	Color and MP (°C)	Physicochemical Studies	Reference
{H$_2$O MeOC(NH$_2$)=NC(=NH)NH$_2$	1 4	pk-r		6396
{H$_2$O EtOC(NH$_2$)=NC(=NH)NH$_2$	3 4	pk-r		6396
{H$_2$O i-PrOC(NH$_2$)=NC(=NH)NH$_2$	3 4	pk-r		6396
{H$_2$O n-BuOC(NH$_2$)=NC(=NH)NH$_2$	1 4	pk-r		6396
i-BuOC(NH$_2$)=NC(=NH)NH$_2$	4	pk-r		6396
Isopentyl-OC(NH$_2$)=NC(=NH)NH$_2$	4	pk-r		6396
{H$_2$O EtOC(NH$_2$)=NC(=NH)NH$_2$	1 4	bwsh-r		6396
{H$_2$O i-PrOC(NH$_2$)=NC(=NH)NH$_2$	6 4	pk-r		6396
{H$_2$O n-BuOC(NH$_2$)=NC(=NH)NH$_2$	4 4	bwsh-r		6396
{H$_2$O i-BuOC(NH$_2$)=NC(=NH)NH$_2$	6 4	bwsh-r		6396
Isopentyl-OC(NH$_2$)=NC(=NH)NH$_2$	4	pk-r		6396
{H$_2$O MeOC(NH$_2$)=NC(=NH)NH$_2$	4 4	pk-r		6396
EtOC(NH$_2$)=NC(=NH)NH$_2$	4	pk-r		6396
{H$_2$O i-PrOC(NH$_2$)=NC(=NH)NH$_2$	2 4	pk-r		6396
n-BuOC(NH$_2$)=NC(=NH)NH$_2$	4	pk-r		6396
Isopentyl-O(NH$_2$)=NC(=NH)NH$_2$	4	pk-r		6396
H$_2$O	2			6591
H$_2$O	2			6591
H$_2$O	2			6591
H$_2$O	2	pk-r		6396
MeOC(NH$_2$)=NC(=NH)NH$_2$	4	pk-r		6396
EtOC(NH$_2$)=NC(=NH)NH$_2$	4	pk-r		6396
i-PrOC(NH$_2$)=NC(=NH)NH$_2$	4	pk-r		6396
{H$_2$O n-BuOC(NH$_2$)=NC(=NH)NH$_2$	3 4	pk-r		6396
i-BuOC(NH$_2$)=NC(=NH)NH$_2$	4	pk-r		6396
Isopentyl-OC(NH$_2$)=NC(=NH)NH$_2$	4	pk-r		6396
{H$_2$O H$_2$NCONHNHC(=NH)NH$_2$	2 4	pk		6529
			ir	6213

TABLE 3.94. (CONTINUED)

m	n	R	X	p
2	4	H	N_3	1
			MeC(=NOH)C(=NO)Me	2
			NCO	1
			Cl	2
			MeC(=NOH)C(=NO)Me	2
			NCO	1
			NO_2	1
			Cl	2
			N_3	1
			MeC(=NOH)C(=NO)Me	2
			NCS	1
			Cl	2
			MeC(=NOH)C(=NO)Me	2
			NO_3	1
			NCS	1
			Cl	2
			S_2O_6	1
			Cl	4
			N_3	1
			MeC(=NOH)C(=NO)Me	2
			NCSe	1
			Cl	2
		3-Me	O_2CCO_2	3
			S_2O_3	3
			MeC(=NOH)C(=NO)Me	4
			S_3O_6	1
			MeC(=NOH)C(=NO)Me	4
			S_4O_6	1
			SO_4	3
			MeC(=NOH)C(=NO)Me	4
			S_2O_8	1
			MeC(=NOH)C(=NO)Me	4
			CrO_4	1
			MeC(=NOH)C(=NO)Me	4
			Cr_2O_7	1
			$(MeCOCHCMe=NCH_2)_2$	2
			Cr_2O_7	1

Y	q	Color and MP (°C)	Physicochemical Studies	Reference
		l-y		6213
H$_2$O	1	y-bw	ir	6586
		l-bw	ir	6213
H$_2$O	1	y-bw	ir	6586
H$_2$O	1			6514
		l-bw	ir	6213
EtOC(NH$_2$)=NC(=NH)NH$_2$	4	pk-r		6396
i-PrOC(NH$_2$)=NC(=NH)NH$_2$	4	pk-r		6396
i-BuOC(NH$_2$)=NC(=NH)NH$_2$	4	pk-r		6396
EtOC(NH$_2$)=NC(=NH)NH$_2$	4	bwsh-r		6396
{H$_2$O i-PrOC(NH$_2$)=NC(=NH)NH$_2$}	2 4	bwsh-r		6396
{H$_2$O i-BuOC(NH$_2$)=NC(=NH)NH$_2$}	3 4	bwsh-r		6396
				6389
				6389
EtOC(NH$_2$)=NC(=NH)NH$_2$	4	pk-r		6396
{H$_2$O i-PrOC(NH$_2$)=NC(=NH)NH$_2$}	14 4	pk-r		6396
{H$_2$O i-BuOC(NH$_2$)=NC(=NH)NH$_2$}	1 4	pk-r		6396
H$_2$O	1			6389
		dec 170		6389, 6519
		dec 145		6389, 6519
		bw	ir, uv	6537

TABLE 3.94. (CONTINUED)

m	n	R	X	p
2	4	4-Me	(MeCOCHCMe=NCH$_2$)$_2$	2
			S$_5$O$_6$	1
			MeC(=NOH)C(=NO)Me	4
			S$_2$O$_8$	1
			MeC(=NOH)C(=NO)Me	4
			CrO$_4$	1
			MeC(=NOH)C(=NO)Me	4
			Cr$_2$O$_7$	1
			(MeCOCHCMe=NCH$_2$)$_2$	2
			Cr$_2$O$_7$	1
	2	2-CH$_2$N$^-$COCONH$_2$	—	2
	2	2-CH$_2$N$^-$COCON$^-$H	O$_2$	1
	6	H	2-O-5-O$_2$NC$_6$H$_3$N=N- [pyrazolone-Ph]	2
			SO$_4$	1
			2-O-3,5-(O$_2$N)C$_6$H$_2$N=N-1'-C$_{10}$H$_6$-2'-O	2
			SO$_4$	1
			2-O$_2$CC$_6$H$_4$N=N-2'-C$_{10}$H$_5$-1'-O-3'-SO$_2$NH$_2$	2
			SO$_4$	1
	8	H	Cl	4
			PbCl$_6$	1
			Cl	4
			OsCl$_6$	1
			Cl	4
			OsBr$_6$	1
3	1	H	NO$_2$	8
			Br	1
		4-Me	NO$_2$	8
			Br	1
3	3	H	O	1
			MeCO$_2$	6
			ClO$_4$	1
			Cl	3
			Cr(NCS)$_6$	2
			Br	3
			Cr(NCS)$_6$	2
		3-Me	O	1
			MeCO$_2$	6
			ClO$_4$	1
			Cl	3
			Cr(NCS)$_6$	2

Y	q	Color and MP (°C)	Physicochemical Studies	Reference
		y	ir, uv	6537
H$_2$O	3			6402
		bw, dec 258		6519
		rsh-bw, dec 138		6519
		bw	ir, uv	6537
			uv	5661
				6078
				6078
				6078
		g		6592, 6593
				6594, 6595
				6594, 6595
NH$_3$ H$_2$NCH$_2$CH$_2$NH$_2$	4 2		ir, K, uv	6377, 6400
NH$_3$ H$_2$NCH$_2$CH$_2$NH$_2$	4 2		ir, K, uv	6400
		bw, 212	msc, uv	4301
H$_2$NCH$_2$CH$_2$NH$_2$ H$_2$O	6 3	r-v		6596
H$_2$NCH$_2$CH$_2$NH$_2$ H$_2$O	6 3	bw-r		6596
		y-gy, 190	msc, uv	4301
H$_2$NCH$_2$CH$_2$NH$_2$ H$_2$O	6 3	r-v		6596

TABLE 3.94. (CONTINUED)

m	n	R	X	p
3	3	4-Me	Cl	3
			$Cr(NCS)_6$	2
			Br	3
			$Cr(NCS)_6$	2
	6	H	OH	1
			MeC(=NOH)C(=NO)Me	4
			MeC(=NO)C(=NO)Me	2
			MeC(=NOH)C(=NO)Me	6
			$Cr(NCS)_6$	1
			Cl	6
			$Cr(NCS)_6$	1
		3-Me	MeC(=NOH)C(=NO)Me	6
			$Cr(NCS)_6$	1
			$(MeCOCHCMe=NCH_2)_2$	3
			$Cr(NCS)_6$	1
		4-Me	MeC(=NOH)C(=NO)Me	6
			$Cr(NCS)_6$	1
	12	H	Cl	6
			$CrMo_6O_{21}$	1
4	6	H	$(MeCOCHCMe=NCH_2)_2$	3
			NO_2	o

$$Co_m \left(\underset{N}{\bigcirc^+} - R - \underset{N}{\bigcirc} \right)_n X_p Y_q$$

m	n	R	X	p
1	1	4-CH_2-4'	SO_4	1
			Cl	4
			Ru	1
		4-CH_2CH_2-4'	+	3
			ClO_4	3
			+	5
			Ru	1
		2-CH=CH-4'	+	3
		3-CH=CH-4'	+	3
		4-CH=CH-4'	+	3
			+	5
			Ru	1
		4-Me,2-NH-2'	NO_3	3
		5-Me,2-NH-2'	NO_3	3
		2-$CH_2NHCH_2CH_2NHCH_2$-2'	NO_2	3
			NO_2	2
			Cl	1
			NO_2	1
			Cl	2
			Cl	3

Y	q	Color and MP (°C)	Physicochemical Studies	Reference
H$_2$NCH$_2$CH$_2$NH$_2$ H$_2$O	6 1	r-v		6596
H$_2$NCH$_2$CH$_2$NH$_2$	6	v		6596
H$_2$O	5		xr	6467
		l-bw		6572
		g		6572
		l-bw		6572
		y-v	ir, uv	6537
		l-bw		6572
		g	n	6597
		bw-o		6389, 6509

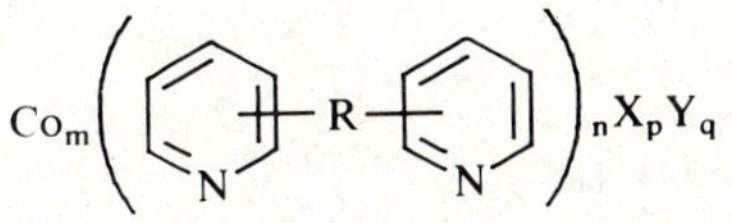

$$Co_m\left(\left(\underset{N}{\bigcirc}-R-\underset{N}{\bigcirc}\right)_n X_p Y_q\right.$$

Y	q	Color and MP (°C)	Physicochemical Studies	Reference
NH$_3$	9		k	6598
NH$_3$	5		K	3491
NH$_3$	5			3491
NH$_3$ H$_2$O	9 1		k, th	6600
NH$_3$	5		K	6599
NH$_3$	5		K	6599
NH$_3$	5		K	3491, 4349, 6599
NH$_3$ H$_2$O	9 1		k, th	6600
H$_2$O	2		msc, uv	6107
H$_2$O	4		msc, uv	6107
		y	cd, nmr, uv, xr	4304
H$_2$O	1	y	ir, nmr, uv, xr	1615
		r	cd, nmr, uv, xr	4304
		v	cd, nmr, uv, xr	4304

TABLE 3.94. (*CONTINUED*)

m	n	R	X	p
1	1	2-CH$_2$NHCH$_2$CH$_2$NHCH$_2$-2'	NO$_2$	2
			ClO$_4$	1
			NO$_2$	1
			Cl	1
			ClO$_4$	1
			Cl	2
			ClO$_4$	1
		2-CH$_2$NH(CH$_2$)$_3$NHCH$_2$-2'	NO$_2$	2
			Cl	1
			Cl	3
			NO$_2$	2
			ClO$_4$	1
			Cl	2
			ClO$_4$	1
		2-CH$_2$NHCH$_2$CHMeNHCH$_2$-2'	+	3
			NO$_2$	2
			ClO$_4$	1
			Cl	2
			ClO$_4$	1
			ClO$_4$	1
			Br	2
			O$_2$CCO$_2$	1
			I	1
		2-CH$_2$NHCHMeCHMeNHCH$_2$-2'	NO$_2$	2
			ClO$_4$	1
			Cl	2
			ClO$_4$	1
		2-CMe=N(CH$_2$)$_3$NH(CH$_2$)$_3$-N=CMe-2'	Me	1
			I	2
		4-CH(OH)-4'	Cl	6
			Ru	1
		2-CH$_2$CH$_2$CH—CHCH$_2$CH$_2$-2' | | o-O$^-$C$_6$H$_4$CH=N N=CHC$_6$H$_4$O$^-$-o	O$_2$	1
		4-S-4'	+	5
			Ru	1
		2-CH$_2$NHCOCH$_2$SCH$_2$CONHCH$_2$-2'	Cl	3
		2-CH$_2$NHCOCH$_2$SCH$_2$CON$^-$CH$_2$-2'	MeCO$_2$	1
			NO$_2$	1
		2-CH=NCH$_2$CH$_2$SCH$_2$CH$_2$SCH$_2$-CH$_2$N=CH-2'	ClO$_4$	3
	2	2-NH-2'	O$_2$	1
			ClO$_4$	1
			H$^+$py-2-NH-2-py$^+$H	1
			Cl	4
			ClO$_4$	1

Y	q	Color and MP (°C)	Physicochemical Studies	Reference
		y	ir, nmr, uv, xr	1615
		r	ir, nmr, uv, xr	1615
		l-bw, r-v, r	ir, nmr, uv, xr	1615, 6601
		o-y	ir, nmr, uv, xr	1615
H$_2$O	1.5	r-v	ir, nmr, uv, xr	1615
		o-y	ir, nmr, uv, xr	1615
		r-v, l-bw	ir, K, nmr, uv, xr	1615, 6601
				6602
		y	nmr, uv	6603
		d-v, l-bw-r	K, nmr, uv	6601, 6603
			nmr, uv	6603
		o	nmr, uv	6603
		bw-y	cd, cond	6604
		v-r	cd, cond	6604
H$_2$O	2		ir, xr	6605
NH$_3$	9		k	6598
EtOH	1			6085
⎧NH$_3$ ⎩H$_2$O	9 1		k, th	6600
H$_2$O	1	l-bu, dec 300	ir, nmr	1666
		d-r, dec 337	ir, nmr	1666
		o-y		1668
			nmr, uv	6107
			msc, uv	6107

TABLE 3.94. (CONTINUED)

m	n	R	X	p
1	2	2-NH-2'	Br	3
		4-Me,2-NH-2'	ClO$_4$	3
		5-Me,2-NH-2'	ClO$_4$	3
		2-CH=NN$^-$-2'	ClO$_4$	1
		6-Me,2-CH=NN$^-$-2'	ClO$_4$	1
		2-CH=NN$^-$-2',6'-Me	ClO$_4$	1
		2-CO-2'	{OH	2
			NO$_3$	1
			{OH	1
			NO$_3$	2
			NO$_3$	3
			{OH	2
			Cl	1
			Cl	3
			{OH	1
			ClO$_4$	2
		2-CH$_2$N$^-$CO-2'	ClO$_4$	1
		2-CH$_2$CH$_2$N$^-$CO-2'	ClO$_4$	1
	3	2-NH-2'	ClO$_4$	3
		2-C(=NO$^-$)-2'		
2	2	5-Me,2-NH-2'	{NCS	3
			ClO$_4$	3
		2-CH$_2$NHCH$_2$CH$_2$NHCH$_2$-2'	{+	4
			O$_2$	1
		2-CH$_2$CH$_2$NHCH$_2$CH$_2$NHCH$_2$CH$_2$-2'	{O$_2$	1
			ClO$_4$	4

$$Co_m \left(\begin{array}{c} \text{(pyridine-R-pyridine structure)} \end{array} \right)_n X_p Y_q$$

m	n	R	X	p
1	1	2-N$\begin{array}{c}2'\\2''\end{array}$	NO$_2$	3
		2-CH$_2$NH—[cyclohexane with NHCH$_2$-2' and NHCH$_2$-2'' substituents]	ClO$_4$	3
		2-CH=NCH$_2$—CMe(CH$_2$N=CH-2')(CH$_2$N=CH-2'')	I	3

Y	q	Color and MP (°C)	Physicochemical Studies	Reference
H$_2$O	1		msc, uv	6107
			msc, uv	6107
H$_2$O	1		msc, uv	6107
H$_2$O	0.5		msc, uv	5935
H$_2$O	1.5		msc, uv	5935
H$_2$O	1		msc, uv	5935
		o-r, pk	ir, msc	1655, 5389
H$_2$O	1	o-pk	ir, msc	5389
H$_2$O	3	o-pk	ir, msc	5389
H$_2$O	0.5	o-r	msc	1655
	1	o-pk	ir, msc	5389
			uv	1654
EtOH	2	pk	msc, uv	5276
		d-r	ir, msc, uv	1657
H$_2$O	2/3	d-r	ir, msc, uv	1657
			uv	6606
			uv	6607
H$_2$O	1		msc, uv	6107
			p, uv	5940
H$_2$O	2	bw	ir, uv	1620

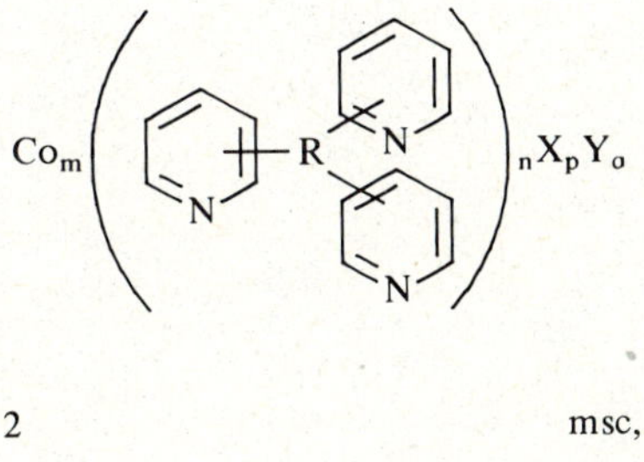

$$Co_m \left(\begin{array}{c} \text{pyridine-R-pyridine structure} \end{array} \right)_n X_p Y_o$$

Y	q	Color and MP (°C)	Physicochemical Studies	Reference
H$_2$O	2		msc, uv	6107
			ir, nmr, uv	1620
H$_2$O	3	d-r	msc, nmr, uv	1642

TABLE 3.94. (CONTINUED)

m	n	R	X	p
		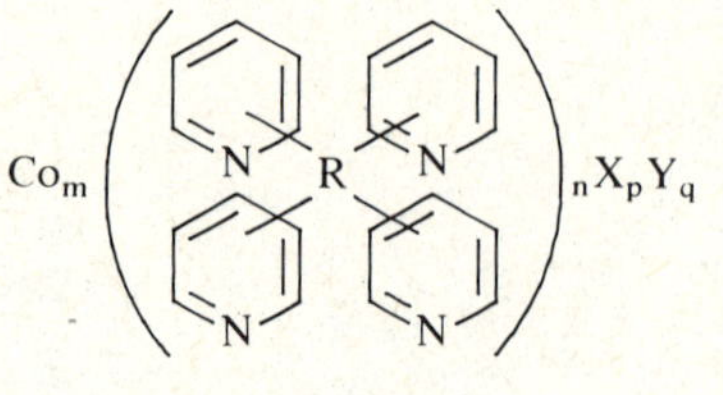 $\left[\text{Co}_m\left(\begin{array}{c}\text{N}\text{N}\\ \text{R}\\ \text{N}\text{N}\end{array}\right)_n X_p Y_q\right]$		
2	2	2-CH$_2$\, 2′-CH$_2$ N—CH$_2$CH$_2$—N CH$_2$-2″, CH$_2$-2‴	O$_2$ / ClO$_4$	1 / 4
		$\left[\text{Co}_m\left(\begin{array}{c}-\text{R}-\\ \bigcirc\\ \text{N}\end{array}\right)_n X_p Y_q\right]_x$		
1	1	—CH$_2$CH—3,6-Me\\—CH$_2$CH—4	O$_2$ / (o-OC$_6$H$_4$CH=NCH$_2$)$_2$	1 / 1
			CN / MeC(=NOH)C(=NO)Me	1 / 2
			O$_2$ / (o-OC$_6$H$_4$CH=NCH$_2$)$_2$	1 / 1
			+ / Cl	2 / 1
			N$_3$ / Cl	1 / 2
			Cl	3
			Br	3
		$\left(\begin{array}{c}-\text{CH}_2\text{CH}-\\ \text{CONH}_2\end{array}\right)_u$ —CH$_2$CH— 4	MeC(=NOH)C(=NO)Me / OH	2 / 1

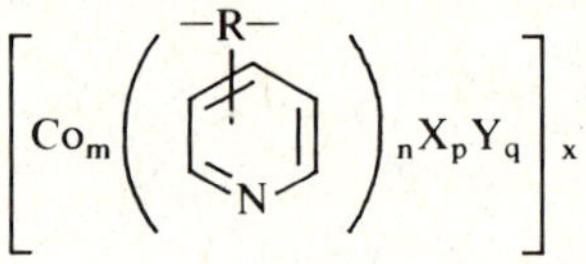

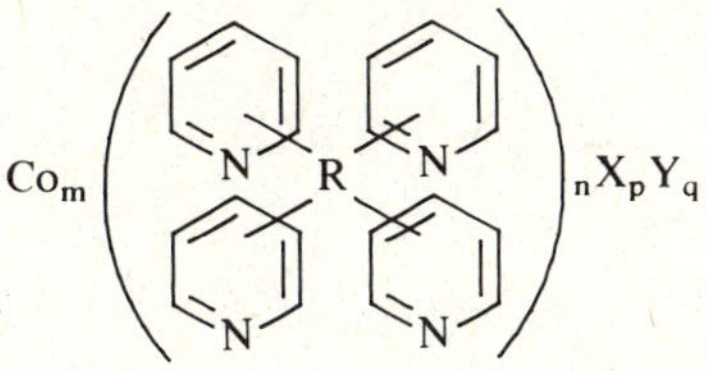

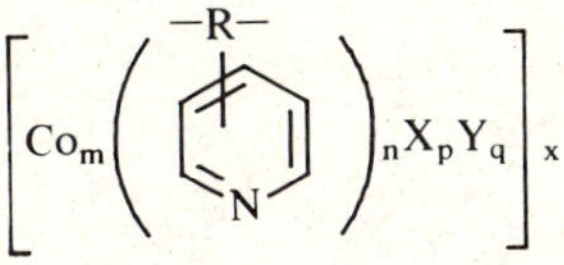

Y	q	Color and MP (°C)	Physicochemical Studies	Reference
		$Co_m(R(py)_4)_n X_p Y_q$		
		bw	cond, ir, msc, uv	1693
		$[Co_m(R\text{-}py)_n X_p Y_q]_x$		
			K, th	5653
				6622
			K, th	5653
$H_2NCH_2CH_2NH_2$	2		K	6328
$H_2NCH_2CH_2NH_2$	2		K	6608
$\begin{cases}H_2NCH_2CH_2NH_2\\ H_2O\end{cases}$	2		ir, K, uv	6609
$H_2NCH_2CH_2NH_2$	2		K, nmr, uv	6608, 6610–6617, 6623
$\begin{cases}H_2NCH_2CH_2NH_2\\ H_2O\end{cases}$	2, u		ir, K, nmr, uv	6609, 6618, 6619
$(H_2NCH_2CH_2NHCH_2)_2$	1		ir, K, nmr, uv	6608, 6610, 6615, 6623
$\begin{cases}(H_2NCH_2CH_2NHCH_2)_2\\ H_2O\end{cases}$	1, u		ir, K, uv	6609, 6618
$H_2NCH_2CH_2NH_2$	2		K	6608
$\begin{cases}H_2NCH_2CH_2NH_2\\ H_2O\end{cases}$	2, u		ir, K, uv	6609
			ca, ir, uv	6620, 6621

TABLE 3.94. (CONTINUED)

m	n	R	X	p
		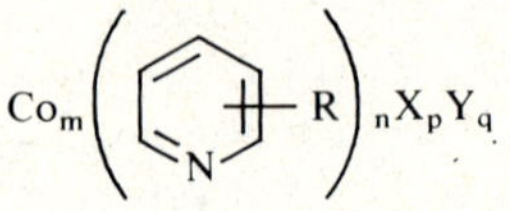	$Co_m \left(\bigcirc\!\!\!\!-\!R \right)_n X_p Y_q$	
			Cobalt (IV)	
1	1	H	NO$_2$	1
			Br	3
			Br	4

Y	q	Color and MP (°C) 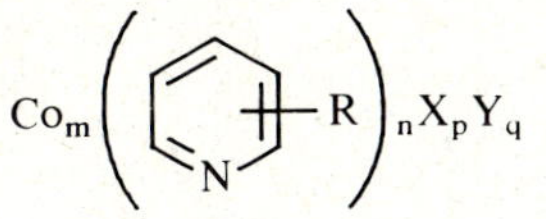	Physicochemical Studies	Reference

$$\text{Co}_m\left(\underset{N}{\bigcirc}-R\right)_n X_p Y_q$$

Cobalt (IV)

Y	q	Color and MP (°C)	Physicochemical Studies	Reference
H$_2$NCH$_2$CH$_2$NH$_2$	2		ir, uv	6379
H$_2$O	2	bu-g		1492

TABLE 3.95. CRYSTALLOGRAPHIC DATA FOR THE COMPLEX COMPOUNDS OF PYRIDINE AND ITS DERIVATIVES WITH COBALT

Compound	Space Group	a	b	c	α	β	γ	Z	Reference
Cobalt (II)									
$Co\binom{CH_2N=CHC_6H_4O\text{-}o}{CH_2N=CHC_6H_4O\text{-}o} \cdot py$	$Cmc2_1$	20.22	12.44	7.23				4	5538
$Co\binom{CH_2CH_2N=CHC_6H_4O\text{-}o}{CH_2CH_2N=CHC_6H_4O\text{-}o} \cdot py$	$P2_1$	18.128	10.597	11.381		100.6		4	5555
$[Co(MeCOCHCOMe)_2 \cdot py]_2$	$P\bar{1}$	9.70	11.61	15.03	103.58	103.67	92.25	2	5563
$CoCl_2 \cdot py$		17.21	8.45	21.46				16	5605
$Co\binom{CH_2CH_2CH_2N=CPhC_6H_3\text{-}2\text{-}O\text{-}5\text{-}Cl}{S\qquad CH_2CH_2CH_2N=CPhC_6H_3\text{-}2'\text{-}O\text{-}5'\text{-}Cl} \cdot (3\text{-}Me\text{-}py)$	$P2_1/c$		14.74	16.56		112.79		4	5644
$Co(5,10,15,20\text{-}Ph_4\text{-}porph) \cdot (3,5\text{-}Me_2\text{-}py)$	$P2_1/c$	11.514	30.939	11.571		103.73		4	5651
$CoCl_2 \cdot [2,6\text{-}(CO_2Et)\text{-}py]$	$P\bar{1}$	9.33	10.26	8.16	104.23	105.36	92.94	2	5703
$CoCl_2 \cdot [2,6\text{-}(CMe=NNHCONH_2)_2] \cdot 3H_2O$	Ia	17.968	13.139	8.052		99.86		4	2507
$CoCl_2 \cdot \left\{ \begin{array}{c} \text{Me} \end{array} \right.$ (benzothiazole/OMe derivative structure)	$P2_1/n$	9.76	19.61	9.18		99.1		4	5706
$Co(MeCOCHCOMe)_2 \cdot 2py$	$Cmcm$	11.13	16.18	11.91				4	5563
$Co(NCS)_2 \cdot 2py$	$C2/m$	9.09	14.60	5.66		111		2	992
$Co(py^+H)_2(NCS)_4 \cdot 2py$	$P6$ (?)	25.83		8.07				6	5805
$\alpha\text{-}CoCl_2 \cdot 2py$	$P2/b$	34.42	17.38	3.66		90		8	1050
		34.40	17.40	3.66		90		8	1052
	$C2/b$	34.486	17.408	3.6635		90.121		8	5877, 5878
$\gamma\text{-}CoCl_2 \cdot 2py$	$P2_1/n$	17.437	8.408	3.593		90.05		2	5877, 5878
$CoBr_2 \cdot 2py$	$P2_1/c$	8.40	18.0	8.52		101.25		4	2555
$CoHg(NCS)_4 \cdot 2py$	$C2/c$	11.459	13.293	14.498		106.65		4	5894
$Co(NCS)_2 \cdot 2(2\text{-}Me\text{-}py)$	$P2_12_12$	12.96	14.60	8.69				4	5898

Compound	Space group	a	b	c	α	β	γ	Z	Ref
Co(Et$_8$-porph)·2(3-Me-py)	P$\bar{1}$	10.187	11.258	9.753		113.28		1	5902
Co(pc)·2(4-Me-py)	Pbca	10.395	25.069	17.992				4	5907
CoCl$_2$·2[4-(CH$_2$=CH)-py]	C2/c	20.20	6.47	14.61		126		4	5916
	A2/a	17.74	3.65	23.53		117		4	5917
Co(NCO)$_2$·2(py-3-CONEt$_2$)·2H$_2$O	P2$_1$/n	9.576	12.403	11.148		106.2		2	2670
Co(py-2-CO$_2$)$_2$·4H$_2$O	P2$_1$/c	9.89	5.17	17.50		123.8		2	758, 1275
	P2$_1$/c	9.815	5.202	17.632		124.22		2	2501
	C2/m	14.133	6.882	8.486		118.36		2	5976
Co(py-2-CH$_2$CO$_2$)$_2$·2H$_2$O	P2$_1$/c	8.38	7.12	13.19		115.53		2	1388
Co(NO$_3$)$_2$·3py	C2/c	12.584	9.435	16.327		109.48		4	1463
Co$_2$(PhCOCHCOCHCOPh)$_2$·8py	P2$_1$/n	12.778	17.919	14.373		102.54			6013
Co(NCS)$_2$·4py	C2/c	12.48	12.9	16.5		118.5		4	6018
		12.44	13.00	16.57		118.53			6028
Co(NCSe)$_2$·4py	C2/c (?)	12.75	13.25	16.70		120			6028
Co(NCS·I$_2$)$_2$·4py	P$\bar{1}$	10.556	9.630	8.897	89.28	100.51	122.51	1	6032
CoCl$_2$·4py	I4/acd	15.9		17.0				8	6041
	I4/acd	16.0		17.1				8	6042, 6043
	I4$_1$/acd	16.00		17.10				8	5251
CoBr$_2$·4py	I4$_1$/a	15.9	9.4	14.0				8	6055
Co(NCS)$_2$·4(py-4-CH=CH$_2$)	P4nc	17.05		25.79				2	6067
CoBr$_2$·4(py-4-CHO)		11.713		9.277					6070
[Co(MeCOCHCOMe)$_2$]$_2$·py·H$_2$O	P2/c	8.84	9.42	17.37	92.50	96.25	95.75	2	5563
α-CoCl$_2$·(py-2-CH=NNH-2-py)		8.72	11.93	14.32		119.1		4	6087
β-CoCl$_2$·(py-2-CH=NNH-2-py)	P2$_1$/n	8.72	11.93	12.64		98.03		4	6088
Co$\left(\begin{array}{l}\text{py-2-CH}_2\text{CH}_2\text{CHN=CHC}_6\text{H}_5\text{O-}o\\ \text{py-2-CH}_2\text{CH}_2\text{CHN=CHC}_6\text{H}_5\text{O-}o\end{array}\right)$·EtOH	P$\bar{1}$	15.049	15.127	10.258	90.53	93.53	105.81	4	6086
$\left[\text{Co(SCN)(NCS)}\cdot\begin{array}{c}\text{[structure]}\end{array}\right]_2$	P2$_1$/c	10.58	15.66	27.58		111.9		4	6091
CoCl$_2$(py-2-SS-2-py)	P$\bar{1}$	8.132	12.075	7.823	107.30	114.85	94.47	2	6094

1305

TABLE 3.95. (CONTINUED)

Compound	Space Group	a	b	c	α	β	γ	Z	Reference
CoCl$_2$ · (structure with Ph$_3$P-Pt-C=C-py)	P2$_1$/c	9.39	22.59	23.73		101.4		4	6096
Cobalt (III)									
Co$_2$Zn$_3$Cl$_{10}$ · 3(py-2-CMe=NN=CMe-2′-py) · 6H$_2$O	P2$_1$/n	11.47	26.88	19.89		98.57		4	6103
Co(ClO$_4$)$_2$ · [MeC(CH$_2$N=CH-2-py)$_3$]	P2$_1$/n	17.92	15.27	9.83		92.8		4	4775
Co[P(2-py-6-CH=NO)$_3$BF](BF$_4$)	P2$_1$/c	13.262	17.967	10.656		108.87		4	6105
Co[P(2-py-6-CH=NO)$_3$BF](BF$_4$) · MeCN	Aba2	23.408	17.494	12.090				8	6105
CoCl$_2$ · [py-2,6-(CMe=NNH-2-py)$_2$] · 2H$_2$O	P2$_1$/n	8.004	27.373	10.341		105.39		4	2735, 2736
MeCo[MeC(=NOH)C(=NO)Me]$_2$ · py	P$\bar{1}$	14.38	10.02	9.41	56.3	127.3	106.6	2	6169, 6175
EtCo[MeC(=NOH)C(=NO)Me]$_2$ · py		8.9	15.3	13.6		92.5			6185
		8.4	27.9	8.9		116			6185
CoCH$_2$CH[(CH$_2$)$_6$C(=NOH)C(=NO)Me]$_2$ · py	P2$_1$/c	9.275	23.308	12.905		114.29		4	6233
CH$_2$=CHCO(CH$_2$N=CHC$_6$H$_4$O-o / CH$_2$N=CHC$_6$H$_4$O-o) · py	Pnma	15.902	17.871	6.746				4	6137
(NC)$_2$CHCO(CH$_2$N=CHC$_6$H$_4$O-o / CHMeN=CHC$_6$H$_4$O-o) · py	P2$_1$/c	9.25	18.14	14.00		105.3		4	6235, 6236
MeOCo(CH$_2$N=CHC$_6$H$_4$O-o / CH$_2$N=CHC$_6$H$_4$O-o) · py · (MeOH)	P2$_1$/c	11.30	18.12	13.10		120.2		4	6214
p-MeC$_6$H$_4$CHMeO$_2$Co[MeC(=NOH)C(=NO)Me]$_2$ · py	P2$_1$/c	19.479	8.603	15.130		90.1		2	6346
PhMe$_2$CO$_2$Co[MeC(=NOH)C(=NO)Me]$_2$ · py	P$\bar{1}$	8.596	11.382	12.987	95.04	98.56	103.78	2	6176
MeO$_2$CCH$_2$Co[MeC(=NOH)C(=NO)Me]$_2$ · py	P2$_1$/c	13.53	9.87	16.08		115.3		4	6251
MeCo(CH$_2$N=CMeCHCOMe / CH$_2$N=CMeCHCOMe) · py	P2$_1$/c	9.06	16.97	13.91		116.0		4	6265

Compound	Space group	a	b	c	α	β	γ	Z	Ref.
$O_2Co\begin{pmatrix}CH_2N=CMeCHCOMe\\CH_2N=CMeCHCOMe\end{pmatrix}\cdot py$	$P2_1/c$	8.87	16.73	13.82		115.1		4	6250
$O_2Co\begin{pmatrix}CH_2N=CMeCHCOPh\\CH_2N=CMeCHCOPh\end{pmatrix}\cdot py$	$Pna2_1$	13.69	8.215	21.88					6268
$CoCl(5,10,15,20\text{-}Ph_4\text{-porph})\cdot py\cdot 1/2PhH$	$P2_1/n$	14.50	23.42	13.12		102.1			6333
$CoCl\begin{pmatrix}CH_2(CH_2)_5C(=NOH)C(=NO)Me\\CH_2(CH_2)_5C(=NOH)C(=NO)Me\end{pmatrix}\cdot py$	$P2_1/c$	9.329	27.127	13.510		118.99		4	6354
$(p\text{-}ClC_6H_4)_2C=CClCo[MeC(=NOH)C(=NO)Me]_2\cdot py$	$Pn2_1a$	25.50	23.13	9.728				8	6365
$CoBr(NO_3)_2\cdot py\cdot 2(H_2NCH_2CH_2NH_2)$	$P2_1/n$	13.5	15.0	9.5		94.0		4	6375
	$P2_1/n$	13.141	14.982	9.075		94.27		4	6376
$CoBr_2(NO_2)\cdot py\cdot 4NH_3\cdot H_2O$	$Pbnm$	9.894	20.971	7.315				4	6378
$Co(NO_3)(5,10,15,20\text{-}Ph_4\text{-porph})\cdot(3,5\text{-}Me_2\text{-py})$	$Fdd2$	22.01	34.29	10.884				8	6407
$Co[MeC(=NO)C(=NO)Me][MeC(=NOH)C(=NO)Me]\cdot 2py\cdot 2H_2O$	$P\bar{1}$	9.009	21.025	8.742	98.33	98.63	90.00	3	6468
$Co(py\text{-}2\text{-}CH=NNCSNH_2)_2(NO_3)$	$P\bar{1}$	12.48	8.76	9.29	92.0	103.2	102.2	2	6551, 6552
$Co(py\text{-}2\text{-}CH=NNCSNH_2)_2Cl\cdot 3H_2O$	$I112/a$	19.79	25.26	9.29			115	8	6553, 6554
$Co(ClO_4)_3\cdot(py\text{-}2\text{-}CHMeNH_2)\cdot 2H_2O$	$P2_1$	9.416	18.122	9.129		92.16		2	6561
$Co(CO_3)(ClO_4)\cdot 4py\cdot H_2O$	$P2_1/c$	9.457	16.333	15.582		97.93		4	6578
$Co_3[MeC(=NO)C(=NO)Me]_2[MeC(=NOH)C(=NO)Me]_4(OH)\cdot 6py\cdot 5H_2O$	$P\bar{1}$	9.009	21.025	8.742	98.20	98.38	90.00	3	6467
$MeCoI_2\cdot[py\text{-}2\text{-}CMe=N(CH_2)_3NH(CH_2)_3N=CMe\text{-}2\text{-}py]\cdot 2H_2O$	$P\bar{1}$	15.310	10.413	8.464	97.34	103.37	92.59	2	6605

Several comparative studies conducted on a series of complexes bearing the same ligands and various metals have revealed that the order of stability constants is Cu(II) > Ni > Ag(I) > Cd > Co(II) > Zn > Fe(II) > Mn(II) in the species containing 1 pyridine (283, 2375). The stability order depends on ring substituents, particularly when they occupy the 2-position (283, 577, 1329, 2453). In such cases, the stability of zinc complexes exceeds that of appropriate Co(II) compounds. For the series of coordination compounds of 2-(2-pyridyl)-1,3-indanedione, the order of the formation constants is as follows: Cu(II) > UO_2 > Be > Ni > Co(II) > Zn > Mn > Mg (757). The stability constants of chelates with picolinic acid and its derivatives follow the order (1312, 1317): Cu(II) > Hg(II) > Ni > Co > Zn > Fe(II) > Pb > Cd > Mn(II) > Ag(I) > Mg > Ca > Sr > Ba for picolinic acid, Cu(II) > Ni > Co(II) > Zn > Cd > Pb > Fe(II) > Ag(I) > Mn(II) for 6-methylpicolinic acid, and Cu(II) > Pb(II) > Ni > Co(II) > Cd > Zn > Mn(II) > Ca > Sr > Ba > Mg for 2,6-pyridinedicarboxylic acid. In general, the stability constants are affected by the anion of the starting inorganic salt (2694, 5757, 5758) and strongly depend on the medium, owing to both solvation and participation of the solvent molecules upon coordination (5497, 5618, 5648, 5869, 5872, 5911). For some transition—metal complexes the thermal stability increases with increasing the stability in solution (967); however, this trend cannot be generalized (503, 967, 1328, 1368, 1369). The anion may effect the pathway of thermal decomposition. Thus, cyanatotetrakis(pyridine)cobalt(II) decomposes as follows (311):

$$Co(py)_4(CNO)_2 \longrightarrow Co(py)_3(CNO)_2 \longrightarrow Co(py)_{4/3}(CNO)_2 \longrightarrow$$

$$Co(py)_{2/3}(CNO)_2 \longrightarrow Co(CNO)_2$$

whereas the corresponding chloride decomposes in following steps (500, 5604):

$$Co(py)_4Cl_2 \longrightarrow Co(py)_2Cl_2 \longrightarrow Co(py)Cl_2 \longrightarrow Co(py)_{2/3}Cl_2 \longrightarrow CoCl_2$$

Thiocyanates (311, 500, 997), nitrates (500, 5788), bromides (496, 500, 5679), and perchlorates (500, 5124) decompose in two steps:

$$Co(py)_4X_2 \longrightarrow Co(py)_2X_2 \longrightarrow CoX_2$$

The increasing number of the pyridines obviously decreases the stability of the coordination compounds. The substituent effects of the ligands upon the stability constants can be correlated against Hammett substituent constants with a positive slope of the correlation. The slope decreases in the order Co(II), Ni, Cu(II), Zn, Cd (1102). The π-back donation of the metal to the ligands has been proven in many cases, but there is some disagreement regarding the importance of that effect in determining the properties of the complexes and coordinated ligands (637, 1014, 1167, 5637, 5721, 5741, 5837, 5868, 5897).

One of the most interesting features of the reactivity of Co(II) complexes is the formation of adducts with oxygen to form μ-peroxo and superoxo compounds. The μ-peroxo bridged complexes are dinuclear species playing the role of O_2 carriers. The uptake of O_2 is reversible in many cases, depending on the ligands, and a linear correlation was found between the equilibrium constants for O_2 adduct formation and the sensitivity to oxidation (5515, 5574). Such compounds can be decomposed to the coordination compounds of Co(III) and peroxides (5940, 6448).

It has been found that pyridine exhibits synergistic action on the uptake of O_2 by the cobalt complexes which alone do not accept O_2 (5653, 5694, 6624). The rate of reaction increases with increasing basicity of the base added (6288, 6590). The oxygenation of Co(II) can be reversible when coordinated with poly(vinylpyridine) (1713, 6625, 6626).

The oxygen atoms in superoxo complexes exhibit $1s_{1/2}$ binding energy which is about 1 eV higher than that for μ-peroxo oxygen atoms (6247). The x-ray studies of [Co(acacen)(O_2)(py)] with the O_2 inserted in the *inner* coordination sphere revealed that only one oxygen of O_2 is bonded to the central Co atom, which is hexacoordinated. Both pyridine and one oxygen atom reside in the two axial positions and the quadridentate acacen ligand occupies the four equatorial positions. The oxygen atom of O_2 that is not bonded to the Co atom is disordered and statistically occupies two positions, one toward the equatorial O-donor atoms and the other toward the N-atoms. The C–O–O plane is nearly parallel to the plane of the pyridine (6250). Similar results have been shown by the detailed interpretation of the epr spectra of the [Co(tsalen)py] adduct of O_2 (6299). The epr studies lead to the conclusion that the unpaired electron resides on dioxygen, regardless of the amount of electron transfer from Co(II) to oxygen. There is a wide variation in the amount of electron transfer, from 0.1 to 0.8 of an electron, depending on the ligands coordinated to the cobalt. Studies have shown that the oxygen adducts of cobalt porphyrin coordination compounds with pyridines are biological models of a myoglobin-active center (5514), enzyme azotyrosine (2650), and cobalt cytochrome c (5572).

The other features of the reactivity result from the oxidation of Co(II) coordination compounds with molecular halides. The oxidation of $Co(py)_2Br_2$, $Co(py)_2Cl_2$, and $Co(py)_4Br_2$ by Br_2 in methanol in the presence of pyridine yields polybromides [Co$(py)_4Br_2$]Br·Br_2 and [Co$(py)_4Cl_2$]Br·Br_2. Similarly, the coordination compound $Co(py)_4Cl_2$ is oxidized by Cl_2 to [Co$(py)_4Cl_2$]Cl but $Co(py)_2Cl_2$ undergoes a substitution reaction to give $(pyH)_2$[$CoCl_4$] (5831).

3.8.2.1.3. APPLICATIONS

3.8.2.1.3.1. SYNTHESIS. The coordination of pyridine with Co(II) salts can be utilized in four ways. The first is due to the thermal decomposition of pyridine complexes and chelates. Thus, pyridine complexes with $CoCl_2$ yield 2,2'- and 2,4'-bipyridyls when heated at 100–200°C, according to Otroshchenko et al. (6625a), and at 60°C, according to Segal (6625b). The thermal decomposition of cobalt chelates and salts of pyridinecarboxylic acids produces pyridine and relevant bipyridyls. The decomposition temperature varies depending on the carboxylic acid involved (1320).

The second reaction is due to the activation by complexation of pyridine toward intermolecular substitution. The coordination of pyridine with $CoCl_2$ activates selectively the α-protons to hydrogen–deuterium exchange. Several related salts of Pt(II), Ni(II), Pd(II), Ru(III), Rh(III), and Fe(III) do *not* exhibit such selectivity (5462). The chlorination of pyridine proceeds smoothly when pyridine $CoCl_2$ complexes are treated with Cl_2, SO_2Cl_2, or $SOCl_2$ (6627). The halogenation of acetylacetone, salicylaldehyde, and salicylates can be conducted with SO_2Cl_2 or Br_2 in the presence of oxygen when these carbonyl compounds react as the ligands in the mixed cobalt coordination compounds with pyridine.

The third reaction of cobalt complexes is caused by intramolecular rearrangements. Such reactions are limited to the rearrangement of di-2-pyridyl diketone to di(2-pyridyl) glycolic acid (6101, 6102).

The fourth way of utilizing Co(II)–pyridine coordination compounds is catalysis.

These complexes catalyze hydrogenation as well as oxygenation processes. The typical pyridine—Co(II) complexes can be used in the hydrogenation of alkenes to alkanes (6000, 6628), although the conversion is not high. The hydrogenation can be selectively conducted on the C=C bond, even if a formyl group is present; when the coordination compound of $Co_2(CO)_8$ with pyridine is applied as the catalyst, only the double bond is reduced (5485). The $Co(py)_2Cl_2$ catalyst was useful in the hydrogenation of diene rubbers (6051), and the $Co(picolinamide)_2Cl_2 \cdot 2H_2O$ catalyst converts picolinonitrile to picolinamide. The reaction is useless for nicotino- and isonicotinonitrile (1742, 5687). An interesting hydrogenation catalyst is formed by the complexation of cobaloxime, that is, bis(dimethylglyoximato)cobalt(II), with pyridine [which are models of vitamin B_{12} (6629, 6630)]. A double bond is readily hydrogenated, but the hydrogenated alkene may react with cobalt to form a Co—C bond, as shown in the hydrogenation of styrene (6631, 6632). The same catalyst allows the selective reduction of nitro-, azo-, and nitroso-compounds by activated hydrogen (6633) or by sodium borohydride. In the latter case, phenylhydroxylamine (from nitrobenzene) can be obtained and among metals studied [Ni, Co(II), and Fe(II)] cobalt exhibits the highest selectivity (1726). The treatment of pyridinebis(dimethylglyoximato)cobalt(II) with hydrogen in an alkaline medium leads to Co(I) coordination compounds according to the reaction (5534):

$$Co(Hdmg)_2py + 0.5 H_2 + OH^- \longrightarrow Co(Hdmg)_2py^- + H_2O$$

The catalytic oxidation in the presence of Co(II) pyridine coordination compounds is mainly applied for alkylbenzenes. The common catalysts are cobalt chelates and salts of carboxylic acids. p-Xylene gives both p-toluic and terephthalic acids in the presence of cobalt picolinate (6634). The oxidation of butylbenzene gives either butyrophenone or benzoic acid (4746, 5972). The oxidation of 1,2,4-trimethyl- (5973, 6635) and 1,2,4,5-tetramethylbenzenes (6636) leads to all possible benzene mono- and polycarboxylic acids. In the case of the tetramethylbenzene, both cobalt nicotinate and isonicotinate appeared to be more active than cobalt picolinate. The cobalt catalyst for the cumene oxidation to cumene hydroperoxide requires Co(II)phthalocyanine—pyridine complex (1745) or Co(II) complexes with derivatives of thiopicolinamide (1746, 1747).

Cobalt catalysts are useful in the manufacture of p-benzoquinones by the oxidation of phenols. The recommended catalysts are pyridine coordination compounds of [2,2'-ethylenebis(nitrilomethylidyne)diphenolato]cobalt(II) [(salen)Co] (5539, 5541, 5552, 5553, 6637), bis(dimethylglyoximato)cobalt(II) [(Hdmg)$_2$Co] (6638), and related compounds (5521, 5527). The chelate (salen)Co coordinated by pyridine, which is a natural metalloporphyrin model, is a very effective catalyst for the oxidation of NADH by atmospheric oxygen in methanolic solution (5554) and also isomerizes quadricyclene to norbornadiene (6639). However, the rate of both processes is significantly enhanced when pyridine in this catalyst is absent.

The cobalt salts of carboxylic acids on a support of poly(4-vinylpyridine) catalyze the oxidation of mercaptans and are used in sweetening petroleum distillates (6640). Polybutadienes pretreated with $Co(py)_xCl_2$ promoted with Et_2AlCl absorb atmospheric oxygen (6641).

Cobalt coordination compounds are utilized as alkylation and arylation catalysts of benzene [$AlCl_3$-$AlEt_2$-$CoCl_2 \cdot 2py$] (6643) and as arylation catalysts of alkenes to styrenes [$(Hdmg)_2Co \cdot py$] (6642). The catalytic activity of cobalt(II)phthalocyanine (6644), porphyrine-like polymers (5397), poly(4-vinylpyridine) (6645), pyridine, 2,6-

diaminopyridine, and 3-aminopyridine (5918) were tested in the decomposition of hydrogen peroxide.

The addition of CO to an ethylenic bond is catalyzed by cobalt formate (6647) or octanoate (6646), both coordinated by pyridine. However, the best catalyst for CO addition to olefins to give aldehydes is prepared from $Co_2(CO)_8$ and pyridine (5484, 6648–6656). The addition of CO to the C=C bond in the presence of water or alcohols over the same catalyst gives carboxylic acids (6650, 6655, 6657–6659) and esters (5484, 5486, 5487, 6650, 6652–6655, 6660–6664), respectively. The coordination compounds of cobalt and pyridine are particularly effective catalysts in the polymerization of alkenes and dienes. The most frequently used catalysts are cobalt halides coordinated by pyridine, with alkylaluminum halides as cocatalysts (2860, 3739, 4014, 5619, 5802, 5803, 5854, 6048–6050, 6052, 6053, 6081, 6665–6722). In such complex catalysts, the number of pyridines ranges from 2 to 6 per $CoCl_2$. Alkylpyridines can be used instead of pyridine, and carboxylates (6049, 6716) and β-diketonates (2754, 2767, 3854, 5734, 5744, 6665) can be used in place of halides. Complexes of poly(vinylpyridine) with cobalt halides are active in alkene polymerization (162, 1819, 6723). Vinylpyridines can polymerize in the presence of $CoCl_2$. The polymerization is a radical process (6724) and can proceed in the solid state (6725). Such polymers may possess electrical conductivity (888, 1979). The polymerization of phenols (5548–5551, 6726) has an oxidative character and, therefore, catalysts that act as an O_2 carrier are most suitable. The other systems polymerized in the presence of cobalt–pyridine complexes are vinyl chloride (6727), formaldehyde (183), and phosphonitrile dichloride (2766).

3.8.2.1.3.2. ISOLATION AND SEPARATION. The complexation is frequently involved in the extraction of Co^{2+} ions from various solutions. As in the case of metal ions discussed in preceding chapters, Co^{2+} can be extracted with aliphatic and aromatic carboxylic acids with pyridine, which again exhibits synergism. If Co^{2+} is accompanied by ions of other transition metals, like Cu(II), Mn(II), Fe(II), Ni, and Bi, coextraction may take place (398, 928, 1892, 1893, 1895, 1897, 5467, 6728–6730), although Co^{2+} can be extracted from Fe(III), using a formate–pyridine–water system (5766), and from Cu(II), using salicylic acid, phenanthroline, and pyridine. 8-Quinolinol (5715), acetylacetone (2772, 2776, 5742, 5745, 5746, 6731), benzoylacetone (2776), 1,3-diphenyl-1,3-propanedione (2776), 1,3-diphenyl-3-thioxo-1-propanone (6732), 4,4,4-trifluoro-1-(2-thienyl)-1,3-butanedione (2776, 4624, 5814–5817), 2,2'-furil mono-oxime (6733), and 1,5-diphenyl(thiocarbazone) (6734) with pyridine or alkylpyridines as the synergizing agents are also used for the Co(II) extraction. Other Co(II) extracting agents are: a mixture of (2-carboxyethyl)diphenylphosphine oxide and 4-(3-phenylpropyl)pyridine (6003, 6735), phenyl 2-pyridyl ketone oxime (1889), and dibutyl hydrogen phosphate with pyridine (1891). Metal salts of β-diketones can be applied in solvent extraction based on ion exchange (6736). The extraction of Co^{2+} in the form of $Co(4-pic)_4(NCS)_2$ (6066), $Co(py)_4Cl_2$ (1890), $Co[4-(3-propylphenyl)pyridine]_2(NO_3)_2$, and $Co(4-Ph-py)_2(NO_3)_2$ (5919) is described. Ion exchangers based on polymerized vinylpyridines are useful in separating Co^{2+} ions (1704, 1835, 1837, 1838, 1841, 1848, 1849, 2777, 6738a, 6738b). The ion-exchange resins can be pretreated with PAR (1851), picolinic acid (2779), or 4,4,4-trifluoro-1-(2-thienyl)-1,3-butanedione (5818). Other methods of separating Co^{2+} involve the formation of insoluble precipitates, complexes soluble in extracting medium (1831, 1833, 1834, 2781, 6737), or those capable of flotation (1905).

The complexation of pyridine bases with $CoCl_2$ has been used in the separation of crude pyridine fractions and their purifications (243, 1866, 1871, 1873, 1876, 6738). Stearic and palmitic acids can be purified in the form of cobalt salts coordinated with pyridine (399). Nicotine can be separated from anabasine (2010, 2059).

The p-phenylenebis[(p-methoxyphenyl)dithiophosphinate] complexes of Co(II) supported on Chromosorb can serve as the stationary phase in gas chromatographic separation of pyridines (6739). Thin-layer chromatographic separation Co(II)–pyridine complexes is described (251).

3.8.2.1.3.3. ELECTRODEPOSITION. Some Co(II)–pyridine complexes are used as brighteners in the electrodeposition of various metal layers. Thus, the quality of bright copper depositions is improved when [Co(en)(py)$_2$]Cl$_2$ (5886), Co^{2+} ions and 2,4- or 2,6-lutidines (6740), or complexes of Co^{2+} with other amines of pyridine origin (6741) are added. The same compounds are useful in the electrodeposition of tin–cobalt (6742), cobalt–chromium (4373), and cobalt–nickel (6743) alloys.

3.8.2.1.3.4. BIOLOGICAL ACTIVITY. Coordination compounds of Co(II) with pyridine were found to inhibit phosphorylation as well as Ca^{2+} transport in liver mitochondria (1937) and N,N'-bis(2-pyridylmethylene)ethylenediamine activated Co^{2+} ions in their peroxidase activity (6006). The platinum compound with Pt–C bonds prepared by the addition of bis- or tetrakis(triphenylphosphine)platinum(O) to the triple bond of di-(2-pyridyl)acetylene shows strong inhibition of succinate coenzyme Q reductase when chelated by CoCl$_2$ (6095).

Some Co(II) complexes with phenacylpyridines were tested for their antibacterial activity (1931). Very effective antimicrobial activity is shown for CoCl$_2$(L)$_2$·4H$_2$O with L = N-hydroxymethylnicotinamide, which is more active against *Streptococcus* and dysentery bacteria than several antibiotics (5978). Isonicotinohydrazide (isoniazid), known as a tuberculostatic agent, is enhanced in activity by complexation with the Co^{2+} ion, without toxicity changes (1943, 1945, 1946, 2699). However, prolonged treatment of tuberculosis with such complexes decreases the Cu content in the liver and increases Co and Cu in serum (1947). The therapeutic efficiency of the isoniazid–cobalt complex is enhanced when administered with the 5-hydroxy-6-methyl-3,4-pyridinedimethanol–cobalt compound (6744).

The cobaltous chelates and salts of pyridinecarboxylic acids may act as plant growth stimulators (1957–1964) and nicotine cobaltous fluorosilicate is useful as a lousicide (634).

The biological activity and therapeutic value of the cobalt complex of nicotinamide and its derivatives were widely studied. The CoCl$_2$ complex of nicotinamide (coamide) in the rat organism has been found to accumulate chiefly in the liver (6745). The distribution of that compound in other organs was diverse (6746). Coamide and its derivatives stimulated erythropoiesis when administered with various kinds of experimental anemia (6747). Coamide raised the blood count; moreover, an increase in erythrocytes, trombocytes, and SH groups was observed (1966, 5401, 5402, 6748–6752). This compound simultaneously increases the pressure in the cardiac right ventricle (5968) and coronary dilatation in normal dogs and cats (5683, 6753, 6754). The antihypoxic activity of several cobalt coordination compounds was tested (5723). Coamide administered to the animals with radiation disease increased their survival by normalizing their blood count (6755), activating dehydrogenase activity (6756), stimulating erythropoiesis (6757, 6758), and stimulating the regenerating tissues destroyed by irradiation (6759–6763). The lanolin-based ointments containing coamide, among other ingredients, have photoprotective and photodesensitizing effects (6764). The experiments with sheep have revealed that feeding with coamide increased the nuclease activity in their tissues (6765), increased their blood count (6766), and improved the deposition of vitamin B_{12} in the liver and muscles (6767). The productivity of pregnant Karakul increased after feeding with coamide (6768). Also, the positive effect of coamide was observed on raising broilers (6769).

The addition of the $CoSO_4$ complex with isonicotinohydrazide is proposed as an additive to the food of young cattle (6770).

Coamide is useful in the treatment of neuritis of the acoustic nerve (6771) and eye diseases, owing to its favorable effect on optic papilla atrophy and retinal pigment regeneration (6772). Coamide has been shown to stimulate experimental sarcoma (6773) and to abolish the tumor inhibitory activity of sarcolysine, used in the treatment of sarcoma-45 (6774). Nevertheless, it is proposed for the stimulation of blood formation during chemotherapy (6775).

The cobalt complexes with N-aryl-N'-(3-picolyl)ureas are useful as poisons for mice and rats, and kill rats at 50 mg/kg doses when applied orally (1409).

3.8.2.1.3.5. ANALYTICAL CHEMISTRY. Detection and separation on thin-layer of Cu, Fe, Zn, Co, and Pd are possible in the form of their chelates with S-methyl N-(2-pyridylmethylene)dithiocarbazate (2053). PAR and PAN are frequently used as the reagent for the spot test for cobalt (2051, 2052). Ion-exchange papers pretreated with PAR and PAN are recommended (2045) for thin-layer analysis. The cobalt dodecanoate–pyridine complexes were analyzed by electrophoresis (2050).

Color reactions for Co(II) with some pyridine derivatives permit the detection of the Co^{2+} ion not only in the spot test but also by precipitation. The precipitation can be conducted with pyridinemono-, -di-, and -tricarboxylic acids (1998). The color reactions can be developed by pyridine and thiocyanate (1994); pyridine and the salicylate (936); and best by PAN (713, 1243, 1244, 2015, 2018, 2037, 5939, 6776); PAR (713); 5-methyl-7-(2-pyridylazo)-8-quinolinol (2014); other (2-pyridylazo)phenols (707, 2003, 2014, 2015, 2831, 6777); 2-picolylamine and 2-pyridyloxymethanesulfonic acid (2826); picolinaldehyde, its oxime and hydrazones (655, 689, 2826); and di-2-pyridyl diketone bisthiosemicarbazone (2005).

The determination of Co(II) can be conducted by various methods. The gravimetric techniques involve the precipitation of the cobalt thiocyanate–pyridine complex (2835, 5801, 6778) or the complex of bis(4,4,4-trifluoro-1-(2-thienyl)-1,3-butanedionato) cobalt with 3- or 4-picoline (2837). Bis(2,4-pentanedionato)bis(pyridine)cobalt(II) is proposed as an analytical secondary standard (6779). The tetrakispyridine complex with $Co(SCN)_2$ serves in the determination of that metal by conductometric titration (2063, 2064) and ir spectroscopy (1020).

Trace amounts of Co(II) can be determined by atomic absorption spectroscopy (2100–2102) and x-ray fluorescence spectrometry (2096, 2098). An interesting method is presented by Pantaler et al. (5946), in which the kinetics of decomposition of H_2O_2 in an alkaline medium catalyzed by a Co(II)–2-aminopyridine complex was studied. However, most convenient and most strongly recommended are photometric determinations of Co(II) in the uv/vis region. These methods are characterized in Table 3.96.

The complexation of pyridines by the Co^{2+} ion may be useful in their determination. Thus, pyridine can be determined as $Co(SCN)_2 \cdot 2py$ and $(PhCH_2COO)_2Co \cdot 2py$ dihydrate (1047). The coordination of nicotinamide with either $CoCl_2$ or $Co(SCN)_2$ permits the detection and determination of that compound by chelatometric (3028, 6807),

TABLE 3.96. PHOTOMETRIC DETERMINATION OF COBALT (II) USING PYRIDINE AND ITS DERIVATIVES

Ligand	pH	Analytical Wavelength (nm)	Range of Validity of the Beer Law (ppm)	Molar Absorptivity (m²/mol)	Reference
Pyridine + 2,3-quinoxalinedithiol	6				5102
Pyridine + SCN$^-$	5–7	335 (in CHCl$_3$)		317	2071, 5800, 6029, 6030
Pyridine + potassium O-ethyl dithiocarbonate		420 (in organic phase)			2073
Pyridine + 4,4,4-trifluoro-1-phenyl-1,3-butanedione	5.6	355 (in hexane)	≤ 4.0		2075
2-Picolylamine	8.8–9.6	373			1199
4-(2-Pyridylazo)-1,3-benzenediamine	≤ 0	555	0.04–1.2	8,660	5933
Picolinaldehyde 2-quinolylhydrazone		510		1,800	653, 1216
Picolinaldehyde oxime	3.8–12.5	380			2313, 2350
Phenyl 2-pyridyl ketone oxime					2313
2-Hydroxy-N-(2-pyridylmethylene)aniline	4.88	450			695, 1239
2-Hydroxy-5-methyl-N-(2-pyridylmethylene)aniline	8.6–8.9				1239
4-Methyl-6-(2-pyridylazo)-1,3-benzenediamine	4–11	561 (in organic phase)		11,600	5666
2-(2-Pyridylazo)phenol	10	533		1,280	706, 2014
2-(2-Pyridylazo)-p-cresol	1	620			2014, 2031
6-(2-Pyridylazo)-o-cresol	1	600			2014, 2031
4,5-Dimethyl-2-(2-pyridylazo)phenol	3–9	640 (in CHCl$_3$)		1,300	5949
6-Isopropyl-3-methyl-2-(2-pyridylazo)phenol					709
1-(2-Pyridylazo)-2-naphthol					716a, 1243, 2090, 5472, 5475, 5943, 6783, 6793
	4.5–5.0	525 (in CHCl$_3$)		2,990	5944
	5	550 (in CHCl$_3$)			2002
	5–10	580 (in CHCl$_3$)			5944, 6786
	6.0–7.5	610 (in CHCl$_3$)			6786
	7	630 (in CHCl$_3$)		1,960	5944, 6787
	8–9	628 (in CHCl$_3$)	≤ 4	2,100	5474
		570 (in CHCl$_3$)		2,700	2018
		628 (in CHCl$_3$)			2081
					6785
					2101
1-[5-(1-Methyl-2-piperidyl)-2-pyridylazo]-2-naphthol	1	580	0.04–2	1,010	5677
					5943

1314

Reagent	pH	λ (nm)	ε	References
2-[3-(1-Methyl-2-piperidyl)-2-pyridylazo]-1-naphthol	5	610 and 650	760	2001, 6069
9-(2-Pyridylazo)-10-phenanthrol		570		5947
5-Ethylamino-2-(2-pyridylazo)-p-cresol	5	530	7,400	2831, 5950
		570		6789
5-Dimethylamino-2-(2-pyridylazo)phenol	2–10	570 (in CHCl$_3$)	8,400	733
5-Diethylamino-2-(2-pyridylazo)phenol	4.8	570 (in CHCl$_3$)	8,400	6011
	5.0	530 (in CHCl$_3$)	8,600	6790
				6789
5-Diethylamino-2-[5-(1-methyl-2-piperidyl)-2-pyridylazo]phenol	1–8	585 (in organic phase)	7,800	734, 735, 5951
7-(2-Pyridylazo)-8-quinolinol				2000
5-Methyl-7-(2-pyridylazo)-8-quinolinol				2014
4-(2-Pyridylazo)phenol	9	520	250	706
4-(2-Pyridylazo)-o-cresol	6	380		2031
2-Isopropyl-5-methyl-4-(2-pyridylazo)phenol				709
4-(2-Pyridylazo)resorcinol				716a, 2014, 6793, 6795
	< 0	510	6,350	5956
	< 0	536		6797
	≤ 3	560	1,900	4250, 6794
	3	430 and 550		5955
	3.5–10	536		6796
	6.8	510	5,600	5955, 5952
	8.28	510	5,670	5953, 6791
		510		695, 706
			0.04–0.6	
4-(2-Pyridylazo)resorcinol + EDTA + benzyldimethyltetradecylammonium chloride	7.0–7.5	530 (in CHCl$_3$)	5,900, 6,200	4063, 5960, 6798
4-(3-Methyl-2-pyridylazo)resorcinol	9	528	3,000	2085
4-(4-Methyl-2-pyridylazo)resorcinol	8	507	5,430	2085
4-(5-Methyl-2-pyridylazo)resorcinol	9	517	4,700	2085
4-(6-Methyl-2-pyridylazo)resorcinol	8	520	5,870	2085
5(?)-Hexyl-4-(2-pyridylazo)resorcinol				2014
3-Hydroxy-3-phenyl-1-(3-pyridyl)triazene		350 (in CHCl$_3$)	3,000	1258
4-(3-Benzyloxy-2-pyridylazo)-6-methyl-1,3-benzenediamine				
2,4,6-Pyridinetricarboxylic acid		591	11,000	5666
Picolinaldehyde semicarbazone	~ 0	270		6780
Picolinaldehyde 2-quinolylcarbonylhydrazone			≥ 1.61	2089
Benzil mono(2-pyridyl)hydrazone	7.5	535		1216
2-(5-Nitro-2-pyridylazo)-1-naphthol				6549
			0.36–3.6	
2-Pyridyl 2-thienyl ketone oxime	< 0	412 (in CHCl$_3$)	2,740	2090
			2,000	6800

TABLE 3.96. (CONTINUED)

Ligand	pH	Analytical Wavelength (nm)	Range of Validity of the Beer Law (ppm)	Molar Absorptivity (m²/mol)	Reference
Picolinaldehyde 2-benzothiazolylhydrazone		473		1,660	653
Picolinaldehyde thiosemicarbazone		356		1,400	6799a
		425		725	6799a
3-Hydroxypicolinaldehyde thiosemicarbazone	1.0–3.0	450	1–6	780	5988
	7.0–9.5	450	0.3–3.5	2,350	5988
Picolinaldehyde 4-phenyl(thiosemicarbazone)	< 0	430 (in EtOH)	0.2–2		5989, 6801
4-Hydroxy-3-[5-(1-methyl-2-piperidyl)-2-pyridylazo]-1-naphthalenesulfonic acid	0.3	595	5–20	2,410	1449
5-Hydroxy-6-[5-(1-methyl-2-piperidyl)-2-pyridylazo]-1-naphthalenesulfonic acid	~1	620	1–30	1,443	1450
6,7-Dihydroxy-5-(2-pyridylazo)-2-naphthalenesulfonic acid					716a
4,5-Dihydroxy-3-(2-pyridylazo)-2,7-naphthalenedisulfonic acid		640	0.16–1.2	3,360	716a, 6802
		530	0.02–0.5		6803
4-(5-Chloro-2-pyridylazo)-1,3-benzenediamine		570	0.02–0.5	11,300	6781, 6803
4-(5-Chloro-2-pyridylazo)-6-methyl-1,3-benzenediamine	< 0	573		12,600	5666
1-(5-Chloro-2-pyridylazo)-2-naphthol		540		2,100	2092
2-(5-Chloro-2-pyridylazo)-5-dimethylaminophenol	7	580	0.04–1.0	10,600	733, 5993
4-(5-Chloro-2-pyridylazo)-2-isopropyl-5-methylphenol					709
4-(3,5-Dichloro-2-pyridylazo)-6-methyl-1,3-benzenediamine	3	590		13,800	5666, 6804
5-Chloro-2-hydroxy-N-(2-pyridylmethylene)aniline	8.6–8.9				1239
4-(5-Bromo-2-pyridylazo)-1,3-benzenediamine		580	0.034–1.04		6781
4-(5-Bromo-2-pyridylazo)-6-methyl-1,3-benzenediamine	< 0	574	0.001–0.4	11,300	5666
1-(5-Bromo-2-pyridylazo)-2-naphthol		540		3,500	2002
2-(5-Bromo-2-pyridylazo)-5-ethylamino-p-cresol	8	540		7,500	5950
2-(5-Bromo-2-pyridylazo)-5-dimethylaminophenol		554		8,700	733, 865
2-(5-Bromo-2-pyridylazo)-5-diethylaminophenol		580		9,900	6011
		588		9,300	865

Reagent	pH	λ (nm)	Range	ε	Ref.
4-(5-Bromo-2-pyridylazo)resorcinol	≤ 3				5995
	5.5–8.0	440 and 570			5995
	7.5–8.0	520		5,600	6805, 6792
2-(3,5-Dibromo-2-pyridylazo)-1,3-benzenediamine		530, 550, and 570		11,800–12,300	6806
2-(3,5-Dibromo-2-pyridylazo)-5-ethylamino-p-cresol		590		6,300	
2-(3,5-Dibromo-2-pyridylazo)-5-diethylaminophenol		550		9,600	6011
4-(5-Iodo-2-pyridylazo)-1,3-benzenediamine		590			6781
3-[5-(1-Methyl-2-piperidyl)-2-pyridylazo]-2,6-pyridinediamine	0–1.6	570 and 620	0.04–1.2		6100
	3.5–12	590	0.04–1.2		6100
2′,6′-Diamino-2,3′-azopyridine	0–2.05	570 and 610	1–40		6099
	9.25	585	1–40		6099
3-(5-Chloro-2-pyridylazo)-2,6-pyridinediamine	5	620	0.2–1.2	2,820	5996a
Picolinaldehyde 2-pyridylhydrazone	4.3	468		3,690	2006
	9.8	407			2006
Picolinaldehyde 2-pyridylhydrazone + eosine	5.6	547 (in organic phase)	0.04–0.4		6097
Phenyl 2-pyridyl ketone 2-pyridylhydrazone	3.8–12.6	478			1679
Picolinaldehyde azine	7.0	400		356	6098
3-Hydroxypicolinaldehyde azine	4.5	545	0.15–1.6	3,040	6098, 6782
		570	0.15–1.6	2,660	6098
2-Pyridyl 3-sulfophenyl ketone 2-pyridylhydrazone	4–10	480		3,100	2726
Di-2-pyridyl ketone 2-pyridylhydrazone	3–11	480	0.25–3.75	3,200	6110
Di-2-pyridyl ketone 2-pyridylhydrazone + HClO₄		500	0.15–2.00	4,200	6110

R = 2-MeO, R¹ = 5-Cl — 2003
R = 2-MeO, R¹ = H — 2003
R = 4-MeO, R¹ = H — 2003
R = 2-EtO, R¹ = H — 2003
R = 3-NO₂, R¹ = H — 2003
R = 2-Me, R¹ = H — 2003

— 2003

polarographic (6808), amperometric (6809), and microscopic (3028, 6810) methods. The complexation is involved in the determination of pyridines by gas chromatography (5791, 6811). Nicotine can be determined photometrically in the form of its compound with $CoCl_2$ (5611) and $Co(SCN)_2$ (2010).

Cobalt tetraphenylporphine is recommended as a chemical shift reagent for pyridines in ^1H and ^{13}C nmr (6528).

3.8.2.1.3.6. MISCELLANEOUS. Grafting 2-methyl-5-vinylpyridine with cobalt halides leads to colored elastomers with improved physicochemical properties like intrinsic viscosity and specific electric resistance (1970, 1978, 6812). Azodyes coordinated with Co(II) gave pigments suitable for dyeing and blending polyolefins (1975, 6002, 6078). The azomethine cobaltous pigments are characterized by good lightfastness and resistance to organic solvents, but poor resistance to acids (1457, 1458). Some cobalt complexes of 2-substituted pyridines of the Schiff base type are used for dyeing hair (1406, 5678, 6813).

Some pyridine–cobalt complexes, like $(acac)_2Co \cdot 2py$, serve as stabilizers of polyurethanes (5743), and cobalt pyridinecarboxylates stabilize 2,2-dichlorovinyl dimethyl phosphate compositions for the impregnation of wood (1974). Hydrocarbons containing cobalt undergo gradual discoloration and gum formation. This process can be suppressed when coordinating picolinoin is added (6814).

Pyridine is used as an additive to cobalt oleate to prevent its polymerization through the O–Co linkages (6815–6817). Lyophobic colloids coagulate and reverse their charge after treatment with Co(II) and 2-picolylamine (6818). Some other complexes are additives for lubricating oils (630, 2104).

The compound $Co(py)_6Cl_2$, added as an interlayer glass laminate, reversibly changes color when exposed to the varying temperature (6072).

A mixture of $CoSO_4$, picolinic acid, and $NaBO_2H_2O_2 \cdot 3H_2O$ is a bleaching composition for cellulose textiles; the Co^{2+} ion catalyzes the decomposition of H_2O_2 and its chelation by picolinic acid prevents excess peroxide loss (6819).

In a search for new explosive materials, $[Co(py)_6](NO_3)_2$ was tested; contrary to $[Co(NH_3)_6](NO_3)_2$, it does not explode when heated above its melting point and has low sensitivity to the interaction of the drop hammer (1497).

3.8.2.2. Coordination Compounds of Cobalt (III)

These coordination compounds are generally hexacoordinated, but some tetra- and pentacoordinated compounds have been reported also (6296). Hexakis and pentakis-(pyridine) compounds are unstable and readily undergo reduction to the tetrakis(pyridine)cobalt(II) derivatives (6582). Because of the mixed character of the inner coordination sphere, *cis-trans* isomerism is particularly important and is easy to recognize, especially by nmr (6161, 6274, 6329, 6408). Additional isomerism comes from NO_2 (6484) and SCN (6295, 6302–6304), if they are present in the inner coordination sphere of these complexes. These ligands can be either O- and S-, respectively, or N-bonded; however, the Co(III) has a stronger affinity toward nitrogen than oxygen and sulfur.

Some polynuclear cobalt (III) complexes, such as $[Fe_6(AcO)_{17}O_3(OH)]Co_3 \cdot 12py$ (6079), are reported but obviously Co(III) coordination compounds seem to be monomeric.

In the compound with poly(4-vinylpyridine), one Co(III) atom is available for 12–13 pyridines (6612).

The π-back donation is also operating in Co(III) coordination compounds (6161), but it seems to be weaker than in the related iron compounds (4954, 4963, 5060, 6153).

3.8.2.2.1. PREPARATION METHODS

Cobalt(III)–pyridine coordination compounds may be prepared from Co(III) salts and the pyridine in aqueous or alcoholic solutions by heating the mixture or allowing it to stand for a prolonged time. $Co(py)_4Cl_3$ is rather unstable, therefore, electrolytic preparation is suggested (6514). Metathetical reactions between Co(III) nonpyridine complexes and pyridine, in which pyridine is capable of replacing not only coordinated inorganic ligands like halides, NO_3, NO_2, and others, (5586, 6205, 6292, 6357, 6460) but also triethylphosphine (6255), are quite common. Anionic pyridineless complexes may be a source of neutral pyridine complexes. Thus, $NH_4[Co(NH_3)_2(NO_2)_4]$ yields $[Co(NH_3)_2(2\text{-pic})(NO_2)_3]$ when treated with 2-picoline (6292), and $Na[trans\text{-}Co(acac)_2(NO_2)_2]$ yields $trans\text{-}[Co(acac)_2NO_2L]$, where L is either pyridine or 4-*tert*-butylpyridine (6279). Similarly, halide ligands can be replaced (6313, 6359, 6455). Numerous Co(III) complexes are based on cobaloxime containing σ-bonded substituents to the central atom. They are represented by R in **3.21**.

3.21

Such compounds can be prepared from (pyridine)cobaloxime(I). For this purpose, the appropriate (pyridine)bis(dimethylglyoximato)cobalt(II) is reduced to (pyridine)cobaloxime(I), preferably by $NaBH_4$, followed by the addition of an alkyl or aralkyl halide, vinyl ethers, esters, and other reactive species. Cobaloxime(I) has been shown to be nucleophilic in character (5488) and can substitute halide and relevant groups. Some R groups (for example, halides) that already reside in bis(dimethylglyoximato)Co(III) can be substituted. The substitution of alkenyl and alkynyl substituents may result in the rearrangement of the π-system (5491, 6226). Some reactions on reactive R groups are possible, in which they may change their structure by addition, substitution (6221, 6229), or fragmentation by supernucleophiles (6271). Several preparations are described (6226, 6194).

Alkylation of some pyridine complexes can be conducted by Grignard (6372) or thallium(III) reagents (6317). The heating of tetraphenylporphine with Co(II) salts and pyridine in benzene/alcohol mixtures give the Co(III) compounds (6820).

3.8.2.2.2. PROPERTIES

Like many other complexes, Co(III) species undergo ligand exchange. Generally, these reactions are slow enough to consider them suitable models for kinetic studies.

Reactions studied can be grouped into those conducted on (*a*) the ligands of the inner coordination sphere as well as (*b*) the central atom. The first group can be distributed into those (*aa*) leading to ligand exchange and those (*ab*) resulting in structural changes of the ligands existing in the complex. Aquation belongs to the *aa* group. The complexes studied contained simultaneously halide, pyridine, and other neutral ligands in the inner coordination sphere. Pyridine was not replaced by water, but with halide anion (6125, 6142, 6310, 6321, 6345, 6346, 6367, 6368, 6377, 6386, 6403, 6564, 6571). The *ab* reactions contain several processes like the solvolysis conducted on the side-chain R group in **3.21**. Thus, compounds with R = $CH_2CHMeOAc$ (6219, 6238) react with alcohols R'OH to give ethers with R = $CH_2CHMeOR'$. The acid catalyzed rearrangement is described for R = $CH(CH_3)CH_2OH$, to give the $CH_2CH(OH)CH_3$ derivative (6225). The process seems to proceed via the olefin—cobaloxime(III) intermediary π-complex. Bromination and mercuration are the most frequently studied substitution reactions on R of bis(dimethylglyoximato)(R)pyridinecobalt(III). When R is a styryl or related group with the π-bond, either bromination or mercuration produces alkene-type bromides or mercurials, respectively (6198, 6211). Similarly, alkyl and cycloalkyl groups can be displaced from the complex (6192). The reaction may proceed according to the S_E2 mechanism (6191), but bimolecular homolytic reactions with inversion of configuration are also known (5531, 6197).

α-Haloalkyl(pyridine)cobaloximes may be reduced to alkyl(pyridine)cobaloximes using $NaBH_4$ (6155); Co(I) intermediates are probably formed. Diols can be cyclized when passed at 115°C over a SiO_2 packed column (6821). Thermal decomposition of these complexes may result in changes in the coordination sphere such as

$$[Co(Hdmg)_2(py)_2]X \xrightarrow{\Delta} [Co(Hdmg)_2(py)X] + py$$

where X is either halide or a pseudohalide (6490, 6497).

Isomerizations conducted on the inner coordination sphere such as photochemical nitro—nitrito isomerization are known.

$$\begin{bmatrix} ONO & & (py)_2 \\ & Co & \\ ONO & & (NH_3)_2 \end{bmatrix} NO_3 \longrightarrow \begin{bmatrix} O_2N & & (py)_2 \\ & Co & \\ ONO & & (NH_3)_2 \end{bmatrix} NO_3 \longrightarrow \begin{bmatrix} O_2N & & (py)_2 \\ & Co & \\ O_2N & & (NH_3)_2 \end{bmatrix} NO_3$$

The kinetics of isomerization of some *cis*- and *trans*-pyridineaquabis(ethylenediamine)-Co(III) (6361, 6405) and *trans*-anionopyridinebis(acetylacetonato)Co(III) (6257) complexes are also described. Trends in the rate may be attributed to the π-donor ability of the anion to stabilize the intermediate.

Most attention has been paid to the reduction of Co(III) complexes by lower-valent metal cations such as Cr^{2+} (3491, 3496, 4012, 4212, 4347–4349, 5722, 6115, 6116, 6118, 6121, 6325, 6369, 6425, 6430, 6441, 6445, 6447, 6448), V^{2+} (3496, 4012, 4347, 5722, 6116, 6118, 6121, 6444, 6448), Fe^{2+} (5023, 6122, 6328), Ru^{2+} (6118, 6327, 6598), Eu^{2+} (3490, 3491, 3493, 3496, 3497, 4349, 6118, 6448, 6599, Cu^+ (6432), Ti^{3+} (6434), and photochemically produced free radicals (6119, 6120, 6167). These reactions involve an intermolecular electron transfer to the coordinated ligand. Then the coordinated ligand transmits the electron(s) to the central atom. The ligand choice depends on the mechanism of the reduction (the mode of the electron transfer), but it also influences the mechanism. Thus far, there is lack of consistent data regarding either an inner- or outer-sphere mechanism of the electron transfer. Probably both mechanisms may be involved with varying importance, depending on the ligand and reaction conditions. The effect of nonbridging ligands on the rate of electron transfer reactions decreases with ligand pK_a, indicating that the rate constant increases in direct response to the lower σ-bonding power (6320). The mechanism consistent with the kinetic data for the reduction of Co(III) with Eu^{2+} in acidic medium, assisted by isonicotinamide as the ligand, is as follows (3490):

$$H^+ + Co^{III}py + Eu^{2+} \xrightarrow{k_1} Co^{2+} + Eu^{3+} + py^+H$$

$$py^+H + Eu^{2+} \underset{}{\overset{k_2}{\rightleftharpoons}} pyH\cdot + Eu^{3+}$$

$$H^+ + pyH\cdot + Co^{III}py \xrightarrow{k_3} Co^{2+} + 2py^+H$$

Another reaction studied is the oxidation of cobalt (III) complexes to form μ-peroxo- and superoxo-complexes. Owing to their properties, superoxo complexes can be considered as the oxygen carriers (6268, 6395, 6508). The insertion of oxygen into the cobalt—carbon bonds in alkyl(pyridine)bis(dimethylglyoximato)cobalt is of interest. Such insertion, which can be spontaneous (6160), thermal (6164, 6178, 6187, 6238, 6411), or photochemical (6160, 6162, 6164, 6178, 6187, 6196) gives the peroxo-compounds of general structure R—OO—[Co]py, where [Co] denotes cobaloxime. Oxygen can be inserted photochemically with hydroperoxides (6176). Such alkylperoxo-compounds are stable crystalline species. Their photochemical and thermal decomposition produces alcohols and ketones (6163). Similarly, sulfur can be inserted into alkyl(pyridine)cobaloxime; thus tetrasulfides RS_4[Co]py and dimers py[Co]S_4[Co]py are formed (6300). The insertion of SO_2 gives the appropriate alkylsulfonyl-Co(III) compounds (6307).

A good deal of research with Co(III) complexes has been conducted in order to search for enzyme models, such as cobamide coenzyme (6186, 6194, 6216, 6220, 6228, 6229, 6241, 6364), coenzyme B_{12} (6146, 6159, 6165, 6172, 6193, 6253, 6259, 6622), CoA-mutase (6293), diol dehydrase (6224, 6225, 6227), and methylmalonyl isomerase (6254).

The Co(III) dioximes coordinated by both 2- and 3-sulfanilamidopyridines (6453) as well as [Co(py)$_4$Cl$_2$]Cl (6573) exhibit oxidase-like properties.

3.8.2.2.3. APPLICATIONS

3.8.2.2.3.1. SYNTHESIS. Comparative studies on the influence of pyridine coordination upon the free radical phenylation of that ligand is discussed in Section 3.2.1.3.1 (2740). The pyrolysis of Co(III) picolinate gives 2,2'-bipyridine with low yield.

Organic cobalt compounds like alkyl and aryl(pyridine)cobaloximes are capable of alkylation and arylation, respectively, of alkenes. Thus, methyl(pyridine)cobaloxime and styrene yields 1-propenylbenzene, 1-octene produces 2-nonene, and methyl acrylate is converted into methyl crotonate. The reaction is carried out in the presence of palladium salts (Li_2PdCl_4) at 20–50°C (6183, 6184). Alkyl(pyridine)cobaloximes undergo degradation to give derivatives of imidazo[1,2-a]pyridine (**3.22**) upon treatment with an excess of acetic anhydride in pyridine (6217).

The Co(III) coordination compounds catalyze hydrogenation as well as oxidation. Pyridinebis(dimethylglyoximato)cobalt(III) catalyzes the hydrogenation of butadiene

$$\text{MeCO} - \overset{\displaystyle \underset{N}{\diagup \diagdown} \underset{N}{\diagdown \diagup}}{\underline{\quad = \quad}} - \underset{\underset{\text{Me}}{|}}{\text{C}} = \text{NOR}$$

3.22

and isoprene in the presence of NaBH$_4$ to give various isomeric alkenes. For example, isoprene gives 2-methyl-1-butene (23.4%) 2-methyl-2-butene (8.8%), and 2-methyl-3-butene (67.8%) (6822). Pyridinecobaloxime, chloro(pyridine)cobaloxime, and vitamin B$_{12}$ catalyze the hydrogenation of α,β-unsaturated esters by hydrogen or NaBH$_4$. One of the hydrogen atoms added is donated by the solvent and another comes from the reducing agent. The hydrogenation is not stereospecific (6823). (Acac)$_2$Co(III) coordinated by pyridine as well as pyridine Co(III) carboxylates catalyze the oxidation of cumene (4888, 4889, 6283) and cyclohexene (6282), whereas [CoX(Hdmg)$_2$(py)] with X = Cl, Br, or I are reported to inhibit the oxidation of cumene by reacting with peroxide radicals (6336, 6350).

The Co(III) complexes can catalyze codimerization of 1,3-dienes with acrylates (6824) and polymerization of butadiene. The coordinated pyridine influences the structure of polybutadiene formed. The polymerization in the presence of Co(III) pyridine-less catalyst gives *trans*-1,4-polymer (61%) *cis*-1,4-polymer (17.5%), and 1,2-polymer (21.5%). In the presence of a pyridine-coordinated catalyst, corresponding yields are 36.4, 49.5, and 14.1% (6825). Catalytic activity of all [Co(py)$_4$Cl$_2$]Cl (6574, 6575) and [CoX(Hdmg)$_2$(py)] with X = Cl, CN, OH, or Me (6182) were proven by their behavior to decompose H$_2$O$_2$.

3.8.2.2.3.2. SEPARATION AND ISOLATION. The extraction of both Co(II) and Co(III) acetylacetonato complexes with pyridine is described (2772). Cobalt(III) can be extracted in the form of the dimethylglyoximato complex with pyridine. The anion residing beyond the coordination sphere plays an essential role in the extraction (6487).

3.8.2.2.3.3. ELECTRODEPOSITION. [Co(acacen)(py)$_2$]Cl is a brightening agent in acid as well as in an alkaline electroplating bath for cobalt (6510–6512). This compound acts as a brightener in cyanide–zinc plating baths (2814) as well as in acidic copper and nickel baths (6826). The application of water soluble polymers based on poly(4-vinylpyridine) coordinated by the Co(III) ion as a curing catalyst for a uv-curable electrodeposition paint (6613) is of interest.

3.8.2.2.3.4. BIOLOGICAL ACTIVITY. Cobaltic hexammine nicotinate produces a marked arterial hypotension in anesthetized dogs or cats (6827). Hydroxycobalamine nicotinate has detoxifying and antianemic properties (6443).

3.8.2.2.3.5. ANALYTICAL CHEMISTRY. The determination of Co(III) ions that involve complexation with pyridine is based mainly on spectrophotometric methods (see Table 3.97).

A polarographic method based on the reduction of a Co(III) pyridine complex is also described (6829).

TABLE 3.97. PHOTOMETRIC DETERMINATION OF COBALT (III) USING PYRIDINE AND ITS DERIVATIVES

Ligand	pH	Analytical Wavelength (nm)	Range of Validity of the Beer Law (ppm)	Molar Absorptivity (m²/mol)	Reference
Pyridine + zincon + benzyldimethyltetradecylammonium chloride	8.3–9.0	675 (in CHCl$_3$)	0.185–2.47	2160	6488
Picolinaldehyde 2-quinolylhydrazone	5	385		1580	654
2-(2-Pyridylazo)phenol		600		580	706
1-(2-Pyridylazo)-2-naphthol	2.5–6.0	460, 580, and 630 (in CHCl$_3$)	0.2–3.0		711, 5943 6544
	3.0–6.0	640 (in CHCl$_3$)	0.1–2.4	5000	6784
	4.0–10	570 (in CHCl$_3$)	2–15	1900	6828
	5.0	620	0.4–3.2	2100	6788 1245, 5474
	5.0	628 (in CHCl$_3$)	≤ 4		5943
2-(2-Pyridylazo)-1-naphthol	8.3	510	≤ 0.8	5600	5424
4-(2-Pyridylazo)resorcinol					
4-(2-Pyridylazo)resorcinol + benzyldimethyltetradecylammonium chloride	7.5–10	520 (in CHCl$_3$)	≤ 1.5	5800	5150
2,6-Pyridinedicarboxylic acid	< 0	514		67.2	4784
	4.7	512		67	2292
Benzil mono(2-pyridyl)hydrazone		535	0.1–1.03	2740	6549
1-(5-Chloro-2-pyridylazo)-2-naphthol		540		2100	2092, 5943
1-(5-Bromo-2-pyridylazo)-2-naphthol		595		6900	2002, 5943
Di-2-pyridyl ketone oxime		388		1950	6607

Some pyridine–CoCl$_3$ complexes may be applied for the detection of anions, since these derivatives have characteristic crystalline forms (6830). Bis[1,3-di(2-pyridyl)-1,2-diaza-2-propenato]cobalt(III) perchlorate is used for the nephelometric determination of silver and mercury (2296).

3.8.2.2.3.6. MISCELLANEOUS. Poly(4-vinylpyridine) forms water soluble polymers coordinated by Co(III) ion (6618, 6619, 6623, 6831). Chlorohemin reduced with NaHSO$_3$ in DMF under nitrogen and treated with poly(4-vinylpyridine) coordinated with Co(III) takes up oxygen reversibly; therefore, this polymer is considered as a blood substitute (4379). 2-Methyl-5-vinylpyridine–cellulose copolymers grafted with Co(III) salts are described as materials of high thermal stability (4380, 6832), and are used in the composition of irradiation-curable coatings (6623).

The Co(III) complexes of PAN, PAR (6833–6835), and other pyridine derivatives (4382) are useful in photography.

3.8.3. Nickel Coordination Compounds

The majority of nickel–pyridine complexes contain Ni(II). The complexes of nickel at higher and lower oxidation states are less numerous. All coordination compounds of nickel are listed in Tables 3.98–3.101

The data available for Ni(I) complexes do not permit any certain conclusion about their structure. Those with Ni(III) are perhaps octahedral with pyridine in the inner coordination sphere and halogen atoms beyond it (6898, 7249, 7374–7376). The only known Ni(IV) chelate contains two 2,6-diacetylpyridine dioxime ligands. The central atom is coordinated via six N-atoms and the Ni–N distances are shorter by 0.17 Å compared with the corresponding distances in Ni(II) coordination species (7245, 7248, 7377).

The coordination compounds of Ni(II) are hexa-, penta-, and tetra-coordinated. One example of apparently octacoordination is [PhC(O)CHC(O)Ph]$_2$Ni(II)(4-pic)$_4$ (2366).

One can estimate the coordination pattern based on the color of the given coordination compound. Octahedral compounds are generally green, whereas planar ones are usually yellow. Some complicated equilibria often exist between these structural types depending on the temperature and concentration. The thermodynamic parameters for the formation of octahedral [Ni(bph)L$_2$] in chlorobenzene (where H$_2$bph is [2-HOC$_6$H$_4$CH=N]$_2$ and L is a pyridine ligand) point out the essential role of steric constraints produced by α-substitutents (7045). Changes in mechanism in the polarographic reduction of Ni(II) complexes with pyridines are observed when an α-methyl group is present (2380, 6860, 6862, 6873, 6874, 7293). Comparative studies on ligand preferences of the Ni(II) atom show that competitive equilibrium constants for coordination of that atom by pyridine against isomeric picolines are ~0.57, 1.00, and 125 for py:4-pic, py:3-pic, and py:2-pic, respectively (7378). However, other studies on the effects of pyridine alkyl groups reveal an insignificant negative and even positive contribution of the α-methyl group to complex stability (6874, 6978, 7195). In spite of steric constraints, evidence is available for the existence in solution of [Ni(2-pic)$_6$]$^{2+}$ (7194) and [Ni(picolinamide)$_6$]$^{2+}$ (2928). The Ni(II) can coordinate up to 6 pyridines, however, the stability of the species bearing the highest number of pyridines is low (1558, 6848, 7332). One example of heptapyridine Ni(II) complex is reported, it is Ni(py)$_7$(H$_2$O)I$_6$ with a polyiodine anion of I$_3^-$ and has a coordination number of 8 (6962). Comparative studies of stability constants of complexes with various metals show that Ni(II) complexes are the most stable (266, 283, 577, 584, 690, 836, 1231, 1312, 1558, 1607, 2375, 2453, 2694, 2909, 6024, 6878, 6939). Obviously, the stability of the complexes increases with higher ligand pK_a (5885, 6852). This relationship follows the Hammett equation; however, there are some limitations (975, 1102, 6852).

Anionic ligands can affect the configurational equilibria and promote metal to ligand π-bonding. In solution, the effect of the anionic ligands on π-back donation is: I > Br > Cl > NCO > NCS (2563). Both quantum chemical calculations and nmr contact shifts of Ni(II) complexes with pyridines show that the increase of the electron shift is Cl < Br < I, with simultaneous increasing effect dependent on ligand pK_a (5885). The order of the anionic ligands on thermal stability is reversed (NCS > Cl > ClO$_3$ > Br > I) (2953, 4749, 6922). The effect of such ligands, observed in the polarographic reduction of Ni(py)$_4$X$_2$ and Ni(py)$_4^{2+}$nX$^-$ ion pairs, may be due to other phenomena that are specific for the electrode process (7293). Substituents residing in the organic anionic ligands influence the formation constants of the complexes. The effects of the R substituents in [(RO)$_2$PSS]$_2$Ni(4-picoline) correlate against $\Sigma\sigma^*$ with positive slope; thus, electron withdrawing substituents increase stability (6975). The stability constants of the complexes are almost linearly dependent on the dielectric constant of the solvent. Complexes of Co(II) and Ni(II) with 1 pyridine are most stable in acetone and the stability increases from MeOH to BuOH. The addition of traces of water significantly reduces the stability (5497).

The chelating power of heavy metal ions tested by polarography for 5-butylpicolinic acid decreases in the order Fe(III) > Cu(II) > Cd > Ni(II) > Co(II) (788). A similar order is found for the thermal stability of pyridine complexes with various metals: Mn(II) > Fe(II) > Zn > Co(II) > Ni(II) > Cu(II). Small deviations depend on the particular pyridine and on some specific interactions in the crystal lattice (268, 500, 503, 1368, 1369, 1372, 1720, 2676, 6942, 6957, 7212, 7241).

3.8.3.1. *Preparation Methods*

The Ni(II) complexes can be prepared by combining reagents in polar solvents. Protection against air is recommended only in the case of air sensitive ligands and Ni(I) complexes. In some cases, such as thermal decomposition, the complexes can be prepared by controlled loss of the ligands.

Known complexes of Ni(III) were prepared by the oxidation of Ni(II) coordination compounds with halogens.

3.8.3.2. *Properties*

Numerous Ni(II) complexes result from isomerism, which may occur for any one of several reasons. Thus, either all or part of the six pyridines can exist in the coordination sphere (969, 5999). Isomerism caused by coordination is particularly common. The isomeric structures depend on the mode of synthesis. The anion of the inorganic salt also plays an essential role (6972, 7204). The ligand governs the formation of a monomeric or polymeric structure of the complex. Inorganic ligands such as Cl, NO$_3$, CO$_3$,

(Text continued on page 1521.)

TABLE 3.98. COORDINATION COMPOUNDS OF PYRIDINE AND ITS DERIVATIVES WITH NICKEL (0) AND NICKEL (I)

$$Ni_m \left(\underset{N}{\underset{|}{\bigcirc}} R \right)_n X_p Y_q$$

m	n	R	X	p	Y	q	Color and MP (°C)	Physicochemical Studies	Reference
Nickel (0)									
1	1	H	{H	1	(Cyclohexyl)$_3$P	2	190–192 dec	ir, nmr	6836, 6837
			{BPh$_4$	1	PF$_3$	3	y	ir, ms	6840
					CO	3	y		6838, 6839
		2-Me	{H	1	(Cyclohexyl)$_3$P	2	217–219	ir, nmr	6836, 6837
			{BPh$_4$	1					
		3-Me	{H	1	(Cyclohexyl)$_3$P	2	177–179	ir, nmr	6836, 6837
			{BPh$_4$	1	CH$_2$Cl$_2$	1			
		4-Me	{H	1	(Cyclohexyl)$_3$P	2	174–175	ir, nmr	6836, 6837
			{BPh$_4$	1					
		4-Ph	{H	1	(Cyclohexyl)$_3$P	2	173–175	ir, nmr	6836, 6837
			{BPh$_4$	1	CH$_2$Cl$_2$	1			
		2-CH$_2$NMe$_2$			PPh$_3$	2		nmr	6842
		2-CH$_2$CH$_2$NMe$_2$			PPh$_3$	2		nmr	6842
		2-CH$_2$PPh$_2$			PPh$_3$	2		nmr	6842
		2-CH$_2$CH$_2$PPh$_2$			PPh$_3$	2		nmr	6842
2	2	H			CO	3	y-bw, rsh-bw		4923, 6059, 6838
		4-Me			CO	3			6838
	3	H			CO	4			4923

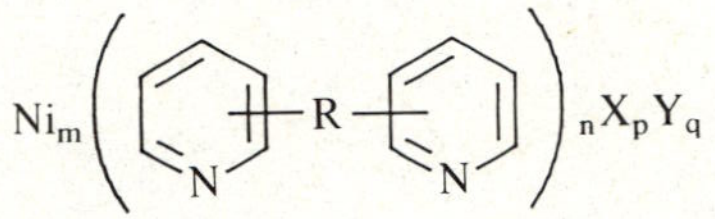

	R	X	p	Y	q	n	m	method	ref
1	2-N=N-2							ir	6845
2	—CH$_2$CH—/4								4925

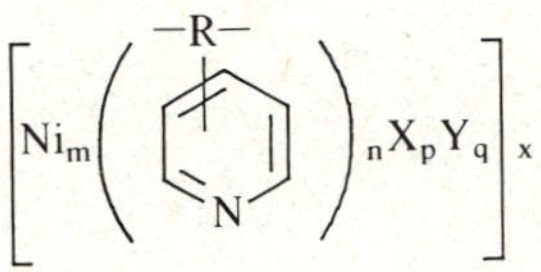

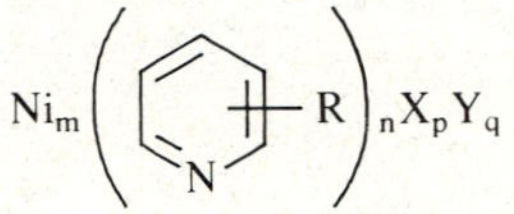

Nickel (I)

	R	X	p	Y	q	n	m	method	ref
1	H	+	1	H$_2$O	5			epr	1481
2	H	+	1	H$_2$O	4			epr	1481
3	H	+	1	H$_2$O	3			epr	1481
4	H	NCO	1	H$_2$O	2			tha	908
		NCS	1					tha	908
6	H	I	1	NO	1				4926

TABLE 3.99.   COORDINATION COMPOUNDS OF PYRIDINE AND ITS DERIVATIVES

m	n	R	X

$$Ni_m\left(\underset{N}{\bigcirc}{-}R\right)_n X_p Y_q$$

m	n	R	X
1	1	H	+

			C$_5$H$_5$
			PhNN=CMeN=NPh
			CN
		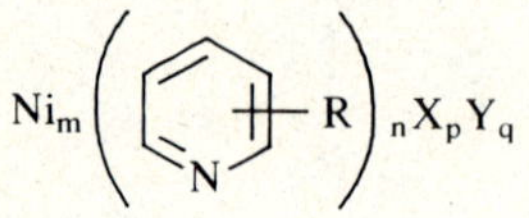	
			EtN=CHC$_6$H$_4$O-o
			n-BuN=CHC$_6$H$_4$O-o
			PhN=CHC$_6$H$_4$O-o
			2,6-Me$_2$C$_6$H$_3$N=CHC$_6$H$_4$O-o
			2,6-Et$_2$C$_6$H$_3$N=CHC$_6$H$_4$O-o

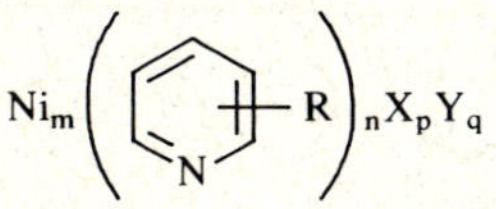

WITH NICKEL (II)

$$Ni_m \left(\begin{array}{c} \\ N \end{array} - R \right)_n X_p Y_q$$

p	Y	q	Color and MP (°C)	Physicochemical Studies	Reference
2				ca, cal, epr, ir, K, p, qch, th, uv	14a, 262, 264, 266, 267, 270, 271, 273, 274, 278, 282, 283, 285, 286, 2375, 2377, 2380, 2887, 4364, 5007, 5497, 5501, 5505, 5710, 6846–6878
	NH₃	1		K	271
		2		K	271
		3		K	271
	EtNH₂	1		K	6880
	{NH₃ / EtNH₂}	2 / 1		K	6880
	EtNH₂	2		K	6880
	{NH₃ / EtNH₂}	1 / 2		K	6880
2	EtNH₂	3		K	6880
	H₂NCH₂CH₂NH₂	1		K	6882
	phen	1		uv	6881
		2		K	6882
	{NH₃ / phen}	1 / 2		K	6882
	bipy	1		K	273
	H₂O	5		K, p	6883, 6884
	{phen / EtOH}	2 / 1		K, uv	6881
	{phen / EtOH}	1 / 2		K, uv	6881
2					6879
2				uv	6885
2			v, bush, g		1014, 1136, 1138, 6886–6888
2				uv	6889, 6890
2				cal, K, th	6892
2				msc, K, th	301, 6890
2				nmr, uv	6893
2				nmr, uv	6893

TABLE 3.99. (CONTINUED)

m	n	R	X
1	1	H	N=CH-1-C$_{10}$H$_6$-2-O
			(fluoren-9-yl)
			H$_2$NC(=NH)NHN=CHC$_6$H$_4$O-o
			2,6-Me$_2$C$_6$H$_3$N=NN(O)Me
			o-O$_2$C$_6$H$_4$
			PhC(OH)=NO
			o-OC$_6$H$_4$CH=NC$_6$H$_4$O-o
			MeC(=NOH)C(=NO)Me
			PhC(=NOH)C(=NO)Ph
			[o-OC$_6$H$_4$CH=N(CH$_2$)$_3$]$_2$NH
			[2-O-5-EtC$_6$H$_3$CH=N(CH$_2$)$_3$]$_2$NH
			[2-OC$_{10}$H$_6$-1-CH=N(CH$_2$)$_3$]$_2$NH
			[2-OC$_{10}$H$_6$-3-CH=N(CH$_2$)$_3$]$_2$NH
			[2-O-5-MeC$_6$H$_3$CPh=N(CH$_2$)$_3$]$_2$NH
			o-Et$_2$AlOC$_6$H$_4$CH=NO
			MeCOCHCOMe
			i-BuCOCHCO-i-Bu
			t-BuCOCHCO-t-Bu
			MeCOCHCOPh
			PhCOCHCOPh
			PhCOCH$_2$COCHCOPh
			NCO
			PhCONN=CHPh
			PhCONN=CHC$_6$H$_4$Me-p
			PhCONN=CHC$_6$H$_4$OMe-m
			PhCONN=CHC$_6$H$_4$OMe-p
			2,7,12,18-Me$_4$-3,8-Et$_2$-13, 17-(HO$_2$CCH$_2$CH$_2$)$_2$-porph
			p-O$_2$NC$_6$H$_4$CONN=CMe$_2$
			p-O$_2$NC$_6$H$_4$CONN=CMeEt
			p-O$_2$NC$_6$H$_4$CONN=CMePh
			t-BuCO$_2$
			Hexyl-CO$_2$
			(camphor-derived structure with CH$_2$O)
			o-OC$_6$H$_4$CHO
			(2,5-dioxy-1,4-benzoquinone)

p	Y	q	Color and MP (°C)	Physicochemical Studies	Reference
2			rsh-bw	msc	5524
2			r	msc	309
2				msc, th, uv	5525
1	H$_2$O	3		ir, msc, uv	312
2				dc	6899
1			pk, o-r	ir, msc, uv	313, 442, 443, 6890, 6895–6897
2				ir	6898
2				ir	6898
1				K, nmr, qch, th, uv	6900, 6901
1				K, th, uv	6900
1				K, th, uv	6900
1				K, th, uv	6900
1				K, th	301
2					887
2			l-g	ir, K, msc, nmr, ram, th, uv, xr	2590, 4974, 6902–6907
2				K, th	6905
2				K, th	6905
2				ir, nmr, xr	5748
2				K, th, uv	6904
2				K, uv	6904
2				tha	311
2				K, th	6908
2				K, th	6908
2				K, th	6908
2				K, th	6908
1				K, th	2419
2				K, th	6908
2				K, th	6908
2				K, th	6908
2				msc	395
2				dc	398
2	H$_2$O	0.5	l-g, 300	ir, msc	5582
2				msc, nmr	6890, 6891, 6894
1			o-r, 400	cond, p	6910

TABLE 3.99. (CONTINUED)

m	n	R	X
1	1	H	2-HOC$_{10}$H$_6$-3-CO$_2$

{ OH
tetracycline structure (Me, OH, NMe$_2$, OH, CONH$_2$, OH, O, O, OH, O)
HN(CH$_2$CO$_2$)$_2$ }

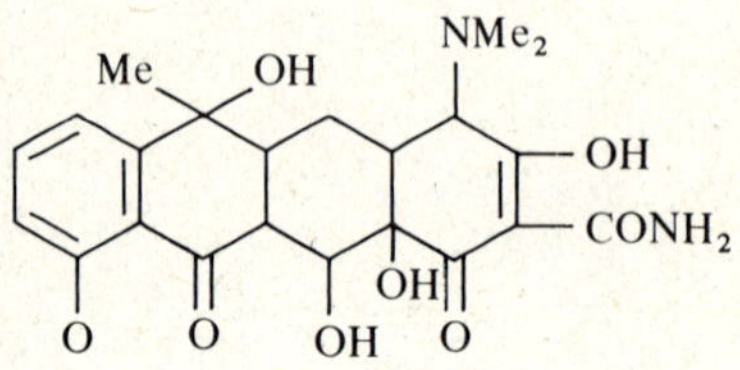

HOCH$_3$CH$_2$N(CH$_2$CO$_2$)$_2$
{ —
N(CH$_2$CO$_2$)$_3$ }

{ —
EDTA }

o-OC$_6$H$_4$N=CHC(CO$_2$Et)COMe
o-OC$_6$H$_4$CH=NC$_6$H$_4$CO$_2$-o
PhN(NO)O
o-OC$_6$H$_4$CH=NNHCONH$_2$
o-OC$_6$H$_4$CH=NNHCOC$_6$H$_4$O-o
1-OC$_{10}$H$_6$-2-N=NC$_6$H$_4$CO$_2$-o
PhN(O)N=NC$_6$H$_4$CO$_2$-o
NO$_3$
2,6-Me$_2$C$_6$H$_3$N=CHC$_6$H$_3$-2-O-5-NO$_2$
8-S-quin
PhCOCHCH=NC$_6$H$_4$S-o
MeCOCHCMe=NC$_6$H$_4$S-o
o-OC$_6$H$_4$CH=NC$_6$H$_4$S-o

MeCOCHCHMe—(benzothiazol-2-yl)

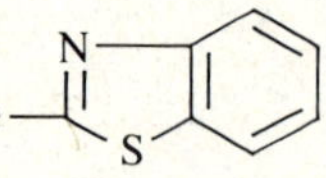

o-OC$_6$H$_4$—(benzothiazol-2-yl)

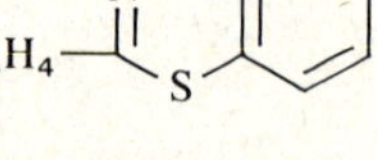

(o-OC$_6$H$_4$CH=NCH$_2$CH$_2$)$_2$S
(2-O-3-MeOC$_6$H$_3$CH=NCH$_2$CH$_2$)$_2$S
MeCOCHCSPh
PhCOCHCSPh
PhCSCHCONHEt
PhCSCHCONHPh
PhCSCHCONH-1-C$_{10}$H$_7$

p	Y	q	Color and MP (°C)	Physicochemical Studies	Reference
2			dec 120		945
1					
1				K, uv	6909
1	NH$_3$	2		K	6911
	H$_2$NCH$_2$CH$_2$NH$_2$	1		K	6911
	{ NH$_3$	1		K	6911
	H$_2$O	1			
	H$_2$O	2		K	6911
1	H$_2$O	1		K	6911
1	NH$_3$	1		K, p	6911
1					
	H$_2$O	1		K, p	6911
2				K, th, uv	422, 6911
1					
1				tha	6912
1			y	ir, msc	2417, 6913
2				K, th	434
2			bw-r	msc, uv	6890
1			y	msc	2418
1			bw		947
1			g, 160 dec	ir, msc, uv	436
2				K, p	6914
2				msc, nmr, uv	6915
2				K, th	6916
1			120–145 dec	ir, msc, uv	444
1				ir, msc, uv	6897
1			o-r, v, 193–196	ir, K, msc, uv	442, 443, 6897, 6917, 6918
1					6895
1					6895
1				ms, msc, xr	6919
1				ms, msc, xr	6919
2				ir, K, uv, th	6872
2				ir, K, uv, th	6872
2				ir, K, th, uv	6872
2				ir, K, th, uv	6872
2				ir, K, th, uv	6872

TABLE 3.99. (*CONTINUED*)

m	n	R	X
1	1	H	PhCSCHCONMePh
			PhCSCHCO$_2$Et
			PhCSCHCONHC$_6$H$_4$OEt-*p*
			PhCSCHCOSEt
			MeCSCHCSPh
			NCS
			p-MeC$_6$H$_4$NHCSNNHC$_6$H$_4$Me-*p*
			C$_{10}$H$_7$-2-NHCSNNH-2-C$_{10}$H$_7$
			(pyridyl)—CH=NNCSNH$_2$
			PhN=NCSNNHPh
			MeC(=NNCSNH$_2$)CONHPh
			S=CNCH$_2$Ph
			S=CNCH$_2$Ph
			o-OC$_6$H$_4$CH=NNHCSNH$_2$
			o-OC$_6$H$_4$CH=NNCSNHPh
			o-OC$_6$H$_4$CH=NNCSNHC$_6$H$_4$Me-*p*
			o-OC$_6$H$_4$CH=NNCSNHC$_6$H$_4$CH=CH$_2$-*p*
			MeC(CO$_2$)=NNCSNH$_2$
			PhC(CO$_2$)=NNCSNH$_2$
			2-O-4-HOC$_6$H$_4$CH=NNCSNH$_2$
			2-O-4-HOC$_6$H$_4$CH=NNCSNHPh
			MeC(=NOH)CMe=NNCSNH$_2$
			Pentyl-CH=NNCS$_2$Me
			PhCH=NNCS$_2$Me
			Me$_2$C=NNCS$_2$Me
			MeEtC=NNCS$_2$Me
			MeC(=NNCS$_2$Me)CONPh
			o-OC$_6$H$_4$CH=NNCS$_2$Me
			Et$_2$NCS$_2$
			n-Pr$_2$NCS$_2$
			n-Bu$_2$NCS$_2$
			EtOCS$_2$
			Et$_2$PS$_2$
			(ETO)$_2$PS$_2$
			(CH$_2$=CHCH$_2$O)$_2$PS$_2$
			SO$_4$
			O$_2$CCHEtSO$_3$
			NCSe
			o-OC$_6$H$_4$CH=NNCSeNH$_2$
			n-Bu$_2$NCSe$_2$
			SeO$_4$
			BF$_4$
			(CF$_2$)$_4$
			thioph-2-COCHCOCF$_3$

p	Y	q	Color and MP (°C)	Physicochemical Studies	Reference
2				ir, K, th, uv	6872
2				ir, K, th, uv	6872
2				ir, K, th, uv	6872
2				ir, K, th, uv	6872
2				K, uv	6920
2			y	K, p, th, tha	449, 1001, 6921, 6923
2				K, th	6916
				K, th	6916
1	H_2O	0.5		ir, msc	6924
2				K, th	6916
2	H_2O	1			451
1				K, uv	6925
2			bw-r, r	cond, msc, tha	453, 6926–6928
1			bw	cond, ir, msc, uv	6929
1				cond, ir, msc, uv	6929
1				cond, ir, msc, uv	6929
1					6930
1			g	msc	450
1					454
1					455
1	H_2O	0.5	r	ir, xr	6931
2				K, msc, th, uv	6932
2				K, msc, th, uv	6932
2			g	K, msc, th, uv	5590, 6932
2				K, msc, th, uv	6932
1			bw	ir, msc	6933
1			r	cond, msc	466, 6934
2				K, th	6935
2				K, th	6935
2				K, th	6935
2				nmr	6936, 6937
2				nmr	6936
2				K, nmr, th	6936–6940
2				nmr	6940
1					4238, 6941, 6942
	H_2O	2		tha	6942
1			bu		469
2				ir, tha	2953
1	H_2O	0.5		ir, msc, xr	6927, 6928
2				epr	6943
1				tha	6942
	H_2O	2		tha	6942
1	Me_2SO	4	1-g	cond, ir, msc	1032
1					6841
2				dc	6944

TABLE 3.99. (*CONTINUED*)

m	n	R	X
1	1	H	SiF_6
			F_2BON=CMeC(=NO)Me
			F_2BON=CMeC(=NO)Et
			F_2BON=CMeC(=NO)-n-Pr
			F_2BON=CMeC(=NO)-i-Pr
			F_2BON=CPhCH=NO
			F_2BON=CPhC(=NO)Ph
			Cl
			Cl
			PhCSCHCONHC$_6$H$_4$Cl-p
			PhCONN=CHC$_6$H$_4$Cl-p
			n-BuN=CHC$_6$H$_3$-2-O-5-Cl
			n-BuN=CPhC$_6$H$_3$-2-O-5-Cl
			2,6-Et$_2$C$_6$H$_3$N=CHC$_6$H$_3$-2'-O-3'-Cl
			(fluorenyl)N=CHC$_6$H$_3$-2-O-5-Cl
			2,6-Me$_2$C$_6$H$_3$N=CHC$_6$H$_2$-2'-O-3',5'-Cl$_2$
			2-Me-6-ClC$_6$H$_3$N=NN(O)Me
			2-Me-6-ClC$_6$H$_3$N=NN(O)Et
			2-Me-6-ClC$_6$H$_3$N=NN(O)-n-Pr
			[2-O-5-ClC$_6$H$_3$CH=N(CH$_2$)$_3$]$_2$NH
			[2-O-5-ClC$_6$H$_3$CPh=N(CH$_2$)$_3$]$_2$NH
			[2-O-5-ClC$_6$H$_3$CPh=N(CH$_2$)$_3$]$_2$S
			o-OC$_6$H$_4$CH=NC(=NH)NH$_2$
			ClO$_4$
			C$_6$Cl$_5$
			ClO$_4$
			ClO$_4$
			Br

p	Y	q	Color and MP (°C)	Physicochemical Studies	Reference
1	H$_2$O	2			482
		5			482
2				cal, th, uv	6945
2				cal, th, uv	6945
2				cal, th, uv	6945
2				cal, th, uv	6945
2				cal, th, uv	6945
2				cal, th, uv	6945
2			y	ir, k, msc, p, tha, uv, **xr**	496, 499, 500, 503, 1074, 2445, 4716, 5597, 5604, 5605, 6922, 6946–6957
2	(H$_2$NCH$_2$CH$_2$NHCH$_2$)$_2$	1		msc, uv	6958
	H$_2$O	1			
	(H$_2$N)$_2$CS	2		msc	6959
	MeCCl=CHMe	1			509
2				ir, K, th, uv	6872
2				K, th	6908
2				cal, K, th	6892
2				cal, K, th	6892
2				msc, nmr, uv	6915
2			rsh-bw	msc	5524
2				msc, nmr, uv	6915
2				msc, th, uv	5525
2				msc, th, uv	5525
2				msc, th, uv	5525
1				K, th, uv	6900
1			y-bw	msc	5626
1			y	msc	5626
	m-Me$_2$C$_6$H$_4$	1		xr	5644
1			o		6960
1					
1	Ph$_2$PCH$_2$CH$_2$PPh$_2$	1			6961
1					
2				K, uv	6878, 6954
2			pk, o	ir, K, msc, th, tha	500, 503, 1074, 2449, 4716, 6949–6951, 6954, 6959, 6961, 6963

TABLE 3.99. (CONTINUED)

m	n	R	X
1	1	H	Sn / OH / Br
			Sn / Br
			9-fluorenyl-N=CHC$_6$H$_3$-2-O-5-Br
			o-OC$_6$H$_4$CH=NC$_6$H$_3$-2-CO$_2$-4-Br
			[2-O-5-BrC$_6$H$_3$CH=N(CH$_2$)$_3$]$_2$NH
			I
			py$^+$n-Pr / I
			(PhCOCHCOCHCMe=NCH$_2$)$_2$ / Zn
			VO$_3$
			MoO$_4$ / py$^+$H
			PW$_{11}$O$_{39}$
			MeCOCHCOC$_5$H$_4$FeC$_5$H$_5$
			+
		2-Me	o-OC$_6$H$_4$CH=NEt
			o-OC$_6$H$_4$CH=N-n-Pr
			o-OC$_6$H$_4$CH=N-n-Bu
			o-OC$_6$H$_4$CH=N-i-Bu
			MeC(=NOH)C(=NO)Me
			PhC(=NOH)C(=NO)Ph
			[2-O-5-MeC$_6$H$_3$CPh=N(CH$_2$)$_3$]$_2$NH
			MeCOCHCOMe
			MeCOCHCOPh
			PhCOCHCOPh
			t-BuCO$_2$
			4-isopropyl-1,2-benzoquinone (Me$_2$CH-substituted o-benzoquinone)
			o-OC$_6$H$_4$CH=NC$_6$H$_4$CO$_2$-o
			NO$_3$
			8-S-quin
			o-HOC$_6$H$_4$CH=NC$_6$H$_4$S-o
			PhNCSNHNHPh
			p-MeC$_6$H$_4$NCSNHNHC$_6$H$_4$Me-p
			C$_{10}$H$_7$-2-NCSNHNH-2'-C$_{10}$H$_7$

p	Y	q	Color and MP (°C)	Physicochemical Studies	Reference
1	{o-H$_2$NC$_6$H$_4$C$_6$H$_4$NH$_2$-o				
1	{	1			4671
5	{H$_2$O	4			
1	{o-H$_2$NC$_6$H$_4$C$_6$H$_4$NH$_2$-o	5			4671
6	{H$_2$O	8			
2			rsh-bw	msc	5524
1				msc	5004
1				K, th, uv	6900
2			y-g	msc	6950, 6962
1				msc	2446
3					
1			rsh-bw		2450a
1					
2					1472
1	H$_2$O	2	v		4518
5	H$_2$O	5			2450
1					
2	H$_2$O	1	o, 190–192	ir, msc, uv	1134
2				K, p, uv	267, 514, 2380, 4364, 5505, 6874
2				ir, msc, uv	6968
2				ir, msc, uv	6968
2				ir, msc, uv	6968
2				ir, msc, uv	6968
2				ir	6898
2				ir	6898
1			bw	ms, msc, uv	5626
2				K, nmr	511, 6906, 6965, 6966
2				K, th	511
2				K, th	511
2				ir, msc	395
2				ir, K, msc, nmr, uv	6967
1				ir, msc, uv	6913
2				K, p	6914
2				K, th	6916
2				ir, msc, tha	6969
2				K, th	6916
2				K, th	6916
2				K, th	6916

TABLE 3.99. (CONTINUED)

m	n	R	X
1	1	2-Me	Pentyl-CH=NNCS$_2$Me
			PhCH=NNCS$_2$Me
			Me$_2$C=NNCS$_2$Me
			MeEtC=NNCS$_2$Me
			PhNHCOCMe=NNCS$_2$Me
			o-OC$_6$H$_4$CH=NNHCSNH$_2$
			MeC(CO$_2$)=NNCSNH$_2$
			PhC(CO$_2$)=NNCSNH$_2$
			Ph$_2$PS$_2$
			(o-MeC$_6$H$_4$)$_2$PS$_2$
			(EtO)$_2$PS$_2$
			(CH$_2$=CHCH$_2$O)$_2$PS$_2$
			o-OC$_6$H$_4$CH=NNCSeNH$_2$
			thioph-2-COCHCOCF$_3$
			Cl
			n-PrN=CHC$_6$H$_3$-2-O-5-Cl
			n-BuN=CHC$_6$H$_3$-2-O-5-Cl
			[2-O-5-ClC$_6$H$_3$CPh=N(CH$_2$)$_3$]$_2$S
			$\begin{cases} \text{C}_6\text{Cl}_5 \\ \text{ClO}_4 \end{cases}$
			Br
			$\begin{cases} \text{py}^+n\text{-Pr} \\ \text{Br} \end{cases}$
		3-Me	+
			o-O$_2$C$_6$H$_4$
			[2-O-5-MeC$_6$H$_3$CPh=N(CH$_2$)$_3$]$_2$NH
			MeCOCHCOMe
			PhCH=NNCOPh
			p-MeC$_6$H$_4$CH=NNCOPh
			m-MeOC$_6$H$_4$CH=NNCOPh
			p-MeOC$_6$H$_4$CH=NNCOPh
			o-OC$_6$H$_4$CH=NC$_6$H$_4$CO$_2$-o
			NO$_3$
			8-S-quin
			o-HOC$_6$H$_4$CH=NC$_6$H$_4$S-o
			o-OC$_6$H$_4$CH=NC$_6$H$_4$S-o
			PhCSCHCOPh
			PhCSCHCONHEt
			PhCSCHCONHPh
			PhCSCHCO$_2$Et
			PhCSCHCOSEt
			p-MeC$_6$H$_4$NCSNHNHC$_6$H$_4$Me-p
			C$_{10}$H$_7$-2-NCSNHNH-2'-C$_{10}$H$_7$

p	Y	q	Color and MP (°C)	Physicochemical Studies	Reference
2				msc	6932
2				msc	6932
2				msc	6932
2				msc	6932
2			bw	ir, msc	6933
2				tha	6927, 6928
1					6930
1	H_2O	0.5	l-bw	msc	450
2				msc, uv	6970
2			bw	msc, uv	6971
2				K, nmr, th	6939, 6940
2				nmr	6940
1	H_2O	1		ir, msc, xr	6927, 6928
2				dc	6944
2			l-bu, r	ir, msc, tha, uv	1160, 4716, 6949, 6972
2				ir, msc, uv	6968
2				ir, msc, uv	6968
1			y-bw	msc, uv	5626
1	$Ph_2PCH_2CH_2PPh_2$	1			6961
1					
2			r	K, msc, uv	1160, 6963, 6972
1				msc	2446
3					
2				ca, K, p	267, 274, 514, 2452, 2909, 5505, 6852, 6872, 6874, 6876, 6973
	H_2O	5		K, p	6884
1	H_2O	2		ir, msc, uv	312
1			r-bw	msc, uv	5626
2				cond, msc, nmr	6903, 6906, 6907, 6965
2				K, th	6908
2				K, th	6908
2				K, th	6908
2				K, th	6908
1				ir, msc, uv	6913
2				K	6914
2				K, th	6916
2				K	6969
2				K	6969
1				K, th	6872
2				K, th	6872
2				K, th	6872
2				K, th	6872
2				K, th	6872
2				K, th	6916
2				K, th	6916

TABLE 3.99. (CONTINUED)

m	n	R	X
1	1	3-Me	PhN=NCSNNHPh
			n-Bu$_2$NCS$_2$
			Pentyl-CH=NNCS$_2$Me
			PhCH=NNCS$_2$Me
			Me$_2$C=NNCS$_2$Me
			MeEtC=NNCS$_2$Me
			PhNCOCMe=NNCS$_2$Me
			o-OC$_6$H$_4$CH=NNHCSNH$_2$
			Ph$_2$PS$_2$
			(o-MeC$_6$H$_4$)$_2$PS$_2$
			(EtO)$_2$PS$_2$
			(CH$_2$=CHCH$_2$O)$_2$PS$_2$
			o-OC$_6$H$_4$CH=NNCSeNH$_2$
			thioph-2-COCHCOCF$_3$
			Cl
			p-ClC$_6$H$_4$CH=NNCOPh
			[2-O-5-ClC$_6$H$_3$CPh=N(CH$_2$)$_3$]$_2$S
			$\begin{cases} \text{C}_6\text{Cl}_5 \\ \text{ClO}_4 \end{cases}$
			Br
		4-Me	+
			porph
			o-OC$_6$H$_4$CH=N-n-Bu
			o-O$_2$C$_6$H$_4$
			MeC(=NOH)C(=NO)Me
			PhC(=NOH)C(=NO)Ph
			[2-O-5-MeC$_6$H$_3$CPh=N(CH$_2$)$_3$]$_2$NH
			MeCOCHCOMe
			MeCOCHCOPh
			PhCOCHCOPh
			PhCH=NNCOPh
			p-MeC$_6$H$_4$CH=NNCOPh
			m-MeOC$_6$H$_4$CH=NNCOPh
			p-MeOC$_6$H$_4$CH=NNCOPh
			t-BuCO$_2$
			o-OC$_6$H$_4$CH=NC$_6$H$_4$CO$_2$-o
			PhN(NO)O
			NO$_3$
			8-S-quin
			o-HOC$_6$H$_4$CH=NC$_6$H$_4$S-o
			PhCSCHCOPh

p	Y	q	Color and MP (°C)	Physicochemical Studies	Reference
2				K, th	6916
2				K, th	6935
2				K, msc, th	6932
2				K, msc, th	6932
2				K, msc, th	6932
2				K, msc, th	6932
1			bu	ir, msc	6933
2				tha	6927, 6928
2				msc, uv	6970
2			bw	msc	6971
2				K, nmr	6938–6940
2				nmr	6940
2				ir, uv, xr	6927, 6928
1				dc	6944
2					
2			y	ir, msc, tha, uv	499, 1160, 4716, 6922, 6949, 6950
2				K, th	6908
1			r-bw	ms, msc, uv, xr	5626, 5644
1	Ph$_2$PCH$_2$CH$_2$PPh$_2$	1			6961
1					
2			r	ir, K, msc, th, uv	1160, 6949, 6950, 6963, 6964
2				ca, K, p, uv	267, 273, 274, 514, 549, 2380, 2452, 2463, 2887, 5505, 5645, 6852, 6874–6876, 6973
1				K, th	2419
2				K, th, uv	6892
1	H$_2$O	3		ir, msc, uv	312
2				ir	6898
2				ir	6898
2				K, th, uv	301
2				K, msc, nmr, uv	556, 6903, 6906, 6907
2				K, uv	556
2				K, uv	556
2				K, th	6908
2				K, th	6908
2				K, th	6908
2				K, th	6908
2	t-BuCO$_2$H	0.5		ir, msc	395
1				ir, msc	6912
2				K, th	434
2				K, p	6914
2				K, th	6916
2				K	6969
2				K, th	6872

TABLE 3.99. (*CONTINUED*)

m	n	R	X
1	1	4-Me	PhCSCHCONHEt
			PhCSCHCONHPh
			PhCSCHCO$_2$Et
			PhCSCHCOSEt
			p-MeC$_6$H$_4$NCSNHNHC$_6$H$_4$Me-p
			C$_{10}$H$_7$-2-NCSNHNH-2-C$_{10}$H$_7$
			PhN=NCSNNHPh
			Pentyl-CH=NNCS$_2$Me
			PhCH=NNCS$_2$Me
			Me$_2$C=NNCS$_2$Me
			MeEtC=NNCS$_2$Me
			H$_2$NCSNN=CHC$_6$H$_4$O-o
			EtOCSO
			n-Bu$_2$NCS$_2$
			(MeO)$_2$PS$_2$
			(EtO)$_2$PS$_2$
			(i-PrO)$_2$PS$_2$
			(MeOHC$_2$CH$_2$O)$_2$PS$_2$
			H$_2$NCSeNN=CHC$_6$H$_4$O-o
			$\{$ H, BF$_4$ $\}$
			CF$_2$CF$_2$CF$_2$CF$_2$
			thioph-2-COCHCOCF$_3$
			F$_2$BON=CPhCH=NO
			F$_2$BON=CMeC(=NO)Me
			F$_2$BON=CEtC(=NO)Me
			F$_2$BON=C(n-Pr)C(=NO)Me
			F$_2$BON=C(i-Pr)C(=NO)Me
			cyclohexane-1-NOBF$_2$, 2-NO
			F$_2$BON=CPhC(=NO)Ph
			$\{$ H, Cl $\}$
			Cl
			p-ClC$_6$H$_4$CH=NNCOPh
			2,6-Me$_2$C$_6$H$_3$N=CHC$_6$H$_3$-2-O-3-Cl
			2,6-Me$_2$C$_6$H$_3$N=CHC$_6$H$_3$-2-O-3-Cl
			n-BuN=CHC$_6$H$_3$-2-O-5-Cl
			n-BuN=CPhC$_6$H$_3$-2-O-5-Cl
			2,6-Me$_2$C$_6$H$_3$N=CHC$_6$H$_2$-2-O-3,5-Cl$_2$
			[2-O-5-ClC$_6$H$_3$CPh=N(CH$_2$)$_3$]$_2$S
			(CH$_2$ClCH$_2$O)$_2$PS$_2$
			(CHCl$_2$CH$_2$O)$_2$PS$_2$
			$\{$ C$_6$Cl$_5$, ClO$_4$ $\}$

p	Y	q	Color and MP (°C)	Physicochemical Studies	Reference
2				K, th	6872
2				K, th	6872
2				K, th	6872
2				K, th	6872
2				K, th	6916
2				K, th	6916
2				K, th	6916
2				K, msc, th	6932
2				K, msc, th, uv	6932
2				K, msc, th, uv	6932
2				K, msc, th, uv	6932
1				tha	6927, 6928
2				nmr	6938
2				K, th	6935
2				ca, K, uv	6975
2				ca, K, uv	6938, 6939, 6975
2				ca, K, uv	6975
2				ca, K, uv	6975
1	H_2O	1		cond, ir, msc, uv, xr	6927, 6928
1	(Cyclohexyl)$_3$P	2	y, 165 dec	ir, nmr	6976
1					
1					6841
2				dc	6944
2				cal, K, th, uv	6945
2				cal, K, th, uv	6945
2				cal, K, th, uv	6945
2				cal, K, th, uv	6945
2				cal, K, th, uv	6945
2				cal, K, th, uv	6945
2				cal, K, th, uv	6945
1	(Cyclohexyl)$_3$P	2	y, 165 dec	ir, nmr	6976
1					
2			y	ir, K, msc, th, uv	499, 4716, 4760, 6922, 6949, 6950, 6974
2				K, th	6908
2				nmr, uv	6915
2				nmr, uv	6915
2				K, th, uv	6892
2				K, th, uv	6892
2				nmr, uv	6912
2			y-bw	ms, msc, uv	5626
2				ca, K, uv	6975
2				ca, K, uv	6975
1	$Ph_2PCH_2CH_2PPh_2$	1			6961
1					

TABLE 3.99. (CONTINUED)

m	n	R	X
1	1	4-Me	Br
		2,4-Me$_2$	+
		2,6-Me$_2$	+
			MeCOCHCOMe
			8-S-quin
			PhN=NCSNNHPh
			p-MeC$_6$H$_4$NCSNHNHC$_6$H$_4$Me-p
			C$_{10}$H$_7$-2-N=CSNHNH-2-C$_{10}$H$_7$
			H$_2$NCSNN=CHC$_6$H$_4$O-o
			(o-MeC$_6$H$_4$)$_2$PS$_2$
			(EtO)$_2$PS$_2$
			H$_2$NCSeNN=CHC$_6$H$_4$O-o
			Cl
			{CH=CMeCH$_2$CO$_2$Me
			{Br
			Br
		3,4-Me$_2$	+
		3,5-Me$_2$	+
			n-Bu$_2$NCS$_2$
			Ph$_2$NCS$_2$
			(p-MeC$_4$H$_4$)$_2$NCS$_2$
			{C$_6$Cl$_5$
			{ClO$_4$
		2,4,6-Me$_3$	+
			Cl
			Br
		2-Et	MeCOCHCOMe
		3-Et, 4-Me	+
		3-Et, 6-Me	+
			CN
			NO$_3$
		4-Et	+
			NO$_3$
		2-n-Pr	+
		2-CH=CH$_2$	+
			o-OC$_6$H$_4$CO$_2$Me
		4-CH=CH$_2$	+
		2-CH=CHMe	+
		2-CH=CHEt	+
		2-CH=CH-n-Pr	+
		2-Ph	+
		4-Ph	+
		3-Si–☐–Me	Cl

p	Y	q	Color and MP (°C)	Physicochemical Studies	Reference
2			o	ir, K, msc, tha	6922, 6949, 6950, 6963, 6964, 6977
2				K, p	514, 549, 6978
2				ca, K, p	6978
2				K	6979
2				K, th	6916
2				K, th	6916
2				K, th	6916
2				K, th	6916
1				tha	6927, 6928
2			bw	msc, uv	6971
2				K, th	6939
1				cond, ir, msc, uv, xr	6927, 6928
2			1-bu	tha, uv	6949
1				xr	6980
1					
2			1-bu	K, th, tha, uv	6949, 6963, 6964
2				ca, K, p	274
2				ca, K, p	274, 2909
2				K, th	6935
2			bw	ir, msc, uv	5649
2			bw	ir, msc, uv	5649
1	Me$_2$PhP	2	130–134	ir, nmr	6981
1					
1	MePh$_2$P	2	75–80	ir, nmr	6981
2				K	6978
2			y	tha, uv	6949
2			r	tha, uv	6949
2				nmr	6966
2				K, p, uv	2470
2				K, p	6874
2			bu-g		6887, 6888
2				K, p	6914
2				K, p, uv	549, 2471, 6874
2				K, p	6914
2				K	283
2				K	283
2	H$_2$O	1	g		5668
2				K	283
2				K	283
2				K	283
2				K	283
2				K	267
2				K, nmr	5007, 6979, 6982, 6983
2				ir	5654

TABLE 3.99. (CONTINUED)

m	n	R	X
1	1	2-NH$_2$	+
			Ph$_2$PS$_2$
			(o-MeC$_6$H$_4$)$_2$PS$_2$
			Br
		3-NH$_2$	+
			MeCOCHCOMe
			(EtO)$_2$PS$_2$
			Br
		4-NH$_2$	+
			2,7,12,18-Me$_4$-3,8-Et$_2$-5,10,15,20-Ph$_4$-13,17-(HO$_2$CCH$_2$CH$_2$)$_2$-porph
			Br
		2-CH$_2$NH$_2$	+
			MeCOCHCOMe
			O$_2$CCH$_2$CO$_2$
			SO$_4$
			Cl
		2-CH$_2$NH$_2$, 6-Me	+
			SO$_4$
			Cl
		3-CH$_2$NH$_2$, 6-Me	+
		2-CH$_2$CH$_2$NH$_2$	+
			SO$_4$
		2-NHNH$_2$	+
		2-CH$_2$NHMe	+
			SO$_4$
			Cl
		2-CH$_2$NHMe, 6-Me	+
		2-CH$_2$NH-i-Pr	Cl

p	Y	q	Color and MP (°C)	Physicochemical Studies	Reference
2	K, th			K, th	285
2				msc, uv	6970
2				ir, msc, uv	6971
2				K, th	6963, 6964
2				K, th	274
2				nmr	6907
2				nmr	6907
2				K, th	6964
2				K, th	6876
	phen	2		K	6881
	H$_2$O	2		K, p	6884
	{ phen	1		K, uv	6881
	{ EtOH	3			
1				K, th	2419
2				K, th	6963
2				cal, ir, K, nmr, p, th, uv	576–584, 587, 6871, 6984, 6985
	Me$_2$SO	4			6986
2			1-bu, 224	msc	832
1				K	6985
1	H$_2$O	2		K, uv	594
		3	g-bu, 350 dec	cond, ir, msc, uv	6987
2	H$_2$NCH$_2$CH$_2$NH$_2$	2	v	cond, uv	6988
	H$_2$O	1		K, uv	594
	{ bipy	2	pk	cond, msc	6989
	{ H$_2$O	4.5			
	{ phen	2	pk	cond, msc	6989
	{ H$_2$O	5			
2				K, p, th	577, 581, 583, 6871
	Me$_2$SO	4		K	6986
1	H$_2$O	3	gsh, 300 dec	msc, uv	595, 6987
2	H$_2$O	3	g	uv	595
2				K	596
2				cal, K, p, th, uv	576, 578, 579, 582, 584, 6871
	Me$_2$SO	4		K	6986
1	H$_2$O	4.5	g-bu, 360 dec	cond, ir, msc, uv	6987
2				K	583
2				cal, K, p, th	576, 584, 6871
	Me$_2$SO	4			6896
1	H$_2$O	3	g, 375 dec	ir, msc, uv	6987
2			g	uv	595
2				cal, K, p, th	581, 584, 605
2			l-g, 275 dec	msc, uv	5660, 6990

TABLE 3.99. (CONTINUED)

m	n	R	X
1	1	2-CH$_2$NHCH$_2$CH$_2$NH$_2$	+
			NO$_3$
			NCS
			SO$_4$
			Cl
			Br
			I
		3-CH$_2$NHCH$_2$CH$_2$NH$_2$	+
		2-CH$_2$CH$_2$NHMe	+
			Cl
			Br
			I
		2-CH$_2$CH$_2$NHEt	Cl
			Br
			I
		2-CH$_2$CH$_2$NH-i-Pr	Cl
			Br
		2-CH$_2$CH$_2$NHPh	Cl
			Br
			I
		3-CH$_2$CH$_2$NHCH$_2$CH$_2$NH$_2$	Cl
		3-NEt$_2$	+
		2-CH$_2$NMe$_2$	Cl
			Br
			I
		2-CH$_2$NEt$_2$	Cl
			Br
			I
		2-CH$_2$CH$_2$NMe$_2$	NO$_3$
			NCS
			Cl
			Br
			I
		2-CH$_2$CH$_2$NEt$_2$	Cl
			Br
			I
		3-[pyrrolidine-N-Me] 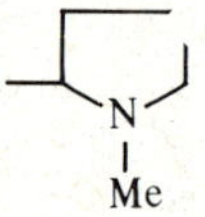	MeCOCHCOMe
		2,6-(isoindoline-diimine)$_2$ 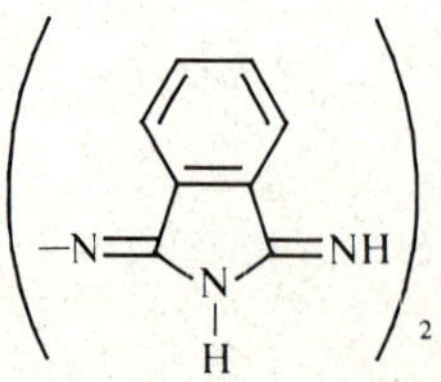	Cl

p	Y	q	Color and MP (°C)	Physicochemical Studies	Reference
2				K	579, 617
2			v, 143	cond, ir, msc, uv	6991
2			l-v, 80	cond, ir, msc, uv	6991
1			l-bu, 218	cond, ir, uv	6991
2			bu, 133	cond, ir, uv	6991
	H$_2$O	2	bu, 254 dec		618
2			bu-g, 144	cond, ir, uv	6991
2	Me$_2$CO	1	d-g, 190	cond, ir, uv	6991
2				K	617
2				cal, K, p	584
2			y-g, 221	ir, msc, uv	6990, 6992
2			bw-y, 164	ir, msc, uv	6990, 6992
2			d-g, 187	ir, msc, nmr, uv, xr	6990, 6992, 6993
2			bw-y, 164	ir, msc, uv	6990, 6992
2			bw-y, 186	ir, msc, uv	6990, 6992
2			d-g, 156	ir, msc, uv	6990, 6992
2			{ y, 227 r-v, 188	ir, msc, uv	6990, 6994
2			r-bw, 158–160	ir, msc, uv	6990, 6994
2			y, > 220 dec	ir, msc, uv	6990, 6994
2			r-bw, 205	ir, msc, uv	6990, 6994
2			g-bk, 263 dec	ir, msc, uv	6990, 6994
2	H$_2$O	3	l-bu, dec 205		618
2				K	6876
	H$_2$O	5		K, p	6884
2			y, 248	msc, uv	5660, 6990
2			r-bw, 236	msc, uv	6990
2			bw, 217	msc, uv	6990
2	EtOH	1	g-y, 180	msc, unv	6990
2			r-v	msc, uv	5660, 6990
2			bw	msc, uv	5660, 6990
2				ir	6995
2			g, 240 dec		69
2			bw-y, 221	ir, msc, uv	6990, 6994
2			r-v, 205	ir, msc, uv, xr	6990, 6993, 6994
2			d-g, 228	ir, msc	6990, 6992
2			r-v, 185	ir, msc, uv	6990, 6994
2			v, 201	ir, msc, uv	6990, 6992, 6994
2			d-g, 198	ir, msc, uv	6990, 6992, 6994
2				nmr	3354
2			g		6996

TABLE 3.99. (CONTINUED)

m	n	R	X
1	1	2,6-(—N=⟨isoindoline⟩=NH)₂	
		2-CH=NMe	+
			PF₆
		2-CH=NEt	PF₆
		2-CH=N-i-Pr	+
			PF₆
		2-CH=NPh	PF₆
		2-CH=NC₆H₄Me-p	PF₆
		2-CH=NCH₂CH₂NMe₂	NO₃
			Cl
			Br
			I
		2-CH=NCH₂CH₂NEt₂	Br
			I
		2-CH=NC₆H₄NMe₂-o	Cl
			Br
		2,6-(CMe=NMe)₂	Br
		2,6-(CMe=NEt)₂	Cl
		2,6-(CMe=N-n-Pr)₂	Cl
		2,6-(CMe=N-i-Pr)₂	Cl
			Br
		2,6-(CMe=N-s-Bu)₂	NO₃
			NCS
			Cl
			Br
		2,6-(CMe=N-cyclohexyl)₂	NO₃
			NCS
			Cl
			Br
		2,6-(CMe=NPh)₂	NO₃
		2,6-(CMe=NCH₂Ph)₂	Cl
			Br
		2,6-(CMe=NNH₂)₂	I
		2,6-(CMe=NNHMe)₂	Cl
		2,6-(CMe=NNHPh)₂	Cl
		2-CMe=N(CH₂)₂NH(CH₂)₂NH₂	ClO₄
		2-CMe=N(CH₂)₃NH(CH₂)₂NH₂	ClO₄
		2-CMe=N(CH₂)₃NH(CH₂)₃NH₂	ClO₄
		2,6-(CMe=NNMe₂)₂	Cl
		2-N=NC₆H₄NMe₂-p	+

p	Y	q	Color and MP (°C)	Physicochemical Studies	Reference
	H$_2$O	1			656
2				nmr, uv	6997
2				nmr,	2481
2				nmr	2481
2				nmr	6997
2				nmr	2481
2				ir, nmr	2481
2				ir, nmr	2481
2			215–220	cond, msc, uv	5664
2				ir, msc, uv, xr	644
2			219–223	cond, ir, msc, uv, xr	644, 5664
2			242–243	cond, msc, uv	5664
2			202–204	cond, msc, uv	5664
2			187–191	cond, msc, uv	5664
2				ir, msc, uv, xr	644
2				ir, msc, uv, xr	644
2				ir, msc, nmr, uv	5665, 6998
2				ir, msc, nmr, uv	5665, 6998
2				ir, msc, nmr, uv	5665, 6998
2				ir, msc, nmr, uv	5665, 6998
2				ir, msc, nmr, uv	5665, 6998
2				ir, msc, uv	5665, 6998
2				ir, msc, uv	5665, 6998
2				ir, msc, uv	5665, 6998
2				ir, msc, uv	5665, 6998
2				ir, msc, uv	5665, 6998
2				ir, msc, uv	5665, 6998
2				ir, msc, uv	5665, 6998
2				ir, msc, uv	5665, 6998
2				ir, msc, nmr, uv, xr	2484, 6999, 7000
2				nmr	5665, 6998
2				nmr	5665, 6998
2				ir, msc, uv	7001
2				uv	645
2				uv	645
2				ir, msc	1645
2				ir, msc	1645
2				ir, msc	1645
2	H$_2$O	0.5		uv	645
2				K, th	647, 648, 7003, 7004
	(H$_2$NCH$_2$CH$_2$)$_2$NH	1		K	7003, 7005
	(H$_2$NCH$_2$CH$_2$NHCH$_2$)$_2$	1		K	7003, 7005
	(H$_2$NCH$_2$CH$_2$)$_3$N	1		K	7003, 7005
	H$_2$O	1		K	7003, 7005

TABLE 3.99. (CONTINUED)

m	n	R	X
1	1	2-N=NC$_6$H$_4$NMe$_2$-p	H$_2$(EDTA)
			HO$_2$CCH$_2$Ṅ(CH$_2$CO$_2$)$_2$
		4-CH=N$_2$	I
		2-CH=N-8'-quin-2'-Me, 6-Me	NO$_3$
			Cl
			ClO$_4$
			Br
			I
		3-CN	+
		4-CN	+
			MeCOCHCOMe
			2,7,12,18-Me$_4$-3,8-Et$_2$-5,10,15,20-Ph$_4$-13,17-(HO$_2$CCH$_2$CH$_2$)$_2$-porph
			PhCSCHCOPh
			PhCSCHCONHPh
			PhCSCHCO$_2$Et
			PhCSCHCOSEt
		2-CH$_2$PEt$_2$	Cl
			Br
		2-CH$_2$PPh$_2$, 6-Me	NCS
			Cl
			Br
		2,6-(CH$_2$PPh$_2$)$_2$	NCS
			Cl
			{NCS
			{ClO$_4$
			{Cl
			{ClO$_4$
			ClO$_4$
			{ClO$_4$
			{Br
			Br
			I
		2-CH$_2$CH$_2$PPh$_2$	NCS
			Cl
			Br
		2,6-(CH$_2$CH$_2$PPh$_2$)$_2$	NCS

p	Y	q	Color and MP (°C)	Physicochemical Studies	Reference
1				K	7003, 7005
1				K	7003, 7005
2			y	ir	2639
2	H$_2$O	1	l-g	cond, msc, uv	651, 7006
2	H$_2$O	1	y	cond, msc, uv	651, 7006
2	H$_2$O	1	y	cond, msc, uv	7006
2			bw	cond, msc, uv	651, 7006
2			d-bw	cond, msc, uv	651, 7006
			r	msc	656
2				K, uv	270, 6859
2				K, th, uv	6849
2				nmr	6907
1				K, th	2419
2				ir, K, th, uv	6872
2				ir, K, th, uv	6872
2				ir, K, th, uv	6872
2				ir, K, th, uv	6872
2			g, 246	cond, msc, uv	2642
2			gr-g, 217	cond, msc, uv	2642
2			o, 165	cond, ir, msc, uv	5013
2			g, 206–207	cond, ir, msc, uv	5013
2			g, 194–196	cond, ir, msc, uv	5013
2			v	cond, msc, uv	5014
2			v r	cond, msc, uv	5014
1			o	cond, msc, uv	5014
1					
1			r	cond, msc, uv	5014
1					
2			r	cond, msc, uv	5014
1			r	cond, msc, uv	5014
1					
2			v	cond, msc, uv	5014
2			v	cond, msc, uv	5014
2			o, 192–193	cond, ir, msc, uv	66
2			r-v, 196–197	cond, ir, msc, uv	66
2			bu, 196	cond, ir, msc, uv	66
2			o-r	cond, ir, msc, uv	5015
2			bw	cond, ir, msc, uv	5015, 7007

TABLE 3.99. (CONTINUED)

m	n	R	X
1	1	2,6-(CH$_2$CH$_2$PPh$_2$)$_2$	Cl
			ClO$_4$
			ClO$_4$
			Br
			Br
			I
		2-CH(PPh$_2$)$_2$, 6-Me	Cl
			Br
			I
		2-CH(CH$_2$PPh$_2$)$_2$, 6-Me	Cl
			Br
			I
		2-NHPPh$_2$, 4-Me	Cl
		2-NHPPh$_2$, 6-Me	Cl
			ClO$_4$
		4-P$^+$MePh$_2$	Br
		4-CH$_2$P$^+$MePh$_2$	Br
		2-CH$_2$CH$_2$AsPh$_2$	NCS
			Br
		2-CH=NC$_6$H$_4$AsMe$_2$-o	NCS
			Cl
			Br
			I
		2-CH=NC$_6$H$_4$AsMe$_2$-o, 6-Me	NO$_2$
			NO$_3$
			NCS
			Cl
			Br
		2-CH=NC$_6$H$_4$AsEt$_2$-o	I
			NCS
			Cl
			Br
		2-CH=NC$_6$H$_4$AsEt$_2$-o, 6-Me	I
			NO$_3$
			NCS
			Cl
			Br
			I
		3-OH	+
		2-CH$_2$OH	+
		3-CH$_2$OH	+
		4-CH$_2$OH	+
		2-CH$_2$CH$_2$OH	NO$_3$
			SO$_4$

p	Y	q	Color and MP (°C)	Physicochemical Studies	Reference
1			o-r	cond, ir, msc, uv	5015
1					
1			r-v	cond, ir, msc, uv	5015
1					
2			bw	cond, ir, msc, uv	5015, 7007
2			bw-g	cond, ir, msc, uv	5014, 7007
2				ir, msc, uv	2487
2				ir, msc, uv	2487
2				ir, msc, uv	2487
2				ir, msc, uv	2487
2				ir, msc, uv	2487
2				ir, msc, uv	2487
2			pk	cond, msc, uv	2214
2			g	cond, msc, uv	2214
2			o-y	cond, msc, uv	2214
3				msc, uv	5627
3				msc, uv	5627
2			gsh, 175	msc, uv	69
2			d-bu, 222	msc, uv	69
2				ir, msc, uv	7001
2	PhH	0.5		ir, msc, uv	7001
	{o-H$_2$NC$_6$H$_4$AsMe$_2$	1		ir, msc, uv	7001
	{H$_2$O	1			
2	EtOH	1		ir, msc, uv	7001
2	H$_2$O	2		ir, msc, uv	7001
2	H$_2$O	1		ir, msc, uv	7001
2				ir, msc, uv	7001
2				ir, msc, uv	7001
2				ir, msc, uv	7001
	MeOH	1		ir, msc, uv	7001
2				ir, msc, uv	7001
	H$_2$O	0.5		ir, msc, uv	7001
2				ir, msc, uv	7001
2				ir, msc, uv	7001
2				ir, msc, uv	7001
2	H$_2$O	1		ir, msc, uv	7001
2				ir, msc, uv	7001
2				ir, msc, uv	7001
2				ir, msc, uv	7001
2				ir, msc, uv	7001
	{o-H$_2$NC$_6$H$_4$AsEt$_2$	1		ir, msc, uv	7001
	{H$_2$O	1			
2				ir, msc, uv	7001
2				ir, msc, uv	7001
2				ir, K	270
2				K, p	274, 658, 1220
2				K, p	274, 286
2				K, p	274
2	H$_2$O	3	bu		671
1	H$_2$O	1	bu		671

TABLE 3.99. (CONTINUED)

m	n	R	X
1	1	2-CH$_2$CH$_2$OH	Cl
		2-CH$_2$CHMeOH	+
		2-CH$_2$CHPhOH	+
		2-CH$_2$NHCH$_2$CH$_2$OH	+
		2-CH$_2$CH$_2$NHCH$_2$CH$_2$OH	Cl
		2-CH=NOH	+
		2-CH=NOH, 6-Me	+
		4-CH=NOH	Cl
			Br
		2-CPh=NOH	Cl
		2-CH=NC$_6$H$_4$O$^-$-o	+
		2,6-(CH=NC$_6$H$_4$O-o)$_2$	
		2-NHN=CPhOCPh	NCS
		2-NHN= (acenaphthenone imine)	NCS
		2-N=NC$_6$H$_4$O$^-$-o	+
		2-N=NC$_6$H$_3$-2'-O-3'-Me	+
		2-N=NC$_6$H$_3$-2'-O-5'-Me	+
		2-N=N-1'-C$_{10}$H$_6$-2'-O$^-$	+
		2-N=N-2'-C$_{10}$H$_6$-1'-O$^-$	+
		2-N=N-(9-hydroxyphenanthren-10-yl)	NCS
		2-N=NC$_6$H$_3$-2'-O$^-$-4'-NEt$_2$,5'-(piperidin-2-yl)	+
		2-CH$_2$CH$_2$N=CMeCMe=NOH	NCS
		2-N=NC$_6$H$_4$OH-p	+
		2-N=NC$_6$H$_3$-2'-Me-4'-OH	+
		2-N=NC$_6$H$_3$-3'-Me-4'-OH	+
		2-N=NC$_6$H$_3$-2',4'-(OH)$_2$	HN(CH$_2$CO$_2$)$_2$
			{ N(CH$_2$CO$_2$)$_3$
			CH$_2$NHCO$_2$ | CH$_2$NHCO$_2$

p	Y	q	Color and MP (°C)	Physicochemical Studies	Reference
2	H₂O	5	bu		671
2				K	283
2				K	283
2				K	579
2			l-g	ir, uv	685
2				ir, K, p, uv	689, 1231, 7008
2				K, uv	5675
2			l-y	tha	1233
2			l-y	tha	1233
2				cond, ir, msc, p	7009
1				K, p	696
			d-r, > 300	ir, K, uv	5676
	MeOH	2	r-bw, 268	ir, K, uv	703
2			269	ir, msc, uv	1646
2				ir, msc, uv	1646
			180		
1				ir, K, nmr, p	706, 707, 2646
1				uv	2031
1				uv	707, 1242, 2031,
1				K, p, uv	719, 2489, 2646, 2649, 5363, 7010
1				K	2646
2				ir	1646
1				K, uv	734, 735
2			228–230		736
2				ir, K, nmr, p, uv	706, 2646
2				uv	2031
2				uv	2031
1				K, p	7012, 7013
1				K, p	7012, 7013
1					
1				K, p	7012, 7013

TABLE 3.99. (CONTINUED)

m	n	R	X
1	1	2-N=NC$_6$H$_3$-2'-O$^-$-4'-OH	+
		2-N=NC$_6$H$_3$-2',4'-(O$^-$)$_2$	
		3-OMe	+
		4-OMe	+
		2-CHO	+
		4-CHO	2,7,12,18-Me$_4$-3,8-Et$_2$-5,10,15,20-Ph$_4$-13,17-(HO$_2$CCH$_2$CH$_2$)$_2$-porph
		2-COMe	+
		4-COEt	MeCOCHCOMe
		4-COPh	Br
		2-CONH$_2$	+
			Cl
		3-CONH$_2$	+
			$\begin{cases} + \\ H_2NCH_2CO_2 \end{cases}$
			H$_2$NCH$_2$CO$_2$
		4-CONH$_2$	+
		3-CONHNH$_2$	NCS
			Cl
		4-CONHNH$_2$	+
			CN
			NCS
			Cl
		2,6-(CONHNH$_2$)$_2$	MeCO$_2$
			NO$_3$
			NCS
			SO$_4$
			Cl
			Br
			I
		3-CONDNH$_2$	NCS
			Cl
		2-CON$^-$(CH$_2$)$_2$NH$_2$	NCS
		2-CON$^-$(CH$_2$)$_3$NH$_2$	NCS
		2-CON$^-$(CH$_2$)$_2$NHMe	NCS
		2-CON$^-$(CH$_2$)$_2$NH(CH$_2$)$_2$NH$_2$	BF$_4$
		2-CON$^-$(CH$_2$)$_3$NHMe	NCS
		2-CON$^-$(CH$_2$)$_3$NH(CH$_2$)$_2$NH$_2$	BF$_4$
		2-CON$^-$(CH$_2$)$_3$NH(CH$_2$)$_3$NH$_2$	NO$_3$
			BF$_4$
		3-CONEt$_2$	+
		2-CON$^-$(CH$_2$)$_2$NMe$_2$	NCS
		2-CON$^-$(CH$_2$)$_2$NEt$_2$	NCS
		2-CONHN=CMe$_2$	Cl
		3-CONHN=CMe$_2$	Cl
		3-CON$^-$N=CHC$_6$H$_4$N$^-$H-o	

p	Y	q	Color and MP (°C)	Physicochemical Studies	Reference
1				K, p, uv	706, 719, 738, 739, 5363, 7011
				uv	1247
2				K, th	6852
2				K, th	6852
2	H$_2$O	1		K, uv	679
1				K, th	2419
2				xr	1261
2				nmr	6907
2				K, th, uv	6963, 6964
2			y-bw	ir, msc, uv	762, 2928
2	H$_2$O	2.5		ir, msc, uv	761
2				K, p, uv	549, 762, 2930, 6852
1				K	764
1					
2				K	764
2				K, p, uv	762, 766
2				ir, msc, uv	4680
2				ir, msc, uv	4680
2				K, ir	1293
2				xr	2666
2				xr	2666
2	EtOH	1	l-g	ir, msc, uv	769
2	H$_2$O	3	d-g	ir, msc, uv	7014
2	H$_2$O	3	bu	ir, msc, uv	7014
2	H$_2$O	3	bu	ir, msc, uv	7014
1	H$_2$O	3	g	ir, msc, uv	7014
2	H$_2$O	3	bu	ir, msc, uv	7014
2	H$_2$O	3	bu	ir, msc, uv	7014
2	H$_2$O	3	bu	ir, msc, uv	7014
2				ir, msc, uv	4680
2				ir, msc, uv	4680
1			y-bw	ir, msc, uv	7015
1			r	ir, msc, uv	7015
1	H$_2$O	1.25	o	ir, msc, uv	7015
1			y	ir, msc, uv	776
1			r	ir, msc, uv	7015
	H$_2$O	2	bu-v	ir, msc, uv	7015
1			o	ir, msc, uv	776
1	H$_2$O	3	l-bu, gsh-bu	ir, msc, uv	776
1	H$_2$O	2	r	ir, msc, uv	776
2				K, p, uv	762, 1294
2			r	ir, msc, uv	7015
	H$_2$O	3	rsh-o	ir, msc, uv	7015
1	H$_2$O	0.75	rsh-o	ir, msc, uv	7015
2	EtOH	2	g, 204 dec	ir, msc, uv	780
2	EtOH	1		ir, msc, uv	781
			r		7016

TABLE 3.99. (*CONTINUED*)

m	n	R	X
1	1	4-CON$^-$N=CHC$_6$H$_4$N$^-$H-*o*	
		2-CO$_2^-$	+
		2-CO$_2^-$, 6-Me	+
		2-CO$_2^-$, 6-CH$_2$OH	+
		3-CO$_2^-$	OH
			NO$_3$
			PF$_6$
		2,3-(CO$_2^-$)$_2$	
		2,4-(CO$_2^-$)$_2$	
		2,5-(CO$_2^-$)$_2$	
		2,6-(CO$_2^-$)$_2$	
		2,6-(CO$_2^-$)$_2$	
		2,6-(CO$_2^-$)$_2$, 4-NH$_2$	
		2,6-(CO$_2^-$)$_2$, 4-OH	

p	Y	q	Color and MP (°C)	Physiochemical Studies	Reference
			r		7016
	{ NH$_3$ { H$_2$O	1 0.5	d-r		7016
1				K, p, uv	1307, 1308, 1311–1313, 1317, 1329, 1332, 1337, 2497, 6984, 7017
1				K, p, uv	1307, 1308, 1311, 1317
1				K, p	1355
1	PhNH$_2$ H$_2$O	1 1.5			1564
	bipy H$_2$O	2 2		msc, uv	5263
	phen H$_2$O	2 2		msc, uv	5263
	bipy H$_2$O	2 2		msc, uv	5263
				tha	1363
	H$_2$O	3		tha	1365
	H$_2$O	2	l-bu, g	ir, msc, uv	5697, 5698
		3		ir, msc, uv	5698
		5	l-bu	msc, tha	5699
				ir, K, xr, xrp	792, 803, 1317, 6984
	H$_2$O	3	g	ir, msc, nmr, th, uv	5700, 7020
	{ terpy { H$_2$O	1 3		ir, uv, xrp	803
	H$_2$O	4		xr	2501
	{ phen { H$_2$O	1 x			7020
	{ phen { H$_2$O	2 x			7020
	{ phen { H$_2$O	3 x			7020
	{ bipy { H$_2$O	1 x			7020
	{ bipy { H$_2$O	2 x			7020
	{ bipy { H$_2$O	3 x			7020
				K, p, sol	3111
				K, p	805, 806

TABLE 3.99. (*CONTINUED*)

m	n	R	X
1	1	2-CO$_2$Et	+
		3-CO$_2$Et	+
		4-CO$_2$Et	+
		3-CONHCH$_2$OH	+
		3-CON$^-$N=CHC$_6$H$_4$O$^-$-*o*	
		4-CON$^-$N=CHC$_6$H$_4$O$^-$-*o*	
		3-CON$^-$N=CH-1-C$_{10}$H$_6$-2-O$^-$	
		4-CON$^-$N=CH-1-C$_{10}$H$_6$-2-O$^-$	
		3-CON$^-$N=CHCH$_2$C$_6$H$_4$O$^-$-*o*	
		4-CON$^-$N=CHCH$_2$C$_6$H$_4$O$^-$-*o*	
		2-CON$^-$(CH$_2$)$_2$NH(CH$_2$)$_2$N=CHC$_6$H$_4$O$^-$-*o*	
		2-CH$_2$CO$_2^-$	+
		4-CH$_2$CO$_2$Me	5,10,15,20-Ph$_4$-porph
		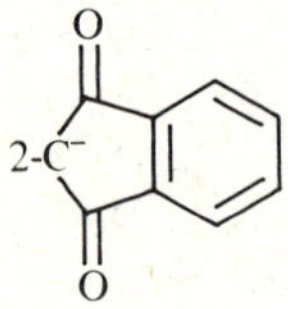 2-C$^-$(phthaloyl)	+
		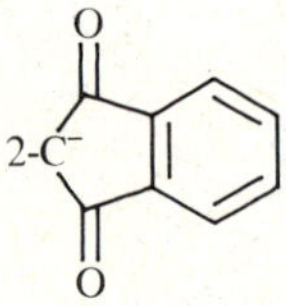 2-C$^-$(phthaloyl),6-Me	+
		2-CH$_2$CH(NH$_2$)CO$_2^-$	+
		2-CH$_2$CH(NH$_2$)CO$_2^-$, 6-Me	+
		2-NHCOMe	+
		3-NHCOMe	+
		2-NHCOC$^-$HCOPh	+
		2-CH$_2$N$^-$CONMe$_2$	NCO
			NCS
			Cl
			ClO$_4$
			Br
		2-CH$_2$NHCH$_2$CO$_2^-$	+
		2-CH$_2$CH(CO$_2^-$)NHCH$_2$CO$_2^-$	
		2-CH$_2$NHCH(CO$_2^-$)CH$_2$CO$_2^-$	

p	Y	q	Color and MP (°C)	Physicochemical Studies	Reference
2				K	762
2				K	762
2				K	762
2				K, p, uv	766
			o-bw, 350		7016
	NH$_3$	1	d-y-bw		7016
			r	ir, msc, uv	810, 2700, 7016
			r		7016
			r		7016
			r		7016
			r		7016
	H$_2$O	3.5	ysh-g	ir, msc, uv	811
1				K	581, 1329, 6984
1				K, th	2419
1				ir, K, p, uv	757
1				ir, K, p, uv	757
1				K	1391
1				K	1391
2				K, p	815
2				K, p, uv	766
1				K	822
1				ir, msc, nmr, uv	817
1				ir, msc, nmr, uv	817
1				ir, msc, nmr, uv	817
1				ir, msc, nmr, uv	817
1				ir, msc, nmr, uv	817
1				K	580
	H$_2$O	3		K	826
	D-Ala	1			819
	L-Ala	1			819
	D-Val	1			819
	L-Val	1			819
	D-Phe	1			819
	L-Phe	1			819
	D-Ser	1			819
	L-Ser	1			819
	D-Ala	1			820
	L-Ala	1			820
	D-Leu	1			820
	L-Leu	1			820

TABLE 3.99. (CONTINUED)

m	n	R	X
1	1	2-CH$_2$NHCH(CO$_2^-$)CH$_2$CO$_2^-$	+
		2-CH$_2$NHCH(CO$_2^-$)CH$_2$CO$_2^-$, 6-Me	
		2-CH$_2$NHCON$^-$CONH$_2$	OH
		2-NPhCOMe	Cl
		2-CH$_2$N(CH$_2$CO$_2^-$)$_2$	
		2-CH$_2$N(CH$_2$CO$_2$H)CH$_2$CH$_2$N(CH$_2$CO$_2$H)$_2$	Cl
		2-CH$_2$N(CH$_2$CO$_2^-$)CH$_2$CH$_2$N(CH$_2$CO$_2^-$)CH$_2$CO$_2$H	
		2-N=CHC$^-$HCOPh	MeCO$_2$
		2-CH$_2$N=CMeC$^-$HCOMe	MeCO$_2$
			NO$_3$
			Cl
		2,6-(CMe=NNHCONH$_2$)$_2$	NO$_3$
		4-NO$_2$	+
			MeCOCHCOMe
		2-CH$_2$OPO$_3^{2-}$	
		2-CH$_2$S$^-$	Cl
		2,6-(CH$_2$S$^-$)$_2$	
		2-CH$_2$CH$_2$SH	Cl
		2-CH$_2$CH$_2$S$^-$	MeSO$_4$
			Br
		2-CH$_2$CH$_2$NHCH$_2$CH$_2$S$^-$	ClO$_4$
		2-CH=NC$_6$H$_4$S$^-$-o	Cl
		2-CH$_2$SMe	+
		2-CH$_2$CH$_2$SMe	+
		2-NH—(thiazole)	Cl
		2-CH$_2$N$^-$COCH$_2$SEt	NCS
		2-CH=NC$_6$H$_4$S	Cl

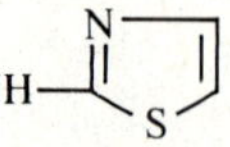

p	Y	q	Color and MP (°C)	Physicochemical Studies	Reference
	D-Val	1			820
	L-Val	1			820
	D-Phe	1			820
	L-Phe	1			820
	D-Try	1			820
	L-Try	1			820
	D-Thr	1			820
	L-Thr	1			820
	D-Ala	1			820
	L-Ala	1			820
	D-Leu	1			820
	L-Leu	1			820
	D-Val	1			820
	L-Val	1			820
	D-Phe	1			820
	L-Phe	1			820
	D-Try	1			820
	L-Try	1			820
	D-Thr	1			820
	L-Thr	1			820
1				p, qch	824
2			g	msc, nmr, uv	1400
				K, p	825
2			y-g, dec 300	ir	829
	H_2O		l-bu, > 340 dec	ir, tha	828
2			y-g, > 300	msc	7022
1			r-bw, 142 dec	msc	832
1			r, 248–250 dec	msc	832
1			bw-v, 282–285	msc	832
2	H_2O	3		xr	834
2				K	6876
	H_2O	5		K, p	6884
2				nmr	6907
				K	836
1			d-bw	cond	5054
			bw	nmr, uv	837
	Et_3P	1	g	nmr, uv	837
	$(Cyclohexyl)_3P$	1	g	nmr, uv	837
	Ph_3P	1	g	nmr, uv	837
2				ir, msc	1665
1					7274
1					7274
1				xr	7023
1			{ r-bw g	ir, msc, uv	4772, 6550, 7024
2				K, p	267, 273
2				K	267
2	H_2O	1	g	K	840
1	H_2O	0.5	l-bu	ir, msc, uv	841
1			rsh-bw	cond, ir, ms, msc, tha, uv	7024

TABLE 3.99. (CONTINUED)

m	n	R	X
1	1	2-CH=NC$_6$H$_4$SMe-o,6-Me	NCS
			Cl
			Br
		2-CH=NN—(benzothiazol-2-yl)	+
		2-CH=NN=C(NH$_2$)SMe	Cl
			Br
		2-CH=NNC(SMe)$_2$	NCS
			Cl
			Br
			I
		2-CH$_2$SCH$_2$CH$_2$OCH$_2$CH$_2$–O (ring), 6-CH$_2$SCH$_2$CH$_2$OCH$_2$CH$_2$–	Cl
			ClO$_4$
		2-CH$_2$CS-i-Pr	MeCO$_2$
		2-CH$_2$CSPh	MeCO$_2$
		2-CH$_2$CS-1'-C$_{10}$H$_7$	MeCO$_2$
		3-CONHNHCSNH$_2$	Cl
		2-CH=NN$^-$CSNH$_2$	+
			Cl
		2-CH=NN$^-$CS$_2$Me	NCS
			Cl
		2-CH=NN$^-$CS$_2$Me	Br
			I
		2-CH=NNMeCSNH$_2$	NCS
			Cl
			Br
		2-CH=NNMeCSNH$_2$,6-Me	NCS
			Cl
			Br
		2-CH=NNMeCS$_2$Me	NCS
			Cl
			Br
			I
		2-CH=NNMeCS$_2$Me, 6-Me	NCS
			Cl
			Br
		2-CH(OH)SO$_3^-$	+

p	Y	q	Color and MP (°C)	Physicochemical Studies	Reference
2			g	ir, msc, uv	844
2			y-bw	ir, msc, uv	844
2			rsh-bw	ir, msc, uv	844
1				K, p	653, 706
2			l-g	ir, msc, uv	845
2			l-g	ir, msc, uv	845
2			bwsh-g	cond, ir, msc, uv, xr	846
2			y	cond, ir, msc, uv, xr	846
2			d-y	cond, ir, msc, uv, xr	846
2			bw	cond, ir, msc, uv, xr	846
2					751
2					751
2			g, 170	ir, uv	852
2			r-bw, 216–218	ir, uv	852
2			r-bw, 263–265	ir, uv	852
2	H$_2$O	4	gsh-y	ir, msc, uv	7025
1				p, uv	855
1				ms, nmr, p, uv	6550
1			d-bw, 236–238	ir, msc, uv	858, 6934
1			rsh-bw, 255–258	ir, msc, uv	858, 6934
1			bw, 238–240	ir, msc, uv	858, 6934
1			bw, 232–234	ir, msc, uv	858, 6934
2	EtOH	1	l-g	ir, msc, uv	853
2			l-g	ir, msc, uv	853
2			l-bw	ir, msc, uv	853
2			g	ir, msc, uv	853
2	H$_2$O	1	l-g	ir, msc, uv	853
2			gsh-y	ir, msc, uv	853
2			ysh-g	cond, ir, msc, uv	859
2			y-bw	cond, ir, msc, uv	859
2			y-bw	cond, ir, msc, uv	859
2			d-bw	cond, ir, msc, uv	859
2			gsh-bw	cond, ir, msc, uv	859a
2			r	cond, ir, msc, uv	859a
2			d-bw	cond, ir, msc, uv	859a
1				K	1447

TABLE 3.99. (CONTINUED)

m	n	R	X
1	1	2-CH(OH)SO$_3^-$,6-Me	+
		3-CH(OH)SO$_3^-$	+
		2-N=NCPh=NNHC$_6$H$_4$SO$_3$H-p	+
		2-Cl	MeCOCHCOMe
		3-Cl	Cl
		4-Cl	Cl
		2-Br	MeCOCHCOMe
		3-Br	+
			MeCOCHCOMe
			Cl
			Br
		3-Br,6-N=NC$_6$H$_4$-2'-O$^-$-5'-NMe$_2$	+
		3-CON$^-$N=CHC$_6$H$_3$-2'-O$^-$-5'-Br	
		4-CON$^-$N=CHC$_6$H$_3$-2'-O$^-$-5'-Br	
	2	H	+

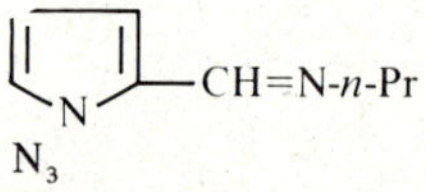

N$_3$
PhNN=NPh

p-MeC$_6$H$_4$NN=NC$_6$H$_4$Me-p

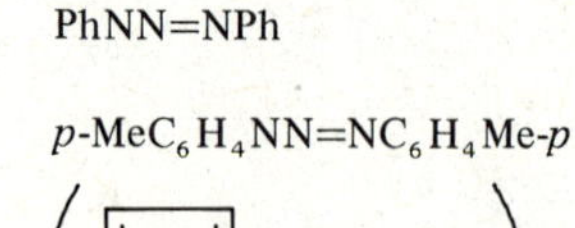

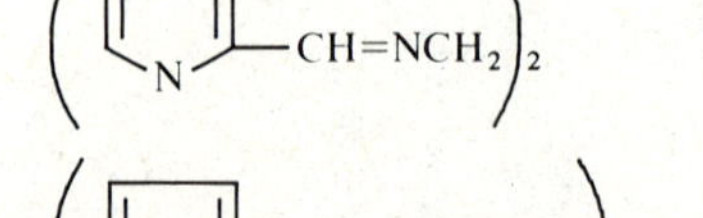

p	Y	q	Color and MP (°C)	Physicochemical Studies	Reference
1				K	1447
1				K	1447
2				K, uv	1451
2				nmr, qch	6966
2				tha	864
2				ir	1155
2				nmr, qch	6966
2				K, th	6852
2				nmr	6907
2				ir, K, th, tha	864, 1155
2				K, th	6963, 6964
1				uv	865
			o-r		7016
			o-r		7016
2				cal, ir, K, p, th, uv	262, 266, 271, 273, 274, 278, 282, 285, 286, 1052, 2186, 2375, 2377, 2887, 5501, 5505, 6848, 6849, 6851, 6859, 6860, 6862, 6873, 6877, 6878, 6952, 7026, 7027
	NH$_3$	1		K, p	271
		2		K, p	271
		3		K, p	271
	H$_2$NCH$_2$CH$_2$NH$_2$	1		K	6880, 6882
		2		K	6880
	phen	1		K, uv	6881
		2		K	6881, 6882
	(o-H$_2$NC$_6$H$_4$CH=NCH$_2$)$_2$	1		uv	7028
	(o-H$_2$NC$_6$H$_4$CH=NCH$_2$CH$_2$)$_2$NH	1		uv	7028
2				msc	7029
2				msc	872, 7030
2			y-bw	cond, msc, nmr, uv	5713, 5714, 7031
2			ysh-bw	cond, msc, uv	5714
1				uv	7028
1				uv	7028

TABLE 3.99. (CONTINUED)

m	n	R	X
1	2	H	CN
			$C(CN)_3$
			$N(CN)_3$
			8-O-quin
			8-O-quin-3-Ph-4-Me
			o-$OC_6H_4CH=NH$
			o-$OC_6H_4CH=NMe$
			o-$OC_6H_4CH=N$-n-Pr
			o-$OC_6H_4CH=N$-i-Pr
			o-$OC_6H_4CH=N$-n-Bu
			o-$OC_6H_4CH=N$-cyclohexyl
			o-$OC_6H_4CH=NPh$
			o-$OC_6H_4CH=NC_6H_4Me$-o
			o-$OC_6H_4CH=NC_6H_3$-$2,5$-Me_2
			o-$OC_6H_4CH=NC_6H_3$-$2,6$-Me_2
			o-$OC_6H_4CH=NC_6H_3$-$2,6$-Et_2
			o-$OC_6H_4CH=NCH_2Ph$
			o-$OC_6H_4CMe=N$-n-Bu
			2-O-5-$MeC_6H_3N=NPh$
			$MeN(O)N=NPh$
			$EtN(O)N=NPh$
			$PhN(O)N=NPh$
			$MeN(O)N=C_6H_4Me$-m
			$MeN(O)N=C_6H_4Me$-p
			$PhN(O)N=NC_6H_4Me$-p
			$MeN(O)N=N$-2-$C_{10}H_7$
			1-HO-2-OC_6H_3-5-N=N-2'-$C_{10}H_7$
			2-$HOC_6H_4CH=NO$
			$MeC(=NOH)C(=NO)Me$
			$(o$-$OC_6H_4CH=NCH_2)_2$
			$(o$-$OC_6H_4CH=NCH_2)_2CH_2$
			o-$OC_6H_4CH=NCHMeCH_2N=CH$ C_6H_4O-o
			$(o$-$OC_6H_4CMe=NCH_2)_2$
			$(o$-$OC_6H_4CMe=NCH_2)_2CH_2$
			o-$(o$-$OC_6H_4CH=N)_2C_6H_4$
			$(o$-$OC_6H_4CH=NCH_2CH_2)_2NH$
			$(o$-$OC_6H_4CMe=NCH_2CH_2)_2NH$
			$[2$-O-5-$MeC_6H_3CPh=N(CH_2)_3]_2NH$
			$(o$-$OC_6H_4CH=NN=CMe)_2$
			p-$MeOC_6H_4NN=NC_6H_4OMe$-p
			o-OC_6H_4OMe
			$Me_2C=NOCMe_2N(O)N=NPh$
			$MeEtC=NOCMeEtN(O)N=NPh$
			$PhCH=NOCHPhN(O)N=NPh$
			$Me_2C=NOCMe_2N(O)N=NC_6H_4Me$-$p$
			2-O-3-$MeOC_6H_3CH=N(CH_2)_3OMe$
			2-O-3-$MeOC_6H_3CH=NC_6H_3$-$2',6'$-Me_2
			2-O-3-$MeOC_6H_3CH=NC_6H_3$-$2',6'$-Et_2
			$PhCOCHCH=NMe$
			$PhCOCHCH=NPh$

p	Y	q	Color and MP (°C)	Physicochemical Studies	Reference
2			pk, 305		7032
1				ir	877
1				ir	877
2	H$_2$O	2	ysh-g	ir, msc, uv	7033
2			bw, 133–135	msc	7034
2				K, nmr, th	7035
2				K, nmr, th	7036, 7037
2				K, th	7036
2				K, th	7036
2				K, msc, nmr, th	6892, 7029, 7036
2			dec 125	ir, msc	7038
2				K, th	301, 7036
2				K, th	7036
2				K, th	7036
2				uv	883
2				uv	883
2				msc, uv	1117
2				msc, nmr	7029
2				msc, nmr	7029
2			d-pk, 145		4964
2				msc, nmr, uv	7029
2			gy-g		4964
2			pk		4964
2			bw		4964
2			y-bw		4964
2			pk-bw		4964
2			bwsh-y		7101
2				K, msc, uv	7037, 7039–7042
2			bu-v		7043
1					7028, 7044
1				msc, nmr	7029, 7044
1					7044
1				uv	7028
1				msc, nmr	7029
1					7044
1				uv	7029
1				uv	7028
1			r-bw	ms, msc, uv	5626
1				K, th	7045
2			l-gsh-bw	cond, msc, uv	5714
2			bu-g	ir, msc, nmr	5726
2			pk-bw, 108		7046
2			l-bw, 80		7046
2			bw-y, 150–155		7046
2			l-bw, 110		7046
2					7047
2				uv	883
2				uv	883
2			dec 95	msc	7048
2			dec 40	msc	7048

TABLE 3.99. (CONTINUED)

m	n	R	X
1	2	H	MeCOCHCH=NC$_6$H$_4$Me-p
			PhCOCHCH=NC$_6$H$_4$Me-o
			PhCOCHCH=NC$_6$H$_4$Me-m
			PhCOCHCH=NC$_6$H$_4$Me-p
			MeCOCHCMe=NMe
			PhCOCHCMe=NMe
			MeCOCHCMe=NPh
			PhCOCHCMe=NPh
			MeCOCHCMe=NC$_6$H$_4$Me-p
			PhCOCHCMe=NC$_6$H$_4$Me-p
			MeCOCHCMe=NCH$_2$CH$_2$OH
			MeCOCHCPh=NCH$_2$CH$_2$OH
			PhCOCHCHO
			MeCOCHCOMe
			i-BuCOCHCO-i-Bu
			t-BuCOCHCO-t-Bu
			MeCOCHCOPh
			PhCOCHCOPh
			PhCOCHCOCH$_2$Ph
			MeCOCHCONHPh
			MeCOCHCONHC$_6$H$_4$Me-o
			MeCOCHCO$_2$Me
			MeCOCHCO$_2$Et
			MeCOCHCONHC$_6$H$_4$OMe-o
			MeCOCMeCOMe
			MeCOCEtCOMe
			MeCOC(n-Bu)COMe
			MeCOCPhCOMe
			MeCOC(C$_6$H$_4$Me-o)COMe
			MeCOC(C$_6$H$_4$Me-p)COMe
			MeCOC(CH$_2$Ph)COMe
			MeCOC(N=NPh)COMe
			MeCOC(N=NPh)CO$_2$Et

p	Y	q	Color and MP (°C)	Physicochemical Studies	Reference
2				msc	7048
2				msc	7048
2				msc	7048
2				msc	7048
2				nmr	7049
2				nmr	7049
2				nmr	7049
2				nmr	7049
2				nmr	7049
2				nmr	7049
2				cond, ir, msc, uv	5079, 7050
2				msc, uv	893
2			bwsh-g, 173–174	ir, uv	5075
2			v, bu, l-g, 183–184, 178–185, 188–190, 191–193	ca, epr, ir, K, msc, nmr, qch, th, tha, uv, xr	351, 361, 888, 1036, 3416, 3586, 4974, 5075, 5564, 5566, 5728, 5730, 5736, 6799, 6902, 6904, 6905, 7044, 7051–7072
2				K, th	6905
2				cal, K, qch, th	6905, 7060, 7073
2			g, d-g, 151–153, 161, 164, 170	cond, dm, ir, K, msc, qch, th, tha, uv	361, 2517, 5075, 6904, 7044, 7059, 7066, 7072, 7074–7076
2				K, th, uv	892, 1036, 6904, 7060, 7072, 7076, 7077
2				K, uv	6904
2			l-bu	cond, msc, uv	7078
2			l-bu	cond, msc, uv	7078
2			l-bu	cond, msc, uv	7079
2			bu, 164–165 dec	uv	5763, 7080
2			l-bush-g	cond, msc, uv	7078
2			r	K	7081
2			r	K	7081
2			r	K, th	7060, 7081
2			g	msc, uv	7082
2			g	msc, uv	7082
2			g	msc, uv	7082
2			r	K, th	7060, 7081
2			bw-r	msc, uv	5755
2			gsh-y, 200	msc, uv	5755

TABLE 3.99. (CONTINUED)

m	n	R	X
1	2	H	(see structures and list below)

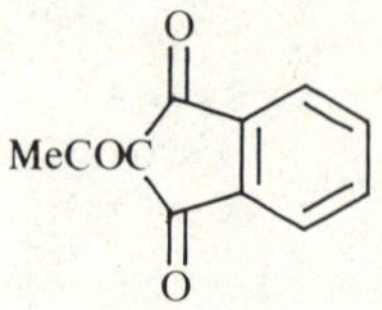

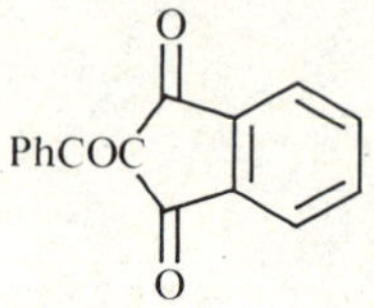

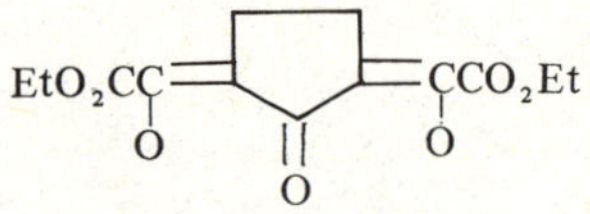

Structures for X:

MeCOC-(phthaloyl) [2-acetyl-1,3-dioxoisoindoline]

PhCOC-(phthaloyl) [2-benzoyl-1,3-dioxoisoindoline]

EtO₂CC(=O)—[cyclopentanone-2,5-diylidene]—CCO₂Et
(2,5-bis(ethoxycarbonylmethylene)cyclopentanone type)

Cyclopentyl₂C=NNCOPh
p-Me₂NC₆H₄CH=NNCOPh

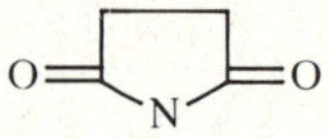

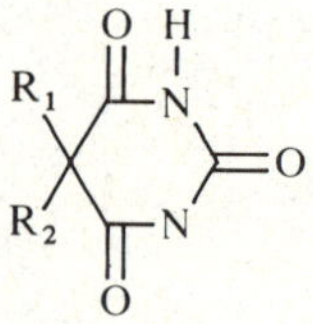

Succinimide (O=⟨N⟩=O, pyrrolidine-2,5-dione)

Barbiturate:

R₁	R₂
Et	Et
Et	i-Bu
Et	Ph
Ph	Ph

MeCONHNCOPh
[(EtO₂C)₂C=CHNCH₂]₂
o-[(EtO₂C)₂C=CHN]₂C₆H₄
(PhCONN=CMe)₂
(MeCOCHCMe=NCH₂)₂
(MeCOCHCPh=NCH₂)₂
(PhCOCHCMe=NCH₂)₂
(EtO₂CCHCMe=NCH₂)₂
(MeCOCHCMe=NCH₂)₂CH₂
(PhCOCHCMe=NCH₂)₂CH₂
MeCOCHCMe=NCHMeCH₂N=CMeCHCOMe
(MeCOCHCMe=NCH₂CH₂)₂NH
(MeCOCHCPh=NCH₂CH₂)₂NH
(PhCONN=CMe)₂
MeCOCHNO₂
EtCOCHNO₂
t-BuCOCHNO₂

p	Y	q	Color and MP (°C)	Physicochemical Studies	Reference
2			1-g, 152 dec	tha	361, 362
2			g, 140–142 dec, 182	tha	361, 362
1			o	ir, msc, xr	370
2				K, th	6908
2				K, th	6908
2				msc	7083
2				cond, ir, uv	901
2				cond, ir, uv	901
2				cond, ir, uv	901
2			g		902
2				cond, ir, uv	7084
1		bu-v		msc	7086
1		d-y		msc	7086
1				K, msc, th, uv	7085
1				uv	7028, 7044
1				uv	7028
1					7044
1					7044
1					7044
1					7044
1					7044
1				uv	7028
1				uv	7028
1				K	889
2			g, 190	ir, msc, uv, xr	5764
2			g, 209	ir, msc, uv, xr	5764
2			gysh-g, 175	ir, msc, uv, xr	5764

TABLE 3.99. (CONTINUED)

m	n	R	X
1	2	H	PhCOCHNO$_2$

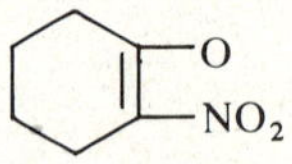

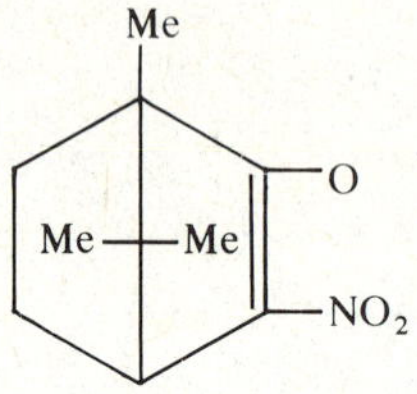

<to the right, structures and list:>

(cyclohexenone with NO$_2$)

(bicyclic ketone with three Me groups and NO$_2$)

PhCHCOC$_6$H$_4$NO$_2$-o
(Cyclopentyl)$_2$C=NNCOC$_6$H$_4$NO$_2$-p
p-Me$_2$NC$_6$H$_4$CH=NNCOC$_6$H$_4$NO$_2$-p
HCO$_2$
MeCO$_2$

EtCO$_2$
n-PrCO$_2$
i-PrCO$_2$
n-BuCO$_2$
Hexyl-CO$_2$
Me(CH$_2$)$_{14}$CO$_2$
Me(CH$_2$)$_{16}$CO$_2$

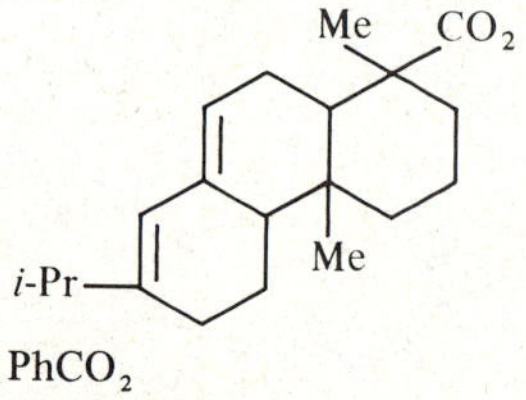

(diterpenoid tricyclic structure with Me, Me, CO$_2$, i-Pr substituents)

PhCO$_2$
CH$_2$=CPhCO$_2$
o-OC$_6$H$_4$CH=NCH$_2$CH$_2$Ph

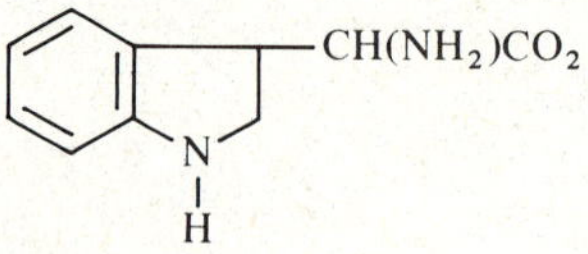

(indoline with —CH(NH$_2$)CO$_2$ substituent)

HCO$_3$
CH$_2$(OH)CO$_2$
MeCH(OH)CO$_2$

EtCH(OH)CO$_2$
o-HOC$_6$H$_4$CO$_2$

p	Y	q	Color and MP (°C)	Physicochemical Studies	Reference
2			l-g, dec 190	msc, uv	5765, 7087
2			y-g, 178	ir, msc, uv, xr	5764
2			gysh-g, 205	ir, msc, uv, xr	5764
2			y, 188	ir, msc, uv, xr	5764
2				K, th	6908
2				K, th	6908
2			g	cond, uv	7088
2			l-bu	cond, ir, msc, uv	5767, 5768
	H₂O	0.5	bu		7090
		2	gsh-bu, 140–141	ir, msc, uv, xr	7089, 7091, 7092
2				msc, uv	5767, 5768
2				msc, uv	5767, 5768
2				msc, uv	5767
2					5767
2				dc	7093
2					400
2			g, 85.4		399, 400
2				dc, K	404
2			l-bu	ir, msc, uv, xr	7089
2	EtOH	1	g, 150–154		7091
1					
1					351
2	H₂O	2			7094
2	H₂O	2	bu	ir, msc, uv	7033
2	H₂O	2	bu	epr, ir, msc, tha, uv	414, 7033
2			bu-v	ir, msc, uv	7043
2				dc, K	936, 941

TABLE 3.99. (CONTINUED)

m	n	R	X
1	2	H	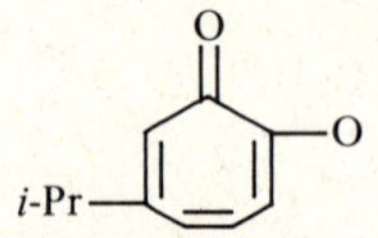 *(3-i-Pr-6-oxo-cyclohexa-2,4-dien-1-olate)*
			$PhOCH_2CO_2$
			O_2CCO_2
			$O_2CCH_2CO_2$
			$O_2C(CH_2)_4CO_2$
			$o\text{-}OC_6H_4CHO$
			$2\text{-}O\text{-}5\text{-}MeC_6H_3CHO$
			$2\text{-}O\text{-}3\text{-}MeC_6H_3CHO$
			$\{2\text{-}OC_{10}H_6\text{-}1\text{-}CHO$
			$\ o\text{-}OC_6H_4COMe$
			$2\text{-}O\text{-}4\text{-}MeOC_6H_3COMe$
			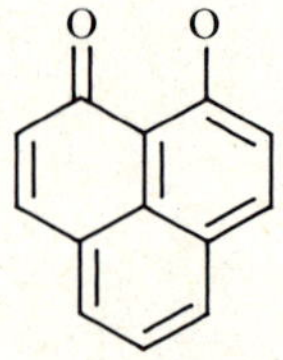 *(1,9-dihydroxyphenalene-dione)*
			$3\text{-}O\text{-}4\text{-}MeOC_6H_3CHO$
			$4\text{-}O\text{-}3\text{-}MeOC_6H_3CHO$
			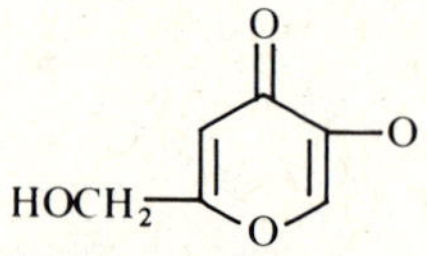 *(3-hydroxy-6-hydroxymethyl-4H-pyran-4-one)*
			$HN(CH_2CO_2)_2$
			$HOCH_2CH_2N(CH_2CO_2)_2$
			$\{\overline{}$
			$\ N(CH_2CO_2)_3$
			NO_2
			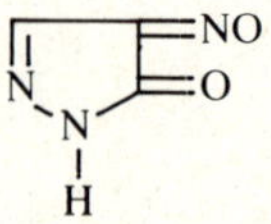 *(4-nitroso-pyrazol-3-one)*
			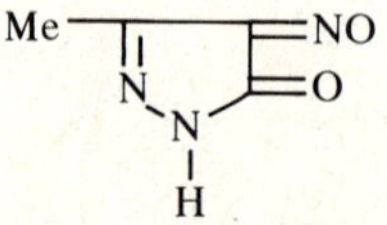 *(5-methyl-4-nitroso-pyrazol-3-one)*
			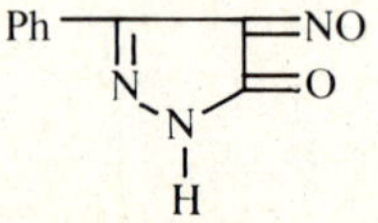 *(5-phenyl-4-nitroso-pyrazol-3-one)*

p	Y	q	Color and MP (°C)	Physicochemical Studies	Reference
2			d-g	msc, nmr, uv	6967
2	H$_2$O	2	l-bu		7096
1			l-bu	ir, K, msc, th	5770, 7097, 7098
1				K	6985
1			bu-g		951
2			ysh-g, 125	cond, ir, nmr	5628, 5775, 7099
2				nmr	5775
2				ir	5628, 5775
1			g	msc, uv	7100
1					
2			g		957
2			o, > 350	nmr	4696
2			1-g	ir, msc, nmr	5726
2			g	ir, msc, nmr, uv	5726, 5727
2			gy-g	msc	5784
1	NH$_3$	1		K	6911
	H$_2$O	1		K	6911
1				K	6911
1				K, p	6911
1					
2	PhH	1–3	d-pp	ir, msc	7012
	H$_2$O	2	gsh-bu, 102–104	msc	963, 964, 5781, 7097
2			d-g	tha	4694
2			d-g	tha	4694
2			d-g	tha	4694

TABLE 3.99. (CONTINUED)

m	n	R	X
1	2	H	(pyrazolone with =NO, =O, N-Ph)
			$(MeCO)_2C=NO$
			$2\text{-}O\text{-}5\text{-}MeC_6H_3N=O$
			$2\text{-}O\text{-}5\text{-}t\text{-}BuC_6H_3N=O$
			$o\text{-}OC_6H_4N=CHCH(CO_2Et)COMe$
			$o\text{-}OC_6H_4N=CHC(CO_2Et)COMe$
			$o\text{-}OC_6H_4CH=NC_6H_4CO_2\text{-}o$
			$(o\text{-}OC_6H_4CH=NNHCH_2CO)_2$
			$1\text{-}OC_{10}H_6\text{-}2\text{-}N=NC_6H_4CO_2\text{-}o$
			$MeN(O)N=NC_6H_4CO_2\text{-}o$
			NO_3
			$o\text{-}OC_6H_4NO_2$
			$2,6\text{-}Me_2C_6H_3N=CHC_6H_3\text{-}2'\text{-}O\text{-}3'\text{-}NO_2$
			$2,6\text{-}Et_2C_6H_3N=CHC_6H_3\text{-}2'\text{-}O\text{-}3'\text{-}NO_2$
			$2,6\text{-}Me_2C_6H_3N=CHC_6H_3\text{-}2'\text{-}O\text{-}5'\text{-}NO_2$
			$2,6\text{-}Et_2C_6H_3N=CHC_6H_3\text{-}2'\text{-}O\text{-}5'\text{-}NO_2$
			$3\text{-}MeO\text{-}4\text{-}OC_6H_3NO_2$
			$2,4\text{-}(HO)_2\text{-}5\text{-}O_2NC_6H_2CMe=NO$
			(pyrazolone with =NO, =O, N-$C_6H_4NO_2$-p)
			$2\text{-}HO\text{-}4\text{-}O_2NC_6H_3CH=NO$
			$(MeO)_2PO_2$
			$(EtO)_2PO_2$
			(benzimidazole-2-thiol)
			8-S-quin
			$o\text{-}SC_6H_4CO_2Me$
			(quinoxaline-2,3-dithiol)
			(thiazolidine-CHCOR$_1$)
			$R_1 = Me$

p	Y	q	Color and MP (°C)	Physicochemical Studies	Reference
2			ol-bw	tha	4694
2			gy-g		7103
2				ms, tha, uv	7104
2				ms, tha, uv	7104
2				tha	6912
1				tha	6912
1				ir, msc	6913
1				K	7105
1			r		947
1	H$_2$O	1	bush-g g	ir, msc, tha	7095
2				ca, ir, K, msc, tha	500, 503, 967, 975, 7106–7108
	H$_2$O	2	bu, dec 300	ir, msc, tha, **xr**	968, 7033, 7106–7109
2				ir, nmr	5777
2				nmr, uv	6915
2				nmr, uv	6915
2				uv	883
2				uv	883
2			g	uv	5776
2				ir, msc, uv, xr	7110
2				tha	4694
2			r		7111
2				msc	7112
2				msc	7112
2					2428
2				uv	7113
2			d-y		7114
2				uv	5102
2			bu, 223–225 dec	msc	2424

TABLE 3.99. (CONTINUED)

m	n	R	X
1	2	H	R_1 = Ph
			R_1 = C_6H_4Me-p

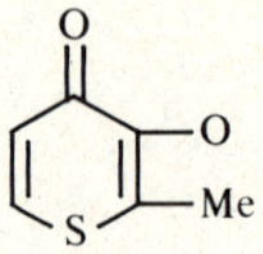

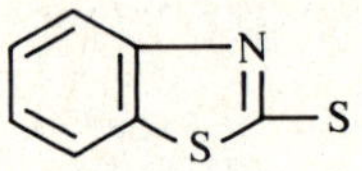

(pyranone-thiopyranone structure with O, Me substituents)

(benzothiazole-2-thione structure)

MeCSCHCOMe
PhCSCHCOMe
MeCSCHCO$_2$Me
MeCSCHCO$_2$Et
PhCSCHCO$_2$Et
EtOCSCHCO$_2$Et

PhCOCHCS$_2$Me
p-MeC$_6$H$_4$COCHCS$_2$Me
p-MeOC$_6$H$_4$COCHCS$_2$Me
thioph-2-COCHCS$_2$Me
MeCSCHCSMe
MeCSCHCSPh
PhNHCSC(CN)P(OEt)$_2$O
p-MeC$_6$H$_4$NHCSC(CN)P(OEt)$_2$O
p-MeOC$_6$H$_4$NHCSC(CN)P(OEt)$_2$O
PhNHCSC(CO$_2$Et)P(OEt)$_2$O
p-MeC$_6$H$_4$NHCSC(CO$_2$Et)P(OEt)$_2$O
p-MeOC$_6$H$_4$NHCSC(CO$_2$Et)P(OEt)$_2$O
p-O$_2$NC$_6$H$_4$NHCSC(CO$_2$Et)P(OEt)$_2$O
NCS

EtNCSNCOPh
n-Pr$_2$NCSNCOPh
i-Bu$_2$NCSNCOPh

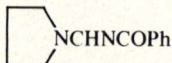NCHNCOPh

p	Y	q	Color and MP (°C)	Physicochemical Studies	Reference
2			gy-g, 249–251 dec	msc	2424
2			1-gy, 239–295 dec	msc	2424
2			bw	msc	7115
2			g	ir, msc, uv	981–2428, 2529
2				nmr	7049
2			bw	ir, msc, qch, uv	7067, 7116
2			g	ir, msc, uv	7116
2			g	ir, msc, uv	7116
2			ysh-bw	ir, msc, uv	7116
2			1-g	cond, ir, K, msc, th, uv	7117, 7118
2				ir, msc	7119
2				ir, msc	7119
2				ir, msc	7119
2				ir, msc	7119
2				ir, uv	7065
2				K, uv	6920
2			136	ir	7120
2			154–155	ir	7120
2			180 dec	ir	7123
2			86–90 dec	ir	7120
2			105 dec	ir	7120
2			111 dec	ir	7120
2			154 dec	ir	7120
2			bu-g, dec 259	ca, ir, K, msc, th, tha	311, 448, 449, 496, 500, 503, 967, 975, 986, 990, 991, 1002, 1003, 1007, 1009, 2518, 4698, 4700, 5781, 6957, 7030, 7097, 7121–7125
	$H_2NCH_2CH_2NH_2$	1	bu		7126
2				ir, msc	7127
2				ir, msc	7127
2				ir, msc	7127
2				ir, msc	7127

TABLE 3.99. (CONTINUED)

m	n	R	X
1	2	H	 C₅H₁₀N–NCSNCOPh (piperidyl)
			O(C₄H₈N)–NCSNCOPh (morpholinyl)
			PhCH=NNCS₂Me
			p-MeOC₆H₄N=C(SMe)NSPPh₂
			HNCSCSNH
			MeCSO
			PhCSO
			Me₂NCSO
			Et₂NCSO
			n-Pr₂NCSO
			n-Bu₂NCSO
			(C₄H₈)NCSO (pyrrolidyl)
			{ o-OC₆H₄ONa ; HSCH₂CSO }
			{ o-OC₆H₄ONa ; HSCHMeCSO }
			t-BuCS₂
			PhCS₂
			p-MeC₆H₄CS₂
			PhCH₂CS₂
			cyclopentyl(NH₂)–CS₂
			Et₂NCS₂
			n-Pr₂NCS₂
			n-Bu₂NCS₂
			MeOCS₂
			EtOCS₂
			n-PrOCS₂
			i-PrOCS₂
			n-BuOCS₂
			i-BuOCS₂
			Pentyl-OCS₂
			t-BuCH₂OCS₂

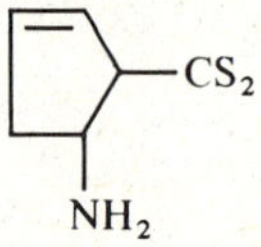

- PhCH=NNCS$_2$Me
- p-MeOC$_6$H$_4$N=C(SMe)NSPPh$_2$
- Me$_2$NCSO, Et$_2$NCSO, n-Pr$_2$NCSO, n-Bu$_2$NCSO
- o-OC$_6$H$_4$ONa, HSCH$_2$CSO, HSCHMeCSO
- t-BuCS$_2$, PhCS$_2$, p-MeC$_6$H$_4$CS$_2$, PhCH$_2$CS$_2$
- Et$_2$NCS$_2$, n-Pr$_2$NCS$_2$, n-Bu$_2$NCS$_2$
- MeOCS$_2$, EtOCS$_2$, n-PrOCS$_2$, i-PrOCS$_2$, n-BuOCS$_2$, i-BuOCS$_2$, Pentyl-OCS$_2$, t-BuCH$_2$OCS$_2$

p	Y	q	Color and MP (°C)	Physicochemical Studies	Reference
2				ir, msc	7127
2				ir, msc	7127
2				K, msc, th	6932
2			l-g, 128–130		7128
1					7129
2			l-g	ir, msc, xr	7130, 7131
2			l-g, g, r-bw	cond, ir, msc, uv, xr	26, 930, 2428, 7130, 7132, 7133
2				ir, uv	7134
2				ir, uv	7134
2				ir, msc, uv	7134
2				ir, uv	7134
2				ir, ms, uv	7134
1	H$_2$O	2		ir, uv	7135
1					
1				ir, uv	7135
1					
2				uv	7136
2				K, th	7136, 7137
2				uv	7136
2			g	uv, xr	2428, 7138
2				ir, nmr, xr	7139
2				K, th, tha, uv	2430, 2540, 7137, 7140
2				K, th	7140
2				K, th	7140
2				ir, K, th	5372, 7141
2			137	ir, K, nmr, th, tha, uv	28, 2430, 2540, 5372, 6937, 7137, 7141–7147
2			g	ir, K, th	5372, 5806, 7141
2				K, th	7141
2			g	ir, nmr	5372, 5806, 7148
2				K, th	7141
2			l-g	ir, nmr	5806, 7148
2				ir, nmr	7147

TABLE 3.99. (CONTINUED)

m	n	R	X
1	2	H	Hexyl-OCS$_2$
			Hexadecyl-OCS$_2$
			Cyclohexyl-OCS$_2$
			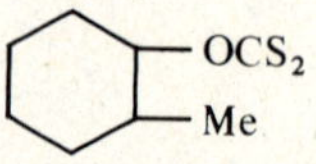 2-methylcyclohexyl-OCS$_2$
			PhCH$_2$OCS$_2$
			PhCH$_2$CH$_2$OCS$_2$
			MeOCH$_2$CH$_2$OCS$_2$
			EtSCS$_2$
			Et$_2$PS$_2$
			Ph$_2$PS$_2$
			(o-MeC$_6$H$_4$)$_2$PS$_2$
			(p-MeC$_6$H$_4$)$_2$PS$_2$
			(MeO)$_2$PS$_2$
			(EtO)$_2$PS$_2$
			(n-PrO)$_2$PS$_2$
			(i-PrO)$_2$PS$_2$
			(n-BuO)$_2$PS$_2$
			(i-BuO)$_2$PS$_2$
			(s-BuO)$_2$PS$_2$
			(Hexyl-O)$_2$PS$_2$
			p-MeOC$_6$H$_4$P(CH=CH$_2$)S$_2$
			p-EtOC$_6$H$_4$P(CH=CH$_2$)S$_2$
			Me$_2$AsS$_2$
			p-MeC$_6$H$_4$SO$_2$
			C(SO$_2$Et)$_3$
			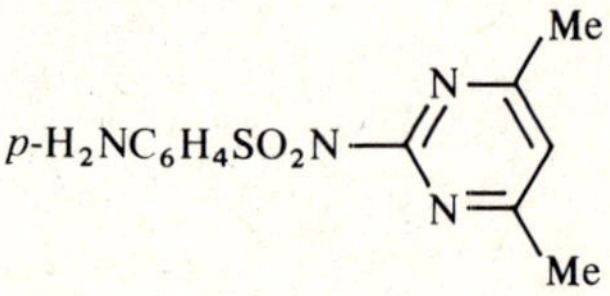 p-H$_2$NC$_6$H$_4$SO$_2$N-(4,6-dimethylpyrimidin-2-yl)
			SO$_4$
			NCSe

p	Y	q	Color and MP (°C)	Physicochemical Studies	Reference
2				K, th	7141
2			g		5806
2				K, th	7141
2				K, th	7141
2			g		5806, 7141
2				ir, K, nmr, th	7147
2				ir, nmr	7147
2			gysh-g, dec 95	ir	7038
2			g, 125 dec	ir, K, msc, nmr, uv	5807, 7143
2			l-g, 160 dec	cond, qch, uv, xr	6970, 7149, 7151
2			gsh, y	msc	6971
2				nmr	5592
2			g, 117 dec	ir, msc, nmr, tha, uv	7143, 7152
2			g, 135 dec	ir, K, msc, nmr, qch, th, tha, uv, xr	2430, 2540, 2948, 5372, 6937, 6939, 7143, 7144, 7149, 7152–7156
2				K, th, nmr	7143, 7144
2			g	nmr, uv	7143, 7157
2				ir, nmr, uv	7143
2				ir, nmr, uv	7143
2				ir, nmr, uv	7143
2			g, 150 dec	ir, nmr, uv	7152
2			145.5		7158
2			132		7158
2			l-g, dec 95	ir, msc, uv	7159
2			g, 219	ir, msc, uv	4703
2			l-bu	ir, msc, uv	4704
2	H$_2$O	x			1022
1				tha	4238, 6942
	H$_2$NC(=NH)NH— (benzimidazole structure)	1		msc, uv	7162
	H$_2$O	2		cond, msc	6942, 6959, 7160
	(H$_2$N)$_2$CS	2		msc	6959
	MeOH	1	l-g	msc, uv	7161
	(H$_2$N)$_2$CS	2			
2				ir, tha	2953

TABLE 3.99. (CONTINUED)

m	n	R	X
1	2	H	EtOCSe$_2$
			SeO$_4$
			$\begin{cases} C_5H_5 \\ BF_4 \end{cases}$
			MeCOCHCOCF$_3$
			PhCOCHCOCF$_3$
			thioph-2-COCHCOCF$_3$
			MeCSCHCOCF$_3$
			PhCSCHCOCF$_3$
			m-MeC$_6$H$_4$CSCHCOCF$_3$
			p-MeC$_6$H$_4$CSCHCOCF$_3$
			C$_{10}$H$_7$-2-CSCHCOCF$_3$
			p-MeOC$_6$H$_4$CSCHCOCF$_3$
			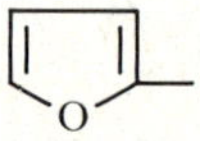 (furan-2-yl)—CSCHCOCF$_3$
			thioph-2-CSCHCOCF$_3$
			$\begin{cases} + \\ CF_3COCHCOCF_3 \end{cases}$
			CF$_3$COCHCOCF$_3$
			CF$_3$COCHCOCF$_3$
			CF$_3$CO$_2$
			(C$_6$F$_5$CHMeO)$_2$PS$_2$
			$\begin{cases} NO_2 \\ Cl \end{cases}$
			$\begin{cases} \text{(1,3,4-thiadiazole-2,5-diyldithio)} \\ Cl \end{cases}$
			Cl

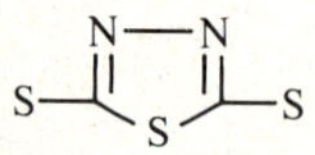

p	Y	q	Color and MP (°C)	Physicochemical Studies	Reference
2				nmr	7149
1				tha	6942
	H$_2$O	2		tha	6942
1					7163
1					
2			200–202	ir, K, th	1036, 7051, 7076
2				nmr	1036, 5812
2				dc, ir, K, tha	1168, 2454, 5813, 7164, 7165
2			g, 148	ir, K, msc, th, uv	476, 2454
2			g, 148	ir, K, msc, th, uv	476, 2454
2			g, 140	ir, msc	7166
2			g, 158	ir	7167
2			g, 152–153	ir, msc	7166
2			g, 138	ir	7167
2			g, 193	ir	7167
2			ysh-g, 173	ir, msc, uv	2454
1				K, ms	1034
1					
2			110	ir, K, ms, th, uv	1036, 1037, 7051, 7076
	NH$_3$	1		K	271
2	NH$_3$	2		K	271
		3		K	271
	{ NH$_3$	1			6880
	H$_2$NCH$_2$CH$_2$NH$_2$	1			
2			g-bu	ir, msc, nmr, qch, uv	1038, 1115, 5820, 7168
2			g, 155	ir, msc, uv	7152
1			gsh, 213–214	cond, msc	7097
1					
1			gysh-g	ir, msc, uv	7169
1					
2			y-g, l-g, 203–204	ca, ir, K, moe, msc, nqr, p, ram, th, tha, uv	496, 500, 503, 507, 967, 968, 975, 994, 995, 998, 1014, 1052, 1053, 1061, 1068, 1072, 1074, 1087, 1088, 1102, 1103,

TABLE 3.99. (CONTINUED)

m	n	R	X
1	2	H	Cl

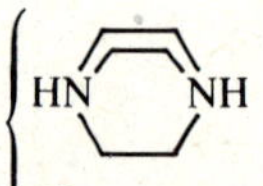

{HN−NH piperazine}·Cl

MeCOCClCOMe
m-ClC$_6$H$_4$CSCHCOCF$_3$
p-ClC$_6$H$_4$COCHCS$_2$Me
p-ClC$_6$H$_4$CSCHCOCF$_3$
3,4-Cl$_2$C$_6$H$_4$CSCHCOCF$_3$
o-ClC$_6$H$_4$NHCOCHCOMe
p-ClC$_6$H$_4$NN=NC$_6$H$_4$Cl-p
CHCl$_2$CO$_2$
CCl$_3$CO$_2$
2,6-Cl$_2$C$_6$H$_3$O

2-O-5-ClC$_6$H$_3$CH=NMe
2-O-5-ClC$_6$H$_3$CH=N-i-Pr
2-O-5-ClC$_6$H$_3$CH=N-n-Bu
2-O-5-ClC$_6$H$_3$CH=NPh
2-O-5-ClC$_6$H$_3$CH=NC$_6$H$_3$-2′,6′-Me$_2$
2-O-5-ClC$_6$H$_3$CH=NCHPh$_2$
2-O-5-ClC$_6$H$_3$CPh=N-n-Bu
2-O-5-ClC$_6$H$_3$CPh=N-hexyl
2-O-5-ClC$_6$H$_3$CPh=NPh
2-O-5-ClC$_6$H$_3$CPh=NC$_6$H$_3$-2′,6′-Me$_2$
2-O-5-ClC$_6$H$_3$CPh=NCH$_2$Ph
2-O-5-ClC$_6$H$_3$CHO
2-O-5-ClC$_6$H$_3$NO

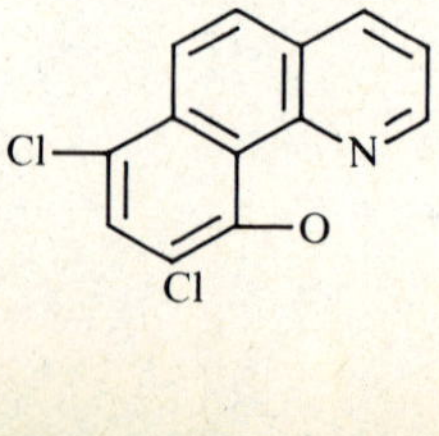

[dichloro-8-hydroxyquinoline structure]

p	Y	q	Color and MP (°C)	Physicochemical Studies	Reference
2			y-g, l-g, 203–204	ca, ir, K, moe, msc, nqr, p, ram, th, tha, uv	1105, 1107, 2563, 2565, 4713, 4716, 4718–4720, 4725, 5106, 5123, 5597, 5604, 5781, 5821, 6627, 6922, 6947–6954, 6956, 7030, 7097, 7171–7181, 7183
2	H$_2$N(CH$_2$)$_3$NH$_2$	2			7184
	H$_2$O	2		K	1109
	(H$_2$N)$_2$CS	2	gsh-y, 177–178	msc	7161
	{ MeOH	2		cond, msc	6959, 7160
	(H$_2$N)$_2$CS	2			
	(H$_2$N)$_2$CS	4		msc	6959
1				tha	7185
4					
2			v-r	msc, uv	7082
2			g, 179	ir, msc	7166
2				ir, msc	7119
2			g, 154	ir, msc	7166
2			g, 181	ir, msc	7166
2			l-bu	cond, msc, uv	7036
2			ysh-g	cond, msc, uv	5714
2			g-bu	cond, ir, uv	1115, 5768
2				msc, tha, uv	1038
2			y	uv	5776
2	H$_2$O	4	bu	uv	5776
2				K, th	7036
2				K, th	7036
2				K, th	6892, 7036
2				K, th	7036
2				K, th	883
2				K, th	1117
2				K, th	6892, 7036
2				K, th	7036
2				K, th	7036
2				K, th	7036
2				K, th	7036
2				ir	5628
2				ms, tha, uv	7104
2			bwsh-o		5891

TABLE 3.99. (CONTINUED)

m	n	R	X
1	2	H	2-O-3,5-Cl$_2$C$_6$H$_2$CHO
			2-O-3,5-Cl$_2$C$_6$H$_2$CH=NC$_6$H$_3$-2',6'-Et$_2$
			p-ClC$_6$H$_4$CO$_2$
			2-O-5-ClC$_6$H$_3$CH=NC$_6$H$_3$-2',6'-Cl$_2$
			(2-O-5-ClC$_6$H$_3$CPh=NCH$_2$)$_2$CH$_2$
			(2-O-5-ClC$_6$H$_3$CPh=NCH$_2$CH$_2$)$_2$
			(2-O-5-ClC$_6$H$_3$CPh=NCH$_2$CH$_2$)$_2$CH$_2$
			[2-O-5-ClC$_6$H$_3$CPh=N(CH$_2$)$_3$]$_2$
			[2-O-5-ClC$_6$H$_3$CPh=N(CH$_2$)$_3$]$_2$CH$_2$
			[2-O-5-ClC$_6$H$_3$CPh=N(CH$_2$)$_4$]$_2$
			[2-O-5-ClC$_6$H$_3$CPh=N(CH$_2$)$_4$]$_2$CH$_2$
			[2-O-5-ClC$_6$H$_3$CPh=N(CH$_2$)$_5$]$_2$
			o-ClC$_6$H$_4$OCH$_2$CO$_2$
			m-ClC$_6$H$_4$OCH$_2$CO$_2$
			p-ClC$_6$H$_4$OCH$_2$CO$_2$
			2,4-Cl$_2$C$_6$H$_3$OCH$_2$CO$_2$
			2,4,5-Cl$_2$C$_6$H$_2$OCH$_2$CO$_2$
			ClO$_4$
			{ NO$_2$ / Br }
			Br
			Br
			{ [H$_2$N(CH$_2$CH$_2$)$_2$NH$_2$]$^{2+}$ / Br }
			m-BrC$_6$H$_4$CSCHCOCF$_3$
			p-BrC$_6$H$_4$CSCHCOCF$_3$
			p-BrC$_6$H$_4$NHCSC(CN)P(OEt)$_2$O
			p-BrC$_6$H$_4$NHCSC(CO$_2$Et)P(OEt)$_2$O

p	Y	q	Color and MP (°C)	Physicochemical Studies	Reference
2				ir	5628
2				nmr, uv	6915
2			g	ir, msc, uv	7089
2				uv	883
1			bw	msc, uv	7182
1			y	msc, uv	7182
1			y-g	msc, uv	7182
1			y-g	msc, uv	7182
1			y-g	msc, uv	7182
1			y-g	msc, uv	7182
1			y-g	msc, uv	7182
1			y-g	msc, uv	7182
2	H_2O	2			7096
2	H_2O	2			7096
2	H_2O	2	l-bu	ir, msc, uv	7096
2					7096
2					7096
2			l-g, 229–243	ir, tha	2361, 5124
	$(H_2NCH_2CH_2NHCH_2)_2$	1		msc, uv	6958
	$H_2NCHPhCHPhNH_2$	2	bu, dec 70	msc, uv	7187
	$Me_2C=N(CH_2)_3N=CMe_2$	2	l-bu-v		7186
	H_2O	1			
1	H_2O	2	g, 204–205	msc	5781, 7097
1					
2			y, y-g, 223–224	ir, K, msc, ram, th, tha, uv, xr	110, 500, 503, 507, 1061, 1072, 1074, 1088, 4713, 4716, 4718–4720, 5123, 5781, 6948, 6950, 6951, 7030, 7097, 7171–7173, 7175, 7178, 7179, 7181
2	$H_2NC(=NH)NH$-benzimidazolyl	1		msc, uv	7162
	$(H_2N)_2CS$	4		cond, msc	6959, 7160
1				tha	7185
4					
2			g, 157	ir, msc	7166
2			ysh-g, 151	ir, msc	7167
2			160–165 dec	ir	7120
2			135 dec	ir	7120

TABLE 3.99. (CONTINUED)

m	n	R	X
1	2	H	Pentyl-CHBrCO$_2$
			2-O-3-BrC$_6$H$_3$CH=NC$_6$H$_3$-2,6-Me$_2$
			2-O-5-BrC$_6$H$_3$CH=NC$_6$H$_3$-2,6-Et$_2$
			2-O-5-BrC$_6$H$_3$CH=NCHPh$_2$
			2-O-5-BrC$_6$H$_3$NO
			2-O-3,5-Br$_2$C$_6$H$_2$CHO
			I
			2-O-3,5-I$_2$C$_6$H$_2$CHO
			Cd(SeCN)$_4$
			Hg(SCN)$_4$
			Hg(SeCN)$_4$
			MoO$_4$
			CN
			NO
			Fe
			+
		2-Me	C(CN)$_3$
			N(CN)$_2$
			pyrrole-CH=N-n-Pr
			o-HOC$_6$H$_4$CH=NO
			(o-OC$_6$H$_4$CH=NN=CMe)$_2$
			MeCOCHCOMe
			MeCOCHCOPh
			PhCOCHCOPh
			MeCOCPhCOMe
			MeCOC(C$_6$H$_4$Me-o)COMe
			PhCONN=CMeCMe=NNCOPh
			(PhCONN=CMe)$_2$
			PhNN=N(O)Et
			PhCOCHNO$_2$
			MeCO$_2$
			Me(CH$_2$)$_{14}$CO$_2$
			Me(CH$_2$)$_{16}$CO$_2$
			PhCO$_2$
			PhOCH$_2$CO$_2$
			NO$_2$
			o-OC$_6$H$_4$CH=NC$_6$H$_4$CO$_2$-o
			NO$_3$
			o-OC$_6$H$_4$NO$_2$

p	Y	q	Color and MP (°C)	Physicochemical Studies	Reference
2				dc, K	1898, 7093
2				nmr, uv	6915
2				nmr, uv	6915
2			ol-g	msc, uv	1117
2				ms, tha, uv	7104
2				ir	5628
2			d-g, g	dm, ir, msc, nmr, th, tha, uv	351, 1062, 1072, 2519, 4173, 4716, 4718, 6950, 6951, 7030, 7188–7191
	MeCN	2		ir	7192, 7193
2				ir	6528
1			l-bu, 170	ir, uv	5888
1			g	ir, msc, uv, xr	1132
1			l-bu, 230 dec	ir, uv	5888
1	H_2O	2	pk		4518
5					
1			l-y, l-g		1135
1					
2				K, nmr, p, qch	5505, 7134
2				msc, uv	5896
2				msc, uv	5896
2				dm, nmr, uv	7029
2				K, msc, th, uv	7039–7042, 7195
1				K	7045
2			bu	ir, K, nmr, uv	511, 1095, 5566, 7196, 7197
2			g, 138	cond, ir, K, msc, uv	511, 7075
2				K, uv	511
2			g	msc, uv	7082
2			g	msc, uv	7082
1				K, msc, th, uv	7085
1				K	889
2				dm, nmr, uv	7029
2			l-g, 224	uv, xr	521
2			l-g-bu	ir, msc, uv	7089
2			bu		5052
2			bu		5052
2			g	ir, msc, uv, **xr**	7089, 7198
2	H_2O	3		cond	7096
2			g, 150 dec	ir, msc, tha, uv	7199, 7200
1				ir, msc	6907
2			g	cond, ir, msc, qch, uv, xr	1147, 6972, 7030, 7201, 7202
2				ir, nmr	5777

TABLE 3.99. (CONTINUED)

m	n	R	X
1	2	2-Me	o-O$_2$CC$_6$H$_4$NO$_2$
			o-OC$_6$H$_4$CH=NC$_6$H$_4$S-o
			NCS
			PhCSO
			Me$_2$NCSO
			n-Pr$_2$NCSO
			EtOCS$_2$
			(i-PrO)$_2$PS$_2$
			SO$_4$
			BF$_4$
			thioph-2-COCHCOCF$_3$
			Cl
			Cl
			MeCOCClCOMe
			p-ClC$_6$H$_4$CO$_2$
			ClO$_4$
			Br
			I
		3-Me	+
			N$_3$
			N(CN)$_2$
			o-OC$_6$H$_4$CH=NH
			8-O-quin
			o-HOC$_6$H$_4$CH=NO
			(o-OC$_6$H$_4$CH=NN=CMe)$_2$
			o-OC$_6$H$_4$OMe
			MeCOCHCOMe
			MeCOCHCOPh
			PhCOCHCOPh
			MeCOCHCONHPh
			MeCOCHCONHC$_6$H$_4$Me-o
			MeCOCHCO$_2$Me
			MeCOCHCONHC$_6$H$_4$OMe-o

p	Y	q	Color and MP (°C)	Physicochemical Studies	Reference
2				ir, msc, uv	7089
2				ir, K, msc, tha, uv	6969
2			g, 165 dec	K, th, tha, xr	5898, 7121, 7123, 7125, 7203–7205
2			gy-g	cond, ir, msc	7130, 7133
2				nmr, uv	7206
2				nmr, uv	7206
2				K, uv	7142, 7145
2			g	nmr, uv	7157
1				K, th	2453
2				K, th	5859
2				dc, K, tha	2454, 5813, 7164
2			d-bu	ir, K, msc, nmr, p, uv	1062, 1100, 4713, 4716, 5462, 6949, 6972, 7030, 7176, 7207
2	H$_2$NCH$_2$CH$_2$NH$_2$	1			7184
	H$_2$O	2		K	1109
2			bu-g	msc, uv	7082
2			g	ir, msc, uv	7089
2	H$_2$NCHPhCHPhNH$_2$	1	y (meso) bu (racemic)	msc, uv	7187
2			d-bu	ir, msc, tha, uv	1062, 1100, 4713, 6949, 6972, 7030
2			d-g	ir, msc, uv	4713, 6972, 7030, 7189
2				K, p, nmr, qch	274, 2186, 2909, 5505, 7194
2				uv	7030
2			1-bu	msc, uv	7208
2				nmr	7035
2	H$_2$O	2	ysh-g	ir, msc, uv	7033
2				K, msc, uv	7040–7042
1				K, th	7045
2			bu-g	ir, msc, nmr	5726
2			bush-v, 191–193	K, nmr, tha, uv	361, 362, 1760, 5566, 7056, 7059, 7060, 7066, 7196, 7197
2			gy-g, 167	ir, tha, uv	361, 362, 1760, 7059, 7075
2				tha, uv	361, 7077
2			1-bush-g	cond, msc, uv	7078
2			1-bu	cond, msc, uv	7078
2			1-bu	ir, msc, uv	7079
2			bush-g	cond, msc, uv	7078

TABLE 3.99. (CONTINUED)

m	n	R	X
1	2	3-Me	(structure: MeCO-substituted indane-1,3-dione)
			(structure: PhCO-substituted indane-1,3-dione)
			PhCONN=CMeCMe=NNCOPh
			Me(CH$_2$)$_{14}$CO$_2$
			Me(CH$_2$)$_{16}$CO$_2$
			CH$_2$(OH)CO$_2$
			MeCH(OH)CO$_2$
			PhOCH$_2$CO$_2$
			O$_2$CCO$_2$
			o-OC$_6$H$_4$CHO
			2-O-3-MeC$_6$H$_3$CHO
			2-O-5-MeC$_6$H$_3$CHO
			2-O-4-MeOC$_6$H$_3$CHO
			(structure: HOCH$_2$-substituted pyranone with O substituent)
			NO$_2$
			o-OC$_6$H$_4$CH=NN(COMe)NHCOMe
			NO$_3$
			o-OC$_6$H$_4$NO$_2$
			(MeO)$_2$PO$_2$
			(EtO)$_2$PO$_2$
			o-OC$_6$H$_4$ONa
			HSCH$_2$CO$_2$
			o-OC$_6$H$_4$ONa
			MeCH(SH)CO$_2$
			o-OC$_6$H$_4$CH=NC$_6$H$_4$S-o
			EtOCSCHCO$_2$Et
			NCS
			MeCSO
			PhCSO
			EtOCS$_2$
			n-BuOCS$_2$
			Pentyl-OCS$_2$

p	Y	q	Color and MP (°C)	Physicochemical Studies	Reference
2				tha	362
2				tha	361, 362
1				K, msc, th, uv	7085
2			bu, l-bw-g		5052, 7210
2			bu, l-bw-g		5052, 7210
2	H_2O	2	bu	msc, uv	7033
2	H_2O	2	bu	msc, uv	7033
2	H_2O	2	l-bu	cond	7096
1			l-bu	ir, msc, th, uv	1166, 5770
2			l-bw, 177	cond, nmr	5775, 7099
2				nmr	5775
2				nmr	5775
2			g	ir, msc, nmr	5726
2			gy-g	msc, uv	5784
2			gy	ir, msc	7102
	PhH	1/3	d-v-r	ir, msc, **xr**	7102, 7211
2				K	7105
2			bu	ir, msc, uv	6972
	H_2O	2	bu	ir, msc, uv	7033
2					5777
2				msc	7112
2				msc	7112
1	H_2O	2			7135
1					
1					7135
1					
1				ir, K, msc, tha	6969
2			bu-g	cond, ir, msc, uv	7117
2			l-bu, g, dec 205	ir, th, tha, uv	1002, 7030, 7121, 7123– 7125, 7212
	H_2O	2	bu		7212
2				ir, **xr**	7130, 7213, 7214
2			ysh-g	cond, ir, msc	7130, 7133
2				ca, K, nmr, uv	7142, 7147
2				nmr	7148
2				nmr	7148

TABLE 3.99.   (CONTINUED)

m	n	R	X
1	2	3-Me	t-BuCH$_2$OCS$_2$
			MeOCH$_2$CH$_2$OCS$_2$
			Ph$_2$PS$_2$
			(o-MeC$_6$H$_4$)$_2$PS$_2$
			(EtO)$_2$PS$_2$
			(i-PrO)$_2$PS$_2$
			BF$_4$
			PhCOCHCOCF$_3$
			thioph-2-COCHCOCF$_3$
			CF$_3$CO$_2$
			Cl
			Cl
			MeCOCHCONHC$_6$H$_4$Cl-o
			ClO$_4$
			Br
			I
		4-Me	+
			N$_3$
			C(CN)$_3$
			N(CN)$_2$
			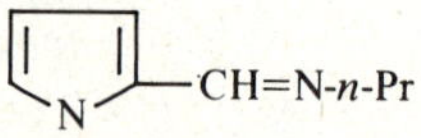 [pyrrole]-CH=N-n-Pr
			o-OC$_6$H$_4$Me
			o-OC$_6$H$_4$CH=NH
			o-OC$_6$H$_4$CH=N-n-Bu
			8-O-quin
			o-HOC$_6$H$_4$CH=NO
			(o-OC$_6$H$_4$CH=NN=CMe)$_2$
			MeCOCHCOMe

p	Y	q	Color and MP (°C)	Physicochemical Studies	Reference
2				ca, nmr	7147
2				ca, nmr	7147
2				msc, uv	6970
2			gsh-y	msc	6971
2				K, nmr	6939
2			g	nmr, uv	7157
2				th	2694
2				nmr	2454, 5812
2				tha	5813
2				ir, msc, nmr	5820, 7163
2			bu, l-g, l-y-g	ca, ir, K, msc, nmr, p, th, tha, uv	499, 1102, 4713, 4716, 5462, 5885, 6922, 6949, 6950, 6972, 6974, 7030, 7171–7173, 7215
2	$H_2N(CH_2)_3NH_2$	2			7184
	H_2O	2		K	1109
2			l-bu	cond, msc, uv	7078
2	$H_2NCHPhCHPhNH_2$	2	v (meso)	msc, uv	7187
2			y-g, y	ir, msc, nmr, tha, uv	4713, 5885, 6949, 6950, 6972, 7030, 7162–7164
2			d-g	ir, msc, nmr, qch, tha, uv	1062, 4713, 5885, 6949, 6950, 6972, 7030, 7188–7191
2				K, nmr, p, qch	274, 549, 2186, 2463, 2887, 5505, 5645, 7194
2				uv	7030
2			l-bu	msc, uv	7208
2			l-bu	msc, uv	7208
2				dm, nmr, uv	7029
2			bu-g	ir, msc	5726
2				nmr	7035
2				K, th	6892
2	H_2O	2	bwsh-y	msc	7033
2				k, msc, uv	7040, 7042
1				K	7045
2			d-bu, bu, gsh-bw, 198, 208–210	ca, ir, K, msc, nmr, tha, uv	361, 362, 556, 5566, 5736, 5904, 7055, 7056, 7059, 7061, 7066, 7067, 7075, 7196, 7197, 7209

TABLE 3.99. (CONTINUED)

m	n	R	X
1	2	4-Me	t-BuCOCHCO-t-Bu
			MeCOCHCOPh

PhCOCHCOPh

MeCOCHCONHPh
MeCOCHCONHC$_6$H$_4$Me-o
MeCOCHCO$_2$Me
MeCOCHCONHC$_6$H$_4$OMe-o
MeCOCPhCOMe
MeCOC(C$_6$H$_4$Me-o)COMe
MeCOC(C$_6$H$_4$Me-p)COMe

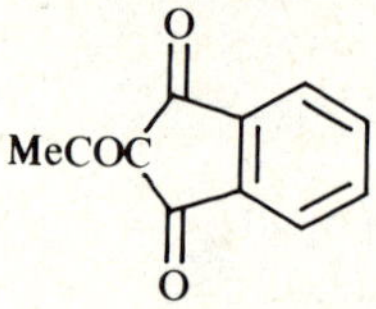

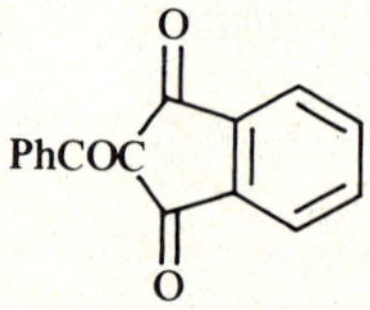

MeCOC[indane-1,3-dione]

PhCOC[indane-1,3-dione]

MeCOCHCOCH$_2$COMe
PhNN=N(O)Et
PhCONN=CMeCMe=NNCOPh
(PhCONN=CMe)$_2$
PhCOCHNO$_2$
Me(CH$_2$)$_{14}$CO$_2$
Me(CH$_2$)$_{16}$CO$_2$
HOCH$_2$CO$_2$
MeCH(OH)CH$_2$

o-OC$_6$H$_4$CH=NC$_6$H$_4$CO$_2$-o
PhOCH$_2$CO$_2$
O$_2$CCO$_2$

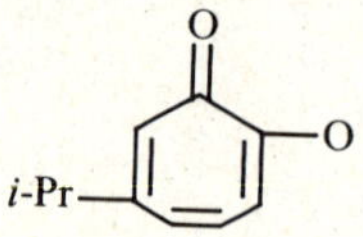

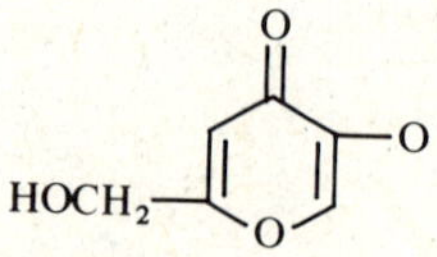

i-Pr-[tropolone]-O

HOCH$_2$-[pyranone]-O

o-OC$_6$H$_4$CHO

p	Y	q	Color and MP (°C)	Physicochemical Studies	Reference
2			v-bu, 190–193	ca, K, msc, nmr	5904, 7073
2			g, 192	ca, K, nmr, qch, uv	361, 362, 556, 5904, 7059, 7066, 7067, 7075
2			y, 235	ca, K, nmr, qch, uv	556, 5904, 7067, 7077
2			l-bu	msc, uv	7078
2			l-bu	msc, uv	7078
2			l-bu	ir, msc, uv	7079
2			bush-g	msc, uv	7078
2			v-r	msc, uv	7082
2			g	msc, uv	7082
2			v-r	msc, uv	7082
2				tha	361, 362
2				tha	361, 362
2			bu, 134–136	ca, K, nmr	5904
2				dm, nmr	7029
1				K, msc, th, uv	7085
1				K	889, 7216
2			g, 228	uv	521
2			l-bu-g		7210
2			l-bu-g		7210
2	H$_2$O	2	bu	msc, uv	7033
2	H$_2$O	2	bu	epr, ir, msc, tha, uv	414, 7033
1				K, th	6913
2			l-bu	cond	7096
1			l-bu	msc, th, uv	1166, 5770
2			d-g	K, msc, nmr	6967
2			gy-g	msc	5784
2				nmr	5775, 7217

TABLE 3.99. (CONTINUED)

m	n	R	X
1	2	4-Me	2-O-3-MeC$_6$H$_3$CHO
			2-O-5-MeC$_6$H$_3$CHO
			2-OC$_{10}$H$_6$-1-CHO
			o-OC$_6$H$_4$COMe
			2-O-5-MeC$_6$H$_3$COMe
			o-OC$_6$H$_4$COEt
			1-OC$_{10}$H$_6$-2-COMe
			1-OC$_{10}$H$_6$-2-COEt
			2-OC$_{10}$H$_6$-1-COMe
			2-OC$_{10}$H$_6$-1-COEt
			o-OC$_6$H$_4$COPh
			2-O-5-MeC$_6$H$_3$COPh
			1-OC$_{10}$H$_6$-2-COPh
			2-OC$_{10}$H$_6$-1-COPh
			o-OC$_6$H$_4$CO$_2$Me
			o-OC$_6$H$_4$CO$_2$Et
			3-O-4-MeOC$_6$H$_3$CHO
			4-O-3-MeOC$_6$H$_3$CHO
			NO$_2$
			o-OC$_6$H$_4$CH=N(COMe)NCOMe
			NO$_3$
			o-OC$_6$H$_4$NO$_2$
			2-O-3-O$_2$NC$_6$H$_3$CH=NC$_6$H$_3$-2′,6′-Me$_2$
			2-O-3-O$_2$NC$_6$H$_3$CH=NC$_6$H$_3$-2′,6′-Et$_2$
			2-O-5-O$_2$NC$_6$H$_3$CH=NC$_6$H$_3$-2′,6′-Et$_2$
			(MeO)$_2$PO$_2$
			(EtO)$_2$PO$_2$
			{ o-OC$_6$H$_4$ONa { HSCH$_2$CO$_2$
			{ o-OC$_6$H$_4$ONa { MeCH(SH)CO$_2$
			o-OC$_6$H$_4$CH=NC$_6$H$_4$S-o
			PhCSCHCOPh
			MeCSCHCO$_2$Me
			EtOCSCHCO$_2$Et
			NCS
		MeCSO	
		PhCSO	
		n-Pr$_2$NCS$_2$	
		n-Bu$_2$NCS$_2$	
		(PhCH$_2$)$_2$NCS$_2$	
		MeOCS$_2$	
		EtOCS$_2$	

p	Y	q	Color and MP (°C)	Physicochemical Studies	Reference
2				nmr	5775
2				nmr	5775
2			y	uv	7218
2				msc, uv	7217
2				K	7219
2				K, msc, uv	7217, 7219
2			y	uv	7218
2			y	uv	7218
2			y	uv	7218
2			y	uv	7218
2				msc, uv	7217
2				K	7219
2			y	uv	7218
2			o	uv	7218
2				K, msc, nmr, uv	5777, 7217, 7219
2				K, msc, uv	7217, 7219
2			g	ir, msc, nmr	5726
2			g	ir, msc, nmr	5726
2			gy	ir, msc	7102
	PhH	1	d-v-r	ir, msc	7102
1				K	7105
2	H$_2$O	2	bu	ir, msc	7033
2				ir, nmr	5777
2				nmr, uv	6915
2				nmr, uv	6915
2				nmr, uv	6915
2				msc	7112
2				msc	6938, 7112
1	H$_2$O	2			7135
1					
1					7135
1					
1				K	6969
2				qch	7067
2			g	msc, uv	7116
2			bu-g	cond, ir, K, msc, th, uv	7117, 7118
2			l-bu	ir, th, tha	1002, 2518, 4700, 7030, 7212
	H$_2$O	2		tha	7212
2				ir, **xr**	7130, 7220
2			l-g	cond, ir, msc	7130, 7133
2				th	7137
2				th	7137
2				th	7137
2				K, th	7141, 7147
2				K, nmr, th, uv	7142, 7144–7147, 7209

TABLE 3.99. (CONTINUED)

m	n	R	X
1	2	4-Me	i-PrOCS$_2$
			t-BuCH$_2$OCS$_2$
			MeOCH$_2$CH$_2$OCS$_2$
			Ph$_2$PS$_2$
			(o-MeC$_6$H$_4$)$_2$PS$_2$
			(p-MeC$_6$H$_4$)$_2$PS$_2$
			(EtO)$_2$PS$_2$
			(n-PrO)$_2$PS$_2$
			(i-PrO)$_2$PS$_2$
			(Hexyl-O)$_2$PS$_2$
			BF$_4$
			MeCOCHCOCH$_2$F
			MeCOCHCOCF$_3$
			PhCOCHCOCF$_3$
			thioph-2-COCHCOCF$_3$
			MeCSCHCOCF$_3$
			PhCSCHCOCF$_3$
			m-MeC$_6$H$_4$CSCHCOCF$_3$
			C$_{10}$H$_7$-2-CSCHCOCF$_3$
			thioph-2-CSCHCOCF$_3$
			CF$_3$COCHCOCF$_3$
			CF$_3$CO$_2$
			C$_2$F$_5$CO$_2$
			C$_3$F$_7$CO$_2$
			(C$_6$F$_5$CHMeO)$_2$PS$_2$
			Cl
			MeCOCClCOMe
			m-ClC$_6$H$_4$CSCHCOCF$_3$
			p-ClC$_6$H$_4$CSCHCOCF$_3$
			3,4-Cl$_2$C$_6$H$_3$CSCHCOCF$_3$
			o-ClC$_6$H$_4$NHCOCHCOMe
			CHCl$_2$CO$_2$
			CCl$_3$CO$_2$
			2-O-5-ClC$_6$H$_3$CH=N-n-Bu
			2-O-5-ClC$_6$H$_3$CPh=N-n-Bu
			2-O-3,5-Cl$_2$C$_6$H$_2$CH=NC$_6$H$_3$-2',6'-Me$_2$
			[2-O-5-ClC$_6$H$_3$CPh=N(CH$_2$)$_6$]$_2$
			[2-O-5-ClC$_6$H$_3$CPh=N(CH$_2$)$_3$]$_2$NH
			Br

p	Y	q	Color and MP (°C)	Physicochemical Studies	Reference
2				K, th	7141
2				nmr	7147
2				nmr	7147
2				msc, uv	6970
2			gsh-y	msc	6971
2				nmr	5592
2			g, 123 dec	nmr, th, uv	7149, 7209
2				nmr	7144
2			g	K, nmr, th, uv	7157
2			g, 150 dec	uv	7152
2				th	2694
2			bu, 157–158	ca, K, nmr	5904
2			bu, 245	ca, K, nmr	5904
2				nmr	5812
2			d-g	dc, ir, K, tha, xr	1168, 1176, 1177, 2454, 5813, 7067, 7157
2			d-g, 168	ir, msc	2454
2			d-g, 171	ir, msc	2454
2			g, 65	ir, msc	7166
2			g, 160 dec	ir, msc	7166
2			bush-g, 164	msc, uv	2454, 7067
2			bu-g, 182	ca, K, nmr	5904
2				ir, msc, nmr, tha, uv	1038, 5820, 7168
2				nmr	5909
2				nmr	5909
2			g, 154 dec	uv	7152
2			l-bu	ca, ir, msc, p, qch, tha, uv, xr	1102, 1179, 2613, 5462, 5885, 6949, 6950, 7030, 7171, 7172, 7176
	$H_2N(CH_2)_2NH_2$	2			7184
	H_2O	2		K	1184
	1-O-py	2			5053
2			bu	msc, uv	7082
2			g, 152	ir, msc	7166
2			g, 136	ir, msc	7166
2			g, 97	ir, msc	7166
2			bush-g	msc, uv	7078
2				nmr	5909
2				tha	1038
2				K, th	6892
2				K, th	6892
2				nmr, uv	6915
2				msc, uv	7182
2			r-bw	ms, msc, uv	5626
2			y-g, y	ir, msc, tha, uv	4760, 5885, 6949, 6950, 6972, 7030, 7171–7173

TABLE 3.99. (CONTINUED)

m	n	R	X
1	2	4-Me	2-O-3-BrC$_6$H$_3$CH=NC$_6$H$_3$-2′,6′-Me$_2$
			I
		2,3-Me$_2$	N(CN)$_2$
			o-HOC$_6$H$_4$CH=NO
			NO$_3$
			NCS
			Cl
			Br
			I
		2,4-Me$_2$	+
			C(CN)$_3$
			N(CN)$_2$
			o-HOC$_6$H$_4$CH=NO
			(o-OC$_6$H$_4$CH=NN=CMe)$_2$
			MeCOCHCOMe
			MeCOCHCOPh
			PhCONN=CMeCMe=NNCOPh
			NO$_3$
			NCS
			Cl
			Br
			I
		2,5-Me$_2$	o-HOC$_6$H$_4$CH=NO
			PhCONN=CMeCMe=NNCOPh
			NO$_3$
			NCS
			NCS
			Cl

p	Y	q	Color and MP (°C)	Physicochemical Studies	Reference
2				nmr, uv	6915
2			d-g	ir, K, msc, nmr, qch, tha, uv	4713, 4760, 5885, 6949, 6950, 6972, 7030, 7189, 7191
2			l-bu	msc, uv	7208
2				K, msc, th	7195
2			l-g, 137	ir, msc, nmr, qch, xr	7030, 7201, 7202, 7221
2			{l-g r	nmr, uv	7030, 7204
2			bu, 99	ir, K, msc, uv	5865, 5912, 7030, 7221–7223
	H$_2$O	2		K	1109
2			bu, 119	ir, msc, qch, uv, xr	5865, 5912, 7030, 7202, 7221–7223
2			d-g, 112 dec	ir, uv	7030, 7189, 7221, 7222
2				K	6978
2			l-bu	msc, uv	7208
2			l-bu	msc, uv	7208
2				K, msc, th	7195
1				K, th	7044
2			bu, 129 dec	ir, K, msc, nmr, uv	5566, 7059, 7196
2			gy, 139	ir, K, nmr	7075
1				msc, K, th, uv	7085
2			l-g, 146	ir, msc, nmr, qch, xr	7030, 7201, 7202, 7221
2			{r l-g	nmr, uv	7030, 7204
2			bu, 98	ir, msc, nmr, uv	5462, 5865, 5912, 7030, 7221–7223
2			gy, 105 dec, 139	msc, qch, uv, xr	5865, 5912, 7030, 7075, 7202, 7221–7223
2			d-g, 110 dec	ir, uv	7030, 7189, 7221, 7222
2				K, msc, th	7195
1				K, msc, th, uv	7085
2			l-bu-g, 148	ir, msc, qch, xr	7030, 7201, 7202, 7221
2			{r l-g	nmr, uv	7030, 7204
2	H$_2$O	0.5	r, 113	ir	7221
2			bu-v, 94	nmr, uv	5462, 5865, 7030, 7221, 7222

TABLE 3.99. (*CONTINUED*)

m	n	R	X
1	2	2,5-Me$_2$	Br
			I
		2,6-Me$_2$	+
			o-HOC$_6$H$_4$CH=NO
			MeCOCHCOMe
			PhCONN=CMeCMe=NNCOPh
			NCS
			Me$_2$NCS$_2$
			EtOCS$_2$
			Cl
			Br
			I
		3,4-Me$_2$	+
			o-HOC$_6$H$_4$CH=NO
			MeCOCHCOMe
			MeCOCHCOPh
			NO$_3$
			Cl
			Br
			I
		3,5-Me$_2$	+
			o-HOC$_6$H$_4$CH=NO
			(*o*-OC$_6$H$_4$CH=NN=CMe)$_2$
			MeCOCHCOMe
			t-BuCOCHCO-*t*-Bu
			MeCOCHCOPh
			NO$_3$
			EtOCS$_2$
			p-MeC$_6$H$_4$PS$_2$
			Cl
			C$_6$Cl$_5$
			ClO$_4$
			Br
			I
		2,4,6-Me$_3$	+
			Cl
			Br
			I
		2-Et	NCS
		3-Et	MeCOCHCOMe

p	Y	q	Color and MP (°C)	Physicochemical Studies	Reference
2			bu, 103	qch, uv, xr	5865, 7030, 7202, 7221, 7222
2			d-g, 117	ir, uv	7030, 7189, 7221, 7222
2				K	6978
2				K, msc, th	7195
2				K, nmr, uv	5566, 7197
2				K, msc, th, uv	7085
2			r, 199 l-g	K, msc, th, tha	7121, 7123, 7125, 7204, 7205
2				nmr	7206
2				K, uv	7142, 7145
2				ir, nmr, tha	4713, 5462, 6949
	H₂O	2		K	1109
2				tha	6949
2				ir, uv	4713, 7189
2				K, p	274
2				msc	7184
2			v, 190 dec	ir, msc, uv	7055, 7059, 7196
2			gy-g, 143	ir, uv	7059, 7075
2				nmr, qch, xr	7202
2				uv	5885
2				ir, msc, qch, uv, xr	5885, 7202, 7224
2				uv	5885, 7189
2				K	274, 2909
2				K, msc, th	7195
1				K, th	7045
2			v, 202 dec	ir, msc, nmr, uv	7055, 7059, 7196, 7197
2				K, msc, th	7045
2			gy-y, 143	ir, uv	7059, 7075
2				nmr, qch, xr	7202
2				K, th, uv	7142
2			g	ir, msc, uv	5649
2				nmr	5885
1 1	Me₂PhP	2	y, 230–232	ir, nmr	6985
2				nmr	5885
2				nmr, uv	5885, 7189
2				K, p	6978
2			bu	tha	6949
2			bu	tha	6949
2			d-g	ir, tha	4713, 6949
2			r l-g	nmr, uv	7204
2				ca, K	7055

TABLE 3.99. (CONTINUED)

m	n	R	X
1	2	3-Et	Cl
			Br
			I
		4-Et	+
			MeCOCHCOMe
		3-Et,4-Me	+
		3-C_2D_5,2,4,6-D_3	Br
		4-n-Pr	MeCOCHCOMe
		4-t-Bu	MeCOCHCOMe
		2-CH=CH_2	o-OC_6H_4CHO
		4-CH=CH_2	N_3
			MeCOCHCOMe
			o-$OC_6H_4CO_2$Me
			o-$OC_6H_4NO_2$
			NCS
			Cl
			Br
			I
		2-Ph	Cl
		4-Ph	MeCOCHCOMe
			NO_3
			Ph_2PS_2
			(o-Me$C_6H_4)_2PS_2$
		2-NH_2	+
			MeCOCHCOMe
			MeCOCHCOPh
			Hexyl-CO_2
			PhCO_2
			o-OC_6H_4CHO
			Pentyl-CHBrCO_2
		2-NH_2,4-Me	MeCOCHCOMe
		3-NH_2	MeCOCHCOPh
			+
			MeCOCHCOMe
			MeCOCHCOPh
			o-OC_6H_4CHO
			Cl
			Hg(SeCN)$_4$
		4-NH_2	+
			MeCOCHCOMe
			MeCOCHCOPh
			o-OC_6H_4CHO
			Cl
		2-CH_2NH_2	+
			NO_2
			NO_3

p	Y	q	Color and MP (°C)	Physicochemical Studies	Reference
2				msc, nmr	5885, 7171, 7172, 7200
2				nmr	5885, 7171, 7172, 7200
2				nmr	5885
2				K, p, uv	549, 2471
2				ca, ir	7055
2				K, p	2470
2				qch, uv	7225
2				ca, ir	7055
2				ca, ir	7055
2			g		5668
2			g	ir, uv	5913
2				nmr	7056
2			ol		5668
2			d-bw		5668
2			g	ir, msc, uv	5913, 7226
2			y	ir, msc, nmr, uv	5885, 5913, 7226
	1-O-py	2			5053
2			y	ir, nmr, uv	1819, 5885, 5913
2				nmr	5885
2	H_2O	2		K	1109
2				ca, ir	7055
2				K	5919
2			gsh-y	msc	6971
2			gsh-y	msc	6971
2				K, th	285
2			bu-g, 193 dec	ir, msc, uv	7059, 7196
2			l-g, 204 dec	ir, msc, uv	7059, 7075
2				dc	7093
2				ir, msc, uv	543
2			ysh-g, 174	cond, msc	7099
2				dc	7093
2			bu-g, 201 dec	ir, msc	7059, 7196
2			l-g, 207 dec	ir, msc, uv	7059, 7075
2				K, p	274
2			gy-g, 204 dec	msc, uv	7059, 7196
2			y, 217 dec	ir, msc, uv	7059, 7075
2			ysh-g, 200 dec	cond, msc	7199
2			y-g, 252	ca, ir, p	1102, 1198
1			v, 190 dec	ir, th, uv	2991
2	phen	1		K	6881
2			bu, 202 dec	ir, msc, uv	7059, 7196
2			l-g, 223 dec	cond, ir, msc, uv	7059, 7075
2			ysh-g, 220 dec	cond, ir, msc	7099
2				ca, ir, p	1102
2				cal, K, p, th	576–578, 581–584
	NH_3	2	r-pk	ir, uv	6987
				ir, uv	7227
2			bu, 278 dec	ir, msc, uv	6987

TABLE 3.99. (*CONTINUED*)

m	n	R	X
1	2	2-CH$_2$NH$_2$	Cl
			Br
			I
		2-CH$_2$NH$_2$,6-Me	+
			NO$_2$
			NO$_3$
			NCS
			Cl
			{ NO$_2$ / ClO$_4$ }
			{ NO$_3$ / ClO$_4$ }
			{ NCS / ClO$_4$ }
			{ Cl / ClO$_4$ }
			ClO$_4$
			{ ClO$_4$ / Br }
			Br
			{ ClO$_4$ / I }
			I
		3-CH$_2$NH$_2$,6-Me	+
		2,6-(CH$_2$NH$_2$)$_2$	Br
		2-CH$_2$CH$_2$NH$_2$	+
			NO$_2$
			NO$_3$
			NCS
			Cl
			{ NO$_2$ / ClO$_4$ }
			ClO$_4$
			{ NO$_2$ / Br }
			Br
			Br
			{ NO$_2$ / I }

p	Y	q	Color and MP (°C)	Physicochemical Studies	Reference
2			l-bu	cond, msc, uv	594, 1201, 7228, 7229
2				ir, msc, uv	1201, 7228
2				ir, msc, uv	1201, 7228
2				cal, K, p, th	577, 581, 583
2				ir, uv	7227
2				msc, uv	7230
2				cond, msc, uv	7230
2	H_2O	2	bu	msc, uv	595, 7230
1				msc, uv	7230
1					
1				msc, uv	7230
1					
1				msc, uv	7230
1					
1	H_2O	0.5		msc, uv	7230
1					
2	H_2O	2	l-bu	msc, uv	595, 7230
1				msc, uv	7230
1					
2	H_2O	2	bu	cond, msc, uv	7230
1				msc, uv	7230
1					
2			l-bw-y	msc, uv	7230
2				K	596
2			pk-v, 300		1208
2				K, p, th	576, 578, 582, 584
2			bu	ir, msc, uv	7231
2			243 dec, 360 dec	cond, ir, msc, uv	601, 5659, 6995
2			ysh, l-bu-v, 270 dec, 419 dec	cond, ir, msc, uv	601, 5659, 7232
2			g, l-g, 317 dec	cond, ir, K, msc, uv	6987, 7232, 7233
	H_2O	1		cond, msc, uv	3814
		2	bu, 211 dec		601
1			gy-bu	ir, uv	7231
1					
2			gy-bu, 225 dec	ir, msc, uv	601, 7232
1			bu	ir, uv	7231
1					
2			l-g, bu	ir, msc, uv	7232, 7233
2	H_2O	1		cond, msc, uv	3814
		2	bu, 233 dec	msc, uv	601, 7232
1			gy-bu	ir, uv	7231
1					

TABLE 3.99.   (CONTINUED)

m	n	R	X
1	2	2-CH$_2$CH$_2$NH$_2$	I
		2-NHNH$_2$	+
	1	2-CH$_2$NH$_2$	+
	1	2-CH$_2$NHMe	+
	2	2-CH$_2$NHMe	+
			NO$_2$
			SO$_4$
		2-CH$_2$NHMe,6-Me	Cl
			+
			NO$_3$
			NCS
			Cl
			ClO$_4$
			Br
			I
		2-CH$_2$NH-i-Pr	NCS
			NO$_3$
			BF$_4$
			Cl
			NO$_3$
			ClO$_4$
			ClO$_4$
			Br
			I
		2-CH$_2$NHCH$_2$CH$_2$NH$_2$	+
			ClO$_4$
			I
		3-CH$_2$NHCH$_2$CH$_2$NH$_2$	+
		2-CH$_2$CH$_2$NHMe	+
			NO$_2$
			NO$_2$
			ClO$_4$
			NO$_2$
			Br

p	Y	q	Color and MP (°C)	Physicochemical Studies	Reference
2			bu, d-g y, 249 dec	msc, uv	601, 7232, 7233
	H₂O	1		cond, msc, uv	3814
		2	bu, 269 dec	cond, ir, msc, uv	6987
2				K, p	583
2	NH₃	2	r-pk	ir, uv	6987
2				K	576, 584
	NH₃	2	r-pk	cond	6987
2			bu-v, 206	ir, uv	7227, 7234
1			bu, 355 dec	cond, ir, msc, uv	6987
2			bu, 317 dec	uv	595, 6987
2				K, p, th	581, 584
2			d-bu	cond, ir, msc, uv	5924
2			bu	cond, ir, msc, uv	5924
2	H₂O	2	l-bu	cond, ir, msc, uv	5924
2	H₂O	2	bu	cond, ir, msc, uv	5924
2	H₂O	2	l-bu	cond, ir, msc, uv	5924
2	H₂O	2	l-bu	cond, ir, msc, uv	5924
2			bu-212	msc, uv	5660
1 1				cond, ir	5928
2			g, 190 dec	msc, uv	5660
1 1				cond, ir	5928
2			y, 225 dec	msc, uv	5660
2			bu g, 170 dec	msc, uv	5660
2			g, 200 dec	msc, uv	5660
2				K	617
2			pk, 160	cond, ir, msc, uv	6991
2			g, 135 pk, 161	cond, ir, msc, uv	6991
2				K	617
2				K, p, th	584
2			bu	ir, uv	7231
1 1			l-bu	ir, uv	7231
1 1			bu	ir, uv	7231

TABLE 3.99. (*CONTINUED*)

m	n	R	X
1	2	2-CH$_2$CH$_2$NHMe	Br
			$\begin{cases} \text{NO}_2 \\ \text{I} \end{cases}$
			I
		2-CH$_2$CH$_2$NHEt	NO$_3$
			Cl
			Br
			I
		3-[piperidine-NH]	*o*-HOC$_6$H$_4$CO$_2$
		4-NMe$_2$	MeCOCHCOMe
			t-BuCOCHCO-*t*-Bu
			MeCOCHCOPh
		2-CH$_2$NMe$_2$	NCS
			$\begin{cases} \text{NO}_3 \\ \text{BF}_4 \end{cases}$
			Cl
			$\begin{cases} \text{NO}_3 \\ \text{ClO}_4 \end{cases}$
			Br
			I
		2-CH$_2$NEt$_2$	Br
			I
		2-CH$_2$CH$_2$NMe$_2$	NCS
			Cl
			Br
			I
		2-CH$_2$CH$_2$NEt$_2$	Cl
			Br
			I
		3-[N-Me-pyrrolidine]	2,4,6-(O$_2$N)$_3$C$_6$H$_2$O
			o-PhCOC$_6$H$_4$CO$_2$
			p-O$_2$NC$_6$H$_4$CO$_2$
		2,6-(CH=NMe)$_2$	I
		2-CH=NPh	NO$_3$
			NCS
		2-CH=NC$_6$H$_4$Me-*o*	NO$_3$

p	Y	q	Color and MP (°C)	Physicochemical Studies	Reference
2			g, 190	cond, ir, K, msc, uv	6992, 7233
1			bu	ir, uv	7231
1					
2				cond, ir, K, msc, uv	7233
2				uv	6995
2			g, 158	cond, ir, K, msc, uv	6992, 7233
2			g, 144	cond, ir, K, msc, uv	6992, 7233
2			g, 161	cond, ir, K, msc, uv	6992, 7233
2				dc	1210
2			bu	ir, K, nmr	7055, 7066
2				K, msc, th	7073
2			g, 243–245	K, nmr	7066
2			l-v-bu, 285 dec	msc, uv	5660
1				cond, ir	5928
1					
2	H_2O	0.5	bu-g, 155 dec	msc, uv	5660
1				cond, ir	5928
1					
2			bu-g, 160 dec	msc, uv	5660
2			g, 160 dec	msc, uv	5660
2			g, 115 dec	msc, uv	5660
2			d-g, 175 dec	msc, uv	5660
2			g, 240 dec	msc, uv	69
2				cond, ir, K, uv	7233
2				cond, ir, K, uv	7233
2				cond, ir, K, uv	7233
2				cond, ir, K, uv	7233
2				cond, ir, K, uv	7233
2				cond, ir, K, uv	7233
2	H_2O	6			62
2	H_2O	6			62
2	H_2O	2			62
2			bw	msc	5131
	H_2O	1		uv	637
2	H_2O	1	bw-r, 131–132		1212
2			bw	tha	1213
2			bw-r, 138		1212

TABLE 3.99. (CONTINUED)

m	n	R	X
1	2	2-CH=NC$_6$H$_4$Me-p	Cl
			ClO$_4$
		2-CH=NNH$_2$	Cl
		2,6-(CH=NNH$_2$)$_2$	I
		2-CH=NNHMe	Cl
		2-CH=NNHPh	Cl
		2-CH=NNPh$_2$	Cl
		2,6-(CMe=NNH$_2$)$_2$	Cl
			I
		2,6-(CMe=NNHMe)$_2$	ClO$_4$
			I
		2,6-(CMe=NNHPh)$_2$	ClO$_4$
		2,6-(CMe=NNMe$_2$)$_2$	ClO$_4$
		2$^-$=NN=CHMe^a	
		2$^-$=NN=CMe$_2$^{a}	
		2-N=NPh	ClO$_4$
			Br
			I
		2$^-$=NN=CHPh^a	
		2$^-$=NN=CPh$_2$^{a}	
		2-N=NCHMeCH$_2$NMe$_2$	ClO$_4$
		2-N=NC$^-$MeCH$_2$NMe$_2$	
		4-CH=N$_2$	MeCOCHCOMe
		2-CH=N–[4,5-dimethyl-pyrazol-3-yl, NH$^-$]	ClO$_4$
		2-CH=N–[3,5-dimethyl-pyrazol-1-yl, N$^-$]	
		2-N$^-$–N=NPh	
		3-N$^-$–N=NPh	
		2-CH=NNH-2$'$-quin	+
			ClO$_4$
		2-CH=NN$^-$-2$'$-quin	
		2-CH=NNH-1$'$-isoquin	ClO$_4$
		2-CH=NN$^-$-1$'$-isoquin	
		2-CH=NNH-3$'$-isoquin	ClO$_4$
		2-CH=NN$^-$-3$'$-isoquin	
		2-CH=NNH–(pyrimidin-2-yl)	ClO$_4$

p	Y	q	Color and MP (°C)	Physicochemical Studies	Reference
2	H_2O	2		msc	5137
2	H_2O	1		msc	5137
2			g	cond, ir, msc, uv	3093
2				msc	5137
2			g	cond, ir, msc, uv	3093
2			g-bw	cond, ir, msc, uv	3093
2			bw	cond, ir, msc, uv	3093
2	H_2O	1.5		ir, msc	645
2				ir, msc	645
	H_2O	1.5		cond	645
2				ir, msc	645
2				ir, msc	645
2				cond, ir, msc	645
2				ir, msc	645
			y	cond, msc, uv	646
	H_2O	1	y	cond, msc, uv	646
2	CH_2Cl_2	0.5		msc, uv	5212
2	CH_2Cl_2	0.5		msc, uv	5212
2				msc, uv	5212
	$\{NH_3$	2	y, 136–137	cond, msc, uv	646, 1646
	$\phantom{\{}H_2O$	2.5			
			y	cond, msc, uv	646
			g-bw	cond, msc, uv	646
	H_2O	1	gy	cond, msc, uv	646
2			l-bw	ir	2639
2			bwsh-r	cond, msc	657
			rsh-v	cond, msc	657
			d-y, 290, 297	cond, dm, ir, msc, xr	63a, 117, 5934
			251	dm, msc	5934
2				chr, K, p, uv	653, 1217
2	H_2O	2	o	cond, msc	1628
				K, p, uv	653, 654
2	H_2O	2	bw	cond, msc	1628
			d-r	cond, msc	1628
2	H_2O	2	o-y	cond, msc	1628
			o-r	cond, msc	1628
2			l-bw-y	cond, msc	1628

TABLE 3.99. (CONTINUED)

m	n	R	X
1	2	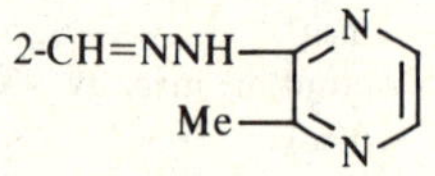 2-CH=NNH-(3-Me-pyrazin-2-yl)	ClO$_4$
		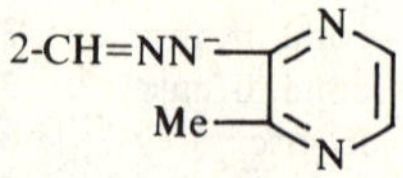 2-CH=NN$^-$-(3-Me-pyrazin-2-yl)	
		2-CH=NNH-8'-quin	ClO$_4$
		2-CH=NN$^-$-8'-quin	
		2-CN	NCS
			Cl
			Br
		3-CN	MeCOCHCOMe
			NCO
			Cl
			Br
		4-CN	Hg(SeCN)$_4$
			N$_3$
			(o-OC$_6$H$_4$CH=NN=CMe)$_2$
			MeCOCHCOMe
			PhCOCHCOPh
			NCO
			o-OC$_6$H$_4$CHO
			o-OC$_6$H$_4$CO$_2$Me
			NO$_3$
			o-OC$_6$H$_4$NO$_2$
			Cl
			Br
		2-PPh$_2$	Cl
		2-CH$_2$PEt$_2$	NCS
			Cl
			ClO$_4$
			Br
			I
		2-CH$_2$PPh$_2$	NCS
			Cl
			ClO$_4$

p	Y	q	Color and MP (°C)	Physicochemical Studies	Reference
2	H$_2$O	1	y-bw	cond, msc	1628
	PhH	1	g	cond, msc	1628
2	H$_2$O	1.5	l-bw-y	cond, msc	1628
			d-g	cond, msc	1628
2				ir, msc, uv	1219
2	H$_2$O	2	l-y, g	ir, msc, tha, uv	1269, 4734, 5687, 7235
2			g	ir, msc, tha, uv	4734, 7235
2			l-bu, 250 dec	ir, K, nmr, uv	7055, 7066
2				ir, msc	2640
2			l-g	cond, ir, msc, tha, uv	4734, 7235
2			y	cond, ir, msc, tha, uv	4734, 5159, 7235
1			v, 225 dec	ir, uv	2991
2				ir, msc	2640
1				K, th	7045
2				ir, nmr	7055, 7061, 7066
2			g, 212–214	ir, K, nmr, uv	7066
2			bu	cond, ir	911, 2640
2			g	uv	5668
2			g	uv	5668
2	H$_2$O	2	bu	cond, ir, msc, uv	7235
2			r-bw	uv	5668
2			l-g	cond, ir, msc, tha, uv	4734, 7235
	1-O-py		2		5053
2				cond, ir, msc, tha, uv	4734, 7235
2			ysh-bw, 315–317 dec	cond, msc	147
2			g, 251	cond, ir, msc, uv	2642, 5937
2			r, 196	cond, ir, msc, uv	2642
2			y-bw, 229	cond, ir, msc, uv	2642, 5937
2			r, 204	cond, msc, uv	2642
2			r, 246	cond, ir, msc, uv	2642, 5937
2			l-v, 294	cond, ir, msc, uv	5938
2			y-g, 292	cond, ir, msc, uv	5938
2			d-y, 283	ir, msc, uv	5938

TABLE 3.99.   (CONTINUED)

m	n	R	X
1	2	2-CH$_2$PPh$_2$	Br
			I
		2-CH$_2$PPh$_2$,6-Me	NCS
			ClO$_4$
			I
		2-CH$_2$CH$_2$PPh$_2$	NCS
			Cl
			ClO$_4$
			I
		2-NHPPh$_2$	NCS
			Cl
			ClO$_4$
			Br
			I
		2-N$^-$PPh$_2$	
		2-NHPPh$_2$,4-Me	Cl
			{Cl, ClO$_4$}
			{ClO$_4$, Br}
		2-CH$_2$AsPh$_2$	NCS
			ClO$_4$
			I
		2-CH$_2$CH$_2$AsPh$_2$	NCS
			ClO$_4$
		2-CH=NC$_6$H$_4$AsMe$_2$-o	BPh$_4$
			NO$_3$
			ClO$_4$
			I
		2-CH=NC$_6$H$_4$AsMe$_2$-o,6-Me	BPh$_4$
			ClO$_4$
			I
		2-CH=NC$_6$H$_4$AsEt$_2$-o	BPh$_4$
			NO$_3$
			ClO$_4$
			I
		2-CH=NC$_6$H$_4$AsEt$_2$-o,6-Me	BPh$_4$
			ClO$_4$
		2-CH$_2$OH	+
		2-CH$_2$O$^-$	
		3-CH$_2$OH	+
			Cl
		4-CH$_2$OH	+
		2-CHPhOH	OH

p	Y	q	Color and MP (°C)	Physicochemical Studies	Reference
2			bw-r, 168	ir, msc, uv	5938
2			bk-g, 218	ir, msc, uv, **xr**	5938, 7236
2			g, 207–209 o, 165	cond, ir, msc, uv	5013
2			y	cond, ir, msc, uv	5013
2			v, 153 y, 137–140	cond, ir, msc, uv	5013
2			o, d-r, 154–155	cond, ir, msc, uv	5013, 7237
2			r, 127	ir, msc, uv	5013
2			y, 251	cond, ir, msc, uv	66, 5013
2			o, 119	cond, msc	66
2				msc, uv	67
	MeOH	1		cond, msc	7238
2				msc, uv	67
2				cond, msc	67, 7238
2				msc, uv	67
2				msc, uv	67
				cond, msc	7238
2	H$_2$O	1	pk	cond, msc, uv	2214
1 1			l-bu	cond, msc, uv	2214
1 1			d-bu	cond, msc, uv	2214
2			bu-v, 253	ir, msc, uv	68, 5671
2				ir, msc, uv	5671
2				ir	5671
2			d-r, 154		69
2			o, 208		69
2	H$_2$O	0.5		ir, msc, uv	7001
2				ir, msc, uv	7001
	H$_2$O	0.5		ir, msc, uv	7001
2				ir, msc, uv	7001
	H$_2$O	2		ir, msc, uv	7001
				ir, msc, uv	7001
2				ir, msc, uv	7001
2				ir, msc, uv	7001
2				ir, msc, uv	7001
	H$_2$O	2		ir, msc, uv	7001
2				ir, msc, uv	7001
2				ir, msc, uv	7001
2	H$_2$O	1		ir, msc, uv	7001
2				ir, msc, uv	7001
2				ir, msc, uv	7001
2				ir, msc, uv	7001
2				ir, msc, uv	7001
2				K, p	274, 658, 1220
				K, p	658
2				K, p	274, 286
2			y-g	ca, p	1102
2				K, p	274
2				ir	676

TABLE 3.99.   (CONTINUED)

m	n	R	X
1	2	2-CHPhOH	OH
			NCS
		2-CHPhO⁻	
		2-CH=NOH	MeCO$_2$
			Cl
			Br
			I
	1	2-CH=NOH	
	1	2-CH=NO⁻	MeCO$_2$
			Cl
			I
	2	2-CH=NO⁻	
		2-CH=NO⁻,6-Me	Cl
			Br
			I
		4-CH=NOH	Cl
			Br
		2-CH=NOH,6-CH=NO⁻	
	1	2-CMe=NOH	
	1	2-CMe=NO⁻	NO$_3$
			Cl
	2	2-CMe=NO⁻	
		2,6-(CMe=NOH)$_2$	ClO$_4$
		2,CMeNOH,6-CH=NO⁻	
		2,6-(CMe=NO⁻)$_2$	Li
			Na
		2-CPh=NOH	NO$_3$
			Cl
			I
		2-CPh=NO⁻	
		2-N=CHC$_6$H$_4$O⁻-o	
		2-N=CHC$_6$H$_4$O⁻-o,3-Me	
		2-N=CHC$_6$H$_4$O⁻-o,4-Me	
		2-N=CHC$_6$H$_4$O⁻-o,5-Me	
		2-N=CHC$_6$H$_4$O⁻-o,6-Me	
		3-N=CHC$_6$H$_4$O⁻-o	
		2,6-(N=CHC$_6$H$_4$OH)$_2$	MeCO$_2$
		2-CH$_2$N=CHC$_6$H$_4$O⁻-o	
		2-CH$_2$CH$_2$N=CHC$_6$H$_4$O⁻-o	
		2-CH=NC$_6$H$_4$O⁻-o	
		2-CH=NC$_6$H$_3$-2′-O⁻-5′-Me	
		2-NHN=CHC$_6$H$_4$O⁻-o	
		2-N=NC$_6$H$_4$O⁻-o	

p	Y	q	Color and MP (°C)	Physicochemical Studies	Reference
1				ir	676
1				ir	676
2			gy	ir, msc, uv	7239–7242
2			g	ir, msc, uv	7239–7243
2				ir, uv	7243
2				msc	7243
1	H$_2$O	1	l-bwsh	ir, msc	7239–7242
1				ir, msc	7240
1			o	ir, msc, uv	7239, 7240, 7242
			bw	cond, ir, K, p, uv	689, 1231, 5675, 7240, 7242
2			bw	ir, msc, uv	7213
2				ir, msc, uv	7213
2				ir, msc, uv	7213
2				ir, msc, tha, uv	1232, 1233
2				ir, msc, tha, uv	1232, 1233
				K	690
1			l-bw, 179 dec	cond, msc	1235
1			d-r, 225 dec	cond, msc	1235
	PhOMe	0.5	r-bw		1234
2			l-bwsh	ir, nmr, qch, uv	7245, 7246
			v	ir, nmr, qch, uv	7245, 7247
2	MeOH	8	xr		7248
2			r	ir, nmr, qch, uv	7245, 7246
2			bw	cond, ir, K, msc, p	7009
2			g	cond, ir, K, msc	7009
2			g	cond, ir, K, msc	7009
				epr	7249
	H$_2$O	1	g, 210, 235	ir, K, msc, nmr, uv	695, 7099, 7250
	H$_2$O	2	g	ir, msc, nmr, uv	1238, 7250
	H$_2$O	2	g	ir, msc, nmr, uv	1238, 7250
	H$_2$O	2		ir, msc, nmr, uv	7250
				ir, msc, nmr, uv	1238, 7250
				ir, msc, nmr, uv	7099, 7250
2			y, 220 dec		2156
			r-bw, 210, dec 245–249, dec 250–256	cond	1240, 7229
	H$_2$O	2	g	ir, msc, uv	1241
				dc, K, p, uv	695, 696, 1239
				dc, K, p	1239
			y	cond, msc, uv	646
				K, p, uv	705, 706, 716a, 1246, 2646, 2647

TABLE 3.99. (*CONTINUED*)

m	n	R	X
1	2	2-N=NC$_6$H$_3$-2'-O$^-$-4'-Me	
		2-N=N-1'-C$_{10}$H$_6$-2'-O$^-$	
		2-N=N-1'-C$_{10}$H$_6$-2'-O$^-$,5-(2-piperidyl) 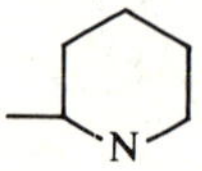	
		2-N=N-2'-C$_{10}$H$_6$-1'-O$^-$	
		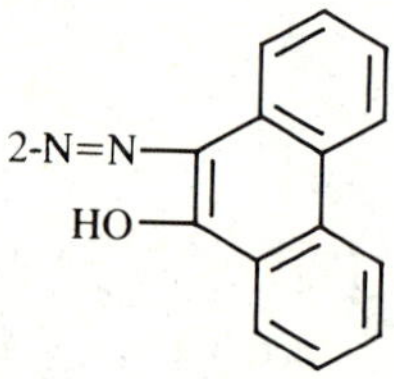 2-N=N-(9-hydroxyphenanthren-10-yl)	NCS
	1	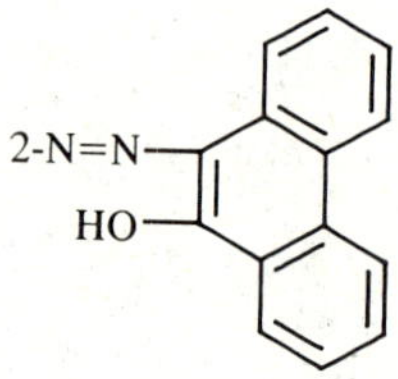 2-N=N-(9-hydroxyphenanthren-10-yl)	
	1	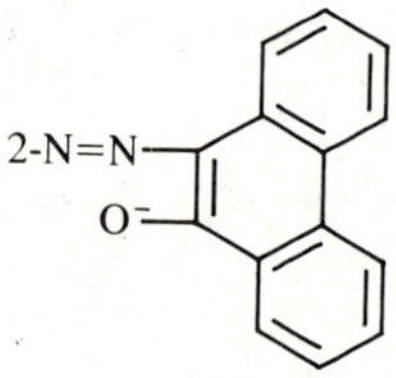 2-N=N-(9-oxidophenanthren-10-yl)	Cl
	2	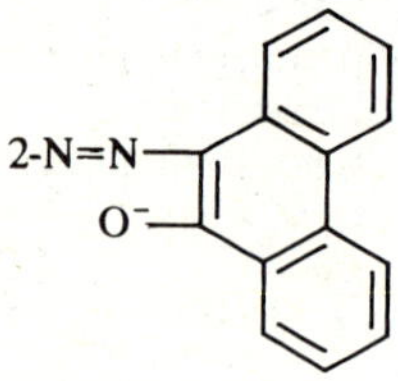 2-N=N-(9-oxidophenanthren-10-yl)	Br
		2-N=NC$_6$H$_3$-2'-O$^-$-4'-NEt$_2$,5-(1-methyl-2-piperidyl) 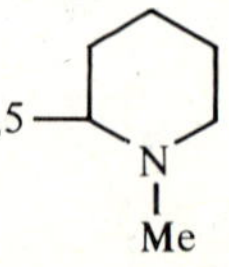	
		2-N=NC$_6$H$_4$O$^-$-*p*	

p	Y	q	Color and MP (°C)	Physicochemical Studies	Reference
			d-v, 360	K, p, uv chr, dc, dm, ms, K, p, uv	707, 1242 711, 712, 716a, 718, 724, 1247–1249, 2489, 2646, 2648, 5149, 6828, 7010
				dc, uv	7251
				K	1246, 1250, 2640
2				ir	1646
1				ir	1646
1				ir	1646
				ir	1646, 2160
				K, uv	734, 735
				K, ms, p, uv	706, 1246, 2646

1431

TABLE 3.99. (CONTINUED)

m	n	R	X
1	2	2-N=NC$_6$H$_3$-2'-O$^-$-4'-OH	Me, CH$_2$Ph, Me, (CH$_2$)$_{13}$Me, N, Cl
		2-N=NC$_6$H$_3$-2',4'-(O$^-$)$_2$	Me, CH$_2$Ph, Me, (CH$_2$)$_{13}$Me, N
		2-N=NC$_6$H$_2$-2-O$^-$-4'-OH-6'-Me	
		2-CH$_2$CH$_2$N=CMeCMe=NOH	NCS
		4-OMe	MeCOCHCOMe
		2,6-(OMe)$_2$,3-N$^-$N=NMe	
		2,6-(OMe)$_2$,3-N$^-$N=NEt	
		2-C(OMe)=NH	Br
		2-CH$_2$–[sugar-dicyclohexylidene acetal structure]	
		2-CH=NOMe	Cl
			Br
		2-CH=NC$_6$H$_4$OMe-o	NCS
			thioph-2-COCHCOCF$_3$
		2-CHO	+
		3-CHO	Cl
		4-CHO	PhCSO
			Cl
1		2-CMe=N(CH$_2$)$_3$NH(CH$_2$)$_3$NH$_2$	
1		2-COMe	ClO$_4$
	2	2-COMe	Cl
			Br
			I
		3-COMe	MeCOCHCOMe
			Cl
		4-COMe	MeCOCHCOMe
			t-BuCOCHCO-t-Bu
			NCO
			Cl
		2-COPh	NO$_3$
			Cl
			ClO$_4$
			Br
			I
		3-COPh	Cl

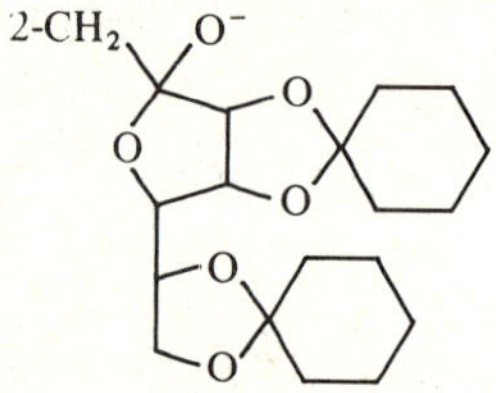

p	Y	q	Color and MP (°C)	Physicochemical Studies	Reference
				K, uv	695, 738, 739, 1247, 2648, 5959, 5961, 7252–7254
	H$_2$O	2			7255
1				K, uv	7255
1					
2				K, uv	7255
				uv	716a
2			180		736
2			bu, 200–201	K, nmr	7066
			233–234	ir, msc, uv	5963
			141–142	ir, msc, uv	5963
2	H$_2$O	1	g	ir, msc, uv	748
			gy-g, 110	msc	683
2				ir, uv	7243
2				ir, uv	7243
2				ir, msc	5009
2				ir, msc	5009
2	H$_2$O	2		K, uv	679
2			y-g	ca, p	1102
2			y-g	cond, msc, th	1102, 7133
2			y-g	ca, p	1102
2				xr	7002
2				ir, msc	1100
2				ir, msc	1100
2				ir, msc	1100
2			y-g	ir	7055
2			y-g	ca, p	1102
2				ir	7055
2				cal, K, th	7073
2			g, 189	cond, ir	911
2			y, g-y, 230	ca, cond, ir, p	911, 1102
2			y	cond, ir, msc, uv	4678
			g		
2			y	cond, ir, msc, uv	4678
2			g	cond, ir, msc, uv	4678
2			r	cond, ir, msc, uv	4678
2			d-g	cond, ir, msc, uv	4678
2			y-g	ca, msc, p, uv	1102, 5681

TABLE 3.99. (CONTINUED)

m	n	R	X
1	2	3-COPh	Br
		4-COPh	MeCOCHCOMe
			NCS
			Cl
			Br
		2-CONH$_2$	+
			NO$_3$
			NCS
			 (triazole ring)
			Cl
			Cl
			Br
			I
		2-CON$^-$H	
		3-CONH$_2$	+
			NCO
			H$_2$NCH$_2$CO$_2$
			NO$_3$
			NCS
			Ph$_2$CS$_2$
			(p-MeC$_6$H$_4$)$_2$CS$_2$
			SO$_4$
			Cl
			Cl
			Br
			I
			Hg(SCN)$_4$
			HgI$_4$
		4-CONH$_2$	+
			NCS
			Cl
			Br
		2-COND$_2$	Cl
		2-CONHMe	NCS
			Cl
			ClO$_4$
		2,6-(CONHMe)$_2$	NCS
			Cl
			ClO$_4$

p	Y	q	Color and MP (°C)	Physicochemical Studies	Reference
2			y	msc, uv	5681
2				ir	7055
2			l-g	msc, uv	5681
2			y-g, l-g	ca, p, msc, uv	1102, 5681
2			l-y-g	msc, uv	5681
2				K, uv	762, 2928
2	H₂O	2	303	ir	778
2			bu	ir, msc, uv	767
1	H₂O	4		K, p, **xr**	758
1					
2	H₂O	2	l-bu	ir, msc, tha, uv	748, 1267–1270, 1273, 5687, 7257
2	H₂O	2		tha	1273
2	H₂O	2	150	ir	778
	H₂O	2		ir, msc, uv, **xr**	1267, 1268, 1270, 1273, 7257–7259
2				K	549, 762, 2186, 2930
2				ir, msc, uv	1219
2				K	764
2			bu, 155	ir, msc	1276
2			bu, 158	ir, msc, ram, uv	1219, 1276, 5964
2			l-g	ir, msc, uv	5682
2			l-g	ir, msc, uv	5682
1				ir	1281
2			y-g, l-g, ysh, 250, 460	ca, cond, epr, ir, K, msc, p	1102, 1276, 1280–1283, 1286, 5966, 7260
2	H₂O	6			1278
2			bu-gsh, 340	cond, epr, ir, uv	1276, 1283, 5159, 7260
2			310	cond	7260
1				ir	1277
1				ir	1277
2				K, p	762, 766
2				cond, ir, msc, uv	2665
	H₂O	1	l-bu		74
2			l-gsh	cond, ir, msc, uv	1289, 2665
2			ysh	ir, msc, uv	1289
2	D₂O	2		ir	1270
2			v-r	ir, msc, uv	767
2	H₂O	4	bu	ir, msc, uv	767
2	H₂O	2	bu	ir, msc, uv	767
2	H₂O	4		ir, msc, nmr, uv	1290
2	H₂O	2		ir, msc, nmr, uv	1290
2	H₂O	4		ir, msc, nmr, uv	1290

TABLE 3.99. (CONTINUED)

m	n	R	X
1	2	2,6-(CONHMe)$_2$	Br
		2-CONDMe	Cl
		2-CONHEt	Cl
		3-CONHPh	Cl
		3-CONHNH$_2$	NCS
			Cl
		4-CONHNH$_2$	NO$_3$
			NCS
			Cl
			Hg(SeCN)$_4$
			HgI$_4$
		3-CONDNH$_2$	NCS
			Cl
		2-CONHCH$_2$CH$_2$NHMe	{ H
			Br
		2-CONHCH$_2$CH$_2$NHPh	NCS
		2-CONH(CH$_2$)$_3$NHMe	{ H
			Cl
		2-CONMe$_2$	NCS
			ClO$_4$
		2-CONEt$_2$	Cl
			ClO$_4$
		3-CONEt$_2$	+
			NCS
			NCSe
			Cl
			Br
			I
		4-CONHN=CHMe	Hg(SCN)$_4$
			HgI$_4$
		2-CON$^-$N=CMe$_2$	
		3-CON$^-$N=CMe$_2$	
		4-CONHN=CMe$_2$	Hg(SCN)$_4$
			HgI$_4$
		2-CO$_2$H	Cl
	{ 1	2-CO$_2$H	
	1	2-CO$_2^-$	Cl
	2	2-CO$_2^-$	

p	Y	q	Color and MP (°C)	Physicochemical Studies	Reference
2	H₂O	2		ir, msc, nmr, uv	1290
2	D₂O	2		ir	767
2			290	ir	778
2			g		1278
2				ir	4680
2				ir	4680
2			l-bu	cond, ir, msc, uv	769
2				ir, uv	772, 1219, 5965
2	EtOH	1		cond, ir, msc, uv	769
1			v, 185 dec	ir, uv	2991
1			l-g	ir	769
2				ir	4680
2				ir	4680
2, 4			g	ir, msc, uv	7015
2			bu	ir, msc, uv	7015
2, 4	H₂O	2	bu-v	ir, msc, uv	7015
2			v-r	ir, msc, uv	767
2	H₂O	2	bu	ir, msc, uv	767
2			195	ir	778
2	H₂O	2	320	ir	778
2				K, p	762, 1294
2				ir	2495, 7261
2				ir	2495, 7261
2				ir	7261
2				ir	7261
2				ir	7261
1				ir	2819, 5163
1				ir	2819, 5163
	EtOH	2	r-bw, 240	ir, msc, uv	780
	H₂O	2	l-bu	ir, msc, uv	781
1				ir	2819, 5163
1				ir	2819, 5163
2	pyrazole (N-NH), H₂O	2, 4		p, xr	758
1	EtOH	0.5	l-g	ir, msc, tha, uv	1301
			l-bu	ir, K, msc, p, th, tha, uv, xr	758, 1269, 1305, 1307, 1308, 1311–1317, 1320, 1328, 1329, 1333, 1337, 2497, 2671, 7017, 7262–7264

TABLE 3.99. (CONTINUED)

m	n	R	X
1	2	2-CO_2^-	Cl
	⎧ 1	2-CO_2H,6-Me	Cl
	⎩ 1	2-CO_2^-,6-Me	
			Br
	2	2-CO_2^-,6-Me	
		2-CO_2^-,5-n-Bu	
		2-CO_2^-,6-CH_2OH	
	⎧ 1	H	OH
	⎩ 1	3-CO_2^-	
	2	3-CO_2H	2-$OC_{10}H_6$-1-CO_2
			$H_2NCH_2CO_2$
			Cl
			Br
			I
		3-CO_2^-	
		4-CO_2^-	
		2-CO_2^-,3-CO_2H	
		2-CO_2^-,4-CO_2H	
		2-CO_2^-,5-CO_2H	
	⎧ 1	H	
	⎩ 1	2,6-$(CO_2^-)_2$	
	⎧ 1	2-Me	
	⎩ 1	2,6-$(CO_2^-)_2$	
	2	2-CO_2^-,6-CO_2H	
		2-CO_2^-,6-CO_2H,4-NH_2	

p	Y	q	Color and MP (°C)	Physicochemical Studies	Reference
1	H$_2$O	1		tha	1309
	phen H$_2$O	1 0.5	pp	msc, uv	5263
	H$_2$O	2		K, nmr	5691
		4		K, msc, p, th, uv, **xr**	1306, 1324, 1339, 2673, 7265, 7266
1	EtOH	0.5	g	ir, msc, tha, uv	1301
1	EtOH	1	g	ir, msc, tha, uv	1301
				K, p	1307, 1308, 1311, 1317
				K	7264
				K, uv	1355
1	H$_2$O	6	d-bu		1564
1	H$_2$O	2	l-bu		5975
2				K	764
2			y-g, 375	ca, cond, ir, p, th, uv	1102, 1301, 7260
2			465	cond	7260
	EtOH	0.5		ir, tha, uv	1301
2			500	cond	7260
			y-g	ir, msc, tha, uv	788, 1320, 1328, 1333
	H$_2$O	1	g	msc, uv	5697
		4	l-bu, 750	tha	1278, 1324, 1328, 5699
				ir, msc	1333
	H$_2$O	1	g	msc, uv	5697
		4	bu-g, 600 dec	ir, msc, tha, uv	1324, 1328, 5699
	H$_2$O	2	l-bu, 500 dec	msc, uv	1363, 2676, 5697, 5699
		3		**xr**	7267
				K	2676
	H$_2$O	4	g	msc, uv	7268
	H$_2$O	2		ir, msc, uv	5698
		2.5		ir, msc, uv	5977
		3	l-bu	ir, msc, tha, uv	1368, 5698, 5699, 5977
				ir, msc, uv	7020
				ir, msc, uv	7020
				ir, K, uv, xrp	792, 1317
	H$_2$O	3	g	**xr**	1369, 5700, 7267, 7269, 7270
				K	3111

TABLE 3.99. (CONTINUED)

m	n	R	X
1	2	2-CO$_2^-$,6-CO$_2$H,4-OH	
		3-CO$_2^-$,4-CO$_2$H	
		3-CO$_2^-$,5-CO$_2$H	
		2-CONHO$^-$,6-CONHOH	
		3-CONHCH$_2$OH	+
			Cl
			Br
		2-CO$_2$Me	NCS
		3-CO$_2$Me	MeCOCHCOMe
		4-CO$_2$Me	t-BuCOCHCO-t-Bu
		2-CO$_2$Et	+
			NCS
			Cl
		2-CO$_2$Et,5-n-Bu	+
		3-CO$_2$Et	+
			MeCOCHCOMe
			Cl
			Br
		4-CO$_2$Et	+
			MeCOCHCOMe
		2-CO$_2$-i-Pr	NCS
	1	2-CH=NO$^-$	
	1	2-CO$_2^-$,5-CO(C$_{36}$H$_{59}$O$_{30}$)^b	
	2	2-CONHCH$_2$CH$_2$OMe	NCS
		2-C$^-$HCOMe	
		2-C$^-$HCO-i-Pr	
		2-C$^-$HCO-t-Bu	
		2-CH$_2$CONH$_2$	Cl
		2-CH$_2$CO$_2^-$	
		2-CH$_2$CH$_2$CON$^-$Ph	
		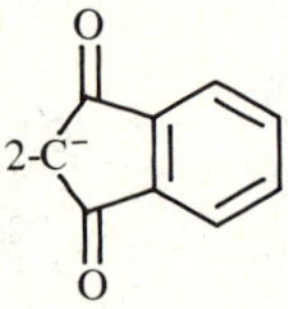 2-C$^-$(phthalimido-like: indane-1,3-dione)	
		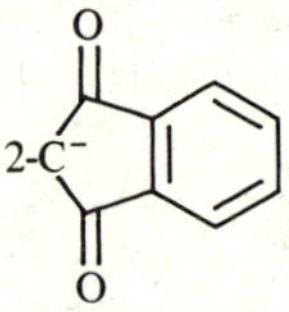 2-C$^-$(indane-1,3-dione),6-Me	
		2-CH$_2$CH(NH$_2$)CO$_2^-$	
		2-CH$_2$CH(NH$_2$)CO$_2^-$,6-Me	
		2-NHCOMe	+
			NO$_3$

p	Y	q	Color and MP (°C)	Physicochemical Studies	Reference
				K	805, 806
	H$_2$O	6		tha	1372
	H$_2$O	6		tha	1372
				K, th	1374
2				K, p, uv	766
2			ysh	epr, ir, msc, uv	1376
2			ysh	epr, ir, msc, uv	1376
2			g, 260	msc, uv	5979
2				ir	7055
2				cal, K, th	7073
2				cal, K	762
2			g, 176	ir, msc, uv	1373, 5979
2			g, 250	cond, ir, msc, uv	1373
2				K	788
2				K	762, 2186
2				ir	7055
2					1278
2				ir	5159
2				K, p	762
2				ir, nmr	7055, 7061
2			l-g, 188	msc, uv	5979
				K	7273
2			bu-v	ir, msc, uv	7015
	H$_2$O	1.2	bu	ir, msc, uv	7015
				chr	1378
				chr	1378
				chr	1378
2				ir, msc, uv	814
				K, p	581, 1329, 1387
	H$_2$O	2		xr	1388
			ol	msc, uv	5130
				ir, K, uv	757
				ir, K, uv	757
					1391
					1391
2				K, p	815
2			d-bu, bush-v, 250	ir, msc	1393, 5924
	H$_2$O	2	bu, 306	epr, ir, msc, uv	1025, 1394, 5924

TABLE 3.99. (CONTINUED)

m	n	R	X
1	2	2-NHCOMe	NCS
			SO$_4$
			Cl
			ClO$_4$
			Br
			I
		3-CONHMe	+
			Cl
			Br
		2-CH$_2$NHCOEt	Cl
		2-NHCOCH$_2$COMe	+
		2-CH$_2$NHCHMeC$^-$HCOMe	
		3-N——CH$_2$	
		| |	
		N$_{\diagdown O \diagup}$C=O	
		2-CH$_2$N(CH$_2$CO$_2$H)CH$_2$CO$_2^-$	
		2-CH$_2$N(CH$_2$CO$_2$H)$_2$,6-CH$_2$N(CH$_2$CO$_2$H)CH$_2$CO$_2^-$	
		2-CH$_2$N(CH$_2$CO$_2^-$)CH$_2$CH$_2$N(CH$_2$CO$_2$H)$_2$	
		2-NHN=CPhCPh=O	NCS
	1	2-NHN=CPhCPh=O	Cl
	1	2-N$^-$N=CPhCPh=O	
			Br
	2	2-N$^-$N=CPhCPh=O	

	1	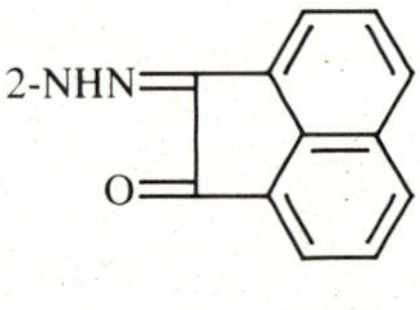 2-NHN=⟨acenaphthylenone⟩	
	1	2-N$^-$N=⟨acenaphthylenone⟩	Cl
	2	2-N$^-$N=⟨acenaphthylenone⟩	Br

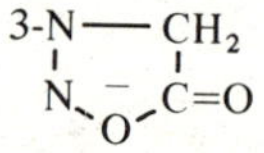

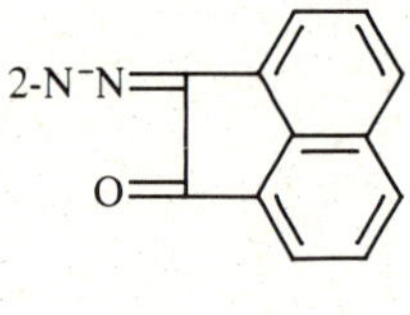

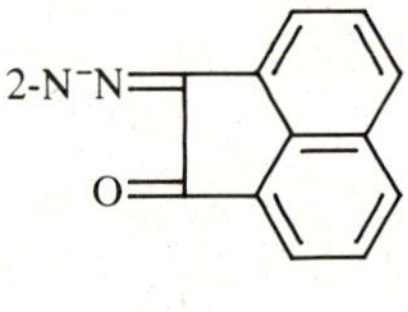

p	Y	q	Color and MP (°C)	Physicochemical Studies	Reference
2			bush-v, 300	ir, msc	1393, 5924
1	H$_2$O	2			1025
2			bush-g, g	ir, msc, nmr, uv	1393, 1400
	H$_2$O	1	bu, 340	ir, msc, uv	5924
		2	l-v	epr, ir, msc, uv	1025, 1394
2	H$_2$O	2	bu, 278 dec	ir, msc, uv	5924
2			bush-g	ir, msc	1393
	H$_2$O	1	l-bu, 340	ir, msc, uv	5924
		2	l-bu	epr, ir, msc, uv	1394
2	H$_2$O	1	l-bu, 340	ir, msc, uv	5924
2				K, p	766
2			ysh	epr, ir, msc, uv	1283
2			ysh	epr, ir, msc, uv	1283
2			d-bu	K, xrp	1399
2				K, p	822
			r, 225 dec	msc	832
					1401
				ir, K, p, uv	826
				K	827
	H$_2$O	2	l-bu, > 340 dec	ir	828
2			> 300	cond, ir, msc, uv	1646
1			245	cond, ir, msc, uv	1646
1	H$_2$O	4	233	cond, ir, msc, uv	1646
	H$_2$O	2	145	cond, ir, msc, uv	1646
1	H$_2$O	1	300	cond, ir, msc, uv	1646
1			300	cond, ir, msc, uv	1646
	H$_2$O	0.5	300	cond, ir, msc, uv	1646

TABLE 3.99. (CONTINUED)

m	n	R	X
1	2	2-CH=NNHCOC$_6$H$_4$O$^-$-o	
		2-CH=N-N(pyridone ring, O=)	ClO$_4$
		2-CMe=N-N(pyridone ring, O=)	ClO$_4$
		2-C(=NNHPh)N=NC$_6$H$_4$CO$_2^-$-o	
		4-NO$_2$	MeCOCHCOMe
		2-CH=N(O)Me	Cl
		2-CH=N(O)Me,3-Me	Cl
		2-CH=N(O)Me,4-Me	Cl
		2-CH=N(O)Me,5-Me	Cl
		2-CH=N(O)Me,6-Me	Cl
	1	2-CH=NO$^-$	
	1	2-CO$_2^-$,5-CO$_2$C$_6$H$_4$NO$_2^-$-m	
	2	2-CH$_2$CH$_2$N=CHC$_6$H$_4$-2-O$^-$-5-NO$_2$	
		2-P(OEt)O$_2^-$,6-Me	
		2-P(OEt)$_2$O	Cl
		2-P(OEt)$_2$O,4-Me	Cl
		2-CH$_2$POPh$_2$	NCS
			Cl
			I
		2-CH$_2$S$^-$	
		2-CH$_2$CH$_2$SH	NO$_3$
			Cl
		2-CH$_2$CH$_2$S$^-$	
		2-CH=NC$_6$H$_4$S$^-$-o	
		2,6-(SNH$_2$)$_2$	Cl
		2-SN=CHMe	ClO$_4$
		2-SN=CHEt	ClO$_4$
		2-SN=CH-n-Pr	ClO$_4$
		2-CH$_2$SMe	NCS
			Cl
			Br
			I
		2-C$^-$HSMe	
		2-CH$_2$SC$_6$H$_4$NH$_2$-o	ClO$_4$
			Br
		2-CH$_2$CH$_2$SC$_6$H$_4$CO$_2$-o	
		2-(benzothiazoline)	
		2-CONHCH$_2$CH$_2$SMe	NCS
			Cl

p	Y	q	Color and MP (°C)	Physicochemical Studies	Reference
			l-y	msc, uv, xr	833, 7271
2	H$_2$O	1		cond, ir, msc	1405
2				cond, ir, msc	1405
					7272
2			y, dec 225–257	K, nmr	7061, 7066
2				ir, nmr, qch, uv	7256
2				ir, nmr, qch, uv	7256
2				ir, nmr, qch, uv	7256
2	H$_2$O	1		ir, nmr, qch, uv	7256
2				ir, nmr, qch, uv	7256
					7273
			y-bw	ir, msc, uv	1241
			l-g	ir, uv	1411
2			bu-g	ir, uv	1411
2			l-g	ir, uv	1411
2			l-g, 318	ir, msc, uv	5983
2			y-g, 288	ir, msc, uv	5983
2			l-g, 197	ir, msc, uv	5983
	H$_2$O	1	bw, 105 dec	cond	5054
2				ir, msc	1665
2			bk	ir, msc	3093
			bw	ir, msc	3093, 7274
			bw, bush-bk	cond, ms, msc, tha, uv	7024, 7274, 7275
2			y	msc	5181
2			l-g-ysh	cond, msc	1667
2			l-g-ysh	cond, msc	1667
2			l-g-ysh	cond, msc	1667
2				cond, uv	126
2				cond, uv	126, 5054
2				cond, uv	126
2				cond, uv	126
					5054
2	MeOH	2	l-v-pk	cond, ir, ms, msc, tha, uv	7024
2	MeOH	2	l-v-pk	cond, ir, ms, msc, tha, uv	7024
			g, 210–213	msc, uv	1412
				cond	7275
2			bu	ir, msc, uv	7015
2			bu	ir, msc, uv	7015

TABLE 3.99. (CONTINUED)

m	n	R	X
1	2	2-CH$_2$NHCOCH$_2$SEt	NCS
			Cl
			Br
		2-CH=NC$_6$H$_4$SMe-o	ClO$_4$
		2-N=CH–[Et-thiophene-S$^-$]	
		2-CH=NN–[benzothiazole]	
		2-N=NCHMeCH$_2$SCH$_2$Ph	
		2-N=NC$^-$MeCH$_2$SCH$_2$Ph	ClO$_4$
		2-CH=NN=C(NH$_2$)SMe	NO$_3$
			NCS
			BF$_4$
			ClO$_4$
		2-CH=NN=C(SMe)$_2$	ClO$_4$
		2-CSNH$_2$	MeCOCHCOMe
		2-CSNH$_2$,6-Me	Br
		2-CSNHMe	MeCOCHCOMe
1		H	
1		2,6-(CSN$^-$Me)$_2$	
	2	2,6-(CSNHMe)$_2$	NO$_3$
			Cl
			ClO$_4$
		2-CSNH-n-Bu	MeCOCHCOMe
			MeCOCHCOCMe=CH$_2$
			PhCOCHCOPh
		2-CSN$^-$-n-Bu	
		2-CSNH-i-Bu	MeCOCHCOMe
		2-CSN$^-$-i-Bu	
		2-CSNH-s-Bu	MeCOCHCOMe
		2-CSN$^-$-s-Bu	
		2-CSNH-t-Bu	MeCOCHCOMe
		2-CSN$^-$-t-Bu	
		2-CSN$^-$-pentyl	
		4-CSNH-CMe$_2$(CH$_2$)$_4$Me	Cl
		2-CSNH-CMe$_2$(CH$_2$)$_7$Me,4-Me	Cl
		2-CSNH-CMe$_2$(CH$_2$)$_8$Me,4-Me	Cl
		2-CSNH-CMe$_2$(CH$_2$)$_9$Me,4-Me	Cl
		2-CSNH-CMe$_2$(CH$_2$)$_{10}$Me,4-Me	Cl
		2-CSNH-CMe$_2$(CH$_2$)$_{14}$Me,5-Et	Cl
		2-CSNH-CMe$_2$(CH$_2$)$_{15}$Me,5-Et	Cl
		2-CSNH-CMe$_2$(CH$_2$)$_{16}$Me,5-Et	Cl
		2-CSN$^-$-cyclohexyl	

p	Y	q	Color and MP (°C)	Physicochemical Studies	Reference
2			bu	ir, msc, uv	841
2	H_2O	2	l-bu	ir, msc, uv	841
2	H_2O	2	l-bu	ir, msc, uv	841
2	H_2O	0.5	bw		844, 7024
					1414
	MeI	1			1414
				K, p, uv	653
2			bw	cond, msc, uv	646
	PhH	0.5	bw-r	cond, msc, uv	646
2	H_2O	1	l-y	ir, msc	845
2			o-bw	ir, msc	845
2			l-y	ir, msc	845
2	EtOH	0.5	l-y	ir, msc	845
				ir, uv	846
2			r, 225 dec	msc, nmr	847
2			bk, > 270	ir, msc	85
2			250	nmr, xr	847
			r-bw, 180 dec	cond, ir, msc, tha, uv	129
2	H_2O	1.5	bw, 194 dec	cond, ir, msc, tha, uv	129
2	H_2O	2	bw, 268 dec	cond, ir, msc, tha, uv	129
2			bw, 150 dec	cond, ir, msc, tha, uv	129
2			r, 250 dec	msc, nmr, xr	847
2			o, 260–264 dec	msc	847
2			o, 155–157	msc	847
			160–161	ir, uv	1416
2			o, 160–161	msc	847
			194–196	ir, uv	1416
2			o, 210–213	nmr	847
			131–132	ir, uv	1416
2			o, 234–236	msc, nmr	847
			248–250	ir, uv	1416
				ir	1417
2					849
	H_2O	2			849
2			bk, 122–132		849
2			bk, 122–132		849
2			bk, 122–132		849
2			bk, 122–132		849
2					849
2					849
2					849
				ir	1417

TABLE 3.99. (CONTINUED)

m	n	R	X
1	2	2-CSN$^-$Ph	
		2-CSN$^-$C$_6$H$_4$Me-o	
		2-CSN$^-$C$_6$H$_4$Me-m	
		2-CSN$^-$C$_6$H$_4$Me-p	
		2-CSN$^-$CMePh	
		2-CSN$^-$-1-C$_{10}$H$_7$	
		2-CSN$^-$C$_6$H$_4$OMe-p	
		2-C$^-$HCSPh	
		2-C$^-$(CHO)CSPh	
		2-NHCSNH$_2$	Cl
			ClO$_4$
			Br
		2-NHCSNHMe	Cl
		2-NHCSNHCH$_2$CH=CH$_2$	NO$_3$
			Cl
			Br
		2-NHCSNHPh	NO$_3$
			Cl
		2-NHCSNHC$_6$H$_4$Me-o	Cl
		2-NHCSNHC$_6$H$_4$Me-p	Cl
		2-NHCSNHCH$_2$Ph	Cl
		2-N$^-$CSNH-2'-C$_{10}$H$_7$	
		2-CH$_2$NHCS$_2^-$	
		2-CH$_2$CH$_2$NHCS$_2^-$	
		4-[triazolidine-thione ring: N—NH, N-H, =S]	Cl
		3-CONHNHCSNHNH$_2$	Cl
		2-[HN—N$^-$, S, =S ring]	
		2-CH=NNHCSNH$_2$	NO$_3$
			SO$_4$
			Cl
			ClO$_4$
			Br
		2-CH=NN$^-$CSNH$_2$	
		2-CH=NNHCS$_2$Me	NO$_3$
			ClO$_4$
		2-CH=NN$^-$CS$_2$Me	
		2-CH=NNMeCSNH$_2$	NO$_3$
			ClO$_4$
		2-CH=NNMeCSNH$_2$,6-Me	NO$_3$
			ClO$_4$
		2-CH=NNMeCS$_2$Me,6-Me	BF$_4$
			ClO$_4$

p	Y	q	Color and MP (°C)	Physicochemical Studies	Reference
			l-bw-y, 242	ir, K, nmr, xr	1417, 1420, 1433, 1434, 7276
			bw, 271		1420
			bw, 229	ir	1417, 1420
			bw, 258	ir	1417, 1420
				cd, ord	851
			bw, 260		1420
			bw, 245	ir	1417, 1420
			r-bw, 216–218	uv	82
			r, 253–254	ir	1440
2			l-g, 218 dec	cond, ir, msc, uv	5985
2			rsh-v, 217 dec	cond, ir, msc, uv	5985
2			l-g, 222 dec	cond, ir, msc, uv	5985
2			248	cond, ir, msc, uv	5986
2			bu-g, 190–200	cond, ir, msc, uv	130
2			g, 213 dec	cond, ir, msc, uv	130
2			g, 190	cond, ir, msc, uv	130
2			189 dec	cond, ir, msc, uv	131
2			g, 199, 213, 239	cond, ir, msc, uv	131, 132, 5986
2			226	cond, ir, msc, uv	5986
2			198	cond, ir, msc, uv	5986
2			258	cond, ir, msc, uv	5986
				uv	7277
				ir, uv	7278
				ir, uv	7278
2				ir	5794
2			g	ir, uv	7025
	H_2O	1	r		7275
2	H_2O	1	bw	msc	5184
1	H_2O	2	bw	msc	5184
2	H_2O	1	bw	msc	5184
2	H_2O	1	bw	msc	5184
2	H_2O	2	bw	msc	5184
				K, p, uv	89, 93, 855
	H_2O	0.5		ir, msc, uv	5184, 7279
2			y	cond, ir, msc, uv	846
2			d-r	cond, ir, msc, uv	846
			rsh-bw	cond, msc, uv	858, 7275
2	EtOH	1	bw	ir, msc, uv	853
2			bw	ir, msc, uv	853
2	H_2O	2	l-g	ir, msc, uv	853
2			g	ir, msc, uv	853
2	H_2O	2	y	cond, ir, msc, uv	859
2			l-bw	cond, ir, msc, uv	859

TABLE 3.99. (CONTINUED)

m	n	R	X
1	2	2-CH=NNMeCS$_2$Me,6-Me	ClO$_4$
		2-CH CH$_2$OCS$_2^-$	
		2-N$^-$SO$_2$C$_6$H$_4$Me-p	
		2-N$^-$SO$_2$C$_6$H$_4$NH$_2$-p	
		3-SO$_3^-$	
		2-CH(OH)SO$_3^-$	
		2-CH(OH)SO$_3^-$,6-Me	
		3-CH(OH)SO$_3^-$	
		2-N=N-2'-C$_{10}$H$_5$-1'-O$^-$-5'-SO$_3$H,5-(piperidinyl)	
		2-N=N-1'-C$_{10}$H$_4$-2'-O$^-$-3'-OH-6'-SO$_3$H	
		2-N=N-2'-C$_{10}$H$_3$-1'-N$^-$H-8'-OH-3',6'-(SO$_3$H)$_2$	
		2-N=N-2'-C$_{10}$H$_3$-1'-O$^-$-8'-OH-3',6'-(SO$_3$H)$_2$	
		2-N=NCPh=NNHC$_6$H$_4$SO$_3$H-p	+
		2-CH=NN$^-$CSeNH$_2$	
		2-C$^-$HCOCF$_3$	
		3-COC$^-$HCOCF$_3$	
		2-Cl	Cl
			Br
			I
		2-Cl,3-N$^-$N=NMe	
		2-Cl,3-N$^-$N=NEt	
		3-Cl	(o-OC$_6$H$_4$CH=NN=CMe)$_2$
			Cl
		3-Cl,6-NHCSNHPh	Cl
		3-Cl,6-NHCSNHC$_6$H$_4$Me-o	Cl
		4-Cl	Cl
			Br
		3,5-Cl$_2$	MeCOCHCOMe
		2-CH=NC$_6$H$_3$-2'-O$^-$-5'-Cl	
		2-CH$_2$CH$_2$N=CHC$_6$H$_3$-2'-O$^-$-5'-Cl	
		2-N=(tetrachlorophthalimide)	
		2-Br	Cl
			Br
			I
		3-Br	+
			MeCOCHCOMe
			EtOCS$_2$
			Cl
		3-Br,6-N=NC$_6$H$_3$-2'-O$^-$-4'-NEt$_2$	
		3-Br,6-NHCSNHPh	Cl

p	Y	q	Color and MP (°C)	Physicochemical Studies	Reference
	H_2O	1	y	cond, ir, msc, uv	859a
					2428
			g	K, msc	1446
			bush-g		2682
	H_2O	2	g	msc, uv	5697
		4	l-bu, 650	ir, msc, uv	5698, 5699
				K	1447
				K	1447
				K	1447
				K, uv	1450
					716a
					716a
				K	716a, 6012
2				K, uv	1451
				ir, uv	854
				chr	1378
				msc, uv	1392
2				cond, uv	7280
2				cond, uv	7280
2				cond, uv	5680, 7280
			235–236	ir, msc, uv	5963
			160–161	ir, msc, uv	5963
1				K, th	7045
2			y-g	ca, p, th	864, 1102
2			254 dec	cond, ir, msc, uv	5994
2			254 dec	cond, ir, msc, uv	5994
2			y-g	ca, ir, msc, p, uv	1102, 2683, 5992
2				msc, uv	5992
2				ir	7055
				dc, K, p	1239
	H_2O	1	g	ir, msc, uv	1241
				uv	1458
2				cond, uv	7280
2				cond, uv	7280
2				cond, uv	5680, 7280
2				K	2186
2				ir, nmr	7055, 7061
2				K	7145
2			y-g	ca, msc, p, tha, uv	864, 1102, 5992
				uv	865
2			230 dec	cond, ir, msc, uv	5994

TABLE 3.99. (CONTINUED)

m	n	R	X
1	2	3-Br,6-NHCSNHC$_6$H$_4$Me-o	Cl
		2-CH$_2$CH$_2$N=CHC$_6$H$_3$-2'-O$^-$-5'-Br	
		3-I	MeCOCHCOMe
		3-I,6-NHCSNHPh	Cl
		3-I,6-NHCSNHC$_6$H$_4$Me-o	Cl
		2-CH=NC$_6$H$_4$I-o	thioph-2-COCHCOCF$_3$
	3	H	+
			o-OC$_6$H$_4$CH=NC$_6$H$_4$O-o
			HNCOCONH
			HCO$_2$
			{ OH
			PhCH=CHCO$_2$
			HN(CH$_2$CO$_2$)$_2$
			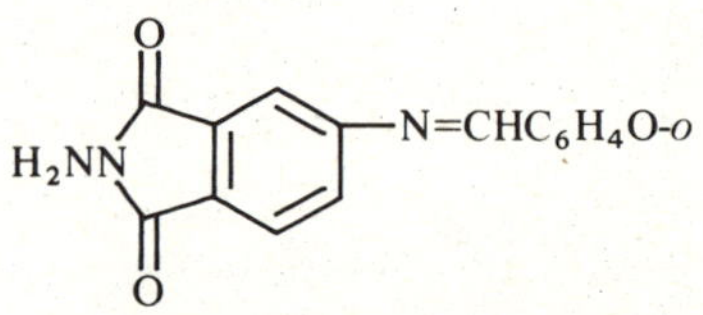 [phthalimide-N-NH$_2$ with 5-N=CHC$_6$H$_4$O-o substituent]
			o-OC$_6$H$_4$N=CHC$^-$(CO$_2$Et)COMe
			o-OC$_6$H$_4$N=CHC$^-$(OCOMe)COMe
			o-OC$_6$H$_4$N=CHC$^-$(OCOEt)COMe
			o-OC$_6$H$_4$N=CHC$^-$(OCOPh)COMe
			NO$_3$
			NCS
			PhSO$_3$
			{ NH$_4$
			SO$_4$
			SO$_4$
			SeO$_4$
			{ +
			CF$_3$COCHCOCF$_3$
			{ triphenylcyclopropenylium (Ph, Ph, Ph)
			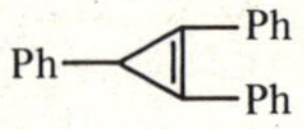 Cl

p	Y	q	Color and MP (°C)	Physicochemical Studies	Reference
2			228 dec	cond, ir, msc, uv	5994
	H₂O	1	g	ir, msc, uv	2184
2				ir	7055
2			232 dec	cond, ir, msc, uv	5994
2			228 dec	cond, ir, msc, uv	5994
2				ir, msc	5009
2				cal, K, p, th, uv	262, 266, 271, 273, 274, 282, 2375, 2887, 4658, 6848, 6849, 6859, 6868, 6877, 6878, 6952
	NH₃	1		K	271, 6880
	H₂NCH₂CH₂NH₂	1		K	6882
	HNEt₂	1		K	6880
	phen	1		K, uv	6881, 6882
	D₂O	3		K, th	5997
1			bw	ir, msc, tha, uv	313, 6895, 6897
1	H₂O	1.5		ir, msc	7282
2			g, dec 210		1114
1					7281
1					
1				K, p	6209
2	H₂O	2			432
1				tha	6912
1			bw	cond	1462
1			bw	cond	1462
1			bw	cond	1462
2			bu, dec 165	ir, msc, tha, uv	500, 503, 969, 972, 973, 5998, 5999, 7106–7108
2				K, th, tha	449, 6778
2			l-g, 300		1468
2	H₂O	3	gsh-bu		1111
2					
1	H₂O	1	dec 175	tha	500, 503, 4238
1					6942
1				ms	1034
1					
1				ir, xr	6843, 6844
1					

TABLE 3.99. (CONTINUED)

m	n	R	X
1	3	H	Cl
			CH_2ClCO_2
			{ o-$OC_6H_4CH=NC(=NH)NH_2$
			ClO$_4$
			{ MeCOCHCOMe
			Br
			I
			{ $(PhCOCHCOCHCMe=NCH_2)_2$
			Zn
			VO_3
		2-Me	BF_4
		3-Me	+
			NO_3
			BF_4
			Br
		4-Me	+
			$[2\text{-}O\text{-}5\text{-}MeC_6H_3CPh=N(CH_2)_3]_2NH$
			NCS
			BF_4
		2,3-Me$_2$	NCS
		2,4-Me$_2$	NCS
		3,4-Me$_2$	+
			NO_3
			Br
		3,5-Me$_2$	+
			NO_3
			{ C_6Cl_5
			ClO$_4$
		4-Et	+
		4-CH=CH$_2$	I
		3-NH$_2$	+
		2-CH$_2$NH$_2$	+
			NO_3
			SO_4
			Cl
			ClO$_4$
			Br
			I
		2-CH$_2$NH$_2$,6-Me	+
			ClO$_4$
	{ 2	2-CH$_2$NH$_2$	
	1	2-CH$_2$CH$_2$NH$_2$	SO_4
	{ 1	2-CH$_2$NH$_2$	
	2	2-CH$_2$CH$_2$NH$_2$	+

p	Y	q	Color and MP (°C)	Physicochemical Studies	Reference
2				K, p	6952
2					7090
1					
1			g, dec 130		6592
1			bu, l-g	ir	7057, 7064
1					
2			g		7284
1			d-r-bw	xr	2451
1					
2				xr	1471, 1472
2	H_2O	6		K, th	5899
2				K, p	274, 2909
2				qch, xr	7201
2				K, th	2694
2				qch, xr	7102
2				K, p, uv	274, 549, 2463, 2887, 5645
1				ms, msc, uv	5626
2				tha	7212
2				K, th	2694
2	H_2O	0.5	y-g, 105	ir, msc	7221
2	H_2O	0.5	g, 120	ir, msc	7221
2				K, p	274
2				qch, xr	7201, 7202
2				qch, xr	7202
2				K, p	274
2				qch, xr	7202
1			gsh-y, 255 dec	ir, nmr	6981
1					
2				K, p, uv	549, 2471
2					6112
	I_2	1			6112
2				K, p	274
2				K, th, uv	576, 577, 582–584, 7285
2	H_2O	2	pk, 75	cond, ir, msc, uv	6987
1	H_2O	3		cond, ir, msc, uv	6987, 7286
2			r-v, 268 r-bw	ir	6988, 7287
	H_2O	2	v-r-p	cond, msc, uv	594, 7228
2			y-bw, 200 dec	ir, xr	2634, 7288
	H_2O	1	pk	cond, msc, uv	7228
2	H_2O	2	v-pk	cond, msc, uv	7228
2			v-rsh-p	cond, msc, uv	7228
2				K	583
2				ir, msc, uv	7230
1	H_2O	3	pk	cond, ir, msc, uv	6987, 7286
2			r-pk	uv	6987

TABLE 3.99.   (CONTINUED)

m	n	R	X
1	1	2-CH$_2$NH	ClO$_4$
	2	2-CH$_2$CH$_2$NH$_2$	
	3	2-CH$_2$CH$_2$NH$_2$	+
		2-NHNH$_2$	+
			ClO$_4$
	2	2-CH$_2$NH$_2$	ClO$_4$
	1	2-CH$_2$NHMe	
	1	2-CH$_2$NH$_2$	
	1	2-CH$_2$NH$_2$,6-Me	ClO$_4$
	1	2-CH$_2$NHMe	
	1	2-CH$_2$NH$_2$	ClO$_4$
	2	2-CH$_2$NHMe	
	1	2-CH$_2$NH$_2$,6-Me	ClO$_4$
	2	2-CH$_2$NHMe	
	3	2-CH$_2$NHMe	+
			ClO$_4$
	3	2-CH$_2$NHMe	Br
			I
1	3	2-CH$_2$NH-i-Pr	ClO$_4$
		2-NHNHMe	ClO$_4$
		2-CH$_2$NMe$_2$	ClO$_4$
		3-[piperidine-N-Me]	NCS
		2-NHNMe$_2$	ClO$_4$
		2-CH=NMe	BF$_4$
		2-CH=N-i-Pr	BF$_4$
		2-CH=NC$_6$H$_4$Me-o	ClO$_4$
		2-CH=NC$_6$H$_4$Me-m	ClO$_4$
		2-CH=NC$_6$H$_4$Me-p	ClO$_4$
			I
		2-CH=NC$_6$H$_4$-2,3-Me$_2$	ClO$_4$
		2-CH=NC$_6$H$_4$-2,4-Me$_2$	ClO$_4$
		2-CH=NC$_6$H$_4$-2,5-Me$_2$	ClO$_4$
		2-CH=NC$_6$H$_4$Et-o	ClO$_4$
		2-CH=NC$_6$H$_4$Et-p	ClO$_4$
		2-CH=NCH$_2$Ph	BF$_4$
			I
		2-CH=NNH$_2$	I
		2-CH=NNHPe	I
		2-CH=NNMe$_2$	I
		2-CH=NC$_6$H$_4$NMe$_2$-p	ClO$_4$
		2-CH=NC$_6$H$_4$NEt$_2$-p	ClO$_4$
		2-[imidazoline]	NCS
			BF$_4$

1456

p	Y	q	Color and MP (°C)	Physicochemical Studies	Reference
2			pk, 214 dec	cond, ir, msc, uv	6987
2				K, p	582
2				K, p	583
2			r-bw		646
2			pk, 217 dec	cond, ir, msc, uv	6987
2			l-bwsh-y-pk, 217 dec	cond, ir, msc, uv	6987
2			pk, 214	cond, ir, msc, uv	6987
2			l-bwsh-y, 218	cond, ir, msc, uv	6987
2				K, p, th	576
2			v-rsh-pk, pk, 227	cond, ir, msc, uv	595, 6987
2	H_2O	1	pk, 172 dec	cond, ir, msc, uv	6987
2	H_2O	1.5	l-bwsh-y, 165 dec	cond, ir, msc, uv	6987
2			l-v-bu, 210 dec	cond, msc, uv	5660
2			y	cond, msc	646
2			l-bu, 270 dec	cond, msc, uv	5660
2					62
2	H_2O	1	y	cond, msc	646
2			bw	msc	637, 5131
2	H_2O	1.5		msc, uv	7279
2				ir, uv	6008
2				ir, uv	6008
2				ir, uv	6008
2	H_2O	1		msc	5137
2				ir, uv	6008
2				ir, uv	6008
2				ir, uv	6008
2				ir, uv	6008
2				ir, uv	6008
2				msc, uv	7279
2				msc, uv	7279
2				msc	5137
2			d-pk	cond, msc, uv	3093
2			l-bwsh	cond, msc, uv	3093
2				ir, uv	6008
2				ir, uv	6008
2				ir, msc, uv	6010
2				ir, msc, uv	6010

TABLE 3.99.   (CONTINUED)

m	n	R	X
1	3	2-(imidazoline-NH)	Cl
			ClO$_4$
			Br
			I
		2-NHN=CHPh	ClO$_4$
		2-N=NPh	ClO$_4$
		4-CH=N$_2$	Cl
		2-CH$_2$PEt$_2$	NCS
		2-NHPPh$_2$,4-Me	Cl
			ClO$_4$
			Br
			I
		2-CH$_2$OH	+
		2-CHPhOH	NCS
		2-CH=NOH	+
			I
		2-CH=NO$^-$	—
		2-CPh=NOH	NO$_3$
			Cl
			ClO$_4$
			I
		2-CPh=NO$^-$	—
		2-NHN=CHC$_6$H$_4$OH-o	ClO$_4$
		2-N=NC$_6$H$_4$-2'-O$^-$-4'-OH	—
		2-C(OMe)=NH	ClO$_4$
		2-CH=NC$_6$H$_4$OMe-o	ClO$_4$
		2-CH=NC$_6$H$_4$OMe-m	ClO$_4$
		2-CH=NC$_6$H$_4$OMe-p	ClO$_4$
		2-COPh	BPh$_4$
		2-CONH$_2$	+
			ClO$_4$
		3-CONH$_2$	+
		2-CONHMe	ClO$_4$
		2-CONHMe	ClO$_4$
		2-CONDMe	ClO$_4$
		2-CONHEt	ClO$_4$
		4-CONHNH$_2$	Cl
			Br
		2-CO$_2^-$	—
		2-CO$_2^-$,6-Me	—
	2	2,6-(CO$_2$H)$_2$	
	1	2,6-(CO$_2^-$)$_2$	
	1	H	
	2	2-CO$_2^-$,6-CO$_2$H,4-OH	
	3	4-CONHN=C$_6$H$_4$OMe-p	NCSe

p	Y	q	Color and MP (°C)	Physicochemical Studies	Reference
2				ir, msc, uv	6010
2	H$_2$O	1		ir, msc, uv	2638, 6010
2				ir, msc, uv	2638, 6010
2				ir, K, msc, uv	1214, 2638, 6010
2	H$_2$O	1	y-bw, 185	cond, msc	646, 1646
2				ir, msc, uv	5212
2			y		2639
2			l-g, 251	cond, msc, uv	2642
2				msc, uv	67
	H$_2$O	1	y	msc, uv	2214
		2	l-bu	cond, msc, uv	2214
			l-v	cond, msc, uv	67, 2214
2	H$_2$O	2	y	cond, msc, uv	2214
2				msc, uv	67
2				msc, uv	67
2				K, p	274
2				ir	676
2				K, msc, p	689
2				msc	7239, 7240
2	H$_2$O	2		ir, tha, uv	7240–7242
				msc, nmr	231, 5675
1			o	cond, ir, msc	4735, 7009
2				ir, msc	7009
2			y	ir, msc	7009
2			o	ir, msc	7009
1				uv	7247
2			bw	cond, msc	646
1				uv	7289
2			pk	ir, msc, uv	748
2				ir, uv	6008
2				ir, uv	6008
2				ir, uv	6008
2			y, 209	cond, ir, msc, uv	1264
2				K, p	766, 2928
2	H$_2$O	1	194		778
2				K, p	549
2			l-bu	ir, msc, uv	748
2	H$_2$O	0.5	bu	ir, msc, uv	767
2	D$_2$O	0.5		ir, msc, uv	767
2			245		778
2				ir, uv, xr	2686, 5965
2				ir, uv, xr	2686, 5965
1				K, p	1312, 1317, 1329, 1337, 7017
1				K, p	1317
			g	msc, xrp	803
	H$_2$O	1		msc, uv	7268
2			1459	ir	772

TABLE 3.99. (CONTINUED)

m	n	R	X
1	3	3-NHCOMe	+
		2-CH=NC$_6$H$_4$CO$_2$Et-p	ClO$_4$
		2-CH=N(O)Me	BF$_4$
		2-CSNH$_2$	Cl
		3-CSNH$_2$	Cl
		4-CSNH$_2$	Cl
		2-CSNHPh	ClO$_4$
		2-CSN$^-$Ph	Me$_4$N
		2-NHCSNH$_2$	ClO$_4$
		2-NHCSNHCH$_2$CH=CH$_2$	ClO$_4$
	{2 1	H 2-CH$_2$CH$_2$OCS$_2^-$	+
	{2 1	H 2-CH$_2$CH$_2$CH$_2$OCS$_2$	+
	3	2-N=N-2'-C$_{10}$H$_3$-2'-O$^-$-8'-OH-3',6'-(SO$_3^-$)$_2$	{$-$ Na}
		2-CH=NC$_6$H$_4$F-o	ClO$_4$
		2-CH=NC$_6$H$_4$F-m	ClO$_4$
		2-CH=NC$_6$H$_4$F-p	ClO$_4$
		2-CH=NC$_6$H$_4$Cl-o	ClO$_4$
		2-CH=NC$_6$H$_4$Cl-m	ClO$_4$
		2-CH=NC$_6$H$_4$Cl-p	ClO$_4$
		2-CH=NC$_6$H$_4$Br-m	ClO$_4$
		2-CH=NC$_6$H$_4$Br-p	ClO$_4$
		2-CH=NC$_6$H$_4$I-m	ClO$_4$
		2-CH=NC$_6$H$_4$I-p	ClO$_4$
	4	H	+
			N$_3$
			C(CN)$_3$
			o-OC$_6$H$_4$CH=NC$_6$H$_4$O-o
			2-O-3-MeOC$_6$H$_4$CH=NCHPh$_2$
			PhCOCHCOCHCOPh
			PhCH=NNCOPh
			p-MeC$_6$H$_4$CH=NNCOPh
			m-MeOC$_6$H$_4$CH=NNCOPh
			p-MeOC$_6$H$_4$CH=NNCOPh
			NCO

p	Y	q	Color and MP (°C)	Physicochemical Studies	Reference
2				K, p	766
2				ir, uv	6008
2				ir, nmr, qch, uv	7256
2			bw	cond, ir, msc, uv	1415
2			y-g	cond, ir, msc, uv	1415
2			y	cond, ir, msc, uv	1415
2			bw		84
1			r-bw		1421
2			g, 132 dec	cond, ir, K, msc, uv	5985
2			g, 200 dec	cond, ir, K, msc, uv	130
1			g		2428
1			d-g		2428
1				uv	6012
6					
2				ir, uv	6008
2				ir, uv	6008
2				ir, uv	6008
2				ir, uv	6008
2				ir, uv	6008
2				ir, uv	6008
2				ir, uv	6008
2				ir, uv	6008
2				ir, uv	6008
2				cal, K, nmr, p, th, uv	262, 266, 274, 282, 291, 870, 2375, 4658, 5525, 6848, 7290–7293
	phen	1		K, uv	6881
	D$_2$O	2		K, nmr	5997
2			g	cd, p, uv	871, 7030, 7200, 7293
2				ir, msc	877
1				msc, tha	6897
2			d-g	msc, uv	1117
1				xr	7294
2			dec 65	K, th	6908, 7048
2				K, th	6908
2				K, th	6908
2				K, th	6908
2			bu, 107	cd, ir, msc, ram, th, tha, uv, xr	20, 311, 906, 907, 911, 912, 1143, 2286, 4749, 5998, 7030, 7200, 7295

TABLE 3.99. (CONTINUED)

m	n	R	X
1	4	H	ONC(CN)$_2$
			HCO$_2$
			2-O-4-H$_2$NC$_6$H$_3$CHO
			o-(O$_2$C)$_2$C$_6$H$_4$
			o-O$_2$CC$_6$H$_4$C$_6$H$_4$CO$_2$-o
			NO$_2$
			NO$_3$
			NCS
			Sn(NCS)$_6$
			NH$_2$SO$_3$
			SO$_4$
			{ Mg
			{ SO$_4$
			S$_2$O$_4$
			S$_4$O$_6$
			S$_2$O$_8$
			NCSe
			SeO$_4$
			F
			BF$_3$OH
			BF$_4$

p	Y	q	Color and MP (°C)	Physicochemical Studies	Reference
2				ir, msc	884, 1484, 7296
2			53	ir	7298
2			v-bw		7111
1				K, th	5770
1				ir	1489
2			74	ir, uv	5780, 7299, 7300
2				ir, p	7293
2			l-bu, bu, gy-y-bw, dec 175	cd, ir, K, msc, nmr, ram, th, tha, uv, **xr**, xrp	20, 103, 311, 448, 449, 496, 499, 500, 503, 968, 995, 997, 999, 1002, 1003, 1007, 1009, 1013, 1014, 1017, 1019, 1020, 2072, 2518, 2535, 2687, 4698–4700, 5241, 6017, 6018, 6022, 6023, 6026, 6027, 6778, 6922, 6957, 6959, 7030, 7293, 7295, 7297, 7301–7305
	I_2	2	bk	**xr**	6022, 6031, 6032
1			gsh-y, 230	ir, msc, uv	7306
2	H_2O	2	bu	ir, msc, uv	1506
1			dec 160	tha	6942, 7307
1					
2			g		5773
1			bush		1511
1			bu		1513
1			l-bu, 133	msc, tha, uv	1517
2				cd, ir, tha, uv	1486, 2542, 2951, 7030, 7295
	$(2\text{-Me-4-}H_2NC_6H_3)_2$	1			6035, 6036
1			dec 140	tha	6942
2			bu	msc, p, tha, xr	6951
	H_2O	3	bu	msc, p, tha, xr	6024, 6037, 7293, 7308
2			bu	ir, xr	163
2			bu	ir, msc, uv	1524, 5998, 7030, 7175, 7283, 7309
	H_2O	2	bu		2544

TABLE 3.99. (CONTINUED)

m	n	R	X
1	4	H	SiF$_6$
			PF$_6$
			CF$_3$CO$_2$
			As$_2$F$_8$O$_2$
			SO$_3$F
			CF$_3$SO$_3$
			Cl
			$\left\{\begin{array}{l}\text{HN}^+\text{–piperazine–}^+\text{NH} \\ \text{Cl}\end{array}\right.$
			p-ClC$_6$H$_4$CH=NNCOPh
			SbCl$_6$
			CHCl$_2$CO$_2$
			CCl$_3$CO$_2$
			SO$_3$Cl
			ClO$_3$
			ClO$_4$

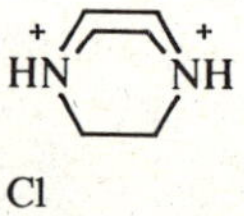

p	Y	q	Color and MP (°C)	Physicochemical Studies	Reference
1			bush-g		1525
2				ir, msc, uv	1527
2			g-bu	cond, ir, msc, nmr	1038, 1115, 5820, 7168
1			g, dec 219		1528
2			bu	cond, epr, ir, msc	1490
2				msc	6039
2			bu, bu-g, 110 dec	cond, epr, ir, K, msc, nmr, p, qch, ram, sol, th, tha, uv, xr, xrp	107, 496, 500, 503, 507, 968, 1062, 1064, 1074, 1100, 1107, 1537, 2535, 2563, 2565, 2584, 4713, 4716, 4721, 4755, 4758, 5236, 5251, 5597, 5604, 6019, 6023, 6024, 6026, 6027, 6041– 6043, 6922, 6947, 6949– 6951, 6959, 7126, 7160, 7173, 7176, 7183, 7293, 7295, 7302, 7308, 7310– 7314
1				uv	7185
4					
2				K, th	6908
2				tha, xr	2990
2			g-bu	cond, ir, msc	1115, 5768, 7090
2			l-bu	ir, msc	1038, 5768, 7090, 7299
2			l-g	ir, msc, uv	1530
2			l-bu	msc, uv	6922, 6923
2			bu, l-bu	cond, ir, msc, nmr, p, qch, th, tha, uv, xr	1524, 2361, 5124, 5998, 6054, 7030, 7175, 7283, 7293, 7295, 7309, 7311, 7315, 7316

TABLE 3.99. (CONTINUED)

m	n	R	X
1	4	H	Cl
			Br
			Br
			[piperazinium dication] Br
			2-O-5-BrC$_6$H$_3$CH=NCHPh$_2$
			I
			Ag(CN)$_2$
			UO$_2$F$_4$
			Ti(NCS)$_6$
			VO$_3$
			NbOF$_5$
			CrO$_4$
			Cr$_2$O$_7$
			ReO$_4$
			OH
			PhCO$_2$
			Fe
			Fe(CN)$_5$NO

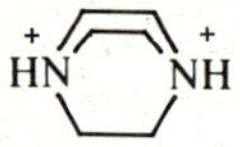

p	Y	q	Color and MP (°C)	Physicochemical Studies	Reference
1				msc	6959, 7126
1					
2			bu-v, bu, bu-g, 140 dec	ca, cond, ir, msc, nmr, p, qch, ram, tha, uv **xr**, xrp	500, 503, 507, 995, 1014, 1062, 1064, 1074, 1100, 4713, 4716, 4758, 6019, 6023, 6026, 6027, 6055, 6922, 6950, 6951, 7030, 7064, 7126, 7160, 7173, 7293, 7295, 7303, 7308, 7311–7314, 7317
	$(H_2N)_2CS$	2	g, 126	msc	7160
1				uv	7185
4					
2			d-g	msc, uv	1117
2			l-g, y-g, 139 dec, 200 dec	cond, ir, msc, nmr, ram, tha, uv, **xr**	500, 503, 995, 1014, 1062, 1100, 4713, 4716, 4758, 6023, 6026, 6922, 6951, 6959, 7030, 7160, 7173, 7286, 7202, 7208, 7295, 7318
	H_2O	2		uv	7314
	I_2	2	bw	ir, tha, xr	6962
1					1536
1	H_2O	1	l-g, dec 130	ir, sol	7319
1			l-g, 180	ir, msc, uv	7306
2				xr	1133, 1471
1			l-bu, dec 40	ir, tha	1540
1			gy-y	tha	1541
1			o	ir, tha	1541, 1542, 2193, 7320
2				ir, msc, uv	1545
2					
6			d-y-g		6079
2					
1					1135
	H_2O	2			1135

TABLE 3.99. (*CONTINUED*)

m	n	R	X
1	4	H	FeO$_4$
		d$_5$	Cl
		2-Me	NCS
			BF$_4$
			Cl
			FeO$_4$
		3-Me	+
			N$_3$
			NCO
			PhCH=NNCOPh
			p-MeC$_6$H$_4$CH=NNCOPh
			m-MeOC$_6$H$_4$CH=NNCOPh
			p-MeOC$_6$H$_4$CH=NNCOPh
			o-(O$_2$C)$_2$C$_6$H$_4$
			NO$_2$
			NCS
			NCSe
			BF$_4$
			CF$_3$CO$_2$
			CF$_3$SO$_3$
			Cl
			p-ClC$_6$H$_4$CH=NNCOPh
			ClO$_3$
			ClO$_4$
			Br
			I
		4-Me	FeO$_4$
			+
			N$_3$
			PhCOCHCOPh
			PhCH=NNCOPh

p	Y	q	Color and MP (°C)	Physicochemical Studies	Reference
1			120	ir, tha	6057, 6058
2				ir	4758, 7313
2			l-bu		2604
2				K, th, xr	2692, 2694, 5899
2				K	1109
1			90	tha	6057, 6058
2				K, p	7200, 7291, 7321
2				uv	7030, 7200
2				ir	2518, 7030, 7200
2				K, th	6908
2				K, th	6908
2				K, th	6908
2				K, th	6908
1				K, th	6908
2			bu	ir	7322
2				ir, K, th, tha	1167, 2518, 4700, 7030, 7203, 7212
2				uv	7030
2			y bu	K, msc, th	2693, 2694, 6972
	H₂O	2	bu	msc	6972
2				ir, msc, uv	5820
2				ir, msc, uv	6039
2			bu, bu-g	ir, K, msc, tha, uv	499, 1109, 1161, 4713, 4716, 6949, 6950, 6972, 6973, 7030, 7131, 7176, 7310, 7312
2				K, th	6908
2			bu	uv	6922, 6923
2			y bu	cond, ir, msc, nmr, uv	6972, 7030, 7309, 7316
	H₂O	2	bu	msc	6972
2			bu-g, l-bu	ir, K, msc, th, tha, uv	1161, 4713, 6949, 6972, 7030, 7173
2			l-bu, y-g	ir, K, msc, th, tha, uv	1161, 4713, 6949, 6950, 6972, 7030
1			105	ir, tha	6057, 6058
2				K, p	1845, 5645, 7291, 7321
2				uv	7030, 7200
2			95 dec	ir	2366
2				K, th	6908

TABLE 3.99.   (CONTINUED)

m	n	R	X
1	4	4-Me	p-MeC$_6$H$_4$CH=NNCOPh
			m-MeOC$_6$H$_4$CH=NNCOPh
			p-MeOC$_6$H$_4$CH=NNCOPh
			NCO
			ONC(CN)$_2$
			HCO$_2$
			o-(O$_2$C)$_2$C$_6$H$_4$
			NO$_2$
			NO$_3$
			NCS
			NCSe
			BF$_4$
			PF$_6$
			CF$_3$CO$_2$
			CF$_3$SO$_3$
			Cl
			p-ClC$_6$H$_4$CH=NNCOPh
			CCl$_3$CO$_2$
			ClO$_3$
			ClO$_4$
			Br
			I

p	Y	q	Color and MP (°C)	Physicochemical Studies	Reference
2				K, th	6908
2				K, th	6908
2				K, th	6908
2			bu, 137	cond, ir	911, 2518, 7030, 7200
2			bw	ir, msc	1484
2			88	ir	7298
1			l-bu	K, th	5770
2			l-bu	ir, uv	7322
2			bu	nmr, qch	6972, 7201
2			bu, dec 120	ca, ir, K, nmr, ram, th	1167, 1550, 1552, 2518, 2687, 4700, 6022, 6026, 7030, 7203, 7212, 7305, 7323
	I_2	2		ir	6022
2				uv	7030
2			y	ir, K, msc, nmr, th, uv	1524, 2693, 2694, 6972, 7316
	H_2O	2	bu	msc	6972
2				ir, msc, uv	1527
2				ir, msc, nmr, uv	1038, 5820, 7168
2				ir, msc, uv	6046
2			bu, l-bu	ir, K, msc, nmr, qch, th, tha, uv	499, 1109, 1179, 4713, 4716, 4760, 5326, 6026, 6949, 6950, 6972, 6974, 7030, 7173, 7176, 7310, 7312, 7313, 7323
2				K, th	6908
2				tha	1038
2			bu	msc, uv	6922, 6923
2			y	ir, msc, uv, **xr**	6972, 7030, 7324–7326
	H_2O	2	bu	cond, ir, msc, uv	1524, 6972, 7309, 7325
2			l-bu	ir, K, msc, nmr, tha, uv	4713, 4760, 5236, 6026, 6949, 6950, 6972, 7030, 7173, 7313
2			g, l-g, y-g	ir, msc, nmr, uv	1062, 4713, 4760, 5236, 6026, 6949, 6950, 6972, 7024, 7030, 7313

TABLE 3.99. (CONTINUED)

m	n	R	X
1	4	4-Me	ReO$_4$
			FeO$_4$
		2,3-Me$_2$	Cl
		2,4-Me$_2$	I
		2,6-Me$_2$	Cl
			I
			FeO$_4$
		3,4-Me$_2$	ONC(CN)$_2$
			NO$_3$
			NCS
			BF$_4$
			Cl
			ClO$_4$
			Br
			I
		3,5-Me$_2$	NO$_3$
			NCS
			BF$_4$
			CF$_3$SO$_3$
			Cl
			ClO$_4$
			Br
			I
		2,4,6-Me$_3$	Cl
			Br
			I
		3-Et	NCS
		4-Et	CF$_3$CO$_2$
			N$_3$
			NCO
			HCO$_2$
			NCS
			CF$_3$CO$_2$
			CF$_3$SO$_3$
			Cl
			ClO$_4$
			Br
			I

p	Y	q	Color and MP (°C)	Physicochemical Studies	Reference
2				ir, msc, uv	1545
1			110	ir, tha	6057, 6058
2				ir, K, msc, th, uv	1109
2				uv	7189
2				msc	1109
2				ir	4713
1			l-g	ir, msc, uv	6057, 6949
2			bw	ir, msc	1484
2			bu	ir, msc, uv	7030, 7200, 7224
2			l-bu	ir, msc, uv	7030, 7200, 7224
2			y	ir, msc, uv	7224
2			g	ir, msc, uv	7030, 7200, 7224
2			y	ir, msc, uv, xr	7030, 7224, 7327
2			g	ir, msc, uv	7030, 7200, 7224
2			y-bw	ir, msc, uv	7030, 7224
2			bu	ir, msc, uv	7030, 7200, 7201, 7224
2			l-bu	ir, msc, nmr, qch, uv	1167, 7030, 7200, 7201, 7224
2			l-bu	ir, msc, uv	7224
2				ir, msc, uv	6039
2			g	ir, msc, uv	5912, 7030, 7200, 7224
2			l-bu	ir, msc, uv, xr	7030, 7200, 7224, 7309, 7324, 7328
2			bu-g	ir, msc, uv	7030, 7200, 7224
2			y	ir, msc, uv	7030, 7224
2			l-bu	ir, msc, uv	4713, 6949
2			l-bu	ir, msc, uv	4713, 6949
2			l-g	ir, msc, uv	6949
2				ir	1167
2				ir, nmr, uv	5820, 7168
2				nmr	5256
2				nmr	5256
2			bu, 161		4761
2			bu	nmr	1167, 4761, 5256, 7322
2				ir, nmr, uv	5820, 7168
2				ir, nmr, uv	6039
2				ir, nmr, uv	5256, 7030, 7312
2				ir, msc, uv	7309
2				nmr	5256
2				nmr	5256

TABLE 3.99. (CONTINUED)

m	n	R	X
1	4	4-*n*-Pr	NCS
			Cl
			Br
			I
		4-*i*-Pr	NCS
			CF$_3$SO$_3$
			ClO$_4$
		4-*n*-Bu	NCS
		4-CH=CH$_2$	NCO
			NCS
			Cl
			ClO$_4$
			Br
			I
		2-Ph	Cl
		4-CH$_2$CH$_2$SnPh$_3$	Cl
		3-NH$_2$	Cd(SeCN)$_4$
		4-NH$_2$	+
			Cl
			ClO$_4$
			Br
			I
			Hg(SCN)$_4$
{2	2	H	ClO$_4$
{2	2	2-CH$_2$NH$_2$,6-Me	
		3-[piperidine ring with N-Me]	Cl
		3-CN	NCO
			NCS
			Br
			I
			Hg(SCN)$_4$
		4-CN	NCS
			Br
			I
			Cd(SeCN)$_4$
			Hg(SCN)$_4$
		3-OH	F
		2-CH$_2$OH	+
		3,4-(CH$_2$OH)$_2$	NCS

p	Y	q	Color and MP (°C)	Physicochemical Studies	Reference
2				nmr	5256
2				ir, nmr, uv	5256, 7030, 7312
2				nmr	5256
2				nmr	5256
2				ir	1167
2				ir, msc, uv	6039
2			bu	ir, msc, uv	7309, 7324, 7329
2					
2			bu	ir, msc, uv	5913
2			v	epr, ir, msc, uv	2535, 5913, 7226
2			l-bu	ir, msc, nmr, uv	2630, 5913, 7030, 7226, 7312
2			l-bu	ir, nmr	7226, 7316
2			bu-g	ir, msc, uv	5913
2			ol	ir, msc, uv	5913
2				K, msc	1109
2			184–185 dec	ir	55
1			v, 185 dec	ir, msc, uv	2991
2	phen	1		K	6881
2			bu / o	ir, msc, uv	6972
2			y	ir, msc, uv	6972, 7324
2			bu / o	ir, msc, uv	6972
2			o	ir, msc, uv	6972, 7309
1			bu, 215	cond, ir, msc, uv	2668
2				cond, ir, msc, uv	7230
2	H₂O	2		uv	7330
2				ir, msc, uv	2640
2				ir	1218
2			bu	ir, msc, uv	7235
2			y	ir, msc, uv	7235
1			bu, 260 dec	cond, ir, msc, uv	2668
2				ir	1218
2			g	ir, msc, uv	7235
2			g	ir, msc, uv	7235
1				ir, th, uv	2991
1			bu, 245 dec	cond, ir, msc, uv	2668
2				ir, uv	2696
2				K, p	274
2					4762

TABLE 3.99. (CONTINUED)

m	n	R	X
1	4	4-CH$_2$CH$_2$OH	Cl
		4-CH$_2$CHMeOH	NCS
	{ 2	H	
	1	2-CH=NOH	I
	1	2-CH=NO$^-$	
	{ 2	H	
	2	2-CH=NO$^-$	
	{ 2	H	
	2	2-CMe=NO$^-$	
	4	2-N=N-1'-C$_{10}$H$_6$-2'-O$^-$,5—[piperidine-N-Me]	—
		4-OMe	Cl
		4-CHO	Cl
		3-COPh	NCS
			I
		4-COPh	NCS
			I
		2-CONH$_2$	+
		3-CONH$_2$	NCS
			I
			Cd(SeCN)$_4$
			Hg(SCN)$_4$
		4-CONH$_2$	NO$_3$
			ClO$_4$
		3-COND$_2$	NCS
		4-CONHPh	Cl
		4-CONHNH$_2$	Hg(SCN)$_4$
		3-CONEt$_2$	NCS
			NCSe
			Cl
			Br
			I
	{ 2	H	
	2	2-CO$_2^-$	
	{ 2	3-Me	
	2	2-CO$_2^-$	
	{ 2	4-Me	
	2	2-CO$_2^-$	
	{ 2	H	
	2	3-CO$_2^-$	
	{ 2	3-Me	
	2	3-CO$_2^-$	
	{ 2	4-Me	
	2	3-CO$_2^-$	

p	Y	q	Color and MP (°C)	Physicochemical Studies	Reference
2				uv	7030
2					4762
1			o	cond, ir, msc	7240, 7242
			pp	cond, ir, msc	7242
	H$_2$O	2	pp		1234
2				uv	7321
2			d-bu		7331a
2				uv	7030
2			l-v-bu	ir, msc, uv	5681
2			l-g	ir, msc, uv	5681
2			gsh-y	ir, msc, uv	5681
2			l-bu	ir, msc, uv	5681
2				K, p	2928
2				ir, ram	5964
2				ir	5159
1			v	ir, msc, uv	2991
1			bu, 210 dec	cond, ir, msc, uv	2668
2	H$_2$O	2	bu	ir, msc, uv	1289
2	H$_2$O	2	l-bu	ir, msc, uv	1289
2				ir	5964
2					1278
1			bu, 200 dec	cond, ir, msc, uv	2668
2				ir, msc, uv	2495, 7261
2				ir	7261
2				ir, tha, xr	1297, 7261
2				ir	7261
2				ir	7261
				uv	1556
				uv	1556
				uv	1556
				uv	1556
				uv	1556
				uv	1556

TABLE 3.99. (*CONTINUED*)

m	n	R	X
1	2	H	
	2	4-CO$_2^-$	
	2	3-Me	
	2	4-CO$_2^-$	
	2	4-Me	
	2	4-CO$_2^-$	
	2	H	
	2	2-CO$_2^-$,3-CO$_2$H	
	2	H	
	2	2-CO$_2^-$,4-CO$_2$H	
	4	3-CO$_2$Et	NCS
		4-CO$_2$Et	NCS
		4-NHCOMe	Cl
			Br
	3	H	
	1	2-CH$_2$N=CMeC$^-$HCOMe	NO$_2$
	2	H	
	2	2-CSN$^-$Ph	
	2	4-Me	
	2	2-CSN$^-$Ph	
	2	4-CN	
	2	2-CSN$^-$Ph	
	2	4-CO$_2$Et	
	2	2-CSN$^-$Ph	
	4	2-N=N-2'-C$_{10}$H$_5$-2'-O$^-$-4'-SO$_3$H,5—[N-Me piperidinyl] 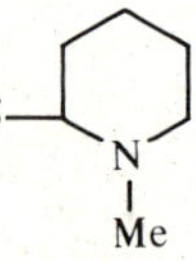	—
	2	H	
	2	NHC(CF$_3$)$_2$O$^-$	
	4	3-Cl	NCS
		4-Cl	NCO
			NCS
		3-Br	ClO$_4$
	5	H	+
			K, SO$_4$
			Zn, SO$_4$
			Cl, Cd
			MoO$_4$
		4-Me	NCS
		2-CONH$_2$	+

p	Y	q	Color and MP (°C)	Physicochemical Studies	Reference
				uv	1556
				uv	1556
				uv	1556
			l-pk	msc, uv	7268
			l-g	msc, uv	7268
2			bush-g, 115	ir, msc, tha, uv	1219, 5979
2			bush 253	ir, msc, tha, uv	5979
2			bu-gsh	ir, msc, uv	1289
2			bu-gsh	ir, msc, uv	1289
1			v, 102 dec	msc	832
				nmr	7061
				nmr	7061
				nmr	7061
				nmr	7061
2				K, uv	1449
			g	K	1452
2				ir	1218
2				ir	1218
2				ir	1218
2			bu	cond, ir, msc, uv	7309, 7324
2				K, p, th	262, 2375
	MeNO$_2$	1		K, th	7332
2	H$_2$O	1	g		1510
2					
1	H$_2$O	1	g		5773
2					
6	H$_2$O	2	bu		1537
1					
1	H$_2$O	5			4518
2				tha	7212
2				K, p	2928

TABLE 3.99. (CONTINUED)

m	n	R	X
1	6	H	+
			N_3
			NCO
			$ONC(CN)_2$
			NO_2
			NO_3
			NCS
			$Sn(NCS)_6$
			NCSe
			PF_6
			ClO_4
			Br
			$\begin{cases} Sn \\ OH \\ Br \end{cases}$
			$\begin{cases} Sn \\ OH \\ Br \end{cases}$
			$Zn(NCSe)_4$
			$Ti(NCS)_6$
			$Fe(NCS)_4$

p	Y	q	Color and MP (°C)	Physicochemical Studies	Reference
2				K, msc	262, 1558, 5998, 7283, 7332
2			g		871, 872
2			bu	K, th	20, 311, 906, 907, 6017, 7333
2				ir, msc	1484
2			l-bu, 57		5780
2			l-bu, 121	ir, msc, th, tha, uv	503, 969, 972, 5999, 7106–7108, 7334, 7335
2					7333
1			bu, 280 dec	ir, msc, uv	7306
2					7333
2				ir, msc, uv	1527
2			l-g, bu	ir, K, th, tha	1531, 2361, 5124, 6054
2			bu	msc	6951, 7308
1					
2			g		4765
4					
1					
1			g		4765
5					
			l-g	ir, uv	5888
			bu, 150 dec	ir, msc, uv	7306
1	⎧ [hexamethylenetetramine structure] ⎫ ⎨ ⎬ ⎩ H₂O ⎭	2 4			1567
	⎧ [hexamethylenetetramine structure] ⎫ ⎨ ⎬ ⎩ H₂O ⎭	2 6			1567

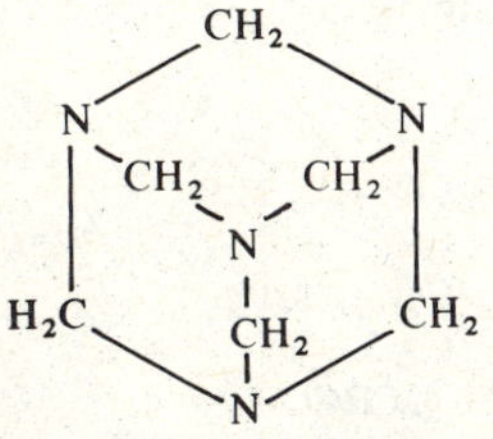

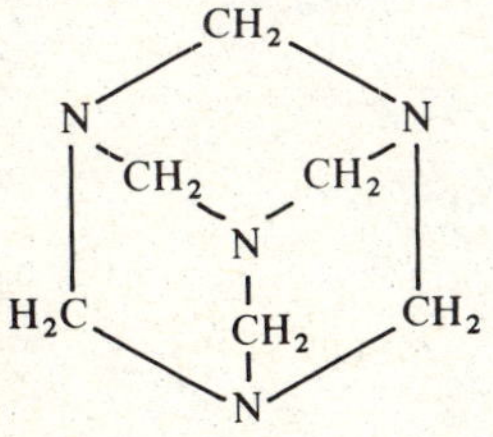

TABLE 3.99. (CONTINUED)

m	n	R	X
1	6	H	Fe(NCS)$_4$
			PtCl$_6$
		2-Me	+
		3-Me	+
		4-Me	+
			NCS
			ClO$_4$
		3-CN	Sn(NCS)$_6$
			Zn(NCS)$_4$
			Zn(NCSe)$_4$
			Ti(NCS)$_6$
	{4	H	
	{2	2-CMe=NO$^-$	
	6	2-CONH$_2$	+
		3-CONH$_2$	Sn(NCS)$_6$
			ClO$_4$
			Zn(NCS)$_4$
			Zn(NCSe)$_4$
			Ti(NCS)$_6$
		4-CONHNH$_2$	Zn(NCSe)$_4$
	7	H	I
2	1	H	MeCOCHCOMe
			MeCOCHCOPh
			PhCOCHCOPh
			MeCOC(CH$_2$Ph)COMe
			o-OC$_6$H$_4$N=CHC(CO$_2$Et)=COMe
			o-OC$_6$H$_4$CH=NNCSNH$_2$
	2	2-CO$_2^-$	S$_2$O$_8$
		3-CO$_2^-$	OH
			O
			2-OC$_{10}$H$_6$-3-CO$_2$
		2-CH$_2$N$^-$CONMe$_2$	SO$_4$
	3(?)	H	2,7,12,17-(CN)$_4$-5,10,15,20-Ph$_4$-porph

p	Y	q	Color and MP (°C)	Physicochemical Studies	Reference
1	(hexamethylenetetramine structure) H₂O	2 10			1567
1			y-g		1563
2				nmr, qch	7194
2				nmr, qch	7194
2				nmr, qch	7194
2				tha	7212
2	H₂O	2	bu	msc	7325
1			bu, 200	ir, msc, uv	7306
1			bu, 220 dec	ir, msc, uv	2668
1			v, 165 dec	ir, th, uv	2991
1			bu, 210 dec	ir, msc, uv	7306
			v-r		1234
2				K, p	2928
1			bu, 170	ir, msc, uv	7306
2				ir, msc, uv	5159
1			bu, 188	ir, msc, uv	2668
1			v, 170 dec	ir, th, uv	2991
1			bu, 155	ir, msc, uv	7306
1			v, 170 dec	ir, th, uv	2991
2	{H₂O, I₂}	1 2	bk, 62 dec	ir, msc, tha	6962
4				K, th	4974, 6902, 7060
4				K, uv	7060, 7072, 7074
4				K, uv	7060, 7072
2				K, th	7060
2				tha	6912
2					6903
1	{phen, H₂O}	4 8		msc, uv	5263
2	{H₂NCH₂CH₂NH₂, H₂O}	1 14	g-bu		1573
1	PhNMe₂	2	l-g		1564
	{PhNMe₂, H₂O}	2 8	bu		1564
1			l-bu		5975
1				ir, msc, nmr, uv	817
2				K	295

TABLE 3.99. (CONTINUED)

m	n	R	X
2	3	H	$(PhCOCHCOCHCMe=NCH_2)_2$
			MoO_4
		3-Me	Cl
			$[2\text{-}O\text{-}5\text{-}ClC_6H_3CPh=N(CH_2)_3]_2NH$
			$[2\text{-}O\text{-}5\text{-}ClC_6H_3CPh=N(CH_2)_3]_2S$
	4	3-Me	(structure: phenolphthalein-like complex with OH, CO_2H, CO_2^-, O groups)
		2-NHPPh$_2$	SO_4
		2-CH=NO$^-$	H
			I
			Ag
	6	H	HCO_3
			CO_3
			Cl
	⎰ 3	2-CO$_2$H	
	⎱ 3	2-CO$_2^-$	NO_3
			HSO_4
			PF_6
			Cl
	9	H	BeF_4
			Cr_2O_7
3	2	H	NCO
			Cl
		3-Me	Cl
			Br
		4-Me	Cl
			Br
		2,6-(CH$_2$PPh$_2$)$_2$	Cl
		2-CH$_2$N(CH$_2$CO$_2^-$)CH$_2$CH$_2$N(CH$_2$CO$_2^-$)$_2$	
	4	H	$(o\text{-}OC_6H_4CH=N)_2CHC_6H_4O\text{-}o$
		2-CH=NC$_6$H$_4$AsMe$_2$-o	NCS
		2-CH$_2$CH$_2$S$^-$	NO_3
			$MeSO_4$
			ClO_4
	5	H	NCO
	12	H	OH
			O
			$MeCO_2$
			Fe

p	Y	q	Color and MP (°C)	Physicochemical Studies	Reference
1				xr	7336
2			v		4518
2				K, tha	499, 4716, 6974
2			bu	ms, msc, uv	5656
2				xr	5644
1					
1	H$_2$O	10			7337
2				msc, uv	67
1					
2				msc	7239
1					
2					
1	(p-MeC$_6$H$_4$NH)CO	1	bu-g		7094, 7338
4	Me$_2$C(OH)C=CCH$_2$CH=CH$_2$	1		ir	4770
	CH$_2$=CClCH=CH$_2$	1	l-g		4666
1	H$_2$O	0.5	l-bu	msc, uv	5263
1	H$_2$O	0.5	l-bu	msc, uv	5263
1	H$_2$O	2.5	l-bu	msc, uv	5263
1	H$_2$O	2.5	l-bu	msc, uv	5263
2					1031
2			y	tha	1525
2				tha	311
6				tha	496, 499, 503, 510, 5604, 6957
6				K, tha	499, 4716, 6974
6				tha	6949
6				K, th, tha	499, 6974
6				K, th, tha	6949
6				cond, msc, uv	5014
	H$_2$O	10	v, 230 dec		828
2			g, dec 140–160	tha, uv	7339
6	H$_2$O	2		ir, msc, uv	7001
2			r-bw	cond, ir, msc	3093
2				cond, ir	3093
2			o	cond, ir, msc	3093
6				tha	311
1					
3			bk		6079
17					
6					

TABLE 3.99. (CONTINUED)

m	n	R	X
4	7	2-Me	[2-O-5-ClC$_6$H$_3$CPh=N(CH$_2$)$_3$]$_2$NH
	6	2-CO$_2$H	
	6	2-CO$_2^-$	S$_2$O$_8$
	13	H	O$_2$CCO$_2$
			NO$_2$
x	2	2-Me	NCS
			Co

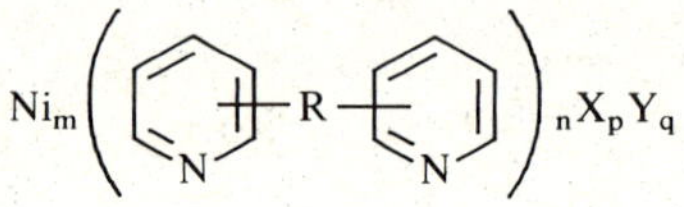

$$Ni_m \left(\underset{N}{\bigcirc} - R - \underset{N}{\bigcirc} \right)_n X_p Y_q$$

m	n	R	X
1	1	2-CH$_2$-2′	+
		2-(CH$_2$)$_2$-2′	+
			NCS
			Cl
			Br
			I
		2-(CH$_2$)$_3$-2′	+
		2-(CH$_2$)$_4$-2′	+
		2-(CH$_2$)$_5$-2′	+
		2-(CH$_2$)$_6$-2′	+
		2-CH=CH-2′	NO$_3$
			Cl
			Br
			I
		2-CH=CH-4′	Cl
		3-CH=CH-3′	Cl
			Br
			I
		4-CH=CH-4′	Cl
			Br
			I
		2-NH-2′	+
			Cl
			Br
			Br
			I
		2-CH$_2$NHCH$_2$-2′	+
		6-Me,2-CH$_2$NHCH$_2$-2′,6′-Me	NCS

p	Y	q	Color and MP (°C)	Physicochemical Studies	Reference
4			y-bw	ms, msc, uv	5626
1	H_2O	2	l-bu	msc, uv	5263
2				xr	7340
4					
2				xr	5898
1−x					

$$Ni_m\left(\underset{N}{\bigcirc}-R-\underset{N}{\bigcirc}\right)_n X_p Y_q$$

p	Y	q	Color and MP (°C)	Physicochemical Studies	Reference
2				K, p	1592
2				K, p	1592
2			d-g	ir, msc, uv	2706
2			y-g	ir, msc, uv	2706
2			bu	ir, msc, uv	2706
2			g	ir, msc, uv	2706
2				K, p	1592
2				K, p	1592
2				K, p	1592
2				K, p	1592
2			bu-g	ir, uv, msc	1596
2			r-bw, dec 251 (cis) / l-y, dec 193 (trans)	cond, ir, msc, tha, uv	1596, 2708
2			ysh-bw, dec 258 (cis) / l-bw, dec 187 (trans) / bu, dec 240 (trans)	cond, ir, msc, tha, uv	1594, 1595, 2708
2			bw, dec 254 (trans)	cond, ir, msc, tha, uv	2708
2			l-y	ir, msc, uv	1597
2			y-g	ir, msc, uv	7341
2			y-g	ir, msc, uv	7341
2			o-bw	ir, msc, uv	7341
2			y-g	ir, msc, tha, uv	1594, 1595
2			y-g	ir, msc, tha, uv	1594, 1595
2			o-bw	ir, msc, tha, uv	1594, 1595
2				K, p, uv	285, 583, 1598, 1607, 1699
2			l-g, ol	ir, msc, uv	1674, 7342
2			bw, ol	ir, msc, uv	1674, 7342
2	H_2O	4	l-g-ol	ir, msc, uv	7342
2			bk-bw	ir, msc, uv	1674, 7342
2				K, th	1609, 6083
2			l-g	cond, ir, msc	7341

TABLE 3.99.   (CONTINUED)

m	n	R	X
1	1	6-Me, 2-CH$_2$NHCH$_2$-2′,6′-Me	Cl
			Br
			I
		2-CH$_2$CH$_2$NHCH$_2$CH$_2$-2′	NCS
			Cl
			Br
			I
		2-CH$_2$NH(CH$_2$)$_2$NHCH$_2$-2′	+
			NO$_3$
			NCS
			Cl
			ClO$_4$
			Br
			I
		2-CH$_2$NH(CH$_2$)$_3$NHCH$_2$-2′	+
			NO$_3$
			NCS
			ClO$_4$
			Br
		2-CH$_2$CH$_2$NH(CH$_2$)$_2$NHCH$_2$CH$_2$-2′	ClO$_4$
		2-CH$_2$NH(CH$_2$)$_4$NHCH$_2$-2′	+
		2-CH$_2$NH—[biphenyl]—NHCH$_2$-2′	Cl
		3-OH, 2-CH$_2$NH—[biphenyl]—NHCH$_2$-2′	NO$_3$
		6-Me, 2-CH$_2$NMeCH$_2$-2′	NCS
			Cl
			Br
			I
		6-Me, 2-CH$_2$NMeCH$_2$-2′,6′-Me	Cl
			Br
			I
		2-CH=NNH-2′	+
			NCS
			Cl
			ClO$_4$
			Br
			I
		2-CMe=NNH-2′	ClO$_4$
		2-CEt=NNH-2′	ClO$_4$

p	Y	q	Color and MP (°C)	Physicochemical Studies	Reference
2			g	cond, ir, msc	7341
2			g	cond, ir, msc, xr	7341, 7343
2			g	cond, ir, msc	7341
2			bu	cond, msc, uv	7344
2			g	cond, msc, uv	2714, 7344
2			g	cond, msc, uv	7344
2			d-g	cond, msc, uv	7344
2				K, th	579, 580, 1614, 1617, 1699
2			pk-l-v	ir, nmr, uv, xr	1615
2			l-v	ir, nmr, uv, xr	1615
2	H$_2$O	0.5	bu	ir, nmr, uv, xr	1615
2				ir	1617
2	H$_2$O	2	l-v	ir, nmr, uv, xr	1615
2			g-bu	ir, nmr, uv, xr	1615
2			g	ir, nmr, uv, xr	1615
2				K, th	1617
2			l-v	ir, nmr, uv, xr	1615
2			l-v	ir, nmr, uv, xr	1615
2	H$_2$O	1	l-v	ir, nmr, uv, xr	1615
2	H$_2$O	1	bu-g	ir, nmr, uv, xr	1615
2			y	ir, msc, uv	1620
2				K, th	1617
2	H$_2$O	1			607
2					607
2			bu	cond, ir, msc	7341
2			g	cond, ir, msc	7341
2			g	cond, ir, msc	7341
2			g	cond, ir, msc	7341
2			y-g	cond, ir, msc	7341
2			y-g	cond, ir, msc	7341
2			y-g	cond, ir, msc	7341
2				K	1624
2			g	ir, msc, uv	1627
2			g	ir, msc, uv	1627, 2714
2	H$_2$O	1	l-ysh-bw, 350	msc	1628
2			g	ir, msc, uv	1627
2			r-bw	ir, msc, uv	1627
2			ysh-bw, 300	msc	1628
2			ysh-bw, 265	msc	1628

TABLE 3.99. (CONTINUED)

m	n	R	X
1	1	2-C(n-Pr)=NNH-2'	ClO_4
		2-C(n-Bu)=NNH-2'	ClO_4
		2-C(pentyl)=NNH-2'	ClO_4
		2-C(hexyl)=NNH-2'	ClO_4
		2-N=N-2'	Cl
		3-N=N-3'	Cl
			Br
		4-N=N-4'	Cl
			Br
		2-CH=N(CH$_2$)$_3$N=CH-2'	+
		2-CH=N(CH$_2$)$_3$N=CH-2	N_3
			NO_2
			NO_3
			NCS
			$\{NO_3, PF_6\}$
			$\{NCS, PF_6\}$
			PF_6
			$\{PF_6, Cl\}$
			Cl
			ClO_4
			$\{PF_6, Br\}$
		2-CH=N(CH$_2$)$_3$N=CH-2'	Br
			I

p	Y	q	Color and MP (°C)	Physicochemical Studies	Reference
2			ysh-bw, 260	msc	1628
2			ysh-bw, 270	msc	1628
2			ysh-bw, 269	msc	1628
2			ysh-bw, 248	msc	1628
2				ir, uv	1631
2			y	ir, msc, uv	1633
2			y	ir, msc, uv	1633
2			bw	ir, msc, uv	1633
2			bw	ir, msc, uv	1633
2	{ NH_3 / H_2O }	1 / 1		K, p	7345
	{ $EtNH_2$ / H_2O }	1 / 1		K, p	7345
	{ $H_2NCH_2CH_2NH_2$ / H_2O }	1 / 1		K, p	7345
	H_2O	2		K, p	7345
	{ H_2O / $MeCH(NH_2)CO_2H$ }	1 / 1		K, p	7345
2				cd, cond, ir, nmr, uv	7346, 7347
2				cd, cond, ir, msc, nmr, uv	1683, 7346, 7347
2				ir, msc, uv	7348
2			{ bw / g }	cd, cond, ir, nmr, uv	7347, 7348
1 / 1			bwsh-r	cond, msc, uv	7348
1 / 1			bwsh-r	cond, msc, uv	7348
2	H_2O	1	bwsh-r	cond, msc, uv	7348
1 / 1			bwsh-r	cond, msc, uv	7348
2			bw	cond, msc, uv	7348
	H_2O	1		cd, cond, ir, msc, nmr, uv	1683, 7346, 7347
		2		cd, cond, ir, nmr, uv	7347
2	H_2O	0.5	bush-g	msc, uv	811
1 / 1			bwsh-r	cond, msc, uv	7348
2			bwsh-r	cd, cond, ir, nmr, uv	7346–7348
2				cd, cond, ir, nmr, uv	7346, 7347
	![pyrazole](N-NH ring)	2		ir, msc, uv	7347

TABLE 3.99. (CONTINUED)

m	n	R	X
1	1	2-CMe=NN=CMe-2'	I
		2-CMe=N(CH$_2$)$_3$N=CH-2'	Cl
		2-CMe=N(CH$_2$)$_3$N=CMe-2'	N$_3$
			Cl
		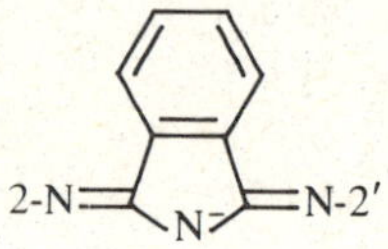 2-N=(benzisoindoline)=N-2'	N$_3$
			MeCO$_2$
		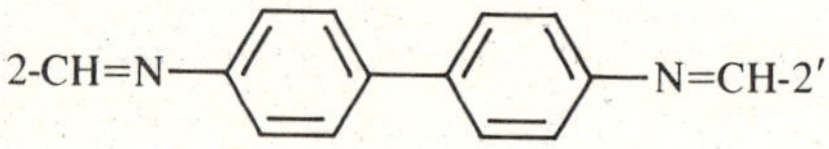 2-CH=N—C$_6$H$_4$—C$_6$H$_4$—N=CH-2'	NO$_3$
			SO$_4$
			Cl
		2-CMe=N(CH$_2$)$_3$NH(CH$_2$)$_3$N=CMe-2'	ClO$_4$
		2-CMe=N(CH$_2$)$_3$NH(CH$_2$)$_4$N=CMe-2'	ClO$_4$
		2-CMe=N(CH$_2$)$_3$NMe(CH$_2$)$_4$N=CMe-2'	ClO$_4$
		2-NHN=CMeCMe=NNH-2'	+
			NCS
			Cl
			ClO$_4$
			Br
			I
		2-N⁻N=CMeCMe=NN⁻-2'	
		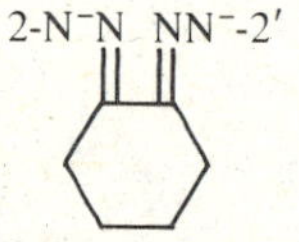 2-N⁻N NN⁻-2' (cyclohexane-bis-hydrazone)	
		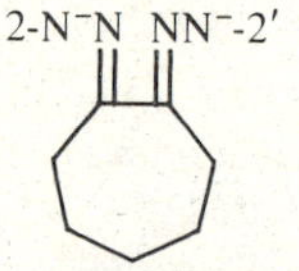 2-N⁻N NN⁻-2' (cyclooctane-bis-hydrazone)	
		2-NHN=CHCH$_2$NMeCH$_2$NMeCH$_2$CH=NNH-2'	ClO$_4$
		2-CH=NCH$_2$CH(OH)CH$_2$N=CH-2'	N$_3$
			NO$_2$
			NCS
			Cl
			Br
			I
		2-CMe=NCH$_2$CH(OH)CH$_2$N=CMe-2'	NO$_2$
			Cl

p	Y	q	Color and MP (°C)	Physicochemical Studies	Reference
2			d-y-g	ir, msc	5282
2				cd, cond, ir, nmr, uv	7346, 7347
2	H₂O	1		cd, cond, ir, nmr, uv	7346, 7347
2				ir, msc, uv	1638
	H₂O	2		cd, cond, ir, nmr, uv	7346, 7347
1					1647
1					1647
2			r-bw, > 350		1644
1			o, > 350		1644
2			y-bw, > 350		1644
2	H₂O	1		ir, msc	1645
2	H₂O	1		ir, msc	1645
2	H₂O	1		ir, msc	1645
2					7349, 7350
2			y	cond, ir, uv	1646
2			y	cond, ir, uv	1646
2			y-bw	cond, ir, uv	1646
2			y	cond, ir, uv	1646
2			o	cond, ir, uv	1646
				xr	7349, 7350
			d-r	p, xr	7365
			d-r	p	7365
2	H₂O	3		msc, uv	646
2				ir, msc, uv	7347
2				ir, msc, uv	7347
2				ir, msc, uv	7347
2				ir, msc, uv	1638, 7347
2				ir, msc, uv	7347
2				ir, msc, uv	7347
2				ir, msc, uv	1638
2				ir, msc, uv	1638

TABLE 3.99.   (CONTINUED)

m	n	R	X
1	1	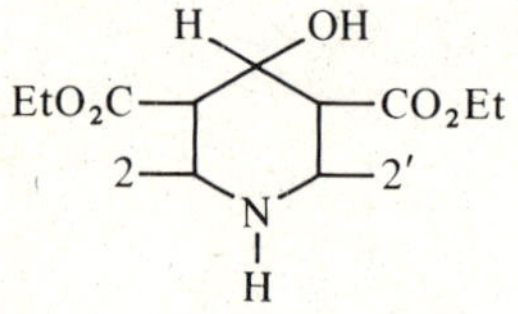 [piperidine ring with EtO₂C at 3, CO₂Et at 5, OH and H at 4, 2-H and 2'-H, NH]	Cl
		[piperidine ring with EtO₂C at 3, CO₂Et at 5, C=O at 4, 2-H and 2'-H, NH]	Cl
		[bicyclic bispidine: N-CH₂Ph bridge, EtO₂C and CO₂Et at bridgeheads, C=O, NH]	NCS
		2-CH₂N⁻CO-2'	NCO
			NCS
			Cl
			Br
		2-CON⁻(CH₂)₂N⁻CO-2'	
		2-CON⁻(CH₂)₃N⁻CO-2'	
		2-CON⁻CH₂CHMeN⁻CO-2'	
		2-NMe(CH₂)₂NHCOCONH(CH₂)₂NMe-2'	+
		2-CH₂N(CH₂CO₂H)CH₂CH₂N(CH₂CO₂H)CH₂-2'	+
		2-CON⁻(CH₂)₃NH(CH₂)₃N⁻CO-2'	
		2-CON⁻(CH₂)₃NMe(CH₂)₃N⁻CO-2'	
		2-CH=N(CH₂)₃NH(CH₂)₃N⁻CO-2'	ClO₄
		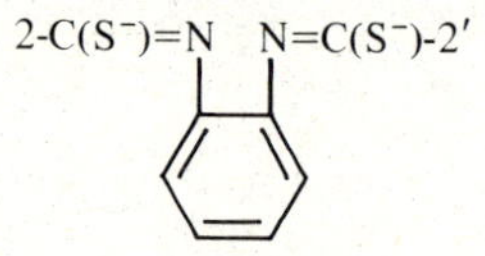 2-C(S⁻)=N—[o-C₆H₄]—N=C(S⁻)-2'	
		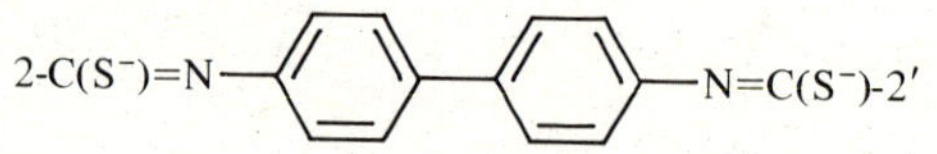 2-C(S⁻)=N—[C₆H₄-C₆H₄]—N=C(S⁻)-2'	
		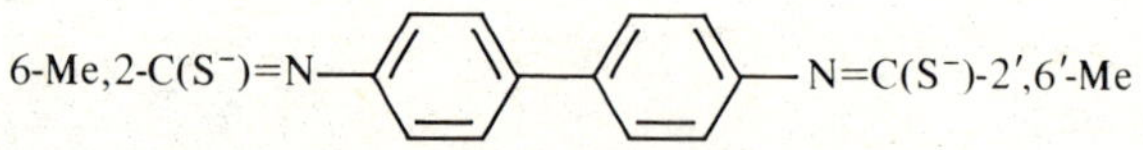 6-Me,2-C(S⁻)=N—[C₆H₄-C₆H₄]—N=C(S⁻)-2',6'-Me	
		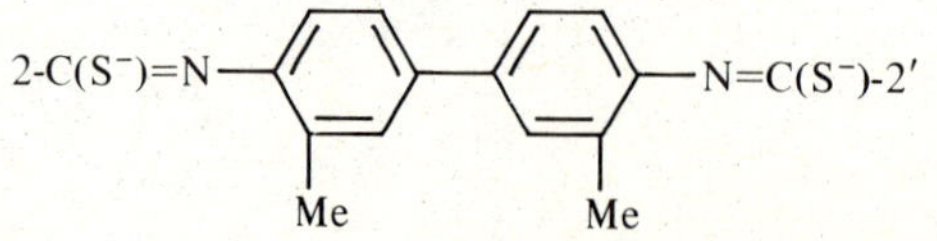 2-C(S⁻)=N—[C₆H₃(Me)-C₆H₃(Me)]—N=C(S⁻)-2'	

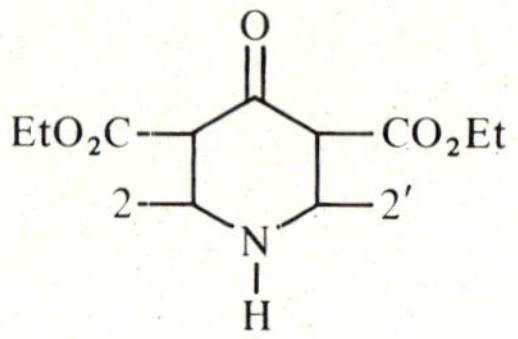

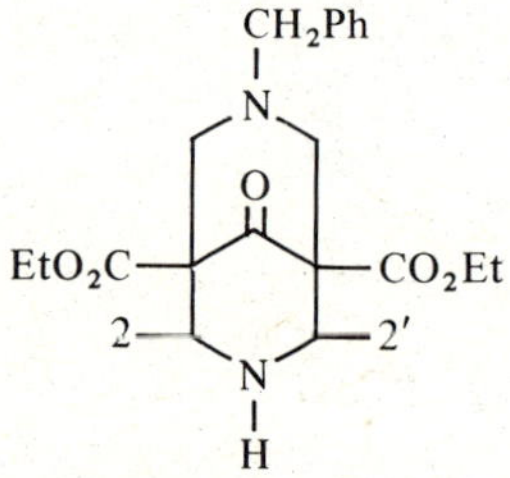

p	Y	q	Color and MP (°C)	Physicochemical Studies	Reference
2			bw-y bu	ir	1661
2			g	ir	1661
2			212–215	ir	2999
1	H$_2$O	1	o	ir, msc, uv	1657
1	H$_2$O	0.5	o	ir, msc, uv	1657
1			ysh-bw	ir, msc, uv	1657
2	HBr	0.5	g	ir, msc, uv	1657
	H$_2$O	1	o	ir, uv	1659
	H$_2$O	1	o	ir, uv	1659
	H$_2$O	3	o	ir, uv	1659
2				K, uv	1663
2				K, p	580
	H$_2$O	5	y	msc, uv	811
	H$_2$O	5	y	msc, uv	811
1	H$_2$O	1.5	bw	msc, uv	811
					1746
			r-bw	cond, tha, xr	1669–1669b, 1746
				cond, tha, xr	1669b, 1746
				cond, tha, xr	1669a, 1669b, 1746

TABLE 3.99.   (CONTINUED)

m	n	R	X
1	1	6-Me,2-C(S⁻)=N—C₆H₂(Me)—C₆H₂(Me)—N=C(S⁻)-2',6'-Me	
		2-C(S⁻)=N—C₆H₃(MeO)—C₆H₃(OMe)—N=C(S⁻)-2'	
		6-Me,2-C(S⁻)=N—C₆H₂(MeO)—C₆H₂(OMe)—N=C(S⁻)-2',6'-Me	
		2-C(S⁻)=N—C₆H₄—O—C₆H₄—N=C(S⁻)-2'	
		2-C(S⁻)=N—C₆H₄—CO—C₆H₄—N=C(S⁻)-2'	
		2-S-2'	+
		2-(CH₂)₂S(CH₂)₂-2'	NCS
			Cl
			Br
			I
		2-(CH₂)₂S(CH₂)₃-2'	+
		2-(CH₂)₃S(CH₂)₃-2'	+
		2-CH₂NHCOCH₂SCH₂CON⁻CH₂-2'	ClO₄
		2-CH₂N⁻COCH₂SCH₂CON⁻CH₂-2'	
		2-SS-2'	NCS
			Cl
			Br
			I
		2-(CH₂)₂S(CH₂)₂S(CH₂)₂-2'	Cl
			ClO₄
		2-CH₂NH(CH₂)₂SS(CH₂)₂NHCH₂-2'	{ Cl, ClO₄ }
			{ ClO₄, Br }
		2-CH=N—C₆H₄—SS—C₆H₄—N=CH-2'	{ BF₄, Cl }
			Cl

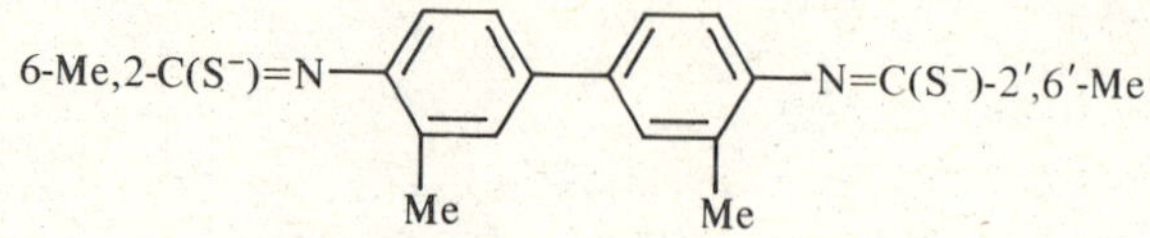

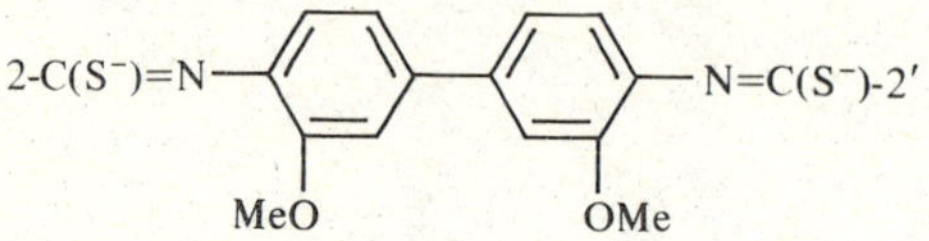

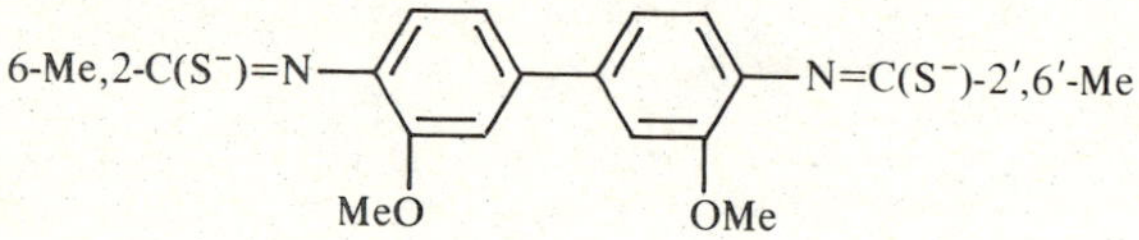

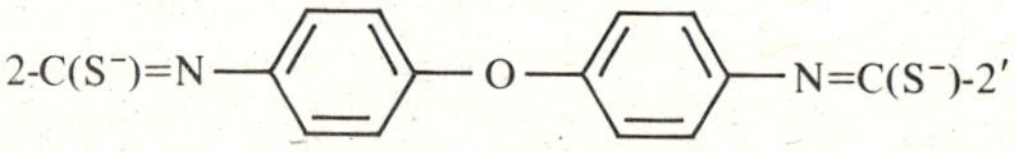

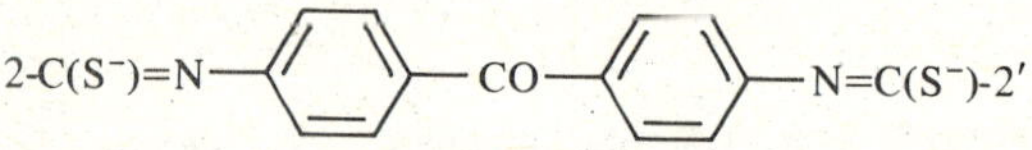

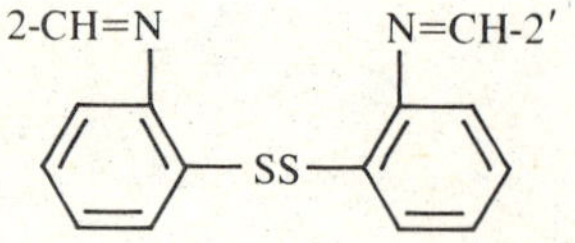

1496

p	Y	q	Color and MP (°C)	Physicochemical Studies	Reference
				cond, tha, xr	1669b, 1746
				cond, tha, xr	1669b, 1746
				cond, xr	1669b
			bw	tha	1669
			bw	tha	1669, 1746
2				K, p	1664
2			l-g	msc, uv	7344
2			g	cond, msc, uv	1665, 7344
2			y-g	cond, msc, uv	7344
2			bw	cond, msc, uv	7344
2				K, p	1664
2				K, p	1664
1				ir	1666
	H$_2$O	1		ir	1666
2				ir, msc, uv	2706
2				ir, msc, uv	2706
2				ir, msc, uv	2706
2				ir, msc, uv	2706
2			g	ir, msc, uv	156
2			y-o	ir, msc, uv	7351
	H$_2$O	2	bu	ir, msc, uv	7351
	EtOH	0.5	r	ir, msc, uv	7351
1			d-bu	xr	7352, 7353
1					
1			d-bu-v	xr	7354
1					
1			bw	ir, msc, uv	4772
1					
2	H$_2$O	1	l-bush	ir, msc, uv	4772

TABLE 3.99. (CONTINUED)

m	n	R	X
1	1	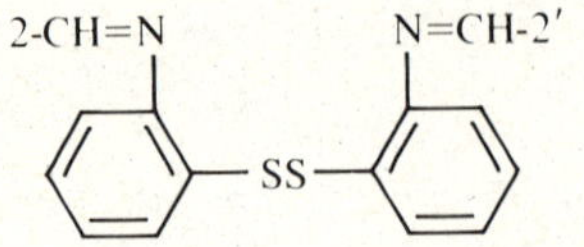 2-CH=N, N=CH-2' (two phenyl rings linked by SS)	Cl, ClO$_4$
			BF$_4$, Br
			Br
		2-C(NN⁻CSNH$_2$)C(=NN⁻CSNH$_2$)-2'	
		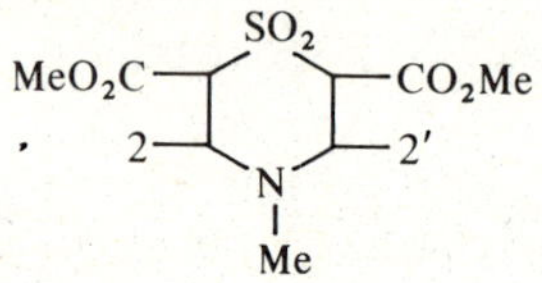 (morpholine-type ring: MeO$_2$C, SO$_2$, CO$_2$Me, 2, 2', N-Me)	NO$_3$
			Cl
		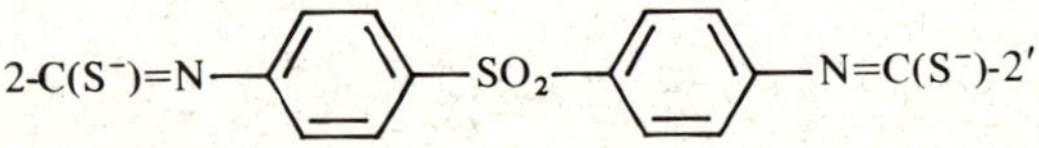 2-C(S⁻)=N—⟨phenyl⟩—SO$_2$—⟨phenyl⟩—N=C(S⁻)-2'	
	2	2-CH$_2$CH$_2$-2'	ClO$_4$
		2-CH=CH-2'	Cl
			ClO$_4$
			Br
			I
		2-CH=CH-3'	NO$_3$
			Br
			I
		2-CH=CH-4'	NO$_3$
		2-NH-2'	+
			NCS
			Cl
			Br
			I
		2-N⁻-2'	
		2-CH$_2$NHCH$_2$-2'	+
			Cl
			Br
		2-CH$_2$NHCH$_2$CH$_2$NHCH$_2$-2'	+
		2-CH$_2$NMeCH$_2$-2	PF$_6$
			ClO$_4$
		6-Me, 2-CH$_2$NMeCH$_2$-2'	ClO$_4$

p	Y	q	Color and MP (°C)	Physicochemical Studies	Reference
1			bw	ir, msc, uv, xr	4772, 7355
1					
1			bw	ir, msc, uv	4772
1					
2	H$_2$O	1	l-bush	ir, msc, uv	4772
				uv	92, 93
2			l-bu, 248	ir	1670
2			bw-y, 260	ir	1670
			bw	tha	1669
2			y	ir, msc, uv	2706
2			d-g	cond, msc, tha, uv	2708
2			y	cond, msc, tha, uv	2708
2			g	cond, msc, tha, uv	2708
	EtOH	1	d-g	cond, msc, tha, uv	2708
2	CHCl$_3$	2	d-y	cond, msc, tha, uv	2708
2				ir, msc, uv	1596
2			l-y	ir, msc, uv	1595, 1597
2	H$_2$O	2	bwsh-y	ir, msc, uv	1595, 1597
2				ir, msc, uv	1596
2				K, p, uv	285, 583, 1598
2			pp	ir, msc, uv	7342
2			bu	ir, msc, uv	1674, 7342
	H$_2$O	2	bu	ir, msc, uv	840, 7342
2			bu, l-g	ir, msc, uv	1674, 7342
2			g	ir, msc, uv	1674
			ol	ir, msc, uv	1672
				K, th	1607, 6083
2	H$_2$O	4.5	pk	cond, ir, msc, uv	5270
2	H$_2$O	4.5	pk	cond, ir, msc, uv	5270
2			bu-g	K	580, 1614
2			l-v	cond, ir, msc, uv	5270
2			l-v, bu-gy	cond, ir, msc, uv	5270
2			bu-gy	cond, ir, msc, uv	7341

TABLE 3.99. (CONTINUED)

m	n	R	X
1	2	6-Me,2-CH$_2$NMeCH$_2$-2'	I
		2-CH$_2$N=CH-2'	+
			NO$_3$
			Cl
		2-CH$_2$CH$_2$N=CH-2'	NCS
			Br
		2-CMeN=CH-2'	ClO$_4$
		2-CEtN=CH-2'	ClO$_4$
		2-C(n-Pr)N=CH-2'	ClO$_4$
		2-C(n-Bu)N=CH-2'	ClO$_4$
		2-C(pentyl)N=CH-2'	ClO$_4$
		2-C(hexyl)N=CH-2'	ClO$_4$
		2-CPhN=CH-2'	ClO$_4$
		2-CH=NNH-2'	+
			ClO$_4$
		2-CH=NN$^-$-2'	
		6-Me,2-CH=NNH-2'	ClO$_4$
		6-Me,2-CH=NN$^-$-2'	
		2-CMe=NNH-2'	ClO$_4$
		2-CEt=NNH-2'	ClO$_4$
		2-C(n-Pr)=NNH-2'	ClO$_4$
		2-C(n-Bu)=NNH-2'	ClO$_4$
		2-C(n-Bu)=NN$^-$-2'	
		2-C(pentyl)=NNH-2'	ClO$_4$
		2-C(hexyl)=NNH-2'	ClO$_4$
		2-CPh=NN$^-$-2'	
		2-CH$_2$CH$_2$N=CMeCH$_2$CMe$_2$NHCH$_2$CH$_2$-2'	NCS
		2-(3-Me-pyrrole), 2'-CH=N	ClO$_4$
		2-(3-Me-pyrrole)[a], 2''-=CHN	
		2-(indole), 2'-CH=N	ClO$_4$
		2-(indole)[a], 2''-=CHN	
		2-N=N-2'	NCS

p	Y	q	Color and MP (°C)	Physicochemical Studies	Reference
2			bu-gy	cond, ir, msc, uv	7341
2				uv	7356
2	H$_2$O	2	bu	ir, msc, uv	1657
2				cond, ir, msc, uv	1623
	H$_2$O	6	gy	ir, msc, uv	1657
2			bu	ir, msc, uv	1657
2	H$_2$O	3	bu	ir, msc, uv	1657
2	H$_2$O	1	l-bw-y, 360		1628
2			l-bw-y, 250		1628
2			l-bw-y, 295		1628
2	H$_2$O	1	l-bw-y, 295		1628
2			l-bw-y, 258		1628
2			l-bw-y, 254		1628
2	H$_2$O	2	l-g, 273–278		1628
				K	1624, 2033
2	H$_2$O	1	l-bw-y, 350	msc	1628
					7357
2	H$_2$O	2	bw	cond, msc	1628
			r	cond, msc, uv	1628, 1680, 2724
2			l-bw-y, 300	msc	1628
2			l-bw-y, 265	msc	1628
2			l-bw-y, 270	msc	1628
2			l-bw-y, 270	msc	1628
			r-g, 249–250	cond, msc	1628, 1680
2	H$_2$O	1	l-bw-y, 269	msc	1628
2	H$_2$O	1	l-bw-y, 248	msc	1628
				uv	1679
2			gy-v	ir, msc	7358
2			l-v	cond, msc	657
			bw	cond, msc	657
2			l-v	cond, msc	657
2			y	ir, msc	160

TABLE 3.99. *(CONTINUED)*

m	n	R	X
1	2	2-N=N-2'	Cl
			ClO$_4$
		2-CH=NN=CH-2'	BF$_4$
			ClO$_4$
			I
		2-CH=NCH$_2$CH$_2$N=CH-2'	ClO$_4$
		3-OH,2-CH=NCH$_2$CH$_2$N=CH-2',3'-OH	+
		2-[pyrazole-Me]-2'-CH=N	ClO$_4$
		2-[pyrazole-Me]^a-2''=CHN	
		2-N=[isoindoline-NH]=N-2'	MeCO$_2$
		2-N=[isoindole]=N-2'	ClO$_4$
		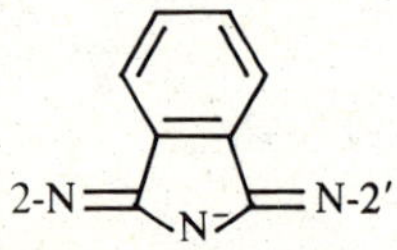 2-CH$_2$CH(OMe)-2'	ClO$_4$
			I
		2-CO-2'	CN
			OH
			MeCO$_2$
			NO$_3$
		2-CO-2'	S
			NCS
			HSO$_3$

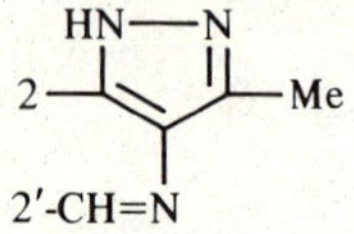

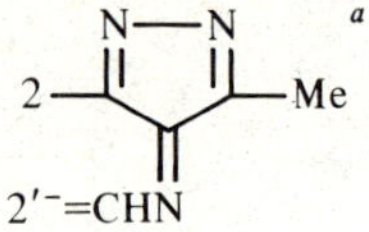

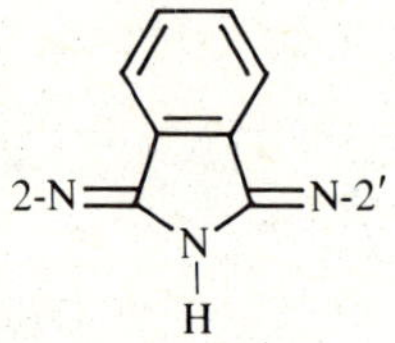

p	Y	q	Color and MP (°C)	Physicochemical Studies	Reference
2				ir, uv	1631
2			y-g	ir, msc, uv	160
2	H_2O	1	bw	cond, msc	5273
2	H_2O	1	bw	cond, msc	5273
2	H_2O	1	bw	cond, msc	5273
2			y-bw	K	151
2				K, uv	7359
2			l-v	cond, msc	657
	H_2O	2	bw	cond, msc	657
2			l-bwsh-y	ir, msc	2725
2	H_2O	1	y	ir, msc	2725
			bw	ir, msc	2725
2			l-v	cond, msc, tha, uv	2708
2			l-gy	cond, msc, tha, uv	2708
2				ir, msc	7360
2	H_2O	4	bw	ir, msc	5389
2	H_2O	6–8	153 dec	cond, ir, msc, tha	7361, 7362
2				ir, uv	7360
	$MeNH_2$	2		ir, msc	7360
	$PhNHNH_2$	2		ir, msc	7360
	⌐N−N−N(H)⌐ (pyrazole)	2		ir, msc	7360
	$\{NH_3$	1		ir, msc	7360
	$\ H_2O\}$	1			
1	H_2O	2		ir, msc	7360
2				ir, uv	1654
2	H_2O	1		ir, msc	7360

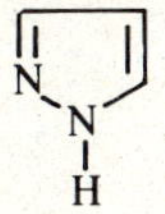

TABLE 3.99.   (CONTINUED)

m	n	R	X
1	2	2-CO-2'	SO_4
			Cl
			Br
			I
		2-COCH(O$^-$)-2'	
		2-C(OH)(CO$_2^-$)-2'	
		2-CH$_2$NHCOCH$_2$-2'	$\begin{cases} H \\ NO_3 \end{cases}$
			NCS
			Cl
			Br
		2-S-2'	Cl
		2-(CH$_2$)$_2$S(CH$_2$)$_3$-2'	+
		2-(CH$_2$)$_3$S(CH$_2$)$_3$-2'	+
		2-CH=NS-2'	ClO_4
		4-Me, 2-CH=NS-2'	ClO_4
		2-CMe=NS-2'	ClO_4
		4-Me, 2-CMe=NS-2'	ClO_4
		2 C(=NN$^-$CSNH$_2$)-2	
	3	2$^-$NH-2'	ClO_4
			I
		2-CH=NNCH-2'	+
	4	4-CH=CH-4'	Br
2	1	2-CH=CH-2'	Cl
		4-CH=CH-4'	$MeCO_2$
			Cl
		2-CH$_2$NHCH$_2$CH$_2$NHCH$_2$-2'	ClO_4
			Cl
		2-CH$_2$NH(CH$_2$)$_3$NHCH$_2$-2'	ClO_4
		2-N=N-2'	Cl
			SO_4
		2-CH=N(CH$_2$)$_6$N=CH-2'	thioph-2-COCHCOCF$_3$
		2-CH=N(CH$_2$)$_{10}$N=CH-2'	thioph-2-COCHCOCF$_3$
		2-CH=NNH—[phthalazine]—NHN=CH-2'	Cl
		2-CH=NN$^-$CO-2'	Cl
	3	4-CH=CH-4'	NO_3
		2-CH$_2$NH(CH$_2$)$_2$NHCH$_2$-2'	Cl
			ClO_4
		2-CH$_2$NH(CH$_2$)$_3$NHCH$_2$-2'	Cl
			ClO_4
		2-CH$_2$N=CH-2'	$\begin{cases} + \\ OH \end{cases}$
		2-CH=NN=CH-2'	BF_4

p	Y	q	Color and MP (°C)	Physicochemical Studies	Reference
1	H_2O	6–8	l-bu, l-pp, 198 dec	ir, msc, tha, uv	1654, 7361, 7362
2				msc, uv	1655
	H_2O	3		ir, uv	1654
2			y, 345 dec	ir, msc, tha	7361, 7362
2			y, 245 dec	ir, msc, tha	7361, 7362
	H_2O	2	200 dec	msc, uv	1689
				ir	6101, 6103
2					
4	H_2O	3		ir, msc, uv	1656
2	H_2O	1		ir, msc, uv	1656
2	H_2O	3		ir, msc, uv	1656
2	H_2O	3		ir, msc, uv	1656
2	H_2O	0.5	g		840
2				K, p	1664
2				K, p	1664
2	H_2O	1.5	bw	cond, msc, uv	1667
2			bwsh-y	cond, msc, uv	1667
2			bwsh-y	cond, msc, uv	1667
2			bwsh-y	cond, msc, uv	1667
				uv	93
2			bu-pp	ir, msc, uv	1674, 7342
2	EtOH	2	l-pp	ir, msc, uv	7342
2				ir	736
2			g	ir, msc, tha	1594, 1595
			y	msc, ir, tha	1594, 1595
4	H_2O	2	g	ir, msc, tha	1594
2			bu	ir, nmr, uv, xr	1615
2					
2			bu	ir, nmr, uv, xr	1615
4				ir, uv	1631
	H_2O	1		ir, uv	1631
2	H_2O	2		ir, uv	1631
4				ir, msc	5009
4				ir, msc	5009
4	H_2O	6		xr	7364
4	H_2O	3	y	msc, uv	1684
4	H_2O	2	gsh-bu	ir, msc, uv	1596
4	H_2O	6	pk, l-v	ir, msc	156, 1615
4			pk, l-v	ir, msc	156, 1615
4	H_2O	10	pk	ir	1615
4	H_2O	3	pk	ir	1615
2 2	H_2O	2		uv	7356
4	H_2O	1	o	cond, msc	5273
		2	y	ir, msc, uv	7366

TABLE 3.99. (CONTINUED)

m	n	R	X
2	3	2-CH=NN=CH-2'	ClO$_4$
			I
		2-CMe=NN=CMe-2'	I
3	2	3-O$^-$,2-CH=NCH$_2$CH$_2$N=CH-2',3'-O$^-$	OH
		2-CH=NN$^-$CO-2'	SO$_4$
	4	2-N$^-$-2'	Cl
6	7	2-CH=CH-3'	Cl
7	6	2-C(O$^-$)=C(O$^-$)-2'	
	2	2-COCH(O$^-$)-2'	
	6	6-Me,2-C(O$^-$)=C(O$^-$)-2',6'-Me	
	2	6-Me,2-COCH(O$^-$)-2',6'-Me	

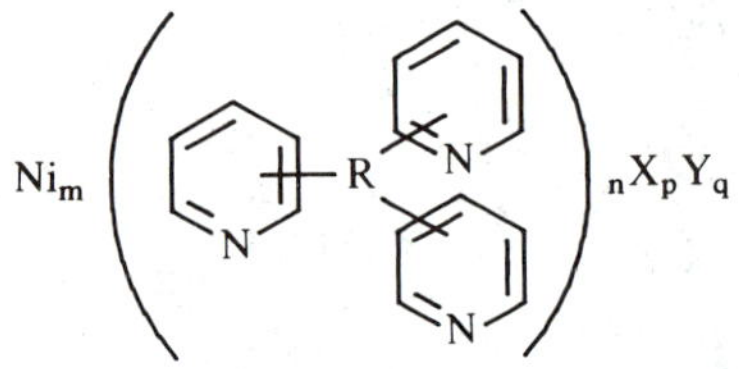

$$Ni_m \left(\begin{array}{c} \text{py-R-py} \\ \text{py} \end{array} \right)_n X_p Y_q$$

m	n	R	X
1	1	2-CH$_2$–SiMe(CH$_2$-2')(CH$_2$-2")	ClO$_4$
		2-N(2')(2")	NO$_3$
			NCS
			Cl
			Br
		2-CH$_2$–N(CH$_2$-2')(CH$_2$-2")	+
			Cl
			Br
		2-CH$_2$–N(CH$_2$-2',6'-Me)(CH$_2$-2",6"-Me)	Cl
			Br
		2-CH$_2$–N(CH$_2$-2',6'-Me)(CH$_2$-2",6"-Me)	I
		6-Me,2-CH$_2$–N(CH$_2$-2',6'-Me)(CH$_2$-2",6"-Me)	+
			NCS
			Cl
			NO$_3$
			ClO$_4$

p	Y	q	Color and MP (°C)	Physicochemical Studies	Reference
4	H_2O	1	l-y	cond, msc	5273
		2	y	ir, msc, uv	7366
4	H_2O	2	r	cond, K, msc	5273, 5280, 7363
		4	r	ir, msc, uv	7366
4	H_2O	6		ir, msc	5282
2			o-bw		1688
2	H_2O	14	bw	msc, uv	1684
2			r-v	ir, msc, uv	1674
12	H_2O	6	l-y	ir, msc, uv	1595, 1597
	H_2O	14	dec 330	msc, uv	1689
	H_2O	14	dec 310	msc, uv	1689

$$Ni_m \left(\underset{N}{\bigcirc}\!\!-\!R\!\!-\!\underset{N}{\overset{N}{\bigcirc}} \right)_n X_p Y_q$$

p	Y	q	Color and MP (°C)	Physicochemical Studies	Reference
2				ir	1690
2	H_2O	2	bwsh-pk	ir, msc, uv	1622
2			bwsh-pk	ir, msc, uv	1622
2	H_2O	2		cond, msc	1691
2	H_2O	2		cond, msc, uv	1691
2				K, th	1609
2			l-g	cond, ir, msc, uv	7341
2			l-g	cond, ir, msc, uv	7341
2			l-g	cond, ir, msc, uv	7341
2			l-y-g	cond, ir, uv	7341
2			bu-g	cond, ir, uv	7341
2				K, th	1609, 1692
2			l-bu	cond, ir, msc, uv	7341
2			y-g	cond, ir, msc, uv	7341
1			bu	cond, ir, uv	7341
1					

TABLE 3.99. (*CONTINUED*)

m	n	R	X
1	1	6-Me, 2-CH$_2$—N(CH$_2$-2',6'-Me)(CH$_2$-2'',6''-Me)	Cl / ClO$_4$
			ClO$_4$
			ClO$_4$ / Br
			Br
			ClO$_4$ / I
			I
		2-CH$_2$CH$_2$NHCH$_2$CH$_2$—N(CH$_2$CH$_2$-2')(CH$_2$CH$_2$-2'')	ClO$_4$
		2-CH=NCH$_2$—CMe(CH$_2$N=CH-2')(CH$_2$N=CH-2'')	ClO$_4$
		3-Me, 2-CH=NCH$_2$—N(CH$_2$N=CH-2',3'-Me)(CH$_2$N=CH-2'',3''-Me)	ClO$_4$
		4-Me, 2-CH=NCH$_2$—N(CH$_2$N=CH-2',4'-Me)(CH$_2$N=CH-2'',4''-Me)	ClO$_4$
		2-CH=NCH$_2$CH$_2$—N(CH$_2$CH$_2$N=CH-2')(CH$_2$CH$_2$N=CH-2'')	+
			PF$_6$
			I
		6-Me, 2-CH=NCH$_2$CH$_2$—N(CH$_2$CH$_2$N=CH-2')(CH$_2$CH$_2$N=CH-2'')	PF$_6$
		2-CH=NCH$_2$CH$_2$—N(CH$_2$CH$_2$N=CH-2',6'-Me)(CH$_2$CH$_2$N=CH-2'',6''-Me)	PF$_6$
		3-Me, 2-CH=NCH$_2$CH$_2$—N(CH$_2$CH$_2$N=CH-2',3'-Me)(CH$_2$CH$_2$N=CH-2'',3''-Me)	ClO$_4$
		4-Me, 2-CH=NCH$_2$CH$_2$—N(CH$_2$CH$_2$N=CH-2',4'-Me)(CH$_2$CH$_2$N=CH-2'',4''-Me)	ClO$_4$
		6-Me, 2-CH=NCH$_2$CH$_2$—N(CH$_2$CH$_2$N=CH-2',6'-Me)(CH$_2$CH$_2$N=CH-2'',6''-Me)	+
			PF$_6$
		2-CH=N–(cyclohexane-1,3,5-triyl)(N=CH-2')(N=CH-2'')	ClO$_4$

p	Y	q	Color and MP (°C)	Physicochemical Studies	Reference
1			bu-g	cond, ir, uv	7341
1					
2			bu-g	cond, ir, uv	7341
1			bu-g	cond, ir, uv	7341
1					
2			y-g	cond, ir, msc, uv	7341
	H$_2$O	1	bu-g	cond, ir, msc, uv	7341
1			bu-g	cond, ir, uv	7341
1					
2			bu-g	cond, ir, msc, uv	7341
2			bu	ir, msc, uv	1693
	MeNO$_2$	1		msc, uv, **xr**	7367, 7368
2			d-r	ir, msc, nmr, **xr**	1642, 2727, 4775
2			r-bw	ir, msc, uv	2733
2			y	ir, msc, uv	2733
2				uv	1694, 5288
2				msc, uv, xr, xrp	1694, 5287, 6997
2				msc, uv, xr	1694, 6997
2				xrp	5287
2				xrp	5287
2			y	ir, msc, uv	2733
2			y-bw	ir, msc, uv	2733
2				uv	1694, 5288
2				xrp	5287
2			o	ir, msc, nmr, uv, **xr**	2728, 2730, 2731, 7369
	H$_2$O	1	d-r	ir, msc, uv	7370

TABLE 3.99. (CONTINUED)

m	n	R	X
1	1	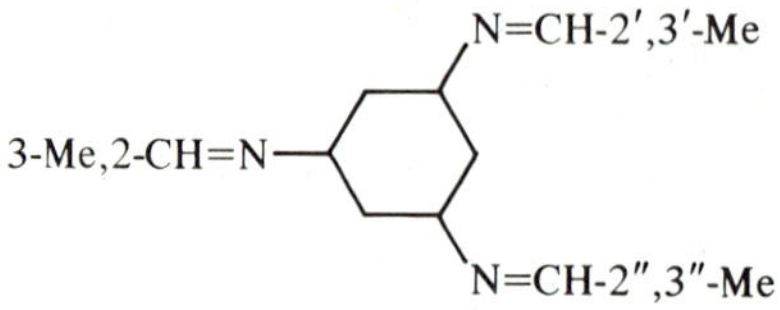 3-Me,2-CH=N–⬡–N=CH-2',3'-Me / N=CH-2'',3''-Me	ClO$_4$
		4-Me,2-CH=N–⬡–N=CH-2',4'-Me / N=CH-2'',4''-Me	ClO$_4$
		6-CH=NOH, 2–P(2',6'-CH=NO$^-$ / 2'',6''-CH=NO$^-$)	
		6-CH=NOMe, 2–P(2',6'-CH=NOMe / 2'',6''-CH=NOMe)	ClO$_4$
		2-CH$_2$–P(CH$_2$-2' / CH$_2$-2'')	Cl
		2,6-CH=NO\P—2',6'-CH=NO—B$^-$F / 2'',6''-CH=NO	BF$_4$
	2	2–N(2' / 2'')	NO$_3$
			NCS
			ClO$_4$
		4-Me,2–N(2' / 2'')	+
		5-Me,2–N(2' / 2'')	+
		6-Me,2–N(2' / 2'')	+
		5-NO$_2$,2–N(2' / 2'')	+
		2-CH$_2$–N(CH$_2$-2' / CH$_2$-2'')	+
			Cl
			ClO$_4$
			ClO$_4$
		6-Me,2-CH$_2$–N(CH$_2$-2',6'-Me / CH$_2$-2'',6''-Me)	NO$_3$
			ClO$_4$

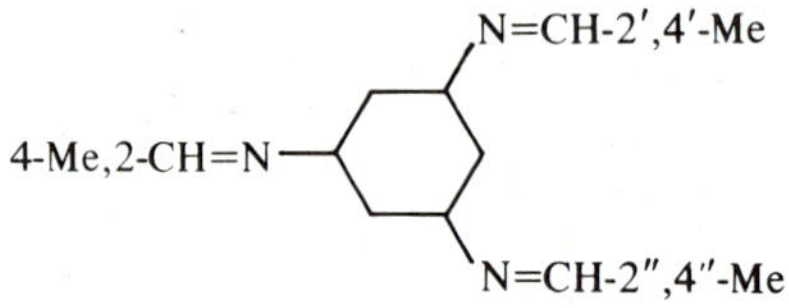

p	Y	q	Color and MP (°C)	Physicochemical Studies	Reference
2			l-r	ir, msc, uv	2733
2			d-r	ir, msc, uv	2733
			r	ir, msc, nmr, uv	1692
2			l-bw	ir, msc, uv	2733
2			d-g	cond	4776
1			y-o	ir, msc, nmr, uv, xr	1696, 2732, 2733, 7371, 7372
2			l-pk	ir, msc, uv	1622
2			pk	ir, msc, uv	1622
2			pk, 314	cond, ir, msc, uv xr	1678
2				moe, uv	5293
2				moe, uv	5293
2				msc, uv	5293
2				msc, uv	5293
2				K, p	1692
1			bu	ir, K, uv	1609
1					
2			v	cond, ir, uv	7341
1			bu	ir, K, uv	1609
1					

TABLE 3.99. (CONTINUED)

m	n	R	X
1	2	2-P(-2', -2'')	ClO$_4$
		2-NHN=C(-2', -CO-2'')	ClO$_4$

$$Ni_m\left(\underset{N}{\overset{2}{\bigcirc}}-R-\underset{N}{\overset{2'\ 6'}{\bigcirc}}-R-\underset{N}{\overset{2''}{\bigcirc}}\right)_n X_p Y_q$$

m	n	R	X
1	1	2-CH$_2$CH$_2$N=CH-2',6'-CH=NCH$_2$CH$_2$-2''	NCS
			Br
			I
		2-CH$_2$CH$_2$N=CMe-2',6'-CMe=NCH$_2$CH$_2$-2''	NCS
			Br
			I
	2	2-CH=NS-2',6'-SN=CH-2''	I

$$Ni_m\left(\underset{N}{\bigcirc}\underset{N}{\bigcirc}R\underset{N}{\bigcirc}\underset{N}{\bigcirc}\right)_n X_p Y_q$$

m	n	R	X
1	1	2-CH$_2$, 2'-CH$_2$ \ N—CH$_2$CH$_2$—N / CH$_2$-2'', CH$_2$-2'''	+
		2-CH$_2$, 2'-CH$_2$ \ N—CH$_2$CH$_2$—N / CH$_2$-2'', CH$_2$-2'''	+
			ClO$_4$
		2-NHN NNH-2'' 2'-C—C-2''' (C=O, C=O)	ClO$_4$

$$\left[Ni_m\left(\underset{N}{\overset{-R-}{\bigcirc}}\right)_n X_p Y_q\right]_x$$

m	n	R	X
1	1	—CH$_2$CH— | 2	Cl
	2	—CH$_2$CH— | 2	+
		—CH$_2$CH— | 3,6-CO$_2^-$	
		—CH$_2$CH— | 4	MeCOCHCOMe
			o-OC$_6$H$_4$CHO
			o-OC$_6$H$_4$NO$_2$
			Cl

p	Y	q	Color and MP (°C)	Physicochemical Studies	Reference
2			l-v	ir, msc, uv	2733
2				cond, uv	1701

$$Ni_m \left(\underset{N}{\underset{2}{\bigcirc}} -R- \underset{N}{\underset{2'\ 6'}{\bigcirc}} -R- \underset{N}{\underset{2''}{\bigcirc}} \right)_n X_p Y_q$$

p	Y	q	Color and MP (°C)	Physicochemical Studies	Reference
2				ir, msc, uv	6104
2				ir, msc, uv	6104
2				ir, msc, uv	6104
2	BuOH	1		ir, msc, uv	6104
2	BuOH	1		ir, msc, uv	6104
2	BuOH	1		ir, msc, uv	6104
2				ir, msc, uv	5181

$$Ni_m \left(\underset{N}{\bigcirc} \underset{N}{\bigcirc} R \underset{N}{\bigcirc} \underset{N}{\bigcirc} \right)_n X_p Y_q$$

p	Y	q	Color and MP (°C)	Physicochemical Studies	Reference
2				K, p, uv	1609, 1692
2				ir, K, p, uv	1692
2			l-v	ir, uv	1609
2				cond, uv	1701

$$\left[Ni_m \left(\underset{N}{\overset{-R-}{\bigcirc}} \right)_n X_p Y_q \right]_x$$

p	Y	q	Color and MP (°C)	Physicochemical Studies	Reference
2				ir	6080
2				ir	1708
				K, p	1332
2			l-bw	ir	5266
2				ir	5266
2			d-bw	ir	5266
2			bu	ir	5266

TABLE 3.99. (CONTINUED)

m	n	R	X
1	2	—CH$_2$CH(—4)—	Cl
	3	—CH$_2$CH(—4)—	I
	8	—CH$_2$CH(—4)—	Sn, Cl
2	4	—CH$_2$CH(—4)—	Sn, Cl
	5	—CH$_2$CH(—4)—	Cl, Fe
4	u	(—CH$_2$CH(—4)—)$_w$—CH$_2$CH—(4-N$^+$-Me pyridinium)	porphyrin structure with R$_1$—Et, CH$_2$=CH, Me, Me, CO$_2$, CH$_2$CO$_2$, CH$_2$CH$_2$CO$_2$, Me, H, H; R$_1$ = Me, R$_1$ = CHO, Na
		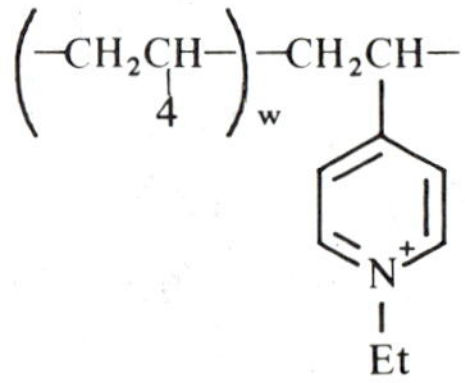 (—CH$_2$CH(—4)—)$_w$—CH$_2$CH—(4-N$^+$-Et pyridinium)	R$_1$ = Me, R$_1$ = CHO, Na
		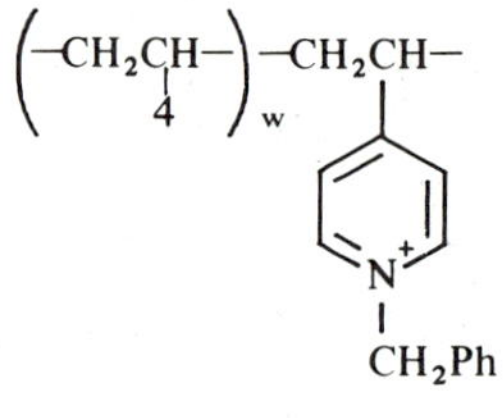 (—CH$_2$CH(—4)—)$_w$—CH$_2$CH—(4-N$^+$-CH$_2$Ph pyridinium)	R$_1$ = Me, R$_1$ = CHO, Na

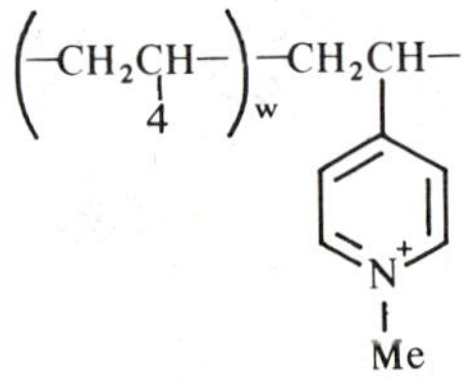

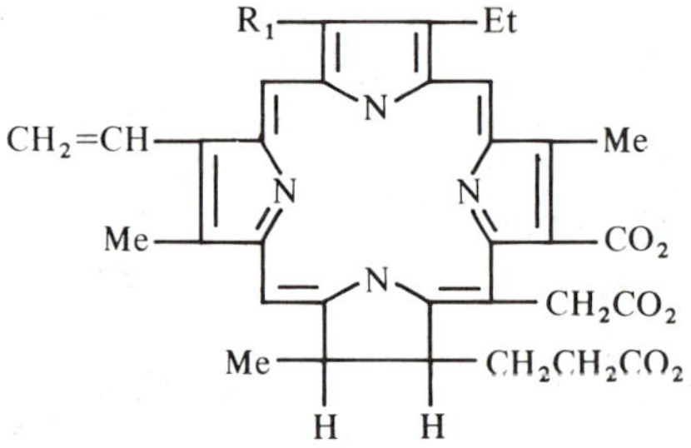

$$\left[\text{Ni}_m \left(\underset{N}{\bigcirc} - R - \right)_n X_p Y_q \right]_x$$

m	n	R	X
1	1	2-CMe=NCH$_2$CH$_2$N=CMe-6′	Cl

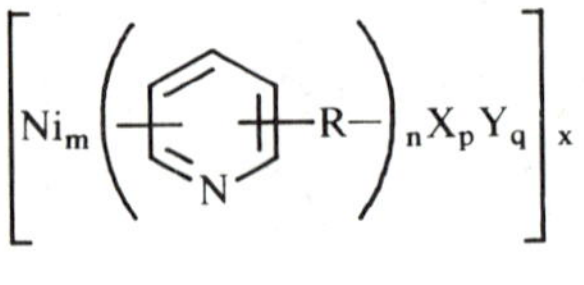

p	Y	q	Color and MP (°C)	Physicochemical Studies	Reference
2	H$_2$O	2	d-g	ir	5266
2			bk-bw	ir	5266, 6111
4 18			l-g	ir	162
1 6			d-g-gy	ir	162
6 1	H$_2$O	2	ol-bw	ir	162
3 1 12–u				p, uv	1713
3 1 12–u				p, uv	1713
3 1 12–u				p, uv	1713

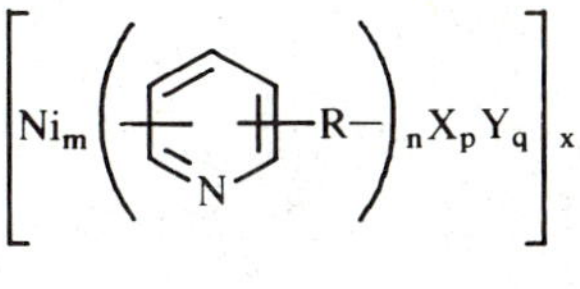

$$\left[Ni_m \left(\underset{N}{\bigcirc} \right)_n -R- \right)_n X_p Y_q \right]_x$$

p	Y	q	Color and MP (°C)	Physicochemical Studies	Reference
2	H$_2$O	6		K, tha, uv, visc, xr	1669a, 5050

TABLE 3.99. (*CONTINUED*)

m	n	R	X
1	1	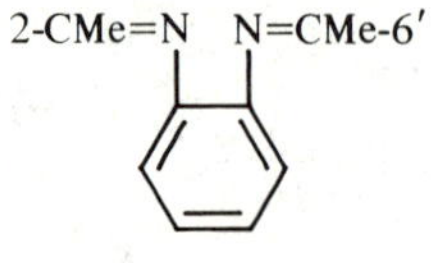 2-CMe=N, N=CMe-6' (on benzene ring)	Cl
		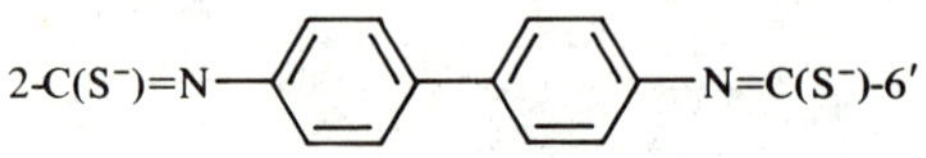 2-C(S$^-$)=N—C$_6$H$_4$—C$_6$H$_4$—N=C(S$^-$)-6'	
		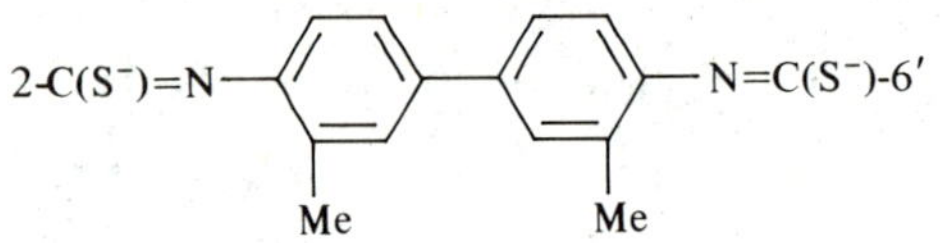 2-C(S$^-$)=N—C$_6$H$_3$(Me)—C$_6$H$_3$(Me)—N=C(S$^-$)-6'	
		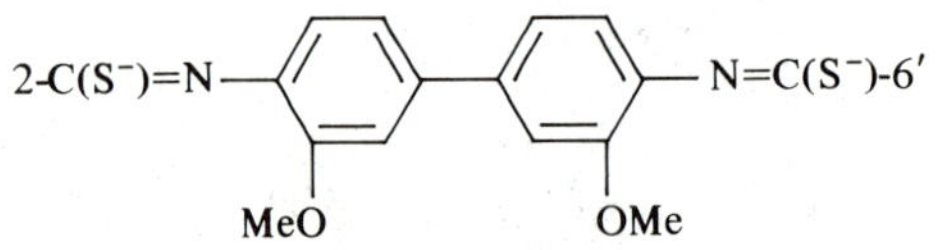 2-C(S$^-$)=N—C$_6$H$_3$(MeO)—C$_6$H$_3$(OMe)—N=C(S$^-$)-6'	

[a] The anion of the 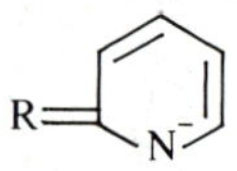 R=⟨pyridine⟩ form.

[b] The residue of cyclohexaamylose.

p	Y	q	Color and MP (°C)	Physicochemical Studies	Reference
2	H$_2$O	6		cond, K, tha, uv, visc, xr	1669a, 1979 5050
				cond, xr	1669b, 1669c
				cond, xr	1669b, 1669c
				cond, xr	1669b, 1669c

TABLE 3.100. COORDINATION COMPOUNDS OF PYRIDINE AND ITS DERIVATIVES WITH NICKEL (III) AND NICKEL (IV)

$$Ni_m \left(\bigcirc\!\!\!\!\!\!{}_N{-}R \right)_n X_p Y_q$$

m	n	R	X	p	Y	q	Color and MP (°C)	Physicochemical Studies	Reference
Nickel (III)									
1	1	H	+	3				epr	1481
			n-PrC(=NOH)C(=NO)-n-Pr +	1	EtOH	1		epr	7373
			n-PrC(=NOH)C(=NO)-n-Pr	2	MeCO$_2$	1		epr	7373
			n-PrC(=NOH)C(=NO)-n-Pr	2				epr	7373
			n-PrC(=NOH)C(=NO)-n-Pr	1					
			n-PrC(=NOH)C(=NO)-n-Pr	2				epr	7373
			n-PrC(=NOH)C(=NO)-n-Pr	1	I				
		4-NH$_2$	MeC(=NOH)C(=NO)Me	2	HBr	4.5		ir	6898
			MeC(=NOH)C(=NO)Me	1	Br				
2	H		n-PrC(=NOH)C(=NO)-n-Pr +	1				epr	7373
			n-PrC(=NOH)C(=NO)-n-Pr	2					
			MeC(=NOH)C(=NO)Me	2	HCl	3	d-bw	ir	6898, 7374
			MeC(=NOH)C(=NO)Me	1	Cl				
			PhC(=NOH)C(=NO)Ph	2	HCl	2		epr	7375
			PhC(=NOH)C(=NO)Ph	1	Cl				
			MeC(=NOH)C(=NO)Me	2	H$_2$O	1	d-bw	epr, ir	7374
					HBr	1			
			MeC(=NOH)C(=NO)Me	1	Br				
					HBr	2.5		ir	6898

		PhC(=NOH)C(=NO)Ph	2 1	$\begin{cases}H_2O\\HBr\end{cases}$	1 2.5		epr	7375
		MeC(=NOH)C(=NO)Me	2 1	HBr	1		ir	6898
3-Me		PhC(=NOH)C(=NO)Ph	2 1	HCl	1		epr, ir	7376
		MeC(=NOH)C(=NO)Me	2 1	HCl	3	d-bw	ir	6898, 7374
		PhC(=NOH)C(=NO)Ph	2 1	HBr	1		epr, ir	7376
		MeC(=NOH)C(=NO)Me	2 1	HBr	2	d-bw	ir	6898, 7374, 7375
4-Me		MeC(=NOH)C(=NO)Me	2 1	HCl	1		ir	6898, 7374
		PhC(=NOH)C(=NO)Ph	2 1	HCl	2.5		epr, ir	7376
		MeC(=NOH)C(=NO)Me	2 1	HCl	3	d-bw	ir	6898, 7374
		MeC(=NOH)C(=NO)Me	2 1	HBr	2	d-bw	epr, ir	6898, 7374, 7375
4-NH$_2$		MeC(=NOH)C(=NO)Me	2 1	HCl	1		epr, ir	7376
		MeC(=NOH)C(=NO)Me	2 1	HCl	2.5	d-bw	ir	6898, 7374
		MeC(=NOH)C(=NO)Me	2 1	HBr	1		epr, ir	7376
3-CONH$_2$		MeC(=NOH)C(=NO)Me	2 1	HBr	1		epr, ir	7376
4-CO$_2$Et		MeC(=NOH)C(=NO)Me	2 1	HBr	2	d-bw	epr, ir	7374, 7375
		MeC(=NOH)C(=NO)Me	2 1	HBr	2	d-bw	epr, ir	7374, 7375
	2-CPh=NO$^-$						epr	7249
3	2-CH$_2$CPh=NO$^-$						epr	7249

TABLE 3.100. (CONTINUED)

m	n	R	X	p	Y	q	Color and MP (°C)	Physicochemical Studies	Reference
			Nickel (IV)						
1	2	2,6-(CMe=NO⁻)$_2$					bu	ir, nmr, qch, **xr**	7245–7249, 7377
	{2 {1	2-CPh=NO⁻, 6-CPh=NOH 2,6-(CPh=NO⁻)$_2$					gysh-bu	uv	7247

or NCS are not necessarily part of the bridges in these polymeric structures. Bidentate ligands like 2-(2-aminoethyl)pyridine may be coordinated as a monodentate with NiI_2 to form either a green **(3.23)** or yellow **(3.24)** isomer, respectively (7232).

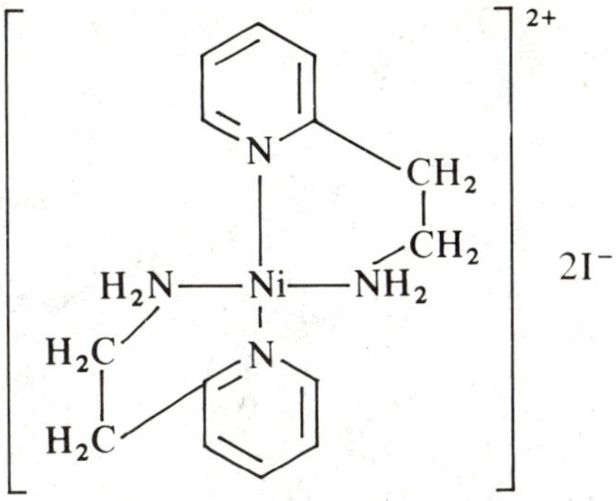

3.23

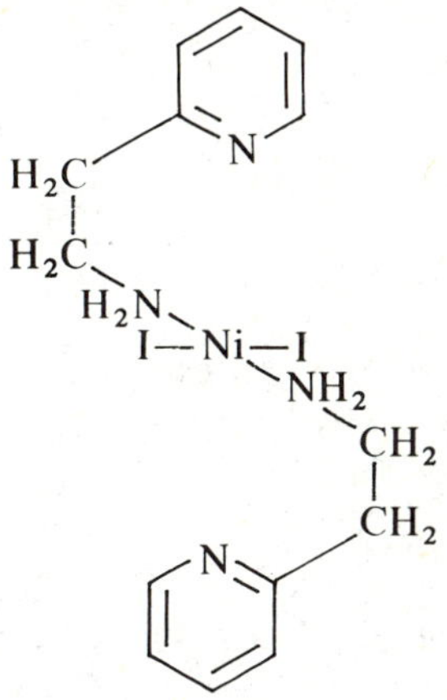

3.24

Similarly, bidentate 1,2-di(2-pyridyl)ethylene forms a planar polymer **(3.25)** if the ligand has the trans-configuration (1594).

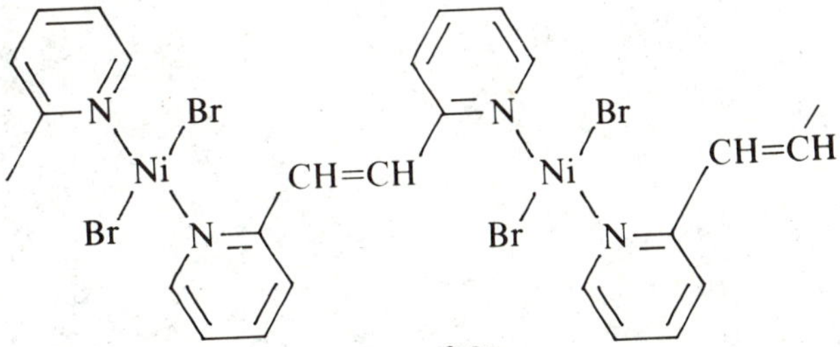

3.25

The cis-ligand forms a tetrahedral complex (2708). Among the electronic effects of ligand substituents on the structure of the complex, resonance interactions seem to be most important (7309).

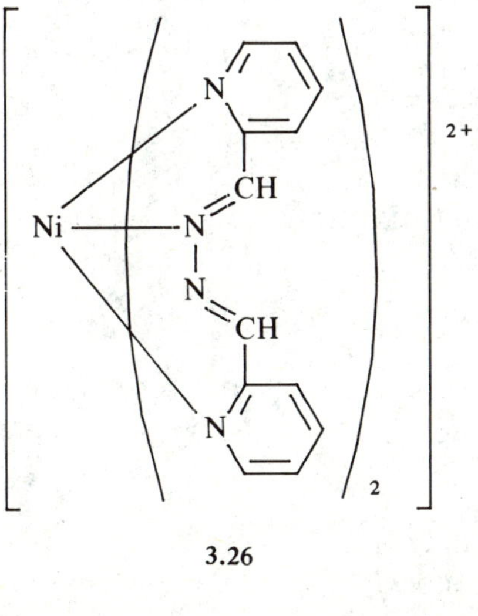

3.26

TABLE 3.101. CRYSTALLOGRAPHIC DATA FOR THE COMPLEX COMPOUNDS OF PYRIDINE

Compound	Space Group	a
Nickel (II)		
$NiCl_2 \cdot py$		17.21
$Ni\begin{pmatrix}2\text{-}O\text{-}5\text{-}ClC_6H_3CPh=N(CH_2)_3\\2\text{-}O\text{-}5\text{-}ClC_6H_3CPh=N(CH_2)_3\end{pmatrix}S \cdot py \cdot (m\text{-}Me_2C_6H_4)$	$P2_1/c$	18.002
$MeO_2CCH_2CMe=CHNiBr \cdot (2,6\text{-}Me_2\text{-}py)$	$P2_1/c$	8.37
$NiI_2 \cdot (2\text{-}MeNHCH_2CH_2\text{-}py)$	$P2_1/c$	13.976
$NiBr_2 \cdot (2\text{-}Me_2NCH_2CH_2\text{-}py)$	$P2_1/c$	9.883
$Ni(NO_3)_2 \cdot [2,6\text{-}(PhN=CMe)_2\text{-}py]$	$P2_1/c$	11.037
$Ni[2,6\text{-}(O_2C)_2\text{-}py] \cdot 4 H_2O$	$P2_1/c$	9.727
	$P2_1/c$	9.776
	$P2_1/c$	9.779
$Ni(NO_3)_2 \cdot [2,6\text{-}(H_2NCONHN=CMe)_2\text{-}py] \cdot 3 H_2O$	$P2_1/n$	11.493
$Ni(py\text{-}2\text{-}CH_2CH_2NHCH_2CH_2S)(ClO_4)$	$P2_12_12$	14.896
trans-$Ni(MeCOCHCOMe)_2 \cdot 2 py$	$P2_1/c$	8.321
$Ni(MeCO_2)_2 \cdot 2 py \cdot 2 H_2O$	Pbca	8.938
$Ni(NO_3)_2 \cdot 2 py \cdot 2 H_2O$	$P2_1/c$	8.787
$Ni(MeCSO)_2 \cdot 2 py$	$P2_1/c$	8.331
$Ni(PhCSO)_2 \cdot 2 py$		16.88
		9.03
	Pcan	9.035
$Ni(PhCH_2CS_2)_2 \cdot 2 py$	C2/c	16.733
$Ni(Ph_2PS_2)_2 \cdot 2 py$	$P2_1/c$	12.38
$Ni[(EtO)_2PS_2]_2 \cdot 2 py$	$P2_1/c$	8.11
$Ni(PhCO_2)_2 \cdot 2(2\text{-}Me\text{-}py)$	$P2_1/a$	16.70
$Ni(NO_2)_2 \cdot 2(3\text{-}Me\text{-}py) \cdot PhH$	$P2_1/c$	12.06
$Ni(MeCSO)_2 \cdot 2(3\text{-}Me\text{-}py)$ (Phase a)	$P\bar{1}$	8.596
(Phase b)	$P2_1/c$	11.933
$Ni(MeCSO)_2 \cdot 2(4\text{-}Me\text{-}py)$ (Phase b)	Pnna	16.155
$Ni(thioph\text{-}2\text{-}COCHCOCF_3)_2 \cdot 2(4\text{-}Me\text{-}py)$	C2/c	9.330
$NiI_2 \cdot 2(py\text{-}2\text{-}CH_2PPh_2)$	$P2_1/n$	9.016
$Li_2Ni[py\text{-}2,6\text{-}(CMe=NO)_2]_2 \cdot 8 MeOH$	$P2_12_12_1$	16.717
$Ni(ClO_4)_2 \cdot (py\text{-}2\text{-}COMe) \cdot [py\text{-}2\text{-}CMe=N(CH_2)_3NH(CH_2)_3NH_2]$	$P2_1/c$	16.591
$NiCl_2 \cdot (py\text{-}2\text{-}CONH_2) \cdot 2\left(\begin{array}{c}\text{pyridine}\end{array}\right) \cdot 4 H_2O$	$R\bar{3}m$	22.49
$Ni(py\text{-}2\text{-}CONH)_2 \cdot 2 H_2O$	$P2_1/c$	7.63
	$Pm2_1b$	7.61
trans-$[Ni(py\text{-}2\text{-}CO_2)_2(H_2O)_2] \cdot 2 H_2O$	$P2_1/c$	9.725
	$P2_1/c$	9.727
	$P2_1/c$	9.73
$Ni(py\text{-}2\text{-}CO_2\text{-}6\text{-}CO_2H) \cdot 3 H_2O$	$P2_1/c$	13.64
	$P2_1/c$	14.68
	$P2_1/c$	14.76
$Ni(py\text{-}2\text{-}CH_2CO_2)_2 \cdot 2 H_2O$	$P2_1/c$	8.38
$Ni(py\text{-}2\text{-}CH=NNCOC_6H_4OH\text{-}o)_2$	Aba2	12.61
$Ni(py\text{-}2\text{-}CSNPh)_2$	$P2_1/c$	5.48
$NiCl(\pi\text{-}Ph_3C_3) \cdot 3 py$	$P2_1/c$	16.570
$NiZn\begin{pmatrix}CH_2N=CMeCHCOCHCOPh\\|\\CH_2N=CMeCHCOCHCOPh\end{pmatrix} \cdot 3 py$	I2/c or Ic	28.403

AND ITS DERIVATIVES WITH NICKEL

b	c	α	β	γ	Z	Reference
			Nickel (II)			
8.45	21.46				16	5605
15.691	16.40		116.07		4	5644
10.68	16.92		102.8		4	6980
6.986	14.137		106.75		4	6993
10.482	12.260		95.16		4	6993
14.662	16.039		122.66		4	6999, 7000
5.234	17.463		123.77		2	2501
5.224	17.385		123.51		2	2501
5.229	17.537		123.65		2	2501
14.914	12.154		104.94		4	834
12.861	6.631				2	7023
9.659	14.723		117.06		2	7052
14.983	12.599				4	7092
11.725	7.548		106.94		2	7109
8.640	23.58		111.13		4	7131
12.79	10.21				4	7132
21.72	11.28					26
21.307	11.912				4	930
10.853	17.222		124.0		4	7138
8.98	15.97		106.95		2	7151
17.89	9.94		104.8		2	7154
14.42	11.39		120.36		4	7198
16.88	13.28		115.75		2	7211
14.337	8.279	92.54	114.04	87.95	2	7214
11.191	15.136		111.70		4	7213
13.221	8.743				4	7270
18.278	17.855		95.1		4	1177
21.612	17.871		96.32		4	7236
10.836						7248
10.203	16.164		102.65		4	7002
22.49	13.77		120		9	758
4.49	12.45		90.0		2	7259
20.19	4.46				2	7258
5.224	17.462		124.02		2	2673
5.2342	17.463		123.77		2	7265
5.234	17.46		123.76		2	7266
9.99	13.73		115.27		4	7267
10.04	13.77		122.6		4	7269
10.05	13.76		122.2		4	7270
7.12	13.19		115.53		2	1388
18.08	10.84				4	7271
17.44	10.79		102		2	1433
10.538	22.483		129.14		4	6843, 6844
8.465	30.220		108.86		8	2451

TABLE 3.101. (CONTINUED)

Compound	Space Group	a
$Ni(ClO_4)_2 \cdot 3(py-2-CH_2NH_2)$	$P\bar{4}3n$	16.95
$Ni(PhCOCHCOCHCOPh) \cdot 4\,py$	$P2_1/n$	12.761
$Ni(NCS)_2 \cdot 4\,py$	$C2/c$	12.3
	$C2/c$	12.55
$Ni(NCS \cdot I_2)_2 \cdot 4\,py$	$P\bar{1}$	10.566
$NiCl_2 \cdot 4\,py$	$I4/acd$	15.8
	$I4/acd$	15.9
	$I4_1/acd$	15.8
$NiBr_2 \cdot 4\,py$	Pna	15.8
		15.9
$NiI_2 \cdot 4\,py$	$Pbcn$	9.678
$Ni(ClO_4)_2 \cdot 4(4\text{-Me-py})$	$C2/c$	18.38
$Ni(ClO_4)_2 \cdot 4(3,4\text{-Me}_2\text{-py})$	$4/m$	10.3277
$Ni(ClO_4)_2 \cdot 4(3,5\text{-Me}_2\text{-py})$	$I4_1/acd$	15.8758
$Ni_2\begin{pmatrix}CH_2N=CMeCHCOCHCOPh\\CH_2N=CMeCHCOCHCOPh\end{pmatrix} \cdot 3\,py$	$P2_1/c$	10.971
$\left[Ni\begin{pmatrix}2\text{-O-5-ClC}_6H_3CPh=N(CH_2)_3\\2\text{-O-5-ClC}_6H_3CPh=N(CH_2)_3\end{pmatrix}S\right]_2 \cdot 3(3\text{-Me-py})$	$P2_1/c$	16.450
$[Ni_2(NO_2)_2(O_2CCO_2)]_2 \cdot 13\,py$	$P\bar{1}$	12.437
$Ni_xCo_{1-x}(NCS)_2 \cdot 2(2\text{-Me-py})$	$P2_12_12$	12.96
$NiBr_2 \cdot (Me\text{-}3\text{-py-}2\text{-CH}_2NHCH_2\text{-}2'\text{-py-}3'\text{-Me})$	$P2_1/n$	11.229
$Ni(py\text{-}2\text{-NN=CMeCMe=NN-}2'\text{-py})$	$P2_1/c$	16.278
$Ni\begin{pmatrix}py\text{-}2\text{-NN}\quad NN\text{-}2'\text{-py}\\ \bigcirc \end{pmatrix}$	$P2_1/c$	9.969
$NiCl(ClO_4) \cdot (py\text{-}2\text{-CH}_2NHCH_2CH_2SSCH_2CH_2NHCH_2\text{-}2'\text{-py})$	$Pbca$	24.031
	$Pbca$	24.019
$NiBr(ClO_4) \cdot (py\text{-}2\text{-CH}_2NHCH_2CH_2SSCH_2CH_2NHCH_2\text{-}2'\text{-py})$	$Pbca$	23.838
$NiCl(ClO_4) \cdot \begin{pmatrix}py\text{-}2\text{-CH=N}\quad N=CH\text{-}2'\text{-py}\\ \bigcirc\text{-SS-}\bigcirc\end{pmatrix}$	$P2_1/c$	16.249
$Ni_2Cl_4 \cdot \begin{pmatrix}py\text{-}2\text{-CH=NNH-}\underset{\bigcirc}{\overset{N-N}{}}\text{-NHN=CH-}2'\text{-py}\end{pmatrix} \cdot 6H_2O$	$C2/c$	15.016
$Ni(ClO_4)_2 \cdot \begin{pmatrix}py\text{-}2\text{-CH}_2CH_2NHCH_2CH_2\text{-N}\begin{matrix}CH_2CH_2\text{-}2'\text{-py}\\CH_2CH_2\text{-}2''\text{-py}\end{matrix}\end{pmatrix} \cdot (MeNO_2)$	$P2_1/c$	12.840

b	c	α	β	γ	Z	Reference
						7288
17.903	14.350		102.32			7294
13.2	16.2		120		4	7303
13.0	16.6		119.75		4	6018
9.634	8.891	89.25	100.46	122.56	1	6032
	16.9				8	6041, 6042
	17.0				8	6043
	16.9					5251
9.3	14.2				4	7303
9.4	14.0					6055
16.076	14.004				4	7295, 7318
10.71	15.58		109.83		4	7326
10.3277	15.6136				2	7327
15.8758	26.7581				8	7328
16.005	21.759		104.24		4	7336
14.674	16.59		112.56		4	5644
9.875	9.954	83.95	105.65	111.90	1	7340
14.60	8.69				4	5898
16.187	8.740		92.67		4	7343
11.891	6.934		91.56		4	7350
21.765	19.739		102.04		8	7365
14.698	12.461				8	7352
14.700	12.439					7353
14.686	12.823				8	7354
9.558	16.685		100.35		4	7355
15.527	28.704		115.78		8	7364
13.865	18.850		116.76		4	7368

TABLE 3.101. (CONTINUED)

Compound	Space Group	a
$Ni(ClO_4)_2 \cdot \begin{pmatrix} CH_2N=CH\text{-}2'\text{-py} \\ py\text{-}2\text{-}CH=NCH_2\text{-}CMe \\ CH_2N=CH\text{-}2''\text{-py} \end{pmatrix}$	$P2_1/n$	17.91
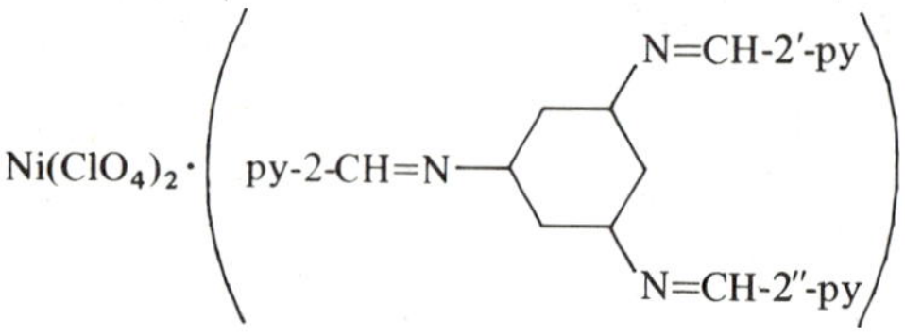 $Ni(ClO_4)_2 \cdot \left(py\text{-}2\text{-}CH=N-\underset{N=CH\text{-}2''\text{-py}}{\overset{N=CH\text{-}2'\text{-py}}{\bigcirc}} \right)$	Pc	15.470
$Ni\begin{pmatrix} 2\text{-py-}6\text{-}CH=NO \\ P-2'\text{-py-}6\text{-}CH=NO-BF \\ 2''\text{-py-}6\text{-}CH=NO \end{pmatrix}(BF_4)$	$P2_1/c$	13.30
	$P2_1$	13.296
Nickel (IV)		
$Ni[2,6\text{-}(ON=CMe)_2\text{-py}]_2$	$I4_1/a$	7.745

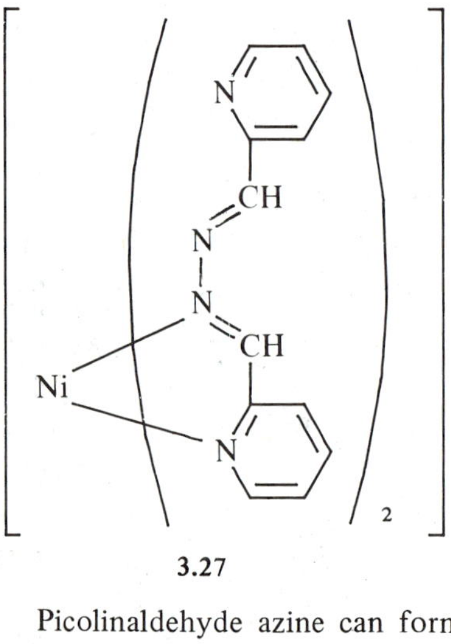

                            3.27 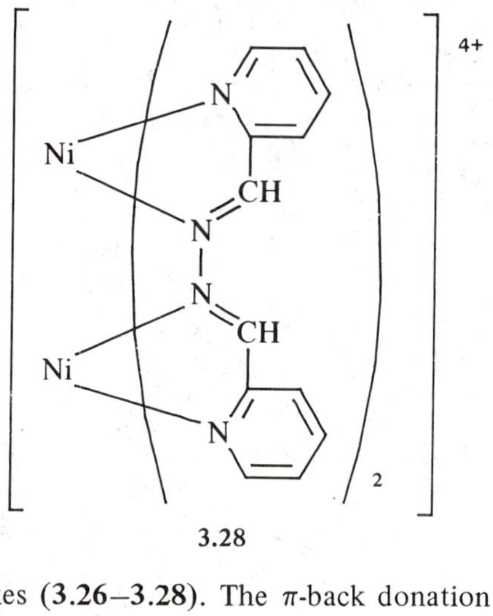   3.28

Picolinaldehyde azine can form three complexes (3.26–3.28). The π-back donation has been postulated to be operative from Ni(II) to the pyridine (270, 637, 995, 1014, 1218, 2563, 7183, 7297).

3.8.3.3. *Applications*

3.8.3.3.1. SYNTHESIS

The π-back donation from Ni(II) to the pyridine in the complexes facilitates electrophilic substitution, as shown in the chlorination of pyridine in its 2:1 complex with

b	c	α	β	γ	Z	Reference
15.31	9.82		93.9		4	4775
9.971	20.503		120.88		4	2728
17.86	10.58		108.7		4	7371
17.857	10.580		108.68		4	7372
Nickel (IV)						
7.745	30.510				4	7248, 7377

$NiCl_2$, using SO_2Cl_2, $SOCl_2$, or chlorine (6627). The coordination of pyridine with $NiCl_2$ has been useful in the selective hydrogen–deuterium exchange conducted on picolines and lutidines. The coordination with $NiCl_2$ did not have any particular advantage over platinum, which is most reactive in the general labeling of these compounds (5462). Complexation changes the attitude of the pyridine toward free radical attack, as shown in the phenylation of $Ni(py)_4(SCN)_2$ (2740). Thermal decomposition of $NiCl_2 \cdot py$ (and also of $CoCl_2 \cdot py$) gives bipyridines at 60°C and pyridine at temperatures above 70°C (6625b). The same products result from the thermal decomposition of Ni pyridine-carboxylates (1320). The yield of 2,2'-bipyridyl resulting from nickel picolinate pyrolysis is low (1305).

The effect of the complexation and of the metal on the free radical substitution of the pyridine is best observed in the phenylation of pyridine metal complexes with N-nitroso-N,N'-diphenylurea (2740). Coordination permits a specific intervention on the behavior and properties of the pyridine substituent. Thus, di-2-pyridyl diketone undergoes rearrangement under the influence of nickel(II) acetate to form an acid Ni chelate (**3.29** and **3.30**) (6101, 6102).

3.29   **3.30**

The coordination of picolinonitrile with NiO produces a picolinic acid nickelous chelate, which can catalyze the hydrolysis of picolinonitrile to picolinamide (1269, 1742, 5687).

The Ni(II) chelate (**3.31**) derived from the cyclohexaamylose ester of 2,5-pyridine-dicarboxylic acid and picolinaldehyde oxime plays the role of an artificial enzyme in hydrolyzing esters (7273).

R = Cyclohexaamylose residue

3.31

The Ni(II) coordination compounds of pyridine increase the selectivity of nitrobenzene reduction by sodium borohydride (1726). The $[Ni(py)_3](VO_3)_2$ and $[Ni(py)_4](VO_3)_2$ compounds are useful in the preparation of NiV_2S_4 in the highly crystalline state by decomposition in the presence of H_2S at 500°C (1471).

Several patents have been claimed for the use of Ni(II) pyridine complexes as catalysts or catalyst additives in olefin polymerization. The most frequently studied catalysts for this process contain Ni(II)–pyridine complexes modified with alkylaluminum halides (2767, 3749, 6673, 6675, 6682, 6685, 6705, 7381), trialkylaluminums (6628, 7379), or alkylaluminums and $TiCl_3$ simultaneously (3749, 6667, 7378a). Similar catalysts have been proposed for the dimerization of monoolefins to alkenes (7215, 7307, 7380–7383). Coordination compounds with alkylpyridines, particularly those without α-alkyl groups, are the most active catalysts (7384). Another group of catalysts useful in the polymerization of alkenes is based on the Ni(II) coordinated poly(2-vinylpyridine) (7385), poly(4-vinylpyridine) (6081, 6723, 7122), picolinic acid (7386), and various Schiff bases derived from picolinaldehyde (7387–7390). Compounds polymerized on Ni(II) complexes are acrylaldehyde (2590), acetylenic hydrocarbons (5064, 7391, 7392), 2-propyn-1-ol (7393), acetylenes with ethylene to give vinylacetylene and its derivatives (7394, 7395), and phosphonitrilic chloride (2766). $Ni(CN)_2 \cdot 2py$ catalyzes the addition of alkynes to norbornadiene (7032). The chelation of Ni(II) on polymers such as butadiene-styrene-4-vinylpyridine copolymer (7396) and on polymers based on ketones, ethers, and sulfones (1669) produces materials of improved flow, rubber, and thermal properties. Such polychelates may also possess catalytic activity, as in the oxidation of cumene (1746, 1747). Chelation increases the rate of hydrogenation of polymers (7397). The catalytic activity of Ni(II) picolinate (1771) and 2-picolylamine (7398) chelates has been studied for its decomposition of H_2O_2. The γ-irradiation also increases the activity of these chelates. The catalyst composed of Ni octanoate, $NaAlH_2[O(CH_2)_2OMe]_2$, and pyridine allows selective hydrogenation of acetylenes to give the corresponding alkenes (7399). The selectivity of that catalyst seems due to its partial poisoning by pyridine. Similarly, to prevent the molecular hydrogenation of anthraquinones during the preparation of hydroquinones, the Raney nickel catalyst is deactivated with pyridinecarboxylic acids and pyridine (7400).

The $Ni(CO)_3 \cdot py$ catalyst is useful in carbonylation; thus, 2-mercaptoethanol gives cyclic O,S-ethylenethiocarbonate (6839).

3.8.3.3.2. SEPARATION AND ISOLATION

Complexation with pyridines in the separation and isolation of nickel ions possesses several key features. The synergistic effect of pyridines on extraction of Ni(II) has been widely studied. The extraction of metals from heavy petroleum oils can be conducted with aqueous pyridine in a countercurrent extraction tower (5400). Nickel(II) thiocyanate can be extracted with chloroform from an ammonia–pyridine solution (1890). The $Ni(NO_3)_2$ and $Co(NO_3)_2$ mixture can be separated by extraction with 4-phenylpyridine (5919). The systems involving acids studied for extraction of Ni(II) are pyridine with salicylic acid (941, 1900), α-bromoheptanoic acid (1898), α-bromohexanoic acid (1897, 7093), heptanoic acid (398), α-bromobutyric acid (1895), benzoic acid (928), dibutyl hydrogen phosphate (1891), cinnamic acid (or 3-bromopyridine) (7281), hexanoic acid (7093), benzohydroxamic acid (6899), abietic acid (404), and nickel O-ethyl dithiocarbonate (2073). Also, aldehydes such as salicylaldehyde (6891) and its oxime are useful in extracting Ni(II) into benzene in the presence of pyridine or 3-picoline. The synergistic effect of pyridine and picolines was proven in the chloroform extraction of nickel complexes of 2,3-butanedione bis(benzoylhydrazone) (889, 7216), salicylaldehyde oxime (7401), phenyl 2-pyridyl ketone oxime (1889), picolinaldehyde (2-pyridyl)hydrazone (1887), 2,4-pentanedione (6736, 7402), 1,3-diphenyl-1,3-propanedithione (6732), and 4,4,4-trifluoro-1-(2-thienyl)-1,3-butanedione (5815–5817, 6944, 7403). In the last case, the effect of pyridine derivatives was studied. The extraction of Ni(II) can also be conducted into chloroform in the form of the PAN chelate (724, 2489, 2775, 7255). In one case, a nickel complex could be extracted from an aqueous solution into a CCl_4 layer (6734).

Another method of separating Ni(II) from solutions involves complexation on ion exchangers derived from poly(vinylpyridines) and their derivatives (1704, 1837, 1840, 1841, 1845, 1848, 7292) or nonpyridine polymers pretreated with pyridine derivatives (1838, 1847, 1849, 1851, 2779). The cation exchanger resins for separating Ni(II) pyridine complexes are also known (1835). Nickel complexes may also be separated from the solutions by coagulation (6818), aggregation (1854), and precipitation (991, 1831, 1833, 1834). The precipitate of $Ni(py)_4(SCN)_2$ can be collected by flotation (1905). The selective formation of coordination compounds with $NiCl_2$ and $Ni(NCS)_2$ is useful in separating pure pyridines from their crude fractions (243, 1866, 1871, 5013, 6738, 7404, 7405). Some Ni(II) complexes are useful in separating pyridines by gas-chromatographic technique (6739). Thin-layer chromatographic separation of Ni(II) complexes is described (251, 716).

Nickel picolinate shows nonstoichiometric adsorption of HF (7263).

3.8.3.3.3. BRIGHT DEPOSITION

There are several known pyridine additives to nickel electroplating baths: pyridine

TABLE 3.102.   PHOTOMETRIC DETERMINATION OF NICKEL (II) USING PYRIDINE

Ligand	pH
Pyridine + NaN$_3$	
Pyridine + quinoxaline-2,3-dithiol	
Pyridine + NCS$^-$	
Pyridine + EtOCSS$^-$	5–7
Pyridine + 4,4,4-trifluoro-1-phenyl-1,3-butanedione	
2-Picolylamine	5.6
2-Picolinaldehyde 2-quinolylhydrazone	
2,6-Diacetylpyridine dioxime	10
(Z)-(Phenyl 2-pyridyl ketone oxime)	7–8
Nicotinamide oxime	7–8
2-Hydroxy-N-(2-pyridylmethylene)aniline	10.5–11.5
2-Hydroxy-5-methyl-(2-pyridylmethylene)aniline	4.88
2-(2-Pyridylazo)phenol	8.6–8.9
4-Methyl-2-(2-pyridylazo)phenol	8.6–8.9
2-Methyl-6-(2-pyridylazo)phenol	10
6-Isopropyl-3-methyl-2-(2-pyridylazo)phenol	1
1-(2-Pyridylazo)-2-naphthol	1; 4–10; 5–9; 5–10; ~5
1-[5-(1-methyl-2-piperidyl)-2-pyridylazo]-2-naphthol	5.2
2-[5-(1-methyl-2-piperidyl)-2-pyridylazo]-1-naphthol	3.95
5-Ethylamino-3-methyl-2-(2-pyridylazo)phenol	
5-Dimethylamino-2-(2-pyridylazo)phenol	
5-Diethylamino-2-[5-(1-methyl-2-piperidyl)-2-pyridylazo]phenol	4.5–5.5
8-Hydroxy-7-(2-pyridylazo)quinoline	5.0
4-(2-Pyridylazo)phenol	9
2-Methyl-4-(2-pyridylazo)phenol	>5
2-Isopropyl-5-methyl-4-(2-pyridylazo)phenol	4.5–6.5
2-Isopropyl-5-methyl-4-[5-(1-methyl-2-piperidyl)-2-pyridylazo]phenol	6.5–8.5
4-(2-Pyridylazo)resorcinol	8; 8.6–10.0; 9.0; 9.7; >9.7
4-(2-Pyridylazo)resorcinol + benzyldimethyltetradecylammonium chloride	~5
4-(2-Pyridylazo)resorcinol + tributyl phosphate	≥8.5
4-(2-Pyridylazo)resorcinol + H$_4$(EDTA)	<7
4-(2-Pyridylazo)resorcinol + 1,2-cyclohexanediaminetetraacetic acid	
4-(3-Methyl-2-pyridylazo)resorcinol	9
4-(4-Methyl-2-pyridylazo)resorcinol	10
4-(5-Methyl-2-pyridylazo)resorcinol	10

AND ITS DERIVATIVES

Analytical Wavelength (nm)	Range of Validity of the Beer Law (ppm)	Molar Absorptivity (m²/mol)	Reference
320			2067
			5102
360			2071, 6030
420			2073
355 (in hexane)	4.0		2075
			2826
			654, 1216, 2102
483		1,960	653
492 (in CHCl$_3$ + EtOH)	0.1–1.0	5,050	5936
403		2,060	7247
585		863	7247
			7440
457			695
			1239
			1239
543		2,260	706, 2014
620			2014, 2031
600			2014, 2031
			709
			711, 716a, 1243, 1247, 5149, 5472, 5475, 6783
570 (in CHCl$_3$)	0.2–1.5	5,000	6828, 7441, 7443, 7444
575		5,090	2275, 7442
		4,700	2018
565	1	5,300	1245, 5474, 6785
	0.1–1.2		7251
560, 595	0.2–1.6	2,140	7331
			2831
			733
560		10,800	734
		10,840	735
			2000
520		4,000	706
470			2031
610		2,100	709, 7445
620		2,260	7445
			716a, 1247, 2014
490			695
494	0.05–1.0	7,300	7449
493			7447
496		7,900	7448
500			695, 706
500 (in CHCl$_3$)		3,730	7255
500 (in CHCl$_3$)		8,080	7255, 7450
535 (in CHCl$_3$)		3,570	7255
		7,650	4063
			4063
510		3,810	2085
495		6,630	2085
507		6,630	2085

TABLE 3.102. (CONTINUED)

Ligand	pH
4-(6-Methyl-2-pyridylazo)resorcinol	8
5-Methyl-4-(2-pyridylazo)resorcinol	
8-Hydroxy-5-methyl-2-(2-pyridylazo)quinoline	
2,6-Pyridinedicarboxylic acid	2.5–10.5
Picolinaldehyde 2-quinolylcarbonylhydrazone	
6-Methylpicolinaldehyde 2-quinolylcarbonylhydrazone	
Picolinaldehyde semicarbazone	

R—C₆H₄—NHCO—(naphthyl-OH)—N=N—(pyridyl)—(N-methylpiperidyl)   R = 2-Me, 2-MeO, 2-EtO, 4-MeO, 3-NO₂

(2-hydroxynaphthyl)—CONH—(naphthyl)—N=N—(pyridyl)—(N-methylpiperidyl)

Ligand	pH
2-(5-Nitro-2-pyridylazo)-1-naphthol	
Picolinaldehyde 2-benzothiazolylhydrazone	
N-(2-Naphthyl)-N'-(2-pyridyl)thiourea	4.9–10
Picolinaldehyde thiosemicarbazone	9.6
Picolinaldehyde 4-phenyl(thiosemicarbazone)	
4-Hydroxy-3-[5-(1-methyl-2-piperidyl)-2-pyridylazo]-1-naphthalenesulfonic acid	3.5–7.0
5-Hydroxy-6-[5-(1-methyl-2-piperidyl)-2-pyridylazo]-1-naphthalenesulfonic acid	5.4
6,7-Dihydroxy-5-(2-pyridylazo)-2-naphthalenesulfonic acid	
4-Amino-5-hydroxy-3-(2-pyridylazo)-2,7-naphthalenedisulfonic acid	
4,5-Dihydroxy-3-(2-pyridylazo)-2,7-naphthalenedisulfonic acid	
1-(5-Chloro-2-pyridylazo)-2-naphthol	
2-(5-Chloro-2-pyridylazo)-5-dimethylaminophenol	
4-(5-Chloro-2-pyridylazo)-2-isopropyl-5-methylphenol	
5-Chloro-2-hydroxy-N-(2-pyridylmethylene)aniline	8.6–8.9
1-(5-Bromo-2-pyridylazo)-2-naphthol	
2-(5-Bromo-2-pyridylazo)-5-dimethylaminophenol	
2-(5-Bromo-2-pyridylazo)-5-diethylaminophenol	
Picolinaldehyde 2-pyridylhydrazone	9.7
Phenyl 2-pyridyl ketone 2-pyridylhydrazone	≥ 11.5
3-Hydroxypicolinaldehyde azine	
Di-2-pyridyl ketone thiosemicarbazone	
Di-2-pyridyl diketone dithiosemicarbazone	

Analytical Wavelength (nm)	Range of Validity of the Beer Law (ppm)	Molar Absorptivity (m²/mol)	Reference
505		6,050	2085
			716a, 2014
			2014
1025		33(?)	7451
			1216
			1216
			2089
			2003
			2003
			2090
477		1,660	653
460	1.6	2,630	7277
385	0.5–5.0	1,900	2088, 2089
			6801
575	0.2–1.0	4,118	1449
600	0.04–0.4	2,036	1450
			716a
			716a
570	0.125–0.8	4,072	716a, 6802
580		7,800	2092
			733
			709
			1239
582		8,000	2002
		12,800	733
599		11,700	865
431			2006
460			1679, 2004
480		4,200	6782
395		1,960	93
			2005

(4372, 4373, 7406–7413), picolines (4373, 7414–7416), nicotine (7417, 7418), anabasine (7406), nicotinamide (7419), pyridinecarboxylic acids (7416, 7417, 7420–7422), aminopyridines (7415, 7416), nitraminopyridines (2810, 2811), hydroxypyridines (7416), pyridinecarbaldehydes (7416), halopyridines (7415), pyridinesulfonic acids (2812, 7423, 7424), vinylpyridines (7425–7427), pyridylacetylenes (7425, 7428), and dipyridylethylenes (7429–7431). The brightening properties of pyridine derivatives are correlated against Hammett σ-constants (7415).

Pyridine coordination compounds are useful in the electrodeposition of alloys (4370, 6743, 7432) and in electroless nickel coating (7433). Complexes of nickel with pyridines may be beneficial in producing lustrous electrodeposited copper (6740) and chromium (7434).

3.8.3.3.4. BIOLOGICAL ACTIVITY

Neither pyridine Ni(II) complexes nor complexation by pyridine and its derivatives play any essential role in treating living organisms. $NiCl_2$–pyridine complexes inhibit Ca^{2+} transport and respiration (1937). The Ni^{2+} complex with isonicotinohydrazide was tested for its *in vitro* activity against tubercule bacilli H 37 Qv (1941–1943). The complexes of nicotine with nickel fluorosilicate were proposed as lousicides of prolonged effectiveness (634) and $Ni(4-Bu-py)_4(SCN)_2$ was patented as a potential fungicide and insecticide (7329).

3.8.3.3.5. ANALYTICAL CHEMISTRY

The coordination with pyridine and its derivatives may be useful in detecting Ni(II). Complexation leads either to the formation of insoluble precipitates of $Ni(py)_4(SCN)_2$, $Ni(py)_3(SCN)_2$ (6778), $Ni(py)_2(SCN)_2$ (1994), $Ni(py)_4(fumarate)_2$ (953), or chelates with color reactions. The following reagents were tested for Ni(II): di-2-pyridyl diketone dioxime (only the E-isomer yields a color reaction useful for analytical purposes) (2004, 7435); 2-picolylamine (2826); picolinaldehyde oxime (689); pyridine in combination with salicylate anion (936); di-2-pyridyl diketone bis(thiosemicarbazone) (2005); and some other oximes and semicarbazones of 2-acyl-4-alkylpyridines with MeCO, EtCO, and PrCO acyl residues and either methyl or ethyl groups in the 4-position (2007). Some 2-pyridylazodyes like 1-(2-pyridylazo)-2-naphthol and 2-(2-pyridylazo)-1-naphthol and their sulfonated derivatives (1251) and those bearing other functional groups on the naphthol moiety (1243, 2003) were extensively studied. Other pyridylazo derivatives of phenols have received attention (707, 733, 2000, 2014). These diazodyes, particularly PAN and PAR, are used as a spot test for Ni(II) (713, 2046, 2051). The pathways for separating mixtures of cations chelated by PAN using thin-layer chromatography are described (250, 2052, 2056); ion-exchange papers pretreated with PAN can be used (2045). The separation of cations on thin layer can be achieved for pyridine metal thiocyanates (2059) as well as chelates with pyridinecarboxylic acids (1352). In some cases, pyridine can be used as the developer for the cation mixtures on paper chromatography (7436). All Ni(II), Co(II), and Cu(II) dodecanoates could be separated by electrochromatographic analysis in the presence of pyridine (2050). Because of stable color and high molar absorptivity some diazodyes (1244, 1451, 2015, 2018, 2037, 2832, 5939, 7437–7439) and 2-pyridylhydrazones of 2-pyridinecarbaldehydes (655, 2032, 2033) are used as indicators in the determination of Ni(II) by various titrations.

The uv/vis spectrophotometric methods for the determination of nickel, which are based on pyridine derivative complexation are summarized in Table 3.102. The gravimetric determination of nickel can be conducted in the precipitate of nickel complexed with 4,4,4-trifluoro-1-(2-thienyl)-1,3-butanedione and pyridine (7165). The complex of nickel thiocyanate with pyridine is useful in nickel determination by conductometric titration (2064), an indirect mercurometric method (2063), polarography (6853, 7452, 7453), and ir spectrophotometry (1020). Titrometric determination of Ni(II) involves the coordination compound of pyridine with nickel fumarate (953). The x-ray fluorescence methods employ nickel chelate with PAN (2096, 4903, 7454). The same chelate serves for the determination of Ni(II) by atomic absorption spectrometry (2098, 2100, 2101). The Ni(II) chelate with picolinaldehyde 2-quinolylhydrazone can also be employed (2102).

The complexation with nickelous salts can be used for separating and identifying nicotine (2010), nicotinamide (3028), coordinated pyridine (2072), as well as $Cr_2O_7^{2-}$ and CrO_4^{2-} ions (7320). The complex $Ni(acac)_2 \cdot 2py$ is proposed as the secondary standard in routine analysis (6799).

3.8.3.3.6. MISCELLANEOUS

Polymers based on poly(vinylpyridines) as well as their copolymers have frequently been coordinated by the Ni^{2+} ion. Such metal containing polymers possess improved thermal stability and can be used for injection molding (1970, 7455). The coordination improves other properties of polymers like conductivity, dyeability, and flexibility (1722, 1975, 1978, 1979, 6812, 7139, 7456). Poly(vinylpyridines) grafted with Ni^{2+} are useful in manufacturing blood substitutes (4379). Polyamides mixed with $NiCl_2$ and nicotinic acid form a fire resistant composition (1361).

Some Ni(II) pyridine complexes are employed as light stabilizers for polymers (7446, 7457), stabilizers for compositions containing dichlorovinyl dimethyl phosphate (1974), additives to lubricating oils (630), and oxidation accelerators for paints, anticorrosive agents, and radioactive tracers (7329). Coordination compounds of the general structure $[Ni(py)_x][M_y(CO)_z]$, where M is metal, x = 2–6, y = 3–13, and z = 1–4, are proposed for use in the reprocessing of petroleum (4624).

Particular complexes have specific applications; thus, $Ni(4\text{-pic})_4(SCN)_2$ and $Ni(4\text{-Et-py})_4(SCN)_2$ are proposed as chromatographic sorbents (7212). Magenta Ni(II) PAN chelates are useful in positive-type electron beam recording (1986). Nickel chelates of 2,3-butanedione bis(2-pyridylhydrazone) are used in dyeing hair with lightfast green to red shades (5678, 6813), and $[Ni(py)_6](NO_3)_2$ is a low-sensitive explosive (1437).

3.8.4. Ruthenium Coordination Compounds

Ruthenium may exist from 0 to VIII oxidation states but II and III oxidation states are more common. The pyridine complexes of ruthenium (Tables 3.103 and 3.104) contain I, II, III, IV, VI, and VIII oxidation states apart from the few compounds with ruthenium of formal fractional oxidation numbers 2.5, 3.33, and 3.5 (6600, 7560, 7563, 7567, 7568, 7591). The common coordination numbers in all cases are 4 and 6 with tetrahedral and octahedral geometry, respectively. The formation of clusters and bridged structures is characteristic of ruthenium. Bridged structures can undergo destruction into mononuclear species owing to the influence of the coordination (3067, 7500, 7502, 7523), but the metal–metal bond is passive toward ligands.

(Text continues on page 1563.)

TABLE 3.103. COORDINATION COMPOUNDS OF PYRIDINE AND ITS DERIVATIVES

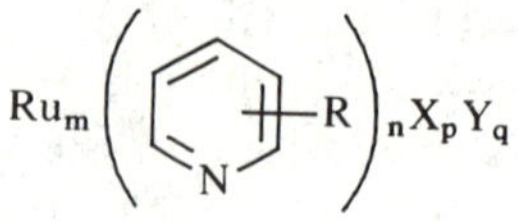

$$Ru_m \left(\underset{N}{\bigcirc} - R \right)_n X_p Y_q$$

m	n	R	X	p
			Ruthenium (0)	
1	1	H	Cl	2
			Hg	1
			Br	2
			Hg	1
			Ruthenium (I)	
1	1	H	MeCO$_2$	1
			S-(benzothiazol-2-yl)	1
			Ruthenium (II)	
1	1	H	+	2
			+	1
			N$_3$	1
			2,7,12,17-Me$_4$-3,8,13,18-Et$_4$-porph	1
			Et$_8$-porph	1
			+	1
			CN	1
			+	1
			OH	1
			MeCOCHCOMe	2
			2,7,12,18-Me$_4$-3,8-Et$_2$-13,17-[Me(CH$_2$)$_{17}$O$_2$CCH$_2$CH$_2$]$_2$-porph	1
			MeCO$_2$	2
			PhCO$_2$	2
			+	1
			NO$_2$	1

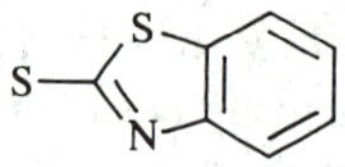

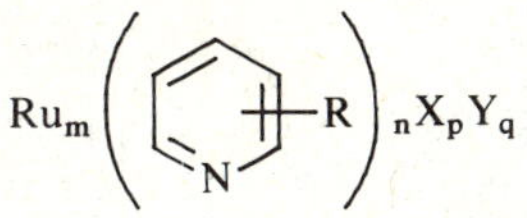

WITH RUTHENIUM

Y	q	Color and MP (°C)	Physicochemical Studies	Reference
		$Ru_m \left(\bigcirc\!\!\!\!\!\!{}_N\!\!-\!\!R \right)_n X_p Y_q$		
		Ruthenium (0)		
CO	3	89–91		3067
CO	3	108–109		3067
		Ruthenium (I)		
CO	2		ir, ms, nmr	7458, 7459
CO	2		xr	7460
		Ruthenium (II)		
NH$_3$	5		K, nmr, uv	3498, 4948, 4954, 7462, 7464–7477
NH$_3$	4		K	7461–7463
H$_2$O	1			
phen	2		K	7481
H$_2$O	1			
bipy	2		K, p	7478, 7479
NO	1			
phen	2		cd, K, uv	7480, 7481
CO	1		K, nmr, uv	7482
CO	1		K, nmr, uv	7482, 7483
phen	2		cd, K, uv	7480, 7481
phen	2		K	7480
CO	1			7484
N$_2$	1			7485
CO	1			7485
O$_2$	1			7485
		d-bu, 250 dec	chr, ir, uv	7486, 7487
		r, > 230	chr, ir, uv	7486
phen	2		ca, K, uv	7480, 7481
bipy	2			7479

TABLE 3.103. (CONTINUED)

m	n	R	X	p
1	1	H	+ NCS	1 1
			+ F	1 1
			F	2
			BF$_4$	2
			NO$_2$ PF$_6$	1 1
			+ Cl	1 1
			H Cl	1 1
			o-C$_6$H$_4$N=NPh Cl	1 1
			Cl	2
			N$_3$ ClO$_4$	1 1
			CN ClO$_4$	1 1
			NO$_3$ ClO$_4$	1 1
			NCS ClO$_4$	1 1
			Cl ClO$_4$	1 1
			+ Br	1 1

Y	q	Color and MP (°C)	Physicochemical Studies	Reference
phen	2		cd, K, uv	7480, 7481
bipy	2		K	7488
bipy	2		K	7489
NH$_3$	5		K	7465
phen	2	d-o-r	uv	7490
bipy	2	d-o-r	uv	7490
phen	2		K	7480, 7481, 7491
bipy	2		K	7488, 7491
{bipy	2		K	7479
NO	1			
{(Cyclohexyl)$_3$P	2	y	ir, msc	7492
CO	1			
CO	2			7493
Me$_2$C=CHCH$_2$CH$_2$CH=CMe$_2$	1	r-v		7494
1,3,5-Me$_3$C$_6$H$_3$	1	dec 296	nmr	7495
NH$_3$	4		K, uv	7496
phen	2			7497
bipy	2			7489, 7498
{phen	1	bw	cd	7497
H$_2$O	3.5			
{C$_6$H$_6$	1	g, 171–174		7499
CO	1			
{Ph(t-Bu)$_2$P	1		ir, nmr	7500
CO	2			
CO	3	170–172	ir, nmr	7501
{Ph$_3$P	1	y, 163–165	ir	7502
CS	1			
phen	2		cd	7497
phen	2	r-y	cd	7497
phen	2	d-y	cd	7497
phen	2	d-r	cd	7497
phen	2	bw	cd	7497
phen	2		cd, K, uv	7480, 7481

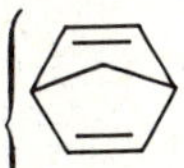

TABLE 3.103. (CONTINUED)

m	n	R	X	p
1	1	H	+	1
			Br	1
			ClO$_4$	1
			Br	1
			Br	2
			+	1
			I	1
			ClO$_4$	1
			I	1
			I	2
	d$_2$		+	2
		2-Me	5,10,15,20-(p-i-PrC$_6$H$_4$)$_4$-porph	1
			F	2
			Cl	2
		3-Me	+	2
			F	2
			Cl	2
			Br	2
		4-Me	+	2
		2,6-Me$_2$	Cl	2
		3,4-Me$_2$	Br	2
		3,5-Me$_2$	+	2
		4-t-Bu	Et$_8$-porph	1
			5,10,15,20-Ph$_4$-porph	1
			5,10,15,20-(p-MeC$_6$H$_4$)$_4$-porph	1
			5,10,15,20-(p-i-PrC$_6$H$_4$)$_4$-porph	1
			5,10,15,20-(p-Et$_2$NC$_6$H$_4$)$_4$-porph	1
			5,10,15,20-(p-MeOC$_6$H$_4$)$_4$-porph	1
			5,10,15,20-(p-F$_3$CC$_6$H$_4$)$_4$-porph	1
			5,10,15,20-(p-ClC$_6$H$_4$)$_4$-porph	1
		4-CH=CH$_2$	+	2
		4-Ph	+	2
		2-CH$_2$NH$_2$	+	2
			BF$_4$	2
		2-CH=NH	BF$_4$	2
		2-CN	+	2
		3-CN	+	2
		4-CN	+	2
		2-CHO	BF$_4$	2
		4-CHO	+	2
		2-COMe	+	2
		4-COMe	+	2
		4-COPh	+	2

Y	q	Color and MP (°C)	Physicochemical Studies	Reference
bipy	2		K	7488
phen	2	bw	cd	7497
NH$_3$	4		K, uv	7496
CO	3	l-y, 180	K	7503
phen	2		cd, K, uv	7480, 7486
phen	2		cd	7497
CO	2		dm, nmr	7498
	3	l-y, 143	K	7503
NH$_3$	5		nmr	4954
			K, nmr	7504
bipy	2		K	7489
bipy	2		K	7489
NH$_3$	5		K	7469, 7473
bipy	2		K	7489
bipy	2		K	7489
CO	3	l-y, 149	K	7503
NH$_3$	5		K, nmr, uv	4954, 7462, 7469, 7470, 7474, 7476
bipy	2		K	7473, 7489
CO	3			7501
		l-y, 164	K	7469
NH$_3$	5		ca, K, ir, nmr, th	7505
			ca, K, ir, nmr, th	7505
			ca, K, ir, nmr, th	7505
			ca, K, ir, nmr, th	7505
CO	1		K	7506
			ca, K, ir, nmr, th	7505
			ca, K, ir, nmr, th	7505
			ca, K, ir, nmr, th	7505
			ca, K, ir, nmr, th	7505
NH$_3$	5		K	7507
NH$_3$	5		K, nmr, qch, uv	7471, 7474, 7476
bipy	2		K, p	7508
NH$_3$	4	y	p, uv	7509
NH$_3$	4	bu	p, uv	7509
NH$_3$	5	r-o	ir, K, uv	7510
NH$_3$	5	r-o	ir, K, uv	7469, 7510
NH$_3$	5	r-o	ir, K, uv	7469, 7510
NH$_3$	4	bu	p, uv	7509
NH$_3$	5		K, nmr, p, uv	7462, 7474, 7476, 7511
NH$_3$	2		K	7509
NH$_3$	5		K, uv	7462, 7474, 7476
NH$_3$	5		nmr	4954

TABLE 3.103.   (CONTINUED)

m	n	R	X	p
1	1	3-CONH$_2$	+	2
		4-CONH$_2$	+	2
			BF$_4$	2
			{ +	1
			Cl	1
			{ +	1
			Br	1
			{ +	1
			I	1
		4-CO$_2^-$	+	1
		4-CO$_2$Me	+	2
		4-CSNH$_2$	+	2
		4-CF$_3$	+	2
		3-Cl	+	2
		3,5-Cl$_2$	+	2
	2	H	+	2
			{ +	1
			N$_3$	1
			Et$_8$-porph	1
			OH	2
			PhC(=NOH)C(=NO)Ph	2
			MeCOCHCOMe	2

Y	q	Color and MP (°C)	Physicochemical Studies	Reference
NH$_3$	5		K, uv	7462, 7474, 7476, 7512, 7513
NH$_3$	5		K, p, qch, uv	4948, 7462, 7468, 7473, 7474, 7476, 7512
{NH$_3$ H$_2$O	4 1		K	7463
{NH$_3$ H$_2$S	4 1		K, p	7514
NH$_3$	4		K, uv	7496
NH$_3$	4		K, uv	7496
NH$_3$	4		K, uv	7496
NH$_3$	5		K, uv	7462, 7474, 7476
NH$_3$	5		K, qch, uv	7462, 7468, 7474, 7476
NH$_3$	5		K	7513
NH$_3$	5		K, nmr, qch, uv	7462, 7474, 7476
NH$_3$	5		K, uv	7462, 7469, 7470, 7474, 7476
NH$_3$	5		K, uv	7462, 7474, 7476
NH$_3$	4		k, th	7461, 7466, 7468
phen	2		K	7480, 7516
{NH$_3$ bipy	2 1		lum	7515
{H$_2$NCH$_2$CH$_2$NH$_2$ bipy	1 1		lum	7515
{phen bipy	1 1		lum	7515
bipy	2		lum	7515
phen	2		K	7516
				7483, 7517
{phen H$_2$O	1 1.5		ir, msc, p, uv	7518
{bipy H$_2$O	1 3		ir, msc, p, uv	7518
			K	4971 7519

TABLE 3.103. (*CONTINUED*)

m	n	R	X	p
1	2	H	$\overset{+}{\text{NO}_2}$	1
			NO$_2$	1
			NO$_3$	2
			S-benzothiazol-2-yl	2
			$\overset{+}{\text{NCS}}$	1
			NCS	1
			NCS	2
			$\overset{+}{\text{Cl}}$	1
			Cl	1
			H	1
			Cl	1
				2
			Ph$_3$(PhCH$_2$)P	1
			Cl	3
			Sn	2
			Cl	6
			ClO$_4$	2
			$+$	1
			Br	1
			Br	2
			Sn	2
			Br	6
			$+$	1
			I	1
			I	2
		4-Me	Cl	2
			Br	2
		3,5-Me$_2$	Cl	2

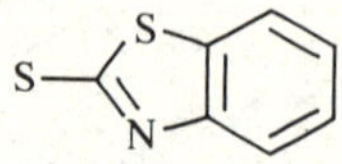

Y	q	Color and MP (°C)	Physicochemical Studies	Reference
phen	2		K	7516
phen H$_2$O	2 1		cd	7497
CO	2		xr	7460, 7522
phen	2		K	7516
CO	2	y	ir	7520, 7521
phen	2		K	7516
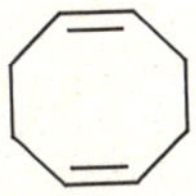 (cyclooctatetraene)	1		ir	7523
Ph$_3$P	2	y, 171–172, 180	ir, msc	7524, 7525
Ph$_2$AsCH$_2$CH$_2$AsPh$_2$	1	y, 240 dec	ir, msc, uv	7526
CO	2	264–266	ir, nmr	7501, 7527
3,5,6,8-Me$_4$-phen (H$_2$N)$_2$CS	1 2			7528
		y, 120–122 dec	K	7499
CO	2	y, 184 dec	ir	7529
H$_2$NCH$_2$CH$_2$NH$_2$ bipy	1 1	r-bw	uv	7530
phen bipy	1 1			7530
bipy	2			7530
phen	2		K	7516
CO	2	227–229	ir, nmr	7501, 7531
CO	2	o-y	ir	7529
phen	2		K	7516
NH$_3$	4	y	ir, uv	7532
3,5,6,8-Me$_4$-phen	2			7528, 7534
bipy	2		lum, uv	7533
CO	2	o	dm, msc	4128, 7535–7537
NO	1	r	ir	7538
			ir, uv	7539
			ir, uv	7539
Ph$_3$P	2	y, 170–172	ir	7524

TABLE 3.103. (CONTINUED)

m	n	R	X	p
1	2	2-CH=CH$_2$	Cl	2
		2-CH$_2$NH$_2$	+	2
		2-CH$_2$CH$_2$PPh$_2$	PF$_6$	1
			Cl	1
		2-CH$_2$AsMe$_2$	Cl	2
		4-CONH$_2$	+	2
		4-CO$_2$Me	+	2
		2-SH	Cl	2
		2-S$^-$		
		2-CSNH$_2$	Cl	2
	3	H	PhC(=NOH)C(=NO)Ph	2
			+	1
			Cl	1
			Cl	2
			I	2
		3-Me	Cl	2
	{ 2	H		
	1	2-CH$_2$NH$_2$	+	2
	3	2-CH$_2$NH$_2$	ClO$_4$	2
			Cl	2
	{ 2	H		
	1	2-CH$_2$CH$_2$NH$_2$	+	2
	3	2-CO$_2$H	ClO$_4$	2
	4	H	Cl	2
			+	2
			+	1
			OH	1
			OH	2
			O$_2$CCO$_2$	1
			O$_2$CCH$_2$CO$_2$	1
			NCS	2
			BF$_4$	2
			PF$_6$	2
			OH	1
			Cl	1
			Cl	2
			ClO$_4$	2
			Br	2

Y	q	Color and MP (°C)	Physicochemical Studies	Reference
		g		7540
			K	7461
bipy	1		lum, uv	7515
				7541
CO	1		cond, ir, uv	7541
		y-bw		125
NH$_3$	4		K	7468
NH$_3$	4		K	7468
		bw	msc	7540
(cyclooctadiene)	1			7542
Ph$_3$P	2	r	msc, xr	7540, 7543
EtOH	1		cond, ir, msc	84, 2170
			K	4971
bipy	1		uv	7515
Ph$_3$P	1	y, 175	msc	7525
CO	1	y, 200 dec	ir	7544
CO	1			7537
CO	1	y, dec 200–210	ir	7544
bipy	1		uv	7515
bipy	1	r-v	ir, uv	7530
			cond, uv	7545
bipy	1		uv	7515
bipy	1		ir, uv	7530
		y	msc	7540
bipy	1		lum	7515
CO	1		ir, nmr	5546
NO	1		ir, nmr	5546
CO	1		ir, nmr	5546
			ir, nmr	7546, 7547
			ir, nmr	7546
			ir, nmr	7546
NH$_3$	2	y	uv	7532
NH$_3$	2		uv	7532
				7548
		d-r, o-bw, y-o, o, 220–224 dec, 265 dec	cond, ir, msc, nmr, ram, uv	7494, 7523, 7525, 7539, 7540, 7546, 7548–7553
		o	ir, uv	7530
		bw, r-bw, 229	ir, msc, nmr, ram, uv	7539, 7540, 7546, 7547, 7552

TABLE 3.103.   (CONTINUED)

m	n	R	X	p
1	4	H	I	2
		2-Me	Cl	2
			Br	2
		3-Me	Cl	2
			Br	2
		4-Me	Cl	2
			Br	2
		2,4-Me$_2$	Cl	2
			Br	2
		2,6-Me$_2$	Cl	2
		2,4,6-Me$_3$	Cl	2
		2-NH$_2$	Cl	2
	5	H	N$_3$	1
			BF$_4$	1
	6	H	+	2
			BF$_4$	2
2	6	H	O$_2$CCO$_2$	1
			BF$_4$	2
	8	H	O$_2$CCO$_2$	1
			BF$_4$	2
3	2	H	O	1
			MeCO$_2$	6
			ClO$_4$	1
	3	H	O	1
			MeCO$_2$	7

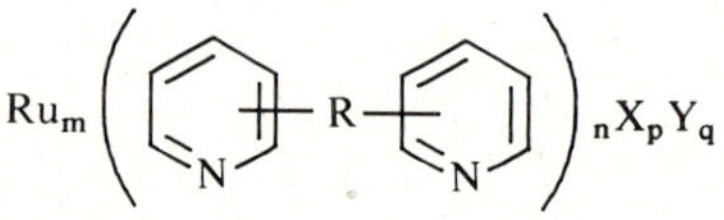

$$\text{Ru}_m \left(\underset{N}{\bigcirc} - R - \underset{N}{\bigcirc} \right)_n X_p Y_q$$

m	n	R	X	p
1	1	4-CH$_2$CH$_2$-4'	+	5
			Co	1
		4-CH=CH-4'	+	2
			+	1
			Cl	1
			+	5
			Co	1
		2-CH$_2$NHCH$_2$CH$_2$NHCH$_2$-2'	ClO$_4$	2
		6-Me, 2-CH$_2$NHCH$_2$CH$_2$NHCH$_2$-2',6'-Me	ClO$_4$	2
		2-CH$_2$NH–⌬–⌬–NHCH$_2$-2' 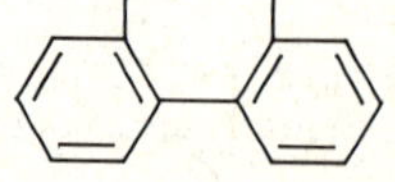	ClO$_4$	2

Y	q	Color and MP (°C)	Physicochemical Studies	Reference
		y-bw	ir, nmr, ram	7552
		y-g, 160	ir, msc, uv	7539, 7554
			ir, uv	7539
		o-y	cond, ir, msc	7539, 7551
			ir, uv	7539
		o-y	cond, ir, msc	7551
			ir, uv	7539
			ir, uv	7539
			ir, uv	7539
			ir, uv	7539
			ir, uv	7539
		bk-g, d-g, 250, 275	ir, msc, uv	7540, 7554
			ir, nmr	7546
			ir, nmr	7546
			ir, nmr	7546
			ir, nmr	7546
			xr	7555
MeOH	1	bu	msc	7556
SO$_2$	1		msc	7556

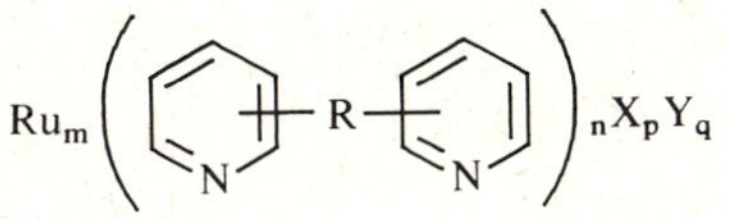

$$Ru_m \left(\underset{N}{\bigcirc}\!-\!R\!-\!\underset{N}{\bigcirc} \right)_n X_p Y_q$$

Y	q	Color and MP (°C)	Physicochemical Studies	Reference
NH$_3$	10		K, uv	6600
NH$_3$	5		K, nmr, qch, uv	7471
bipy	2		K, p, uv	7557
NH$_3$	10		K, uv	6600
{bipy, H$_2$O}	1, 2	l-o		156
{bipy, H$_2$O}	1, 2			156
bipy	1			156

TABLE 3.103. (CONTINUED)

m	n	R	X	p
1	1	4-S-4'	+	5
			Co	1
		2-CH$_2$CH$_2$SCH$_2$CH$_2$SCH$_2$CH$_2$-2'	ClO$_4$	2
	2	4-CH=CH-4'	+	2
2	1	4-CH$_2$-4'	+	4
		4-CH$_2$CH$_2$-4'	+	3
			Cl	1
			PF$_6$	3
			Cl	1
		4-CH=CH-4'	+	4
			+	3
			Cl	1
			PF$_6$	3
			Cl	1
			PF$_6$	2
			Cl	2

$$\left[Ru_m \left(\underset{N}{\bigcirc}{-R-} \right)_n X_p Y_q \right]_x$$

m	n	R	X	p
1	1	—CH$_2$CH— at 2	π-C$_3$H$_5$	1
			Cl	1
			π-C$_3$H$_5$	1
			Br	1
		—CH$_2$CH— at 4	π-C$_3$H$_5$	1
			Cl	1
			π-C$_3$H$_5$	1
			Br	1
2	1	—CH$_2$CH— at 4	Cl	2

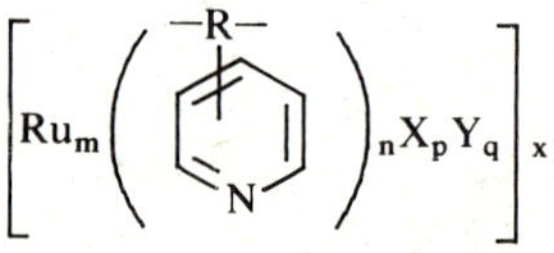

$$Ru_m \left(\underset{N}{\bigcirc}{-R} \right)_n X_p Y_q$$

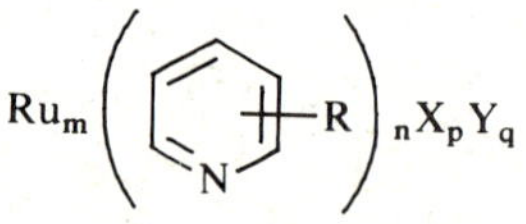

Ruthenium (II) with Ruthenium (III)

m	n	R	X	p
3	1	H	O	1
			MeCO$_2$	6
	2	H	O	1
			MeCO$_2$	6

Y	q	Color and MP (°C)	Physicochemical Studies	Reference
NH$_3$	10		K, uv	6600
{ bipy H$_2$O	1 4	l-bw		156
bipy	2		uv	7557
NH$_3$	10		K	6598
{ NH$_3$ bipy	5 2		K	7559, 7560
{ NH$_3$ bipy	5 2			7558
NH$_3$	10		ir, K, nmr, qch, uv	7471, 7561
bipy	4		p	7562
{ NH$_3$ bipy	5 2		K	7559, 7560
{ NH$_3$ bipy	5 2			7558
{ bipy H$_2$O	4 2			7563

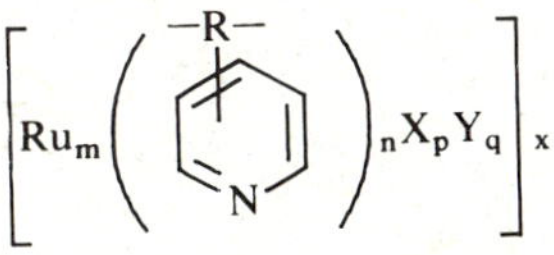

$$\left[\text{Ru}_m \left(\underset{N}{\underset{|}{\bigcirc}} {-}R{-} \right)_n X_p Y_q \right]_x$$

Y	q	Color and MP (°C)	Physicochemical Studies	Reference
CO	2		ir, ms	7564
CO	2		ir, ms	7564
			ir, ms	7564, 7565
			ir, ms	7564, 7565
CO	3			7565

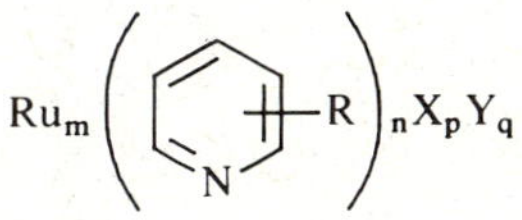

$$\text{Ru}_m \left(\underset{N}{\bigcirc} {-}R \right)_n X_p Y_q$$

Ruthenium (II) with Ruthenium (III)

Y	q	Color and MP (°C)	Physicochemical Studies	Reference
MeNC	2			7556
CO	1			7556

1551

TABLE 3.103. (CONTINUED)

m	n	R	X	p
3	3	H	O	1
			MeCO$_2$	6

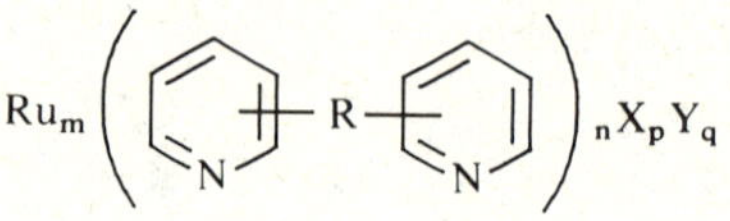

$$Ru_m \left(\underset{N}{\bigcirc} - R - \underset{N}{\bigcirc} \right)_n X_p Y_q$$

m	n	R	X	p
2	1	4-CH$_2$-4'	+	4
			NO$_2$	1
			+	4
			Cl	1
		4-CH$_2$CH$_2$-4'	+	5
		4-CH=CH-4'	+	5
			+	4
			NO$_2$	1
			+	4
			Cl	1
			+	3
			Cl	2
		4-S-4'	+	5

Ruthenium (III)

m	n	R	X	p
1	1	H	+	3
			H	1
			O$_2$CCO$_2$	2
			K	1
			O$_2$CCO$_2$	2
			NH$_4$	1
			O$_2$CCO$_2$	2
			+	2
			NO$_2$	1
			+	2
			NO$_3$	1
			PF$_6$	3
			+	2
			Cl	1

Y	q	Color and MP (°C)	Physicochemical Studies	Reference
		bu	ir, nmr, p	7566

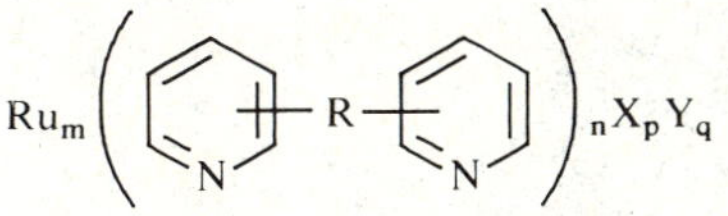

$$Ru_m \left(\underset{N}{\bigcirc}\!\!-\!\!R\!\!-\!\!\underset{N}{\bigcirc} \right)_n X_p Y_q$$

Y	q	Color and MP (°C)	Physicochemical Studies	Reference
NH$_3$ bipy	5 2		ir, p	7567
NH$_3$ bipy	5 2		ir, p	7567
NH$_3$	10		K, uv	6600
NH$_3$	10		K, uv	6600
NH$_3$ bipy	5 2		p, qch	7567
NH$_3$ bipy	5 2		p, qch	7567
bipy	4		K, uv	7568
NH$_3$	10		K, th, uv	6600

Ruthenium (III)

Y	q	Color and MP (°C)	Physicochemical Studies	Reference
NH$_3$	5		K, nmr, p, uv	3498, 4954, 6122, 7569, 7571
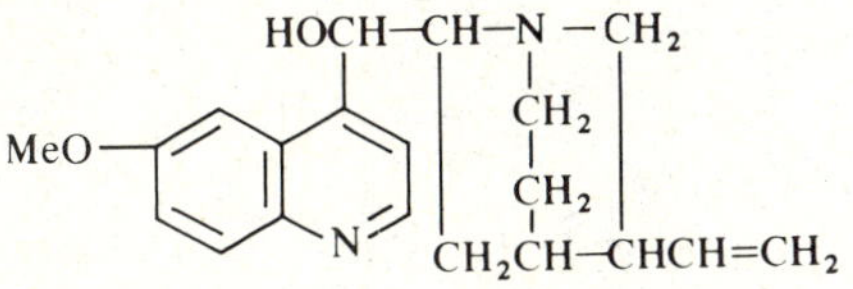 [quinine-type ligand structure: MeO-quinoline with HOCH–CH–N–CH$_2$, CH$_2$, CH$_2$, CH$_2$CH–CHCH=CH$_2$]				7572
NO	1			7573
H$_2$O NO	1 1			7572
bipy	2		K	7479
bipy H$_2$O	2 4.5		K	7479
phen NO	2 1	y	cond, ir, uv	7574
bipy NO	2 1	y	cond, ir, uv	7574
phen	2		K	7491
bipy	2		K	7491

TABLE 3.103. (CONTINUED)

m	n	R	X	p
1	1	H	$\begin{cases} + \\ NO_2 \\ Cl \end{cases}$	1 1 1
			$\begin{cases} K \\ Cl \end{cases}$	1 4
			$\begin{cases} py^+H \\ Cl \end{cases}$	2 5
			$\begin{cases} O_2CCO_2 \\ Ag \end{cases}$	2 1
		3,5-Me$_2$	+	3
		4-CH=CH$_2$	+	3
		4-CH$_2$AsMe$_2$	Cl	3
			$\begin{cases} Cl \\ ClO_4 \end{cases}$	2 1
		4-CH$_2$OH	+	3
		4-CH(OH)$_2$	+	3
		2-N=N-1-C$_{10}$H$_6$-2-O$^-$	Cl	2
		2-N=N-[phenanthrenyl-O$^-$]	Cl	2
		4-CHO	+	3
		4-COMe	+	3
		3-CONH$_2$	+	3
		4-CONH$_2$	+	3
		4-CO$_2$H	+	3
		3-CO$_2$Me	+	3
		4-CO$_2$Me	+	3
		4-CSNH$_2$	+	3
		4-CF$_3$	+	3
		3-Cl	+	3
		4-Cl	+	3
		3,5-Cl$_2$	+	3
	2	H	+	3
			$\begin{cases} + \\ Et\text{-porph} \end{cases}$	1 1
			$\begin{cases} H \\ O_2CCO_2 \end{cases}$	1 1
			$\begin{cases} K \\ O_2CCO_2 \end{cases}$	1 2

Y	q	Color and MP (°C)	Physicochemical Studies	Reference
			K	7479
				7572
				7575
				7572
NH$_3$	5		K	7570
NH$_3$	5		K	7507
H$_2$O	3	g		125
			K	125
NH$_3$	5		K, uv	7569
NH$_3$	5		K	7570
			msc	7576
			msc	7576
NH$_3$	5		K, uv	7511, 7569, 7570
NH$_3$	5		K	7570
NH$_3$	5		K	7513, 7570, 7577
NH$_3$	5		K	7513, 7569, 7570, 7577
NH$_3$	5		K	7570
NH$_3$	5		K	7577
NH$_3$	5		K	7570, 7577
NH$_3$	5		K	7513
NH$_3$	5		K	7570
NH$_3$	5		K	7570
NH$_3$	5		K	7570
NH$_3$	5		K	7570
NH$_3$	4		K	7570
bipy	2		K	7578
			ir, p, uv	7517
NO	1			7572
H$_2$O	2			7572, 7579
	6			7572, 7579

TABLE 3.103. (CONTINUED)

m	n	R	X	p
1	2	H	OH	1
			NO_2	2
			O_2CCO_2	1
			Cl	1
			OH	1
			Cl	2
			Cl	3
			py^+H	1
			Cl	4
			Br	3
			OH	1
			I	2
			I	3
		2-Me	Cl	3
		2-CH=NO^-	+	1
		4-$CONH_2$	+	2
		2-CO_2^-	Ph_4As	1
			Cl	2
			Ph_4As	1
			Br	2
		4-CO_2Me	+	3
	3	H	Cl	3
		3-Me	Cl	3
		4-Me	Cl	3
	4	H	Cl	3
			Cl	2
			ClO_4	1
			ClO_4	1
			Br	2
			py^+H	1
			Br	4
2	2	H	Ba	1
			O_2CCO_2	4
	4	2-$CSNH_2$	O	1
			Cl	4
3	2	H	+	1
			O	1
			$MeCO_2$	6

Y	q	Color and MP (°C)	Physicochemical Studies	Reference
NO	1		ir, tha	7580–7582
NO	1			7572, 7573
NO	1			7572, 7573
Ph$_3$P	1	o, 204–205 dec	ir, msc, uv	7583
Ph$_3$As	1	o, 205–206 dec	ir, msc, uv	7553, 7583
NO	1	d-r, 320 dec	ir	7573, 7584
{H$_2$O	1			7585
NO	1			
{H$_2$O	3			7572
NO	1			
				7575
Ph$_3$P	1	r-v, 192 dec	msc, uv	7583
Ph$_3$As	1	r-v, 195 dec	msc, uv	7583
{H$_2$NCH$_2$CH$_2$NH$_2$	1			7572
NO	1			
NO	1		ir	7584
Ph$_3$As	1	gsh-y, 165 dec	ir, msc, uv	7586
			K, uv	7587
NH$_3$	5		K	7577
H$_2$O	1	y	msc	7540
H$_2$O	1	y	msc	7540
NH$_3$	5		K	7577
		y, 220 dec	cond, ir, msc	7551, 7559, 7588–7590
		y, o, 200 dec	cond, ir, msc	7551, 7588
		y, o, 220 dec	cond, ir, msc	7551, 7588
				7548
			ir, uv	7547
			ir, uv	7547
			ir, uv	7547
				7572
		r-v, 270	cond, ir, msc	85
pyrazine	1		K, p	7591

TABLE 3.103. (CONTINUED)

m	n	R	X	p
3	2	H	$MeCO_2$	6
			$\begin{cases} MeCO_2 \\ Cl \\ PtCl_6 \end{cases}$	6 1 1
	3	H	$\begin{cases} + \\ O \\ MeCO_2 \end{cases}$	1 1 6
6	4	H	$\begin{cases} + \\ O \\ MeCO_2 \end{cases}$	2 2 2

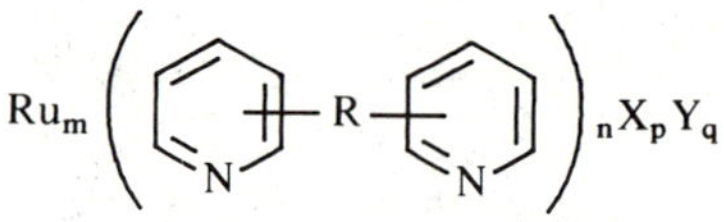

$$Ru_m \left(\underset{N}{\bigcirc} - R - \underset{N}{\bigcirc} \right)_n X_p Y_q$$

m	n	R	X	p
1	1	4-CH_2-4'	SO_4 Cl Co	1 4 1
		4-CH(OH)-4'	Cl Co	6 1

$$\left[Ru_m \left(\underset{N}{\bigcirc}^{-R-} \right)_n X_p Y_q \right]_x$$

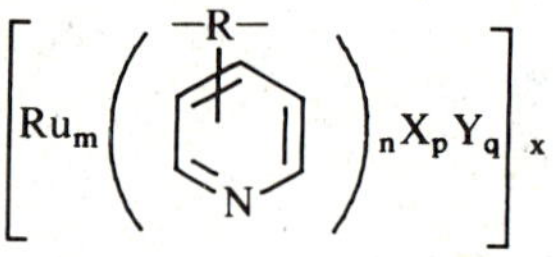

m	n	R	X	p
1	1	$-CH_2CH-$ $\quad\quad\;\;\;\|$ $\quad\quad\;\;\;4$	Cl	3
2	3	$-CH_2CH-$ $\quad\quad\;\;\;\|$ $\quad\quad\;\;\;2$	Cl	6
		$-CH_2CH-$ $\quad\quad\;\;\;\|$ $\quad\quad\;\;\;3$	Cl	6
		$-CH_2CH-$ $\quad\quad\;\;\;\|$ $\quad\quad\;\;\;4$	Cl	6

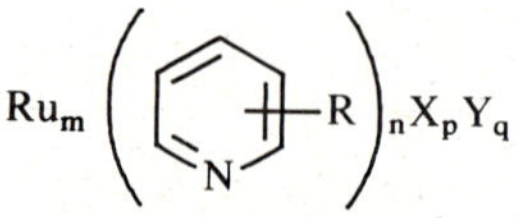

$$Ru_m \left(\underset{N}{\bigcirc} - R \right)_n X_p Y_q$$

Ruthenium (IV)

m	n	R	X	p
1	1	H	Cl	4
	2	H	OH Cl	4 4

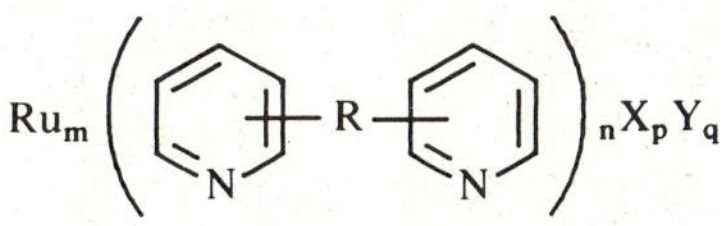

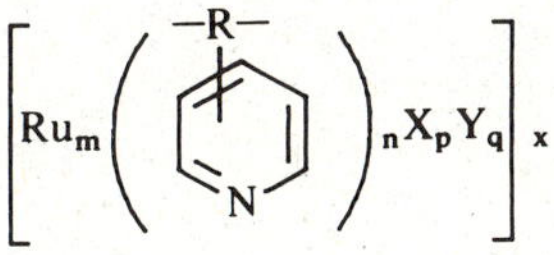

Y	q	Color and MP (°C)	Physicochemical Studies	Reference
MeOH	1		K, p	7591
CO	1		K, p	7591
H$_2$O	7			7592
		y	ir, nmr, p	7566
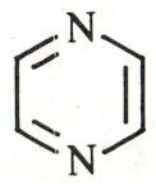 ![pyrazine]			K, p	7591

$$Ru_m \left(\underset{N}{\bigcirc} - R - \underset{N}{\bigcirc} \right)_n X_p Y_q$$

Y	q			Reference
NH$_3$	9		K	6598
NH$_3$	9		K	6598

$$\left[Ru_m \left(\underset{N}{\overset{R}{\bigcirc}} \right)_n X_p Y_q \right]_x$$

Y	q		Studies	Reference
			ir	7593
H$_2$O	4			7594
	6			7594
H$_2$O	4			7594
	6			7594
H$_2$O	4			7594
	6			7594

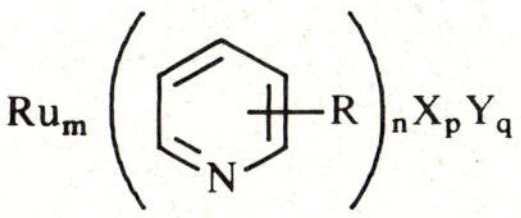

$$Ru_m \left(\underset{N}{\bigcirc} - R \right)_n X_p Y_q$$

Ruthenium (IV)

Y	q			Reference
NO	1			7573
				7595
				7575

TABLE 3.103. (CONTINUED)

m	n	R	X	p

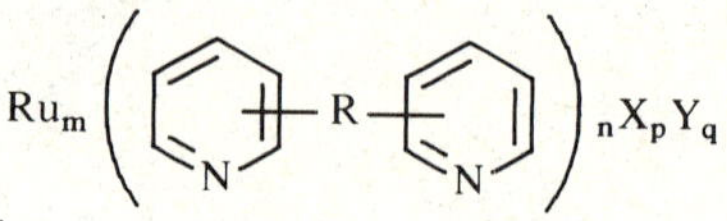

$$Ru_m \left(\underset{N}{\bigcirc} - R - \underset{N}{\bigcirc} \right)_n X_p Y_q$$
$$+$$

m	n	R	X	p
1	2	4-CH=CH-4' 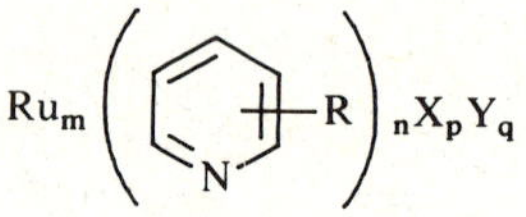		4

$$Ru_m \left(\underset{N}{\bigcirc} - R \right)_n X_p Y_q$$

Ruthenium (VI)

m	n	R	X	p
1	1	H	OH	2
			O	2
	2	H	O	3

Ruthenium (VIII)

| 1 | 2 | H | O | 4 |

Y	q	Color and MP (°C)	Physicochemical Studies	Reference

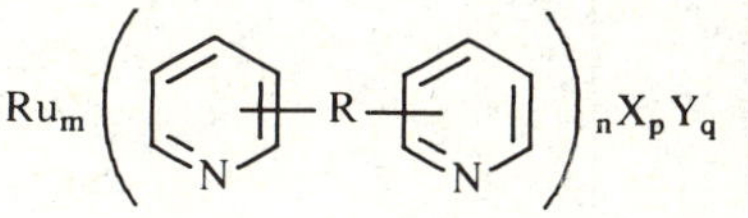

$$Ru_m \left(\underset{N}{\bigcirc}\!-\!R\!-\!\underset{N}{\bigcirc} \right)_n X_p Y_q$$

| | | | K, qch, uv | 7471 |

$$Ru_m \left(\underset{N}{\bigcirc}\!-\!R \right)_n X_p Y_q$$

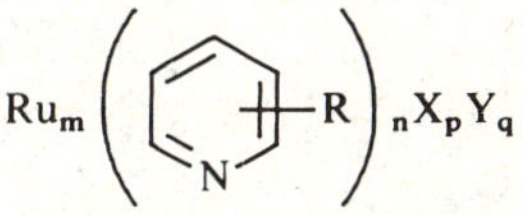

Ruthenium (VI)

| | | | ir, ram | 7595, 7596 |
| | | | ir | 7597 |

Ruthenium (VIII)

| | | | ir, p, tha, uv | 7518, 7598, 7599 |

TABLE 3.104. CRYSTALLOGRAPHIC DATA FOR THE COMPLEX COMPOUNDS OF PYRIDINE AND ITS DERIVATIVES WITH RUTHENIUM

Compound	Space Group	a	b	c	α	β	γ	Z	Reference
$Ru_2(2\text{-S-py})_2 \cdot 4(CO) \cdot 2py$ 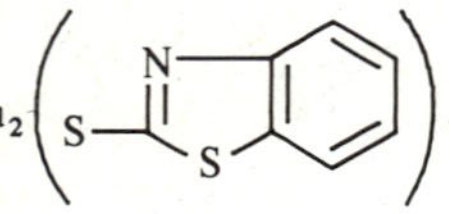	$P\bar{1}$	12.34	13.53	11.05	96.82	93.89	103.11		7460
$Ru(2\text{-S-py})_2 \cdot 2(CO) \cdot 2py$ 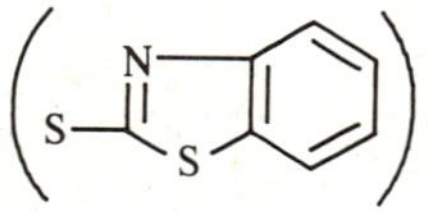	C2/c	22.38	9.32	16.77		129.21			7460, 7522
$Ru(2\text{-S-py})_2 \cdot 2(PPh_3)$	$Pna2_1$	27.97	11.473	12.358				4	7543
$Ru_2(C_2O_4)(BF_4)_2 \cdot 8\,py$	$P2_1/c$	10.926	16.740	13.732		116.51		2	7555

3.8.4.1. Preparation Methods

Complexes are prepared directly from inorganic salts and the pyridine. In such cases prolonged reflux at the elevated temperature and pressure are applied. Since atmospheric oxygen may change the oxidation state of the metal, the synthesis should be conducted in a sealed tube or an inert atmosphere. Other complexes of ruthenium in various oxidation states are useful starting materials for the preparation of pyridine coordination compounds. Pyridines can expel some nonpyridine ligands from the coordination sphere or extend the coordination sphere of the parent complex. The reactions in the inner coordination sphere of ruthenium coordination compounds are quite common. For example, $RuCl_3(py)_3$ and similar compounds are prepared by heating $(py^+H)[(py)_2RuCl_4]^-$ with pyridine in a sealed tube (7588). Many substitution reactions in the inner coordination sphere are known. In Ru(II) chiral complexes, substitution proceeds with complete retention of configuration (7516). Sometimes the reaction can be conducted on the ligands coordinated in the inner coordination sphere; thus, NO_2 in that sphere can be reduced to the nitrosyl group. The oxidation state of the central atom does not change and the conversion is chemically reversible (7479, 7480). However, the reduction of Ru(III) in its complexes can be carried out quite readily either electrochemically or chemically by means of Ti, Cr, Cu, and Co ions, hydrogen over platinum black, hydrogen chloride, and even ethanol. In such cases, the so-called blue solutions of Ru(II) are produced, such as $[Ru(NH_3)_6]Cl_2$ and $[Ru_2(NH_3)_6Cl_4(H_2O)]Cl$. These are convenient starting compounds for Ru(II)–pyridine coordination compounds. (7540). Many Ru(III) complexes are prepared from pyridine and "ruthenium red" $[(NH_3)_5Ru^{III}\text{-O-}Ru^{IV}(NH_3)_4\text{-O-}Ru^{III}(NH_3)_5]^{6+}$. Another pathway to Ru complexes is disproportionation. The course of the reaction is solvent dependent. The disproportionation

$$2Ru(III) = Ru(II) + Ru(IV)$$

is reversible if the reaction time is short and at low pH (7569).

3.8.4.2. Properties

Often the ruthenium complexes are unstable for the reasons mentioned above. The lability of these complexes has evoked interest because of their reactivity. There are four main features of the reactivity:

1. *Redox Reactions with Participation of Other Metal Ions as the Catalysts.* The metals investigated are the Fe(II) hexaaquo species (6122, 7578), Co(III) (3498, 6600, 7477, 7577), Cr(III) (7577), and Cu(I) (7507). Reduction using $Fe(H_2O)_6^{2+}$ conducted on $[Ru(bipy)_2(py)_2]^{3+}$ to give the corresponding Ru(II) ion involves outer sphere electron transfer. Reduction of the Ru(III) complex with Cr(III) proceeds with direct transfer of the electron. If either isonicotinamide, nicotinamide, or ethyl isonicotinate was the ligand in the Ru(III) complex, with Ru(III) *N*-coordinated, Cr(III) bonded to the amide or carbonyl group of these ligands could be observed. Such complexes may undergo aquation under the catalytic influence of the Cr(II) ion. This catalysis corresponds to an inner sphere electron transfer with the formation of an OH-bridge between the Cr^{3+} and Cr^{2+} catalyst in the transition state (7512, 7513). Similarly, the reaction between Ru(II) and Co(III) occurs in the outer sphere but the pyridine does not necessarily

mediate the electron transfer, as shown in the case of 1,2-di(4-pyridyl)ethylene (6600). Electron transfer between Cu(I) and Ru(III) is interpreted in terms of the formation of a Cu(I)–Ru(III) π-complex in the transition state (7507).

2. *Redox Reactions of the Complexes Without Participation of the Catalyst.* These reactions occur under the influence of reagents such as those mentioned above; also, pyridine can be a weak reducing agent (7590). Redox reactions strongly depend on the ligand. The electron-accepting substituents on pyridine favor reduction. This is interpreted in terms of the π-back donation effect (7570). Chelation obviously stabilizes the complex, decreasing its susceptibility to the redox transformations (7509). Another redox transformation is disproportionation (see above), which may involve an outer sphere electron transfer (7491). Photochemical redox reactions are also known in which low yield side-reactions accompany photochemical aquation. Both reactions seem to have a common intermediary state involving $Ru^{III}(NH_3)_5(py^-)$, if $Ru^{II}(NH_3)_5(py)^{2+}$ is subject to the reaction. The aquation proceeds through the replacement of the pyridine and is accompanied by an electron loss and the formation of py^+H. The mechanism proposed is given below (7472):

$$Ru^{II}(NH_3)_5py^{2+}(^1A_1) \xrightarrow{h\nu} Ru^{II}(NH_3)_5py^{2+}(^*CT)$$

$$^*CT \longrightarrow {}^1A_1$$

$$^*CT \longrightarrow Ru^{III}(NH_3)_5(py^-)$$

$$Ru^{III}(NH_3)_5(py^-) + H^+ \rightleftharpoons (NH_3)_5Ru^{III}-HNC_5H_5^{\cdot -}$$

$$Ru^{III}(NH_3)_5(py^-) \longrightarrow {}^1A_1$$

$$(NH_3)_5Ru^{III}-HNC_5H_5^{\cdot -} \longrightarrow Ru(NH_3)_5OH_2^{2+} + H^+py$$

3. *Substitution Reactions in the Inner Coordination Sphere.* Ligand substitution in octahedral complexes by pyridine and its derivatives proceeds through a dissociative mechanism in which protonated forms of the bases are involved (7471, 7473). Pyridine is a rather poor nucleophile, following N_3^-, NO_2^-, and SCN^- (7600). Among the halides, Br^- is the best leaving group following by Cl^- and F^- (7489). The effect of entering ligand depends on the direction of approach. The trans-effect is dominated by the σ-donor ability of the trans-ligand with strong σ-donors which labilize the trans-position. In the cis-compounds, the labilization of the cis-ligand seems to be due to the π-donor character (7463, 7496, 7581).

The rate of loss of the coordinated pyridines depends on the pyridine substituents. Electron withdrawing substituents stabilize the complex. The kinetic measurements point to the intervention of π-back donation (7464, 7469) and the quantum chemical parameters also fit (7468). The intervention of π-back donation has been proven experimentally by uv (7468), luminescence (75), and nmr (4954) spectra of various octahedral Ru(II) and Ru(III) complexes. This effect is more likely to occur with Ru(II) than with Ru(III) complexes (7511). The mechanism of pyridine substitution by various anions can be either unimolecular first-order reaction or bimolecular second-order process. Only N_3^-, NO_2^-, and CN^- anions that have potentially vacant p-orbitals for π-bonding react according to bimolecular second-order reaction, whereas halides favor a unimolecular mechanism (7480, 7503). For all anions, monosubstitution on chiral complexes proceeds with complete retention of configuration (7516).

4. *Photoreactions.* These reactions are chiefly recognized for pyridine pentaammine complexes. In this metal-to-ligand charge transfer excitation, all photoaquations of pyridine and of cis- as well as trans-NH_3 ligands are the principal reaction pathways (7467, 7470, 7474–7476). Photoaquation of these ligands constitutes two competitive acid-dependent and acid-independent reactions of a short-lived intermediate for an excited state (7467, 7470). The photoexchange of pyridine protons with solvent protons occurs as a side reaction (7475). The quantum yields are dependent on substituent effects of the pyridine, but are not linear against Hammett σ-constants. This is interpreted as indicating that the lowest energy ligand field excited state is responsible for photosubstitution. Modification of the charge transfer state energy by various substituents can decrease a substitution of unreactive metal-to-ligand charge transfer state to the position of the lowest lying state (7470, 7474). The quantum yield is influenced by the solvent: MeCN > H_2O > DMSO (7476).

Irradiation of Ru(II) complexes containing either cis- or trans-4-styrylpyridine in the inner coordination sphere causes a wavelength-dependent cis-trans isomerization as the sole important reaction. At least two different excited states seem to be involved. They are excited states of metal oxidized, ligand radical anions if the irradiation employs long wavelength transitions of the complexes. The light of higher energy produces states very similar to the lowest excited states of the free ligand (7557).

3.8.4.3. *Applications*

3.8.4.3.1. SYNTHESIS

Owing to the significant π-back donation of the ruthenium to the pyridine, complexes of the general structure $[RuX_n(py)_{6-n}]$ have been subjected to electrophilic substitution. The nitration of $RuCl_3(py)_3$ at the elevated temperature gives 3-nitropyridine in low yield. Only one ligand undergoes nitration (7601). $RuO_4(py)_2$ gives 2-pyridone and ruthenium (0) when thermally decomposed in hydrogen (7598, 7599). The effectiveness of the complexation of $RuCl_3$ with picolines upon the selective proton/deuterium exchange has been moderate (5462).

The pyridine–Ru(II) coordination compounds may also be the catalysts in oxidation. $[Ru(bipy)_2(NO)py]^+$ catalyzes the electrochemical oxidation of triphenylphosphine. Oxygen in triphenylphosphine oxide comes from the NO liquid (7478). Both $(acac)_2Ru(py)_2$ (7519) and $[\pi-C_3H_5\dot{R}u(CO)_3Cl_2]$ [poly(4-vinyl)py] (7565) are catalysts of the hydrogenation of alkenes. The same compounds as well as $RuCl_2(CO)_2(py)_2$ catalyze the dimerization of alkenes and acrylonitrile (7519, 7527, 7564, 7565, 7602, 7603).

3.8.4.3.2. BIOLOGICAL ACTIVITY

3,5,6,8-Tetramethyl-1,10-phenanthroline *bis*(pyridine) *bis*(thiourea) ruthenium(II) chloride or -iodide are active against many microorganisms and fungi. The microorganisms, particularly *Staphylococcus pyogenes* (*S. aureus*) do not develop resistance to these compounds; however, similar coordination compounds without pyridine ligands are more active (7528).

3.8.4.3.3. ANALYTICAL CHEMISTRY

The complexation of ruthenium with various pyridines is useful in the detection and determination of ruthenium. Isomeric (2-pyridylazo)cresols develop a red color with

TABLE 3.105. PHOTOMETRIC DETERMINATION OF RUTHENIUM USING PYRIDINE AND ITS DERIVATIVES

Ligand	pH	Analytical Wavelength (nm)	Range of Validity of the Beer Law (ppm)	Molar Absorptivity (m²/mol)	Reference
Ruthenium (III)					
Pyridine + thiocyanate ion		420			7604
Picolinaldehyde oxime	4.5			234	7587
1-(2-Pyridylazo)-2-naphthol	4.7–5.0	624 (in CHCl$_3$)		1,660	7605
	4.7–5.0	674 (in CHCl$_3$)		1,580	7605
9-(2-Pyridylazo)-10-phenanthrol	4.7–6.1	615 (in CHCl$_3$)			7606
4-(2-Pyridylazo)resorcinol	~ 5	570			7607
	5.5–6.5	563		1,750	7608
Ruthenium (IV)					
4-Methyl-2-(2-pyridylazo)phenol	> 5	550			2031
2-Methyl-6-(2-pyridylazo)phenol	> 5	550			2031
2-Methyl-4-(2-pyridylazo)phenol	> 5	580			2031

Ru(III) at pH 5. Derivatives with *o*-cresol are the most reactive, but those with *p*-cresol are the most selective (2031).

The determination of Ru(II) is based on either atomic absorption spectrometry of $RuBr_2(CO)_2(py)_2$ (7531) or uv/vis photometry. The second procedure is summarized in Table 3.105.

3.8.5. Rhodium Coordination Compounds

Rhodium in its coordination compounds with pyridine has I–IV and VI oxidation states with a clear preference for Rh(III). Coordination compounds of rhodium are presented in Tables 3.106–3.108. The common coordination numbers are 4 for Rh(I) and Rh(II), 5 for Rh(I), Rh(II), and Rh(III), and 6 for Rh(III), Rh(IV), and Rh(VI).

Lower oxidation states [i.e, Rh(I) and Rh(II)] exhibit a remarkable tendency to form π-complex species not only with C=O but also with alkenes and polyenes. Hence the number of pyridine complexes containing such π-bonded ligands is large.

The Rh(I) complexes are monomeric; however, dimers are also known. The coordination of pyridines to bridged Rh(I) compounds results in bridge cleavage. In this manner, pyridine enters the coordination sphere (7620). On the other hand, the Rh(II) coordination compounds of pyridine are almost exclusively dimeric. The Rh–Rh σ-bonds are claimed (7671, 7673, 7665) and/or bridges via the carboxylate group. The enthalpy of cleavage of chloro bridges in $[Rh(CO)_2Cl]_2$ can be as high as 22.6 kcal/mole (7627). Poly(2-vinylpyridine) resins are also capable of bridge cleavage (7656).

3.8.5.1. *Preparation methods*

The rhodium complexes are prepared by direct action of the pyridine on Rh(I) salt or by ligand substitution in the pyridineless compounds. Thus, pyridine substitutes Cl$^-$ in $[Rh(PPh_3)_2(CO)Cl]$ even at $-80°C$ in 1:1 ethanol–$CHCl_3$ solution. Reagents may be combined in nonhydroxylic solutions or rhodium salt is simply dissolved in pyridine. The latter is the most general preparative method. The addition of small quantities of levulose, glucose, glycols, polyglycols, or other alcohols accelerates the reaction (7647, 7746, 7755, 7758, 7759, 7781). The solvent may influence the reaction course; for instance, $RhCl_3$ with pyridine in aqueous solution yields $[RhCl_2(py)_4]Cl$ as the sole product, whereas in acetone $[Rh(py)_3Cl_3]$ is formed. Chloroform and DMSO as solvent may also be coordinated; thus DMSO can enter the inner coordination sphere, whereas chloroform forms solvates (7755). The reduction of rhodium in higher oxidation states is possible without destroying the complex (7634, 7691, 7746). The oxidation of Rh(II) to Rh(III) can be achieved by photolysis in sunlight (7680, 7728).

3.8.5.2. *Properties*

The coordination compounds of Rh(I) with pyridines are tetracoordinated (7638) and may contain π-ligands like CO and alkenes. The latter are held more strongly than pyridine. The heat of reaction

$$[RhX(1,5\text{-cyclooctadiene})(py)] + PPh_3 \longrightarrow [RhX(1,5\text{-cyclooctadiene})(PPh_3)] + py$$

(*Text continued on page 1621.*)

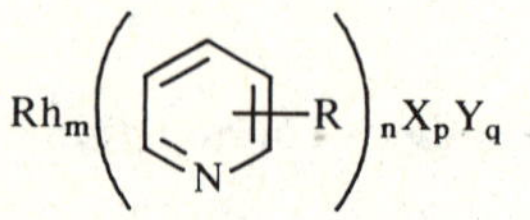

TABLE 3.106. COORDINATION COMPOUNDS OF PYRIDINE AND ITS DERIVATIVES

m	n	R	X	p
		$Rh_m\left(\underset{N}{\bigcirc}-R\right)_n X_p Y_q$ *Rhodium (I)*		
1	1	H	BPh_4	1
			NCO	1
			$EtCO_2$	1
			NCS	1
			$CF_3COCHCOCF_3$	1
			PF_6	1
			Cl	1

1568

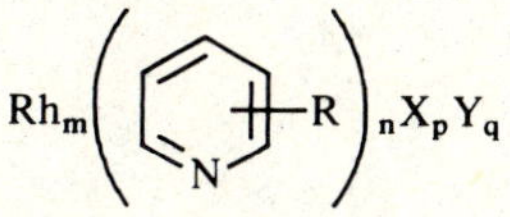

WITH RHODIUM (I) AND RHODIUM (II)

Y	q	Color and MP (°C)	Physicochemical Studies	Reference

$$Rh_m \left(\underset{N}{\bigcirc}\!\!-\!R \right)_n X_p Y_q$$

Rhodium (I)

Y	q	Color and MP (°C)	Physicochemical Studies	Reference
Ph$_2$(o-CH$_2$=CHC$_6$H$_4$)P	2	y	cond, nmr	7609
(o-CH$_2$=CHC$_6$H$_4$)$_3$P	1	l-y, 157		7610
(o-CH$_2$=CHC$_6$H$_4$)$_3$As	1	l-y, 132		7610
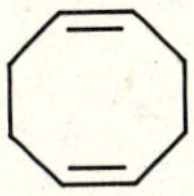 (cyclooctadiene)	1		nmr	7611
CO	2			7612
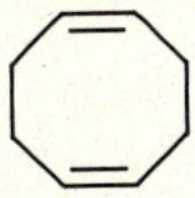 (cyclooctadiene)	1		nmr	7611
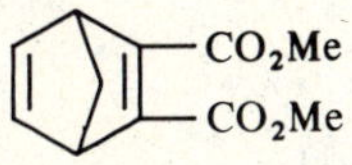 (norbornadiene)-CO$_2$Me, -CO$_2$Me	2		nmr, xr	7414
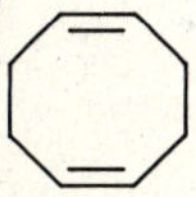 (cyclooctadiene) / Ph$_3$P	1 / 1			7613
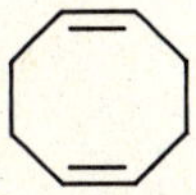 (cyclooctadiene)	1	y	ir, K, nmr, th, uv	7611, 7615–7622
 (norbornadiene)	1		K	7617
H$_2$NCH$_2$CH$_2$NH$_2$ / NCCH=CHCN	1 / 1	l-y, dec 200–220	cond, ir	7625
phen / NCCH=CHCN	1 / 1	o-y, dec 200–220	cond, ir	7625
bipy / NCCH=CHCN	1 / 1	y, dec 200–220	cond, ir	7625
H$_2$NCH$_2$CH$_2$NH$_2$ / (NC)$_2$C=C(CN)$_2$	1 / 1		cond, ir	7625
o-(H$_2$N)$_2$C$_6$H$_4$ / (NC)$_2$C=C(CN)$_2$	1 / 1	y, dec 200–220	cond, ir	7625
phen / (NC)$_2$C=C(CN)$_2$	1 / 1	bw, dec 200–220	cond, ir	7625

TABLE 3.106.   (CONTINUED)

m	n	R	X	p
1	1	H	Cl	1
			$\begin{cases} - \\ H \\ Cl \end{cases}$	1 1 1
			$\begin{cases} - \\ Cl \end{cases}$	1 2
			ClO_4	1

Y	q	Color and MP (°C)	Physicochemical Studies	Reference
bipy $(NC)_2C=C(CN)_2$	1 1	o-bw, dec 200–220	cond, ir	7625
$(NC)_2C=C(CN)_2$ $Ph_2PCH_2CH_2PPh_2$	1 1	l-y-bw	ir	7626
$Ph(o\text{-}CH_2=CHC_6H_4)_2P$	1	y, 260		7610
$(o\text{-}CH_2=CHC_6H_4)_3As$	1	o, 252		7610
$(NC)_2C=C(CN)_2$ $p\text{-}MeOC_6H_4NC$	1 1	y		7628
CO	1			7631, 7632
C_2H_4 CO	1 1	bw-y		7629
Ph_3P CO	1 1			7629
Ph_3P CO	2 1			7630
Ph_3As CO	2 1			7630
CO	2		K, nmr, th	7619, 7622, 7627
NCCH=CHCN CO	1 2	y	ir	7626
$(NC)_2C=C(CN)_2$ CO	1 2	y	ir	7626
NCCH=CHCN $PhSCH_2CH_2SPh$	1 1	y, dec 200–220	cond, ir	7625
$(NC)_2C=C(CN)_2$ $PhSCH_2CH_2SPh$	1 1	y, dec 200–220	cond, ir	7625
Ph_3P 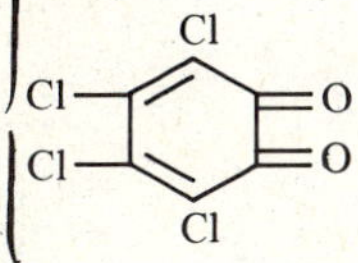 [Cl,Cl,Cl,Cl-benzoquinone]	2 1		ir	7633
			K, p	7634
			K, p	7634
 [bicyclic diene]	1		K	7635
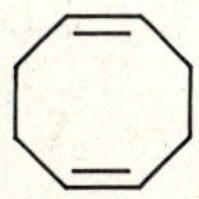 [cyclooctatetraene] Ph_3P	1 1	150 dec	cond, ir	7636

TABLE 3.106.   (*CONTINUED*)

m	n	R	X	p
1	1	H	ClO$_4$	1
			Br	1
			I	1
		2-Me	Cl	1
			ClO$_4$	1
			I	1
		3-Me	Cl	1
			ClO$_4$	1
			I	1
		4-Me	EtCO$_2$	1

Y	q	Color and MP (°C)	Physicochemical Studies	Reference
{Ph$_3$P, CO}	2, 1	y, 185–187	cond, ir, nmr	7637, 7638
{(o-MeC$_6$H$_4$)$_3$P, CO}	2, 1	y, 215–219	cond, ir, nmr	7638
{(p-MeC$_6$H$_4$)$_3$P, CO}	2, 1	y, 191–194	cond, ir, nmr	7638
{Ph$_3$As, CO}	2, 1	y, 201–203	cond, ir, nmr	7638
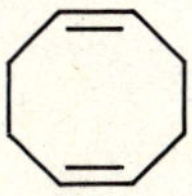 (cyclooctadiene)	1		K, nmr, th	7611, 7617, 7620
Ph(o-CH$_2$=CHC$_6$H$_4$)$_2$P	1	y		7610
(o-CH$_2$=CHC$_6$H$_4$)$_3$As	1	d-y		7610
{Ph$_3$P, CO}	2, 1			7630
{Ph$_3$As, CO}	2, 1			7630
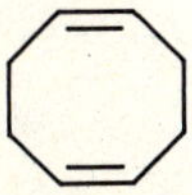 (cyclooctadiene)	1	y-o	ir, K, nmr, th	7611, 7618, 7620
Ph$_2$(o-CH$_2$=CHC$_6$H$_4$)P	1	o, 150 dec		7610
(o-CH$_2$=CHC$_6$H$_4$)$_3$As	1	y, 290		7610
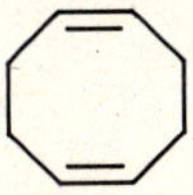 (cyclooctadiene)	1	y	ir	7618
CO	1		ir, nmr	7632
{Ph$_3$P, CO}	2, 1	y, 185–186	cond, ir, nmr	7638
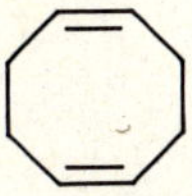 (cyclooctadiene)	1	o	ir	7618
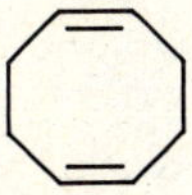 (cyclooctadiene)	1	y	ir	7618
{Ph$_3$P, CO}	2, 1	y, 185–188	cond, ir, nmr	7638
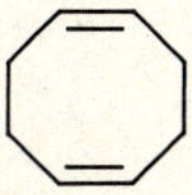 (cyclooctadiene)	1	o	ir	7618
CO	2			7612

TABLE 3.106. (CONTINUED)

m	n	R	X	p
1	1	4-Me	Cl	1
			ClO$_4$	1
			Br	1
			I	1
		2,4-Me$_2$	Cl	1
			I	1
		2,6-Me$_2$	Cl	1
			I	1
		3,5-Me$_2$	Cl	1
		2,4,6-Me$_3$	Cl	1

Y	q	Color and MP (°C)	Physicochemical Studies	Reference
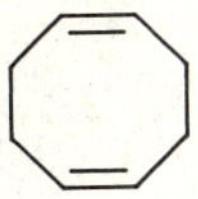 (cyclooctadiene)	1	y	ir, K, th, uv	7615, 7617, 7618, 7621 7621–7624
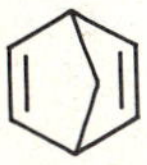 (norbornadiene)	1		K	7617
CO	2		th	7622
	4		K, th	7627
Ph₃P / CO	2 / 1	y, 179–180	cond, ir, nmr	7638
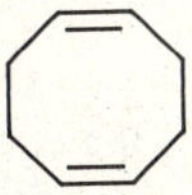 (COT)	1		K	7617
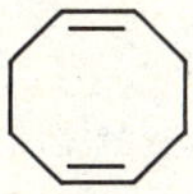 (COT)	1	y		7618
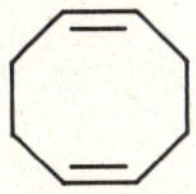 (COT)	1	y	ir, nmr	7618, 7639
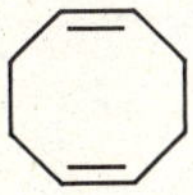 (COT)	1	y-bw	ir	7618
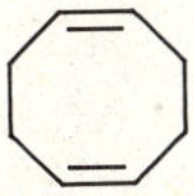 (COT)	1	y	ir	7618
C₂H₄ / CO	1 / 1		ir, nmr	7631, 7632
Me₃P / CO	1 / 1		ir, nmr	7631, 7632
Me₂PhP / CO	1 / 1	88	ir, nmr	7631, 7632
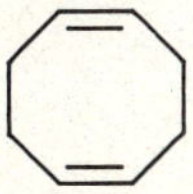 (COT)	1	o	ir	7618
CO	1	y	ir, nmr	7631, 7632
C₂H₄ / CO	1 / 1	y		7631
(COT)	1	y	ir	7618

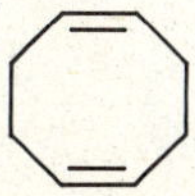

TABLE 3.106. (CONTINUED)

m	n	R	X	p
1	1	2,4,6-Me$_3$	I	1
		2-Et	ClO$_4$	1
		2-CH=CH$_2$	Cl	1
		2-NH$_2$	Cl	1
			I	1
		2-NH$_2$,6-Me	Cl	1
			I	1
		2,6-(NH$_2$)$_2$	Cl	1
		4-CH$_2$NH$_2$	Cl	1

Y	q	Color and MP (°C)	Physicochemical Studies	Reference
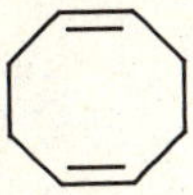 (cyclooctatetraene)	1	o	ir	7618
 (bicyclic diene)	1			7635
CO	1		ir	7619
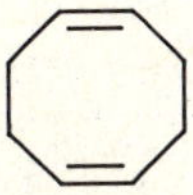 (cyclooctatriene)	1		ir, nmr	7640
 (bicyclic)	1		ir, nmr	7640
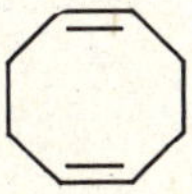 (cyclooctatriene)	1		ir, nmr	7640
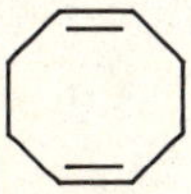 (cyclooctatriene)	1		ir, nmr	7640
 (bicyclic)	1		ir, nmr	7640
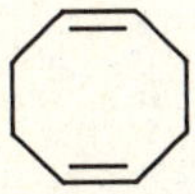 (cyclooctatriene)	1		ir, nmr	7640
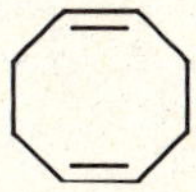 (cyclooctatriene)	1		ir, nmr	7640
 (bicyclic)	1		ir, nmr	7640
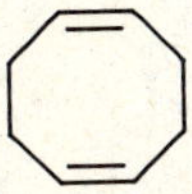 (cyclooctatriene)	1		ir, nmr	7640

TABLE 3.106. (CONTINUED)

m	n	R	X	p
1	1	4-CH$_2$NH$_2$	Cl	1
		2-CH$_2$NHEt	Cl	1
		2-CH=NMe	PF$_6$	1
			I	1
		2-CH=NEt	PF$_6$	1
			I	1
		2-CH=N-i-Pr	PF$_6$	1
		2-CH=N-i-Bu	PF$_6$	1
			I	1
		2-CH=NCH$_2$Ph	PF$_6$	1
		2-CH=NCHMePh	PF$_6$	1
		3-CN	Cl	1

Y	q	Color and MP (°C)	Physicochemical Studies	Reference
 (bicyclic structure)	1		ir, nmr	7640
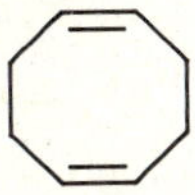 (cyclooctatetraene)	1		ir	7641
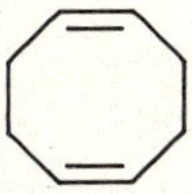 (cyclooctatetraene)	1	g-bw	ir	7641
CO	2	y-g	ir	7641
{CO, MeI}	1, 1	y	ir	7641
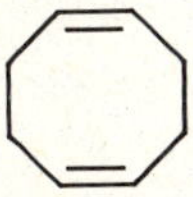 (cyclooctatetraene)	1	bw	ir	7641
CO	2	bu	ir	7641
NCCH=CHCN	1	y	ir	7641
CO	1			
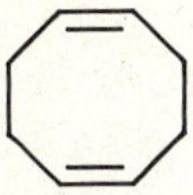 (cyclooctatetraene)	1	r	ir	7641
CO	2	d-y	ir	7641
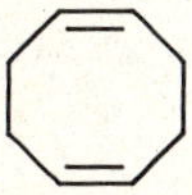 (cyclooctatetraene)	1	d-r	ir	7641
CO	2	y-g	ir	7641
CO	1	v	ir	7641
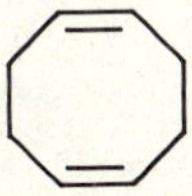 (cyclooctatetraene)	1	d-r	ir	7641
NCCH=CHCN	1	y	ir	7641
CO	2	d-y	ir	7641
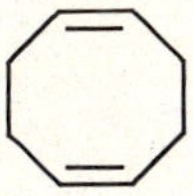 (cyclooctatetraene)	1	r	ir	7641
CO	2	y-g	ir	7641
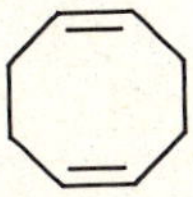 (cyclooctatetraene)	1		K, uv	7615, 7617

TABLE 3.106. (*CONTINUED*)

m	n	R	X	p
1	1	3-CN	Cl	1
			Br	1
		2-CO$_2^-$		
		3-Cl	Cl	1
			Br	1
		3,5-Cl$_2$	Cl	1
	2	H	MeCOCHCOMe	1
			8-O-quin	1
			PF$_6$	1
			Cl	1
			{BH$_4$ / Cl}	1 / 2
			{py$^+$H / Cl}	1 / 2
			ClO$_4$	1
			Br	1

Y	q	Color and MP (°C)	Physicochemical Studies	Reference
 norbornadiene	1		K	7617
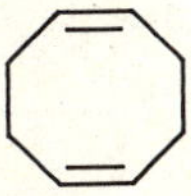 cyclooctatetraene	1		K	7617
CO	2		ir, nmr	7642
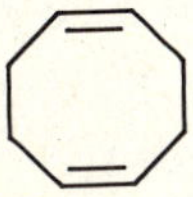 cyclooctatriene	1		K, uv	7615, 7617
 norbornene	1		K	7617
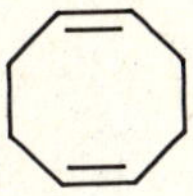 cyclooctadiene	1		K	7617
CO	2	bw-r y	K, nmr, th	7627 7646 7646
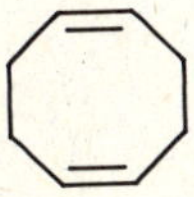 cyclooctadiene	1	y	cond, ir, nmr	7618, 7648
CO	2	y	cond, ir, nmr	7648
CO	2	y	cond, ir, msc	7649
NO	2		ir	5258
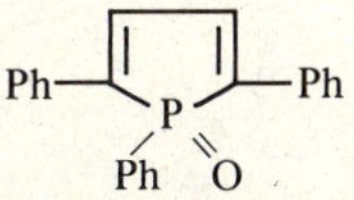 Ph—P(=O)(Ph)—Ph ring	1	y, dec 175	ir	7645
Ph$_3$Sb CF$_3$CH=CHCF$_3$	1 2	y	nmr	7650
HCONMe$_2$	1			7643, 7644
				7651
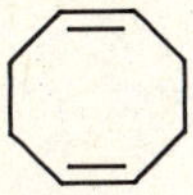 cyclooctatetraene	1	135 dec	cond, ir	7636
Ph$_3$P CO	1 1	118 dec	cond, ir	7636
CO	2	120	cond, ir	7636
NO	2		ir	5258

TABLE 3.106. (CONTINUED)

m	n	R	X	p
1	2	H	py$^+$H	1
			Br	2
		2-Me	PF$_6$	1
		3-Me	PF$_6$	1
		4-Me	PF$_6$	1
		2,4-Me$_2$	PF$_6$	1
		2-CH=CH$_2$	PF$_6$	1
		2-Ph	Cl	1
		2-NH$_2$	Cl	1
			Br	1
		2-CH=N-t-Bu	ClO$_4$	1
		2-CH=NCH$_2$Ph	ClO$_4$	1
		2-CH=NCH$_2$CH$_2$Ph	ClO$_4$	1
		2-CH=NCHMePh	ClO$_4$	1
			ClO$_4$	1
	3	H	MeCOCHCOMe	1
			8-O-quin	1
	4	H	+	1
2	2	H	Cl	2

Y	q	Color and MP (°C)	Physicochemical Studies	Reference
				7651
		y	ir	7618
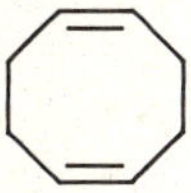 (COT)	1	y	cond, ir, nmr	7648
CO	2	y	cond, ir, nmr	7648
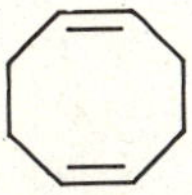 (COT)	1	y	ir	7618
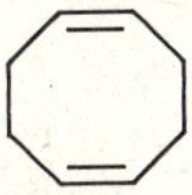 (COT)	1	y	cond, ir, nmr	7618, 7648
CO	2	y	cond, ir	7648
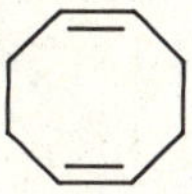 (COT)	1	y	ir	7618
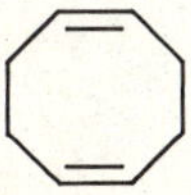 (COT)	2	y	cond, ir, nmr	7648
CO	2	y	cond, ir, nmr	7648
CO	1			4646
				7652
				7652
		v	cond, ir, nmr	7653
		v	cond, ir, nmr	7653
MeO$_2$CCH=CHCO$_2$Me	1		cond, ir, nmr	7653
MeO$_2$CC≡CCO$_2$Me	1	o	cd, cond, ir, nmr	7653
		v	cond, ir, nmr	7653
NCCH=CHCN	1	o	cd, cond, ir, nmr	7653
CH—CO ‖ \O CH—CO/	1	o	cd, cond, ir, nmr	7653
		r-bw		7646
		y		7646
			p	7647
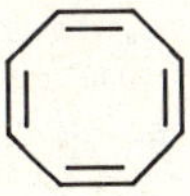 (COT)	1		ir, nmr	7616

TABLE 3.106. (CONTINUED)

m	n	R	X	p

$$\text{Rh}_m\left(\underset{N}{\overset{}{\bigcirc}}\!\!-\!R\!-\!\underset{N}{\overset{}{\bigcirc}}\right)_n X_p Y_q$$

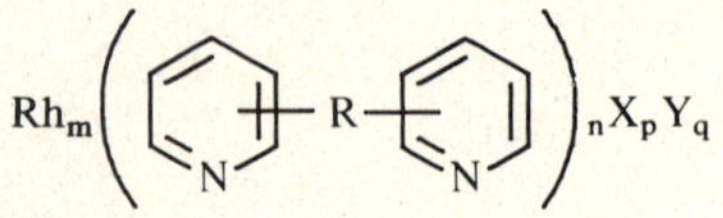

m	n	R	X	p
1	1	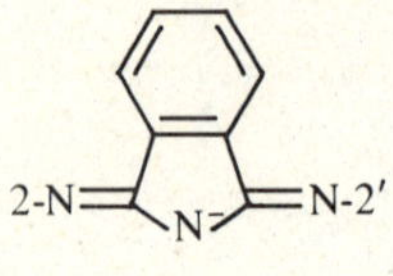 2-N=(isoindole)=N-2'		
		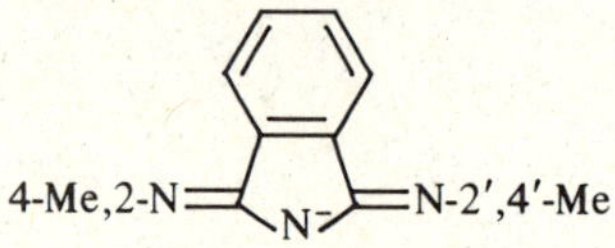 4-Me,2-N=(isoindole)=N-2',4'-Me		
		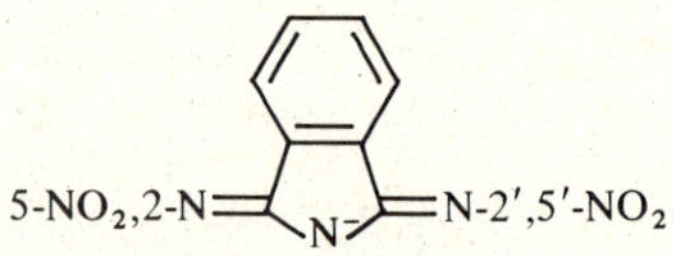 5-NO$_2$,2-N=(isoindole)=N-2',5'-NO$_2$		
		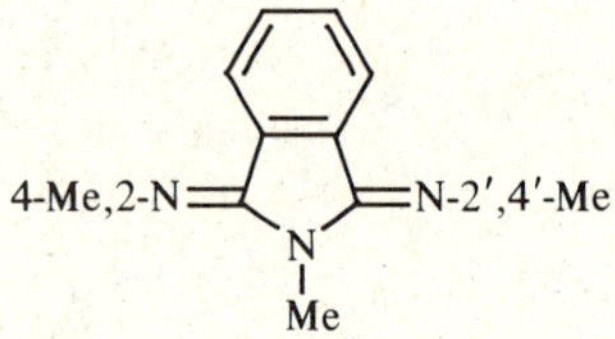 4-Me,2-N=(isoindole, N-Me)=N-2',4'-Me	I	1
		2-CO-2'	PF$_6$	1
			ClO$_4$	1
		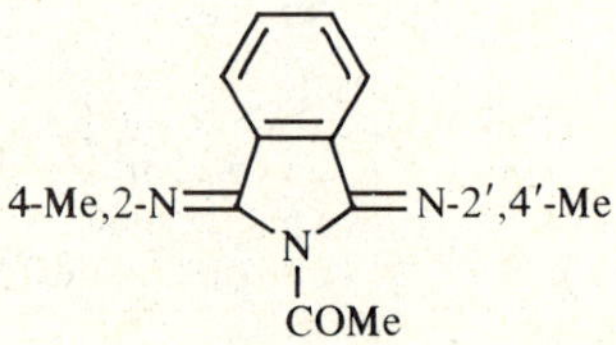 4-Me,2-N=(isoindole, N-COMe)=N-2',4'-Me	I	1

$$\text{Rh}_m\left(\underset{N}{\overset{-R-}{\bigcirc}}\right)_n X_p Y_{q\ x}$$

m	n	R	X	p

1	1	—CH$_2$CH—
		        |
		       2
			Cl	1

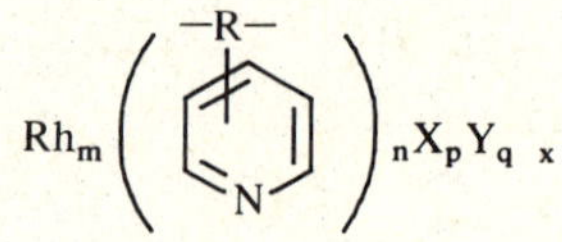

Y	q	Color and MP (°C)	Physicochemical Studies	Reference

$$Rh_m \left(\underset{N}{\bigcirc} - R - \underset{N}{\bigcirc} \right)_n X_p Y_q$$

Y	q	Color and MP (°C)	Physicochemical Studies	Reference
CO	1	r-bw	ir	7654
CO	1	r-bw	ir	7654
CO	1	bw	ir	7654
CO	1	o-r	ir	7654
	1	o		7655
	1	o		7655
(MeO)$_3$P	1	o	ir	7654
CO	1	r-bw	ir	7654

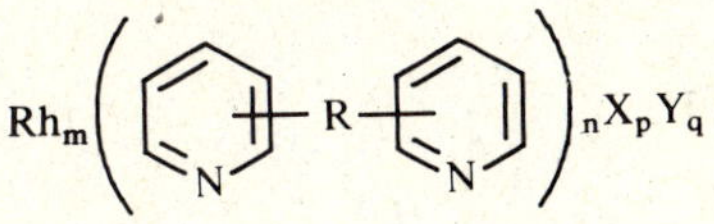

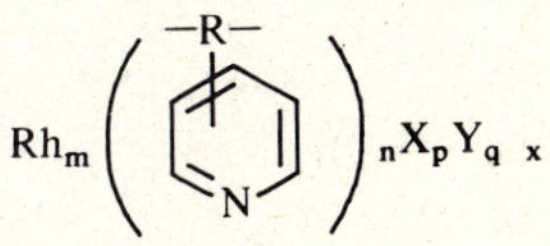

$$Rh_m \left(\underset{N}{\overset{-R-}{\bigcirc}} \right)_n X_p Y_{q\ x}$$

Y	q	Color and MP (°C)	Physicochemical Studies	Reference
CO	2			7656

TABLE 3.106. (CONTINUED)

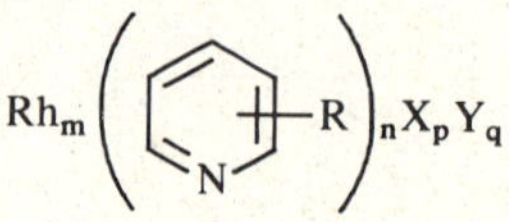

$$Rh_m \left(\underset{N}{\bigcirc}-R \right)_n X_p Y_q$$

Rhodium (II)

m	n	R	X	p
1	1	H	MeC(=NOH)C(=NO)Me	2
			PhC(=NOH)C(=NO)Ph	2
			(o-OC$_6$H$_4$CH=NCH$_2$)$_2$	1
			HCO$_2$	2
			MeCO$_2$	
			EtCO$_2$	2
			n-PrCO$_2$	2
			PhCO$_2$	2
			{ MeCO$_2$	1
			o-HOC$_6$H$_4$CO$_2$	1
			MeOCH$_2$CO$_2$	2
			1-phenyl-tetrazole-5-thione	2
			1-(o-tolyl)-tetrazole-5-thione	2
			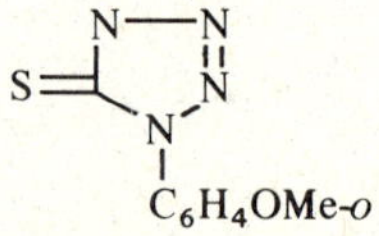 1-(o-methoxyphenyl)-tetrazole-5-thione	2
			MeCSO	2
			PhCSO	2
			{ MeCO$_2$	1
			MeCOCHCOCF$_3$	1
			{ MeCO$_2$	1
			CF$_3$COCHCOCF$_3$	1
			{ py$^+$H	1
			Cl	3
			{ py$^+$H	2
			Cl	4
			CHCl$_2$CO$_2$	2
			CCl$_3$CO$_2$	2

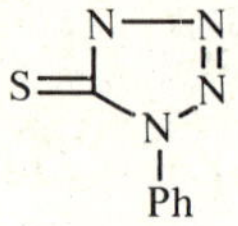

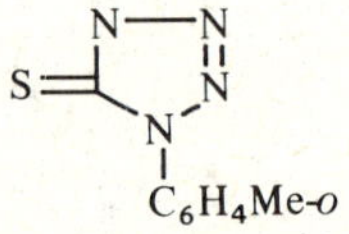

Y	q	Color and MP (°C)	Physicochemical Studies	Reference

$$Rh_m \left(\bigcirc\!\!\!\!\!\!\!\!_{N}\!\!\!-R \right)_n X_p Y_q$$

Rhodium (II)

		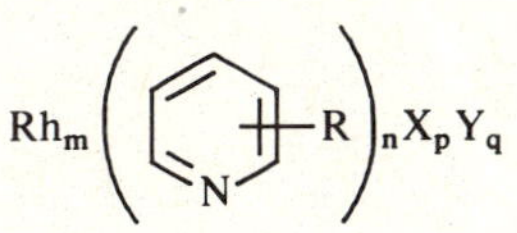		
		r	ir, msc, nmr	7657
		pk	ir, msc, nmr	7658
		y	ir	7659, 7660
		pk	cond, ir, msc, nmr, tha	7661–7663
		d-bu, 180 dec r, pk-r, 245 dec, 250 dec	chr, cond, ir, K, msc, th, tha	7486, 7658, 7662–7670
		172 dec	ir, K, th, tha	7662, 7669, 7670
		133 dec	th, tha	7669
		r, > 230	chr, ir, tha, uv	7486, 7663
		g		7671
			K, th	7670
			cond, ir, msc	7672
		r	cond, ir, msc	7672
		r	cond, ir, msc	7672
			ir, tha	7663, 7673
			ir, tha, xrp	7663
		r, dec 130	ir, nmr, uv	7674
		r, dec 160	ir, nmr, uv	7674
		o-r		7642
		o-r		7651
		pk, dec 180	ir, nmr	7676
		g, dec 187	ir, nmr	7676

TABLE 3.106. (CONTINUED)

m	n	R	X	p
1	1	H	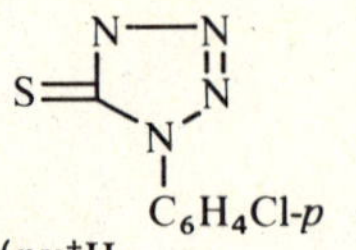 1-(p-ClC$_6$H$_4$)-tetrazole-5-thione (S=C-N(C$_6$H$_4$Cl-p)-N=N-N)	2
			py$^+$H / Br	2 / 4
		2-Me	MeCO$_2$	2
			MeCO$_2$ / MeCOCHCOCF$_3$	1 / 1
			MeCO$_2$ / CF$_3$COCHCOCF$_3$	1 / 1
		3-Me	MeCO$_2$	2
		4-Me	MeCO$_2$	2
		2,6-Me$_2$	MeCO$_2$	2
		2,4,6-Me$_3$	MeCO$_2$	2
		2-NH$_2$	MeCO$_2$	2
		3-NH$_2$	MeCO$_2$	2
		4-NH$_2$	MeCO$_2$	2
		3-CONH$_2$	MeCO$_2$	2
		3-CONEt$_2$	MeCO$_2$	2
		2,6-(CO$_2^-$)$_2$		
		2-Cl	MeCO$_2$ / CF$_3$COCHCOCF$_3$	1 / 1
	2	H	MeCO$_2$	2
			Cl	2
			py$^+$H / Br	1 / 3
	{1 / 1}	H / 2,6-(CO$_2^-$)$_2$		
	{1 / 1}	2-Me / 2,6-(CO$_2^-$)$_2$		
	3	H	Br	2
	4	H	Cl	2
			py$^+$H / Cl	1 / 3
			Br	2
	5	H	Br	2
			Br / I	1 / 1
	6	H	Br	2

Y	q	Color and MP (°C)	Physicochemical Studies	Reference
		o-r	cond, ir, msc	7672
				7677
		150 dec	ir, tha	7668
		r-bw, dec 90	ir, nmr, uv	7674
		d-r, dec 130	ir, nmr, uv	7674
		170 dec	ir, tha	7668
		200 dec	ir, tha	7668
		140 dec	ir, tha	7668
		120 dec	ir, tha	7668
		dec 185	tha	7667
		dec 225	tha	7667
		dec 210	tha	7667
H_2O	2	dec 220	tha	7667
		dec 210	tha	7667
H_2O	3		xrp	5700
		r, dec 130	ir, nmr, uv	7674
			ir, uv	7664
$(o\text{-MeC}_6H_4)_3P$	1	bu-g	nmr	7678
				7677
H_2O	1	bw	uv	5700
H_2O	1	bw	uv	5700
		d-y	uv	7677, 7651, 7679, 7680
		pk-y		7651
		pk-y		7651, 7677
				7677
		y		7651, 7677
		o		7651, 7677

TABLE 3.107. COORDINATION COMPOUNDS OF PYRIDINE AND ITS DERIVATIVES

$$Rh_m \left(\underset{N}{\underset{|}{\bigcirc}}-R \right)_n X_p Y_q$$

Rhodium (III)

m	n	R	X	p
1	1	H	+	3
			+	1
			H	2
			Me	1
			MeC(=NOH)C(=NO)Me	2
			Et	1
			MeC(=NOH)C(=NO)Me	2
			CHMe(hexyl)	1
			MeC(=NOH)C(=NO)Me	2
			CHMeCN	1
			MeC(=NOH)C(=NO)Me	2
			Me	1
			$(o\text{-}OC_6H_4CH=NCH_2)_2$	1
			Et	1
			$(o\text{-}OC_6H_4CH=NCH_2)_2$	1
			n-Pr	1
			$(o\text{-}OC_6H_4CH=NCH_2)_2$	1
			i-Pr	1
			$(o\text{-}OC_6H_4CH=NCH_2)_2$	1
			n-Bu	1
			$(o\text{-}OC_6H_4CH=NCH_2)_2$	1
			$CH_2CH=CH_2$	1
			$(o\text{-}OC_6H_4CH=NCH_2)_2$	1
			CH_2Ph	1
			$(o\text{-}OC_6H_4CH=NCH_2)_2$	1
			Me	1
			$(o\text{-}OC_6H_4CH=NCH_2)_2CH_2$	1
			Me	1
			$o\text{-}(o\text{-}OC_6H_4CH=N)_2C_6H_4$	1
			$(o\text{-}OC_6H_4CH=NCH_2)_2$	1
			COMe	1
			$HN=C(NH_2)_2H$	1
			MeC(=NOH)C(=NO)Me	2
			SO_3	1
			$CH_2CH=CH_2$	1
			C_5H_5	1
			BF_4	1

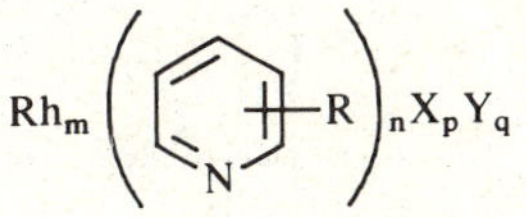

WITH RHODIUM (III) AND RHODIUM (IV)

Y	q	Color and MP (°C)	Physicochemical Studies	Reference

$$Rh_m \left(\underset{N}{\underset{|}{\bigcirc}} - R \right)_n X_p Y_q$$

Rhodium (III)

Y	q	Color and MP (°C)	Physicochemical Studies	Reference
NH$_3$	5	pk	p, uv	7681
			uv	7682
			p	7634
		162 dec	ir, nmr	7683, 7684
		171 dec	ir, nmr	7683
			cd	6188
		170 dec / 221 dec	ir, nmr	7683, 7684
		o	ir, nmr	6459, 7659, 7660, 7685
		o	ir, nmr	7659, 7660
			ir	6459, 7660
			ir	6459, 7660
			ir	7660
			ir	7660
			ir	7660
		y	nmr	7685
		r	nmr	7685
			ir	7660
		y		7686
		170–175		7687, 7688

TABLE 3.107. (CONTINUED)

m	n	R	X	p
1	1	H	{CHMeCH=CH$_2$, C$_5$H$_5$, BF$_4$}	1, 1, 1
			{CH$_2$CMe=CH$_2$, C$_5$H$_5$, BF$_4$}	1, 1, 1
			{CHMeCH=CH$_2$, C$_5$Me$_5$, BF$_4$}	1, 1, 1
			{+, Cl}	2, 1
			{+, H, Cl}	1, 1, 1
			{CH$_2$CH=CH$_2$, Cl}	2, 1
			{CH$_2$CMe=CH$_2$, Cl}	2, 1
			{CPh$_2$, Cl}	1, 1
			{benzo[h]quinoline-10-methyl, Cl}	2, 1
			{MeC(=NOH)C(=NO)Me, Cl}	2, 1
			{(o-OC$_6$H$_4$CH=NCH$_2$)$_2$, Cl}	1, 1
			{(o-OC$_6$H$_4$CH=NCH$_2$)$_2$CH$_2$, Cl}	1, 1
			{(o-OC$_6$H$_4$CH=NCH$_2$CH$_2$)$_2$, Cl}	1, 1
			{C$_6$H$_4$CONH, Cl}	1, 1
			{NO$_3$, Cl}	2, 1
			{NCS, Cl}	2, 1
			{C$_5$H$_5$, C$_6$F$_5$, Cl}	1, 1, 1
			{H, Cl}	1, 2

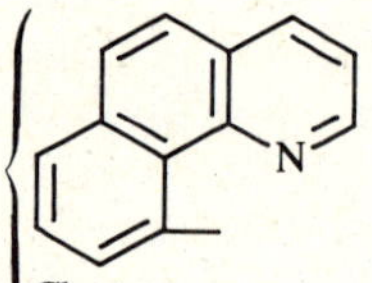

Y	q	Color and MP (°C)	Physicochemical Studies	Reference
		146–148 dec	cond, nmr	7689
		148–150	cond, nmr	7689
		152–154 dec	cond, nmr	7689
NH$_3$	4		uv	7690
			p	7634, 7691
		y, > 130 dec	ir, nmr	7682, 7687
		y, > 120 dec	ir, nmr	7682, 7687
CO	0.5		xr	7675
		y, 340 dec	cond, ir, nmr	7693
			cond, uv	7692, 7694
		y	ir, nmr	7659, 7660, 7685
		y	nmr	7685
		y	nmr	7685
CO	1	y, 203–208 dec	ir, nmr	7695
H$_2$O	2		cond, uv	7701
			cond, uv	7701
		y, 175–176		7696
				7683

TABLE 3.107. (CONTINUED)

m	n	R	X	p
1	1	H	$\begin{cases} C_5Me_5 \\ Cl \end{cases}$	1 2
			$\begin{cases} CH_2Ph \\ Cl \end{cases}$	1 2
			$\begin{cases} 8\text{-}CH_2\text{-quin} \\ Cl \end{cases}$	1 2
			$\begin{cases} N_3 \\ Cl \end{cases}$	1 2
			$\begin{cases} PF_6 \\ Cl \end{cases}$	1 2
			Cl	3
			$\begin{cases} py^+H \\ Cl \end{cases}$	1 4
			$\begin{cases} Cl \\ (2\text{-}O\text{-}5\text{-}ClC_6H_3CH=NCH_2)_2 \end{cases}$	1 1
			ClO_4	3
			$\begin{cases} (o\text{-}OC_6H_4CH=NCH_2)_2 \\ Br \end{cases}$	1 1
			$\begin{cases} C_5H_5 \\ Br \end{cases}$	1 2
			$\begin{cases} NO_3 \\ Br \end{cases}$	1 2
			Br	3
			$\begin{cases} py^+H \\ Br \end{cases}$	2 5
			$\begin{cases} Cs \\ py^+H \\ Br \end{cases}$	1 1 5
			$\begin{cases} (o\text{-}OC_6H_4CH=NCH_2)_2 \\ I \end{cases}$	1 1
			$\begin{cases} C_5H_5 \\ CF_3 \\ I \end{cases}$	1 1 1
			$\begin{cases} C_5H_5 \\ C_3F_7 \\ I \end{cases}$	1 1 1
			$\begin{cases} Cl \\ I \end{cases}$	1 2

Y	q	Color and MP (°C)	Physicochemical Studies	Reference
		o-y		
Ph$_3$P	1	y, 120–123		7697
		y, 260 dec	ir, nmr	7700
H$_2$O	4		uv	7702
Me$_2$PhP	3	180–182	ir, nmr, uv	7703
		y	uv	7704
Me$_6$C$_6$	1	o-y		7705
EtPh$_2$As	2		uv	7706
n-PrPh$_2$As	2	y, 247–249	cond, ir	7707
n-BuPh$_2$As	2	y, 196–197	cond, ir	7707
Me$_2$SO	1		cond, ir	7708
NH$_3$	1	r	K	7709, 7710
			ir	7660
NH$_3$	5		K, uv	7462
			ir	7660
				7711
H$_2$O	2		cond, uv	7701
H$_2$NCH$_2$CH$_2$NH$_2$	2			7701
EtPh$_2$As	2		uv	7706
n-PrPh$_2$As	2	y, 252–254	cond, ir	7707
n-BuPh$_2$As	2	y, 184–186	cond, ir	7707
		r		7712
		r		7712
			ir	7660
		bw, 210–211		7696
		bw, 134–136		7696
H$_2$NCH$_2$CH$_2$NH$_2$	2		cond, uv	7701
H$_2$O	2			

TABLE 3.107.   (CONTINUED)

m	n	R	X	p
1	1	H	I⁻	1
				4
			Cl	4
			Ag	1
		4-Me	+	3
			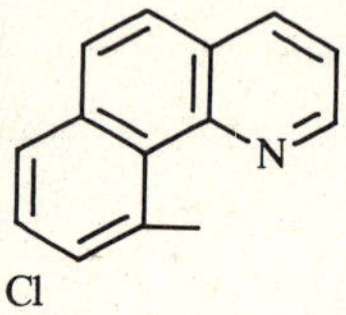 [benzoquinoline-Cl structure]	2
			Cl	1
			ClO_4	3
		3,4-Me_2	C_6H_4CONH	1
			Cl	1
		2-CH=CH⁻	Cl	2
			Cl	1
			Br	1
			Br	2
		2-$C_6H_4^-$-o	Cl	2
		2-CH_2NH_2	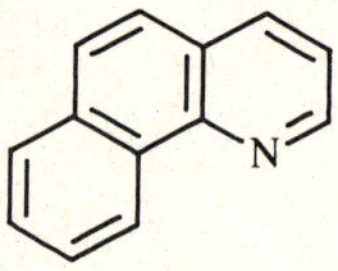 [benzoquinoline structure]	2
			Cl	1
		2-PPh_2	Cl	3
		2-N=NC_6H_3-2-O⁻-4-OH	+	2
		2-COPh	Cl	3
			Br	3
			Ph_4As	1
			Br	4
		2-CO_2^-	$CH_2CMe=CH_2$	2
		3-Cl	+	3
			ClO_4	3
2		H	2-CBr=CH⁻	Br	2
			$CH_2CH=CH_2$	2
			BPh_4	1
			$CH_2CMe=CH_2$	2
			BPh_4	1
			Et_4N	1
			N_3	4
			+	1
			MeC(=NOH)C(=NO)Me	2

Y	q	Color and MP (°C)	Physicochemical Studies	Reference
CO	1			7713
NH$_3$	1		K	7709
NH$_3$	5		p, uv	7681 7682
		y, 325 dec	cond, nmr	7693
NH$_3$	5			7462
CO	1	o-y, 195–200 dec	ir, nmr	7695
n-Bu$_3$P	2		nmr	7714
n-Bu$_3$P	2		nmr	7714
n-Bu$_3$P	2		nmr	7714
n-Bu$_3$P	1	305 dec	nmr	7715
				7693
H$_2$O	1	bw, 330 pk-r y	cond, msc K, uv cond, ir, uv	147 7716 7717
H$_2$O	2	o y	cond, ir, uv cond, ir, uv	7717 7717
H$_2$O	2	d-o	cond, ir, uv	7717
			cond, ir, uv	7717
		l-y, 121–122	ir, nmr	7718
NH$_3$	5		uv	7682
NH$_3$	5		K, uv	7462
n-Bu$_3$P	2		nmr	7714
		w, 151–155 dec		7687, 7688
		w, 143–150 dec		7687, 7688
		y		7719
			K, uv	7792

TABLE 3.107.   (CONTINUED)

m	n	R	X	p
1	2	H	{CH$_2$C(=CH$_2$)C(=CH$_2$)CH$_2$ {MeCOCHCOMe	1 1
			{Na {NO$_2$	1 4
			{NH$_4$ {NO$_2$	1 4
			{HN=C(NH$_2$)$_2$H {NO$_2$	1 4
			{CH$_2$CH=CH$_2$ {BF$_4$	2 1
			{CH$_2$CMe=CH$_2$ {BF$_4$	2 1
			BF$_4$	3
			{o-OC$_6$H$_4$CH=NMe {PF$_6$	2 1
			{o-OC$_6$H$_4$CH=NC$_6$H$_4$Me-p {PF$_6$	2 1
			{(o-OC$_6$H$_4$CH=NCH$_2$)$_2$ {PF$_6$	1 1
			{(o-OC$_6$H$_4$CH=NCH$_2$)$_2$CH$_2$ {PF$_6$	1 1
			{(o-OC$_6$H$_4$CH=NCH$_2$CH$_2$)$_2$ {PF$_6$	1 1
			{o-(o-OC$_6$H$_4$CH=N)$_2$C$_6$H$_4$ {PF$_6$	1 1
			{o-(2-O-4-MeC$_6$H$_3$CH=N)$_2$C$_6$H$_4$ {PF$_6$	1 1
			{o-(2-O-4,5-Me$_2$C$_6$H$_2$CH=N)$_2$C$_6$H$_4$ {PF$_6$	1 1
			{+ {Cl	2 1
			{CN {Cl	2 1
			{MeC(=NOH)C(=NO)Me {Cl	2 1
			{+ {Cl	1 2
			{CH$_2$CH=CH$_2$ {Cl	1 2
			{CH$_2$CMe=CH$_2$ {Cl	1 2
			{o-CH$_2$C$_6$H$_4$P(C$_6$H$_4$Me-o)$_2$ {Cl	1 2

Y	q	Color and MP (°C)	Physicochemical Studies	Reference
			xr	7720, 7721
				7710
			K	7710
H_2O	1.5			7722
				7722
		l-y, 96–97	ir, K, nmr	7718
		l-y, 94–95	ir, K, nmr	7718
H_2O	3			7712
		y	nmr	7685
		y	nmr	7685
		y	nmr	7685
		y	nmr	7685
		y	nmr	7685
		o	nmr	7685
		r	nmr	7685
		o	nmr	7685
NH_3	3		uv	7690
H_2O	2		p, uv	7691
			uv	7692
NH_3	2		uv	7690
		y, > 152 dec		7687, 7688, 7723
		y, dec > 120		7723
			ir, nmr	7678

TABLE 3.107. (CONTINUED)

m	n	R	X	p
1	2	H	NO$_3$	1
			Cl	2
			NCS	1
			Cl	2
			Cl	3
			—	1
			Cl	4
			K	1
			Cl	4
			NH$_4$	1
			Cl	4
			py$^+$H	1
			Cl	4
			Cl	2
			ClO$_4$	1
			Cl	2
			Br	1
			8-CH$_2$-quin	1
			Br	2
			Br	3
			K	1
			Br	4
			Cs	1
			Br	4
			NH$_4$	1
			Br	4
			py$^+$H	1
			Br	4
			Cl	2
			I	1

Y	q	Color and MP (°C)	Physicochemical Studies	Reference
H_2O	3		cond, uv	7701
H_2O	3		cond, uv	7701
		d-pk	ir, uv	7704, 7723, 7724
NH_3	1		K	7710
$\{NH_3$	1	y		7726
$\ H_2O$	0.5			
H_2O	1			7724, 7727, 7728
	2			7727
$\{H_2NCH_2CH_2NH_2$	1		cond, uv	7701, 7729
$\ H_2O$	3.5			
Me_2CO	1			7724
Me_2SO	1	y-o	cond, ir, xr	7708, 7730
$CHCl_2CHCl_2$	0.25			7724
	0.5			7724
			lum	7731
		r	ir	7725, 7727, 7728
H_2O	1			7727
H_2O	1			7727
				7724, 7727
H_2O	3		cond, uv	7701
H_2O	3		cond, uv	7701
		238 dec	ir, nmr	7700
H_2O	3	ysh-gy		7712
$\{H_2NCH_2CH_2NH_2$	1			7701
$\ H_2O$	3			
H_2O	1	r-bw		7712
H_2O	1	r-bw		7712
H_2O	1	r-bw		7712
		o		7712
H_2O	3		cond, uv	7701

TABLE 3.107. (CONTINUED)

m	n	R	X	p
1	2	H	NO$_3$	1
			Cl	3
			Ag	1
			Cl	4
			Ag	1
		2-Me	CH$_2$CH=CH$_2$	2
			BF$_4$	1
			CH$_2$CMe=CH$_2$	2
			BF$_4$	1
		3-Me	CH$_2$CH=CH$_2$	2
			BF$_4$	1
			CH$_2$CMe=CH$_2$	2
			BF$_4$	1
		4-Me	CH$_2$CH=CH$_2$	2
			BF$_4$	1
			CH$_2$CMe=CH$_2$	2
			BF$_4$	1
			CH$_2$–[oxetane with 2,2-Me$_2$]–CH$_2$OH	1
			Cl	2
			Cl	3
			8-CH$_2$-quin	1
			Br	2
		2-C$_6$H$_4^-$-o	Cl	1
		2-N=NC$_6$H$_3$-2-O$^-$-4-OH	+	1
		2-COMe	Cl	3
		2-COPh	OH	1
			Cl	2
			OD	1
			Cl	2
			Cl	3
			Cl	2
			ClO$_4$	1
			OH	1
			Br	2
			ClO$_4$	1
			Br	2
			Br	3
		2-COC$_6$H$_4$NH$_2$-m	OH	1
			Cl	2
			Cl	2
			ClO$_4$	1
		2,6-(CO$_2^-$)$_2$	Na	1

Y	q	Color and MP (°C)	Physicochemical Studies	Reference
H$_2$O	2			7727
				7727
		l-y, 89–90	ir, nmr	7718
		y	ir, K, nmr	7718
		l-y, 120–121	ir, K, nmr	7718
		l-y, 94–96	ir, K, nmr	7718
		l-y, 165–166	ir, K, nmr	7718
		l-y, 165–166	ir, K, nmr	7718
			xr	7732
Me$_2$SO	1	y-o	cond, ir	7708
		215 dec	ir, nmr	7700
CHCl$_3$	1	y	ir, nmr	7733
			uv	7734
		o	cond, ir, uv	7717
		r	cond, ir, uv	7717
		r	cond, ir, uv	7717
		y	cond, ir, uv	7717
		y	cond, ir, uv	7705, 7735
		r	cond, ir, uv	7717
		l-o	cond, ir, uv	7717, 7735
		y	cond, ir, uv	7717
H$_2$O	2	r	cond, ir, uv	7736
H$_2$O	6	o	cond, ir, uv	7736
H$_2$O	2	y	uv, xrp	5700

TABLE 3.107. (CONTINUED)

m	n	R	X	p
1	2	2,6-$(CO_2^-)_2$	Ph_4As	1
		2-$COC_6H_4NO_2$-m	OH	1
			Cl	2
			Cl	2
			ClO_4	1
		2-S^-	BF_4	1
		2-NHCSNHPh	Cl	3
		2-CH=NN$^-$CSNH$_2$,6-Me	+	1
	3	H	N_3	3
			NO_2	3
			NO_3	3
			NCS	3
			NCO	2
			Cl	1
			O_2CCO_2	1
			Cl	1
			CHMeCN	1
			Cl	2
			Cl	3
			NCO	2
			Br	1
			O_2CCO_2	1
			Br	1
			Cl	2
			Br	1
			Cl	1
			Br	2
			Br	3
			py$^+$H	1
			Br	4
			O_2CCO_2	1
			I	1

Y	q	Color and MP (°C)	Physicochemical Studies	Reference
H$_2$O	3	y	uv, xrp	5700
		r	cond, ir, uv	7736
		o	cond, ir, uv	7736
Ph$_3$P	2	y, > 260		7737
		276 dec	cond, ir	131
			uv	7738
		o-y		7719
		w		7719
			K	7710
			nmr	7739
		y		7719
			ir, K	7691, 7740, 7741
		y, 90	ir, nmr	7742
		ysh-g	ir, uv	1014, 1053, 1055, 7652, 7704, 7724, 7725, 7727, 7740, 7741, 7743–7749
CH$_2$Cl	2	o	ir, ram, xr	7756
CHCl$_3$	2	o	ir, ram, xr	7744, 7755, 7756
CDCl$_3$	1	o	ir, ram, xr	7756
	2	o	ir, ram, xr	7756
		o-y		7719
		o, o-y		7740, 7741
				7741
CHCl$_3$	2	o-r	ir, ram, xr	7756
				7741
CHCl$_3$	1	d-r	ir, ram, xr	7756
	3	d-r	ir, ram, xr	7756
			ir	7651, 7652, 7691, 7712, 7741, 7743, 7745, 7756
				7743
			ir	7741

TABLE 3.107. (*CONTINUED*)

m	n	R	X	p
1	3	H	MeCOCHCOMe	1
			C_3F_7	1
			I	1
			I	3
		d_5	Cl	3
		4-Me	O_2CCO_2	1
			Cl	1
			Cl	3
			Br	3
			I	3
		3,5-Me$_2$	O_2CCO_2	1
			Cl	1
			Cl	3
		3-Et	Cl	3
		4-Et	Cl	3
		4-Ph	Cl	3
			Br	3
			I	3
		3-CN	Cl	3
		4-CN	Cl	3
	4	H	+	1
			N_3	2
			N_3	3
			+	2
			Cl	1
			+	1
			H	1
			Cl	1
			+	1
			OH	1
			Cl	1
			+	1
			Cl	2
			OH	1
			Cl	2
			NO_2	1
			Cl	2
			NO_3	1
			Cl	2
			NCS	1
			Cl	2

Y	q	Color and MP (°C)	Physicochemical Studies	Reference
		y, 112–115		7696
			ir, K	7652, 7691, 7741
CHCl$_3$	2	o	ir, ram, xr	7741, 7756
			ir	7741
H$_2$O	4		ir	7741
			ir	7745
CHCl$_3$	1.5	o	ir, ram, xr	7756
			ir	7735
			ir	7735
			ir	7741
			ir	7741
		o, 222 dec	ir	7757
		o, 242–244 dec	ir	7757
			ir	7735
			ir	7735
			ir	7735
		y-o, dec > 350	cond, ir	7757
		y, dec 280	cond, ir	7757
			p	6245
H$_2$O	5	y	cond, nmr, uv	7719
H$_2$O	1			7647
				7651
			p	6245
			K, p, uv	6245, 7634, 7647, 7691, 7740, 7758–7761
OsO$_4$	2	y		7762–7764
				7765
				6568, 7766
H$_2$O	2	y		7767
	6		xr	7701, 7767, 7768
HNO$_3$	1		xr	6568, 7769
H$_2$O	6		cond, uv	7701

TABLE 3.107. (CONTINUED)

m	n	R	X	p
1	4	H	HSO$_4$	1
			Cl	2
			Cl	3
			Cl	2
			Cl$_3$	1
			H	2
			PCl$_6$	1
			NO$_2$	2(?)
			ClO$_4$	1
			Cl	2
			ClO$_4$	1
			+	1
			H	1
			Br	1
			NO$_3$	2
			Br	1
			+	1
			Cl	1
			Br	1
			BF$_4$	1
			Cl	1
			Br	1
			Cl	2
			Br	1
			ClO$_4$	2
			Br	1
			+	1
			Br	2
			NO$_3$	1
			Br	2
			NCS	1
			Br	2

Y	q	Color and MP (°C)	Physicochemical Studies	Reference
H_2O	6			7701
		y	ir, lum, nmr, p, ram, uv	1014, 1062, 7647, 7680, 7704, 7725, 7739, 7740, 7743–7747, 7766, 7770–7773
H_2O	5		cond, nmr, uv	7651, 7719, 7774
	6		epr, uv	7729, 7755, 7767, 7775
H_2O	1		tha	7651, 7776
HCl	1			
			ir	7777
			K	7758
NO	2		ir, ms	7778
			msc	7766, 7779
H_2O	6			
				7651
		o		7712
			p	6245
		o	cond, nmr, uv	7719
				7765
H_2O	3	y	cond, nmr, uv	7719
H_2O	3	o-r	cond, nmr, uv	7719
			K, p, uv	6245, 7634, 7651, 7759, 7760
		y		7712
H_2O	6		cond, uv	7701
HNO_3	1	y		6568, 7712, 7780
			cond, uv	7701

TABLE 3.107. (CONTINUED)

m	n	R	X	p
1	4	H	HSO$_4$	1
			Br	2
			Cl	1
			Br	2
			ClO$_4$	1
			Br	2
			Br	3
			H	1
			Br	4
			Cl	2
			Br$_2$Cl	1
			Cl	2
			Br$_3$	1
			Br	2
			Br$_3$	1
			Cl	2
			I	1
			Br	2
			I	1
			+	1
			I	2
			ClO$_4$	1
			I	2
			I	3
			Cl	2
			I$_3$	1
			Br	2
			I$_3$	1
			NO$_3$	2
			Br	2
			Ag	1
			Br	4
			Ag	1
		3-Me	Cl	3
			+	1
			Br	2
			Br	3

Y	q	Color and MP (°C)	Physicochemical Studies	Reference
H_2O	6		cond, uv	7701
H_2O	6			7701
			cond, uv	7651, 7701
		y	ir, K, lum, p, uv	7651, 7712, 7743, 7745, 7766, 7770, 7773, 7774, 7781–7783
H_2O	5		cond, nmr, uv	7719
	6	y, o		7712, 7743, 7756
H_2O	2		tha	7651, 7776
			ir	7777
			ir	7777
				7651
H_2O	6			7701
H_2O	6		cond, uv	7701
			K, p, uv	6245, 7760
			cond, nmr, uv	7719
H_2O	5		cond, nmr, uv	7719
			ir	7777
				7651
		y		7712
		y		7712
H_2O	1		cond, nmr, uv	7766 7719
			p	6245
H_2O	1		cond, nmr, uv	7766 7719

TABLE 3.107. (CONTINUED)

m	n	R	X	p
1	4	4-Me	BF$_4$	1
			Cl	2
			Cl	3
			Cl	2
			ClO$_4$	1
			Br	3
		3,5-Me$_2$	Cl	3
		3-Et	+	1
			Cl	2
			Cl	3
			Br	3
		4-Et	+	1
			Cl	2
			Cl	3
			Cl	2
			ClO$_4$	1
			Br	3
		4-n-Pr	NO$_3$	1
			Cl	2
			NO$_3$	1
			Br	2
		4-i-Pr	Br	3
		4-n-Bu	Cl	2
			ClO$_4$	1
		4-t-Bu	NO$_3$	1
			Cl	2
		3-NH$_2$	+	1
			Cl	2
			Cl	3
			Br	3
		4-NH$_2$	+	1
			Cl	2
			Cl	3
			Br	3
		4-CH$_2$OH	Cl	3
		3-CHEtOH	Cl	2
			ClO$_4$	1
		4-CH(OH)$_2$	Cl	3
		3-CHO	Cl	3
		4-CHO	Cl	3
		3-COMe	Cl	2
			ClO$_4$	1

Y	q	Color and MP (°C)	Physicochemical Studies	Reference
			cond, nmr, uv	7719
H$_2$O	3		cond, nmr, uv	7766 7719
			cond, nmr, uv	7719
			lum	7766, 7773, 7781
			cond, nmr, uv	7719, 7766
			p	6245
			ir	7719, 7766
H$_2$O	2		cond, nmr	7719
H$_2$O	1		cond, nmr, uv	7766 7719
			p	6245
				7766
			cond, nmr, uv	7719
H$_2$O	1		cond, nmr, uv	7719
			cond, nmr, uv	7719, 7766
			cond, nmr, uv	7719, 7766
H$_2$O	4		cond, nmr, uv	7766 7719
			cond, nmr, uv	7719
				7766
			p	6245
		y, > 300	cond, nmr, uv	7719, 7757, 7766
			cond, nmr, uv	7719
			p	6245
		y, > 300	cond, nmr, uv	7757, 7766
H$_2$O	2		cond, nmr, uv	7719
H$_2$O	2		cond, nmr, uv	7719
				7766
			cond, nmr, uv	7719
				7784
H$_2$O	3			7784
				7766, 7784
			cond, nmr, uv	7719

TABLE 3.107. (CONTINUED)

m	n	R	X	p
1	4	3-CO_2H	Cl	3
		4-CO_2H	Cl	3
		3-Cl	$\begin{cases} + \\ Cl \end{cases}$	1 2
			Cl	3
	5	H	$\begin{cases} + \\ H \end{cases}$	2 1
			Cl	3
2	1	H	$\begin{cases} Cl \\ Br \end{cases}$	1 5
	2	H	$\begin{cases} - \\ OH \\ Br \end{cases}$	1 1 6
			$\begin{cases} Cl \\ Pt(NH_3)_4 \end{cases}$	8 1
			$\begin{cases} Cl \\ PtCl_6 \end{cases}$	4 1
	3	2-COPh	Cl	6
			Br	6
		2-$COC_6H_4NH_2$-m	Cl	6
		2-$COC_6H_4NO_2$-m	Cl	6
	4	H	$\begin{cases} S_2O_6 \\ Cl \end{cases}$	1 4
			$\begin{cases} S_2O_6 \\ Br \end{cases}$	$\underline{1}$ 4
			$\begin{cases} Cl \\ Cr_2O_7 \end{cases}$	4 1
			$\begin{cases} NO_2 \\ Pt(NH_3)_4 \end{cases}$	8 1
			$\begin{cases} Cl \\ PtCl_6 \end{cases}$	4 1
	8	H	$\begin{cases} + \\ O_2 \\ Cl \end{cases}$	3 1 2
			$\begin{cases} O_2 \\ BF_4 \\ Cl \end{cases}$	1 3 2
			$\begin{cases} SO_4 \\ Cl \end{cases}$	1 4
			$\begin{cases} O_2 \\ Cl \\ ClO_4 \end{cases}$	1 3 2

Y	q	Color and MP (°C)	Physicochemical Studies	Reference
				7766
				7766
H_2O	3		cond, nmr, uv	7719
			p	6245
H_2O	5		cond, nmr, uv	7719
		w		7651
			uv	7704
NH_3	5		p	7719
				7743
NH_3	2			7709
$H_2NCH_2CH_2NH_2$	4		cond, uv	7701
		o	cond, ir, uv	7717, 7723
		o-r	cond, ir, uv	7717, 7723
		l-bu-g	cond, ir, uv	7736
H_2O	3		cond, ir, uv	7736
		o	cond, ir, uv	7736
H_2O	6	o	cond, ir, uv	7736
$H_2NCH_2CH_2NH_2$	2		cond, uv	7701
			cond, uv	7701
$H_2NCH_2CH_2NH_2$	2		cond, uv	7701
				7722
$H_2NCH_2CH_2NH_2$	2		cond, uv	7701
			p	6245
		d-bu		7779
				7765
				7779

TABLE 3.107. (CONTINUED)

m	n	R	X	p
2	8	H	O$_2$	1
			Cl	2
			ClO$_4$	3
			O$_2$	1
			ClO$_4$	5
			Cl	4
			PtCl$_6$	1
		4-Me	O$_2$	1
			BF$_4$	3
			Cl	2
			O$_2$	1
			Cl	3
			ClO$_4$	2
			O$_2$	1
			Cl	2
			ClO$_4$	3
3	3	H	O	1
			MeCO$_2$	6
			ClO$_4$	1
		3-Me	O	1
			MeCO$_2$	6
			ClO$_4$	1

$$Rh_m \left(\underset{N}{\bigcirc} - R - \underset{N}{\bigcirc} \right)_n X_p Y_q$$

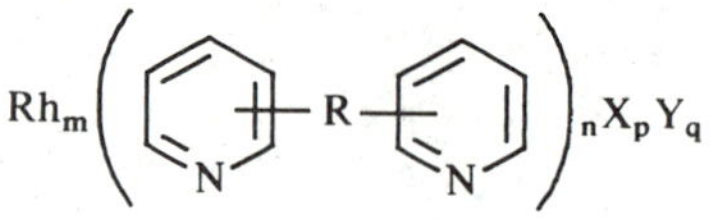

m	n	R	X	p
1	1	2-CH=NNH-2'	Cl	3
		2-NHCSN⁻-2'	OH	2
	2	2-NH-2'	Cl	3
			Br	3
			I	3
		2-CH=NN⁻-2'	Cl	1
	3	2-NH-2'	Cl	3
		2-CH=NNH-2'	Cl	3
2	3	2-CO-2'	Cl	6

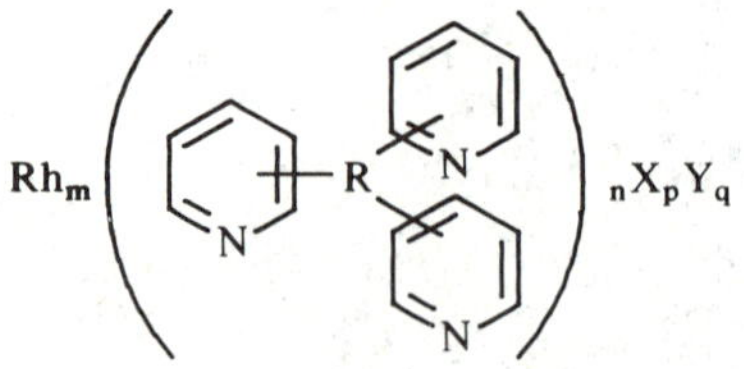

$$Rh_m \left(\underset{N}{\bigcirc} - R \underset{N}{\overset{N}{\underset{\bigcirc}{\bigcirc}}} \right)_n X_p Y_q$$

m	n	R	X	p
1	1	2-N⟨2'/2''	Cl	3
			Br	2

Y	q	Color and MP (°C)	Physicochemical Studies	Reference
H$_2$O	8	d-bu	msc	7779
H$_2$O	8			7779
				7765
		d-bu	msc	7779
		gsh-y	msc	7779
H$_2$O	2	d-bu	msc	7779
		l-y, 320	ir, msc, uv, xr	4301, 7785
		l-y, 320	msc, uv	4301

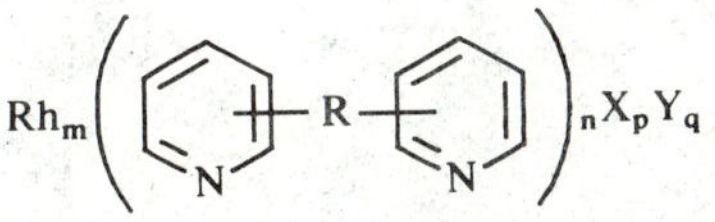

$$Rh_m\left(\underset{N}{\bigcirc}-R-\underset{N}{\bigcirc}\right)_n X_p Y_q$$

Y	q	Color and MP (°C)	Physicochemical Studies	Reference
		bw	cond, ir, tha	7786
H$_2$O	1	bw-y		159
		y	cond, ir	7787
		o-bw	cond, ir	7787
		bw	cond, ir	7787
H$_2$O	2	d-g, 270	cond, ir, tha	7786
		o-y	ir	7787
H$_2$O	3	l-y	ir	7787
H$_2$O	4	g	cond, ir, tha	7786
		y	cond, ir, uv	7736

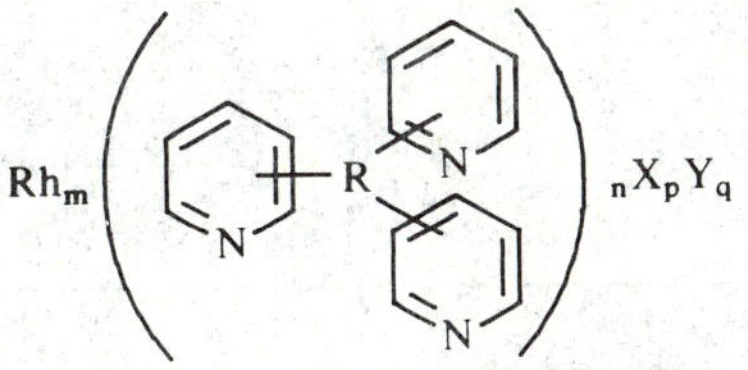

$$Rh_m\left(\underset{N}{\bigcirc}-R\underset{\underset{N}{\bigcirc}}{\overset{\overset{N}{\bigcirc}}{}}\right)_n X_p Y_q$$

Y	q	Color and MP (°C)	Physicochemical Studies	Reference
H$_2$O	3		cond, msc, uv	1691
			cond, msc, uv	1691

TABLE 3.107. (CONTINUED)

$$\left[Rh_m\left(\underset{N}{\overset{-R-}{\bigcirc}}\right)_n X_p Y_q\right]_x$$

m	n	R	X	p
1	1	$-CH_2\underset{2}{CH}-$	Cl	3
		$-CH_2\underset{3}{CH}-$	Cl	3
		$-CH_2\underset{4}{CH}-$	Cl	3
	2	$-CH_2\underset{2}{CH}-$	Cl	3
		$-CH_2\underset{3}{CH}-$	Cl	3
		$-CH_2\underset{4}{CH}-$	Cl	3
	5	$-CH_2\underset{2}{CH}-$	Cl	3
		$-CH_2\underset{3}{CH}-$	Cl	3
		$-CH_2\underset{4}{CH}-$	Cl	3
2	3	$-CH_2\underset{2}{CH}-$	Cl	6
		$-CH_2\underset{3}{CH}-$	Cl	6
		$-CH_2\underset{4}{CH}-$	Cl	6

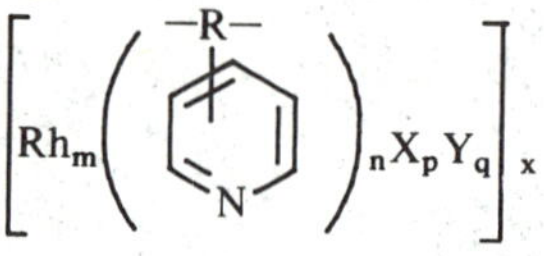

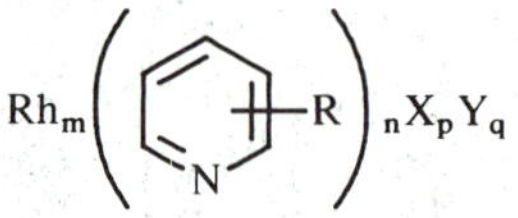

$$Rh_m\left(\underset{N}{\bigcirc}-R\right)_n X_p Y_q$$

Rhodium (IV)

m	n	R	X	p
1	2	H	$\{\underset{Cl}{\overset{}{\bigcirc_O}}-C(=NOH)C(=NO)-\bigcirc_O\}$	2 / 2

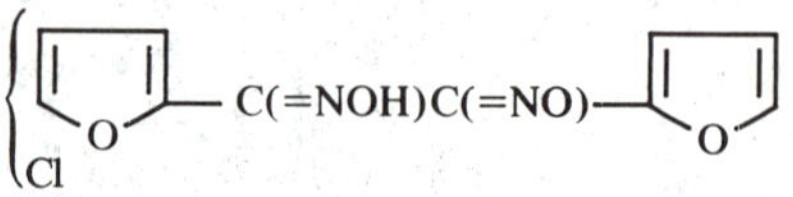

Y	q	Color and MP (°C)	Physicochemical Studies	Reference
		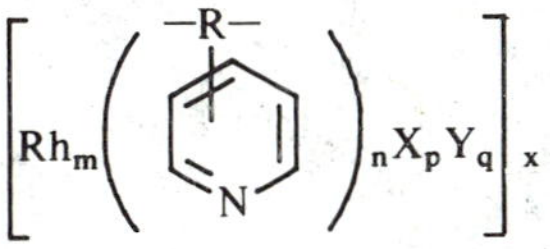 $\left[Rh_m \left(\underset{N}{\overset{-R-}{\bigcirc}} \right)_n X_p Y_q \right]_x$		
			ir	7593
			ir	7593
			ir	7593
H_2O	3			7594
H_2O	3			7594
H_2O	3			7594
H_2O	3			7594
H_2O	3			7594
H_2O	3			7594
H_2O	6			7594
H_2O	6			7594
H_2O	6			7594

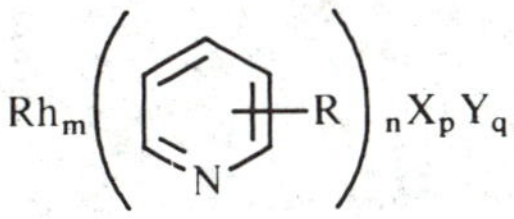

$$Rh_m \left(\underset{N}{\bigcirc}\!\!-\!R \right)_n X_p Y_q$$

Rhodium (IV)

			uv	7788

TABLE 3.108. CRYSTALLOGRAPHIC DATA FOR THE COMPLEX COMPOUNDS OF PYRIDINE AND ITS DERIVATIVES WITH RHODIUM

Compound	Space Group	a	b	c	α	β	γ	Z	Reference
Rh(CF$_3$COCHCOCF$_3$)·(⬡(CO$_2$Me)(CO$_2$Me))·py	P2$_1$/c	10.943	12.861	21.329		131.63		4	7614
[Rh(CPh$_2$)Cl·py]$_2$CO	C2	19.14	10.05	11.41		121.17			7675
Rh(MeCOCHCOMe)·2py (with H$_2$C=C–CH$_2$/CH$_2$ bridge)	P$\bar{1}$	13.17	9.11	9.18	107.9	81.1	93.1	2	7720
RhCl$_3$·(Me$_2$SO)·2py	P$\bar{1}$ / P2$_1$/n	13.167 / 12.621	9.108 / 8.805	9.185 / 30.357	107.93	81.12 / 101.56	93.17	2 / 8	7721 / 7730
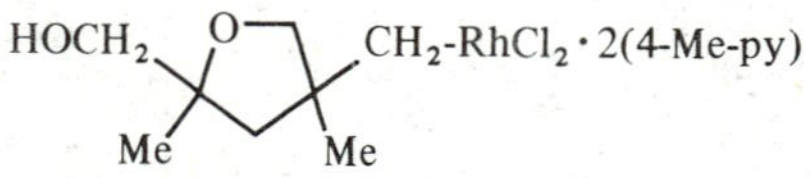 HOCH$_2$–C(Me)–O–C(Me)–CH$_2$–RhCl$_2$·2(4-Me-py)	C2/c	16.14	15.04	20.99		103.9		8	7732
trans-[RhCl$_2$·4py](NO$_3$)·(HNO$_3$)		7.54	21.65	14.84					7769

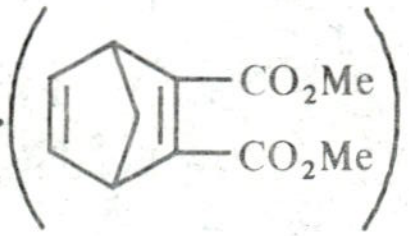

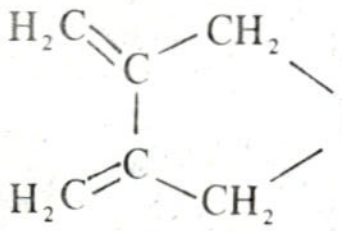

ranges from -4.1 to -6.0 kcal/mol depending on X, which represents halogen Cl to I, respectively (7620). Pyridine can replace Cl but not CO or PR_3 as for trans$[Rh(PPh_3)_2$-$(CO)Cl]$.

For some properties of the coordination compounds of Rh(II), consult the introduction to this chapter.

The Rh(III) complexes are well known and can coordinate no more than six pyridines. Complexes containing six pyridines in the inner coordination sphere are either mixed compounds of Rh(II) and Rh(IV), with the general structure $[Rh(py)_4X_2][Rh(py)_2X_4]$ where X stands for any halogen, or the corresponding ionic species (7634, 7651, 7677, 7691, 7736, 7747). Complexes with three pyridines form obviously 1,2,3- and 1,2,6- geometrical isomers (7725), whereas with four pyridines either cis- or trans-isomers exist (7651). The complexes of Rh(III) with five pyridines are known but only in solution (7651, 7704).

These complexes are capable of accepting strong mineral acids (7651, 7769, 7776). Their coordination in the outer coordination sphere seems to be due to protonation of ions or ligands present therein; thus, the HCl and HBr adducts to $[Rh(py)_4X_2]X$ are $[Rh(py)_4X_2](H_5O_2)X_2$ (7651, 7776). The NO ligand contributes to the coordination by charge development on the central atom, hence $[Rh(NO)_2(py)_4](NO_2)(ClO_4)_2$ (7778). The superoxide compounds are formulated as $[X(L)_4RhO_2Rh(L)_4X]Y$ (7779).

The reactions of Rh(III) complexes have been extensively studied. Complex formation is retarded by oxygen or oxidants and is accelerated by reducing agents. The role of the latter seems to be due to the formation of catalytic amount of lower-valent rhodium [presumably Rh(I)] (7647, 7746, 7758, 7759). Such reducing agents can catalyze ligand exchange (7647). The complex ion $[Rh(py)_4Cl_2]^+$ offers a variety of reactions, as shown in Scheme 2. The polarographic reduction of this ion leads to the same ionic

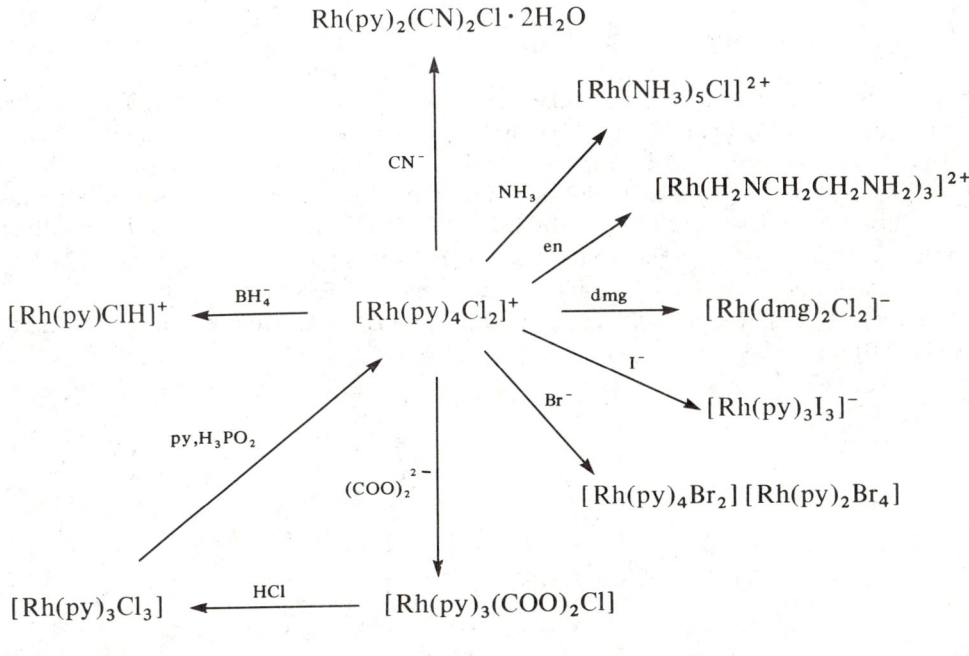

Scheme 2

species as in the reaction with BH_4^-. This multistep process affords the $[Rh(py)H_2]^+$ ion (6245, 7634).

$$cis\text{-}[Rh(py)_4Cl_2]^+ \xrightarrow{2e} [Rh(py)Cl_2]^- \xrightarrow{H_2O} [Rh(py)ClH]^+$$
$$[Rh(py)H_2]^+ \leftarrow [Rh(py)Cl] \xleftarrow{2e}$$

The photochemical transformation of $[Rh(py)_4Cl_2]Cl \cdot 6H_2O$ is a very complicated process including aquation and oxidation–reduction (7729). Similarly aquation and redox reactions can be induced photochemically on the dimer of $Rh(py)_2Cl_3$ (7724), $K[Rh(py)_2Cl_4]$, $H[Rh(py)_2Cl_4]$ (7728), and $Rh(py)_4Cl_2$ (7680). The yield of photoaquation of halide increases in the order $Cl < Br < I$ (7760). The anionic complexes can be transformed into neutral species by treatment with pyridine (see Schemes 3 and 4).

$$py^+H \quad \begin{bmatrix} Cl \\ Cl\diagdown\!\!\diagup py \\ Rh \\ Cl\diagup\!\!\diagdown NH_3 \\ Cl \end{bmatrix}^- \xrightarrow{py} \begin{bmatrix} Cl \\ Cl\diagdown\!\!\diagup py \\ Rh \\ Cl\diagup\!\!\diagdown NH_3 \\ py \end{bmatrix} + pyHCl$$

Scheme 3

$$NH_4^+ \quad \begin{bmatrix} NO_2 \\ O_2N\diagdown\!\!\diagup py \\ Rh \\ O_2N\diagup\!\!\diagdown py \\ NO_2 \end{bmatrix}^- \xrightarrow{py} \begin{bmatrix} NO_2 \\ O_2N\diagdown\!\!\diagup py \\ Rh \\ O_2N\diagup\!\!\diagdown py \\ py \end{bmatrix} + NH_4NO_2$$

Scheme 4

The attack of pyridine occurs along the $Cl-Rh-Cl$ or $O_2N-Rh-NO_2$ axes. The reaction rate in the nitrite compound is nine times as large as for the chloride compound (7710).

As shown by Green and Parker (7718), the cationic complexes such as $[Rh(allyl)_2$-$(py)_4]X_2$ and related species in solution undergo a left-to-right exchange process by initial dissociation of a neutral ligand followed by a Berry pseudorotation of the resulting pentacoordinated species. The neutral compounds undergo left-to-right exchange and concomitant syn-anti exchange through the rupture of the Rh—C bond.

The π-back donation operates in the Rh(III) complexes as proven by ir spectroscopic studies (1014).

The Rh(IV) complexes are generally stable brown solids which are sparingly water soluble (7788).

3.8.5.3. Applications

3.8.5.3.1. SYNTHESIS

Complexation of the pyridine by $RhCl_3$ activates hydrogen/deuterium exchange but its use has no advantage over Pt salts, which are the best and most selective labeling catalysts for pyridines (5462).

The carbonylation of methyl acetate in the presence of hydrogen and MeI is catalyzed by the $RhCl_3 \cdot py$ catalyst to give ethylidene diacetate (7789). Similar catalysts are used in manufacturing alkyl esters of aromatic carbamic acids from nitroaromatics and CO (7790) and for carbonylation of methanol to give acetic acid and its methyl ester (7791). The addition of CO to aromatic nitro compounds over $Rh(py)_3Cl_3$ leads to aromatic isocyanides (4906, 7748, 7792, 7793). Using rhodium clusters coordinated by pyridine, polyalcohols, their esters, ethers, and oligomers can be prepared from water gas ($H_2 + CO$, 1:1) (7794, 7795). The Rh(I) and Rh(III) pyridine complexes catalyze the hydroformylation of ethylenic hydrocarbons (7612, 7795, 7796). Several complexes are highly active catalysts for homogeneous hydrogenation of various compounds, such as $RhCl_2BH_4$-$(DMF)(py)_2$ which slowly catalyzes the hydrogenation of pyridine to piperidine (7644). The hydrogenation of alkenes proceeds much more readily; thus $Rh(py)_3Cl_3$ promoted by BH_4^- is an active and selective catalyst. Only two of the three double bonds of 1,5,9-cyclododecatriene could be hydrogenated to give cyclododecene (7752, 7754). A similar hydrogenation of 9,12-octadecadienoic acid produced a mixture of the monoenoic acids with considerable translocation of the double bond (7750). Other systems that undergo hydrogenation are aliphatic and aromatic nitro compounds to amines (7749, 7751); carbonyls to alcohols (7751); alkyl, aryl, and acyl halides to hydrocarbons and aldehydes, respectively (7751); Schiff bases and azo compounds to amines and hydrazobenzenes, respectively (7749, 7797); and alkenes, alkynes, and related compounds with double and triple bonds (7486, 7643, 7798–7800). The effectiveness of the catalyst can be enhanced if pyridine is replaced by 2-aminopyridine or 2-amino-3-methylpyridine (7801). The activity of the catalysts increases when fixed on porous glasses (4098). Alkynes can be selectively hydrogenated to alkenes over $[Rh(1,5\text{-cyclooctadiene})(PPh_3)(py)]PF_6$ (7613).

Coordination compounds of Rh(I) such as $[Rh(\pi\text{-ligand})(4\text{-pic})]Cl$ initiate polymerization and copolymerization of methyl acrylate (7624) and of olefins (7623); however, coordination compounds of Rh(III) have also been used (7802, 7803).

3.8.5.3.2. SEPARATION AND ISOLATION

The separation of rhodium from irydium can be accomplished by the formation of $[Rh(py)_4Cl_2]^+$ followed by the use of a cation exchanger. Since the formation of $[Ir(py)_4Cl_2]^+$ under these conditions is slow, only the Rh compound is adsorbed (7761, 7804). The separation of isomers of $Rh(py)_3Cl_3$ by adsorption on SiO_2 or Al_2O_3 packed chromatographic columns as well as on thin-layer plates has been claimed (251, 7753).

3.8.5.3.3. BIOLOGICAL ACTIVITY

Some coordination compounds of pyridine bases with rhodium exhibit antibacterial activity (7805). *trans*-Dihalotetrapyridine rhodium(III) compounds containing substituted pyridines have high levels of antibacterial activity. They are more effective against gram-positive than gram-negative organisms, except *Escherichia coli*. The growth of *Mycobaterium tuberculosis* was completely inhibited at a concentration of $10\,\mu g/ml$ (7766).

The Rh(I) chelates with dipyridyl ketones of the general structure $[Rh^I(COD)\text{-}(dipyridyl\ ketone)]X$, where COD is *cis,cis*-cycloocta-1,5-diene and $X = PF_6$ or ClO_4, are reported to be useful as antitumor agents (7655).

3.8.5.3.4. ANALYTICAL CHEMISTRY

Among several arylazodyes, PAR (7807) and isomeric (2-pyridylazo)cresols (2031) develop color reactions with Rh(I) and Rh(III). Application of these compounds in

TABLE 3.109. PHOTOMETRIC DETERMINATION OF RHODIUM USING PYRIDINE AND ITS DERIVATIVES

Ligand	pH	Analytical Wavelength (nm)	Range of Validity of the Beer Law (ppm)	Molar Absorptivity (m²/mol)	Reference
Rhodium (I)					
4-(2-Pyridylazo)resorcinol					7807
Rhodium (III)					
Pyridine + thiocyanate ion					7808
4-Methyl-2-(2-pyridylazo)phenol	> 3	610–620			2031
2-Methyl-6-(2-pyridylazo)phenol	> 4	600			2031
2-Methyl-4-(2-pyridylazo)phenol	> 4	570			2031
1-(2-Pyridylazo)-2-naphthol	1.2–2.6	600 (in CHCl$_3$)			7810, 7811
	1.2–2.6	640 (in CHCl$_3$)			7810, 7811
	~1.3	590	1.25–7.50		7812
	~1.3	630	1.25–7.50	1,150	7812
	1.4–2.8	670 (in CHCl$_3$)			7813
	4.8–5.0	594		4,660	7605
	4.8–5.0	640		4,040	7605
1-(2-Pyridylazo)-2-naphthol	5.1	598 (in CHCl$_3$)			7809
9-(2-Pyridylazo)-10-phenanthrol	4.0–8.0	580			7606
	4.0–8.0	625			7606
4-(2-Pyridylazo)resorcinol		520			7716, 7814
	4.0	510	0.28–7.41	700	7734
	4.9–5.1	517		16,200	7608
6-Methylpicolinaldehyde thiosemicarbazone		430		920	7738

the analysis of rhodium has been reported. Photometric uv/vis methods of the determination are summarized in Table 3.109.

3.8.6. Palladium Coordination Compounds

The principal oxidation states for palladium are II and IV; however, compounds with Pd(0) do occur. The common coordination numbers for Pd(II) are 4 with planar geometry, but 5 and 6 are also known. Pd(IV) is hexacoordinated with an octahedral geometry. The majority of known pyridine coordination compounds of palladium(II) (see Table 3.110) contain one or two pyridines. The single crystal X-ray data for some of these complexes are presented in Table 3.111.

Palladium shows a coordination preference for N, P, As, S, and Se atoms and little affinity to oxygen.

The complexes are generally monomeric because pyridine N-coordination causes bridge rupture of dimers and polymers (7840, 7846, 7848, 7853, 7972).

3.8.6.1. Preparation Methods

The general method of preparation is treatment of palladium compound with the pyridine with or without solvent, preferably acetone or ethanol. Commonly, the palladium reagent is $K_2[PdCl_4]$ or $KCl + PdCl_2$ in solution, which produces $PdLCl_2$ or PdL_2Cl_2. If geometrical isomerism is possible, the cis-isomer is always formed. Isomerization of cis- to the trans-form can be achieved either by treatment with warm, dilute hydrochloric acid or thermally (7963). However, the trans-isomers can be prepared directly on treating $PdCl_2$ with the ligand in ethanolic solution saturated with SO_2. $[Pd_2Cl_4(SO_2OEt)_2]^{2-}$ is formed as the intermediate, which loses the ligand and undergoes bridge splitting on treatment with pyridine (7976). The synthesis of $PdCl_2(py)_2$ from Pd black is described. The reaction with either CCl_4, $SOCl_2$, $TiCl_4$, or PCl_5 in o-dichlorobenzene solution and pyridine is conducted in a titanium autoclave at 150°C for 4 hr to give (50%) the coordination compound (7977). 2-Vinylpyridine gives di-μ-chloro-bis[2-alkoxy-2-(2-pyridyl)ethyl] dipalladium(II) upon reaction with K_2PdCl_4 and related salts in alcohol (7905). The reaction of 2-vinylpyridine with Li_2PdCl_4 and PhHgCl gives di-μ-chlorobis[2-phenyl-2-(2-pyridyl)ethyl] dipalladium(II) (7883).

3.8.6.2. Properties

The palladium (II) coordination compounds are less stable in both the thermodynamic and kinetic sense than their Pt(II) analogues. Nickel (II) complexes are more reactive than Pd(II) complexes (7817, 7852). Comparative studies on the stability of some Pd(II) and Pt(II) complexes with 2-picolylamine afford the following order of stability: $PtL_2X_2 > PdL_2X_2$; $PtL_2^{2+} > PdL_2^{2+}$ and $Cl > Br$ in both cases (7885). Cis-Isomers have a higher stability than trans-isomers (7963). The reactivity of Pd coordination compounds is well known. The steric effect plays an important role in ligand exchange reactions in square planar complexes. The reactivity caused by this effect is subject to many factors. Thus, in trans-$[Pd(4\text{-}Clpy)_2X_2]$ and trans-$[Pd(py)_2X_2]$, where $X = Cl$, Br, and

(*Text continued on page 1673.*)

TABLE 3.110. COORDINATION COMPOUNDS OF PYRIDINE AND ITS DERIVATIVES

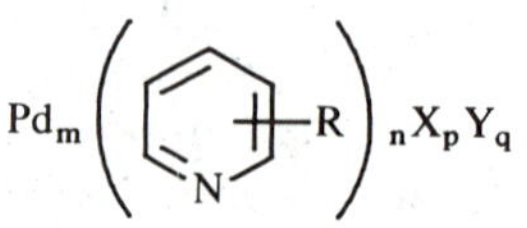

$$Pd_m \left(\underset{N}{\bigcirc} - R \right)_n X_p Y_q$$

m	n	R	X	p
Palladium (0)				
1	2	H		
		3-Me		
		4-Me		
Palladium (I)				
1	1	H	o-C$_6$H$_4$CMe=NNHPh	1
	2	H	o-C$_6$H$_4$CMe=NNHPh	1
Palladium (II)				
1	1	H	+	2
			+	2
			{H	1
			{BPh$_4$	1
			o-OC$_6$H$_4$CH=NOAlEt$_2$	2
			2-O-3,6-Me$_2$C$_6$H$_2$N=CH-1'-C$_{10}$H$_6$-2'-O	1
			2-O-5-MeC$_6$H$_3$N=N-1'-C$_{10}$H$_6$-2'-O	1
			2-O-6-MeC$_6$H$_3$N=N-1'-C$_{10}$H$_6$-2'-O	1
			2-O-3,6-Me$_2$C$_6$H$_2$N=N-1'-C$_{10}$H$_6$-2'-O	1
			MeCOCHCOMe	2
			{MeCOCHCOMe	1
			{MeCO$_2$	1
			CH$_2$CO$_2$	1
			{+	1
			{NO$_2$	1
			NO$_2$	2
			PhCOCHCMe=NCHMeCO$_2$	1
			PhCOCHCMe=NC$_6$H$_4$CO$_2$-o	1
			{1-C$_{10}$H$_6$-8-NMe$_2$	1
			{NO$_3$	1

WITH PALLADIUM

Y	q	Color and MP (°C)	Physicochemical Studies	Reference

$$Pd_m \left(\underset{N}{\bigcirc} -R \right)_n X_p Y_q$$

Y	q	Color and MP (°C)	Physicochemical Studies	Reference
		Palladium (0)		
$Mo(\pi\text{-}C_5H_5)(CO)_3$	2	d-v, 80–85 dec	ir, xr	7967, 7990, 7991
$Mn(CO)_5$	2			7967, 7993
$Co(n\text{-}Bu_3P)(CO)_3$	2	bu-v	ir	7993
$Co(CO)_4$	2		ir	7967, 7991, 7992
$Mo(\pi\text{-}C_5H_5)(CO)_3$	2		ir	7991
$Mn(CO)_5$	2		ir	7967, 7993
$Co(CO)_4$	2		ir	7991
$Mn(CO)_5$	2		ir	7993
		Palladium (I)		
$Mo(\pi\text{-}C_5H_5)(CO)_3$	1		ir	7835
$Mn(CO)_5$	1		ir	7835
$Fe(\pi\text{-}C_5H_5)(CO)_2$	1		ir	7835
$Co(CO)_4$	1		ir	7835
$Mo(\pi\text{-}C_5H_5)(CO)_3$	1		ir	7992
$Co(CO)_4$	1		ir	7992
		Palladium (II)		
			p	7815, 7816
$(H_2NCH_2CH_2)_2NH$	1		K	7817, 7818
terpy	1		K	7817
$(Cyclohexyl)_3P$	2	168–169 dec	ir, nmr	6837
				887
			nmr	7819
			nmr	7819
			nmr	7819
			nmr	7819
			ir, nmr	7820
		o, dec 117	ir, nmr	7821
Ph_3P	1		xr	7822
NH_3	2		K	7823
$[H_2NC(=NH)NH]_2$	1	ysh	ir, uv	7824
terpy	1		K	7817
			msc, uv	2416
			msc, uv	2416
		170	ir, nmr	7825

TABLE 3.110.   (CONTINUED)

m	n	R	X	p
1	1	H	NO$_2$	1
			NO$_3$	1
			o-SC$_6$H$_4$AsMe$_2$	2
			NO$_3$	1
			NCS	1
			SCN	1
			NCS	1
			NCS	2
			—	1
			NCS	3
			PhSO$_2$	2
			p-MeC$_6$H$_4$SO$_2$	2
			o-OC$_6$H$_4$CH=NC$_6$H$_4$SO$_3$	1
			MeCOCHCMe=NC$_6$H$_4$SO$_3$	1
			CH(CO$_2$Me)CH(CO$_2$Me)CH=CHOMe	1
			CF$_3$COCHCOCF$_3$	1
			o-OC$_6$H$_4$CHMe=NNHPh	1
			PF$_6$	1
			+	1
			Cl	1
			π-C$_3$H$_5$	1
			Cl	1
			π-CH$_2$CMe=CH$_2$	1
			Cl	1
			π-CHMeCH=CHEt	1
			Cl	1
			CH$_2$CHPhCH$_2$NMe$_2$	1
			Cl	1
			CH$_2$CH(p-C$_6$H$_4$Me)CH$_2$NMe$_2$	1
			Cl	1
			1-C$_{10}$H$_6$-8-NMe$_2$	1
			Cl	1
			(benzoquinoline-Me)	1
			Cl	1
			o-C$_6$H$_4$CMe=NNHPh	1
			Cl	1

Y	q	Color and MP (°C)	Physicochemical Studies	Reference
(H₂NCH₂CH₂)₂NH	1		K	7817
			xr	7826
(H₂NCH₂CH₂)₂NH	1		K	7817
terpy	1		K	7817
		y	cond	7827
		r-bw	cond	2329, 7827
				7828
				7828
				2416
				2416
				7829
EtOH	1			7830
 ⟨O⟩	1			7830
Me₂CO	1			7830
Et₂CO	1			7830
NH₃	2		K	7823
H₂NCH₂CH₂NH₂	1		K	7823
		w, 123	dm, ir, K, th	7622, 7832, 7833
			dm, K, th	7622, 7832, 7833
		w, 91–92	ir, nmr	7831
				7834
				7834
		217	nmr	7825
			nmr	7838
		y, 215	ir, nmr	7835, 7836

TABLE 3.110. (CONTINUED)

m	n	R	X	p
1	1	H	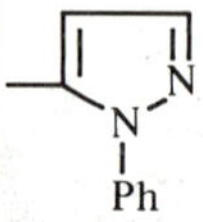 pyrazole-N-Ph	1
			Cl	1
			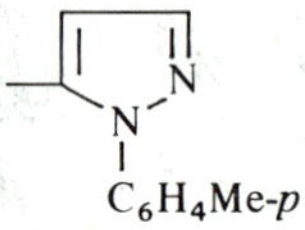 pyrazole-N-C$_6$H$_4$Me-p	1
			Cl	1
			OH	1
			Cl	1
			OMe	1
			Cl	1
			CH$_2$CH(p-C$_6$H$_4$OMe)CH$_2$NMe$_2$	1
			Cl	1
			MeCOCHCOMe	1
			Cl	1
			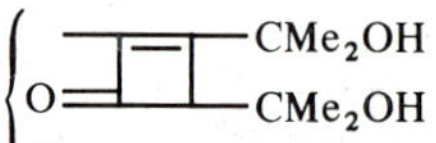 cyclobutenone with two CMe$_2$OH groups	1
			Cl	1
			π-MeOCHMeCH=CHCHCO$_2$Me	1
			Cl	1
			π-CH$_2$=CHCHCH=CHCO$_2$Me	1
			Cl	1
			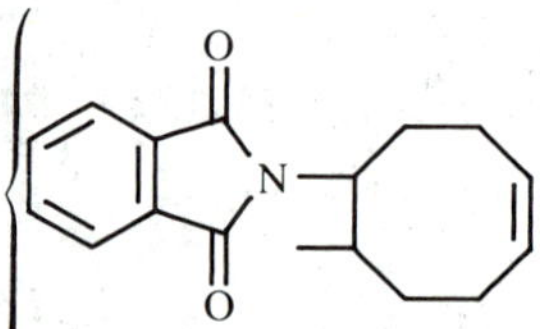 N-phthalimido-methylcyclooctenyl	1
			Cl	1
			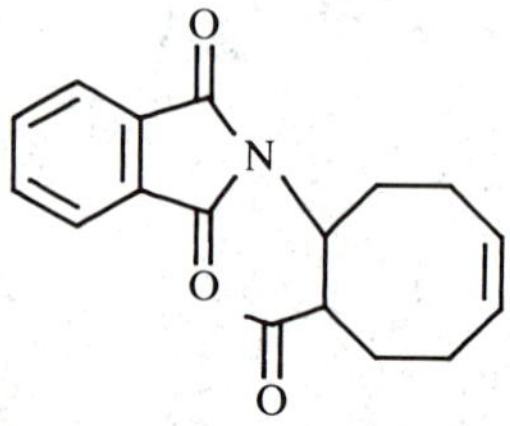 N-phthalimido-acylcyclooctenyl	1
			Cl	1

Y	q	Color and MP (°C)	Physicochemical Studies	Reference
CH$_2$Cl$_2$	0.5	200 dec	nmr	7837
		240 dec	nmr	7835
[Me$_2$C(OH)C≡C]$_2$	1			7839
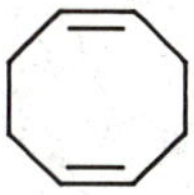	1	w, 106	ir	7840
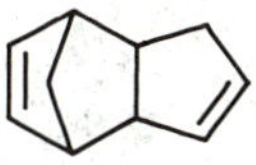	1	w, 200	ir	7840
				7834
		o-rsh, dec 160	ir	7821
			ir	7841
		y, 128–132		7842
				7842
			ir	7843
			ir	7843

TABLE 3.110. (*CONTINUED*)

m	n	R	X	p
1	1	H	$\begin{cases} CH_2CH(m\text{-}C_6H_4NO_2)CH_2NMe_2 \\ Cl \end{cases}$	1 1
			$\begin{cases} \pi\text{-}CH_2CH{=}CHCH_2OCOMe \\ Cl \end{cases}$	1 1
			$\begin{cases} \text{[steroid structure]} \\ Cl \end{cases}$	1 1
			$\begin{cases} SPh \\ Cl \end{cases}$	1 1
			$\begin{cases} Et_2NCS_2 \\ Cl \end{cases}$	1 1
			$\begin{cases} BF_4 \\ Cl \end{cases}$	1 1
			$\begin{cases} SbF_6 \\ Cl \end{cases}$	1 1
			Cl	2

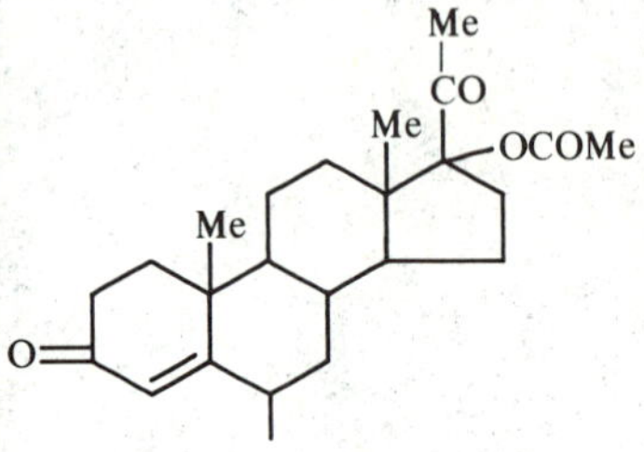

Y	q	Color and MP (°C)	Physicochemical Studies	Reference
				7834
				7844
				7845
		250 dec	cond, ir	7846
				7847
Ph$_3$P	2	w, 203–205	cond, ir	7848
Et$_3$P	1	w, 170–172	ir, nmr	7849
			cal, K, nqr	7394, 7850–7853
H$_2$C=CH$_2$	1		ir, K, th	7854
MeCH=CHMe	1		ir, K, th	7854
 (cyclopentene)	1		ir, K, th	7854
 (cyclohexene)	1		ir, K, th	7854
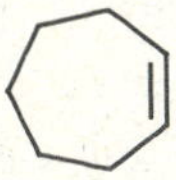 (cycloheptene)	1		ir, K, th	7854
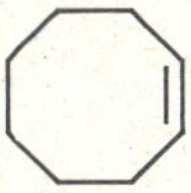 (cyclooctene)	1		ir, K, th	7854
CH$_2$=CHPh	1		ir, K, th	7854
NH$_3$	1	pk-y		7855
(H$_2$NCH$_2$CH$_2$)$_2$NH	1		K	7817
PhNC	1	y, 208	ir, K, nmr, th	7856
p-MeC$_6$H$_4$NC	1	y, 174 dec	ir, nmr	7856
terpy	1		K	7817
PhCN	1		K, th	7857

TABLE 3.110. (CONTINUED)

m	n	R	X	p
1	1	H	Cl	2
			{Cl	1
			π-CH$_2$CCl=CH$_2$	1
			{Cl	1
			CH=CClCMe$_2$NMe$_2$	1
			{Cl	1
			CPh=CClCH$_2$NMe$_2$	1
			{MeCOCHCOMe	1
			CH(CO$_2$Me)CH(CO$_2$Me)CCl=CH$_2$	1
			{CF$_3$COCHCOCF$_3$	1
			CH(CO$_2$Me)CH(CO$_2$Me)CCl=CH$_2$	1
			{π-C$_3$H$_5$	1
			2,3,5,6-Cl$_4$C$_6$H	1
			2-O-3-Me-5-i-PrC$_6$H$_2$N=NC$_6$H$_3$-2'-O-5'-Cl	1
			{C$_6$F$_5$	1
			ClO$_4$	1
			{C$_6$Cl$_5$	1
			ClO$_4$	1
			{1-C$_{10}$H$_6$-8-NMe$_2$	1
			Br	1
			{o-C$_6$H$_4$CMe=NNHPh	1
			Br	1
			{OMe	1
			Br	1

Y	q	Color and MP (°C)	Physicochemical Studies	Reference
(n-Pr)$_3$P	1	73–75	nmr	7857a
(n-Bu)$_3$P	1		nmr	7858
MePh$_2$P	1	183–185	ir, nmr	7859
Et$_2$PhP	1		nmr	7858
(p-MeC$_6$H$_4$)$_3$P	1		nmr	7858
Et$_3$As	1		nmr	7858
(n-Pr)$_3$As	1	72–73.5	nmr	7857a
Ph$_3$As	1	o-y, 238–239	cond	7860
(p-MeC$_6$H$_4$)$_3$As	1	o, 248–249	cond, nmr	7858, 7860
(3,5-Me$_2$C$_6$H$_3$)$_3$As	1	y, 248–249	cond	7860
CO	1		ir	7861
MeSEt	1		K	2329
Et$_2$S	1		K	2329
(i-Pr)$_2$S	1		K	2329, 7862
tetrahydrothiophene (S)	1		K	2329
MeSPh	1		K	2329
(PhCH$_2$)$_2$S	1		K	2329
PhSCH$_2$CH$_2$SPh	1		K	7863–7865
PhSeCH$_2$CH$_2$SePh	1		K	7864
			dm	7833
			ir, nmr	7866
			ir, nmr	7866
				7829
				7829
			nmr	7867
			nmr	7819
Ph$_3$P	2			7868
Ph$_3$As	2	w, 144		7869
Et$_3$P	2			7870
		187	ir, nmr	7825
		y, 70	ir, nmr	7836
cyclooctatetraene	1		ir	7840

TABLE 3.110.   (CONTINUED)

m	n	R	X	p
1	1	H	OMe	1
			Br	1
			SPh	1
			Br	1
			Br	2
			1-$C_{10}H_6$-8-NMe_2	1
			I	1
			o-C_6H_4CMe=NNHPh	1
			I	1
			I	2
			Cl	1
			π-CH_2CH=CHCH_2—(ferrocenyl) 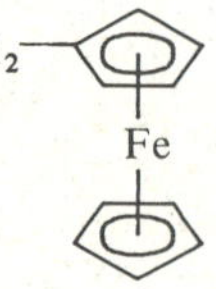	1
			Cl	1
			π-CH_2CMe=CHCH_2—(ferrocenyl) 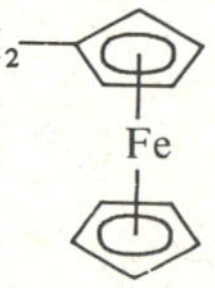	1
			Cl	1
			π-CH_2CMe=CMeCH_2—(ferrocenyl) 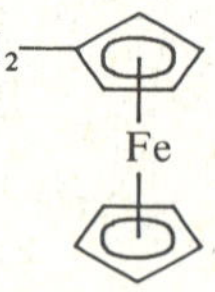	1
		2-Me	+	2
			H	1
			BPh_4	1
			MeCOCHCOMe	2
			MeCOCHCO$_2$Et	2
			Me_2C=CCOMe	1
			Cl	1
			Cl	2

Y	q	Color and MP (°C)	Physicochemical Studies	Reference
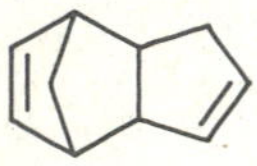 (cyclic diene structure)	1		ir	7840
		r-o, 250 dec	cond, ir	7846
				7394
(H$_2$NCH$_2$CH$_2$)$_2$NH	1		K	7817
terpy	1		K	7817
Ph$_3$As	1	o-r, 240–242	cond	7860
CO	1		ir	7861
		184	ir, nmr	7825
		y, 167	ir, nmr	7836
				7394
(H$_2$NCH$_2$CH$_2$)$_2$NH	1		K	7817
terpy	1		K	7817
Ph$_3$As	1	l-bw, 245–247	cond	7860
CO	1		ir	7861
		116–118 dec		7871
		118–120 dec		7871
		110–112 dec		7871
			p	7816, 7872
(Cyclohexyl)$_3$P	2	192–194	ir, nmr	6837
		y, 125	nmr	7873
		y, dec 84	nmr	7873
		y	ir, nmr	7875
(i-Pr)$_2$S	1		K	7862

TABLE 3.110. (CONTINUED)

m	n	R	X	p
1	1	2-Me	Cl	2
			C₆Cl₅	1
			ClO₄	1
		3-Me	+	2
			H	1
			BPh₄	1
			MeCOCHCOMe	2
			Cl	2
			C₆Cl₅	1
			ClO₄	1
		4-Me	+	2
			MeCOCHCOMe	2
			π-CH₂CH=CH₂	1
			Cl	1
			π-CH₂CMe=CH₂	1
			Cl	1
			BPh₄	1
			Cl	1
			Cl	1
			π-CH₂CCl=CH₂	1
			Cl	2
			C₆Cl₅	1
			ClO₄	1
			ClO₄	2
			Cl	1
			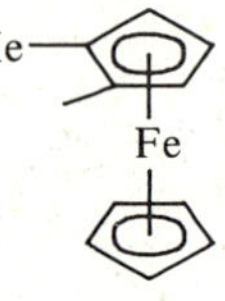 Me₂N=CMe—[ferrocenyl]	1
		2,3-Me₂	Cl	2
		2,4-Me₂	Cl	2

Y	q	Color and MP (°C)	Physicochemical Studies	Reference
PhSCH$_2$CH$_2$SPh	1		K	7863, 7865
Et$_3$P	2			7870
			p	7815, 7816, 7872
(Cyclohexyl)$_3$P	2	177–179 dec	ir, nmr	6837
		y, 90	nmr	7873
(i-Pr)$_2$S	1		K	7862
PhSCH$_2$CH$_2$SPh	1		K	7865
PhSeCH$_2$CH$_2$SePh	1		K	7865
Et$_3$P	2			7870
			p	7815, 7816, 7872
		y, dec 100		7873
			dm	7832, 7833
			dm, K, th	7622, 7832, 7833
Ph$_2$PCH$_2$CH$_2\overset{+}{P}$Ph$_2\bar{C}$HCOPh	1	y, 147 dec	cond, nmr	7876
			ir, nmr	7878
MeSEt	1		K	2329
Et$_2$S	1		K	2329
⟨S⟩	1		K	2329
MeSPh	1		K	2329
(PhCH$_2$)$_2$S	1		K	2329
PhSCH$_2$CH$_2$SPh	1		K	7864
PhS(CH$_2$)$_3$SPh	1		K	7864
Et$_3$P	2			7870
phen	2	y	nmr	7877
8-Me$_2$As-quin	2		nmr	7877
			ir, nmr	7878
PhSCH$_2$CH$_2$SPh	2		k	7863
(i-Pr)$_2$S	2		K	7862
PhSCH$_2$CH$_2$SPh	1		K	7863, 7865
PhSeCH$_2$CH$_2$SePh	1		K	7865

TABLE 3.110. (CONTINUED)

m	n	R	X	p
1	1	2,5-Me$_2$	Cl	2
		2,6-Me$_2$	MeCOCHCOMe	2
			Cl	2
		3,5-Me$_2$	H	1
			BPh$_4$	1
			MeCOCHCOMe	2
			Cl	2
		2,4,6-Me$_2$	H	1
			BPh$_4$	1
			1-C$_{10}$H$_6$-8-NMe$_2$	1
			Cl	1
			SbF$_4$	1
			Cl	1
			Cl	2
		2-CH$_2$CH=CH$_2$	Cl	2
			Br	2
		2-C$_6^-$H$_4$-o	t-BuCOCHCO-t-Bu	1
			Cl	1
		4-Ph	H	1
			BPh$_4$	1
		2-CHPhC$^-$H$_2$	Cl	1
		2-CH(p-C$_6$H$_4$Me)C$^-$H$_2$	Cl	1
		2,6-(NH$_2$)$_2$	Cl	2
		2-CH$_2$NH$_2$	NO$_2$	2
			Cl	2
			Br	2
		2-CH$_2$CH$_2$NH$_2$	Br	2
		2-CH$_2$NHMe	NCS	2
			Cl	2
			Br	2
			I	2
		2-CH=NMe	+	1
			(t-Bu)$_2$NO	1
		2-CH=NEt	+	1
			(t-Bu)$_2$NO	1
			Cl	2
		2-CH=N-n-Pr	Cl	2
		2-CH=N-i-Pr	Cl	2
		2-CH=N-n-Bu	Cl	2
		2-CH=NC$_6$H$_4$Me-p	Cl	2
		2-CH=NCH$_2$Ph	Cl	2
		2-CH=NNMe$_2$	Cl	2
		2-N$^-$N=NPh	Cl	1
			Br	1
			I	1

Y	q	Color and MP (°C)	Physicochemical Studies	Reference
PhSeCH$_2$CH$_2$SePh	1		K	7865
		y, dec 113	nmr	7873
CO	1			7874
PhSCH$_2$CH$_2$SPh	1		K	7863, 7865
PhSeCH$_2$CH$_2$SePh	1		K	7865
(Cyclohexyl)$_3$P	2	160–162 dec	ir, nmr	6837
CH$_2$Cl$_2$	0.5			
		y, 123 dec	nmr	7873
(i-Pr)$_2$S	2		K	7862
PhSCH$_2$CH$_2$SPh	1		K	7863, 7865
PhSeCH$_2$CH$_2$SePh	1		K	7865
(Cyclohexyl)$_3$P	2	170–172 dec	ir, nmr	6837
CH$_2$Cl$_2$	0.25	178	ir, nmr	7825
Et$_3$P	1	w, 194–196	ir, nmr	7849
PhSCH$_2$CH$_2$SPh	1		K	7863, 7865
PhSeCH$_2$CH$_2$SePh	1		K	7865
Et$_3$P	1	117	cond, ir, nmr, ram	7879
Et$_3$P	1	119	cond, ir, nmr, ram	7879
		226–227	nmr	7880, 7881
		y, dec 270	ir, ms	7880, 7882
(Cyclohexyl)$_3$P	2	172–173	ir, nmr	6837
		162–163 dec	ir, nmr, uv	7883
		148–150 dec	ir, nmr, uv	7883
H$_2$O	1			7884
			K, uv	7885
			K, uv	7885
			K, uv	7885
		y	cond, ir, msc, uv	7886
H$_2$O	1		cond, ir, uv	7887
			cond, ir, uv	7887
			cond, ir, uv	7887
			cond, ir, uv	7887
			nmr	7888
			nmr	7888
		221 dec	ir, nmr	7889
		ysh-bw	cond, msc	7890
		250	ir, nmr	7889
		173–175	ir, nmr	7889
		267 dec	ir, nmr	7889
		220 dec	ir, nmr	7889
		y		643
		y, dec 190	ir, msc, uv, xr	117
		o-y, dec 180	ir, msc, uv, xr	117
		o, dec 176	ir, msc, uv, xr	117

TABLE 3.110. (CONTINUED)

m	n	R	X	p
1	1	2-CH=NNH-2'-quin	NCS	2
			Cl	2
		2-CH=NN$^-$-2'-quin	+	1
		3-CN	Cl	2
			1-C$_{10}$H$_6$-8-NMe$_2$	1
			Cl	1
			Cl	2
		2-CH$_2$CH$_2$PPh$_2$	Cl	2
		2-CH(PPh$_2$)$_2$,6-Me	Cl	2
			Br	2
			I	2
		2-CH(CH$_2$PPh$_2$)$_2$,6-Me	Cl	2
			Br	2
			I	2
		2-NHPPh$_2$,4-Me	Cl	2
		2-NHPPh$_2$,6-Me	Cl	2
		2-CH$_2$CH$_2$AsPh$_2$	Cl	2
		4-CH$_2$OH	H	1
			BPh$_4$	1
		2-CH=NO$^-$	Cl	1
		2,6-(N=CHC$_6$H$_4$OH-o)$_2$	Cl	2
		2-CH=NC$_6$H$_4$O$^-$-o	Cl	1
		2-CH$_2$CH$_2$N=CHC$_6$H$_4$O$^-$-o	Cl	1
		2-CH$_2$CH$_2$N=CH-1-C$_{10}$H$_6$-2-O$^-$	Cl	1
		2-CH$_2$CH$_2$N=CMeC$_6$H$_4$O$^-$-o	Cl	1
		2-CH$_2$CH$_2$N=C(n-Pr)C$_6$H$_4$O$^-$-o	Cl	1
		2-CH$_2$CH$_2$N=C(n-Bu)C$_6$H$_4$O$^-$-o	Cl	1
		2-NHN=CHC$_6$H$_4$OH-o	Cl	2
		2-N=NC$_6$H$_4$O$^-$-o	+	1
		2-N=N-1'-C$_{10}$H$_6$-2'-OH	Cl	2
		2-N=N-1'-C$_{10}$H$_6$-2'-O$^-$	+	1
		2-N=NC$_6$H$_2$-2'-O$^-$-4'-NHEt-5'-Me	+	1

Y	q	Color and MP (°C)	Physicochemical Studies	Reference
			uv	7891
			uv	7891
			K, uv	653
MeSEt	1		K	2329
Et$_2$S	1		K	2329
(i-Pr)$_2$S	1		K	2329, 7862
⟨S⟩	1		K	2329
MeSPh	1		K	2329
(PhCH$_2$)$_2$S	1		K	2329
PhSCH$_2$CH$_2$SPh	1		K	7863–7865
PhSeCH$_2$CH$_2$SePh	1		K	7865
		200	ir, nmr	7825
MeSEt	1		K	2329
Et$_2$S	1		K	2329
(i-Pr)$_2$S	1		K	2329, 7862
⟨S⟩	1		K	2329
MeSPh	1		K	2329
(PhCH$_2$)$_2$S	1		K	2329
PhSCH$_2$CH$_2$SPh	1		K	7863, 7865
		y, 206	cond, ir	7239
			ir, uv	2487
			ir, uv	2487
			ir, uv	2487
			ir, uv	2487
			ir, uv	2487
			ir, uv	2487
		pk-y	cond, ir, msc, uv, nmr	2214
H$_2$O	1	y	cond, ir, msc, uv, nmr	2214
		y, 203 dec	cond, ir	7239
(Cyclohexyl)$_3$P	2	123–125	ir, nmr	6837
		y	ir	7240, 7892
H$_2$O	0.5	y, 290		2156
			uv	7893
			ir, msc, uv	704
			ir, msc, uv	704
			ir, msc, uv	704
			ir, msc, uv	704
			ir, msc, uv	704
H$_2$O	0.5	bw	cond, msc	646
			K, uv	706
			uv	7894
			uv	719, 1247, 7895
			uv	7896

TABLE 3.110. (CONTINUED)

m	n	R	X	p
1	1	2-N=NC$_6$H$_3$-2'-O$^-$-4'-OH	+	1
		2-N=N-4'-C$_{10}$H$_6$-1'-O$^-$	+	1
		2-CH(OMe)C$^-$H$_2$	Cl	1
		2-CH(OEt)C$^-$H$_2$	Cl	1
		2-CH(O-i-Pr)C$^-$H$_2$	Cl	1
		2-CH(p-C$_6$H$_4$OMe)C$^-$H$_2$	Cl	1
		2-N=NC$_6$H$_3$-2'-O$^-$-3'-OMe	+	1
		2-N=NC$_6$H$_3$-2'-O$^-$-3'-OMe,5-[N-Me-piperidinyl]	+	1
		2-CON$^-$CH$_2$CH$_2$NHMe	Cl	1
		2-CON$^-$CH$_2$CH$_2$NHPh	Cl	1
		2-CON$^-$(CH$_2$)$_3$NHMe	Cl	1
		2-CON$^-$CH$_2$CH$_2$NMe$_2$	Cl	1
		2-CON$^-$CH$_2$CH$_2$NEt$_2$	Cl	1
		2-CON$^-$(CH$_2$)$_3$NMe$_2$	Cl	1
		2-CO$_2^-$	π-CH$_2$CH=CH$_2$	1
			π-CH$_2$CMe=CH$_2$	1
			π-CHMeCH=CH$_2$	1
			π-CMe$_2$CH=CH$_2$	1
			π-CH$_2$C(t-Bu)=CH$_2$	1
			π-CH(t-Bu)CMe=CH$_2$	1
		2-CH$_2$NHCONMe$_2$	Cl	2
			Br	2
		2-NHCONHN$^-$CONH$_2$	Cl	1
		2-CH=NOCOMe	Cl	2
		2-CH(m-C$_6$H$_4$NO$_2$)C$^-$H$_2$	Cl	1
		2-CH$_2$CH$_2$N=CHC$_6$H$_3$-2'-O$^-$-5'-NO$_2$	Cl	1
		2,6-(CH$_2$S$^-$)$_2$		
		2-CH$_2$CH$_2$S$^-$	Cl	1
		2-CH$_2$SMe	NCS	2
			Cl	2
			Br	2
			I	2
		2-CH$_2$CH$_2$SMe	NCS	2
			Cl	2
			Br	2
			I	2
		2-CON$^-$CH$_2$CH$_2$SEt	Cl	1
			Br	1
		2-CH$_2$N$^-$COCH$_2$SEt	NCS	1
			Cl	1
			Br	1
		2-CH=NN$^-$-(benzothiazol-2-yl)	+	1
		2-CSNH$_2$	NCS	2

Y	q	Color and MP (°C)	Physicochemical Studies	Reference
			K, uv	719, 1247, 7897–7903
			uv	7896
			nmr, uv	7905
			nmr, uv	7905
			nmr, uv	7905
		128–131 dec	ir, nmr, uv	7883
			uv	7906
			uv	7906
H$_2$O	x		ir, uv, nmr	7907
			ir, uv, nmr	7907
H$_2$O	x		ir, uv, nmr	7907
H$_2$O	x		ir, uv, nmr	7907
H$_2$O	x		ir, uv, nmr	7907
H$_2$O	x		ir, uv, nmr	7907
		w, 170–172	nmr	7908, 7909
Me$_2$PhP	1		nmr	7908
		w, 128–130	nmr	7909
		w, dec 145	nmr	7909
		w, 140 dec	nmr	7909
		w, 160	nmr	7909
		w, 175 dec	nmr	7909
			ir, msc, nmr, uv	817
			ir, msc, nmr, uv	817
			msc, qch, uv	824
		y	ir	7240, 7892
		145–148 dec	ir, nmr, uv	7883
			ir, msc, uv	704
		bk	nmr, uv	837
		bw-o	cond, msc	7279
			cond, msc	126
			cond, msc	126
			cond, msc	126
			cond, msc	126
		y	cond, nmr	127
		y	cond, nmr	127
		y	cond, nmr	127
		y	cond, nmr	127
			ir, nmr, uv	7907
			ir, nmr, uv	7907
		y	ir, uv	841
		y	ir, uv	841
		y	ir, uv	841
			K, uv	653
			cond, ir, uv	7887

TABLE 3.110. (CONTINUED)

m	n	R	X	p
1	1	2-CSNH$_2$	Cl	2
			Br	2
			I	2
		4-CSNH$_2$, 2-Et	+	2
		2-CSNHMe, 4-Me	Cl	2
		2-CH=NN$^-$CSNH$_2$	+	1
		2-CH=NN$^-$CSNH$_2$, 6-Me	+	1
		2-CH=NN$^-$CS$_2$Me	+	1
		2-N=N-2'-C$_{10}$H$_5$-1'-O$^-$-4'-SO$_3$H,5—(N-methylpiperidinyl)	+	1
		2-N=N-2'-C$_{10}$H$_5$-1'-O$^-$-5'-SO$_3$H,5—(N-methylpiperidinyl)	+	1
		2,4,6-Me$_3$, 3,5-(CF$_3$)$_2$	Cl	2
		3-Cl	Cl	2
		3-Cl, 6-N=NC$_6$H$_3$-2',4'-(NH$_2$)$_2$	+	2
		2-CH$_2$CH$_2$N=CHC$_6$H$_3$-2'-O$^-$-5'-Cl	Cl	1
		3-Br, 6-N=N-2'-C$_{10}$H$_6$-1'-O$^-$	+	1
		3-Br, 6-N=NC$_6$H$_2$-2'-O$^-$-4'-NHEt-5'-Me	+	1
		3-Br, 6-N=NC$_6$H$_3$-3'-O$^-$-4'-NEt$_2$	+	1
		3,5-Br$_2$, 2-N=NC$_6$H$_2$-2'-O$^-$-4'-NHEt-5'-Me	+	1
		3,5-Br$_2$, 2-N=NC$_6$H$_3$-3'-O$^-$-4'-NEt$_2$	+	1
		2-(Me$_4$-cyclopentadienyl)Fe(cyclopentadienyl)	MeCOCHCOMe	1
			Cl	1
	2	H	+	2
			N$_3$	2
			PhNN=NPh	2
			C(CN)$_3$	2
			OH	2
			(2-furyl)—C(=NOH)C(=NO)—(2-furyl)	2
			MeCOCHCO$_2$Et	2

1646

Y	q	Color and MP (°C)	Physicochemical Studies	Reference
			cond, ir, uv	7887
			cond, ir, uv	7887
			cond, ir, uv	7887
			uv	7910
		o	ir, nmr, uv	848
			K, p, uv	855
		y		7738
		pk	uv	2053
			K, uv	1449
			uv	1450
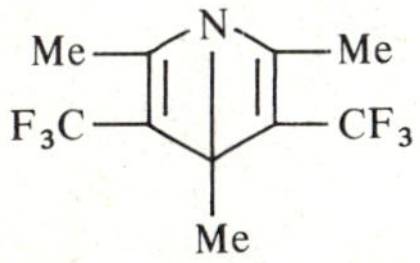 Me—N—Me, F₃C—⬡—CF₃, Me	1		xr	7911–7913
(i-Pr)₂S	1		K	7862
PhSCH₂CH₂SPh	2		K	7863, 7865
PhSeCH₂CH₂SePh	2		K	7863, 7865
			K, uv	7914
			ir, msc, uv	704
			uv	7904
			uv	7896
				7915
			uv	7896
				7915
		o, 151–152	nmr	7916
		rsh, 240 dec	nmr	7916
Ph₃P	1	o, 136–138 dec	nmr	7916
phen	1		uv	7818
			K, p	7817, 7918
PhH	1	o	msc	7031
		185–187	ir, uv	7920
				7919
				7921
			nmr	7922

TABLE 3.110. (*CONTINUED*)

m	n	R	X	p
1	2	H	MeCOCHCO$_2$Et	2
			{ MeCOCHCOMe	1
			{ CH(CO$_2$Me)CH(CO$_2$Me)CH=CHOMe	1
			{ CH=CHMe	1
			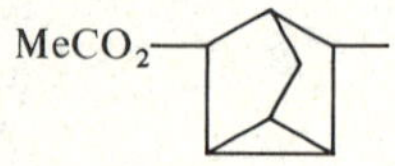 { MeCO$_2$–[norbornyl]	1
			NCO	2
			MeCO$_2$	2
			NO$_2$	2
			{ 1-C$_{10}$H$_6$-8-NMe$_2$	1
			{ NO$_3$	1
			NO$_3$	2
			NO$_3$	2
			NCS	2
			PhCSO	2
			EtOCS$_2$	2
			PhSO$_2$	2
			p-MeC$_6$H$_4$SO$_2$	2
			SO$_4$	1
			SeCN	2
			{ C$_6$H$_3$-2-CH$_2$NEt$_2$-4-Me	1
			{ PF$_6$	1
			{ *o*-C$_6$H$_4$CMe=NNHPh	1
			{ PF$_6$	1
			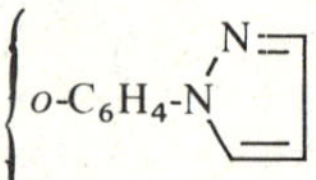 { *o*-C$_6$H$_4$-N(pyrazolyl)	1
			{ PF$_6$	1
			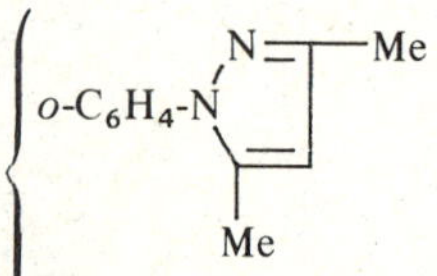 { *o*-C$_6$H$_4$-N(3,5-Me$_2$-pyrazolyl)	1
			{ PF$_6$	1

Y	q	Color and MP (°C)	Physicochemical Studies	Reference
H_2O	0.5	y, dec 99	nmr	7873
		l-y, 99–102 dec	nmr	7923
				7932
			cond, ir	7924–7929
		y	dm, ir	7930, 7931
		y	ir, msc, uv	7933
NH_3	2		K	7929, 7934
$PhCH_2CH_2NHC(=NH)NHC(=NH)NH_2$	1		uv	7934
		172	ir, nmr	7825
				7929
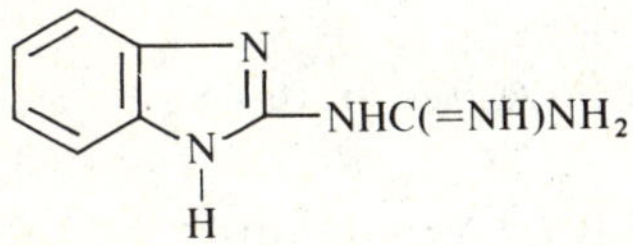 benzimidazol-2-yl–NHC(=NH)NH$_2$	2	bw	msc, uv	7935
			cond, ir, K, p, tha, uv	998, 7827, 7917, 7918, 7936–7942
			ir, msc, xr	26, 7943
			uv	7944
		w, 160–170 dec	cond, ir	7828, 7945
		w, 170 dec	cond, ir	7828, 7945
H_2O	1	o	ir	7946
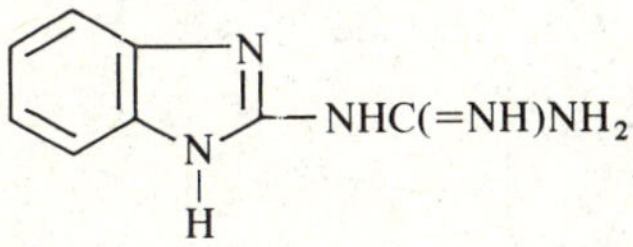 benzimidazol-2-yl–NHC(=NH)NH$_2$	2	y	msc, uv	7935
			cond, ir	7947
		w, 127–128	nmr	7881
		y, 205	ir, nmr	7836
		w, dec 200	nmr	7881
				7881

TABLE 3.110. (CONTINUED)

m	n	R	X	p
1	2	H	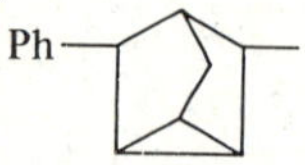 Ph-[norbornane]	1
			Cl	1
			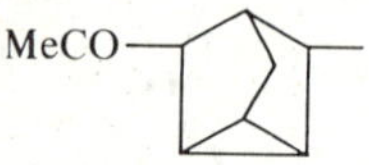 MeCO-[norbornane]	1
			Cl	1
			CH$_2$CO$_2$H	1
			Cl	1
			CH$_2$CO$_2$Me	1
			Cl	1
			CH$_2$CO$_2$Et	1
			Cl	1
			CH(CO$_2$Me)CH(CO$_2$Me)CH=CH$_2$	1
			Cl	1
			CH(CO$_2$Me)CH(CO$_2$Me)CH=CHOMe	1
			Cl	1
			CH(CO$_2$Me)CH(CO$_2$Me)CH=CHOEt	1
			Cl	1
			CH(CO$_2$Me)CH(CO$_2$Me)CH=CHO-i-Pr	1
			Cl	1
			CH$_2$COCH$_2$CO$_2$Et	1
			Cl	1
			CH$_2$COCH$_2$CO$_2$CH$_2$Ph	1
			Cl	1
			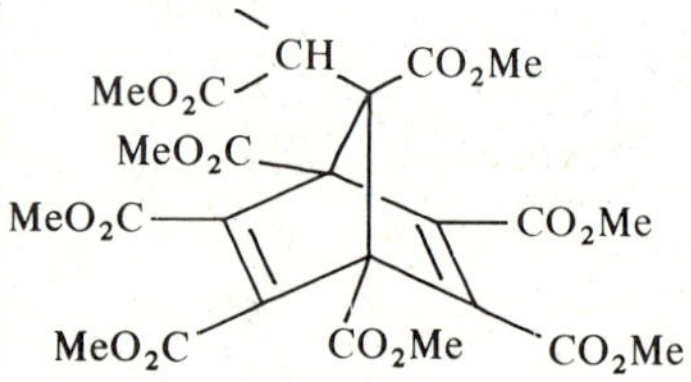 [polycyclic structure with MeO$_2$C, CH, CO$_2$Me substituents]	1
			Cl	1
			Cl	2

Y	q	Color and MP (°C)	Physicochemical Studies	Reference
				7948
				7949, 7950
				7951
				7951
				7951
		y, 146–148 dec	nmr	7923
		l-y, 111–114 dec y, 119–121 dec	nmr	7829, 7923
		l-y, 104–107 dec	nmr	7923
		l-y, 123–125	nmr	7923
		110 dec	K, nmr	7953, 7954
		107 dec	K, nmr	7951, 7953, 7954
			xr	7952
		ysh, 100 (cis → trans)	cond, ir, K, nqr, th, uv, xr, xrp	1052, 7177, 7620, 7748, 7767, 7850, 7854, 7855, 7862, 7863, 7865, 7928, 7955–7977
NH$_3$	2		K	7823, 7855
H$_2$NCH$_2$CH$_2$NH$_2$	2		K	7823
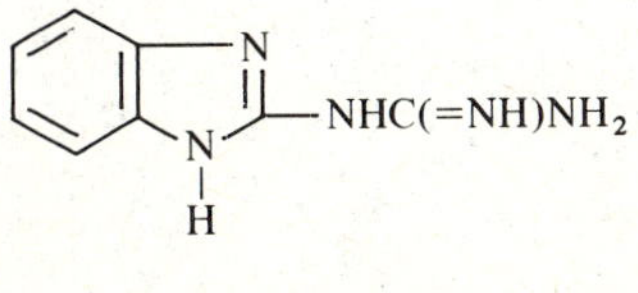 benzimidazol-2-yl–NHC(=NH)NH$_2$	2	l-y	msc, uv	7935

TABLE 3.110.   (CONTINUED)

m	n	R	X	p
1	2	H	Cl	2
			$\begin{cases} - \\ Cl \end{cases}$	1 3
			$\begin{cases} CH(CO_2Me)CH(CO_2Me)CCl=CH_2 \\ CF_3COCHCOCF_3 \end{cases}$	1 1
			$\begin{cases} CH(CO_2Me)CH(CO_2Me)CCl=CH_2 \\ Cl \end{cases}$	1 1
			SC_6Cl_5	2
			ClO_4	2
			$\begin{cases} MeO\text{—}\langle\text{norbornyl}\rangle \\ \\ Br \end{cases}$	1 1
			$\begin{cases} CH(CO_2Me)CH(CO_2Me)CCl=CH_2 \\ Br \end{cases}$	1 1
			Br	2
			I	2
			$PtCl_4$	1
		d_5	Cl	2
		2-Me	OH	2
			$MeCOCHCO_2Et$	2
			NCO	2
			NCS	2
			$\begin{cases} CH_2COCH_2CO_2CH_2Ph \\ Cl \end{cases}$	1 1
			Cl	2
			$\begin{cases} - \\ Cl \end{cases}$	1 3

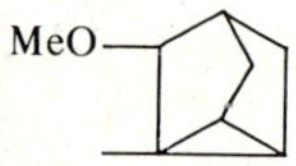

Y	q	Color and MP (°C)	Physicochemical Studies	Reference
PhCH$_2$CH$_2$NHC(=NH)NHC(=NH)NH$_2$	1		ir, msc	7934
H$_2$O	1		K	7966, 7969
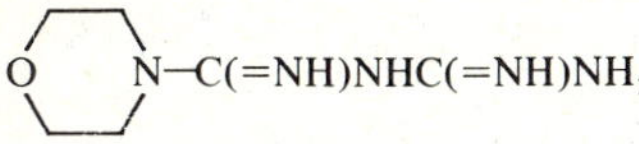 O⟨⟩N—C(=NH)NHC(=NH)NH$_2$	1		msc	7978
C$_{10}$H$_7$NHCSNH$_2$	2	bw, 138 dec	cond, ir	7979
			K	7980
		y, 79–81	nmr	7829, 7923
		l-y, 120–122 dec	nmr, xr	7829, 7923
				7981
phen	1	w		7983
bipy	1	l-g		7982
			xr	7984
		l-y, 131–133 dec	nmr	7923
		ysh-o, y	cond, ir, K	7917, 7936, 7956, 7957, 7959, 7962, 7965, 7972, 7985
MeNHC(=NH)NHC(=NH)NHMe	1	ysh		7986
		bwsh-o	cond, ir, K, th, tha	7917–7919, 7936, 7962, 7965, 7970, 7985, 7987–7989
				7855
			ir	7974
			dc	7919
			nmr, xr	7922
			cond, ir	7924–7926, 7928
			ir, tha, uv	7939, 7940, 7995, 7996
		104 dec	K	7954
			ca, ir, K, ram, th, tha	7862, 7863, 7956, 7967, 7968, 7997
C$_{10}$H$_7$NHCSNH$_2$	2	bw, 134	cond, ir	7979
			K	7980

TABLE 3.110.   (CONTINUED)

m	n	R	X	p
1	2	2-Me	Br	2
			I	2
		3-Me	N$_3$	2
			NCS	2
			Cl	2
			{ —	1
			{ Cl	3
			Br	2
			I	2
			BPh$_4$	2
			N$_3$	2
			NCO	2
			NCS	2
			NCSe	2
			{ CH$_2$COCH$_2$CO$_2$CH$_2$Ph	1
			{ Cl	1
		4-Me	Cl	2
			{ —	1
			{ Cl	3
			Br	2
			I	2
		2,3-Me$_2$	Cl	2
		2,4-Me$_2$	NCS	2
			Cl	2
			{ —	1
			{ Cl	3
			I	2
		2,5-Me$_2$	Cl	2
		2,6-Me$_2$	NCS	2

Y	q	Color and MP (°C)	Physicochemical Studies	Reference
		y-r	ca, ir, K	7956, 7957, 7974
		rsh-o	cond, K, ir, tha	7974, 7985, 7987, 7996
			K	7917
			ir, K, tha, uv	7917, 7939–7941, 7995
			ca, ir, K, ram, tha	7862, 7967, 7968, 7997
$C_{10}H_7NHCSNH_2$	2	bw	cond, ir	7979
			K	7980
			ca, ir, K	7917, 7974
			K, th, tha	7917, 7974, 7987
$\begin{cases} Ph_2PCH_2CH_2\overset{+}{P}Ph_2\overset{-}{C}HCOPh \\ CH_2Cl_2 \end{cases}$	1 0.5	y-bw, dec 120	cond, nmr	7876
			K	7917
			cond, ir	7924–7926, 7928
			ir, K, tha	7917, 7939, 7940, 7995, 7996
			cond, ir	7947
		105 dec	K	7953, 7954
			ca, ir, K, ram, tha	7928, 7965, 7967, 7968, 7970, 7974, 7997
$C_{10}H_7NHCSNH_2$	2	bw	cond, ir	7979
			K	7980
			ir, K	7917, 7965, 7974
			ir, K	7917, 7965, 7970, 7974, 7987
			K	7863, 7967
			K	7939, 7940, 7995
			K, th, tha	7862, 7863, 7865, 7968
$C_{10}H_7NHCSNH_2$	2	bw, dec 138	cond, ir	7979
			K	7980
			th, tha	7987
			K	7865
			ir, tha	7830, 7831, 7995

TABLE 3.110. (CONTINUED)

m	n	R	X	p
1	2	2,6-Me$_2$	CH$_2$COCH$_2$CO$_2$CH$_2$Ph	1
			Cl	1
			Cl	2
			—	1
			Cl	3
		3,4-Me$_2$	I	2
			N$_3$	2
			NCS	2
			Cl	2
			Br	2
			I	2
		3,5-Me$_2$	N$_3$	2
			NCS	2
			Cl	2
			Br	2
			I	2
		2,3,6-Me$_3$	—	1
			Cl	3
		2,4,6-Me$_3$	OH	2
			NCS	2
			Cl	2
			—	1
			Cl	3
			I	2
		4-Et	Cl	2
			I	2
		4-Pentyl	NO$_2$	2
			NO$_3$	2
		2-Ph	Cl	2
	1	H		
	1	2-CHPhC$^-$H$_2$	Cl	1
	1	H		
	1	2-CH(p-C$_6$H$_4$Me)C$^-$H$_2$	Cl	1
	2	2-NH$_2$	NCO	2
			Cl	2
		3-NH$_2$	NCS	2
		4-NH$_2$	NCS	2
			NCSe	2
		2,6-(NH$_2$)$_2$	NCO	2
		2-N=N-1'-C$_{10}$H$_7$,5-[N-methylpiperidin-2-yl]	+	2
		4-N$_3$	N$_3$	2

Y	q	Color and MP (°C)	Physicochemical Studies	Reference
		136 dec		7953, 7954
			K, tha	7863, 7865, 7968
$C_{10}H_7NHCSNH_2$	2	bw	cond, ir	7979
			K	7980
			tha	7987
			K	7917
			K	7917
			th, tha	7965, 7968
			K	7917, 7965
			ca, K, th, tha	7917, 7965, 7990
			K	7917
			K	7917
			ca, K, tha	7862, 7863, 7865, 7968
			K	7917
			K, th, tha	7917, 7987
			K	7980
			dc	7917
			ir	7939
			K	7863, 7865
			K	7980
				7919
			ca, ir	7970, 7974
			ca, ir	7970, 7974
			ir	7998
		y, 131–132.5	ir	7999
				8000
		126–128 dec	ir, nmr, uv	7883
		128–130 dec	ir, nmr, uv	7883
			K, uv	8001
		y		8002
			ir	7995
			ir	7995, 8002
			ir	7947
		o-y	K, uv	8001
			K, uv	3955
				2340

1657

TABLE 3.110. (CONTINUED)

m	n	R	X	p
1	2	4-N$_3$	NO$_2$	2
			NCS	2
			Cl	2
		2-CN	Cl	2
		3-CN	Cl	2
		4-CN	NCS	2
			Cl	2
			I	2
		2-PPh$_2$	Cl	2
		2-CH$_2$CH$_2$PPh$_2$	Cl	2
			ClO$_4$	2
		2-CH$_2$CH$_2$PPh$_2$,6-Me	Cl	2
			ClO$_4$	2
		2-CH$_2$CH$_2$AsMe$_2$	ClO$_4$	2
		2-CH$_2$CH$_2$AsPh$_2$	Cl	2
			ClO$_4$	2
		2-CH$_2$O$^-$		
	1	2-CH=NOH		
	1	2-CH=NO$^-$	NO$_3$	1
	2		Cl	1
			I	1
	2	2-CH=NO$^-$		
			H	1
			NO$_3$	1
			NO$_3$	1
			Ag	1
	1	2-CPh=NOH		
	1	2-CPh=NO$^-$	Cl	1
	2	2-CPh=NO$^-$		
		2-N=CHC$_6$H$_4$O$^-$-o		
		2-N=CH-1'-C$_{10}$H$_6$-2'-O$^-$		
		2-CH$_2$CH$_2$N=CHC$_6$H$_4$O$^-$-o		
		2-N=NC$_6$H$_4$O$^-$-o		
		2-N=N-2'-C$_{10}$H$_6$-1'-O$^-$		
		2-N=NC$_6$H$_3$-3'-O$^-$-4'-NEt$_2$		
		2-N=NC$_6$H$_3$-2'-O$^-$-4'-OH,5-⟨N-Me piperidyl⟩		
		4-OMe	NCS	2
		2,6-(OMe)$_2$	NCS	2
	1	H		
	1	2-CH(p-C$_6$H$_4$OMe)C$^-$H$_2$	Cl	1
	2	4-CHO	N$_3$	2
			NCS	2

Y	q	Color and MP (°C)	Physicochemical Studies	Reference
				2340
				2340
				2340
		y	ir, msc, uv	7235
			ir, K, msc, uv	7235, 7862, 7863, 7865
			ca, ir, K	7917, 7974, 8003
		y	ca, ir, K, msc, uv	7235, 7962, 7963, 7966
			ca, ir, K	7917
		y, 234–247	cond, msc	147
		y	cond, ir	7237, 8004
		w, 272 dec	cond, ir	7237, 8004
				8004
				8004
		l-y	cond	125
		y	cond, ir	7237
		w, 246 dec	cond, ir	7237
H_2O	1		ir	1226
				8005
			cond, ir, msc	7240, 7242
				8005
		y	cond, ir, msc	3461, 7240, 7242, 7892, 8006
				3461
				2040
		y	cond, ir, msc	4735
		y	cond, ir, msc	4735, 8007
		o	msc, uv	1238
		d-r, o, 253–255	msc, uv	701, 1238
		y	ir, msc, uv	1241
			K, uv	706
			K, uv	8008
			uv	7915
			uv	8009
			ir	7995
			ir	7995
		125–127 dec	ir, nmr, uv	7883
			K	7917
			K	7917

TABLE 3.110. (CONTINUED)

m	n	R	X	p
1	2	4-CHO	Br	2
			I	2
		4-COMe	NCSe	2
		2-CON$^-$H		
		3-CONH$_2$	Cl	2
		4-CONH$_2$	Cl	2
		2-CON$^-$Me		
		4-CONHNH$_2$	NCS	2
		2-CO$_2^-$		
		2-CO$_2^-$,5-NH$_2$		
		2-CO$_2^-$,4-CONHCH$_2$CH=CH$_2$		
		2-CO$_2^-$,4-CONHCH$_2$CH=CH$_2$,6-Me		
		2-CO$_2^-$,4-CON(cyclohexyl)$_2$P		
		2-CO$_2^-$,4-CON(cyclohexyl)$_2$,6-Me		
		2-CO$_2^-$,4-CON(CH$_2$CH$_2$OH)$_2$		
		2-CO$_2^-$,4-CON(CH$_2$CH$_2$OH)$_2$,6-Me		
		2-CO$_2^-$,4-CO—N(morpholino)		
		2-CO$_2^-$,4-CO—N(morpholino),6-Me		
		3-CO$_2$H	Cl	2
		4-CO$_2$H	Cl	2
		3-CO$_2$Me	Cl	2
		4-CO$_2$Me	NCS	2
			Cl	2
			Br	2
			I	2
		2-CH$_2$CONH$_2$	Cl	2
		2-CH$_2$CO$_2^-$		
		3-COC$^-$HCOMe		
		2-NHCOMe	Cl	2
			Br	2
		2-N$^-$COMe		
		2-N=N-1'-C$_{10}$H$_5$-2'-CONPh-3'-OH	+	2
		4-NO$_2$	NCS	2
	1	H		
	1	2-CH(m-C$_6$H$_4$NO$_2$)C$^-$H$_2$	Cl	1
	2	2-N=NC$_6$H$_2$-2-O$^-$-4-OH-6-NO$_2$		
		2-NHPOPh$_2$	Cl	2
		2-CH$_2$CH$_2$S$^-$		
		2-CH$_2$SMe	ClO$_4$	2
		2-CH$_2$CH$_2$SMe	ClO$_4$	2
		2-CSN$^-$Me,4-Me		
		2-CSN$^-$Me,4-Me,6-CSNHMe		
		2-CSN$^-$-s-Bu		
		2-CSN$^-$Ph		
		2-C$^-$HCSPh		
		2-CHPhCSNH$_2$	Cl	2

Y	q	Color and MP (°C)	Physicochemical Studies	Reference
			K	7917
			K	7917
			K	7947
			ir	7257
H_2O	2		ir	1270, 7257
		y, > 300, 136 dec	ir, msc	8010, 8011
		138 dec		8010
H_2O	2	y	ir, msc, uv	767
			ir	1219
			epr, msc	1340
				8012
			ir	8013
			ir	8013
			ir	8013
			ir	8013
			ir	8013
			ir	8013
			ir	8013
			ir	8013
		dec 170		8010
		dec 165	ca, ir	7974, 8010
		132 dec		8010
			ir	8003
		147 dec	ir	7974, 8010
			ir	7974
			ir	7974
			ir, msc, uv	814
				1387
			msc, uv	1392
		l-y	ir, msc	1393
		ysh-bw	ir, msc	1393
H_2O	4	y	ir, msc	1393
		g	uv	8014
			ir	8003
		134–136 dec	ir, nmr, uv	7883
			K, uv	8003
		270–274	ir	2983
		y	cond, ir, msc, uv	7279
		l-y	cond, nmr	126
		l-y	cond, nmr	127
			ir, nmr, uv	848
H_2O	1		ir, nmr, uv	848
		181–183	ir, uv	1416
		bw		1421
		r, 278–279	uv	82
		r	ir, nmr	1439

TABLE 3.110. (CONTINUED)

m	n	R	X	p
1	2	2-NHCSNHCH$_2$CH=CH$_2$	Cl	2
		2-NHCSNHPh	Cl	2
		2-F	NCS	2
		3-COC$^-$HCOCF$_3$		
		2-Cl	NCS	2
		3-Cl	NCS	2
			Cl	2
			$\begin{cases} - \\ Cl \end{cases}$	1 / 3
			I	2
		3-Cl,6-NH$_2$	Cl	2
		4-Cl	NCS	2
			Cl	2
			$\begin{cases} - \\ Cl \end{cases}$	1 / 3
			Br	2
			I	2
	{1	2-C$^-$H$_2$		
	{1	2-CH$_2$Cl	Cl	1
	2	3-COCl	Cl	2
		4-COCl	Cl	2
		2-CO$_2^-$,4-COCl		
		2-CO$_2^-$,4-COCl,6-Me		
		2-Br,6-SiMe$_3$	Cl	2
		3-Br,6-NH$_2$	Cl	2
		3-I,6-NH$_2$	Cl	2
		2-Fc (ferrocenyl)	Cl	2
	3	H	$\begin{cases} C_6F_5 \\ ClO_4 \end{cases}$	1 / 1
	{1	2-SH		
	{2	2-S$^-$		
	4	H	+	2
			PF$_6$	2
			Cl	2
			Cr$_2$O$_7$	1
			PtCl$_4$	1
		3-Me	+	2
		4-Me	+	2
		2-NH$_2$	PtCl$_4$	1

Y	q	Color and MP (°C)	Physicochemical Studies	Reference
H_2O	2	o, 89	cond, ir, msc, uv	130
		162	ir, msc, uv	131
		o, 124	ir, msc	132
			ir	7995
			msc, uv	1392
			ir	7995
			ir, K	7917, 7995
			K	7862, 7863, 7865, 7971
			K	7980
			K	7917
		y		8002
			ir	7995
			K	7965
			K	7980
			K	7965
			K	7965
		dec 140	ir, uv	8016
		132 dec		8010
		127 dec		8010
		y, dec 250	ir	8013
			ir	8013
		dec 173	nmr	8017
		y		8002
		y		8002
		bwsh, 185–190 dec	nmr	7916
		w, 159 dec	cond, ir	7869
		r	ir, msc, uv	8018
			ca, K, p	2187, 8019, 8020
		dec 250	nmr	7881
		ysh		7767, 7855, 7955
				7936, 7941, 8021
		y		8022
			p	8023
			p	8023
				8002

TABLE 3.110. (CONTINUED)

m	n	R	X	p
1	4	2-N=N-1'-C$_{10}$H$_5$-2'-(CONHC$_6$H$_4$OMe-p)-3'-OH,5'-[1-methylpiperidin-2-yl] 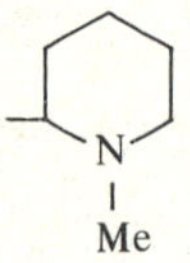	+	2
		2-SH	Cl	2
2	1	H	Cl	2
		2,6-(N=CHC$_6$H$_4$O$^-$-o)$_2$	MeCO$_2$	2
		2,6-(CH=NC$_6$H$_4$O$^-$-o)$_2$	Cl	2
	2	H	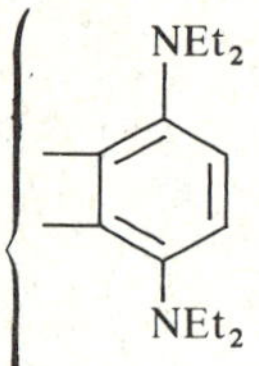 [1,2-bis(NEt$_2$)benzene]	1
			PF$_6$	1
			Cl	1
			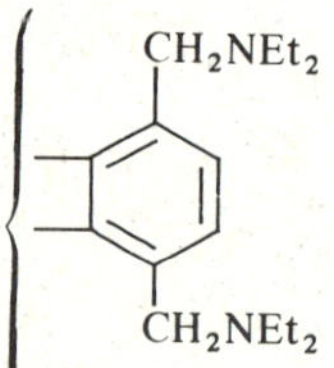 [1,2-bis(CH$_2$NEt$_2$)benzene]	1
			PF$_6$	1
			Cl	1
			π-CH$_2$=CHCHCH$_2$CH$_2$CHCH=CH$_2$	1
			Cl	2
	3	2-NHN=CHC$_6$H$_4$OH-o	Cl	4
	4	H	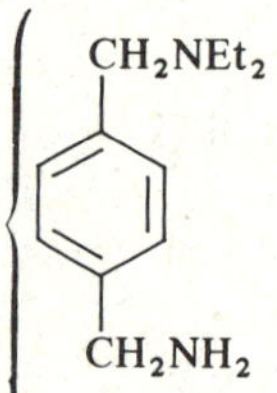 [1-CH$_2$NEt$_2$-4-CH$_2$NH$_2$-benzene]	1
			Cl	2
3	4	2-N=NC$_6$H$_4$-2',4'-(O$^-$)$_2$	+	2
	2	2-CH=NOH		
	2	2-CH=NO$^-$	Cl	4

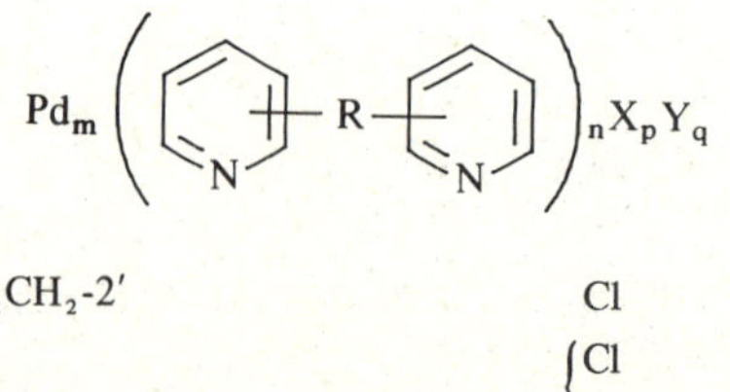

$$Pd_m \left(\begin{array}{c} \text{py}-R-\text{py} \end{array} \right)_n X_p Y_q$$

m	n	R	X	p
1	1	2-CH$_2$CH$_2$NHCH$_2$CH$_2$-2'	Cl	2
			Cl	1
			ClO$_4$	1

	Y	q	Color and MP (°C)	Physicochemical Studies	Reference
				uv	1407
					8018
	MeCH=CH$_2$	1		xrp	8024
	H$_2$O	1	r, 320 dec		2156
			d-bw, dec 130		703
					7881
					8025
				ir, nmr	8026
	H$_2$O	1	bw		646
			205–208 dec	nmr	8027
				uv	7902
					8005

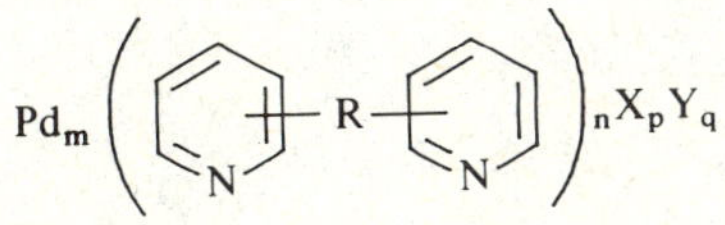

$$Pd_m \left(\underset{N}{\bigcirc} - R - \underset{N}{\bigcirc} \right)_n X_p Y_q$$

	Y	q	Color and MP (°C)	Physicochemical Studies	Reference
	H$_2$O		2	y	cond, ir, uv, xr	1612
			1-y	cond, ir, uv, xr	1612

TABLE 3.110.   (CONTINUED)

m	n	R	X	p
1	1	2-CH$_2$CH$_2$NHCH$_2$CH$_2$-2'	ClO$_4$	1
			Br	1
			Br	2
			I	2
		2-CH$_2$NHCH$_2$CH$_2$NHCH$_2$-2'	PF$_6$	2
			Cl	2
			ClO$_4$	2
		2-CH$_2$NH(CH$_2$)$_3$NHCH$_2$-2'	PF$_6$	2
			Cl	2
			ClO$_4$	2
		2-CH$_2$CH$_2$NHCH$_2$CH$_2$NHCH$_2$CH$_2$-2'	ClO$_4$	2
		2-CH$_2$NH — NHCH$_2$-2' (biphenyl)	ClO$_4$	2
		6-Me, 2-CH$_2$NMeCH$_2$-2', 6'-Me	Cl	2
		2-CH=NNH-2'	+	2
			Cl	2
		2,6-(NH$_2$)$_2$,3-N=N-2'	+	2
		2-NHN=CMeCMe=NNH-2'	Cl	2
		2-N⁻N—CMeCMe=NN⁻-2'		
		2-N⁻N NN⁻-2' (cyclohexyl)		
		2-N⁻N NN⁻-2' (cyclooctyl)		
		2-CO-2'	NO$_3$	2
			NCS	2
			SO$_4$	1
			Cl	2
		2-CH$_2$CON⁻CH$_2$-2'	Cl	1
			Br	1
			I	1
		2-CH$_2$CH$_2$N⁻CO-2'	Cl	1
			Br	1
			I	1
		2-CH$_2$SCH$_2$-2'	Cl	2
			Br	2
			I	2
		2-CH$_2$SCH$_2$CH$_2$-2'	Cl	2
			Br	2
		2-CH$_2$CH$_2$SCH$_2$CH$_2$-2'	Cl	2
			Cl	1
			ClO$_4$	1
			ClO$_4$	1
			Br	1

Y	q	Color and MP (°C)	Physicochemical Studies	Reference
		y	cond, ir, uv, xr	1612
		y	cond, ir, uv, xr	1612
		o	cond, ir, uv, xr	1612
		l-ysh	ir, nmr, uv, xr	1615
H_2O	1.5	l-ysh	ir, nmr, uv, xr	1615
		l-ysh	ir, nmr, uv, xr	1615
		l-ysh	ir, nmr, uv, xr	1615
H_2O	2.5	l-ysh	ir, nmr, uv, xr	1615
		l-ysh	ir, nmr, uv, xr	1615
		w	ir, uv	1620
		l-o		156
			xr	8028
			uv	8029, 8030
		r	ir	3000
			uv	8031
H_2O	0.5	g	cond, ir, uv	1646, 7349
				7349
		r		7365
		r		7365
			uv	1654
			uv	1654
			uv	1654
			uv	1654
			ir, nmr	8032
			ir, nmr	8032
			ir, nmr	8032
			ir, nmr	8032
			ir, nmr	8032
			ir, nmr	8032
		o, 192	ir	8033
		r, 174	ir	8033
		r-bw, 177	ir	8033
H_2O	2	l-y, 247	ir	8033
		l-y, 245	ir	8033
H_2O	2	y, 164	ir	8033
		y, 248	ir	8033
		y, 243	ir	8033

TABLE 3.110. (CONTINUED)

m	n	R	X	p
1	1	2-CH$_2$CH$_2$SCH$_2$CH$_2$-2'	Br	2
			I	2
		2-CH$_2$CH$_2$S(CH$_2$)$_3$-2'	ClO$_4$	2
		2-C≡C-2' \\Pt(PPh$_3$)$_2$/	Cl	2
	2	2-NH-2'	Cl	2
			ClO$_4$	2
		2-N$^-$-2'		
		2-CH=NNH-2'		
		2-CH=NN$^-$-2'	ClO$_4$	2
		2-C(=NO$^-$)-2'		
		2-NHCSNH-2'	Cl	2

$$Pd_m\left(\begin{array}{c}R\\ \diagup N \quad N \diagdown \\ R\end{array}\right)_n X_p Y_q$$

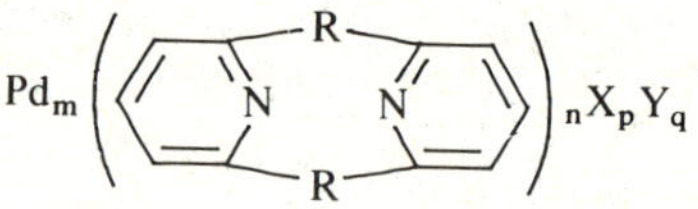

m	n	R	X	p
1	1	2(6)-SCH$_2$CH$_2$OCH$_2$CH$_2$S-2'(6')	Cl	2

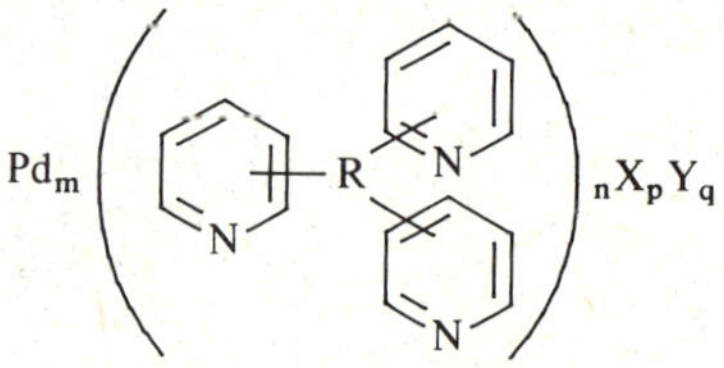

$$Pd_m\left(\begin{array}{c}\text{py} \\ R \\ \text{py} \quad \text{py}\end{array}\right)_n X_p Y_q$$

m	n	R	X	p
1	1	2—N(2')(2'')	Cl	2

$$\left[Pd_m\left(\begin{array}{c}-R-\\ N\end{array}\right)_n X_p Y_q\right]_x$$

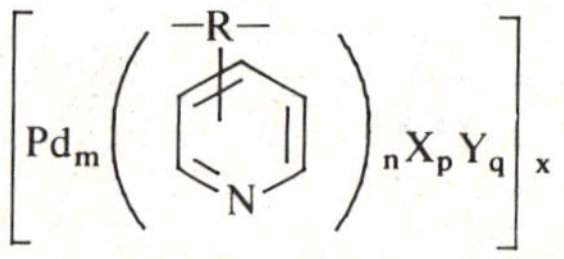

m	n	R	X	p
1	1	—CH$_2$CH— 4	Cl	2
2	3	—CH$_2$CH— 2	Cl	2
		—CH$_2$CH— 3	Cl	2
		—CH$_2$CH— 4	MeCO$_2$	2
			Cl	2

Y	q	Color and MP (°C)	Physicochemical Studies	Reference
H$_2$O	2	o, 167	ir	8033
		r, 165	ir	8033
		y		156
		y, 250–260	ir, nmr	6096
H$_2$O	4	y		1674
		pk	ir, K	840, 1602
			xr	1680, 8034
			ir, nmr, uv	3000
				7357
			uv	8035, 8036
H$_2$O	4	y		159

$$\mathrm{Pd}_m \left(\begin{array}{c} \text{pyrazine-R-pyrazine} \end{array} \right)_n X_p Y_q$$

751

$$\mathrm{Pd}_m \left(\begin{array}{c} \text{tripyridyl-R} \end{array} \right)_n X_p Y_q$$

| | | | cond, msc | 1619 |

$$\left[\mathrm{Pd}_m \left(\begin{array}{c} \text{R-pyridyl} \end{array} \right)_n X_p Y_q \right]_x$$

			ir	7594
Ph$_3$P	1			1819
			ir	7593
			ir	7593
				8037
			ir	7593

TABLE 3.110.   (CONTINUED)

$$Pd_m \left(\underset{N}{\underset{|}{\bigcirc}} -R \right)_n X_p Y_q$$

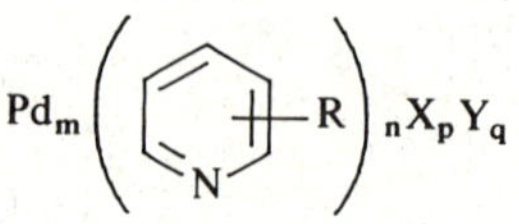

Palladium (IV)

m	n	R	X	p
1	1	H	Cl	4
	2	H	Cl	4
			Cl	2
			Br	2
			Cl	2
			I	2
		2-CH=NO$^-$	Br	2
		3-CO$_2^-$	Cl	2
	4	H	BF$_4$	2
			Cl	2

Y	q	Color and MP (°C) 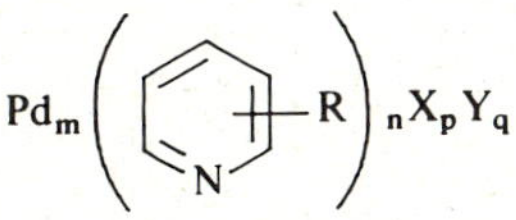	Physicochemical Studies	Reference

$$Pd_m \left(\underset{N}{\bigcirc} {-\!\!\!-} R \right)_n X_p Y_q$$

Palladium (IV)

Y	q	Color and MP (°C)	Physicochemical Studies	Reference
PhCH$_2$CH$_2$NHC(=NH)NHC(=NH)NH$_2$	1	r-bw	uv	7934
		w		7955, 7960
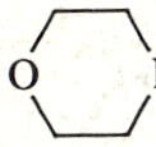 O(CH$_2$CH$_2$)$_2$N—C(=NH)NHC(=NH)NH$_2$	1		ir, msc, uv	7978
		r		7955
				7955, 8038
			ir	7240
			uv	8039
		210–220 dec	cond, ir, nmr	8040

TABLE 3.111. CRYSTALLOGRAPHIC DATA FOR THE COMPLEX COMPOUNDS OF PYRIDINE AND ITS DERIVATIVES WITH PALLADIUM

Compound	Space Group	a	b	c	α	β	γ	Z	Reference
PdCH$_2$CO$_2$·py·PPh$_3$	P2$_1$/c	8.798	14.630	19.862		101.53		4	7822
Pd(o-SC$_6$H$_4$AsMe$_2$)$_2$·py	C2/c or Cc	18.81	9.38	14.11		112.0		4	7826
PdCl$_2$·[2,4,6-Me$_3$-3,5-(F$_3$C)$_2$py] 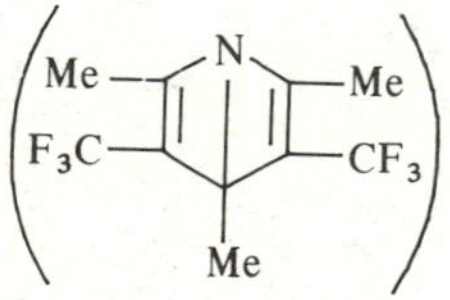	P2$_1$/c	11.30	12.92	18.92		108.4		4	7911
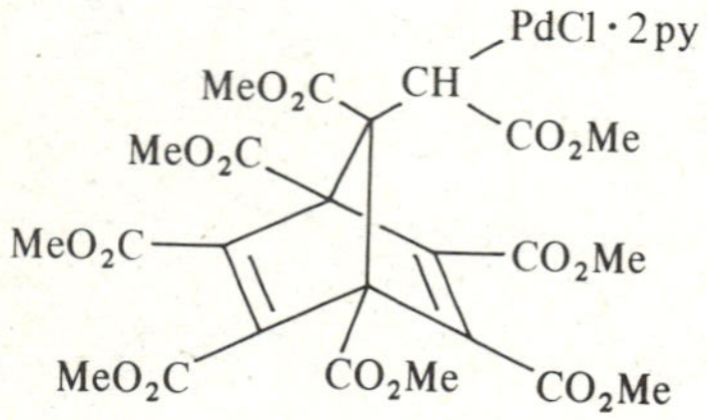 (structure)	P2$_1$	11.588	15.54	10.362		105.1		2	7952
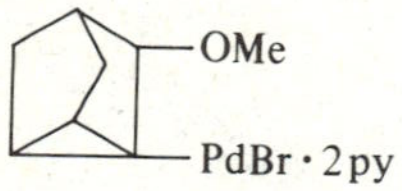 (structure) PdBr·2py	Pbca	13.532	22.918	11.332				8	7984
CH$_2$=CClCH(CO$_2$Me)CH(CO$_2$Me)-PdCl·2py	P$\bar{1}$	14.794	11.599	13.131	89.53	113.04	91.50	4	7923
Pd(MeCOCHCO$_2$Et)$_2$·2(2-Me-py)	C2/c	23.811	9.222	24.013		104.51		8	7922
PdCl$_2$·(6-Me-py-2-CH$_2$NMeCH$_2$-2'-py-6'-Me)	Cmc2$_1$	13.648	13.156	8.772				4	8028
Pd(py-2-N-2'-py)$_2$	C2/c	15.405	12.770	9.046		96.75		4	8034

1672

I, the replacement of the pyridines with other pyridines is discriminated by the halogen present: I > Br > Cl. On the other hand, when thioethers enter the inner coordination sphere instead of pyridine, the sequence of cis-effect of halogen atoms is reversed, that is, Cl > Br > I (7965). Both the differences in size and π-bonding capacities are responsible (7865, 7933, 7961).

The aquation of cis-$[Pd(py)_2Cl_2]$ is faster than that of its trans-isomer. The rate of this process depends on the dielectric constant of the solution: acetone > DMF > dioxane (7966, 7969), and this observation is valid for most nucleophilic substitutions. The lack of trans-effect in Pd(II) complexes is attributed to the absence of the activation of the trans-position by π-bonding (7823).

The variation of ^{35}Cl nqr frequencies in such complexes is proposed as the quantitative measure of cis-influence. Based on such studies, various ligands were shown to weaken the Pd—Cl bond in the order PhCN > EtCN > Bu_3P > Bu_3As > py > piperidine; that is, the cis-effect increases in the opposite direction (7964). The kinetic studies show the order OH > H_2NCSNH_2 > py > glycine > $PhNH_2$ > H_2O. The insertion of pyridines by nucleophilic substitution in the inner coordination sphere (presumably according to S_N2 mechanism) depends on their basicity and may be correlated by the Hammett equation if steric hindrances are unimportant (2329, 7823, 7862–7865, 7980). The substituent effect on the ir spectroscopic vibrations is not as straightforward because of the intervention of mixed vibrational modes and other factors (7974). The π-back donation from the central atom to the ligand is also operative (7925).

The cis-trans isomerization of square Pd(II) complexes via the catalytic transformation of various PdL_2X_2 compounds has appeared to be a two-step process.

$$\text{cis-}[PdL_2X_2] + L \longrightarrow [PdL_3X]^+X^- \xrightarrow{\text{fast}} \text{trans-}[PdL_2X_2] + L$$

The rate is influenced by the ring substituent as well as by the type of anionic ligand (X). Electron donating pyridine substituents accelerate the reaction; however, this is not linear in σ-Hammett constants. The order of anionic ligands according to their discriminating effect upon the process is CNS > I > Br > N_3 and agrees with the order of their micropolarizability (7917). Similar relations are observed for thermal cis-trans isomerizations (7963).

Although 2-pyridinethione S-coordinates to many metals, it N-coordinates to Pd(II) (8018).

3.8.6.3. Applications

3.8.6.3.1. SYNTHESIS*

The diphenyliodonium salts of palladium dithiooxalates react with pyridine to produce 2-, 3-, and 4-phenylpyridines and $(pyH)_2[Pd(C_2S_2O_2)_2]$ apart from some by-products (8042).

The coordination of pyridines with Pd(II) salts activates ring and side chain hydrogen/deuterium exchange (5462) and catalyzes the isomerization of the Dewar pyridine derivative — 2,4,6-trimethyl-3,5-bis(trifluoromethyl-1-azabicyclo[2.2.0]hexa-2,5-diene) — to 3,5-trifluoromethyl-2,4,6-collidine. Some mixed complexes of $PdCl_2$ with isomerized

---

*See also the review by Huettel (8041).

products could be isolated and characterized (7912, 7913). $Pd(py)_2Cl_2$ isomerizes (100%) 1,1'-bishomocubane to a dicyclopropyl product (Structure 3.32), whereas complexes

3.32

such as $PdI_2[P(OPh)_3]_2$ and $PdCl_2[P(OPh)_3]_2$ give lower yields. The latter catalysts produce dienes (**3.33** and **3.34**) with the yield dependent on the catalyzing complex species (8043).

3.33   **3.34**

All $PdCl_2$, $Pd(NO_2)_2$, $Pd(SCN)_2$, and $Pd(N_3)_2$ form coordination compounds with 4-azidopyridine. The thermal decomposition of these complexes gives the corresponding complexes of 4-pyridylnitrene. The coordination stabilizes the nitrene and favors its dimerization to 4,4'-azopyridine (2340).

Coordination compounds of Pd(II) with 3,5-lutidine (8044) and poly(4-vinylpyridine) (8037) catalyze aromatic acetoxylation. Most Pd(II) coordination compounds catalyze carbonylation; thus, CO can be added to alkenes in the presence of $PdCl_2I_2(py)_2$ to give carboxylic acids and their esters when the reaction is carried out in alcohols (8038). The carbonylation of alkenes in the presence of $Pd(4\text{-vinylpyridine})(PPh_3)Cl_2$ produces alcohols and aldehydes (1819). Carbonylation and hydrogenation catalysts result from the fixation of the coordination compounds of Pd(II) with alkylpyridines on porous glasses (4098). The addition of CO to nitrobenzene in the presence of $Pd(py)_2Cl_2$ and alcohols generates esters of carbanilic acid (7790). The $Pd(py)_2(halide)_2$ catalyst is proposed in the manufacture of aromatic isocyanates from aromatic nitrocompounds by the addition of CO (4352, 7792, 7793, 7874, 7975, 8045–8056). Complexes with other pyridine bases (4906, 8049) and palladium salts have been tested (7929).

The coordination compounds of Pd(II) with pyridine are active as hydrogenation catalysts of triple (8057) and double (8058–8060) carbon–carbon bonds and of nitrobenzene to aniline (8061). The polymerization of acetylenes can be conducted over Pd(II) pyridine catalysts to give vinylacetylene and its derivatives (7394), polyconjugated polymers (8062), and cyclized polymers (8063), if terminal diacetylenes are involved. Alkenes (8064) and alkadienes (7602) can be polymerized and telomerized, respectively. The isomerization of olefins is claimed over Pd(II) pyridine catalysts (8065).

3.8.6.3.2. SEPARATION AND ISOLATION

The separation of cis- and trans-isomers of $Pd(py)_2Cl_2$ and $Pd(py)_2Br_2$ is possible using thin-layer chromatographic plates coated with silica gel (8066). Pd(II) can be separated from a mixture of other cations using ion exchangers based on polymerized pyridine derivatives like PAR (1850).

The extraction of Pd(II) as a complex with 2-picoline and 2,4,6-collidine is possible into chloroform (7919, 8067). Since PdCl$_2$(py)$_2$ precipitates almost quantitatively; pyridine and its derivatives can be separated from the solutions by the complexation with PdCl$_2$ (7851).

3.8.6.3.3. BRIGHT DEPOSITION

Either pyridine or pyridine and saccharin in equivalent [0.2–0.5 g/dm^3] amounts is used as electroplating brighteners in palladium deposition (8068–8071). Nicotinic acid and its amides (0.01–2 moles/dm^3) may also be used (8068).

3.8.6.3.4. BIOLOGICAL ACTIVITY

Aqua(2,6-diaminopyridine)dichloropalladium(II) exhibits antimitogenic properties by suppressing DNA synthesis, owing to the phytohemoglutamin-induced transformation of human lymphocytes. This compound also inhibits vaccinia virus in HeLa cells and chicken embryo fibroblasts. At a dosage of 50 μg/ml, the complex does not produce any lymphocytotoxic effects (7884).

3.8.6.3.5. ANALYTICAL CHEMISTRY

The coordination of palladium with pyridine derivatives is employed in various methods of identification and determination of palladium; thus, picolinic acid can be used (1997). Since several palladium complexes and chelates precipitate quantitatively, a number of gravimetric methods are used for the determination of palladium. They use di-2-pyridyl ketone oxime (8035), picolinaldehyde oxime and 6-methylpicolinaldehyde oxime (3461), and 5-aminopicolinic acid (8012). The precipitates of Pd(py)$_2$(SCN)$_2$ (7941, 7942), Pd(py)$_4$Cr$_2$O$_7$ (7941, 8021), Pd(py)$_2$I$_2$ (7988, 7989), and all Pd(SCN)$_2$ complexes with three isomeric picolines (7996) also allow the gravimetric, volumetric (7988), conductometric (7988), amperometric (7918), and radiometric (7936) determination of Pd(II).

The complexation of Pd(II) with biguanide and pyridine permits identification of this metal in the presence of Cu(II) and Ni(II) by paper chromatography with pyridine as the developer (7436). Numerous pyridine derivatives give color reactions with Pd(II) and have been used as analytical reagents, for example, 2-picolylamine (2826), picolinaldehyde semicarbazone (2089), di-2-pyridyl diketone bis(thiosemicarbazone) (2005), picolinaldehyde 2-quinolylhydrazone, picolinaldehyde 2-quinolylcarbonylhydrazone, 6-methylpicolinaldehyde 2-quinolylcarbonylhydrazone (1216), isomeric (2-pyridylazo)-cresols (2031), 2-isopropyl-5-methyl-4-(2-pyridylazo)phenol, its 6-(2-pyridylazo) isomer and 4-(5-chloro-2-pyridylazo) analogue (709), 1-(5-chloro-2-pyridylazo)-2-naphthol (2092), its 5-bromo analogue (2002) and PAN (1243, 1251), some of its derivatives with the SO$_3$H group in the naphthol moiety (1251), N-methylanabasine derivatives (2001, 2003), and 7-(2-pyridylazo)-8-quinolinol (2000). Both PAN and PAR are proposed as reagents for spot tests (713) and indicators (2018, 7903) for Pd(II). Many compounds listed above and related compounds are used in photometric determination methods. These methods are summarized in Table 3.112.

The Pd(II) chelate of PAR serves as the reagent for HCN (8082). The chelate of picolinaldehyde 2-pyridylhydrazone with Pd(II) is useful in the determination of erythrocyte lipoyl dihydrogenase (8083).

H$_2$PdCl$_6$ reacts with nicotinic acid to form (pyCOO)$_2$PdCl$_2$; in this manner nicotinic acid can be determined colorimetrically at 420 nm (8039).

TABLE 3.112. PHOTOMETRIC DETERMINATION OF PALLADIUM USING PYRIDINE AND ITS DERIVATIVES

Ligand	pH	Analytical Wavelength (nm)	Range of Validity of the Beer Law (ppm)	Molar Absorptivity (m²/mol)	Reference
Pyridine + azide ion		325			2067
Pyridine + thiocyanate ion					7808
Pyridine + Rose Bengal Extra (a dye)				5,000	8072
2-Picolylamine					2826
Picolinaldehyde 2-quinolylhydrazone		563		12,000	1216
				1,150	653
Picolinaldehyde 2-quinolylhydrazone + thiocyanate ion		592 (in CHCl$_3$)	0.66–13	1,580	7891
Picolinaldehyde 2-quinolylhydrazone + sulfate ion		594 (in CHCl$_3$)	0.2–6	1,200	8073
Picolinaldehyde 2-quinolylhydrazone + chloride ion		589 (in CHCl$_3$)	0.66–13	1,280	7891
Picolinaldehyde oxime		404 (in CHCl$_3$)			8006
2-Phenanthridinecarbaldehyde 2-pyridylhydrazone		600			2843
2-Hydroxy-N-(2-pyridylmethylene)aniline		594 (in CHCl$_3$)		416	7893
2-Hydroxy-5-methyl-N-(2-pyridylmethylene)aniline	~1.7	620 (in CHCl$_3$)		462	7893
2-Hydroxy-5-phenyl-N-(2-pyridylmethylene)aniline	<1.7	331 (in CHCl$_3$)		1,960	7893
		627 (in CHCl$_3$)	1–20	490	7893
2-(2-Pyridylazo)phenol	5	632 (in 50% dioxane)		580	706
4-Methyl-2-(2-pyridylazo)phenol	~0	670			2014, 2031
2-Methyl-6-(2-pyridylazo)phenol	~0	670			2031
6-Isopropyl-3-methyl-2-(2-pyridylazo)phenol					709
1-(2-Pyridylazo)-2-naphthol					1243, 1247, 2018
		440, 600, 640			719
		680 (in organic phase)			719
	0.5–4.0	620 (in CHCl$_3$)			7813, 7894
	3.0–3.5	675 (in CHCl$_3$)			7895
	4.7–5.0	624 (in CHCl$_3$)		1,660	7605
	4.7–5.0	674 (in CFCl$_3$)		1,580	7605
2-(2-Pyridylazo)-1-naphthol					8008
9-(2-Pyridylazo)-10-phenanthrol	3.0–7.0	665 (in CHCl$_3$)			7606
5-Ethylamino-4-methyl-2-(2-pyridylazo)phenol		520		2,750	7896

Reagent	pH	λ (nm)	ε	Refs.
4-Diethylamino-2-[5-(1-methyl-2-piperidyl)-2-pyridylazo]-phenol	0.8–2.5	565, 615		8079
7-(2-Pyridylazo)-8-quinolinol				2000
2-Diethylamino-5-(2-pyridylazo)phenol		560	4,700	7915
2-Methyl-4-(2-pyridylazo)phenol	< 0	490		2031
2-Isopropyl-5-methyl-4-(2-pyridylazo)phenol		640 (in organic phase)		709
4-(2-Pyridylazo)-1-naphthol	≤ 0		1,370	7904, 8008
4-[5-(1-Methyl-2-piperidyl)-2-pyridylazo]-1-naphthol	1–2			2001
4-(2-Pyridylazo)resorcinol				1247, 7901
		510, 513		7903, 8075
		580		719
	< 0			719
	< 0	630 (in organic phase)		7897
	~ 0	440 (in organic phase)		7897
	~ 0	590–610 (in organic phase)		7608
	~ 1	595 (in 50% EtOH)		8074
	~ 1	440–450 (in organic phase)		8074
	2	590 (in i-BuOH)		7902
		600		7899, 7900
	< 4	440	1,750	7899, 7900
	< 4	580	863	7898, 7902
	4.0	490		7899, 7900
	4–7	515	2,680	7899, 7900
	4–7	525	2,890	7897
	5.7–6.4	510	1,800	7899, 7900
	8–11	520	3,250; 3,400	7898, 7902, 8076
	10.3–11.0	520	2.0	
4-(2-Pyridylazo)resorcinol + benzyldimethyltetradecylammonium chloride	6–11	540 (in CHCl$_3$)	3,290	7899, 7900
4-[5-(1-Methyl-2-piperidyl)-2-pyridylazo]resorcinol	≤ 3	600	0.05–3	8009
	5–7	520–530		8009
5-Methyl-2-(2-pyridylazo)-8-quinolinol				2014
2-Methoxy-6-(2-pyridylazo)phenol	1–4	610	2,300	7906
2-Methoxy-6-[5-(1-methyl-2-piperidyl)-2-pyridylazo]-phenol	4–6	600	2,500	7906
(Z)-(Phenyl 2-pyridyl ketone oxime)	10	410	9,828	2078

TABLE 3.112. (CONTINUED)

Ligand	pH	Analytical Wavelength (nm)	Range of Validity of the Beer Law (ppm)	Molar Absorptivity (m²/mol)	Reference
Picolinaldehyde semicarbazone					2089
Picolinaldehyde 2-quinolylcarbonylhydrazone					1216
6-Methylpicolinaldehyde 2-quinolylcarbonylhydrazone					1216
3-Hydroxy-1-(2-pyridylazo)-2-naphthalenecarboxanilide	~ 0		0.5–4.0	1,700	8014
R = 2-Me, 2-MeO, 2-EtO, 4-MeO, 3-NO₂	0.1–1.2		0.4–2.0		1407, 2003
2-Hydroxy-N-(2-pyridylmethylene)aniline		540 (in CHCl₃)			2003
2-Nitro-4-(2-pyridylazo)resorcinol	< 0	510–520 (in organic phase)		1,490–1,640	7893
	< 0	585–590 (in organic phase)		795–1,020	8015
	< 0	620–630 (in organic phase)		770–1,040	8015
	2–5	550		2,540	8015
	2–5	585		2,525	8015
2-Mercaptopyridine	1–3	420, 430			8080
Picolinaldehyde 2-benzothiazolylhydrazone		427	0.45–35	941	653
2-Ethyl(thioisonicotinamide)		400			7910
6-Methylpicolinaldehyde thiosemicarbazone	4.0–3.5	420	0.2–3.0	430	7738

Compound	pH	λ (nm)	ε	Ref.
4-Hydroxy-3-[5-(1-methyl-2-piperidyl)-2-pyridylazo]-1-naphthalenesulfonic acid	0	640	658	1449
5-Hydroxy-6-[5-(1-methyl-2-piperidyl)-2-pyridylazo]-1-naphthalenesulfonic acid	0.1	660	473	1450, 8081
1,3-Diamino-4-(5-chloro-2-pyridylazo)benzene	~0	572	6,500	7914
	1	670	770	2092
1-(5-Chloro-2-pyridylazo)-2-naphthol				709
4-(5-Chloro-2-pyridylazo)-2-isopropyl-5-methylphenol		603 (in CHCl$_3$)		7893
5-Chloro-2-hydroxy-N-(2-pyridylmethylene)aniline		695	473	
1-(5-Bromo-2-pyridylazo)-2-naphthol		530	180	2002
2-(5-Bromo-2-pyridylazo)-5-ethylamino-4-methylphenol		575	4,040	7896
5-(5-Bromo-2-pyridylazo)-2-(diethylamino)phenol		540	4,300	7915
2-(3,5-Dibromo-2-pyridylazo)-5-ethylamino-4-methylphenol		590	3,470	7896
5-(3,5-Dibromo-2-pyridylazo)-2-diethylaminophenol	≤1	670	4,100	7915
4-(3,5-Dibromo-2-pyridylazo)-1-naphthol			1,420	7904
Picolinaldehyde 2-pyridylhydrazone	~1.3	573 (in PhH)		1887, 8029
	~1.6	520	≤10	8030
	9.6	508	1,800	8078
2',6'-Diamino-2,3'-azopyridine	~0	620		2006
Di-2-pyridyl ketone oxime			1,400	8031
Di-2-pyridyl diketone bis(thiosemicarbazone)	4.5	410 (in CHCl$_3$)	1,200	8036, 8077
				2005

3.8.6.3.6. MISCELLANEOUS

Bis(picolinato)palladium(II) stabilizes polypropylene against uv light without affecting the whiteness and dyeability (8084). $Pd(py)_2Cl_2$ also stabilizes photographic emulsions containing Ag halide (8085).

The solutions of complexes of $PdCl_2$ with 3-pyridinesulfonic acid, 2-aminopyridine, or pyridine may be applied for activating surfaces for neutralizing (2356).

The dimer of 2-(o-$PdClC_6H_4$)pyridine was used to coat a china plate with a decorative film of palladium (7880).

3.8.7. Osmium Coordination Compounds

The oxidation states of osmium are 0 as well as II–VIII, but in pyridine coordination compounds osmium possesses the II–IV, VI, and VIII oxidation states with preference for the VI valent state. The pyridine–osmium coordination compounds are listed in Table 3.113 and the single crystal x-ray data for some complexes are presented in Table 3.114. Complexes of formal Os(I) are reported, and are dimers of the structures $[Os(CO)_2(MeCOO)(py)]_2$ and $[Os(CO)_2(EtCOO)(py)]_2$ resulting from the reaction of $Os_3(CO)_{12}$ with carboxylic acids to give $Os_2(CO)_6(OAc)_2$, followed by reaction with pyridine (7458) and 4-methylpyridine (8086). The coordination numbers in the pyridine complexes are 4, 5, and 6 for Os(VI) and Os(VIII); 5 and 6 for Os(II); and 6 for Os(III) and Os(IV). The coordination number of 7 is claimed for Os(IV), but thus far it remains unknown in the pyridine coordination compounds. In 1923 Scagliarini and Masetti (8122) reported $[OsO_3(py)_2(H_2O)_2Cl_2]$, which results from the reaction of K_2OsO_4 with 2 moles of pyridine hydrochloride, but the structure assumed by these authors seems unlikely. Adducts of 1,4-dichlorobutadiene to OsO_4 with two coordinated pyridines (8121) should probably be formulated as dipyridine complexes of ester of Os(VI) with corresponding diol. The complexes of mixed valency of osmium such as $[Os^{III}$(octaethylporphine)(CO)(py)] $[Os^{II}$(octaethylporphine)(CO)(py)] are proven to be ion pairs (7517).

3.8.7.1. Preparation Methods

The coordination compounds of osmium are readily formed from K_2OsCl_6 and pyridines in the presence of hydrochloric acid. The pyridiniums are then pyrolyzed to give corresponding compounds of Os(IV)·K_2OsCl_6 or related salts; pyridine directly gives $[Os(py)_4X_2]$, where X = Cl or Br, when refluxed in glycerol solution. In DMF, $Os(py)_3X_3$ is formed (8089). The coordination compounds of Os(IV) can be reduced to Os(III) with $SnCl_4$ and even by prolonged dissolution in H_2SO_4. The preparation of Os(II) complexes can be achieved by treatment of the coordination compounds of Os(III) with I^- in aqueous solution. The oxidizing agents for the osmium complexes of lower oxidation states are gaseous chlorine, H_2O_2, $(NH_4)_2Ce(NO_3)_6$, and similar oxidants.

Ligand exchange in hexacoordinated octahedral complexes is reported in the outer and inner coordination spheres. The reactions proceed smoothly if pyridines enter the inner coordination sphere with the repulsion of halide ligands (8089).

OsO_4 readily accepts pyridine to form OsO_4·py; however, there is a little confusion about the reaction conditions. It is commonly accepted that the reaction in nonpolar solvent produces $OsO_4 \cdot py$, whereas in ethanolic solutions $Os_2O_6(py)_2$ with two bridging oxygen atoms (7595, 7596, 8111) or $OsO_3 \cdot 2py$ are formed. However, as shown by Subbaraman et al. (8110) $OsO_4 \cdot py$ can be prepared in buffered aqueous solution. Badger (8101) claimed $OsO_4 \cdot 2py$ which readily reacted with alkenes to form corresponding pyridine coordinated osmate(VI) esters. The reactions conducted with alkenes, OsO_4, and pyridine give the same results. These esters may undergo transesterification without destroying the coordination bonds (8113).

3.8.7.2. Properties

The osmium coordination compounds of pyridine are stable and only those of Os(II) are fairly labile.

Several features of the reactivity are presented above. The best known complexes are the bis(pyridine)osmate esters, which result from the addition of $OsO_4 \cdot py$ to an olefinic double bond in aqueous solution. Recent studies (8123) on the formation of such esters provide the rate law which suggests the formation of an activated complex (3.35) with two pyridine ligands. Both $OsO_4 \cdot py$ and $Os_2O_6(py)_4$ readily add to nucleosides to form esters (8110–8113). The reaction is not always straightforward; thus, cytosine, cytidine, and 5-methylcytosine form complexes of unknown stoichiometry (8110).

3.35

Three types of esters can be formed from nucleosides: addition of $Os_2O_6 \cdot 2py$ to the double bond of the pyrimidine moiety (heterocyclic ester) (3.36), esterificating sugar moiety (3.37) (sugar ester), and addition to both moieties (3.38). All three types of esters are characterized by Daniel and Behrman (8113).

3.36

(Text continued on page 1706.)

TABLE 3.113. COORDINATION COMPOUNDS OF PYRIDINE AND ITS DERIVATIVES WITH OSMIUM

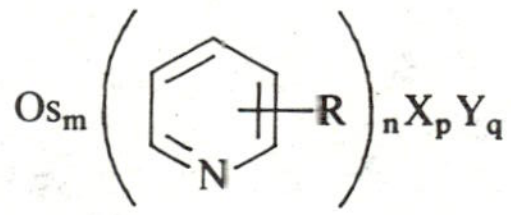

$$Os_m\left(\underset{N}{\underset{|}{\bigcirc}}-R\right)_n X_p Y_q$$

m	n	R	X	Y	p	q	Color and MP (°C)	Physicochemical Studies	Reference
Osmium (0) and Osmium (I) Simultaneously									
2	1	2-Os(CO)$_3$	H	CO	1	7	141–143		8086
2	{1	H		CO	1	5	116–118		8086
	{1	2-Os(CO)$_3$					144–148		
Osmium (I)									
1	1	H	MeCO$_2$	CO	1	2	l-y	ir, ms, nmr	7458
			EtCO$_2$	CO	1	2	w	ir, ms, nmr	7458
		2-Os(CO)$_3$		CO	1	3	{dec > 158 / > 220}		8086
		2-Os(CO)$_3$,4-Me		CO	1	3	{203–205 dec / 204–206 subl.}		8086
		2-Os(CO)$_3$,4-CH$_2$Ph		CO	1	3	123–124 / 120–122		8086

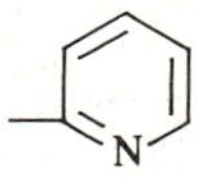

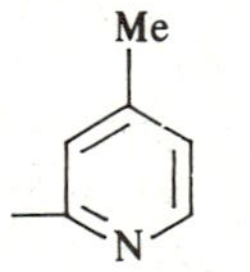

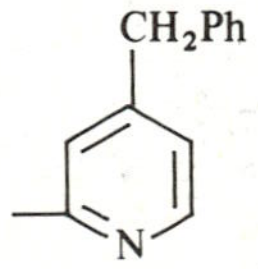

Osmium (I) and Osmium (II) Simultaneously

2	1	2-Os(CO)$_3$[a] [2-pyridyl, H] 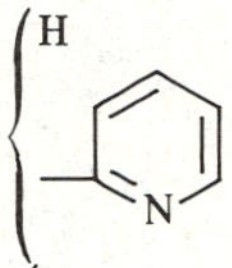	2	CO	5	dec 210		8086
		2-Os(CO)$_3$,4-Me[a] [2-(4-methylpyridyl), H] 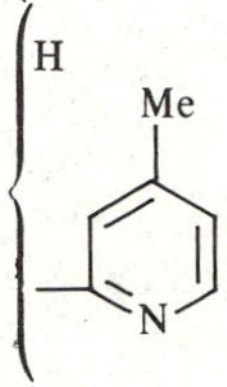	2	CO	5	188–192		8086
		2-Os(CO)$_3$,4-CH$_2$Ph[a] [2-(4-benzylpyridyl), H]	2	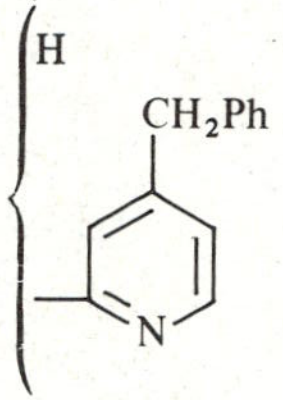 CO	5	167–169		8086

Osmium (II)

1	1	H	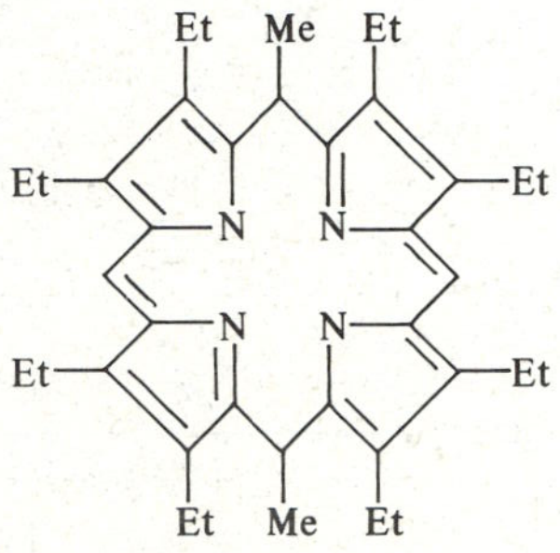 1	CO	1		ir, ms, nmr, uv, xr	8087
		Et$_8$-porph	1	CO	1		ir, ms, nmr, uv	8087, 8088

TABLE 3.113. (CONTINUED)

m	n	R	X	p	Y	q	Color and MP (°C)	Physicochemical Studies	Reference
1	1	H	H	1	(Cyclohexyl)$_3$P	1		ir	7492
			Cl	1	CO	1			
			D	1	(Cyclohexyl)$_3$P	1		ir	7492
			Cl	1	CO	1			
			Cl	2	bipy	2	bw		8089
			ClO$_4$	2	bipy	1	d-bw	cond, uv	8090
					terpy	1			
					H$_2$O	1			
			Cl	1	bipy	2	bw		8089
			Br	1					
			Cl	1	bipy	2	bw		8089
			I	1					
					phen	2	bw		8089
					H$_2$O	1			
					bipy	2	d-o		8089
					H$_2$O	1			
			Br	1	phen	2	d-bw		8089
			I	1	H$_2$O	1			
					bipy	2	bw		8089
					H$_2$O	1			
			I	2	bipy	2			8089
					H$_2$O	1			
					bipy	1	bw	cond, uv	8090
					terpy	1			
					H$_2$O	1			
		3-Me	ClO$_4$	2	bipy	1	d-bw	cond, uv	8090
					terpy	1			

		R	X	L	L'	n	n'/n''	color	method	ref
1	1	4-Me	ClO₄	bipy	terpy	2	1/1		cond, uv	8090
		4-Et	ClO₄	bipy	terpy	2	1/1		cond, uv	8090
		4-CONH₂	Br	NH₃	H₂O	2	4/1	r	uv	8091
		4-CO₂⁻	Cl	NH₃	H₂O	2	4/0.5	r	uv	8091
	2	H	Et₈-porph			1			ir, uv	8088, 8092
			(5-methyl-2,4-pyrimidinedione)			1			xr	8093
			Cl	terpy	H₂O	2	1/1	y-o	cond, uv	8090
			ClO₄	phen	H₂O	2	2/3	d-g		8089
				bipy	H₂O		2/3	d-bw		8089
			Cl	terpy		1	1	d-bw	cond, uv	8090
			I	terpy		1	1	y-bw	cond, uv	8090
			I	phen	bipy	2	1/1			8089
				phen	H₂O		2/2	bw-g		8089
				bipy	H₂O		2/2	d-g		8089
				CO		2		y	ir	8095

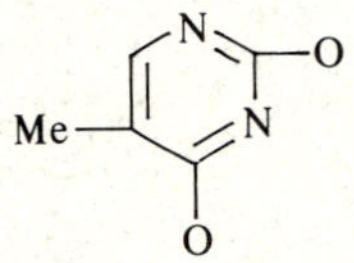

1685

TABLE 3.113. (CONTINUED)

m	n	R	X	p	Y	q	Color and MP (°C)	Physicochemical Studies	Reference
1	2	2-CSNH$_2$,6-Me	Cl	2			gysh, 270 dec	ir, msc	85
	3	H	Cl	2	bipy	1	d-bw		8089
					H$_2$O	3			
			ClO$_4$	2	terpy	1	d-bw		8090
					H$_2$O	2			
			Cl	1	bipy	1			8089
			Br	1	H$_2$O	2			
			Br	2	bipy	1	bw-o		8089
					H$_2$O	2			
			Cl	1	bipy	1	bw		8089
			I	1	H$_2$O	3			
			I	2	bipy	1	d-bw		8089
	4	H	Cl	2					8089
			ClO$_4$	2	bipy	1	d-g		8089
					H$_2$O	2			
			Br	2	bipy	1	d-r		8089
			I	2	5,6-Me$_2$-phen	1	d-g		8089
	2-Me		Cl	2	5,6-Me$_2$-phen	1			7528
					H$_2$O	2			7534

Osmium (II) and Osmium (III) Simultaneously

| 2 | 2 | H | Et$_8$-porph$^+$ | 1 | CO | 2 | | ir, p, uv | 7517 |
| | | | | 2 | | | | | |

Osmium (III)

| 1 | 1 | H | Cl | 3 | bipy | 1 | d-bw | | 8089 |

1	1	H	Cl	3	phen	1	d-bw		8089
			Cl	1	bipy	2	y-o		8089
			ClO$_4$	2					
			ClO$_4$	3	bipy terpy H$_2$O	1 1 2		cond, uv	8090
			ClO$_4$ Br	2 1	bipy	2	o		8089
			ClO$_4$ I	2 1	bipy	2	g		8089
		3-Me	ClO$_4$	3	bipy terpy H$_2$O	1 1 2		uv	8090
		4-Me	ClO$_4$	3	bipy terpy H$_2$O	1 1 2		uv	8090
		4-Et	ClO$_4$	3	bipy terpy H$_2$O	1 1 2		uv	8090
		4-n-Pr	ClO$_4$	3	bipy terpy H$_2$O	1 1 2		uv	8090
		4-CO$_2^-$	Cl	2	NH$_3$ NH$_3$ H$_2$O	4 4 1	y o	uv uv	8091 8091
	2	H	ClO$_4$	3	bipy H$_2$O phen H$_2$O	2 2 2 2	d-r		8089 8089
			Br	3	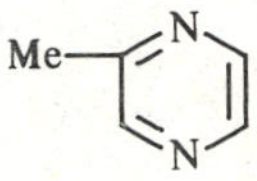 Me—[pyrimidine]	1	y	ir, uv	8094, 8096

TABLE 3.113. (CONTINUED)

m	n	R	X	p	Y	q	Color and MP (°C)	Physicochemical Studies	Reference
1	2	H	Br	2	Me-pyrazine (3-)	1	ol (cis)		8094
			I	1			l-g (trans)		
			Br	1	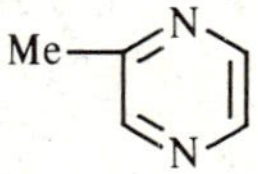 Me-pyrazine (2-)	1	bu (cis)		8094
			I	2			r (trans)		
			I	3	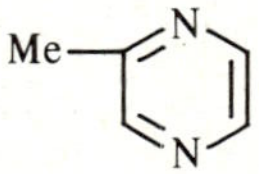 Me-pyrazine (2-)	1	bu-g	ir, uv	8094, 8096
	3	H	Cl	3		1	l-y, bw	cond, ir, msc, uv	7551, 8089, 8096
			Cl	1	bipy	1	y		8089
			ClO$_4$	2	H$_2$O	1			
			ClO$_4$	2	bipy	1	y-o	ir, uv	8096
			Br	1	H$_2$O	1			
			Br	3			y		8089
			ClO$_2$	2	bipy	1	l-g		
			I	1					
		3-Me	I	3			r-v	ir, uv	8096
		4-Me	I	3			v	ir, uv	8096
		2-CH$_2$NH$_2$	Cl	3			bw-y	cond, ir, msc	7551
2	2-CH$_2$NH$_2$	I	3			bu-v	ir, uv	8096
			ClO$_4$	3				cond, msc	5054
1	2-CH$_2$N⁻H	ClO$_4$	2				cond, msc	5054

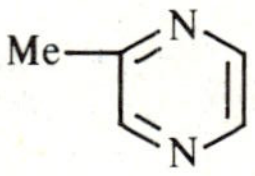

1688

1	4	H		ClO$_4$	3	{bipy H$_2$O	y-pk-o		8089

Osmium (IV)

1	1	2-N=N-1'-C$_{10}$H$_6$-2'-O$^-$	+		3		K, uv	8097
		2-N=NC$_6$H$_3$-2',6'-(O$^-$)$_2$	+		2	r-bw	K, uv	5055, 8098, 8099
	2	2-N=NC$_6$H$_3$-2',6'-(O$^-$)$_2$					uv	8100

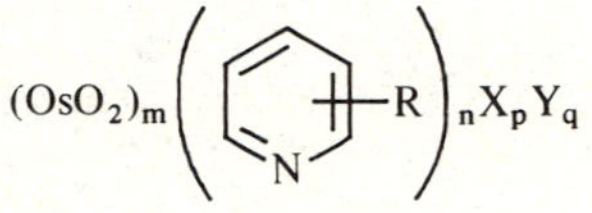

$$(OsO_2)_m\left(\underset{N}{\overset{+}{\underset{}{\bigcirc}}}-R\right)_n X_p Y_q$$

Osmium (VI)

1	1	H	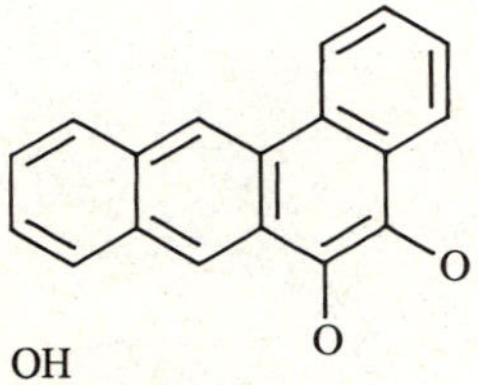	1		k	8101
	2	H	OH	2		ir, nmr	7595
			OCH$_2$CH$_2$O	1			8102, 8103, 8105
			OCH$_2$CH$_2$OH	2		ir	8102
			OCMe$_2$CMe$_2$O	1		ir	7596, 8102, 8103, 8105
			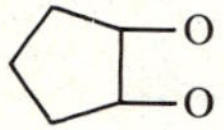	1			8102, 8103

TABLE 3.113. (CONTINUED)

m	n	R	X	p	Y	q	Color and MP (°C)	Physicochemical Studies	Reference
1	2	H	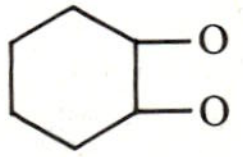 cyclohexane-1,2-dione	1					8103
			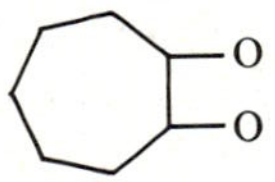 cycloheptane-1,2-dione	1					8103
			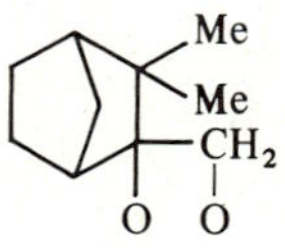 bicyclic Me,Me,CH₂ diketone	1					8103
			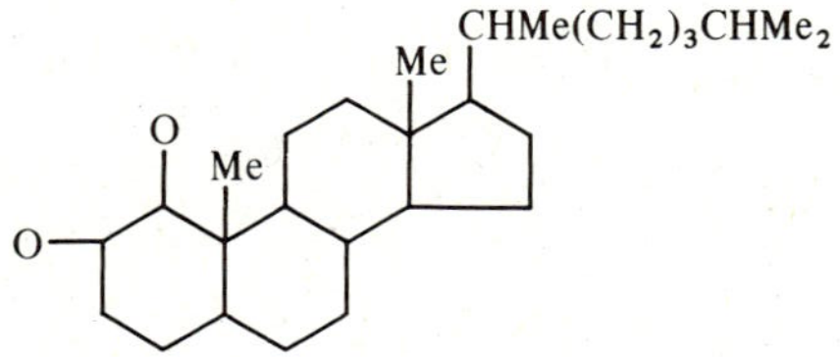 steroid (CHMe(CH$_2$)$_3$CHMe$_2$ side chain)	1				ord, uv	8106
			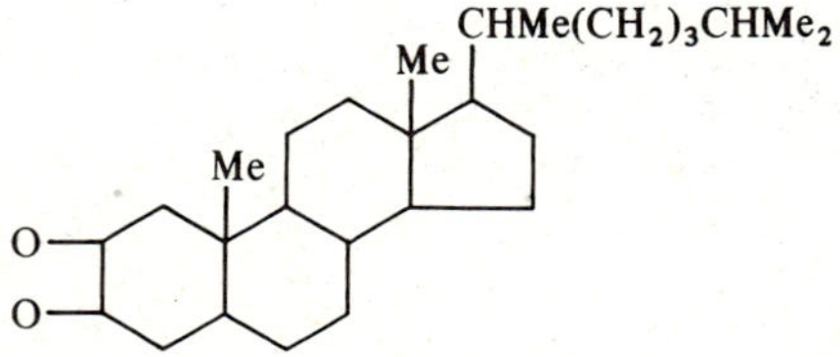 steroid (CHMe(CH$_2$)$_3$CHMe$_2$ side chain)	1				ord, uv	8106

1	2 H		ord, uv	8106
		1		8103
		1		8103
		1		8103
		1		8103
		1	nmr	8103, 8105
		1		8103

TABLE 3.113. (CONTINUED)

m	n	R	X	p	Y	q	Color and MP (°C)	Physicochemical Studies	Reference
1	2	H	OCHPhCHPhO	1					8103
			OCPh$_2$CPh$_2$O	1					8103
			OCPh$_2$CH(CH=CPh$_2$)O	1					8103
			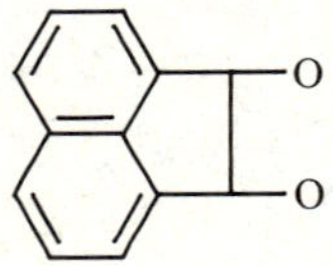 [structure]	1					8103
			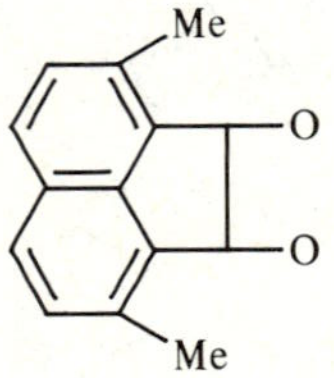 [structure]	1					8103
			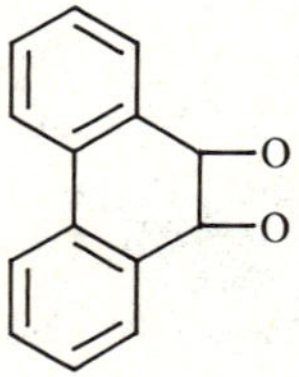 [structure]	1					8103
			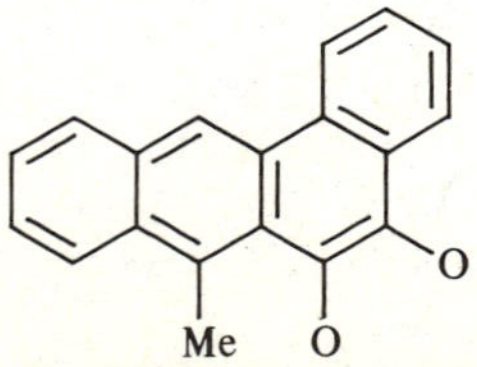 [structure]	1	MePh	1		xr	8107

1			8103
1			8103
1			8103
1	bw	chr, ir, k, nmr, uv, xr	8109, 8113

1   2   H

TABLE 3.113. (CONTINUED)

m	n	R	X	p	Y	q	Color and MP (°C)	Physicochemical Studies	Reference
1	2	H	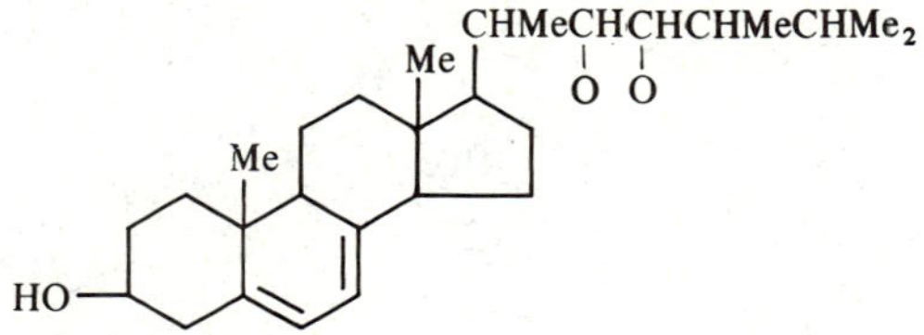 (steroid with CHMeCHCHCHMeCHMe₂)	1					8103
			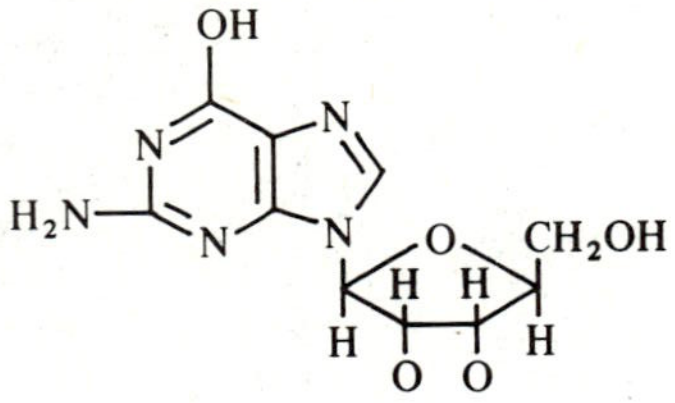 (purine nucleoside)	1			bw	chr, ir, k, nmr, uv	8113
			(cyclohexane diol/acid)	1			d-bw	ir, K, p	7595, 7596, 8103, 8104, 8111
			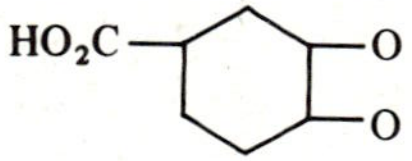	1					8108
			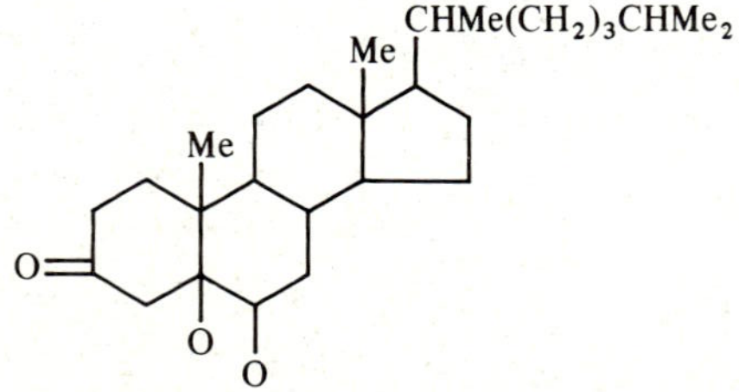 (steroid with CHMe(CH₂)₃CHMe₂)	1					8103

1694

1	2 H	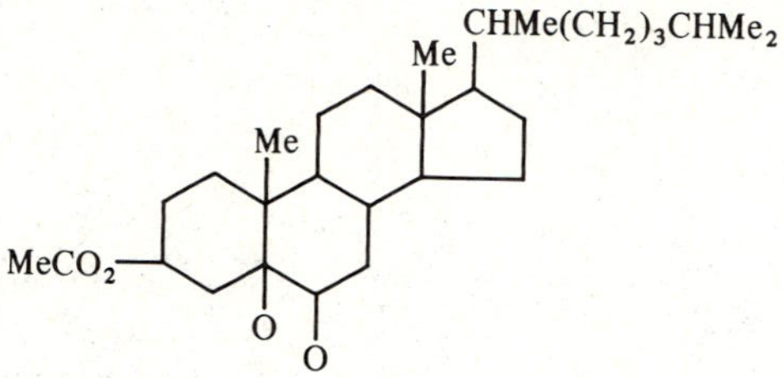 1	ord, uv	8106
		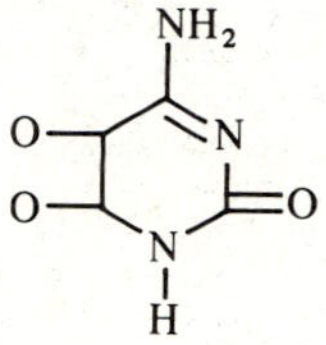 1	k	8110
		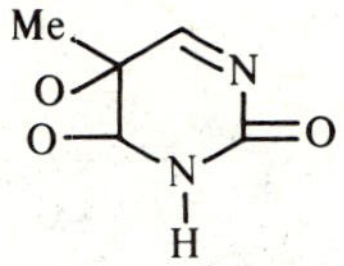 1	k	8110, 8112
		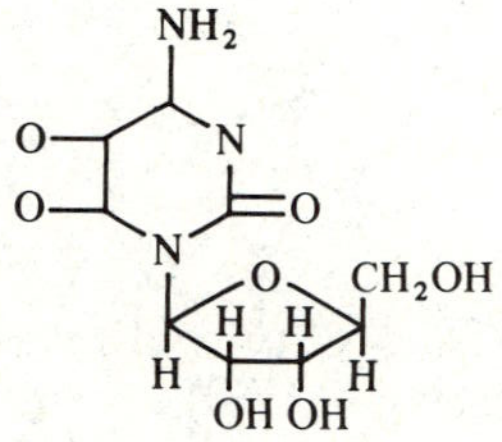 1	chr, ir, k, uv	8110, 8113
		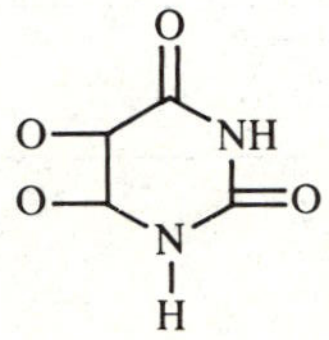 1	chr, ir, k, nmr	8110

TABLE 3.113. (CONTINUED)

m	n	R	X	p	Y	q	Color and MP (°C)	Physicochemical Studies	Reference
1	2	H	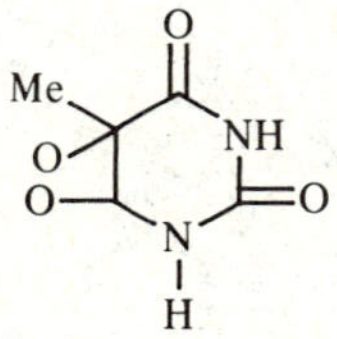 (structure)	1				chr, ir, k, nmr	8110
			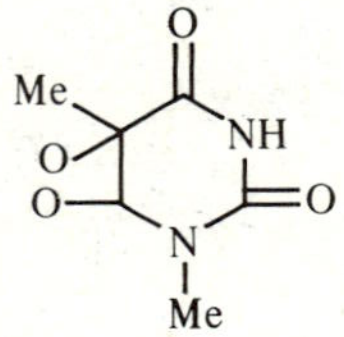 (structure)	1				xr	8115
			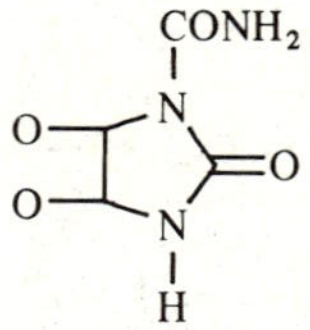 (structure)	1				nmr	8116
			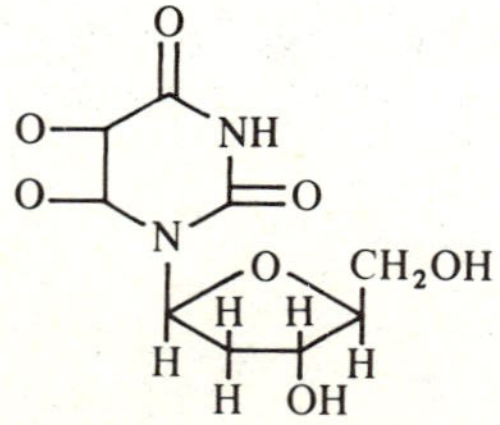 (structure)	1				ir, K	8110

1		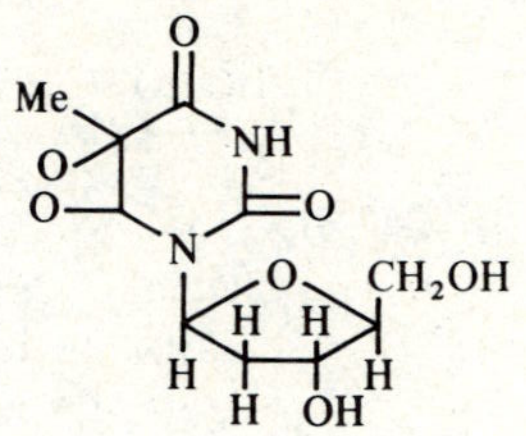 1		chr, ir, k, nmr, uv	8110, 8113, 8114
		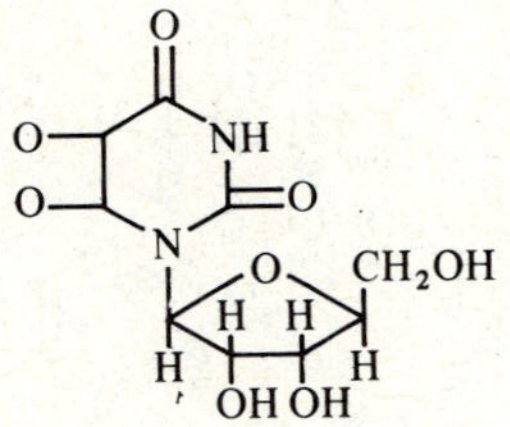 1		chr, ir, K, nmr, uv	8110, 8113
		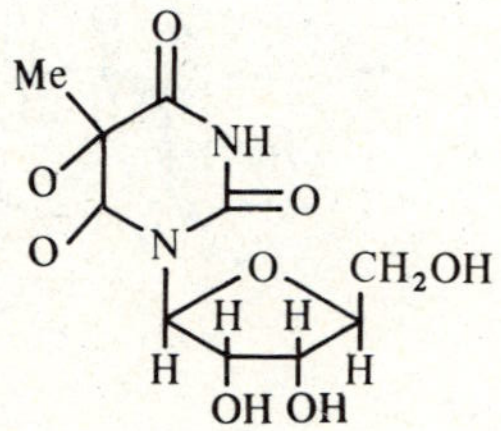 1		chr, ir, k, uv	8113
		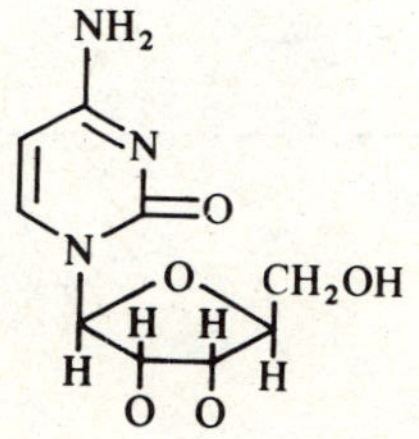 1	H$_2$O	bw	chr, ir, k, nmr, uv	8113

1 2 H

TABLE 3.113. (CONTINUED)

m	n	R	X	p	Y	q	Color and MP (°C)	Physicochemical Studies	Reference
1	2	H	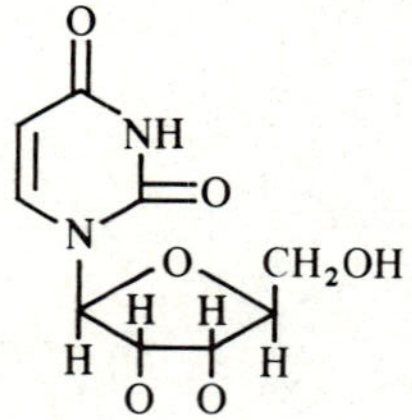 (uracil 2′,3′-anhydro ribonucleoside, CH$_2$OH)	1			bw	chr, ir, k, nmr, uv	8113
			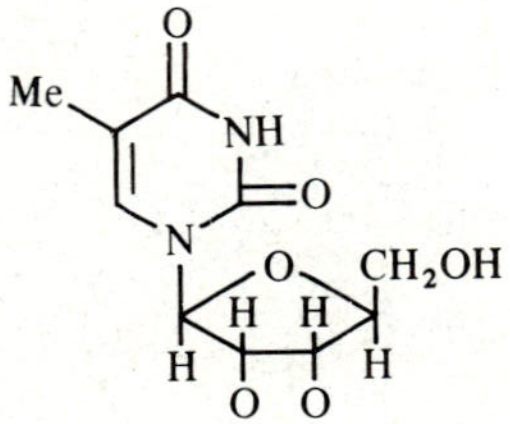 (thymine 2′,3′-anhydro ribonucleoside, CH$_2$OH)	1			bw	chr, ir, k, nmr, uv	8113
			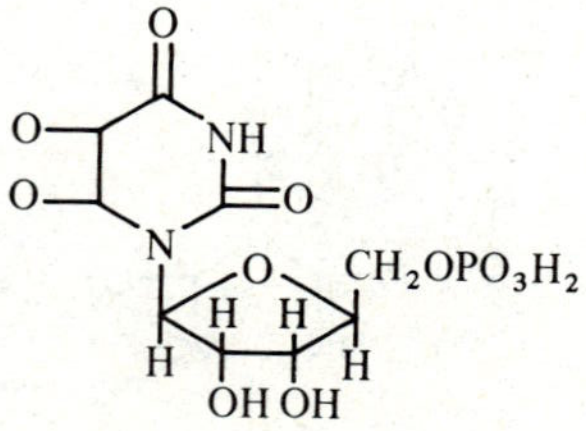 (barbituric acid ribonucleoside 5′-phosphate, CH$_2$OPO$_3$H$_2$)	1				ir, k	8110

1	H	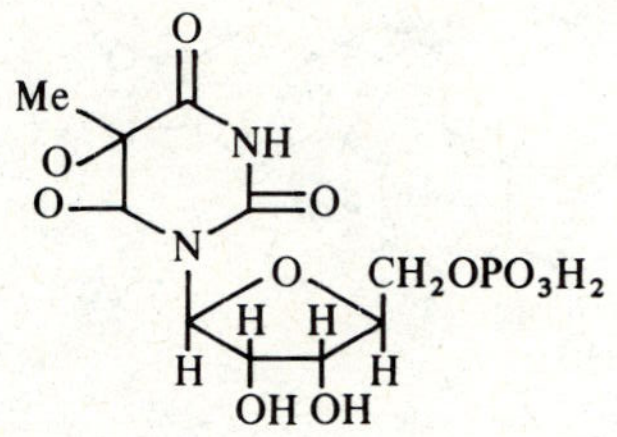	1	ir, k	8110
2			1		8121
			1	K	8111
			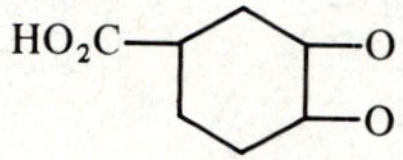 1	K, p	8108
3-Me			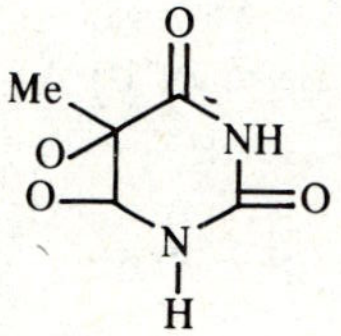 1	chr, k, nmr, uv	8110
			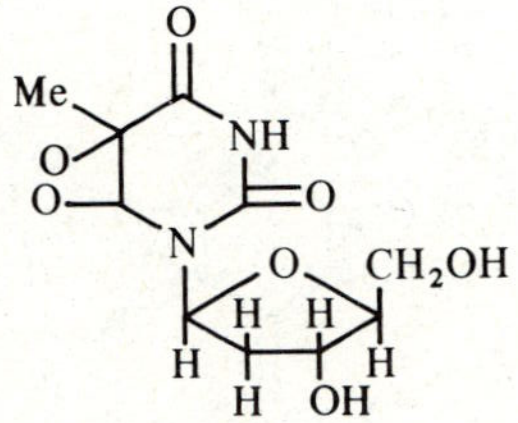 1	k, uv	8110

TABLE 3.113. (CONTINUED)

m	n	R	X	p	Y	q	Color and MP (°C)	Physicochemical Studies	Reference
1	2	3-Me	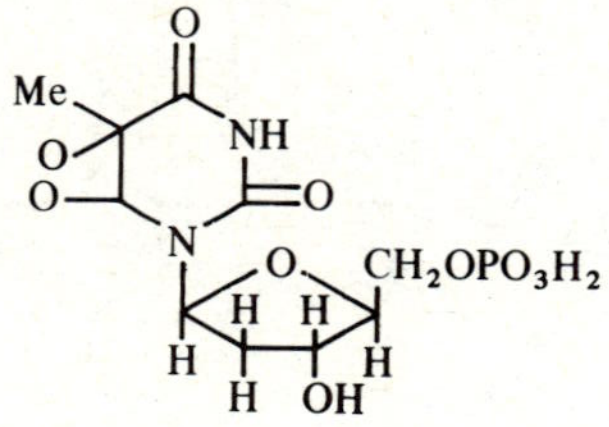 (uracil-CH₂OPO₃H₂ sugar structure)	1				k, uv	8110
		4-Me	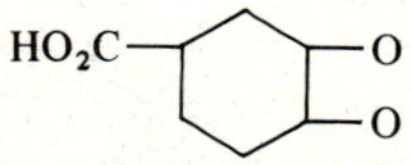 (cyclohexanedione-CO₂H structure)	1				K, p	8108
			{H₂NC(=NH)NC(=NH)NH₂ / Cl}	1 1				ir, msc	8117
		3-COMe	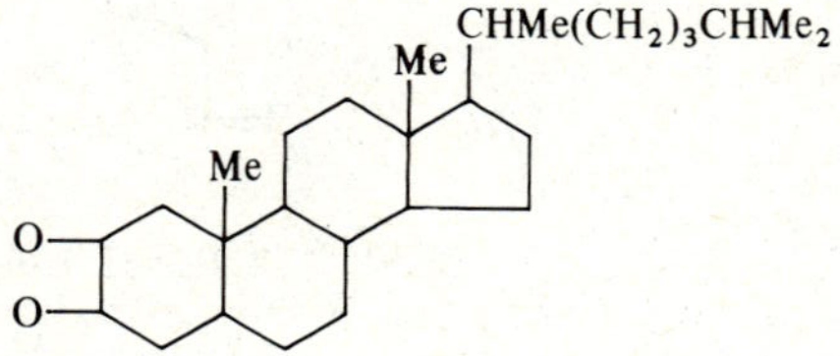 (steroid structure)	1				ord, uv	8106
		3-NO₂, 6-OMe	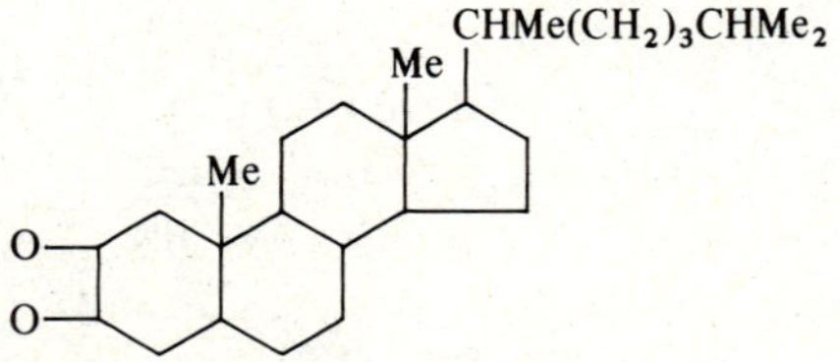 (steroid structure)	1				ord, uv	8106

1			1	K, p	8108
2	2-F		1	K	8111
	3-Cl		1	K, p	8108
			1	chr, k, nmr, uv	8110
		![structure](Me-N-sugar CH2OH)	1	k, uv	8110
		![structure](Me-N-sugar CH2OPO3H2)	1	k, uv	8110

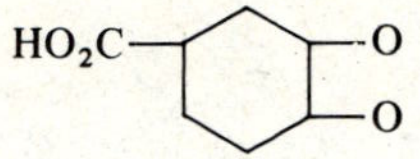

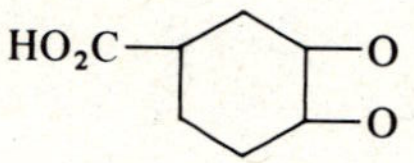

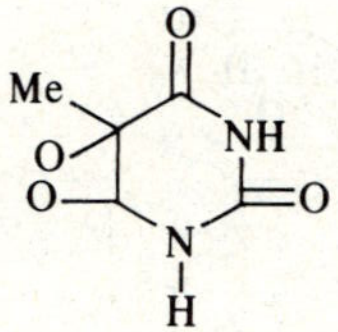

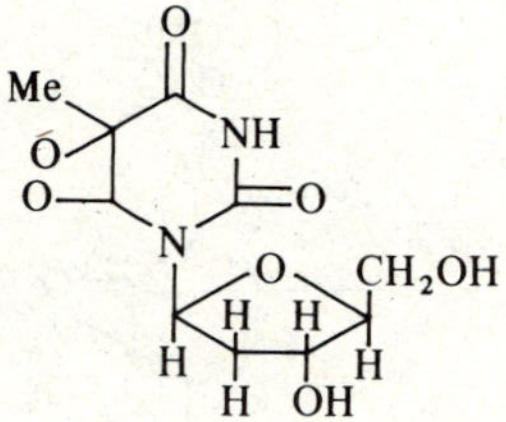

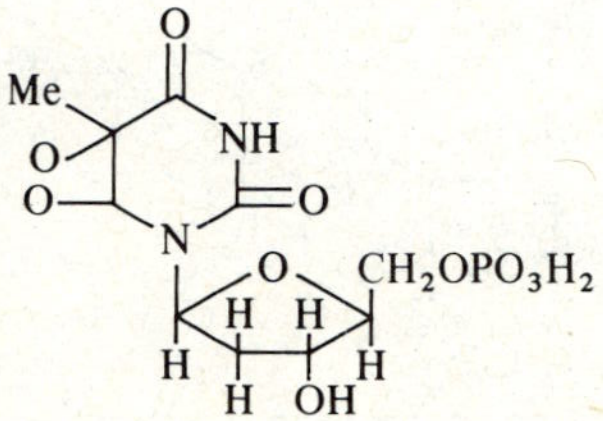

TABLE 3.113. (CONTINUED)

m	n	R	X	p	Y	q	Color and MP (°C)	Physicochemical Studies	Reference
1	2	2-Br	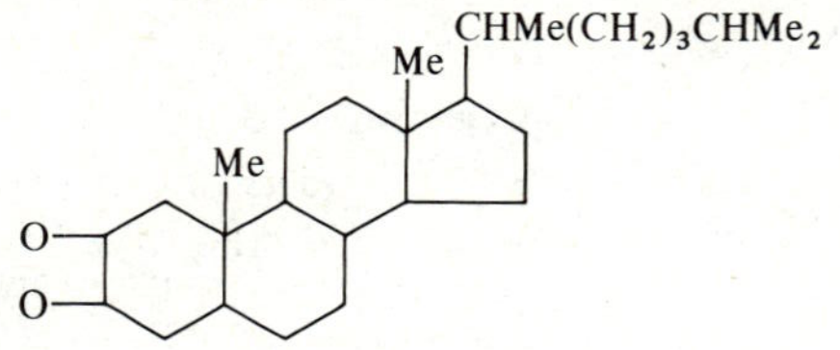 (steroid with CHMe(CH$_2$)$_3$CHMe$_2$)	1				ord, uv	8106
		3-HgOCOMe	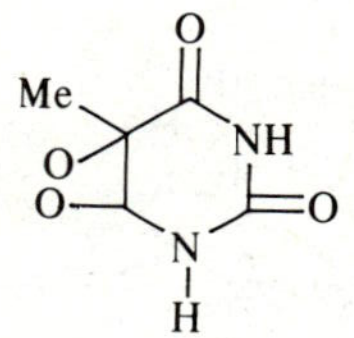 (Me-substituted hydantoin-like)	1				k, uv	8110
			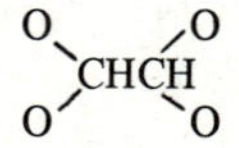 (CHCH diester)	1					8102
2	4	H	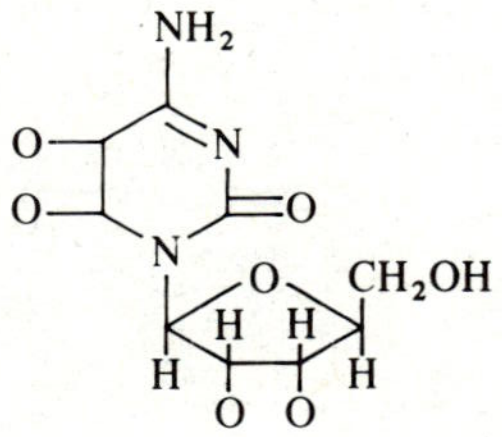 (cytidine-like nucleoside)	1				chr	8113
			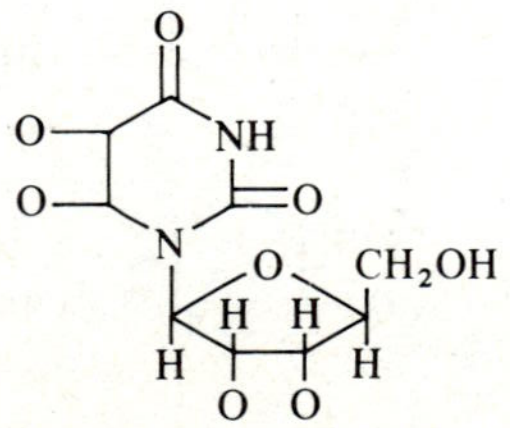 (uridine-like nucleoside)	1				chr	8113

2	4	H 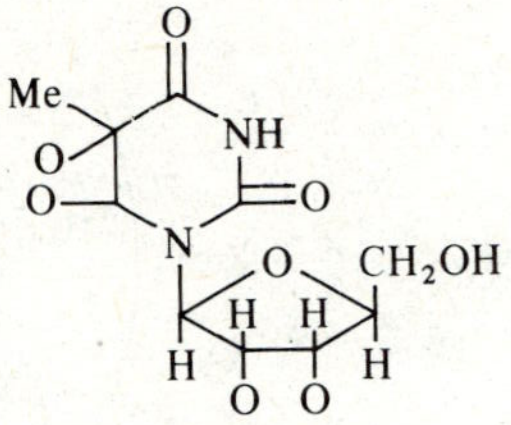			chr	8113

Osmium (VIII)

1	1	H	1		8121
		O	2	y, o, bw, 68	ir, k	7595, 7596, 8103, 8108, 8110, 8114, 8118, 8119
	d_5	O	2		ir	8119
	3-Me	O	2		k, uv	8110
	4-Me	O	2		k, uv	8110
	2,4,6-Me$_3$	O	2			8118
	2-N=N-1'-C$_{10}$H$_6$-2'-O$^-$	+	3	bw	K, uv	8097
	2-N=N- [phenanthrenone structure]	+	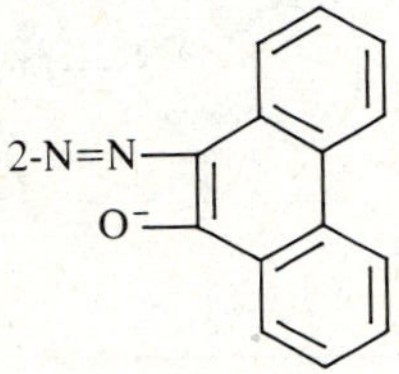 3		K, uv	8120
2	2-N=NC$_6$H$_3$-2',6'-(O$^-$)$_2$	+	2		K, uv	8099
2	2-N=N-1'-C$_{10}$H$_6$-2'-O$^-$	+	2		K, uv	8097

TABLE 3.114. CRYSTALLOGRAPHIC DATA FOR THE COMPLEX COMPOUNDS OF PYRIDINE WITH OSMIUM

Compound	Space Group	a	b	c	α	β	γ	Z	Reference
Os(octaethyl-N,N'-dimethylporphyrin)(CO)·py 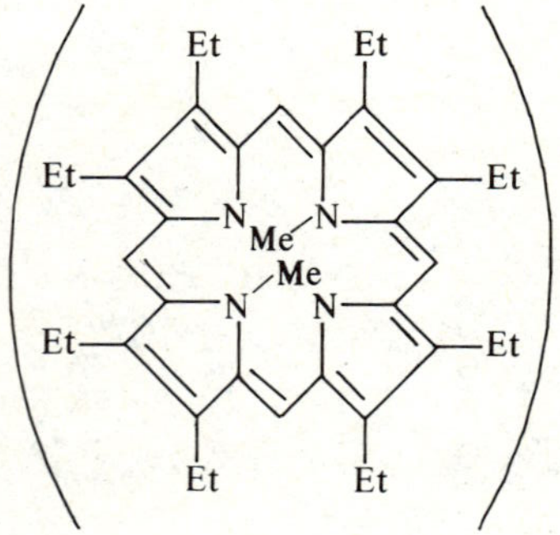	Pnma	16.937	24.694	9.778				4	8087
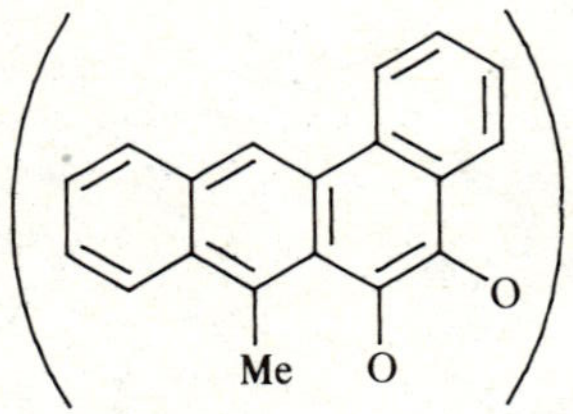 OsO₂(methylphenanthrenequinone)·2py·(MePh)	P2₁/c	11.285	32.507	8.044		93.04		4	8107
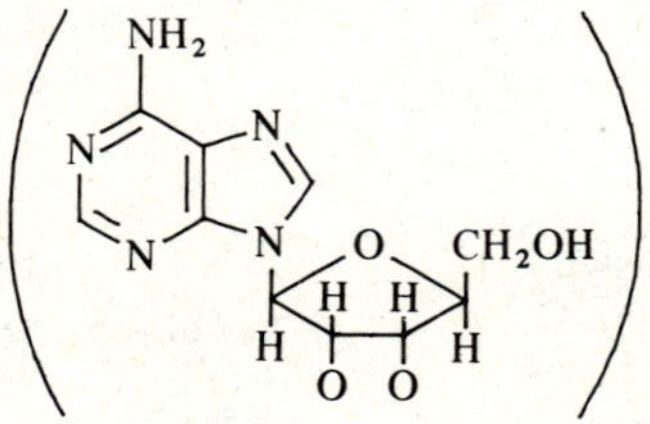 OsO₂(adenosine)·2py	P2₁2₁2₁	7.84	12.28	23.71					8109

		a	b	c	α	β	γ	Z	V
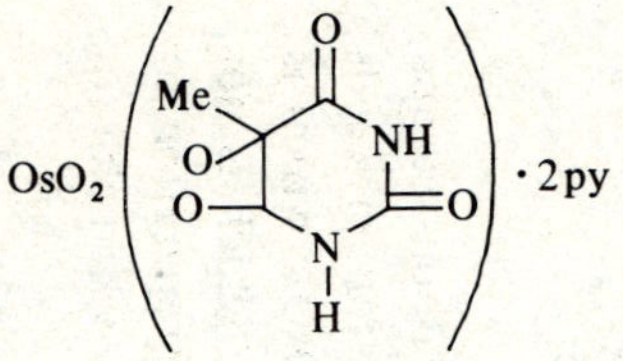 (structure: OsO₂ complex with NH, N-H, Me, ·2py)	P1̄	7.975	10.381	11.36	82.73	77.22	101.75	2	8093
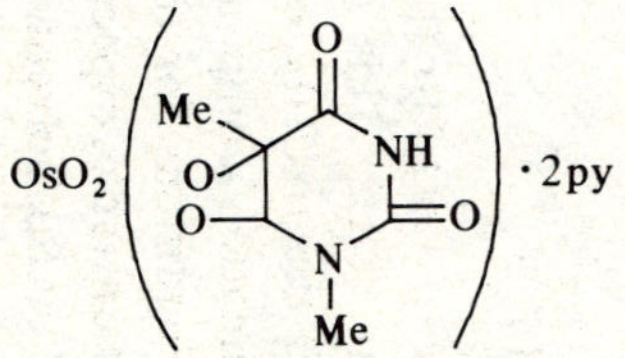 (structure: OsO₂ complex with NH, N-Me, Me, ·2py)	P1̄	11.493	16.655	6.082	92.07	90.58	71.36	2	8115

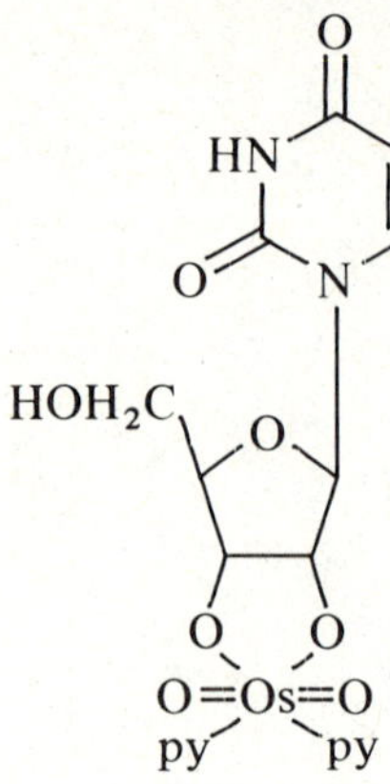

3.37

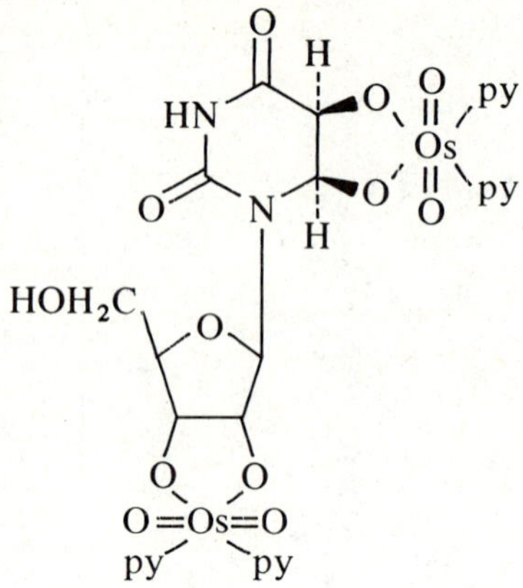

3.38

Pyridine can be metallated by osmium in the 2 position to form clusters of the possible structure of **3.39–3.42** (8086).

The π-back donation from Os(II) to the pyridine ring is considered to be very large (8091).

3.39

3.40

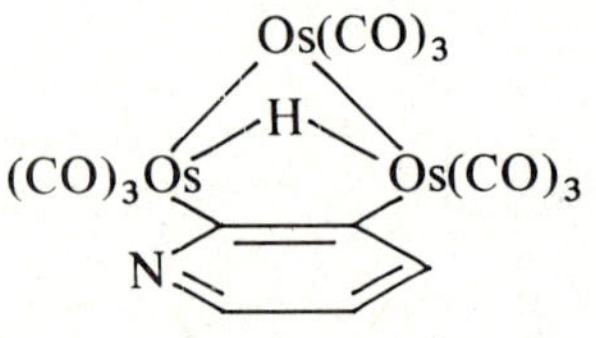

3.41

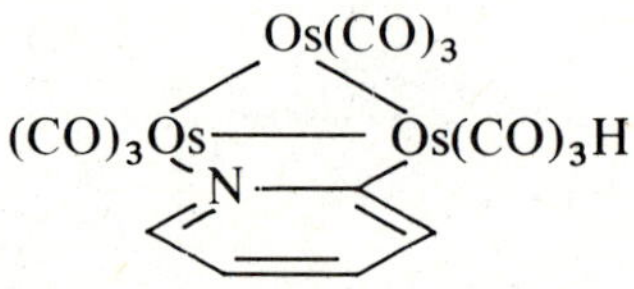

3.42

3.8.7.3. Applications

3.8.7.3.1. SYNTHESIS

The synthesis of *cis*-diols is based on the addition of OsO_4 to the carbon–carbon double bonds followed by the hydrolysis of osmate esters. This reaction proceeds smoothly; however, it is not too convenient owing to the toxicity of OsO_4, which is rather volatile. The use of the OsO_4 pyridine coordination compound, which is not volatile and is stable, does not change the reaction conditions for the preparation of osmate esters. Under some reaction conditions OsO_4 is unstable, especially when chloroform is used as the solvent; $OsO_4 \cdot py$ is not decomposed by this solvent.

3.8.7.3.2. BIOLOGICAL ACTIVITY

Osmium(III)bis(pyridine) esters of adenosine are of biochemical interest since they are reported to form heavy atom derivatives of transfer ribonucleic acids (8109).

(5,6-Dimethyl-1,10-phenanthroline)tetrakis(2-picoline)osmium(II) chloride is listed among several osmium complexes of bacteriostatic and fungistatic activity. It was tested for therapeutic value on acute and chronic staphylococcal and streptococcal bovine mastitis, for plant fungicidal value on *Venturia inaequalis* and *Phytophthora infestans*, for inhibition of influenza virus infectivity on chick chorioallantoic membranes, and for therapeutic value as antihelmintic agents in the infestation of *Syphacia obvelata* in mice (7528, 7534).

3.8.7.3.3. ANALYTICAL CHEMISTRY

Several methods of determinating osmium in various oxidation states are based on uv/vis photometry of osmium pyridine complexes. Such pyridine derivatives as 2,3-pyridinediol (8124, 8125), 5-chloro-2,3-pyridinediol (8124), 3-nitroso-2,6-pyridinediol (8128), 2-amino-3-pyridinol (8127), 2-amino-6-mercapto-3-pyridinol (8125), and 4,6-dihydroxy-5-nitroso-1-pentylpyridinium-3-carboxylate (8126) are the chelating agents in which the ring nitrogen is *not* directly involved in the interaction with osmium.

The methods based on other pyridine chelating agents are summarized in Table 3.115.

In a few cases methods are described for the determination of Os(VIII); however, it is believed that osmium is determined as Os(IV). Busev *et al.* (8099) suggest that PAR reduces Os(VIII) to Os(IV) which forms chelates with the azodye.

3.8.7.3.4. MISCELLANEOUS

The solution of $OsO_3 \cdot 2py$ containing $K_4Fe(CN)_6$ provides a good contrast for glycogen because of the accumulation of this compound in aldehyde-fixed ultrathin tissue sections. Ribosomes are not contrasted (8104).

The coordination compounds of OsO_4 with pyridine and 2,4,6-collidine were evaluated as substitutes for OsO_4 in postfixation of biological specimens and in light and electron microscopic cytochemical methods resulting in osmium black formation (8118).

3.8.8. Iridium Coordination Compounds

The oxidation states of iridium are $-I$, 0, I and III to VI, with preference for III. This is also reflected in the number of reported pyridine complexes of iridium in that particular oxidation state. These species are presented in Table 3.116. The crystallographic data for some complexes are given in Table 3.117.

Compounds of Ir(II) are also claimed (8140–8144); one is probably the dimer $[IrCl(OAc)(CO)_2py]_2$.

Some complexes contain two or three iridium atoms in different oxidation states. Also few oxocentered, perhaps triangular, compounds of the $[Ir_3O(OAc)_6(py)_3]X$ type are reported (4301).

The common coordination numbers are 4 and 5 for Ir(I); 5 and 6 for Ir(III), and 6 for Ir(IV). Iridium(III) exhibits a remarkable tendency toward formation of cationic and anionic complexes as well as those in which not only the anion but also the cation contain iridium simultaneously.

Owing to the geometry of the complexes, cis-trans isomerism is quite common.

TABLE 3.115. PHOTOMETRIC DETERMINATION OF OSMIUM USING PYRIDINE AND ITS DERIVATIVES

Ligand	pH	Analytical Wavelength (nm)	Range of Validity of the Beer Law (ppm)	Molar Absorptivity (m²/mol)	Reference
		Osmium (IV)			
1-(2-Pyridylazo)-2-naphthol	7.0–9.0	560–570	0.9–14.0	1,100	8097
4-(2-Pyridylazo)resorcinol		530, 533	0.3–5.0		7607, 8100
	4.7–7.5	510			8098
		Osmium (VI)			
Isonicotinohydrazide	3.8–4.5	420	0.4–7.0		8129
		Osmium (VIII)			
1-(2-Pyridylazo)-2-naphthol	7.8–9.5	560–570	0.9–14.0	1,130	8097
9-(2-Pyridylazo)-10-phenanthrol	3.5–5.2	550 (in CHCl$_3$)	≤ 9.2	2,800	8120
4-(2-Pyridylazo)resorcinol	5.0–7.5	510–520 (in H$_2$O + dioxane)	0.4–7.0		8099
Isonicotinohydrazide	3.8–4.5	420	0.1–6.5		8129
2-Ethyl(thioisonicotinamide)	5–7		1.5–15		8130

3.8.8.1. Preparation Methods

The complexes of Ir(III) with pyridines can be prepared by combining an iridium salt with pyridine in aqueous, ethanolic, chloroform, or benzene solutions. Prolonged reflux may be necessary. Depending on the starting salt, various types of iridium complexes can be prepared. Iridium sulfates yield salts of pyridinoiridosulfuric acid, $H_2[Ir(SO_4)(py)(OH)]$, on treatment with pyridine at 100°C. Anionic compounds of the H^+py-$[Ir(py)_2X_4]^-$ type, where X is halogen, are easily prepared from K_3IrX_6, $K_2[Ir(H_2O)Cl_5]$, or $IrCl_2(C_2O_4)_2K_3$ on heating with the pyridine salt of hydrohalic acid or with pyridine itself in ethanolic solution. The cations of the pyridine complexes can readily be exchangd either by reacting with the corresponding metal hydroxide or metal halide. Anionic complexes such as $K[Ir(py)_2Cl_4]$ can be converted into neutral species $[1,2,6-Ir(py)_3Cl_3]$ when heated with aqueous pyridine at 130°C. $[Ir(py)_3(H_2O)Cl_2][Ir(py)_2Cl_4]$, which is formed as a by-product, gives $pyHIr(py)_2Cl_4$ on treatment with pyridinium chloride. If KOH is used, $K[Ir(py)_2Cl_4]$ is produced, which gives $[Ir(py)_4Cl_2][Ir(py)_2Cl_4]$ when heated with pyridine in aqueous ethanol. Elevated temperature converts it into $[Ir(py)_4Cl_2]Cl$. This compound can also be prepared from $Ir(py)_2(H_2O)Cl_3$ on heating with pyridine in aqueous solution. This complex yields $Ir(py)_3Cl_3$ when decomposed at 180°C. The substitution in the inner coordination sphere of $Ir(py)_2(H_2O)Cl_3$ is possible by subsequent reactions with NaOH and then HCl; $[Ir(py)_2(H_2O)_2Cl_2]Cl$ is thus formed. The decomposition of $K[Ir(py)_2(C_2O_4)_2]$ with HCl at 130°C gives $Ir(py)_2(H_2O)Cl(C_2O_4)$ as well as $[Ir(py)_2(H_2O)_2Cl_2][Ir(py)_2Cl_4]$. $K[Ir(CO)_2I_4]$ reacts with pyridine in alcohol to give alkoxycarbonyliridium with pyridine – $[IrI_2(COOR)(CO)(py)_2]$ (8193).

The coordination compounds of Ir(IV) were prepared by oxidation of the corresponding complexes of Ir(III) with chlorine or HNO_3. Such species can be converted back to Ir(III) by treatment with KI. Thus $[Ir(py)_2Cl_4]$ yields $K[Ir(py)_2Cl_4]$ but treatment with, ammonia gives the mixture of $[Ir(py)_2(NH_3)_2Cl_2][Ir(py)_2Cl_4]$ and $[Ir(py)_2(NH_3)_3Cl]$-$[Ir(py)_2Cl_4]_2$.

3.8.8.2. Properties

The coordination compounds of iridium with pyridine are mostly colored and are stable in the solid state, in neutral solutions, and even in weak acid or alkaline solutions at the ordinary temperature. The stability of the tetrapyridine complexes of Ir(III) is markedly higher than that of Co(III) and Rh(III) (8201). The iridium complexes undergo various reactions in the inner coordination sphere. Complexes of Ir(I) that are tetra-coordinated readily undergo oxidative addition and exchange of halides in the inner coordination sphere (8160). The Ir(III) compounds that are pentacoordinated readily accept one ligand to reach the coordination number of 6 and if the complex is dimeric the bridge is cleaved. In pentacoordinated organoiridium compounds the addition of a nucleophilic ligand is directed trans to the organic group. This is also true in the case of addition to iridium hydrides (8154). The nucleophilic substitution does not seem to indicate any evident preferences in choosing the direction of the attack in other complexes (8156).

The hexacoordinated complexes of Ir(III) are decidedly less reactive in the inner coordination sphere. The substitution of Cl^- in *trans*-$[Ir(py)_4Cl_2]^+$ by I^-, Br^-, or NCS^- does not occur unless it is photolyzed. On irradiation, halide substitution products that

(*Text continued on page 1739.*)

TABLE 3.116. COORDINATION COMPOUNDS OF PYRIDINE AND ITS DERIVATIVES

m 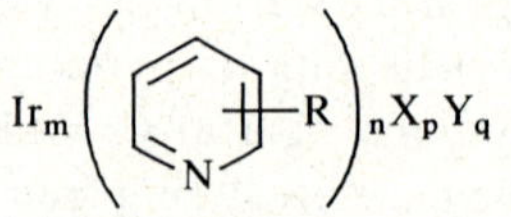	n	R	X	p

$$Ir_m \left(\underset{N}{\bigcirc} - R \right)_n X_p Y_q$$

Iridium (0)

m	n	R	X	p
1	1	H	PPh$_3$	1
			CO	2
2	1	H	PPh$_3$	1
			CO	2

Iridium (I)

m	n	R	X	p
1	1	H	MeCOCHCOMe	1
			PF$_6$	1

WITH IRIDIUM

Y	q	Color and MP (°C)	Physicochemical Studies	Reference

$$Ir_m \left(\left[\underset{N}{\bigcirc} \right] - R \right)_n X_p Y_q$$

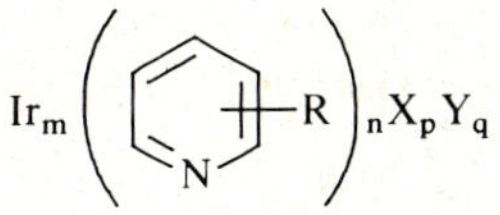

Iridium (0)

Y	q	Color and MP (°C)	Physicochemical Studies	Reference
bw				7994
bw				7994

Iridium (I)

Y	q	Color and MP (°C)	Physicochemical Studies	Reference
{CH$_2$=CH$_2$ CF$_2$=CF$_2$	1 1	w	ir, nmr	8132
{[cyclooctadiene] CF$_2$=CF$_2$	1 1	w, 127–131	ir, nmr	8132
{[cyclooctadiene] (i-Pr)$_3$P	1 1	o	ir, nmr	8133
{[cyclooctadiene] (Cyclohexyl)$_3$P	1 1	o	ir, nmr	8133
{[cyclooctadiene] PPh$_3$	1 1	o	ir, nmr	8133
{[cyclooctadiene] AsPh$_3$	1 1	o	ir, nmr	8133
{PPh$_3$ CO MeO$_2$CC≡CCO$_2$Me	2 1 1	l-y, dec 159	ir, nmr, uv	7703
{PPh$_3$ CO CF$_3$C≡CCF$_3$	2 1 1	150	ir, nmr, uv	7703

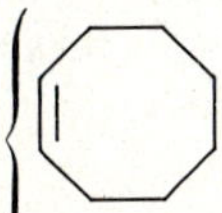

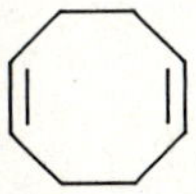

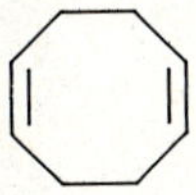

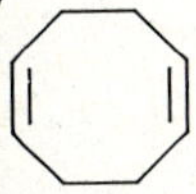

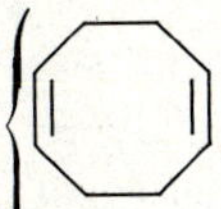

TABLE 3.116. (*CONTINUED*)

m	n	R	X	p
1	1	H	Cl	1
			ClO$_4$	1
		2-Me	PF$_6$	1
		4-Me	PF$_6$	1
			H	1
			CH=CHCH$_2$P(*t*-Bu)$_2$	1
			Cl	1
			H	1
			CH=CMeCH$_2$P(cyclohexyl)$_2$	1
			Cl	1
		2-NH$_2$	Cl	1
		2-NH$_2$,6-Me	Cl	1
		2,6-(NH$_2$)$_2$	Cl	1
		2-CH$_2$NH$_2$	Cl	1
		4-CH$_2$NH$_2$	Cl	1

Y	q	Color and MP (°C)	Physicochemical Studies	Reference
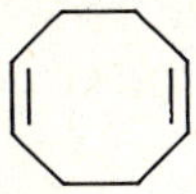 (cyclooctatetraene)	1	y		7655
CO	2	y	xr	8134–8136
{ (cyclooctatetraene) CF$_2$=CF$_2$	1 1	w	ir, nmr	8132
{ PPh$_3$ CO	2 1		ir	7637
{ (cyclooctatetraene) Me$_2$PPh	1 1	o	ir, nmr	8133
{ (cyclooctatetraene) MePPh$_2$	1 1	o	ir, nmr	8133
CH$_2$=CHCH$_2$P(t-Bu)$_2$	1		ir, nmr	8137
CH$_2$=CMeCH$_2$P(cyclohexyl)$_2$	1		ir, nmr	8137
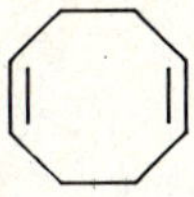 (cyclooctatetraene)	1		ir, nmr	7640
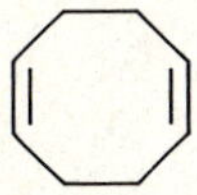 (cyclooctatetraene)	1		ir, nmr	7640
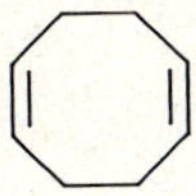 (cyclooctatetraene)	1		ir, nmr	7640
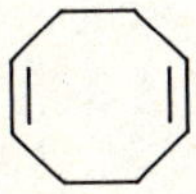 (cyclooctatetraene)	1	y	ir	7641
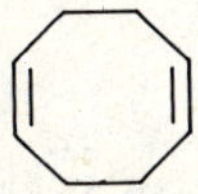 (cyclooctatetraene)	1		ir, nmr	7640

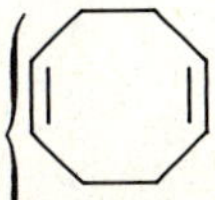

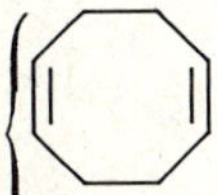

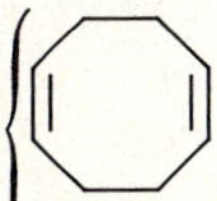

TABLE 3.116.   (CONTINUED)

m	n	R	X	p
1	1	4-CH$_2$NH$_2$	Cl	1
		2-CH=CHCH=(quinoline N-Me)	Cl	1
		2-CH=NCHMePh	PF$_6$	1
			ClO$_4$	1
		2-CH=NCHMePh	I	1
		2-CO$_2^-$		
	2	H	PF$_6$	1
			Cl	1
		2-Me	PF$_6$	1
		4-Me	PF$_6$	1
3	6	H	Cl	1
			ClO$_4$	1
1	1	2-N= (isoindoline) =N-2'		

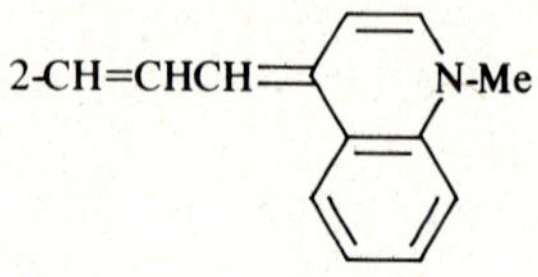

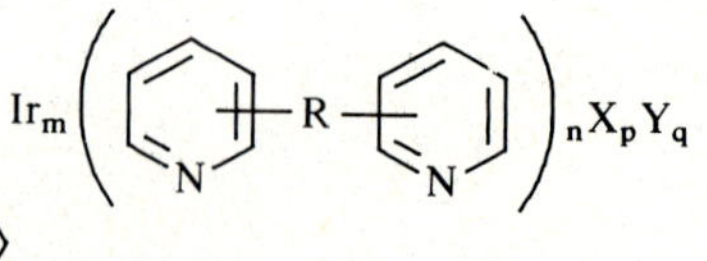

$$\text{Ir}_m \left(\left(\underset{N}{\bigcirc} - R - \underset{N}{\bigcirc} \right)_n \right) X_p Y_q$$

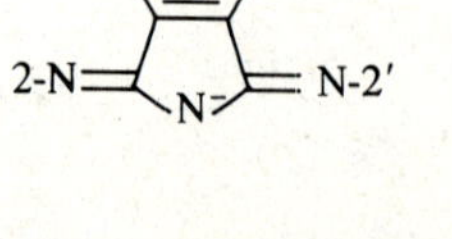

Y	q	Color and MP (°C)	Physicochemical Studies	Reference
 (norbornadiene)	1		ir, nmr	7640
CO	2	bu-gy, 170 dec	uv	8138
(cyclooctatetraene) NCCH=CHCN	1 1	l-ysh	ir	7641
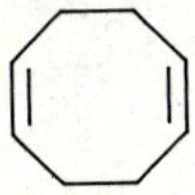 (cyclooctatetraene)	1	d-bu	ir	7641
(cyclooctatetraene) CO	1 2	v	ir ir, nmr	7641 7642
(cyclooctatetraene) CO	1 2	y dec 73	ir, nmr	7655, 8133 8134
CH$_2$=CH$_2$ CF$_2$=CF$_2$	1 1	w	ir, nmr	8132
(cyclooctatetraene)	1	y	ir, nmr	8133
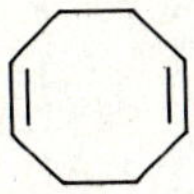 (cyclooctatetraene)	1	y	ir, nmr	8133
NH$_3$ H$_2$O	12 9			8139

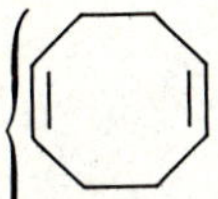

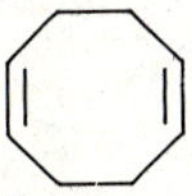

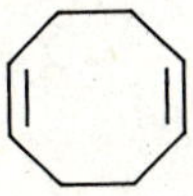

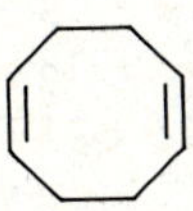

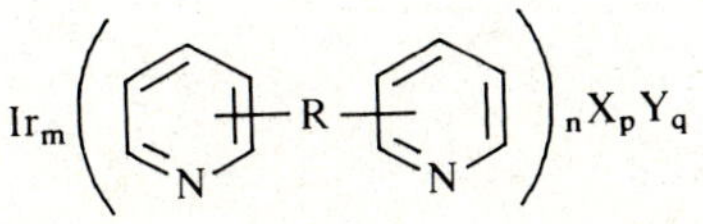

$$Ir_m\left(\underset{N}{\bigcirc}\!\!-\!R\!-\!\underset{N}{\bigcirc}\right)_n X_p Y_q$$

Y	q	Color and MP (°C)	Physicochemical Studies	Reference
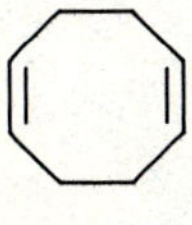 (cyclooctatetraene)	1	bw		7654

TABLE 3.116. (CONTINUED)

m	n	R	X	p
1	1	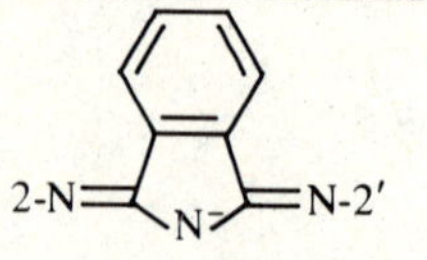 2-N=... N=N-2' (benzimidazole-type, phthalazine structure)		
		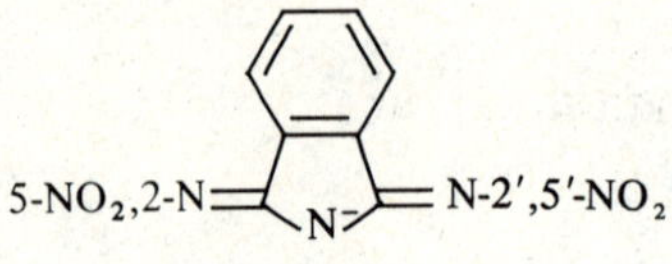 5-NO$_2$,2-N=... =N-2',5'-NO$_2$		
		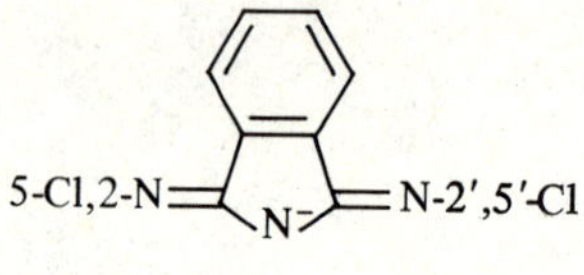 5-Cl,2-N=... =N-2',5'-Cl		

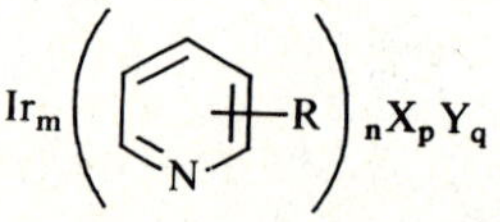

$$Ir_m\left(\underset{N}{\bigcirc}\!\!-\!\!R\right)_n X_p Y_q$$

Iridium (II)

m	n	R	X	p
1	1	H	+	2
			MeCO$_2$	1
			Cl	1
	2	H	Cl	2

Iridium (III)

m	n	R	X	p
1	1	H	H	3
			CH$_2$C(=CH$_2$)C(=CH$_2$)CH$_2$	1
			MeCOCHCOMe	1
			MeCOCHCOMe	3
			H	2
			OH	1
			SO$_4$	2
			+	2
			Cl	1
			2,4,6-(O$_2$N)$_3$C$_6$H$_2$O	2
			Cl	1
			SO$_4$	1
			Cl	1
			H	1
			Cl	2
			Me	1
			Cl	2
			Et	1
			Cl	2

Y	q	Color and MP (°C)	Physicochemical Studies	Reference
CO	2	y-o		7654
CO	2	d-bw		7654
CO	2	r-bw		7654

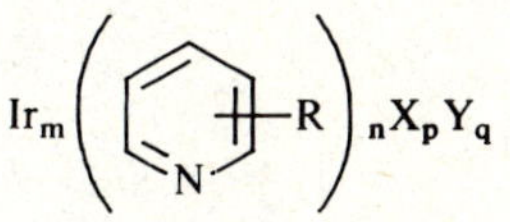

$$Ir_m \left(\underset{N}{\bigcirc} \!\!-\!\! R \right)_n X_p Y_q$$

Iridium (II)

Y	q	Color and MP (°C)	Physicochemical Studies	Reference
		epr		8140
CO	2	dec ~ 300	cond, ir	8141–8144
NH$_3$	2			8193

Iridium (III)

Y	q	Color and MP (°C)	Physicochemical Studies	Reference
AsPh$_3$	2	138 dec		8145
CH$_2$=C=CH$_2$	1		xr	8131, 8146
		y	ir, nmr	8147
		g		8148
NH$_3$	3		uv	7690, 8149
	4		uv	8149, 8150
NH$_3$	4			8151
{NH$_3$	4			8151
H$_2$O	1			
(t-Bu)$_3$P	2	y, 142–146	ir, nmr	8152
PPh$_3$	2	y, 198		8153, 8154
PPh$_3$	1	191–193	ir, K, nmr, th	8155
CO	2			8156
CO	2			8156

TABLE 3.116.   (CONTINUED)

m	n	R	X	p
1	1	H	$\pi\text{-}C_5Me_5$ Cl	1 2
			NO_3 Cl	1 2
			PF_6 Cl	1 2
			CH_2FCO_2 Cl	1 2
			CHF_2CO_2 Cl	1 2
			CF_3CO_2 Cl	1 2
			K O_2CCO_2 Cl	2 1 3
			Rb O_2CCO_2 Cl	2 1 3
			Cs O_2CCO_2 Cl	2 1 3
			Ba O_2CCO_2 Cl	1 1 3
			Tl O_2CCO_2 Cl	2 1 3
			K Cl	1 4
			— Cl	2 5
			H Cl	2 5
			Na Cl	2 5

Y	q	Color and MP (°C)	Physicochemical Studies	Reference
		y		8157
Me$_2$PPh	3	y, 206–210 dec	cond, ir, nmr	8158
MePPh$_2$	3		moe, nmr	8159
PPh$_3$	2	o, 252–255	ir, K, nmr, th	8155
PPh$_3$	2	o, 174	ir, K, nmr, th	8155
PPh$_3$	2	o, 235–240	ir, K, nmr, th	8155
	1	y, dec 163–165	ir, nmr	8160
NH$_3$	4			8151
H$_2$O	2			
Et$_2$S	2	171–172		8161
NH$_3$	3			8151
HgCl$_2$	2			
NH$_3$	4			8151
HgCl$_2$	2			
NH$_3$	5			8151
HgCl$_2$	2			
				8162, 8163
H$_2$O	1.5	o-r	xr	8164
H$_2$O	2	o		8163
H$_2$O	2	rsh-o		8163
H$_2$O	2			8163
		y		8163
H$_2$O	1		uv	8149, 8165
			uv	8149
				8166
		o-r		8167

TABLE 3.116. (*CONTINUED*)

m	n	R	X	p
1	1	H	K	2
			Cl	5
			Cs	2
			Cl	5
			Tl	2
			Cl	5
			NH_4	2
			Cl	5
			py^+H	2
			Cl	5
			Cl	2
			ClO_4	1
			Cl	2
			Br	1
			H	1
			Br	2
			Br	3
			ClO_4	1
			I	2
			K	1
			O_2CCO_2	1
			Cl	3
			Ag	1
			O_2CCO_2	1
			Cl	3
			Ag	2
			Cl	5
			Ag	2
			Cl	1
			Cr_2O_7	1
		2-Me	CF_3CO_2	1
			Cl	2
			Tl	2
			Cl	5
			NH_4	2
			Cl	5
			2-Me-py^+H	2
			Cl	5

Y	q	Color and MP (°C)	Physicochemical Studies	Reference
		o-r, rsh-bw		8149, 8162, 8167
H$_2$O	3		uv	8149, 8165
			ir	1014
		bu		8162
		o-r		8167
				8166
Me$_2$AsPh	3	y, 220–227	cond, ir, nmr	8158
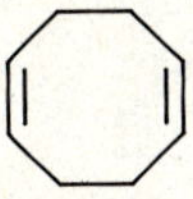	1	y, dec 154–155	ir, nmr	8160
PPh$_3$	2	201		8153
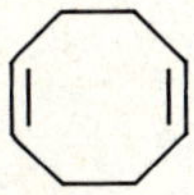	1	y, dec 148–150	ir, nmr	8161
SbPh$_3$	1	r, 238		8168
Me$_2$PPh	3	o, 201–209	cond, ir, nmr	8158
		o		8163
		y		8163
		v		8162
{NH$_3$ / H$_2$O}	2 / 1	y-g		8167, 8169
{NH$_4$ / H$_2$O}	4 / 1			8151
PPh$_3$	2		K, th	8155
				8169
				8170
				8169, 8170

TABLE 3.116. (*CONTINUED*)

m	n	R	X	p
1	1	2-Me	Cl Ag	5 2
		3-Me	Cl ClO$_4$	2 1
			H CH=CHCH$_2$P(t-Bu)$_2$ MeCOCHCOMe	1 1 1
			H CH=CHCH$_2$P(cyclohexyl)$_2$ MeCOCHCOMe	1 1 1
			H Cl	1 2
			NO$_3$ Cl	1 2
			CF$_3$CO$_2$ Cl	1 2
		2-PPh$_2$	Cl	3
	2	H	+	3
			+ OH	2 1
			H O$_2$CCO$_2$	1 2
			K O$_2$CCO$_2$	1 2
			K O$_2$CCO$_2$	3 3
			CH$_2$CH=CH$_2$ BF$_4$	2 1
			+ Cl	2 1
			O$_2$CCO$_2$H Cl	2 1
			CO$_3$ Cl	1 1
			+ Cl	1 2
			H Cl	1 2
			OH Cl	1 2

Y	q	Color and MP (°C)	Physicochemical Studies	Reference
				8169, 8170
Me$_2$PPh	3	y, 233–255 dec	cond, ir, nmr	8158
			ir	8171
			ir	8171
(t-Bu)$_2$PMe	2	l-y, 128–129	ir, nmr	8152
Me$_2$PPh	3	y, 208–211 dec	cond, ir, nmr	8158
PPh$_3$	2		K, th	8155
H$_2$O	1	gsh-bw, 340	cond, msc	147
NH$_3$	3		uv	8149, 8150
H$_2$O	1			
NH$_3$	3		uv	8150
				8162
				8162, 8172
H$_2$O	2	l-y	xr	8164
				8162
		w, 115–116	ir, nmr	7718
NH$_3$	3		uv	7690, 8149
H$_2$O	1			8162, 8172
NH$_3$	2	y		8139
H$_2$O	7			
NH$_3$	2		uv	7690, 8149, 8150
H$_2$O	2		uv	8173
n-PrP(t-Bu)$_2$	1	198–200	ir, nmr	8152
H$_2$O	1			8162, 8173
	2			8172

TABLE 3.116. (CONTINUED)

m	n	R	X	p
1	2	H	—	1
			OH	2
			Cl	2
			CF$_3$CO$_2$	1
			Cl	2
			Cl	3
			—	1
			OH	1
			Cl	3
			H	1
			OH	1
			Cl	3
			—	1
			Cl	4
			H	1
			Cl	4
			Na	1
			Cl	4

Y	q	Color and MP (°C)	Physicochemical Studies	Reference
			uv	8173
PPh$_3$	2	o, 235–240	ir, K, nmr, th	8155
		r		7747, 8176–8179, 8182
NH$_3$	1			8139, 8162
	2	y		8139, 8162
	3			8151, 8162
	4			8139
H$_2$O	1	y, o-r (cis) r (trans)	uv	1055, 7728, 8139, 8149, 8162, 8172–8181
{NH$_3$ H$_2$O}	1 1	r		8139
{NH$_3$ H$_2$O}	2 1		uv	8149
{NH$_3$ H$_2$O}	1 5/3			8139
H$_2$O	2	pk-y, o-r	ir, msc, sol, uv	8139, 8162, 8172, 8174–8176, 8182, 8183
	2.5		msc	8174, 8176, 8182
	3		ir, msc, sol	8175
{NH$_3$ H$_2$O}	3 4			8139, 8151
CO	1		cond, ir	8141–8144
Et$_2$S	1	260		8161
			uv	8149, 8173, 8175
				8174
			K, lum, uv	1055, 7728, 7731, 7804, 8149, 8173, 8180
				7728, 8162, 8178
H$_2$O	2	r		8177
	4	r		8177
H$_2$O	1	r (trans)		8162, 8184

TABLE 3.116. (CONTINUED)

m	n	R	X		p
1	2	H	Na	Cl	1, 4
			K	Cl	1, 4
			Rb	Cl	1, 4
			Cs	Cl	1, 4
			Tl	Cl	1, 4
			NH_4	Cl	1, 4
			NH_4	Cl	1, 4
			py^+H	Cl	1, 4
			Cl	ClO_4	2, 1
			H	ClO_4	1, 2
			Cl	Br	2, 1
			Cl	Br	1, 2
				Br	3
			—	Br	1, 4
			K	Br	1, 4
			Rb	Br	1, 4
			Cs	Br	1, 4
			Tl	Br	1, 4

Y	q	Color and MP (°C)	Physicochemical Studies	Reference
H_2O	4	o (cis)		8162, 8184
	6	o (cis)		8162, 8184
				7728, 8162, 8172, 8174, 8182, 8185
H_2O	1	o (cis) r (trans)	msc, xr	8162, 8164 8184
H_2O	1	o (cis) r (trans)		8162, 8184
		r (trans)	ir, ram, uv	1014, 7747, 8162, 8184
H_2O	0.5	r (cis)		8162, 8184
		r (cis) pk (trans)		8162, 8184, 8186
		o (cis) r (trans)		8187
H_2O	1	o (cis) r (trans)	msc, xr	8162, 8164, 8182, 8184, 8186
		o (cis) r (trans)	moe, nqr, xr	8159, 8162, 8166, 8176, 8178, 8179, 8184, 8185, 8188–8190
Me_2AsPh	2	y, 204–218	cond, ir, nmr	8158
Me_2PPh	3	w, 194–201	cond, ir, nmr	8158
NH_3 H_2O	2 1	y		8139
NH_3 H_2O	3 1			8151
H_2O	4			8191
			uv	8149
				8191
H_2O	1	gsh		8191, 8192
			ir, ram	7747
H_2O	1			8191, 8192
		r		8191, 8192

TABLE 3.116. (CONTINUED)

m	n	R	X	p
1	2	H	NH₄ Br	1 4
			py⁺H Br	1 4
			MeCO₂ I	1 2
			Cl I	2 1
			Cl I	1 2
			NO₃ Cl Ag	1 3 1
			Cl Ag	4 1
			NO₃ Br Ag	1 3 1
			Br Ag	4 1
			Cl Hg	4 1
		2-Me	CH₂CH=CH₂ BF₄	2 1
			Cl	3
			2-Me-pyH⁺ Cl	1 4
		3-Me	Cl	3
			Na Cl	1 4
			K Cl	1 4
			Rb Cl	1 4
			Cs Cl	1 4
			Tl Cl	1 4
			NH₄ Cl	1 4

Y	q	Color and MP (°C)	Physicochemical Studies	Reference
				8191, 8192
		o	ir, ram, xr	7547, 8191, 8192
CO	1	y, 180 dec		8193
NH$_3$ H$_2$O	2 0.5			8139
NH$_3$ H$_2$O	2 5			8139
NH$_3$ H$_2$O	1 1			8151
H$_2$O	1	o (cis) pk (trans)		8174–8176
		o (cis) pk (trans)		8162, 8184, 8186
H$_2$O	3			8191
		pk		8191, 8192
				8186
		l-y-bw	ir, nmr	7718
H$_2$O	1			8169, 8170
				8169, 8170
				8194
H$_2$O	1	l-y (cis) pk (trans)		8195, 8196
				8195
		o (cis) r (trans)	nqr	8190, 8195, 8196
				8195
				8195
				8195
				8195

TABLE 3.116. (CONTINUED)

m	n	R	X	p
1	2	3-Me	3-Me-pyH$^+$	1
			Cl	4
			Cl	4
			Ag	1
		4-Me	H	1
			Cl	2
		2-PPh$_2$	Cl	3
		2-N=NC$_6$H$_3$-2'-O$^-$-4'-OH	Cl	3
		2-S$^-$	+	1
			H	1
			Et	1
	3	H	NCS	2
			Cl	1
			OH	1
			Cl	2
			NO$_3$	1
			Cl	2
			2,4,6-(O$_2$N)$_3$C$_6$H$_2$O	1
			Cl	2
			NCS	1
			Cl	2
			Cl	3
			Br	3
			Cl	2
			I	1
			I	3
		2-Me	Cl	3
		3-Me	Cl	3
		2-CSN$^-$H		
	4	H	+	1
			Cl	2
			NO$_3$	1
			Cl	2
			H	1
			NO$_3$	2
			Cl	2

Y	q	Color and MP (°C)	Physicochemical Studies	Reference
		d-y	nqr	8190, 8194–8196
				8195
n-PrP(t-Bu)$_2$	1	135–138	ir, nmr	8152
P(OC$_6$H$_4$Me-o)$_3$	1		xr	8197
		y, 304–305 dec	cond, msc	147
			K, uv	8198
PPh$_3$	1	y		8199
	2	y, 175–176 dec		8199
PPh$_3$	2			8199
		bw	K	8201
		g		7680
H$_2$O	1			8185
				8202
H$_2$O	1		uv	8185
				8202
		pk	ir, msc, qch, ram, uv	1053, 1055, 1057, 7680, 7747, 8149, 8162, 8166, 8170, 8178, 8179, 8181, 8182, 8185, 8200
H$_2$O	0.5			8162
		bw	K, uv	1053, 1055, 8149, 8201
H$_2$O	1		uv	8185, 8202
		y-bw	K	8201
				8169, 8170
				8194, 8196
H$_2$O	0.5	l-bw, 255	ir, msc	85
			K, uv	7761, 8149, 8203
H$_2$O	5		uv	7680
				8204

TABLE 3.116. (CONTINUED)

m	n	R	X	p
1	4	H	Cl	3
			H	1
			Cl	4
			Cl	2
			Br	1
			Br	3
			I	3
		3-Me	2,4,6-$(O_2N)_3C_6H_2O$	1
			Cl	2
			Cl	3
2	2	H	H	1
			NH_4	3
			OH	2
			SO_4	4
	4	H	Pb	1
			Cl	8
			H	1
			OH	2
			Cl	6
			Ag	1
			Cl	8
			Cd	1
			Cl	8
			Hg	1
		4-Me	$CH_2CH=CHMe$	2
			Cl	4
	5	H	Cl	6
	6	H	OH	1
			Cl	5
	7	H	OH	2
			Cl	4
3	1	2-Me	K	9
			2-Me-pyH$^+$	3
			Cl	21
			NH_4	9
			2-Me-pyH$^+$	3
			Cl	21
	3	H	O	1
			$MeCO_2$	6
			ClO_4	1

Y	q	Color and MP (°C)	Physicochemical Studies	Reference
		l-y	ir, msc, nmr, nqr	1014, 1062, 7747, 8159, 8181, 8185, 8189, 8190, 8201, 8202, 8204
H_2O	5		uv	7680
	6		uv	8149
H_2O	2			8204
			K	8201
			K	8201
H_2O	1	rsh	K, tha, uv	8201
				8196
H_2O	0.5			8194
H_2O	10	g		8148
		o (cis) / r (trans)		8184
				8176
		r		8184, 8186
				8186
$CH_2=CHCH=CH_2$	1		nmr	8205
H_2O	1		uv	8185
H_2O	5		uv	8185
H_2O	8			7680
				8169
				8169
		y, > 320	msc, uv	4301

TABLE 3.116. (*CONTINUED*)

m	n	R	X	p
3	3	3-Me	O	1
			MeCO$_2$	6
			ClO$_4$	1
	6	H	NH$_2$	1
			O	1
			Cl	6
			H	2
			OH	3
			Br	9
			Ag	1

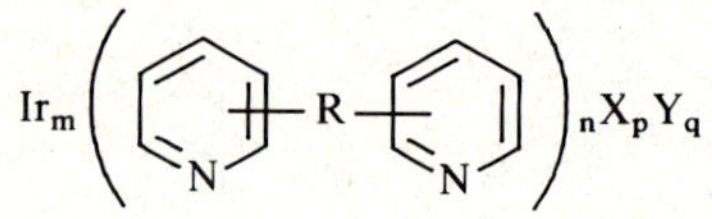

$$\text{Ir}_m \left(\underset{N}{\bigcirc} - R - \underset{N}{\bigcirc} \right)_n X_p Y_q$$

m	n	R	X	p
1	1	2-C(O$^-$)OH-2'	H	1
			PF$_6$	1
			H	1
			ClO$_4$	1
	1	H	Cl	3
	1	2-CH=NNH-2'		
	1	H	Cl	2
	1	2-CH=NN$^-$-2'		
	2	2-CH=NNH-2'	Cl	2
			ClO$_4$	1
	3	2-NH-2'	Cl	3
			Br	3
			I	3
2	3	2-CH=NNH-2'	Cl	6

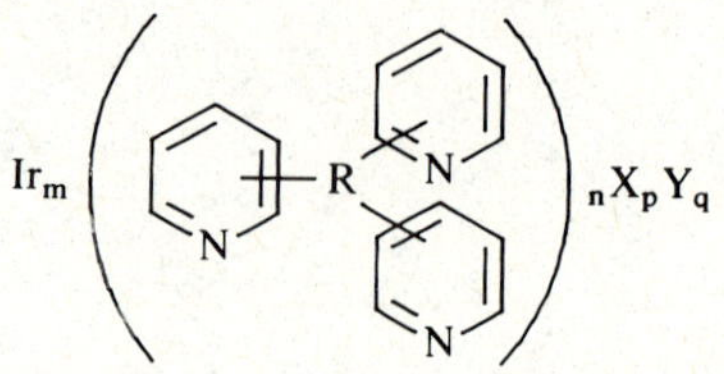

$$\text{Ir}_m \left(\underset{N}{\bigcirc} - R \underset{N}{\overset{N}{\bigcirc}} \right)_n X_p Y_q$$

m	n	R	X	p
1	1	2-N(2')(2'')	Cl	3
			Br	3

Y	q	Color and MP (°C)	Physicochemical Studies	Reference
		y, > 320	msc, uv	4301
NH_3	11			8139
				8191

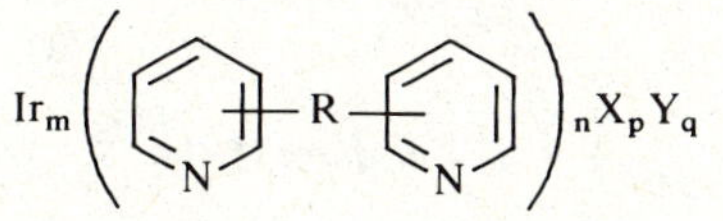

$$Ir_m \left(\underset{N}{\bigcirc}\!-\!R\!-\!\underset{N}{\bigcirc} \right)_n X_p Y_q$$

Y	q	Color and MP (°C)	Physicochemical Studies	Reference
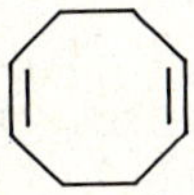 (COD)	1	y-o		7655
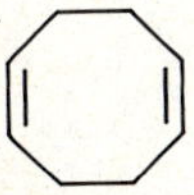 (COD)	1	y-o		7655
H_2O	1			
H_2O	1	r	cond, ir, uv	8205
		l-bw	cond, ir, uv	8206
H_2O	2	d-r	cond, ir, uv	8206
H_2O	3	o	ir	7787
H_2O	3	bw-y	ir	7787
H_2O	3	bw	ir	7787
H_2O	4	d-r	cond, ir, uv	8206

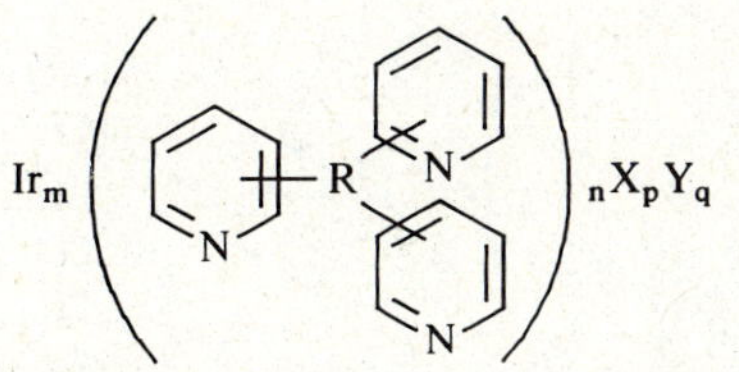

$$Ir_m \left(\underset{N}{\bigcirc}\!-\!R\!\underset{N}{\overset{N}{\bigcirc}} \right)_n X_p Y_q$$

Y	q	Color and MP (°C)	Physicochemical Studies	Reference
H_2O	3		cond, msc, uv	1691
H_2O	3		cond, msc, uv	1691

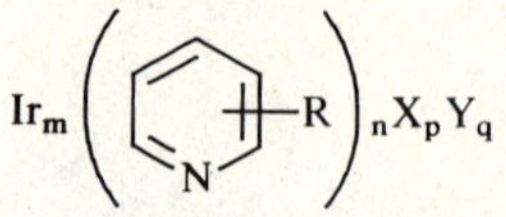

TABLE 3.116. (CONTINUED)

$$\text{Ir}_m \left(\underset{N}{\underset{|}{\bigcirc}} - R \right)_n X_p Y_q$$

Iridium (III) and Iridium (IV) Simultaneously

m	n	R	X	p
3	3	H	O	1
			MeCO$_2$	6
			ClO$_4$	2
		3-Me	K	4
			N	1
			SO$_4$	6

Iridium (IV)

m	n	R	X	p
1	1	H	K	1
			O$_2$CCO$_2$	1
			Cl	3
			Na	1
			Cl	5
			K	1
			Cl	5
			Rb	1
			Cl	5
			Cs	1
			Cl	5
			NH$_4$	1
			Cl	5
	2	H	Br	4
			Cl	4
			—	1
			Cl	5
		2-Me	Br	4
			Cl	4
		3-Me	Cl	4
	4	H	+	2
			Cl	2

Iridium (V)

m	n	R	X	p
1	1	H	O$_2$CCO$_2$	2
			Cl	1
			Cl	5

Y 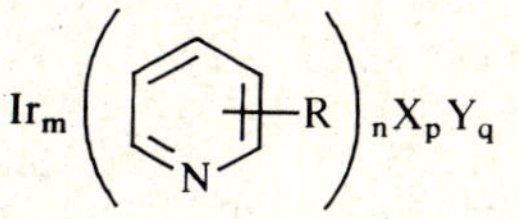	q	Color and MP (°C)	Physicochemical Studies	Reference

$$Ir_m \left(\underset{N}{\bigcirc} -R \right)_n X_p Y_q$$

Iridium (III) and Iridium (IV) Simultaneously

Y	q	Color and MP (°C)	Physicochemical Studies	Reference
		bu, 234	uv	4301
H_2O	4			8207

Iridium (IV)

Y	q	Color and MP (°C)	Physicochemical Studies	Reference
				8163
		r		8208
		r		8208
		r		8208
		r		7596, 8208
		r		8208
$SbPh_3$	1	r, 216–219		8168
		d-v	cd, cond, moe, uv	2321, 7753, 8162, 8170, 8174, 8184, 8187, 8189, 8209–8213
$p\text{-}ClC_6H_4NHC(=NH)NHC(=NH)NHCHMe_2$	2		msc, uv	8214
				7804
		bw		8191, 8192
		y		8210
		v		8195
			uv	8150

Iridium (V)

Y	q	Color and MP (°C)	Physicochemical Studies	Reference
			uv	8212
			uv	8212

TABLE 3.117. CRYSTALLOGRAPHIC DATA FOR THE COMPLEX COMPOUNDS OF PYRIDINE AND ITS DERIVATIVES WITH IRIDIUM

Compound	Space Group	a	b	c	α	β	γ	Z	Reference
IrCl(CO)$_2$·py	P2$_1$/a	17.58	7.16	11.65		142.9		4	8136
IrCl$_3$·(4-Me-py)·P(o-OC$_6$H$_4$Me)$_2$	P2$_1$/c	9.12	17.36	20.65		90.5		4	8197
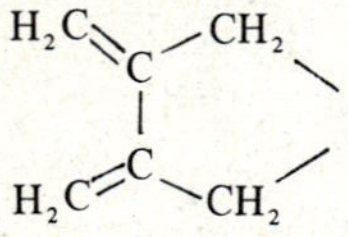 H$_2$C=C(—CH$_2$)—Ir(MeCOCHCOMe)—(—CH$_2$)C=CH$_2$ · py · (CH$_2$=C=CH$_2$)	P2$_1$/c	9.248	18.547	10.853		96.53		4	8131, 8146

do not undergo a change in the geometry of the cation are formed apart from $[Ir(py)_3I_3]$, $[Ir(py)_3Br_3]$, and $[Ir(py)_3Cl(SCN)_2]$, respectively (8201). The aquation of complexes (7690, 8203) and the exchange of H_2O by alcohols (8183) are very slow processes which can however be accelerated by ultraviolet light. The trans-isomers are more reactive. The aquation of the cis-$Ir(py)_2Cl_4^-$ anion in 2.5N $HClO_4$ at 90–110°C gives (5%) trans-$Ir(py)_2$-$(H_2O)Cl_3$ and its cis-isomer (67%) (8180).

The irradiation of Ir(III) complexes that are stable in darkness results in several reactions. Even sunlight decomposes $K[Ir(py)_2Cl_4]$ as well as $H[Ir(py)_2Cl_4]$ into $Ir(H_2O)(py)_2Cl_3$ and KCl or HCl, respectively (7728, 8165). This complex undergoes further photochemical reactions, as shown in the following scheme (7680, 8173):

$$[Ir(py)_2Cl_4]^- \xrightarrow{h\nu} Ir(py)_2(H_2O)Cl_3 \xrightarrow{h\nu} [Ir(py)_2(H_2O)_2Cl_2]^+$$

$$\big\updownarrow OH^- \quad \big\updownarrow OH^- \quad \downarrow h\nu$$

$$[Ir(py)_2Cl_4]^- + OH^- \xrightarrow{h\nu} Ir(py)_2(OH)Cl_3^- \quad [Ir(py)_2(H_2O)_4]^{3+}$$

$$\downarrow \qquad \searrow_{h\nu} \quad Ir(py)_2(OH)_2Cl_2^-$$

$$Ir(py)_2(H_2O)(OH)Cl_2$$

$$Ir(py)_2Cl_4^- + 2OH^- \xrightarrow{h\nu}$$

$Ir(py)_3Cl_3$ in chloroform decomposes rapidly when exposed to sunlight. Pyridine, $Ir(py)_2Cl_3(H_2O)$, $(py^+H)[Ir(py)_2Cl_4]^-$, $[Ir(py)_2Cl_3]_n$, and traces of $[IrCl_2(H_2O)(py)_3]Cl$ are the reaction products (8179). Essentially the same products are obtained if photolysis proceeds in other chloroalkane or ketonic solvents (8200). In aqueous solution or in the presence of H_2O, the formation of $Ir(py)_2Cl_3(H_2O)$ is favored, whereas the presence of HCl causes a preference for $(py^+H)[Ir(py)_2Cl_4]$ (8178).

The addition of pyridine to chloroiridic hydrate hexahydrate ($H_2IrCl_6 \cdot H_2O \cdot 6H_2O$) first results in water substitution to give $H_2IrCl_5py \cdot 6H_2O$, and then $(py^+H)_2[IrCl_5py]^{2-}$. Subsequent reactions with an excess of pyridine give $(py^+H)[Ir(py)_2Cl_4]^-$ and $Ir(py)_3Cl_3$ (8166).

The coordination sphere of Ir(IV) complexes is not too labile, as shown by Grinberg (8209) in experiments with radioactive tracers. However, such complexes independent of their geometry, are oxidants. Kauffman (8187) claims that both cis- and trans-$[Ir(py)_2Cl_4]$ are oxidants and that the cis-isomer is stronger and can be placed between Cl and Br. The trans-isomer oxidizes ammonia to give molecular nitrogen. The redox reaction

$$\text{cis-}[Ir(py)_2Cl_4] + \text{trans-}NH_4[Ir(py)_2Cl_4] \longrightarrow$$

$$\text{trans-}[Ir(py)_2Cl_4] + \text{cis-}NH_4[Ir(py)_2Cl_4]$$

is irreversible (8187, 8211).

The π-back donation has been found to be operative between Ir(III) and the pyridine; however, this effect is not significant (1014, 1055, 7547, 8212).

3.8.8.3. Applications

The $IrCl_3$ complexes with pyridine or 3-chloropyridine are claimed to be useful as the catalysts for manufacturing arylisocyanates from 2,4-dinitrotoluene and CO (4906).

Complexation of Ir(III) into $Ir(py)_4Cl_3$ allows the separation of iridium from rhodium on the ion exchangers (7761, 7804) and by chromatography (7753).

The coordination compounds of Ir(I) with di-2-pyridyl ketone (DPK) and *cis,cis*-cycloocta-1,5-diene (COD) of general structure of $[Ir^I(COD)(DPKOH)H]X$ where $X = ClO_4$ or PF_6 are useful anti-tumor agents (7655).

The photometric methods of the determination of Ir(III) and Ir(IV) with pyridylazo chelating agents are summarized in Table 3.118.

3.8.9. Platinum Coordination Compounds

Platinum complexes may generally exist in 0, II, and IV to VI oxidation states with coordination numbers 3 and 4 for Pt(0); 4, 5, and 6 for Pt(II); and 6 for Pt in the remaining oxidation states. Pyridine complexes contain Pt(0), Pt(II), and Pt(IV), and surprisingly compounds with Pt(III) and Pt(I), are also claimed. The platinum coordination compounds are given in Tables 3.119–3.121. The single crystal X-ray data for some complexes are summarized in Table 3.122.

Few pyridine compounds with Pt(0) are known. They are heteronuclear, two-centered species with transition metal bonds like $Pt(py)_2\{Co(CO)_3PR_3\}_2$ or $[M_2(CO)_2(py)(PR_3)]$, where M_2 is Pt_2 or PtIr (7994). The compounds of Pt(II) are most numerous. The uncommon Pt(III) compounds have the structure $Pt_2Br_2(Et)_2S_2 \cdot 2py$ (8569, 8585) or $Pt_2(Me)_4(OOCR)(py)_2$, where $R = CF_3$, Me, or *i*-Pr (8581).

A review of pyridine complexes of Pt(II) is given by Orchin and Schmidt (8683).

3.8.9.1. Preparation Methods

Zeisse salts and K_2PtCl_4 are the most common reagents for the preparation of the pyridine complexes. These salts are treated with pyridine or its derivative in aqueous, ethanolic, acetone, DMSO, or benzene solutions and the complex precipitates after shaking or gentle heating for a short time. The products of monoaddition, that is, $K[PtpyX_3]$ are initially formed, followed by the formation of $Pt(py)_2X_2$. $PtCl_2$ can be used instead of K_2PtCl_4, but if the amine is not basic, additional fusion at elevated temperatures (100–130°C) may be necessary. Numerous complexes can be prepared by the ligand exchange in both their inner and outer coordination spheres, particularly those that have square planar geometry. The π-CO ligand readily undergoes exchange by pyridine, as shown by the following sequence (8361):

$$Pt(CO)_2X_4 \xrightarrow{py} [Pt(CO)pyX_2] \xrightarrow{py} [Pt(CO)(py)_2X]X \longrightarrow [Pt(py)_2X_2] + CO$$

The trans-effect should be considered in the preparation of complexes that demand an arrangement of the ligands around the central atom. However, the trans-cis isomerization is possible if steric reasons do not prevent such a transformation. The isomerization can be achieved either thermally or photochemically. The second method may lead to an isomeric mixture, whereas the thermal process often gives entrance to one pure isomer. The isomerization can be reversible, as shown in the case of the Pt(II) chelate with picolinaldehyde oxime (8555) (see Scheme 5).

The pyridine complexes of Pt(IV) can be prepared from appropriate Pt(II) species by oxidation. In this manner $[PtClNH_3py(NH_2OH)]Cl$ is oxidized with chlorine to

(Text continued on page 1832.)

TABLE 3.118. PHOTOMETRIC DETERMINATION OF IRIDIUM USING PYRIDINE DERIVATIVES

Ligand	pH	Analytical Wavelength (nm)	Range of Validity of the Beer Law (ppm)	Molar Absorptivity (m^2/mol)	Reference
1-(2-Pyridylazo)-2-naphthol	5.1	550 (in CHCl$_3$)		1,030	7809
5-Ethylamino-4-methyl-2-(2-pyridylazo)phenol	5.4	510 (in 20% n-PrOH)		4,000	8215
5-Diethylamino-2-(2-pyridylazo)phenol	5.0	570 (in 20% n-PrOH)		4,800	8215
4-(2-Pyridylazo)resorcinol	5.8	520 (in 20% n-PrOH)		2,400	8215

TABLE 3.119. COORDINATION COMPOUNDS OF PYRIDINE AND ITS DERIVATIVES

m	n	R 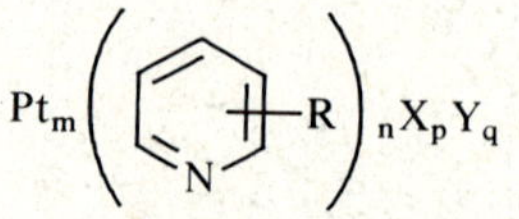	X	p

$$Pt_m \left(\underset{N}{\bigcirc} -R \right)_n X_p Y_q$$

Platinum (0)

m	n	R	X	p
1	1	H		
	2	H		
		3-Me		
		4-Me		
2	1	H		

Platinum (I)

| 1 | 1 | H | Cl | 1 |

Platinum (II)

1	1	H	+	2
			$\begin{cases} + \\ o\text{-}C_6H_4Me \end{cases}$	1 1
			CN	1
			OH	2

WITH PLATINUM (0) PLATINUM (I), AND PLATINUM (II)

Y	q	Color and MP (°C)	Physicochemical Studies	Reference

$$Pt_m \left(\underset{N}{\bigcirc}\!\!-\!\!R \right)_n X_p Y_q$$

Platinum (0)

Y	q	Color and MP (°C)	Physicochemical Studies	Reference
{PPh$_3$ / Ir(CO)$_2$}	1 / 1	bw	ir	7994
π-C$_5$H$_5$Mo(CO)$_3$	2	r, 188–190 (trans)	ir	7967, 7990, 7991
Mn(CO)$_5$	2	o-r, 160–162 (trans)	ir, K, xr	7967, 7993, 8536, 8537
{n-Bu$_3$P / Co(CO)$_3$}	2 / 2	o-r	ir	7994
{Me$_2$PPh / Co(CO)$_3$}	2 / 2	o-r	ir	7994
{MePPh$_2$ / Co(CO)$_3$}	2 / 2	d-r	ir	7994
{PPh$_3$ / Co(CO)$_3$}	2 / 2	d-r, dec 190	ir	7994
Co(CO)$_4$	2	r-bw, 152–155 (trans)	ir, K, xr	7967, 7991, 8536, 8537
{n-Bu$_3$P / Co(CO)$_4$}	2 / 2	y (trans)	ir, K	8537
{PPh$_3$ / Co(CO)$_4$}	2 / 2	y, 136–138 (trans)	ir, K	8537
π-C$_5$H$_5$Mo(CO)$_3$	2		ir	7967, 7991
Mn(CO)$_5$	2		ir	7993
Co(CO)$_4$	2		ir	7991
π-C$_5$H$_5$Mo(CO)$_3$	2			7967
Mn(CO)$_5$	2		ir	7993
{PPh$_3$ / CO}	1 / 2	bw	ir	7994

Platinum (I)

Y	q	Color and MP (°C)	Physicochemical Studies	Reference
π-C$_5$H$_5$Mo(CO)$_3$	1	o, 186–188	ir	7990

Platinum (II)

Y	q	Color and MP (°C)	Physicochemical Studies	Reference
NH$_3$	3			8150
H$_2$NCH$_2$CH$_2$NH$_2$	1		p	8216, 8217
H$_2$NCH$_2$CH$_2$NHCH$_2$CH$_2$NH$_2$	1		K, uv	7817, 8218, 8219
Et$_3$P	2		K, uv	8220
H$_2$O	1/4	w	ir	8221
NH$_3$	1		K	8222

TABLE 3.119. (CONTINUED)

m	n	R	X	p
1	1	H	$^+OCH_2CH_2NH_2$	1
			2-O-5-MeC$_6$H$_3$CH=N-1'-C$_{10}$H$_6$-2'-O	1
			2-O-6-MeC$_6$H$_3$CH=N-1'-C$_{10}$H$_6$-2'-O	1
			2-O-3-Me-5-t-BuC$_6$H$_2$CH=NC$_6$H$_4$-2'-O	1
			2-O-3-Me-5-t-BuC$_6$H$_2$CH=N-1'-C$_{10}$H$_6$-2'-O	1
			2-OC$_{10}$H$_6$-1-CH=NC$_6$H$_3$-2'-O-5'-Me	1
			2-OC$_{10}$H$_6$-1-CH=NC$_6$H$_3$-2'-O-6'-Me	1
			2-OC$_{10}$H$_6$-1-CH=NC$_6$H$_3$-2'-O-3',6'-Me$_2$	1
			2-OC$_6$H$_4$CH=NC$_6$H$_2$-2'-O-3'-Me-5'-t-Bu	1
			2-O-5-t-BuC$_6$H$_3$CH=NC$_6$H$_2$-2'-O-3'-Me-5'-t-Bu	1
			2-OC$_{10}$H$_6$-1-CH=NC$_6$H$_2$-2'-O-3'-Me-5'-t-Bu	1
			2-O-5-MeC$_6$H$_3$N=NC$_6$H$_3$-2'-O-5'-Me	1
			2-OC$_6$H$_4$N=NC$_6$H$_2$-2'-O-3'-Me-5'-t-Bu	1
			2-O-3-Me-5-t-BuC$_6$H$_2$N=NC$_6$H$_2$-2'-O-3'-Me-5'-t-Bu	1
			2-O-5-MeC$_6$H$_3$N=N-1'-C$_{10}$H$_6$-2'-O	1
			2-O-3,5-Me$_2$C$_6$H$_2$N=N-1'-C$_{10}$H$_6$-2'-O	1
			2-O-3-Me-5-t-BuC$_6$H$_2$N=N-1'-C$_{10}$H$_6$-2'-O	1
			Ph	1
			MeO— (tricyclic structure)	1
			MeCOCHCOMe	2
			$^+$H$_2$NCHMeCO$_2$	1, 1
			O$_2$CCO$_2$H	2
			ONH$_2$	1
			NO$_2$	1
			NO$_2$	2
			Ph	1
			NO$_3$	1
			o-MeC$_6$H$_4$	1
			NO$_3$	1
			1,3,5-Me$_3$C$_6$H$_3$	1
			NO$_3$	1
			N$_3$	1
			NO$_3$	1
			CN	1
			NO$_3$	1

Y	q	Color and MP (°C)	Physicochemical Studies	Reference
H₂O	1		K	8223
			nmr	7819
			nmr	7819
			nmr	7819
			nmr	7819
			nmr	7819
			nmr	7819
			nmr	7819
			nmr	7819
		> 300	nmr	7819
			nmr	7819
			nmr	7819
			nmr	7819
			nmr	7819
			nmr	7819
			nmr	7819
			nmr	7819
		120–124 dec		8224
		162–164	ca, ir, nmr	8225
H₂O	1			8228
NH₃	1			8226
	3			8227
NH₃	1	ysh		8229
NH₃	1		n	8229–8233
NH₃	2		th, tha	8234, 8235
{NH₃	1			8236
MeNH₂	1			
terpy	1		K	7817
NH₂OH	1			8229
Et₃P	2		cond, K	8238
Et₃P	2		cond, K	8238
Et₃P	2		cond, K	8238
H₂NCH₂CH₂NHCH₂CH₂NH₂	1		K	7817
H₂NCH₂CH₂NHCH₂CH₂NH₂	1		K	7817

TABLE 3.119. (CONTINUED)

m	n	R	X	p
1	1	H	{ NO$_2$ NO$_3$	1 1
			NO$_3$	2
			2-O-5-O$_2$NC$_6$H$_3$CH=NC$_6$H$_2$-2'-O-3'-Me-5'-t-Bu	1
			2-O-3-Me-5-t-BuC$_6$H$_2$CH=NC$_6$H$_3$-2'-O-5'-NO$_2$	1
			2-O-4-O$_2$NC$_6$H$_3$N=NC$_6$H$_2$-2'-O-3'-Me-5'-t-Bu	1
			2-O-5-O$_2$NC$_6$H$_3$N=NC$_6$H$_2$-2'-O-3'-Me-5'-t-Bu	1
			2-O-3-Me-5-O$_2$NC$_6$H$_2$N=NC$_6$H$_2$-2'-O-3'-Me-5'-NO$_2$	1
			{ NO$_3$ NCS	1 1
			NCS	2
			{ NCS SCN—[dicyclopentadiene structure]	1 1
			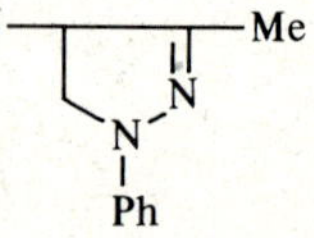 2-O-5-MeO$_2$SC$_6$H$_3$N=N—[pyrazole with Me, N-Ph]	1
			2-O-5-MeO$_2$SC$_6$H$_3$N=NC$_6$H$_4$NCOMe-p	1
			S$_2$O$_3$	1
			{ — S$_2$O$_3$	2 2
			{ K S$_2$O$_3$	2 2
			{ Ba S$_2$O$_3$	1 2
			{ Me BF$_4$	1 1
			{ C≡CMe BF$_4$	1 1
			BF$_4$	2
			{ BPh$_4$ m-FC$_6$H$_4$N$_2$	1 1
			{ BPh$_4$ p-FC$_6$H$_4$N$_2$	1 1

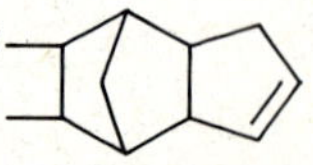

Y	q	Color and MP (°C)	Physicochemical Studies	Reference
H$_2$NCH$_2$CH$_2$NHCH$_2$CH$_2$NH$_2$	1		K	7817
H$_2$NCH$_2$CH$_2$NHCH$_2$CH$_2$NH$_2$	1		K	7817
			nmr	7819
			nmr	7819
			nmr	7819
			nmr	7819
			nmr	7819
H$_2$NCH$_2$CH$_2$NHCH$_2$CH$_2$NH$_2$			K	7817
terpy			K	7817
				8239
				7819
				7819
NH$_3$	1			8240
	2			8240–8242
NH$_3$	1	w		8240, 8241
(H$_2$N)$_2$CS	1			8241
(H$_2$N)$_2$CS	2			8241
NH$_3$	1			8241
NH$_3$	1			8240
NH$_3$	1			8240, 8241
Me$_2$PPh	2		ca, nmr	8243
Me$_2$PPh	2		ca, nmr	8243
{MeCN PPh$_3$}	1 2	w, 259–262	ir	8244
Et$_3$P	2	v-r	ir, nmr	8245
Et$_3$P	2		ir, nmr	8245

TABLE 3.119.   (CONTINUED)

m	n	R	X	p
1	1	H	CF$_3$	1
			PF$_6$	1
			+	1
			Cl	1
			H	1
			Cl	1
			D	1
			Cl	1
			Me	1
			Cl	1
			π-CH$_2$CH=CH$_2$	1
			Cl	1
			π-CH$_2$CMe=CH$_2$	1
			Cl	1
			(hexamethyl cyclohexadienyl CH$_2$ ligand)	1
			Cl	1
			Ph	1
			Cl	1
			o-MeC$_6$H$_4$	1
			Cl	1
			1,3,5-Me$_3$C$_6$H$_2$	1
			Cl	1
			p-C$_6$H$_4$Ph	1
			Cl	1
			PhNH–(norbornenyl)	1
			Cl	1
			PhNH–(dicyclopentadienyl)	1
			Cl	1
			(N-phenyl pyrazoline)	1
			Cl	1

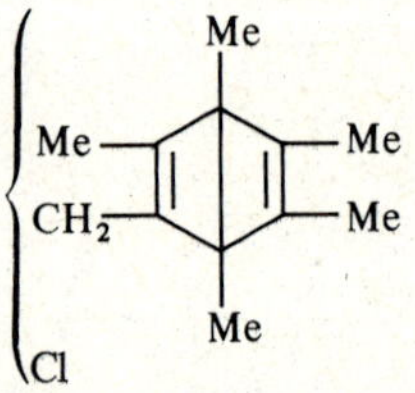

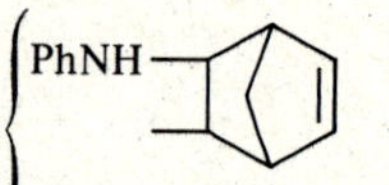

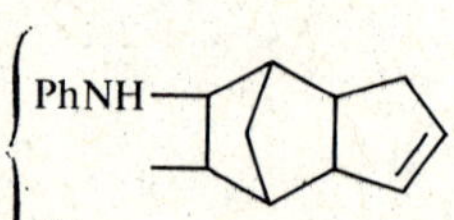

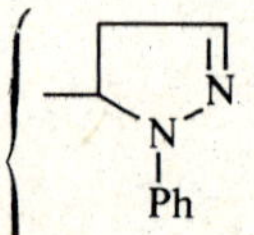

Y	q	Color and MP (°C)	Physicochemical Studies	Reference
Me$_2$PPh	1	171–173	ir, nmr	8246
NH$_3$	2		p	8216
H$_2$NCH$_2$CH$_2$NH$_2$	1		p	8247
Et$_3$P	2		K, th	8248, 8249
Et$_3$P	2		K, th	8249
Et$_3$P	2		K	8248
			ir, nmr	8251
		l-y, 133–143	ir, nmr	8250
				8252
Et$_3$P	2		cond, K	8238, 8248
Et$_3$P	2	190–192 dec	cond, K	8238, 8248, 8253
Et$_3$P	1			8238, 8248, 8253, 8254
Et$_3$P	2		K	8248
		92 dec		8239
Et$_2$O	0.5	129		8239
CH$_2$Cl$_2$	0.5	130–135	nmr	7837

TABLE 3.119. (CONTINUED)

m	n	R	X	p
1	1	H	⎰ pyrazoline-N-C₆H₄Me-p ⎱ Cl	1 1
			⎰ o-Me₂CC₆H₄P(t-Bu)₂ ⎱ Cl	1 1
			⎰ o-CH₂C₆H₄As(o-C₆H₄Me)t-Bu ⎱ Cl	1 1
			⎰ Me₂C=NO ⎱ Cl	1 1
			⎰ MeO-cyclooctenyl ⎱ Cl	1 1
			⎰ MeO-norbornenyl ⎱ Cl	1 1
			⎰ MeO-dicyclopentadienyl ⎱ Cl	1 1
			⎰ i-PrO-norbornenyl ⎱ Cl	1 1
			⎰ i-PrO-dicyclopentadienyl ⎱ Cl	1 1
			⎰ p-C₆H₄OMe ⎱ Cl	1 1
			⎰ o-CH₂OC₆H₄PPh₂ ⎱ Cl	1 1
			⎰ MeCOCHCOMe ⎱ Cl	1 1
			⎰ H₂NCH₂CO₂ ⎱ Cl	1 1
			⎰ NO₂ ⎱ Cl	1 1

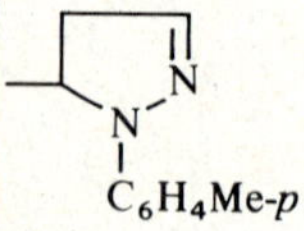

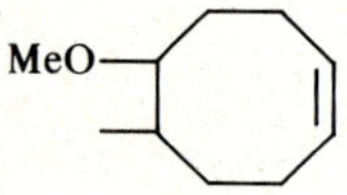

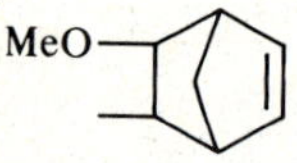

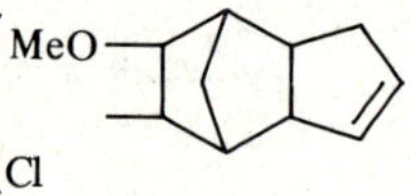

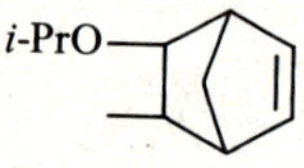

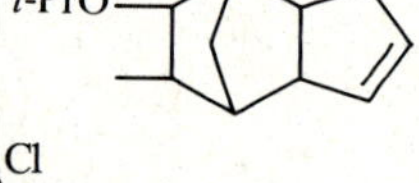

Y	q	Color and MP (°C)	Physicochemical Studies	Reference
		187–190	nmr	7837
		290–295		8255
		w, 270 dec	nmr	8256
MeCH=NOH	1	l-y		8257
		w, 110	ca, ir, nmr, xr	7840, 8258–8260
		96		8239
		w, 90, 168–172 dec		7840, 8224, 8239
		100–102 dec		8239
		156–160 dec		8239
Et$_3$P	2		K	8247
			xr	8261
			nmr	8260
		l-y		8262
NH$_3$	1	184	K, msc	1507, 8230, 8233, 8263–8267, 8280

TABLE 3.119. (CONTINUED)

m	n	R	X	p
1	1	H	NO$_2$	1
			Cl	1
			NO$_3$	1
			Cl	1
			SCH$_2$CH=CH$_2$	1
			Cl	1
			SO$_3$H	1
			Cl	1
			BF$_4$	1
			Cl	1
			Cl	2

Y	q	Color and MP (°C)	Physicochemical Studies	Reference
NH$_3$	2	w, y	K, msc	8229, 8232, 8265, 8267, 8268, 8278
NH$_3$	1			8236, 8237
EtNH$_2$	1			
H$_2$NCH$_2$CH$_2$NH$_2$	1		cond, K	8269, 8270
NH$_3$	1			8236
EtNH$_2$	1			
H$_2$O	0.5			
NH$_3$	1			8271
H$_2$O	1			
NH$_3$	2			1507
H$_2$O	1			
H$_2$NCH$_2$CH$_2$NH$_2$	1		cond, K	8269
H$_2$O	1			
π-C$_2$H$_4$	1	w		8272
NH$_3$	1			
NH$_3$	2		p	8273, 8274
NH$_3$	1			8274
H$_2$O	1			
MeCH=NOH	3		K	8281
			ir	8275
NH$_3$	1		xr	8276, 8277
Et$_3$P	2	212–215	cond, ir	7848
			K, nmr, th, xr	7852, 8278–8280
π-C$_2$H$_4$	1	l-y, 103 dec (trans) gsh-y, 160 dec (cis)	ca, ir, K, nmr, ram, tha, uv, xr, xrp	7852, 7853, 7857a, 8232, 8243, 8260, 8282–8304
CH$_2$=CHMe	1		ir, nmr, xrp	8203, 8302, 8305
MeCH=CHMe	1		ir, nmr, th, xr	7853, 8232, 8287, 8289, 8300, 8302, 8303
CH$_2$=CH-i-Pr	1		nmr	9305
CH$_2$=CH-t-Bu	1		nmr	9305
CH$_2$=CHCHMeEt	1		cd, nmr	8306
CH$_2$=CHCHMe-i-Pr	1		cd, nmr	8306
CH$_2$=CHCHMe-t-Bu	1		cd, nmr	8306
CH$_2$=CH(CH$_2$)$_7$Me	1		K	8291
⬠	1		ir, nmr, th	7852, 7853

TABLE 3.119. (*CONTINUED*)

m	n	R	X	p
1	1	H	Cl	2

Y	q	Color and MP (°C)	Physicochemical Studies	Reference
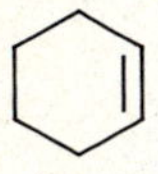 cyclohexene	1		ir, nmr	7852, 7853
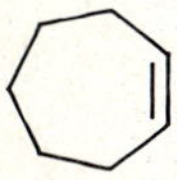 cycloheptene	1		ir, nmr, th	7852, 7853
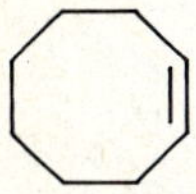 cyclooctene	1		ir, nmr, th	7852, 7853
CH$_2$=C=CMe$_2$	1		ca, K, nmr	8307, 8308
Me$_2$C=C=CMe$_2$	1		ca, K, nmr	8307, 8308
CH$_2$=CHPh	1	l-y, 175–185 (cis) y, 170 (trans)	ca, ir, nmr, th, xrp	7852, 7853, 8243, 8302, 8303, 8309
t-BuC≡C-t-Bu	1	152–156	ca, nmr	8243, 8310
CHD=CHD (cis)	1		ir	8311
NH$_3$	1	y, dec 210	ir, K, msc, p	1507, 8222, 8226, 8231, 8233, 8241, 8265, 8267, 8268, 8276, 8277, 8280, 8312–8316, 8625
	2		K	8247, 8313, 8317
	3		ir, K, ram	8316, 8318–8320
MeNH$_2$	1		p	8316
{NH$_3$ MeNH$_2$	2 1		cond, p	8321
MeNH$_2$	3	w	p	8316
{NH$_3$ EtNH$_2$	1 1	w		8236, 8237
EtNH$_2$	2	pk		8322
H$_2$NCH$_2$CH$_2$NH$_2$	1		tha	8322, 8323
H$_2$NCH$_2$CH$_2$NHCH$_2$CH$_2$NH$_2$	1		K	7817, 8218
quin	1	l-pk (cis) pk-r (trans)		8328
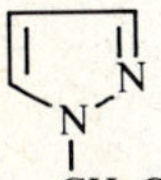 pyrazole-N-CH$_2$CH=CH$_2$	1	l-y, 135 (cis)	ir, nmr	8324
tripy	1		K	7817
CH$_2$=CHCN	1		ir, nmr, xrp	8302

1755

TABLE 3.119. (*CONTINUED*)

m	n	R	X	p
1	1	H	Cl	2

Y	q	Color and MP (°C)	Physicochemical Studies	Reference
pyridinium-CHEt	1	287 dec	ir, **xr**	8325–8327
Et₃P	2		K, nmr	8248, 8329
(n-Pr)₃P	1	83–85	nmr	7857a, 8330
(n-Bu)₃P	1		nmr, uv	8329, 8331, 8332
PPh₃	1		ir, th, tha	8333, 8334
(n-Pr)₃As	1	82.0–83.5	nmr	7857a
(n-Pr)₃Sb	1	97.0–98.5	nmr	7857a
EtNH₂	2	r-pk		8322
H₂O	1			
H₂NCH₂CH₂NH₂	1			8322
H₂O	1			
NH₂OH	1	l-pk (cis) / y (trans)		8229, 8313, 8335–8341
NH₃	1			8229, 8263, 8312, 8342
NH₂OH	1			
NH₂OH	2			8313
NH₃	1	r		8313, 8343
NH₂OH	2			
NH₂OH	3			8313, 8336, 8338–8340
H₂NCH₂CH₂OH	1		K, th	8223
HOCHMeC≡CCHMeOH	1	96–97 (trans)		8344
HOCMe₂C≡CCMe₂OH	1		ir	8345, 8346
HOCMeEtC≡CCMeEtOH	1		ir	8345
HOCEt₂C≡CCEt₂OH	1	y, 53–56	ir	8348
HN(CH₂CH₂OH)₂	2			8349, 8353
MeCH=NO	1	y		8257, 8365
HOCMe₂C≡CCMe₂OMe	1		ir	8345
MeOCMe₂C≡CCMe₂OMe	1	y, 95–97 / y, 101–103	ir	8345, 8348, 8350–8352
(EtO)₃P	1	170 (cis) / 150 (trans)	ir	8354, 8355
(PhO)₃P	1		th	7852
CO	1		ca, ir, K, nmr, ram, uv	7861, 8243, 8296–8299, 8356–8362
tetraethylcyclopentadienone	1	w	nmr	8363
NO	1			8364
CH₂=CHCO₂Me	1		ir, nmr, xrp	8302, 8303
CH₂=CHOCOMe	1		ir, nmr, xrp	8203, 8303
H₂NCH₂CO₂H	1			8262, 8366

TABLE 3.119.   (CONTINUED)

m	n	R	X	p
1	1	H	Cl	2
			$\begin{cases} K \\ NO_2 \\ Cl \end{cases}$	1 1 2
			$\begin{cases} K \\ NCS \\ Cl \end{cases}$	1 1 2
			$\begin{cases} — \\ Cl \end{cases}$	1 3

Y	q	Color and MP (°C)	Physicochemical Studies	Reference
PhCH=CHNO$_2$	1		th	7852
Me$_2$S	1	y (cis) l-y, 160 (trans)	k	8367, 8368
Et$_2$S	1	98–99	nmr	7857a, 8367
(i-Pr)$_2$S	1			7862
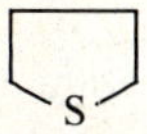 ⟨S⟩	1		ir	8369
EtSCH$_2$CH$_2$NH$_2$	1	w	K	8370
HOCH$_2$CH$_2$SCH$_2$CH$_2$NH$_2$	1	w	K	8370
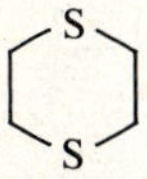 ⟨S,S⟩	1	l-y (cis) y (trans)		8371
PhSCH$_2$CH$_2$SPh	1		K	7864
PhS(CH$_2$)$_3$SPh	1		K	7864
MeCSNH$_2$	1	d-y		8372
(H$_2$N)$_2$CS	1	y	ir	8373
NH$_3$ (H$_2$N)$_2$CS	2 1			8374
NH$_3$ (H$_2$N)$_2$CS	1 2		cond	8271, 8337
NH$_2$OH (NH$_2$)$_2$CS	1 2			8337
CH$_2$CHCH$_2$NHCSNH$_2$	1	y (cis)	ir, K	8375
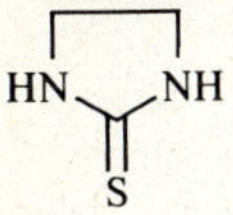 HN⟨⟩NH, C=S	1	y (cis)	ir	8375
Me$_2$SO	1	w (cis) y (trans)	cond, ir, K, tha, uv	8376–8378
Et$_2$SO	1	w (cis) l-y (trans)	ir, K, tha, uv	8379–8381
(i-Pr)$_2$SO	1		K	8381
Et$_2$Se	1		nmr	7857a
Et$_2$Te	1	y, 78 dec	nmr	7857a
(CH$_2$ClCH$_2$)$_2$SO	1	134 (cis) 160 (trans)	ir, tha	8382
NH$_3$	1		k	8383
NH$_3$	1		k	8383
			K, p	8216, 8395

TABLE 3.119. (CONTINUED)

m	n	R	X	p
1	1	H	K	1
			Cl	3
			NH$_4$	1
			Cl	3
			py$^+$H	1
			Cl	3
			Sn	2
			Cl	6
			Cl	1
			p-C$_6$H$_4$Cl	1
			2-O-5-ClC$_6$H$_3$CH=NC$_6$H$_2$-2'-O-3'-Me-5'-t-Bu	1
			2-O-5-ClC$_6$H$_3$N=CHC$_6$H$_2$-2'-O-3'-Me-5'-t-Bu	1
			2-O-5-ClC$_6$H$_3$N=N-2'-C$_{10}$H$_5$-1'-O-4'-Me	1
			2-O-5-ClC$_6$H$_3$N=N-1'-C$_{10}$H$_5$-2'-O-3'-Me	1
			2-O-5-ClC$_6$H$_3$N=NC$_6$H$_2$-2'-O-3'-Me-5'-t-Bu	1
			2-O-5-ClC$_6$H$_3$N=N—(1-phenyl-3-methyl-5-oxo-pyrazol-4-yl)	1
			2-O-4-O$_2$N-5-ClC$_6$H$_2$N=NC$_6$H$_2$-2'-O-3'-Me-5'-t-Bu	1
			2-O-3-HO$_3$S-5-ClC$_6$H$_2$N=N—(1-phenyl-3-methyl-5-oxo-pyrazol-4-yl)	1
			1-O-5,8-Cl$_2$C$_{10}$H$_4$-2-N=NC$_6$H$_2$-2'-O-3'-Me-5'-t-Bu	1
			H	1
			ClO$_4$	1
			C$_6$F$_5$	1
			ClO$_4$	1
			p-HNC$_6$H$_4$F	1
			ClO$_4$	1
			Cl	1
			ClO$_4$	1

Y	q	Color and MP (°C)	Physicochemical Studies	Reference
			ir, K, msc, p, uv	1014, 7747, 8222, 8267, 8271, 8278, 8280, 8315, 8373, 8383– 8394, 8396
				8314
			msc	8267, 8284
CO	1			8397
Et$_3$P	2		K	8248
		149	nmr	7819
		196	nmr	7819
			nmr	7819
			nmr	7819
			nmr	7819
			nmr	7819
			nmr	7819
			nmr	7819
			nmr	7819
PPh$_3$	2	ysh	ir	8398
Et$_3$P	2	151–153	cond, ir	8299
Et$_3$P	2	v-r	ir, nmr	8245
NH$_3$	2		ir	8401
{C$_2$H$_4$ NH$_3$}	1 2	w (trans)		8400
Et$_3$P	2	{w, 235–237 (cis) w, 184–188 (trans)}	ir, nmr	8402
{NH$_3$ PPh$_3$}	2 1			8400

TABLE 3.119. (CONTINUED)

m	n	R	X	p
1	1	H	Cl	1
			ClO$_4$	1
			ClO$_4$	2
			+	1
			Br	1
			π-CH$_2$=CHCH$_2$	1
			Br	1
			MeO— (tricyclic structure)	1
			Br	1
			H$_2$NCH$_2$CO$_2$	1
			Br	1
			NO$_2$	1
			Br	1
			NO$_2$	1
			Br	1
			Cl	1
			Br	1
			K	1
			Cl	2
			Br	1
			Br	1
			ClO$_4$	1
			Br	2
			Br	2

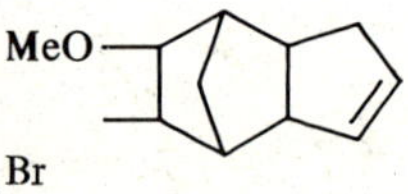

1762

Y	q	Color and MP (°C)	Physicochemical Studies	Reference
{NH₃ {CO	1 1			8400
{NH₃ {Me₂SO	2 1			8400
NH₃ 8-Me₂As-quin	3 2	w y	p	8403 7877
{Et₃P {m-FC₆H₄NHNH₂	2 1	l-y (trans)	ir, nmr	8245
{Et₃P {p-FC₆H₄NHNH₂	2 1	l-y (trans)	ir, nmr	8245
H₂NCH₂CH₂NHCH₂CH₂NH₂	1		K	8218, 8404–8406
			ir, nmr	8251
		l-y, 188	ir	7840
		l-y		8262
NH₃	1	{156 (trans) {145, 170 dec (cis)	chr	8236, 8407–8409
NH₃ MeNH₂	1 1	w		8236, 8237
CH₂=CHPh	1			8410
NH₃	1	{l-y (cis) {y (trans)	msc, xr	8267, 8271, 8274
{NH₃ {(H₂N)₂CS	1 2		xr	8337
				8271
NH₃	2		ir	8401
H₂C=CH₂	1	o-y	K, nmr	8282, 8283, 8300
NH₃	1		msc	8267, 8271, 8274, 8411
{NH₃ {MeNH₂	1 1			8236, 8237
H₂NCH₂CH₂NHCH₂CH₂NH₂	1		K	7817, 8218
terpy	1		K	7817
(n-Pr)₃P	2		nmr	7857a, 8281, 8330
NH₂OH	1		uv	8340, 8411–8413

TABLE 3.119. (CONTINUED)

m	n	R	X	p
1	1	H	Br	2
			{K	1
			Cl	1
			Br	2
			{—	1
			Br	3
			{K	1
			Br	3
			{Et$_4$N	1
			Br	3
			2-O-5-BrC$_6$H$_3$N=NC$_6$H$_3$-2'-O-5'-Me	1
			{+	1
			I	1
			{π-CH$_2$CH=CH$_2$	1
			I	1
			{H$_2$NCH$_2$CO$_2$	1
			I	1
			{Cl	1
			I	1
			{K	1
			Cl	2
			I	1
			I	2

Y	q	Color and MP (°C)	Physicochemical Studies	Reference
$HOCMe_2C{\equiv}CCMe_2OH$	1		ir	8345
CO	1		ir	7861
$H_2NCH_2CO_2H$	1	l-y (trans)		8262
$(H_2N)_2CS$	1	y (cis)		8373
NH_3	1		uv	8412, 8413
$(H_2N)_2CS$	2			
NH_2OH	1			8412, 8413
$(H_2N)_2CS$	2			
$CH_2{=}CHCH_2NHCSNH_2$	1	y (cis)	ir	8375
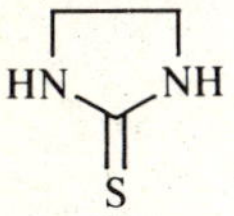 $\underset{S}{HN{-}C{-}NH}$ (ethylenethiourea)	1	y (cis)	ir	8375
Me_2SO	1			8414
NH_3	1		K	8383
			K	8415
			K, uv	8373, 8386–8388, 8390
		l-y	cond	7985
			nmr	7819
$H_2NCH_2CH_2NHCH_2CH_2NH_2$	1			8218
Et_2Se	2		K	8416
			ir, nmr	8251
		l-y (trans)		8262
NH_3	1	190 (cis) 170 (trans)		8315
NH_3	1		K	8383
				8418
NH_3	1			8338–8340, 8411
$H_2NCH_2CH_2NHCH_2CH_2NH_2$	1		K	7817, 8218
terpy	1		K	7817
$(n\text{-}Pr)_3P$	2		nmr	7857a, 8330
NH_2OH	1			8338–8340, 8411
CO	1		ir	7861
$H_2NCH_2CO_2H$	1	l-y (trans)		8262

TABLE 3.119. (CONTINUED)

m	n	R	X	p
1	1	H	I	2
			Et$_4$N	1
			I	3
		2-Me	o-C$_6$H$_4$Me	1
			Cl	1
			Cl	2
			K	1
			Cl	3
			Br	2
			—	1
			Br	3
			Et$_4$N	1
			I	3
		3-Me	o-C$_6$H$_4$Me	1
			Cl	1
			SH	1
			Cl	1
			Cl	2
			K	1
			Cl	3
			Br	2
		4-Me	Me	1
			BF$_4$	1
			C≡CMe	1
			BF$_4$	1

Y	q	Color and MP (°C)	Physicochemical Studies	Reference
NH$_3$	1			8338–8340
(H$_2$N)$_2$CS	2			
NH$_2$OH	1			8338–8340
(H$_2$N)$_2$CS	1			
		bwsh-o	cond	7985
Et$_3$P	2		K, uv	8220, 8253
CH$_2$=CH$_2$	1	y	K, nmr, tha	8300, 8304
CH$_2$=CHPh	1		ir, nmr	8420
p-CH$_2$=CHC$_6$H$_4$NMe$_2$	1		ir, nmr	8420
p-CH$_2$=CHC$_6$H$_4$OMe	1		ir, nmr	8420
p-CH$_2$=CHC$_6$H$_4$OEt	1		ir, nmr	8420
MeCOCH$_2$COMe	1		ir	8352
p-CH$_2$=CHC$_6$H$_4$NO$_2$	1			8420
(i-Pr)$_2$S	1		K	7862
Me$_2$SO	1	180 dec (cis)	tha	5056, 5057
			K	8396
H$_2$NCH$_2$CH$_2$NHCH$_2$CH$_2$NH$_2$	1		K	8404, 8405
			K	8415
		bw-o	cond	7985
Et$_3$P	2		K, uv	8220, 8253
		y-bw	ir, tha	8421
CH$_2$=CHPh	1		ir, nmr	8420
p-CH$_2$=CHC$_6$H$_4$Me	1		ir, nmr	8420
NH$_3$	1			8422
H$_2$NCH$_2$CH$_2$NH$_2$	1		th, tha	8323
p-CH$_2$=CHC$_6$H$_4$NMe$_2$	1		ir, nmr	8420
NH$_3$	1			8422
H$_2$O	0.5			
p-CH$_2$=CHC$_6$H$_4$OMe	1		ir, nmr	8420
p-CH$_2$=CHC$_6$H$_4$OEt	1		ir, nmr	8420
p-CH$_2$=CHC$_6$H$_4$NO$_2$	1		ir, nmr	8420
(i-Pr)$_2$S	1		K	7862
NH$_3$	1			8422
(H$_2$N)$_2$CS	2			
			K	8396
H$_2$NCH$_2$CH$_2$NHCH$_2$CH$_2$NH$_2$	1		K	8404, 8405
Me$_2$PPh	2		nmr	8243
Me$_2$PPh	2		nmr	8243

TABLE 3.119.   (CONTINUED)

m	n	R	X	p
1	1	4-Me	H	1
			PF$_6$	1
			Me	1
			PF$_6$	1
			o-C$_6$H$_4$Me	1
			Cl	1
			BPh$_4$	1
			Cl	1
			Cl	2
			K	1
			Cl	3
			ClO$_4$	2
			Br	2
		2,3-Me$_2$	K	1
			Cl	3
			Br	2
		2,4-Me$_2$	o-C$_6$H$_4$Me	1
			Cl	1
			Cl	2

Y	q	Color and MP (°C)	Physicochemical Studies	Reference
(Cyclohexyl)$_3$P	2			8423
o-(Me$_2$As)$_2$C$_6$H$_4$	1	212–213	nmr	8424
Et$_3$P	2		K, uv	8220, 8253
Ph$_2$PCH$_2$CH$_2$P̄Ph$_2$C̄HCOPh	1	w, 195	cond, nmr	7876
Ph$_2$P(CH$_2$)$_3$P̄Ph$_3$C̄HCOPh	1	w, 153–156	cond, nmr	7876
H$_2$C=CH$_2$	2		ca, ir, K, nmr, ram, th, uv, xr	8243, 8286, 8287, 8289, 8291, 8295–8300, 8303, 8304, 8425
CH$_2$=CHMe	1		nmr	8303
CH$_2$=CHCH=CH$_2$	1		nmr	8287, 8289, 8293, 8303
Me$_2$C=C=CMe$_2$	1		ca, K, nmr, th	8307, 8308
CH$_2$=CHPh	1	y	ca, ir, nmr, xr	8243, 8303, 8420, 8426
p-CH$_2$=CHC$_6$H$_4$Me	1	o	ir, nmr	8420
t-BuC≡C-t-Bu	1	154–159 (trans)	ca, dm, nmr	8243, 8310
p-CH$_2$=CHC$_6$H$_4$NMe$_2$	1		ir, nmr, xr	8420, 8426
PPh$_3$	1		ir, th, tha	8333, 8334
p-CH$_2$=CHC$_6$H$_4$OMe	1		ir, nmr	8420
p-CH$_2$=CHC$_6$H$_4$OEt	1		ir, nmr	8420
(EtO)$_3$P	1	160 (trans) / 82 (cis)	ir	8355
CO	1	y, 123–124	ca, dm, ir, nmr, ram, uv	8243, 8296–8299, 8358, 8359, 8427
CH$_2$=CHCO$_2$Me	1		nmr	8303
CH$_2$=CHOCOMe	1		nmr	8303
p-CH$_2$=CHC$_6$H$_4$NO$_2$	1		ir, nmr	8420
PhSCH$_2$CH$_2$SPh	1		K	7864
PhS(CH$_2$)$_3$SPh	1		K	7864
Me$_2$SO	1	w, 178 dec	K	5057, 8378
		o-y	K	8396
8-Me$_2$As-quin	2		nmr	7877
H$_2$C=CH$_2$	1		nmr	8300
H$_2$NCH$_2$CH$_2$NHCH$_2$CH$_2$NH$_2$	1		K	8395, 8396
			K	8396
H$_2$NCH$_2$CH$_2$NHCH$_2$CH$_2$NH$_2$	1		K	8404
Et$_3$P	2		K, uv	8220, 8253
H$_2$C=CH$_2$	1		K, nmr	8290, 8291
(i-Pr)$_2$S	1		K	7862

TABLE 3.119. (*CONTINUED*)

m	n	R	X	p
1	1	2,4-Me$_2$	K	1
			Cl	3
		2,5-Me$_2$	Br	2
			Cl	2
			K	1
			Cl	3
		2,6-Me$_2$	Cl	2
			K	1
			Cl	3
			Br	2
		3,4-Me$_2$	*o*-C$_6$H$_4$Me	1
			Cl	1
			Cl	2
			Br	2
			+	1
			I	1
		3,5-Me$_2$	*o*-C$_6$H$_4$Me	1
			Cl	1
				2
		2,4,6-Me$_3$	Br	2
			Cl	2
		2-Et	Br	2
			Cl	2
		3-Et	Br	2
		4-Et	Br	2
			Cl	2
			Br	2

Y	q	Color and MP (°C)	Physicochemical Studies	Reference
			K, th	8396
H$_2$NCH$_2$CH$_2$NHCH$_2$CH$_2$NH$_2$	1		K	8404
H$_2$C=CH$_2$	1		K, nmr, th	8304
			K, th	8396
H$_2$C=CH$_2$	1		K, nmr	8290, 8291
CH$_2$=CMeOH	1	y, 102 (trans)	ir	8352
HOCMe$_2$C≡CCMe$_2$OH	1	y, 154 (trans)	ir	8352
HOCEt$_2$C≡CCEt$_2$OH	1	y, 126 (trans)	ir	8352
HOCMeEtC≡CCMeEtOH	1	y, 115–118 (trans)	ir	8348
MeOCMe$_2$C≡CCMe$_2$OMe	1	y, 140–145 (trans)	ir	8348
MeCOCH$_2$COMe	1		ir	8352
			xr	8428, 8429
H$_2$NCH$_2$CH$_2$NHCH$_2$CH$_2$NH$_2$	1		K	8404
HOCMe$_2$C≡CCMe$_2$OH	1	y-o, 140–142 (trans)	ir	8348
Me$_2$SO	1	212 dec (cis)		5057
Et$_3$P	2		K, uv	8220, 8253
Me$_2$SO	1		K	8378
H$_2$NCH$_2$CH$_2$NHCH$_2$CH$_2$NH$_2$	1		K	8404, 8405
Et$_2$Se	2		K	8416
Et$_3$P	1		K, uv	8220, 8253
H$_2$C=CH$_2$	1	125	nmr	8300, 8304
Et$_3$P	1		nmr	8329
(i-Pr)$_2$S	1		K	7862
H$_2$NCH$_2$CH$_2$NHCH$_2$CH$_2$NH$_2$	1		K	8404, 8405
H$_2$C=CH$_2$	1		K, nmr	8290, 8291, 8301, 8303, 8304, 8430
CH$_2$=CHMe	1		nmr	8303, 8430
CH$_2$=CH-t-Bu	1		nmr	8430
MeCH=CHMe	1		nmr	8303
CH$_2$=CHPh	1		nmr	8303, 8430
CH$_2$=CHCO$_2$Me	1		nmr	8303
CH$_2$=CHOCOMe	1		nmr	8303
H$_2$NCH$_2$CH$_2$NHCH$_2$CH$_2$NH$_2$	1		K	8404
H$_2$C=CH$_2$	1	83	nmr	8300
H$_2$NCH$_2$CH$_2$NHCH$_2$CH$_2$NH$_2$	1		K	8404, 8405
H$_2$NCH$_2$CH$_2$NHCH$_2$CH$_2$NH$_2$	1		K	8405
H$_2$C=CH$_2$	1		ir, nmr, ram, uv	8296, 8297, 8299
Me$_2$C=C=CMe$_2$	1		K, nmr, th	8307, 8308
CO	1		ca, ir, K, ram, uv	8296, 8297, 8299, 8359
H$_2$NCH$_2$CH$_2$NHCH$_2$CH$_2$NH$_2$	1		K	8404

TABLE 3.119. (*CONTINUED*)

m	n	R	X	p
1	1	4-*t*-Bu	Cl	2
		4-Pentyl	NO$_2$	2
			Cl	2
		4-Nonyl	Cl	2
		2-CH=CH$_2$	Br	2
		4-CH$_2$=CH$_2$	Cl	1
			ClO$_4$	1
		2-CH$_2$CH=CH$_2$	Cl	2
			ClO$_4$	1
			Br	1
			Br	2
		2-CH$_2$CH$_2$CH=CH$_2$	Cl	2
			Br	2
		2-CHMeCH=CH$_2$	Br	2
		2-CH$_2$CH$_2$CMe=CH$_2$	Cl	2
		2-CH$_2$CH=CHMe	Cl	2
			ClO$_4$	1
			Br	1
			Br	2
		2-CH$_2$CH=CMe$_2$	Cl	2
			Br	2
		4-Ph	Cl	2
		2-CH$_2$Ph	Cl	2
		2-NH$_2$	+	2
			Br	2
			I	2
			Cl	4
			Pd	1
		2-NH$_2$,4-Me	Br	2
		2-NH$_2$,6-Me	Br	2
		3-NH$_2$	Br	2
		4-NH$_2$	Cl	2

Y	q	Color and MP (°C)	Physicochemical Studies	Reference
Et$_3$P	1		nmr	8329
CO	1		ca, K	8359
		w, 163–165 (trans)	ir	7999
		y, y-o, 140–141	p	8431, 8550
(piperidine, NH)	1	gsh-y, 156–157	K	8432
3,5-Br$_2$-4-H$_2$NC$_6$H$_2$(CH$_2$)$_{11}$Me	1	gsh-y, 105–106	K	8432
		y-o, 132.0–133.5		8431
2,6-Me$_2$C$_6$H$_3$NH$_2$	1	gsh-gy, 131.5–132.5	K	8432
Et$_3$P	1	131	cond, ir, nmr, ram	7879
NH$_3$	2			8433
		y, o, 183–185, 216–218	ir, nmr	54, 7879
{PhH	0.5	w, 192–195	cond, ir, nmr, ram	7879
{Et$_3$P	1			
Et$_3$P	1	112	cond, ir, nmr, ram	7879
		215–220 dec	ir, nmr	7879
Et$_3$P	1	134–136	cond, ir, nmr, ram	7879
Et$_3$P	1	124–126	cond, ir, nmr, ram	7879
		193 dec	ir, nmr	7879
		{90–98	ir, nmr	7879
		{130–135		
{Et$_3$P	1	w, 100–105	cond, ir, nmr, ram	7879
{Me$_2$CO	1/3			
Et$_3$P	1	92–95	cond, ir, nmr, ram	7879
		180 dec	ir, nmr	7879
Et$_3$P	1	105	cond, ir, nmr, ram	7879
CO	1	y, 128–131	dm, nmr	8427
		95–97	nmr	8300
MeCN	2	o-y	K, uv	8001
NH$_2$OH	2		uv	8412, 8413
H$_2$NCH$_2$CH$_2$NHCH$_2$CH$_2$NH$_2$	1		K	8404
				8379
NH$_2$OH	2			8339, 8342
H$_2$NCH$_2$CH$_2$NHCH$_2$CH$_2$NH$_2$	1		K	8404
H$_2$NCH$_2$CH$_2$NHCH$_2$CH$_2$NH$_2$	1		K	8404
H$_2$NCH$_2$CH$_2$NHCH$_2$CH$_2$NH$_2$	1		K	8404
H$_2$C=CH$_2$	1		ca, ir, nmr, ram, uv	8286, 8296, 8297, 8299

TABLE 3.119.   (CONTINUED)

m	n	R	X	p
1	1	4-NH$_2$	Cl	2
			Br	2
		2-CH$_2$NH$_2$	NO$_2$	2
			NCS	2
			Cl	2
			Br	2
		2-CH$_2$CH$_2$NH$_2$	Cl	2
		2-CH$_2$NHMe	NCS	2
			Cl	2
			Br	2
			I	2
		4-NMe$_2$	Me	1
			BF$_4$	1
			C≡CMe	1
			BF$_4$	1
			Cl	2
		2-CN	Br	2
		3-CN	Cl	2
			Br	2
		4-CN	Me	1
			BF$_4$	1
			Cl	2
		2-OH	Br	2
		3-OH	Br	2
		3-OH,2,6-(t-Bu)$_2$	Br	2
			Cl	2
		4-CH$_2$OH	Cl	2

1774

Y	q	Color and MP (°C)	Physicochemical Studies	Reference
Me$_2$C=C=CMe$_2$	1		ca, K, nmr	8307, 8308
CO	1		ca, ir, nmr, ram, uv	8296, 8297, 8299
H$_2$NCH$_2$CH$_2$NHCH$_2$CH$_2$NH$_2$	1		K	8404
			cond, K, uv	7885
			cond, K, uv	7885
			cond, ir, K, uv	2634, 7885
			cond, ir, K, uv	2634, 7885
		l-o	cond, ir, msc, uv	7886
			cond, ir, uv	7887
			cond, ir, uv	7887
			cond, ir, uv	7887
			cond, ir, uv	7887
Me$_2$PPh	1		nmr	8243
Me$_2$PPh	1		nmr	8243
H$_2$C=CH$_2$	1		nmr	8243
CH$_2$=CHPh	1		nmr	8243
t-BuC≡C-t-Bu	1		nmr	8243
CO	1		nmr	8243
H$_2$NCH$_2$CH$_2$NHCH$_2$CH$_2$NH$_2$	1		ir, K	8405, 8434
(i-Pr)$_2$S	1		K	7862
PhSCH$_2$CH$_2$SPh	1		K	7864
PhS(CH$_2$)$_3$SPh	1		K	7864
H$_2$NCH$_2$CH$_2$NHCH$_2$CH$_2$NH$_2$	1		ir, K	8405, 8434
Me$_2$PPh	1		nmr	8243
H$_2$C=CH$_2$	1		ca, ir, nmr, ram, uv, xr	8243, 8286, 8287, 8289, 8296–8299, 8301, 8303, 8425
CH$_2$=CHMe	1		ir, nmr, ram, uv	8303
MeCH=CHMe	1		ir, nmr, ram, uv	8287, 8289, 8303
Me$_2$C=C=CMe$_2$	1		ca, K, nmr	8307, 8308
CH$_2$=CHPh	1		ir, nmr, ram, uv	8243, 8303
CO	1	y-g, 168–170	ca, ir, nmr, ram, uv	8243, 8296–8299, 8358, 8427, 8435
CH$_2$=CHCO$_2$Me	1		ir, nmr, ram, uv	8303
CH$_2$=CHOCOMe	1		ir, nmr, ram, uv	8303
(i-Pr)$_2$S	1		K	7862
H$_2$NCH$_2$CH$_2$NHCH$_2$CH$_2$NH$_2$	1		ir, K	8405
H$_2$NCH$_2$CH$_2$NHCH$_2$CH$_2$NH$_2$	1		K	8404
H$_2$NCH$_2$CH$_2$NHCH$_2$CH$_2$NH$_2$	1		K	8404
				2341
H$_2$C=CH$_2$	1		ca, ir, nmr, ram, uv	8286, 8296, 8297, 8299
CO	1	ysh, 101–102 dec	ca, nmr, uv	8296, 8297, 8299, 8427

TABLE 3.119. (CONTINUED)

m	n	R	X	p
1	1	2-CH$_2$CH$_2$CH$_2$OH	Br	2
		2-CH$_2$CH$_2$CH$_2$OH,4,6-Me$_2$	Cl	2
		2-CH$_2$N=CHC$_6$H$_4$O$^-$-o	Cl	1
		2-CH$_2$N=CH-1'-C$_{10}$H$_6$-2'-O$^-$	Cl	1
		2-CH$_2$N=CMeC$_6$H$_4$O$^-$-o	Cl	1
		2-CH$_2$N=C(n-Pr)C$_6$H$_4$O$^-$-o	Cl	1
		2-CH$_2$N=C(n-Bu)C$_6$H$_4$O$^-$-o	Cl	1
		2-N=N-1'-C$_{10}$H$_6$-2'-O$^-$	+	1
		2-N=NC$_6$H$_2$-2'-O$^-$-4'-Me-5'-NHEt	+	1
		2-N=NC$_6$H$_3$-2'-O$^-$-5'-NEt$_2$	+	1
		2-N=NC$_6$H$_3$-2'-O$^-$-4'-OH	+	1
		2-N=NC$_6$H$_3$-2',4'-(O$^-$)$_2$		
		4-OMe	Cl	2
		2-OCH$_2$CH$_2$CH$_2$Me	C≡CMe	1
			BF$_4$	1
			Cl	2
		2-CH$_2$CH$_2$OMe	Cl	2
		2-CH(OMe)C$^-$H$_2$	Cl	1
		2-CH(OEt)C$^-$H$_2$	Cl	1
		4-COMe	Me	1
			BF$_4$	1
			C≡CMe	1
			BF$_4$	1
			Cl	2
			I	2
		2-CO$_2$H	Br	2
		3-CO$_2$H	Br	2
		4-CO$_2$H	Cl	2
		4-CO$_2$Me	Cl	2
		4-CO$_2$Et	Cl	2
		2-CH$_2$NHCONMe$_2$	Cl	2

Y	q	Color and MP (°C)	Physicochemical Studies	Reference
$H_2NCH_2CH_2NHCH_2CH_2NH_2$	1		K	8404
$CH_2=CH(CH_2)_7Me$	1			8436
$Me(CH_2)_7CH=CHCO_2H$	1			8436
			ir, nmr, uv	704
			ir, nmr, uv	704
			ir, nmr, uv	704
			ir, nmr, uv	704
			ir, nmr, uv	704
			K, uv	8437
			K, uv	8437
			K, uv	8437
			K, uv	8437
			K, uv	8437
$H_2C=CH_2$	1		nmr	8289
MeCH=CHMe	1		nmr	8289
CO	1	y, 115–118	ca, dm, ir, nmr	8358, 8427
Me_2PPh	1		nmr	8243
$H_2C=CH_2$	1		nmr	8243
$CH_2=CHPh$	1		nmr	8243
CO	1		nmr	8243
			nmr	8300
			nmr, uv	7905
			nmr, uv	7905
Me_2PPh	1		ca, nmr	8243
Me_2PPh	1		ca, nmr	8243
$H_2C=CH_2$	1		ir, nmr	8286, 8297, 8299
CO	1	y, 79–80	ca, dm, ir, K, nmr, ram, uv	8243, 8297, 8299, 8358, 8359, 8427
$H_2C=CH_2$	1		ca, nmr	8243
$CH_2=CHPh$	1		ca, nmr	8243
$t\text{-BuC}\equiv\text{C-}t\text{-Bu}$	1		ca, nmr	8243
$H_2NCH_2CH_2NHCH_2CH_2NH_2$	1		K	8404
$H_2NCH_2CH_2NHCH_2CH_2NH_2$	1		K	8404
$H_2C=CH_2$	1		ir, nmr, ram, uv	8286, 8296, 8297, 8299
CO	1		ir, nmr, ram, uv	8296, 8297, 8299
$H_2C=CH_2$	1		ca, nmr	8243, 8287, 8289, 8293
MeCH=CHMe	1		nmr	8287, 8289
CO	1	y, 125–126	ca, dm, K, nmr	8359, 8427
$H_2C=CH_2$	1		ca, ir, nmr, ram, uv	8296, 8297, 8299
CO	1		ca, ir, nmr, ram, uv	8296, 8297, 8299
			ir, msc, nmr, uv	817

TABLE 3.119. (CONTINUED)

m	n	R	X	p
1	1	2-CH$_2$NHCONMe$_2$	Br	2
		4-OCOMe	Cl	2
		2-CH$_2$OCOCH$_2$CH=CH$_2$,4,6-Me$_2$	Cl	2
		2-CH$_2$OCOCH$_2$CH$_2$CH=CH$_2$,4,6-Me$_2$	Cl	2
		2-CH$_2$OCO(CH$_2$)$_4$CH=CH$_2$,4,6-Me$_2$	Cl	2
		2-CH$_2$OCO(CH$_2$)$_8$CH=CH$_2$,4,6-Me$_2$	Cl	2
		2-CH=NOCOMe	Cl	2
		4-NO$_2$	Cl	2
		2-CH$_2$N=CHC$_6$H$_3$-2'-O$^-$-5'-NO$_2$	Cl	1
		2-CH$_2$CH$_2$S$^-$	Cl	1
		2-CH$_2$SMe	Cl	2
			Br	2
		2-CH$_2$CH$_2$SMe	NCS	2
			Cl	2
			Br	2
			I	2
		2-CH$_2$N$^-$COCH$_2$SEt	Cl	1
		2-CSNH$_2$	NO$_2$	2
			NCS	2
			Cl	2
			Br	2
			I	2
		2-NHCSNHPh	Cl	2
		2-CH=NN$^-$CS$_2$Me	Cl	1
		3,5-(CF$_3$)$_2$,2,4,6-Me$_3$	Cl	2
		2-Cl	Cl	2
			Br	2
		3-Cl	o-C$_6$H$_4$Me	1
			Cl	1
			Cl	2
			Br	2
		4-Cl	Cl	2
		2-CH$_2$Cl	MeCOCHCOMe	1
			Cl	1
		2-CH=NC$_6$H$_3$-2'-O$^-$-5'-Cl	Cl	1
		3-Br	Cl	2
		4-Br	Cl	2

Y	q	Color and MP (°C)	Physicochemical Studies	Reference
			ir, msc, nmr, uv	817
CO	1		ir, nmr	8358
			ir, ms, nmr	8438
			ir, ms, nmr	8438
			ir, ms, nmr	8438
			ir, ms, nmr	8438
		y		7892
$H_2C=CH_2$	1		ir, nmr	8286
CO	1	y, 149–151	ca, dm, ir, nmr	8358, 8427
			ir, msc, uv	704
		y	cond, ir, msc	3093
			cond, uv	126
			cond, uv	126
		y	cond, nmr	127
		y-bw	cond, nmr	127
		l-y	cond, nmr	127
		y-o	cond, nmr	127
		l-y	ir, uv	841
			cond	7887
			cond	7887
			cond	7887
			cond	7887
			cond	7887
		217	cond	131
		d-r	cond, msc	858
![structure: Me, F₃C, CF₃, Me, Me, N ring]	1			7911, 7913
$H_2C=CH_2$	1		K, th	8304
$H_2NCH_2CH_2NHCH_2CH_2NH_2$	1		K	8404, 8405
Et_3P	1		K, uv	8220, 8253
$(i\text{-}Pr)_2S$	1		K	7862
Me_2SO	1		K	8378
$H_2NCH_2CH_2NHCH_2CH_2NH_2$	1		K	8404, 8405
$H_2C=CH_2$	1		ca, ir, nmr, ram, uv	8243, 8286, 8296–8299, 8304
$CH_2=CHPh$	1		ca, nmr	8243
$t\text{-}BuC≡C\text{-}t\text{-}Bu$	1	160–165		8310
CO	1		ca, ir, nmr, ram, uv	8296–8299
$p\text{-}CH_2=CHC_6H_4NO_2$	1	l-y	xr	8426
			nmr	8439
			ir, msc, uv	704
Me_2SO	1		K	8378
$H_2C=CH_2$	1		ca, ir, nmr, ram, uv	8286, 8296–8299

TABLE 3.119. (*CONTINUED*)

m	n	R	X	p
1	1	4-Br	Cl	2
		3-Br,6-N=NC$_6$H$_3$-2'-O$^-$-5'-NEt$_2$	+	1
		2-CHBrCH$_2$Br	Br	2
	2	H	+	2
			Ph	2
			o-C$_6$H$_4$Me	2
			p-C$_6$H$_4$Me	2
			CN	2
			OH	2
			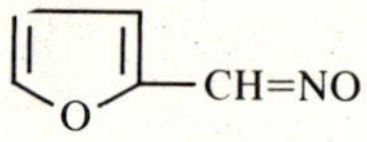 ⟨furan⟩-CH=NO	2
			MeCOCHCOMe	2
			O$_2$CCO$_2$	1
			{+ / NO$_2$}	1 / 1
			NO$_2$	2
			NO$_3$	2
			(MeO)$_2$PO	2
			(PhO)$_2$PO	2
			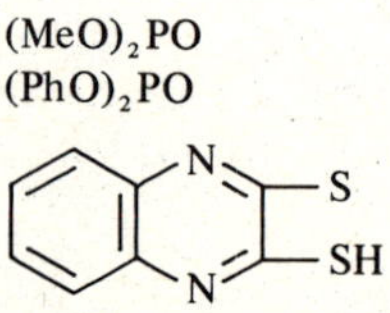 benzo[=S, -SH]	2
			NCS	2

Y	q	Color and MP (°C)	Physicochemical Studies	Reference
Me$_2$C=C=CMe$_2$	1		ca, K, ir, nmr, ram, uv	8307, 8308
CO			ca, ir, nmr, ram, uv	8296–8299
			K, uv	8437
Et$_3$P	1			8440
			p	8216
NH$_3$	2		uv	8150
H$_2$NCH$_2$CH$_2$NH$_2$	1			8441
bipy	1		ca, p, uv	8019, 8442
H$_2$O	2		K	8443, 8444
PhSPh	2		ca, K	8445
p-MeC$_6$H$_4$SC$_6$H$_4$Me-p	2		ca, k	8445
p-H$_2$NC$_6$H$_4$SC$_6$H$_4$NH$_2$-p	2		ca, k	8445
p-HOC$_6$H$_4$SC$_6$H$_4$OH-p	2		ca, k	8445
p-MeOC$_6$H$_4$SPh	2		ca, k	8445
p-MeOC$_6$H$_4$SC$_6$H$_4$OMe-p	2		ca, k	8445
p-H$_2$NC$_6$H$_4$SC$_6$H$_4$NO$_2$-p	2		ca, k	8445
p-O$_2$NC$_6$H$_4$SC$_6$H$_4$NO$_2$-p	2		ca, k	8445
p-FC$_6$H$_4$SC$_6$H$_4$F-p	2		ca, k	8445
p-ClC$_6$H$_4$SPh	2		ca, k	8445
p-ClC$_6$H$_4$SC$_6$H$_4$Cl-p	2		ca, k	8445
			nmr	8446
			nmr, uv	8447
			nmr, uv	8447
		w	uv	8448–8450
				8418
NH$_3$	2		K	8451
				7921
		164–165	ir, nmr	8225, 8452
				8226
{NH$_3$	2			8227
{H$_2$O	2			
H$_2$O	x			8227
H$_2$O	1		K	8444
			ir, K	7933, 8418, 8444, 8453, 8454
(H$_2$N)$_2$CS	2			8455
BF$_3$	1		K	8456
				8418
NH$_3$	2			8457
H$_2$O	2		ir	8221
			ir, nmr	8458
		175–176 (trans)	ir, nmr	8458, 8459
			uv	5102
		l-y	ir, xr	7938, 8418, 8460–8462

TABLE 3.119.   (CONTINUED)

m	n	R	X	p
1	2	H	pyH⁺	1
			OCSCSO	1
			PhOCSCSO	1
			EtOCS$_2$	2
			SO$_3$H	2
			SO$_3$	1
			p-MeC$_6$H$_4$SO$_3$	2
			SO$_4$	1
			S$_2$O$_3$	1
			Na	2
			S$_2$O$_3$	2
			K	2
			S$_2$O$_3$	2
			OH	1
			BF$_4$	1
			Cl	2

Y	q	Color and MP (°C)	Physicochemical Studies	Reference
				8042
			uv	7944
				8418
				8418
PPh$_3$	2		K	8463
AsPh$_3$	2		K	8463
(PhCH$_2$)$_2$S	2		K	8463
(PhCH$_2$)$_2$Se	2		K	8463
				8418
H$_2$O	1	y (trans)		8242
(H$_2$N)$_2$CS				8240, 8241
H$_2$O	3			8242
				8240, 8242, 8464
		w, 170 dec		8465
		y, w, 240 (cis) y, 250, 256 dec (trans)	ca, chr, cond, ir, K, lum, nmr, nqr, qch, ram, th, tha, uv, **xr**	998, 1014, 1052, 1053, 1055, 1057, 1074, 1507, 2187, 3142, 7177, 7747, 7850, 7862, 7928, 7962, 7964, 7970, 7974, 7990, 7991, 8066, 8221, 8227, 8230, 8232, 8233, 8274, 8276–8279, 8282, 8291, 8313, 8323, 8325, 8328, 8341, 8346, 8347, 8361, 8364, 8379, 8418, 8445, 8466–8503
▷		w	ir	8504–8506
NH$_3$	1			8313
	2		ir, K, msc, ram	1507, 8241, 8267, 8274, 8277, 8313, 8318–8320, 8422, 8451, 8509, 8510

TABLE 3.119. (*CONTINUED*)

m	n	R	X	p
1	2	H	Cl	2

Y	q	Color and MP (°C)	Physicochemical Studies	Reference
MeNH$_2$	1		K, p	8316
i-Pr(CH$_2$)$_3$NH$_2$	2			8512
H$_2$NCH$_2$CH$_2$NH$_2$	1		tha	8270, 8323, 8511
(CH$_2$=CHCH$_2$)$_2$NH	1	y		8513
quin	2	w		8328
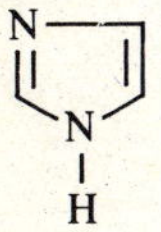 imidazole (N-H)	2		ca, K	8463
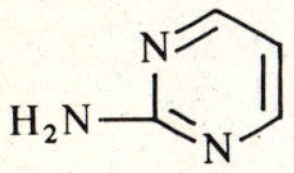 2-aminopyrimidine	2		ir, nmr	8514
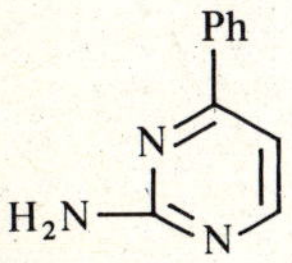 2-amino-4-phenylpyrimidine	2		ir, nmr	8514
{NH$_3$, H$_2$O}	2, 1	y (cis)	msc	8267, 8507
H$_2$O	2		ir, K	8292
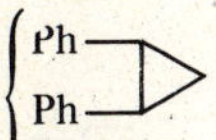 {Ph, Ph, EtOH} (cyclopropane)	1, 1/2		xr	8508
NH$_2$OH	1	l-pk		8313
{NH$_3$, NH$_2$OH}	1, 1		K, p	8263, 8313, 8515
NH$_2$OH	2	d-pk (cis), o-y (trans)	K, p	8313, 8335, 8336, 8338–8341, 8451, 8516–8518
	3			8338–8340
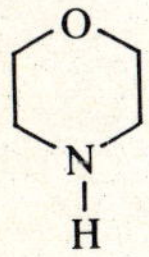 morpholine (N-H)	2		K	8320
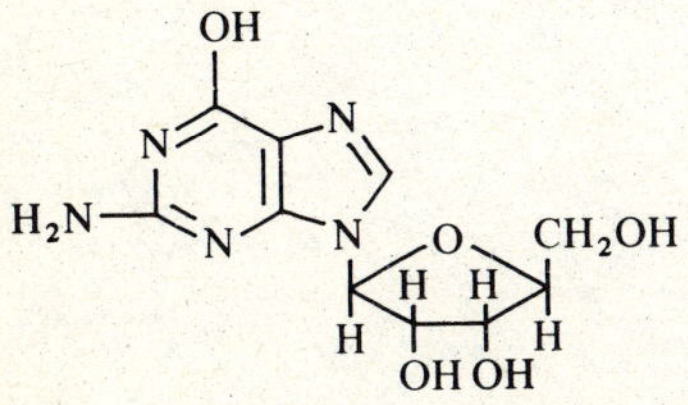 guanosine	2		nmr	8519

TABLE 3.119. (CONTINUED)

m	n	R	X	p
1	2	H	Cl	2
			{Sn {Cl	2 6
			ClO$_4$	2
			Br	2
			{Sn {Br	2 6
			{o-C$_6$H$_4$Me {I	1 1
			I	2

Y	q	Color and MP (°C)	Physicochemical Studies	Reference
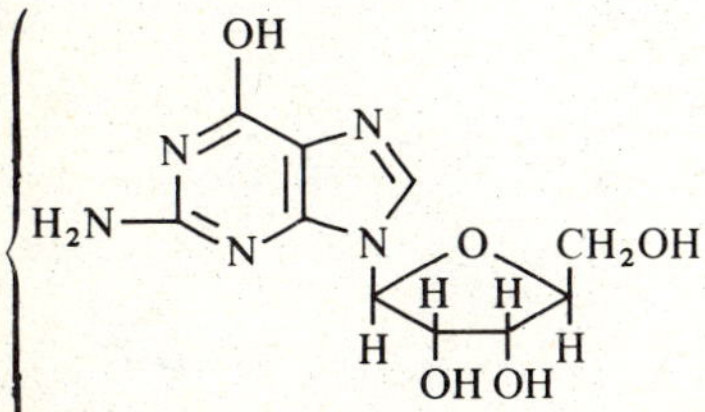 [guanosine structure: 2-amino-6-hydroxypurine riboside with CH₂OH, OH, OH]	2		nmr	8519
H₂O	2			
CO	1			8361
Et₂S	1			8520
(H₂N)₂CS	2			8241, 8347, 8364, 8521–8523
H₂NCSCSNH₂	1			8479
Me₂NC(=S)SSC(=S)NMe₂	1			8524
{ H₂O	1			8507
{ MeCl	1			
Fe(CO)₄	1		ir	8525
			cond, ir	8495, 8526
NH₃	2	w		8355, 8403
		{ 235, 265 (cis) { 265 dec, 280 (trans)	chr, ir, th, uv	1053, 1055, 7962, 7974, 8066, 8379, 8418, 8480, 8491, 8496, 8527
NH₃	2			8457, 8528
{ NH₃	1		uv	8412, 8413
{ NH₂OH	1			
NH₂OH	2		uv	8412, 8413, 8518
			cond, ir	8495, 8526
		r, dec 167		8447
		{ 305 (cis) { 290 (trans)	ca, ir, tha, uv	1053, 1055, 7962, 7970, 7974, 8379, 8417, 8418, 8475, 8491, 8496, 8505, 8529–8533
NH₃	2			8457
PhNH₂	2		cond	8529
{ NH₃	1			8338–8340
{ NH₂OH	1			
NH₂OH	2			8338–8340

TABLE 3.119.   (CONTINUED)

m	n	R	X	p
1	2	H	Cl	4
			Pd	1
		d_5	Cl	2
			Br	2
		2-Me	Cl	2
			Br	2
			I	2
	1	H	Cl	2
	1	3-Me		
	2	3-Me	+	2
			Cl	2
			Br	2
			I	2
		4-Me	+	2
			BPh$_4$	2
			NO$_2$	2
			CF$_3$	2
			+	1
			Cl	1
			Cl	2
			ClO$_4$	2
			Br	2
			I	2
		2,4-Me$_2$	Cl	2
		3,5-Me$_2$	NO$_2$	2
			Cl	2
			Me	1
			I	1
		4-Et	+	1
			Cl	1
			Cl	2
		4-i-Pr	I	2
			NO$_2$	2
		4-n-Pr	+	1
			Cl	1

Y	q	Color and MP (°C)	Physicochemical Studies	Reference
NH$_2$OH	2			8338–8340
		y (trans)	ir	7962
			ir	7962
			ir, k, ram	7862, 7997, 8538–8540
			ca, ir, ram	7974
			ca, ir, ram	7974
				8541
(H$_2$N)$_2$CS	2			8541
H$_2$O	2		K	8443
		ysh, pksh	ir, nmr, p, ram	7862, 7991, 7997, 8538–8540, 8542
NH$_3$	2			8422
H$_2$NCH$_2$CH$_2$NH$_2$	1		th	8323
Et—⬠—Et / Et—⬠—Et (O)	1	w	nmr	8363
(H$_2$N)$_2$CS	2			8539
			ca, ir, ram	7974
		o	ca, ir, moe, ram	7974, 8443, 8531
H$_2$NCH$_2$CH$_2$NH$_2$	1		nmr	8543
Ph$_2$PCH$_2$CH$_2$PPh$_2$CHCOPh	1	w, 153–156	cond, nmr	7876
				8454
		w, 250–252	nmr	8544
Me$_2$SO	1		ca, K	8545
			ir, K, nmr, ram	7970, 7997, 8542, 8545–8547
8-Me$_2$As-quin	2			7877
			ca, ir, ram	7974
			ca, ir, ram	7970, 7974
			K	7862
			K	8454
			K	7862
			nmr	8548
Me$_2$SO	1		ca, K	8545
			ca, ir, ram	7970, 7974, 8545
			ca, ir, ram	7970, 7974
			K	8454
Me$_2$SO	1		ca, K	8545

TABLE 3.119.   (*CONTINUED*)

m	n	R	X	p
1	2	4-*n*-Pr	Cl	2
		4-*t*-Bu	N$_3$	2
			Cl	2
			Br	2
			I	2
		4-Pentyl	NO$_2$	2
			Cl	2
			Br	2
			I	2
		4-CH=CH$_2$	Cl	2
	{1	H		
	{1	2-NH$_2$	Cl	2
	2		NO$_2$	2
			{NO$_2$	1
			{Cl	1
			Cl	2
			Br	2
			I	2
		3-NH$_2$	Cl	2
		4-NH$_2$	{+	1
			{Cl	1
			Cl	2
		4-N$_3$	Cl	2
		2-CN	Cl	2
		3-CN	Cl	2
		4-CN	NO$_2$	2
			{+	1
			{Cl	1
			Cl	2
		2-PPh$_2$	Cl	2
		2-CH$_2$AsMe$_2$	ClO$_4$	2
		2-CH$_2$OH	Cl	2
		2-CH$_2$O$^-$		

Y	q	Color and MP (°C)	Physicochemical Studies	Reference
				8545
			nmr	8542
			nmr	8542
			nmr	8542
			nmr	8542
			ir	7988
			ir, nmr, uv	8332, 8491, 8549, 8550
			nmr	8332
			nmr	8332
				8433
		gy-pk	xr	8232, 8347, 8551
NH$_3$	1			8342
NH$_2$OH	1			
			cond	8552
			cond	8552
		y		8279, 8313, 8347, 8472, 8473, 8551, 8552
NH$_3$	1			8338, 8340
NH$_2$OH	1			
NH$_2$OH	2	w (trans)	K	8342, 8553
NH$_3$	1		uv	8412, 8413
NH$_2$OH	1			
			tha	8530
NH$_3$	1			8338–8340
NH$_2$OH	1			
NH$_2$OH	2		cond	8342
		y		8554
Me$_2$SO	1		ca, K	8545
			ca, ir, uv	8545
			dm	2340
		y (cis)	ir, msc, uv	7235, 8491
			ir, msc, uv	7235, 7862
			K	8454
Me$_2$SO	1		ca, K	8545
		y	ca, ir, K, msc, uv	7235, 7862, 7974, 8491, 8545, 8546
		w, 283–284 dec	cond, msc	147
		l-y	cond	125
			ir	1226
			ir	1226

TABLE 3.119. (CONTINUED)

m	n	R	X	p
1	2	2-CH=NOH	NO$_3$	1
			Cl	2
			Ag	1
	{1	2-CH=NOH	Cl	1
	{1	2-CH=NO$^-$		
	2	2-CH=NO$^-$	Br	1
			SO$_4$	1
			Cu	1
			Cl	2
			Cu	1
			NO$_3$	1
			Ag	1
		2-CMe=NO$^-$		
		2-CPh=NO$^-$		
		2,6-(N=CHC$_6$H$_4$OH-o)$_2$	Cl	2
		3-CONH$_2$	Cl	2
		4-CO$_2$H	Cl	2
		4-CO$_2$Me	+	1
			Cl	1
			Cl	2
		2-CH$_2$CO$_2^-$		
		2-NHCOMe	Cl	2
		2-CH=NOCOMe	Cl	2
		4-NO$_2$	Cl	2
		2-CH$_2$CH$_2$S$^-$		
		2-CH$_2$SMe	ClO$_4$	2
		2-CH$_2$CH$_2$SMe	ClO$_4$	2
		2-CSNH$_2$	ClO$_4$	2
		2-CSN$^-$Ph		
		2-F	Cl	2
		3,5-(CF$_3$)$_2$,2,4,6-Me$_3$	Cl	2
		2-Cl	Cl	2
		3-Cl	Cl	2
		3-Cl,6-NH$_2$	Cl	2
		4-Cl	+	1
			Cl	1
			Cl	2
		3,5-Cl$_2$	Cl	2
		3-Br,6-NH$_2$	Cl	2
		4-Br	+	1
			Cl	1
			Cl	2
		3-I,6-NH$_2$	Cl	2
	3	H	O$_2$CCO$_2$	1

Y	q	Color and MP (°C)	Physicochemical Studies	Reference
		gsh-y		1572
		d-o	ir	7240, 8555
				8555
		bw	cond, ir, msc	7240, 7242
H$_2$O	2		xr	8555, 8557
		y		1572
		y		1572
		w		1572
			xr	8556
		y		8007
Me$_2$CO	1	bw, dec 300		2156
		y, 225	ir, msc	8011
			ca, ir, ram	7974, 8503
Me$_2$SO	1		ca, K	8545
			ca, ir, uv	8545
				1387
		y		8554
			ir	7240
			xr	8558
H$_2$O	1	l-o	cond, ir, msc	3093
			uv	126
		w	cond, ir, nmr	127
			cond, ir, uv	7887
				1421
		y (cis)	xr	8232
				7911
			uv	8232, 8491
			uv	7862, 8491, 8547
		l-g	cond	8559
			ca, K	8545
			ca, ir, K, uv	8491, 8545, 8546
			uv	8491
		l-y	cond	8559
Me$_2$SO	1		ca, K	8545
			ca, ir, uv	8545
		g (trans)	cond	8347, 8472, 8473, 8560
NH$_3$	1			8227

TABLE 3.119.   (CONTINUED)

m	n	R	X	p
1	3	H	OsCCSO	1
			CS$_3$	1
			SO$_3$	1
			S$_2$O$_3$	1
			{NO$_2$	1
			{Cl	1
			Cl	2
			ClO$_4$	2
			Br	2
			I	2
		3-Me	Cl	2
	{1	H	Cl	2
	{2	2-NH$_2$		
			Br	2
			I	2
	4	H	+	2
			BO$_2$	2
			NO$_3$	2
			HSO$_4$	2
			SO$_4$	1
			{SO$_4$	2
			{Cu	1
			{SO$_4$	2
			{Zn	1
			S$_2$O$_3$	1
			S$_2$O$_6$	1
			F	2
			HF$_2$	2
			Cl	2
			{Sn	2
			{Cl	6

Y	q	Color and MP (°C)	Physicochemical Studies	Reference
H_2O	4	d-o	ir, tha	8042
8561
8418
8242
				8419
NH_3	1		K, p	8316, 8320
$MeNH_2$	1		p	8316
NH_2OH	1			8313, 8338–8340
NH_3	1	w	p	8403
NH_2OH	1		uv	8412, 8413
NH_2OH	1			8338–8340
$\{NH_3$	1			8422
$\ H_2O$	2			
NH_2OH	1			8338–8340, 8412, 8413
NH_2OH	1		uv	8412, 8413
NH_2OH	1			8338–8340
			K, nmr, p	8019, 8020, 8320, 8543, 8562, 8563
bipy	1			8019
				8564
		w	epr, tha, uv	1499, 8418, 8565
HNO_3	2			8418
		w	tha	8418, 8565
H_2O	7			8418
H_2O	8	bu		8418
H_2O	12			8418
				8566
8418
H_2O	9	110 dec		8562, 8567
H_2O	0.5	w, 130–140		8562, 8567
		dec 285	cond, ir, K	1014, 7747, 8240, 8242, 8282, 8320, 8323, 8450, 8564–8566, 8568–8573
H_2O	1			8328
	2	w		8328
	3	w, l-y, dec 140		1507, 8278, 8403, 8418, 8486, 8568
			cond, ir	8526

TABLE 3.119. (CONTINUED)

m	n	R	X	p
1	4	H	Br	2
			I	2
			{Cl	4
			Cu	2
			{Cl	4
			Zn	1
			{Cl	4
			Cd	1
			{Cl	6
			Hg	2
			CrO_4	1
			Cr_2O_7	1
			{Cl	4
			Pd	1
	{3	H		
	1	3-Me	Cl	2
	{2	H		
	2	3-Me	Cl	2
	{1	H		
	3	3-Me	Cl	2
	4	3-Me	Cl	2
			I	2
		4-Me	+	2
			Cl	2
			I	2
		3,5-Me_2	I	2
		4-Et	I	2
		4-t-Bu	N_3	2
			O_2CCO_2	1
			$O_2CCH_2CO_2$	1
			Cl	2
			Br	2
			I	2
	{2	H		
	2	2-NH_2	OH	2
			Cl	2
	4	2-NH_2	Cl	2
	{2	H		
	2	3,5-Cl_2, 2-NH_2	Cl	2
2	1	H	Cl	4
			{pyH^+	2
			Cl	6

Y	q	Color and MP (°C)	Physicochemical Studies	Reference
		297		8518, 8564, 8569, 8573
H$_2$O	3	w		8418
	5			8418
			tha, xr	8417, 8418, 8574
H$_2$O	12	y		8418
				8418
				8418
				3169
H$_2$O	6	l-bw		8418
		y		8418
				8022
H$_2$O	3			8541
H$_2$O	3			8541
H$_2$O	3			8541
		w	p	8540
H$_2$O	3			8539
			tha, xr	8574
			nmr	8543
		w	p	8540, 8573
			tha	8574
			tha	8574
			tha	8574
			nmr	8541
			nmr	8541
			nmr	8541
			nmr	8541
			nmr	8541
			nmr	8541
			K	8553
		r	xr	8347, 8472, 8473, 8551
				8551
		r		8347
NH$_2$OH	3			8338–8340
				8475

TABLE 3.119. (CONTINUED)

m	n	R	X	p
2	1	3-Me	Cl	4
		2-CH$_2$CH=CH$_2$	Cl	4
			Br	4
		2-CHMeCH=CH$_2$	Cl	4
			Br	4
		2-NH$_2$	Cl	4
	2	H	$\begin{cases} \text{N}_2\text{O}_2^+ \end{cases}$	2, 1
			$\begin{cases} \text{NO}_2 \\ \text{Cl} \end{cases}$	2, 2
			$\begin{cases} \text{HS} \\ \text{Cl} \end{cases}$	1, 3
			Cl	4
			$\begin{cases} \text{H} \\ \text{S} \\ \text{Cl} \end{cases}$	2, 1, 4
			$\begin{cases} o\text{-(C}\equiv\text{C)}_2\text{C}_6\text{H}_4 \\ \text{ClO}_4 \end{cases}$	1, 2
	$\begin{cases} 1 \\ 1 \end{cases}$	$\begin{matrix} \text{H} \\ \text{2-NH}_2 \end{matrix}$	Cl	4
	$\begin{cases} 1 \\ 1 \end{cases}$	$\begin{matrix} \text{2-CH=NOH} \\ \text{2-CH=NO}^- \end{matrix}$	Cl	3
	3	H	Cl	4
		3-Me	Cl	4
	4	H	Cl	4
	$\begin{cases} 3 \\ 1 \end{cases}$	$\begin{matrix} \text{H} \\ \text{3-Me} \end{matrix}$	Cl	4
	$\begin{cases} 1 \\ 3 \end{cases}$	$\begin{matrix} \text{H} \\ \text{3-Me} \end{matrix}$	Cl	4
	6	H	Cl	4
	8	H	$\begin{cases} \text{HCO}_3 \\ \text{CO}_3 \end{cases}$	2, 1

Y	q	Color and MP (°C)	Physicochemical Studies	Reference
NH_3	3			8422
Et_3P	2	y, 142–144	cond, ir, nmr, ram	7879
Et_3P	2	o, 122–124	cond, ir, nmr, ram	7879
Et_3P	2	y, 156	cond, ir, nmr, ram	7879
Et_3P	2	o, 124–125	cond, ir, nmr, ram	7879
NH_2OH	2			8342
$H_2NCH_2CH_2NH_2$	2		ir	8217
$\{NH_3$	2			
$H_2NCH_2CH_2NH_2$	1	100 dec		8231
H_2O	1			
		y-bw	ir, tha	8421
$CH_2=CHCH_2NH_2$	1	l-y, 180–183 dec		8576
	5	126–130		8576
$(CH_2CHCH_2)_2NH$	1			8513
$\{H_2O$	1	r		8577
$H_2NCH_2CO_2H$	1			
$Me_2NC(=S)SSC(=S)NMe_2$	1	y		8524
H_2O	4		ir, tha	8421
Et_3P	4	d-y, dec 254		8578
$\{NH_3$	1	110–120 dec		8342
NH_2OH	1			
		o	ir	8555
$MeNH_2$	1		p	8316
NH_2OH	1			8313, 8338–8340
NH_3	1			8422
$H_2C=CH_2$	1			8282
$\{NH_3$	2	bw		8576
$CH_2=CHCH_2NH_2$	1			
				8541
				8541
$CH_2=CHCH_2NH_2$	1	l-bw-ysh 105		8576
H_2O	16			8418

TABLE 3.119. (CONTINUED)

m	n	R	X	p
3	1	H	NO$_2$	2
			Cl	4
			Cl	6
	2	H	NO$_2$	2
			Cl	4
			Cl	6
	4	H	NO$_2$	2
			Cl	4
			Cl	6
	6	2-CH=NO$^-$	Rh	1
			ClO$_4$	3
4	4	H	Cl	8
	6	H	Cl	8

$$\text{Pt}_m \left(\underset{N}{\bigcirc}{}^+ -R- \underset{N}{\bigcirc}{}^+ \right)_n X_p Y_q$$

m	n	R	X	p
1	1	2-CH$_2$-2'	Cl	2
		2-CH=NNH-2'	Cl	2
			Cl	1
			ClO$_4$	1
		2-CH=NN$^-$-2'	Cl	1
		6-Me, 2-CH=NNH-2'	Cl	2
		6-Me, 2-CH=NN$^-$-2'	Cl	1
		6-Me, 2-CH=NNH-2', 6'-Me	Cl	2
		6-Me, 2-CH=NN$^-$-2', 6'-Me	Cl	1
		2-CH=NNMe-2'	Cl	1
			I	1
		2-CH$_2$SCH$_2$-2'	NCS	2
			Cl	2
			Br	2
		2-CH$_2$CH$_2$SCH$_2$CH$_2$-2'	NCS	2
			Cl	2
			Br	2
		2-CH$_2$CH$_2$SCH$_2$CH$_2$SCH$_2$CH$_2$-2'	ClO$_4$	2
	2	2-CH=NNH-2'	Cl	2
		6-Me, 2-CH=NNH-2'	Cl	2
		6-Me, 2-CH=NNH-2', 6'-Me	Cl	2
		2-CO-2'	Cl	2

Y	q	Color and MP (°C)	Physicochemical Studies	Reference
{NH$_3$	2			8231
{H$_2$NCH$_2$CH$_2$NH$_2$	1	pk		
NH$_3$	4		msc	8267
{NH$_3$	2			8229, 8263
{NH$_2$OH	2	ysh	ir	
NH$_3$	4			8278
EtNH$_2$	4	d-y		8278
NH$_3$	2	pk		8231
NH$_3$	2	y	xr	8278
EtNH$_2$	2		xr	8278
				1572
{NH$_3$	2	l-bw-ysh		8576
{CH$_2$=CHCH$_2$NH$_2$	1			
CH$_2$=CHCH$_2$NH$_2$	1	dec 130		8576

$$Pt_m\left(\left\langle\!\!\!\begin{array}{c}\\N\end{array}\!\!\!\right\rangle\!\!-\!R\!-\!\!\left\langle\!\!\!\begin{array}{c}\\N\end{array}\!\!\!\right\rangle\right)_n X_p Y_q$$

Y	q	Color and MP (°C)	Physicochemical Studies	Reference
			ms	8496
{H$_2$O	1	y	ir	8579
{HCl	2			
{H$_2$O	1			8579
{HCl	1			
{H$_2$O	1	y	ir	8579
{HCl	1			
		r-bw		8579
{H$_2$O	1	y	ir	8579
{HCl	2			
		r-bw		8579
		y		8579
		l-bwsh, 97	ir	8033
		l-bwsh, 132	ir	8033
		l-bwsh, 125	ir	8033
		l-y, 144	ir	8033
H$_2$O	2	w, 205	ir	8033
H$_2$O	1	w, 202	ir	8033
		w	msc	156
		r-v	cond	8579
		r-v	cond	8579
		r-v	cond	8579
			uv	1654

TABLE 3.119.   (CONTINUED)

$$\left[Pt_m \left(\underset{N}{\overset{-R-}{\bigodot}} \right)_n X_p Y_q \right]_x$$

m	n	R	X	p
1	1	2-NHCSNH-2'	Cl	2
	2	2-NHCSN⁻-2'		

1	1	—CH$_2$CH—
		        |
		       4
			Cl	2

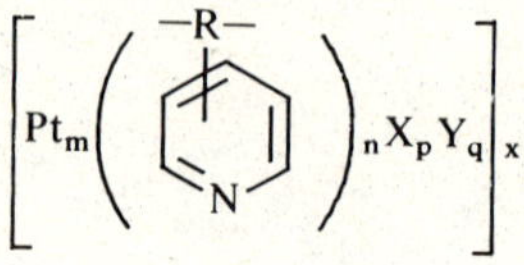

Y	q	Color and MP (°C)	Physicochemical Studies	Reference
H$_2$O	2	y		159
H$_2$C=CH$_2$	1	y	ir	8580

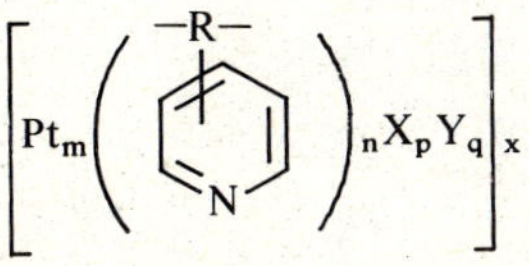

$$\left[Pt_m \left(\underset{N}{\overset{-R-}{\bigcirc}} \right)_n X_p Y_q \right]_x$$

TABLE 3.120. COORDINATION COMPOUNDS OF PYRIDINE AND ITS DERIVATIVES WITH PLATINUM AT MIXED VALENCE STATES AND PLATINUM (III)

$$Pt_m \left(\underset{N}{\underset{|}{\bigcirc}} -R \right)_n X_p Y_q$$

m	n	R	X	p	Y	q	Color and MP (°C)	Physicochemical Studies	Reference
Platinum (II) and Platinum (IV) Simultaneously									
2	2	H	NO$_2$	2	H$_2$NCH$_2$CH$_2$NH$_2$	1			8583
			Cl	4					
			Cl	6	NH$_3$	2	v		8457, 8625
			Br	6	NH$_3$	2			8528
					NH$_2$OH	2			8516
3	2	H	NO$_2$	4	NH$_3$	4		cond	8584
			Br	6					
	6	H	Br	10	NH$_3$	4		cond	8584
			Cl	8					8278
Platinum (III)									
1	1	H	Me	2				ir	8581
			MeCO$_2$	1					
			Me	2				ir	8581
			i-PrCO$_2$	1					
			Me	2				ir	8581
			CF$_3$CO$_2$	1					
			NO$_3$	1	H$_2$NCH$_2$CH$_2$NH$_2$	1		tha, uv	8621
			Cl	2	NO	1			
			Cl	3	NH$_3$	1			8226

1804

2		Cl	1	NO	1	d-g	ir	8630
		NO₂	4	{NH₃, H₂NCH₂CH₂NHCl}	1, 1		cd	8582
		Br	2	{NH₃, ClNHCH₂CH₂NHCl}	1, 1		cd	8582
2	H	Cl	1	NO	1		K, uv	8637
			3		1			8418
3	H	{NO₃, Cl}	1, 2	NH₃	1	261–265 dec		8570
					2			8226, 1507
2	H	{Et₂S₂, Cl}	1, 2	MeNH₂	1	ysh	p	8316
		{Et₂S₂, Br}	1, 2			y, 190		8569
						y, 205		8585, 8569

Platinum (III) and Platinum (IV) Simultaneously

3	H	{Et₂S₂, Cl}	2, 2					8569
		{Et₂S₂, Br}	2, 2			y		8569, 8585

TABLE 3.121. COORDINATION COMPOUNDS OF PYRIDINE AND ITS DERIVATIVES WITH

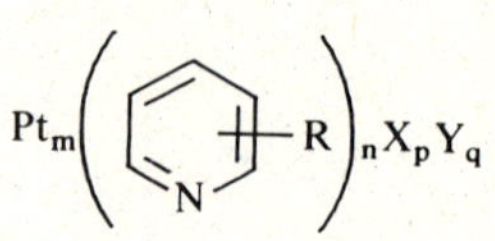

$$Pt_m \left(\underset{N}{\bigodot} - R \right)_n X_p Y_q$$

Platinum (IV)

m	n	R	X	p
1	1	H	+	4
			+	1
			Me	3
			Me	3
			o-OC$_6$H$_3$CH=NMe	1
			Me	3
			8-O-quin	1
			Me	3
			MeCOCHCOMe	1
			Me	2
			MeCOCHCOMe	2
			Me	3
			t-BuCOCHCO-t-Bu	1
			+	3
			NO$_2$	1
			Me	3
			NCS	1
			Me	3
			PF$_6$	1
			+	3
			Cl	1
			Me	3
			Cl	1
			K	1
			CN	4
			Cl	1
			OH	2
			NO$_2$	1
			Cl	1
			OH	2
			NO$_2$	1
			Cl	1
			NH$_2$	1
			NO$_2$	2
			Cl	1
			H$_2$NCH$_2$CH$_2$N=NO	1
			NO$_2$	2
			Cl	1

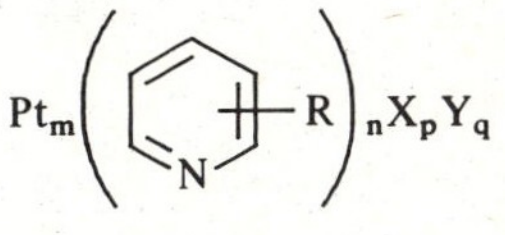

PLATINUM (IV)

Y	q	Color and MP (°C)	Physicochemical Studies	Reference

$$Pt_m \left(\underset{N}{\boxed{}} {-}R \right)_n X_p Y_q$$

Platinum (IV)

Y	q	Color and MP (°C)	Physicochemical Studies	Reference
{NH$_3$ {H$_2$O	2 2		K, p	8586
H$_2$O	1		nmr	8587
			nmr	8588
		y, 205–210	ir	8589
		115.5–116.5	ir, uv	8590
			ir, nmr	8591
		46–48	ir, uv	8590
{NH$_3$ {H$_2$O	2 2		K	8586
			ir, nmr, ram	8592
Me$_2$PPh	1	w, 99–100	ir, nmr	8593
{NH$_3$ {NH$_2$Tl	3 1		K, p	8594
			th, tha	8595
			ir, K, uv	8596
NH$_3$	1		cond, K, p	8597
NH$_3$	2		cond, K, p	8597
H$_2$NCH$_2$CH$_2$NH$_2$	1		cond, K, p	8269, 8597, 8598
NH$_3$	1		msc	8599
				8604, 8607

TABLE 3.121. (CONTINUED)

m	n	R	X	p
1	1	H	NO$_2$	1
			NO$_3$	2
			Cl	1
			NO$_3$	3
			Cl	1
			+	2
			Cl	2
			OH	2
			Cl	2
			NHCH$_2$CH$_2$NH$_2$	1
			NO$_2$	1
			Cl	2
			OH	1
			NO$_2$	1
			Cl	2
			H$_2$NCH$_2$CH$_2$N=NO	1
			NO$_2$	1
			Cl	2
			NO$_2$	2
			Cl	2
			OH	1
			NO$_3$	1
			Cl	2
			NO$_3$	2
			Cl	2
			NO$_3$	1
			Me-substituted cyclohexenyl-OSO$_3$ (with Me, Me, Me substituents)	1
			Cl	2

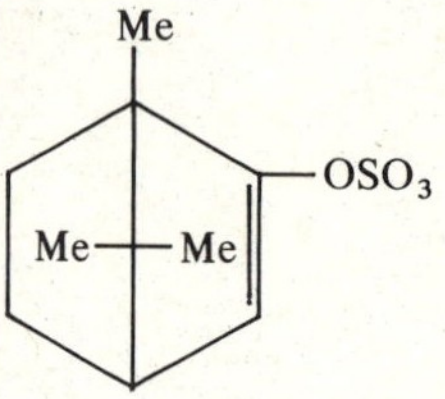

TABLE 3.121. (*CONTINUED*)

m	n	R	X	p
1	1	H	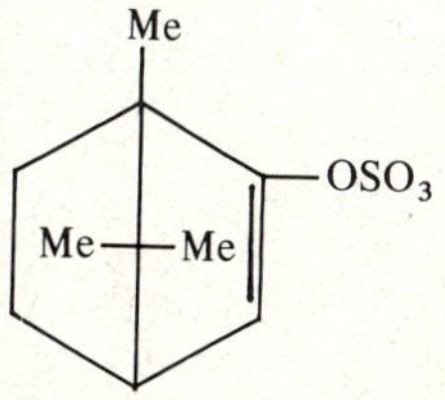 ⎰ [tetramethylcyclohexenyl-OSO$_3$]	2
			⎱ Cl	2
			⎰ +	1
			⎱ Cl	3
			⎰ NH$_2$	1
			⎱ Cl	3
			⎰ NO$_2$	1
			⎱ Cl	3
			⎰ NO$_3$	1
			⎱ Cl	3
			Cl	4

Y	q	Color and MP (°C)	Physicochemical Studies	Reference
NH$_3$	4		cond, K, th	8600
NH$_3$	2		cond, K	8601
	4			8602, 8603
			K, p	8216
NH$_3$	3		K	8320
{NH$_3$	2		p	8321
{MeNH$_2$	1			
NH$_3$	2			8608
H$_2$O	1		cd	8609, 8610
H$_2$NCH$_2$CH$_2$NH$_2$	1		cond, K, p	8597, 8611, 8612
				8604, 8607
NH$_3$	2		K, th	8613–8616
H$_2$NCH$_2$CH$_2$NH$_2$	1		cd, K	8605, 8617–8619
NH$_3$	2			8620
NH$_3$	3		K	8622
	4		K, th	8623
{NH$_3$	1		cd	8582
{H$_2$NCH$_2$CH$_2$NH$_2$	1			

Y	q	Color and MP (°C)	Physicochemical Studies	Reference
{NH$_3$ {H$_2$NCH$_2$CH$_2$NH$_2$	1 1		cd	8582
NH$_3$	4		K, p	8603
H$_2$NCH$_2$CH$_2$NH$_2$	1		p	8625
NH$_3$	1			8625
NH$_3$	1			8263
	2	w		8231
{NH$_3$ {MeNH$_2$	1 1	gsh-y, o		8231, 8613, 8625
{NH$_3$ {EtNH$_2$	1 1	gsh-y, d-r		8231, 8236, 8237, 8625
H$_2$NCH$_2$CH$_2$NH$_2$	1		cd, K, uv	8606, 8609, 8617, 8625, 8631, 8632
{NH$_3$ {H$_2$NCH$_2$CH$_2$NH$_2$	1 1		K, th	8611, 8616, 8632
{MeNH$_2$ {H$_2$NCH$_2$CH$_2$NH$_2$	1 1		K, th	8616
H$_2$NCH$_2$CH$_2$NH$_2$	1			8607
NH$_3$	1		cd, cond	8226, 8263, 8312, 8615, 8625
	2		cond, ir	8615, 8625, 8626
	3	l-ysh	K, th, xr	4869, 8616
	4		K	8603
{NH$_3$ {MeNH$_2$	2 1		msc, p	8321
H$_2$NCH$_2$CH$_2$NH$_2$	1		ir, K	8607, 8615, 8621, 8624, 8626
{NH$_3$ {H$_2$NCH$_2$CH$_2$NH$_2$	1 1		cd, K, th	8582, 8616, 8633–8635
H$_2$NCHMeCH$_2$NH$_2$	1		cd, ord	8642
H$_2$NCH$_2$CH=NH	1	y		8627
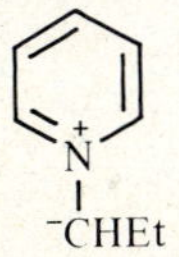 pyridinium-CHEt	1	l-y-bw, 195 dec	ir, **xr**	8327

TABLE 3.121. (CONTINUED)

m	n	R	X	p
1	1	H	Cl	4
			{ — Cl	1 5
			{ K Cl	1 5
			{ NH$_4$ Cl	1 5

			{ NO$_2$
			  Cl
			  H$_2$NCH$_2$CH$_2$NCl
				1
				2
				1

			{ Cl H$_2$NCH$_2$CH$_2$NCl	3 1

			{ NO$_2$
			  Cl
			  NCl$_2$
				2
				1
				1

			{ NO$_2$
			  Cl
			  NCl$_2$
				1
				2
				1

			{ Cl NCl$_2$	3 1

			{ Cs
			  Cl
			  NCl$_2$
				1
				4
				1

			{ Me ClO$_4$	3 1
			{ Me Br	3 1

			{ Me
			  MeCOCHCOMe
			  Br
				2
				1
				1

			{ OH
			  NO$_2$
			  NO$_3$
			  Br
				1
				1
				1
				1

			{ NO$_2$
			  NO$_3$
			  Br
				1
				2
				1

Y	q	Color and MP (°C)	Physicochemical Studies	Reference
⎧ NH$_3$	1			
⎨ H$_2$NCH$_2$CH$_2$NH$_2$	1		cd	8582
⎩ H$_2$O	2			
⎧ NH$_3$	1			
⎨ H$_2$NCH$_2$CH$_2$NH$_2$	1		cd	8582
⎩ H$_2$O	4			
Et$_3$P	1		nmr	8329
Et$_2$S	1			8520
Me$_2$SO	1	y	ir, sol	8638
Et$_2$SO	1	y	ir, sol	8636
			K, p	8216, 8396
			p	8392
				8263
			cd, cond	8613, 8628
			ir	8626, 8627
NH$_3$	2		cond	8625
MeNH$_2$	1	d-o	cond	8625
EtNH$_2$	1	d-o	cond	8625
NH$_3$	1	r	cond, ir	8625, 8626
			cond	8625
bipy	1		nmr	8638
			th, tha	8595
		y	ir, nmr	8591
H$_2$NCH$_2$CH$_2$NH$_2$	1		cond, K, p	8597
NH$_3$	4		cond, K, th	8600

TABLE 3.121. (CONTINUED)

m	n	R	X	p
1	1	H	NO$_2$	2
			Cl	1
			Br	1
			NO$_2$	1
			NO$_3$	1
			Cl	1
			Br	1
			NO$_3$	2
			Cl	1
			Br	1
			NO$_3$	1
			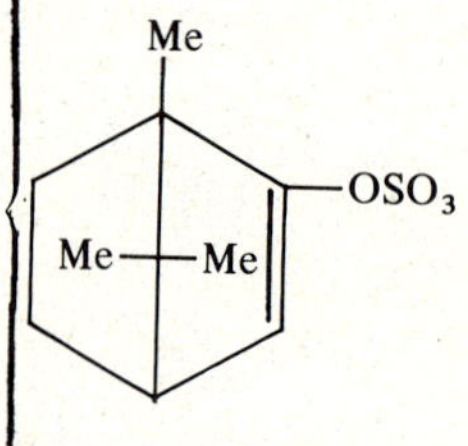 —OSO$_3$ (cyclohexenyl with Me, Me, Me substituents)	2
			Cl	1
			Br	1
			NHCH$_2$CH$_2$NH$_2$	1
			Cl	2
			Br	1
			NO$_2$	1
			Cl	2
			Br	1
			NO$_2$	1
			Cl	2
			Br	1
			Cl	3
			Br	1
			Cl	2
			H$_2$NCH$_2$CH$_2$NCl	1
			Br	1
			NO$_2$	2
			Br	2

Y	q	Color and MP (°C)	Physicochemical Studies	Reference
NH$_3$	1		msc	8595
	2		K, th	8616
		y, 200 dec		8639
NH$_3$	1	200 dec	cond, n, sol	8265
NH$_4$	4		K, th	8623
{NH$_3$ H$_2$NCH$_2$CH$_2$NH$_2$}	1 1		cd	8640
NH$_3$	1		cd	8640
NH$_3$	1			8409
{NH$_3$ EtNH$_2$}	1 1	y		8236, 8237
{NH$_3$ H$_2$NCH$_2$CH$_2$NH$_2$}	1 1		K, th	8516
{MeNH$_2$ H$_2$NCH$_2$CH$_2$NH$_2$}	1 1		K, th	8516
NH$_3$	3		K, th	8616
{NH$_3$ H$_2$NCH$_2$CH$_2$NH$_2$}	1 1		cond, K, th	8616, 8634, 8641
Et$_3$P	1		nmr	8329
NH$_3$	1		cd	8640
NH$_3$	2		cond, K, th	8584, 8616

TABLE 3.121. (CONTINUED)

m	n	R	X	p
1	1	H	NO$_2$	1
			Cl	1
			Br	2
			NO$_2$	1
			Cl	1
			Br	2
			Cl	2
			Br	2
			NH$_2$	1
			Br	3
			NO$_2$	1
			Br	3
			Cl	1
			Br	3
			Br	4
			Me	3
			I	1
			Me	1
			CH$_2$CH$_2$CH$_2$CH$_2$	1
			I	1
			NO$_2$	1
			NO$_3$	2
			I	1
			NO$_3$	2
			Cl	1
			I	1
			NO$_2$	1
			Cl	1
			Br	1
			I	1
		3-Me	Cl	4
		4-Me	Me	3
			PF$_6$	1
		3,5-Me$_2$	Me	3
			o-OC$_6$H$_4$CH=NH	1

Y	q	Color and MP (°C)	Physicochemical Studies	Reference
NH$_3$	1			8264, 8265
NH$_3$ MeNH$_2$	1 1	y		8236
H$_2$NCHMeCH$_2$NH$_2$	1	y	cd, ord	8642
Et$_3$P	1		nmr	8329
NH$_3$	1		cond	8584
NH$_3$	2			8528, 8616
NH$_3$ MeNH$_2$	1 1	y		8236, 8237
Et$_3$P	1		nmr	8329
NH$_3$	1		msc	8599
Et$_3$P	1		nmr	8329
NH$_3$ H$_2$O	2 1		cond	8584
NH$_2$OH	1			8518
		w, dec 150	ir, nmr, th, tha	8417, 8533–8535, 8595, 8643, 8644
NH$_3$	1	w		8643
		124 dec	nmr	8645
NH$_3$	4		cond, K, th	8600
NH$_3$	2		K, th	8623
		d-r, 233 dec		8639
NH$_3$	1	207 223 232	msc	8264, 8265, 8409, 8599
H$_2$NCH$_2$CH$_2$NH$_2$	1		p	8624
Me$_3$As	2	142	nmr	8646
		y	ir, nmr	8647

TABLE 3.121. (CONTINUED)

m	n	R	X	p
1	1	3,5-Me$_2$	{ Me { o-OC$_6$H$_4$CH=NMe	3 1
			{ Me { o-OC$_6$H$_4$CH=N-i-Pr	3 1
			{ Me { o-OC$_6$H$_4$CH=NPh	3 1
			{ Me { o-OC$_6$H$_4$CH=NCH$_2$Ph	3 1
			{ Me { I	3 1
		2-CH=CH$_2$	Br	4
		2-NH$_2$,4,6-Me$_2$	Cl	4
		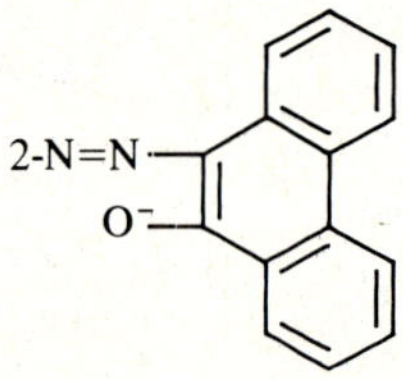 2-N=N-(phenanthrene-9-olate)	+	3
		2-CO$_2$H,4,6-Me$_2$	Cl	4
		2-CHPhCSN$^-$H	Cl	3
	2	H	+	4
			{ + { Me	1 3
			{ + { NO$_2$	3 1
			{ Me { PF$_6$	3 1
			{ + { Cl	3 1
			{ Me { Cl	3 1
			{ + { OH { Cl	2 1 1
			{ OH { NO$_2$ { Cl	2 1 1
			{ NO$_3$ { Cl	3 1
			{ + { Cl	2 2

Y	q	Color and MP (°C)	Physicochemical Studies	Reference
		y	ir, nmr	8647
		y	ir, nmr	8647
		y	ir, nmr	8647
		y	ir, nmr	8647
		l-y	nmr	8534
Et$_3$P	1			8440
		222 dec		8648
			uv	8649
		239–241 dec		8648
H$_2$O	6	r	ir, nmr	1439
{NH$_3$	1		K	8586
H$_2$O	1			
H$_2$O	1		nmr	8587
{NH$_3$	2		K	8586
H$_2$O	1			
Me$_2$PPh	1	w, 108–110	ir, nmr, xrp	2225, 8593
{NH$_3$	1		K, p	8594
MeNH$_2$*	1			
{NH$_3$	2		K, p	8594
H$_2$NTl	1			
		w	ir, nmr	8643, 8644
NH$_3$	2		K, p	8586
NH$_3$	1		K	8597
NH$_3$	3		K, p	8601, 8602
NH$_3$	2		K, p	8320, 8622, 8650

TABLE 3.121. (CONTINUED)

m	n	R	X	p
1	2	H	Me	2
			Cl	2
			CH$_2$CH$_2$CH$_2$	1
			Cl	2
			CH(n-Bu)CHMeCH$_2$	1
			Cl	2
			CH$_2$CH(hexyl)CH$_2$	1
			Cl	2
			CH$_2$CHPhCH$_2$	1
			Cl	2
			CHPhCHPhCH$_2$	1
			Cl	2
			CH(p-C$_6$H$_4$Me)CH$_2$CH$_2$	1
			Cl	2
			CH$_2$CH(CH$_2$Ph)CH$_2$	1
			Cl	2
			CN	2
			Cl	2
			OH	2
			Cl	2
			O$_2$CCO$_2$	1
			Cl	2
			OH	1
			NO$_2$	1
			Cl	2
			NO$_2$	2
			Cl	2
			CH$_2$CH(o-C$_6$H$_4$NO$_2$)CH$_2$	1
			Cl	2
			NO$_3$	2
			Cl	2
			NO$_2$	1
			Cl	3
			Cl	4

Y	q	Color and MP (°C)	Physicochemical Studies	Reference
				8651
		w, 145, 146 dec	ir, K, nmr, th, tha, xr	8325, 8326, 8493, 8506, 8655
		unstable	nmr	8652, 8653, 8655
		125	nmr	8652, 8653, 8655
		130	nmr	8652, 8653, 8655
		116 (trans)	nmr	8652, 8653, 8655
		107	nmr	8652, 8655
		114	nmr	8652, 8653, 8655
H$_2$NCH$_2$CH$_2$NH$_2$	1			8656
				8468, 8657
NH$_3$	2			8620
				8226
				8657
MeNH$_2$	2	ysh (trans)	p	8316
		220	nmr	8653, 8655
NH$_3$	2			8608, 8658, 8659
				8419, 8657
		ysh (cis) y (trans)	lum, K	1507, 8263, 8418, 8475, 8511, 8615, 8657, 8660–8666
▷		y		8506
NH$_3$	2			8615, 8667, 8668
H$_2$NCH$_2$CH$_2$NH$_2$	1		cond, K	8511, 8529, 8615, 8668, 8669
H$_2$O	7	bw-r		8418
HCl	1	y		8660

TABLE 3.121. (*CONTINUED*)

m	n	R	X	p
1	2	H	Cl	3
			NCl$_2$	1
			+	2
			OH	1
			Br	1
			NO$_2$	1
			Cl	2
			Br	1
			Cl	3
			Br	1
			+	2
			Br	2
			Me	2
			Br	2
			CH$_2$CH$_2$CH$_2$	1
			Br	2
			CN	2
			Br	2
			NO$_2$	2
			Br	2
			2,4,6-(O$_2$N)$_3$C$_6$H$_2$O	1
			Br	2
			Cl	2
			Br	2
			NO$_2$	1
			Br	3
			Br	4
			Me	3
			I	1
			CD$_3$	3
			I	1
			Me	1
			Et	2
			I	1
			NO$_2$	1
			Cl	2
			I	1
			Et	1
			o-C$_6$H$_4$Me	1
			I	2
			n-Pr	1
			o-C$_6$H$_4$Me	1
			I	2

Y	q	Color and MP (°C)	Physicochemical Studies	Reference
NH$_3$	1		p	8670
NH$_3$	2		K, p	8586
				8657
H$_2$NCH$_2$CH$_2$NH$_2$	1		K, th	8616
NH$_3$	2		cond, p	8321
			nmr	8588
			cal, th, tha	8493, 8654
H$_2$NCH$_2$CH$_2$NH$_2$	1			8656
			K	8456
NH$_3$	2		cond	8528, 8584
NH$_3$	2			8528
		o		8418, 8657
				8419, 8657
NH$_3$	2			8528
		y, d-r		8672, 8673
NH$_3$	2	l-y	cond, p	8321, 8528
		w, ysh, 168, 217	ir, nmr, th, tha	8475, 8533, 8643, 8644, 8664, 8673–8677
			ir	8664
		w, 130–132	nmr	8544
				8657
		y, dec 131–137		8447
		y, dec 134		8447

TABLE 3.121. (CONTINUED)

m	n	R	X	p
1	2	H	Et	1
			p-C$_6$H$_4$Me	1
			I	2
			Cl	2
			I	2
			I	4
			CH$_2$=CHCH$_2$	2
			I$_3$	2
		2-Me	+	2
			Cl	2
			CH$_2$CH$_2$CH$_2$	1
			Cl	2
		3-Me	+	2
			Cl	2
			CH$_2$CH$_2$CH$_2$	1
			Cl	2
			Me	2
			MeCO	1
			Cl	1
			+	2
			Cl	2
			CH$_2$CH$_2$CH$_2$	1
			Cl	2
			CH$_2$CH$_2$CH$_2$	1
			Br	2
		4-Me	Et	2
			I	2
		2,4-Me$_2$	+	2
			Cl	2
		2,6-Me$_2$	CH$_2$CH$_2$CH$_2$	1
			Cl	2
		3,5-Me$_2$	Me	3
			CN	1
			Me	3
			MeCO	1
			Me	3
			NCO	1
			Me	3
			NO$_2$	1
			Me	3
			NO$_3$	1
			Me	3
			NCS	1
			Me	3
			Cl	1

Y	q	Color and MP (°C)	Physicochemical Studies	Reference
		y, dec 147		8447
				8655
			th, tha	8677
		r, 228 dec		8447
NH$_3$	2		p	8650
			nmr	8326
NH$_3$	2		p	8650
			nmr	8326
		w, 137–138	nmr	8544, 8678
NH$_3$	2		p	8650
		y	K, nmr, th, tha	8326, 8493, 8654
			K, tha	8493, 8654
		y, > 150 dec	nmr	8544
			p	8650
			nmr	8326
			nmr	8638
			nmr	8638
			nmr	8638
			nmr	8638
			nmr	8638
			nmr	8638
			nmr	8638

TABLE 3.121. (*CONTINUED*)

m	n	R	X	p
1	2	3,5-Me$_2$	Me	2
			ClO$_4$	2
			Me	3
			Br	1
			Me	3
			I	1
			Me	2
			I	2
			Me	1
			I	3
		3-Et	Cl	4
		4-Pentyl	Cl	4
		2-CH=NO$^-$	Br	2
		2-Cl,4-Me	Cl	4
		2-CHPhCSNH	Cl	4
		3,5-Cl$_2$,6-NH$_2$	NO$_2$	1
			Cl	3
			Cl	4
	3	H	+	1
			Me	3
			NO$_2$	2
			NO$_3$	1
			Cl	1
			+	2
			Cl	2
			NO$_3$	2
			Cl	2
			Me	1
			Et	2
			ClO$_4$	1
			Br	4
		2-CHPhCSN$^-$H	Cl	1
	4	H	NO$_2$	1
			NO$_3$	3
			+	3
			Cl	1
			NH$_2$	1
			NO$_3$	2
			Cl	1
			NO$_3$	3
			Cl	1

Y	q	Color and MP (°C)	Physicochemical Studies	Reference
H₂O	3	w	nmr	8548
			nmr	8638
			nmr	8638
		bwsh-y	nmr	8548
		r-bw	nmr	8548
		ysh, 240–243 dec		2219
		251.0–252.5		8550
			ir	7240
		218–220		8679
				1439
		r		8552
		r		8552
			nmr	8587
				8419
NH₃	1		K	8320, 8622
NH₃	1			8622
MeNH₂	1	ysh	p	8316
		w, 143–145	nmr	8319
		o	tha	8565
NH₃	2			8528
				1439
			ir	8564, 8680
MeNH₂	1		K	8594
H₂NTl	1		K	8594
			K	8602
			K, p	8602
{NH₃	1		K, p	8602
{H₂O	1			

TABLE 3.121. (CONTINUED)

m	n	R	X	p
1	4	H	+ Cl	2 2
			OH Cl	2 2
			NO_3 Cl	2 2
			H NO_3 Cl	2 4 2
			Cl	4
			NO_3 Br	3 1
			NO_3 Br	2 2
			H NO_3 Br	1 3 2
			NO_2 Br	1 3
			Br	4
			I	4
		3-Me	+ Cl	2 2
			NO_3 Cl	2 2
		4-Me	+ Cl	2 2
			NO_3 Cl	2 2
		3-NO_2	NO_3 Cl	2 2
			NO_3 Br	2 2
	5	H	Br	4
2	2	H	O_2CCO_2 NO_2 Cl	1 4 2

$$Pt_m\left(\underset{N}{\bigcirc}-R-\underset{N}{\bigcirc}\right)_n X_p Y_q$$

m	n	R	X	p
1	1	2-CH=NNH-2'	Cl	4
		6-Me, 2-CH=NNH-2'	Cl	4
		6-Me, 2-CH=NNH-2', 6'-Me	Cl	4
		2-CH_2NHCOCH$_2$SCH$_2$CON$^-$CH$_2$-2'	H Cl	1 4

Y	q	Color and MP (°C)	Physicochemical Studies	Reference
			K, p	8320, 8540, 8650
			ir	8680
				8418, 8622, 8659, 8680
			tha	8565
H$_2$O	2			8418
			ir	1014, 7747, 8680
			ir	8418, 8680
			ir	8680
H$_2$O	1			8418
H$_2$O	1			8418
NH$_3$	2			8528, 8584
			ir	8680
		bw-y	ir, tha	1507, 8565, 8580
			p	8540, 8650
		ysh	p	8540
			p	8540, 8650
		y	p	8540
				8564
				8564
NH$_3$	2			8584
{NH$_3$ H$_2$O	4 1			8614

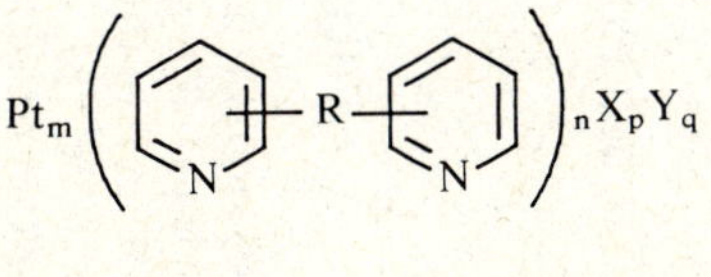

$$Pt_m \left(\underset{N}{\bigcirc} - R - \underset{N}{\bigcirc} \right)_n X_p Y_q$$

				8579
				8579
				8579
			ir	1666

1829

TABLE 3.122. CRYSTALLOGRAPHIC DATA FOR THE COMPLEX COMPOUNDS OF PYRIDINE AND ITS DERIVATIVES WITH PLATINUM

Compound	Space Group	a	b	c	α	β	γ	Z	Reference
trans-Pt[Mn(CO)$_5$]$_2$·2py	C2/c	18.250	7.552	17.204		102.13			8536
trans-Pt[Co(CO)$_4$]$_2$·2py	P$\bar{1}$	8.986	9.118	7.426	105.67	107.03	94.90		8536
PtCl·py OMe	P2$_1$/c	9.84	18.50	8.15		104		4	8258, 8259
o-(Ph$_2$P)C$_6$H$_4$OCH$_2$PtCl·py	P2$_1$/a	18.62	10.72	11.29		107.6		4	8261
PtCl$_2$·py·(N-CHEt pyridinium)	P2$_1$/c	11.06	10.49	26.01		102.65		8	8327
[PtCl·(4-Me-py)·Cl·(H$_2$C=CH$_2$)]	P2$_1$/n	4.988	21.670	10.107		97.47		4	8425
PtCl$_2$·(4-Me-py)·(CH$_2$=CHPh)	P2$_1$/c	13.928	8.963	12.084		93.06			8426
PtCl$_2$·(4-Me-py)·(p-CH$_2$=CHC$_6$H$_4$NMe$_2$)	P$\bar{1}$	5.144	11.273	15.657	94.24	95.44	103.28		8426
KPtCl$_3$·(2,6-Me$_2$-py)	P2$_1$/c	6.941	24.301	11.168		141.58		4	8429
[PtCl·(4-NC-py)·Cl·(H$_2$C=CH$_2$)]	Cc	4.839	21.418	10.342		97.26		4	8425
PtCl$_2$·(4-Cl-py)·(p-CH$_2$=CHC$_6$H$_4$NO$_2$)	P2$_1$/c	12.831	5.400	22.874		97.42			8426
trans-Pt(NCS)$_2$·2py	P$\bar{1}$	5.377	10.568	6.820	96.8	107.2	99.7	1	8462
cis-PtCl$_2$·2py	C2/c	9.408	17.110	15.270		98.53		8	8494
trans-PtCl$_2$·2py	P$\bar{1}$	7.695	7.091	5.542	87.6	83.7	79.3	1	8494
2[PtCl$_2$·2py·(Ph-cyclopropyl-Ph)]·(EtOH)	P$\bar{1}$	13.148	14.052	17.860	62.53	108.25	114.69	2	8508
Pt(py-2-CH=NO)$_2$·2H$_2$O	Ibam	11.378	18.56	6.490				4	8557
Pt(py-2-CMe=NO)$_2$	Pbcn	12.410	15.763	6.727				4	8556

PtCl$_2$·py·(pyridinium-CHEt)	P2$_1$/c	9.263	14.24	16.78	94.1	4	8327
CH$_2$–CH$_2$–CH$_2$ PtCl$_2$·2py	P2$_1$/c	13.37	13.11	8.40	91.1	4	8326

cis-[Pt(2-pyCH=NO)$_2$] 2H$_2$O $\xrightarrow[140°C]{\Delta}$ $trans$-[Pt(2-pyCH=NO)$_2$] 2H$_2$O

0.1 N HCl ↑ ↑ NaOH   NaOH ↑   ↑ 0.1 N HCl
          ↓ or 1 N HCl   or Δ
                    or Δ

[Pt(2-pyCH=NO)(2-pyCH=NOH)]$^{2+}$

Scheme 5

[PtNH$_3$pyCl$_4$]. Pyridine in this complex is trans to the chlorine atom (8312). An alternate oxidizing agent is H$_2$O$_2$, which attacks only cis-[Pt(py)$_2$Cl$_2$] to form [Pt(py)$_2$(OH)$_2$Cl$_2$] or [Pt(py)$_2$Cl$_2$] [Pt(py)$_2$(OH)$_2$Cl$_2$].

The treatment of the inorganic salt of Pt(IV) such as K$_2$PtX$_6$, where X = halogen or pseudohalogen, does not directly yield the corresponding complex of Pt(IV). Two species are formed: one has the general structure of Pt(py)$_2$X$_2$ and the other is a pyridinium compound of Pt(IV), that is, (pyH)[PtX$_6$]. The second compound easily rearranges to cis-[Pt(py)$_2$X$_4$].

The displacement reactions in the inner coordination sphere of some aminoacidato compounds of Pt(IV) with pyridine can be a useful synthetic method, but pyridine is not always nucleophilic enough to enter the inner coordination sphere. Thus, cis-[Pt(NH$_3$)$_2$Br$_4$] gives [Pt(NH$_3$)$_2$Br$_3$py] Br, [Pt(NH$_3$)$_2$Br$_3$py]$_2$[PtBr$_4$], and [Pt(NH$_3$)$_2$Br$_3$py]·4py when treated with pyridine (8584). In [Pt(en)(CN)$_2$X$_2$], where X = Cl or Br, pyridine does *not* enter the inner coordination sphere and [Pt(en)(CN)$_2$X$_2$]·2py is formed as the sole product (8656). The acido groups in the inner coordination sphere are labile enough to be displaced by another acido group. The organoplatinum complexes can be prepared directly from any organoplatinum compound and pyridine.

3.8.9.2. Properties

Salts of Pt(II) readily form stable solid complexes with pyridine and its derivatives. Based on NMR studies of PtCl$_2$pyL compounds, Orchin et al. (8287) suggest that pyridine is not strongly bonded to the metal.

Because of different geometrical arrangements of the ligands around the central atom several isomers are possible. The cis-isomers are stronger acids than the corresponding trans-isomers. The substituents in the complexes indicate reasonable lability, hence various ligand exchanges occur not only in the outer but also in the inner coordination spheres (8684–8687). The lability of the substituents follow the so-called Chernyaev rule because of the trans-effect, which is found to operate in square planar and octahedral species of transition metals, particularly in those of Transition Group VIII. The Chernyaev rule (8343, 8688, 8689) points to the stronger labilizing effect between the substituents located trans to one another in the complexes. This explains the easy isomerization of trans-isomers (8247, 8270, 8333, 8382, 8530, 8532) into cis-isomers. This process proceeds thermally through an intermediate tetrahedral compound (8532). The comparative studies on the trans-effect of various amines permit the arrangement of decreasing trans-effect of amines: EtNH$_2$ ~ MeNH$_2$ > NH$_3$ > pyridine. This order seems to be due to an increasing effective positive charge on the Pt central atom (8517). It is valid for [Pt(py)$_2$(NH$_2$OH)$_2$]Cl$_2$ and is not essentially different in $trans$-Pt(py)$_2$Cl$_2$ and $trans$-

Pd(py)$_2$Cl$_2$ (7964, 8690). Generally the trans-effect of pyridine is much smaller than that of cyclooctatetraene, CH$_2$=CH$_2$, DMSO, and Et$_2$SO and can be influenced by the pyridine substituents, which can be expressed more or less precisely by means of extrathermodynamic relationships, as described in the reactivity of the coordination compounds (2187, 2341, 7857a, 8220, 8227, 8297, 8299, 8302, 8307, 8358, 8359, 8396, 8404, 8427, 8445). The relative reactivities of replaceable ligands in planar complexes of Pt(II) are: $NO_3^- > Cl^- > Br^- > I^- > SCN^- > NO_2^-$.

For octahedral complexes of Co(III) this order differs in the reactivity of halides; however, in both series the reactivities parallel stabilities. The complexes of Pd(II) react $10^5–10^6$ times faster than corresponding Pt(II) compounds, whereas Ni(II) compounds are more reactive than Pd(II) compounds (7817, 8248). The thermal stability of trans-Pt(py)$_2$Cl$_2$ is higher than that of [Pt(en)$_2$]Cl$_2$ and [Pt(NH$_3$)$_4$]Cl$_2$ and increases for relevant NO$_3$ compounds and decreases for Br compounds (8478).

The mechanism of the nucleophilic substitution in Pt(II) complexes constitutes two categories. One mechanistic group is first order in the complex and, simultaneously, zero order in the reactant. The second group shows the first-order kinetics in both complex and nucleophile. The nucleophiles causing the reactions within the first group exhibit a weak trans-effect and those in the latter exhibit a strong directing effect. Based on this observation, Banerjea et al. (8247), Basolo et al. (8248), and Pearson et al. (8476) propose a dissociative mechanism for substitution in square complexes; the role of the solvent is also important (see Scheme 6).

Scheme 6

Solvation seems to be an important step in the cleavage of the bridges of dimers by the entering ligand. The solvation step is relatively unimportant in the case of some reactions owing to steric reasons, as shown for $K_2[PtCl_4]$ with 2-aminopyridine (8396).

Palmer and Kelm (8406) propose associative and simultaneously dissociative mechanisms for the reaction that is independent of the nucleophile, but a purely associative mechanism for the path that is dependent on the nucleophile. The nucleophilic reactivity of the complexes of Pt(II) can be quantitatively expressed in linear form by means of special n_{MeI} and n_{Pt} parameters (8463). The changes in the inner coordination sphere of Pt(II) complexes can be conducted by electrophilic attack, as shown for the reaction between [Pt(cycloalkadiene)(L)Ph] and HCl or $HgCl_2$ (L = PPh_3). The oxidative addition of the electrophile to the metal is assumed to occur in this process. However, owing to the greater basicity of pyridine than triphenylphosphine and to the lower stability of the Pt–N than the Pt–P bond, the corresponding pyridine complex (L = py) does not react in such a manner (8224).

The oxidation of the complexes of Pt(II) to the corresponding Pt(IV) is widely accepted as a synthetic route. The irradiation of Pt(II) compounds with uv light results in a partial oxidation of the complex, as shown in the case of [Pt(en)pyNO$_2$Cl] Cl which gives [Pt^{II}Pt^{IV}en(NO$_2$)$_2$Cl$_4$(py)$_2$] (8583). The substitution of the pyridine may occur when Pt(dien)py^{2+} is irradiated in an aqueous solution of Br$^-$. Depending on the pH, Pt(dien)H$_2$O^{2+}, Pt(dien)OH$^+$, or Pt(dien)Br$^+$ are formed. This result is attributed to recombination of the intermediate ion pairs (8219). cis-Pt(py)$_2$Cl$_2$ undergoes partial isomerization to the trans-isomer when irradiated in chloroform at 366 nm for 4 hr (8489).

A remarkable π-back donation of Pt(II) to pyridine (1014, 7857a, 8224, 8248, 8287, 8297, 8330, 8360, 8393) affords potential synthetic applications in organic synthesis through coordination with the Pt(II) atom. Thus far, the chemistry of Pt(II) coordination compounds, other than nucleophilic substitution in their inner coordination sphere, remains almost unrecognized.

The coordination compounds of Pt(IV) undergo various reactions. The reduction can be afforded by I$^-$, SeCN$^-$, or $S_2O_3^{2-}$ ions. The kinetic studies have revealed that this reaction is first order with respect to both the Pt(IV) species and the reductant. The rate of reduction of trans-[PtL$_2$X$_4$] increases in the order arsine < phosphine < amine < thioether and accounts for different σ-donor and π-acceptor ability of uncharged ligands (8665).

The exchange of acido ligands in the inner coordination sphere is commonly known and widely studied. The treatment of [PtCl$_4$(PR$_3$)py] and related complexes with bromine as well as the reaction of trans-[PtCl$_4$(PR$_3$)py] with [PtBr$_4$(PR$_3$)py] leads to [PtBr$_x$Cl$_{4-x}$(PR$_3$)py] (x = 0–4) of approximately statistical distribution (8329).

The trans-effect operates in the Pt(IV) complexes and has been quantitatively presented by Zvyagintsev and Kondrashova (8691) in octahedral species.

The trans-effect of pyridine is smaller than that of ammonia (8634, 8658). The increase in the number of pyridine molecules by substitution for the NH$_3$ ligands within the inner coordination sphere increases the acid dissociation constant of the complex (8601). The geometrical configuration of pyridines influences pK_a of the complex as shown by Golovanova et al. (8617) **(3.43–3.45)**

$$\left[\begin{array}{c}\mathrm{NH_2}\\(CH_2)_2\quad\quad\quad Cl\\\quad\quad\quad Pt\quad py\\\quad\quad\quad\quad\quad NO_2\\\mathrm{NH_2}\quad Cl\end{array}\right] Cl \qquad \left[\begin{array}{c}\mathrm{NH_2}\quad NO_2\\(CH_2)_2\quad\quad\quad py\\\quad\quad\quad Pt\\\quad\quad\quad\quad\quad Cl\\\mathrm{NH_2}\quad Cl\end{array}\right] Cl$$

($pK_1 = 9.61$; $pK_2 = 11.3$)   ($pK_1 = 8.84$; $pK_2 = 9.95$)

3.43   3.44

$$\left[\begin{array}{c}\mathrm{NH_2}\quad py\\(CH_2)_2\quad\quad\quad NO_2\\\quad\quad\quad Pt\\\quad\quad\quad\quad\quad Cl\\\mathrm{NH_2}\quad Cl\end{array}\right] Cl$$

($pK_1 = 10.40$; $pK_2 \geqslant 11$)

3.45

The chlorination of Pt(IV) complexes may result in introducing chlorine atoms into such ligands as NH_3 or ethylenediamine. Pyridine simultaneously present in the coordination sphere remains intact (8582, 8607, 8613, 8616, 8625, 8626, 8628, 8632, 8667). The nitrosation of such complexes leaves pyridine unchanged, whereas ethylenediamine gives $H_2N(CH_2)_2NHNO$ (8606, 8607).

The solutions of cis-Pt(py)$_2$Cl$_2$Br$_2$ partially decompose in light to give Pt(py)$_2$Cl$_2$, HBrO, and HBr, respectively (8657). In this case bromine has priority over chlorine as the leaving group. Opposite preference is observed in the substitution with pyridine of halide ligands in [Pt(NH$_3$)$_4$Clpy](NO$_3$)$_2$X. The S_N2 mechanism is proven for this process (8600).

3.8.9.3. Applications

3.8.9.3.1. SYNTHESIS

Pt(II) may stabilize the ligand against transformation. For instance, the derivatives of Dewar pyridine less readily rearrange into pyridines (7913, 8252). Also intermediary products of some transformations can be stabilized, as shown in the case of 4-pyridylnitrene generated thermally from 4-azidopyridine (2340). The ligands can be destabilized by the coordination with Pt(II) or Pt(IV). Stewart and Seibert have shown that the Claisen rearrangement of 2-(2-butenyloxy)pyridine (Scheme 7) proceeds in quantitative yield when the process is catalyzed by H_2PtCl_6. Heterogeneous catalysts like Pd/C and Pt black are inefficient, and the reaction catalyzed by $BF_3 \cdot Et_2O$ proceeds by an entirely different mechanism, because a mixture of two abnormal Claisen products is obtained (8692).

Scheme 7

Platinum salts are the most reactive general labeling catalysts for picolines and lutidines (5462), whereas Pt(py)$_2$Cl$_2$ and related compounds activate saturated hydrocarbons toward hydrogen/deuterium exchange (8693). The proximity effect due to the coordination of pyridinols with Pt(II) creates a special preference for esterification of these hydroxylic groups (8694). The possibility of reactions on alkene side-chains of coordinated pyridine does not seem to be eliminated. Thus, 2-alkenylpyridine complexes of Pt(II) may be brominated; however, besides the addition of bromine to the double bond, oxidation takes place to give Pt(IV) (8440). Nazarova and Leonova (8564) have reported the nitration of pyridine to give 3-nitropyridine on the coordination compound of Pt(py)$_4$X$_2$ (where X = Cl or Br); concentrated HNO$_3$ nitrates *all four* pyridines. However, if X is NO$_3$, nitration does *not* occur.

PtCl$_4$ reacts with cyclopropane to give the insertion of Pt into the ring. Such a compound readily coordinates pyridine to give (C$_3$H$_6$)PtCl$_2$(py)$_2$, which undergoes the cleavage of one of two Pt–C bonds to give finally PtCl$_3$Hpy ylide (8325, 8326) (see Scheme 8).

Scheme 8

The coordination compounds of PtCl$_4$ with 4-phenylpyridine, picolinic acid, or 5-ethyl-2-methylpyridine were studied as catalysts for manufacturing organic isocyanates (4906). Numerous coordination compounds of Pt(II) with pyridines, such as the dimer of Me$_3$PtIpy (8535), PtCl$_2$pyCO (8367), [IpyPt(CH$_2$)$_6$Ptpy)] (8681, 8682), and PtCl$_2$(4-vinylpyridine), are useful in manufacturing polymeric organosilicon compounds.

3.8.9.3.2. SEPARATION AND ISOLATION

The complexation of Pt salts is involved in the recovery method of Pt on 4-vinyl-styrene–divinylbenzene copolymer anion exchanger (8696). The separation of Pt by extraction in the form of K[PtpyCl$_3$] or [KPtpyCl$_5$] is reported but these compounds readily undergo hydrolysis in aqueous solution. The corresponding amino complexes are more stable in this respect; however, the comparative extraction constants are 9.35 and 16.30 for K[Pt(NH$_3$)Cl$_3$] and K[Pt(py)Cl$_3$], respectively (8394) and 1.5×10^3 and 4.7×10^{-1} for Pt(NH$_3$)Cl$_5^-$ and Pt(py)Cl$_5^-$, respectively (8395).

The separation of stereoisomers by the chromatographic method is presented (8066, 8477, 8485).

3.8.9.3.3. BIOLOGICAL ACTIVITY

The coordination compounds of Pt(II) such as cis-dichlorobis(pyridine)platinum(II) are antitumor agents. The activity seems to depend on the ability of the complex to dissociate one or both chlorine atoms. The resulting aquated cation forms a bond with nucleic acid. The interactions are not only with DNA but also with amino acids, histones, polyamino acids, nucleosides, and nucleotides (8498–8502). Comparative studies have revealed that cis-[Pt(NH$_3$)$_2$Cl$_2$] has more potent antitumor properties than the cis-pyridine complex (8497, 8503). The same complexes have antimitogenic properties and again cis-[Pt(NH$_3$)$_2$Cl$_2$] exhibits higher activity than related pyridine compounds (8503). The series of the complexes of the general structure of trans-[PtCl$_2$(olefin)(pyridine derivative)] have been tested for antimitotic activity. 1-Decene and 2-undecenoic acid are the most favorable olefins and 2-(3-hydroxypropyl)-4,6-dimethylpyridine is the best pyridine derivative (8436).

The effect of PtCl$_2$(py)$_4 \cdot$ 3H$_2$O on the alcoholic fermentation was studied and shown to have no ill effect at the 2% level upon the fermentation of the yeast (8697).

3.8.9.3.4. ANALYTICAL CHEMISTRY

PAN (713), its 5-bromo-2-pyridyl derivative (2002), PAR (713), isomeric (2-pyridylazo)-cresols (2031), and di-2-pyridyl diketone bis(thiosemicarbazone) (2005) develop color reactions with platinum cations; thus these dyes have been considered as potential chromogenic reagents.

The photometric methods of the determination of platinum are summarized in Table 3.123.

TABLE 3.123. PHOTOMETRIC DETERMINATION OF PLATINUM USING PYRIDINE AND ITS DERIVATIVES

Ligand	pH	Analytical Wavelength (nm)	Range of Validity of the Beer Law (ppm)	Molar Absorptivity (m²/mol)	Reference
Platinum (II)					
Pyridine + 2,3-quinoxalinedithiol					5102
Pyridine + thiocyanate ion					7808
1-(2-Pyridylazo)-2-naphthol	3–5	690		490	7813, 8698
	3.5–4.5	690		489	8699
5-Ethylamino-4-methyl-2-(2-pyridylazo)phenol					8698
5-Diethylamino-2-(2-pyridylazo)phenol					8698
4-(2-Pyridylazo)resorcinol		403			8075
		518		3500, 5980	8698, 8700
2,6-Diacetylpyridine					8701
5-Diethylamino-2-(5-bromo-2-pyridylazo)phenol					8698
Platinum (IV)					
4-Methyl-2-(2-pyridylazo)phenol	> 0	670			2031
2-Methyl-6-(2-pyridylazo)phenol	> 0	670			2031
9-(2-Pyridylazo)-10-phenanthrol	2.9–9.5	670 (in CHCl₃)	< 8	840	8649
2-Methyl-4-(2-pyridylazo)phenol	> 0	500			2031
1-(5-Bromo-2-pyridylazo)-2-naphthol					2002
Di-2-pyridyl diketone bis(thiosemicarbazone)					2005